Y-Koppler

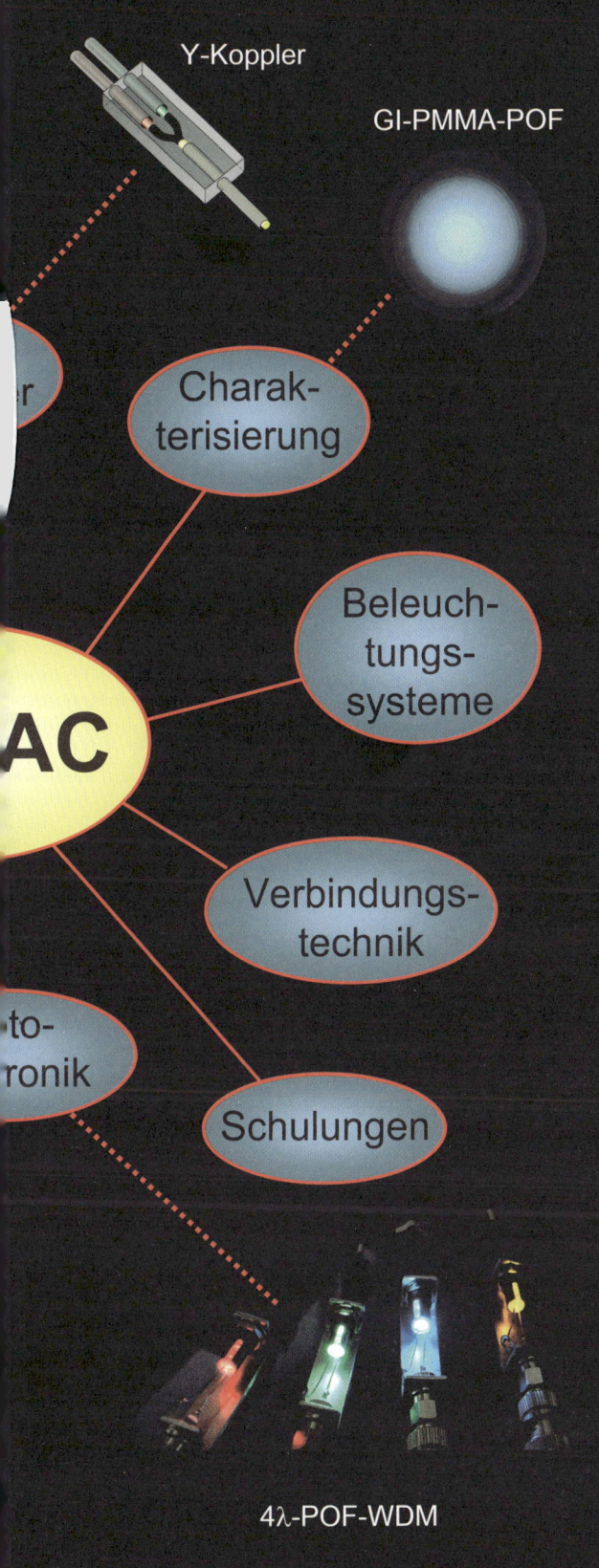

GI-PMMA-POF

GEORG-SIMON-OHM HOCHSCHULE NÜRNBERG

Messungen von:
- Bandbreite
- spektraler Dämpfung
- Indexprofil
- Alterung
- Biegeverluste
- Nah- und Fernfeld

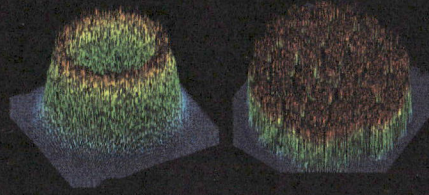

Charak-terisierung

Beleuch-tungs-systeme

Kontakt:
www.pofac.de

Prof. Hans Poisel
Leiter des Instituts
Tel.: 0911-5880-1061
hans.poisel@pofac.fh-nuernberg.de

Verbindungs-technik

Prof. Olaf Ziemann
Wissenschaftlicher Leiter
Tel.: 0911-5880-1060
olaf.ziemann@pofac.fh-nuernberg.de

Schulungen

D1752862

4λ-POF-WDM

Olaf Ziemann · Jürgen Krauser · Peter E. Zamzow · Werner Daum

POF-Handbuch

Olaf Ziemann · Jürgen Krauser
Peter E. Zamzow · Werner Daum

POF-Handbuch

Optische Kurzstrecken-Übertragungssysteme

2., bearbeitete und ergänzte Auflage

Mit 1071 farbigen Abbildungen und 112 Tabellen

Springer

Professor Dr.-Ing. Olaf Ziemann
Georg-Simon-Ohm-Fachhochschule
Nürnberg
Wassertorstr. 10
90489 Nürnberg, Germany
olaf.ziemann@pofac.fh-nuernberg.de

Professor Dr. Jürgen Krauser
Deutsche Telekom Leipzig
FB Optische Nachrichtentechnik
Gustav-Freytag-Str. 43–45
04277 Leipzig, Germany
juergen.krauser@telekom.de

Dipl.-Ing. Peter E. Zamzow
R & D Cable Systems
Erlen-Str. 5b
44795 Bochum, Germany
peter.e.zamzow@t-online.de

Professor Dr.-Ing. Werner Daum
Bundesanstalt für Materialforschung
und -prüfung
Unter den Eichen 87
12205 Berlin, Germany
werner.daum@bam.de

Bibliografische Information der Deutschen Bibliothek
Die Deutsche Bibliothek verzeichnet diese Publikation in der Deutschen
Nationalbibliografie; detaillierte bibliografische Daten sind im Internet über
http://dnb.ddb.de abrufbar.

ISBN 978-3-540-49093-7   Springer Berlin Heidelberg New York
ISBN 3-540-41501-7   1. Aufl. Springer Berlin Heidelberg New York

Dieses Werk ist urheberrechtlich geschützt. Die dadurch begründeten Rechte, insbesondere die der Übersetzung, des Nachdrucks, des Vortrags, der Entnahme von Abbildungen und Tabellen, der Funksendung, der Mikroverfilmung oder der Vervielfältigung auf anderen Wegen und der Speicherung in Datenverarbeitungsanlagen, bleiben, auch bei nur auszugsweiser Verwertung, vorbehalten. Eine Vervielfältigung dieses Werkes oder von Teilen dieses Werkes ist auch im Einzelfall nur in den Grenzen der gesetzlichen Bestimmungen des Urheberrechtsgesetzes der Bundesrepublik Deutschland vom 9. September 1965 in der jeweils geltenden Fassung zulässig. Sie ist grundsätzlich vergütungspflichtig. Zuwiderhandlungen unterliegen den Strafbestimmungen des Urheberrechtsgesetzes.

Springer ist ein Unternehmen von Springer Science+Business Media

© Springer-Verlag Berlin Heidelberg 2001 und 2007

Die Wiedergabe von Gebrauchsnamen, Handelsnamen, Warenbezeichnungen usw. in diesem Werk berechtigt auch ohne besondere Kennzeichnung nicht zu der Annahme, dass solche Namen im Sinne der Warenzeichen- und Markenschutz-Gesetzgebung als frei zu betrachten wären und daher von jedermann benutzt werden dürften. Text und Abbildungen wurden mit größter Sorgfalt erarbeitet. Verlag und Autor können jedoch für eventuell verbliebene fehlerhafte Angaben und deren Folgen weder eine juristische Verantwortung noch irgendeine Haftung übernehmen.

Satz: Digitale Druckvorlage der Autoren
Herstellung: LE-TEX, Jelonek, Schmidt & Vöckler GbR, Leipzig
Umschlaggestaltung: deblik, Berlin
Gedruckt auf säurefreiem Papier   68/3180 YL - 5 4 3 2 1 0

Geleitwort

In nahezu allen Bereichen des täglichen Lebens sind in den letzten Jahrzehnten die Anforderungen an die Kommunikationsinfrastruktur dramatisch gestiegen. Ganz gleich ob in öffentlichen oder privaten Netzen, im industriellen Bereich oder im Automobil – der Bedarf hinsichtlich der zu übertragenden Datenmenge wird weiter steigen. Die Anforderungen an die Bandbreite der Kommunikationsverbindungen nehmen damit weiter zu, da neben Telefon- und Datenverbindungen auch immer mehr Videodatenströme in hoher Bildqualität (IP-TV) übertragen werden. Weitere Datenströme entstehen durch die Anbindung einer steigenden Anzahl von Funk-Hot-Spots mit hohen Kapazitäten. Alle diese Dienste erfordern eine Basis-Infrastruktur mit Kapazitäten, wie sie nur optische Technologien bieten. Der Ausbau des DSL-Netzes bringt die Glasfaser noch näher zum Endkunden und erzeugt bei diesem die Nachfrage nach einfach installierbaren, leistungsfähigen und kostengünstigen Verkabelungslösungen im Gebäude. Hierfür bietet sich die Polymerfaser (POF – Polymer Optical Fiber) als Alternative an.

Nachdem die POF im industriellen Einsatz und im Automobilbau ihre Leistungsfähigkeit unter Beweis gestellt hat, steht dem Einsatz dieser optischen Lösungen innerhalb von Gebäuden nichts mehr im Wege. Der Einsatz von preiswerten sichtbaren LED, einfachen Steckern und unempfindlichen Kabeln und Leitungen erlaubt kostengünstige Systeme, die jeder Privatanwender bei Bedarf auch selbst installieren kann. Im Gegensatz zu Funk oder Powerline ist dabei die POF störsicher und bietet jederzeit eine garantierte hohe Kapazität in Punkt-zu-Punkt-Verbindungen. In Kombination mit neuen elektronischen Lösungen und Codierverfahren ist es heute möglich, unter Verwendung der Standard-Stufenindex POF Entfernungen von über 100 m bei einer Datenrate von 100 Mbit/s zu überbrücken. Damit ist die systemtechnische Grundlage für den großflächigen Einsatz in der Gebäudeverkabelung gelegt. Es bleibt nun die Aufgabe der Komponentenhersteller diese Systeme als wirtschaftliche Alternative dem Markt zur Verfügung zu stellen.

Die Schwerpunkte der Polymerfaseranwendungen zur Datenübertragung liegen in Japan sowie in Deutschland, Spanien und in Italien. Deutschland spielt bei vielen dieser Anwendungen eine Vorreiterrolle.

Das Polymerfaser-Anwendungszentrum (POF-AC) an der Fachhochschule Nürnberg hat sich in den letzten Jahren als europäisches Kompetenzzentrum für die POF entwickelt. Zwischen dem POF-AC und Leoni besteht seit Jahren eine enge und erfolgreiche Zusammenarbeit.

Die Leoni AG ist seit vielen Jahren einer der führenden Hersteller von POF- sowie Glasfaserkabeln, für den Einsatz in mobilen Netzwerken (Auto, Zug, Flugzeuge), in der Automatisierungstechnik und in der Sensorik.

In jüngster Zeit hat sich LEONI aber auch der Herstellung von Glasfasern und der dazu notwendigen Vorformen angenommen. Dabei liegt ein besonderer Schwerpunkt in der Herstellung von Multimode- und Spezialfasern, wie Sie im vorliegenden Buch beschrieben werden.

Deren Einsatzgebiet reicht von Gebäudenetzen über medizintechnische Anwendungen bis hin zum Einsatz in spektrometrischen Systemen. Darüber hinaus präsentierten Entwickler von LEONI neue Lösungen für optische druckempfindliche Sensoren auf der Basis spezieller Kunststofffasern bei führenden Konferenzen der letzten Jahre.

Bei allen genannten Aktivitäten hat sich LEONI als Ziel gesetzt, die Erfahrungen mit Lichtwellenleitern aus dem Telekommunikationsbereich mit dem Wissen und den Lösungen aus dem Markt der Spezial- und POF-Fasern zu verbinden und somit neue praxisgerechte Lösungen dem Anwender in den unterschiedlichsten Branchen zur Verfügung zu stellen.

Andreas Weinert, heute mit seinen Mitarbeitern bei Leoni Fiber Optics tätig, veröffentlichte 1997 eines der ersten umfassenden POF-Bücher.

Das 2001 veröffentlichte Buch „POF - Optische Polymerfasern für die Datenkommunikation" war als Übersicht über die POF-Technologien erschienen und ist inzwischen vergriffen. Die hier vorliegende neue Auflage ist jetzt ein Handbuch, welches neben der POF auch Dickkern-Glasfasern beschreibt, die ebenfalls für die Kurzstreckenkommunikation genutzt werden.

Das vorliegende Fachbuch soll Anwendern und Entwicklern helfen sich schnell und umfassend über den aktuellen Stand der Entwicklung von POF-Fasern zu informieren und deren Leistungsfähigkeit kennen zu lernen. Es vermittelt zusammengefasst neben neuen Entwicklungstrends eine Vielzahl von Untersuchungsergebnissen und ist wertvoller Ratgeber für Entwickler von POF-Systemen. Neben praktischen Anwendungen werden die physikalischen Grundlagen in einfacher und verständlicher Form dargestellt.

Nürnberg im Mai 2007
Dr. Klaus Probst
Vorstand der Leoni AG

Vorwort des Editors

In den letzten Jahren haben sich die Optischen Polymerfasern (POF) und ihre Anwendungen rasant weiterentwickelt. Dies gab den Ausschlag, im Jahr 2005 die Entscheidung zu treffen, das 2001 (in deutsch) und 2002 (in englisch) erschienene Buch „POF - Optische Polymerfasern für die Datenkommunikation" komplett neu zu überarbeiten. Ihnen liegt nach zwei Jahren Arbeit das Ergebnis nun in fast doppeltem Umfang vor.

Eine wesentliche Grundlage für die Neufassung sind die vielfältigen Ergebnisse, die im Polymerfaser-Anwendungszentrum der Fachhochschule Nürnberg (POF-AC) seit seinem Start im Jahr 2001 erzielt wurden. Der wissenschaftliche Leiter des POF-AC hat den weit überwiegenden Teil der hinzugefügten Abschnitte dieses Buches verfaßt. Dr. Christian-Alexander Bunge von der Technischen Universität Berlin steuerte zwei Abschnitte (Mikrostrukturierte Polymerfasern und Simulation optischer Fasern) bei.

Der Gliederung und Gestaltung des neuen Buches liegen einige wesentliche Gedanken zugrunde:

- ➤ Alle Teile der ersten Auflage wurden übernommen, um den vielen Neueinsteigern auf diesem Gebiet die Möglichkeit zu geben, den Inhalt komplett zu erfassen, ohne sich den (vergriffenen) ersten Band extra kaufen zu müssen).
- ➤ Neben der Optischen Polymerfaser wurden viele Details zu anderen Dickkernfasern (z.B. Glasfaserbündel und kunststoffbeschichtete Glasfasern) hinzugefügt. Viele dieser Fasern haben nicht nur die gleichen Anwendungen, sondern auch ähnliche Eigenschaften und Anforderungen an die Meßtechnik.
- ➤ Während in der ersten Auflage überwiegend Ergebnisse aus der Literatur zusammengetragen wurden, sind jetzt zu praktisch allen Fasern eigene Meßergebnisse des POF-AC hinzugefügt worden. Somit stellt dieses neue Buch auch eine Dokumentation der ersten 5 Jahre der Arbeit unseres Institutes dar.
- ➤ Die einzelnen Kapitel entsprechen den Themen der ersten Auflage. Reihenfolge und Gliederung wurden aber den veränderten Schwerpunkten angepaßt. So bilden jetzt z.B. die Wellenleiter ein eigenes Kapitel. Zum überwiegenden Teil neu sind die Kapitel über Fasern (Nr. 2) und über Systeme (Nr. 6). Zusammen bilden diese beiden Teile den inhaltlichen Kern des Buches und dokumentieren die Fortschritte der Technologie. Leider werden aber auch diese Teile nach Erscheinen des Buches wieder am schnellsten veraltet sein, da auch in den nächsten Jahren mit vielen neuen Lösungen zu rechnen ist.

Zum Zeitpunkt des Erscheinens der ersten Auflage des Buches waren die POF-Anwendungen noch sehr exotisch. Nur in der Automatisierung und in der

Beleuchtungstechnik hatte sich dieses Medium schon etabliert. Inzwischen fahren in Europa viele Millionen Fahrzeuge mit Polymerfaser-Bordnetzen und die nächsten Generationen stehen vor der Tür. Viele Telekom-Gesellschaften arbeiten an Lösungen, ihre immer höher werdenden Bitraten über POF innerhalb der Wohnungen weiter zu transportieren. Die Deutsche Telekom bietet beispielsweise ihren Kunden ein Komplettset für Fast-Ethernet an. Weitere Massenanwendungen für den Einsatz von POF in Multimedia-Anwendungen stehen unmittelbar vor der Markteinführung.

Die Autoren sind deswegen sehr optimistisch, daß dieses Buch die Entwicklung der Polymerfaser von einer Nischentechnologie zu einer bedeutenden Basis der Daten- und Kommunikationstechnik begleiten wird. Neben dem Einsatz in der Telekommunikation versprechen vor allem die Sensorik und die multiparallelen Datenverbindungen breite und interessante Einsatzfelder. Beiden Bereichen wurde im Kapitel 8 jeweils ein Abschnitt gewidmet. Dabei tritt die POF nicht zwangsläufig als Konkurrent zu den etablierten Techniken, wie der Datenübertragung auf symmetrischen Leitungen oder dem Funk auf. An verschiedenen Stellen wird gezeigt, wie die verschiedenen Techniken optimal kombiniert werden können, um technisch und ökonomisch optimale Lösungen zu erreichen.

Wir haben uns bemüht, die wissenschaftlichen Ergebnisse und am Markt verfügbaren Produkte möglichst neutral und vollständig wiederzugeben. Dennoch ist uns bewußt, daß dieses Ziel immer nur näherungsweise erreicht werden kann. Sollte sich also ein Hersteller oder ein Institut im Buch nicht hinreichend repräsentiert sehen - dies war nicht beabsichtigt. Gerne bietet das POF-AC allen Interessenten an, beim Zugang zur wachsenden „POF-Gemeinde" behilflich zu sein. Dazu bietet das POF-AC sowohl wissenschaftliche Aktionen, wie die Arbeit der ITG-Fachgruppe 5.4.1 „Optische Polymerfasern", als auch technische Informationen, wie den „POF-Atlas" als deutschen POF-Produktkatalog.

Als Editor der zweiten Auflage möchte ich mich bei allen Mitarbeitern des POF-AC Nürnberg, bei der Fachhochschule Nürnberg und nicht zuletzt bei meiner Familie für die Unterstützung während der letzten zwei Jahre und den Verzicht auf die vielen Stunden Zeit, die ich ihnen eigentlich hätte widmen müssen, bedanken.

Ich wünsche allen Lesern viel Freude beim Studium des Buches. Absicht und Ziel des Buches ist es, Ihnen bei Ihrer Arbeit Hilfestellungen, Informationen und Denkanstöße zu geben. Bitte entschuldigen Sie die unvermeidlichen Fehler und Irrtümer und haben Sie keine Bedenken, Ihre Kritiken und Anregungen an uns weiterzugeben.

Olaf Ziemann
Wissenschaflicher Leiter des POF-AC Nürnberg
Sprecher der ITG-Fachgruppe 5.4.1 „Optische Polymerfasern"
Mitglied der „International Cooperative of Polymer Optical Fibers"
als verantwortlicher Editor der zweiten Auflage
im Mai 2007

Inhaltsverzeichnis

	Abkürzungs- und Symbolverzeichnis	S. XXI
1.	Grundlagen der optischen Datenübertragung	S. 1
1.1	Lichtausbreitung in optischen Fasern und Wellenleitern	S. 1
1.1.1	Wellen- und Quantennatur des Lichts	S. 1
1.1.2	Elektromagnetisches Spektrum	S. 1
1.1.3	Brechung und Totalreflexion	S. 2
1.1.4	Wellenleiter und optische Fasern	S. 3
1.1.5	Ein- und Mehrmodenwellenleiter	S. 4
1.1.6	Übersicht optischer Fasern	S. 5
1.1.7	Bezeichnungen optischer Fasern	S. 7
1.2	Digitale und analoge Datenübertragung	S. 8
1.2.1	Digitale optische Signalübertragung	S. 10
1.2.1.1	Analoge und digitale Signale	S. 10
1.2.1.2	Übertragungsqualität analoger und digitaler Signale	S. 13
1.2.1.3	Bitfehlerwahrscheinlichkeit und Fehlerkorrektur	S. 15
1.2.1.4	Rauschen in optischen Systemen	S. 17
1.2.2	Amplituden-, Frequenz- und Phasenmodulation	S. 21
1.2.3	Modulation einer Trägerfrequenz	S. 22
1.2.4	Spezifische Übertragungsverfahren der opt. Nachrichtentechnik	S. 23
1.2.5	Modulation eines Zwischenträgers	S. 25
1.3	Netzarchitekturen	S. 26
1.3.1	Aktive und passive Netze	S. 26
1.3.2	Netzstrukturen	S. 27
1.3.3	Vielfachzugriffsverfahren	S. 28
1.3.3.1	Zeitmultiplex	S. 28
1.3.3.2	Frequenzmultiplex	S. 30
1.3.3.3	Kodemultiplex	S. 31
1.3.3.4	Wellenlängenmultiplex	S. 31
1.3.3.5	Besonderheiten des optischen Multiplex	S. 31
1.3.3.6	Bidirektionale Übertragung	S. 33
2.	Optische Fasern	S. 37
2.1	Grundlagen optischer Fasern	S. 37
2.1.1	Brechungsindexprofile	S. 37
2.1.2	Numerische Apertur	S. 39
2.1.3	Strahlverlauf in optischen Fasern	S. 40
2.1.4	Moden in optischen Fasern	S. 42

2.1.4.1	Der Modenbegriff	S. 42
2.1.4.2	Modenausbreitung in realen Fasern	S. 44
2.1.5	Größen zur Beschreibung von realen Fasern und Wellenleitern	S. 45
2.1.5.1	Dämpfung	S. 46
2.1.5.2	Modenabhängige Dämpfung	S. 47
2.1.5.3	Modenkopplung	S. 49
2.1.5.4	Modenkonversion	S. 50
2.1.5.5	Modenkoppellängen	S. 52
2.1.5.6	Leckwellen	S. 55
2.1.5.7	Dispersion in optischen Fasern	S. 55
2.1.5.8	Modendispersion	S. 58
2.1.5.9	Chromatische Dispersion	S. 64
2.2	Indexprofile und Fasertypen	S. 65
2.2.1	Stufenindexprofilfasern (SI)	S. 65
2.2.2	Die Stufenindexprofilfaser mit verringerter NA (Low-NA)	S. 67
2.2.3	Die Doppelstufenindexprofilfaser (DSI)	S. 68
2.2.4	Die Vielkern-Stufenindexprofilfaser (MC)	S. 70
2.2.5	Die Doppelstufenindexprofil-Vielkernfaser (DSI-MC)	S. 73
2.2.6	Die Gradientenindexprofilfaser (GI)	S. 74
2.2.7	Die Vielstufenindexprofilfaser (MSI)	S. 75
2.2.8	Die Semi-Gradientenindexprofil-Faser (Semi-GI)	S. 76
2.2.9	Indexprofile im Überblick	S. 77
2.3	Entwicklung der Polymerfasern	S. 79
2.3.1	Rückblick	S. 79
2.3.2	Stufenindexprofil-Polymerfasern	S. 80
2.3.3	Doppelstufenindexprofil-Polymerfasern	S. 83
2.3.4	Vielkern-Polymerfasern	S. 85
2.3.5	Multistufenindexprofil- und Gradientenindexprofilfasern	S. 87
2.4	Glasfasern für die Kurzstrecken-Datenübertragung	S. 93
2.4.1	200 µm Glasfasern mit Kunststoffbeschichtung	S. 93
2.4.2	Semi-Gradientenindexglasfasern	S. 97
2.4.3	Glasfaserbündel	S. 98
2.4.3.1	Quarzglasfaserbündel	S. 98
2.4.3.2	Glasfaserbündel	S. 100
2.5	Bandbreite optischer Fasern	S. 103
2.5.1	Definition der Bandbreite	S. 103
2.5.2	Experimentelle Bestimmung der Bandbreite	S. 104
2.5.3	Experimentelle Bandbreitemessungen	S. 107
2.5.3.1	Bandbreite von SI-POF	S. 107
2.5.3.2	Bandbreitemessungen an SI-POF	S. 112
2.5.3.3	Bandbreitemessungen an MC- und MSI-POF	S. 117
2.5.3.4	Bandbreitemessungen an GI-POF	S. 120
2.5.3.5	Bandbreitemessungen an MC-GOF und PCS	S. 122
2.5.3.6	Vergleich von Bandbreitemessungen und Berechnungen	S. 130
2.5.4	Chromatische Dispersion in Polymerfasern	S. 133
2.5.5	Methoden zur Bandbreitevergrößerung	S. 135

2.5.6	Bitraten und Penalty	S. 141
2.6	Biegeeigenschaften von POF	S. 143
2.6.1	Biegeverluste in SI-POF	S. 144
2.6.2	Biegeverluste in GI-Fasern	S. 147
2.6.3	Bandbreiteänderungen durch Biegungen	S. 147
2.6.4	Biegungen an PCS, Vielkernfasern und dünnen POF	S. 149
2.7	Werkstoffe für Polymerfasern	S. 155
2.7.1	PMMA	S. 155
2.7.2	POF für höhere Temperaturen	S. 157
2.7.2.1	Quervernetztes PMMA	S. 158
2.7.2.2	Polycarbonat-POF	S. 160
2.7.2.3	POF aus Elastomeren	S. 162
2.7.2.4	Zyklische Polyolefine	S. 164
2.7.2.5	Vergleich von Hochtemperatur-POF	S. 164
2.7.3	Polystyrol-Polymerfasern	S. 166
2.7.4	Deuterierte Polymere	S. 168
2.7.5	Fluorierte Polymere	S. 173
2.7.6	Übersicht über Polymere für POF-Ummantelung	S. 177
2.8	Faser- und Kabelherstellung	S. 180
2.8.1	Verfahren zur POF-Herstellung	S. 180
2.8.2	Herstellung von Gradientenindexprofilen	S. 184
2.8.2.1	Oberflächen-Gel-Polymerisationstechnik	S. 184
2.8.2.2	Erzeugung des Indexprofils durch Zentrifugieren	S. 185
2.8.2.3	Kombinierte Diffusion und Rotation	S. 186
2.8.2.4	Photochemische Erzeugung des Indexprofils	S. 187
2.8.2.5	Extrusion vieler Schichten	S. 187
2.8.2.6	Herstellung von semi-GI-PCS	S. 188
2.8.2.7	Polymerisation in einer Zentrifuge	S. 189
2.8.2.8	Kontinierliche Produktion bei Chromis Fiberoptics	S. 190
2.8.2.9	GI-POF mit zusätzlichem Mantel	S. 191
2.8.3	Kabelherstellung	S. 194
2.8.3.1	Kabelkonstruktion mit SI-POF-Elementen	S. 196
2.8.3.2	Nicht verseilte SI-POF-Kabel	S. 197
2.8.3.3	Verseilte SI-POF-Kabel	S. 202
2.8.3.4	Grundlagen der Verseilung	S. 204
2.8.3.5	Mikrowellmantel-Kabel	S. 210
2.9	Mikrostrukturierte Fasern	S. 215
2.9.1	Arten der Wellenführung	S. 216
2.9.1.1	Effektiver Brechungsindex	S. 216
2.9.1.2	Photonische Bandlücke	S. 217
2.9.1.3	Bragg-Fasern	S. 219
2.9.1.4	Hole-assisted Fibres	S. 219
2.9.2	Herstellungsmethoden	S. 220
2.9.2.1	Mikrostrukturierte Glasfasern	S. 221
2.9.2.2	Mikrostrukturierte Polymerfasern (mPOF)	S. 221
2.9.2.3	Endflächenpräparation	S. 223

2.9.3	Anwendungen mikrostrukturierter Fasern	S. 225
2.9.3.1	Dispersionskompensation	S. 225
2.9.3.2	Endlessly single-mode	S. 225
2.9.3.3	Doppelbrechung	S. 226
2.9.3.4	Hoch nichtlineare Fasern	S. 227
2.9.3.5	Kontrolle der effektiven Fläche	S. 227
2.9.3.6	Filter	S. 228
2.9.3.7	Sensorik, einstellbare Elemente	S. 228
2.9.3.8	Doppelkern- und Vielkernfasern	S. 229
2.9.3.9	Bildleiter	S. 229
2.9.3.10	Vielmoden-Gradientenindexfaser	S. 230
3.	Passive Komponenten für optische Fasern	S. 233
3.1	Verbindungstechnik für optische Fasern	S. 233
3.1.1	Steckverbindungen für Polymerfasern	S. 234
3.1.2	Oberflächenpräparation von POF-Steckern	S. 235
3.1.2.1	POF-Präparation durch Schleifen und Polieren	S. 237
3.1.2.2	Oberflächenpräparation durch Hot-Plate	S. 238
3.1.2.3	Das POF-Press-Cut-Verfahren	S. 238
3.1.2.4	POF-Präparation durch Fräsen	S. 240
3.1.3	Übersicht der Steckersysteme	S. 241
3.1.3.1	Das V-pin-Steckersystem	S. 241
3.1.3.2	FSMA-Stecker	S. 244
3.1.3.3	Das DNP-System	S. 234
3.1.3.4	F05 und F07	S. 246
3.1.3.5	ST und SC-Stecker	S. 247
3.1.3.6	Stecker für zukünftige Hausnetze	S. 249
3.1.3.7	Stecker für Fahrzeugnetze	S. 250
3.1.3.8	Sonstige Stecker	S. 252
3.1.4	Bearbeitungswerkzeuge für POF-Stecker	S. 253
3.1.5	Stecker für Glasfasern	S. 257
3.2	Berechnungsgrundlagen für Steckerverluste	S. 259
3.2.1	Berechnung der Steckerverluste mit Modengleichverteilung	S. 259
3.2.2	Differenzen im Kerndurchmesser	S. 259
3.2.3	Differenzen der numerischen Apertur	S. 260
3.2.4	Seitlicher Versatz der Fasern	S. 261
3.2.5	Verluste durch rauhe Oberflächen	S. 262
3.2.6	Verluste durch Winkel zwischen den Faserachsen	S. 263
3.2.7	Verluste durch Fresnelreflexion	S. 264
3.2.8	Verluste durch axialen Abstand der Fasern	S. 265
3.2.9	Verluste durch mehrere Ursachen	S. 268
3.3	POF-Koppler	S. 269
3.3.1	Koppler-Prinzipien	S. 269
3.3.2	Kommerzielle Koppler	S. 271
3.3.2.1	Anschliffkoppler von DieMount	S. 273
3.3.2.2	Abgeformte Koppler des IMM	S. 274

3.3.2.3	Wellenleiterkoppler der Universität Sendai	S. 275
3.4	Filter und Abschwächer für POF	S. 276
3.4.1	Filter	S. 276
3.4.2	Abschwächer	S. 277
3.5	Modenmischer und -konverter	S. 282
3.6	Optische Schleifringe und Drehübertrager	S. 285
3.6.1	Drehübertrager	S. 285
3.6.2	Das Mikrodreh-Projekt	S. 286
3.6.3	POF-Schleifringe	S. 288
3.6.4	Prismenkoppler-Schleifring	S. 290
3.6.5	Der Spiegelgraben-Schleifring	S. 292
4.	Aktive Komponenten für optische Systeme	S. 295
4.1	Sender und Empfänger	S. 295
4.1.1	Prinzip der Lichterzeugung in Halbleitern	S. 296
4.1.2	Strukturierung von Halbleiterbauelementen	S. 300
4.1.3	Strukturen von Halbleitersendern	S. 302
4.1.3.1	Lumineszenzdiode	S. 302
4.1.3.2	Laser- und Superlumineszenzdiode	S. 302
4.1.3.3	Oberflächenemittierende Laser	S. 304
4.1.3.4	Resonant Cavity LED	S. 305
4.1.3.5	Non Resonant Cavity LED	S. 306
4.2	Sendedioden für die Datenkommunikation	S. 307
4.2.1	Rote LED und SLED	S. 307
4.2.2	Rote Laserdioden	S. 309
4.2.3	Blaue und grüne LED	S. 314
4.2.4	Grüne Laserdioden	S. 320
4.2.5	Vertikallaserdioden und RC-LED	S. 321
4.2.5.1	Rote RC-LED	S. 321
4.2.5.2	Rote VCSEL	S. 327
4.2.5.3	VCSEL im IR-Bereich	S. 333
4.2.6	Non Resonant Cavity LED	S. 334
4.2.7	Pyramiden-LED	S. 336
4.3	Wellenlängen für POF-Quellen	S. 337
4.4	Empfänger	S. 338
4.4.1	Wirkungsgrad und Empfindlichkeit	S. 339
4.4.2	Photodiodenstrukturen	S. 340
4.4.3	Sperrschichtkapazität und Bandbreite	S. 343
4.4.4	Empfängerübersicht	S. 343
4.4.5	Kommerzielle Produkte	S. 344
4.4.6	Verbesserung der Empfindlichkeit	S. 346
4.5	Transceiver	S. 347
4.5.1	Komponenten bis 2000	S. 347
4.5.2	Fast Ethernet-Transceiver	S. 350
4.5.2.1	POF-Lösungen von DieMount Wernigerode	S. 350
4.5.2.2	Optische Klemmen von Ratioplast	S. 352

4.5.2.3	Transceiverfamilie von Avago	S. 352
4.5.2.4	Hausinstallation von RDM	S. 353
4.5.2.5	POF-Transceiver von Infineon/Siemens	S. 353
4.5.3	Andere Systeme	S. 354
4.5.3.1	Comoss	S. 354
4.5.3.2	IEEE1394, MOST und Fast Ethernet von Firecomms	S. 355
4.5.3.3	Japanische Hersteller	S. 356
4.5.3.4	Fast Ethernet, Ethernet und Video bei Luceat	S. 356
4.5.3.5	DSL-Modem mit POF	S. 357
5.	Planare Wellenleiter	S. 359
5.1	Materialien für Wellenleiterstrukturen	S. 360
5.2	Herstellung polymerer Wellenleiter	S. 361
5.3	Einmoden-Wellenleiter	S. 364
5.4	Mehrmoden-Wellenleiter	S. 368
5.5	Funktionelle Bauelememente als Wellenleiter	S. 371
5.5.1	Thermooptische Schalter	S. 371
5.5.2	Modulatoren	S. 373
5.5.3	Kopplerbauelemente	S. 373
5.5.4	Wellenleitergitter	S. 374
5.6	Wellenleiter als Interconnection-Lösungen	S. 375
5.6.1	Optische Rückwandsysteme von DaimlerChrysler	S. 375
5.6.2	Systeme der Universität Ulm	S. 378
5.6.3	Elektro-optische leiterplatte der Universität Siegen	S. 379
5.6.4	IBM-Forschungszentrum Zürich/ETH Zürich	S. 380
5.6.5	Ergebnisse des Projektes NeGIT	S. 382
6.	Systemdesign	S. 387
6.1	Leistungsbilanzberechnungen	S. 387
6.1.1	Änderung der Sendeleistung	S. 387
6.1.2	Empfindlichkeit des Empfängers	S. 388
6.1.3	Dämpfung der Faserstrecke	S. 391
6.1.3.1	Koppelverluste vom Sender in die POF	S. 391
6.1.3.2	Verluste auf der Faserstrecke	S. 393
6.1.3.3	Verluste an Steckverbindungen	S. 394
6.1.3.4	Verluste an passiven Bauelementen	S. 395
6.1.3.5	Verluste bei der Kopplung der POF an den Empfänger	S. 397
6.1.4	Die Leistungsbilanz der ATM-Forum-Spezifikation	S. 398
6.1.4.1	Die ATM-Forum-Verlustanalyse	S. 398
6.1.4.2	Änderung der Sendeleistung	S. 398
6.1.4.3	Dämpfung der Polymerfaserstrecke	S. 400
6.1.4.4	Verluste an Steckverbindungen	S. 407
6.1.4.5	Zusatzverluste durch äußere Einflüsse	S. 408
6.1.5	Wahl der Wellenlänge für POF-Systeme	S. 410
6.1.5.1	LED als Sender für POF-Systeme	S. 411
6.1.5.2	Wahl des Quellen-Typs	S. 418

6.1.5.3	Typische Verluste für LED-Quellen	S. 419
6.1.5.4	Laser für POF-Systeme	S. 421
6.1.5.5	VCSEL und RC-LED für POF-Systeme	S. 422
6.1.6	Definition neuer LED-Parameter	S. 423
6.2	Beispiele für Leistungsbilanzen	S. 427
6.2.1	ATM-Forum-Spezifikation	S. 427
6.2.2	IEEE1394b	S. 428
6.2.3	D2B und MOST	S. 429
6.2.4	ISDN über POF	S. 431
6.2.5	Leistungsbilanz für bidirektionale Übertragung	S. 431
6.2.5.1	Asymmetrische Koppler	S. 432
6.2.5.2	Symmetrischer Koppler	S. 432
6.3	Übersicht der POF-Systeme	S. 434
6.3.1	Stufenindexprofil-POF-Systeme bei 650 nm	S. 435
6.3.1.1	Erste SI-POF-Systeme	S. 435
6.3.1.2	SI-POF-Systeme mit 500 Mbit/s	S. 440
6.3.1.3	SI-POF-Systeme mit über 500 Mbit/s	S. 444
6.3.1.4	SI-POF-Systeme am POF-AC Nürnberg	S. 451
6.3.2	Systeme mit PMMA-SI-POF bei Wellenlängen unter 600 nm	S. 458
6.3.2.1	Systeme mit $A_{III}B_V$-Halbleiter-LED	S. 458
6.3.2.2	Systeme mit GaN-LED	S. 459
6.3.2.3	Kommerzielle Entwicklungen	S. 466
6.3.2.4	Systeme des POF-AC	S. 469
6.3.3	Systeme mit SI-POF bei Wellenlängen im nahen Infrarot	S. 472
6.3.3.1	PMMA-Faser-Systeme im Infrarot	S. 472
6.3.3.2	PC-Faser-Systeme im Infrarot	S. 475
6.3.3.3	Systemexperimente am POF-AC	S. 475
6.3.4	Systeme mit PMMA-GI-POF, MSI-POF und MC-POF	S. 479
6.3.4.1	PMMA-GI-POF Systemexperimente vor 2000	S. 480
6.3.4.2	Neuere PMMA-GI-POF-Systeme	S. 486
6.3.4.3	Systemexperimente Telekom und POF-AC	S. 487
6.3.5	Systeme mit fluorierten POF	S. 491
6.3.5.1	Erste Systeme mit PF-GI-POF	S. 492
6.3.5.2	Experimente der TU Eindhoven	S. 495
6.3.5.3	Datenraten über 5 Gbit/s mit GI-POF	S. 500
6.3.6	POF-Multiplex	S. 507
6.3.6.1	Wellenlängenmultiplexsysteme mit PMMA-POF	S. 508
6.3.6.2	Wellenlängenmultiplexsysteme mit PF-GI-POF	S. 514
6.3.6.3	Bi-direktionale Systeme mit POF	S. 519
6.3.7	spezielle Systeme, z.B. mit analogen Signalen	S. 528
6.3.7.1	Videoübertragung mit POF	S. 528
6.3.7.2	Übertragung analog modulierter digitaler Signale	S. 533
6.3.7.3	Radio over Fiber	S. 540
6.3.7.4	Modenmultiplex	S. 541
6.3.7.5	Bändchenfasersysteme	S. 544
6.4	Weitere optische Übertragungssysteme	S. 546

6.4.1	Datenübertragung auf Hochtemperatur-POF	S. 546
6.4.2	Multiparallele POF-Verbindungen	S. 548
6.4.3	Systeme mit 200 µm PCS und semi-GI-PCS	S. 550
6.4.4	Systeme mit Glasfaserbündeln	S. 555
6.5	Übersicht und Vergleich der Multiplexverfahren	S. 557
7.	Standards	S. 561
7.1	Standards für Polymer- und Glasfasern	S. 562
7.1.1	Polymerfasern	S. 562
7.1.2	Kunststoffummantelte Glasfasern	S. 564
7.1.3	Fasern allgemein	S. 565
7.2	Anwendungs-Standards	S. 566
7.2.1	ATM-Forum (Asynchronous Transfer Mode)	S. 566
7.2.2	IEEE 1394b	S. 569
7.2.3	SERCOS (SErial Realtime COmmunication System)	S. 572
7.2.4	Profibus	S. 573
7.2.5	INTERBUS	S. 574
7.2.6	Industrial Ethernet over POF	S. 575
7.2.7	D2B (Domestic Digital Bus)	S. 578
7.2.8	MOST (Media Oriented System Transport)	S. 580
7.2.9	IDB-1394	S. 582
7.2.10	EN 50173	S. 583
7.3	Standards für Meßverfahren	S. 587
7.3.1	Die VDE/VDI-Richtlinie 5570	S. 588
8.	Anwendungen optischer Polymer- und Glasfasern	S. 593
8.1	Datenübertragung mit POF	S. 593
8.1.1	Optische Datennetze im Automobilbereich	S. 595
8.1.1.1	D2B	S. 598
8.1.1.2	MOST	S. 599
8.1.1.3	Byteflight	S. 603
8.1.1.4	IDB1394	S. 604
8.1.1.5	MOST mit PCS	S. 605
8.1.1.6	Ausblick der Automobilnetze	S. 609
8.1.1.7	Mikrowellmantel-POF im Auto	S. 611
8.1.1.8	Optische Kameralinks für LKW	S. 611
8.1.2	Datennetze in Wohnungen und Gebäuden	S. 614
8.1.2.1	Einsatz von POF in LAN-Anwendungen	S. 615
8.1.2.2	Einsatz von POF in privaten Netzen	S. 616
8.1.2.3	POF und die Breitbandnetzentwicklung	S. 623
8.1.2.4	POF und Funk	S. 626
8.1.2.5	POF-Topologien	S. 629
8.1.3	Interconnectionsysteme mit POF	S. 631
8.1.3.1	Parallele Datenübertragung mit Glasfasern	S. 631
8.1.3.2	Parallele Datenübertragung mit POF	S. 631
8.2	POF in der Beleuchtungstechnik	S. 634

8.2.1	POF zur Lichtführung	S. 634
8.2.1.1	POF zur Litfaßsäulenbeleuchtung	S. 636
8.2.1.2	POF-Sternhimmel	S. 637
8.2.2	Seitenlichtfasern	S. 639
8.3	POF in der Sensorik	S. 643
8.3.1	Ferngespeiste Sensoren	S. 644
8.3.2	Transmissions- und Reflexions-Sensoren	S. 645
8.3.2.1	POF als Abstandssensor	S. 645
8.3.2.2	POF-Konzentrationssensoren	S. 647
8.3.2.3	Deformations- und Drucksensor	S. 647
8.3.3	Sensoren mit Fasern als empfindliche Elemente	S. 649
8.3.3.1	Die POF-Waage	S. 649
8.3.3.2	POF-Dehnungssensor	S. 650
8.3.4	Sensoren mit oberflächenveränderten Fasern	S. 652
8.3.4.1	Biegesensor mit geritzten Fasern	S. 652
8.3.4.2	POF-Evaneszentfeld-Sensoren	S. 654
8.3.4.3	Füllstandssensoren	S. 656
8.3.4.4	POF-Bragg-Gittersensoren	S. 657
8.3.5	Sensoren für chemische Stoffe	S. 658
8.3.5.1	Luftfeuchtigkeit	S. 659
8.3.5.2	Biosensoren	S. 660
8.3.5.3	Flüssigkeiten	S. 661
8.3.5.4	Korrosion	S. 662
8.3.6	Glasfasersensoren	
9.	Optische Meß- und Prüftechnik	S. 665
9.1	Übersicht	S. 665
9.2	Leistungsmessung	S. 666
9.3	Abhängigkeit von den Anregungsbedingungen	S. 670
9.4	Messung der optischen Kenngrößen	S. 674
9.4.1	Nahfeld	S. 675
9.4.2	Fernfeld	S. 679
9.4.3	inverses Fernfeld	S. 684
9.4.4	Indexprofil	S. 687
9.4.5	Optische Dämpfung	S. 688
9.4.5.1	Einfüge- und Substitutionsverfahren	S. 688
9.4.5.2	Rückschneide-Verfahren	S. 690
9.4.5.3	Dämpfungsmessung bei diskreter Wellenlänge	S. 690
9.4.5.4	Dämpfungsmessung über einen größeren Spektralbereich	S. 692
9.4.5.5	Beispiele für Meßergebnisse	S. 698
9.4.6	Optisches Rückstreumeßverfahren	S. 704
9.4.6.1	Prinzip des optischen ODTR	S. 704
9.4.6.2	Verbesserung der Auflösung durch Rückfaltung	S. 708
9.4.6.3	Kommerzielle POF-OTDR	S. 709
9.4.6.4	Experimentelle POF-OTDR	S. 711
9.4.6.5	Messung der Steckerdämpfung	S. 713

9.4.6.6	Bandbreitemessungen mit OTDR	S. 714
9.4.7	Dispersion	S. 716
9.4.7.1	Messung im Zeitbereich	S. 716
9.4.7.2	Messung im Frequenzbereich	S. 718
9.5	Messungen an Steckverbindungen	S. 719
9.6	Zuverlässigkeit von POF	S. 722
9.6.1	Einflüsse der Umwelt auf Polymerfasern	S. 722
9.6.2	Auswirkung von Umwelteinflüssen auf das Transmissionsverhalten	S. 724
9.6.2.1	Dämpfungsmechanismen bei Polymerfasern	S. 724
9.6.2.2	Nachweis durch Transmissionsmessung	S. 725
9.6.2.3	Nachweis durch Rückstreumessung	S. 727
9.7	Untersuchung der Zuverlässigkeit bei Umwelteinflüssen	S. 729
9.7.1	Mechanische Beanspruchungen	S. 729
9.7.1.1	Wechselbiegeprüfung	S. 729
9.7.1.2	Rollenwechselbiegung	S. 733
9.7.1.3	Torsion	S. 735
9.7.1.4	Zugfestigkeit	S. 738
9.7.1.5	Schlagfestigkeit	S. 741
9.7.1.6	Querdruckfestigkeit	S. 745
9.7.1.7	Vibration	S. 746
9.7.2	Klimawechselbeanspruchung	S. 747
9.7.3	Alterung durch hohe Temperatur- und Feuchtebeanspruchung	S. 749
9.7.4	Chemikalienbeständigkeit	S. 756
9.7.5	Beanspruchung durch UV- und energiereiche Strahlung	S. 759
9.8	Prüfnormen und -spezifikationen	S. 760
10.	Simulation optischer Wellenleiter	S. 763
10.1	Modellierung optischer Polymerfasern	S. 763
10.1.1	Fasertypen	S. 765
10.1.2	Modellierungsansätze	S. 766
10.1.2.1	Wellentheoretische Ansätze	S. 766
10.1.2.2	Ray-Tracing-Verfahren	S. 767
10.1.3	Wellentheoretische Beschreibung	S. 768
10.1.3.1	WKB-Methode	S. 768
10.1.3.2	Stufenindexprofilfaser	S. 769
10.1.3.3	Gradientenindexfasern mit Exponentialprofil	S. 770
10.1.3.4	Multi-Stufenindexfasern	S. 771
10.1.3.5	Bestimmung der Modenverteilung	S. 772
10.1.3.6	Berechnung der Übertragungsfunktion und des Ausgangssignals	S. 772
10.1.4	Ray-Tracing	S. 773
10.1.4.1	Stufenindexfasern	S. 774
10.1.4.2	Gradientenindexfasern	S. 774
10.1.4.3	Multi-Stufenindexfasern	S. 775
10.1.4.4	Biegungen	S. 776
10.1.5	Modenabhängige Dämpfung	S. 776
10.1.5.1	Wegabhängiger Zusatzdämpfungsbelag höherer Moden	S. 777

10.1.5.2	Zusatzverluste höherer Moden durch verlustbehaftete Reflexionen	S. 778
10.1.5.3	Goos-Hänchen-Effekt	S. 779
10.1.6	Modenmischung	S. 780
10.1.6.1	Coupled-Mode-Theory	S. 781
10.1.6.2	Diffusionsmodell	S. 783
10.1.6.3	Anwendung mit Hilfe des Split-Step-Algorithmus	S. 784
10.1.6.4	Phänomenologischer Ansatz	S. 785
10.2	Beispiele für Simulationsergebnisse	S. 786
10.2.1	Berechnung der Bandbreite von SI-Fasern	S. 786
10.2.2	Ein lineares POF-Ausbreitungsmodell	S. 790
10.3	Messung und Simulation der Bandbreite von PF-GI-POF	S. 793
10.4	Simulation optischer Empfänger mit großen Photodioden	S. 797
11.	POF-Clubs	S. 803
11.1	Das Japanische POF-Konsortium	S. 803
11.2	HSPN und PAVNET	S. 804
11.3	Der französische POF-Club	S. 807
11.4	Die ITG-Fachgruppe Optische Polymerfasern	S. 807
11.5	Das Polymerfaser-Anwendungszentrum an der FH Nürnberg	S. 811
11.6	Richtlinienarbeitskreis des VDI „Prüfung von Kunststoff-LWL"	S. 815
11.7	Branchenverzeichnis POF-Atlas	S. 815
11.8	Das POF-ALL-Projekt	S. 816
11.9	Der Koreanische POF-Club	S. 820
11.10	Weltweite Übersicht	S. 822

Literatur	S. 823
Stichwortverzeichnis	S. 875
Inserentenverzeichnis	S. 881
Biographien	S. 883

Abkürzungs- und Symbolverzeichnis

Symbol	Bedeutung (*englische Begriffe kursiv*)
α	Winkel (hier im dichteren Medium relativ zur Einfallsachse)
α	Dämpfungsbelag in dB/km
α_{max}	maximaler Ausbreitungswinkel in der Faser
α_{eff}	effektive Dämpfung
α_{Fl}	Verlust durch Flächenfehlanpassung
α_{HDPE}	linearer Ausdehnungskoeffizient von HDPE
$\alpha_{PMMA}, \alpha_{PA6}$	linearer Ausdehnungskoeffizient von PMMA, PA6
α_{LED}	POF-Dämfung für LED
α_m	Dämpfungsbelag
α_{NA}	Verlust durch NA-Fehlanpassung
α_s	Gesamtdämpfungsbelag
α_{Zusatz}	effektive Zusatzdämpfung
α'	Dämpfungsbelag in km^{-1}
α'_s	Dämpfungsbelag durch Rayleighstreuung
α_T	Grenzwinkel der Totalreflexion
β	Winkel am Gitter
β	Ausbreitungskonstante
χ_3	Nichtlinearer Brechungsindex
δ	Ausbreitungswinkel eines Strahls (siehe Abb. 2.3)
δ_{max}	maximaler Ausbreitungswinkel eines Strahls (siehe Abb. 2.3)
Δ	relative Brechzahldifferenz
$\Delta\lambda$	spektrale Breite
Δf	Frequenzdifferenz
Δn	absolute Brechzahldifferenz
Δt	Zeitdifferenz allgemein
Δt_{mod}	Laufzeitdifferenz durch Modendispersion
Δt_{prof}	Laufzeitdifferenz durch Profildispersion
Δt_{mat}	Laufzeitdifferenz durch Materialdispersion
Δx	Spaltbreite
ε	Winkelabweichung der Faserachsen
γ	Winkel eines Strahls in der Faser relativ zum Mantel
γ	Nichtlinearer Parameter

γ_{max}	maximaler Winkel eines Strahls in der Faser relativ zum Mantel
γ_∞	reziproke Koppellänge (Modenkoppelkonstante)
$\eta_{\beta l}$	Koppelwirkungsgrad
η_m	Anteil der Modengruppe m an der Gesamtleistung
κ	Exponent für die Impulsverbreiterung
λ	Wellenlänge
λ_{Quelle}	Wellenlänge des Senders
$\lambda_1, \lambda_2, \lambda_3, \lambda_4$	verschiedene Wellenlängen
λ_B	Blazewellenlänge
Θ	Winkel (hier im dünneren Medium relativ zur Einfallsachse)
Θ'	Winkel des reflektierten Strahls
Θ_{max}	Akzeptanzwinkel der Faser
$2\Theta_{max}$	Öffnungswinkel einer Faser
$\theta_{max1}, \theta_{max2}$	verschiedene Akzeptanzwinkel
τ_{gr}	Gruppenlaufzeit
τ_m	Laufzeit der Modengruppe m
ψ	Winkel schiefer Strahlen relativ zur Tangentialebene
ω	Kreisfrequenz
Ω_1, Ω_2	verschiedene Raumwinkel
Σz	Gesamtzahl der Elemente
$<i>$	Stromrauschdichte
$d\beta/d\omega$	Gruppenlaufzeit
dR/dt	Reaktionsrate
a	Kernradius der Faser
a	Dämpfungsmaß
a	Beschleunigung
a_T	Beschleunigungsfaktor
$a_{T,L}$	Beschleunigungsfaktor auf Lebensdauer bezogen
A	Dämpfung
A_N	Wert der Numerischen Apertur
$A_{N\,Launch}$	Einkoppel-NA
$A_{N\,min}, A_{N\,max}$	minimale und maximale Numerische Apertur
A_{N1}, A_{N2}	verschiedene Numerische Aperturen
A, B	Konstanten
A_1, A_2	Faserstirnflächen
A/D	Analog/Digital
ADSL	Asymmetrical Digital Subscriber Line
AM	Amplitudenmodulation (*Amplitude Modulation*)
APD	Lawinenphotodiode (*Avalange Photo Diode*)
ASK	Amplitudenumtastung (*Amplitude Shift Keying*)
ATM	Asynchronous Transfer Mode
AWG	Arrayed Waveguide Grating
AZ	Aktive Zone

B		Bandbreite allgemein
BAM		Bundesanstalt für Materialforschung und -prüfung (*Federal Institute for Material Research and Testing*) Berlin
BB		Bromobenzen
BBP		Benzyl n-Butyl-Phtalat
BER		Bitfehlerwahrscheinlichkeit (*Bit Error Ratio*)
BK		Breitbandkabel
BPSK		zweistufige PSK (*Binary Phase Shift Keying*)
BR		Bitrate
BzMA		Benzyl Methacrylat
c		Lichtgeschwindigkeit
c_v		Lichtgeschwindigkeit im Vakuum (2,99792458 · 10^8 m/s)
c_m		Lichtgeschwindigkeit im Medium
C		allgemeine Konstante
C_{mn}		Koppelkoeffizient zwischen den Moden m und n
C_{PD}		Kapazität der Photodiode
CAN		Controller Area Network
CCD		Charged Coupled Device
CCP		Customer Convinience Port
CD		Compact Disk
CDC		CD-Wechsler (*Compact Disk Changer*)
CDM		Kodemultiplex (*Code Division multiplex*)
CDMA		Kodevielfachzugriff (*CodeDdivision Multiple Access*)
CMT		Mikrowellmantel (*Corrugated Metallic Tube*)
CNR		Träger-Rausch-Verhältnis (*Carrier to Noise Ratio*)
CSO		Summe der Nichtlinearitäten zweiter Ordnung (*Composite Second Order*)
CTB		Summe der Nichtlinearitäten dritter Ordnung (*Composite Triple Beat*)
CYTOP®		Cyclic Transparent Optical Polymer (Asahi Glass Comp.)
d		Faserdurchmesser
d		Durchmesser des Verseilverbands bzw. Kabeleinheit (Kap. 2.8)
d_{min}, d_{max}		minimaler und maximaler Durchmesser
d_1, d_2		verschiedene Durchmesser
d		reziproke Gitterkonstante
$d_{GM}(\Theta)$		Eindringtiefe des Feldes in Abhängigkeit des Einfallswinkels Θ
d_m		Manteldicke
d_{strahl}		Strahldurchmesser
D		Aderdurchmesser
D		Abstand allgemein
D		Diffusionskonatante
D		Dispersionskonstante
D_A		Durchmesser der Abzugscheibe
D_m		mittlerer Durchmesser der Verseillage

D_K	Einfügedämpfung
D_{rez}	reziproke Dispersion
D2B	Domestic Digital Bus (serielles Bussystem für Automobile)
DA	Doppelader (*Twisted Pair*)
DBR	Distributed Bragg Reflector
DC	Gleichstrom (*Direct Current*)
DEMUX	Demultiplexer
DFB-LD	Distributed Feedback Laser Diode
DH	Doppelheterostruktur
DH-MQW	Double Heterostructure Multi Quantum Well
DNP	Dry Non Polish (Steckersystem APM)
DPS	Diphenyl-Sulfid
DPSK	Differenzphasenumtastung (*Differencial Phase Shift Keying*)
DSI	Doppelstufenindexprofil (*Double Step Index*)
DVB	Digitales Verteilerfernsehen (*Digital Video Broadcasting*)
DVD	Digital Versatile Disk
e/o	elektrisch/optisch
E	Empfänger
$E_{\beta l}$	Elektrisches Feld der Moden
ECOC	European Conference on Optical Communication
EL	Effective Laser Launch
ELED	kantenstrahlende LED (*Edge emitting LED*)
EN	Europäische Norm
EMD	Modengleichgewichtsverteilung (*Equilibrium Mode Distribution*)
EOF	Elastomerfaser (*Elastomer Optical Fiber*)
ETFE	Tefzel
EVA	Ethylen-Vinylacetat-Copolymer
f	Frequenz allgemein (Hz)
f	Verlängerungsfaktor (Kap. 2.8.3)
f	Brennweite
f_0	Bezugsfrequenz
f_{3dB}	Bandbreite bei 3 dB Abfall
f_a	Abtastfrequenz
f_{gr}	Grenzfrequenz
F	Kraft allgemein
F_{max}	maximale Kraft
FDM	Frequenzmultiplex (*Frequnecy Division Multiplex*)
FDMA	Frequenzvielfachzugriff (*Frequency Division Multiple Access*)
FEC	Fehlerkorrektur (*Forward Error Correction*)
FEP	Tetrafluoroethylen-Hexafluoropropylen
FET	Feldeffekttransistor
FM	Frequenzmodulation (*Frequency Modulation*)
FOP	French Plastic Optical Fibre

FP-LD	Fabry-Perot Laserdiode
FSK	Frequenzumtastung (*Frequenzy Shift Keying*)
FTTB	Glasfaserversorgung bis zum Gebäude (*Fiber To The Building*)
FTTH	Glasfaserversorgung bis zum Haus (*Fiber To The Home*)
FWHM	Halbwertsbreite (*Full Width at Half Maximum*)
g	Indexkoeffizient
g(t)	Impulsantwort
GI	Gradientenindexprofil (*Graded Index*)
GIMPOF	Gradientenindexprofil-Multimode-mPOF
GI-PCS	Gradientenindex-Plastic Clad Silica
GOF	Optische Glasfaser (*Glass Optical Fiber*)
GRIN	Graded Index (allmählicher Indexverlauf)
h	Plancksches Wirkungsquantum ($6{,}629 \cdot 10^{-34}$ Js)
h(t)	Impulsantwort
H(f)	Frequenzantwort
H_0	Heizwert
HAVi	Home Audio Video
HC-mPOF	Hollow Core mPOF
HCS	Polymerummantelte Glasfaser (*Hard Clad Polymer*)
HDMI	High Definition Multimedia Interface
HDTV	High Definition Televison
HEC	Hydrxylethylenzellulose
HFC	Hybrider Glasfaser-Koaxialanschluß (*Hybrid Fiber Coax*)
HFIP 2-FA	Hexafluoroisopropyl 2-Fluoroacrylat
HL	Halbleiter
Homeplane	Home Plastic Fiber Networks based on HAVi
HPCF	Hard Plastic Clad Fiber
HSPN	High Speed Plastic Network
I	Strom allgemein
I_{ph}	Photostrom
I_{RMS}	mittlerer Rauschstrom
I_{th}	Schwellenstrom (*Threshold current*)
IDB	Intelligent data bus
IGPT	Interfacial Gel Polymerization Technique
IR	Infrarot
ISDN	Integrated Services Digital Network
ISM	Industrial, Scientific, and Medical Band
ITG	Informationstechnische Gesellschaft
$J_l(u)$	Besselfunktion
JIS	Japanische Industrienorm
k	Boltzmannkonstante

$K_1(v)$	Besselfunktion
k_r	Radialkomponente des Ausbreitungsvektors
K_F	Korrekturfaktor
KIST	Kwangju Instuitute of Science and Technology
KPCF	Korea POF Communication Forum
l	Umfangsordnung
L	Länge
L_1, L_2	Längen verschiedener Strahlwege
L_k	Koppellänge
LAN	Lokales Datennetz (*Local Area Network*)
LD	Laser Diode
LED	Lumineszensdiode (*Light Emitting Diode*)
Low-NA	verringerte Numerische Apertur
LWL	Lichtwellenleiter
m	Beugungsordnung
M	Materialdispersionsparameter
M	Höchste Gruppenordnung
$M(\Delta z)$	Modenkopplungsmatrix
M_1, M_2	unterschiedliche Monomere
MC	Vielkern (*Multi Core*)
MC-GOF	Vielkernglasfaser (*Multi Core Glass Optical Fiber*)
MCVD	Modified Chemical Vapor Deposition
MFK	Modenfeldkonverter
MGDM	Modengruppenmultiplex (*Mode Group Division Multiplex*)
MIMO	Multiple Input - Multiple Output
MMA	Methylmethacrylat
MM-GOF	Multimode Glass Optical Fiber
MOST	Media Oriented System Transport (serielles Bussystem für Automobile)
mPOF	Mikrostrukturierte POF
MP3	Kompressionsverfahren für Musikdaten
MP-P	Multipunkt-zu-Punkt (*multipoint to point*)
MP-MP	Multipunkt-zu-Multipunkt (*multipoint to multipoint*)
MPEG	Motion Picture Expert Group (Komprimierungsstandard)
MQW	Multi Quantum Well
MSI	Vielstufenindexprofil (*Multi Step Index*)
MUX	Multiplexer
n	Brechzahl bzw. Brechungindex
n	Lagennummer (Kap. 2.8.3)
n_0	Brechzahl der Luft (ca. 1)
n_1	Drehzahl des Verseilkorbes (Kap. 2.8.3)
n_2	Drehrichtung und Drehzahl der Abzugscheibe (Kap. 2.8.3)
n_1, n_2, n_3	Brechzahlen in verschiedenen Medien

n_K, n_{Kern}	Brechzahl des Kerns
n_{Kmax}	maximale Brechzahl des Kerns in GI-Fasern
n_M, n_{Mantel}	Brechzahl des Mantels
n_{Luft}	Brechzahl von Luft
n_{PMMA}	Brechzahl von PMMA
N	Anzahl geführter Moden
N	Anzahl allgemein
NA	Numerische Apertur (*Numerical Aperture*)
NEXT	Nahnebensprechen (*Near End Crosstalk*)
NRC-LED	Non Resonant Cavity LED
NRZ	Non Return to Zero (Modulationsformat)
NTBA	ISDN-Netzabschluß (*Network Termination - Basic Access*)
NTC	Negative Temperature Coefficient
o/e	optisch/elektrisch
OIIC	Optical Interconnected Integrated Circuits
OTDR	Optisches Zeitbereichs-Reflektometer (*Optical Time Domain Reflektometer*)
OVAL	Optischer Video/Audio-Link
p	Impuls
P	Profildispersion
P	Leistung allgemein
P_0	Ausgangsleistung
P_{0x}, P_{1x}	Leistungen bei Messung der Steckerdämpfung
P_{eff}	effektive Leistung
P_{elektr}	elektrische Leistung
P_{empf}	empfangene Leistung
P_{el}	elektrische Leistung
P_L	Leistung nach der Länge L
P_{L1}, P_{L2}	Leistungen am Faserausgang
P_{opt}	optische Leistung
P_{out}	Ausgangsleistung
P_r	rückgestreute Leistung
P(f)	Leistung bei der Frequenz f
PA, PA-6	Polyamid, Polyamid - 6
PAM	Phasen-Amplituden Modulation
PAVNET	Plastic Fiber and VCSEL Network
PC	Personalcomputer
PC	Polycarbonat
PC(AF)	teilfluoriertes Polycarbonat
PCS	Plastic Clad Silica
PE	Polyethylen
PE flammw.	Polyethylen flammw./halogenhaltig
PE HD	Polyethylen (hohe Dichte)
PE LD; MD	Polyethylen (niedrige; mittlere Dichte)

PFA	Tetrafluoroethylen-Perfluoroalkylvinyl-Ether
PFM	Puls-Frequenzmodulation
PF-POF	vollständig fluorierte POF (*perfluorinated POF*)
PhMA	Phenyl-Methacrylat
pin-PD	Photodiode mit p-i-n-Halbleiterstruktur
PLC	Power Line Communication
P-LED	Polymer-LED
PLL	Phasenregelkreis (*Phase Locked Loop*)
PNA	Phone Network Association
PMMA	Polymethylmethacrylat
PMMA-d8	vollständig deuteriertes PMMA
PMT	Photomultipliertube
POF	Optische Polymerfaser (*Polymer Optical Fiber*)
POF-AC	Polymerfaser-Anwendungszentrum an der FH Nürnberg (*Polymer Optical Fiber Application Center*)
POF-ALL	Paving the Optical Future with Affordable Lightning-Fast Links (EU-Projekt: www.ist-pof-all.org)
POFTO	POF Trade Organization
PP	Polypropylen
P-MP	Punkt-zu-Multipunkt (*Point to Multipoint*)
P-P	Punkt-zu-Punkt (*Point to Point*)
PS	Polystyrol
PRBS	Pseudozufallsfolge (*Pseudorandom Bit Sequence*)
PSK	Phasenumtastung (*Phase Shift Keying*)
PTC	Positive Temperature Coefficient
PTFE	Polytetrafluoroethylen
PUR	Polyurethan (thermoplastisch)
PVC, PVC 90°	Polyvinylchlorid, Polyvinylchlorid 90°C
PVC flammw.	Polyvinylchlorid flammwidrig
QAM	Quadratur Amplituden Modulation
QWG_{ext}	externer Quantenwirkungsgrad
r	Radius allgemein
r_k	Radius, den schiefe Strahlen nicht unterschreiten
$R, \mathfrak{R}$	Responsivität
R	elektrischer Widerstand
R	Biegeradius
$\overline{R}$	Ortsvektor
RH	relative Luftfeuchtigkeit (*Relative Humidity*)
R	Radius von MC-Fasern
r.F.	relative Feuchte
RC-LED	Resonant Cavity LED
RIE	Reactive Ion Etching
RLM	Restricted Mode Launch

s	Schlaglänge
s_H	hergestellte Schlaglänge
s	axialer Abstand von Fasern
S	Sender
S	Rückstreufaktor
S	Sicherheitskoeffizient
S_{ein}, S_{aus}	Modulationssignal am Ein- und Ausgang
SC	zugverspannt (*Strain Compressed*)
SCM	Unterträgermultiplex (*Subcarrier Multiplex*)
SDM	Raummultiplex (*Space Division Multiplex*)
SERCOS	Serial Realtime Communication System
SI	Stufenindexprofil (*Step Index*)
Si-PD	Siliziumphotodiode
SLED	Superlumineszensdiode
SM-GOF	Einmodenglasfaser (*Single Mode Glass Opical Fiber*)
SNR	Signal-zu-Rausch-Verhältnis (*Signal to Noise Ratio*)
SOA	optischer Halbleiterverstärker (*Semiconductor Optical Amplifier*)
SP1, SP2 ...	Referenzpunkte
SQW	Single Quantum Well
St.-NA	Standard-NA (typ. 0,50)
Semi-GI	Semi-Gradientenprofil
t	Zeit
t_1, t_2, t_3	verschiedene Laufzeiten
t_a; t_b	Flächenausnutzungs-Parameter (in Tab. 2.3)
t_A	Alterungszeit
t_{ein}, t_{aus}	Impulsbreiten am Ein- und Ausgang
t_f	Abfallzeit (*Fall Time*)
t_r	Anstiegszeit (*Rise Time*)
t_i	Dauer des eingekoppelten Impulses
t_L	Lebensdauer
T	Temperatur allgemein
T_{min}, T_{max}	minimale und maximale Temperatur
T_G	Glasübergangstemperatur
T_S	Bezugstemperatur
T-DSL	Telekom-ADSL
TDM	Zeitmultiplex (*time division multiplex*)
TDMA	Zeitvielfachzugriff (*time division multiple access*)
TTP	Time Triggered Protocol
u	Normierte Ausbreitungskonstante
U	Spannung allgemein
UI	Unit Interval
UKW	Ultrakurzwelle
UMTS	Universal Mobile Telecommunications System

USB	Universal Serial Bus
UMD	Modengleichverteilung (*Uniform Mode Distribution*)
UV	Ultraviolett
UWB	Ultra Wide Band
v	Gruppengeschwindigkeit
v	Normierte Ausbreitungskonstante
v_m	Abzugsgeschwindigkeit
v, x, y, z	Variablen zur SNR-Berechnung (Kap. 1.3.3)
V	Faserkenngröße zur Bestimmung der Modenzahl, Strukturkonstante
V	Verseilzahl (Kap. 2.8.3)
VB	Vinyl Benzoat
VCSEL	Oberflächenemittierender Laser (*Vertical Cavity Surface Emitting Laser*)
VDE	Verband Deutscher Elektroingenieure
VFM	Vorformmethode
VPAc	Vinyl-Phenylazetat
VPE	vernetztes Polyethylen
V-pin	Versatile Link-Stecker von Hewlett Packard
W	thermische Aktivierungsenergie
W	Photonenenergie
W_G	Bandlückenenergie
W_{G1}, W_{G2}	Bandlücken verschiedener Halbleiter
WDM	Wellenlängenmultiplex (*Wavelength Division Multiplex*)
WDMA	Wellenlängenvielfachzugriff (*Wavelength Division Multiple Access*)
WigWam	Wireless Gigabit With Advanced Multimedia Support
WiMax	Worldwide Interoperability for Microwave Access
WLF	Williams-Landel-Ferry
WPAN	Wireless Personal Area Network
x	seitlicher Faserabstand
x, y	Mischanteile in quaternären Halbleitern
y, z	verschiedene Weglängen
z	allgemeine Variable
z	Anzahl der Lagen (Kap. 2.8.3)
z	Faserposition

1. Grundlagen der optischen Datenübertragung

1.1 Lichtausbreitung in optischen Fasern und Wellenleitern

1.1.1 Wellen- und Quantennatur des Lichts

Viele Lichterscheinungen, wie z.B. Interferenz, Beugung und Polarisation lassen sich im Wellenmodell erklären, andere, wie z.B. der lichtelektrische Effekt, zeigen, daß das Licht nicht wie kontinuierliche Strahlung wirkt, sondern einen Teilchencharakter zeigt. Diese Lichtquanten (Photonen) sind nicht weiter teilbar, sondern stellen eine elementare Größe dar. Die Energie W eines Photons wird durch $W = h \cdot f$ beschrieben, mit W: Energie in Joule [J], h: Plancksche Konstante = $6{,}626 \cdot 10^{-34}$ Joulesekunden [Js] und f: Frequenz des Lichtes in [Hz]. Die Frequenz der Strahlung errechnet sich aus $f = c/\lambda$, mit: $c = 2{,}99792458 \cdot 10^8$ m/s, Lichtgeschwindigkeit im Vakuum und λ Wellenlänge des Lichtes in [m]. Wird die Energie in Elektronenvolt [eV] angegeben, erhält man für die Umrechnung: 1 eV = $1{,}602 \cdot 10^{-19}$ As $\cdot$ 1 V = $1{,}602 \cdot 10^{-19}$ J, 1 J = $6{,}25 \cdot 10^{18}$ eV. Der Teilchencharakter des Lichtes tritt um so mehr in Erscheinung, je kurzwelliger die Strahlung bzw. je höher die Frequenz wird.

1.1.2 Elektromagnetisches Spektrum

Abbildung 1.1 zeigt eine Übersicht über das elektromagnetische Spektrum. Das Gebiet der optischen Wellen umfaßt den ultravioletten, sichtbaren und infraroten Bereich.

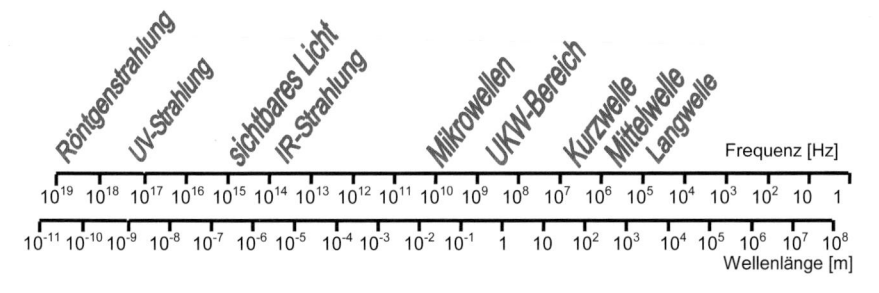

Abb. 1.1: Überblick über das elektromagnetische Spektrum

Für die optische Übertragungstechnik sind der nahe infrarote, zwischen 850 nm und 1.600 nm für die SiO$_2$ Faser (Glass Optical Fiber: GOF), und der sichtbare Bereich zwischen 380 nm und 780 nm (für die optische Polymerfaser: POF) von Interesse, da dort die Dämpfungsminima liegen.

Eine detaillierte Übersicht über den optischen Bereich bietet Abb. 1.2; die weiße Linie gibt qualitativ den Dämpfungsverlauf der PMMA-POF an.

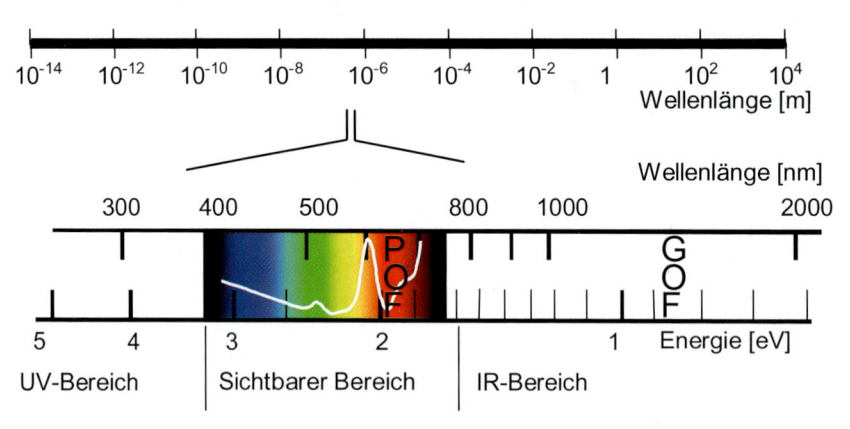

Abb. 1.2: UV-, IR- und sichtbarer Bereich des elektromagnetischen Spektrums (POF: Polymer Optical Fiber, GOF: Glass Optical Fiber)

1.1.3 Brechung und Totalreflexion

Breitet sich das Licht in einem Medium, z.B. einem Polymer, aus, verringert sich die Lichtgeschwindigkeit. Das Verhältnis zwischen der Vakuumlichtgeschwindigkeit c_v und der Geschwindigkeit im Medium c_m wird als Brechzahl n des Mediums bezeichnet:

$$n = \frac{c_v}{c_m}$$

Außer der Geschwindigkeit ändert sich beim Durchgang durch ein Medium auch die Wellenlänge λ; die Frequenz f und damit die Energie W bleiben konstant. In Abb. 1.3 fällt ein Lichtstrahl unter dem Winkel Θ in das optisch dichtere Medium ein und wird unter dem Winkel α zum Einfallslot hin gebrochen. Ein Teil des Lichtes wird reflektiert. Die Brechung wird beschrieben durch:

$$\frac{\sin \Theta}{\sin \alpha} = \frac{n_2}{n_1}.$$

Bei Umkehrung des Lichtweges (Übergang vom optisch dichteren ins optisch dünnere Medium, rechtes Bild) wird der Strahl vom Einfallslot weg gebrochen. Wird für diesen Fall der Winkel α kontinuierlich vergrößert, tritt von einem kritischen Winkel α_T der Lichtstrahl nicht mehr in das andere Medium über, sondern wird vollständig reflektiert. Für den Grenzfall der Totalreflexion gilt wegen $\Theta = 90°$:

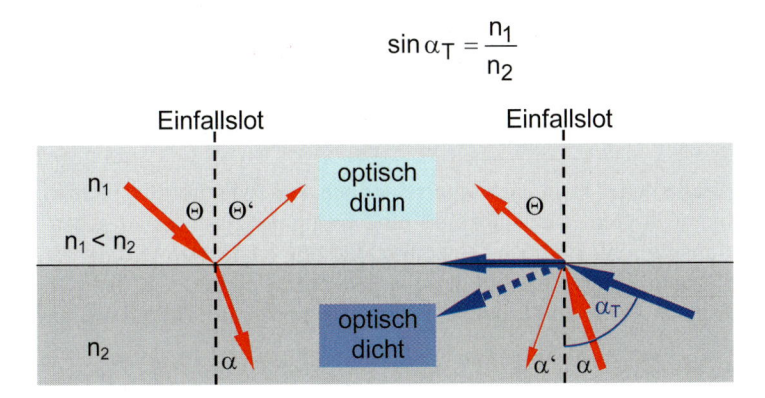

$$\sin \alpha_T = \frac{n_1}{n_2}$$

Abb. 1.3: Lichtbrechung und Totalreflexion

1.1.4 Wellenleiter und optische Fasern

Ein optischer Wellenleiter bzw. eine optische Faser besteht aus einem hochtransparenten Kern mit der Brechzahl n_K und einem ihn umgebenden, ebenfalls transparenten Mantel mit der Brechzahl n_M. Damit der in die Faser eintretende Lichtstrahl geführt wird, muß gelten $n_K > n_M$ (Abb. 1.4), so daß unterhalb eines bestimmten Winkels Θ_{max} an der Kern-Mantel-Grenzfläche Totalreflexion stattfindet. Die Brechzahl der umgebenden Luft ist $n_0 \approx 1$.

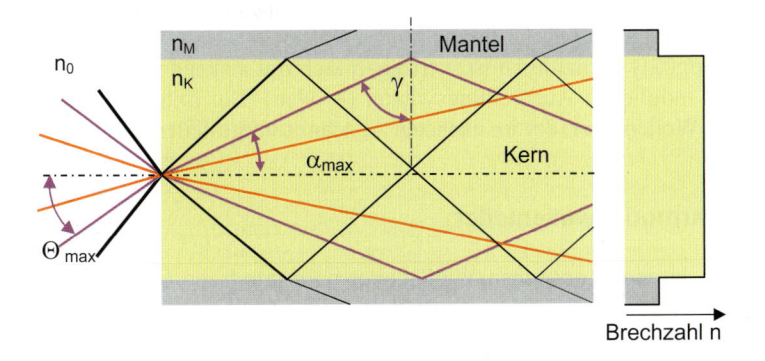

Abb. 1.4: Wellenleitung in der optischen Faser

Strahlen, die unter größerem Winkel als Θ_{max} auf die Faserstirnfläche fallen, werden an der Kern-Mantel-Grenzfläche nicht mehr totalreflektiert, sondern teilweise in den Mantel gebrochen und stehen somit nicht mehr uneingeschränkt zur Signalübertragung zur Verfügung. Wie stark sich hier schon geringe Unterschiede auswirken, zeigt nachfolgendes Beispiel: Bei einem Kernbrechungsindex von 1,56 und einem Mantelbrechungsindex von 1,49 ist der Grenzwinkel der Totalreflexion 72,77°, also können sich Lichtstrahlen mit einem maximalen Winkel von $\alpha_{max} = 17{,}23°$ gegenüber der Faserachse ausbreiten.

Übersteigt der Ausbreitungswinkel diesen Wert nur um 0,001°, verringert sich der Reflexionskoeffizient von 100% auf ca. 95%. In einer Faser von 1 mm Durchmesser kommt es pro Meter zu 310 Reflexionen bei diesem Winkel. Die verbleibende Lichtleistung wäre dann $0{,}95^{310} = 1{,}2 \cdot 10^{-7}$, entsprechend einem Verlust von 69 dB.

Die Form der Wellenleiter kann ganz unterschiedlich sein, wie drei Beispiele in Abbildung 1.5 demonstrieren. Ganz links ist eine Einmodenglasfaser zu sehen, wie sie heute fast ausschließlich in der Telekommunikation eingesetzt wird. In der Mitte wird ein planarer Wellenleiter dargestellt. Die rechte Seite zeigt dagegen einen Halbleiterlaser im Querschnitt, bei dem ebenfalls ein optischer Wellenleiter gebildet wird.

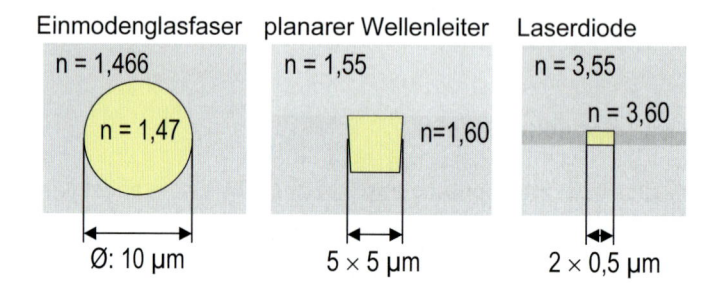

Abb. 1.5: Beispiele für optische Wellenleiter

Besitzt der Wellenleiter sehr kleine Abmessungen im Bereich der Lichtwellenlängen, reicht die rein strahlenoptische Betrachtung nicht mehr aus. Wie in Standardwerken (z.B. [Vog02]) nachzulesen ist, verringert sich mit sinkendem Durchmesser die Zahl der möglichen Ausbreitungswinkel (Moden). Ein Extremfall ist dabei der einmodige Wellenleiter, der im nächsten Abschnitt vorgestellt wird.

1.1.5 Ein- und Mehrmodenwellenleiter

Die Zahl der Moden in einem optischen Wellenleiter wird durch die sogenannte Strukturkonstante V bestimmt. Die Ausgangsgrößen dabei sind der Kernradius a, die Lichtwellenlänge λ und die Numerische Apertur A_N.

$$V = \frac{2 \cdot \pi \cdot a}{\lambda} \cdot A_N$$

Solange V kleiner als 2,405 ist, kann sich nur ein Mode ausbreiten, anderenfalls handelt es sich um eine Mehrmodenfaser. Die Zahl der Moden ergibt sich dabei näherungsweise zu:

$$N \approx V^2/2 \quad \text{(Stufenindexprofil)}$$

$$N \approx V^2/4 \quad \text{(Gradientenindexprofil)}$$

Strenggenommen gibt es auch in der Einmodenfaser zwei Ausbreitungszustände, nämlich die beiden orthogonalen Polarisationsrichtungen. Solange der Wellenleiter genau rotationssymmetrisch (oder z.B. auch quadratisch) und das Material völlig homogen ist, breiten sich diese beiden Polarisationsrichtungen mit gleicher Geschwindigkeit aus.

Die Zahl der Moden ist immer wellenlängenabhängig, eine Faser ist also erst ab einer bestimmten Wellenlänge einmodig (Cut-off-Wellenlänge). Die in diesem Buch behandelten Fasern haben immer eine große Anzahl von Moden, wie Tabelle 1.1 zeigt (zur näheren Beschreibung der Fasertypen im Kapitel 2). Es muß weiterhin beachtet werden, daß bei spektral breiten Quellen jede vorkommende Wellenlänge ihre eigenen Moden besitzt. In einem POF-System mit LED sind also nicht nur die mehreren Millionen Fasermoden, sondern auch alle emittierten Wellenlängen zu beachten (als ideal monochromatisch kann eine Quelle betrachtet werden, wenn die Kohärenzzeit groß gegenüber den auftretenden Laufzeitunterschieden ist).

Tabelle 1.1: Modenzahl in optischen Fasern

Fasertyp	Profil	NA	a_{Kern}	λ_{Sender}	V	Modenzahl
Standard-POF	SI	0,50	490 µm	650 nm	2.368	2.804.369
Optimedia-POF	GI	0,37	450 µm	650 nm	1.609	647.592
MC37-POF (Einzelkern)	SI	0,50	65 µm	650 nm	314	49.348
PCS	SI	0,37	100 µm	850 nm	274	37.402
MC-GOF (Einzelkern)	SI	0,50	27 µm	650 nm	130	8.515
MC613-POF (Einzelkern)	SI	0,50	18,5 µm	650 nm	89	3.997
Lucina®	GI	0,22	60 µm	1.200 nm	69	1.194
GI-GOF (Europa)	GI	0,17	25 µm	850 nm	31	247

1.1.6 Übersicht optischer Fasern

Die verschiedenen optischen Fasertypen werden ausführlich im nächsten Kapitel beschrieben, einen Überblick über die Standards findet man in Kap. 7.2. Die folgenden beiden Bilder zeigen eine Übersicht der unterschiedlichen Brechzahlprofile. Gut zu sehen ist, daß nicht nur die Indexprofile, sondern auch die Brechzahlunterschiede (bestimmt die Numerische Apertur) und die Kerndurchmesser erheblich variieren.

In Abb. 1.6 sind die derzeit in der Datenübertragung eingesetzten Fasern mit dem größtem Kerndurchmesser zu sehen. Die Standard-SI-POF hat ca. 1 mm Kerndurchmesser bei einer NA von 0,50. Seit kurzem sind ebenfalls GI-POF mit diesem Durchmesser, aber etwas kleinerer NA verfügbar ([Yoo04]).

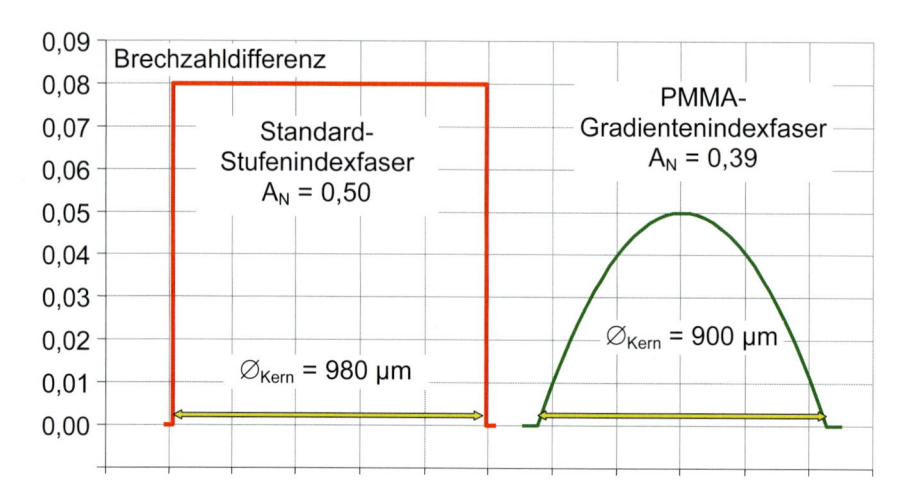

Abb. 1.6: Indexprofile verschiedener optischer Polymerfasern

In der nächsten Abb. 1.7 sind die Indexprofile verschiedener Glas- und Polymerfasern zu sehen. Eine Mischform sind die sogenannten PCS - Polymer Clad Silica, also Quarzglasfasern mit Polymermantel.

Die kleinsten Kerndurchmesser haben die Einmoden-Glasfasern. Für den Einsatz im Bereich 1.300 nm bis 1.600 nm haben diese Fasern nur ca. 10 µm Kerndurchmesser. Spezielle Fasern, z.B. für Erbium-dotierte Faserverstärker oder Fasern mit nichtlinearen Eigenschaften, können sogar im Bereich von nur 2 µm Kerndurchmesser liegen. Diese Fasern sind nicht Gegenstand dieses Buches. Als hervorragendes Übersichtswerk für diesen Bereich soll [Vog02] empfohlen werden.

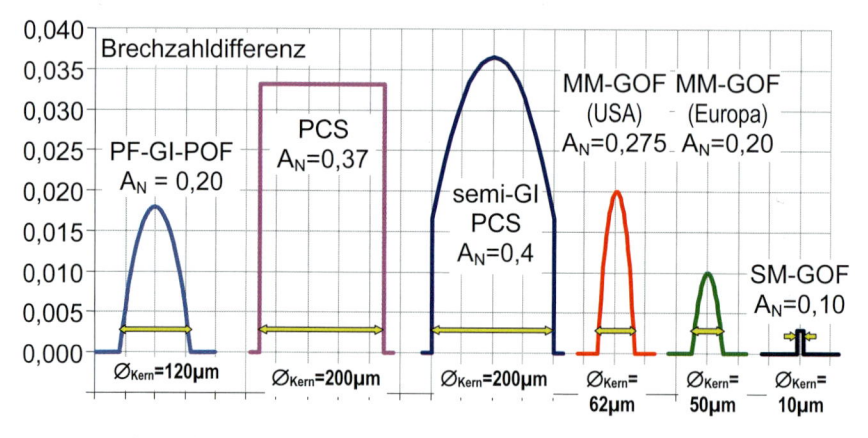

Abb. 1.7: Indexprofile verschiedener optischer Glasfasern

1.1.7 Bezeichnungen optischer Fasern

Für die Bezeichnung optischer Fasern gibt es keine allgemeinen internationalen Richtlinien. Wegen der enorm großen Variationsbreite der verschiedenen Parameter ist es kaum möglich, allen Fasern eindeutige Bezeichnungen zu geben, da diese sonst viel zu lang wären. Nachfolgend sind Parameter aufgezeigt, die zur Namensbildung beitragen können:

Tabelle 1.2: Parameter in Fasernamen mit möglichen Varianten:

Parameter	Beschreibung und Varianten	Beispiel
Modenzahl	zumeist wird zwischen Ein- und Mehrmodigkeit unterschieden (mit dem Strukturparameter V > 2,405)	Einmodenglasfaser (SMF)
Kernmaterial	Generell gibt es die Varianten Glas, Quarzglas oder Polymere	Polymerfaser (POF)
spezielle Kernmaterialien	Vor allem spezielle Polymere werden gekennzeichnet	Polycarbonatfaser (PC-POF, PMMA-POF usw.)
Mantelmaterial	Spezielle hybride Faser, z.B. Quarzglasfasern mit Polymermantel	Polymer Clad Silica Fiber (PCS)
Indexprofil	Die Indexprofile bei Glas- und Polymerfasern können verschiedenste Varianten haben: ➤ Stufenindexprofil ➤ Doppelstufenindexprofil ➤ Gradientenindexprofil ➤ Vielstufenindexprofil ➤ Semi-Gradientenindexprofil	 SI-POF DSI-POF GI-POF MSI-POF Semi-GI-PCS
Zahl der Kerne	Bei Glas- und Polymerfasern gibt es Faservarianten mit vielen Kernen	Vielkernfaser (MC-POF)
Polarisationsverhalten	(nur bei Einmodenfasern) spezielle Fasern erhalten den Polarisationszustand oder führen nur eine Polarisationsrichtung	Polarisationserhaltende Faser (PMF)
chromatische Dispersion	(nur bei Einmodenfasern) ➤ Dispersionsverschobene Fasern ➤ Fasern mit glattem Dispersionsverlauf ➤ Dispersionskompensierende Fasern	 DSF DFF DCF
Numerische Apertur	für Ein- und Mehrmoden-Fasern (z.B. hohe NA für kleine Biegeradien)	High NA Fiber (HNA)
Mikrostruktur	Durch Löcher in der Faser werden Braggfasern gebildet oder der effektive Brechungsindex verändert	Photonic Crystal Fiber (PCF); Microstructured Fiber; Photonic Bandgap Fiber

Biegeverluste	Fasern, die für minimale Biegeverluste optimiert sind (durch hohe NA oder Mikrostrukturierung)	Bend Insensitive Fibers (BIF)
Standard	Viele Fasern sind in ITU-Standards genau beschrieben, z.B. Einmodenfasern in ITU-G.652 - G.656	Standard-SMF (G.652 B1.1)
Anwendung	Nutzung in speziellen Anwendungen, z.B. Fahrzeugnetzen	MOST-POF

Dazu kommen diverse Unterschiede im Durchmesser, in der Numerischen Apertur, Faserqualitäten, Art, Dicke und Aufbau des Schutzmantels usw. Um alle Parameter komplett im Fasernamen unterzubringen, müßte man beispielsweise sagen: 500 µm PMMA-GI-POF mit NA 0,30 und schwarzem PE-Cladding, 1,5 mm. Einige der gängigsten Fasern sind:

➢ Standard-Glasfaser (einmodig, $\varnothing_{Kern}$ = 10 µm, NA: 0,10)
➢ Standard-POF (PMMA, $\varnothing_{Kern}$ = 980 µm, NA: 0,50)
➢ PCS (SiO$_2$-Kern, $\varnothing_{Kern}$ = 200 µm, NA: 0,37)
➢ Multimodefaser (MMF, GI-Profil, $\varnothing_{Kern}$ = 50 µm, NA: 0,17)

1.2 Digitale und analoge Datenübertragung

Für den Nachrichtentechniker ist neben der spektralen Dämpfung die Bandbreite einer optischen Faser fraglos der wichtigste Parameter. In Wellenleitern sind (mit Ausnahme der sehr dünnen Einmoden-Wellenleiter) üblicherweise verschiedene Lichtwege möglich. Diese unterschiedlichen Wege führen aufgrund ihrer unterschiedlichen Länge zu Differenzen in der Laufzeit eines optischen Impulses, wie in Abb. 1.8 schematisch dargestellt.

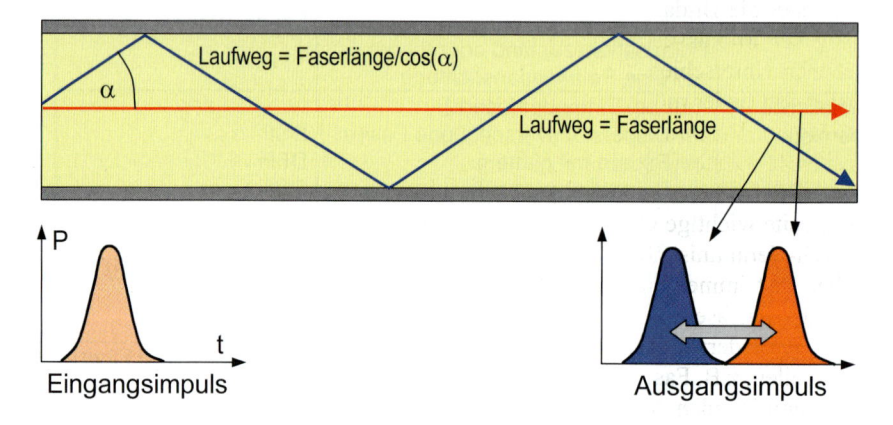

Abb. 1.8: Laufzeitunterschiede durch unterschiedliche optische Wege

Für eine Standard-POF gilt z.B.:

Kernbrechungsindex:	$n_K = 1{,}49$
Mantelbrechungsindex:	$n_M = 1{,}42$
maximaler Ausbreitungswinkel:	$\alpha_{max} = 17{,}6°$
Unterschied der Laufwege:	4,9 %

In der Abbildung sind nur zwei Lichtwege eingezeichnet. In einem realen Experiment gibt es immer eine Vielzahl von Strahlverläufen, so daß sich die Einzelimpulse zu einem mehr oder weniger verbreiterten Gesamtimpuls überlagern. Abbildung 1.9 zeigt die Auswirkungen, die eine solche Impulsverbreiterung auf ein digitales Signal hat.

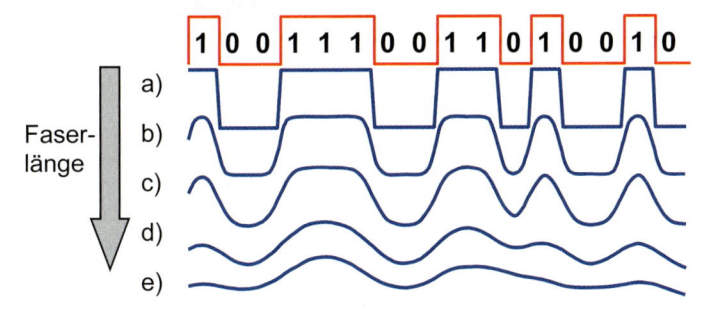

Abb. 1.9: Einfluß der Modendispersion auf die Datenübertragung

In die Faser wird ein optisches Signal eingestrahlt, welches im Bittakt ein- und ausgeschaltet wird (Kurve a). Durch die zunehmende Impulsverbreiterung werden die Bitflanken mehr und mehr verschliffen (Signalfolge mit nach unten zunehmender Übertragungslänge). Solange die Verbreiterung deutlich unterhalb der Bitdauer liegt, bleibt das Signal gut erkennbar (Kurven b und c). Steigt die Breite der Flanken über die Bitdauer, wird das Signal undetektierbar (Kurven d und e). Der Vorgang der Impulsverbreiterung wird als Dispersion bezeichnet. Den hier beschriebenen Unterschied zwischen unterschiedlichen Lichtwegen nennt man Modendispersion (jeder mögliche Zustand der Lichtausbreitung in einem Wellenleiter ist ein Mode). Daneben sind noch die chromatische Dispersion (unterschiedliche Laufzeiten für verschiedene Wellenlängen) und die Polarisationsmodendispersion bekannt, die aber hier noch nicht betrachtet werden.

Die zweite wichtige Größe, welche die Signalqualität bestimmt, ist das Signal-zu-Rausch-Verhältnis (Signal to Noise Ratio, SNR). Für POF-Systeme ist für das Rauschen fast immer nur der optische Empfänger verantwortlich. Bei dünneren Mehrmodenglasfasern muß unter Umständen auch das Modenrauschen betrachtet werden. In modernen Einmodenglasfaser-Systemen gibt es noch viele weitere Rauschquellen, z.B. Faserverstärker.

Die nachfolgenden Abschnitte geben einen kurzen Einblick in die Grundlagen analoger und digitaler Übertragungsverfahren, wobei insbesondere auf die unterschiedlichen Störquellen eingegangen wird. Erläutert werden vor allem die Effekte, die in der Kurzstreckenkommunikation wichtig sind.

1.2.1 Digitale optische Signalübertragung

1.2.1.1 Analoge und digitale Signale

Für Leser, denen die Grundlagen der Signaltheorie weniger vertraut sind, soll an dieser Stelle kurz auf die verschiedenen Grundbegriffe eingegangen werden, damit die Anforderungen der unterschiedlichen Verfahren an die Komponenten verständlich werden.

Generell werden Übertragungsverfahren danach eingeteilt, ob die zu übertragenden Signale diskrete Werte besitzen oder beliebige Werte annehmen können. In der natürlichen Umwelt liegen die Informationen üblicherweise vollständig analog vor (siehe Abb. 1.10). Es soll angenommen werden, daß das interessierende Signal (z.B. ein akustisches Signal) mit Hilfe eines elektronischen Meßgerätes (Mikrofon) in eine Spannung U(t) umgewandelt wird.

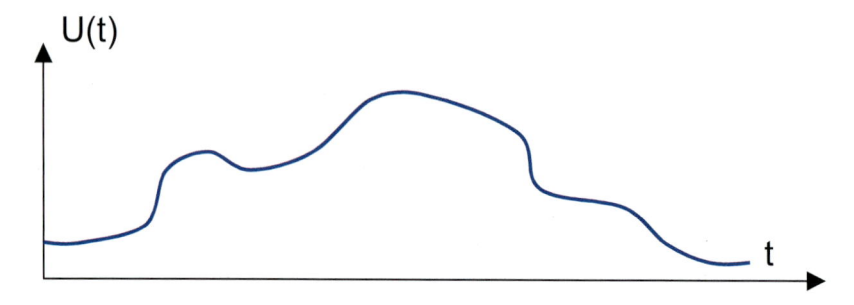

Abb. 1.10: Analoger Signalverlauf

Analog bedeutet hier zweierlei. Zunächst wird das Signal zu jeder beliebigen Zeit t erfaßt. Weiterhin kann U(t) jeden beliebigen Wert annehmen. Bei der Digitalisierung eines Signals werden üblicherweise zwei Schritte vollzogen. Bei der Abtastung wird der Meßwert nicht mehr kontinuierlich erfaßt, sondern nur noch an diskreten Stellen (Abb. 1.11).

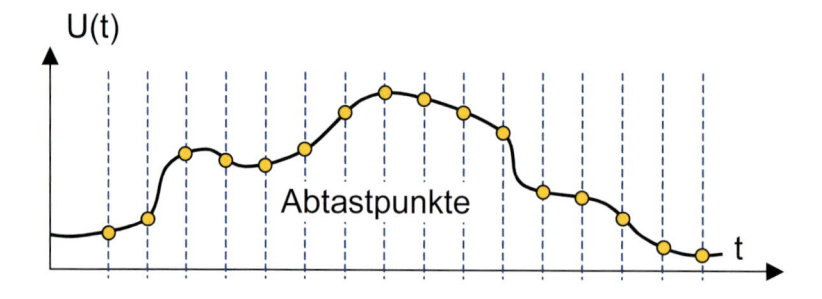

Abb. 1.11: Abtastung eines analogen Signals

Der zweite Schritt besteht darin, daß die Spannung U nicht mehr jeden beliebigen Wert, sondern nur noch bestimmte (diskrete) Werte annehmen darf (Quantisierung, Abb. 1.12).

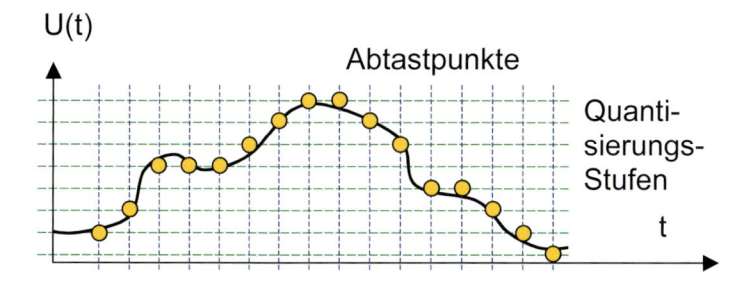

Abb. 1.12: Quantisierung eines Signals

In Abb. 1.12 ist zu sehen, daß die Werte nicht mehr exakt auf der tatsächlichen Kurve liegen, sondern immer bei der nächstgelegenen Quantisierungsstufe.

Die Digitalisierung eines Signals ist immer mit einer Verzerrung des Originals verbunden. Zunächst wird der Bereich der erfaßten Frequenzen durch die Wahl der Abtastrate (Abtastpunkte je Sekunde) begrenzt. Das Abtasttheorem sagt aus, daß nur Signale komplett erfaßt werden können, deren obere Grenzfrequenz f_{gr} gleich oder kleiner der halben Abtastrate f_a ist $f_{gr} \leq f_a/2$. Abbildung 1.13 stellt das Problem graphisch dar.

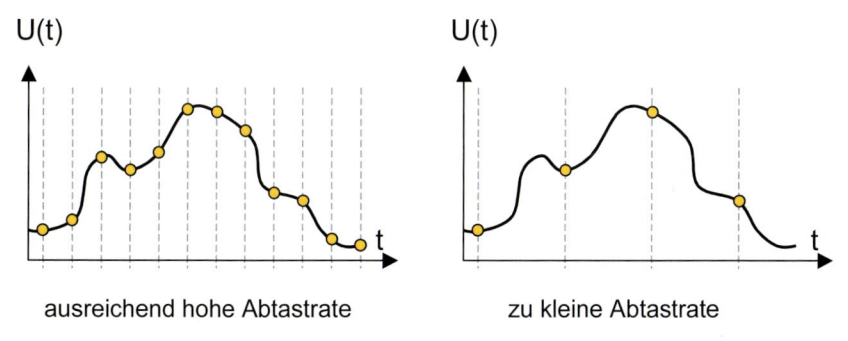

Abb. 1.13: Wahl der Abtastrate

In der linken Abbildung liegen die Abtastpunkte ausreichend dicht beieinander. In der rechten Abbildung ändert sich das Signal auch zwischen den Abtastpunkten sehr schnell (es sind höhere Frequenzanteile vorhanden). Aus den zu weit auseinander liegenden Punkten kann das ursprüngliche Signal nicht mehr rekonstruiert werden. Auch die Quantisierung führt zu einer Verfälschung des Signals. Die Differenz zwischen dem eigentlichen Wert und der entsprechenden Quantisierungsstufe kann auch als addiertes Rauschen interpretiert werden (Abb. 1.14).

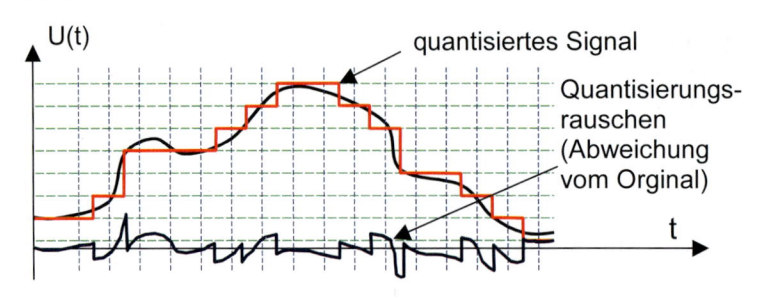

Abb. 1.14: Entstehung des Quantisierungsrauschens

Als Beispiel für digitale Signale kann z.B. das Signal einer CD genannt werden. Das menschliche Ohr erfaßt noch Frequenzen bis maximal 15 - 18 kHz. Für die Speicherung auf einer CD wird die Musik mit 44.200 Werten pro Sekunde abgetastet. Es können also Anteile bis max. 22,1 kHz erfaßt werden. Jeder dieser Abtastwerte wird in 65.536 Amplitudenschritte unterteilt (2^{16}). Das ursprüngliche Signal liegt nun als Folge von jeweils 44.200 Zahlen je Sekunde vor, z.B.:

23.546; 22.125; 19.714; 13.120 usw.

Der Fehler, der bei dieser Quantisierung auftritt, ist sehr klein. Verteilt man die verfügbaren Stufen gleichmäßig auf positive und negative Spannungen, z.B. den Bereich zwischen +1 V und -1 V, kann die Abweichung des realen Wertes zur nächsten Quantisierungsstufe höchstens 15 µV betragen. Das ist ein Unterschied von ca. 96 dB, entsprechend etwa der Differenz zwischen Flüstern und einem laufenden Flugzeugpropeller in 5 m Abstand.

In der digitalen Signalverarbeitung werden Zahlen binär mit den Symbolen "1" und "0" dargestellt. 65.536 Werte lassen sich gerade durch 16 binäre Zeichen (16 Bit) darstellen. Das eben gezeigte Signal lautet dann:

0101101111111010,0101011001101101,0100110100000010,0011001101000000

Für die Übertragung der Signale läßt man natürlich die Kommas weg. Die beiden Symbole werden durch verschiedene Zustände des Senders charakterisiert, z.B. -1 V für die „0" und +1 V für die „1" oder auch Licht aus für die „0" und Licht an für die „1". In Abb. 1.15 ist zum Vergleich das ursprüngliche analoge Signal und das durch Digitalisierung geschaffene binäre Signal zu sehen.

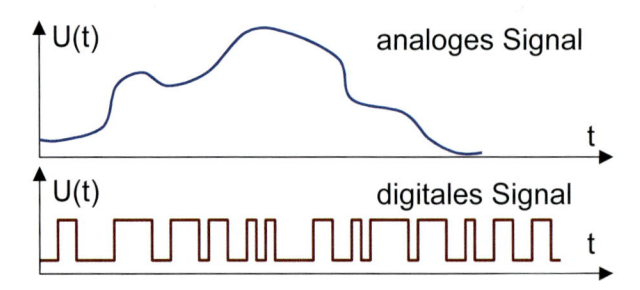

Abb. 1.15: Analoges und digitales Signal

Im Bild ist gut zu sehen, daß sich das digitale Signal viel schneller ändert als das analoge Signal. Das ist auch verständlich, wenn man beim oben genannten Beispiel für Musik mit einer maximalen Frequenz von ca. 20 kHz immerhin 44.200·16 = 707.200 Bit/s übertragen muß. Warum dennoch die digitale Signalübertragung viele Vorteile hat, wird im nächsten Absatz erläutert.

1.2.1.2 Übertragungsqualität analoger und digitaler Signale

Als Ausgangspunkt soll wiederum das analoge Signal aus Abb. 1.10 dienen. Für die Übertragung wird ein Datenkabel verwendet. Für das Signal stellt die Übertragungsstrecke ein Hindernis mit vielfältigen Störeinflüssen dar. Zunächst benötigt man am Sender einen Verstärker, der den notwendigen Pegel erzeugt. Dieser kann in seiner Bandbreite beschränkt sein und das Signal durch Nichtlinearität verfälschen. Die eigentliche Übertragungsstrecke ist üblicherweise ebenfalls in der Bandbreite beschränkt. Äußere Einflüsse können das Signal verfälschen, z.B. nahe liegende Störquellen. Auch der Empfänger wird eine begrenzte Bandbreite besitzen. Das Signal wird auf dem Übertragungsweg gedämpft, besitzt dann nur noch einen kleinen Pegel. Deswegen ist das Eigenrauschen des Empfängers oft die dominierende Störquelle. Abbildung 1.16 faßt einige der wichtigsten Störquellen zusammen.

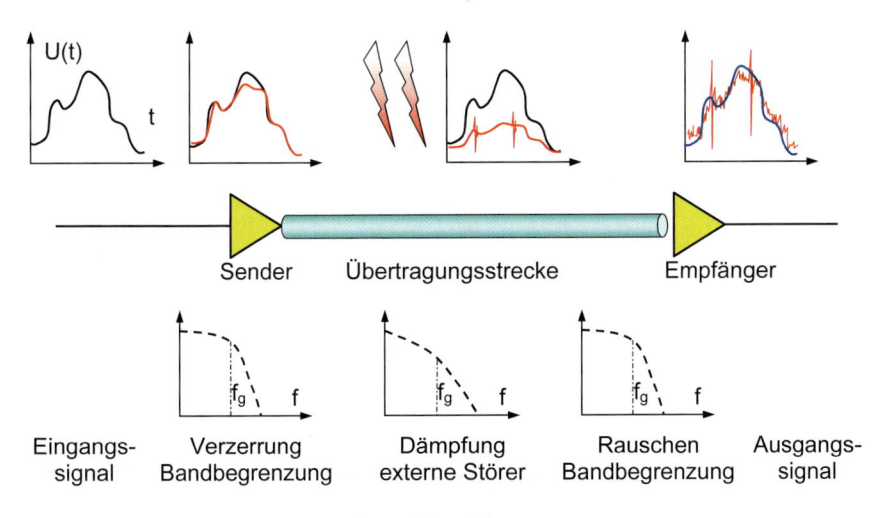

Abb. 1.16: Beeinflussung einer analogen Signalübertragung

Auch wenn im Bild einige Fehlerquellen schematisch übertrieben dargestellt werden, zeigt es doch die Problematik der analogen Signalübertragung. Jedes beteiligte Element kann zur Verfälschung des ursprünglichen Signals führen. Diese Störungen lassen sich nur in Ausnahmefällen eliminieren. Auch für die digitale Übertragung sind alle diese Fehlerquellen relevant, wie Abb. 1.17 zeigt.

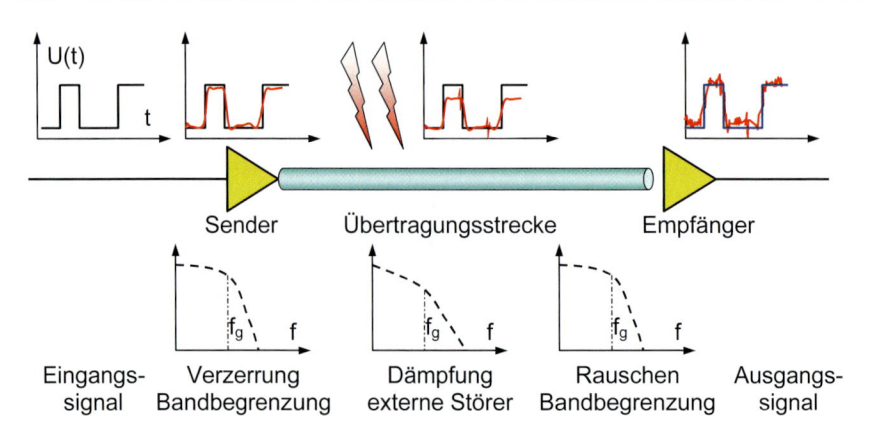

Abb. 1.17: Beeinflussung einer digitalen Signalübertragung

Das Signal hinter dem Empfänger sieht ähnlich stark verfälscht aus. Nun setzt aber der „Trick" der digitalen Signalübertragung ein. Der Empfänger „weiß", daß das Signal nur zwei Pegel haben kann und daß es mit einer bestimmten Bitrate übertragen wird. Dieses Wissen wird dazu benutzt, das Sendesignal fehlerfrei zu rekonstruieren.

Zunächst erfolgt die Filterung des Signals, um möglichst viele Rauschanteile zu eliminieren. Dann wird eine Entscheiderschwelle festgelegt. Bei binären Signalen ist das die Grenze zwischen „0" und „1". An den Abtastpunkten, die genau dem Bitraster entsprechen, wird das Signal mit dieser Schwelle verglichen und schließlich rekonstruiert. Dieser Vorgang wird in Abb. 1.18 schematisch gezeigt.

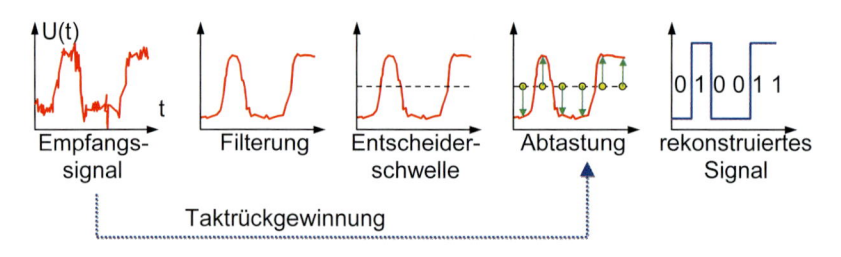

Abb. 1.18: Signalrekonstruktion bei der digitalen Signalübertragung

Obwohl das Signal deutlich gestört wurde, ist dennoch die komplette Wiederherstellung der ursprünglichen Bitfolge möglich. Der Anwender kennt dies als "CD-Qualität". Es verbleibt die Frage, wie daraus wieder das analoge Signal wird, z.B. die Musik. Dazu wird ein Digital-Analog-Wandler verwendet. Im gezeigten Beispiel verwendet dieser jeweils 16 bit in die 65.536 Stufen zwischen -1 V und +1 V. Das Signal wird dann noch gefiltert, um die entstandenen Oberwellen zu eliminieren, und kann dann verwendet werden (z.B. zur Speisung eines Lautsprechers). Für die Kommunikation zwischen digitalen Geräten, z.B. Rechnern, entfällt dieser Schritt natürlich.

1.2.1.3 Bitfehlerwahrscheinlichkeit und Fehlerkorrektur

Ein analoges Signal läßt sich meist recht gut durch das Signal-zu-Rausch-Verhältnis (Signal to Noise Ratio SNR) beschreiben. Dazu setzt man die mittlere Leistung des Signals zur mittleren Leistung des Rauschens ins Verhältnis. Da in jedem System Rauschen auftritt, ist das SNR immer endlich.

Wie oben gesehen, reicht diese Angabe für digitale Systeme nicht aus, da am Empfänger das Signal rekonstruiert wird. Allerdings ist auch bei digitalen Systemen eine vollständig fehlerfreie Übertragung nicht möglich. Die Ursache ist zuerst im statistischen Charakter vieler Rauschprozesse zu suchen. Hier soll nur auf das thermische Rauschen eingegangen werden. Aufgrund der Teilchennatur der Elektronen weist jeder Stromfluß Fluktuationen auf, die an einem Widerstand zu Spannungsschwankungen führen. Dies stellt eine physikalische Untergrenze für die Rauschleistung jedes Systems dar. Trägt man die Wahrscheinlichkeit für das Auftreten einer bestimmten Spannungsabweichung auf, erhält man eine Gaußfunktion. In Abb. 1.19 wird angenommen, daß in einem idealen System die binären Symbole durch -1 V und +1 V übertragen werden und daß beide Symbole durch Rauschen verfälscht werden.

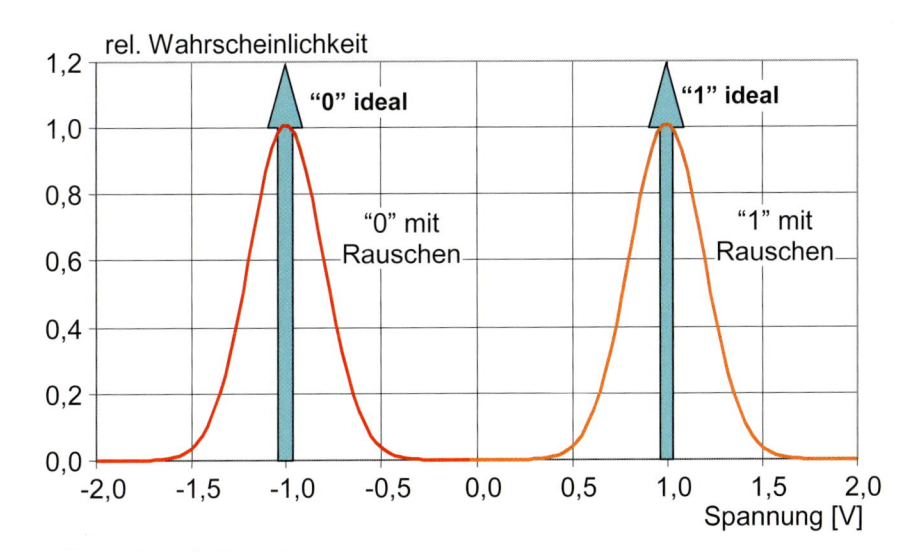

Abb. 1.19: Einfluß des Rauschens für ideale digitale Signale

In Abb. 1.19 ist gut zu erkennen, daß die Pegel +1 und -1 zwar noch am wahrscheinlichsten sind, aber auch andere Pegel auftreten. Im gezeigten Fall wird die Entscheiderschwelle bei 0 V liegen. Es hat den Anschein, als ob trotz Rauschens immer noch klar zwischen den Symbolen unterschieden werden kann. Tatsächlich fällt aber die Gaußkurve nie komplett auf Null ab. Dies ist erst in Abb. 1.20 zu erkennen, in der der gleiche Sachverhalt mit logarithmischer Skalierung gezeigt wird.

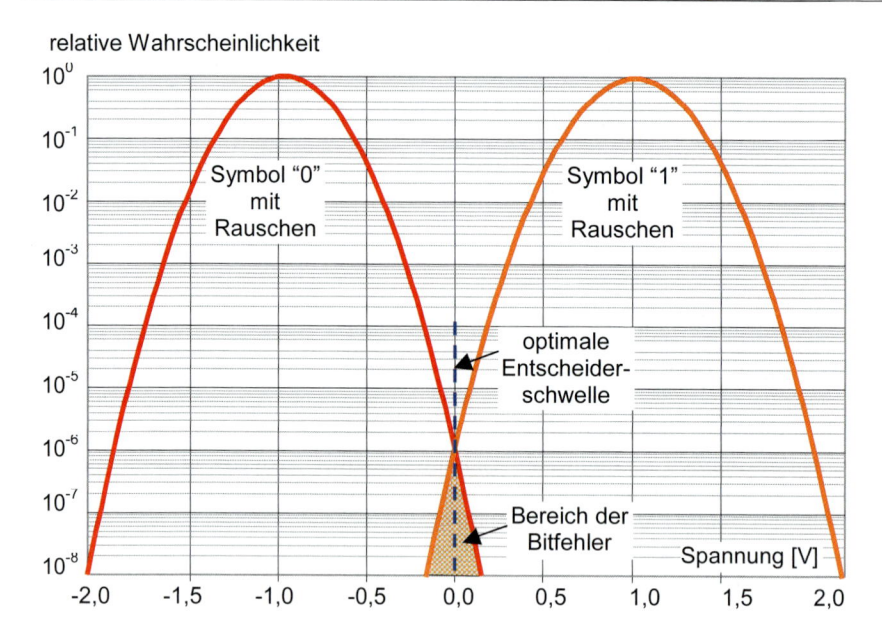

Abb. 1.20: Bitfehler durch Rauschen in digitalen Systemen

Hier ist nun zu erkennen, daß sich die Kurven für "0" und "1" überlappen. Das bedeutet nichts anderes, als daß bisweilen eine "0" so stark durch Rauschen verfälscht wird, daß sie als "1" erkannt wird und andersherum. Die schraffiert gezeichnete Fläche repräsentiert genau die auftretenden Bitfehler, vorausgesetzt, die Entscheiderschwelle liegt tatsächlich bei 0.

Integriert man diese Fläche und setzt sie mit den Integralen der Wahrscheinlichkeiten für "0" und "1" ins Verhältnis, erhält man die Bitfehlerwahrscheinlichkeit (Bit Error Ratio: BER). Im gezeigten Fall ist sie rund $1 \cdot 10^{-7}$. Kommen wir auf das Beispiel CD zurück, würde das einen Fehler pro 10.000.000 Bit bedeuten, im Mittel alle 14 s einen Fehler. Für den normalen Gebrauch stellt das kein Problem dar. Für eine Datenübertragung ist dies aber unzumutbar viel. Dieses Buch besteht, als File gespeichert, aus ca. 10^9 Bit. Bei der genannten Fehlerrate wären davon also etwa 100 Bit fehlerhaft. Im günstigsten Fall führt das zu falschen Zeichen oder Fehlern in Bildern. Wahrscheinlicher ist aber, daß etliche dieser Fehler zum Absturz des Systems und zur Nichtverwendbarkeit der Datei führen würden. Angesichts der vielen Zeit, die wir Autoren investiert haben, wäre dies sehr unerfreulich. Datenverbindungen sollten also viel sicherer sein (z.B. BER $< 10^{-15}$). Die genannte Gesetzmäßigkeit des Rauschens führt automatisch zu der Aussage, daß garantiert fehlerfreie Datenübertragung eine Illusion ist. Allerdings kommt uns auch hier die Statistik zur Hilfe. Wird im gezeigten Beispiel der Spannungshub auf ±2 V vergrößert, sinkt die Fehlerwahrscheinlichkeit bei gleichem Rauschen auf ca. $5 \cdot 10^{-25}$. Für unser CD-Signal wäre das ein Fehler in 9 Milliarden Jahren, es hieße auch, dieses Buch könnte mehrere Billionen mal ohne Fehler übertragen werden.

Es gibt aber noch andere Methoden zur Reduktion der Fehlerwahrscheinlichkeit. Bestimmte Kodierungen erlauben es, einzelne Fehler am Empfänger zu erkennen (FEC: Forward Error Correction). Dazu werden in den Signalstrom spezielle „Kontrollbits" eingefügt. Die Bitrate wird dabei üblicherweise nur um wenige Prozent erhöht. Im Empfänger werden praktisch alle auftretenden Fehler wieder korrigiert. Solche Verfahren werden z.B. im Mobilfunk verwendet, wo die ungünstigen Kanäle sehr viele Fehler verursachen.

1.2.1.4 Rauschen in optischen Systemen

Wie bereits erwähnt, gibt es in optischen Systemen eine Vielzahl von Rauschquellen, die in einem einzigen Buch kaum komplett behandelt werden können. Alleine zum Rauschen in optischen Sendern (das sind üblicherweise Laserdioden) gibt es ganze Bücher, z.B. [Pet88].

In Systemen für Kurzstrecken-Datenkommunikation müssen aber nur einige wenige Rauschprozesse betrachtet werden, die hier kurz erläutert werden.

Laserrauschen:
Laserdioden und LED sind normalerweise sehr rauscharme und stabile Quellen. Wichtig für die Signalqualität ist vor allem eine saubere Ansteuerung. Vor allem kantenemittierende Laserdioden können aber hohes Rauschen zeigen, wenn Licht aus der Übertragungsstrecke zurückreflektiert wird. Das ist aber kaum zu vermeiden, da schon an der ersten Faserstirnfläche ca. 4% des Lichtes reflektiert werden. Störend sind alle Reflexionen, die innerhalb der Kohärenzlänge auftreten. Bei hochwertigen Laserdioden sind dies u.U. viele Kilometer. Zur Vermeidung von reflexionsbedingten Schwankungen der Laserleistung werden Entspiegelungen, optische Isolatoren und spezielle reflexionsarme Steckverbinder eingesetzt.

Die in den meisten POF-Systemen eingesetzten LED haben eine Kohärenzlänge von wenigen µm, lassen sich damit durch Reflexionen kaum beeinflussen. Herkömmliche LD oder VCSEL können durch Reflexionen gestört werden. Ein Vorteil des Einsatzes von Mehrmodenfasern ist aber deren großer Durchmesser im Vergleich zur emittierenden Fläche des Lasers. Selbst wenn viel Licht reflektiert wird, gelangt nur ein Bruchteil auf die aktive Fläche des Lasers (Abb. 1.21), so daß der Effekt vernachlässigt werden kann.

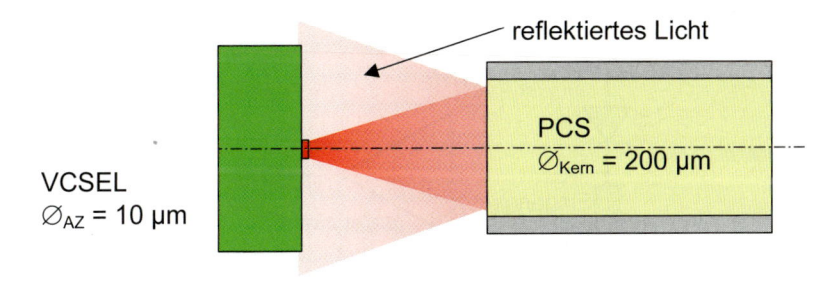

Abb. 1.21: Einfluß von Reflexionen in POF/PCS-Systemen

Quantenrauschen des Lichtes und des Diodenstroms:

Licht und Strom unterliegen als quantisierte Energieströme dem Quantenrauschen. Beim Licht ist das Rauschen (als Schrotrauschen bezeichnet) durch Leistung und Energie der Photonen, also der Wellenlänge bestimmt. Bezogen auf den Photostrom, der zusätzlich noch durch die Responsivität bestimmt wird, gilt:

$$\text{Quantenrauschstrom:} \quad \overline{i_Q^2} = 2 \cdot e \cdot I_{PH} \cdot B = 2 \cdot e \cdot R \cdot P \cdot B$$

mit den Größen:

B: Signalbandbreite (bestimmt durch die Bitrate)
e: Elementarladung
I_{PH}: Photodiodenstrom
P: empfangene Leistung
R: spektrale Empfindlichkeit (mA Photostrom je mW optischer Leistung)

Als Beispiel soll die Datenübertragung von 1,25 Gbit/s bei 650 nm Wellenlänge (R = 0,4 mA/mW) betrachtet werden. Die Empfangsleistung sei -24 dBm (4 µW). Bei 700 MHz Bandbreite ergibt sich ein mittlerer Schrotrauschstrom von 19 nA. Bezogen auf den Signal-Photostrom von 1,6 µA ergibt sich ein SNR von 38,5 dB, das Rauschen ist also vernachlässigbar. Tatsächlich sind praktisch alle optischen Übertragungssysteme nicht durch das Schrotrauschen, sondern durch das elektronische Empfängerrauschen begrenzt. Auch der in den meisten Photodioden fließende Dunkelstrom erzeugt ein Quantenrauschen. Die Stärke dieses Rauschens ist:

$$\overline{i_D^2} = 2 \cdot e \cdot I_D \cdot B$$

mit I_D als Dunkelstrom. Bei normalen pin-Photodioden liegt dieser im nA-Bereich, so daß der zusätzliche Rauschbeitrag ebenfalls vernachlässigbar ist.

Empfängerrauschen:

Die wichtigste Rauschquelle für die in diesem Buch betrachteten Systeme ist das Empfängerrauschen. Prinzipiell läßt sich jeder optische Empfänger zumindest in einer groben Näherung als Kombination einer Photodiode, einem ohmschen Eingangswiderstand und einem Verstärker (Transistor oder Operationsverstärker) beschreiben (Abb. 1.22).

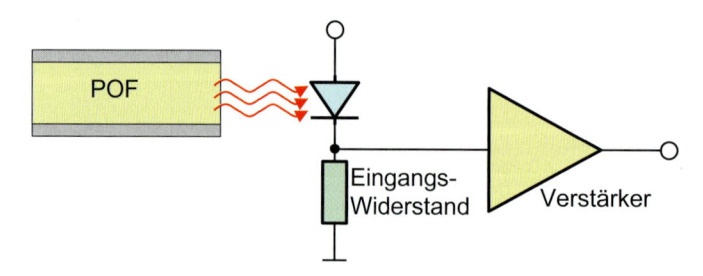

Abb. 1.22: Prinzip optischer Verstärker

Am Eingangswiderstand wird der Photostrom in eine Spannung umgewandelt, die dann weiter verstärkt wird. Je größer der Widerstand ist, desto höher ist auch die Signalspannung. Auf der anderen Seite erzeugt aber jeder Widerstand ein thermisches Rauschen gemäß nachfolgender Formel.

$$\overline{u}_{th}^2 = 4 \cdot k \cdot T \cdot B \cdot R \quad \text{bzw:} \quad \overline{i}_{th}^2 = \frac{4 \cdot k \cdot T \cdot B}{R}$$

mit: k: Boltzmannkonstante (1,38 · 10^{-23} Ws/K)
 T: absolute Temperatur
 B: Bandbreite des Systems
 R: ohmscher Widerstand

Im Beispiel könnte der Eingangswiderstand bei 500 Ω liegen. Der thermische Rauschstrom wäre dann 152 nA, entsprechend einem SNR von 20,4 dB.

Der nachfolgende Verstärker wird nie ideal arbeiten. Die Rauschzahl gibt an, wie weit das tatsächliche Rauschen über dem theoretischen Minimum liegt. Je nach Bauelementen sind Werte von 1 dB bis 3 dB typisch. Das SNR verringert sich entsprechend.

Wie man leicht sieht, steigt die Signalspannung proportional zum Widerstand R, der thermische Rauschstrom aber nur mit der Wurzel von R. Im Prinzip läßt sich also das SNR durch Vergrößerung von R beliebig erhöhen. Es gibt aber eine fundamentale Begrenzung. Jede Photodiode besitzt eine Sperrschichtkapazität. Zusammen mit dem Eingangswiderstand der Schaltung bildet diese einen RC-Tiefpaß, der die Geschwindigkeit des Empfängers begrenzt. Der Widerstand kann also nur so groß gewählt werden, wie durch Diodenkapazität und Bitrate vorgegeben. Bei einer RC-Tiefpaß-Bandbreite von:

$$f_{3\,dB} = 1/2 \cdot \pi \cdot R \cdot C$$

und einer minimalen Bandbreite des Empfängers, welche der halben Bitrate entspricht, darf der maximale Eingangswiderstand betragen:

$$R = \frac{1}{\text{Bitrate} \cdot \pi \cdot C}$$

Bei einer Diodenkapazität von 0,5 pF ergibt sich ein R von ca. 500 Ω, wie oben angenommen. Diese Rechnung ist aber nur eine sehr grobe Näherung, zeigt aber gut die prinzipielle Problematik.

Dioden für den Einsatz in Einmodenfaser-Systemen müssen nur wenig größer sein als der Kerndurchmesser der Faser. Typisch sind Photodioden von 30 µm bis 50 µm Größe. Deren Kapazitäten liegen bei nur einigen 10 pF, erlauben also große Eingangswiderstände bei hohen Datenraten und damit eine gute Empfindlichkeit. Für die dicken Polymerfasern und PCS werden aber Photodioden mit sehr viel größerer Fläche benötigt, deren Kapazitäten bei einigen nF oder einigen Zehnteln nF liegen. Entsprechend muß bei hohen Datenraten der Eingangswiderstand und damit die Empfindlichkeit verringert werden. Dies ist der einzige (indirekte) Einfluß des Faserdurchmessers auf die mögliche Bitrate bei dicken optischen Fasern.

Modenrauschen:

Eine spezielle Art des Rauschens tritt nur in Mehrmodenfasern auf - das Moden-(verteilungs)rauschen. In dicken Fasern breitet sich das Licht in unterschiedlichen spezifischen Moden aus, bei denen jede seine eigene Verteilung der Energie über den Faserquerschnitt besitzt. Durch winzige Änderungen der äußeren Bedingungen, wie z.B. der Temperatur, der Wellenlänge des Senders oder auch Erschütterungen der Faser ändert sich auch die Art der Energieverteilung zwischen den Moden, wobei die Gesamtleistung konstant bleibt. Abbildung 1.23 zeigt Beispiele für Energieverteilungen von Moden (bei 650 nm, Laseranregung).

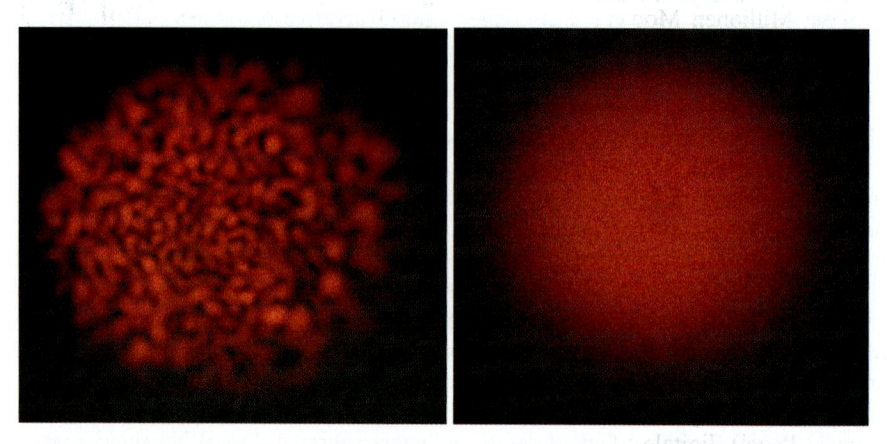

Abb. 1.23 Beispiele für Energieverteilungen von Moden in Mehrmodenfasern (links: 50 µm GI-GOF, rechts: 1 mm SI-POF mit sehr viel mehr Moden)

Problematisch werden die sich ständig ändernden Energieverteilungen erst, wenn an Koppelstellen nicht die gesamte Leistung übertragen wird. Zwischen dem übertragenen und dem ausgekoppelten Anteil kommt es zum regellosen Energieaustausch, was letztlich Zusatzrauschen erzeugt (schematisch in Abb. 1.24).

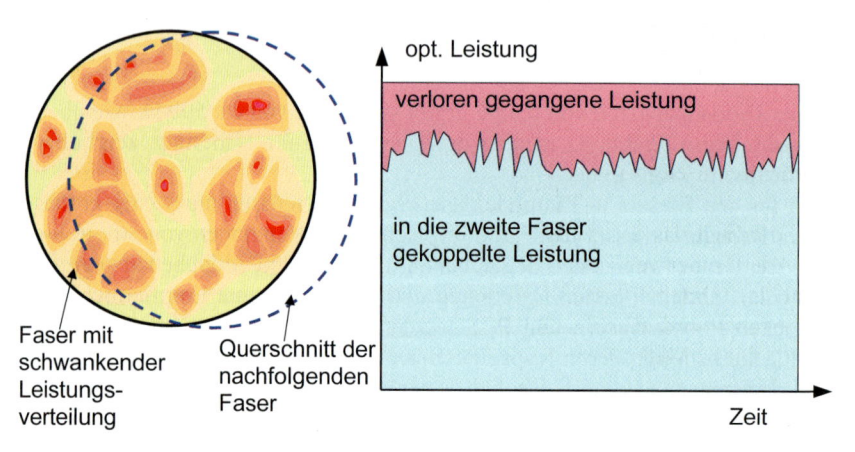

Abb. 1.24: Entstehung des Modenrauschens

Die Intensität des Modenrauschens ist von der Zahl der Leistungsmaxima auf dem Querschnitt (in der Größenordnung der Modenzahl) und der Leistungsunterschiede abhängig. Für 50 µm Glas-Mehrmodenfasern liegt das Modenverteilungsrauschen typisch nur gut 20 dB unterhalb des übertragenen Gesamtspegels ([Vog02]). Für digitale Datenübertragung ist das ohne Bedeutung, analoge Signalübertragung ist damit aber nicht möglich.

Zur Vermeidung des Modenrauschens muß entweder einmodig oder aber mit sehr vielen Moden übertragen werden, da dieser Effekt der Wurzel aus der Modenzahl umgegehrt proportional ist (statistischer Effekt). Die Polymerfaser mit mehreren Millionen Moden ist deswegen interessanterweise für analoge Datenübertragung viel besser geeignet als GI-Glasfasern.

1.2.2 Amplituden-, Frequenz- und Phasenmodulation

Bei der Übertragung von digitalen und analogen Signalen steht am Anfang und am Ende des Übertragungsweges praktisch immer eine elektrische Spannung U(t). Für die Überbrückung der Strecke können aber andere physikalische Größen verwendet werden. Die Änderung dieser Parameter nennt man allgemein Modulation. Wie sich zeigen wird, muß bei der Übertragung mittels Licht auf einige spezielle Probleme geachtet werden. Prinzipiell kann man den gewünschten Parameter immer sowohl analog, d.h. mit kontinuierlich variierender Stärke, oder digital, also mit nur wenigen diskreten Stufen modulieren. Im Folgenden werden nur binäre (2 Pegel) digitale Modulationsverfahren gezeigt. Die Betrachtung beginnt mit elektrischen Übertragungsverfahren nach Abb. 1.25:

Abb. 1.25: Einfachste elektrische Signalübertragung

Am Sender liegt das Signal als Spannungsdifferenz zwischen zwei Leitern vor (z.B. den Adern einer verdrillten Datenleitung oder Mittelleiter und Schirm eines Koaxialkabels). Unter Vernachlässigung solcher Prozesse wie Dämpfung und Bandbegrenzung wird das Signal am Ausgang des Kabels unmittelbar wieder abgegriffen. Diese Methode ist am einfachsten, aber, wie der Fachmann weiß, auch am störanfälligsten.

1.2.3 Modulation einer Trägerfrequenz

Eine einfache Methode zur sicheren Übertragung ist die Verwendung einer Trägerfrequenz, die gebräuchlich deutlich über der Grenzfrequenz des zu übertragenden Signals liegt (Abb. 1.26).

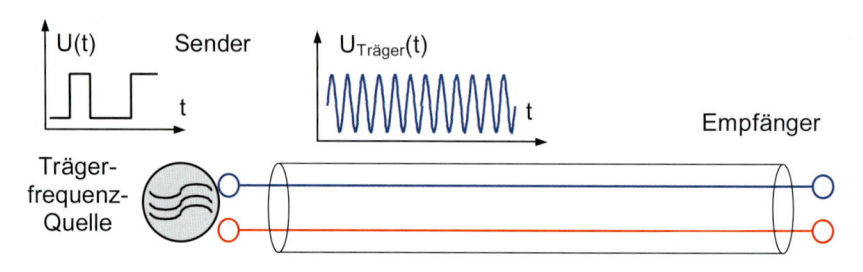

Abb. 1.26: Signalübertragung mit Träger

Die Trägerschwingung läßt sich durch drei Parameter beschreiben: die Amplitude, die Frequenz und die Phase. Alle drei Parameter lassen sich für eine Modulation nutzen. Bei binären Signalen heißt das dann:

    ASK: Amplitude Shift Keying; Amplitudenmodulation
    FSK: Frequency Shift Keying; Frequenzmodulation
    PSK: Phase Shift Keying; Phasenmodulation

Das Prinzip wird in Abb. 1.27 gezeigt.

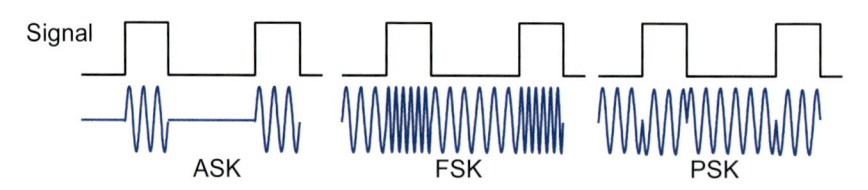

Abb. 1.27: Signalübertragung mit ASK, FSK oder PSK

Daneben gibt es eine Vielzahl weiterer Möglichkeiten, wie z.B. DPSK (Differencial Phase Shift Keying), bei der nur die Phasendifferenz zwischen 2 aufeinanderfolgenden Bits von Bedeutung ist oder mehrstufige Verfahren wie QAM (Quadratur Amplituden Modulation) oder auch Kombinationen mehrerer modulierter Parameter (PAM, Phase Amplitude Modulation). Vertiefende Beschreibungen sind in vielen Standardwerken der Nachrichtentechnik, z.B. [Lüke90], [Kreß89] und [Hulz96] oder als sehr einfache Einführung in [Eng86] zu finden.

Jedes einzelne Modulationsverfahren benötigt spezielle Empfänger, die das ursprüngliche Signal zurückgewinnen. Man unterscheidet dabei Verfahren, die nur die Leistung des Trägers messen, und Verfahren, die synchron zur Trägerfrequenz arbeiten (z.B. dem PLL-Tuner beim UKW-Rundfunk).

1.2.4 Spezifische Übertragungsverfahren der optischen Nachrichtentechnik

Die Vorteile der optischen Nachrichtentechnik sind seit langem unbestritten und sicher auch den Lesern dieses Buchs geläufig. Mit der niedrigen Dämpfung heute vielfältig verfügbarer Einmodenglasfasern lassen sich viele 100 km mit hohen Datenraten überbrücken, bei Verwendung von Faserverstärkern sogar transkontinentale Entfernungen. Speziell die Systeme mit optischen Polymerfasern sind mit ihrer Unempfindlichkeit gegen elektromagnetische Störungen interessant für den Kurzstreckenbereich.

Auch Licht stellt eine elektromagnetische Welle mit einer bestimmten Frequenz dar. Bei 500 nm, also grünem Licht, ist diese $6 \cdot 10^{14}$ Hz. Kein elektronisches Bauteil ist in der Lage diese Frequenz zu verarbeiten. Photodioden messen immer nur die optische Leistung eines Lichtsignals. Dazu kommt, daß optische Quellen ihre Frequenz bei weitem nicht so präzise halten wie elektrische Oszillatoren. Die direkte Modulation der Parameter Frequenz oder gar Phase (und speziell auch der Polarisation) des Lichtes ist nur in Systemen mit sog. Überlagerungsempfängern möglich. Hierbei wird das Licht eines extrem frequenzstabilen Lasers auf der Sendeseite moduliert und auf der Empfängerseite mit dem eines zweiten, ebenso stabilen Lasers überlagert. An der Photodiode entsteht dann eine Mischfrequenz (als Differenz der beiden Laserfrequenzen), die von der nachfolgenden Elektronik weiterverarbeitet werden kann. Überlagerungssysteme bieten theoretisch die beste Frequenzökonomie und Empfindlichkeit aller optischen Systeme, haben bisher aber aufgrund der vielfältigen technischen Probleme keine praktische Bedeutung erlangt. Weitere Details sind z.B. in [Fra88a] und [Ziem95] nachzulesen.

Demzufolge verbleibt als Parameter für die Modulation noch die Amplitude. Eine Photodiode mißt die optische Leistung, die in einen proportionalen Photostrom umgewandelt wird. Da die elektrische Leistung, gemessen an einem Widerstand, proportional zum Quadrat des Stromes ist, gilt die Beziehung:

$$P_{elektr} \sim I_{ph}^2 \sim P_{opt}^2$$

Obwohl das elektrische Feld des übertragenen Lichtes positive und negative Werte annimmt, ist die eigentliche gemessene Größe immer positiv. Das ist ein ganz wesentlicher Unterschied zu elektrischen Nachrichtensystemen. Als Beispiel soll eine einfache binäre Signalübertragung dienen. Im elektrischen Teil wird am Sender im Bittakt zwischen -1 V und +1 V umgeschaltet, die Entscheiderschwelle wird auf 0 V gesetzt. Für ein optisches Signal sollen die Pegel 2 mW und 0 mW gewählt werden, die Entscheiderschwelle soll bei 1 mW liegen (Abb. 1.28).

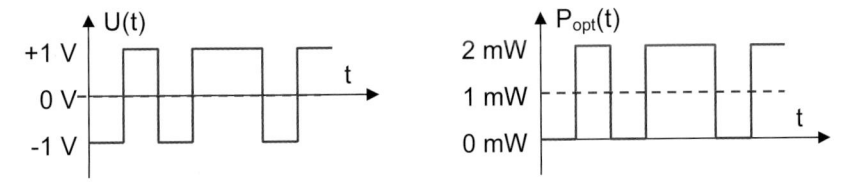

Abb. 1.28: Elektrische und optische digitale Signalübertragung

Auf den ersten Blick sind beide Systeme vergleichbar. In der nächsten Abb. 1.29 wird nun eine zusätzliche Dämpfung eingefügt, z.B. durch Temperaturanstieg oder Alterung des Senders. Der Pegel soll dabei auf 40% abfallen.

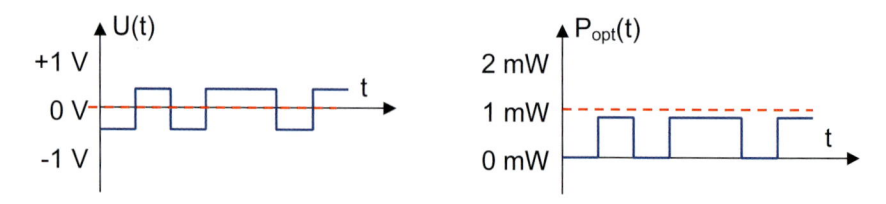

Abb. 1.29: Elektrische und optische digitale Signalübertragung mit Dämpfung

Im elektrischen System werden beide Symbolpegel gleichermaßen verringert. Falls das Rauschen nicht zu groß ist, wird es immer noch einwandfrei arbeiten. Im optischen System bleibt der Nullpegel natürlich unverändert, während der Einspegel unter die Schwelle sinkt. Das System arbeitet nicht mehr. Natürlich ist dieses Problem lösbar. Man arbeitet mit kapazitiven Kopplungen, Regelungen der Entscheiderschwelle oder stellt letztere von vorneherein so niedrig ein, daß sie mit Sicherheit über dem Rauschpegel des Nullpegels liegt (Abb. 1.30 bis 1.32).

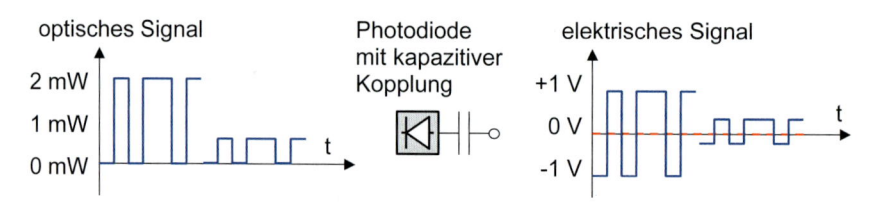

Abb. 1.30: Empfang mit kapazitiver Kopplung

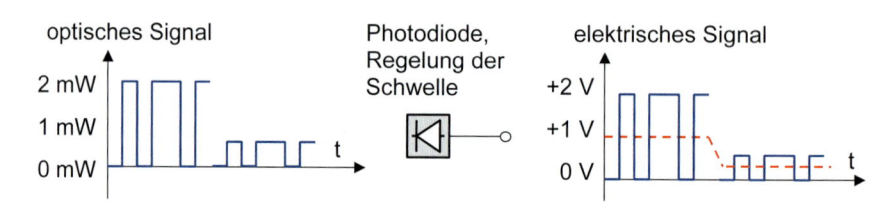

Abb. 1.31: Empfang mit Regelung der Entscheiderschwelle

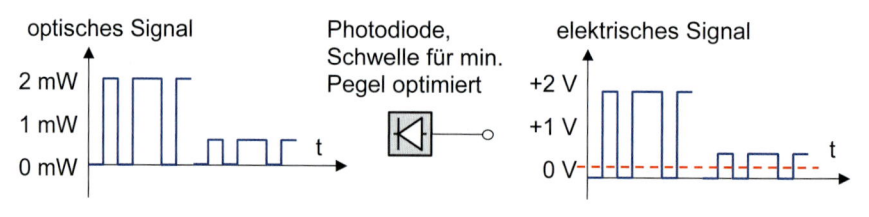

Abb. 1.32: Empfang mit minimaler Schwelleneinstellung

Alle diese Verfahren haben Vor- und Nachteile, die hier nicht im Einzelnen besprochen werden können. Verschiedene kommerzielle Systeme für POF arbeiten z.B. mit der dritten gezeigten Methode.

1.2.5 Modulation eines Zwischenträgers

Um die vielfältigen Möglichkeiten der Trägerfrequenztechnik auch in der optischen Nachrichtentechnik nutzen zu können, besteht die Möglichkeit einen Zwischenträger (Sub Carrier Modulation) zu nutzen. Dabei wird das Licht in seiner Intensität sinusmoduliert. Das Signal wird dann diesem Träger aufmoduliert, wobei wiederum ASK, FSK, PSK oder andere Verfahren nutzbar sind. Der Empfänger muß nur den Bereich um den Träger herum verarbeiten, wird also immer kapazitiv gekoppelt sein. Abbildung 1.33 zeigt das Verfahren am Beispiel der Zwischenträger-FSK.

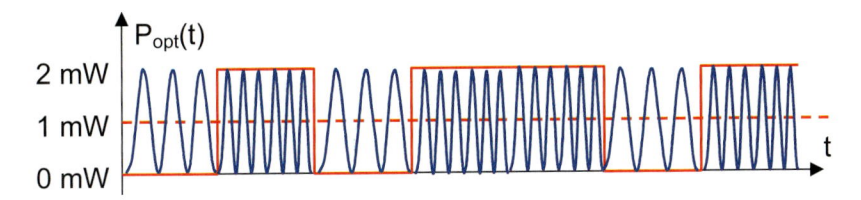

Abb. 1.33: Optische Signalübertragung mit frequenzmoduliertem Zwischenträger

Es sollte dabei stets beachtet werden, daß sich hinter der Leistungskurve immer noch die viel höhere optische Frequenz verbirgt. Ein Vorteil der gezeigten Methode ist, daß die mittlere optische Leistung, unabhängig von der Aufeinanderfolge von „0"- und „1"-Symbolen unverändert bleibt. Besonders Laserdioden bieten sich für diese Modulationsart an.

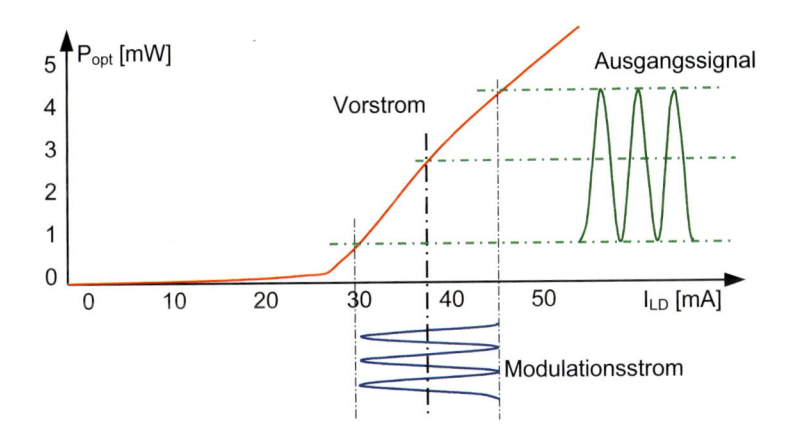

Abb. 1.34: Zwischenträgermodulation an einer Laserdiode

Wie bereits beschrieben wurde, werden Laser optimal mit einem Vorstrom betrieben. Bei direkter Leistungsmodulation würde dieser dicht unter der Schwelle liegen, bei Zwischenträgermodulation legt man den Vorstrom über die Laserschwelle, so daß der Laser immer oberhalb des Schwellstroms betrieben wird, wie in Abb. 1.34 gezeigt.

Damit stehen nun die Werkzeuge zur Übertragung von analogen und digitalen Signalen speziell auch in der optischen Nachrichtentechnik zur Verfügung. Neben der Modulation ist auch die Kodierung von großer Bedeutung. Diesbezüglich soll aber auf die einschlägige Fachliteratur verwiesen werden, um den Rahmen dieser Einführung nicht zu sprengen.

1.3 Netzarchitekturen

Im folgenden Teil der Einführung soll auf verschiedene Netzarchitekturen verwiesen werden. Auch hier ist auf spezielle Besonderheiten der optischen Nachrichtenübertragung hinzuweisen. Zunächst geht es um Punkt-zu-Punkt-Übertragung und verteilte Systeme. Das Punkt-zu-Punkt-System (P-P) ist die einfachste Form der Datenverbindung mit nur einem Sender und einem Empfänger. Im zweiten Fall geht es um das Problem, mehrere Geräte miteinander zu verbinden. Dabei kann es einen Sender und mehrere Empfänger (Punkt-zu-Multipunkt, P-MP), mehrere Sender und einen Empfänger (MP-P) oder auch mehrere Sender und mehrere Empfänger geben (MP-MP, siehe Abb. 1.35).

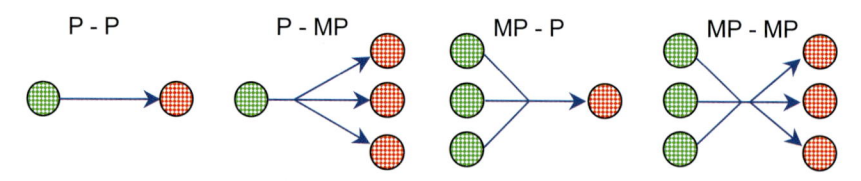

Abb. 1.35: Mögliche Netzarchitekturen

In diesem Zusammenhang ist zu beachten, daß häufig Daten in beide Richtungen übertragen werden müssen. Ein Netz kann also in eine Richtung P-MP und in die andere Richtung MP-P sein. Sobald mehr als zwei Stationen miteinander verbunden werden sollen, sind verschiedene Lösungen möglich, die in den folgenden Abschnitten behandelt werden. Zunächst geht es um die Möglichkeit aktiver oder passiver Netze. Dann muß die Netzstruktur gewählt werden, z.B. Baumnetz oder Busstruktur. Abschließend muß das Vielfachzugriffsverfahren gewählt werden.

1.3.1 Aktive und passive Netze

Als Beispiel für den Unterschied zwischen einem aktiven und einem passiven Netz soll der Fall P-MP dienen. Abbildung 1.36 zeigt die beiden möglichen Lösungen für diese Verbindung.

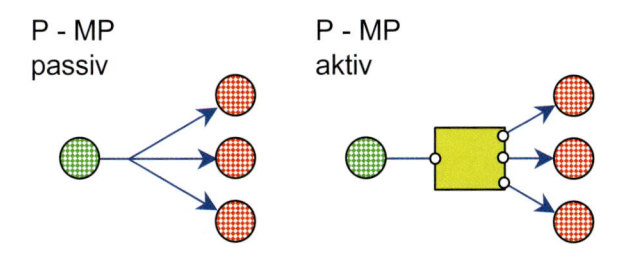

Abb. 1.36: Aktive und passive P-MP-Verbindung

Passiv bedeutet in diesem Fall, daß die Empfänger physikalisch an das gleiche Medium angeschlossen sind. Das hat natürlich immer zur Folge, daß jeder Empfänger das komplette Signal erhält, auch wenn es für andere Empfänger bestimmt ist. Ideal ist eine solche Struktur für Verteildienste, wie z.B. Rundfunk. Im Fall des aktiven Netzes ist am Verteilpunkt eine Einrichtung zwischengeschaltet, die den Datenstrom auf die einzelnen Empfänger verteilt. Im Prinzip kann man sich diesen als Schalter vorstellen, weswegen diese Geräte auch als Switch geführt werden. Betrachtet man diese Architektur genauer, erkennt man, daß sie sich vom Standpunkt der Übertragungstechnik aus mehreren P-P-Verbindungen aufbaut. Da sich dieses Buch nur mit der eigentlichen Übertragungstechnik befaßt, sind alle unterschiedlichen aktiven Netze mit der Betrachtung der Punkt-zu-Punkt-Lösungen abgedeckt. Prinzipiell läßt sich jede Architektur aktiv gestalten, wenn an den Verzweigungspunkten entsprechende Schalter eingefügt werden.

Die Funktionalität der aktiven Punkte kann sehr unterschiedlich gestaltet werden. Denkbar ist eine reine Verstärkerfunktion. Das bedeutet, daß die Signale ohne Rücksicht auf ihre Bestimmung weitergegeben werden. Adressierung und Zugriffssteuerung müssen dann die übrigen Elemente übernehmen. Eine Multiplexfunktion bedeutet, daß die Signale entsprechend ihrer Bestimmungen aufgeteilt, und im MP-P-Fall zusammengefaßt werden. Auch hier muß eine Zugriffssteuerung erfolgen, um Kollisionen zu vermeiden. Ein kompletter Switch übernimmt dann auch die Zugriffssteuerung. Dazu kann die Abweisung nicht verarbeitbarer Daten oder auch die Zwischenspeicherung in Puffern dienen.

1.3.2 Netzstrukturen

Die Netzstruktur beschreibt die Topologie der Datenverbindungen. Sie kann sich sowohl auf die physikalische Struktur, also die Anordnung der Kabel, als auch auf die logische Struktur, also den Fluß der Datenströme beziehen. In Abb. 1.37 werden zunächst die bekanntesten Strukturen gezeigt.

Alle modernen Datennetze werden heute als aktive Sternstrukturen aufgebaut. Am bekanntesten dürften dabei das Switched Ethernet und das ATM-Netz (Asynchronous Transfer Mode) sein. Die Baumnetze spielen eine bedeutende Rolle für die Fernsehverteilnetze. Hier ist vor allem entscheidend, daß jeder Empfänger die kompletten Sendesignale erhalten soll. Datennetze für den Wohnungsbereich, wie

USB oder IEEE 1394 arbeiten logisch wie Baumnetze, sind aber physikalisch aus P-P-Verbindungen aufgebaut. Das bedeutet, daß von einem Gerät aus wieder mehrere Geräte angeschlossen werden können. Jedes Gerät gibt dann die kompletten Daten weiter.

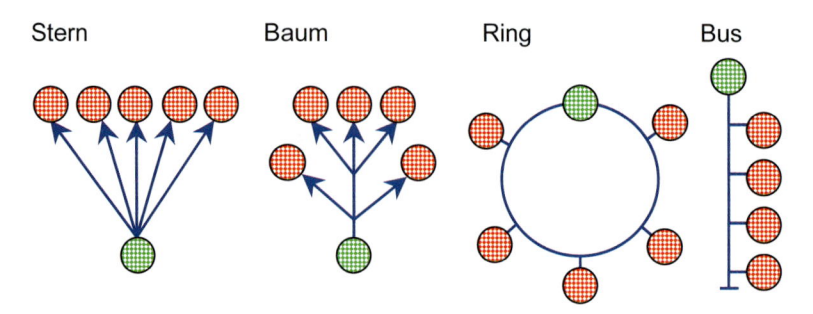

Abb. 1.37: Typische Netzstrukturen

In allen Fällen der passiven Netze wird aber, insbesondere wenn man sich die Richtung zum zentralen Element anschaut, eine Schwierigkeit deutlich. Mehrere Sender können auf dasselbe Medium zugreifen. Um gegenseitige Blockierung zu verhindern, muß dieser Zugriff gesteuert werden. Damit befaßt sich der nächste Abschnitt.

1.3.3 Vielfachzugriffsverfahren

Ziel aller Vielfachzugriffsverfahren ist die Verwaltung eines gemeinsam benutzten Kanals (shared Medium). Dazu können die verschiedenen Parameter des Kanals benutzt werden: Zeit, Frequenz oder Amplitude.

1.3.3.1 Zeitmultiplex

Beim Zeitmultiplex (TDM: Time Division Multiplex) wird jedem Nutzer eine gewisse Zeit zugeordnet. In P-MP-Richtung spricht man vom Multiplex, da der Sender nur eine einfache Aufteilung seiner Kapazität vornehmen muß. In der umgekehrten MP-P-Richtung spricht man vom Vielfachzugriff (Multiple Access, hier also TDMA), da auch noch jeder Sender nur zum richtigen Zeitpunkt senden darf. Abbildung 1.38 zeigt das Prinzip.

Es ist zu erkennen, daß die Aufteilung der Zeit weder gleichmäßig noch lückenlos geschehen muß. Entscheidend bei der Zuteilung der Zeitschlitze beim TDMA ist, daß am Empfänger nicht Datenpakete zweier Sender gleichzeitig ankommen.

Im wesentlichen gibt es zwei Methoden für das TDMA. Zunächst kann man es dem zentralen Knoten überlassen, den einzelnen Sendern die erlaubten Zeitschlitze zu benutzen. Dazu müssen natürlich alle Elemente im Netz synchronisiert werden.

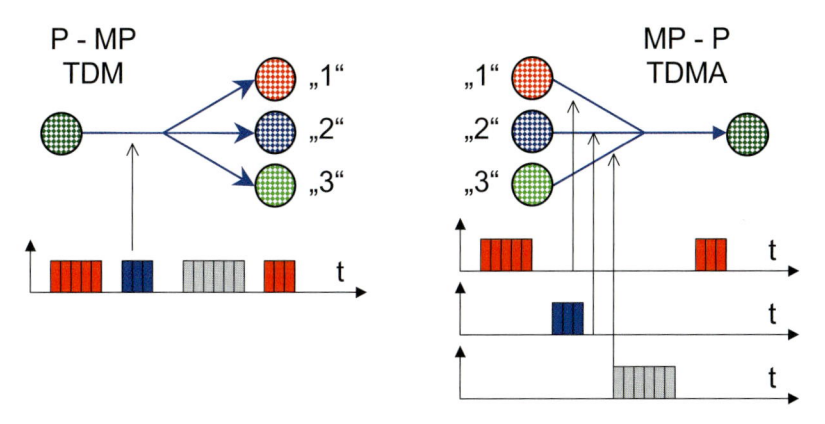

Abb. 1.38: TDM und TDMA

Außerdem muß jeder Sender zumindestens eine zeitweise Verbindung garantiert bekommen, um der Zentrale den Bedarf nach weiteren Zeitschlitzen mitzuteilen. Eine andere Möglichkeit ist es, zunächst jedem Sender beliebig den Zugriff zu erlauben. Kommt es zur Kollision, müssen dies die Sender erkennen, abschalten, und erst nach einer gewissen Zeit erneut versuchen zu senden. Solange die tatsächlich benötigte Übertragungskapazität im Verhältnis zur insgesamt verfügbaren klein ist, arbeitet diese Methode sehr gut, da die Wahrscheinlichkeit für Kollisionen relativ klein ist. Dies gilt insbesondere dann, wenn gelegentliche Verzögerungen durch Warten auf freie Zeitschlitze toleriert werden können. Beim Ethernet wird diese Methode verwendet. Der Vorteil besteht darin, daß keine zentrale Kapazitätsverwaltung notwendig ist. Der Nachteil besteht darin, daß Übertragungen, die gleichmäßige Datenraten und Verzögerungszeiten benötigen (z.B. Video), sehr unsicher sind.

Hier soll auch noch ein weit verbreitetes Mißverständnis bezüglich der Bedeutung der Zugriffssteuerung und der Frage aktives oder passives Netz angesprochen werden. Grundsätzlich benötigen beide Netzvarianten den gleichen Aufwand an Zugriffssteuerung. Im aktiven Netz besteht lediglich der Vorteil, daß der physikalische Zugriff auf das Medium vom Management der Datenströme getrennt werden kann. Für das eben gezeigte Bild bedeutet dies, daß z.B. das identische TDMA-Verfahren gewählt werden kann oder auch eine Zwischenspeicherung im aktiven Knoten Kollisionen vermeidet (siehe Abb. 1.39).

In passiven Netzen kann die Funktionsstörung eines Elementes zur kompletten Störung des Netzes führen. Sendet z.B. ein Teilnehmer ständig, sind alle anderen Teilnehmer betroffen. Im aktiven Netz kann immerhin der gestörte Teilnehmer einfach ignoriert werden. Andererseits sind im aktiven Netz zusätzliche Komponenten vorhanden, nämlich die Sender und Empfänger im Verteilpunkt und der zentrale Schalter. Alle diese Elemente können ausfallen und zum totalen Ausfall des Netzes führen. Auch die Frage nach größerer Sicherheit endet für aktive und passive Netze ohne klare Bevorzugung einer Seite, d.h., es müssen immer die konkreten Anforderungen überprüft werden.

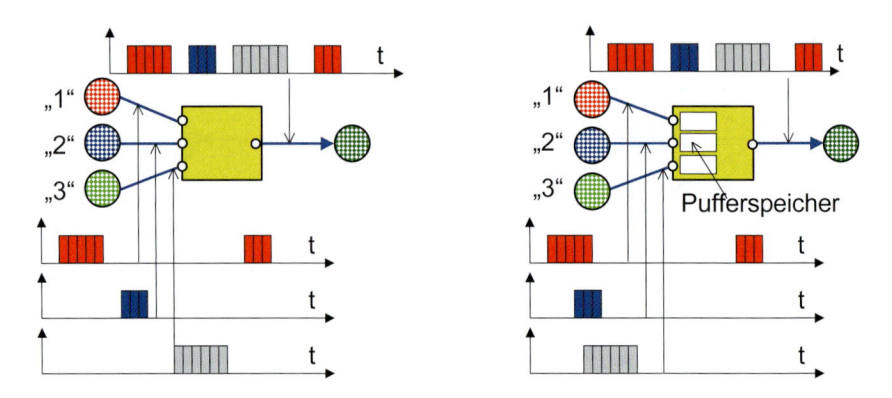

Abb. 1.39: TDMA in aktiven Netzen

1.3.3.2 Frequenzmultiplex

Bei Frequenzmultiplex bzw. -vielfachzugriff (FDM/FDMA: Frequency Division Multiplex/ Multiple Access) werden die Signale jedes Teilnehmers auf einen separaten Träger moduliert. Alle Teilnehmer dürfen gleichzeitig senden. Die Trennung erfolgt mittels Bandpaßfiltern, wie Abb. 1.40 demonstriert (Abb. 1.41 zeigt entsprechend den Vielfachzugriff).

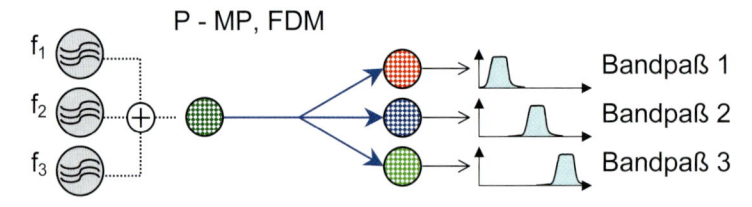

Abb. 1.40: FDM in Sternnetzen

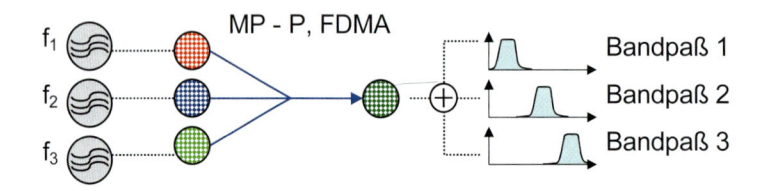

Abb. 1.41: FDMA in Sternnetzen

Der Vorteil gegenüber TDM besteht darin, daß die Synchronisation quasi durch die Wahl der Bandpaßfilter erfolgt. Werden diese fest eingebaut, kann praktisch keine Störung durch andere Teilnehmer erfolgen. Eine dynamische Zuordnung der Kapazität ist dann aber auch nicht möglich. Deswegen werden oft die Frequenzkanäle nach Bedarf vom zentralen Knoten vergeben.

1.3.3.3 Kodemultiplex

Beim Kodemultiplex/ -vielfachzugriff (CDM/CDMA: Code Division Multiplex/ Multiple Access) senden alle Teilnehmer zur gleichen Zeit im gleichen Frequenzbereich. Statt einzelner Bit werden spezielle Sequenzen (Kodes) gesendet. Diese müssen dem Empfänger bekannt sein. Mit speziellen Empfängern, die oft sehr aufwendig sind, lassen sich die Signale der verschiedenen Sender trennen. Der große Aufwand für CDMA-Systeme lohnt sich oft bei qualitativ schlechten Kanälen, wie z.B. im Mobilfunk, da CDMA sehr robust gegen viele Störquellen ist. In der optischen Nachrichtentechnik spielt dieses Verfahren kaum eine Rolle.

1.3.3.4 Wellenlängenmultiplex

Eine Besonderheit in der optischen Nachrichtentechnik ist die Möglichkeit zur Verwendung unterschiedlicher optischer Wellenlängen in einem Netzwerk. Im Prinzip handelt es sich auch hierbei um verschiedene Trägerfrequenzen, allerdings sind diese, und auch die Abstände zwischen ihnen, so groß, daß sie von elektrischen Komponenten nicht verarbeitet werden können. Die Verarbeitung der verschiedenen Wellenlängen, wie z.B. Kombination, Trennung oder Filterung erfolgt durch rein optische Komponenten. In der Einmodenglasfaser-Technik wurde in den letzten Jahren eine Vielzahl von Komponenten, wie Arrayed Waveguides (AWG), Faser-Bragg-Gitter und durchstimmbare Laser entwickelt, die WDM (Wavelength Division Multiplex) zur Schlüsseltechnologie der optischen Nachrichtentechnik gemacht haben (siehe z.B. [Hulz96]). Schon bald werden auf Glasfasern viele hundert optische Kanäle übertragen werden, die in optischen Knoten transparent über hunderte Kilometer weitergeschaltet werden.

Auch für die optische Polymerfaser spielt Wellenlängenmultiplex eine immer größer werdende Rolle, wie später noch gezeigt werden wird. Die bisher genannten Zugriffsverfahren lassen sich im Prinzip beliebig kombinieren. In einen Wellenlängenkanal läßt sich z.B. ein komplettes Zeitmultiplexsystem einfügen.

1.3.3.5 Besonderheiten des optischen Multiplex

Auf die Besonderheiten der optischen Signalübertragung wurde bereits oben eingegangen. Hier muß ein weiterer Unterschied zu elektrischen Systemen erklärt werden. Der Pegel eines elektrischen Signals wird durch die Spannung an einem Widerstand definiert. Dies ermöglicht durch geeignete Wahl der Widerstände die Aufteilung eines Signals auf viele Punkte, wie es z.B. in Bussystemen geschieht, schematisch in Abb. 1.42 dargestellt.

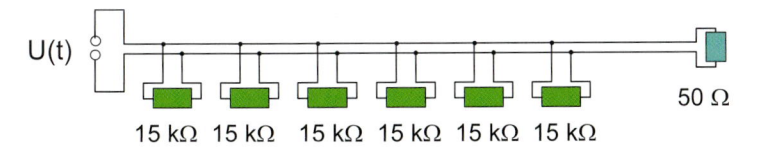

Abb. 1.42: Verteilung eines elektrischen Signals

Der niederohmige Sender speist eine Datenleitung mit 50 Ω Wellenwiderstand. Die Leitung ist am Ende ebenfalls mit 50 Ω abgeschlossen. Die verschiedenen Stationen greifen mit hochohmigen Anschlüssen auf die Leitung zu (diese Leitungen sollten kurz sein). Damit wird das Signal nur wenig belastet. Praktisch an allen Stationen wird der gleiche Pegel detektiert (von der Dämpfung der Datenleitung abgesehen).

Für sehr breitbandige Signale, z.B. beim Verteilfernsehen müssen die Empfänger alle dieselbe Impedanz aufweisen, also z.B. 75 Ω. Hierfür existieren Splitter, die die Leistung verlustarm aufteilen. Bei zwei Empfängern detektiert jeder Empfänger einen 3 dB niedrigeren Pegel, also ca. 70 % der Sendespannung.

In der Optik ist ein solcher „hochohmiger" Zugriff leider nicht möglich. Im besten Fall kann die optische Sendeleistung auf alle angeschlossenen Stationen verteilt werden. Bei z.B. 2 Empfängern beträgt die Empfangsleistung je die Hälfte der Sendeleistung. Das ergibt dann einen halbierten Photostrom am Empfänger, und damit 6 dB weniger elektrische Leistung. Die gleichen Probleme ergeben sich auch beim Zusammenfügen von optischen Signalen. Setzt man in optischen Fasern Modengleichverteilung voraus, dann haben Koppler sowohl beim Verteilen, als auch beim Zusammenfügen Verluste, die der Zahl der optischen Zweige entsprechen. In Abb. 1.43 werden einige typische Bauelemente gezeigt.

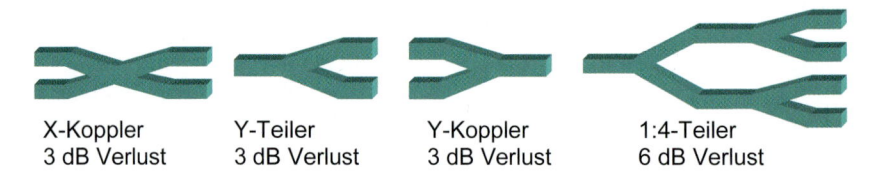

X-Koppler	Y-Teiler	Y-Koppler	1:4-Teiler
3 dB Verlust	3 dB Verlust	3 dB Verlust	6 dB Verlust

Abb. 1.43: Verluste optischer Koppler

Der minimale Verlust von 3 dB (also die Hälfte der optischen Leistung) ist für den X-Koppler leicht einzusehen, ebenso auch wie für den Y-Teiler. Wegen der Umkehrbarkeit des Lichtweges gilt dies aber auch für den Y-Koppler. Wird der ganz rechts gezeigte Teiler als Koppler eingesetzt, beträgt seine Dämpfung ebenfalls mindestens 6 dB. Bei der Polymerfaser kommen immer noch die bei Multimodefasern unvermeidlichen Zusatzverluste hinzu.

Bei Einmodenfasern existiert allerdings ein „Trick" zur verlustfreien Kopplung und Aufteilung von Licht. Unterscheiden sich nämlich die zu trennenden/kombinierenden Lichtanteile in Wellenlänge oder Polarisation können entsprechende WDM-Koppler (oder Polarisationskoppler) eingesetzt werden. Anders wären WDM-Systeme mit über 100 Kanälen nicht realisierbar. Für Polymerfasern sind entsprechende WDM-Komponenten relativ aufwendig, wie unten gezeigt werden wird.

Für bestimmte Multiplexverfahren erweisen sich die Besonderheiten der optischen Nachrichtentechnik als nachteilig. Will man z.B. Zeitmultiplex für zwei Sender und zwei Empfänger benutzen, die sich jeweils an unterschiedlichen Orten befinden, ist eine Anordnung nach Abb. 1.44 notwendig.

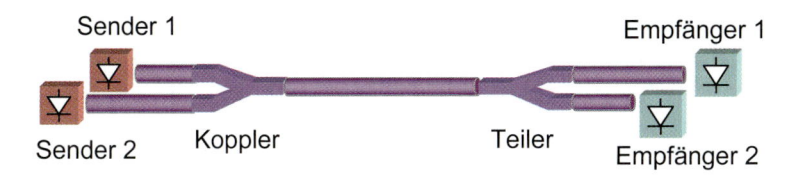

Abb. 1.44: Beispiel für ein optisches Netzwerk

Das TDMA-Verfahren sorgt für die kollisionsfreie Nutzung der gemeinsamen Übertragungsstrecke. Durch die optischen Komponenten ergibt sich aber ein minimaler Verlust von 3 dB + 3 dB = 6 dB. Könnte man die Signale vor dem optischen Sender elektrisch kombinieren und hinter dem Empfänger elektrisch trennen, ließe sich dieser Verlust vermeiden. Dadurch könnte also z.B. die Reichweite erhöht werden. Beim Design optischer Übertragungssysteme muß also immer sehr genau überlegt werden, welche Funktionen optisch, und welche elektrisch besser realisierbar sind.

1.3.3.6 Bidirektionale Übertragung

Eine besondere Stellung unter den Multiplexverfahren stellt die bidirektionale Übertragung auf einem Kanal dar. Dabei müssen nur zwei Richtungen auf den Kanal zugreifen. Speziell in der optischen Signalübertragung sind die klassischen Multiplexverfahren anwendbar. Während bisher nur von idealen Systemen gesprochen wurde, soll hier zumindest eine Störgröße erklärt werden, die für bidirektionale Systeme oft der begrenzende Faktor ist. Es ist das Nahnebensprechen (NEXT: Near End Cross Talk). Abbildung 1.45 verdeutlicht, daß ein Empfänger vom eigenen Sender gestört wird, wenn auf der Strecke Reflexionen auftreten.

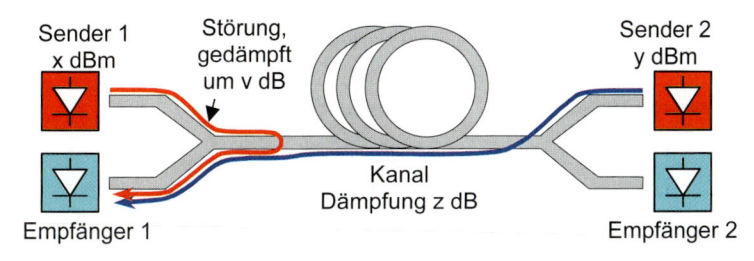

Abb. 1.45: Nahnebensprechen in optischen Systemen

An beiden Seiten des Kanals arbeiten zur gleichen Zeit die Sender 1 und 2. Da man nicht voraussetzen kann, daß sie immer die gleiche Leistung haben, nehmen wir die Pegel x und y an. Das Signal des entfernten Senders 2 kommt demzufolge gedämpft mit (y-z) dBm am Empfänger 1 an. An Störungen im Kanal, also z.B. einer Steckverbindung, kann ein Teil des vom Sender 1 abgestrahlten Lichtes direkt auf den eigenen Empfänger fallen. Die Dämpfung von Sender 1 zum

Empfänger 1 nennen wir hier v. Der Wert von v sollte möglichst groß sein. Also ist der Störpegel durch NEXT: x-v. Nimmt man an, daß ein bestimmtes SNR zum fehlerfreien Betrieb notwendig ist, muß folgende Ungleichung erfüllt sein:

$$v > (x-y) + SNR + z$$

Dazu ein praxisnahes Rechenbeispiel:

Der Unterschied zwischen den Sendeleistungen ist max. 6 dB, also im ungünstigsten Fall (x-y) = 6 dB. Das SNR soll mindestens 16 dB betragen und die Streckendämpfung ist z = 18 dB. Dann gilt:

$$v > 6 \text{ dB} + 16 \text{ dB} + 18 \text{ dB} = 40 \text{ dB}.$$

Dieser Wert ist mit POF-Komponenten nur sehr schwer einzuhalten, es sind also zusätzliche Maßnahmen zur NEXT-Unterdrückung notwendig, die nachfolgend vorgestellt werden.

Zunächst wird ein System mit Zeitmultiplex gezeigt (Abb. 1.46). Auf der Faser ist die notwendige Datenrate mehr als doppelt so groß wie die Einzeldatenströme auf beiden Seiten, da durch die auftretenden Laufzeiten für jede Richtung weniger als die Hälfte der Zeit zur Verfügung steht. Es ist üblich, die Datenströme in größere Pakete aufzuteilen, die dann immer abwechselnd übertragen werden. Je größer die Blöcke sind, um so weniger Einfluß hat die Laufzeit der Strecke, allerdings entsteht eine wachsende Verzögerung durch die notwendige Zwischenspeicherung jeweils eines kompletten Pakets.

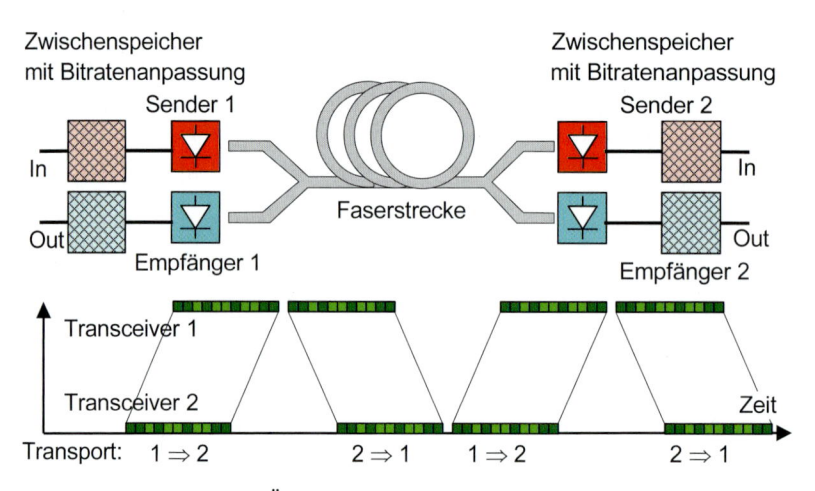

Abb. 1.46: Bidirektionale Übertragung mit Zeitmultiplex

Vor allem für Systeme mit niedrigen und mittleren Datenraten und kurzen Strecken, für die auch die POF eingesetzt wird, sind solche Lösungen sehr gut und kostengünstig realisierbar, da die gesamte Datenverarbeitung in integrierten Schaltungen erfolgt.

Eine zweite Möglichkeit ist Frequenzmultiplex, bei dem die Daten der beiden Richtungen unterschiedlichen Trägerfrequenzen aufmoduliert werden (Abb. 1.47).

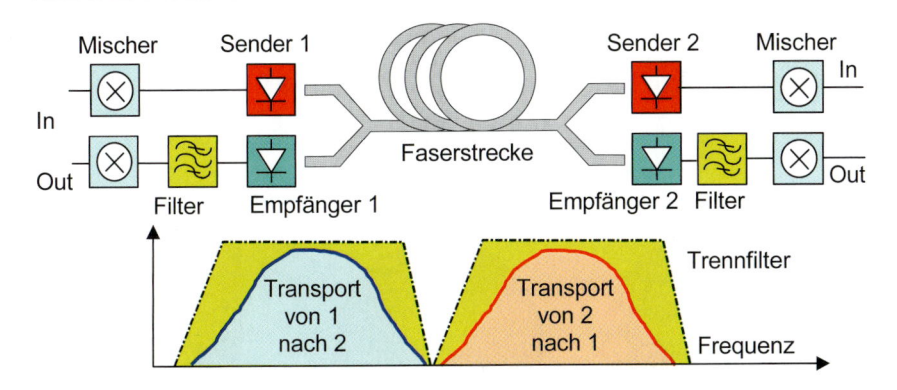

Abb. 1.47: Bidirektionale Übertragung mit Frequenzmultiplex

Der Bandbreitebedarf dieses Systems ist relativ groß, da eine Trägermodulation üblicherweise etwa doppel soviel Frequenzbreite benötigt wie eine direkte NRZ-Modulation (NRZ: Non Return to Zero, Umschalten zwischen Eins und Null jeweils am Ende des Bits). Außerdem werden die Bänder für beide Richtungen und ein gewisser „Sicherheitsabstand" zwischen diesen benötigt. Andererseits sind Zwischenträgerverfahren sehr störsicher und erlauben den kontinuierlichen gleichzeitigen Betrieb in beide Richtungen. Die NEXT-Unterdrückung ist sehr gut, da die Filterung im elektrischen Teil des Empfängers sehr effizient arbeiten kann. Gerade für niedrige Datenraten ist diese Methode sehr attraktiv. Die Signalverarbeitung kann einfach mit wenigen analogen Bauelementen oder auch komplett per Signalprozessor erfolgen.

Beim Wellenlängenmultiplex wird schließlich jeder Übertragungsrichtung eine Lichtwellenlänge zugeordnet, wie in Abb. 1.48 zu sehen.

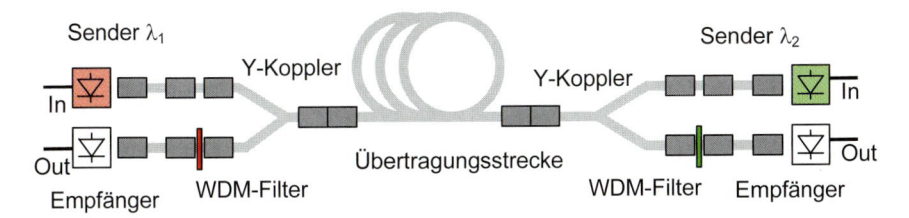

Abb. 1.48: Bidirektionale Übertragung mit Wellenlängenmultiplex

Dieses Verfahren hat den großen Vorteil, daß jeder Richtung die volle Kapazität der Faser zur Verfügung steht. Es ist kontinuierlicher Betrieb ohne zusätzliche Verzögerungen möglich. Die NEXT-Unterdrückung erfolgt durch optische Filter vor den Empfängern. Signalverarbeitung ist nicht notwendig. Nachteilig ist, daß an einer Strecke immer zwei unterschiedliche Transceiver notwendig sind. Dies ist aber eine Frage des Systemkonzepts. WDM ist insbesondere für schnelle Datenübertragung, wie bei IEEE 1394, sehr interessant. Auch für Systeme mit asymmetrischen Datenraten bietet WDM effiziente Lösungen.

High-Efficiency Plastic Optical Fiber
LUMINOUS
MULTI CORE POF

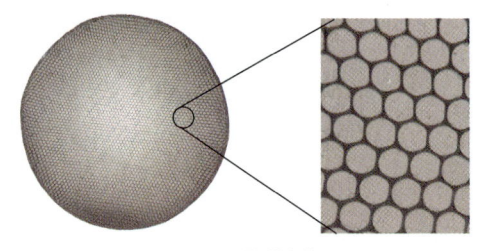

37 Cores

7.400 Cores

FEATURES
- 37 to 7.400 Cores
- Low bending Loss
- High Light Transmission
- High Bandwidth
- Various Diameters available

APPLICATIONS
- High-Speed Data Transmission
- Home Networking
- Image Transmission
- Endoscopes

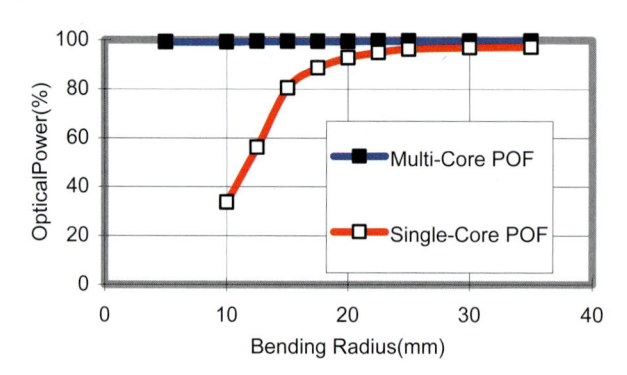

CONTACT

Europe	Sojitz Europe plc	Tel e-mail	+49 (0) 211 3551 230 kroeplin.peter@sky.sojitz.com
North and South America	Sojitz Corp. Of America	Tel e-mail	+1 212 704 6790 goto.tomoki@sky.sojitz.com
Asia/Oceania	Sojitz Corp.	Tel e-mail	+81 3 5520 3879 ueda.yutaka@sojitz.com
ASAHI KASEI EMD Corp.		e-mail	pof@om.asahi-kasei.co.jp

AsahiKASEI
ASAHI KASEI EMD

2. Optische Fasern

2.1 Grundlagen optischer Fasern

Unter optischen Fasern versteht man spezielle Formen von optischen Wellenleitern. Die wichtigsten Besonderheiten sind dabei:

- ➢ rotationssymmetrischer Querschnitt
- ➢ flexibel
- ➢ in großen Längen herstellbar

Die Eigenschaften optischer Fasern werden durch eine Vielzahl möglicher konstruktiver Details bestimmt. So bestimmt z.B. die Materialwahl vor allem die Dämpfung und die Temperaturbeständigkeit. Die optische Bandbreite, und damit im wesentlichen die Übertragungskapazität, wird dagegen durch das Brechungsindexprofil bestimmt. Dies dürfte der Grund sein, warum die meisten optischen Fasern nach ihrem Indexprofil benannt werden. Alle gängigen Varianten werden in den nächsten Abschnitten vorgestellt.

2.1.1 Brechungsindexprofile

Die Eigenschaften der Wellenführung werden entscheidend durch das Brechzahlprofil von Kern und Mantel bestimmt. Bei der Stufenindexprofilfaser ist die Brechzahl jeweils über den gesamten Kern- und Mantelquerschnitt konstant (Abb. 2.1), die Lichtstrahlen breiten sich geradlinig im Kern aus und werden an der Kern-Mantel-Fläche total reflektiert.

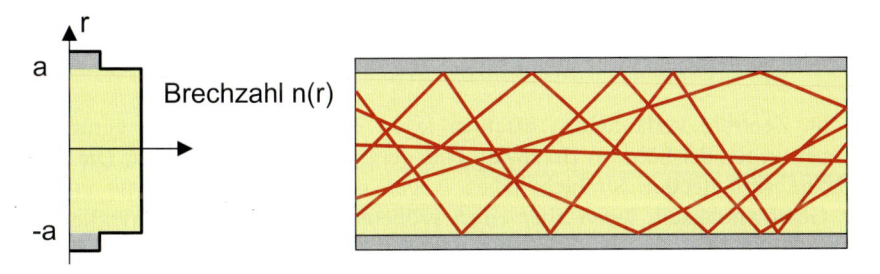

Abb. 2.1: Brechzahlverlauf in einer Stufenindexprofilfaser

2.1 Grundlagen optischer Fasern

Das Brechzahlprofil im Kern und im Mantel wird beschrieben durch:

$$n(r) = n_K \quad \text{für } r \leq a$$
$$n(r) = n_M \quad \text{für } r > a$$

mit a als Kernradius.

Die einzelnen Strahlen legen unterschiedlich lange Wege zurück, so daß es zu erheblichen Laufzeitdifferenzen kommt. Diese können durch Wahl eines Gradientenbrechzahlprofils minimiert werden. Die Gradientenindexprofilfaser ist aus einem Kern mit radiusabhängiger und einem Mantel mit konstanter Brechzahl aufgebaut (Abb. 2.2):

$$n(r) = n_{K\max} \sqrt{1 - 2\Delta \cdot \left(\frac{r}{a}\right)^g} \quad \text{für } r \leq a$$
$$n(r) = n_M \quad \text{für } r > a$$

mit   g: Profilexponent
Δ: relative, bzw. normierte Brechzahldifferenz:

$$\Delta = \frac{n_K^2 - n_M^2}{2 \cdot n_K^2}$$

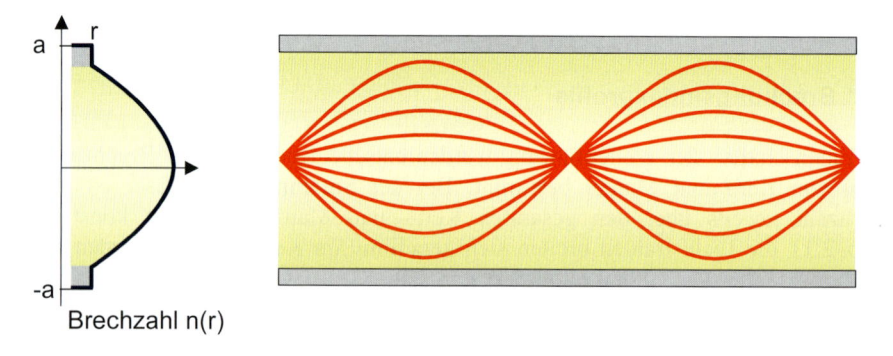

Abb. 2.2: Prinzip der Gradientenindexprofilfaser

Die im Zentrum verlaufenden Strahlen legen einen kürzeren Weg zurück, haben aber wegen der höheren Brechzahl eine geringere Geschwindigkeit. Die in Mantelnähe verlaufenden Strahlen haben wegen der kleineren Brechzahl eine höhere Geschwindigkeit, legen aber einen größeren Weg zurück. Bei richtiger Wahl des Profilexponenten g läßt sich weitgehend ein Laufzeitausgleich erzielen. Bei vernachlässigbarer chromatischer Dispersion ist der ideale Indexkoeffizient 2, man spricht dann von einem parabolischen Indexprofil.

2.1.2 Numerische Apertur

Fällt Licht unter dem Winkel Θ_{max} auf die Fasereintrittsfläche, wird es unter dem Winkel α_{max} gebrochen (Abb. 2.3). Es gilt nach dem Brechungsgesetz:

$$n_0 \cdot \sin\Theta_{max} = n_K \cdot \sin\alpha_{max} = n_K \cdot \sin(90 - \gamma_{max})$$

$$n_0 \cdot \sin\Theta_{max} = n_K \cdot \cos\gamma_{max}$$

$$n_0 \cdot \sin\Theta_{max} = n_K \cdot \sqrt{1 - \sin^2\gamma_{max}} \quad , \quad \text{mit } (n_M/n_K)^2 = \sin^2\gamma_{max}$$

$$n_0 \cdot \sin\Theta_{max} = n_K \cdot \sqrt{1 - (n_M/n_K)^2}$$

$$n_0 \cdot \sin\Theta_{max} = \sqrt{n_K^2 - n_M^2} \text{ , für } n_0 = 1 \text{ gilt}$$

$$\sin\Theta_{max} = \sqrt{n_K^2 - n_M^2}$$

Der Sinus des maximalen Einstrahlwinkels Θ_{max} ist als numerische Apertur A_N definiert (Abb. 2.3). Der Winkel Θ_{max} wird als Akzeptanzwinkel, der doppelte Akzeptanzwinkel als Öffnungswinkel bezeichnet. Mit der relativen Brechzahldifferenz Δ ergibt sich für A_N:

$$A_N = \sin\Theta_{max} = n_K \cdot \sqrt{2 \cdot \Delta}$$

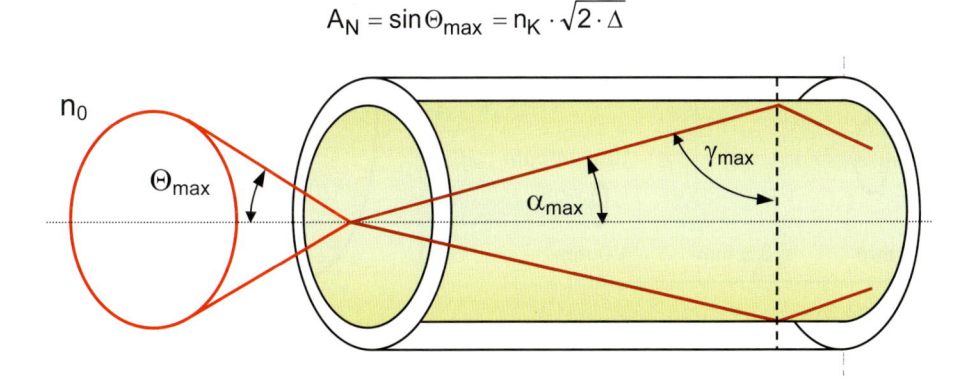

Abb. 2.3: Zur Definition des Akzeptanzwinkels

Die Größe der numerischen Apertur (NA) ist also ausschließlich von der Brechzahldifferenz zwischen Kern- und Mantelmaterial abhängig.

Beispiel: Die Brechzahlen einer Standard PMMA Faser betragen $n_K = 1,49$ und $n_M = 1,40$, damit ergibt sich $A_N = 0,50$ und $\Theta_{max} = 30°$.

Während die Numerische Apertur der Stufenindexprofilfaser über den gesamten Kern konstant ist, weist die Gradientenindexprofilfaser einen vom Kernzentrum zu Mantel hin abnehmenden Akzeptanzwinkel auf (Abb. 2.4).

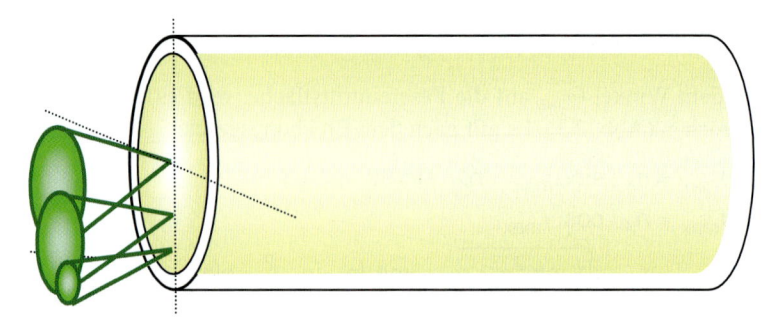

Abb. 2.4: Akzeptanzwinkel einer Gradientenindexprofilfaser

Im Vergleich zu anderen Fasertypen (Abb. 2.5) weist die POF die größte Numerische Apertur und den größten Kerndurchmesser auf. Hierin liegt einer der wichtigsten Vorteile der POF, da die Verbindungstechnik im Gegensatz zur Glasfaser kostengünstig gelöst werden kann.

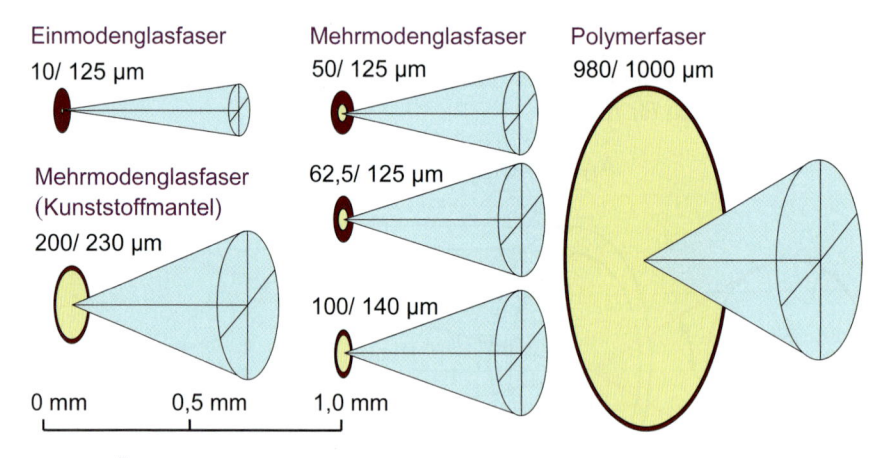

Abb. 2.5: Öffnungswinkel und Kerndurchmesser von Glas- und Polymerfasern

2.1.3 Strahlverlauf in optischen Fasern

In allen Stufenindexprofilfasern erfolgt die Lichtausbreitung auf einer Zick-Zack-Bahn, wobei jeweils an der Kern-Mantel-Fläche das Licht total reflektiert wird, in der Gradientenindexprofilfaser auf einer sinusförmigen Bahn, die durch Brechung im Gradientenprofil zustande kommt. Liegen die einfallenden Lichtstrahlen in einer Ebene, durch die die Faserachse verläuft, bilden sich Meridionalstrahlen aus, in allen anderen Fällen entstehen schiefe Strahlen (skew rays). Abbildung 2.6 zeigt die Projektion auf die Fasereintrittsfläche. Für Stufen- und Gradientenindexprofilfasern ergibt sich das gleiche Bild. Die Angabe der Numerischen Apertur bezieht sich immer auf Meridionalstrahlen.

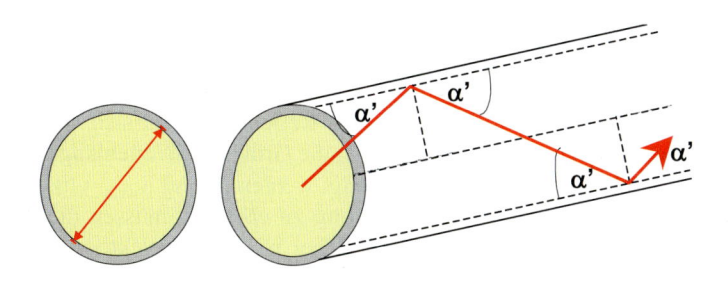

Abb. 2.6: Meridionalstrahlen

Schiefe Strahlen bilden mit der Tangentialebene an der Kern-Mantel-Fläche den Winkel $\psi < 90°$ (Abb. 2.7). Sie kreuzen die Faserachse nie und breiten sich in schraubenförmigen Bahnen aus. Für Stufenindexprofilfasern entspricht die Projektion auf die Querschnittsfläche einem Polygonzug, so daß diese Strahlen einen kreisförmigen Bereich mit dem Radius r_k in der Nähe der Achse nicht durchqueren.

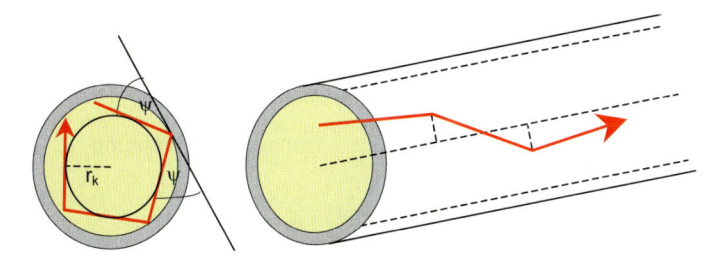

Abb. 2.7: Schiefe Strahlen in Stufenindexprofilfasern

In Gradientenindexprofilfasern mit parabolischem Profil ergeben sich in der Projektion Ellipsen (Abb. 2.8 links), die sich im Sonderfall zu Kreisen ausbilden können; derartige Strahlen werden Helixstrahlen genannt (Abb. 2.8 rechts). Ihr Abstand von der Faserachse bleibt immer konstant.

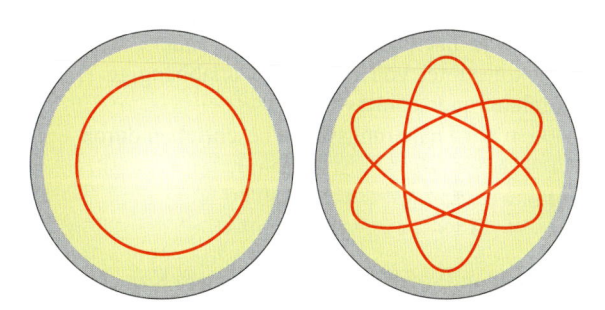

Abb. 2.8: Helixstrahlen (links) und schiefe Strahlen (rechts) in Gradientenindexprofilfasern

2.1.4 Moden in optischen Fasern

2.1.4.1 Der Modenbegriff

Die bisher betrachteten Phänomene wie Brechung und Reflexion lassen sich anschaulich mit der geometrischen Optik erklären, wobei die Größe der Wellenlänge und der endliche Strahldurchmesser nicht berücksichtigt werden (λ und $d_{strahl} = 0$). Um eine vollständige Beschreibung der Wellenführung zu erhalten, müssen die Welleneigenschaften des Lichtes betrachtet werden. Ziel ist es, die elektrische Feld- bzw. Intensitätsverteilung des Lichtes in der optischen Faser zu berechnen. Ausgehend von den Maxwellschen Gleichungen wird die Eigenwertgleichung hergeleitet und gelöst. Eine ausführliche Darstellung findet sich bei [Blu98]. Als Lösungen der Eigenwertgleichung ergeben sich endlich viele mögliche Feldverteilungen im Lichtwellenleiter. Diese Feldverteilungen werden als Moden des Wellenleiters bezeichnet. Übertragen auf das Strahlenmodell bedeutet dies, daß offensichtlich nicht alle einfallenden Strahlen, für die $\Theta < \Theta_{max}$ gilt, ausbreitungsfähig sind, sondern nur Strahlen mit ganz bestimmten Winkeln. Abbildung 2.9 veranschaulicht diesen Sachverhalt. Damit sich Licht in einer bestimmten Richtung ausbreiten kann, muß sich eine Welle mit ihrer eigenen reflektierten Welle konstruktiv überlagern, so daß sich nach zweifacher Reflexion die Phasenlage wiederholt. Die schwarzen Linien, die senkrecht zur Ausbreitungsrichtung stehen, kennzeichnen die Ebenen gleicher Phasenlage, der Abstand beträgt λ/n_K.

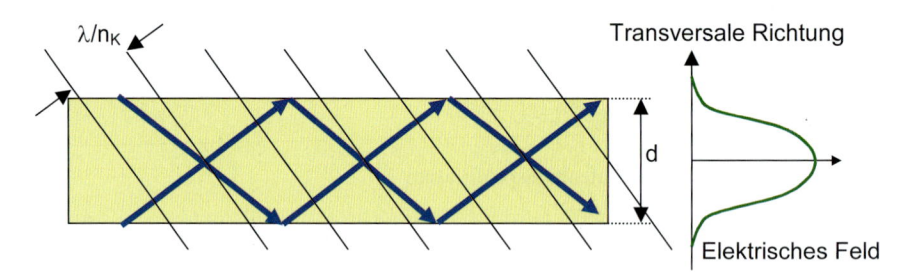

Abb. 2.9: Ausbildung der Modenstruktur im Wellenleiter

Während im strahlenoptischen Modell die Zick - Zack - Wege zu Intensitätsverteilungen führen würden, die sich je nach Länge der Faser ändern würden, erhält man im Wellenmodell eine konstante, von der Länge unabhängige Hell-Dunkel-Verteilung über den Wellenleiterquerschnitt.

Die Anzahl N der geführten Moden wird näherungsweise beschrieben durch

$$N \approx \frac{1}{2} \cdot \frac{g}{g+2} \cdot V^2$$

mit $V = 2\pi \cdot a \cdot A_N/\lambda$, a: Kernradius und g: Profilexponent (siehe auch Kap. 1.1.5).
Für Stufenprofile gilt $g \to \infty$; damit ergibt sich für die Modenanzahl $N \approx \frac{1}{2} \cdot V^2$, für parabolische Profile gilt $g = 2$ und damit $N \approx \frac{1}{4} \cdot V^2$. Beispiels-

weise kann eine optische Polymerfaser mit $A_N = 0{,}5$, einem Kernradius von 0,5 mm und einer Wellenlänge $\lambda = 650$ nm ca. 2,9 Millionen Moden führen. Wird der Winkel der Totalreflexion überschritten, entstehen Strahlungsmoden, das Licht wird in den Mantel abgestrahlt. Ist die Brechzahl des Mantels höher als die des nachfolgenden Mediums (z.B. Luft), können sich u.U. Mantelmoden ausbilden. In der POF ist der optische Mantel von einer absorbierenden Beschichtung (Schutzhülle bzw. Coating) umgeben, so daß sich keine Mantelmoden ausbilden können. Strahlungsmoden sind im Gegensatz zu geführten Moden nicht abzählbar. Sie leisten keinen Beitrag zur Signalübertragung (Abb. 2.10, spezielle Bedingungen für die POF werden unten erläutert). Höhere Moden breiten sich unter einem größeren Winkel aus, niedrige Moden unter einem kleineren. Schiefe Strahlen können unter bestimmten Bedingungen zu Leckwellen werden, die einerseits in z-Richtung geführt werden, andererseits aber ständig Energie in den Mantel abgeben. In Polymerfasern sind sie u.U. noch nach einigen 10 m nachweisbar. Damit können sie sowohl die Übertragung als auch die Meßtechnik beeinflussen.

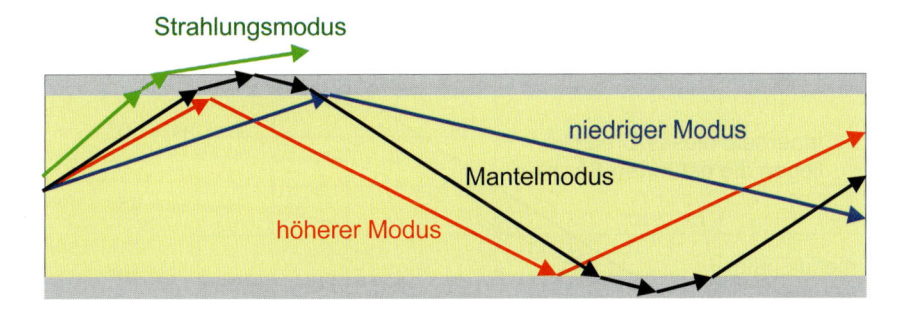

Abb. 2.10: Geführte Moden, Mantel- und Strahlungsmoden

Die folgende Gleichung beschreibt den Zusammenhang zwischen den Winkeln α, ψ und δ in Abb. 2.11 [Sny83]:

$$\cos \alpha = \sin \delta \cdot \sin \psi$$

Dabei ist α der Winkel des einfallenden und reflektierten Strahls relativ zur Flächennormale der Tangentialebene in P, ψ gibt den Winkel zwischen Reflexionsebene und Tangentialebene an, und δ ist der Winkel zwischen der Projektion des schiefen Strahls auf die Querschnittsebene und der Ausbreitungsrichtung (parallel zur Faserachse).

Abbildung 2.12 zeigt zusammenfassend die verschiedenen Strahlenarten in Abhängigkeit der Winkel nach obiger Gleichung [Bun99a]. Für die geführten Strahlen gilt $\delta < \delta_{max}$ und $\alpha > \alpha_{max}$. Im anschließendem Rechteck liegen die Leckwellen, die Strahlungsmoden liegen oberhalb der Linie $\alpha = \alpha_{max}$. Für Meridionalstrahlen gilt wegen $\psi = 90°$: $\alpha = 90° - \delta$, d.h. sie liegen auf der blauen Linie.

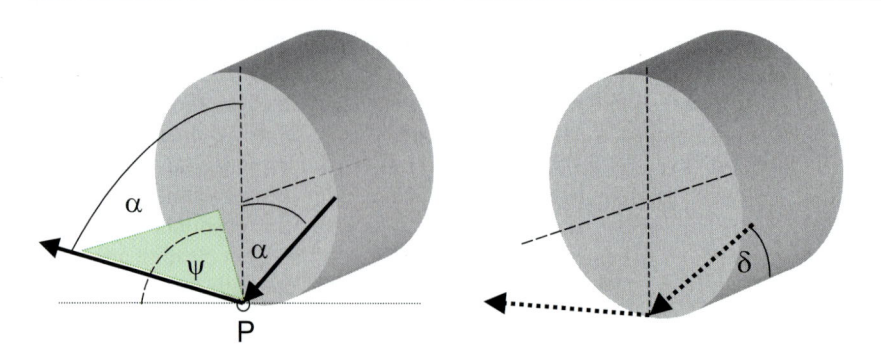

Abb. 2.11: Winkelbeziehungen eines schiefen Strahls, im rechten Bild ist der Winkel δ dargestellt, den man durch Projektion des schiefen Strahls auf die Querschnittsebene erhält

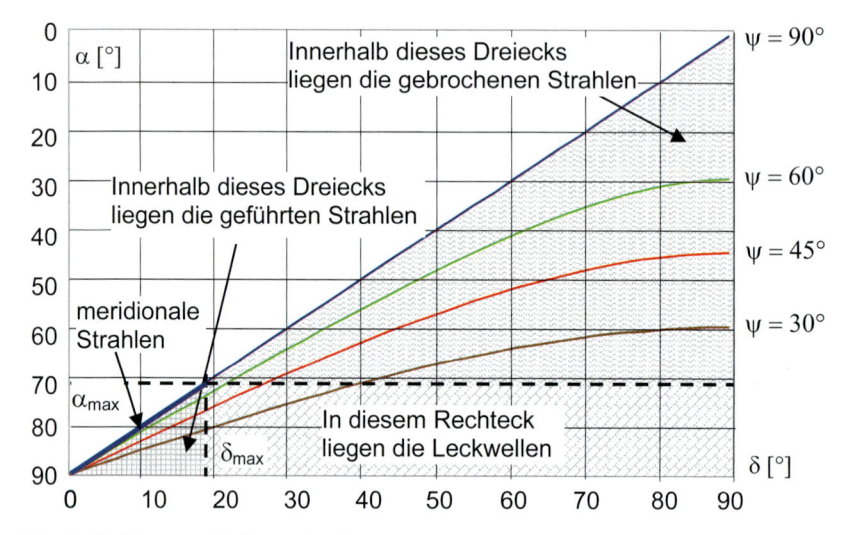

Abb. 2.12: Die verschiedenen Strahlenarten

2.1.4.2 Modenausbreitung in realen Fasern

In verschiedenen Kapiteln dieses Buchs wird auf die Besonderheiten bei der Lichtausbreitung in POF eingegangen. Hier sollen nun die verschiedenen zu betrachtenden Prozesse zusammenhängend beschrieben werden. Auf die Funktion der Faser als Wellenleiter durch Totalreflexion an der Kern-Mantel-Grenzfläche wurde bereits eingegangen.

Würde man das Strahlenmodell konsequent anwenden, würde sich ein Lichtstrahl, der in eine ideale Faser eingekoppelt wird, immer im gleichen Winkel relativ zur Faserachse ausbreiten. Bei divergenten Lichtquellen bliebe das Fernfeld über die Faserlänge konstant. Dies würde nicht für das Nahfeld gelten, wie

Abb. 2.13 veranschaulicht. Je nach Strahlenverlauf ergäben sich an verschiedenen Stellen der Faser unterschiedliche Nahfelder in Form punktförmiger Strukturen. Dies widerspricht aber dem Experiment: Man erhält eine kontinuierliche Intensitätsverteilung, die sich von einer bestimmten Länge an nicht mehr verändert. Das Strahlenmodell gestattet zwar Anschaulichkeit, ist aber nur beschränkt einsetzbar, wie obiges Beispiel zeigt. Hier muß also zum Modenbild übergangen werden, um die experimentellen Ergebnisse beschreiben zu können. Wichtig ist es in diesem Zusammenhang auch zu beachten, daß viele optische Simulationsprogramme auf Basis von diskreten Lichtstrahlen arbeiten. Um wirklich realistische Ergebnisse zu erhalten müssen immer ausreichend viele Strahlen simuliert werden.

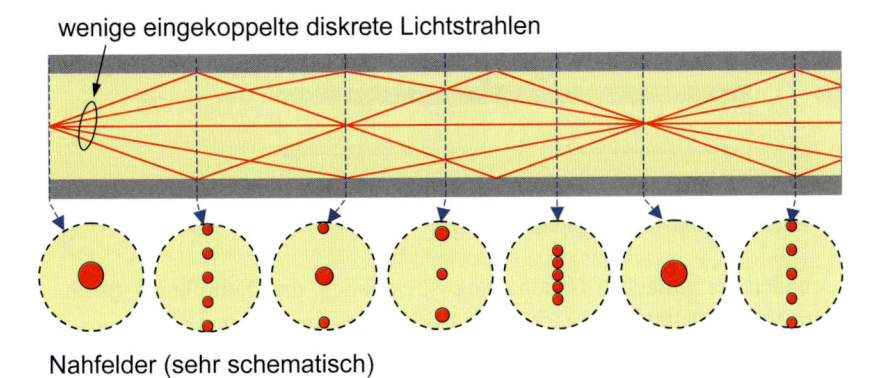

Abb. 2.13: Nahfelder bei idealer Strahlausbreitung mit nur wenigen diskreten Lichtwegen (in der Praxis so nur sehr schwer und an sehr kurzen Längen zu messen)

2.1.5 Größen zur Beschreibung von realen Fasern und Wellenleitern

Zur Beschreibung der Eigenschaften realer Fasern und Wellenleiter definiert man verschiedene Größen, die je nach Anwendung unterschiedlich wichtig sind. Alle diese Größen werden durch die Ausbreitungsbedingungen der unterschiedlichen Moden beeinflußt. Für Mehrmodenfasern sind damit i.d.R. die meisten Eigenschaften von der Modenverteilung abhängig. Darunter ist zu verstehen, daß eine Faser zunächst die Lichtausbreitung in verschiedensten Wegen (Moden) erlaubt. Je nach verwendeter Lichtquelle am Faseranfang werden aber nicht alle diese Moden angeregt, oder zumindestens nicht mit einheitlicher Leistung. Da jeder Mode unterschiedliche Eigenschaften besitzt wird sich im Mittel ein verändertes Faserverhalten ergeben. Zusätzlich wird das Problem dadurch verkompliziert, daß sich über die Länge ein Energieaustausch zwischen den Moden ergeben kann.

In den weiteren Abschnitten werden die typischen Fasereigenschaften definiert und erläutert. Es werden mit der Modengleichverteilung (UMD) und der Modengleichgewichtsverteilung (EMD) die meist üblichen Standardmeßbedingungen erklärt.

2.1.5.1 Dämpfung

Der wichtigste Prozeß, den das Licht beim Durchgang durch die Faser erfährt, ist die Dämpfung. Beim Durchlaufen der optischen Faser der Länge L wird das Licht abgeschwächt (Abb. 2.14). Für die optische Leistung gilt:

$$P_L = P_0 \cdot e^{-\alpha' \cdot L}$$

mit P_L und P_0: Leistung nach der Länge L in km, bzw. am Faseranfang, α': Dämpfungsbelag in km^{-1}.

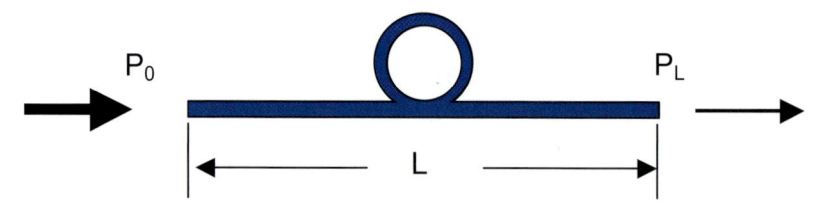

Abb. 2.14: Zur Definition der Dämpfung

Aus Gründen der einfachen Handhabung ist es üblich, die Dämpfung logarithmisch darzustellen. Damit ergibt sich für den Dämpfungsbelag α in dB/km.

$$\alpha = \frac{10}{L} \cdot \log \frac{P_0}{P_L} = 4{,}343 \cdot \alpha'$$

Die Größe Dämpfungsmaß a (angegeben in dB) erhält man aus dem Produkt $\alpha \cdot L$. Abbildung 2.15 zeigt den Zusammenhang zwischen dem Dämpfungsmaß a und der prozentualen Änderung der Leistung.

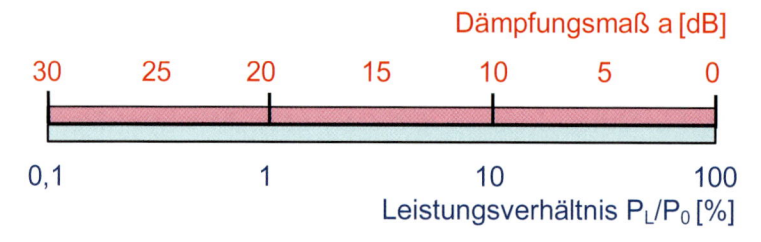

Abb. 2.15: Umrechnung Leistungsverhältnis PL /P0 von dB in %

In der Fachliteratur (besonders in der englischsprachigen) wird oft nicht sauber zwischen Dämpfungsbelag und Dämpfungsmaß unterschieden und vereinfachend oft von der Dämpfung der Faser gesprochen. Der Zusatz „spektral" verweist dabei auf die Wellenlängenabhängigkeit. Bei Angabe der Einheit ist aber eine Verwechselung ausgeschlossen. Es muß noch erwähnt werden, daß Dämpfung und Dämpfungsbelag praktisch immer als positive Zahlen angegeben werden.

Größe	Symbol	Einheit	Berechnung
Dämpfungsbelag, lin.	α'	km^{-1}	$\{\ln(P_0/P_L)\}/L$
Dämpfungsbelag, log.	α	dB/km	$\{10 \cdot \log(P_0/P_L)\}/L$
Dämpfungsmaß (oder einfach Dämpfung)	a	dB	$10 \cdot \log(P_0/P_L)$

Gerade im Bereich der optischen Kurzstreckenkommunikation ist die Angabe von Faserdämpfungen in dB viel praktischer als z.B. die Darstellung der absoluten Transmission. Immer öfter werden z.B. POF auch für ganz kurze Übertragungslängen im nahen Infrarot eingesetzt. Letztlich kann man PMMA auch für Wellenleiterstrukturen im mm-Bereich verwenden. Abbildung 2.16 zeigt den Dämpfungsverlauf der PMMA-POF nach [Hess04].

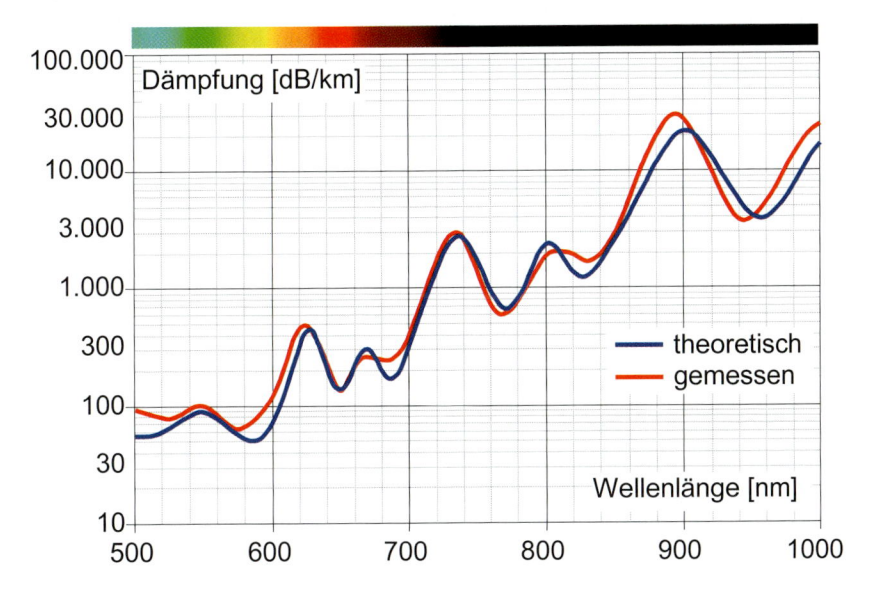

Abb. 2.16: Dämpfungsverlauf der PMMA-POF (theoretisch und gemessen, [Hess04])

Immerhin umfaßt die Darstellung ca. 3 Dekaden, also einen Faktor 1.000, der in linearer Skalierung nicht zu überschauen wäre.

2.1.5.2 Modenabhängige Dämpfung

Für Glasfasern nimmt man üblicherweise an, daß die Dämpfung aller Lichtstrahlen gleich ist. Diese Annahme ist für alle praktischen Belange hinreichend genau. Bei der POF kann der Wegunterschied zwischen achsenparallelen Strahlen und Ausbreitungsrichtungen nahe dem Grenzwinkel der Totalreflexion sehr groß werden. Die Standard-NA-POF hat hier bei $A_N = 0{,}50$ eine Differenz von 6%. Bei einer Polycarbonatfaser mit $A_N = 0{,}90$ werden es sogar 21%. Allein dadurch kommt es zu einer wesentlich größeren Dämpfung für Strahlen mit großen Ausbreitungswinkeln. In 100 m Standard-POF legt ein solcher Lichtstrahl ca. 6 m mehr zurück, was bei einer Dämpfung von 200 dB/km einen zusätzlichen Verlust von mehr als 1 dB ausmacht. Für die Polycarbonatfaser würde dies nach z.B. 20 m bei 1.000 dB/km eine Zusatzdämpfung von 4 dB ergeben (weniger als die Hälfte des Lichtes kommt noch an).

Die zweite, wesentlich wichtigere Ursache für die modenabhängige Dämpfung ist die Dämpfung des Mantelmaterials. Für PMMA-Fasern werden fluorierte Polymere als optischer Mantel verwendet, deren Dämpfung mehrere 10.000 dB/km beträgt [Paar92]. Betrachtet man die Lichtausbreitung einer ebenen Welle an einer Grenzfläche exakt, stellt man fest, daß das elektrische Feld in der Größenordnung der Lichtwellenlänge in das dünnere Medium hineinragt, auch wenn Totalreflexion erfolgt. Dieser Prozeß ist auch als Goos-Hänchen-Shift bekannt ([Bun99a]) und wird modellmäßig damit beschrieben, daß die Reflexionsebene etwas in das dünnere Medium verschoben wird. Der reflektierte Strahl ist also etwas auf der Grenzfläche verschoben, wie Abb. 2.17 demonstriert. In diesem Modell würde der zusätzliche Lichtweg der entsprechend höheren Dämpfung des Mantelmaterials unterliegen.

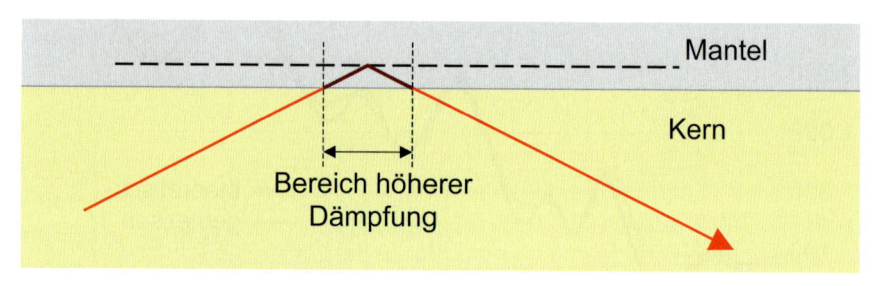

Abb. 2.17: Goos-Hänchen-Shift

Obwohl der Lichtweg im Mantel bei jeder Reflexion nur im µm-Bereich liegt, spielt er aufgrund der viel größeren Dämpfung dennoch eine entscheidende Rolle. Besonders auffällig wird dieser Effekt bei Verkleinerung des Kerndurchmessers. Theoretisch sollten Dämpfung und Bandbreite nicht vom Kerndurchmesser abhängen. Tatsächlich zeigen dünnere Kerne, wie sie z.B. in Vielkernfasern verwendet werden ([Tesh98]), deutlich größere Bandbreiten, leicht erhöhte Dämpfung und schmalere Fernfeldbreiten. In [Bun99b] und [Ziem99c] konnten diese Effekte recht gut erklärt werden.

Auch in Glasfasern tritt dieser Effekt auf. Quarzglasfasern mit Polymermantel (PCS) haben im Kern Verluste unter 10 dB/km (Wellenlängenbereich 650 nm bis 1.300 nm), während der Polymermantel Dämpfungen von einigen 100 bis 1.000 dB/km aufweist.

Für Stufenindexprofil-Glas-Glas-Fasern (eingesetzt in Faserbündeln) gibt [Ebb03] Dämpfungen von 180 dB/km für den Kern und 9.000 dB/km für den Mantel an. In diesen Fasern wird kein Quarzglas sondern es werden preiswerte herkömmliche Gläser eingesetzt (allerdings viel reiner als im Fensterglas).

In Einmoden- und Gradientenindexprofil-Quarzglasfasern gibt es demgegenüber keine nennenswerten Dämpfungsunterschiede zwischen Kern und Mantel, da beide aus SiO_2 bestehen. Der Germaniumanteil im Kern hat keinen großen Einfluß. Eine wichtige Folge der modenabhängigen Dämpfung ist, wie später noch ausführlicher erläutert werden wird, ein deutlich schmaleres Fernfeld nach größeren Faserlängen als man es aus der Faser-NA erwarten würde.

2.1.5.3 Modenkopplung

Bei der Modenkopplung wird Energie aus einer Ausbreitungsrichtung auf mehrere andere übertragen. Dies kann z.B. an Streuzentren erfolgen. Da die Lichtstreuung in PMMA-POF einen deutlichen Anteil an der Dämpfung hat, ist dieser Prozeß immer vorhanden. Abbildung 2.18 verdeutlicht den Vorgang (immer noch im Strahlenmodell).

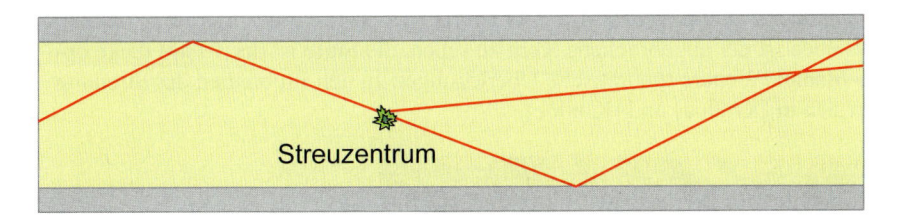

Abb. 2.18: Modenkopplung an einem Streuzentrum

Viele experimentelle Befunde sprechen eindeutig dafür, daß Modenkopplung vor allem an der Kern-Mantel-Grenzfläche auftritt (Abb. 2.19). Dies kann dadurch erklärt werden, daß es mit den sehr großen Polymermolekülen nicht möglich ist, eine im Subnanometerbereich ideale Oberfläche zu erzeugen. Damit ist auch die Modenkopplung vom Ausbreitungswinkel abhängig.

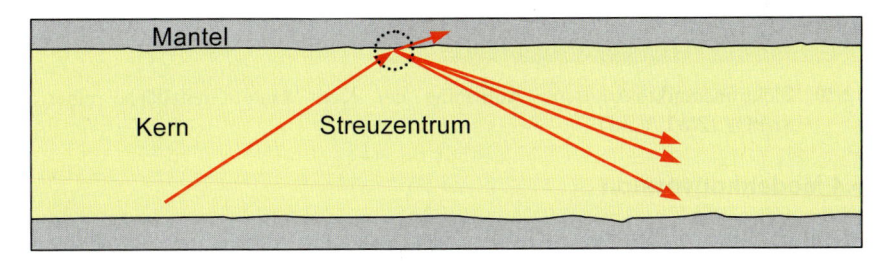

Abb. 2.19: Modenkopplung an der Kern-Mantel-Grenzfläche

Modenkopplung ändert die Bandbreite einer Faser. Bei der Einkopplung von kollimiertem Licht wird nach und nach Energie in höhere Winkelbereiche übertragen, so daß die Modendispersion zunimmt, die Bandbreite also kleiner wird. Wird hingegen Licht in allen Winkelbereichen eingekoppelt, so daß die maximalen Laufzeitdifferenzen auftreten, wird die Energie zwischen den Winkeln ausgetauscht, so daß zunächst langsamere Strahlen „schneller" werden und umgekehrt. Nach den Gesetzen der Statistik wächst die Laufzeitdifferenz (genauer ihre Standardabweichung) nicht mehr linear mit der Länge, sondern nur noch ungefähr mit der Wurzel der Länge. Dies gilt für Längen oberhalb einer charakteristischen Koppellänge, die bei PMMA-POF im allgemeinen einige 10 m beträgt.

Modenkopplung führt immer auch zu zusätzlicher Dämpfung. Bei der Änderung der Lichtausbreitung wird immer Energie in Winkelbereiche gekoppelt, in denen keine Lichtführung mehr stattfindet. Je kürzer die Koppellänge wird, um so größer ist die zusätzliche Dämpfung. Würde das beobachtete Verhalten der POF, nämlich die Auffüllung des Nahfeldes nach wenigen 10 Zentimetern Faser, ausschließlich mit Modenkopplung erklärt werden, ergäben sich Zusatzdämpfungen im Bereich einiger 1.000 dB/km, die ja tatsächlich nicht auftreten.

Abbildung 2.20 zeigt eine elektronenmikroskopische Aufnahme der Kern-Mantel-Grenzfläche (Photo ZWL, 2003). Der von oben links nach unten rechts verlaufende markierte glatte Teil ist die Oberfläche des Kerns mit entferntem Mantel. Rechts oben ist der angebrochene Kern zu sehen, die Stufe ist der 10 µm dicke optische Mantel. Weitere theoretische Überlegungen zu den Problemen der Streuung finden sich in [Kru06a] und [Kru06b].

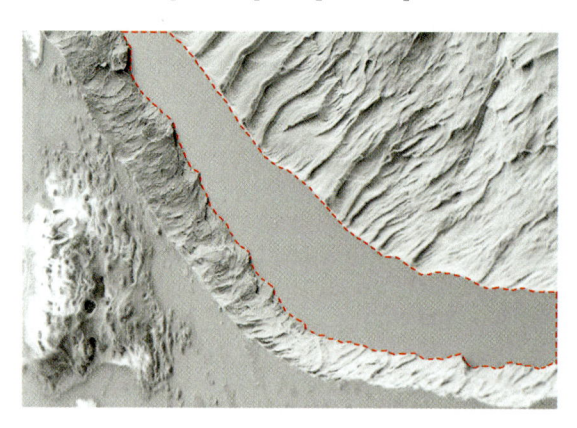

Abb. 2.20: Elektronenmikroskopische Aufnahme der Kern-Mantel-Grenzfläche einer SI-POF (ZWL Lauf)

2.1.5.4 Modenkonversion

Die Definition von Ausbreitungswinkeln oder auch von Moden gilt streng genommen nur für einen geraden Wellenleiter. Bereits eine Biegung erfordert ein verändertes Herangehen. Am exaktesten wäre eine Neuberechnung der Moden für das System der nun gekrümmten Faser, was aber sowohl theoretisch als auch praktisch viel zu aufwendig ist. Sinnvoller ist es, den Bereich vor und nach der Biegung als geraden Wellenleiter zu betrachten und an der Biegung eine Transformation auf die neue Bezugsachse vorzunehmen. Formal wird also Licht von einer Ausbreitungsrichtung in eine andere übertragen, wie Abb. 2.21 zeigt.

[Abbildung: Modenkonversion an einer Biegung mit Beschriftungen "Faserachse vor der Biegung", "Faserachse nach der Biegung", "neuer Ausbreitungswinkel"]

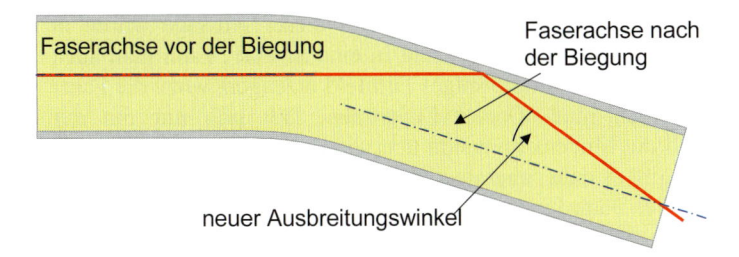

Abb. 2.21: Modenkonversion an einer Biegung

Damit läßt sich Modenkonversion als Spezialfall der Modenkopplung beschreiben. Der Unterschied ist hier, daß die Zahl der Moden bzw. der Ausbreitungsrichtungen nicht vergrößert wird. Modenkonversion dürfte in der POF vor allem an der Kern-Mantel-Grenzfläche auftreten, z.B. an Mikrokrümmungen oder Schwankungen der Brechzahldifferenz. Die Frage des Einflusses von Modenkonversion und -kopplung auf die Zusatzdämpfung hängt im wesentlichen von der Winkelabhängigkeit der Prozesse ab. Je stärker das Licht in seiner Richtung geändert wird, um so mehr Verluste treten auf. Eine quantitative Analyse dieser Prozesse in POF ist äußerst schwierig und steht noch aus. Bei den angenommenen physikalischen Prozessen sollte aber die Modenkopplung einen größeren winkelunabhängigen Anteil aufweisen (Streuung an größeren Inhomogenitäten).

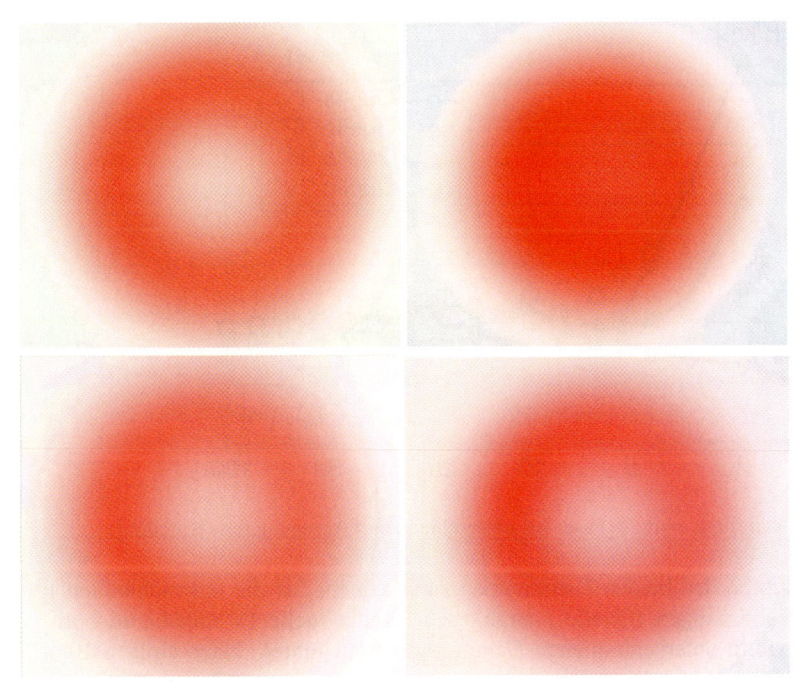

Abb. 2.22: Fernfelder verschiedener POF (oben Produkt A, unten B, links nach 20 m Faser, rechts 50 m, Einkopplung mit kollimiertem Licht ($AN_{Launch} < 0{,}016$)

Ein eindrucksvolles Experiment zur Bekräftigung dieser Aussage wurde in [Poi00] gezeigt. Koppelt man kollimiertes Licht in eine SI-POF, kann man auch nach 50 m Faser am Ausgang ein ringförmiges Fernfeld erzeugen, wozu die Faser passend gekrümmt werden muß. Dieses Experiment läßt sich nur mit der Annahme erklären, daß die Modenkonversion überwiegt. Zwischen Fasern unterschiedlicher Hersteller gibt es dabei aber deutliche Unterschiede im Verhalten, die sich nicht unbedingt in der Dämpfung niederschlagen.

Gut zu sehen ist hier, daß auch nach 20 m bis 50 m keine vollständige Ausfüllung des Modenfeldes erfolgt ist.

2.1.5.5 Modenkoppellängen

Die Länge einer Faser, in der durch Modenkonversion und -kopplung ein Gleichgewichtszustand entsteht, wird durch die Koppellänge beschrieben. Dabei gibt es unterschiedliche Definitionen. Am bekanntesten ist die Beschreibung mit Hilfe der längenabhängigen Bandbreite. Hier ist die Koppellänge der Punkt, bei der die lineare Abnahme der Bandbreite mit der Länge in eine Wurzelabhängigkeit übergeht (siehe Abb. 2.36). In der Praxis ist dieser Punkt schwierig zu messen. Aber auch andere Parameter, wie z.B. Fernfeldbreite und Dämpfung ändern sich mit der Faserlänge. In den Abb. 2.23 und 2.24 werden z.B. Werte für die kilometrische Dämpfung bei unterschiedlichen Anregungsbedingungen gezeigt.

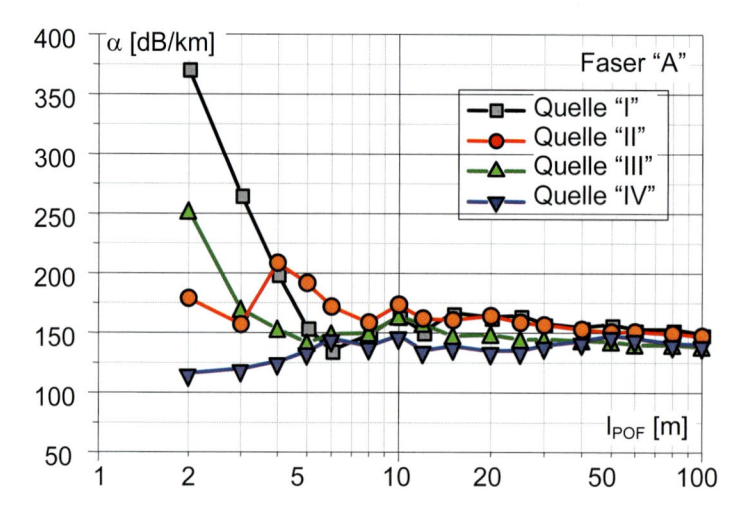

Abb. 2.23: Dämpfung einer SI-Faser bei unterschiedlicher Anregung (aus [Lub02b])

Sehr gut ist in den beiden Diagrammen zu erkennen, daß die unterschiedlichen Anregungsbedingungen (Quelle I strahlt sehr breit, Quelle IV annähernd kollimiert) zu extrem unterschiedlichen Dämpfungswerten führen. Nach einigen 10 m sind aber durch Modenkopplung die Unterschiede weitgehend verschwunden. Offensichtlich gibt es dabei zwischen den Fasertypen große Unterschiede.

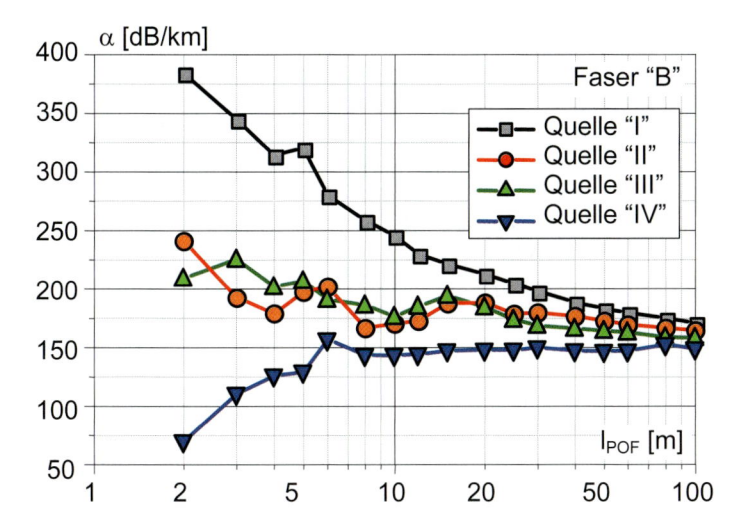

Abb. 2.24: Dämpfung einer weiteren SI-Faser bei unterschiedlicher Anregung

Die nächsten beiden Abb. 2.25 und 2.26 zeigen Messungen der Fernfeldbreiten für eine POF und eine PCS jeweils mit veränderten Anregungsbedingungen. Wieder ist gut zu sehen, wie sich nach einigen 10 bis 100 m die Unterschiede durch die verschiedenen Einkoppelbedingungen durch die Modenkopplung ausgleichen.

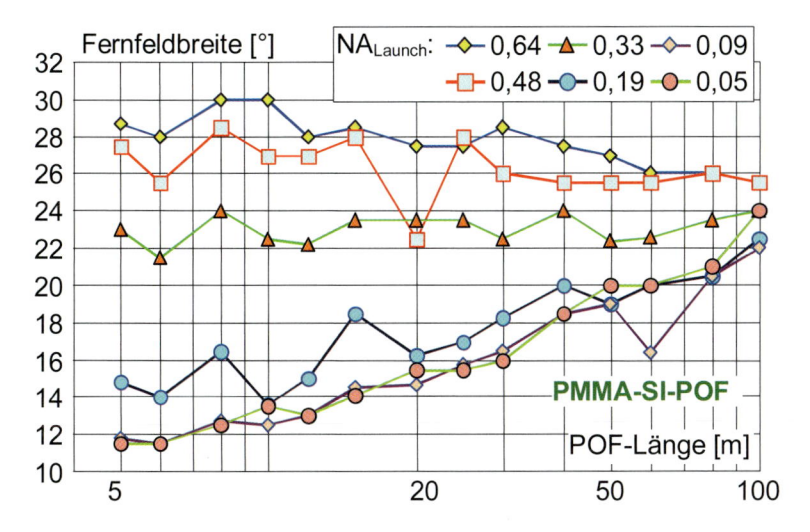

Abb. 2.25: Anregungsabhängige Fernfeldbreiten einer PMMA-SI-POF

In der 200 µm dicken PCS dauert die Einstellung des Modengleichgewichtes deutlich länger, zumal wenn man die Länge in Beziehung zum Faserdurchmesser setzt. Im Bild sind die Werte der NA (errechnet aus der 5%-Fernfeldbreite) für Längen bis 500 m dargestellt.

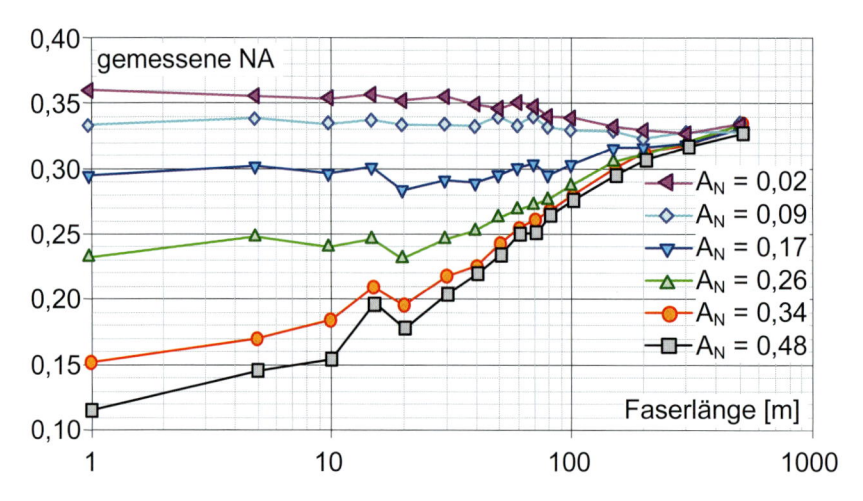

Abb. 2.26: Anregungsabhängige Fernfeldbreiten einer 200 µm-PCS

Allgemein bezeichnet man als Modenkopplungslänge den Abstand, in dem sich ein Parameter um 1/e an den Gleichgewichtszustand angenähert hat. Dies entspricht z.B. der Ladezeitkonstante eines Kondensators. Man kann also nicht sagen, daß man nach einer Koppellänge EMD-Bedingungen hat. Je nachdem, wie groß die noch tolerierten Abweichungen sind, müssen mehrere Koppellängen berechnet werden. Abbildung 2.27 zeigt theoretisch den Verlauf einer Größe.

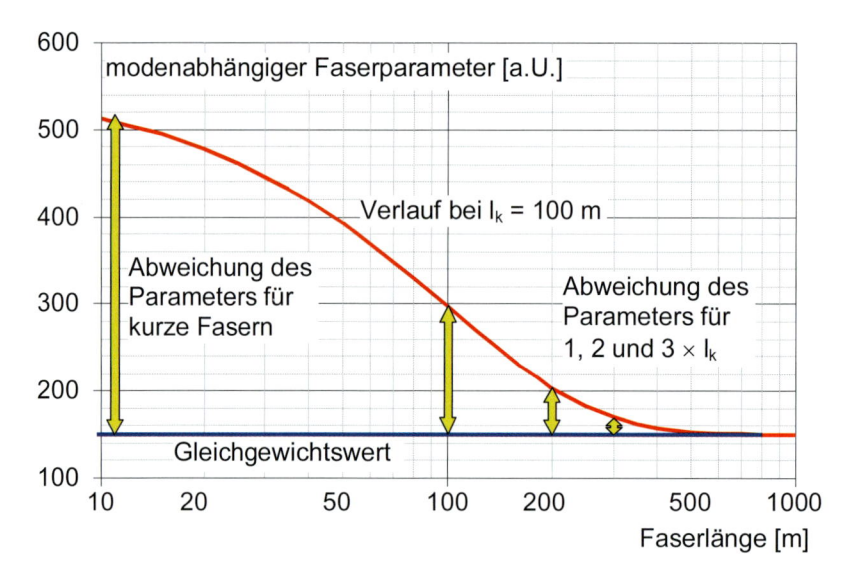

Abb. 2.27: Annäherung eines optischen Parameters an den Gleichgewichtswert durch Modenkopplung (schematisch)

2.1.5.6 Leckwellen

Auf die Bedeutung der Leckwellen wurde oben bereits hingewiesen. Der Vollständigkeit halber soll auch hier noch einmal erwähnt werden, daß auch Lichtstrahlen, die dicht oberhalb des Grenzwinkels der Totalreflexion liegen, nicht sofort völlig verschwinden, sondern nach einigen 10 m noch signifikant zur Lichtausbreitung beitragen.

Erst das Zusammenspiel von Dämpfung, modenabhängiger Dämpfung, Modenkopplung und -konversion und Berücksichtigung der Leckwellen gibt ein Bild der Lichtausbreitung der SI-Polymerfaser, welches das experimentell beobachtete Verhalten zumindest qualitativ beschreiben kann. In GI-POF treten prinzipiell dieselben Prozesse auf, allerdings gibt es folgende grundlegenden Unterschiede:

➢ Bei der GI-POF fehlt der Kern-Mantel-Übergang als wesentliche Ursache für Modenkopplung, -konversion und modenabhängiger Dämpfung.
➢ Fluorierte GI-POF werden in Wellenlängenbereichen betrieben, in denen die Rayleighstreuung nur noch eine geringe Rolle spielt.
➢ Zur Bildung des Indexprofils werden unterschiedliche Bereiche der Faser, von der Achse aus betrachtet, mit unterschiedlichen Konzentrationen einer Dotiersubstanz bzw. eines Copolymers versehen, wodurch auch die Dämpfung i.d.R. einen Gradienten erhält. In GI-POF dürfte dies die wesentliche Ursache für die modenabhängige Dämpfung sein.

Umfangreiche Betrachtungen zur Modenausbreitung in GI-POF wurden von Yabre und Arrue angestellt ([Yab00a], [Yab00b], [Arr99], [Arr00]).

Sehr interessant ist das Problem der Modenkopplung und -konversion für Vielstufenindexprofilfasern werden. Hier können sich z.B. deutlich größere Bandbreiten als theoretisch erwartet ergeben. Verschiedene theoretische Untersuchungen wurden in Zusammenarbeit zwischen dem POF-AC und der Universität Bilbao durchgeführt. Im Kapitel zu Fasersimulationen wird darauf näher eingegangen.

Die modenabhängige Dämpfung läßt sich, wie das Beispiel der Vielkernfaser zeigt, für einen Austausch von Dämpfung gegen Bandbreite verwenden. Niedriger dämpfende Mäntel würden die Gesamtdämpfung der POF verringern, gleichzeitig aber wahrscheinlich auch die Bandbreite verkleinern (zumindestens bei Anregung nahe des Modengleichgewichts). Hier wird die Zukunft entscheiden, welcher Parameter seitens der Anwender von größerer Bedeutung ist. Bei ausreichender Leistungsbilanz ist auch eine Vergrößerung der Bitrate durch mehrstufige Kodierung oder elektrische Kompensation der Dispersion möglich, so daß eine Verringerung der Dämpfung in jedem Fall angestrebt werden sollte.

2.1.5.7 Dispersion in optischen Fasern

Als Dispersion werden zunächst alle Prozesse verstanden, die zu einer Differenz in den Laufzeiten verschiedener Moden führen. Dabei ist ein Mode immer ein Ausbreitungszustand des Lichtes, der eindeutig durch Wellenlänge, Polarisation und Ausbreitungsweg bestimmt ist.

2.1 Grundlagen optischer Fasern

Laufzeitunterschiede verschiedener Bestandteile des Lichtes führen zur Verringerung der Modulationsamplitude höherer Frequenzen. Damit wird die Faser zu einem Tiefpaß.

Als Bandbreite eines Faser-Nachrichtenübertragungssystems wird i.d.R. die Frequenz verstanden, bei welcher der optische Pegel eines sinusmodulierten Signals um 3 dB abgefallen ist. Strenggenommen gilt dieser Ansatz nur für einen Gaußtiefpaß. Das bedeutet, daß ein Impuls mit verschwindender Breite nach dem Durchlaufen der Faser der Gaußfunktion entspricht:

$$P(f) = P_0(f) \cdot e^{-(f^2 - f_0^2)}$$

Dabei ist $P(f)$ die Leistung bei einer beliebigen Frequenz f am Ausgang der Meßstrecke, $P_0(f)$ die entsprechende eingekoppelte Leistung und f_0 eine Konstante, welche die Bandbreite beschreibt. Abbildung 2.28 zeigt schematisch den Vorgang.

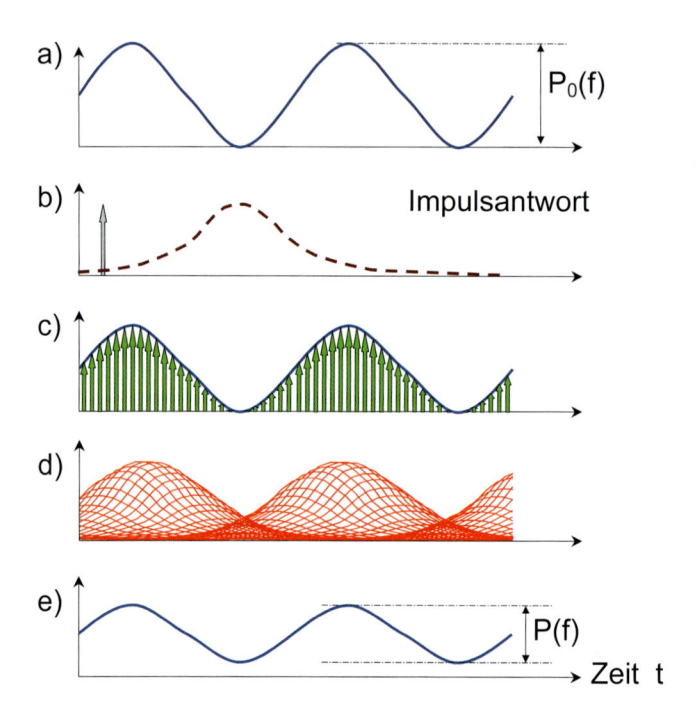

Abb. 2.28: Einfluß der Dispersion auf ein Sinussignal

Kurve a zeigt das sinusmodulierte Ursprungssignal (es muß beachtet werden, daß die optische Leistung nur positive Werte annehmen kann). In Bild b wird gezeigt, wie ein einzelner Impuls nach Durchgang durch die Faser eine Gaußform annimmt. Dies ist ein theoretischer Grenzfall, da die Gaußfunktion von $-\infty$ bis $+\infty$ reicht, der Ausgangsimpuls aber nicht vor dem Eingangsimpuls beginnen kann.

Um die Form des kompletten Ausgangssignals zu ermitteln, kann man nun das Eingangssignal in eine Reihe von Impulsen zerlegen, wie in Bild c gezeigt. Nach dem Faserdurchgang bildet jeder Impuls eine Gaußfunktion entsprechender Höhe (Bild d). Diese müssen nur noch wieder zusammengeführt werden, um das Ergebnis in Kurve e zu erhalten (mathematisch betrachtet handelt es sich um eine Faltung des Eingangsimpulses mit der sog. Impulsantwort der Übertragungsstrecke). Es ist gut zu erkennen, daß die Amplitude des Signals kleiner geworden ist. Eine Dämpfung des Lichtes ist hierbei nicht berücksichtigt.

Ein kurzer Lichtimpuls erfährt beim Durchlaufen einer optischen Faser entsprechend eine zeitliche Verbreiterung (Abb. 2.29), wodurch die Übertragungsbandbreite reduziert wird.

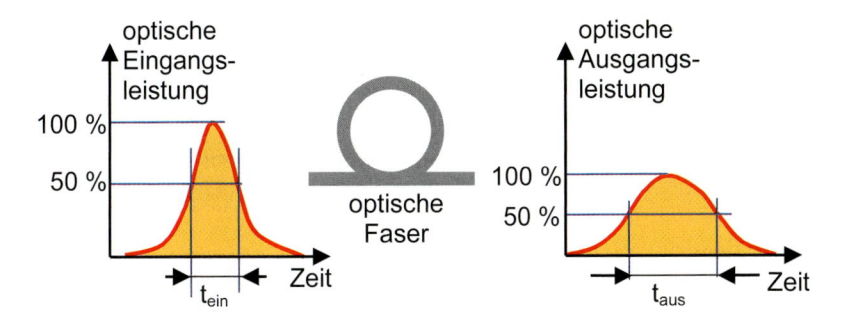

Abb. 2.29: Zeitliche Verbreiterung eines Impulses beim Durchlaufen der Faser

Setzt man gaußförmige Impulse voraus, ergibt sich für die Impulsverlängerung Δt die Wurzel aus der Differenz der Quadrate von Eingangs- und Ausgangsimpulshalbwertsbreite.

$$\Delta t = \sqrt{t_{aus}^2 - t_{ein}^2}$$

Die Verbreiterung führt dazu, daß der zeitliche Abstand zwischen den Impulsen kleiner wird, die Impulse schließlich zusammenlaufen können und am Empfänger keine eindeutige Zuordnung getroffen werden kann. Die Übertragungsbandbreite ist begrenzt, der Lichtwellenleiter wirkt als Tiefpaß. Die Übertragungskapazität einer Faser wird durch das Bandbreiten-Längen-Produkt charakterisiert. Für gaußförmige Impulse gilt [Gla97]:

$$B \cdot L \approx \frac{0{,}44}{\Delta t} \cdot L$$

Die Impulsaufweitung wird durch Modendispersion und chromatische Dispersion verursacht. Für Mehrmodenfasern müssen Moden-, Material- und Profildispersion (in Gradientenindexprofilfasern) betrachtet werden. Wellenleiterdispersion tritt zusätzlich in Einmodenfasern auf, während Profil- und Modendispersion in diesen keine Rolle spielen.

In der Abb. 2.30 sind alle in optischen Fasern vorkommenden Dispersionsarten zusammengestellt. Gelb hinterlegt sind dabei die Mechanismen, die von den Ausbreitungswegen abhängig sind, während die wellenlängenabhängigen Prozesse grün gekennzeichnet sind.

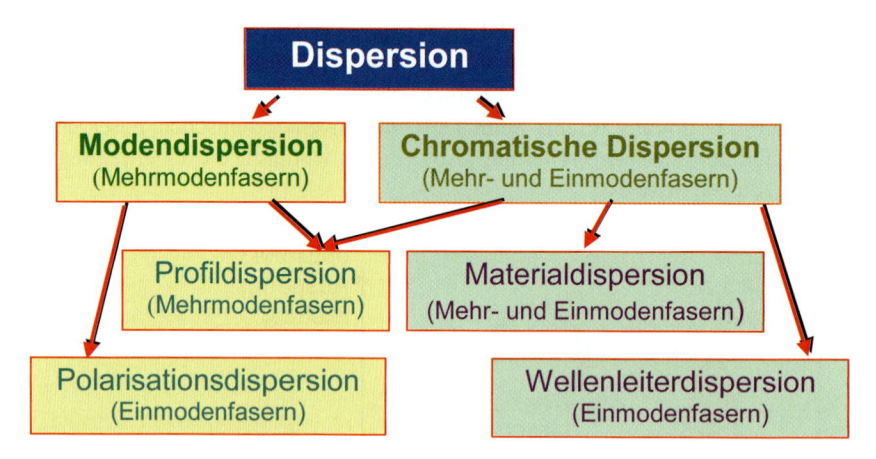

Abb. 2.30: Dispersionsmechanismen in optischen Fasern

Für die in diesem Buch betrachteten Fasern und Anwendungen spielen nur Moden- und chromatische Dispersion eine Rolle, so daß in den folgenden Abschnitten nur auf diese beiden Effekte eingegangen wird.

2.1.5.8 Modendispersion

Da die einzelnen Lichtwege unterschiedlich lang sind, kommen die zur gleichen Zeit gestarteten Impulse zeitlich versetzt am Faserausgang an, was zur Impulsverbreiterung führt. In Abb. 2.31 werden der als erster ($\alpha = 0$) und der als letzter ($\alpha = \alpha_{max}$) ans Ziel gelangende Strahl dargestellt.

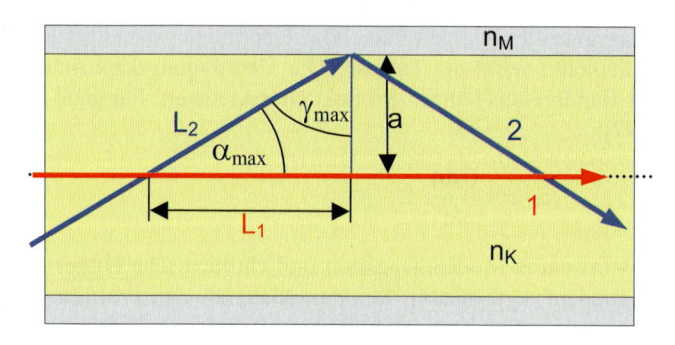

Abb. 2.31: Zur Herleitung der Laufzeitdifferenz

Rein geometrisch ermitteln sich die Laufzeiten der beiden unterschiedlichen Ausbreitungswege zu:

$$t_1 = L_1 \cdot \frac{n_K}{c}$$

$$t_2 = L_2 \cdot \frac{n_K}{c} = \frac{L_1 \cdot n_K}{c} \cdot \frac{1}{\sin\gamma_{max}} = \frac{L_1}{c} \cdot \frac{n_K^2}{n_M}$$

$$\Delta t_{mod} = t_2 - t_1 = L_1 \cdot \frac{n_K}{c} \cdot \left(\frac{n_K - n_M}{n_M}\right)$$

$$= \frac{L_1}{2 \cdot c \cdot n_M} \cdot A_N^2 \approx \frac{L_1 \cdot n_K}{c} \cdot \Delta$$

Abbildung 2.32 stellt die Abhängigkeit der Bandbreite von der Numerischen Apertur des eingestrahlten Lichtes dar. Dabei wird angenommen, daß das Fernfeld, also die Winkelverteilung des Lichtes in der Faser über die gesamte Länge der Probe konstant bleibt (keine Modenkopplung oder -Konversion). Für eine PMMA-Standardfaser mit $A_N = 0,5$ ergibt sich auf 100 m eine Laufzeitdifferenz $\Delta t \approx 25$ ns. Die Laufzeitdifferenz ist proportional dem Quadrat der NA. Für die Bandbreite erhält man aus der oben genannten Beziehung $B \approx 0{,}44/\Delta t_{mod}$ einen Wert von 15 MHz.

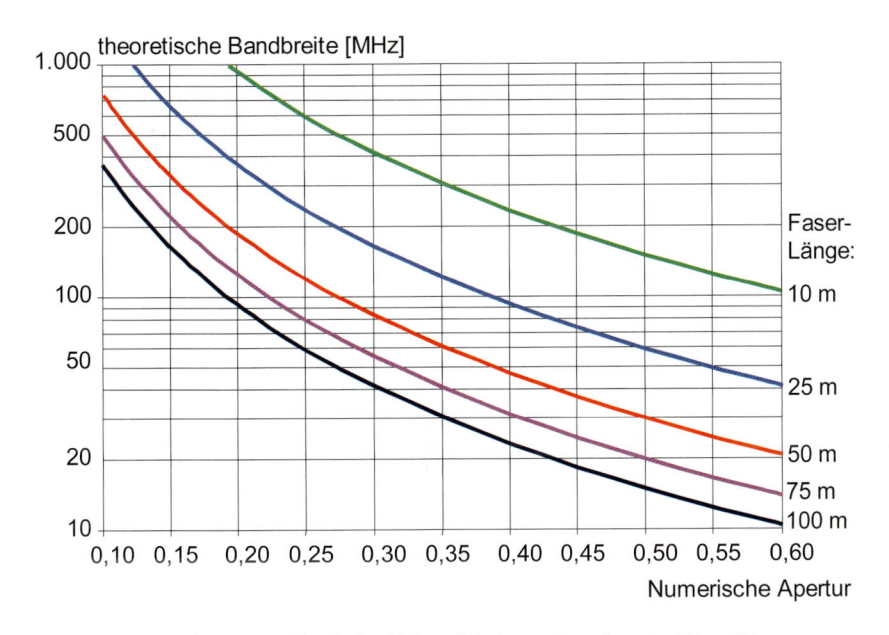

Abb. 2.32: Berechnete Bandbreite in Abhängigkeit von der eingestrahlten NA

Der Grenzwinkel γ_{max} der Totalreflexion bestimmt sich aus dem Verhältnis der beiden Brechungsindizes (Beispiel: 1,492 für den Kern, 1,456 für den Mantel):

$$\gamma = \arcsin \frac{1,456}{1,492} = \arcsin 0,976 = 77,4° \quad \text{(max. Winkel zur Achse}: 12,6°)$$

Die beiden Strecken y und z stehen demnach in dem Verhältnis:

$$L_2 = y/\sin(\alpha_{max}) = L_1 \cdot 1,0247$$

Die NA dieser Faser ergibt sich aus:

$$A_N = \sqrt{n_K^2 - n_M^2} = \sqrt{1,492^2 - 1,456^2} = 0,32$$

Die Impulsverbreiterung ergibt sich für eine Faserlänge L wie folgt:
- Laufzeit achsenparalleler Moden: $t_1 = L \cdot n/c_0$
- Laufzeit der Moden mit max. Winkel: $t_2 = L \cdot n/c_0 \cdot 1,0247$
- Laufzeitdifferenz: $\Delta t = L \cdot n/c_0 \cdot 0,0247$
- z.B. für 100 m, n = 1,492: $\Delta t = 12,3$ ns
- Mit der Näherung $B \cdot \Delta t = 0,44$: $B = 33$ MHz

Für verschiedene NA ergeben sich unterschiedliche Bandbreiten, wobei eine Verdoppelung der NA die Bandbreite auf ein Viertel reduziert:

theoretische Bandbreite:
- $A_N = 0,60$: 10 MHz · 100 m
- $A_N = 0,50$: 14 MHz · 100 m
- $A_N = 0,40$: 22 MHz · 100 m
- $A_N = 0,30$: 40 MHz · 100 m
- $A_N = 0,25$: 57 MHz · 100 m
- $A_N = 0,19$: 97 MHz · 100 m

Für eine korrekte Berechnung der theoretischen Bandbreite dürfen natürlich nicht nur die beiden hier ausgewählten möglichen Strahlwege betrachtet werden. Eine sehr umfangreiche Beschreibung der Modenausbreitung in POF wird z.B. in [Bun99a] gegeben. Im Strahlmodell beschreibt man jede mögliche Ausbreitungsrichtung durch die zwei Winkel α und δ (zur Erklärung der Winkel siehe Abb. 2.11).

Für die Laufzeit ist nur der Winkel δ interessant. Die Abb. 2.33 zeigt nach [Bun99a] den Bereich der geführten Strahlen und der Leckstrahlen, die wiederum unterteilt werden. Unabhängig von ψ kann δ einen bestimmten Maximalwert nicht überschreiten, so daß sich eine maximal mögliche Laufzeitdifferenz ergibt.

Nur das grau unterlegte Dreieck unten links enthält ungedämpft ausbreitungsfähige Strahlen. Nimmt man an, daß alle möglichen Ausbreitungswege die gleiche Energie enthalten (UMD: Uniform Mode Distribution bzw. Modengleichverteilung), sieht man, daß Wege mit größerem Ausbreitungswinkel wahrscheinlicher sind als achsenparallele Strahlen.

2.1 Grundlagen optischer Fasern 61

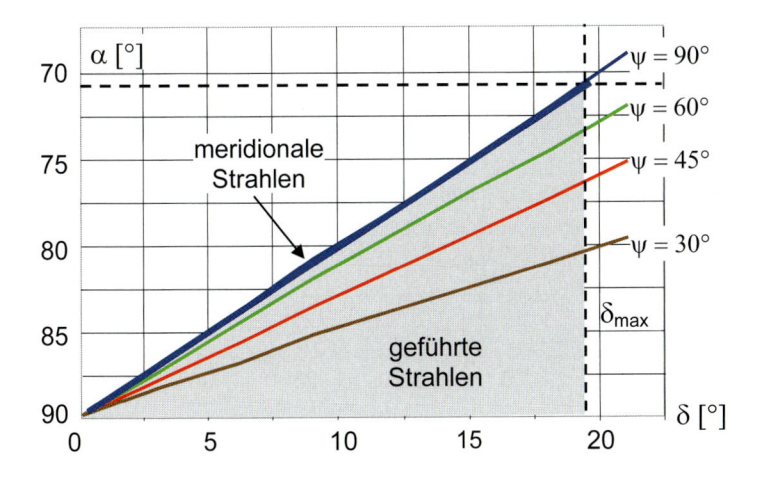

Abb. 2.33: Mögliche Strahlen in einer optischen Faser

Mißt man das Fernfeld einer POF, also die Abhängigkeit der Leistung vom Winkelabstand zur Faserachse in ausreichend großem Abstand, spiegelt sich dies ebenso in einer größeren Leistung bei großen Winkeln wieder. Bezieht man die Leistung auf das Raumwinkelelement, findet man dann eine konstante Leistungsdichte, da größere Winkel einen entsprechend größeren Kreisring aufspannen. Abbildung 2.34 zeigt dies schematisch.

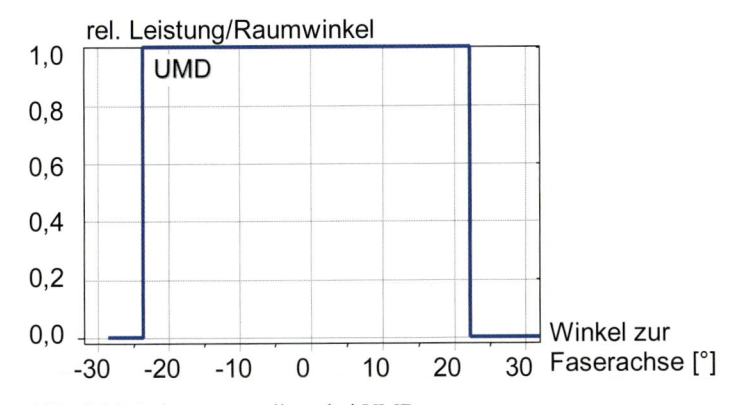

Abb. 2.34: Leistungsverteilung bei UMD

Die Laufzeitdifferenz nimmt näherungsweise quadratisch mit dem Winkel relativ zur Faserachse zu. Wird am Fasereingang ein kurzer Impuls eingekoppelt, dessen Modenverteilung UMD entspricht, wird am Ausgang ein näherungsweise rechteckiger Impuls erzeugt, dessen Länge den oben gemachten Näherungen für die maximale Laufzeitdifferenz entspricht. Abbildung 2.35 zeigt exakte Ergebnisse für eine dämpfungsfrei angenommene Standard-NA-POF aus [Bun99a] für die Impulsform nach 10 m, 20 m, 50 m und 100 m idealer POF.

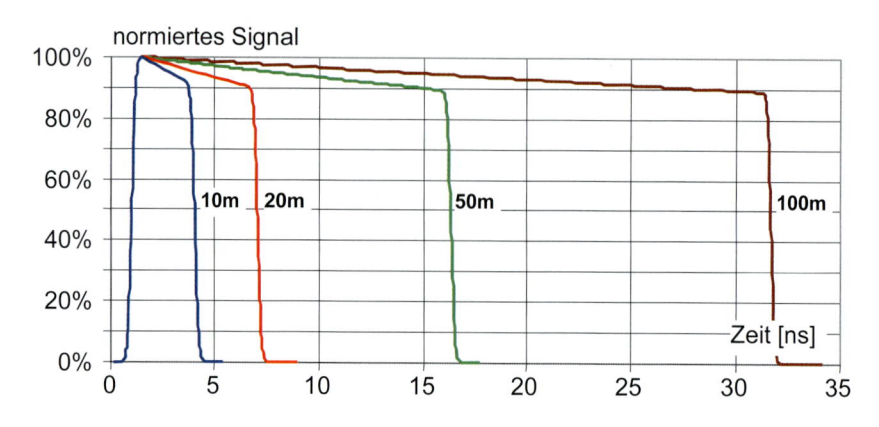

Abb. 2.35: Ausgangsimpulse einer POF unter UMD-Bedingungen ([Bun99a])

Für reale SI-POF erhält man deutlich größere Bandbreiten. Verantwortlich ist dafür insbesondere die modenabhängige Dämpfung in Verbindung mit der Modenmischung, wie im nächsten Kapitel gezeigt wird. Die Laufzeitdifferenz Δt wächst bis zu einer bestimmten Länge L_k (Koppellänge) proportional, für größere Längen erfolgt die Zunahme sublinear (Abb. 2.36); es gilt:

$$\Delta t \propto L \qquad \text{für } L < L_k$$

$$\Delta t \propto L^\kappa \qquad \text{für } L > L_k \quad \text{mit } \kappa < 1$$

Der Exponent κ muß für jede Faser ermittelt werden. Er liegt typischerweise zwischen 0,5 und 0,7. Die Koppellänge L_k beträgt bei der Standard-SI-POF zwischen 30 m und 40 m.

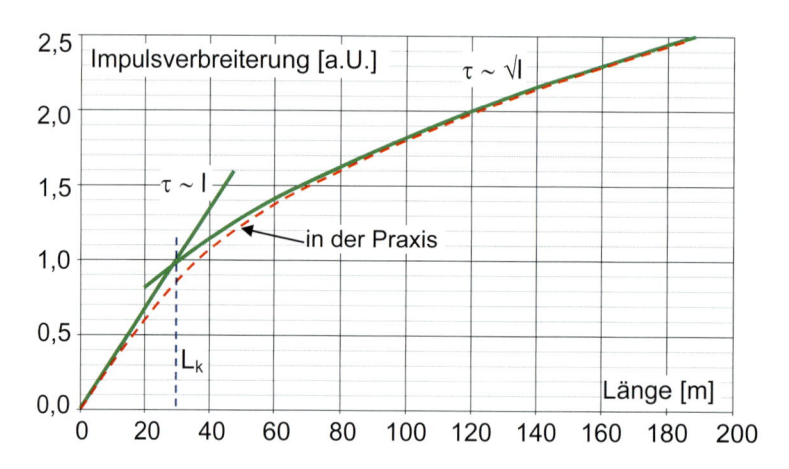

Abb. 2.36: Schematische Darstellung der Impulsverbreiterung unter Berücksichtigung der Modenkopplung

Die Impulsantwort einer 50 m langen Standard-POF ist in Abb. 2.37 zu sehen. Die Halbwertsbreite des Impulses beträgt ca. 5 ns, also nur ca. 30% des erwarteten Wertes. Auffällig ist weiter, daß die hintere Impulsflanke langsamer abfällt. In diesem Bereich liegen die höheren Moden, die durch die modenabhängigen Verluste sehr stark bedämpft sind. Die Abflachung der ansteigenden Flanke kann durch den Effekt der Modenmischung erklärt werden.

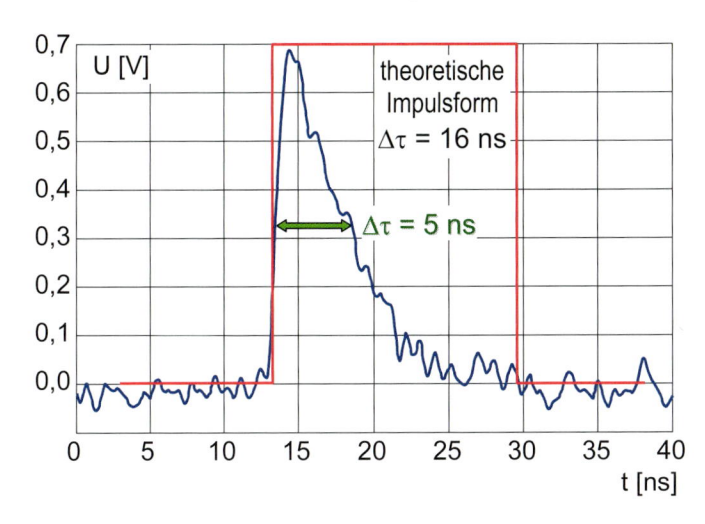

Abb. 2.37: Reale Impulsform für 50 m St.-NA-POF

Die Berechnung der Bandbreite von Gradientenindexprofilfasern ist deutlich komplizierter. Aktuelle Arbeiten auf diesem Gebiet sind z.B. [Yab00a] und [Yab00b], [Arr99].

Bei Gradientenindexprofilfasern tritt Profildispersion auf. Sie ist der Rest der nicht mehr zu kompensierenden Modendispersion und hängt von der normierten Brechzahldifferenz Δ ab, die ihrerseits wellenlängenabhängig ist. Eine Optimierung des Profilexponenten kann für eine bestimmte Wellenlänge erreicht werden, bei der $d\Delta/d\lambda = 0$ wird. Mit dem Profilexponenten $g \approx 2$ ergibt sich eine zeitliche Verbreiterung von

$$\Delta t_{prof} = \frac{L_1 \cdot n_k}{c} \cdot \frac{\Delta^2}{2},$$

also eine der Stufenindexprofil-POF gegenüber um den Faktor $\Delta/2$ geringere Verbreiterung, was bei einer typischen Gradientenindexprofil-POF eine Abnahme um ca. 2 Größenordnungen bedeutet ([Blu98]). Nur beim Einsatz einer Einmodenfaser können Moden- bzw. Profildispersion vermieden werden. Wie später noch erläutert wird, ergeben sich durch das Zusammenwirken mit der chromatischen Dispersion Vorteile bei bestimmten Polymerfasern gegenüber Quarzglasfasern.

2.1.5.9 Chromatische Dispersion

Die chromatische Dispersion beschreibt den Einfluß der spektralen Breite des Senders auf die zeitliche Verbreiterung eines Eingangsimpulses. Hierzu gehören die Dispersionsarten Material- und Wellenleiterdispersion. Beide Effekte treten auch bei Einmodenfasern auf. Die Wellenleiterdispersion kommt dadurch zustande, daß in Abhängigkeit von der Wellenlänge die Lichtwelle unterschiedlich weit in den Fasermantel hineinreicht und somit die unterschiedlichen Geschwindigkeiten der Kern- und Mantelanteile zu einer Impulsverbreiterung führen. Da sich bei höheren Moden nur ein geringer Anteil der Lichtwelle im Mantel ausbreitet, wird dieser Effekt nur bei Einmodenfasern berücksichtigt.

Aber auch wenn nur ein Modus ausbreitungsfähig ist, tritt eine Impulsverbreiterung wegen der Materialdispersion auf. Jede Lichtquelle besitzt eine spektrale Breite $\Delta\lambda > 0$. Für die zeitliche Verbreiterung Δt_{mat} aufgrund der Materialdispersion gilt:

$$\Delta t_{mat} = L \cdot \Delta\lambda \cdot \frac{\lambda}{c} \frac{d^2 n(\lambda)}{d\lambda^2} = L \cdot \Delta\lambda \cdot M(\lambda)$$

mit: $\Delta\lambda$: spektrale Breite des Senders,
$n(\lambda)$: wellenlängenabhängige Brechzahl,
$M(\lambda)$: Materialdispersionsparameter, üblicherweise in ps/km·nm angegeben

In Abb. 2.38 ist der Einfluß der Materialdispersion auf die Impulsverbreiterung am Beispiel der Polymerfaser dargestellt. Die größeren Wellenlängen (rot) breiten sich mit höherer Geschwindigkeit aus als die kürzeren (blau) entsprechend dem Verlauf der Materialdispersion.

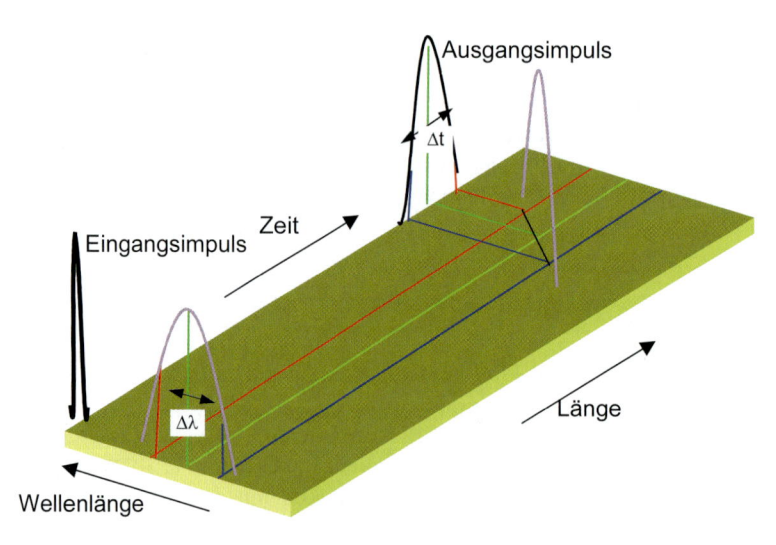

Abb. 2.38: Zeitliche Verbreiterung aufgrund der Materialdispersion

Der tatsächliche Einfluß der chromatischen Dispersion, ebenso wie der Modendispersion in verschiedenen Polymer- und Glasfasern auf die Bandbreite des Systems wird in einem der nächsten Kapitel gezeigt, in denen detailliert auf Materialien und Fasertypen eingegangen wird.

2.2 Indexprofile und Fasertypen

Nach den theoretischen Beschreibungen der Eigenschaften optischer Fasern im Abschnitt über die Grundlagen der Lichtausbreitung und den oben gezeigten Überlegungen zur Modenausbreitung und wesentlichen Eigenschaften von Fasern wird sich der nun folgende Abschnitt mit konkreten verfügbaren Fasern befassen. Zunächst werden die verschiedenen Indexprofile, wie sie in 1.1.6 schon kurz eingeführt wurden, an Beispielen eingeführt. Der nächste Abschnitt zeigt die historische Entwicklung speziell der verschiedenen POF-Varianten. Anschließend werden die wichtigen Eigenschaften Dämpfung und Bandbreite mit einer Reihe von experimentellen Ergebnissen gezeigt.

Für die tatsächlichen Eigenschaften optischer Fasern sind drei Parameter grundlegend verantwortlich. Die verwendeten Kern- und Mantelmaterialien bestimmen Dämpfung und chromatische Dispersion, der Brechzahlverlauf bestimmt die Modendispersion und der Kerndurchmesser ist für die Zahl der Moden mitverantwortlich. Vor allem das Kernmaterial und das Indexprofil sind zumeist schon aus den Namen der Faser zu erkennen, hier im Buch wird diese Bezeichnungsweise weitgehend verwendet.

Im folgenden Abschnitt wird die historische Entwicklung der verschiedenen Polymerfasertypen zusammengefaßt. Die POF werden dabei bezüglich der verschiedenen Indexprofile behandelt. Anschließend werden auch verschiedene Hybrid- und Glasfasern für die Kurzstrecken-Datenübertragung vorgestellt. Das folgende Kapitel geht speziell auf die Bandbreite dicker optischer Faser ein, da diese Eigenschaft einerseits besonders wichtig ist, andererseits aber auch die größten Anforderungen an die Meßtechnik stellt.

2.2.1 Stufenindexprofilfasern (SI)

Wie auch bei der Quarzglasfaser waren die ersten Polymerfasern reine Stufenindexprofilfasern (SI-POF). Das bedeutet, daß ein homogener Kern von einem einfachen optischen Mantel umgeben ist. Um diesen herum ist im Kabel immer ein Schutzmaterial angeordnet. Abbildung 2.39 zeigt den Brechungsindexverlauf.

Wie bereits oben gezeigt wurde, bestimmt der Brechungsindexsprung die Numerische Apertur (NA) und damit den Akzeptanzwinkel. Tabelle 2.1 gibt einige typische Werte wieder. Als Brechzahl des Kerns wurde dabei immer 1,5 angenommen, der Mantel hat einen entsprechend kleineren Brechungsindex. Die letzte Zeile gilt für Wellenleitung gegen Luft ($n = 1$). Hier gilt ein Akzeptanzwinkel von 90°, da die NA den Wert 1 überschreitet.

2.2 Indexprofile und Fasertypen

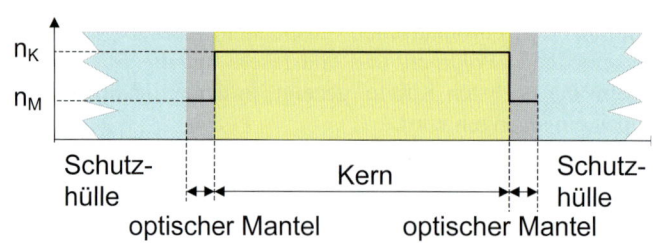

Abb. 2.39: Aufbau einer Stufenindexprofilfaser

Tabelle 2.1: Zusammenhang zwischen der relativen Brechungsindexdifferenz und der Numerischen Apertur (Kernbrechzahl = 1,50)

relative Brechungs-index-Differenz	Index des Mantels	Numerische Apertur	Akzeptanzwinkel der Faser
0,22 %	1,497	0,10	6°
0,4 %	1,494	0,13	8°
0,8 %	1,488	0,19	11°
1,0 %	1,485	0,21	12°
1,5 %	1,478	0,26	15°
2,0 %	1,470	0,30	17°
2,7 %	1,460	0,35	20°
4,0 %	1,440	0,42	25°
5,8 %	1,413	0,50	30°
8,0 %	1,380	0,59	36°
12,0 %	1,320	0,71	45°
20,0 %	1,200	0,90	64°
33,3%	1,000	1,12	90°

Ein größerer Akzeptanzwinkel der Faser vereinfacht die Einkopplung von Licht, z.B. aus einer Halbleiterquelle. Weiterhin verringert eine hohe NA die Verluste an Faserbiegungen, wie schematisch in Abb. 2.40 gezeigt wird.

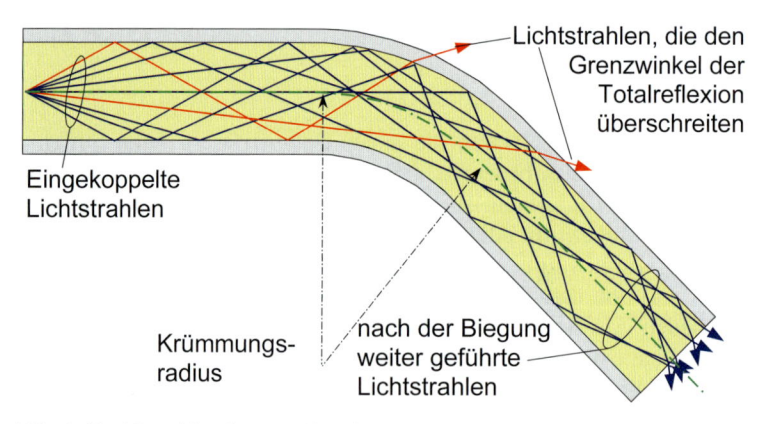

Abb. 2.40: Abstrahlverluste an Faserkrümmungen

Durch die Krümmung verändert sich die Ausbreitungsrichtung jedes einzelnen Strahls relativ zur Faserachse. Bei Multimodefasern wird dabei grundsätzlich ein Teil der Strahlen ausgekoppelt, da sie an der Grenzfläche zwischen Kern und Mantel den Grenzwinkel der Totalreflexion überschreiten. Bei Fasern mit großer NA ist für eine gegebene Krümmung der Einfluß der Winkeländerung nicht so bedeutend, so daß die Biegeverluste sinken. Auch bei der Kopplung von Fasern untereinander (an Steckern) ist der Verlust durch Winkelfehler bei großer NA weniger entscheidend.

Nachteilig an Fasern mit großer NA ist die größere Laufzeitdifferenz zwischen den unterschiedlichen Lichtwegen, und damit eine größere Modendispersion. Das schränkt die Bandbreite ein. Außerdem wächst der Verlust an Koppelstellen, falls zwischen den Stirnflächen ein Abstand besteht. Einige Vorteile von großer oder kleiner numerischer Apertur sind in Tabelle 2.2 zusammengefaßt.

Tabelle 2.2: Einfluß größerer NA für verschiedene Faserparameter

Fasereigenschaft	Verhalten mit steigender NA
Biegeempfindlichkeit	nimmt ab
Eingekoppelte Lichtleistung	nimmt zu
Verluste an Steckern bei Winkelfehler	nehmen ab
Verluste an Steckern bei Abstand	nehmen zu
Verluste an Steckern bei seitlichem Versatz	nehmen zu
Bandbreite	nimmt ab

Glas-Multimodefasern haben üblicherweise eine NA im Bereich um 0,20. Glasfasern mit Polymerummantelung (PCS) besitzen eine NA im Bereich 0,30 bis 0,50. Der große Brechungsindexunterschied zwischen den Materialien, die für Kern und Mantel von Polymerfasern verwendet werden, erlaubt wesentlich höhere NA-Werte. Die Mehrzahl der zuerst hergestellten SI-POF besaß eine NA von 0,50 (z.B. [Asa96], [Esk97], [LC95]). SI-POF mit einer NA um diesen Wert bezeichnet man inzwischen zumeist als Standard-NA-POF oder kurz Standard-POF. Die Bandbreite solcher Fasern liegt bei ca. 40 MHz für eine 100 m lange Strecke (angegeben als Bandbreite-Länge-Produkt 40 MHz·100 m). Das war viele Jahre für die meisten Anwendungen völlig ausreichend.

2.2.2 Die Stufenindexprofilfaser mit verringerter NA (Low-NA)

Mit dem Ziel, die Polymerfaser anstelle von Kupferkabeln für die Übertragung von ATM-Datenraten von 155 Mbit/s (ATM: Asynchronous Transfer Mode) über 50 m einzusetzen, ergab sich die Forderung nach POF mit höherer Bandbreite. Mitte der 90er Jahre entwickelten alle drei wichtigen Hersteller die sogenannte Low-NA-POF.

Bei der POF mit verringerter numerischer Apertur (Low-NA-POF) ergibt sich durch die auf ca. 0,30 verringerte NA ein auf ca. 100 MHz·100 m vergrößertes

Bandbreite-Längen-Produkt. Die erste Low-NA-POF wurde 1995 von Mitsubishi Rayon vorgestellt ([Koi98]). Abbildung 2.41 zeigt, daß der Faseraufbau der Standard-POF entspricht, mit dem Unterschied, daß die relative Brechungsindexdifferenz kleiner ist (ca. 2 %). Üblicherweise werden dabei das gleiche Kernmaterial und eine veränderte Zusammensetzung des Mantelmaterials verwendet.

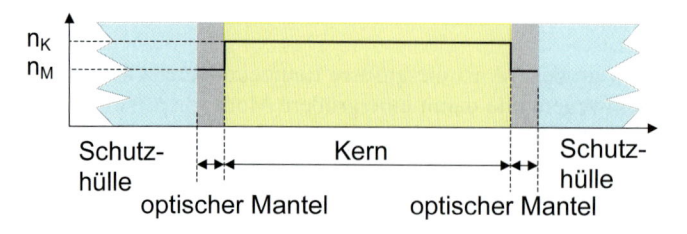

Abb. 2.41: Aufbau einer Low-NA-Stufenindexprofilfaser

Leider erwies sich in praktischen Versuchen, daß diese Faser zwar die Anforderungen des ATM-Forums ([ATM96b]) bzgl. der Bandbreite genügt, nicht aber den Anforderungen an die Biegeempfindlichkeit. Für eine max. 50 m lange POF-Strecke sollen die Verluste durch max. 10 Biegungen um 90° bei mindestens 25 mm Biegeradius höchstens 0,5 dB betragen. Um beide Forderungen gleichzeitig erfüllen zu können, war eine neue Struktur notwendig.

2.2.3 Die Doppelstufenindexprofilfaser (DSI)

Bei der Doppelstufenindexprofil-POF befinden sich auf dem Kern zwei Mäntel mit jeweils sinkendem Brechungsindex (Abb. 2.42x). Bei gerade verlegten Strecken erfolgt die Lichtführung im wesentlichen durch die Totalreflexion an der Grenzfläche zwischen Kern und innerem Mantel. Diese Indexdifferenz ergibt eine NA um 0,30, entsprechend den Werten der ursprünglichen Low-NA-POF.

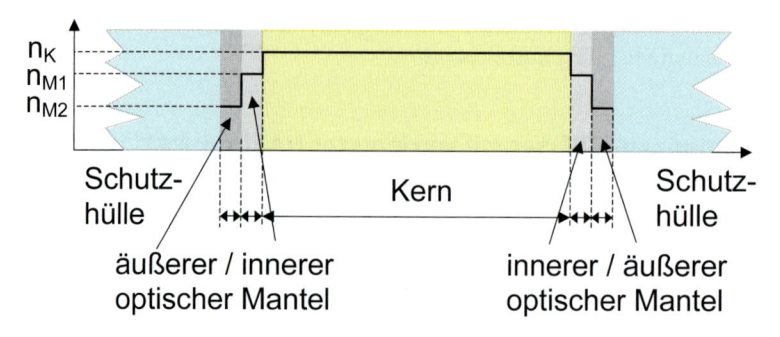

Abb. 2.42: Aufbau einer Doppelstufenindexprofilfaser

Bei Faserkrümmungen wird ein Teil des Lichtes von dieser inneren Grenzfläche nicht mehr geführt. An der zweiten Grenzfläche zwischen innerem und äußerem Mantel kann ein Teil des so ausgekoppelten Lichtes aber wieder in Richtung Kern zurückreflektiert werden. An weiteren Krümmungen kann dieses Licht wiederum so umgelenkt werden, daß es in den Akzeptanzbereich des inneren Mantels eintritt. Der innere Mantel weist eine wesentlich höhere Dämpfung als der Kern auf. Licht, welches sich über längere Strecken im inneren Mantel ausbreitet, wird so stark abgeschwächt, daß es nicht mehr zur Impulsaufweitung beiträgt. Über kürzere Strecken kann sich das Licht durch den inneren Mantel ausbreiten, ohne daß die Dispersion zu groß wird. Abbildung 2.43 zeigt den Vorgang schematisch.

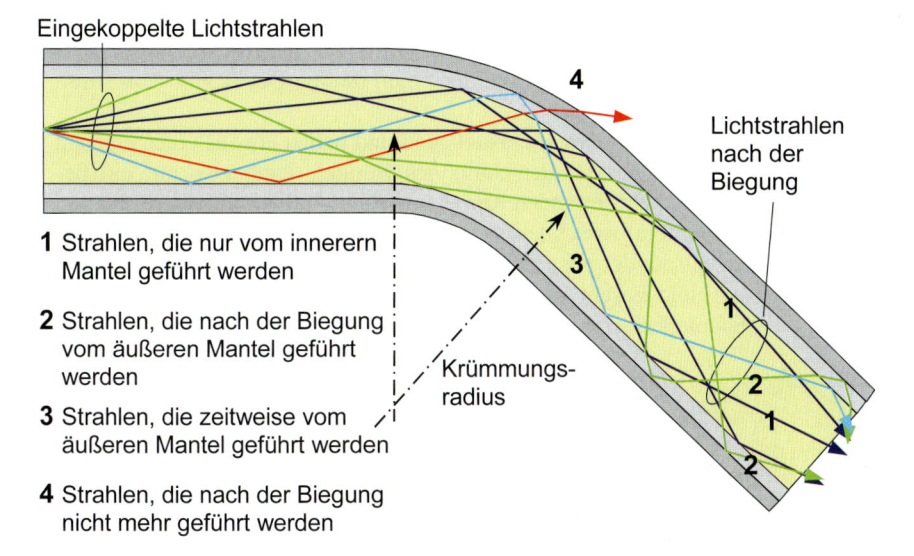

Abb. 2.43: Verhalten einer Doppelstufenindexprofilfaser bei Krümmungen

Die erste Generation der DSI-POF diente vor allem der Vergrößerung der Bandbreite für 1 mm-Fasern von 40 MHz·100 m auf 100 MHz·100 m bei einem unveränderten Minimalbiegeradius von 25 mm. Die Anwendungen dafür lagen im LAN- und Heimnetzwerkbereich.

Die Faserhersteller bieten diese Fasern unter den gleichen Typenbezeichnungen wie die ursprünglichen „echten" Low-NA-Fasern an. In der Standardisierung hat sich durchgesetzt, die Fasern als Low-NA zu bezeichnen und als Indexprofil DSI anzugeben.

Aktuell wird ein weiteres Ziel verfolgt. Für Anwendungen in Fahrzeugnetzen ist die Bandbreite der Standard-POF ausreichend, aber der Biegeradius sollte verkleinert werden. In der Diskussion sind POF, deren Indexsprünge zum inneren und äußeren Mantel einer NA von 0,50 bzw. 0,65 entsprechen. Der Biegeradius kann damit in etwa halbiert werden.

2.2.4 Die Vielkern-Stufenindexprofilfaser (MC)

Wie oben beschrieben wurde, lassen sich die Forderungen von hoher Bandbreite und geringer Biegeempfindlichkeit mit einer 1 mm-Durchmesser-Faser nur schwer gleichzeitig erfüllen. Fasern mit kleinerem Kerndurchmesser könnten dieses Problem lösen, da bei gleichem absoluten Biegeradius das Verhältnis zum Faserradius größer wird. Allerdings widerspricht dies den Forderungen nach einfacher Handhabbarkeit und Lichteinkopplung. Eine PCS mit 200 µm Kerndurchmesser und $A_N = 0{,}37$ gestattet beispielsweise einen Biegeradius von 5 mm bei sehr geringen Biegeverlusten.

Als Kompromiß zu Fasern mit kleinem Kerndurchmesser wurde von Asahi eine Vielkernfaser (Multi-Core, MC-POF) entwickelt (siehe [Mun94], [Mun96] und [Koi96c]). Dabei werden viele Kerne (19 bis über 600) bei der Herstellung so miteinander zusammengelegt, daß sie zusammen einen runden Querschnitt von 1 mm Durchmesser ausfüllen.

Zunächst sind die Einzelfasern alle exakt rund und haben jeweils einen eigenen optischen Mantel. Vom Gesamtquerschnitt des Bündels kann also nur ein bestimmter Anteil auf die lichtführenden Kerne entfallen, da die Mantelbereiche und die Faserzwischenräume abzurechnen sind. Abbildung 2.44 zeigt die Parameter, die dabei den Prozentsatz der ausgefüllten Fläche kennzeichnen. Die Zahl N soll hier angeben, wie viele Fasern über einem Durchmesser nebeneinander liegen, während n die gesamte Faserzahl angibt.

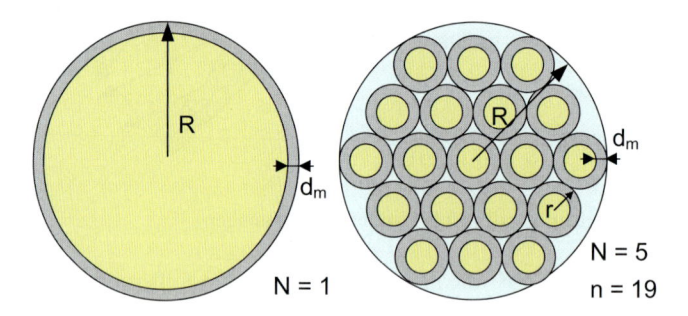

Abb. 2.44: Schematische Anordnung von Kernen in einer MC-Faser

Im Bild bezeichnet R den Radius der kompletten Faser (typisch 0,5 mm) und d_m die Dicke des optischen Mantels (z.B. 5 µm). Es soll zunächst angenommen werden, daß die einzelnen Kerne in hexagonaler Form angeordnet sind, wobei sich $N = 2z + 1$ Kerne nebeneinander befinden.

In der nächsten Abb. 2.45 wird gezeigt, wie sich die Anordnung der Fasern für $z = 1$ bis 5 ändert. Während sich zunächst die Zahl der Fasern, die überhaupt innerhalb eines Kreises angeordnet werden können, durch diese Skizzen eindeutig beschreiben läßt, gibt es für immer kleiner werdende Einzelkerne kompliziertere Möglichkeiten. Die Anordnung unten links weicht entsprechend davon ab. Für die ersten fünf Anordnungen gilt für die Zahl der Einzelfasern:
$$n = 3z^2 + 3z + 1.$$

2.2 Indexprofile und Fasertypen

Der Einzelkernradius r ist entsprechend:
$$r = R/N = R/(2z + 1).$$

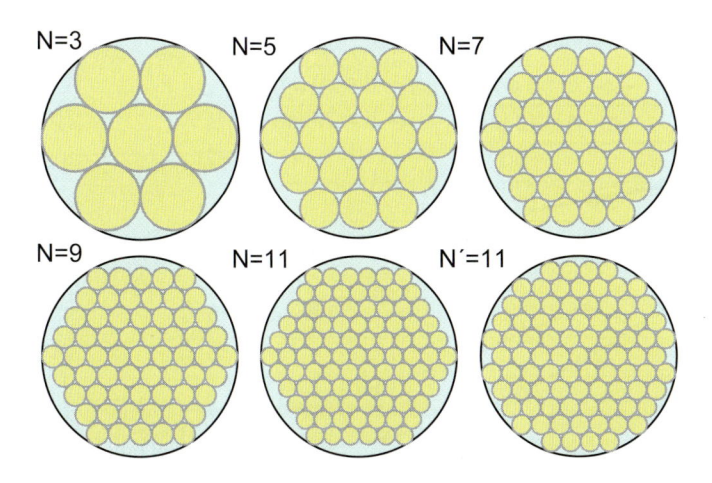

Abb. 2.45: Mögliche kreisförmige Anordnung von Einzelfasern

In Tabelle 2.3 wird der Grad der Ausnutzung der Kreisfläche in den gezeigten Fällen berechnet. Aus z wird zunächst die Zahl der Einzelkerne ermittelt. Der Radius r ergibt sich aus dem Gesamtradius der Faser (hier immer 500 µm). Der Parameter t_a gibt an, wieviel Prozent der gesamten Kreisfläche von den Einzelkreisen ausgenutzt werden (bei hexagonaler Anordnung unendlich vieler Kreise können max. 90,69 % der Fläche belegt werden). Für die Berechnung des Parameters t_b wird berücksichtigt, daß noch ein Teil des Querschnitts für die optischen Mäntel verloren geht (hier einheitlich 5 µm dick).

Tabelle 2.3: Querschnittsanteil von MC-Fasern

z:	N:	n:	r:	t_a:	t_b:
0	1	1	500 µm	100,00 %	98,01 %
1	3	7	167 µm	77,78 %	73,18 %
2	5	19	100 µm	76,00 %	68,59 %
3	7	37	71,4 µm	75,51 %	65,31 %
4	9	61	55,6 µm	75,31 %	62,36 %
5	11	91	45,5 µm	75,21 %	59,57 %
	11´	85	49,3 µm	82,47 %	66,57 %
6	13	127	38,5 µm	75,15 %	56,88 %
7	15	169	33,3 µm	75,11 %	54,27 %
8	17	217	29,4 µm	75,09 %	51,73 %
14	29	631	17,2 µm	75,03 %	37,82 %
∞	-	-	-	90,69 %	-

2.2 Indexprofile und Fasertypen

In Abb. 2.46 wird der Kernflächenanteil t_b in Abhängigkeit der Kern-Anzahl für vier unterschiedliche Dicken des optischen Mantels gezeigt.

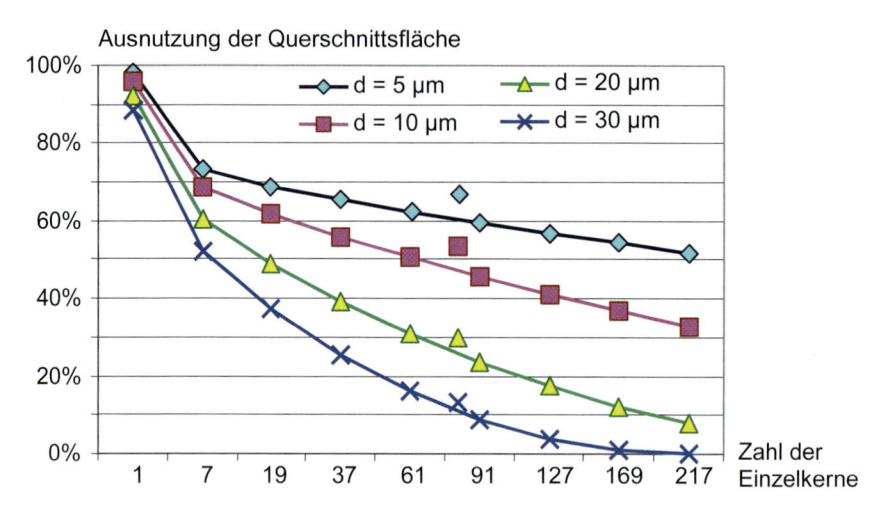

Abb. 2.46: Ausnutzung der Querschnittsfläche bei verschiedenen Manteldicken

Wie zu erwarten, sinkt der Anteil der insgesamt genutzten Fläche mit steigender Kernzahl, da der Anteil der Mantelbereiche immer größer wird. Eine gewisse Mindestdicke des Mantels ist erforderlich, damit er seine Funktion erfüllen kann und technologisch noch beherrschbar bleibt. Die 4 einzelnen Datenpunkte zeigen den Fall der optimierten Faseranordnung mit 85 Einzelkernen nach Abb. 2.45.

Die angestellten Überlegungen zeigen, daß eine Mindestdicke des optischen Mantels zwischen 5 µm und 10 µm vorausgesetzt, eine maximale Zahl von einigen 100 Einzelkernen verwendet werden sollte, wobei der Anteil der nutzbaren Kernfläche kaum 70 % übersteigen wird. Es ist leicht einzusehen, daß ein kleinerer Anteil nutzbarer Kernfläche die Verluste bei der Ankopplung von Sendern und der Kopplung der Fasern untereinander vergrößern wird.

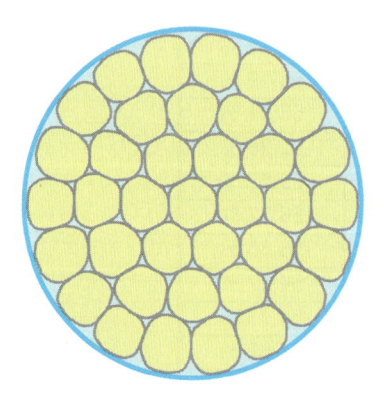

Abb. 2.47: 37-Kern-POF mit verformten Einzelkernen (schematisch)

In der Praxis zeigt sich, daß eine bessere Flächenausnutzung erreichbar ist. Die Fasern werden noch im Herstellungsprozeß bei höheren Temperaturen zusammengefaßt, wobei sie verformt werden und so die Lücken zwischen den Fasern verkleinert werden. Die dabei auftretenden Abweichungen von der ideal runden Form spielen offenbar für die Lichtausbreitung keine entscheidende Rolle (die Ursachen dafür sind noch nicht völlig klar, Hinweise können aus dem Kapitel über Lichtausbreitung in POF entnommen werden). Abbildung 2.47 zeigt schematisch den Querschnitt einer Faser mit 37 Kernen, wie z.B. in [Tesh98] erkennbar. Daten von verfügbaren MC-POF und -GOF werden später zusammengestellt.

In Abb. 2.48 wird der Brechungsindexverlauf einer MC-POF als Schnitt über den Durchmesser der Faser dargestellt. Die Indexsprünge entsprechen dem der Standard-NA-POF.

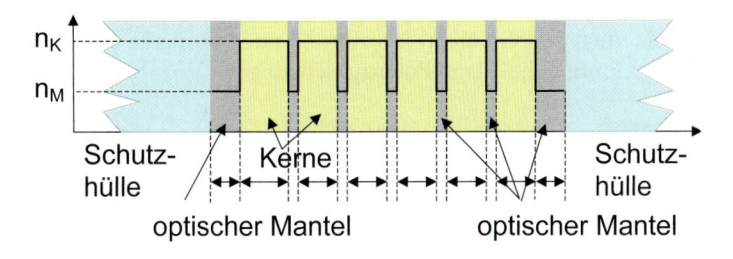

Abb. 2.48: Aufbau einer Vielkern-Stufenindexprofilfaser

Da die Bandbreite der SI-Fasern nur von der NA abhängig ist, sollten vergleichbare Werte zur Standard-POF meßbar sein. Daß die tatsächlich ermittelten Werte deutlich höher liegen, wurde in Abschnitt 2.1.5.2 bei der Betrachtung modenselektiver Dämpfungsmechanismen verständlich.

Auch Glasfasern werden für viele verschiedene Bereiche als Faserbündel hergestellt. In der Beleuchtungstechnik sind Glasfaserbündel mit großer NA weit verbreitet (bekannt ist die Beleuchtung des Scheinwerferaußenrings bei BMW über ein solches Faserbündel). Auch für Datenkommunikation sind inzwischen derartige Fasern verfügbar ([Lub04b]).

2.2.5 Die Doppelstufenindexprofil-Vielkernfaser (DSI-MC)

Auch bei der MC-POF wurde eine Vergrößerung der Bandbreite durch Verringerung des Indexunterschiedes erzielt. Dank des kleineren Kerndurchmessers konnte dennoch eine Erhöhung der Biegeempfindlichkeit vermieden werden.

Noch bessere Werte wurden mit Einzelkernen erzielt, die einen zweistufigen optischen Mantel aufweisen, wie in Abb. 2.49 dargestellt. Das Prinzip entspricht dem der Doppelstufenindexprofil-POF mit Einzelkern. Dabei wird bei der Herstellung ein Bündel mit einfachem Mantel mit einem zweiten Mantelmaterial komplett umgeben („sea/islands"-Struktur).

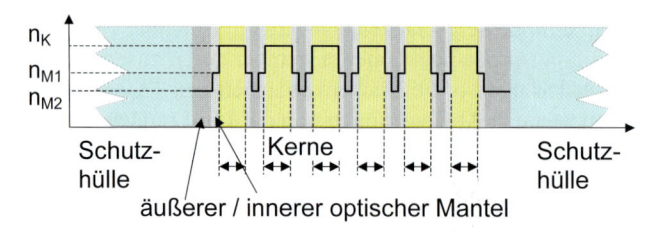

Abb. 2.49: Aufbau einer Vielkern-POF mit Doppelstufenindexprofil

2.2.6 Die Gradientenindexprofilfaser (GI)

Eine noch weitere Vergrößerung der Bandbreite ist mit der Verwendung von Gradientenindexprofilen (GI) möglich. Dabei wird der Brechungsindex von der Faserachse beginnend kontinuierlich (als Gradient) bis zum Mantel verringert. Besonders interessant sind dabei Profile, die einem Potenzgesetz folgen.

$$\text{Brechungsindex} \quad n = n_{\text{Faserachse}} \cdot \left[1 - \Delta \cdot \left(\frac{\text{Abstand zur Faserachse}}{\text{Kernradius}} \right)^g \right]$$

Der Parameter g (oft auch α) wird als Profilexponent bezeichnet. Bei $g = 2$ spricht man von einem parabolischen Profil. Der Grenzfall der Stufenindexprofilfaser entspricht $g = \infty$. Der Parameter Δ gibt die relative Brechungsindexdifferenz zwischen dem maximalen Kern- und dem Mantelbrechungsindex an. Abbildung 2.50 zeigt einen parabolischen Indexverlauf.

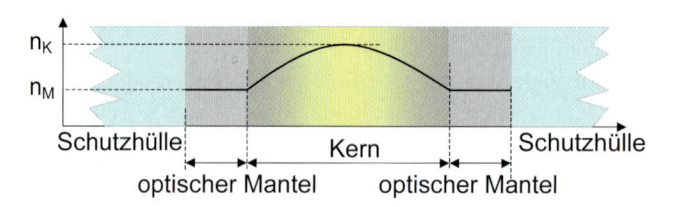

Abb. 2.50: Aufbau einer Gradientenindexprofilfaser

Bedingt durch den sich stetig ändernden Brechungsindex breiten sich Lichtstrahlen in einer GI-Faser nicht geradlinig aus, sondern werden ständig zur Faserachse hin gebrochen. Lichtstrahlen, die im Zentrum der Faser eingekoppelt werden, und einen bestimmten Winkel nicht überschreiten, werden vollständig am Verlassen des Kernbereiches gehindert, ohne daß Reflexionen an der Grenzfläche auftreten. Dieses Verhalten ist in Abb. 2.51 schematisch dargestellt. Der geometrische Weg der achsenparallelen Strahlen ist immer noch deutlich kleiner, als der Weg der Strahlen, die mit einem größeren Winkel eingekoppelt wurden. Allerdings ist in den kernfernen Regionen der Index, wie gezeigt, kleiner. Das bedeutet eine größere Ausbreitungsgeschwindigkeit. Bei idealer Wahl der Parameter können sich durch die unterschiedlichen Weglängen und die verschiedenen Ausbreitungsgeschwindigkeiten die Laufzeitdifferenzen praktisch komplett aufheben, so daß die Modendispersion verschwindet. In der Realität ist dies nur annähernd möglich, allerdings können die Bandbreiten um zwei bis drei Größenordnungen gegenüber der SI-Faser gesteigert werden.

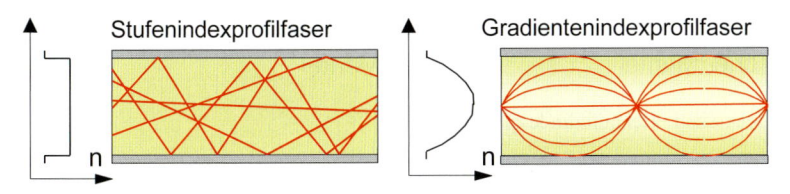

Abb. 2.51: Vergleich Stufen- und Gradientenindexprofil (siehe auch Abschn. 2.1.1)

Berücksichtigt man neben der reinen Modenausbreitung auch die chromatische Dispersion, also die Abhängigkeit der Brechzahl von der Wellenlänge und die spektrale Breite der Quelle, ergibt sich ein optimaler Indexkoeffizient g, der von 2 abweicht. Umfangreiche Untersuchungen dazu wurden von der Gruppe um Prof. Koike durchgeführt ([Koi96a], [Koi96b], [Ish00], [Koi97a], [Koi96c], [Koi98] und [Ish98]). In [Ish00a] und [Koi00] wird die Bedeutung dieses Effektes besonders hervorgehoben (siehe auch Kapitel 2.9). Aufgrund der kleineren chromatischen Dispersion von fluoriertem Polymer im Vergleich zu Quarzglas ist die theoretisch erreichbare Bandbreite der GI-POF deutlich über der von Multimode-GI-Glasfasern. Vor allem läßt sich diese Bandbreite über einen wesentlich größeren Wellenlängenbereich realisieren. Das macht die PF-GI-POF interessant für Wellenlängenmultiplexsysteme. Dabei muß aber das Indexprofil sehr genau eingehalten werden, wofür derzeit noch keine technische Lösung existiert.

Ein weiterer Faktor für die Bandbreite der GI-POF ist die im Vergleich zu Glasfasern große modenabhängige Dämpfung ([Yab00a]). Dabei werden Moden mit großem Ausbreitungswinkel unterdrückt, resultierend in einer größeren Bandbreite. Als Beispiel wird in [Yab00a] simuliert, daß bei Berücksichtigung der Dämpfung höherer Moden die Bandbreite einer 200 m langen PMMA-GI-POF von 1 GHz auf über 4 GHz anwächst. Dies bestätigt sich auch in praktischen Experimenten. Die Modenkopplung ist für GI-Fasern weniger bedeutend als für SI-Fasern, da die Reflexionen an der Kern-Mantel-Grenzfläche entfallen.

2.2.7 Die Vielstufenindexprofilfaser (MSI)

Nach den vielfältigen technologischen Problemen, die sich bei der Herstellung von Gradientenindexprofilfasern mit optimalem und über die Lebensdauer stabilem Indexprofil ergeben haben, wurde eine Annäherung an die gewünschten Eigenschaften durch die Vielstufenindexprofilfaser (MSI-POF) versucht. Dabei besteht der Kern aus vielen Schichten (z.B. 4 bis 7), die sich stufenförmig an einen parabolischen Verlauf annähern. Ein "Verschmieren" der einzelnen Stufen während der Herstellung kann dabei sogar erwünscht sein. Abbildung 2.52 zeigt schematisch den Aufbau.

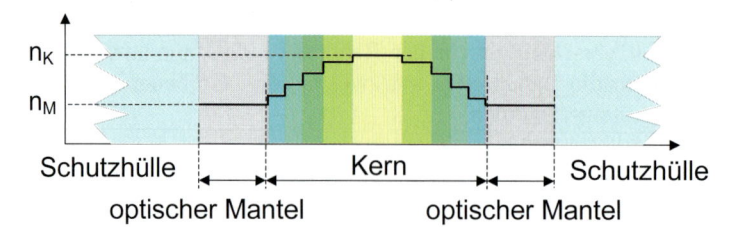

Abb. 2.52: Aufbau einer Vielstufenindexprofilfaser

Die Lichtstrahlen breiten sich hier nicht wie in der GI-POF auf kontinuierlich gebogenen, sondern auf mehrfach gebrochenen Bahnen aus, wie Abb. 2.53 demonstriert. Der Unterschied zum idealen GI-Profil ist aber bei ausreichender Zahl von Stufen relativ klein, so daß dennoch große Bandbreiten erreicht werden können. MSI-POF wurden 1999 von einem russischen Institut (Tver bei Moskau, [Lev99]) und von Mitsubishi (ESKA-MIU, siehe [Shi99]) vorgestellt. Inzwischen stellen weitere Firmen solche Fasern her, oft werden diese auch als GI-Fasern bezeichnet, und auch in den Standards werden GI- und MSI-Fasern in die gleiche Klasse eingeordnet (z.B. A4e).

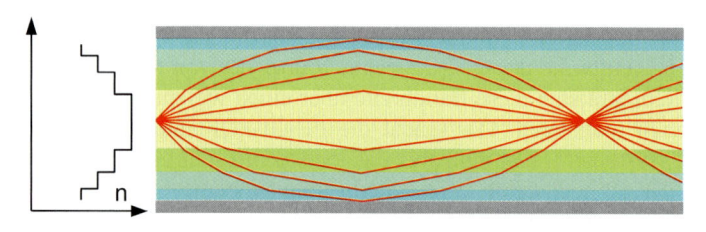

Abb. 2.53: Lichtausbreitung in der MSI-POF

2.2.8 Die Semi-Gradientenindexprofil-Faser (Semi-GI)

Eine relativ neue Variante von Indexprofilen sind Fasern, die über den Kernquerschnitt einen Gradienten mit geringer Indexvariation haben, dann aber einen optischen Mantel mit großem Indexsprung besitzen, wie Abb. 2.54 zeigt ([Sum00], [Sum03], [Ziem05f] und [Ziem06i]).

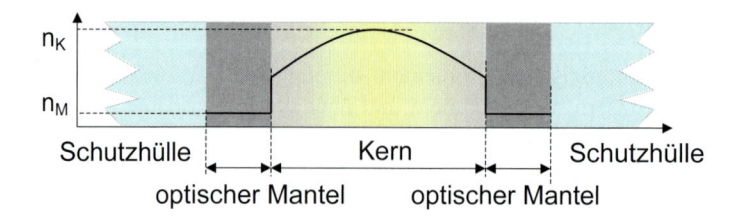

Abb. 2.54: Aufbau einer Semi-Gradientenindexprofilfaser

Auf den ersten Blick hat diese Faservariante enorme Vorteile. Licht, welches sich innerhalb des Gradienten ausbreitet, unterliegt nur einer sehr kleinen Modendispersion. Hat ein Lichtstrahl, z.B. nach einer Biegung dann aber größere Ausbreitungswinkel, wird er weiter durch Totalreflexion an der Kern-Mantel-Grenzfläche geführt. Allerdings haben diese Strahlen dann auch eine sehr große Modendispersion. Abbildung 2.55 zeigt, wie sich Licht theoretisch ausbreitet, und welche Konsequenz dies für die Impulsantwort hat.

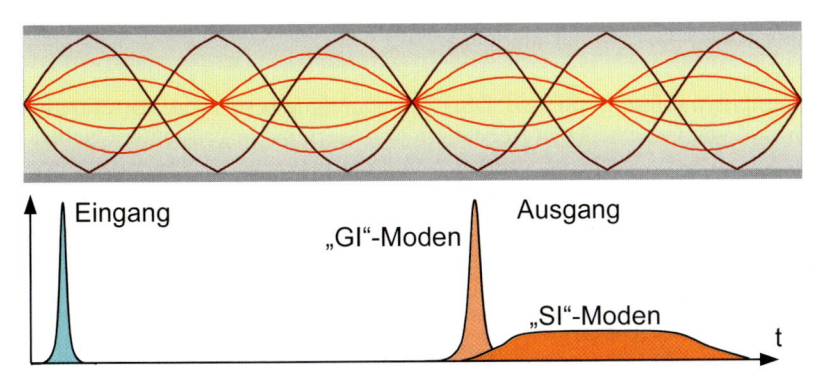

Abb. 2.55: Theoretische Lichtausbreitung in Semi-Gradientenindexprofilfasern

Im Bild sind im Prinzip zwei unterschiedliche Modengruppen zu sehen. Die als GI-Moden bezeichneten Wege berühren den Mantel nicht und weisen nur sehr geringe Laufzeitdifferenzen auf. Die mit SI-Moden bezeichneten Anteile werden an der Kern-Mantel-Grenzfläche total reflektiert. Auch diese Lichtwege sind im Kern gebogen, allerdings kann nun der sehr viel längere Lichtweg nicht mehr durch die geringere Brechzahl in den Außenbereichen kompensiert werden. Bei sehr hohen Datenraten ist aber die zweite Modengruppe so breit gezogen, daß sie sich im Augendiagramm nur als eine Art DC-Offset präsentiert. Mit einem PRBS-Signal wurde am POF-AC eine Datenrate von 1 Gbit/s über 500 m einer Semi-GI-PCS-Faser übertragen ([Vin05a]). Mit einem kleinflächigen APD-Empfänger konnten auch schon Datenraten bis 3 Gbit/s erreicht werden ([Kos95]).Um dem komplexen Verhalten der Semi-GI-POF gerecht zu werden, sollten entsprechende Modulationsformate gewählt werden.

2.2.9 Indexprofile im Überblick

Die Abb. 2.56 bis 2.58 zeigen noch einmal alle beschriebenen Indexprofile im Überblick. Aufgrund der vielfältigen Möglichkeiten der Polymerchemie sind sicherlich weitere Entwicklungen zu erwarten. Denkbar sind z.B. Vielkern-Gradientenfasern, Fasern mit speziellen Mänteln zur Reduktion der Verluste an der Kern-Mantel-Grenzfläche oder zur Vergrößerung der Bandbreite oder auch Vielkernfasern mit unterschiedlichen Einzelkernen. In den Abbildungen werden jeweils für POF-Varianten typische Parameter genannt).

2.2 Indexprofile und Fasertypen

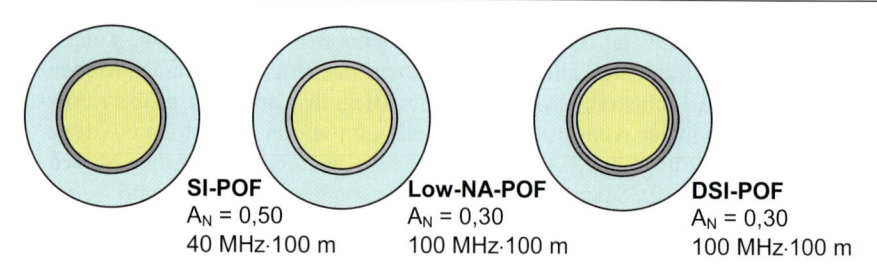

SI-POF
$A_N = 0{,}50$
40 MHz·100 m

Low-NA-POF
$A_N = 0{,}30$
100 MHz·100 m

DSI-POF
$A_N = 0{,}30$
100 MHz·100 m

Abb. 2.56: POF mit Einzelkern und Stufenindexprofil

Einzelkernpolymerfasern (SI und DSI) mit Durchmessern zwischen 250 µm und 3 mm sind von verschiedenen Herstellern preiswert und in konstanter Qualität verfügbar. Sie stellen den überwiegenden Anteil der praktisch verwendeten Polymerfasern.

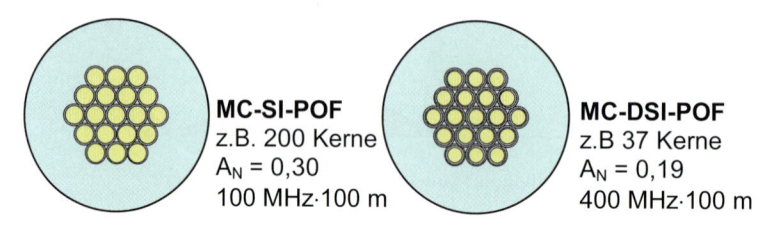

MC-SI-POF
z.B. 200 Kerne
$A_N = 0{,}30$
100 MHz·100 m

MC-DSI-POF
z.B 37 Kerne
$A_N = 0{,}19$
400 MHz·100 m

Abb. 2.57: POF mit Vielfachkern und Stufenindexprofil

Das Einsatzgebiet von Vielkernfasern reicht dabei von Übertragungssystemen mit hohen Datenraten bis hin zu optischen Bildleitern. Die Preise sind wegen der geringen hergestellten Mengen noch deutlich über den Erwartungen. Hier sind in Zukunft weitere Entwicklungen absehbar.

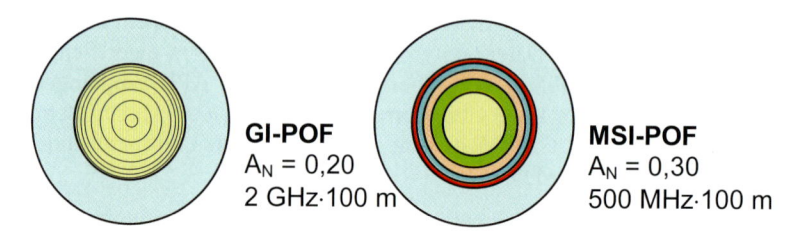

GI-POF
$A_N = 0{,}20$
2 GHz·100 m

MSI-POF
$A_N = 0{,}30$
500 MHz·100 m

Abb. 2.58: Polymerfasern mit Gradienten- bzw. Mehrfachstufenindexprofil

Sowohl Gradientenindex- als auch Mehrstufenindexprofil-POF sind heute kommerziell verfügbar. Laborexperimente und eine Reihe praktischer Installationen in Japan und Europa (z.B. [Mös04]) zeigen das große Potential bezüglich der möglichen Bitraten. Die Markteinführung erfolgte bei Asahi Glass etwa ab 2001. Lucent Technologies (später OFS und ab 2004 unter Chromis Fiberoptics firmierend, [Whi04a], [Park05a]), hat ebenfalls die Möglichkeit angekündigt, GI-POF bei Bedarf in großen Mengen zu produzieren. In Europa werden Fasern von

Nexans in Lyon gefertigt ([Gou04]). Alle drei Fasern bestehen aus dem fluorierten Polymermaterial CYTOP®. Der Kerndurchmesser der Lucina™-Faser von Asahi Glass ist 120 µm bei einer $A_N = 0,28$. Um einen Bereich mit fluoriertem Polymer außerhalb des Kerns herum ist ein 500 µm Schutzmantel aus PMMA angeordnet. Das Duplex-Kabel hat Außenabmessungen von ca. 3 bis 5 mm. Die kleinste bisher erreichte Dämpfung ist 8 dB/km bei 1.300 nm Wellenlänge. Spezifiziert wird ein Wert von < 50 dB/km für 700 bis 1.300 nm.

Bedeutende Fortschritte gibt es auch bei der Herstellung von GI- bzw. MSI-POF auf PMMA-Basis (siehe Abschnitt 2.3.4).

2.3 Entwicklung der Polymerfasern

In den nächsten Abschnitten werden die bisher vorgestellten Polymerfasern beschrieben. Dabei wird auch speziell auf die zeitliche Reihenfolge der Entwicklungen eingegangen. Der Abschnitt 2.4 ergänzt die Betrachtungen um einige Typen von Multimode-Glasfasern, die in der ersten Auflage noch nicht betrachtet wurden.

2.3.1 Rückblick

Die ersten POF wurden bereits Ende der 60er Jahre von der Firma DuPont hergestellt. Aufgrund der unvollkommenen Reinigung der Ausgangsmaterialien lag die Dämpfung noch im Bereich von 1.000 dB/km. In den 70er Jahren konnten die Verluste nahe an die theoretischen Grenzen von ca. 125 dB/km bei 650 nm Wellenlänge reduziert werden. Zu diesem Zeitpunkt waren bereits Glasfasern mit Verlusten deutlich unter 1 dB/km bei 1.300 nm bzw. 1.550 nm in großen Mengen und zu niedrigen Preisen verfügbar. Hochbitratige digitale Übertragungssysteme wurden zu diesem Zeitpunkt fast ausschließlich im Telekommunikationsbereich für die Fernstreckenübertragung eingesetzt. Im Bereich lokaler Rechnernetze dominierten Kupferkabel (verdrillte Doppeladern oder Koaxialkabel), die für die typischen Datenraten von bis zu 10 Mbit/s völlig ausreichend waren. Ein Bedarf an einem optischen Medium für hohe Datenraten und niedrige Entfernungen bestand kaum, so daß die Entwicklung der Polymerfaser für lange Jahre verlangsamt wurde. Bezeichnend dafür ist z.B. der Ausstieg der Höchst AG aus der Polymerfaserherstellung Mitte der 90er Jahre.

In den 90er Jahren setzte, nach der vollständigen Digitalisierung der Datenkommunikation im Fernbereich, die Entwicklung digitaler Systeme für den privaten Anwender massiv ein. In einer Vielzahl von Lebensbereichen werden wir mehr und mehr mit digitalen Endgeräten konfrontiert. Der CD-Spieler hat inzwischen die analogen Tonträger (Schallplatte und Kassette) weitgehend abgelöst. Das MP3-Format führt zu einer Revolution der Musikaufzeichnung und Verbreitung. Die DVD (Digital Versatile Disk) und große Festplatten lösen derzeit den analogen Videorecorders ab. Bereits heute sind mehr digitale Fernsehprogramme als analoge verfügbar. Dekoderboxen sind inzwischen standardisiert (MPEG2-Format) und werden zukünftig in die Fernsehgeräte integriert werden. Immer mehr Haushalte verfügen über leistungsfähige PC und digitale Telefonanschlüsse (ISDN). Mit Angeboten wie T-DSL (ADSL-Technik der Deutschen Telekom AG), schneller Internetzugang über Satellit oder breitbandige digitale Dienste auf dem Breitbandkabelnetz standen dem privaten Anwender bereits vor der Jahrtausendwende zusätzliche digitale Anwendungen zur Verfügung. Auch im Automobilbereich ist der Schritt zur Digitalisierung längst vollzogen. CD-Wechsler, Navigationssystem, Abstandsradar und umfangreiche Kontrollfunktionen gehören zunehmend zur Ausstattung in allen Fahrzeugklassen. Die Entwicklung elektronischer Außenspiegel, schneller Netzanbindungen auch im Auto und automatischer Verkehrsleitsysteme wird die Zahl der digitalen Anwendungen im Auto weiter steigen lassen. Alle diese Beispiele zeigen, daß völlig neue Märkte für digitale Übertragungssysteme im Kurzstreckenbereich entstehen. Die Polymerfaser kann viele dieser Anforderungen optimal erfüllen und gewinnt deswegen zunehmend an Interesse.

Bezeichnend für diese Entwicklung ist die Geschichte der Internationalen Konferenz für Polymerfasern und Anwendungen, die seit 1992 jährlich stattfindet und die bedeutendste wissenschaftliche Veranstaltung dieses Fachgebiets darstellt. Viele der hier beschriebenen Entwicklungen wurden auf diesen Konferenzen erstmalig vorgestellt.

2.3.2 Stufenindexprofil-Polymerfasern

Die SI-POF ist die älteste Variante aller Polymerfasern. Die Entwicklung reicht an den Beginn der 60er Jahre zurück, also in den Zeitraum, zu dem auch die Quarzglasfaser entwickelt wurde.

Auch heute stellt die SI-POF mit weitem Abstand die häufigste POF-Variante dar. In der Tabelle 2.4 werden (ohne Anspruch auf Vollständigkeit) Daten verschiedener Veröffentlichungen zu diesem Fasertyp zusammengestellt.

Tabelle 2.4: Veröffentlichte Daten zu SI-POF

Quelle	Jahr	Hersteller	Produkt	$\varnothing_{Kern}$ µm	Dämpfung dB/km	bei λ nm	NA	Bemerkung
[Min94]	1963	Du Pont	CROFON	k.A.	1.000	650	St.	erste POF
[Koi97a]	1964	Du Pont		k.A.	500	650	St.	
[Koi96c]	1968	Du Pont		k.A.	500	650	St.	erste SI-POF
[Sai92]	1976	Mitsubishi	Eska	k.A.	300	650	St.	
[Min94]	1978	Mitsubishi	Super Eska	k.A.	300	650	St.	
[Koi95]	1982	NTT		k.A.	55	568	St.	
[Sai92]	1983	Mitsubishi	Eska Extra	k.A.	124	650	St.	4 MHz·km
[Sai92]	1983	Mitsubishi	Eska Extra	k.A.	65	570	St.	
[Koi95]	1983	Mitsubishi		1000	110	570	St.	
[Min94]	1984	Mitsubishi	Eska Extra	k.A.	150	650	St.	

Tabelle 2.4: Veröffentlichte Daten zu SI-POF (Fortsetzung)

Quelle	Jahr	Hersteller	Produkt	Ø$_{Kern}$ µm	Dämpfung dB/km	bei λ nm	NA	Bemerkung
[Koi95]	1985	Asahi		k.A.	80	570	St.	
[Sai92]	1991	Mitsubishi	Eska Extra	k.A.	125	650	St.	bis 85°C
[Sai92]	1991	Mitsubishi	Eska Extra	k.A.	65	570	St.	
[Koi95]	1991	Hoechst		1000	130	650	St.	
[Tesh92]	1992	Asahi	Luminous-F	k.A.	175	660	0,50	310 MHz·10m A$_{N, LED}$=0,50, 105°C
[Tesh92]	1992	Asahi	X-1	k.A.	k.A.	k.A.	0,37	540 MHz·10m A$_{N, LED}$ = 0,50
[Tesh92]	1992	Asahi	X-2	k.A.	k.A.	k.A.	0,28	>1.000 MHz·10m A$_{N, LED}$ = 0,50
[Eng96]	1992	Höchst	EP51	970	190	650	St.	90 MHz·100 m mit 650 nm LED
[Kit92]	1992	Mitsubishi	Eska Premier	1000	135	650	0,51	bis 85°C
[Lev93]	1993	CIS	Sveton MN-Series, Grade U	200-600	150	650	0,45	bis 70°C
[Lev93]	1993	CIS	Sveton MF-Series, Grade U	200-1000	120	650	0,48	bis 70°C
[Non94]	1994	Sumitomo	k.A.	480	150	650	0,51	200 MHz·50m Δn=0,055
[Koe98]	1998	Mitsubishi	k.A.	1000	110	650	0,47	80 MHz·100 m
[Mye02]	2002	Dig. Optr.	k.A.	1000	k.A.	k.A.	0,50	2003 fertig
[Luv03]	2003	Luvantix	SI type	1000	160	650	0,40	200 MHz Bandbr.
[Nuv04]	2004	Nuvitech	Nuviligth	1000	250	650	0,38	für Beleuchtung
[Luc05]	2005	Luceat	SI-Type	1000	150	650	0,46	30 MHz·100 m
[Wal05]	2005	Nanoptics	A-POF	1000	100	650	k.A.	Konzept
[Hai05]	2005	Huiyuan	SI-POF	1000	300	650	k.A.	Coextrusion
[Zie06h]	2006	Luceat	SI-POF	1000	135 65	650 520	0,50	aus Vorform

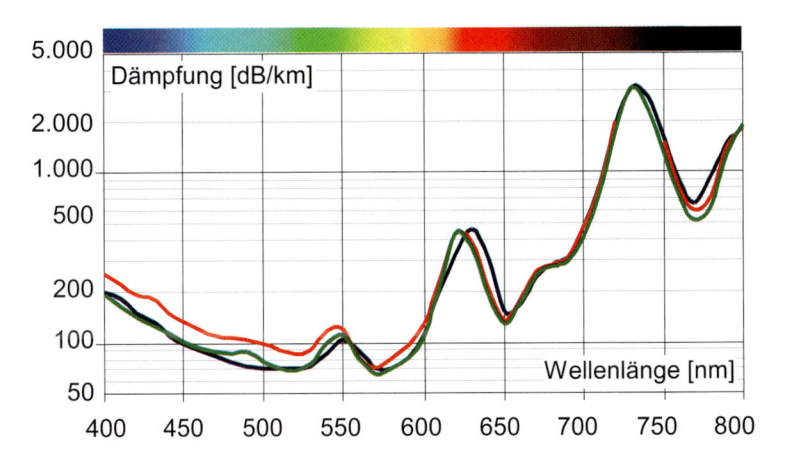

Abb. 2.59: Dämpfung verschiedener Standard-NA SI-POF (Messung POF-AC)

Etwa ab 1980 erlaubte die Technologie die Herstellung von POF, die relativ dicht an die theoretischen Dämpfungsminima herankamen. Anfängliche Probleme mit der Lebensdauer und mit bestimmten mechanischen Belastungen konnten mit der Weiterentwicklung schnell gelöst werden. In Abb. 2.59 werden die spektralen Dämpfungsverläufe von drei SI-POF gezeigt (Datenblattangaben). Alle drei Fasern (japanische Hersteller) liegen dicht beieinander. Die sichtbaren Unterschiede dürften auch auf unterschiedliche Meßverfahren zurückzuführen sein.

Die meisten Hersteller bieten SI-POF in verschiedenen Durchmessern an. In [Zub01b] und [Nuv04] werden Eigenschaften dieser Fasern gegenübergestellt (Tabelle 2.5).

Tabelle 2.5: Dämpfungen von POF mit unterschiedlichem Durchmesser

	Dämpfung [dB/km]			
⌀: [µm]	250	500	750	1.000
Mitsubishi	< 700	< 190	< 180	< 160
Toray	< 300	< 180	< 150	< 150
Asahi Chem.	n.a.	< 180	< 180	< 125
BOF	< 150	< 150	< 150	< 150
Optectron	< 150	< 150	< 150	< 150
Nuvitech	< 350	< 250	< 250	< 250

Für Toray-Fasern sind im Datenblatt die Verluste von Fasern unterschiedlicher Durchmesser angegeben. Sie werden in Abb. 2.60 gezeigt.

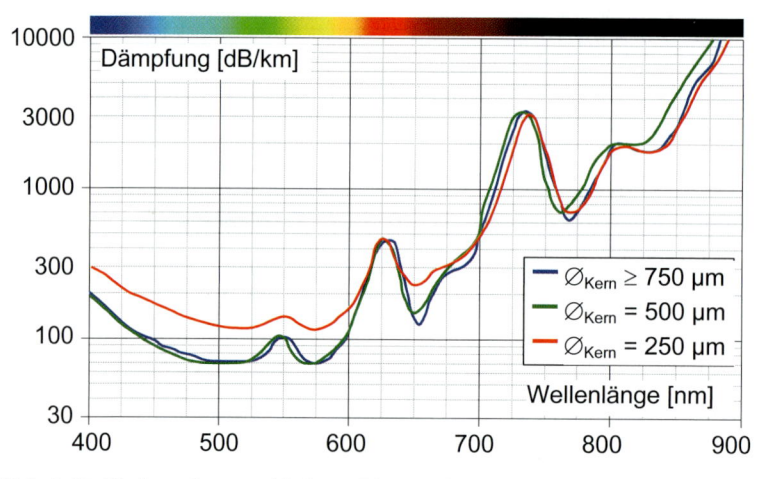

Abb. 2.60: Verluste für verschiedenen PMMA-SI-POF von Toray

Mit wenigen Ausnahmen sind die Verluste bei allen Faserdurchmessern ähnlich. Gründe für die Zunahme der Dämpfung bei dünneren Fasern könnten sein, daß entweder die hohe Dämpfung des optischen Mantels eine größere Rolle spielt, oder aber daß bei der Herstellung mehr Streß auf die dünne Faser wirkt.

Eine Faser mit ¼ mm Kerndurchmesser hat auch nur ein Sechszehntel der Wärmekapazität. Beim Aufbringen von Mantel und Umhüllung wird diese Faser notwendigerweise deutlich wärmer. Die Prozeßtemperaturen bei der Herstellung können dabei durchaus deutlich oberhalb der Glasübergangstemperatur liegen.

Jüngster Hersteller bei PMMA-SI-POF ist die italienische Firma Luceat. Hier werden Fasern für unterschiedliche Anwendungen, hauptsächlich im Maschinenbau, produziert. Die höchste Qualität befindet sich noch in der Entwicklungsphase. Ein Vergleich der Meßwerte der Luceat-Faser (POF-AC 2006, [Ziem06h]) mit den Werten aus [Wei98], bisher mehr oder weniger die POF-Referenzkurve, wird in Abb. 2.61 gezeigt.

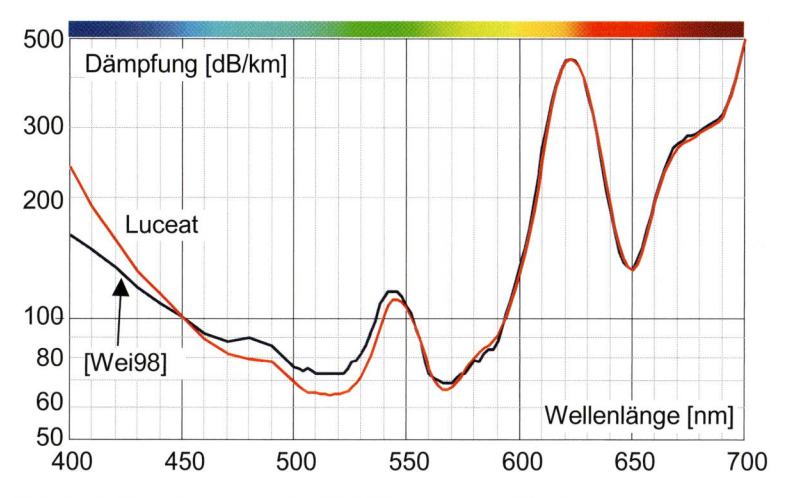

Abb. 2.61: Dämpfungswerte der SI-POF von Luceat (2006)

Im Bereich um 520 nm ist diese Faser sogar etwas besser als die Daten der bisher besten Fasern. Dank der Verfügbarkeit preiswerter und schneller grüner LED ist dieser Vorteil sehr hoch zu bewerten. Im Rahmen des Europäischen POF-Projektes POF ALL (siehe www.ist-pof-all.org) konnte z.B. die Übertragung eines 10 Mbit/s-Datenstroms über 425 m demonstriert werden (siehe System-Kapitel).

2.3.3 Doppelstufenindexprofil-Polymerfasern

Auf die prinzipielle Idee der Doppelstufenindexprofil-POF wurde bereits oben eingegangen. Alle drei wichtigen japanischen Hersteller präsentierten um 1995 solche Fasertypen. Nachdem sich die Erwartungen, daß ATM die dominierende Netzwerktechnik im Heimbereich wird, nicht bewahrheiteten, sind diese Fasern bis heute mehr oder weniger Nischenprodukte (mit relativ hohen Preisen). In vielen Bereichen werden aber heute Datenraten gefordert, die den Einsatz dieser Fasern anstelle von normalen SI-POF erfordern. Technisch sind DSI-POF auf einem vergleichbaren Stand und würden in der Herstellung in großen Längen auch kaum teurer sein als SI-POF.

In der Tabelle 2.6 werden Eigenschaften von DSI-POF der drei Hersteller gegenübergestellt ([Mit01], [Nich03], [LC00b]).

Tabelle 2.6: Übersicht DSI-POF

		Mitsubishi MH4001	Toray PMU-CD1001	Asahi AC1000(I)
Durchmesser	[µm]	980	1000 ± 45	1000 ± 60
Dämpfung (650 nm)	[dB/km]	160	170	160
Numerische Apertur	-	0,30	0,32	0,25
Bandbreite	MHz·km	10	>10	15
Temperaturbereich	[°C]	-55 .. +75	-20 .. +70	-40 .. +70
Biegeradius	[mm]	25	-	25

Es sei hier noch einmal darauf hingewiesen, daß die DSI-POF üblicherweise nach wie vor als Low-NA-POF angeboten wird. In den ersten Jahren wurden von den Herstellern keinerlei Angaben über die doppelte Mantelstruktur gemacht. In [Eng98b] wurde schon früh die doppelte Mantelstruktur anhand von Messungen des Fernfeldes und mit optischer Mikroskopie bewiesen. In Abb. 2.62 sieht man die Fernfeldverteilungen für unterschiedliche Faserlängen, gemessen mit der inversen Fernfeldmethode an der FH Gießen/Friedberg.

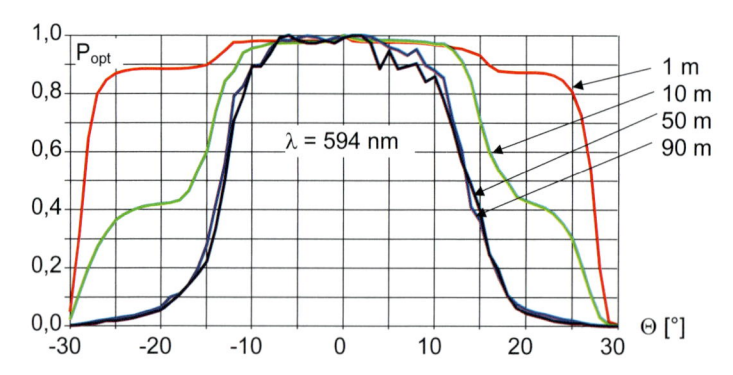

Abb. 2.62: Inverses Fernfeld einer DSI-POF

Es ist gut zu erkennen, daß nach kurzen Längen noch viel Licht von der Grenzfläche innerer/äußerer Mantel geführt wird. Nach 50 m sind diese Anteile verschwunden und die Winkelverteilung entspricht einer echten Low-NA-POF.

Abbildung 2.63 zeigt zwei Mikroskopaufnahmen (UNI Ulm) von DSI-POF. Die beiden optischen Mäntel sind gut zu erkennen.

Auf der POF-Konferenz 2003 wurde in [Yos03] dann von Mitsubishi die tatsächliche Struktur erstmalig von einem Hersteller präsentiert. Auch der Effekt der Unterdrückung höherer Moden durch die hohe Dämpfung des inneren Mantels wurde dabei theoretisch und experimentell bestätigt. Asahi gibt beispielsweise für die Verluste im inneren Mantel einen Wert von 6.000 dB/km an (bei 650 nm).

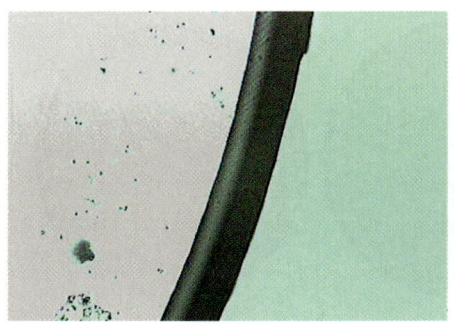

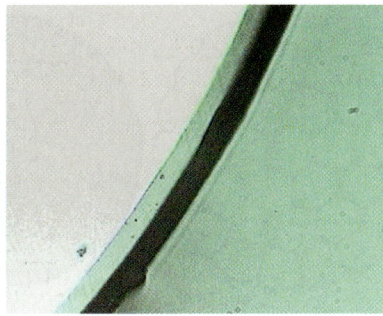

Abb. 2.63: Doppelte Mantelstruktur an POF

2.3.4 Vielkern-Polymerfasern

Seit 1994 wurden Polymerfasern als Vielkernfasern vorgestellt (z.B. in [Tesh98], [Mun94], [Asa97] und [Tesh98]). Die Tabelle 2.7 zeigt einige Parameter aus diesen Veröffentlichungen

Tabelle 2.7: Vielkernfasern von Asahi Chemical

Typ	Quelle	Kerne	Struktur	NA	Dämpfung bei 650 nm	Bandbreite
NMC-1000	POF´94	19	SI	0,25	125 dB/km	170 MHz·100 m
PMC-1000	Data´96	217	SI	0,15	270 dB/km	k.A.
MCS-1000	Data´97	217	SI	k.A.	320 dB/km	k.A.
-	POF´98	37	DSI	0,19	155 dB/km	700 MHz·50 m
-	POF´98	37	DSI	0,25	160 dB/km	k.A.
-	POF´98	37	DSI	0,33	160 dB/km	k.A.
NMC-1000	Data´98	37	DSI	0,25	160 dB/km	500 MHz·50 m
PMC-1000	Data´98	37	DSI	0,19	160 dB/km	k.A.
-	POF´98	217	SI	0,50	160 dB/km	k.A.
-	POF´98	217	SI	0,33	160 dB/km	k.A.

Die MC-POF weist, bei deutlich verringerter Biegeempfindlichkeit und nur unwesentlich erhöhter Dämpfung, eine wesentlich größere Bandbreite als Einzelkernfasern auf, bedingt durch die Möglichkeit kleinerer Numerischer Aperturen. Offen bleibt die Frage, ob sich diese Fasern zum gleichen Preis herstellen lassen. Falls dies gelingt, sind Datenraten von 500 Mbit/s bis zu 1 Gbit/s über 50 m in kommerziellen Systemen ohne weiteres erreichbar. Im POF-AC wurde schon eine Datenrate über 1 Gbit/s über 100 m MC-POF übertragen.

Derzeit bietet nur Asahi Chemical MC-POF für Datenkommunikation an, während andere Hersteller diese Faserart für Beleuchtungszwecke oder auch als Bildleiter anbieten. Die nachfolgenden Bilder zeigen Querschnittsaufnahmen der aktuell verfügbaren drei MC-POF mit 37, 217 und 631 Kernen (die 19-Kern-Variante ist nicht mehr verfügbar).

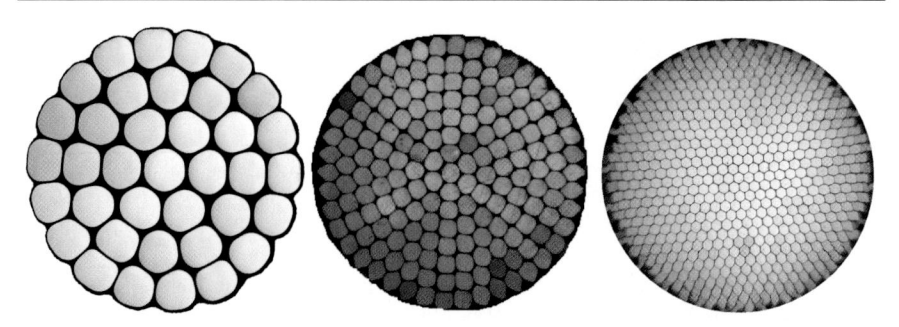

Abb. 2.64: Mikroskopaufnahme MC-POF, 37, 217 bzw. 631 Kerne

Technische Daten der vier unterschiedlichen MC-POF sind in der nachfolgenden Tabelle 2.8 als Übersicht zusammengestellt (Datenblätter Nichimen). Die höchsten Datenraten erlaubt nach bisherigen Versuchen die PMC-1000, da sie eine DSI-Struktur besitzt.

Tabelle 2.8: Daten von MC-POF

Parameter	Einheit	MCQ-1000	MCS-1000	NMC-1000	PMC-1000
Zahl der Kerne	-	613	217	19	37
$\varnothing_{Einzelkern}$	µm	37	60	200	130
Kernmaterial	-	PMMA	PMMA	PMMA	PMMA
Mantelmaterial	-	Fluoro Polymer		FMA-Copolymer	
2. Mantelmaterial	-	-	-	VDF-Copolymer	
NA	-	0,5 ± 0,05	0,50	0,25	0,19
$\varnothing_{Faserkern}$	mm	1,0 ± 0,06	1,0 ± 0,06	1,0 ± 0,06	1,0 ± 0,06
$\varnothing_{Kabel}$	mm	2,2 ± 0,07	2,2 ± 0,10	2,2 ± 0,10	2,2 ± 0,10
Umhüllung		PE	PE (black)	PE (black)	PE (black)
Dämpfung[1]	dB/km	<200	320	163[4]	163[4]
Bitrate (50 m)	Mbit/s	n.a.	n.a.	350[5]	500[5]
Temperatur	°C	-40 .. +60	-40 .. +60	-40 .. +70	-40 .. +70
Biegedämpfung[2]	dB	<0,1	<0,2[3]	<0,1[3]	<0,1[3]

[1] Cut back 12 - 2 m, bei 650 nm
[2] R = 3 mm, 180°, keine Belastung
[3] R = 3 mm, 360°, Einkoppel-NA: 0,2
[4] 650 nm monochromatisches Licht
[5] 650 nm LD, BER = 10^{-12}

Auf eine Besonderheit dieser vier MC-POF soll noch einmal hingewiesen werden. Während bei Glasfaserbündeln oder auch bei anderen MC-POF für Beleuchtungstechnik die Fasern im Kabel einzeln vorliegen, sind sie hier fest verbunden. Damit wird nicht nur der Anteil der Kernfläche vergrößert, sondern die Bearbeitung der Fasern erleichtert sich auch erheblich. Diese Adern können wir ganz normale 1 mm SI-POF montiert werden.

Von den beiden enormen Vorteilen der MC-POF, nämlich der hohen Bandbreite und den niedrigen Biegeverlusten hat sich Ersterer inzwischen relativiert, nachdem deutlich preiswertere GI-POF auf PMMA-Basis verfügbar geworden sind. Diese werden im nächsten Absatz vorgestellt.

2.3.5 Multistufenindexprofil- und Gradientenindexprofilfasern

Die größten Bandbreiten aller Fasern (mit Ausnahme von Einmodenfasern) weisen die Gradientenindexprofilfasern auf. Im Bereich der Quarzglasfaser sind diese seit langem verbreitet und standardisiert. In den USA sind vorwiegend Fasern mit 62,5 µm Kerndurchmesser im Einsatz, während in Europa und den meisten weiteren Ländern Fasern mit 50 µm Kerndurchmesser verwendet werden. Dieser Durchmesser ist immerhin 5 bis 6 mal größer als bei der Einmodenglasfaser, wodurch die Steckerkosten erheblich sinken und auch die Ankopplung von Lasern einfacher wird. Das Bandbreite-Länge-Produkt (BLP) dieser Multimodeglasfasern liegt im Bereich 200 bis 500 MHz·km. Für die Übertragung von 10 Gbit/s wurde sogar eine neue Faserspezifikation mit einem BPL von 2.000 MHz·km bei 850 nm Wellenlänge entwickelt (siehe z.B. [Oeh02] und [Geo01]).

Bei POF würden sich die Vorteile des großen Kerndurchmessers und hoher Bandbreite optimal verbinden. Außerdem entfallen bei GI-Fasern viele Probleme der Kern-Mantel-Grenzfläche, da die Lichtleitung ausschließlich im Kern stattfindet. Glas-GI-Fasern werden hergestellt, indem auf ein Quarzglasrohr viele Schichten aus einem SiO_2-GeO_2-Gemisch mit sich verändernder Zusammensetzung aufgebracht werden. Anschließend wird aus der so hergestellten Vorform die Faser gezogen (mehrere 100 km). Bei der POF ist dies leider nicht möglich. Die verschiedenen Methoden und Materialkombinationen, mit denen versucht wurde GI-POF herzustellen, werden noch weiter unten beschrieben. Da, wie noch dargestellt werden wird, GI-Fasern schwer herstellbar sind, wurden eine Reihe von Mehrstufenindexprofil-POF vorgestellt. Abhängig von der Zahl der Stufen bieten auch diese MSI-POF hohe Bandbreiten. Hier sollen zunächst die optischen Eigenschaften zusammengestellt werden.

Tabelle 2.9 zeigt die Werte für PMMA basierende GI- und MSI-Fasern als Übersicht. Nach Wissen des Verfassers waren alle publizierten PMMA-GI-POF bis auf die OM-Giga durch Dotierung hergestellt worden, lediglich einige MSI-POF beruhen auf Copolymerisation.

Tabelle 2.9: Veröffentlichte Daten von PMMA-GI-, MSI- und MC-POF (IGPT: Interfacial Gel Polymersisation Technique; VFM: Vorformmethode)

Quelle	Jahr	Hersteller	Material	Ø$_{Kern}$ µm	Dämpfung dB/km	bei λ nm	NA	Bemerkung
[Koe98]	1998	Mitsubishi	k.A.	1000	110	650	0,47	80 MHz·100 m
[Koi95]	1982	Keio Univ.	MMA co VPAc	k.A.	1070	670	k.A.	erste GI-POF
[Koi96c]	1990	Keio Univ.	PMMA	k.A.	k.A.	k.A.	k.A.	670 nm: 300 MHz·km
[Koi95]	1990	Keio Univ.	MMA co VB	k.A.	130	650	k.A.	
[Koi90]	1990	Keio Univ.	MMA-VB	k.A.	134	652	k.A.	IGPT, 260 MHz·1 km
[Koi90]	1990	Keio Univ.	MMA-VPAc	k.A.	143	652	k.A.	IGPT,125 MHz 1·km
[Koi92]	1992	Keio Univ.	PMMA	200-1500	113	650	k.A.	IGPT, 1.000 MHz·km
[Koi92]	1992	Keio Univ.	PMMA	200-1500	90	570	k.A.	
[Non94]	1994	Sumitomo	PMMA	400	160	650	0,26	Δn=0,014, 8GHz·50m
[Shi95]	1995	BOF	PMMA	600	300	650	0,19	3 GHz·100 m

Tabelle 2.9: Veröffentlichte Daten von PMMA-GI-, MSI- und MC-POF, Fortsetzung

Quelle	Jahr	Hersteller	Material	Ø$_{Kern}$ µm	Dämpfung dB/km	bei λ nm	NA	Bemerkung
[Ish95]	1995	Keio Univ.	PMMA-DPS	500-1000	150	650	k.A.	585 MHz·km
[Koi97b]	1997	Keio Univ.	PMMA	k.A.	k.A.	k.A.	k.A.	2 GHz·100 m
[Tak98]	1998	Kurabe	PMMA	500	132	650	k.A.	2 GHz·100m, VFM
[Tak98]	1998	Kurabe	PMMA	500	145	650	k.A.	2 GHz·90m, VFM
[Tak98]	1998	Kurabe	PMMA	500	159	650	k.A.	680 MHz·50m, VFM
[Tak98]	1998	Kurabe	PMMA	500	329	650	k.A.	VFM
[Mye02]	2002	Dig. Optr.	Polymer	180	350	685	0,20	keine Proben verfügbar
[Shin02]	2002	KIST Korea	PMMA	1000	120	650	0,26	g=2,4; 3,45 GHz·100m
[Liu02a]	2002	Huiyuan	PMMA	k.A.	k.A.	k.A.	k.A.	ab 2001
[Luv03]	2003	Luvantix	PMMA	?	160	650	0,33	3,5 GHz Bandbreite
[Fuj04]	2004	Lumistar	PMMA	500				3 Gbps·50m
[Rich04]	2004	Optimedia	PMMA	900	200	650	0,40	kommerziell verfügbar
[Yoo04]	2004	Optimedia	PMMA	675	200	650	0,40	kommerziell verfügbar
[Nuv05]	2005	Nuvitech	PMMA	500	180	650	0,25	3 Gbps·50m
[Nuv05]	2005	Nuvitech	PMMA	900	180	650	0,30	3 Gbps·50m
[Fuj06]	2004	Lumistar-X	new low loss	120	100	850	?	10 GHz·50m
MSI-POF								
[Shi99]	1997	Mitsubishi (Eska-Miu)	PMMA	700	210	650	0,30	500 MHz·50m, 4-7 Stufen (?)
[Lev99]	1999	RPC Tver	PMMA/ 4FFA	800	400	650		7 Stufen, 310 MHz·100 m

Ab Anfang der 90er Jahre gelang es, PMMA-GI-POF herzustellen, deren Dämpfung bei 650 nm ähnlich gut wie die der SI-POF war. Dabei waren die Bandbreiten bis zu 50 mal größer, ausreichend für die Übertragung von mehreren Gbit/s über bis zu 200 m. Auch Vielkern- und Vielstufenindexprofil-POF erreichen vergleichbare Werte für die Dämpfung und erlauben Datenraten bis zu 1 Gbit/s über 50 m, z.B. für den Einsatz nach IEEE1394 (bis S800). Die Kerndurchmesser aller dieser Fasern ist typisch zwischen 0,5 mm und 1 mm, wodurch die verfügbaren preiswerten Stecker benutzt werden können.

Mehrstufenprofilfasern (letzte Zeilen in der Tabelle) wurden in [She99] und [Lev99] beschrieben. In der Gruppe von Prof. Levin wurden verschiedene Materialien für die Herstellung der Schichten mit den unterschiedlichen Brechungsindizes verwendet (P(MMA/ 4FFA), P(MMA/4FMA) und PMMA-Naphtalene). Die besten Resultate erbrachte die Mischung PMMA/4FFA mit einer Dämpfung um 400 dB/km (bei 650 nm) und einer Bandbreite von 310 MHz·100 m. Die insgesamt 7 Stufen der Faser mit etwa 800 µm Kerndurchmesser wurden in einer Vorform hergestellt und anschließend gezogen.

Die ESKA-MIU besitzt bei 700 µm/750 µm Kern-/Manteldurchmesser ebenfalls mehrere Schichten, hergestellt durch Copolymerisation. Ursprünglich waren vermutlich 4 bis 7 Schichten angestrebt, letztlich ist diese Faser mit 3 Schichten als Produkt realisiert worden. Sie wird einen kontinuierlichen Ziehprozeß hergestellt. Die Bandbreite wird in [Shi99] mit > 500 MHz·50 m angegeben. In verschiedenen Veröffentlichungen wird diese Faser als GI-POF ausgegeben ([Sak98], [Num99]). Als Unterschied zu den "echten" GI-Fasern ist vor allem der größere Kerndurchmesser zu nennen. In [Num99] wird die Dämpfung der Faser mit 210 dB/km bei $A_N = 0{,}30$ angegeben, also vergleichbar den Werten der DSI-POF. Auf Materialien und Messungen des Indexprofils wird im Abschnitt „Herstellung und Materialien" eingegangen.

Sehr erfolgreich bei der Herstellung von PMMA-GI-POF sind Institute und Unternehmen aus Südkorea. Veröffentlichungen kamen dabei aus den letzten Jahren aus:

- Department of Materials Science and Engineering, Kwangju Institute of Science and Technology (KIST), Kwangju
- Center for Advanced Functional Polymer, Department of Chemical Engineering, KAIST, Taejon, Korea
- E-Polymer Laboratory, SAIT, Taejon, Korea
- Optics Laboratory, Seoul, Korea
- Optimedia, Korea
- Nuvitech, Korea
- Luvantix, Korea

In [Shin03] wird die Herstellungsmethode der GI-POF beschrieben. In einen rotierenden Zylinder wird ein MMA/BzMA-Gemisch gefüllt. Die Rotation dient lediglich dazu, gleichmäßige, konzentrische Schichten zu bilden. Die Polymerisation erfolgt thermisch, die Konzentration von BzMA wird kontinuierlich auf 15% vergrößert. Die entstehende Preform wird dann zu einer Faser gezogen. Abbildung 2.65 zeigt die Impulsverbreiterung für eine 66 m lange Faser, die einem BLP von 3,45 GHz · 100 m entspricht. Die kleinste gemessene Dämpfung der Faser wird mit 120,6 dB/km angegeben.

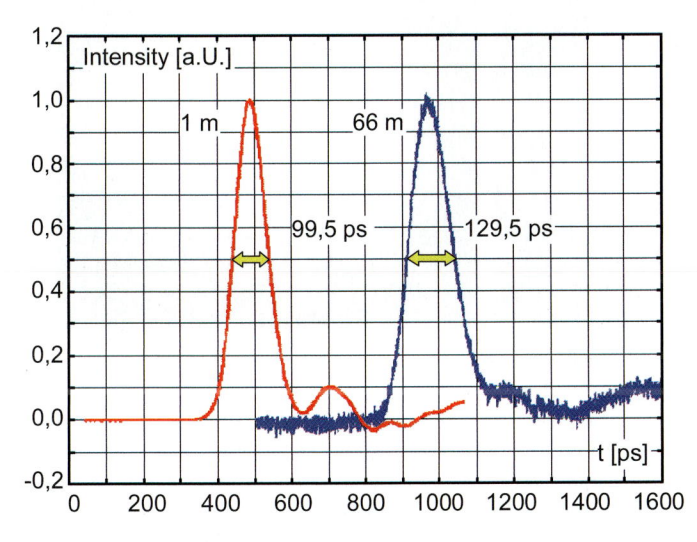

Abb. 2.65: Impulsverbreiterung in PMMA-GI-POF ([Shin03])

Seit 2004 ist eine neue GI-POF auf PMMA-Basis auf dem Markt verfügbar. Die OM-Giga (siehe [Rich04], [Yoo04]) hat 900 µm bzw. 675 µm Kerndurchmesser und ein annähernd parabolisches Profil. Die Herstellung erfolgt durch Polymerisation mehrerer Schichten, allerdings werden die Stufen durch thermische Behandlung fast vollständig geglättet. Nach den im Internet verfügbaren Datenblätter haben die Fasern folgende Parameter (Tabelle 2.10).

Tabelle 2.10: Parameter der GI-POF OM-Giga

Eigenschaft	Einheit	B-075	B-100	Bemerkung
Kerndurchmesser	µm	750 (675)	1.000 (900)	(GI-Bereich)
Durchmesservariation	%	±5	±5	
Zugfestigkeit	N	> 35	> 65	beim Bruch
Biegeradius	mm	25	25	
Temperaturbereich	°C	-30 .. +60	-30 .. +60	
Dämpfung	dB/km	< 200	< 200	bei 650 nm
Bandbreite	GHz	> 1,5	> 1,5	über 100 m

Als besonders großer Schritt muß gewertet werden, daß diese Faser eine der Standard-POF vergleichbare Temperaturstabilität besitzt, anders als GI-POF mit Dotierung. Auch nach über 5.000 h Belastung mit 80°C wurde keine Änderung der Bandbreite festgestellt. Der Querschnitt einer 1 mm OM-Giga ist in Abb. 2.66 dargestellt (Mikroskopaufnahme in Falschfarbendarstellung). Die ca. 10 Indexstufen sind noch gut erkennbar.

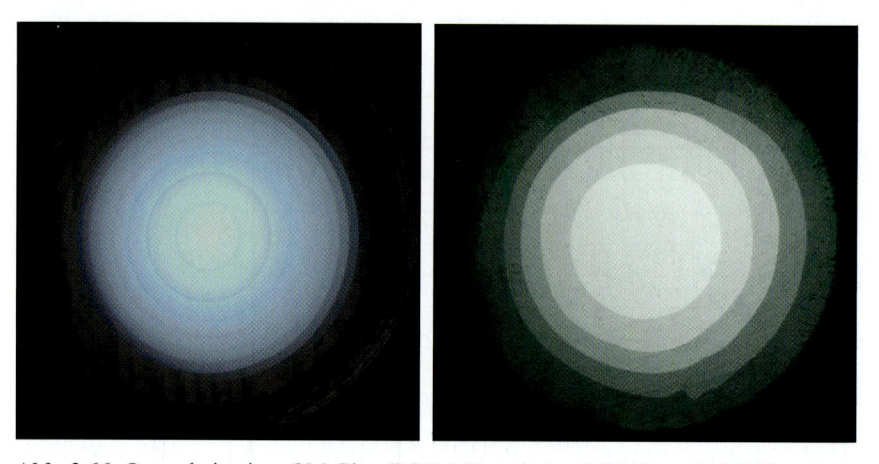

Abb. 2.66: Querschnitt einer OM-Giga (POF-AC) und einer MSI (Tver, [Ald05])

In Abb. 2.67 wird die Änderung des Brechungsindexprofils einer dotierten PMMA-GI-POF nach beschleunigter Alterung gezeigt (122 Stunden bei +109°C, aus [Bly98a], [Bly98b]). Man sieht gut, daß zum Beginn der Alterung das Indexprofil noch parabolisch ist. Im Zentrum der Faser ist der Anteil des Dopanden am größten. Deswegen ist hier auch die Glasübergangstemperatur am stärksten gesunken. Der Dopand diffundiert nach außen. Dadurch steigt weiter außen die Konzentration, T_g sinkt auch dort, und der Diffusionsprozeß schreitet fort, bis das Profil annähernd rechteckig geworden ist. Die Dämpfung der Faser wird dabei kaum zunehmen, aber die Bandbreite sinkt dramatisch. Entscheidend für die Einsatztemperatur der Faser ist also die Dopandenkonzentration in der Achse.

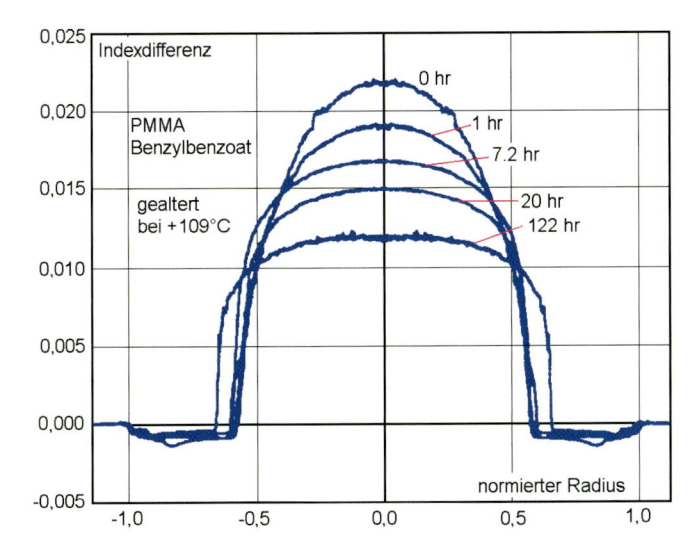

Abb. 2.67: Änderung des Brechzahlprofils einer GI-POF bei Alterung

Nachfolgend werden Messungen an OM-Giga aus dem POF-AC vorgestellt. Die Ergebnisse eines Langzeit-Temperaturtests zeigt Abb. 2.68. Über 5.000 Stunden wurde die Bandbreite an einer 50 m langen Probe gemessen, um Änderungen des Indexprofils feststellen zu können.

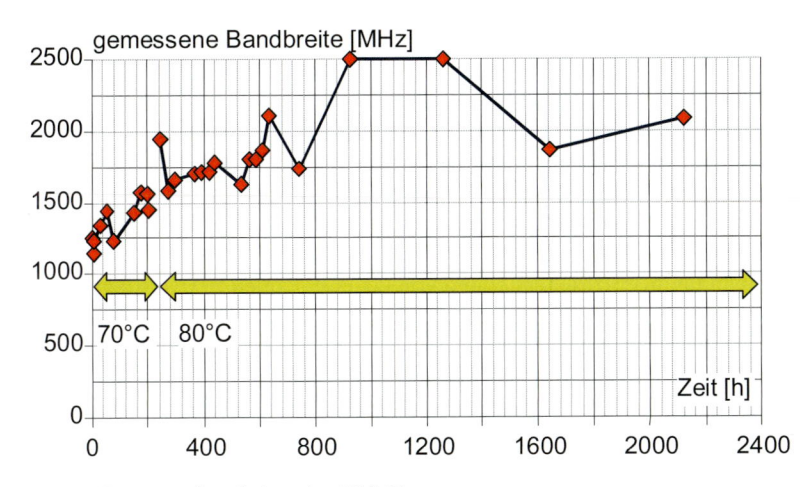

Abb. 2.68: Langzeitverhalten der OM-Giga

Der Frequenzbereich des Netzwerkanalysators reichte bis 1,3 GHz, die dargestellten Werte sind durch Extrapolation ermittelt und damit mit einem relativ großen Fehler behaftet. Eine deutliche Abweichung vom parabolischen Indexprofil hätte aber in jedem Fall eine sehr starke Abnahme der Bandbreite hervorgerufen.

Die stabile Bandbreite beweist, daß Copolymerisation offensichtlich ein geeignetes Mittel ist um temperaturstabile - und damit langlebige PMMA-GI-POF herzustellen.

Ein Vergleich der gemessenen Dämpfung von ESKA-MIU und OM-Giga ist in Abb. 2.69 dargestellt. Bei 650 nm ist die Dämpfung der OM-Giga etwas höher als die der Mitsubishi-Faser und auch als der SI-POF. Dafür weist sie aber die deutlich größte Bandbreite auf.

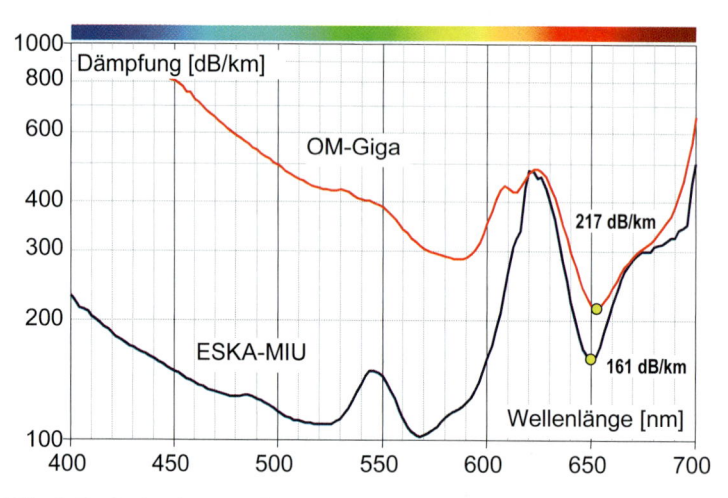

Abb. 2.69: Spektrale Dämpfung von ESKA-MIU und OM-Giga

Der koreanische Hersteller Luvantix bietet Vorformen für GI-PMMA-POF an ([Luv03], [Kim03]). In der nachfolgenden Abb. 2.70 werden die Indexprofile aus den beiden Zitaten gezeigt (jeweils Meßwerte und Näherung).

Den Autoren ist nicht weiter bekannt, welche Beziehungen zwischen Luvantix als Vorformhersteller und Nuvitech und Optimedia als Faserhersteller, sowie den verschiedenen Forschungseinrichtungen bestehen. Insgesamt scheint aber die POF-Herstellung in Südkorea eine große Aufmerksamkeit zu genießen, und hier sind weitere Fortschritte absehbar.

Weitere Ankündigungen zur Herstellung von GI-POF kamen z.B. aus den USA (Digital Optronics bzw. Nanoptics, [Wal02], [Mye02]) und China ([Liu02a]). Da von diesen Herstellern bislang international noch keine Daten oder gar Fasern bekannt wurden, kann auf nähere Betrachtung verzichtet werden.

In den Abschnitten 2.5 und 2.6 werden weitere Daten zu Biegeverhalten und Bandbreite zusammengestellt. Die Herstellungsverfahren werden im Abschnitt 2.8 vorgestellt.

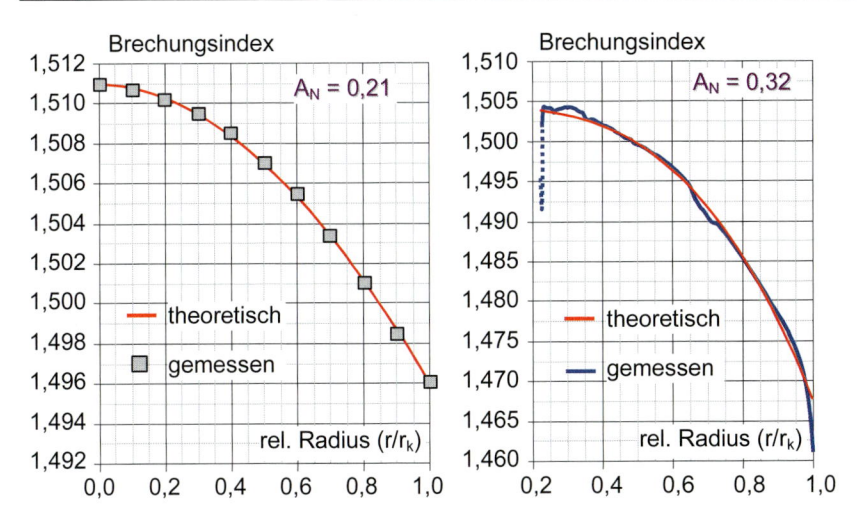

Abb. 2.70: PMMA-GI-POF Indexprofil (links: [Kim03], rechts: [Luv03])

2.4 Glasfasern für die Kurzstrecken-Datenübertragung

2.4.1 200 µm Glasfasern mit Kunststoffbeschichtung

Schon lange sind dank ihrer einfachen Herstellung und der hohen Robustheit, Quarzglasfasern mit Polymermantel im Einsatz. Abbildung 2.71 zeigt die prinzipielle Struktur. Ein Kern (typisch 200 µm Durchmesser) aus homogenem SiO_2 wird mit einem hochfesten, transparenten Polymer mit kleinerem Brechungsindex umgeben (ca. 15 µm dick).

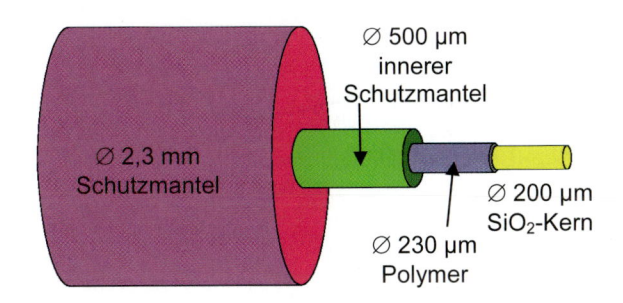

Abb. 2.71: Aufbau einer 200 µm PCS

Die Herstellung ist deswegen so einfach, weil der Kern direkt aus einem Quarzglaszylinder gezogen wird. Nach dem Abkühlen wird der Polymermantel durch Extrusion aufgebracht. Neben der Funktion als optischer Mantel hat diese Schicht weitere Aufgaben. Zunächst sind alle Glasfaser extrem empfindlich gegenüber

Wasser und müssen deswegen durch einen möglichst dichten Kunststoffmantel geschützt werden. Außerdem sind reine Glasfasern mechanisch nicht sehr belastbar. Der Polymermantel macht die Faser extrem belastbar. Die beschichtete Faser kann so kaum zerbrochen werden. Auch reine Glas-Glas-Fasern (Glaskern mit optischem Glasmantel) werden immer mit ähnlichen Schutzschichten (z.B. Acrylaten) umgeben, die dann aber keine optische Funktion haben.

Der Polymermantel bestimmt durch seine Brechzahl und Dämpfung weitgehend die optischen Parameter der PCS. Im Bereich kurzer Wellenlängen entspricht die Dämpfung nahezu reiner SiO_2-Fasern. Oberhalb ca. 1.000 nm sind die Verluste im Polymer so hoch, daß auch die effektive PCS-Dämpfung rapide ansteigt. Quarzglas verträgt Temperaturen bis über 1.000°C, nicht aber der Polymermantel. Somit bestimmt das Beschichtungsmaterial auch die thermischen und chemischen Eigenschaften. Die meisten am Markt verfügbaren PCS sind für eine Einsatztemperatur bis +70°C spezifiziert, einige neuere Typen sind für den Einsatz in Automobilnetzen für Temperaturen bis +125°C ausgelegt. Angaben zu solchen PCS finden sich z.B. in [Hub03] und [Schö03]. Aus der letzen Arbeit ist Abb. 2.72 wiedergegeben. Es ist deutlich zu erkennen, wie stark die Dämpfungsspektren unterschiedlicher PCS von der Wahl des Mantelmaterials abhängen können.

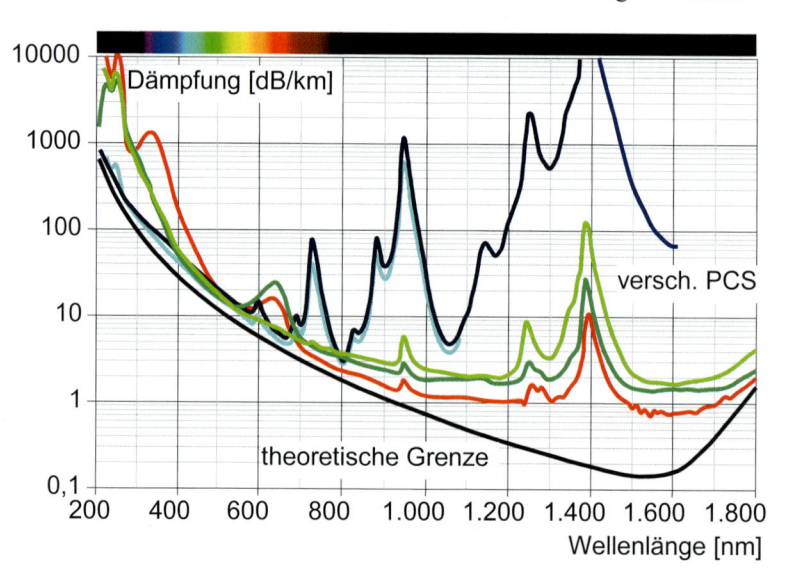

Abb. 2.72: Verluste in verschiedenen 200 µm PCS nach [Schö03]

Ebenso wie in Glas-Glas-Fasern spielt für PCS die OH^--Freiheit eine wichtige Rolle für niedrige Verluste speziell im langwelligeren Bereich. Für den Einsatz bei hohen Temperaturen werden sog. All-Silica-Fasern hergestellt, in denen auch der optische Mantel aus Quarzglas besteht. Diese Fasern werden auch zur Übertragung sehr hoher Lichtleistungen eingesetzt (Laserbearbeitung), da es hier darauf ankommt, daß möglichst auch kein Licht an der Kern-Mantel-Grenzfläche absorbiert wird.

2.4 Glasfasern für die Kurzstrecken-Datenübertragung

Aus der Vielzahl von unterschiedlichen PCS-Varianten, die sich im Mantelmaterial, Kerndurchmesser und NA unterscheiden, sind in Tabelle 2.11 einige Typen beispielhaft herausgegriffen worden (Angaben aus [Hub03] und [OFS02]).

Tabelle 2.11: Eigenschaften verschiedener PCS

Parameter	Einheit	All silica high OH	All silica low OH	HCS High NA	HCS low OH	PCS [Hub03]
Hersteller		OFS	OFS	OFS	OFS	Polymicro
Kern/Mantel	µm	200/240 365/400 550/600 940/1000	200/240 365/400 550/600 940/1000	200/230 400/430	125/140 200/230 300/330 400/430	200/230
NA	-	0,22	0,22	0,43	0,37	0,37
α (820 nm)	dB/km	10 10 10 10	8 8 8 10	6 8	12 6 8 8	6
Bandbreite	MHz·km	k.A.	k.A.	k.A.	20 20 15 13	20
Biegeradius (Langzeit)	mm	14 47 94 118	14 47 94 118	16 47	15 16 24 47	16
Temperatur	°C	-65..+135	-65..+135	-65..+125	-65..+125	-40..+125

Üblicherweise werden PCS im Längenbereich bis max. 200 m eingesetzt. Dann beträgt die Dämpfung nur wenige dB, kann also normalerweise weitgehend vernachlässigt werden. Verwendet man LED als Sender, wird in die Faser deutlich weniger Licht eingekoppelt, als in eine 1 mm-POF. Auf der anderen Seite kann aber das Licht effektiver in die Photodiode eingekoppelt werden. Verschiedene Hersteller bieten sogar Übertragungssysteme an, die mit der gleichen Steckerkonstruktion sowohl mit POF, als auch mit 200 µm PCS arbeiten können (z.B. [HP01]).

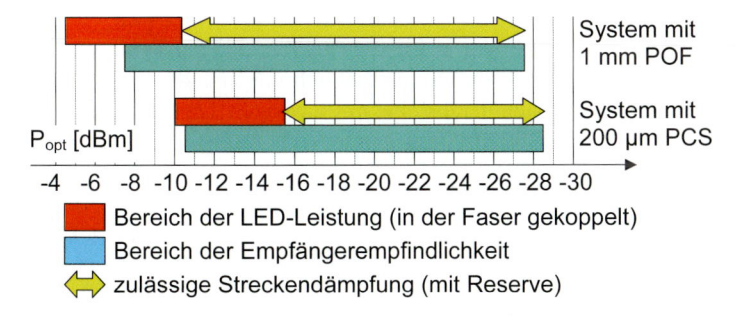

Abb. 2.73: Leistungsbilanzen mit POF und PCS

In Abb. 2.73 werden die Leistungsbilanzen der beiden Möglichkeiten, jeweils mit den gleichen Sendern und Empfängern gezeigt (System für 125 Mbit/s).

Für die POF ergibt sich dank der größeren eingekoppelten Leistung eine zulässige Faserdämpfung von mindestens 11 dB (Systemreserve berücksichtigt). Damit können mindestens 20 m POF überbrückt werden. Für PCS ist der garantierte Verlust nur 7 dB, es können aber mindestens 100 m Faser überbrückt werden (hier begrenzt durch die Bandbreite).

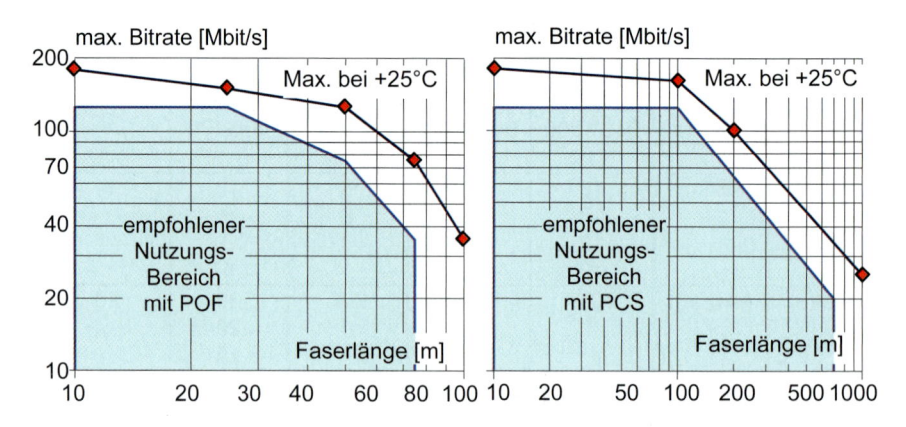

Abb. 2.74: Systemparameter des HP-Systems mit POF und PCS (nach [HP01])

Die in den Datenblättern angegebenen Bandbreiten für PCS müssen mit einer gewissen Skepsis betrachtet werden. Messungen am POF-AC zeigten daß alle untersuchten PCS mit $A_N = 0{,}37$ bei Vollanregung ein BLP im Bereich 5..7 MHz·km aufweisen. Dies liegt deutlich unter den spezifizierten Daten (10..20 MHz·km), ist aber auch kein Widerspruch, da vorsichtshalber keiner der Hersteller die Meßbedingungen angibt. Ursache dürfte sein, daß die PCS für relativ niedrige Datenraten (10 Mbit/s und kleiner) entwickelt wurde, die Faserbandbreite also gar keine Rolle spielte, während die POF von vornherein auch für höhere Datenraten vorgesehen ist. Für die verschiedenen Polymerfasern gibt es dagegen diverse Angaben und Veröffentlichungen zur Bandbreite, wie im Kap. 2.5 umfangreich dargestellt werden wird. Im jüngsten Entwurf für die Standardisierung der PSC nimmt die IEC eine Bandbreite von 5 MHz·km für Fasern mit einer NA von $0{,}40 \pm 0{,}04$ an.

Ein spezifisches Problem von PCS war in früheren Jahren, daß die Temperaturkoeffizienten von Glas und Kunststoff durchaus erheblich voneinander abweichen können. Bei einigen Fasern ergab sich daraus eine mit niedrigen Temperaturen bis auf Null abnehmende Brechzahldifferenz (und damit NA). Aus [Dug88] wird in Abb. 2.75 dieser Effekt wiedergegeben.

Im Bild sind die Fernfeldverteilungen nach 2 m Faser bei verschiedenen Temperaturen dargestellt (gemessen mit Laseranregung bei verändertem Winkel). Der optische Mantel war in diesem Fall ein Silikon-Kunststoff. Moderne PCS zeigen diesen Effekt nicht mehr.

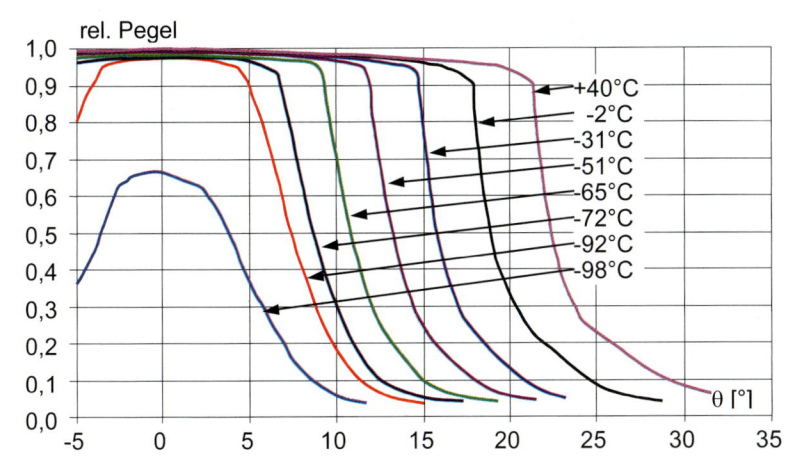

Abb. 2.75: Temperaturabhängigkeit der PCS-NA, dargestellt im Fernfeld

2.4.2 Semi-Gradientenindexglasfasern

Bis vor einiger Zeit war aus dieser Klasse von Fasern nur ein Produkt des Herstellers Sumitomo verfügbar ([Sum03]). Bis auf den eingebrachten Gradienten entspricht diese Faser einer herkömmlichen PCS. Die Indexvariation wird, wie bei Quarzglas üblich, durch Germaniumbeigabe erreicht. Schon bei normalen 50 µm GI-Fasern stellt der Ge-Anteil einen erheblichen Kostenfaktor dar. Die Semi-GI-PCS besitzt aber den 16fachen Querschnitt. Dieser Fasertyp ist noch extrem teuer. Offen bleibt, wie weit der Preis bei Herstellung großer Längen sinken kann. Als zweiter Hersteller tritt inzwischen OFS auf ([Ziem06i]).

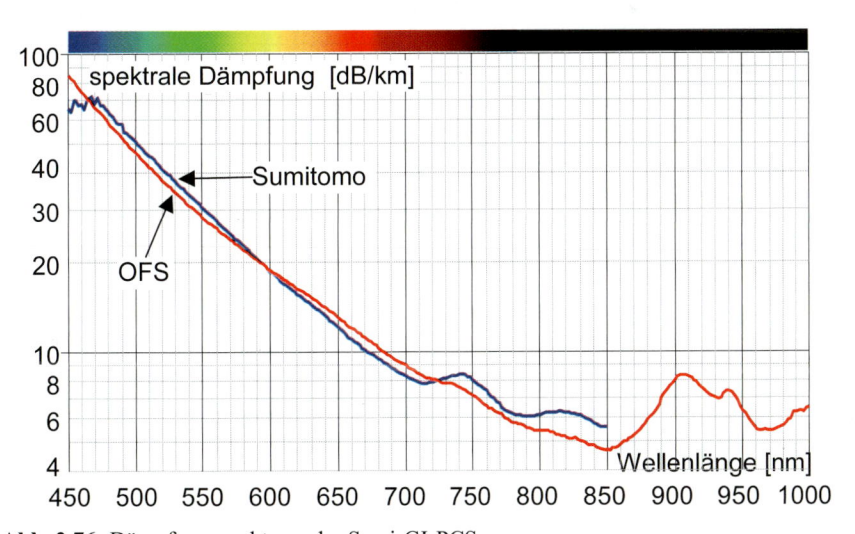

Abb. 2.76: Dämpfungsspektrum der Semi-GI-PCS

In den Abb. 2.76 und 2.77 werden der Dämpfungsverlauf und die Impulsantwort der Semi-GI-POF nach Messungen im POF-AC gezeigt. Die nachfolgende Tabelle gibt die Parameter aus dem Datenblatt wieder (Biegeradius und Arbeitstemperatur sind nicht spezifiziert). Die Messungen von Bandbreite und maximaler Datenrate werden in den entsprechenden Abschnitten behandelt.

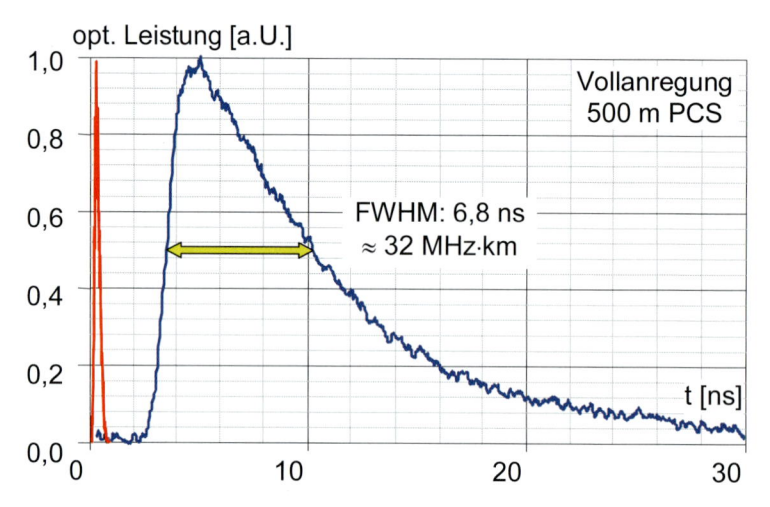

Abb. 2.77: Impulsantwort der Semi-GI-PCS

Tabelle 2.12: Parameter der Semi-GI-POF

Parameter	Einheit	HG-Serie Sumitomo	Semi-GI V2 OFS
Kern	µm	200	200
Mantel	µm	230	230
Kernstruktur			VAD/MCVD GI
NA	-	0,40	0,36
GI-NA		n.d.	0,275
α (820 nm)	dB/km	6	8
Bandbreite	MHz·km	100	48 (overfilled)

2.4.3 Glasfaserbündel

2.4.3.1 Quarzglasfaserbündel

Glasfaserbündel werden in den verschiedensten Bereichen eingesetzt. Ihr Einsatz ist vor allem dann sinnvoll, wenn ein großer lichtleitender Querschnitt mit hoher Flexibilität des Kabels kombiniert werden soll. In der optischen Meßtechnik werden Bündel aus Quarzglasfasern eingesetzt. Diese erlauben eine durchgehend hohe Transmission im Bereich zwischen 380 nm und 2.000 nm. Ordnet man die

Fasern an beiden Kabelenden unterschiedlich an, können sie außerdem als Querschnittswandler dienen (z.B. an Monochromatoren). Die Endflächen werden üblicherweise konfektioniert, indem das Bündel im Stecker verklebt und anschließend poliert wird. Abbildung 2.78 zeigt ein Beispiel.

Abb. 2.78: Beispiel für ein Quarzglasfaserbündel

Die Transmission eines derartigen Bündels wird in Abb. 2.79 gezeigt (nach [Ori01]). Der größte Teil des an 100% fehlenden Anteils wird durch den nur etwa 60% betragenden Teils der Kernflächen und die Fresnelverluste bedingt. Die Numerische Apertur des dargestellten Bündels ist 0,22, die Länge beträgt ca. 1 m. der Einzelfaserdurchmesser 200 µm.

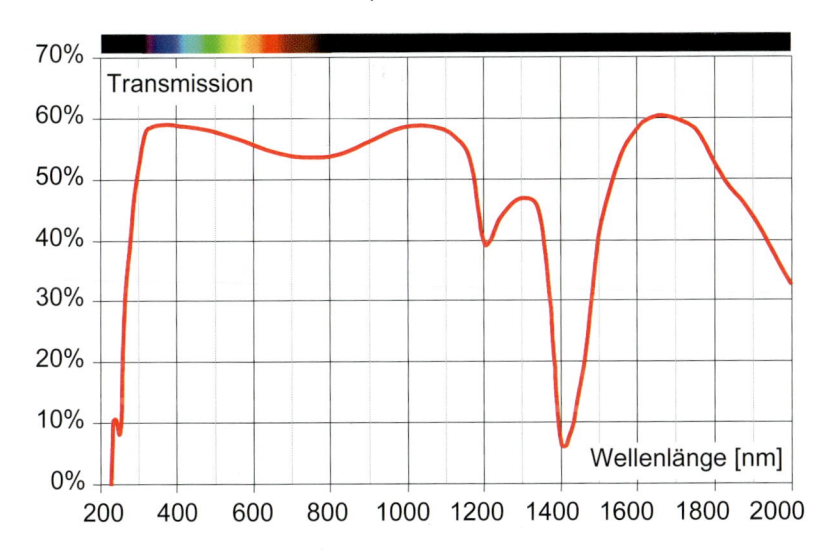

Abb. 2.79: Beispiel für ein Quarzglasfaserbündel [Ori01]

2.4.3.2 Glasfaserbündel

Reines Quarzglas ist um ein vielfaches teurer als normale Polymere, aber auch als herkömmliche mineralische optische Gläser. Für viele Anwendungen, z.B. in der Beleuchtungstechnik sind Dämpfungen von einigen 100 dB/km absolut akzeptabel. Von Schott werden seit langem Bündel aus dünnen Glas-Glas-Fasern gefertigt. Durch Wahl der Glaszusammensetzung kann die Indexdifferenz in weiten Bereichen variiert werden. Die spektrale Dämpfung eines typischen Glasfaserbündels im Vergleich zur PMMA-POF zeigt Abb. 2.80. Das Glas hat höhere Verluste im blauen Bereich, wodurch die Kabellänge bei der Leitung von weißem Licht limitiert ist. Im nahen Infrarot hat die POF höhere Verluste.

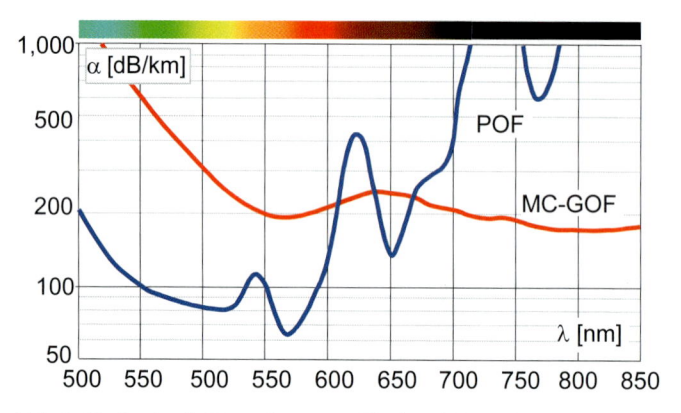

Abb. 2.80: Spektrale Dämpfung von Glasbündeln und POF

Eine ganz neue Anwendung für solche Glasfaserbündel ergibt sich mit dem immer weiter ausgedehnten Einsatz optischer Netze in Fahrzeugen. Die bisherigen Systeme sind mit 1 mm POF spezifiziert. Vor allen zwei Parameter begrenzen den Einsatz: der auf max. +85°C limitierte Temperaturbereich und der relativ große Biegeradius. Beide Begrenzungen können mit Glasfaserbündeln deutlich verbessert werden. Dabei bleiben die übrigen optischen Eigenschaften weitgehend erhalten, so daß z.B. die identischen aktiven Komponenten verwendet werden können. Tabelle 2.13 aus [Lub04b] vergleicht Parameter eines Glasfaserbündels (MC-GOF) mit denen einer POF für Fahrzeugnetze.

Problematisch ist allerdings die Konstruktion der Stecker. Die übliche Methode des Verklebens und Polierens ist für die Massenfertigung viel zu zeitaufwendig und ergibt einen zu geringen Anteil von Kernfläche (entsprechend hohe Verluste bei Steckverbindungen).

Von der Megomat TS AG wurde in Zusammenarbeit mit Schott ein neuartiges Montageverfahren entwickelt ([War03]). Dabei hat das eigentliche Faserbünden einen Durchmesser von 1,2 mm. Der Stecker besitzt eine Metallferrule mit entsprechender Öffnung. Bei der Montage wird das Faserbündel soweit erhöht, daß das Glas verformbar wird. Beim Crimpen werden die Fasern dicht zusammengepreßt, so daß der Bündeldurchmesser auf 1 mm sinkt.

Tabelle 2.13: Vergleich MC-GOF mit POF

Parameter	Einheit	MC-GOF	MOST-POF
Kerndurchmesser	[µm]	53	1,000 ± 45
Manteldicke	[µm]	3	10
Zahl der Kerne	-	ca. 400	1
n_{Kern}/n_{Mantel}	-	1,585 / 1,49	1,49 / 1,40
Numerische Apertur	-	0.50	0.50
Dämpfung bei 650 nm	[dB/km]	250	160
Bandbreite (Vollanregung)	[MHz·20 m]	150	>50 (200 typ.)
Biegeradius	[mm]	5	25
Temperatur	[°C]	-40 .. 125	-40 ..85

Der Kernanteil an der Steckerstirnfläche beträgt dann ca. 85%. Nach dem Crimpen wird das Bündel abgebrochen und poliert. Abbilddung 2.81 zeigt eine Aufnahme der Steckerstirnfläche.

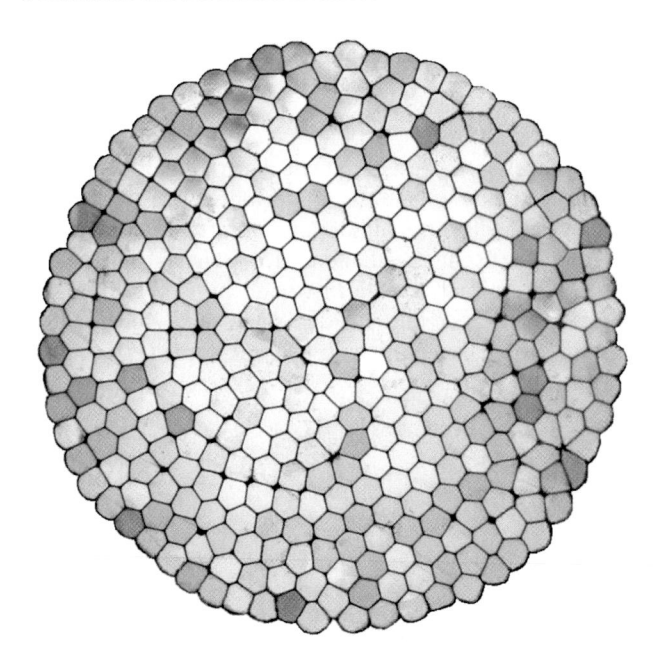

Abb. 2.81: Querschnittsaufnahme einer MC-GOF

Durch die regellose Anordnung der Fasern im Bündel ergeben sich beim Zusammenpressen verschiedene Muster. Zumeist bilden benachbarte Fasern regelmäßige hexagonale Strukturen, diese können aber auch größere Lücken aufweisen. Mitunter bilden sich lineare Strukturen mit fünfeckigen Fasern. Besonders unregelmäßig werden die Einzelfasern am Rand des Bündels verformt.

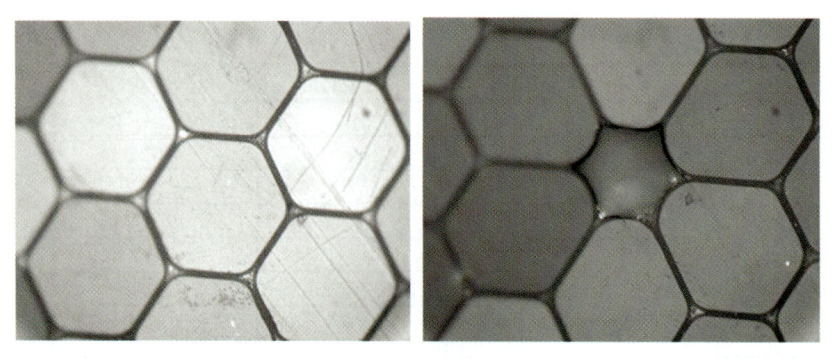

Abb. 2.82: Details von MC-GOF-Steckerstirnflächen

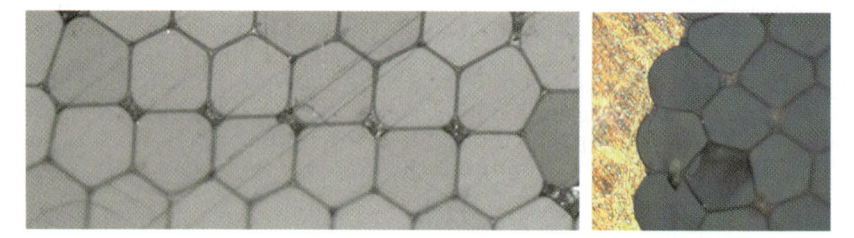

Abb. 2.83: Details von MC-GOF-Steckerstirnflächen

Da das Bündel aus ca. 400 Einzelfasern besteht, spielt die irreguläre Verformung einzelner Fasern insgesamt keine Rolle. Da die Verformungen nur über wenige Millimeter auftreten, entsteht auch keine signifikante Zusatzdämpfung.

Abschließend zeigt Abb. 2.84 eine Röntgenaufnahme des Bündels innerhalb des Kabels. Die Einzelfasern müssen im Kabel frei beweglich sein. Bei einer engen Biegung verteilt sich die Längenänderung auf der Innen- und Außenseite auf einen längeren Bereich, so daß die Fasen nur wenig belastet werden. Dadurch verträgt das Bündel Biegeradien von wenigen mm.

Abb. 2.84: Röntgenaufnahme eines Bündels

2.5 Bandbreite optischer Fasern

Um die Bandbreite einer optischen Faser bestimmen zu können, müssen eine Vielzahl verschiedener Einflußfaktoren berücksichtigt werden. Für Multimodefasern ist dies vor allem die Modendispersion und die chromatische Dispersion. Die Modendispersion ist gerade bei der POF von verschiedenen Parametern, wie Wellenlänge, Einkoppelbedingungen, Brechungsindexprofil, Verlegebedingungen und Homogenität der Faserkenngrößen abhängig. In den folgenden Abschätzungen soll gezeigt werden, wie aus den grundsätzlichen physikalischen Prozessen auf die in der Realität festgestellten Werte geschlossen werden kann.

2.5.1 Definition der Bandbreite

Der Begriff der Bandbreite kann auf ganz unterschiedliche Weise definiert werden. Im wesentlichen beschreibt er den Frequenzbereich eines Systems, innerhalb dem eine Signalübertragung mit vertretbarer Dämpfung möglich ist. Der begrenzende Faktor in POF-Systemen ist zumeist die Bandbreite der Faser selbst, hervorgerufen durch die Modendispersion. Wie noch gezeigt werden wird, kann man die SI-POF mit sehr guter Näherung als gaußförmigen Tiefpaß beschreiben. Wir verwenden in diesem Buch folgende Definition der Bandbreite:

f_{3dB}: Frequenz, bei der die Amplitude eines sinusmodulierten monochromatischen Signals auf ½ des optischen Pegels abgefallen ist (siehe Abb. 2.28). Abbildung 2.85 zeigt diese Definition schematisch.

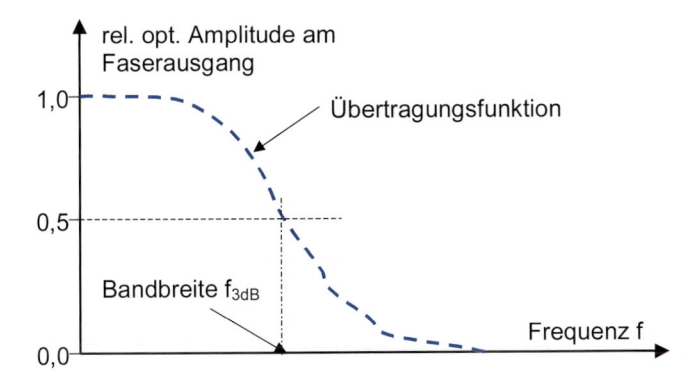

Abb. 2.85: Definition der Bandbreite einer POF

Welche Kapazität die komplette Strecke dann tatsächlich hat, kann aus der Bandbreite allein nicht abgeschätzt werden. Dazu ist die Kenntnis des konkreten Übertragungsverfahrens und der kompletten Übertragungsfunktion nötig. So ist beispielsweise die Übertragung erheblich breitbandigerer Signale möglich, falls eine elektrische Kompensation des Frequenzverlaufes erfolgt, wie es Abb. 2.86 schematisch demonstriert.

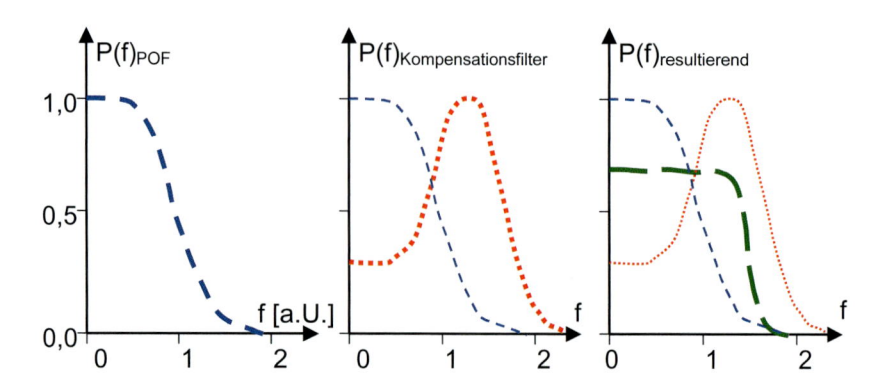

Abb. 2.86: Kompensation des Tiefpaßverhaltens einer POF

Zur Kompensation wird ein Hochpaßfilter verwendet. Bei niedrigen Frequenzen wird das Signal gedämpft, bei höheren Frequenzen wird es ungedämpft durchgelassen. Die resultierende Funktion hat eine erheblich größere Bandbreite, allerdings ist wegen der insgesamt vorhandenen Dämpfung ein größerer Signalpegel notwendig.

Daneben ist die Art des Signals, also z.B. digital oder analog entscheidend. Schließlich müssen die geforderten Systemreserven betrachtet werden. Als Überschlagsformel für digitale Systeme kann allgemein folgende Beziehung verwendet werden:

$$\text{maximale Bitrate [Mbit/s]} = 2 \times \text{Bandbreite [MHz]}$$

Im vorliegenden Kapitel wird die Bandbreite als Fasereigenschaft betrachtet. Deswegen wird der Einfluß der chromatischen Dispersion zunächst vernachlässigt, da dieser direkt proportional zur spektralen Breite der Quelle ist.
Im folgenden werden experimentelle Untersuchungen der Bandbreite von SI-POF gezeigt. Nach einer Erklärung der Meßverfahren wird erläutert, in welchem Maße die Bandbreite insbesondere von den Einkoppelverhältnissen abhängt.

2.5.2 Experimentelle Bestimmung der Bandbreite

Mehrmodenfasern zeigen als Übertragungsfunktion näherungsweise ein gaußähnliches Verhalten mit:

$$P(f) = P_0 \cdot e^{\left(f^2 / f_0^2\right)}$$

Wie leicht gezeigt werden kann, ist die Amplitude eines Gaußtiefpasses bei $f = 1{,}17741 \cdot f_0$ auf die Hälfte des Wertes bei $f = 0$ gesunken. Mißt man den Frequenzgang einer Faserstrecke mit einem Spektrumanalysator, muß die elektrische 6 dB-Bandbreite ermittelt werden, da die Photodiode die optische Leistung proportional in einen Strom umwandelt. Damit gilt:

$$P_{el} = P_{opt}^2$$

Abbildung 2.87 zeigt ein Beispiel für eine entsprechende Bandbreitenmessung an 30 m einer Standard-NA-POF.

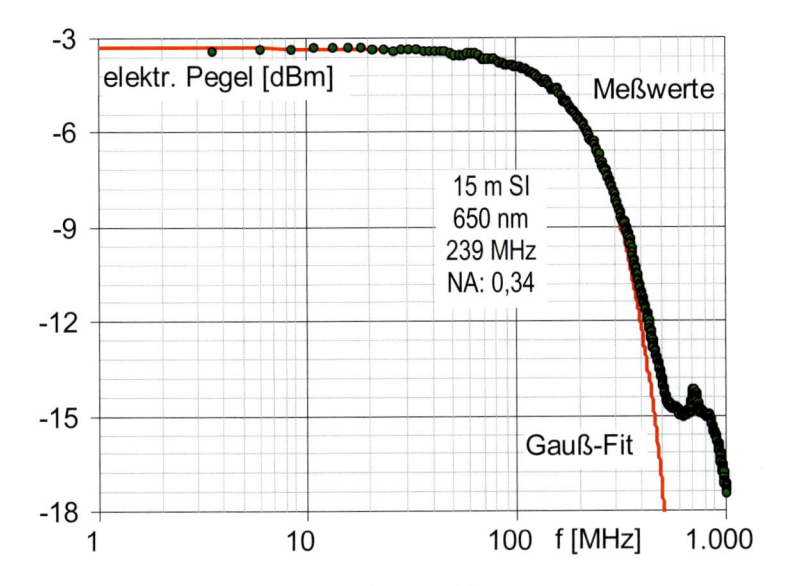

Abb. 2.87: Bandbreitemessung an einer SI-POF

Bedingt durch die begrenzte Dynamik des Meßsystems kann die Übertragungsfunktion nicht beliebig weit gemessen werden. In obiger Abb. war eine Messung bis gut 200 MHz möglich. Die Bestimmung der 3 dB-Bandbreite erfolgt durch Bestimmung der Frequenz, bei der die elektrisch gemessene Übertragungsfunktion um 6 dB abgefallen ist, hier ca. 150 MHz.

Neben den eigentlichen Meßwerten ist im Bild die Approximation mit einer Gauß-Tiefpaßfunktion eingetragen. Durch Bestimmung der Frequenz f_0 kann damit die Bandbreite selbst dann bestimmt werden, wenn die Messung wegen begrenzter Dynamik oder Bandbreite des Meßsystems nicht möglich ist.

Abbildung 2.88 zeigt die gemessenen Übertragungsfunktionen für eine SI-POF und eine DSI-POF von je 50 m Länge. Die SI-POF hat eine optische 3 dB-Bandbreite von ca. 67 MHz, entsprechend einem Bandbreite-Länge-Produkt von 33 MHz·100 m. Die NA der Faser war dabei 0,52 (POF mit $A_N \approx 0,50$ werden als Standard-NA-POF: St.-NA-POF bezeichnet). Der ermittelte Wert ist also viel größer als der theoretisch erwartete von ca. 14 MHz·100 m (siehe Abb. 2.31). Für die DSI-POF ($A_N = 0,30$) beträgt der gemessene Wert 130 MHz, entsprechend 65 MHz·100 m bei einem theoretischen Wert von 42 MHz·100 m.

Für die Messung wurde eine 520 nm-LED verwendet. Die LED strahlte in einem weiten Winkelbereich ab, so daß näherungsweise Modengleichgewicht angenommen werden kann.

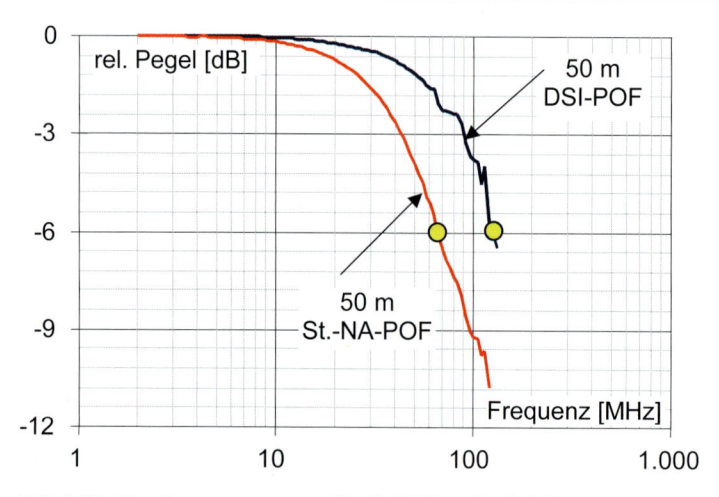

Abb. 2.88: Bandbreitemessungen für SI-POF und DSI-POF

Generell wird bei der Messung der Bandbreite eine Abweichung gegenüber den theoretischen Werten einer idealen SI-Faser im Bereich eines Faktors zwei bis vier festgestellt, auch wenn im Modengleichgewicht gearbeitet wird. Die Ursache dafür ist die oben beschriebene Kombination von modenabhängiger Dämpfung und Modenkopplung. Durch den ständigen Energieaustausch zwischen schnelleren und langsameren Moden steigt die Laufzeit nicht proportional zur Länge. Die erhöhte Dämpfung der Strahlen mit besonders großem Ausbreitungswinkel (viele Reflexionen am Mantel) führt dazu zu einer Verringerung der Impulsbreite.

Im Abb. 2.89 wird die Messung der Bandbreite einer St.-NA-POF und einer DSI-POF bei drei verschiedenen Wellenlängen für Proben zwischen 20 m und 100 m gezeigt.

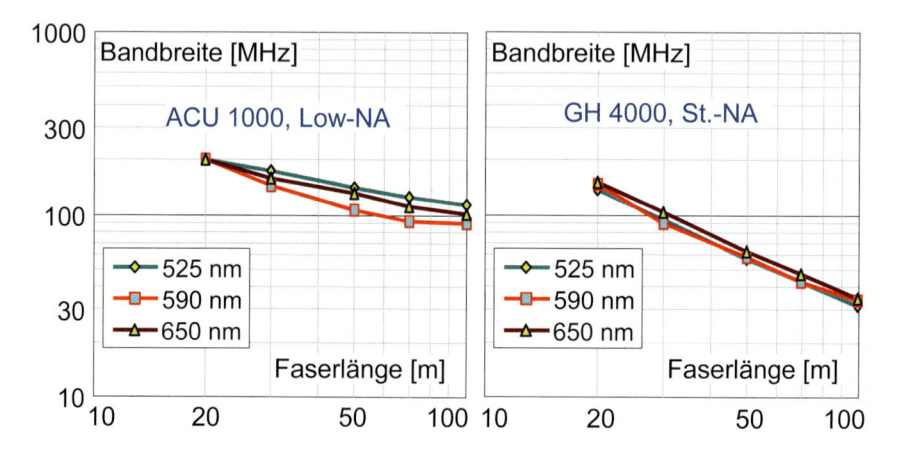

Abb. 2.89: Bandbreite einer DSI- und einer SI-POF bei verschiedenen Wellenlängen

Auch für die Messungen in Abb. 2.89 wurden LED mit einer Abstrahlcharakteristik nahe am Modengleichgewicht verwendet (siehe [Gor98] und [Rit98]). Aus dem Bild können zwei wesentliche Informationen entnommen werden:

➢ Die Bandbreite der POF sinkt nicht linear mit der Länge, sondern langsamer
➢ Die POF-Bandbreite ist für die 3 Dämpfungsfenster näherungsweise identisch

2.5.3 Experimentelle Bandbreitemessungen

Der Abschnitt über experimentelle Messungen der Bandbreite stellt zunächst Ergebnisse aus der älteren Literatur zusammen. Wie sich zeigen wird, gehört die Bestimmung der Bandbreite zu den schwierigsten meßtechnischen Herausforderungen bei Dickkernfasern. Als Erweiterung zur ersten Auflage werden eine Reihe systematischer Messungen an den verschiedensten Fasern vorgestellt (verantwortlich für die Bandbreitemessungen am POF-AC ist Alexander Bachmann, siehe z.B. [Bun02a], [Ziem04a]). Da nach wie vor Standards für Definition und Messung der Bandbreite fehlen, wird auch die hier vorliegende Beschreibung keine endgültige Betrachtung sein.

2.5.3.1 Bandbreite von SI-POF

Nach der Vorstellung einiger beispielhafter Messungen im vorangegangenen Abschnitt erfolgt hier ein Vergleich zu Messungen anderer Autoren. Einige der ersten Arbeiten mit systematischer Untersuchung der Bandbreite von SI-POF sind [Tak91], [Tak93] und [Rit93]. Wie in Abb. 2.90 gezeigt, wurde die Bandbreite für SI-POF mit Längen zwischen 20 m und 100 m gemessen. Die verwendete Faser EH4001 von Mitsubishi besitzt eine NA von 0,47. Die Bandbreite wurde über die Impulsverbreiterung eines 150 ps-Laserimpulses (660 nm) gemessen. Die NA wurde durch unterschiedliche Einkoppeloptiken zwischen 0,10 und 0,65 variiert. Als Detektor diente ein großflächiger Photomultiplier.

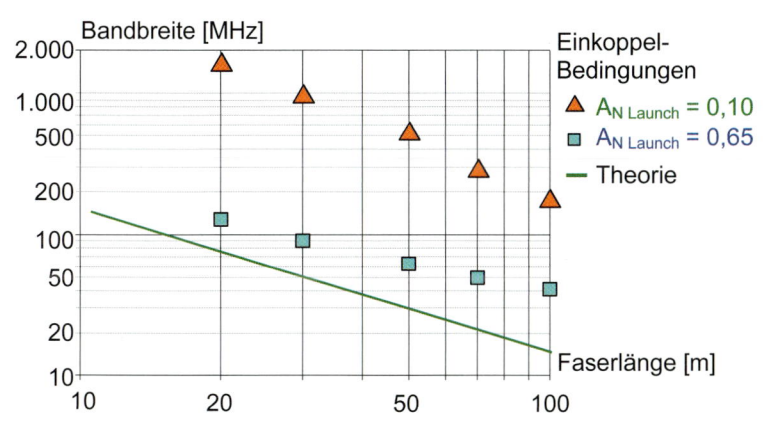

Abb. 2.90: Bandbreitemessung nach [Tak91]

2.5 Bandbreite optischer Fasern

Aus den Ergebnissen können drei wesentliche Schlußfolgerungen gezogen werden:

➢ Die Bandbreite einer SI-POF ist immer deutlich über den theoretischen Werten für eine SI-POF unter UMD-Bedingungen, selbst wenn der Akzeptanzbereich voll angeregt wird.
➢ Die ermittelte Bandbreite ist stark von den Anregungsbedingungen abhängig.
➢ Der Bandbreiteunterschied für Messungen unter unterschiedlichen Anregungsbedingungen sinkt mit wachsender Faserlänge, ist aber nach 100 m noch deutlich vorhanden.

Abbildung 2.91 zeigt die Messungen der Bandbreite für unterschiedliche Detektor-NA, ebenfalls aus [Tak91]. Prinzipiell bedeutet die Detektion mit kleiner NA die gleiche Begrenzung der Modenzahl wie Anregung mit kleinem Winkel, so daß der qualitativ gleiche Verlauf der Werte nicht überrascht.

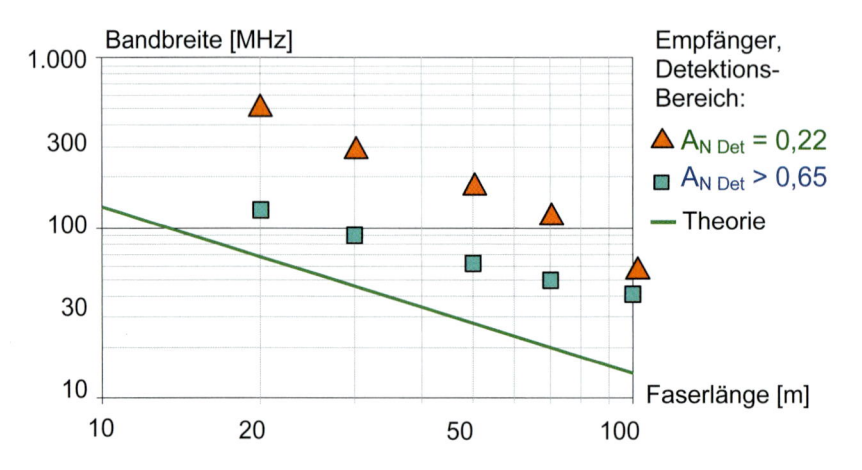

Abb. 2.91: Bandbreitemessung nach [Tak91] mit unterschiedlicher Empfänger-NA

Eine weitere Messung der Bandbreite von St.-NA-POF (1 mm) wird in [Tak93] vorgestellt (Abb. 2.92). Die Messung erfolgte wiederum mit der Impulsmethode bei 650 nm. Neben der Messung der Bandbreite erfolgte jeweils die Bestimmung der halben Fernfeldbreite nach der entsprechenden Probenlänge.
Aus der Fernfeldbreite wurde die Bandbreite wie folgt bestimmt:

$$\Delta t_{mod} = \frac{A_{N,FF}^2}{2 \cdot n \cdot c} \quad \text{und damit}: \quad B \cdot z = \frac{C}{\Delta t_{mod}} \quad (C = \text{konst.})$$

mit t_{mod} als modale Impulsverbreiterung und $B \cdot z$ als Bandbreite-Länge-Produkt. Der Parameter C ist eine wählbare Konstante (abhängig von den Einkoppelbedingungen), c ist die Lichtgeschwindigkeit. In der Formel ist $A_{N,FF}$ also nicht der gegebene Faserparameter, sondern der je Länge gemessene Wert.

2.5 Bandbreite optischer Fasern

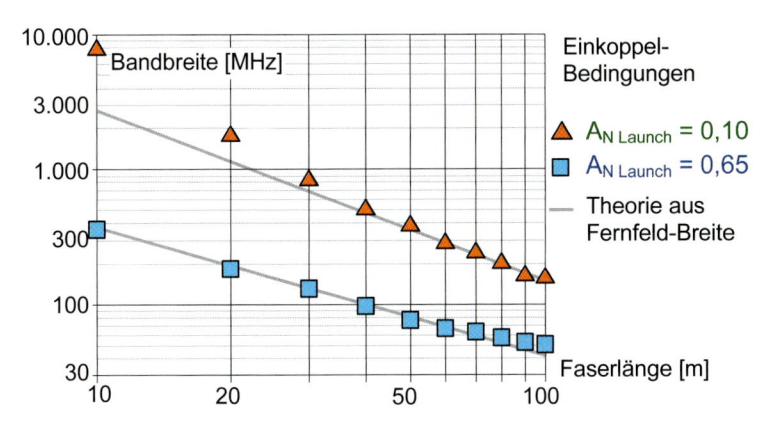

Abb. 2.92: Bandbreite nach [Tak93]

Bei 10 m Probenlänge ist der Unterschied zwischen den gemessenen Bandbreiten für die Einkopplung mit $A_{N\,Launch} = 0{,}10$ und $A_{N\,Launch} = 0{,}65$ mehr als eine Größenordnung. Bis 100 m sinkt dieser Faktor auf zwei. Bei Einkopplung mit kleiner NA fällt die Bandbreite überproportional (von ca. 80 MHz·km auf ca. 16 MHz·km). Das läßt auf eine zunehmende Ausfüllung des Modenfeldes schließen. Bei Anregung mit großer NA sinkt die Bandbreite hingegen etwas langsamer als die Länge (von ca. 4 MHz·km auf ca. 5 MHz·km). Hier kommt der Einfluß von Modenkopplung und modenabhängiger Dämpfung zum Tragen.

Die aus den Fernfeldbreiten ermittelten theoretischen Bandbreitewerte korrelieren sehr gut mit den Ergebnissen der Bandbreitemessungen über Impulsverbreiterung. Das läßt den Schluß zu, daß modenabhängige Dämpfung und Modenkonversion die bestimmenden Prozesse sind, da sie die Bandbreite über die Änderung der Modenverteilung beeinflussen. Bei Überwiegen der Modenkopplung würde sich hingegen die Bandbreite auch ohne Beeinflussung des Fernfeldes ändern. Eine quantitative Abschätzung ist allerdings nur aus diesen Meßergebnissen problematisch. Auch in [Rit93] werden Meßergebnisse für die Bandbreite von St.-NA-POF bei Anregung mit $A_{N\,Launch} = 0{,}10$ und $A_{N\,Launch} = 0{,}65$ gezeigt (Abb. 2.93).

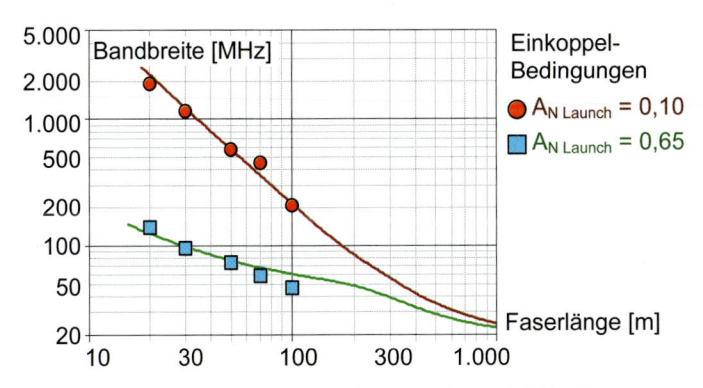

Abb. 2.93: Gemessene Bandbreite einer SI-POF nach [Rit93]

Auch hier unterscheiden sich die gemessenen Bandbreiten für kurze Längen (20 m) um mehr als eine Größenordnung. Bei großen Längen verringert sich der Unterschied entsprechend. Die Autoren berechnen die Bandbreite mit einer eigenen Theorie nach dem Diffusionsmodell. Dabei werden keine separaten Moden, sondern Modengruppen betrachtet, die sich in den beiden Ausbreitungswinkeln (radial und azimutal) unterscheiden.

Die Kopplung zwischen den Moden beschreibt eine Diffusionskonstante, die nur die Energieübertragung in Nachbarmodengruppen berücksichtigt. Das Modell berücksichtigt ebenso modenabhängige Dämpfung.

In der Arbeit werden verbleibende Abweichungen zwischen Theorie und Meßwerten mit dem Mechanismus der Modenkopplung erklärt. Diese ist nicht, wie im Modell, winkelunabhängig. Simulationen führen zu guten Ergebnissen, wenn in der Faser langgestreckte Streuzentren von 37 µm Länge und 2,5 µm Durchmesser mit zufälliger Verteilung und Orientierung entlang der Faserachse angenommen werden, wie Abb. 2.84 schematisch zeigt.

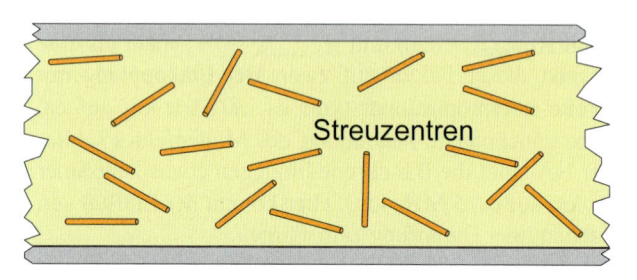

Abb. 2.94: Modell für Streuzentren in der POF

Ein Indiz für eine inhomogene innere Struktur der PMMA-Faser ist die in Abb. 2.95 gezeigte rasterelelektronenmikroskopische Aufnahme (aus [Fei00a]) der Oberfläche einer geschnittenen POF. Deutlich sind fibrillenartige Strukturen im sub-µm-Bereich zu erkennen.

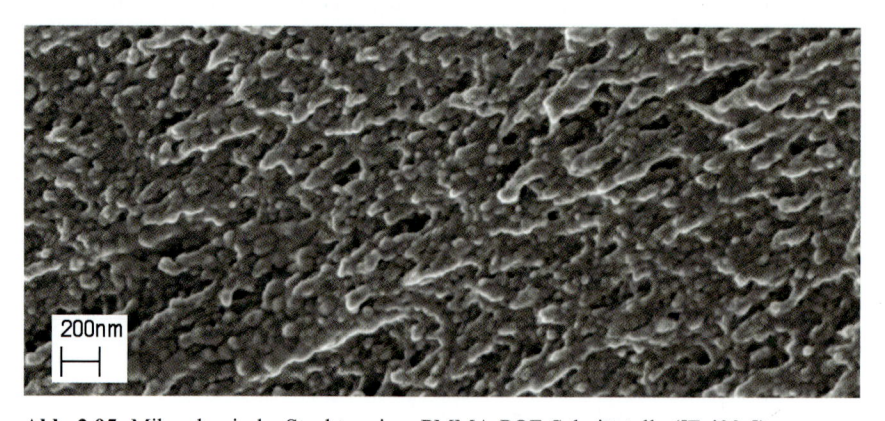

Abb. 2.95: Mikroskopische Struktur einer PMMA-POF-Schnittstelle ([Fei00a])

Weitere experimentelle Ergebnisse für die Bandbreite optischer Polymerfasern zeigt Abb. 2.96 nach [Kar92]. Die POF wurde jeweils mit kollimiertem Licht bzw. mit an die NA der Faser angepaßtem Winkel (UMD) angeregt. Wie in den bisher gezeigten Resultaten ergeben sich bei kleinen Faserlängen sehr große Unterschiede. Im Bild ist diesmal das Bandbreite-Länge-Produkt als Parameter dargestellt.

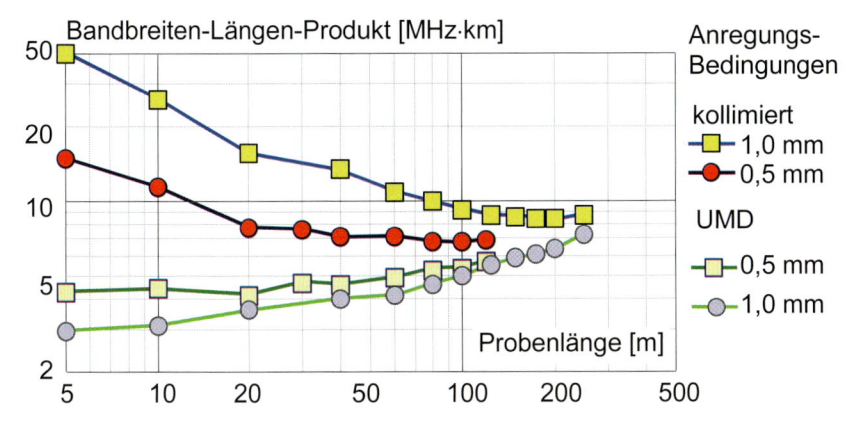

Abb. 2.96: Gemessene Bandbreite einer SI-POF nach [Kar92]

Neben dem Einfluß der Einkoppel-NA wurde in [Kar92] auch untersucht, ob die Bandbreite von der Größe des anregenden Strahls abhängt. Tatsächlich wird für UMD-Anregung bei einem kleineren Lichtfleck eine größere Bandbreite ermittelt als bei kompletter Ausleuchtung des Faserquerschnitts, allerdings sind die Unterschiede nicht so groß wie bei der Änderung des Anregungswinkels. Für kollimiertes Licht kehrt sich die Abhängigkeit um.

Zunächst erscheint ein Einfluß der Größe des Anregungsflecks auf die gemessene Bandbreite bei SI-Fasern überraschend zu sein, da alle bisher beschriebenen Prozesse nur winkelabhängig sind. Betrachtet man aber den Effekt, daß durch Modenkonversion schon nach kurzer Probenlänge Unterschiede im Ort in Abweichungen vom Winkel transformiert werden können, wie Abb. 2.97 schematisch zeigt, ist das Ergebnis von [Kar92] verständlich.

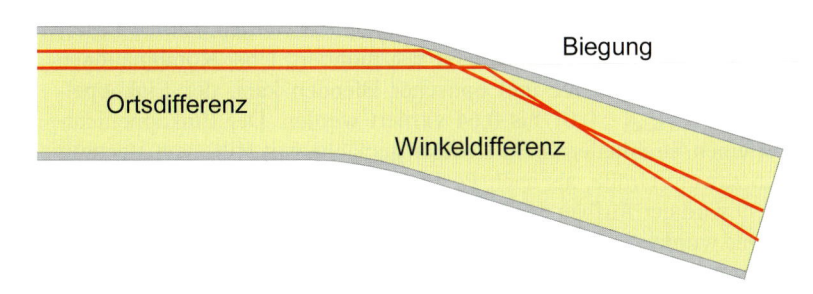

Abb. 2.97: Konversion von Orts- und Winkelabständen

In [Poi00] werden die Ergebnisse aus [Kar92] mit aktuellen Messungen an zwei St.-NA-POF von Toray und Mitsubishi verglichen (Abb. 2.98). Die Messungen bestätigen qualitativ die bisherigen Ergebnisse. Bei sehr kurzen Probenlängen sind die Unterschiede zwischen verschiedenen Anregungswinkeln sogar noch größer.

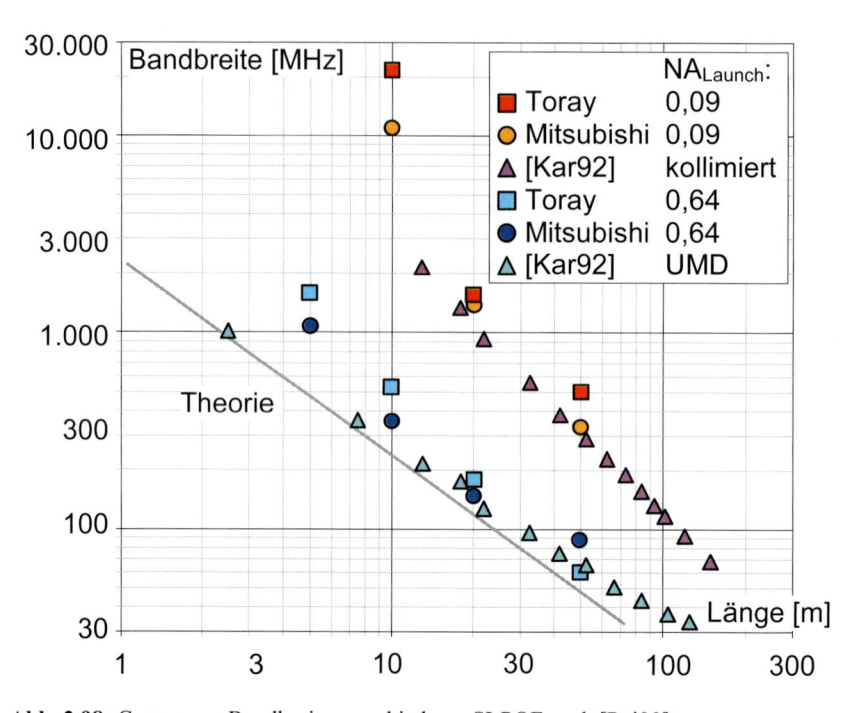

Abb. 2.98: Gemessene Bandbreite verschiedener SI-POF nach [Poi00]

2.5.3.2 Bandbreitemessungen an SI-POF

In diesem und den folgenden vier Abschnitten werden Bandbreitemessungen am POF-AC Nürnberg präsentiert. Alle Messungen wurden unter einheitlichen Meßbedingungen durchgeführt.

Als Sender dienten Halbleiterlaserdioden mit 650 nm bzw. 850 nm Wellenlänge. Beide Laser können analog bis zu 2 GHz moduliert werden. An die Laserdioden ist ein Einmoden-Glaslichtwellenleiter fest montiert. Über Kombinationen verschiedener Mikroskopobjektive und optischer Blenden kann der Einkoppelwinkel im Bereich $A_{N\,Launch}$ = 0,01 bis 0,64 variiert werden. Der Einkoppellichtfleck wird über einen Strahlteiler direkt sichtbar gemacht. Mit Hilfe von Verstellschrauben kann sowohl Größe, als auch Position des Lichtflecks verändert werden. Im Bild 2.99 wird der Aufbau der kompletten Meßeinrichtung gezeigt.

Als Empfänger wurde ein kommerzielles Produkt auf Basis einer 400 µm Si-pin-Photodiode mit integriertem Vorverstärker und ca. 1,5 GHz Bandbreite benutzt. Um eine Modenunabhängigkeit zu erreichen, ist der Empfänger mit einem 1 mm-Glasfaserbündel (gemischt) mit großer NA verbunden.

2.5 Bandbreite optischer Fasern 113

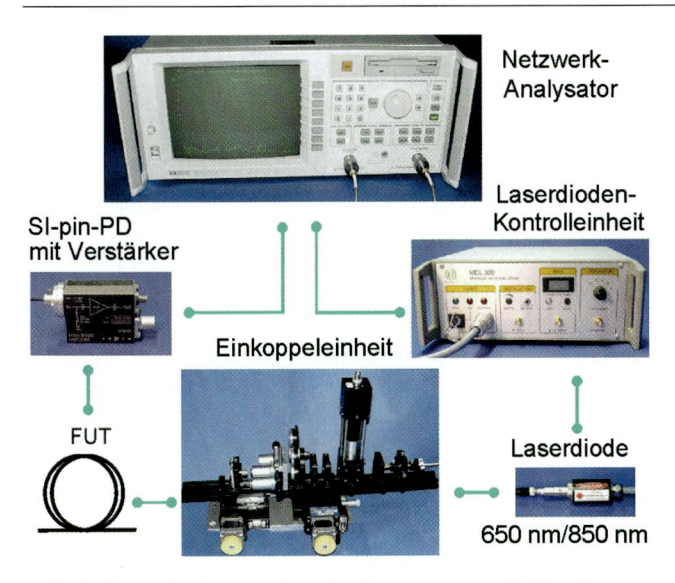

Abb. 2.99: Meßaufbau zur Bandbreitemessung am POF-AC

Für eine Reihe unterschiedlicher Stufenindexprofilfasern wurden die längen- und NA-abhängigen Bandbreiten systematisch gemessen. Eine Übersicht dazu findet sich in [Bun02a]. Die folgenden Bilder 2.100 bis 2.102 zeigen die Ergebnisse für drei Fasertypen:

- 1 mm Standard-PMMA-POF mit $A_N = 0{,}46$
- 1 mm POF aus quervernetztem PMMA mit $A_N = 0{,}54$
- 1 mm Polycarbonat-POF mit $A_N = 0{,}75$

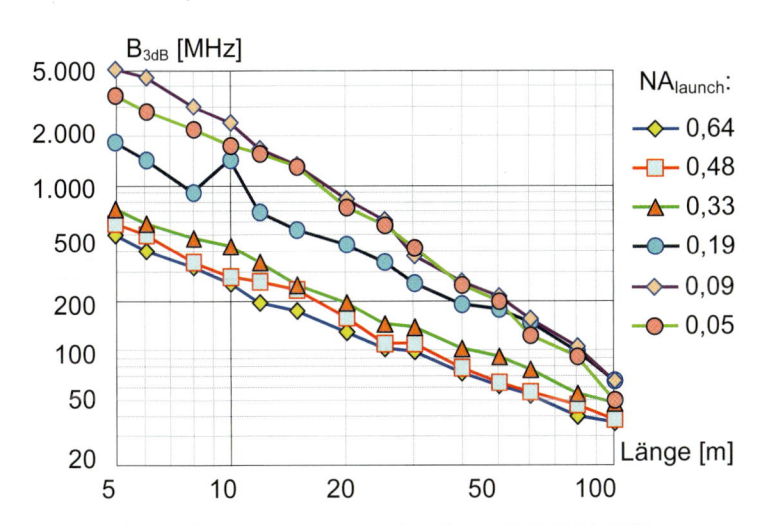

Abb. 2.100: Bandbreitemessungen an einer 1 mm SI-PMMA-POF

2.5 Bandbreite optischer Fasern

Für eine 1 mm PMMA-POF (Toray PFU-CD1000, siehe auch [Ziem04a]) wurden die 3 dB-Bandbreiten für Längen zwischen 5 m und 100 m gemessen (Abb. 2.100). Der Einkoppelwinkel wurde mit der oben beschriebenen Einheit für NA-Werte zwischen 0,05 und 0,65 verändert.

Für kurze Faserlängen differieren die gemessenen Bandbreiten um fast eine Größenordnung. Auch nach 100 m Probenlänge liegt noch ein Faktor Zwei zwischen den gemessenen Werten. Dies demonstriert noch einmal die Bedeutung richtiger Meßbedingungen für die Angabe korrekter Bandbreitewerte. Die Kurven für Unteranregung (kleine NA) fallen steiler als mit Länge ab, hervorgerufen durch ein Überwiegen der Modenmischung. Für Überanregung (große NA) laufen die Kurven flacher. Hier dominiert die modenabhängige Dämpfung. In der nächsten Abbildung werden Ergebnisse an einer 1 mm-POF aus modifiziertem PMMA (Toray PHKS-CD1001) gezeigt. Die Faser ist mit einer NA von 0,54 spezifiziert.

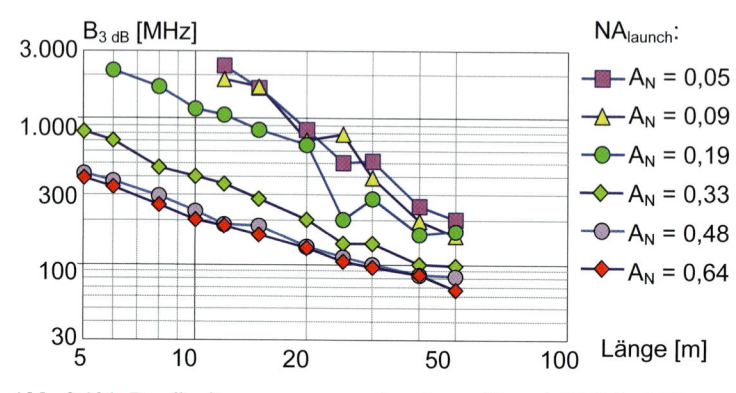

Abb. 2.101: Bandbreitemessungen an einer 1 mm SI-mod. PMMA-POF

Da die Verluste dieser Faser bei ca. 300 dB/km liegen (650 nm), konnte nur bis zu Probenlängen von 50 m gemessen werden. Im übrigen gleichen die Meßergebnisse weitgehend den Resultaten der PMMA-POF.

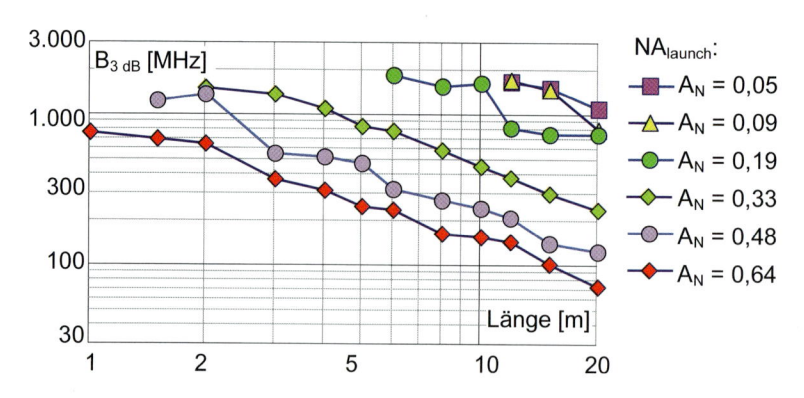

Abb. 2.102: Bandbreitemessungen an einer 1 mm SI-PC-POF

2.5 Bandbreite optischer Fasern

Die dritte getestete Faser ist die Polycarbonat-POF FH4001 von Mitsubishi. Die NA der Faser liegt bei 0,75, die Dämpfung bei 650 nm beträgt ca. 800 dB/km, wodurch die maximale Meßlänge auf 20 m beschränkt bleibt.

Überraschend sind die Bandbreiteunterschiede zwischen den drei Fasertypen nur sehr gering, obwohl sich die NA deutlich unterscheiden. Als Erklärung können die größeren Effekte für Modenmischung und vor allem die modenabhängige Dämpfung gelten, die vor allem in den Fasern aus modifiziertem PMMA und Polycarbonat auftreten. Zur Veranschaulichung zeigen die Abb. 2.104 und 2.105 dazu die Fernfelder der drei Fasern im Vergleich (vgl. [Bun02a]).

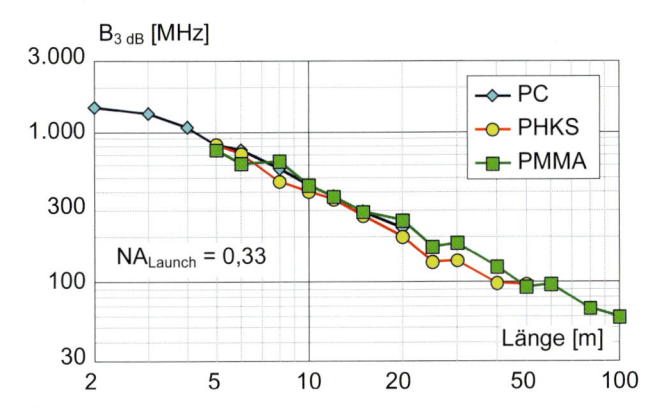

Abb. 2.103: Vergleich der Bandbreiten von verschiedenen SI-POF

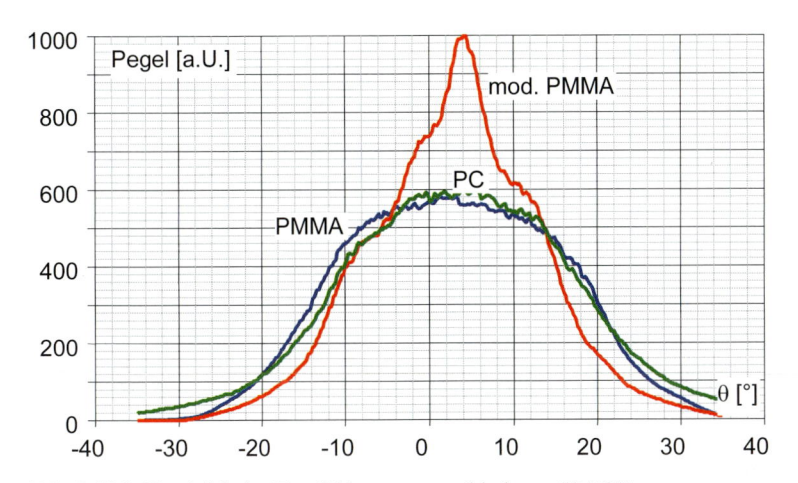

Abb. 2.104: Vergleich der Fernfelder von verschiedenen SI-POF

Die Fasern aus PMMA und PC haben (nach jeweils 10 m) Halbwertsbreiten von ca. 27°. Die Faser aus modifiziertem PMMA sogar nur von 17°. Hier überwiegt schon der Anteil der modenabhängigen Dämpfung gegenüber der nominell größeren NA.

PMMA-POF   mod. PMMA-POF   PC-POF

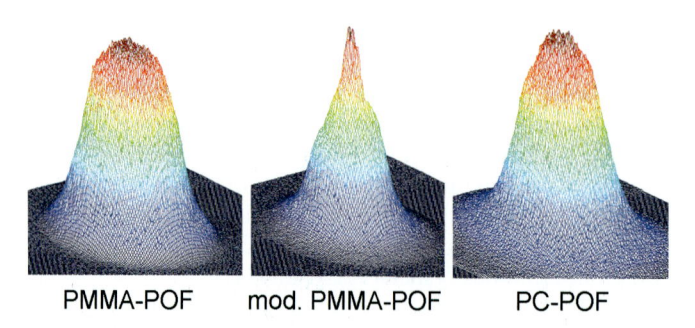

Abb. 2.105: Vergleich der Fernfelder von verschiedenen SI-POF (3D-Darstellungen)

Im Rahmen des europäischen Projektes POF-ALL (www.ist-pof-all.org) wurden weitere umfangreiche Messungen der längen- und anregungsabhängigen Bandbreiten verschiedener Fasern durchgeführt. Die folgenden beiden Abb. 2.106 und 2.107 zeigen die Meßergebnisse für eine 1 mm Standard-POF (Luceat, High-Quality-Fiber) und für eine 500 µm Standard-POF.

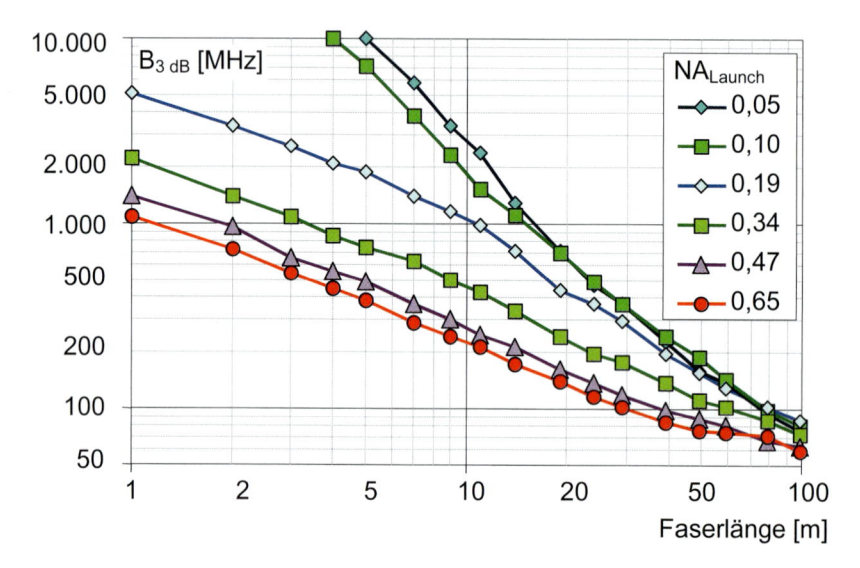

Abb. 2.106: Bandbreitemessungen an einer 1 mm SI-POF (Luceat, HQ)

Im wesentlichen zeigen beide Fasern vergleichbare Ergebnisse. Da die Fasern auch in der Dämpfung sehr ähnliche Werte ergeben, können sie bezüglich der Anwendungen annähernd gleich benutzt werden. Die Vorteile der dünneren Faser sind vor allem der kleinere Platzbedarf (wichtig bei Mehrfachkabeln) und der kleinere Biegeradius. Das Argument, die Faser mit dem kleineren Kerndurchmesser würde wegen der kleineren Photodioden höhere Bitraten bzw. bessere Empfängerempfindlichkeit ermöglichen, ist inzwischen durch die technische Entwicklung weitgehend eliminiert worden.

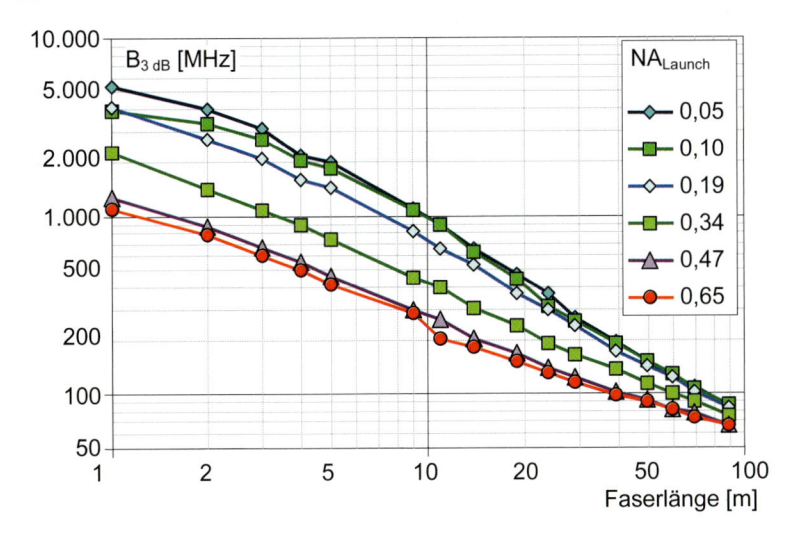

Abb. 2.107: Bandbreitemessungen an einer 0,5 mm SI-POF

2.5.3.3 Bandbreitemessungen an MC- und MSI-POF

Vielkern- und Mehrstufenindexprofil-POF erlauben deutlich größere Bandbreiten als herkömmliche Stufenindexprofil-Fasern. Bei MC-POF kommt neben der Modendispersion in jedem einzelnen Kern noch der Laufzeitunterschied zwischen den verschiedenen Einzelkernen hinzu. Die reinen Längenunterschiede sollten kaum eine Rolle spielen. Bei einem maximalen Ausbreitungswinkel von 20° in der Faser betragen schon die reinen Wegunterschiede zwischen den Moden ca. 6%. Da die Fasern in der MC-POF geordnet liegen, werden die geometrischen Längenunterschiede höchstens im Promille-Bereich liegen.

Von größerer Bedeutung ist aber, daß die Fasern in der MC-POF unterschiedlich deformiert werden. Schon bei der Dämpfung zeigen sich beispielsweise Unterschiede zwischen Fasern in der Mitte und am Rand des Bündels. Auch für die modenselektiven Prozesse werden sich diese Differenzen ausbilden. Damit ergeben sich verschiedene mittlere Ausbreitungsgeschwindigkeiten in den einzelnen Kernen.

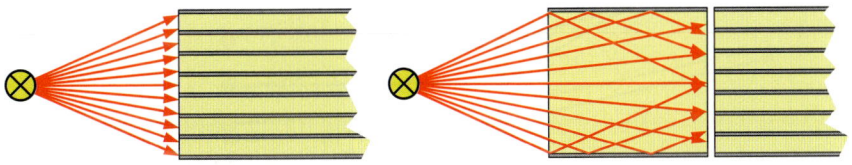

Einkopplung mit vergrößertem Lichtfleck:
- mittlere Fasern erhalten nur kleine Winkel
- äußere Fasern erhalten nur große Winkel

Einkopplung mit Modenfeldkonverter:
- alle Fasern erhalten etwa die gleiche Lichtmenge und Strahlen aller Winkel

Abb. 2.108: Optimale Einkopplung in Vielkernfasern

2.5 Bandbreite optischer Fasern

Um bei der Messung diese Effekte mitzuerfassen, wird ein sog. Modenfeldkonverter (MFK) verwendet. Die Einkoppeleinheit strahlt in ein kurzes Stück SI-Faser mit großer NA. Die Fernfeldverteilung bleibt erhalten, während das Licht über den Faserquerschnitt verteilt wird. Damit wird sichergestellt, daß alle Einzelfasern in etwa die identische Lichtintensität und vergleichbare Winkelverteilungen erhalten. Der Unterschied dieser Anordnung im Vergleich zu einer simplen Aufweitung des Lichtflecks wird in Abb. 2.108 schematisch dargestellt.

Wie oben gezeigt, gibt es inzwischen verschiedene MC-POF. Hier werden Ergebnisse der Bandbreitenmessungen an zwei 1 mm-MC-POF mit 37 Kernen (Abb. 2.209) und 217 Kernen vorgestellt (Abb. 2.210, siehe auch [Ziem02a]).

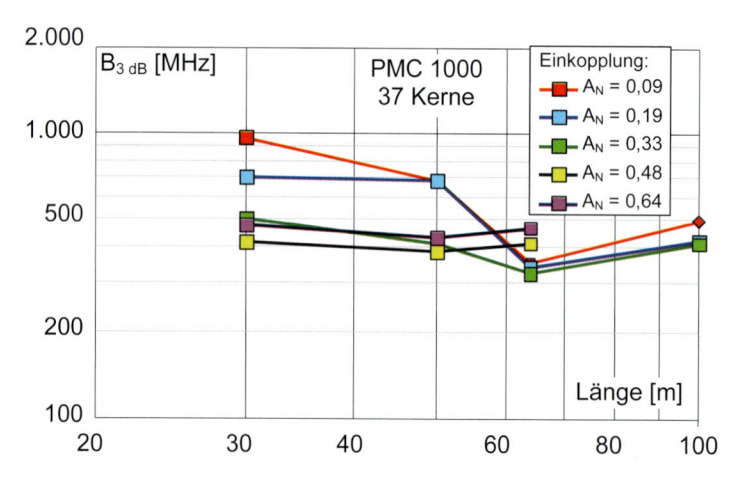

Abb. 2.109: Bandbreite einer 37-Kern MC-POF (Messungen an Einzelproben)

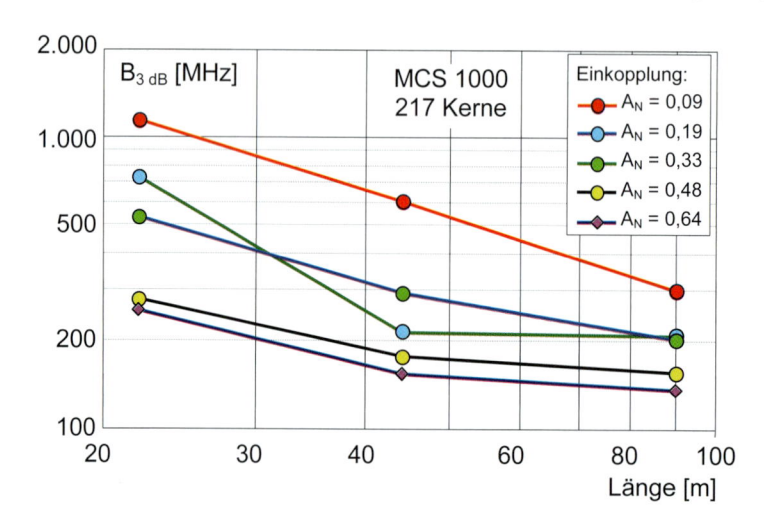

Abb. 2.110: Bandbreite einer 217-Kern MC-POF (Messungen an Einzelproben)

Im Vergleich zur Standard-SI-POF weisen beide Fasertypen deutlich größere Bandbreitewerte auf. Vor allem die 37-Kern-Faser zeigt für größere Längen kaum einen Rückgang der Bandbreite, zudem ist die Abhängigkeit von den Einkoppelbedingungen sehr klein. Ursache ist die sehr große Modenabhängigkeit der Dämpfung. Diese Faser besitzt eine Doppel-Stufenindex-Struktur. Bei Lasereinkopplung konnte über diese Faser schon 1 Gbit/s über 100 m übertragen werden.

Systematische Untersuchungen der Bandbreite wurden am POF-AC an einem Muster einer Vielkern-POF mit relativ kleinem Durchmesser durchgeführt. Die Ergebnisse für zwei unterschiedliche NA werden in Abb. 2.111 gezeigt. Bei dieser Faser ist die Bandbreite fast unabhängig von den Anregungsbedingungen. Ursache dafür ist die starke modenabhängige Dämpfung, die wie oben erläutert bei sehr dünnen Fasern verstärkt auftritt und hier schon nach sehr kurzen Längen zu einem Modengleichgewicht führt.

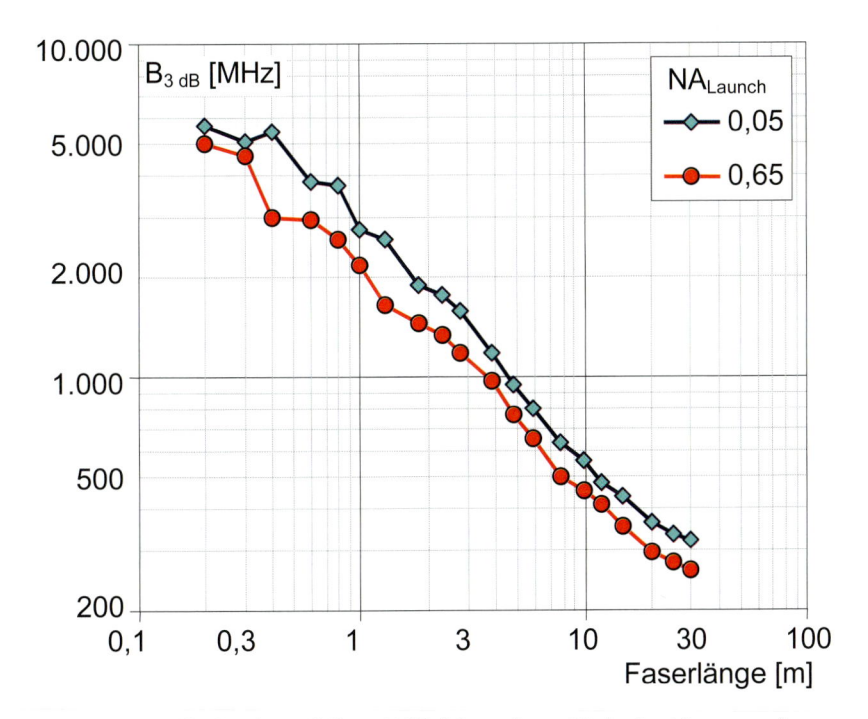

Abb. 2.111: Bandbreite einer Vielkern-POF (Musterfaser, Rückschneidemessung)

Vielstufenindefasern sind schon von verschiedenen Herstellern vorgestellt worden, allerdings sind sie noch nicht zur Serienreife gebracht worden. Das bislang jüngste Produkt ist die ESKA-MIU von Mitsubishi-Rayon, eine Faser mit drei verschiedenen Schichten. Bei einer Probenlänge von 100 m wurde an dieser Faser eine Bandbreite von knapp 300 MHz ermittelt. Abbildung 2.112 zeigt den Frequenzgang.

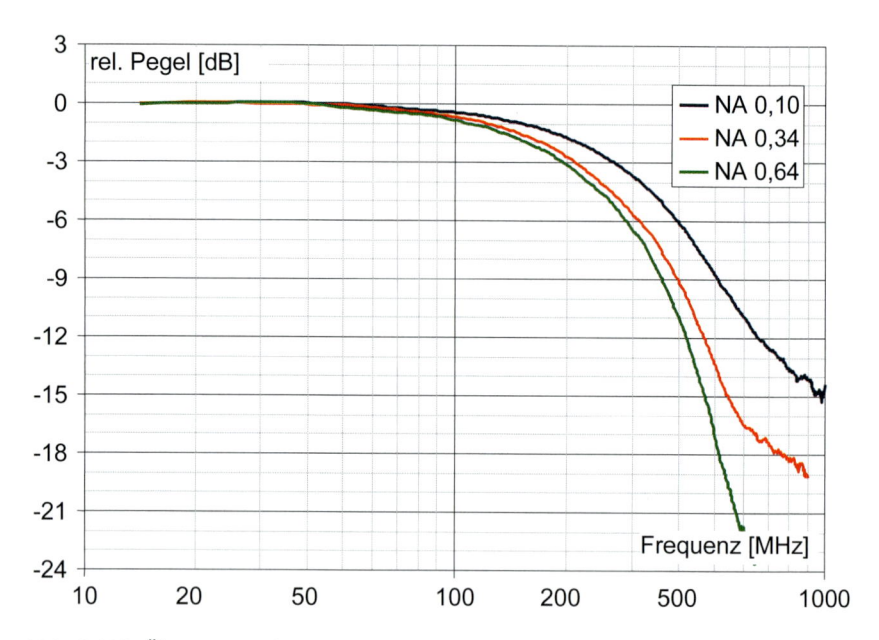

Abb. 2.112: Übertragungsfunktion einer 100 m MSI-POF

2.5.3.4 Bandbreitemessungen an GI-POF

Die Messungen der Bandbreite von Gradientenindexprofilfasern sind mit einer Reihe von besonderen Schwierigkeiten verknüpft. Bei Polymerfasern ist zunächst die Dämpfung relativ groß, so daß die Probenlängen wegen der begrenzten Dynamik der Meßsysteme nicht sehr groß sein kann. Für PMMA-POF liegen mit maximalen Meßlängen bei 50 m bis 100 m. Für PF-GI-POF können Längen von einigen 100 m verwendet werden. Auf der anderen Seite haben POF einen relativ großen Kerndurchmesser. Für eine aussagekräftige Bandbreitenmessung muß der Detektor möglichst alle Moden erfassen, damit also relativ groß sein. Die Diodengröße limitiert wiederum die Bandbreite des Detektors. Als einziges kommerziell verfügbares Meßsystem für diese spezielle Aufgabe kann das optische Oszilloskop von Hamamatsu verwendet werden (beschrieben im Kapitel Meßtechnik). Damit sind aber nur Messungen im Zeitbereich möglich.

Am POF-AC wurden die Bandbreiten von PMMA-GI-POF und PF-GI-POF vermessen. In den Abb. 2.113 und 2.114 werden die Übertragungsfunktionen für die PMMA-GI-POF OM-Giga von Optimedia (siehe auch [Yoo04], [Rich04]) und eine PF-GI-POF (Nexans, siehe [Gou04]) dargestellt.

Durch Anpassung der Meßkurve mit einer Gaußfunktion wurde die optische Bandbreite der PMMA-GI-Faser mit 1.504 MHz ermittelt. Dieser Wert kann aber schon mit leicht veränderten Anregungsbedingungen deutlich schwanken. Die Meßbedingungen liegen aber nahe den „Worst Case"-Bedingungen. Bei Unteranregung (z.B. VCSEL-Sender) können noch deutlich größere Werte erreicht werden.

2.5 Bandbreite optischer Fasern

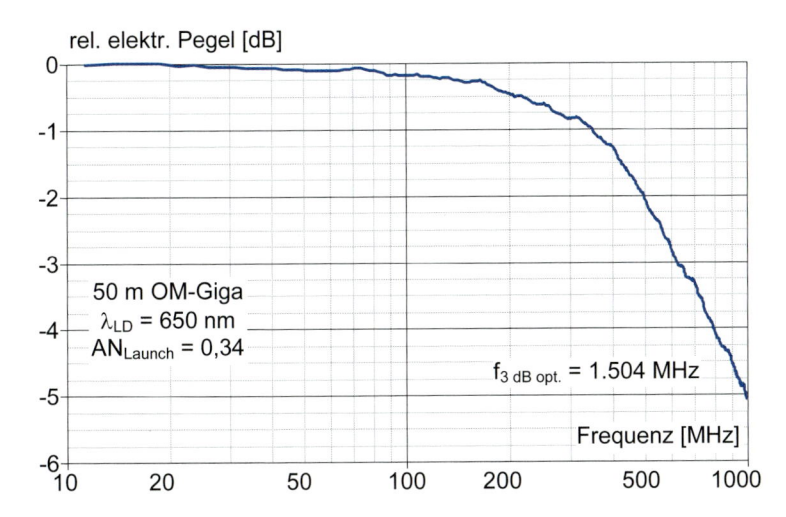

Abb. 2.113: Übertragungsfunktion 50 m OM-Giga ($A_N = 0{,}34$; 650 nm)

Um Bandbreiten von mehreren GHz auch an Dickkernfasern messen zu können, bietet sich die Verwendung eines optischen Oszilloskops an. Dabei wird die Verbreiterung eines kurzen Laserimpulses (ca. 120 ps) gemessen. In [Lwin06] wurden Ergebnisse für die OM-Giga im Vergleich zu mikrostrukturierten POF (mit effektiven Gradientenindexprofil) gezeigt.

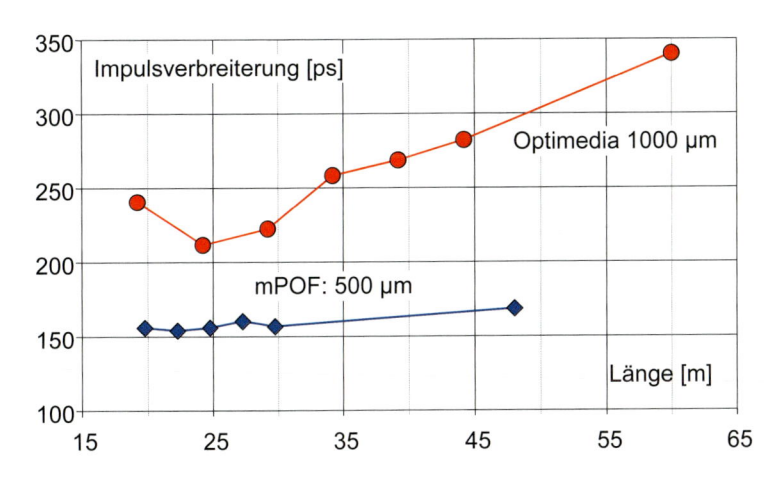

Abb 2.114: Messung der Impulsverbreiterung an mPOF und GI-POF

Eine Impulsbreite von ca. 340 ps entspricht dabei etwa 1,4 GHz optischer Bandbreite. Der Wert stimmt recht gut mit den Messungen im Frequenzbereich überein, wenn man die vielfältigen Probleme der Meßtechnik bei so großem Frequenzen berücksichtigt.

In der nächsten Abbildung werden die Übertragungsfunktionen einer PF-GI-POF bei den Wellenlängen 650 nm und 850 nm mit den entsprechenden Gaußanpassungen zusammengefaßt.

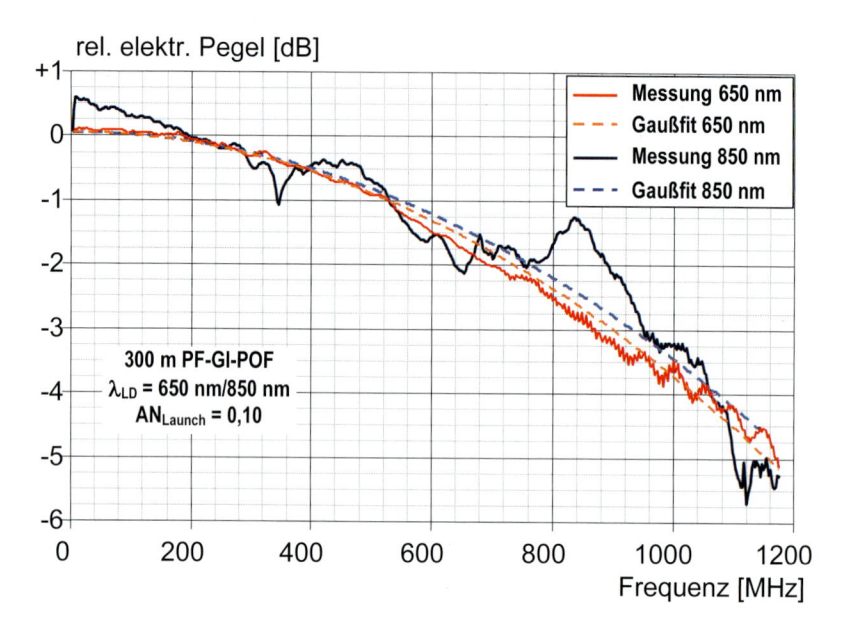

Abb. 2.115: Übertragungsfunktion PF-GI-POF

Für beide Wellenlängen liegen die optischen 3 dB-Bandbreiten bei ca. 1.600 MHz. Das Bandbreite-Länge-Produkt ist damit bei ca. 500 MHz·km, etwa im Bereich herkömmlicher Multimode-Gradientenindex-Glasfasern (weitere Ergebnisse in [Bach01]).

2.5.3.5 Bandbreitemessungen an MC-GOF und PCS

Die Messung der Bandbreite von Multimodeglasfasern verläuft nach den gleichen Prinzipien. Zunächst wurden Glasfaserbündel des Herstellers Schott vermessen. Das Bündel besteht aus etwa 400 Einzelfasern mit je 53 µm Durchmesser. Im Stecker sind die Fasern heiß verpreßt, so daß der Gesamtdurchmesser bei 1 mm liegt.

In der Abb. 2.116 werden die Übertragungsfunktionen für verschiedene Einkoppelbedingungen gezeigt. Die NA der Faser liegt bei 0,50. Bei Einkopplung mit größeren Winkeln ändert sich die Faserbandbreite nicht mehr erkennbar.

Bei Vollanregung beträgt die gemessene Bandbreite ca. 150 MHz·20 m. Das ist fast exakt der gleiche Wert wie für SI-POF vergleichbarer NA. Damit kann dieser Fasertyp alternativ zu 1 mm St.-NA-POF eingesetzt werden, wenn entweder höhere Einsatztemperaturen oder aber sehr enge Biegeradien erforderlich sind ([Lub04b]).

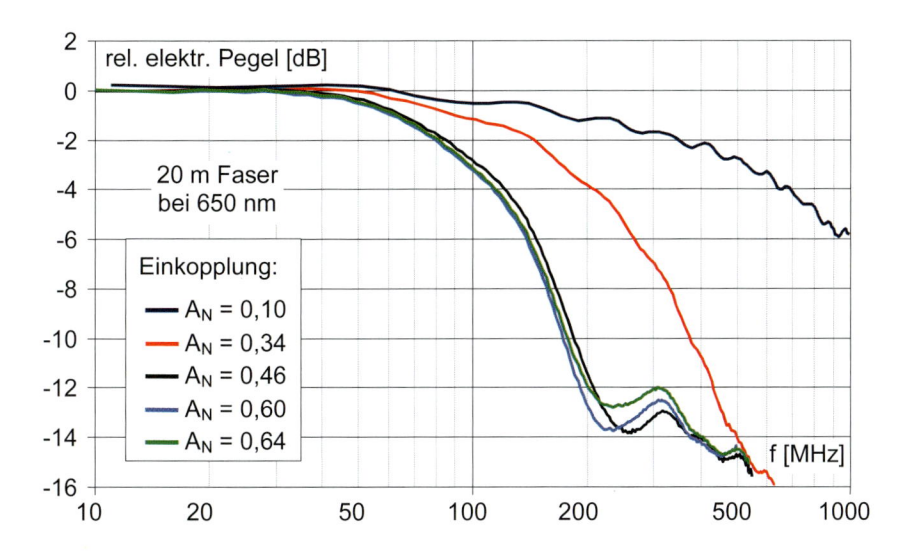

Abb. 2.116: Messung an 20 m MC-GOF

In einer weiteren Meßreihe wurde die Längenabhängigkeit der Bandbreite von MC-GOF untersucht. Die Abb. 2.117 zeigt die Ergebnisse für 3 verschiedene Anregungsbedingungen. Die Bandbreite nimmt annähernd linear mit der Länge ab, so daß der Einfluß der Modenmischung als relativ klein angenommen werden kann.

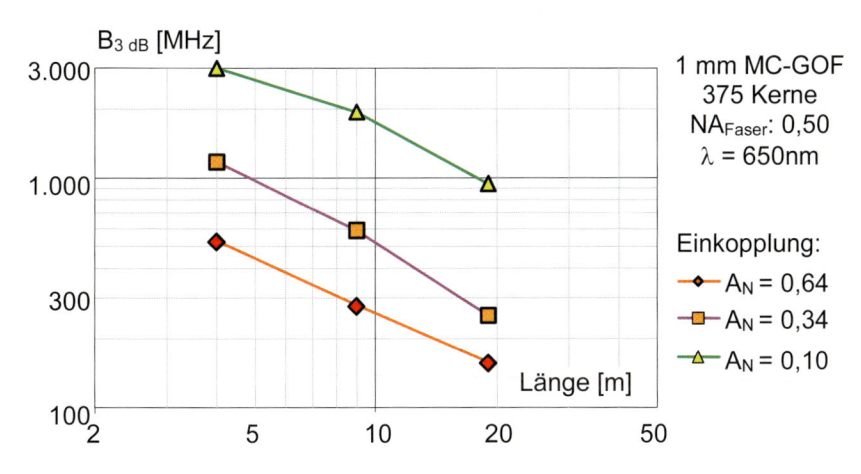

Abb. 2.117: Längen- und NA-abhängige Bandbreite von MC-GOF

Abschließend wurde die Bandbreite bei Verwendung eines 650 nm Lasers für verschiedene Längen ermittelt. Um relativ modenunabhängig messen zu können, wurde am Sender und am Empfänger jeweils ca. 1 m SI-POF als Adapterfaser verwendet. Abbildung 2.118 zeigt die Ergebnisse.

124   2.5 Bandbreite optischer Fasern

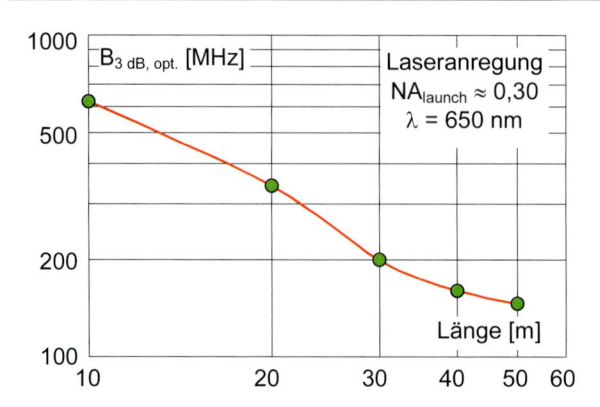

Abb. 2.118: Bandbreite einer MC-GOF mit Lasersender

Über Längen von 10 m bis 20 m eignet sich auch dieser Fasertyp für die Übertragung von Datenraten im Gbit/s-Bereich.

Eine weitere Glasfaservariante, die in den letzten Jahren immer größere Beachtung gefunden hat, ist die PCS, also Quarzglasfasern mit Polymermantel. Die typische NA liegt bei 0,37. Es sind aber auch Varianten mit NA bis 0,48 verfügbar. Demnach dürfte die Bandbreite von PCS im Bereich der DSI-POF liegen. Am POF-AC wurden vor allem Fasern mit einem Kerndurchmesser von 200 µm vermessen (der am häufigsten verwendete Wert). In der Abb. 2.119 werden zunächst längen- und abregungsabhängige Ergebnisse für eine typische PCS wiedergegeben. Für die Messung wurde die Faser (200/230 µm mit 500 µm Schutzumhüllung) als loses Bündel mit ca. 30 cm Durchmesser ausgelegt (siehe auch [Ziem04a]).

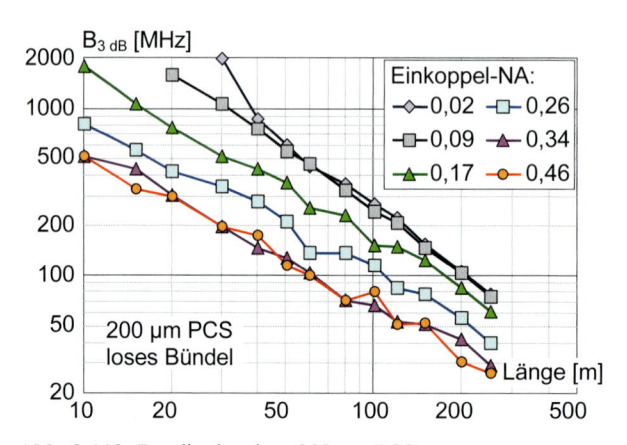

Abb. 2.119: Bandbreite einer 200 µm PCS

Die Faser war mit einer Bandbreite von 100 MHz·100 m spezifiziert. Für Unteranregung kann dieser Wert auch erzielt werden. Bei Vollanregung erhält man aber nur ca. 60 MHz·100 m. Bis 250 m Faserlänge nehmen die Differenzen zwischen den unterschiedlichen Anregungsbedingungen kaum ab. Modenmischung tritt also bei dieser Messung kaum auf. Für den gleichen Fasertyp wurde die Messung wiederholt. Dabei war die Faser auf eine Spule gewickelt. Die Ergebnisse zeigt Abb. 2.120.

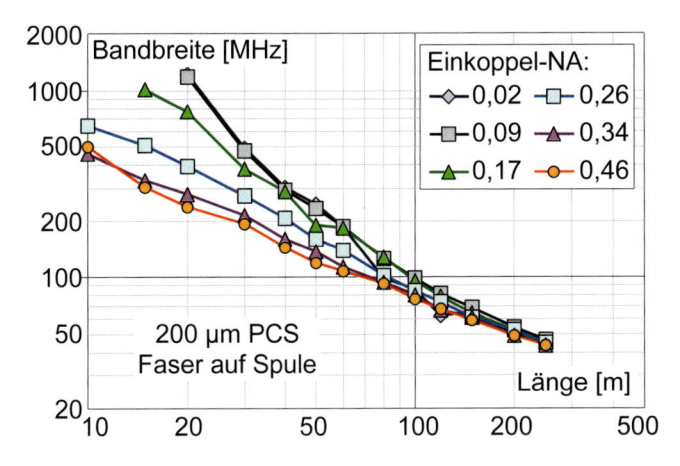

Abb. 2.120: Bandbreite einer 200 μm PCS

Für kurze Faserlängen stimmen die Ergebnisse noch gut überein. Für große Längen zeigt sich aber für die aufgewickelte PCS ein annäherndes Verschwinden der Unterschiede zwischen den verschiedenen Anregungsbedingungen. Das kann nur durch eine deutliche Zunahme der Modenmischung erklärt werden. Für 250 m Probenlänge werden die Bandbreiten in Abhängigkeit der Einkoppel-NA in Abb. 2.121 zusammengestellt.

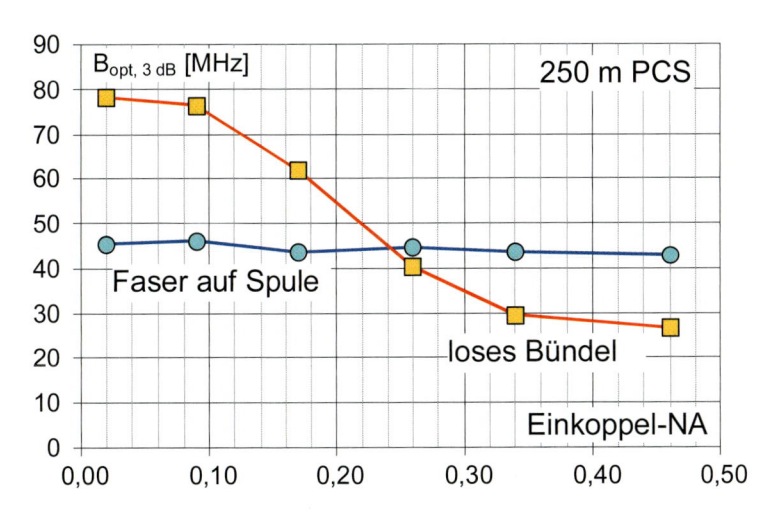

Abb. 2.121: Vergleich der Bandbreiten für 250 m PCS

Untersuchungen an verschiedenen Typen von 200 µm SI-PCS bestätigen die oben aufgeführten Messungen. Die spezifizierten Bandbreite-Längen-Produkte von 10..20 MHz·km konnten von allen untersuchten Fasern nur bei Unteranregung erreicht werden. Leider spezifiziert keiner der aktuell aktiven Hersteller Meßbedingungen für die angegebenen Bandbreiten. Auch entsprechende Standards fehlen noch völlig. Sollte die PCS ernsthaft in Anwendungsbereiche vordringen, in denen die verfügbare Bandbreite ausgeschöpft werden soll, ist hier noch sehr viel Arbeit notwendig. Ein Vergleich der anregungsabhängigen Bandbreiten ist in Abb. 2.122 dargestellt.

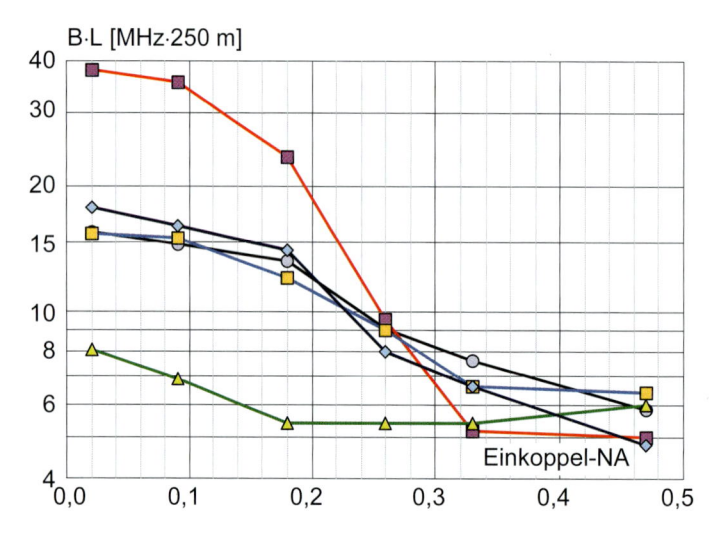

Abb. 2.122: Abhängigkeit der Bandbreite von den Einkoppelbedingungen für 5 verschiedene PCS-Typen

Über die Bandbreite von 50/125 µm Gradientenindex-Glasfasern existiert eine Vielzahl von Veröffentlichungen, speziell in Hinblick auf die Anwendungen im Bereich Gigabit-Ethernet und 10Gigabit-Etherent. Als Übersichtsartikel seien [Oeh02] und [Bun03a] genannt.

Auch bei GI-Glasfasern spielt einerseits die exakte Einhaltung des parabolischen Indexprofils und auf der anderen Seite die modenselektive Einkopplung die wichtigste Rolle bei der Erzielung großer Bandbreiten.

Ursprünglich wurden zwei unterschiedliche Fasertypen spezifiziert:

➢ in den USA gebräuchlich: 62,5/125 µm Faser (A_N = 0,275 ± 0,015)
➢ weltweit gebräuchlich: 50/125µm Faser (A_N = 0,200 ± 0,015)

Bei Verwendung von 850 nm-LED als Sender ist das typische Bandbreite-Länge-Produkt 160 MHz·km bis 200 MHz·km (62,5 µm). Bei 1.300 nm Lasersendern werden 500 MHz·km erreicht. Der begrenzende Faktor ist der Brechungsindexeinbruch (Dip) in der Mitte der Faser, bedingt durch die Herstellungstechnologie.

Für Fast-Ethernet (125 Mbit/s) reichten die Bandbreiten völlig aus um Entfernungen bis 1 km zu überbrücken. Bei Gigabit-Ethernet ergaben sich bereits die ersten Reichweitenbeschränkungen (max. 275 m bei 850 nm-Sendern und 62,5 µm-Faser), so daß eine neue Klasse von Fasern (OM2) definiert wurde, die generell 550 m Übertragungsreichweite garantiert.

Eine Datenrate von 10 Gbit/s könnte im schlechtesten Fall auf OM1-Fasern nur über ca. 30 m übertragen werden. Auch OM2-Fasern wären auf ca. 80 m limitiert. Um die hohen Datenraten übertragen zu können wurden drei unterschiedliche Verfahren vorgeschlagen:

> Aufteilung der Datenrate in 4 × 2,5 Gbit/s, die dann mittels WDM auf einer Faser übertragen werden.
> Sender mit sog. Restricted Mode Launch (RML) bzw. Effective Laser Launch (EL). Dabei wird die Leistung möglichst innerhalb eines Kreisrings zwischen 4,5 µm und 19 µm Radius eingekoppelt. Außerdem darf die NA des Senders nicht zu groß sein.
> Nutzung der neuen Faserklasse OM3, die für die Verwendung von 850 nm VCSEL optimiert ist.

In der nachfolgenden Tabelle 2.14 sind die spezifizierten Eigenschaften der verschiedenen GI-GOF als Übersicht zusammengestellt. Spezifische Produkte können diese Parameter ggf. deutlich überschreiten.

Tabelle 2.14: Eigenschaften von MM-Glas-GI-Fasern

Klasse	Einheit	OM1	OM2	OM3	OM3-550m
typische Anwendungen		Fast Ethernet	Gigabit Ethernet	10Gbit Ethernet	10Gbit Ethernet
Kern-∅	[µm]	50/62,5	50/62,5	50	50
α bei 850 nm	[dB/km]	3,5	3,5	3,5	3,0
α bei 1.300 nm	[dB/km]	1,5	1,5	1,5	1,0
BW 850 nm (OFL)	[MHz·km]	200	500	1.500	3.500
BW 1.300 nm (OFL)	[MHz·km]	500	500	500	500
BW 850 nm (LD)	[MHz·km]	n.d.	n.d.	2.000	4.700

(OFL: Overfilled Launch)

Weitere weniger gebräuchliche Fasertypen sind z.B. GI-GOF mit 100 µm Kerndurchmesser und 140 µm Manteldurchmesser. In Abb. 2.123 wird die Übertragungsfunktion einer 500 m langen Probe bei drei unterschiedlichen Anregungsbedingungen gezeigt. Mit ca. 200 MHz·km liegen die Ergebnisse im Bereich der Faserspezifikation.

Die letzte hier vorgestellte Faser ist die oben beschriebene Semi-GI-PCS. Hier machen sich die Meßbedingungen noch viel extremer bemerkbar, so daß die dargestellten Meßergebnisse nicht zwingend repräsentativ sein dürften.

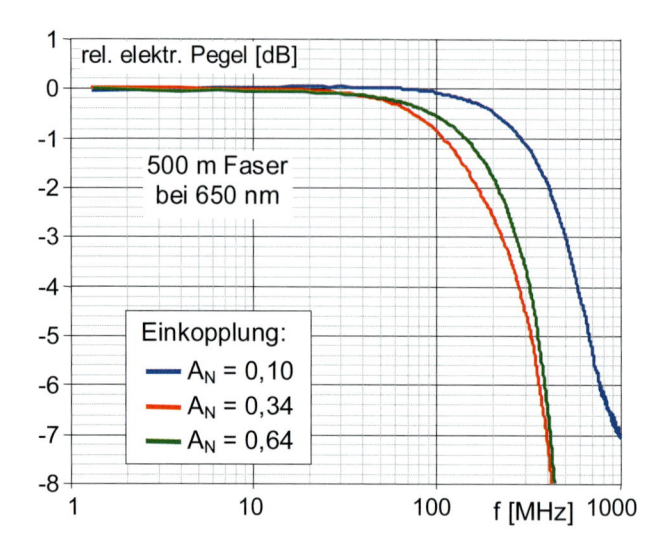

Abb. 2.123: Übertragungsfunktion einer 100 µm GI-GOF

Zunächst zeigt Abb. 2.124 die Übertragungsfunktion an einer 500 m langen Probe für 6 unterschiedliche Anregungsbedingungen, gemessen bei 650 nm Wellenlänge.

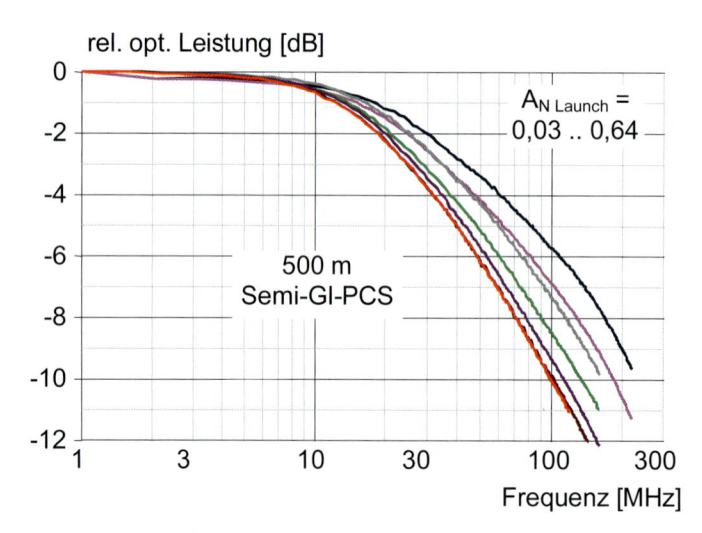

Abb. 2.124: Bandbreite einer Semi-GI-PCS

Das Bandbreite-Länge-Produkt der Faser wurde mit Werten zwischen 24 und 55 MHz·km ermittelt. Das liegt deutlich unter der Spezifikation von 100 MHz·km. Auch für diesen Fasertyp wurde die Bandbreite längen- und anregungsabhängig ermittelt. Abbildung 2.125 faßt die Ergebnisse zusammen.

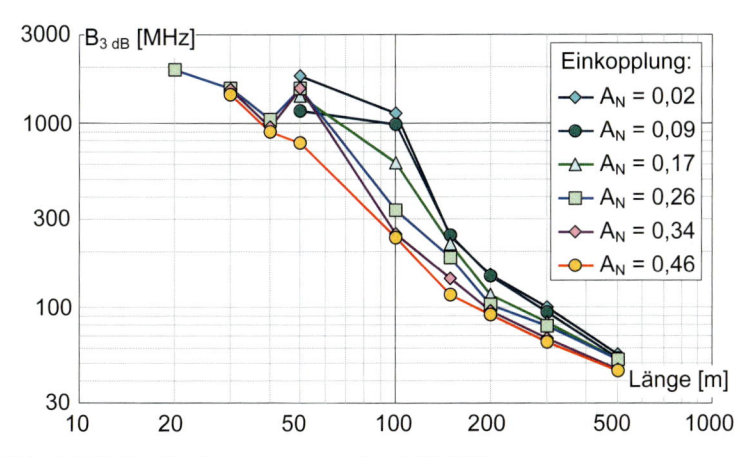

Abb. 2.125: Bandbreitemessungen an Semi-GI-PCS

Auffällig ist die geringe Abhängigkeit der Bandbreite von den Anregungsbedingungen bei größeren Probenlängen. Offensichtlich kommt es zu einem signifikanten Energieaustausch zwischen den SI- und GI-Moden in der Faser. Der spezifizierte Bandbreitewert konnte nur bei kurzen Faserlängen mit Unteranregung ermittelt werden.

Bandbreitemessungen an Semi-GI-PCS wurden auch von [Aiba04], [Aiba05] veröffentlicht. Dabei wurde allerdings eine Methode verwendet, in der ein Lichtimpuls in einem 100 m langen Ring rotiert und bei jedem Durchlauf einen akustooptischen Modulator passiert. Zwangsweise wirkt diese Einrichtung dabei als Modenfilter. Die Numerische Apertur der Koppeloptiken beträgt nur 0,25, SI-Moden werden dabei weitgehend unterdrückt. Die Ergebnisse für die (durch Fouriertransformation ermittelte) Übertragungsfunktion zeigt Abb. 2.126.

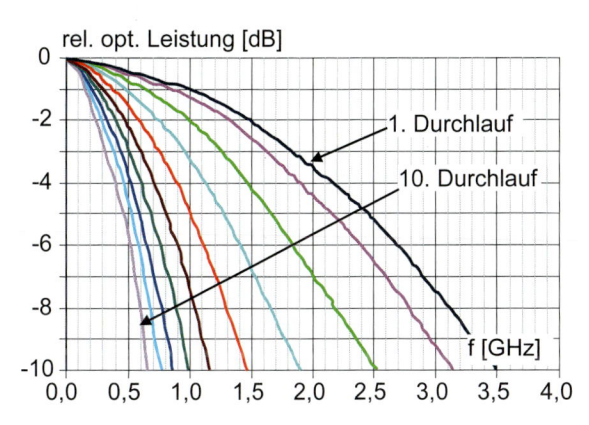

Abb. 2.126: Übertragungsfunktion der Semi-GI-PCS nach [Aiba04]

Die daraus ermittelten Bandbreiten zeigt Abb. 2.127. Die Werte liegen um bis zum Faktor 10 höher als die bei Vollanregung an langen Fasern gemessenen Werte. Dies zeigt eindrucksvoll, wie bedeutend eine korrekte Spezifikation der Meßbedingungen bei Angabe von Bandbreitewerten ist. Die lapidare Aussage im Sumitomo-Datenblatt, daß „sich die Bandbreite bei anderen Meßbedingungen ändern kann" ist dabei wenig hilfreich.

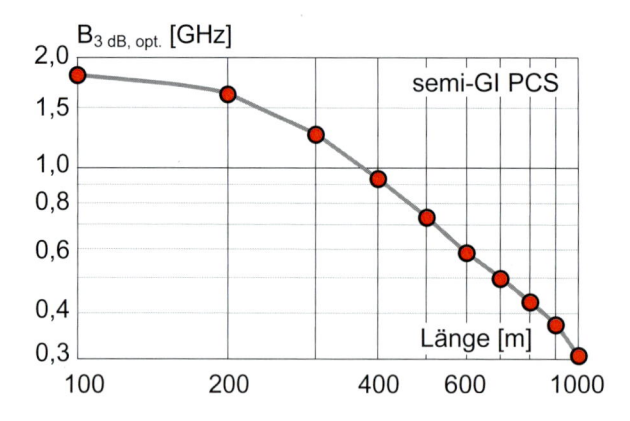

Abb. 2.127: Bandbreite der Semi-GI-PCS nach [Aiba04]

2.5.3.6 Vergleich von Bandbreitemessungen und Berechnungen

Die diversen Messungen von Faserbandbreiten zeigen, daß für dicke Glas- und Polymerfasern im wesentlichen die gleichen Prinzipien gelten. Wichtige Effekte sind:

➢ Die Bandbreite sinkt mit dem Quadrat der Numerischen Apertur durch die Vergrößerung der Laufzeitdifferenzen zwischen den einzelnen Moden.
➢ Der Durchmesser der Faser spielt für die Bandbreite keine Rolle.
➢ Starke modenabhängige Dämpfung vergrößert die Bandbreite von Fasern, erhöht aber auch die Übertragungsverluste.
➢ Vielkernfasern und Faserbündel erlauben bei gleichem Biegeradius kleinere NA und damit größere Bandbreiten.
➢ Die Bandbreite von Fasern hängt sehr stark von den Anregungs- und Detektionsbedingungen ab. Bei kurzen Faserlängen kann der Unterschied » 10 sein. Für die Angabe der Bandbreite in Datenblättern sollte immer mit UMD (Vollanregung) oder EMD (Modengleichgewicht) gemessen werden.
➢ Gradientenindexprofile vergrößern die Bandbreite um bis zu 2 Größenordnungen, allerdings muß das Indexprofil möglichst ideal realisiert werden (unter Vernachlässigung der chromatischen Dispersion sollte es parabolisch sein).
➢ Bei nicht idealem GI-Profil kann durch selektive Anregung dennoch eine große Bandbreite erreicht werden.
➢ Vor allem bei Glas-GI-Fasern muß zusätzlich die chromatische Dispersion berücksichtigt werden (wird im nächsten Absatz erläutert).
➢ Technisch einfacher als ein GI-Profil ist ein Mehrstufenindexprofil zu realisieren, womit die Bandbreite ähnlich deutlich vergrößert werden kann.

> Semi-GI-Fasern haben große Bandbreiten, vor allem über kurze Längen und bei Einkopplung mit kleinen Winkeln.
> Bei nicht verkabelten Fasern kann die Bandbreite unter Laborbedingungen extrem von den äußeren Bedingungen abhängen, je nach dem Grad der induzierten Modenkopplung.

Besonders interessant ist der Vergleich zwischen POF und PCS, da sie in vielen Anwendungen alternativ verwendet werden können. In Abb. 2.128 werden die längenabhängigen Bandbreiten beider Fasertypen mit Vollanregung dargestellt.

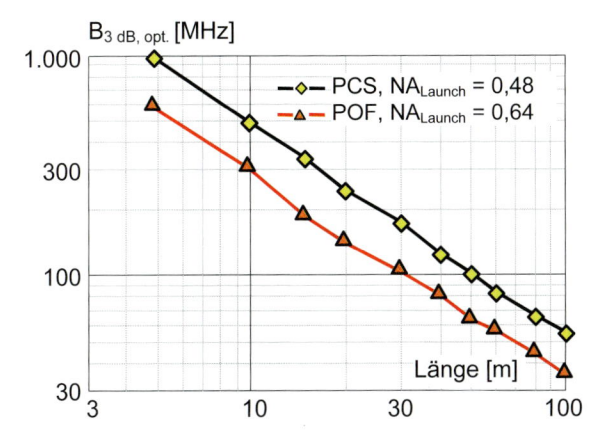

Abb. 2.128: Bandbreitevergleich zwischen POF (Faser-NA: 0,50) und PCS (NA: 0,37)

Theoretisch sollte die PCS aufgrund der kleineren NA eine um ca. 50% größere Bandbreite aufweisen, was durch die Messung auch annähernd bestätigt wird. Die beiden Meßkurven laufen annähernd parallel, was auf ähnliche Größen der modenabhängigen Prozesse schließen läßt. Die winkelabhängige Dämpfung wird für eine typische PCS-Fasern in Abb. 2.129 und für eine Semi-GI-PCS in Abb. 2.130 dargestellt.

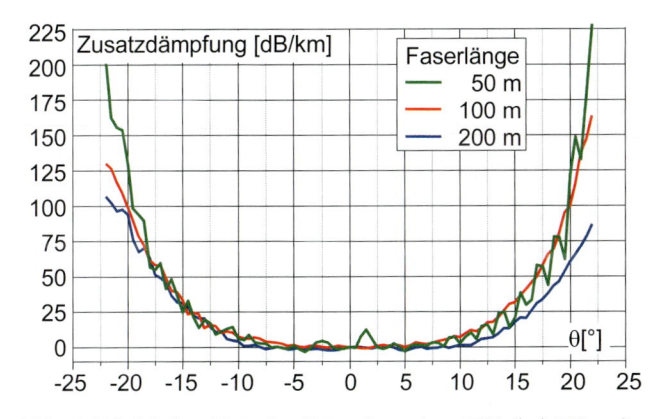

Abb. 2.129: Modenabhängige Dämpfung einer PCS (bei 650 nm)

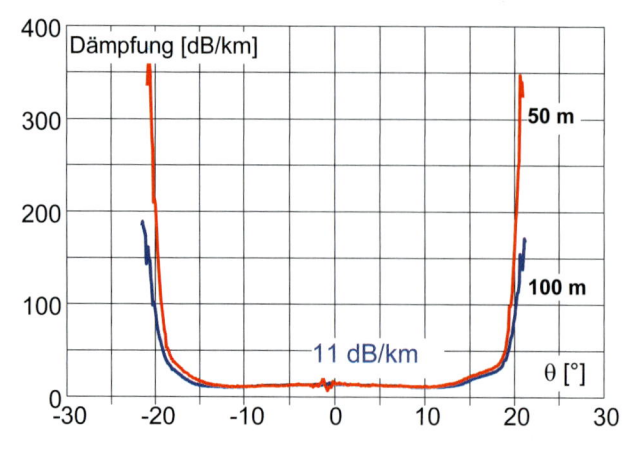

Abb. 2.130: Modenabhängige Dämpfung einer Semi-GI-PCS (bei 650 nm)

Tatsächlich zeigen auch PCS sehr große modenabhängige Dämpfung, deren Intensität mit POF vergleichbar ist. Das erklärt das ähnliche Verhalten, auch wenn das Kernmaterial selbst sehr viel dämpfungsärmer ist.

In der folgenden Abb. 2.131 werden typische Bandbreitewerte der verschiedenen oben vorgestellten Mehrmodenfasern schematisch verglichen. Für spezifische Produkte oder abweichende Meßbedingungen können die Werte, wie mehrfach beschrieben, deutlich abweichen.

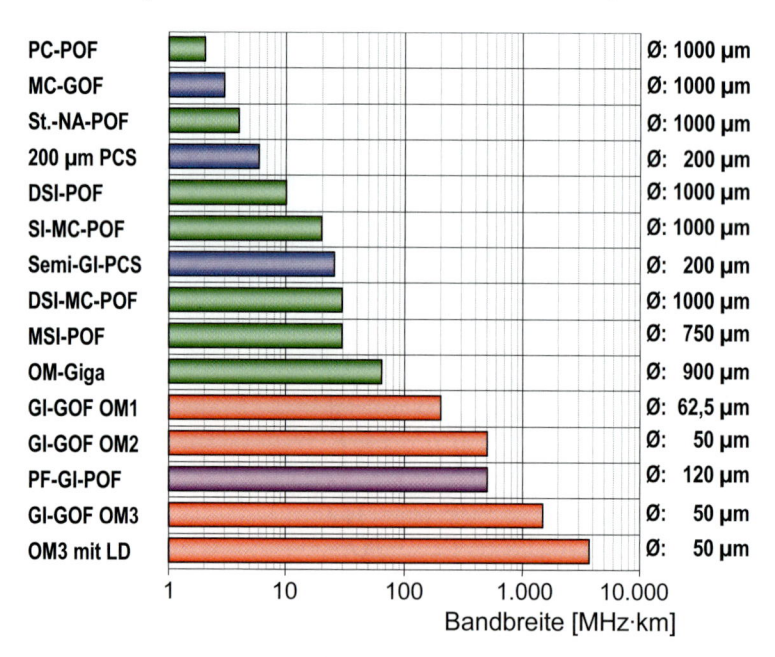

Abb. 2.131: Vergleich der Bandbreite verschiedener optischer Fasern (typische Werte)

Die Bandbreiten der dargestellten Faser variieren über mehr als 3 Größenordnungen. Nutzt man dagegen Einmodenfasern, gibt es heute praktisch kein Bandbreitenlimit mehr. Modendispersion tritt nicht mehr auf. Die chromatische und Polarisationsmoden-Dispersion können beliebig kompensiert werden. Die Bedeutung der chromatischen Dispersion soll im nächsten Abschnitt erläutert werden.

2.5.4 Chromatische Dispersion in Polymerfasern

In allen optischen Medien tritt der Effekt auf, daß die Ausbreitungsgeschwindigkeit von Licht unterschiedlicher Wellenlängen variiert. Differenziert man die Ausbreitungskonstanten nach der Wellenlänge, erhält man die sogenannte chromatische Dispersion (üblicherweise in ps/nm·km angegeben). Diese Konstante gibt die Laufzeitänderung eines Signals in Abhängigkeit von der Wellenlänge an. Im typischen Anwendungsbereich optischer Fasern ist dieser Wert negativ. Das bedeutet, daß mit zunehmender Wellenlänge die Laufzeit kleiner wird (entsprechend einer größeren Geschwindigkeit). In Abb. 2.132 wird die chromatische Dispersion für Quarzglas, PMMA und ein typisches fluoriertes Polymer gezeigt (nach [Koi97a]).

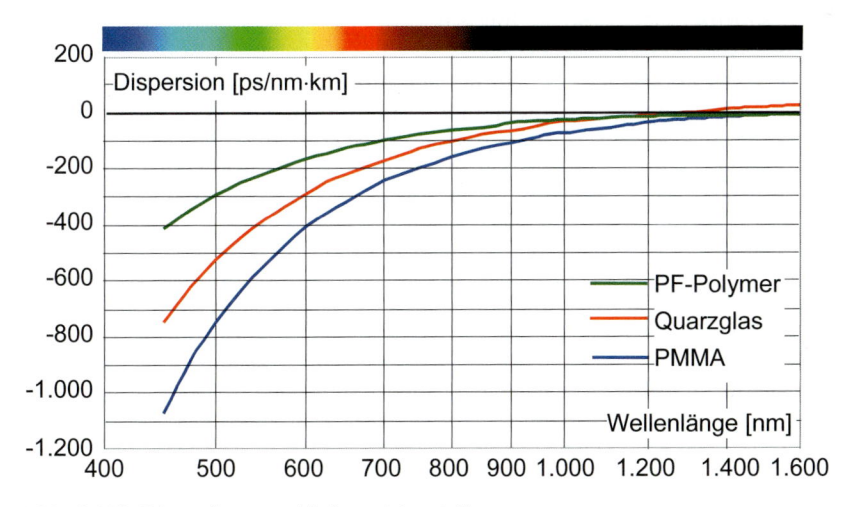

Abb. 2.132: Dispersion verschiedener Materialien

Typische Halbleiterquellen weisen bestimmte spektrale Breiten auf, die von einigen 10 nm für LED bis zu wenigen MHz (entspricht einigen 10^{-5} nm) bei Lasern reichen. Dazu kommt, daß bei Modulation einer Lichtquelle immer eine spektrale Verbreiterung auftritt, die ein bestimmtes theoretisches Limit nicht unterschreiten kann. Dieser Effekt spielt aber nur bei spektral einmodigen Lasern und sehr hohen Datenraten eine Rolle.

In Abb. 2.133 wird schematisch gezeigt, welchen Einfluß die chromatische Dispersion auf einen Lichtimpuls mit einer gegebenen spektralen Breite hat. In die

2.5 Bandbreite optischer Fasern

Faser wird ein Impuls eingestrahlt, der ein bestimmtes Spektrum mit der Breite $\Delta\lambda$ besitzt. Nach Durchlaufen der Faser (Länge L) mit der Dispersion D hat der Impuls die Breite $\Delta t = D \cdot \Delta\lambda \cdot L$, wobei die kurzwelligeren Bestandteile zuerst eintreffen (siehe auch Abb. 2.38).

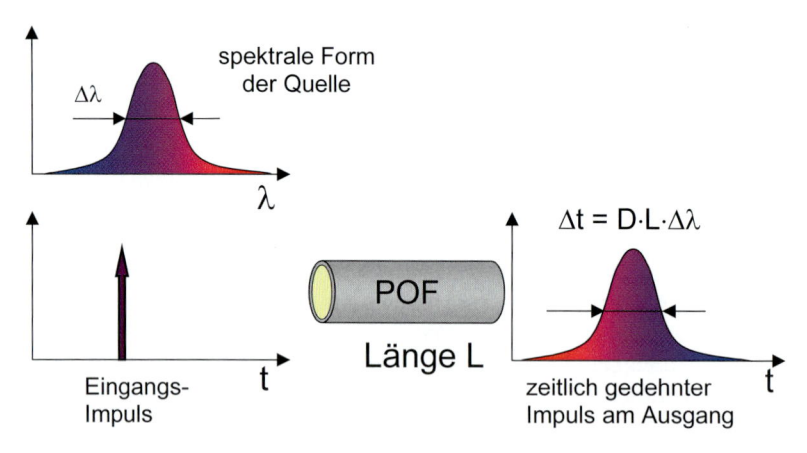

Abb. 2.133: Einfluß der chromatischen Dispersion

Für Quarzglas-Einmodenfasern liegt der Wert für die chromatische Dispersion im Bereich der kleinsten Faserdämpfung bei 1.550 nm Wellenlänge bei 17 ps/nm·km. Heute werden überwiegend DFB-Laserdioden für Fernverkehrssysteme eingesetzt, deren spektrale Breite höchstens wenige MHz beträgt. Hier ist im wesentlichen die Verbreiterung durch die Daten selbst von Bedeutung. Ein Nanometer entspricht hier rund 125 GHz spektraler Breite. Für eine Datenrate von 10 Gbit/s wird also ein Spektrum im Bereich eines Zehntels nm Breite erzeugt. Bei einer zulässigen Bitverbreiterung von 0,05 ns kann die Faserstrecke rund 30 km lang sein. Für 2,5 Gbit/s steigt dieser Wert schon auf ca. 500 km (wegen des schmaleren Spektrums und der größeren zulässigen Impulsverbreiterung). Herkömmliche 2,5 Gbit/s-Systeme kommen ohne Maßnahmen gegen Dispersion aus. Alle Systeme mit vielen hintereinander liegenden Faserverstärkern oder höheren Bitraten benötigen Maßnahmen gegen die chromatische Dispersion. Die heute gebräuchlichste Methode ist der Einsatz von dispersionskompensierenden Fasern mit stark negativer Dispersion. Da diese Fasern die Wellenleiterdispersion ausnutzen, sind sie nur als Einmodenfasern realisierbar.

Für die POF zeigt sich eine deutlich andere Situation. Mit betragsmäßig mehr als 300 ps/nm·km ist bei 650 nm Wellenlänge die chromatische Dispersion für PMMA-POF über 20 mal größer als bei Quarzglasfasern bei 1.550 nm Wellenlänge. Außerdem werden üblicherweise für POF keine Laser mit wenigen Zehntel Nanometern spektraler Breite, sondern LED mit typischen spektralen Breiten von 20 nm bis 40 nm eingesetzt. Dem gegenüber stehen aber die kurzen typischen Entfernungen von POF-Systemen und die moderaten Bitraten. In Tabelle 2.15 werden einige Beispiele für den Einfluß der chromatischen Dispersion in POF-Systemen gegeben.

Tabelle 2.15: Einfluß der chromatischen Dispersion in POF-Systemen

Beispiel	Bitrate/ POF-Länge	Wellenlänge/ spektr. Breite	Impulsverbreiterung/ rel. zur Bitlänge
SI-POF	50 Mbit/s / 50 m	650 nm LED 20 nm FWHM	0,375 ns 2 % der Bitlänge
ATMF DSI-POF	155 Mbit/s / 50 m	650 nm LED 40 nm FWHM	0,75 ns 12 % der Bitlänge
ATMF DSI-POF	155 Mbit/s / 100 m	525 nm LED 40 nm FWHM	2,8 ns 43 % der Bitlänge
IEEE1394 MC-POF	500 Mbit/s / 70 m	525 nm LED 40 nm FWHM	1,96 ns 98 % der Bitlänge
STM16 PF-GI-POF	2.500 Mbit/s / 200 m	650 nm LD 2 nm FWHM	0,05 ns 12 % der Bitlänge

In den ersten drei Beispielen werden LED für die Übertragung von Datenraten bis zu 155 Mbit/s über max. 100 m benutzt. Auch im ungünstigen Fall der Verwendung grüner LED ist die Impulsverbreiterung kleiner als die halbe Bitlänge, so daß das System nur wenig beeinflußt wird. Im vierten Beispiel soll ein IEEE1394 S400-Datenstrom (mit 500 Mbit/s physikalischer Datenrate) mit einer grünen LED über 70 m übertragen werden. Hier ist die Impulsverbreiterung schon annähernd im Bereich der Bitlänge. Rechnet man die Verschlechterung durch Modendispersion hinzu, kann dieses System nur noch mit erheblichem Aufwand arbeiten. So ist z.B. teilweise eine elektrische Kompensation möglich, allerdings wird dazu eine höhere optische Empfangsleistung notwendig. Ab Datenraten von 0,5 Gbit/s bis 1 Gbit/s wird die Verwendung spektral schmalerer Quellen notwendig. Dazu gehören zunächst RC-LED und VCSEL (siehe Kap. 3), bei noch höheren Anforderungen dann DFB-Laserdioden. Eine solche Wahl ist aber aufgrund der beschränkten Modulationsbandbreite von LED i.d.R. sowieso unausweichlich.

Fluorierte Gradientenindexprofil-Polymerfasern besitzen eine wesentlich kleinere chromatische Dispersion als PMMA-POF. Derartige Fasern sind für den Einsatz in Gbit/s-Systemen konzipiert und verwenden den Spektralbereich zwischen 800 nm und 1.300 nm. Für diese Anforderungen kommen, auch wegen der kleinen Kerndurchmesser, von vorneherein nur Laserdioden in Frage, deren spektrale Breite höchstens einige Nanometer beträgt. Die letzte Zeile zeigt, daß dann wiederum auch bei einigen 100 m Übertragungslänge die chromatische Dispersion vernachlässigt werden kann.

2.5.5 Methoden zur Bandbreitevergrößerung

Die theoretische Bandbreite der Polymerfaser wird zumeist unter zwei wesentlichen Annahmen berechnet. Zunächst wird angenommen, daß am Fasereingang im Modengleichgewicht eingekoppelt wird und der Detektor alle Moden empfängt. Weiterhin wird die Dämpfung aller Moden als näherungsweise konstant angenommen. In der Praxis verhalten sich aber Polymerfasern, insbesondere Stufenindexprofilfasern, völlig anders. Zunächst ist es recht schwierig, am Anfang der

Faser alle Moden gleichmäßig zu beleuchten. Oftmals werden Laserdioden benutzt, deren Abstrahlwinkel deutlich kleiner sind als der Akzeptanzwinkel einer SI-POF. Noch problematischer ist die Verwendung von Festkörper- oder Gaslasern, deren exakte Wellenlänge oft für Meßzwecke gewünscht wird. Diese Laser senden kollimiertes Licht aus, so daß nur ein kleiner Teil der POF-Moden angeregt werden kann. Bei Verwendung von Glühlampen oder Entladungslampen werden Optiken benutzt, um das Licht auf die Faser zu kollimieren. Hier ist es problematisch, Linsen zu finden, die tatsächlich im Akzeptanzbereich konstant effizient arbeiten. Dies alles äußert sich in Abweichungen der tatsächlichen Bandbreite eines konkreten Experimentes gegenüber dem theoretischen Grenzwert. Für die meßtechnische Charakterisierung stellt dies einen sehr unerwünschten Effekt dar, wie in Kap. 8 gezeigt wird. Für hochbitratige Datenübertragung kann dies aber auch praktisch ausgenutzt werden, wie die folgenden Beispiele zeigen.

In Abb. 2.134 werden die wichtigsten Methoden zur Bandbreitenerhöhung einer POF demonstriert.

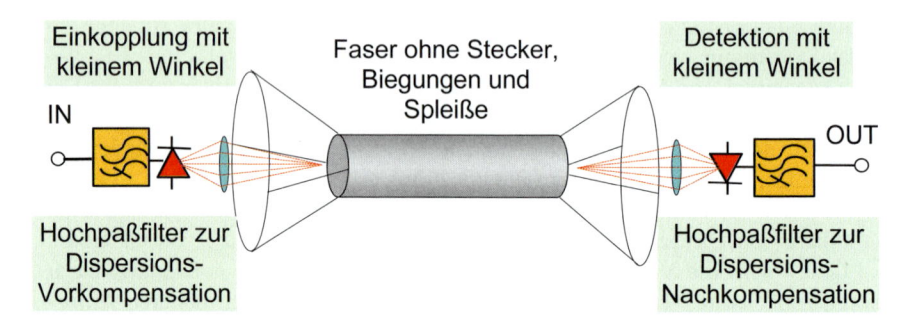

Abb. 2.134: Methoden zur Bandbreitenvergrößerung (siehe auch S. 441)

Die Einkopplung mit kleinem Winkel bewirkt ebenso wie die Detektion nur eines ausgewählten Winkelbereichs die Einschränkung der an der Signalübertragung beteiligten Moden, und verringert somit die Impulsverbreiterung. Das verbleibende Tiefpaßverhalten kann elektrisch kompensiert werden, und zwar sowohl vor als auch hinter der POF-Strecke. Die bisher deutlichsten Bandbreitenvergrößerungen für ein POF-System wurden in [Bat92] (siehe auch [Bat96a] und [Yas93]) beschrieben. Dabei wurden folgende Komponenten benutzt:

➢ Einstrahlung mit kleiner NA, dadurch werden nur wenige Moden mit geringen Laufzeitunterschieden angeregt.
➢ Vorverzerrung des LD-Ansteuersignals (Peaking) mit Hochpaß (C ∥ R).
➢ Auskopplung mit geringerer NA (Moden mit großen Laufzeitdifferenzen werden ausgeblendet)
➢ Dispersionskompensation hinter dem Empfänger mit Hochpaß (C ∥ R).

Über 100 m St.-NA-POF konnten über 500 Mbit/s übertragen werden (siehe auch Kap. 6). Alle diese Maßnahmen sind aber üblicherweise mit einer Verschlechterung der Leistungsbilanz verbunden, wie Tabelle 2.16 zusammenfaßt.

2.5 Bandbreite optischer Fasern

Tabelle 2.16: Konsequenzen verschiedener Bandbreite steigernder Methoden

Methode	Verschlechterung der Leistungsbilanz durch:
Peaking	Verringerung der Aussteuerung der Quelle
Low-NA-Einkopplung	Verringerung der eingekoppelten Leistung bei breit abstrahlenden Quellen
Low-NA-Detektion	Verlust von Licht am Faserausgang mit großem Winkel
Nach-Kompensation	Verstärkung des Rauschens bei größeren Frequenzen

Besonders interessant ist damit der Einsatz solcher Methoden in Systemen, in denen genügend Reserven in der Leistungsbilanz vorhanden sind. Über sehr kurze Entfernungen spielt die Dämpfung der POF kaum eine Rolle, für verschiedene Anwendungen ist aber der Einsatz hoher Datenraten interessant. Im Kap. 6 werden Experimente der T-Nova GmbH, der Universität Ulm, Daimler Chrysler, dem Fraunhofer-Institut für Integrierte Schaltungen Nürnberg und dem POF-AC Nürnberg zur Übertragung von Gbit/s über Entfernungen im 10 m bis 100 m-Bereich vorgestellt.

Die Abb. 2.135 zeigt theoretische Betrachtungen zur POF-Bandbreite bei unterschiedlichen Einkoppelwinkeln (gaußförmige Abstrahlung mit 3 dB-Breite relativ zur Faser-NA gerechnet; mit Modenkopplung) nach [Bun99a]. Bei kleinen Längen und kleinen Anregungs-NA bleibt das Licht in Bereichen kleiner Ausbreitungswinkel konzentriert, die kleinen Laufzeitunterschiede ergeben große Bandbreiten. Nach ca. 100 m Faser ist durch Modenmischung annähernd Modengleichgewicht erreicht, und der Einfluß der Anregungsbedingungen verschwindet allmählich. Das Verhalten entspricht recht gut den oben gezeigten Meßergebnissen.

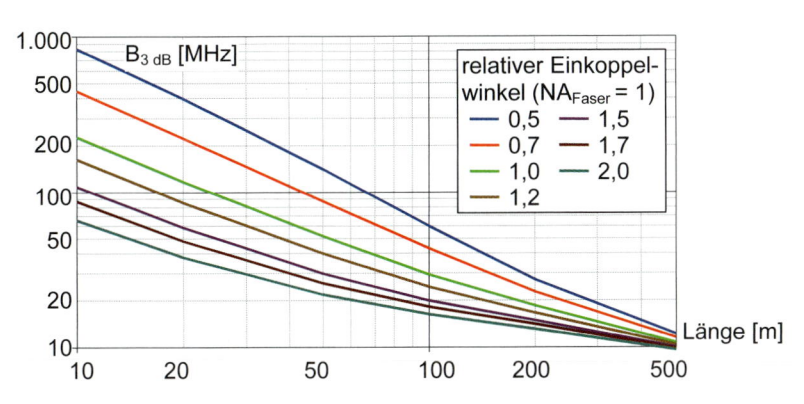

Abb. 2.135: Theoretische Bandbreite bei unterschiedlichen Einkoppelwinkeln ([Bun99a])

Das Prinzip des Peaking wird in den Abbildungen 2.136 und 2.137 demonstriert (siehe [Stei00a], [Ziem00a] und [Ziem00c]). Zwischen den Modulationseingang und den Laser wird ein Hochpaßfilter geschaltet. Dieser dämpft niedrige Frequenzen und läßt hohe Frequenzen ohne Verlust durch. Zunächst wird das elektrische Spektrum des Sendesignals am Laser mit und ohne Peakingfilter dargestellt (1,2 Gbit/s, NRZ, Pseudozufallsfolge).

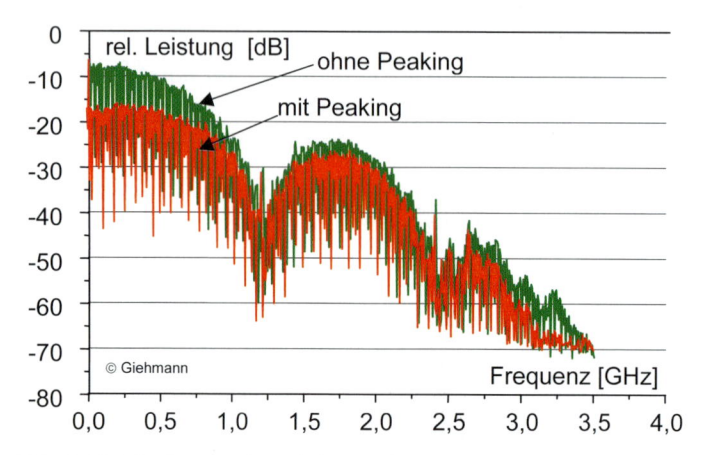

Abb. 2.136: Spektrum mit und ohne Peaking

Die Datenrate betrug im Experiment 1.200 Mbit/s bei NRZ-Kodierung. Das zweistufige Vorverzerrungsfilter dämpft das Signal bei kleinen Frequenzen um 12 dB, so daß die höheren Frequenzen eine stärkere Modulation erzeugen können. Für die Impulse bedeutet das steilere Flanken und Überschwinger am Anfang und Ende (deswegen der Begriff Peaking), wie Abb. 2.137 zeigt.

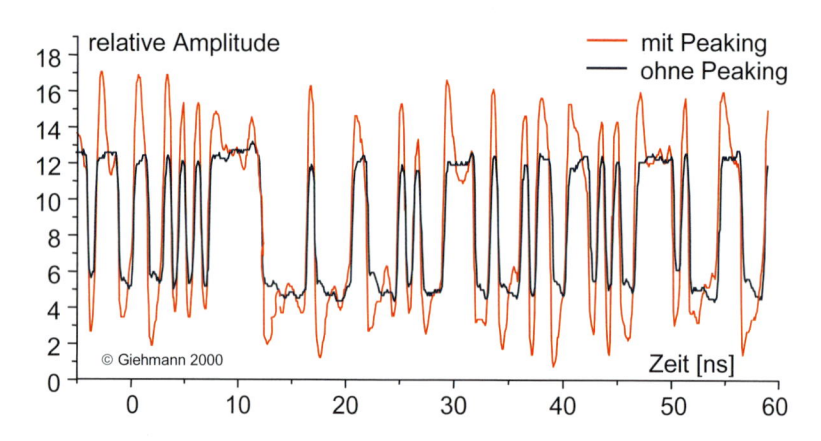

Abb. 2.137: Laseransteuersignal mit/ohne Peaking

Im Bild ist der Nachteil des Peakings klar erkennbar. Die Spitzen am Impulsbeginn und -ende müssen innerhalb des zulässigen Arbeitsbereichs des Lasers, also zwischen Schwellenstrom und max. Strom liegen. Die tatsächliche Leistung pro Impuls wird dabei gegenüber Rechteckimpulsen verringert.

In Abb. 2.138 werden die Bitraten und überbrückten Entfernungen verschiedener hochratiger Übertragungssysteme mit SI-POF zusammengestellt ([Scha00], [Ziem00a], [Kich99], [Yas93], [Vin04a], [Vin04b] und [Ziem03g]). Detaillierte

Angaben zu den Systemen finden sich in Kap. 5. Im Bild sind die theoretischen Grenzen für die Bandbreite der St.-NA-POF und der DSI-POF mit angegeben (bei Annahme von NRZ-Kodierung und Bitrate = 2 × 3 dB-Bandbreite).

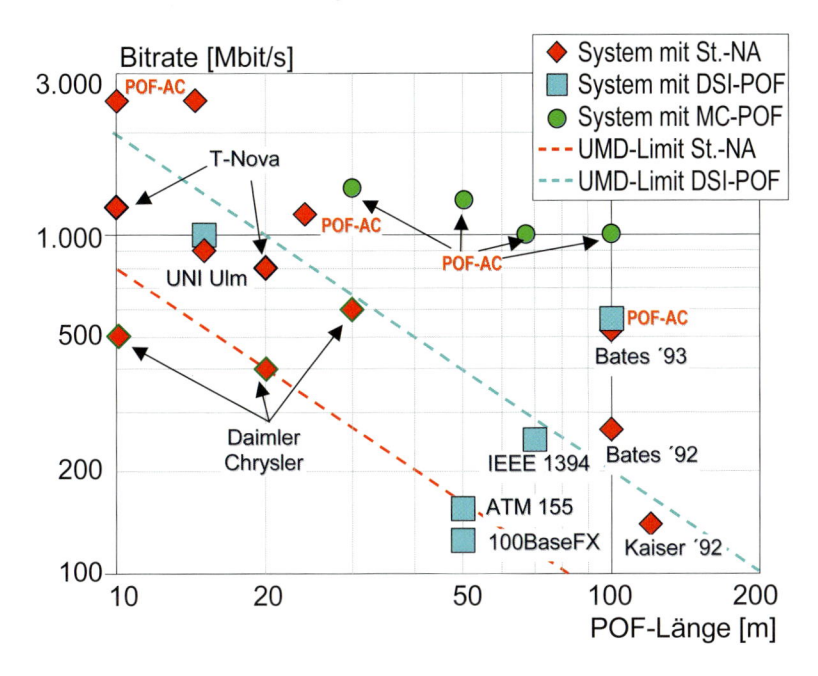

Abb. 2.138: Bitraten verschiedener POF-Systeme (Stand 2003)

Deutlich ist zu erkennen, daß eine Reihe von Systemen mit St.-NA-POF deutlich oberhalb der theoretischen Grenzen liegen. Insbesondere bei größeren Längen ist eine mögliche Überschreitung erheblich. Wie im nächsten Abschnitt gezeigt wird, gibt es in der praktischen Anwendung einige Probleme, zu denen z.B. das Biegeverhalten gehört. Allgemein gilt, daß eine extreme Dispersionskompensation adaptiv erfolgen muß. Das bedeutet, daß vor allem die Grenzfrequenzen der Hochpässe sehr genau an den Frequenzgang der Strecke angepaßt werden müssen. Ändert sich dieser, erfolgt eine Über- oder Unterkompensation des Frequenzgangs, resultierend in Impulsverzerrungen. Eine solche Änderung kann z.B. bei geänderten Kabellängen erfolgen, aber auch schon durch eine Biegung der Faser. In kommerziellen Systemen wird man es vermeiden wollen, automatische Adaptionen verwenden zu müssen (wie es z.B. bei 1000BaseT-Systemen notwendig ist) oder aber spezifische Receiver für unterschiedliche Kabellängen herzustellen. Ein praktikabler Weg ist es, die Kompensation so einzustellen, daß für kurze Längen eine Überkompensation erfolgt, die aber gerade noch tolerabel ist, und die maximale Länge so zu wählen, daß die Kompensation gerade noch ausreicht. Abbildung 2.139 zeigt dies schematisch.

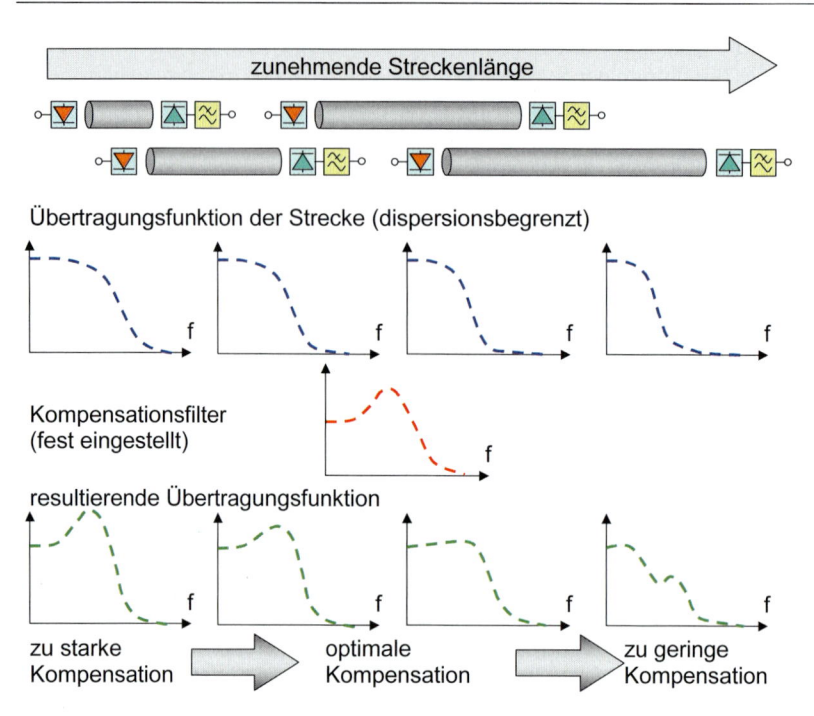

Abb. 2.139: Kompensation der Dispersion für unterschiedliche Längen

Einen Vorschlag für die Vergrößerung der Bandbreite durch direkten Eingriff in den optischen Weg beschreibt [Kal99]. Durch den Einsatz eines Modenfilters unmittelbar hinter dem Sender wird der Winkelbereich des Lichtes in der Faser verkleinert, wie Abb. 2.140 schematisch zeigt. Für zwei St.-NA-POF von Mitsubishi und Toray konnte damit eine Verbesserung der Bandbreite von 53% bzw. 89% erzielt werden. Die Verluste des Modenfilters betragen ca. 2,5 dB, was in vielen Anwendungen durchaus tolerierbar ist.

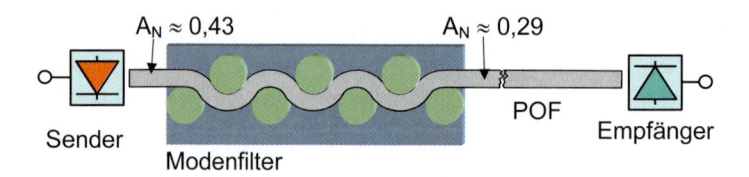

Abb. 2.140: Vergrößerung der Bandbreite durch Modenfilter

Im Prinzip entspricht diese Methode der Lichteinkopplung mit kleinerer NA, allerdings dürfte die Realisierbarkeit viel einfacher sein, da keine optischen Komponenten benötigt werden, sondern eine einfache mechanische Klemme, die auf die Faser gesetzt wird. Bei Bedarf kann dies auch noch einmal in der Streckenmitte oder vor dem Empfänger erfolgen.

2.5.6 Bitraten und Penalty

Im allgemeinen werden optische Übertragungssysteme so dimensioniert, daß bei NRZ-Übertragung die Systembandbreite mindestens 50% der Bitrate beträgt. Für eine Übertragung von 1.000 Mbit/s werden also 500 MHz benötigt. Bei ideal angepaßter Filterung im Empfänger bedeutet das ein komplett geöffnetes Auge. Das heißt, daß der Übergang vom Symbol Null auf das Symbol Eins und umgekehrt innerhalb der Bitdauer erfolgt. Ist aber die Systembandbreite kleiner als die Hälfte der Bitrate, benötigt der Symbolübergang eine größere Zeit, woraus eine Verkleinerung der vertikalen Augenöffnung resultiert. Entweder muß dieser Effekt durch eine angepaßte Filterung ausgeglichen werden, oder die verkleinerte Augenöffnung wird durch einen entsprechend höheren Empfangspegel ausgeglichen. Die Verschlechterung des Signal-Rausch-Verhältnisses am Empfänger durch die Bandbreitebegrenzung wird als Penalty bezeichnet (wörtlich: Strafe, angegeben in dB). In Abb. 2.141 wird der Zusammenhang von Signal-zu-Rauschverhältnis, Empfangspegel und Penalty gezeigt.

System ohne Rauschen und mit ausreichender Bandbreite - das Auge ist voll geöffnet

System ohne Rauschen und mit begrenzter Bandbreite - das Auge ist teilweise geschlossen
Penalty: 20·log(U_2/U_1)

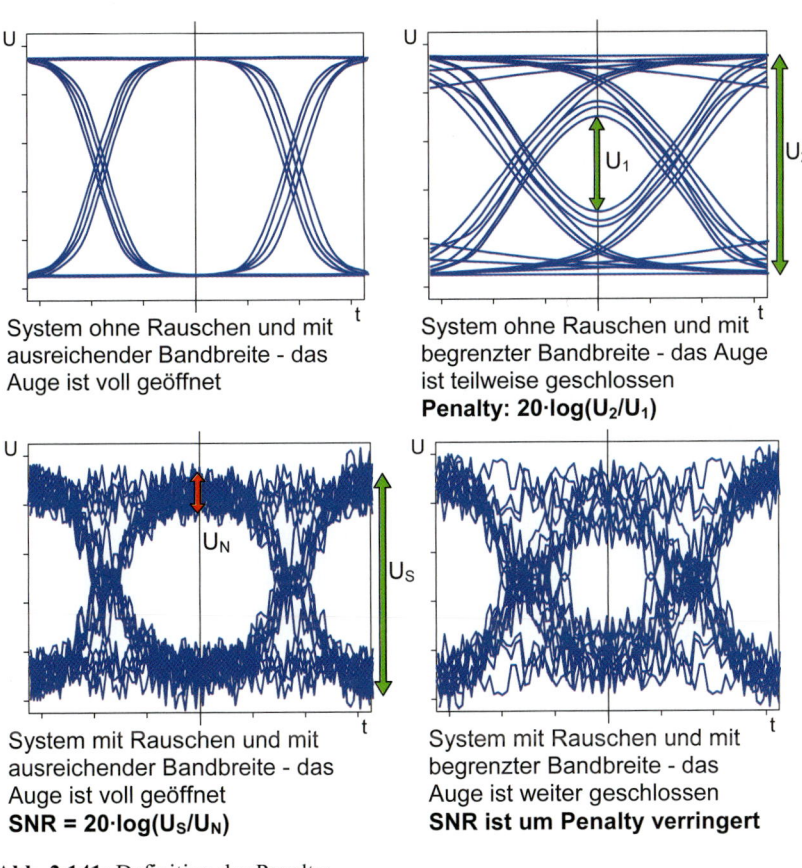

System mit Rauschen und mit ausreichender Bandbreite - das Auge ist voll geöffnet
SNR = 20·log(U_S/U_N)

System mit Rauschen und mit begrenzter Bandbreite - das Auge ist weiter geschlossen
SNR ist um Penalty verringert

Abb. 2.141: Definition des Penalty

Zur Beschreibung der Empfindlichkeit eines Empfängers wird immer mit der maximalen Bitrate gemessen. Ein eventueller Penalty ist dabei immer einbezogen. Bei ausreichend großer Bandbreite sollte nur das Rauschen die Empfindlichkeit begrenzen. Bei Verwendung großer Photodioden, wie sie für POF oder PCS notwendig sind, erzeugt die große Diodenkapazität aber i.d.R. eine relativ dramatische Tiefpaßwirkung. Das Rauschen steigt im Verhältnis zum Signal mit sinkender Empfängerimpedanz, also wird man eher etwas Penalty akzeptieren und mit möglichst großen Eingangswiderständen arbeiten.

Unter Laborverhältnissen kann man Datenkommunikation auch mit hohem Penalty betreiben. Moderne Bitfehleranalysatoren können fehlerfrei übertragen, solange die Augenöffnung noch einige 10 mV beträgt. In der Abb. 2.142 wird zunächst ein typisches Augendiagramm mit hohem Penalty gezeigt. Anschließend wird für einen breitbandigen Empfänger des POF-AC der Zusammenhang zwischen Systembandbreite und Penalty dargestellt.

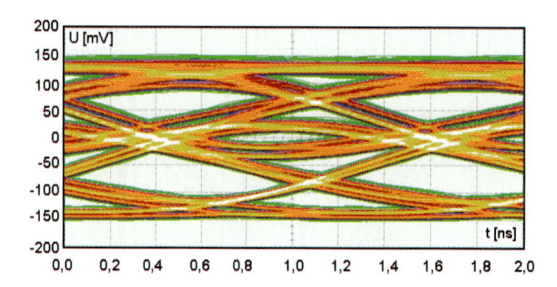

Abb. 2.142: Datenübertragung mit großem Penalty

Im gezeigten Beispiel wurden 820 Mbit/s über 100 m DSI-POF übertragen. Obschon das Auge fast komplett geschlossen ist, war fehlerfreie Übertragung möglich. In einem realen System wäre aber die sichere Detektion relativ schwierig, da Abtastzeitpunkt und Entscheiderschwelle sehr exakt nachgeregelt werden müssen. Außerdem gibt es keinerlei Reserven für Schwankungen der Laserleistung, Alterung oder Biegeverluste.

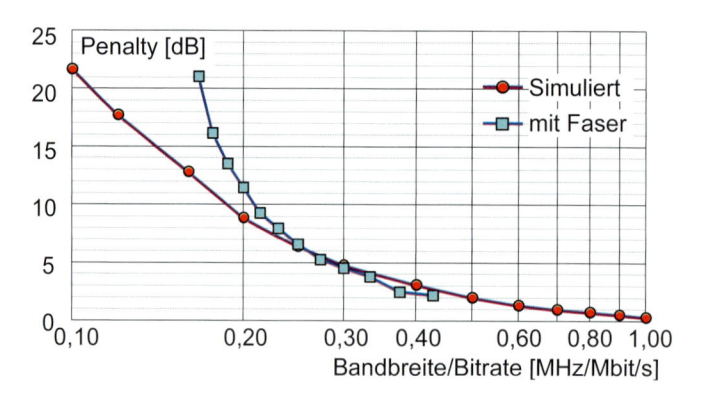

Abb. 2.143: Einfluß der Systembandbreite auf den Penalty

Die simulierten Werte wurden durch Berechnung des Penalties mit Hilfe von PSpice-Analysen ermittelt. Als System-Tiefpaß wurde ein gaußförmiges Filter verwendet. Die Meßpunkte wurden an einer 20 m langen Standard-POF mit unterschiedlichen Bitraten ermittelt. Der Penalty wurde aus den Augendiagrammen abgeschätzt. Bis herab zu 25% Systembandbreite (also z.B. Übertragung von 1 Gbit/s bei einer Systembandbreite von 250 MHz) stimmen die Meßwerte gut mit der Simulation überein. Bei noch höheren Bitraten steigt der Penalty schneller als in der Simulation an. Ursache ist vor allem. daß die Übertragungsfunktion dem idealisierten Gaußverhalten nur näherungsweise entspricht. Systeme mit mehr als 10 dB Penalty werden aber praktisch kaum sinnvoll einsetzbar sein.

Die Ergebnisse zeigen, daß zwischen den Angaben von maximaler Bitrate und Faserbandbreite nicht zwingend ein exakter Zusammenhang bestehen muß. Weiterhin zeigt sich, daß unter Laborbedingungen auch bei bandbreitebegrenzten Systemen recht hohe Datenraten erreicht werden können, wenn genügend Sendeleistung zur Verfügung steht.

2.6 Biegeeigenschaften optischer Fasern

Von besonderer Bedeutung ist die Empfindlichkeit optischer Fasern gegenüber Biegungen. Im praktischen Einsatz liegt eine Strecke nie vollkommen gerade. Sie muß um Ecken geführt werden, wobei üblicherweise 90°-Biegungen auftreten. Auch entlang der geraden Kabelkanalstrecke treten vielfältige kleinere Biegungen auf, z.B. an Kabelbindern.

Bei der Montage muß die Faser auch mechanisch enge Biegungen überstehen. In vielen Anwendungen kommt es auch im Betrieb zu ständigen Biegungen, beispielsweise in Schleppketten oder bei einem Datenkabel in einer Autotür. Man unterscheidet deswegen verschiedene Biegebelastungen:

- ➢ Statische Biegung: Hier wird bewertet, wieviel Licht an Biegungen verloren geht. Diese Verluste sind in der Leistungsbilanz des Systems zu berücksichtigen. Der Biegeverlust wird in Abhängigkeit des Biegeradius gemessen.
- ➢ Minimaler Biegeradius bei der Montage: Hier wird nur charakterisiert, welche Biegung die Faser kurzzeitig verträgt, ohne mechanisch zerstört zu werden.
- ➢ Wiederholte Biegung: In bestimmten Anwendungen müssen Fasern 10^5 bis einige 10^6 Biegungen ohne mechanische Zerstörung vertragen können.
- ➢ Rollenwechselbiegung: Tritt speziell in Schleppketten auf (siehe auch Kap. 9)

Die nachfolgend vorgestellten Ergebnisse sind entweder Datenblättern entnommen, oder stammen aus Messungen bei der Deutschen Telekom und ab 2000 am POF-AC Nürnberg. Nach wie vor existiert kein Standard für Messungen der Biegedämpfung. Wir haben zumeist eine längere Faserprobe verwendet, mit möglichst großer NA angeregt und alle Moden mit Hilfe einer Ulbrichtkugel erfaßt. Viele Hersteller messen hingegen mit kleinerer NA, wodurch automatisch viel bessere Werte entstehen, da in Biegungen die äußeren Moden besonders stark abgestrahlt werden.

2.6.1 Biegeverluste in SI-POF

Die wesentlichen Parameter, welche die Biegeempfindlichkeit einer Faser bestimmen, sind Durchmesser und Numerische Apertur. Je größer die NA ist, um so enger dürfen die zulässigen Biegeradien im Verhältnis zum Faserdurchmesser sein. Die Abb. 2.144 und 2.145 zeigen die Verluste für Biegungen verschiedener kommerziell erhältlicher Fasern nach Angaben in den Datenblättern ([Tor96a] und [Asa97]).

Abbildung 2.144 zeigt zunächst die Biegeverluste zweier verschiedener SI-POF mit etwas unterschiedlicher NA. Gut zu sehen ist schon, daß größere NA die Biegeverluste reduzieren.

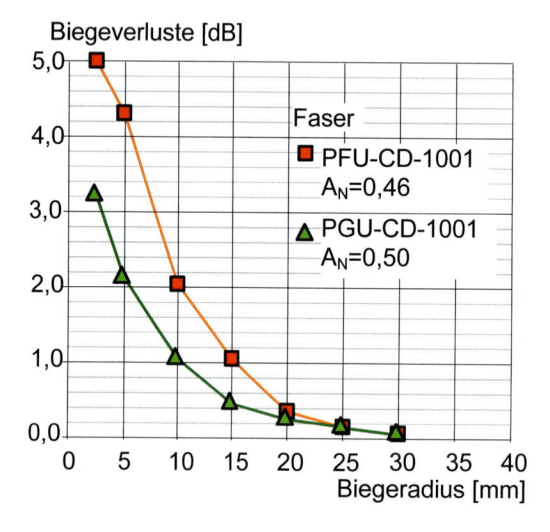

Abb. 2.144: Verluste für eine 360°-Biegung nach [Tor96a]

Abbildung 2.145 zeigt Dämpfungen für Biegungen einer St.-NA-POF, einer Low-NA-POF und einer Vielkernfaser (siehe oben).

Die Low-NA-POF zeigt wesentlich größere Verluste als eine St.-NA-POF. Wegen des kleineren Einzelkerndurchmessers ist die Biegeempfindlichkeit der Vielkernfaser trotz der kleinen NA mit der St.-NA-POF vergleichbar.

Folgen viele Biegungen direkt aufeinander, steigt die Dämpfung nicht linear mit der Zahl der Biegungen, da in den höheren Modengruppen immer weniger Energie vorhanden ist. Abbildung 2.146 zeigt eine Messung der Biegeverluste für verschiedene POF nach [Hen99].

2.6 Biegeeigenschaften optischer Fasern

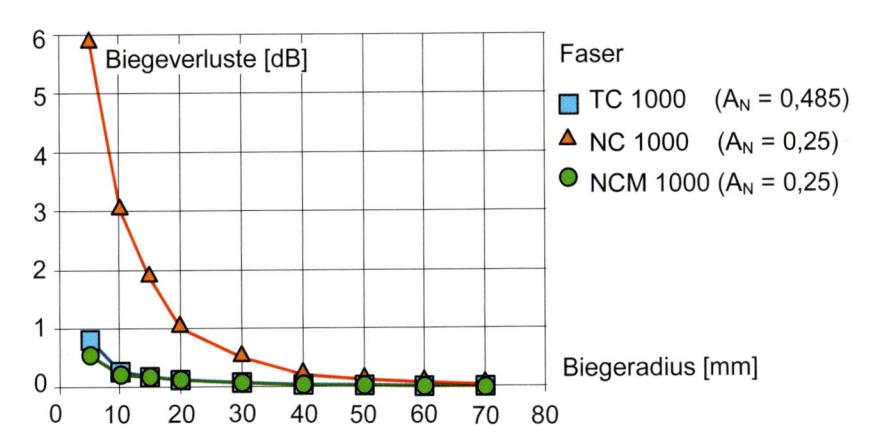

Abb. 2.145: Biegeverluste für eine 360°-Biegung nach [Asa97]

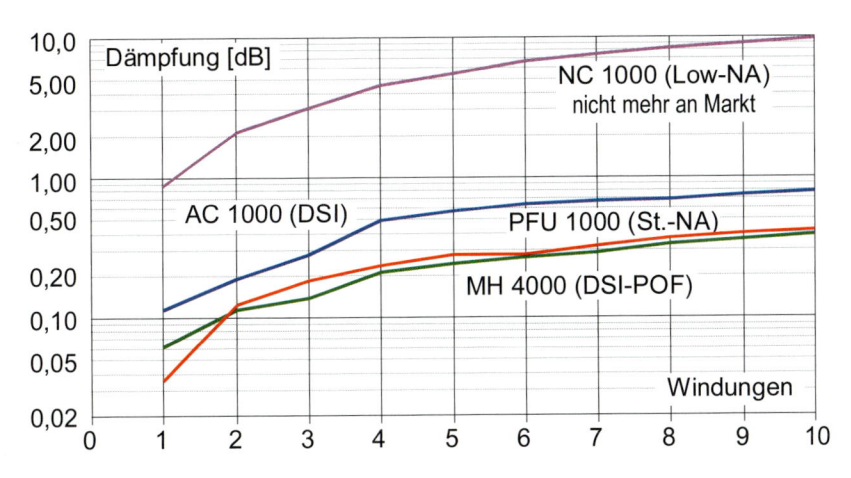

Abb. 2.146: Biegeverluste über Zahl der Windungen, R = 32 mm ([Hen99])

Die Messungen wurden bei 650 nm mit LED-Einkopplung und Modenmischer vorgenommen. Der Biegeradius war 32 mm, wobei die Biegungen zu Beginn einer 50 m langen Probe erfolgten.

Die PFU 1000 ist eine Standard-NA-POF, die Fasern MH 4000 und AC 1000 sind Doppelstufenindexprofil-POF. Ihre Verluste sind annähernd identisch und liegen bis zu 10 Windungen deutlich unter 1,0 dB. Die Low-NA-POF NC 1000 liegt hier im Bereich 10 dB, was für einen praktischen Einsatz zu viel ist. Bei den vom ATM-Forum geforderten 25 mm zulässigen Biegeradius war die Dämpfung schon oberhalb des Meßbereiches. Inzwischen bieten DSI-POF bei vergleichbarer NA wesentlich bessere Biegeeigenschaften.

Die Abb. 2.147 und 2.148 zeigen für eine (echte) Low-NA-POF (NC 1000) und eine St.-NA-POF die Verluste über dem inversen Biegeradius und der Zahl der Windungen aus [Hen99].

2.6 Biegeeigenschaften optischer Fasern

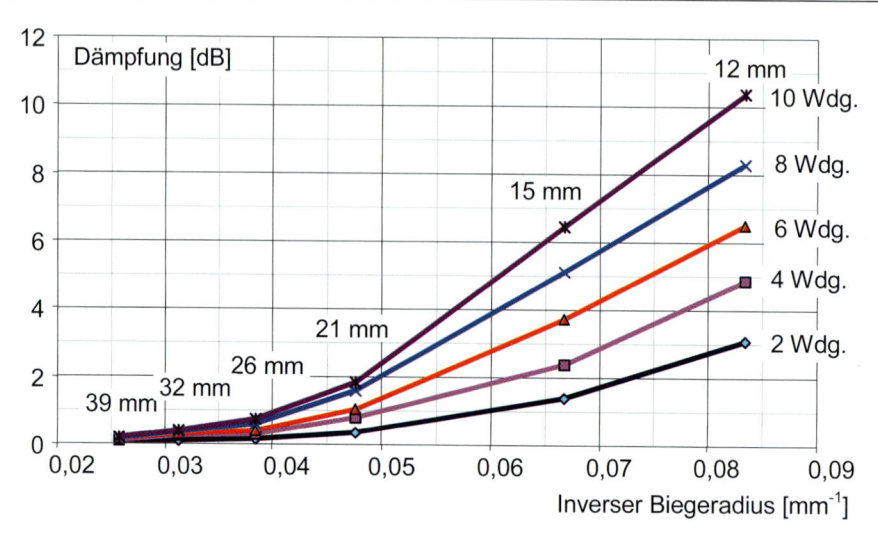

Abb. 2.147: Biegeverluste einer PFU-CD-1000 ([Hen99])

Für UMD-Bedingungen sollten die Biegeverluste proportional mit dem inversen Biegeradius ansteigen. Tatsächlich erfolgt dies aber erst unterhalb eines Biegeradius von rund 20 mm. Offenbar verringert die reale Modengleichgewichtsverteilung die Verluste oberhalb eines bestimmten Radius. Ursache dafür ist die Untergewichtung von Moden mit großem Ausbreitungswinkel, die ja besonders anfällig für die Auskopplung in Biegungen sind.

Die Low-NA-POF in Abb. 2.148 zeigt prinzipiell das gleiche Verhalten, allerdings schon bei wesentlich größeren Radien, bedingt durch die kleinere NA.

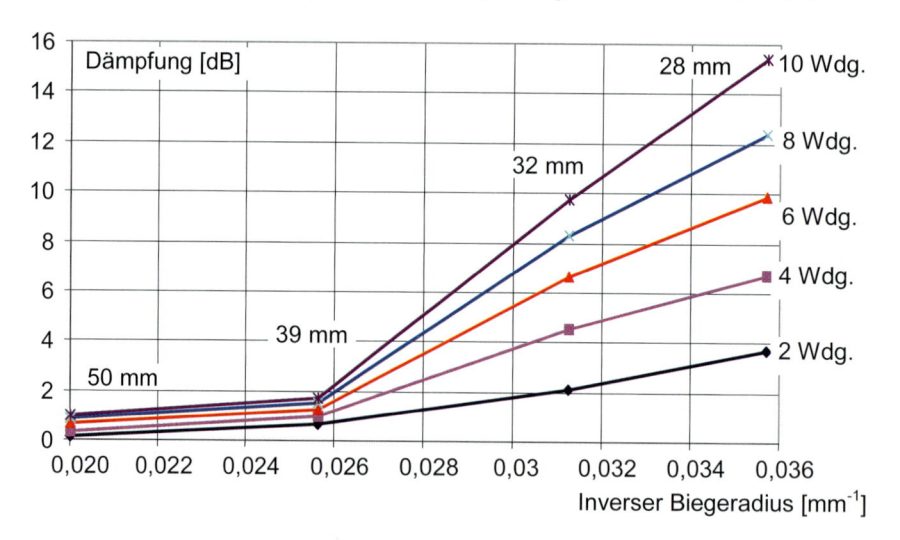

Abb. 2.148: Biegeverluste einer NC-1000 ([Hen99])

2.6.2 Biegeverluste in GI-Fasern

Für Gradientenindexprofil-POF gelten etwas andere Bedingungen für die Biegeempfindlichkeit als in Stufenindexprofilfasern. Hier ist nicht die Totalreflexion an der Kern-Mantel-Grenzfläche, sondern die stetige Brechung im Indexprofil für die Lichtführung verantwortlich. Dazu kommt eine grundsätzlich unterschiedliche Verteilung in Nah- und Fernfeld. Abbildung 2.149 zeigt eine Messung für GI-POF nach [Ish95].

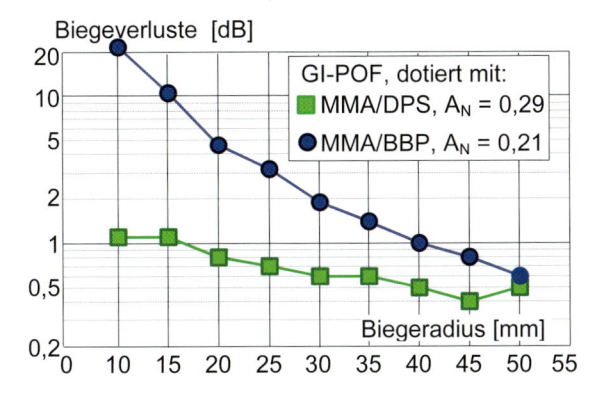

Abb. 2.149: Verluste zweier PMMA-GI-POF ([Ish95]) für 90°-Biegung

Durch unterschiedliche Dotiermaterialien haben die beiden Proben mit je 0,5 mm Kerndurchmesser unterschiedliche NA, was sich sehr deutlich in den Biegeverlusten bemerkbar macht. Trotz des kleineren Kerndurchmessers sind die Verluste für eine 25 mm-Biegung immer noch deutlich über den Werten einer SI-POF bzw. einer DSI-POF. Eine Verkleinerung des Kerndurchmessers führt auch hier zu niedrigeren Biegeverlusten.

In [Aru05] wird beschrieben, wie die Biegeverluste in PMMA-GI-POF deutlich verringert werden können. Neben einem optimierten Indexprofil wurde auf den Kern mit parabolischem Profil eine zusätzliche PVDF-Schicht (Polyvinylidenfluorid) aufgebracht. Damit entsteht eine Semi-GI-POF, die hohe Bandbreite mit kleinen Biegeverlusten verbindet. Die Verluste einer 90°-Biegung werden später in Abb. 2.205 im Vergleich zu einer herkömmlichen PMMA-GI-POF gezeigt (Probenlänge war 100 m). Auch bei 5 mm Biegeradius ist keine erhöhte Dämpfung meßbar. Im Abschnitt 2.8 über die Faserherstellung wird auf die verschiedenen Methoden zur Verringerung der Biegeverluste in PMMA-GI-POF und PF-GI-POF noch detaillierter eingegangen und es werden auch Meßbeispiele gezeigt.

2.6.3 Bandbreiteänderungen durch Biegungen

Biegungen führen aber nicht nur zu zusätzlichen Verlusten, sondern beeinflussen auch die Bandbreite, da bestimmte Modengruppen selektiv abgeschwächt werden. In Modenfiltern bzw. -mischern wird dieser Effekt bewußt ausgenutzt.

2.6 Biegeeigenschaften optischer Fasern

In Abb. 2.150 (nach [Rit93]) wird gezeigt, wie sich eine 720°-Biegung am Anfang einer 50 m langen POF-Strecke auf die gemessene Bandbreite auswirkt. Die Einkopplung erfolgte dabei mit $A_N = 0{,}10$.

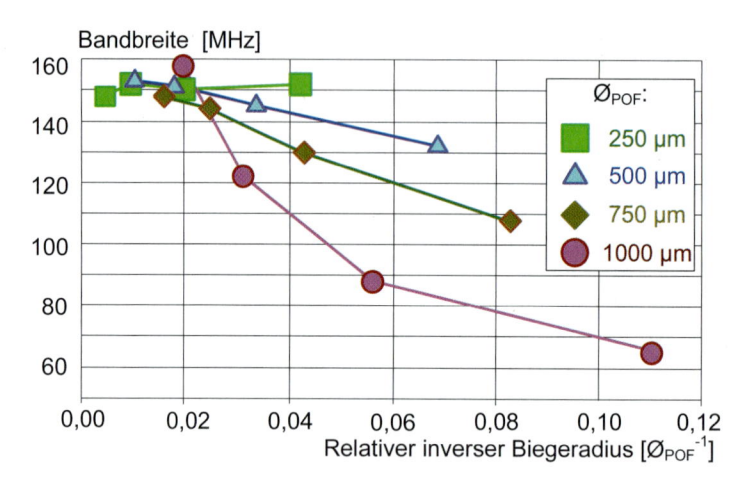

Abb. 2.150: Bandbreiteänderung durch Biegungen nach [Rit93]

Wegen der niedrigen Einkoppel-NA ist das Bandbreite-Länge-Produkt relativ groß (80 MHz·km). Bei kleinen Biegeradien am Faseranfang erfolgt eine Modenmischung, so daß die Bandbreite teilweise deutlich sinkt. Dieser Effekt ist naturgemäß für kleinere Durchmesser besonders ausgeprägt. In der hier gewählten Darstellung über dem inversen relativen Biegewinkel, bezogen auf den Kerndurchmesser, sollte der Einfluß des Kerndurchmessers verschwinden. Offenbar wirkt sich hier der bereits oben beschriebene Effekt der größeren Bandbreite für dünnere Fasern aufgrund der stärkeren modenabhängigen Prozesse aus.

Umfangreiche Untersuchungen zum Einfluß von Biegungen auf die Bandbreite von POF-Verbindungen wurden in [Mar00] vorgestellt. Auf einer 100 m langen Standard-NA-POF wurden 360°-Biegungen am Anfang der Strecke, nach 25 m, nach 50 m, nach 75 m oder am Ende der Strecke eingefügt. Als Quelle diente eine 655 nm Laserdiode, deren NA durch unterschiedliche Optiken von 0,10 bis 0,65 eingestellt werden konnte. Die Bandbreite und die Dämpfung der gesamten Strecke wurde ohne Biegung und bei Biegeradien von 6,4 mm, 11,1 mm bzw. 13,8 mm bestimmt. Abbildung 2.151 zeigt die Ergebnisse.

Bei Einkopplung mit großer NA kann die ursprüngliche Bandbreite von ca. 33 MHz deutlich erhöht werden. Große Verbesserungen mit kleinen Biegeradien kosten allerdings auch große Zusatzverluste. Den größten Bandbreitegewinn erhält man bei einer Biegung in der Mitte. Hier werden viele Moden der ersten 50 m weggefiltert, und auf den verbleibenden 50 m stellt sich das Modengleichgewicht noch nicht wieder komplett ein. Die Dämpfungsänderungen sind weitgehend längenunabhängig, da das Modenfeld überall gut gefüllt ist.

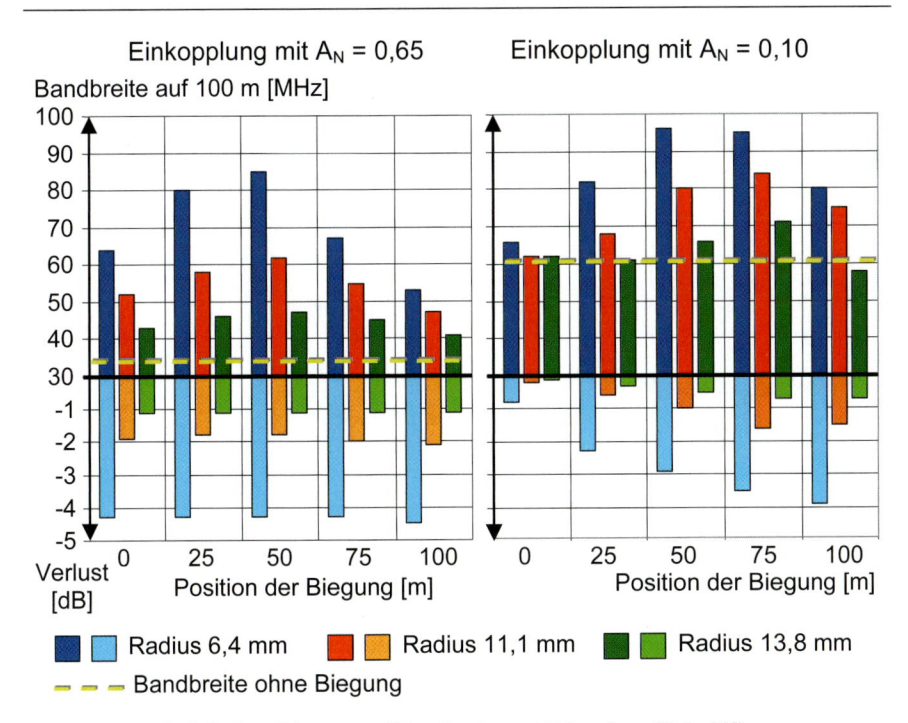

Abb. 2.151: Einfluß einer Biegung auf Bandbreite und Dämpfung ([Mar00])

Bei Beleuchtung mit kleiner NA ist der relative Bandbreitengewinn gegenüber den ursprünglich ca. 60 MHz nicht so groß. Die optimale Position der Biegung ist deutlich weiter hinten, da sich das Modenfeld erst auffüllen muß. Wiederum sind enge Radien wirkungsvoller. Die Zusatzdämpfung steigt deutlich mit Verschiebung der Biegung nach hinten an, da am Anfang der Faser noch kaum höhere Modenfamilien existieren. Auch diese Ergebnisse unterstützen die bisherigen Annahmen zur Modenausbreitung mit einer Koppellänge von einigen 10 m qualitativ hervorragend.

2.6.4 Biegungen an PCS, Vielkernfasern und dünnen POF

Eine sehr einfache Methode zur Verringerung der Biegeradien ist die Reduktion des Kerndurchmessers bei ansonsten identischen Parametern. Will man aber den Vorteil der einfachen Handhabung und Konfektionierung der dicken Fasern beibehalten, verbleibt die Möglichkeit der Faserbündel bzw. Vielkernfasern.

In den Abb. 2.152 und 2.153 werden die gemessenen Biegeverluste (jeweils eine Biegung um 360° in der Mitte einer Probe, UMD-Anregung, Messung mit Ulbrichtkugel) gezeigt. Für die MC-GOF wurde eine 10 m lange Faser verwendet. Der Bereich der Biegeradien lag zwischen 2 mm und 100 mm. Die gemessene Biegedämpfung liegt unter 0,1 dB.

2.6 Biegeeigenschaften optischer Fasern

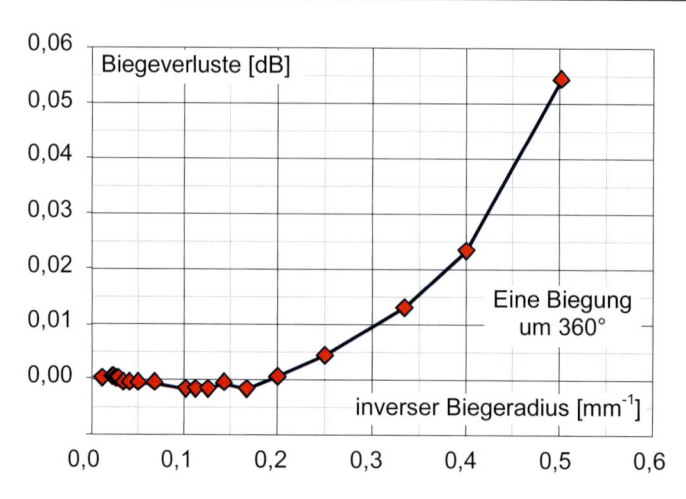

Abb. 2.152: Biegeverluste MC-GOF, Schott

Die Biegeverluste der MC-POF wurden an einer 100 m langen Probe vermessen, um möglichst Modengleichgewicht zu garantieren. Die Biegung (360°) wurde in der Fasermitte eingefügt. Durch die unterschiedlichen Relationen zwischen Modenkopplung und Absorption unterscheiden sich die EMD-Bedingungen für 520 nm und 650 nm geringfügig, deswegen ergeben sich auch etwas unterschiedliche Biegeverluste.

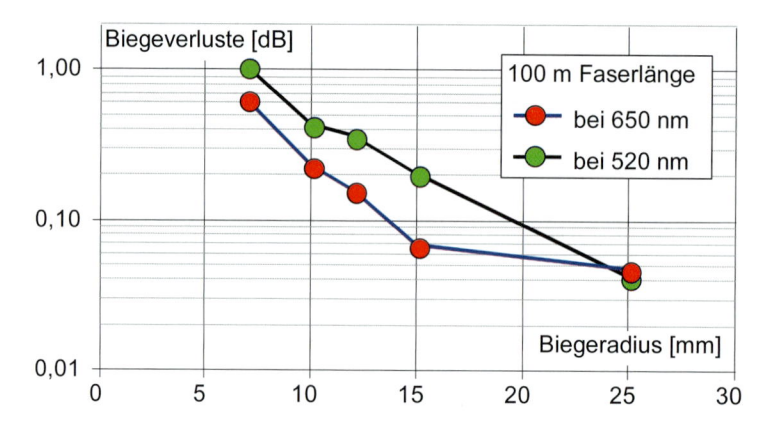

Abb. 2.153: Biegeverluste MC-POF, 37 Kerne, 1 mm Kerndurchmesser

In vielen Bereichen wird die 200 µm PCS auch deswegen eingesetzt, weil sie kleinere Biegeradien erlaubt. Daß auch für diese Fasern die gleiche Physik gilt, zeigt Abb. 2.154 recht anschaulich. Hier sind die Biegeverluste über dem relativen Biegeradius (im Verhältnis zum Faserdurchmesser) angegeben. Die Zahlen in Klammern geben den Biegeradius in Millimetern für die PCS an. Beide Fasern haben also relativ gesehen fast die identische Biegeempfindlichkeit.

2.6 Biegeeigenschaften optischer Fasern   151

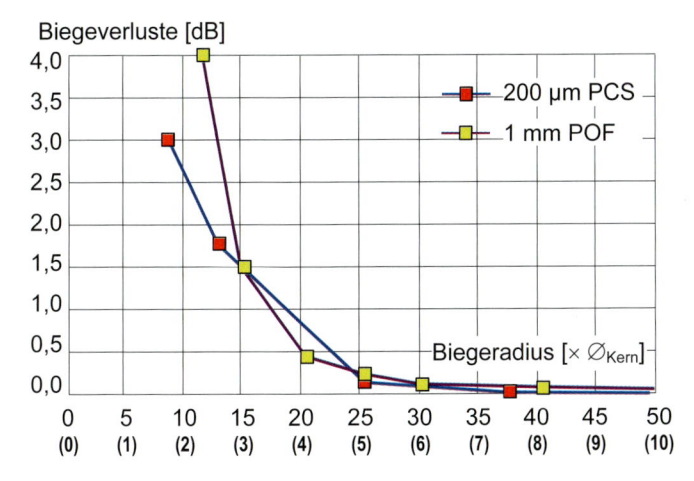

Abb. 2.154: Biegeverluste PCS und POF im Vergleich

Dünne POF könnten in vielen Bereichen eine Alternative zur PCS sein, wenn zwar enge Biegeradien gefordert werden, Dämpfung und Temperaturbereich der POF aber ausreichen. Ein Vergleich zwischen einer 250 µm SI-POF und einer 200 µm PCS, gemessen bei 650 nm mit Vollanregung für 5 m lange Proben zeigt Abb. 2.155.

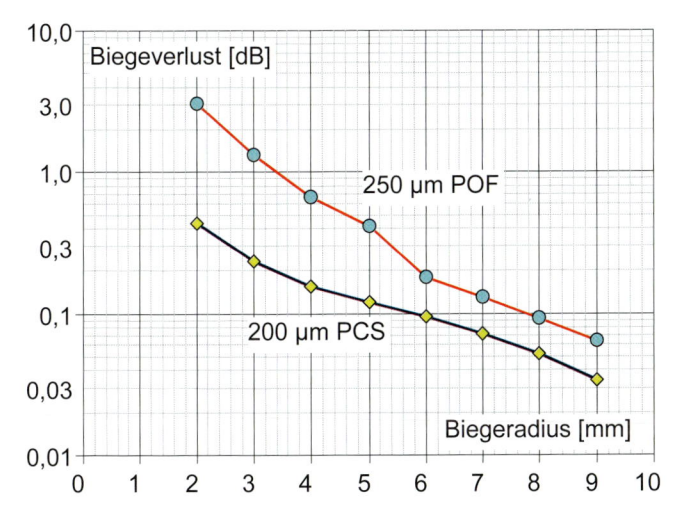

Abb. 2.155: Biegeverluste von dünnen POF und PCS im Vergleich

Die etwas dickere POF hat auch etwas höhere Biegeverluste. Ein Zehntel dB erreicht man z.B. für die POF bei 8 mm und für die PCS bei 6 mm Biegeradius.

In der nächsten Abb. 2.156 werden die Biegeverluste dreier unterschiedlicher SI-POF mit verschiedenen NA verglichen. Die geringsten Verluste zeigt die

300 µm dicke POF mit hoher NA. Die 250 µm und 500 µm dicken POF haben fast identische Biegedämpfungen. Es zeigt sich also, daß die NA der bei weitem wichtigste Faktor für die Biegeverluste ist. Für besonders enge Radien sollten also immer Fasern mit möglichst großer NA gewählt werden, falls man nicht auf Vielkernfasern zurückgreifen möchte. Letztere haben den Vorteil, auch noch eine besonders große Bandbreite zu bieten.

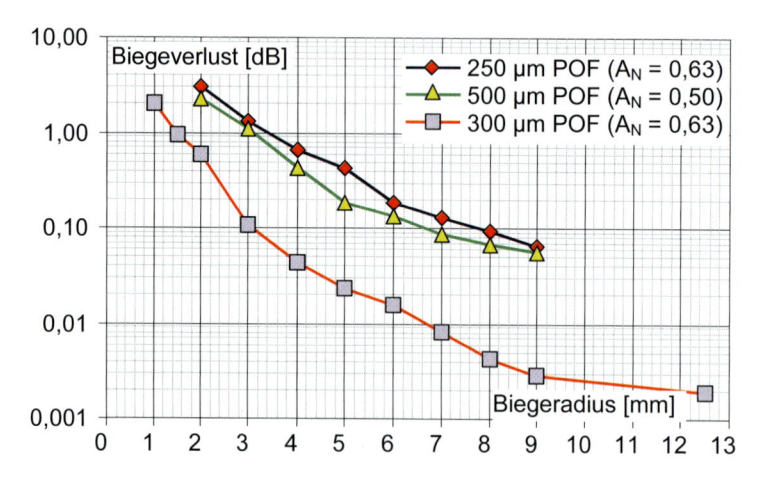

Abb. 2.156: Vergleich der Biegeverluste verschiedener SI-POF

Aktuelle Messungen der Biegeverluste von vier verschiedenen SI-Fasern (jeweils mit Mantel, zur Verfügung gestellt von Toray Deutschland) zeigt Abb. 2.157. Bei dieser Messung wurden Fasern mit größerer NA (0,63) verwendet, die noch deutlich kleinere Biegeradien zulassen, ohne Bandbreite und Dämpfung wesentlich zu verschlechtern.

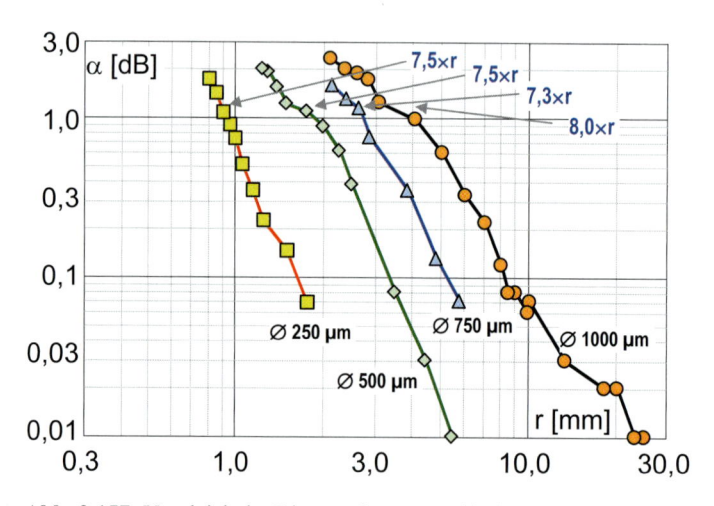

Abb. 2.157: Vergleich der Biegeverluste verschiedener SI-POF

2.6 Biegeeigenschaften optischer Fasern

Im Bild sind die Biegeradien eingezeichnet, bei denen eine Biegung (360°) genau 1 dB Zusatzdämpfung ergibt. Bei den vier Fasern mit 250 mm bis 1000 µm Kerndurchmesser ist dies jeweils beim sieben- bis achtfachen Faserradius der Fall, also zwischen 0,9 mm und 4 mm Biegeradius. Zum Vergleich zeigt Abb. 2.158 die Biegeverluste einer 125 µm SI-POF ([Witt04]).

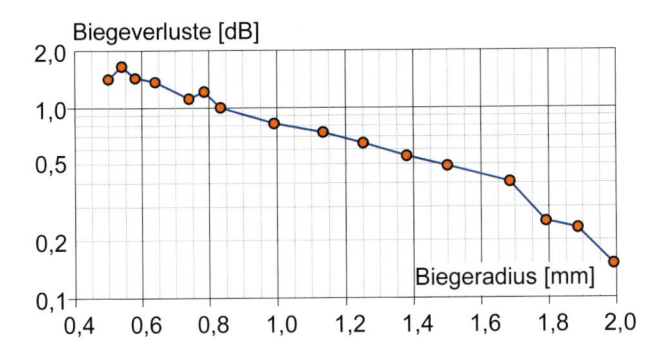

Abb. 2.158: Biegeverluste einer 125 µm SI-POF ([Witt04])

Von Optimedia wurden Proben einer dünneren PMMA-GI-POF zur Verfügung gestellt. Die Biegeverluste dieser Faser mit Überanregung (LED) und Anregung mit einem Laser ($A_N = 0{,}10$) zeigt Abb. 2.159. Beide Messungen wurden mit 650 nm an einer 5 m langen Faser durchgeführt.

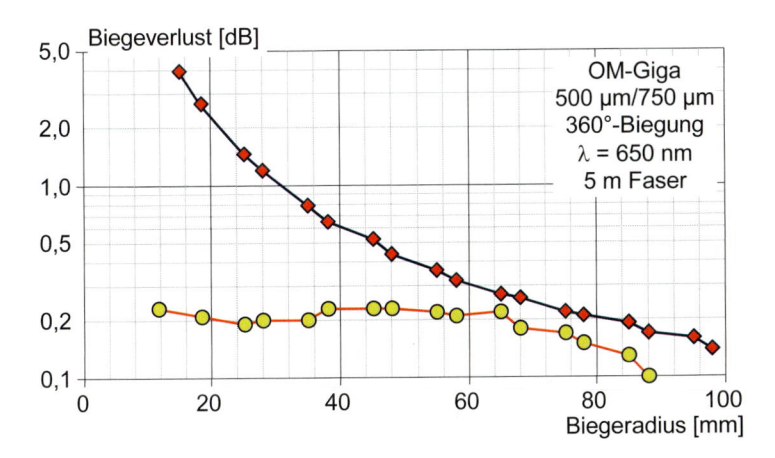

Abb. 2.159: Biegeverluste einer 500 µm PMMA-GI-POF

Für kollimiertes Licht ist ein Biegeradius von 15 mm noch kein Problem, bei LED-Anregung tritt unterhalb von 30 mm Biegeradius eine hohe Biegedämpfung auf. Man kann zwar argumentieren, daß für GI-Fasern immer Laserquellen verwendet werden, um die hohe Bandbreite auch auszunutzen, dennoch ist die Verringerung der Biegeverluste aber eine vordringliche Aufgabe für die Hersteller.

2.6 Biegeeigenschaften optischer Fasern

Abschließend werden einige Ergebnisse aus der Projektarbeit [Bau06] gezeigt. Zunächst stellt Abb. 2.160 die Biegeverluste dreier Toray-Fasern mit unterschiedlichen Kerndurchmessern (500 µm, 750 µm und 1000 µm) gegenüber. Die NA der drei Fasern ist gleich. Erwartungsgemäß verringert sich der Biegeradius für eine gegebene Dämpfung annähernd proportional zum Faserdurchmesser. Erst bei sehr dünnen Fasern macht sich der Effekt der stärkeren modenabhängigen Dämpfung bemerkbar.

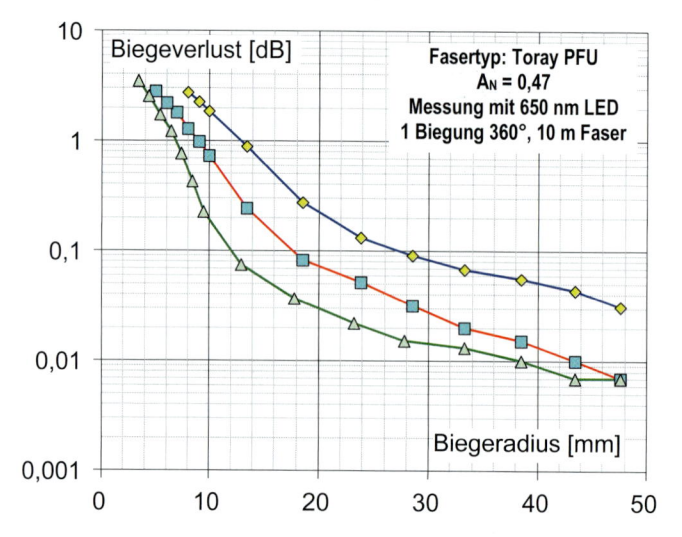

Abb. 2.160: Biegeverluste verschiedener Standard-NA-POF

In der nächsten Abb. 2.161 werden die Biegeverluste von 1 mm-POF dreier Hersteller miteinander verglichen. Da die NA der Fasern nicht vollkommen gleich sind, sind auch die Biegedämpfungen etwas unterschiedlich. In der Praxis dürften diese kleinen Abweichungen kaum eine Rolle spielen.

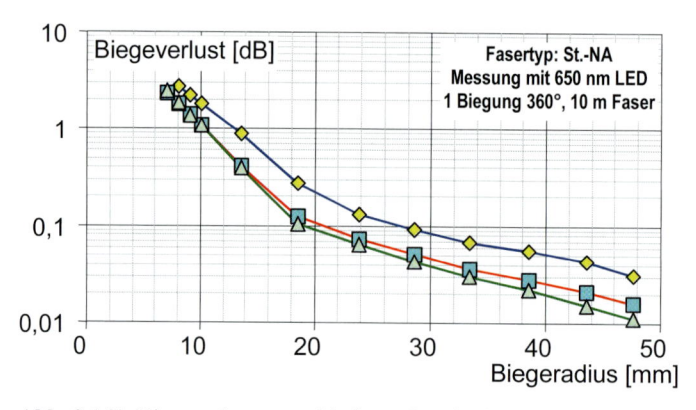

Abb. 2.161: Biegeverluste verschiedener Standard-NA-POF

2.7 Werkstoffe für Polymerfasern

2.7.1 PMMA

Das am häufigsten verwendete Material für Polymerfasern ist der Thermoplast PMMA (Polymethylmethacrylat), besser bekannt als Plexiglas®. Abbildung 2.162 zeigt die Struktur des Monomers und dessen Verbindung zu Ketten.

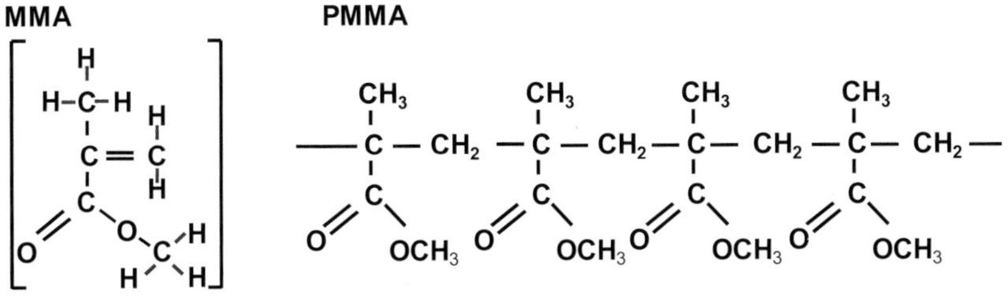

Abb. 2.162: Struktur des PMMA

PMMA wird aus Äthylen, Blausäure und Methylalkohol hergestellt. Es ist gegen Wasser, Laugen, verdünnte Säuren, Benzin, Mineral- und Terpentinöl beständig. Als organische Verbindung bildet PMMA lange Ketten mit Molekulargewichten um typisch 10^5. Die entscheidende Tatsache für die optische Transparenz des Materials ist die amorphe Struktur des polymerisierten Materials. Die Dichte von PMMA beträgt 1,18 g/cm³. Die Zugfestigkeit ist etwa 7 - 8 kN/cm² ([SNS52]). Der Brechungsindex von PMMA beträgt 1,492 und die Glasübergangstemperatur T_g liegt zwischen +95°C und +125°C. Das Material kann bei Zimmertemperatur und 50% Luftfeuchtigkeit bis zu 1,5% Wasser aufnehmen, wodurch auch die Dämpfungseigenschaften beeinflußt werden.

Weitere Eigenschaften von PMMA zeigt Tabelle 2.17:

Tabelle 2.17: Eigenschaften von PMMA (typische Werte)

Parameter	Einheit	Wert
Brechungsindex	-	1,492
Glasübergangstemperatur T_g	°C	115
Dichte	g/cm³	1,18
Wasseraufnahme bis Sättigung	%	0,5
Wärmeleitfähigkeit:	W/m·K	0,17
Wärmeausdehnungskoeffizient:	mm/m·K	0,07
Rockwellhärte (M), Shore Härte (D)	-	95, 70
Zugfestigkeit	N/mm²	76
Spez. Durchgangswiderstand	Ohm·cm	10^{15}
Durchschlagfestigkeit	kV/mm	20 - 25
Selbstentzündungstemperatur	°C	ca. 430

Wie im Bild zu erkennen ist, sind in jedem MMA-Monomer insgesamt acht C-H-Bindungen vorhanden. Die Schwingungen dieser Bindung, genauer deren Oberwellen, bilden eine Hauptursache für die Verluste in PMMA-Polymerfasern. In [Gra99], [Mur96] und [Koi96c] wird die aus der Absorption bei den entsprechenden Wellenlängen resultierende Dämpfung gezeigt (siehe Abb. 2.163 und Tabelle 2.18). Insbesondere die Oberwellen bei 627 nm (6. Oberwelle) und 736 nm (5. Oberwelle) bestimmen ganz wesentlich die Dämpfung im Anwendungsbereich der PMMA-POF, da es keine schmalen Absorptionslinien, sondern relativ breite Banden sind. Auf weitere Dämpfungsursachen wird noch weiter unten eingegangen.

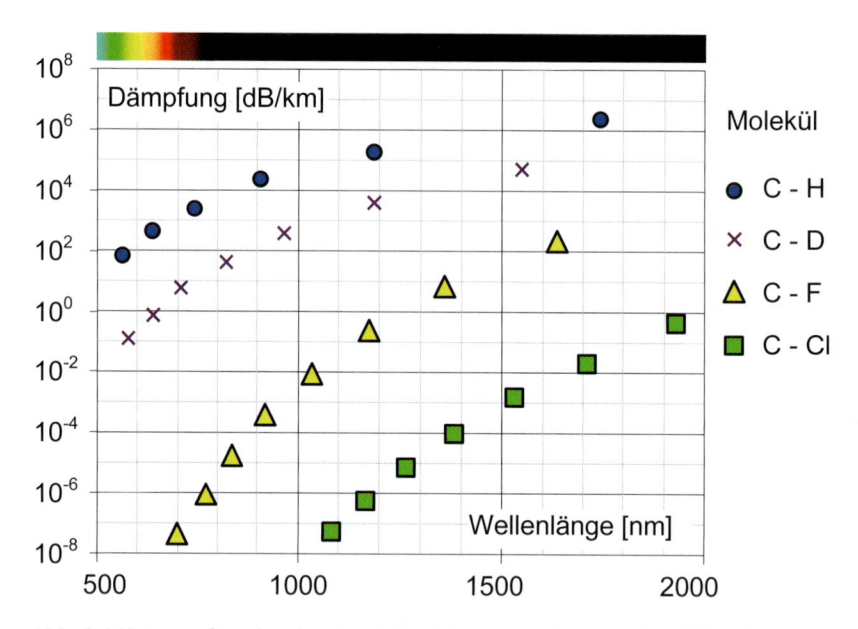

Abb. 2.163: Dämpfungsbanden der C-X-Bindungen nach [Gra99] und [Mur96]

Schon frühzeitig entstand die Idee, die Absorptionsverluste von Polymerfasern durch andere Materialien zu verringern, bei denen weniger oder gar keine C-H-Bindungen vorhanden sind. Diese können aber nicht einfach eliminiert werden, statt dessen werden Wasserstoffatome durch andere Atome der 7. Hauptgruppe ausgetauscht. Ein schwererer Kern bewirkt eine niedrigere Schwingungsfrequenz, verschiebt also die Dämpfungsbanden zu größeren Wellenlängen. Im Bild werden die Dämpfungsbanden für Deuterium (schwerer Wasserstoff mit dem Atomgewicht 2), Fluor (Atomgewicht 19) und Chlor (Atomgewicht 35 bzw. 37) angegeben (siehe auch [Bau94]). Insgesamt können die Materialien für Polymerfasern in drei Gruppen eingeteilt werden:

➢ wasserstoffhaltige Verbindungen
➢ Verbindungen mit teilweiser Wasserstoffsubstitution
➢ Verbindungen mit kompletter Wasserstoffsubstitution

Tabelle 2.18: Position der Absorptionsbanden von Kohlenstoffbindungen ([Gra99])

Schwingung	C-H λ [nm]	C-D λ [nm]	C-F λ [nm]	C-Cl λ [nm]	C=O λ [nm]	O-H λ [nm]
v_0	3.390	4.484	8.000	12.987	5.417	2.818
v_1	1.729	2.276	4.016	6.533	2.727	1.438
v_2	1.176	1.541	2.688	4.318	1.830	979
v_3	901	1.174	2.024	3.306	1.382	750
v_4	736	954	1.626	2.661	1.113	613
v_5	627	808	1.361	2.231	934	523
v_6	549	704	1.171	1.924	806	
v_7		626	1.029	1.694	710	
v_8		566	919	1.515	635	
v_9			830	1.372		

2.7.2 POF für höhere Temperaturen

Vor allem für den Einsatz in bestimmten Bereichen der Fahrzeugtechnik (Motorraum) und der Automatisierungstechnik werden Fasern mit höherer Temperaturbeständigkeit benötigt. Im Fahrgastraum eines Fahrzeuges werden typisch maximal +85°C auftreten. Bei diesen Temperaturen können PMMA-POF gut eingesetzt werden. Schon im Bereich der Mittelkonsole oder unter dem Dach können auch über +100°C erreicht werden, im Motorbereich auch +125°C. Zusammenfassungen der verschiedenen bisher veröffentlichter Daten und umfangreicher Untersuchungen am POF-AC Nürnberg sind u.a. in [Poi03a] und [Poi03b] zu finden. Insgesamt sind bisher folgende Methoden zur Erhöhung der Temperaturbeständigkeit von Polymerfasern vorgestellt worden:

➢ Quervernetzen von PMMA: Durch chemische Einwirkungen oder UV-Bestrahlung werden Vernetzungen zwischen den Polymerketten erzeugt. Dadurch wird das T_g erhöht, gleichzeitig steigt aber auch die Streuung und die mechanischen Eigenschaften verschlechtern sich.
➢ Polycarbonat: PC hat ein deutlich größeres T_g im Vergleich zum PMMA und ist ähnlich transparent. Fasern aus diesem Material sind als Serienprodukt hergestellt worden. In Verbindung mit Feuchtigkeit altern PC-Fasern aber relativ schnell.
➢ Elastomere: Fasern aus diesem Material könnten bis +170°C einsetzbar sein und sehr niedrige Dämpfungen aufweisen. Bisher wurden sie nur als Labormuster hergestellt.
➢ Alternative Polymere: Eine Reihe weiterer Polymere, wie z.B. Zyklische Polyolefine haben T_g bis +200°C.

Bei der Bestimmung der thermischen Beständigkeit wird zumeist eine maximale Zunahme der kilometrischen Dämpfung über eine maximale Alterungszeit ermittelt. Falls die Alterungsvorgänge thermisch aktiviert sind, nimmt die zuläs-

158 2.7 Werkstoffe für Polymerfasern

sige Betriebsdauer näherungsweise logarithmisch mit der Temperatur ab. In Abb. 2.164 ist als Beispiel das Verhalten einer Standard-PMMA-POF zu sehen (Messungen am POF-AC). Die Zunahme der Verluste ist hier über der Temperatur dargestellt. Bei ca. 10 K Temperaturzunahme steigt die Geschwindigkeit der Alterung um rund eine Größenordnung.

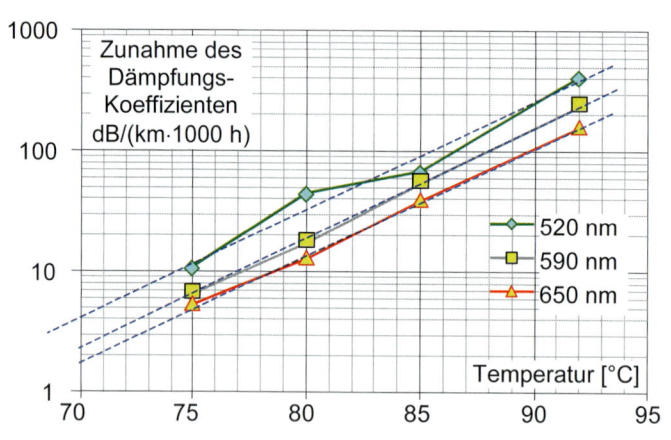

Abb. 2.164: Alterung einer PMMA-POF

2.7.2.1 Quervernetztes PMMA

Eine der naheliegendsten Methoden für temperaturbeständigere POF ist die Nutzung von quervernetztem PMMA (zumeist als modifiziertes PMMA bezeichnet). In der Abb. 2.165 werden Dämpfungskurven derartiger Fasern zusammengestellt. Die Fasern der PHK-Serie werden von Toray vertrieben ([Tor96a], [LC00a]). Wichtige Parameter sind:

- Kern/Mantel: PMMA/Fluorpolymer
- Durchmesser: 0,5 mm, 0,75 mm, 1,0 mm und 1,5 mm
- NA/Öffnungswinkel: 0,54/65°
- kleinste Dämpfung bei 650 nm (für 1 mm): <300 dB/km
- zulässiger Biegeradius: 9 mm
- Betriebstemperatur: -40°C bis +115°C
- verfügbar als Einzelfaser und Bündel mit 18 Fasern à 0,5 mm

In der Abbildung ist die Dämpfungsmessung am POF-AC dargestellt. Eine erste Variante der Toray-Faser wurde schon in [Tan94a] vorgestellt.

Ein weiterer Faserhersteller, der auf diesem Gebiet aktiv war, ist Asahi Chemical. Unter der Bezeichnung H-POF wurden erste Muster 2003 vorgestellt. Meßergebnisse wurden in [Poi03a] vorgestellt. Vom Hersteller werden folgende Angaben spezifiziert:

- Kern/Mantelmaterial: quervernetztes PMMA/P-FEP
- Schutzmantel: ETFE (Tefzel schwarz)
- Numerische Apertur (nach 2 m): 0,65

2.7 Werkstoffe für Polymerfasern   159

- Kerndurchmesser: 1,00 mm
- Schutzmantel: 1,51 mm/2,3 mm (MOST-Spezifikation)
- Dämpfung: 540 dB/km (gemessen bei 657 nm)
- min. Biegeradius: 5 mm
- Bandbreite: 30 MHz·100 m
- Arbeitstemperatur: -40°C bis +130 °C

Proben von PMMA-POF mit unterschiedlichem Grad der Quervernetzung wurden vom Institut RPC (in Tver nahe Moskau) in den Jahren 2002 bis 2004 hergestellt. Im Bild sind Meßergebnisse eines Musters dargestellt. Bei einer Dämpfung von ca. 800 dB/km (bei 650 nm) liegt die maximale Einsatztemperatur bei +130°C.

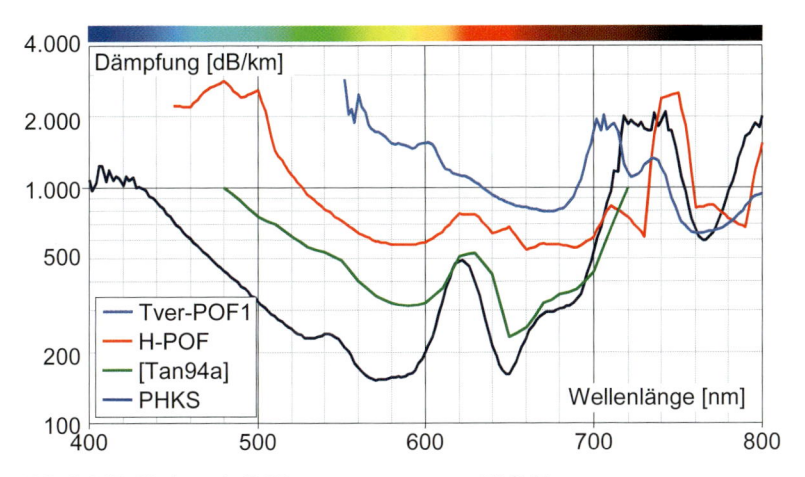

Abb. 2.165: Verluste in POF aus quervernetztem PMMA

Insgesamt gilt für diesen Fasertyp, daß ein höherer Grad an Quervernetzung zu höheren Einsatztemperaturen führt. Dabei wird aber auch die Streuung vergrößert, so daß die Verluste steigen. In Abb. 2.166 sieht man ein kurzes Stück einer Tver-Faserprobe bei Beleuchtung mit rotem Licht. Der hohe Grad an Streuung führt zu der gut sichtbaren seitlichen Abstrahlung.

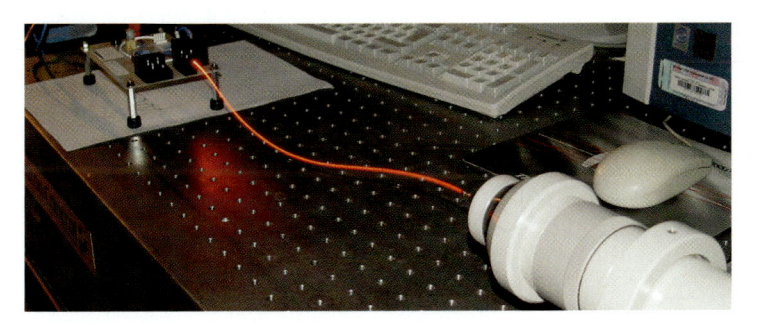

Abb. 2.166: POF aus quervernetztem PMMA (Muster aus Tver)

2.7.2.2 Polycarbonat-POF

Die ersten Polymerfasern auf Basis von Polycarbonat wurden 1986 von Fujitsu vorgestellt ([Ish92b] und [Koi95]). Die Dämpfung lag bei 800 dB/km (660 nm) bzw. 450 dB/km (bei 770 nm). Die maximale Arbeitstemperatur wurde mit +130°C angegeben. In [Min94] wurden ähnliche Daten veröffentlicht (siehe auch Abb. 2.167).

Von Asahi wurde 1992 [Tesh92] mit der Luminous-H eine weitere PC-POF vorgestellt. Bei +125°C Einsatztemperatur war die Dämpfung 600 dB/km bei 660 nm. Die Faser-NA war 0,78 und die Bandbreite 17 MHz·100 m. Die relativ große NA der meisten PC-POF erklärt sich aus dem hohen Brechungsindex von PC, der etwa 1,59 beträgt. Verwendet man PMMA mit n = 1,49 als Mantelmaterial ergibt sich $A_N = 0,55$.

Von Mitsubishi wird der Fasertyp ESKA FH4001-TM mit einer Temperaturbelastbarkeit bis +125°C vertrieben. Die spezifizierten Parameter dieses Typs sind:

➢ Einsatztemperaturbereich: -55°C bis +125°C
➢ Einsatztemperaturbereich bei hoher Luftfeuchtigkeit: +85°C
➢ max. Dämpfung bei 770 nm: 800 dB/km
➢ min. Biegeradius: 25 mm
➢ Kern-/Mantelmaterial: Polycarbonat/Fluorpolymer
➢ Brechungsindex Kern/Mantel: 1,582/1,392
➢ Numerischer Apertur: 0,75 ± 0,01
➢ Kern-/Manteldurchmesser 910 ± 50 μm / 1000 ± 60 μm
➢ Schutzmantel: 2,2 mm Polyolefin-Elastomer

Eine weitere PC-Faser wurde von Laser-Components angeboten. Die letzte in Abb. 2.167 dargestellte PC-POF wurde von Furukawa vorgestellt ([Hatt98], [Nish98], [Irie94]). Hierbei wurde ein Material verwendet, bei dem die Wasserstoffatome teilweise durch Fluor ersetzt wurden.

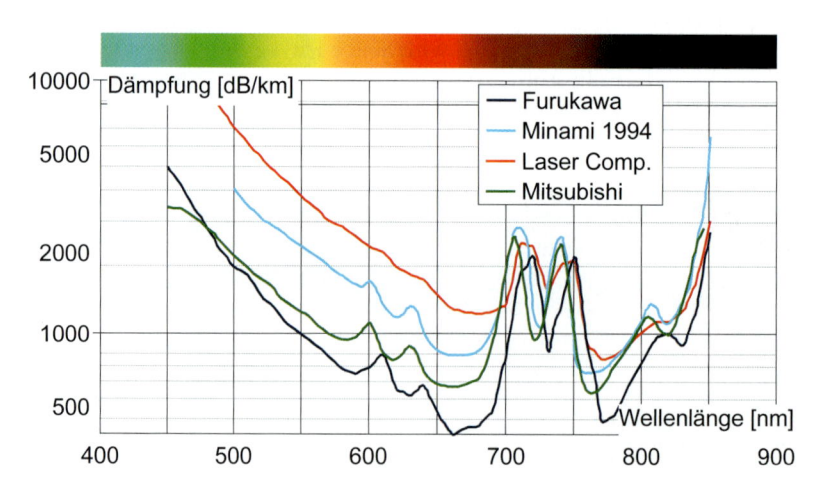

Abb. 2.167: verschiedene PC-POF

Die von Furukawa hergestellten Fasern mit 0,5 mm Kerndurchmesser hatten eine NA von 0,35 und 0,53 (Elastomer als Mantelmaterial). Die Low-NA-Variante erreicht eine Bandbreite von 200 MHz·100 m. Eine Datenrate von 156 Mbit/s konnte über 80 m der Faser übertragen werden (200 Mbit/s über 70 m).

Bei Alterungstests über 10 Tage bei Temperaturen von +100°C bis +155°C konnte keine Längenänderung festgestellt werden (Abb. 2.168). Die entspricht einer Verbesserung um 20 K gegenüber herkömmlichen PC-POF.

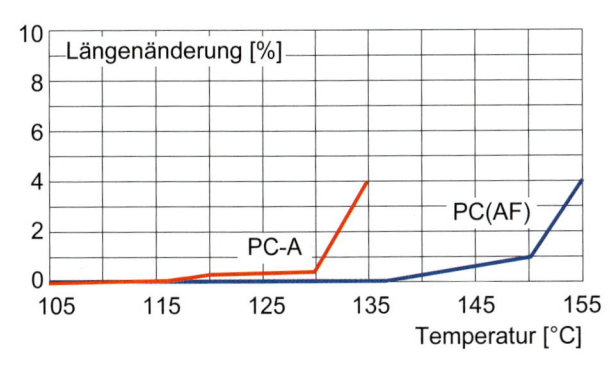

Abb. 2.168: Temperaturbeständigkeit von PC ([Hatt98])

Die verschiedenen PC-POF von Furukawa werden in Abb. 2.169 noch einmal zusammengestellt. Leider sind seither keine weiteren Aktivitäten dieser Firma bekannt geworden.

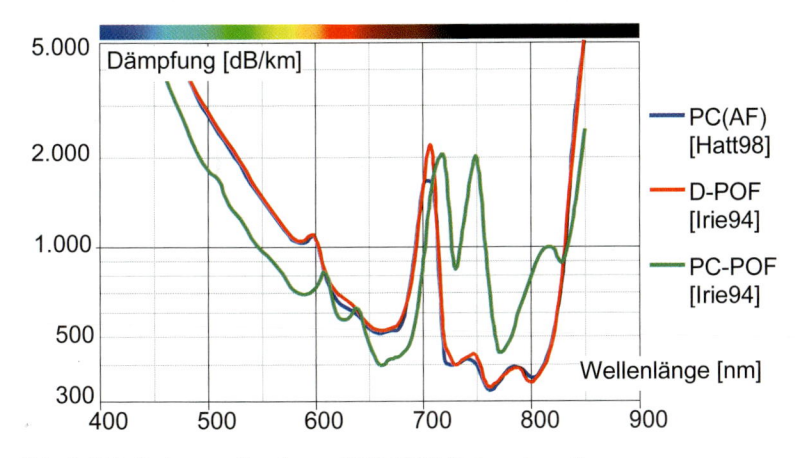

Abb. 2.169: Daten von Furukawa 1994-1998 (Polycarbonat)

Der größte Nachteil von PC-POF ist ihre schlechte Beständigkeit gegenüber feuchter Wärme. In Abb. 2.170 werden Untersuchungen der BAM für Alterung verscheidender POF zusammengestellt. Überraschend ist hier die PC-POF noch vor der Standard-PMMA-POF ausgefallen.

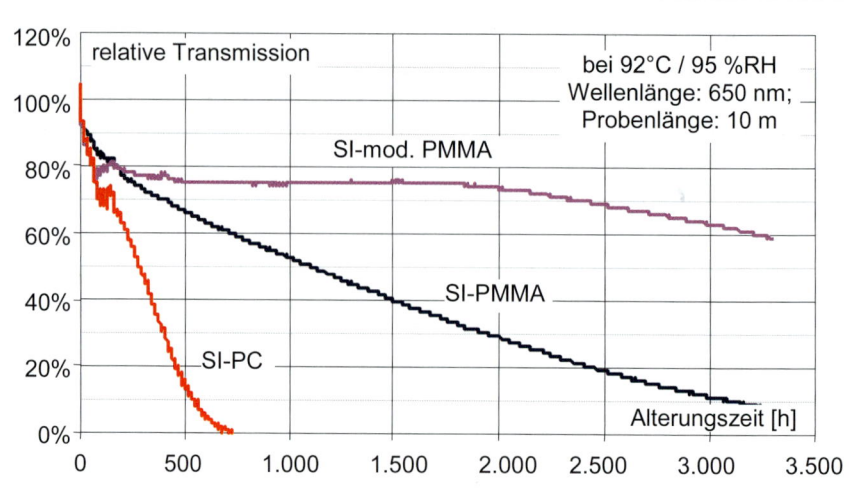

Abb. 2.170: Alterungsverhalten verschiedener POF ([Daum03c])

2.7.2.3 POF aus Elastomeren

Vielleicht die am besten geeignete Stoffgruppe für temperaturbeständige POF sind die Elastomere. Eine Reihe von Instituten hat schon Muster hergestellt, noch fehlt aber eine echte Produktentwicklung.

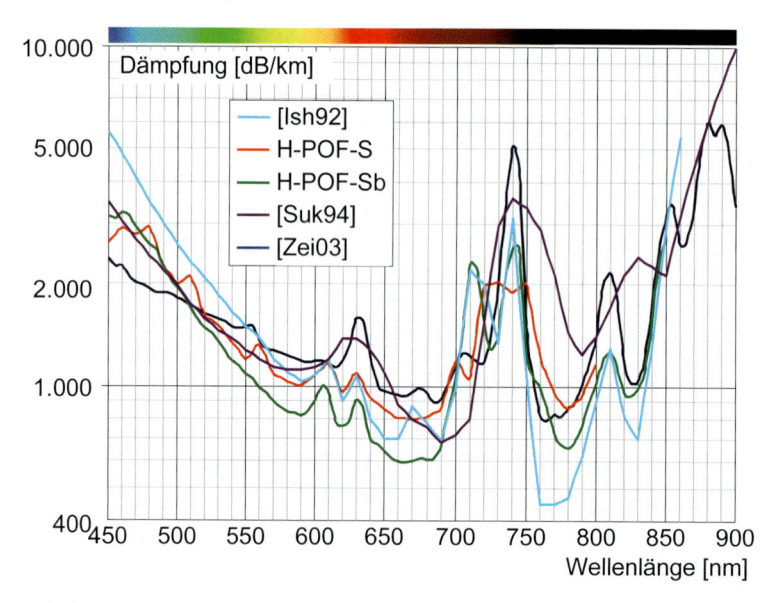

Abb. 2.171: Dämpfungen verschiedener EOF

Die Dämpfungsverläufe verschiedener EOF (Elastomer Optical Fiber) sind im Abb. 2.171 gegenübergestellt. Im einzelnen werden folgende Fasern verglichen:

2.7 Werkstoffe für Polymerfasern

- Elastomer-POF, hergestellt von G. Zeidler (siehe [Zei03])
- H-POF-S (Hitachi), Datenblattangaben
- H-POF-Sb (Hitachi), eigene Messungen (1,5 mm Kerndurchmesser)
- 2 mm Silicon Elastomer-POF, $A_N = 0,54$, [Ish92b]
- POF aus ARTON^{TM}; zyklisches Olefin, [Suk94]

Gut zu sehen ist, daß die Dämpfungsspektren denen der PC-Fasern relativ ähnlich sind. Die niedrigsten Verluste liegen im Bereich um 500 dB/km, was für den Einsatz in Fahrzeugnetzen oder für Parallelverbindungen durchaus akzeptabel ist.

Je ein typischer Vertreter der EOF und der PC-POF werden in der Abb. 2.172 verglichen. Die ähnlichen funktionellen Gruppen führen zu nur geringen Unterschieden in den Verlustspektren.

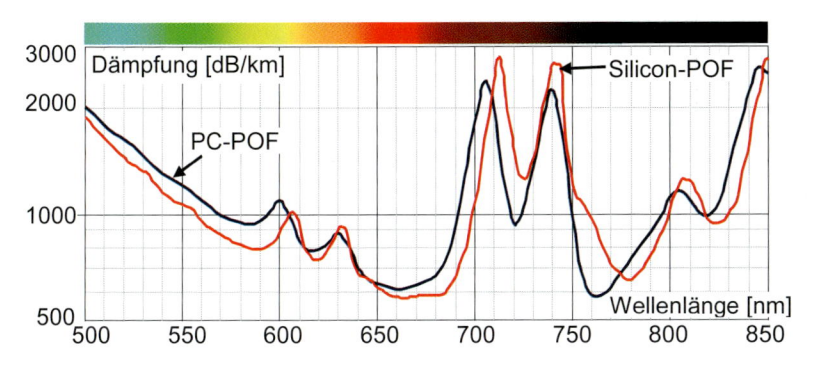

Abb. 2.172: Vergleich von PC- und Silikon-POF

Von besonderem Interesse ist die jüngste Entwicklung von Asahi. Die HPOF-S besitzt folgende spezifizierten Parameter (siehe [Poi03b]).

- Kern/Mantelmaterial: Elastomer/P-FEP
- Schutzmantel: ETFE (Tefzel schwarz)
- Numerische Apertur (nach 2 m): 0,65
- Kern-/Manteldurchmesser: 1,00 mm/1,50 mm
- Schutzmantel: 2,3 mm
- Dämpfung: 800 dB/km (gemessen bei 660 nm)
- min. Biegeradius: 7 mm
- Bandbreite: 250 MHz·100 m
- Arbeitstemperatur: -40°C bis +150 °C

Da der Mantel nicht direkt extrudiert werden konnte, wurde er als Schlauch hergestellt. Mit 250 µm fällt er relativ dick aus. Fraglos wäre aber auch eine sinnvolle Herstellungstechnologie für solche Fasern möglich.

Bei der Alterung unter hohen Temperaturen sank bei dieser Faser die Dämpfung sogar auf Werte um 300 dB/km. Ob dies durch evtl. Trocknung der Faser oder durch Verbesserung des Sitzes des Mantels auf dem Kern hervorgerufen wurde, konnte nicht ermittelt werden. Das Materialsystem zeigt damit aber sein enormes Potential.

2.7.2.4 Zyklische Polyolefine

Eine theoretische nutzbare Stoffgruppe für POF stellen auch die Polyolefine dar. In Abb. 2.173 wird eine mögliche Struktur gezeigt. Diese Werkstoffe können ebenfalls transparent hergestellt werden. Durch die amorphe Struktur sind theoretisch niedrige Verluste möglich.

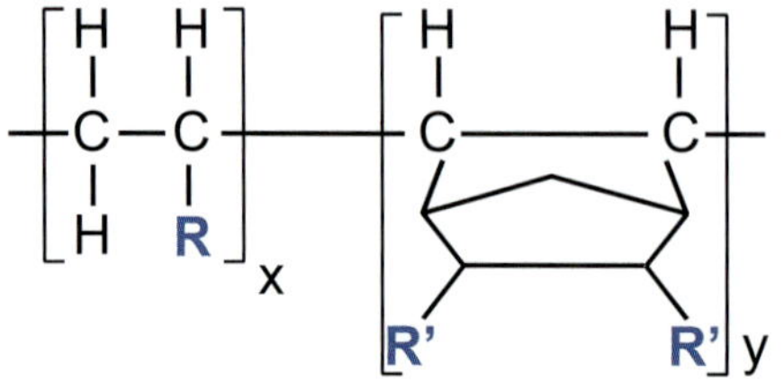

Abb. 2.173: Molekülstruktur COC

Einige prinzipielle Eigenschaften solcher Materialien sind:

- niedrige Wasserabsorption
- theoretisch transparenter als PMMA
- Brechungsindex n = 1,56, ermöglicht weiten Bereich von NA und Herstellung verschiedener Indexprofile
- T_g typ. > 150°C

Hersteller solcher Polymere sind u.a. Ticona und JSR. Es ist nicht absehbar, wann wieder Testfasern aus diesem vielversprechenden Materialsystem hergestellt werden.

2.7.2.5 Vergleich von Hochtemperatur-POF

Zusammenfassend sind folgende Materialien für temperaturbeständigere Fasern bisher beschrieben worden:

- PMMA quervernetzt (> 130°C)
- Polycarbonat (115°C)
- teilfluoriertes Polycarbonat (145°C)
- Silicon-Elastomere (>150°C)
- Thermoplastische Harze (145°C)
- ARTON^{TM} (Fujitsu) (170°C)

Die Daten verschiedener dieser Fasern sind in den Tabellen 2.19 bis 2.21 zusammengestellt.

[*)] vorläufiges Datenblatt, Faser derzeit nicht verfügbar
[**)] modifiziertes PC (teilweise fluoriert nach Angaben der Autoren)
[***)] unterschiedliche Materialangaben, aber identische Dämpfungskurven

Tabelle 2.19: Polycarbonat-POF

Parameter	Mitsubishi FH 4001-TM	Hersteller B[*]	Furukawa [Irie94] [Hatt98]	Furukawa[**] [Hatt98] [Nish98]	Laser Comp.
Kerndurchmesser	910±50 µm	940±20 µm	910 µm	500 µm	1 mm
Claddingdicke	40-50 µm	30 µm	k.A.	k.A.	k.A.
NA	0,75	0,54	k.A.	0,30	0,61
x dB/km @ y nm	800@770	2000@633 1500@780	400@660 700@760	460@650 300@780	800@770
Bandbreite	k.A.	k.A.	k.A.	200 MHz·100 m	k.A.
max. Temperatur	+125°C	+125°C	+125°C	+145°C	k.A.
Kernmaterial	n = 1,582	n = 1,586	PC(A)	D-POF, PC-AF[***]	PC
Mantelmaterial	n = 1,392	n = 1,491	k.A.	k.A.	k.A.

Tabelle 2.20: Eigenschaften von POF aus modifiziertem PMMA

Parameter	Toray PHKS-CD1001-22	Hitachi H-POF	Tver-POF (Muster 2002)	Toray [Tan94a]
Prinzip	mod. PMMA	quervern. PMMA	Copolymer	Copolymer
Kerndurchmesser	k.A.	1 mm	1 mm	1 mm
Claddingdicke	k.A.	250 µm	30 µm	k.A.
NA	0,54	0,65	>0,50	k.A.
x dB/km @ y nm	300@650	540@660	800@660	250@650
Bandbreite	k.A.	30 MHz·100m	k.A.	k.A.
max. Temperatur	+115°C	+130°C	+130°C	T_g = 135°C
Kernmaterial	PMMA	PMMA	PMMA	Copolymer
Mantelmaterial	k.A.	P-FEP	k.A.	k.A.
Jacket	PP	ETFE	k.A.	k.A.

Tabelle 2.21: Eigenschaften verschiedener Hochtemperatur-POF

Parameter	Hitachi HPOF-S	Hitachi [Sas88]	Bridgestone [Ish92b]	Zeidler [Zei03]	Fujitsu [Suk94]
Prinzip	Silikon	Kunstharz	Silikon	Elastomer	Elastomer
Kerndurchm.	1,0 mm	1 mm	k.A.	1 mm	1 mm
Claddingdicke	0,25 mm	0,5 mm	k.A.	k.A.	k.A.
NA	0,65	0,62	0,54	0,44/0,25	k.A.
x dB/km @ y nm	800@660	660@650 900@780	700@660 450@770	800@770	800@680
Bandbreite	25 MHz·km	k.A.	k.A.	k.A.	k.A.
max. Temp.	k.A.	>150°C	+150°C	+150°C	T_g = 171°C
Kernmaterial	k.A.	ester based thermosetting resin	Silikon	Elastomer	ARTON
Mantelmaterial	P-FEP	ethylen tetrafluoride - propylene hexafluoride copolymer	k.A.	Elastomer Fluorcopol.	k.A.
Jacket	Tefzel (ETFE)	k.A.	k.A.	ohne	k.A.

In der Abb. 2.174 wird ein Alterungsexperiment bei +130°C mit verschiedenen der oben beschriebenen Fasern gezeigt. Am besten eignet sich offenbar die EOF und die PC-POF bei diesen Temperaturen.

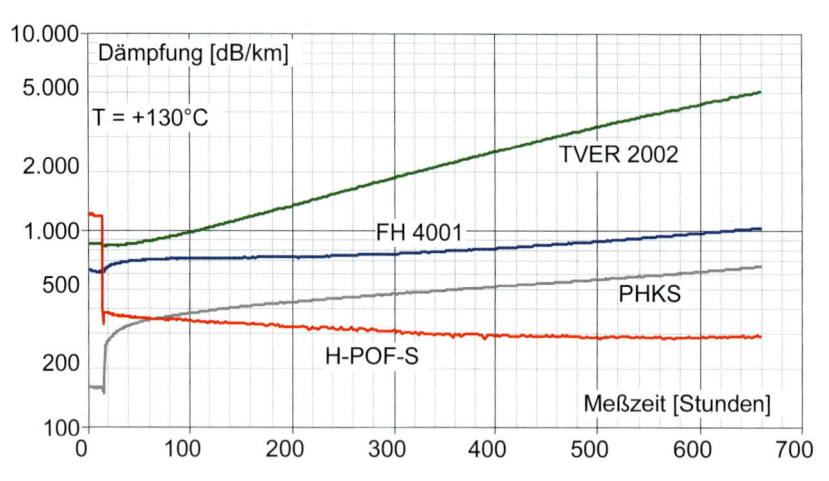

Abb. 2.174: Alterung verschiedener POF bei hohen Temperaturen

Die PC-POF von Mitsubishi (FH4001) zeigt nur einen moderaten Anstieg, während die beiden POF aus quervernetztem PMMA schneller altern. Die EOF wird über die Meßdauer sogar besser. Besonders auffällig ist der deutliche Dämpfungsabfall bei 15 Stunden. Dies war der Punkt, bei dem in der Klimakammer die Temperatur erhöht wurde. Auffällig war, daß sich die Bandbreite der EOF nach dieser Behandlung dramatisch verringert hatte. Die Kombination beider Ergebnisse liefert die Erklärung, daß sich durch die hohe Temperatur die Haftung des Mantels auf dem Kern deutlich verbesserte, so daß jetzt auch höhere Moden gut geführt werden können.

2.7.3 Polystyrol-Polymerfasern

Ein weiterer Kandidat für die Herstellung optischer Polymerfasern ist das Polystyrol (PS), dessen Molekülstruktur in Abb. 2.175 gezeigt wird ([Ram99]).

Abb. 2.175: Molekülstruktur von PS

Die Dämpfung von PS liegt theoretisch unter der von PMMA, wie folgende theoretische Abschätzung der Verluste in [Kai89a] zeigt (ohne Berücksichtigung von Ausbreitungseffekten und Manteleinflüssen, siehe Tabelle 2.22).

Tabelle 2.22: Theoretische Dämpfung verschiedener Polymere ([Kai89a])

Material	Wellenlänge	Rayleigh-Streuung	UV-Absorption	C-H-Absorption	Summe
PMMA	520 nm	28 dB/km	0 dB/km	1 dB/km	29 dB/km
	570 nm	20 dB/km	0 dB/km	7 dB/km	27 dB/km
	650 nm	12 dB/km	0 dB/km	88 dB/km	100 dB/km
PS	552 nm	95 dB/km	22 dB/km	0 dB/km	117 dB/km
	580 nm	78 dB/km	11 dB/km	4 dB/km	93 dB/km
	624 nm	58 dB/km	4 dB/km	22 dB/km	84 dB/km
	672 nm	43 dB/km	2 dB/km	24 dB/km	69 dB/km
PMMA-d8	680 nm	10 dB/km	0 dB/km	0 dB/km	10 dB/km
	780 nm	6 dB/km	0 dB/km	9 dB/km	15 dB/km
	850 nm	4 dB/km	0 dB/km	36 dB/km	40 dB/km

Bisher wurden PS-POF z.B. von Toray (erste PS-POF 1972), NTT (1982) und CIS in Tver (1993) hergestellt. Die ersten Fasern hatten eine Dämpfung von über 1000 dB/km, die später auf 114 dB/km bei 670 nm verringert werden konnte ([Koi95]). Die NA der bis 70°C einsetzbaren Faser beträgt 0,56, also etwas höher als bei der Standard-PMMA-POF. Abbildung 2.116 zeigt das Dämpfungsverhalten von PS-POF nach [Ram99] (rot) und [Zub01b].

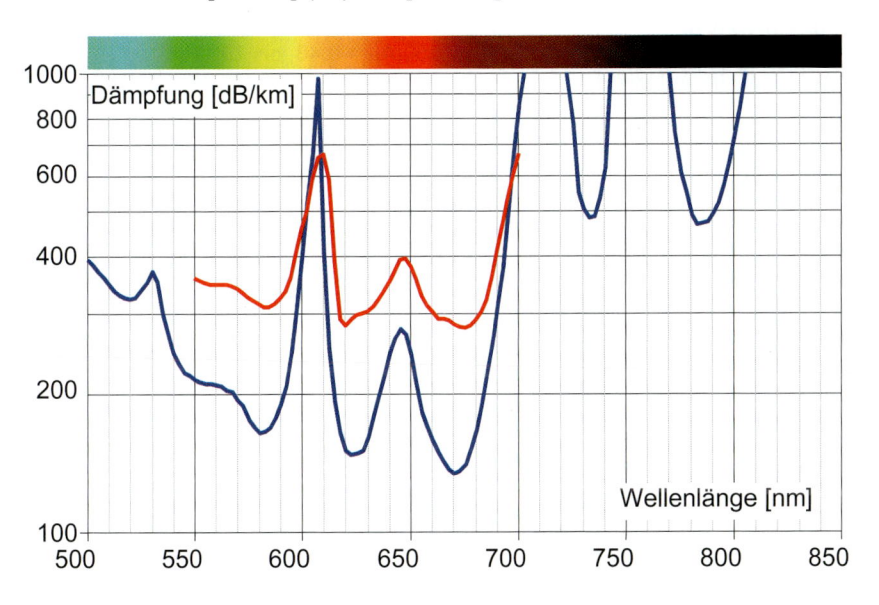

Abb. 2.176: Dämpfungsspektrum einer PS-POF nach [Ram99] und [Zub01b]

Der Brechungsindex von PS ist n = 1,59, so daß ähnlich wie bei PC (n = 1,48) für den optischen Mantel PMMA verwendet werden kann (n = 1,49). Die Glasübergangstemperatur von PS liegt mit ca. 100°C noch ca. 5 K unter der von PMMA. Bisher gibt es keinen Grund, die PMMA-POF durch PS zu ersetzen, so daß dieses Material zur Zeit keine praktische Rolle spielt.

2.7.4 Deuterierte Polymere

Wie in Abb. 2.163 gezeigt wird, kann eine deutliche Verringerung der Absorptionsverluste in Polymeren nur durch Substitution des Wasserstoffs durch schwerere Atome erzielt werden. Am einfachsten erscheint zunächst der Austausch durch Deuterium. Dieses Isotop weist die doppelte Atommasse gegenüber Wasserstoff auf. In der Natur sind ca. 0,0156 % aller Wasserstoffatome Deuterium (1 Atom von 6.400). Chemisch verhält sich Deuterium völlig identisch zu Wasserstoff, so daß einfach bei der Synthese das sog. schwere Wasser (D_2O) als Grundstoff verwendet werden muß. In der Tabelle 2.23 werden Daten verschiedener POF auf Basis deuterierter Polymere genannt.

Tabelle 2.23: Daten deuterierter Materialien

Quelle	Jahr	Hersteller	Dämpfung dB/km	bei: nm	Bemerkung
[Koi95]	1977	Du Pont	180	790	erste deuterierte SI-POF
[Koi96c]	1982	NTT	20	680	SI-POF
[Lev93]	1993	CIS	120	650	Kern: 200-1000 µm,
			180	850	A_N = 0,48, bis 70°C
[Koi92] [Khoe94]	1993	Keio Univ.	56	688	Kern: 500 µm, MMA-BBP-d8,
			94	780	2.000 MHz km
[Kon02]	2002	Keio Univ.	58	650	g = 3,4; 511 MHz·300 m
			109	780	T_g = 105°C
			127	580	
[Kon03]	2003	Keio Univ.	58	650	g = 2,0; 1020 MHz·250 m
[Kon04]	2004	Keio Univ.	80	650	g = 2,3; 1200 MHz·300 m

Nach [Koi95] wurde die erste deuterierte SI-POF von Du Pont schon 1977 hergestellt. Im Jahre 1982 stellte NTT ([Koi96c]) eine SI-POF aus deuteriertem Material mit einer minimalen Dämpfung von 20 dB/km bei 680 nm her. Diese Dämpfung wurde erst im Jahr 2000 mit der Lucina™-POF unterschritten. In Abb. 2.177 werden weitere Dämpfungskurven für POF aus deuteriertem Polymer gezeigt, hier ausschließlich GI-Fasern.

Der Einsatz von POF aus deuterierten Polymeren würde eine Reihe von Vorteilen bieten. Chemisch verhalten sich die Materialien identisch zu den Substanzen aus „normalem" Wasserstoff. Die Dämpfung liegt annähernd eine Größenordnung unter den Werten der PMMA-Fasern. Das Temperaturverhalten und die Möglichkeiten zur Indexprofilgestaltung dürften den PMMA-POF entsprechen. Der entscheidende Nachteil ist aber, daß in der Atmosphäre immer

Wasserdampf vorhanden ist, der von den Fasern aufgenommen wird. Hier tauschen sich die Deuteriumkerne mit der Zeit gegen Protonen (normale Wasserstoffkerne) aus, so daß die Absorptionsverluste wieder steigen. Eine wasserdichte Umhüllung der Faser (inkl. aller Koppelstellen) kann das Problem zwar lösen, widerspricht aber dem Ansatz einer besonders preiswerten Verkabelung.

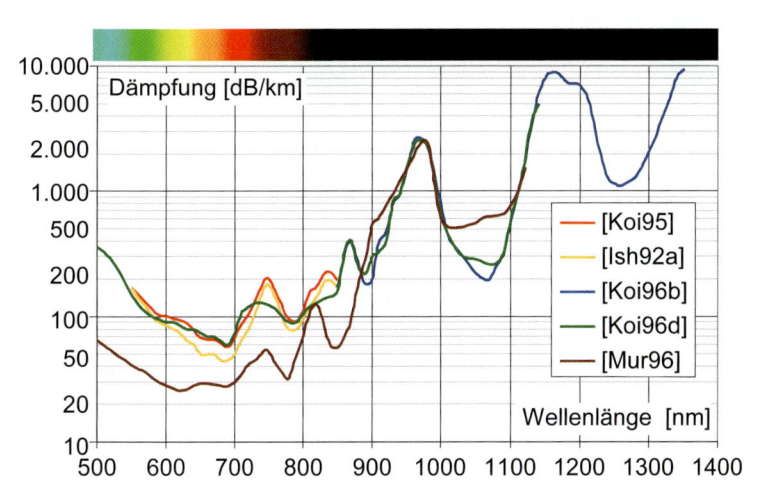

Abb. 2.177: Dämpfungsspektren von GI-POF (deuteriert, Stand 1996)

In den letzten Jahren wird wieder in Japan an der Herstellung von deuterierten POF gearbeitet. Es werden dabei ausschließlich GI-Fasern untersucht (siehe [Kon02], [Kon03] und [Kon04]). Die Dämpfung dieser Faser aus [Kon02] im Vergleich zu den Werten von 1995 und denen einer PMMA-POF wid in Abb. 2.178 gezeigt.

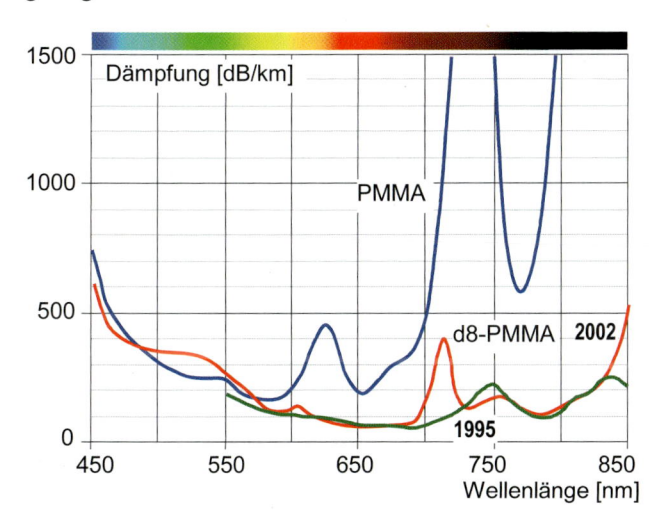

Abb. 2.178: Dämpfung deuterierter POF ([Kon02])

Verschiedene Herstellungsvarianten werden in [Kon04] verglichen. Unter anderem wird der Effekt eines zusätzlichen PMMA-Mantels untersucht. Die besten Ergebnisse im Vergleich zu einer reinen PMMA-POF werden in Abb. 2.179 gezeigt. Mit etwa 60 dB/km bei 650 nm rangiert die Dämpfung etwa zwischen reinem PMMA und PF-GI-Fasern. Andererseits liegt die Dämpfung guter PMMA-POF bei 520 nm auch nicht sehr viel höher.

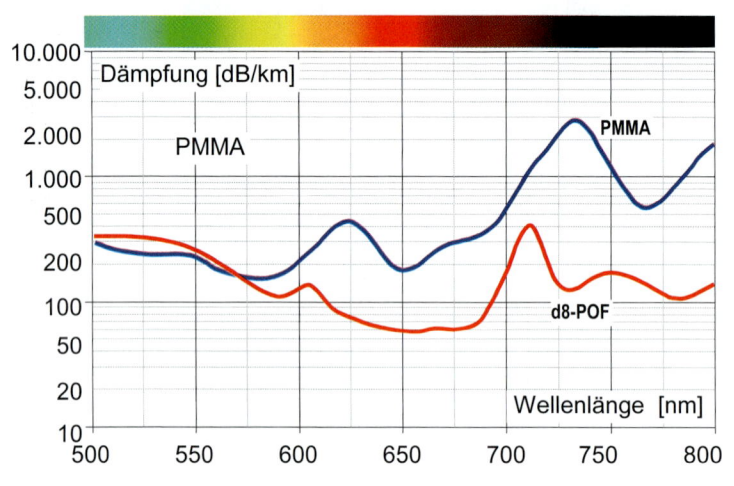

Abb. 2.179: Dämpfung deuterierter POF ([Kon04])

Von Fujifilm wird seit 2003 die Entwicklung einer neuen Faser „Lumistar" in den Varianten I, V und X angekündigt. Nach eigenen Angaben ist dies: „die erste POF mit großem Durchmesser, die in der Lage ist, über 1 Gbit/s zu übertragen". Das ist natürlich etwas übertrieben, denn auch PMMA-GI-POF und MC-POF können dies seit vielen Jahren.

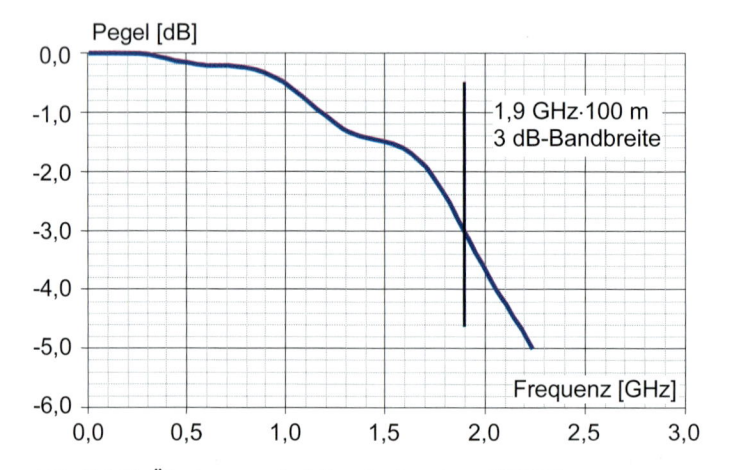

Abb. 2.180: Übertragungsfunktion der Lumistar GI-POF

In [Nak05b] werden Details einer Faser mit 500 µm Kern- und 750 µm Manteldurchmesser beschrieben. Die Bandbreite der Faser ist 1,9 GHz über 100 m (Abb. 2.180 zeigt die Übertragungsfunktion).

Weiterhin wird in der Arbeit gezeigt, daß das Indexprofil, hergestellt durch Gel-Polymerisationstechnik, auch nach 2.000 h Alterung bei +90°C stabil bleibt (Abb. 2.181). Dies ist sehr bemerkenswert.

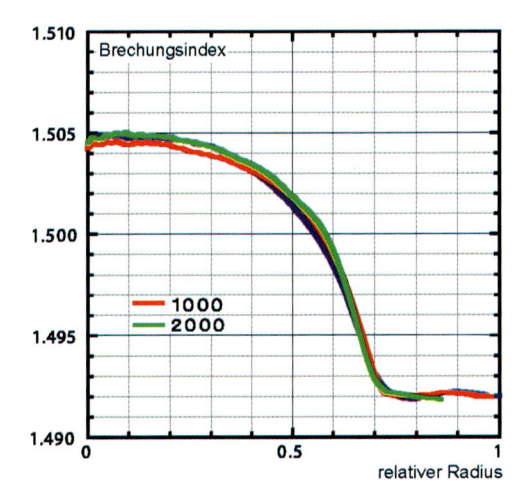

Abb. 2.181: Indexprofil der Lumistar GI-POF bei Alterung (+90°C)

In verschiedenen Quellen werden Parameter der Lumistar-Fasern genannt. Nach eigenen Angaben wird für die Lumistar-X ein besonders dämpfungsarmes Polymer verwendet. Da die Firma eng mit der Keio-Universität zusammenarbeitet, wo bis 2004 über die Entwicklung von deuterierten Faser mit ganz ähnlichen Parametern berichtet wurde, kann man davon ausgehen, daß es sich hier um d8-PMMA-POF handelt.

Tabelle 2.24: Daten der d8-POF Lumistar

	Lumistar-I	**Lumistar-V**	**Lumistar-X**
Kernmaterial	keine Angaben	keine Angaben	keine Angaben
Kerndurchmesser	500 µm	300 µm	120 µm
Manteldurchmesser	750 µm	316 µm	500 µm
Dämpfung	160 dB/km (650 nm)	180 dB/km (650 nm)	<100 dB/km (850 nm)
Bandbreite	1 GHz·50 m	3 GHz·50 m	10 GHz·50 m

Nach [Kon05] wird die Faser aus einer 22 mm dicken Vorform gezogen (60% Kern). Durch einen zweistufigen Polymerisationsprozeß verbessert sich die Bandbreite (Abb. 2.182 zeigt die Verluste zweier aktueller Varianten). Die optimale NA liegt zwischen 0,2 und 0,3. Ziel ist die Übertragung von mindestens 3 Gbit/s über 200 m.

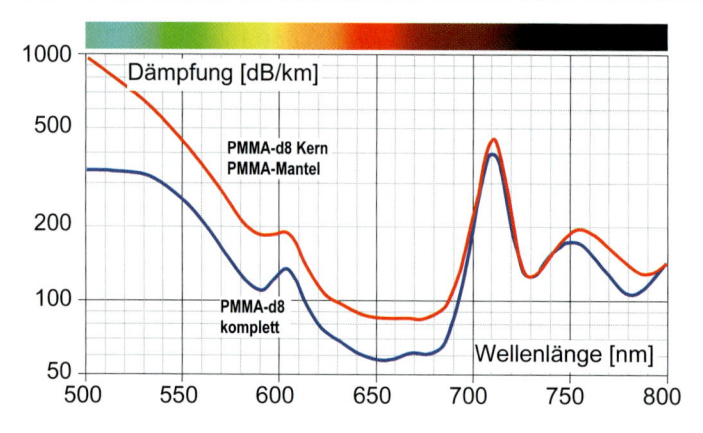

Abb. 2.182: d8-POF Varianten nach [Kon05]
- konventionelle Gel-Polymerisation mit all-PMMMA-d8 (79,8 dB/km bei 650 nm)
- zweistufige Gel-Polymerisation mit PMMMA-d8 Kern und PMMA-Mantel (rot)

Die Bandbreite der Fasern wurde über die Impulsverbreiterung im Zeitbereich ermittelt (mit einer SI-POF als Modenmischer). Die Faser mit PMMA-d8-Kern und PMMA-Mantel erreicht 1,2 GHz · 300 m (Überanregung). Diese Variante hat zwar eine etwas erhöhte Dämpfung, aber durch den Index-Dip an der Kern-Mantel-Grenzfläche eine höhere Bandbreite.

Von Fujifilm wurde im Oktober 2004 ein DVI-Übertragungssystem auf Basis der Lumistar-Faser vorgestellt. Mit einem 850 nm VCSEL konnte eine Datenrate von 10,3 Gbit/s über 40 m übertragen werden (Augendiagramm in Abb. 2.183).

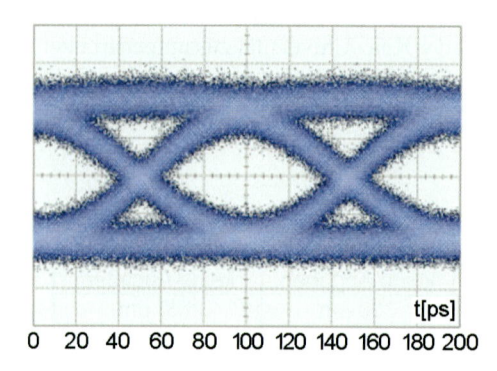

Abb. 2.183: 10,3 Gbit/s-Datenübertragung über 40 m PMMA-d8-GI-POF

Inwiefern diese Faser tatsächlich marktverfügbar wird, ist noch nicht abzuschätzen, da es in Europa noch keinen Vertriebsweg gibt. Auch die tatsächlichen Herstellungskosten sind noch unbekannt.

Der Einsatz von Fluor anstelle von Deuterium ist zwar komplizierter, verspricht aber noch geringere Dämpfungswerte und vor allem langlebigere Fasern. Der folgende Abschnitt beschreibt die Entwicklung dieser Fasern.

2.7.5 Fluorierte Polymere

Fluor besitzt eine vielfach höhere Atommasse als Wasserstoff, so daß die Absorptionsbanden erheblich weiter ins Infrarot verschoben sind. Die theoretischen Minima liegen unter 0,2 dB/km ([Mur96]), also vergleichbar mit Quarzglasfasern im Bereich um 1.500 nm Wellenlänge. In Abb. 2.184 wird die theoretische Dämpfung der fluorierten Polymerfaser mit der Dämpfung der Einmodenglasfaser verglichen.

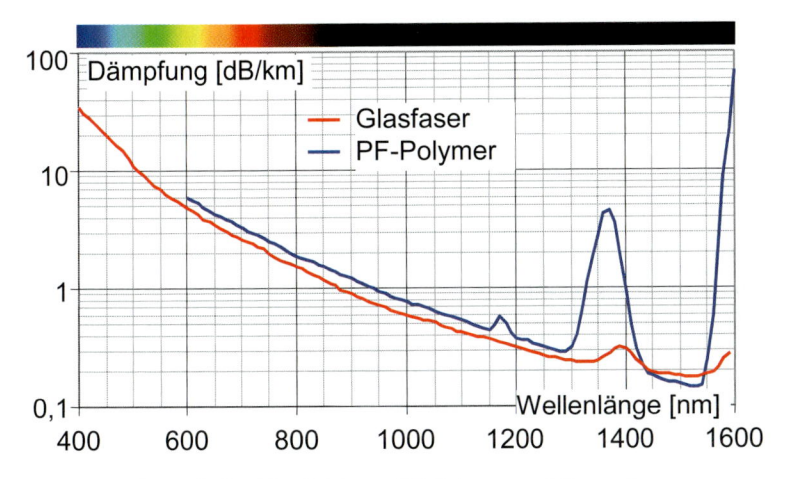

Abb. 2.184: Theoretischer Vergleich von PF-Polymer und Quarzglas

In der Praxis zeigte sich aber, daß diese theoretisch beeindruckenden Werte nur schwer zu erzielen sind. Die wichtigste Frage ist, ob sich ein fluoriertes Polymer findet, das sich in amorphen Zustand als Faser verarbeiten läßt. Teflon-Materialien neigen beispielsweise zur Kristallisation. Damit wird die Transparenz des Materials, bedingt durch Streuverluste, erheblich verringert. Schon dieses erste Problem erwies sich als durchaus schwierig. Die zweite Fragestellung betrifft die Herstellung des optischen Wellenleiters selbst. Für eine Stufenindexprofilfaser benötigt man ein Mantelmaterial mit einem etwas kleineren Brechungsindex ($\Delta n \approx 0,02 - 0,05$). Fluorierte Polymere haben aber von allen transparenten Kunststoffen bereits den niedrigsten Brechungsindex ($n = 1,340$ bei 650 nm bzw. $n = 1,336$ bei 1.300 nm), weswegen sie bevorzugt als Mantelmaterialien eingesetzt werden. Aus diesem schlichten Mangel an geeigneten Mantelmaterialien sind bisher keine PF-SI-POF hergestellt worden.

Gradientenindexprofil-POF benötigen im Prinzip keinen optischen Mantel. Dafür muß ein Weg gefunden werden, den Brechungsindex zur Achse hin kontinuierlich zu erhöhen. Im wesentlichen gibt es dazu die Wege der Dotierung und der Copolymerisation. Beim Quarzglas ist die Indexvariation sehr einfach durch Austausch der Siliziumatome durch Germanium zu erreichen, die sich in der Glasstruktur völlig gleich verhalten. Die für optische Polymerasern verwendeten Verbindungen erlauben hingegen nicht einfach den Austausch einzelner Atome. Bei der Dotierung werden kleine Moleküle zwischen die langen Ketten des eigentlichen Kernmaterials eingelagert, wodurch der Brechungsindex steigt. Wichtig ist dabei, daß die Dotiersubstanzen nicht zu leicht aus dem Polymermaterial herausdiffundieren und keine starke Absorption im gewünschten Wellenlängenbereich aufweisen. Durch die Dotierung wird grundsätzlich die Glasübergangstemperatur abgesenkt. Wünschenswert ist also ein Molekül, welches bereits bei kleinen Konzentrationen (einige %) einen ausreichenden Brechungsindexunterschied erzeugt.

Bei der Copolymerisation verwendet man Ketten, die aus unterschiedlichen Monomeren zusammengesetzt sind. Das Verhältnis der Monomere bestimmt den Brechungsindex. Hierbei ist es wichtig, daß die Reihenfolge zwar unregelmäßig ist, sich aber keine langen Ketten jeweils eines Monomers bilden, sonst steigen die Streuverluste stark an. Das bedeutet, daß die Bindungsneigung der Monomere untereinander nicht größer sein darf als zu dem jeweiligen anderen Monomer. Natürlich müssen beide Monomere hinreichend transparent sein. Die Abb. 2.185 und 2.186 verdeutlicht schematisch die Prinzipien.

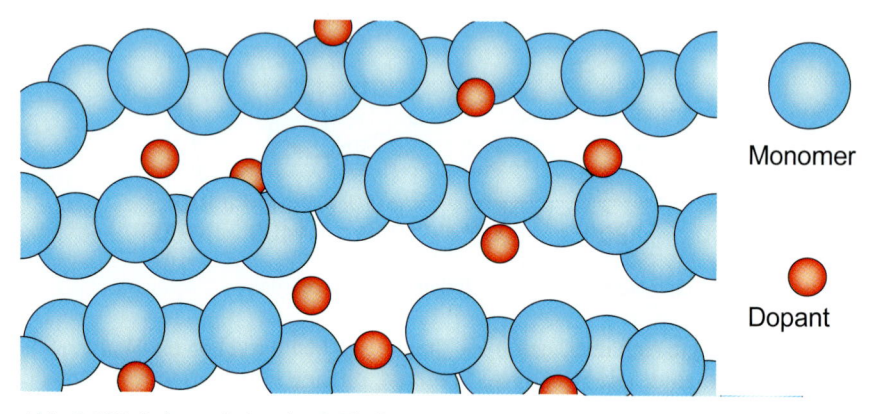

Abb. 2.185: Indexvariation durch Einfügen von Dopanden

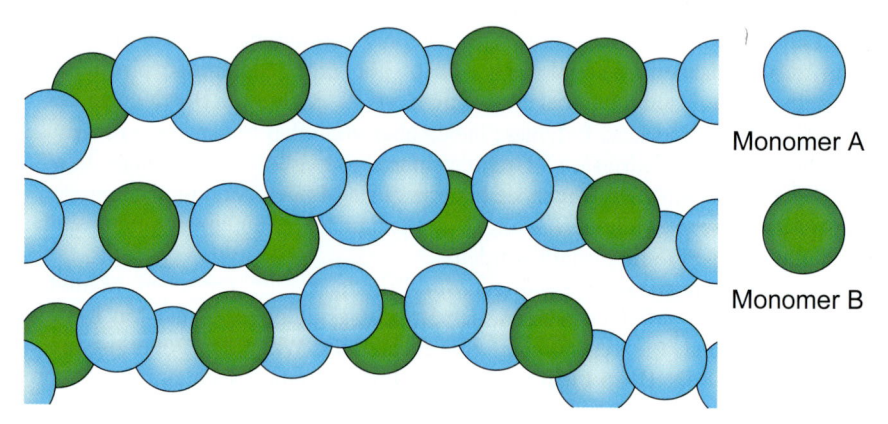

Abb. 2.186: Indexvariation durch Copolymerisation

2.7 Werkstoffe für Polymerfasern   175

Einige Fluoropolymere nennt z.B. [Mur96].
- HFIP 2-FA   Hexafluoroisopropyl 2-Fluoroacrylat
- PTFE   Polytetrafluoroethylen
- FEP   Tetrafluoroethylen-Hexafluoropropylen
- PFA   Tetrafluoroethylen-Perfluoroalkylvinyl-Ether

Die bisher besten Erfolge bei der Herstellung dämpfungsarmer POF konnten mit dem bei Asahi Glass in Japan entwickelten Material CYTOP® (Cyclic Transparent Optical Polymer) erzielt werden. Dieses Material enthält keinen Wasserstoff mehr, seine Molekülstruktur zeigen Abb. 2.187 und Abb. 2.188.

CYTOP®

$CF_2=CF-O-CF_2-CF_2-CF=CF_2$

Abb. 2.187: Fluoropolymer CYTOP® von Asahi Glass

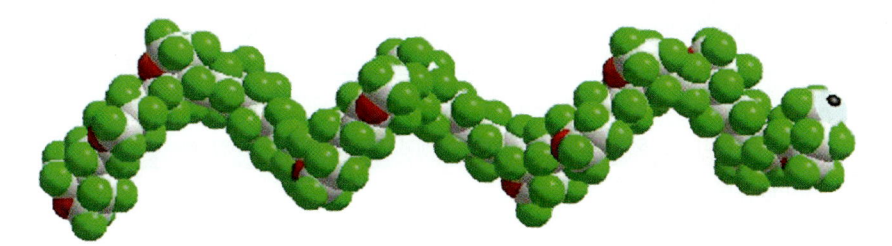

Abb. 2.188: CYTOP-Molekülstruktur

Die Dämpfung der Fasern konnte schrittweise von zunächst gut 50 dB/km über 30 dB/km auf unter 10 dB/km bei 1.300 nm Wellenlänge verringert werden, wie die Daten verschiedener PF-GI-POF in Tabelle 2.25 zeigen.

Verschiedene Dämpfungsspektren von GI-POF bis 2000 werden in Abb. 2.189 gegenübergestellt. Die Jahreszahlen verdeutlichen die Entwicklung dieser Technologie. Abschätzungen in [Mur96] lassen für CYTOP® Dämpfungen unter 1 dB/km erwarten, wobei die Notwendigkeit des GI-Profils den Wert noch einmal verschlechtert.

2.7 Werkstoffe für Polymerfasern

Tabelle 2.25: Daten verschiedener PF-GI-POF

Quelle	Jahr	Hersteller	$\varnothing_{Kern}$ µm	dB/km	bei nm	Bemerkung
[Koi96c]	1995	Keio Univ.	k.A.	50	1300	
[Mur96]	1996	Asahi Glass Co.	300-500	140 56	850 1300	n=1,34 (589 nm, T_g=108°C, Δn = 0,115, α = 2,4
[Koi96c]	1996	Keio Univ.	k.A.			10 GHz·100 m | 660 nm
[Yos97]	1997	Asahi Glass Co.	125-300	56	1300	A_N = 0,2, α = 2,4, n_{Kern} = 1,34, 600 MHz·km
[Koi98]	1998		k.A.	40	1300	
[Oni98]	1998	Asahi Glass Co.	210	41 45	850 1300	10.000 h/70°C, A_N = 0,18
[Khoe99]	1998		k.A.	120 56	850 1300	
[Khoe99]	1998		130	110 43,6 31	650 840 1310	
[Koi00] [Kog00]	2000	Asahi Glass Co.	120	15	1300	9 ps/nm·km Dispersion 509 MHz·km|1300 nm 522 MHz·km|850 nm
[Wat03]	2003	Asahi Glass Co	120	15 8	1300 1070	bisher niedrigste POF-Dämpfung
[Gou04]	2003	Nexans	120	40	850	1500 MHz·100 m
[Whi04b]	2004	Chromis	120	25	850	400 MHz·km
[DuT07]	2007	Chromis	120 50	40	800-1300	800 MHz·km kontinuierlich gezogen

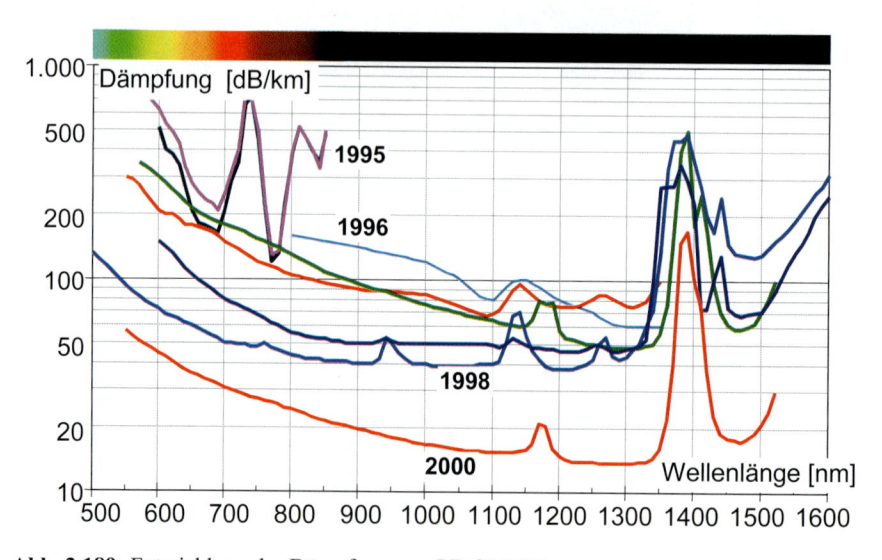

Abb. 2.189: Entwicklung der Dämpfung von PF-GI-POF

Werte unter 20 dB/km lassen Übertragungsreichweiten von bis zu 1.000 m zu. Damit wird nicht nur der Anwendungsbereich von Kupferdatenkabeln, sondern auch von Glas-Multimodefasern abgedeckt. Auch der Einsatz in Zugangsnetzen rückt in den Bereich des Möglichen.

Die bisher besten Werte werden in Abb. 2.190 gezeigt (aus [Whi02] und [Wat03]). Dabei wird von OFS (inzwischen unter der Firmenbezeichnung Chromis Fibroptics) erstmalig ein kontinuierliches Herstellungsverfahren eingesetzt (siehe weiter unten im Kapitel).

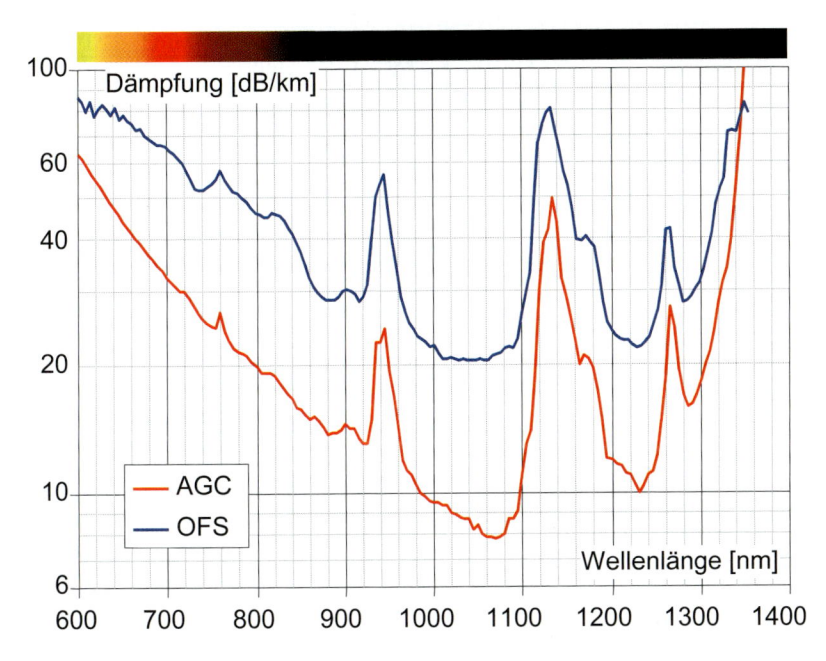

Abb. 2.190: Neueste Werte der Dämpfung von PF-GI-POF

2.7.6 Übersicht über Polymere für POF-Ummantelung

Neben den Werkstoffen für den Faserkern ist auch das Material für die Umhüllung (Coating) wesentlich. Es beeinflußt auch die thermische Belastbarkeit. Darüber hinaus bestimmt die Umhüllung die mechanischen Eigenschaften des Kabels, wie z.B. die Querdruck- und Zugfestigkeit und die Flexibilität. In den Tabellen 2.26 bis 2.30 werden verschiedene mögliche Werkstoffe mit einigen ihrer Eigenschaften zusammengestellt.

Der Einsatz von PVC, PE oder PA als typische Mantelmaterialien für den Einsatz im Gebäudebereich gestatten maximale Einsatztemperaturen von 70°C bis zu 90°C. Die Materialien in den letzten beiden Zeilen (Handelsbezeichnungen Teflon FEP bzw. Teflon PTFE) sind bis zu wesentlich höheren Temperaturen einsetzbar.

Tabelle 2.26: Werkstoffe für POF-Umhüllungen (thermische Eigenschaften)

Kurz-zeichen	Material	VDE-Kurz-zeichen	zulässige Dauerbetriebs-temperatur	thermische Überlastbarkeit 240 h	20 h
PVC	Polyvinylchlorid	Y	70°C	80°C	100°C
PVC 90°	Polyvinylchlorid 90°C	Y	90°C	100°C	120°C
PVC flammw.	Polyvinylchlorid flammwidrig	Y	70°C	80°C	100°C
PE LD; MD	Polyethylen (niedrige;mittlere Dichte)	2Y	70°C	100°C	100°C
PE flammw.	Polyethylen flammw./halogenhaltig	2Y	70°C	100°C	100°C
PE HD	Polyethylen (hohe Dichte)	2Y	80°C	110°C	120°C
PP	Polypropylen	9Y	90°C	110°C	130°C
PA-6	Polyamid - 6	4Y	80-90°C	120°C	150°C
PUR	Polyurethan (thermoplastisch)	11Y	90-100°C	120°C	140°C
VPE	vernetztes Polyethylen	2X	90°C	140°C	160°C
EVA	Ethylen-Vinylacetat-Copolymer	4G	120°C	160°C	180°C
FEP	Perfluorethylenpropylen	6Y	180°C	230°C	240°C
PTFE	Polytetrafluorethylen	5Y	260°C	300°C	310°C

Tabelle 2.27: Werkstoffe für POF-Umhüllungen (thermische/mechanische Eigenschaften)

Kurz-zeichen	Verarbei-tung *)	Flamm-widrig-keit	Sauerstoff-index LOI	Heizwert H_0 $MJ \cdot kg^{-1}$	Wärmeleit-fähigkeit $W \cdot K^{-1} \cdot m^{-1}$	Längen-ausdehnungs-koeffizient K^{-1}
PVC	E	bedingt	23-28% O_2	17 - 25	0,17	$10 - 20 \cdot 10^{-5}$
PVC 90°	E	bedingt	23-28% O_2	17 - 25	0,17	$10 - 20 \cdot 10^{-5}$
PVC flammw.	E	ja	30-40% O_2	15 - 20	0,17	$10 - 20 \cdot 10^{-5}$
PE LD; MD	E und S	nein	$\leq 22\%\ O_2$	42 - 44	0,30	$20 - 50 \cdot 10^{-5}$
PE flammw.	E und S	bedingt	24-27% O_2	35 - 40	0,30	$20 - 50 \cdot 10^{-5}$
PE HD	E und S	nein	$\leq 22\%\ O_2$	42 - 44	0,40	$40 - 45 \cdot 10^{-5}$
PP	E und S	nein	$\leq 22\%\ O_2$	42 - 44	0,19	$15 \cdot 10^{-5}$
PA-6	E und S	nein	$\leq 22\%\ O_2$	29 - 30	0,23	$7 - 10 \cdot 10^{-5}$
PUR	E und S	nein	20-25% O_2	23 - 27	0,25	$15 - 20 \cdot 10^{-5}$
VPE	E $\rightarrow$ V	nein	$\leq 22\%\ O_2$	42 - 44	0,30	$20 - 30 \cdot 10^{-5}$
EVA	E $\rightarrow$ V	nein	$\leq 22\%\ O_2$	19 - 23	k.A.	k.A.
FEP	E	ja	>95 % O_2	5	0,26	$8 - 11 \cdot 10^{-5}$
PTFE	W(E)	ja	>95 % O_2	5	0,26	$6 - 15 \cdot 10^{-5}$

*) E: Extrusion, S: Spritzguß, V: Vulkanisation, W: Wickeltechnik

Tabelle 2.28: Werkstoffe für POF-Umhüllungen (physikalisch/chemische Eigenschaften)

Kurz-zeichen	Schmelz-bereich	Tieftempe-raturgrenze	Dichte $g \cdot m^{-3}$	korrosive Schad-stoffe im Rauchgas	γ-Strahlen-beständigkeit
PVC	ab 130°C	-10°C	1,20-1,50	ja	$\leq$ 10 Mrad
PVC 90°	ab 130°C	-10°C	1,20-1,50	ja	$\leq$ 10 Mrad
PVC flammw.	ab 130°C	-10°C	1,30-1,60	ja	$\leq$ 10 Mrad
PE LD; MD	90-110°C	-50°C	0,87	nein	$\leq$ 100 Mrad

2.7 Werkstoffe für Polymerfasern 179

PE flammw.	ab 110°C	-50°C	0,98	ja		≤ 50 Mrad
PE HD	125-135°C	-50°C	0,95-0,98	nein		≤ 100 Mrad
PP	ab 145°C	-20°C	0,91	nein		≤ 10 Mrad
PA-6	ab 175°C	-50°C	1,10-1,15	?		≤ 10 Mrad
PUR	ab 150°C	-50°C	1,15-1,20	nein		≤ 500 Mrad
VPE		-	-50°C	0,92	nein	≤ 100 Mrad
EVA		-	-50°C	1,30-1,50	nein	≤ 100 Mrad
FEP	255-275°C	-65°C	2,00-2,30	ja		≤ 0,1 Mrad
PTFE	325-330°C	-65°C	2,00-2,30	ja		≤ 0,1 Mrad

Tabelle 2.29: Werkstoffe für POF-Umhüllungen (physikalisch/chemische Eigenschaften)

Kurzzeichen	Öl- und Kraftstoff-beständigkeit	Wetter-beständigkeit	Shore-Härte [1)]=A; [2)]=D	Zugfestigkeit	Reiß-dehnung
PVC	mittelmäßig	gut	70-95[1)]	10-20 N·mm^{-2}	150-350 %
PVC 90°	mittelmäßig	gut	70-95[1)]	10-20 N·mm^{-2}	150-350 %
PVC flammw.	mittelmäßig	gut	80-90[1)]	10-20 N·mm^{-2}	150-250 %
PE LD; MD	schlecht	mäßig	43-50[2)]	15-20 N·mm^{-2}	300 %
PE flammw.	schlecht	mäßig	50[2)]	15-20 N·mm^{-2}	300 %
PE HD	mittelmäßig	mäßig	60-62[2)]	15-25 N·mm^{-2}	300 %
PP	mittelmäßig	mäßig	40-60[2)]	30-50 N·mm^{-2}	300 %
PA-6	mittelmäßig	gut	40-75	70-120 N·mm^{-2}	50-200 %
PUR	gut	ausgez.	75-100[1)]	35-45 N·mm^{-2}	300 %
VPE	mittelm./gut	gut	40-50[2)]	12-20 N·mm^{-2}	300 %
EVA	schlecht	gut	70-90[1)]	5-15 N·mm^{-2}	300 %
FEP	sehr gut	ausgez.	55-60[2)]	15-25 N·mm^{-2}	250 %
PTFE	sehr gut	ausgez.	55-65[2)]	80 N·mm^{-2}	50 %

Tabelle 2.30: Werkstoffe für POF-Umhüllungen (elektrische Eigenschaften)

Kurzzeichen	Verlustfaktor tanδ bei 20°C und 800 Hz	Dielektrizitätszahl bei 20°C und 800 Hz	spezifischer Widerstand bei 20°C
PVC	20 - 100·10^{-3}	4-6	10^{13} Ω·cm
PVC 90°	50 - 100·10^{-3}	4-6	10^{13} Ω·cm
PVC flammw.	70 - 150·10^{-3}	5-7	10^{13} Ω·cm
PE LD; MD	0,2; 0,4·10^{-3}	2,3	10^{16} Ω·cm
PE flammw.	1,1·10^{-3}	3	10^{16} Ω·cm
PE HD	0,3·10^{-3}	2,3	10^{16} Ω·cm
PP	0,5·10^{-3}	2,3 - 2,5	10^{16} Ω·cm
PA-6	30 - 50·10^{-3}	3 - 7	10^{14} Ω·cm
PUR	30·10^{-3}	8	10^{12} Ω·cm
VPE	0,5·10^{-3}	2,4 - 3,8	10^{16} Ω·cm
EVA	20 - 30·10^{-3}	4-6	10^{12} Ω·cm
FEP	0,0003·10^{-3}	2,1	10^{16} Ω·cm
PTFE	0,0003·10^{-3}	2,1	10^{17} Ω·cm

2.8 Faser- und Kabelherstellung

Die Verfahren zur POF-Herstellung haben sich in den letzten Jahren kontinuierlich verbessert. Zwar sind die grundsätzlichen Methoden immer noch die gleichen, aber es wurden diverse Detailverbesserungen entwickelt. Einen sehr umfassende Darstellung der POF-Herstellung und deren Geschichte wird in [Nal04] gegeben. Viele Details zu Materialien findet man auch in [Har99].

Gegenüber der Produktion von Glasfasern gibt es bei POF eine Reihe von Besonderheiten. Zunächst muß die teilweise sehr komplizierte (und bisweilen sicherheitsrelevante) Polymerchemie beherrscht werden. Auf der anderen Seite sind die Prozeßtemperaturen aber sehr viel niedriger (fast immer unter +200°C).
Die Herausforderungen der POF-Produktion lassen sich in vier Aufgaben unterteilen:

- ➢ Das Kernmaterial muß ohne Verunreinigungen, Luftblasen usw., mit der richtigen Verteilung der Molekülmassen und homogen hergestellt werden.
- ➢ Die Faser muß präzise gezogen oder extrudiert werden.
- ➢ Für SI-Fasern muß ein geeignetes Mantelmaterial mit kleinerem Brechungsindex und nicht zu hoher Dämpfung gefunden und aufgebracht werden. Dabei ist zu gewährleisten, daß die Grenzfläche auch hinreichend glatt ist, und der Mantel einen guten Haftsitz hat.
- ➢ Für Gradientenindexfasern muß ein Copolymer oder ein Dopand gefunden werden um den Brechungsindex variieren zu können (i.d.R. zu erhöhen). Dazu braucht man ein geeignetes Verfahren, um diesen Stoff so über den Kernquerschnitt zu verteilen, daß ein parabolisches Brechzahlprofil entsteht.

Natürlich gibt es dann weitere Schritte, z.B. die Aufbringung zusätzlicher Schutzschichten, Herstellung von Duplex- oder Bändchenkabeln und die Qualitätskontrolle.

2.8.1 Verfahren zur POF-Herstellung

Glasfasern werden heute auf zwei verschiedene Methoden hergestellt. Die dünnen (typisch 125 µm) Fasern für Telekommunikationsanwendungen werden aus einer Vorform hergestellt (bis über 1.000 km). Lichtleitfasern werden auch direkt aus der Schmelze gezogen.

Auch bei Polymerfasern unterscheidet man zwischen kontinuierlichen Methoden (Spinnen oder Extrudieren) und dem Ziehen aus Vorformen.

Bei der Vorformmethode wird zunächst ein Zylinder hergestellt, der bei sehr viel größerem Durchmesser das Indexprofil von Kern und Mantel bereits besitzt. Durch Ziehen wird der Durchmesser auf den gewünschten Wert verkleinert (Abb. 2.191, siehe z.B. [Wei98]).

Das Indexprofil sollte dabei idealerweise erhalten bleiben, wenn auch entsprechend kleiner skaliert. Die Länge der Faser pro Vorform ergibt sich zu:

Faserlänge = Vorformlänge · (Vorformdurchmesser/Faserdurchmesser)^2

2.8 Faser- und Kabelherstellung 181

Bei Glasfasern ist diese Methode üblich. Je Vorform werden in automatisierten Prozessen mehrere 100 km Faser gewonnen, wie ein Beispiel zeigt:

Glasfaserlänge = 2 m Vorform · (5 cm Vorformdurchmesser/125 µm)² = 320 km

Es ist leicht zu sehen, daß der große Kerndurchmesser üblicher POF für dieses Verfahren ungünstig ist, da nur wenige Kilometer Faser je Vorform hergestellt werden können, z.B.:

POF-Länge = 1 m Vorform · (5 cm Vorformdurchmesser/1 mm)² = 2,5 km

Bei Glasfasern erreichen die Ziehgeschwindigkeiten heute bis 10 m/s, bei POF sind es etwa 0,2 bis 0,5 m/s.

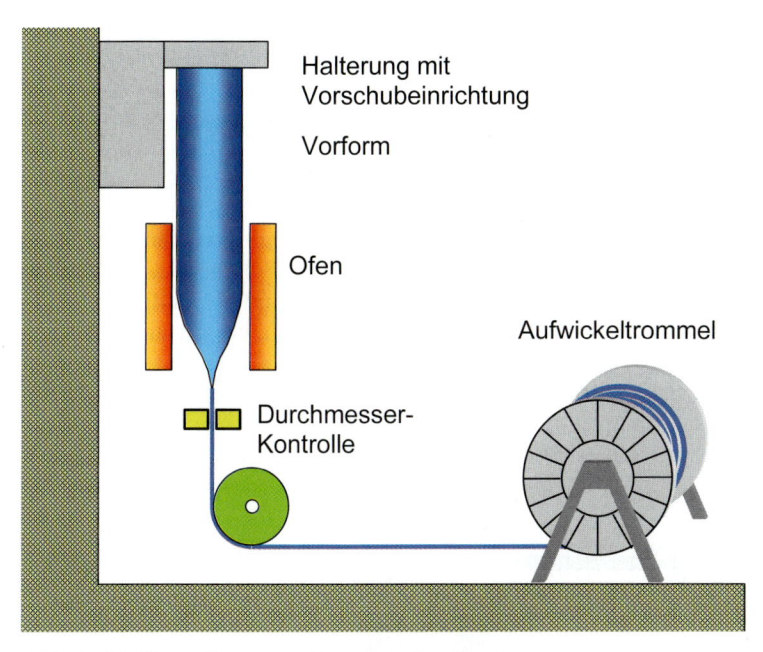

Abb. 2.191: Herstellung einer Faser aus einer Vorform

Neben der Möglichkeit die komplette Faser aus der Vorform zu ziehen gibt es auch die Variante, nur den Kern als Polymerzylinder herzustellen, und danach den Mantel durch Extrusion oder Lackierung aufzubringen. Das hat den Vorteil, daß die Polymerisation des Kernmaterials unter sehr viel kontrollierteren Bedingungen vonstatten gehen kann.

Dieses Verfahren wird bei der PCS verwendet. Ein Quarzglaskern wird auf 200 µm (oder auch andere Dicken) ausgezogen und anschließend mit einem Polymermantel (typisch 15 µm dick) umgeben. Verständlicherweise müssen ja auch Glas und Polymer in unterschiedlichen Prozessen verarbeitet werden.

Weitere Varianten sind die diskontinuierliche Herstellung, d.h. im Reaktor wird zuerst polymerisiert und anschließend der entstandene Block bei niedrigerer Temperatur extrudiert (Batch-Extrusion).

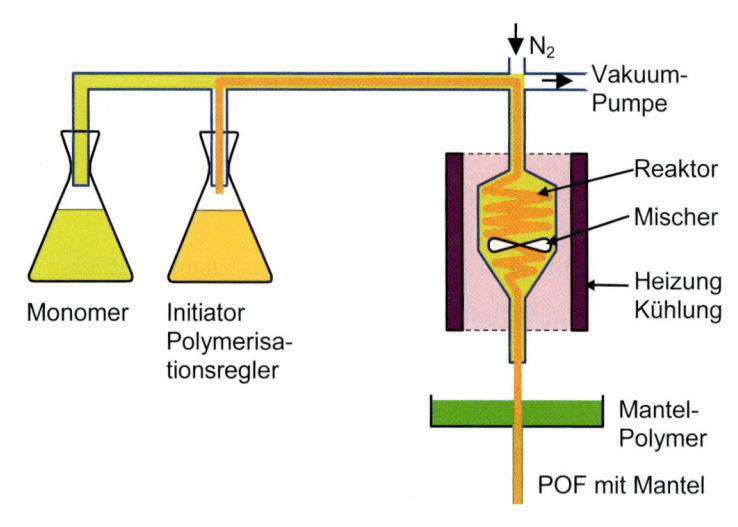

Abb. 2.192: Batch-Extrusion nach [Hess04]

Das Monomer, der Initiation und der Polymerisationsregler werden zunächst durch die Vakuumpumpe destilliert. Nach Abschluß der Polymerisation drückt Stickstoff das Polymer durch die Düse. Der Mantel wird unmittelbar aufgebracht.

Von Mitsubishi wurde außerdem eine Methode entwickelt, bei der die Polymerisation photochemisch erfolgt (in [Nal04] beschrieben).

Abbildung 2.193 aus [Hess04] zeigt eine solche Methode. Kern- und Mantelmaterial werden durch Pumpen und einen Mischer durch eine Düse gedrückt. Anschließend erfolgt die Vernetzung mit einer UV-Lampe. Das Verfahren könnte sich vor allem für temperaturbeständige POF gut eignen.

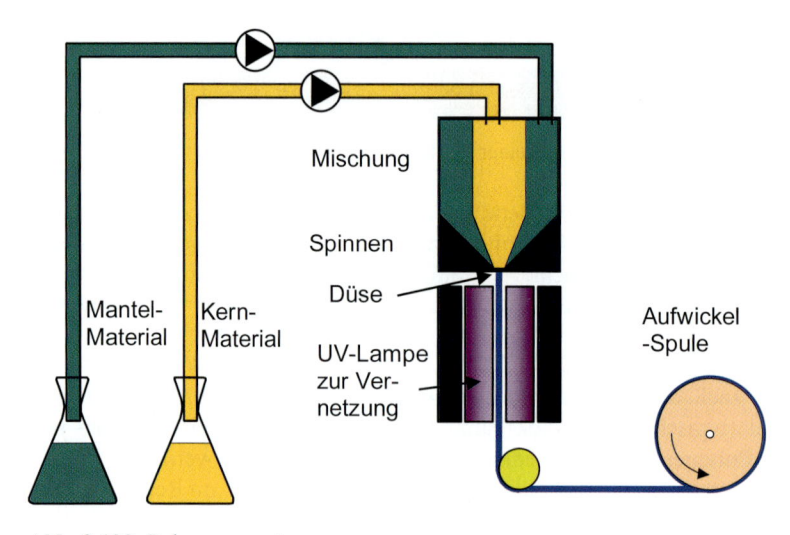

Abb. 2.193: Polymervernetzung

Bei Extrusionsmethoden wird die POF in einem kontinuierlichen Prozeß direkt aus den Monomeren hergestellt. Für SI-POF ist dieses Verfahren sehr einfach. Abbildung 2.194 zeigt eine entsprechende Anordnung (z.B. [Ram99], [Wei98]).

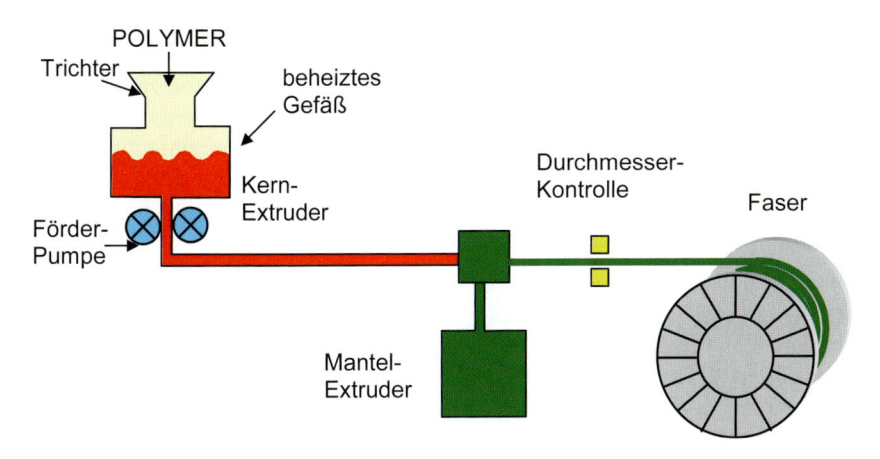

Abb. 2.194: Herstellung einer SI-POF durch Extrusion

Es solches System ist auch in [Hac01] beschrieben. Der Autor nennt als verwendete Mantelmaterialien Poly(3FMA) mit n = 1,40 und PVF mit n = 1,42. Die Polymerisation erfolgt bei etwa 150°C. Durch den Druckabfall beim Verlassen des Reaktors verdampft das verbleibende Monomer und kann zurückgeführt werden. Der Mantel wird bei ca. +200°C aufextrudiert. Diese Temperatur liegt weit über der Glasübergangstemperatur des PMMA. Es ist also ein kritischer Prozeßschritt, bei dem die schnelle Abkühlung der Faser gewährleistet sein muß. Anderseits ist der Mantel auch nur ca. 10 µm dick, so daß die thermische Belastung begrenzt ist.

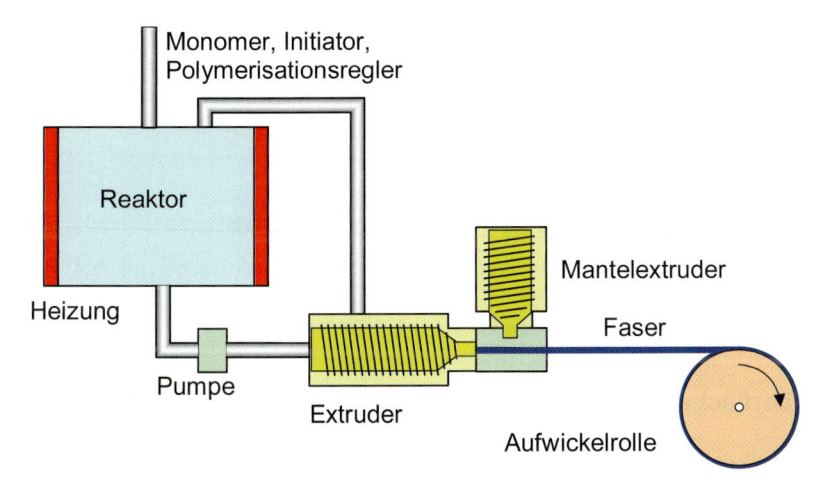

Abb. 2.195: Extrusion einer POF nach [Hac01]

Das Verfahren wird auch in [Hess04] erläutert. Im Reaktor wird dabei das Monomer zu ca. 80 % polymerisiert. Der Vorteil dieses Standardverfahrens für SI-POF liegt in der sehr geringen Kontamination der Polymere durch den Prozeß. Eine Modifikation des Verfahrens wird in [Poi06d] vorgestellt. Die neuen Komponenten des Verfahrens sind:

- Das Kernmaterial ist PMMA-Granulat, welches vor der Extrusion zerkleinert und effektiv gereinigt wird.
- Der Extrusionskopf ist metallfrei um möglichst keine Verunreinigungen zu erhalten.
- Die eingesetzte Turbopumpe ermöglicht einen besonders gleichmäßigen Transport.

Darüber hinaus werden auch in [Wei98] zwei Verfahren angegeben. Bei der Schubextrusion wird die Polymerisation in einem abgeschlossenen geheiztem Behälter durchgeführt, aus dem anschließend die Faser mit hohem Druck aus einer Düse gepreßt wird, also ähnlich der Batch-Extrusion. Direkt in der Düse wird dabei der Mantel aufgebracht. Wie die Vorformmethode ist dies ein diskontinuierliches Verfahren.

Beim Spinn-Schmelz-Verfahren wird fertiges Polymer-Granulat geschmolzen und durch einen Spinnkopf mit vielen Bohrungen gedrückt. Die Bohrungen dienen zur Formung des Kerns und zum Aufbringen des Mantels. Dieses Verfahren ist sehr effizient, aber auch sehr aufwendig.

2.8.2 Herstellung von Gradientenindexprofilen

Um die Funktion von Gradientenindex- und Vielstufenindexfasern optimal zu gewährleisten, sollte das optimale Indexprofil möglichst genau realisiert werden. Ziel der Entwicklung der letzten Jahre war es, dies mit wenig Aufwand zu erreichen, und möglichst die GI-Faser kontinuierlich herzustellen.

Zur Herstellung des Gradientenindexprofils sind in der Fachliteratur eine Reihe von verschiedenen Verfahren beschrieben worden:

- Oberflächen-Gel-Polymerisationstechnik
- Zentrifugieren
- Photochemische Reaktionen
- Extrusion vieler Schichten (Polymerisation oder Beschichten)

Die meisten dieser Methoden erzeugen zunächst eine Vorform mit bis zu 50 mm Durchmesser, die anschließend zur gewünschten Faser gezogen wird. Im Folgenden werden einige dieser Methoden beschrieben.

2.8.2.1 Oberflächen-Gel-Polymerisationstechnik

Diese Methode wurde von Prof. Koike an der Keio Universität entwickelt (siehe z.B. [Koi92]). Dabei wird zunächst ein Rohr aus PMMA hergestellt. In dieses wird ein Gemisch aus zwei unterschiedlichen Monomeren M_1 (hoher Brechungsindex und große Moleküle) und M_2 (kleinerer Brechungsindex und kleinere Moleküle) gefüllt. In einem Ofen mit typisch 80°C wird zunächst die innere Wand des PMMA-Rohrs leicht angelöst. Hier bildet sich eine Gelschicht, die die Polymerisation beschleunigt. Das kleinere Molekül M_1 kann besser in diese Gelschicht diffundieren, so daß in der Mitte die Konzentration von M_2 mehr und mehr ansteigt. Entsprechend dem entstehenden Konzentrationsgefälles bildet sich das Indexprofil. Für eine PMMA-GI-POF schlägt [Koi92] neben MMA (M_1) die Monomere VB, VPAc, BzA, PhMA und BzMA vor. Verwendet wurde schließlich BzA, bedingt durch die mit MMA vergleichbare Reaktivität. Aus der 15 mm bis 22 mm dicken Vorform wurden bei 190°C bis 280°C Fasern mit 0,2 mm - 1,5 mm Durchmesser gezogen. Abbildung 2.196 verdeutlicht das Prinzip (siehe [Ish95]).

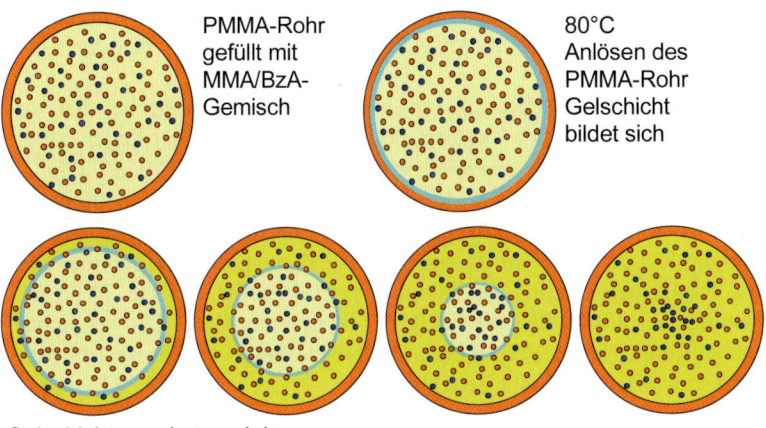

PMMA-Rohr gefüllt mit MMA/BzA-Gemisch

80°C Anlösen des PMMA-Rohr Gelschicht bildet sich

Gelschicht wandert nach innen
Konzentration von M_2 nimmt zur Mitte hin zu

Abb. 2.196: GI-Profilbildung durch Gel-Polymerisationstechnik

In [Koi95] wird die Methode genauer beschrieben. Das PMMA-Rohr wird durch Rotation eines mit MMA teilweise gefüllten Glasreaktors bei 70°C mit 3000 min^{-1} erzeugt. Die Polymerisation des Kerns erfolgt bei Rotation mit 50 min^{-1} bei 95°C und dauert ca. 24 Stunden. In [Ish95] wird die Herstellung einer PMMA-GI-POF mit DPS als Dopanden beschrieben. Bei herkömmlichen Materialien wie BB bzw. BBP erhält man Fasern mit $A_N = 0,17 - 0,21$, während mit DPS eine $A_N = 0,29$ möglich ist. Die größere NA verbessert die Biegeeigenschaften und erleichtert die Lichteinkopplung.

2.8.2.2 Erzeugung des Indexprofils durch Zentrifugieren

In verschiedenen Arbeiten ([Dui96], [Dui98] und [Chen00]) wird vorgeschlagen, die Dichteunterschiede der verschiedenen Monomere auszunutzen, um durch Fliehkraft bei schnellem Zentrifugieren das Indexprofil zu erzeugen. In [Chen00] werden Dichte und Brechungsindex verschiedener Materialien verglichen (Tabelle 2.31).

Tabelle 2.31: Brechungsindex und Dichte verschiedener Polymere ([Chen00])

Molekül	Dichte	n	Molekül	Dichte	n
MMA	0,936 g/cm^{-3}	1,490	BB	1,120 g/cm^{-3}	1,568
DOP	0,981 g/cm^{-3}	1,486	PMMA	1,190 g/cm^{-3}	1,490
BIE	0,982 g/cm^{-3}	1,564	TFPMA	1,254 g/cm^{-3}	1,373
BzMA	1,040 g/cm^{-3}	1,568	PTFPMA	1,496 g/cm^{-3}	1,422
VB	1,070 g/cm^{-3}	1,578	DBME	2,180 g/cm^{-3}	1,538

Die Herstellung der Vorform erfolgt in zwei Schritten. Nachdem das Monomergemisch in ein Rohr gefüllt ist, erfolgt bei Zimmertemperatur die Bildung des GI-Profils. Anschließend wird die Temperatur erhöht, so daß die Polymerisation erfolgt. Die Rotation dauert dabei an. Abschließend wird eine Faser aus der Vorform gezogen.

Die Rotationsgeschwindigkeiten müssen bei diesem Verfahren bei bis zu 50.000 min^{-1} liegen. Schon für eine Vorform mit 10 mm Durchmesser liegen dabei die Zentrifugalbeschleunigungen ($a = \omega^2 r$) bei der 14.000-fachen Erdbeschleunigung. An der Universität Eindhoven wurde eine Ultrazentrifuge mit 50.000 min^{-1} für Vorformen bis 50 mm Durchmesser konstruiert, bei der die Zentrifugalbeschleunigung dann 70.000 g erreicht. In ersten Versuchen wurden GI-Zylinder aus PTFPMA und MMA hergestellt. Die Bildung des GI-Profils dauerte 24 h, anschließend wurde bei 60°C bis 80°C für 12 h polymerisiert. Die erreichte Brechungsindexdifferenz lag bei ca. 0,009. Die Herstellung von Fasern aus derartigen Vorformen wurde noch nicht berichtet.

2.8.2.3 Kombinierte Diffusion und Rotation

Die Kombination aus Diffusion und Rotation zur Herstellung von PMMA-GI-Vorformen beschreibt [Park01]. In einen zylindrischen Glasreaktor wird das Monomer eingefüllt. In der Mitte befindet sich ein Stab aus einem Material mit höherem Brechungsindex. Dieses Material diffundiert langsam in das umgebende Medium ein. Beide Teile können unterschiedlich schnell rotieren (der Reaktor mit 500 bis 1.000 U/min, der Stab mit 6 bis 60 U/min Unterschied). Die Idee der unterschiedlichen Rotation liegt in der Ausmittelung von Konzentrationsschwankungen, so daß ein ideal rotationssymmetrisches Profil entsteht. Nach einigen Stunden wird die Vorform thermisch polymerisiert. Abb. 2.197 zeigt das Prinzip und ein Indexprofil.

Aus der so hergestellten Vorform wurde durch thermisches Ziehen eine Faser mit 1 mm Kerndurchmesser hergestellt. Das Bandbreite-Länge-Produkt beträgt 1,2 GHz·100 m (gemessen mit einem 650 nm InGaAsP-Laser an einer 50 m langen Faser).

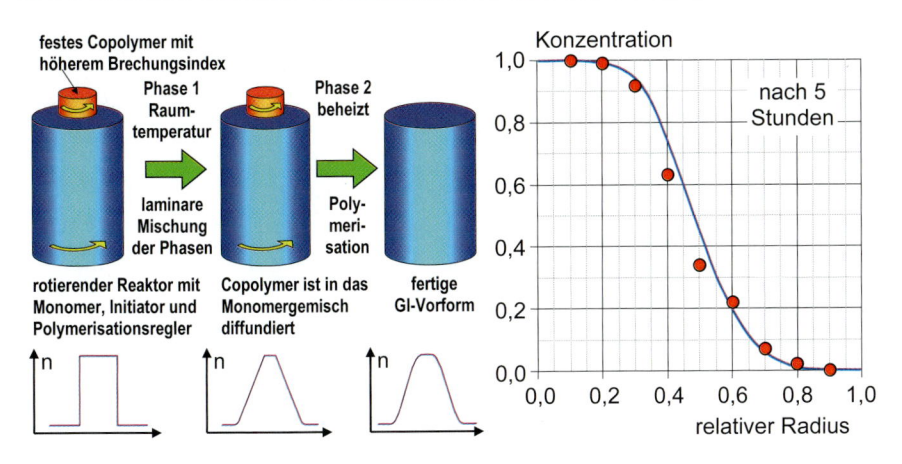

Abb. 2.197: Herstellung von GI-POF-Vorformen nach [Park01]

2.8.2.4 Photochemische Erzeugung des Indexprofils

Nach [Nal04] wurden die ersten GI-POF u.a. auch durch Photo-Copolymerisation hergestellt (1981 von Koike vorgestellt). Ein dünnes Glasrohr wird mit einem Gemisch aus MMA, Vinylbenzoat (VB als Dopand) und Benzoylperoxid (als Initiator) gefüllt. Während der UV-Bestrahlung rotiert die Glasröhre. Da die UV-Strahlung am Rande höher ist, bildet sich hier eine Gelphase durch die schnellere Polymerisation. Da MMA eine höhere Reaktionsgeschwindigkeit hat, wird im Zentrum die VB-Konzentration höher sein. Die Röhre wird von unten nach oben bestrahlt und anschließend bei höheren Temperaturen auspolymerisiert. Aus dem Verfahren gingen keine brauchbaren Fasern hervor.

In [Miy99] wird ebenfalls eine Methode zur Erzeugung von Indexprofilen mittels photochemischer Reaktionen vorgeschlagen. Dabei wird PMMA mit DMAPN ((4-N,N-Dimethylaminophenyl)-N´-Phenylnitrone) dotiert. Bei Belichtung mit ultravioletter Strahlung (380 nm) verringert sich der Brechungsindex um bis zu 0,028, ausreichend für GI-POF. Im Experiment wurden dünne Filme von wenigen Mikrometern Dicke verwendet. Fasern wurden bisher noch nicht hergestellt. Problematisch dürfte die geringe Eindringtiefe der Strahlung sein, die deutlich kleiner als der angestrebte Faserradius ist. Dennoch ist dieses Verfahren sehr interessant, da es schnell arbeitet und kontinuierliche Faserproduktion erlaubt.

2.8.2.5 Extrusion vieler Schichten

In zwei Instituten (Research-Production Center, RPC Tver und bei Mitsubishi Rayon) wurden in den 90er Jahren Vielstufenindexprofil-POF hergestellt.

Das Verfahren entspricht der Herstellung von SI- oder DSI-POF, nur daß mehrere Extruder miteinander kombiniert werden müssen. Im Abb. 2.198 wird das Indexprofil einer MSI-POF nach [Lev99] gezeigt. Die eingezeichnete Kurve entspricht einer idealen Parabel. Im Kernbereich sind die Abweichungen der realen Struktur relativ klein.

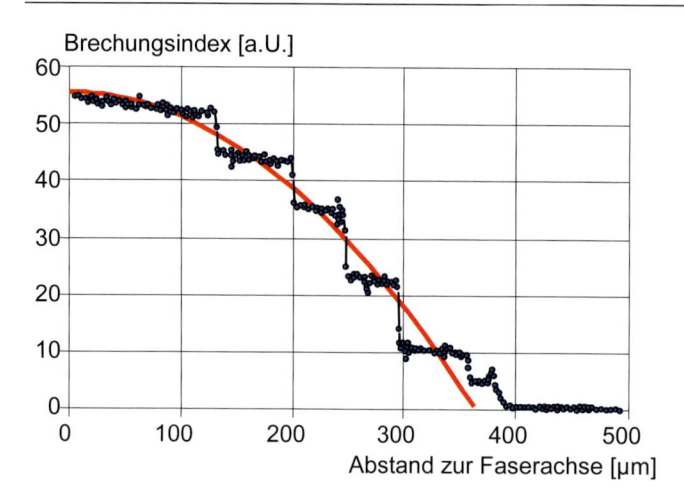

Abb. 2.198: Indexprofil einer MSI-POF ([Lev99])

2.8.2.6 Herstellung von Semi-GI-PCS

Für Semi-GI-PCS unterscheidet sich die Herstellung der Vorform praktisch nicht von den Fertigungsmethoden normaler Glasfasern. Der übliche Prozeß ist MCVD (Modified Chemical Vapor Deposition). In eine beheizte Quarzglasröhre wird ein Gemisch aus $SiCl_4$ und O_2 geleitet. In einer chemischen Reaktion bildet sich SiO_2. Durch Zugabe von Chlor, Bor, Germanium oder Phosphor kann der Brechungsindex kontinuierlich verändert werden (Abb. 2.199). Nach dem Erkalten wird das innen beschichtete Rohr kollabiert (das Loch verschwindet) und zur Faser gezogen. Im Unterschied zur klassischen Glasfaser hat die PCS aber keinen optischen Mantel aus Glas, sondern aus Polymeren, wodurch ein deutlich größerer Brechungsindexsprung möglich ist.

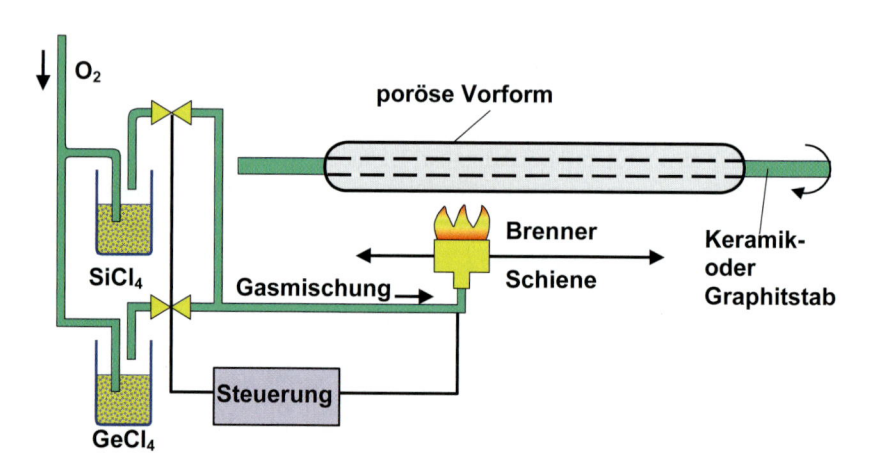

Abb. 2.199: Herstellung von Glasfaser-Vorformen

2.8.2.7 Polymerisation in einer Zentrifuge

Eine neue Methode zur Herstellung von PMMA-GI-POF wurde in den letzten Jahren von der südkoreanischen Firma Optimedia unter Leitung von Prof. C. W. Park zur Produktionsreife entwickelt.

Das Herstellungsprinzip basiert auf einer Copolymerisation. Gegenüber der Dotierung ergibt sich der Vorteil, daß die Glasübergangstemperatur nicht soweit abgesenkt wird. In eine rotierende Röhre wird das Polymergemisch eingefüllt und thermisch oder durch UV-Bestrahlung polymerisiert. Die Polymerzusammensetzung kann schrittweise oder kontinuierlich verändert werden. Die Rotation dient hier nicht zur Stofftrennung, sondern nur zur Herstellung der Rotationssymmetrie. Entsprechend geringer sind die Anforderungen an die Rotationsgeschwindigkeit. Abbildung 2.200 zeigt den Aufbau. Einzelheiten sind z.B. in [Park06a] beschrieben worden.

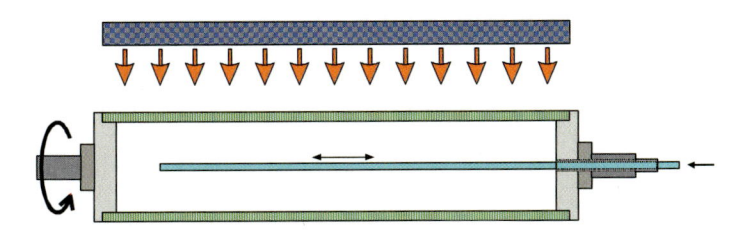

Abb. 2.200: Rotierender Zylinder zur Herstellung einer GI-Vorform ([Park06a])

Unter dem Mikroskop kann man noch gut erkennen, daß die Faser aus vielen Schichten aufgebaut wurde. Das Indexprofil ist aber fast ideal parabolisch und zeigt keine Stufen (siehe Abb. 2.201 nach [Park06a]. Ein Dämpfungsspektrum der OM-Giga (1 mm GI-POF, Angaben des Vertreibers Fiberfin) wird in Abb. 2.202 dargestellt. Bei 650 nm liegen die Verluste unter 200 dB/km.

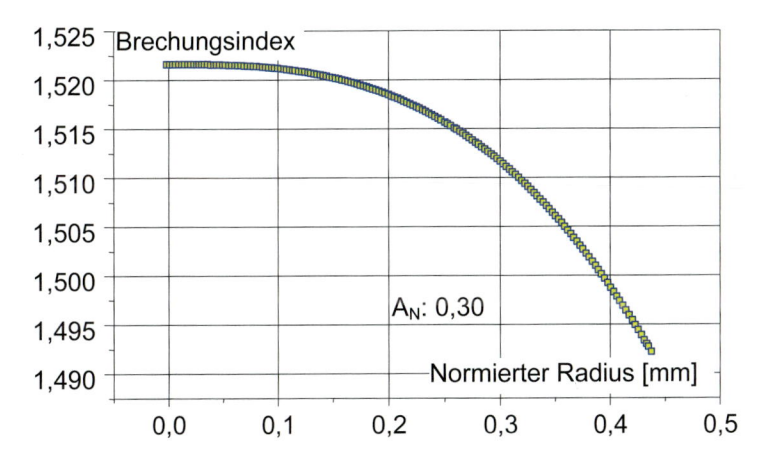

Abb. 2.201: Indexprofil der PMMA-GI-POF von Optimedia ([Park06a])

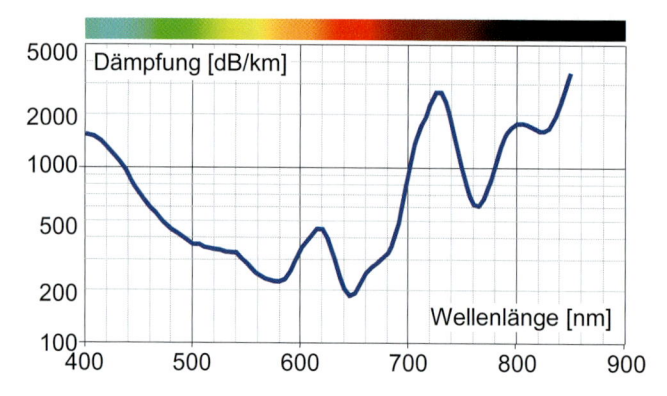

Abb. 2.202: Dämpfungsspektrum der PMMA-GI-POF von Optimedia (Fiberfin)

2.8.2.8 Kontinuierliche Produktion bei Chromis Fiberoptics

Während es für SI-POF kontinuierliche Herstellungsverfahren gibt, konnte die PF-GI-POF bis vor kurzem nur aus Vorformen hergestellt werden. Von Chromis Fiberoptics (früher Lucent, OFS) ist ein Verfahren zur kontinuierlichen Herstellung solcher Fasern entwickelt worden ([Rat03], [Whi03], [Whi04a], [Whi05], [Park05b], [Pol06a]). In einem Doppelextruder wird dabei zunächst eine SI-Faser aus CYTOP-Material mit dotiertem Kern hergestellt. Die Faser wird um einen beheizten Zylinder gewickelt. Hier diffundiert der Dopand nach außen, wodurch das GI-Profil entsteht. Anschließend wird noch die 500 μm PMMA-Schutzschicht aufgebracht und die Faser kann aufgewickelt werden. Die Fasern erreichen schon annähernd die Parameter der POF von Asahi Glass, die schon seit ca. 10 Jahren Erfahrungen sammeln konnten.

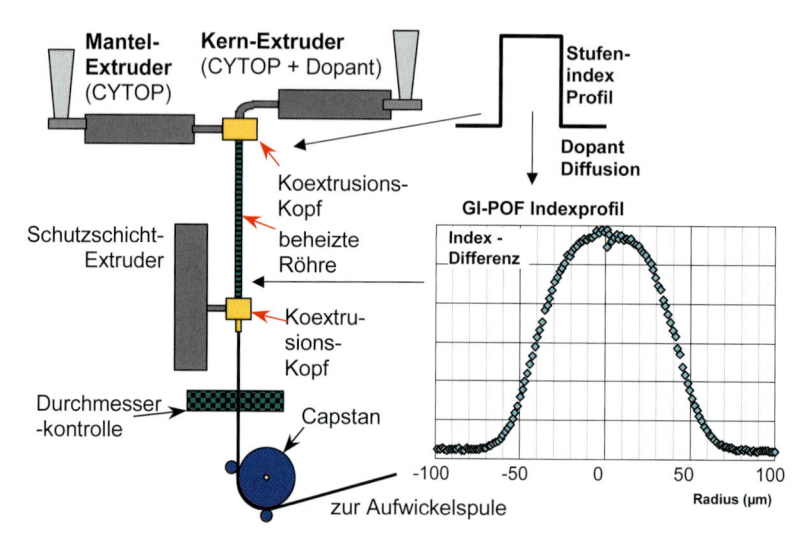

Abb. 2.203: Kontinuierliche Herstellung von PF-GI-POF ([Pol06a])

Das Insert zeigt das fertige Indexprofil mit annähernd parabolischem Verlauf. Der Hersteller gibt das Bandbreite-Länge-Produkt der Faser mit 400 MHz·km an.

2.8.2.9 GI-POF mit zusätzlichem Mantel

Wie schon weiter oben erläutert wurde, spielt die Verringerung der Biegeverluste bei Polymerfasern eine große Rolle. Für die SI-Fasern konnte durch einen zweiten Mantel eine deutliche Verbesserung erzielt werden. Extrem kleine Biegeradien sind durch Faserbündel, bzw. Vielkernfasern erreicht worden.

Auch für Gradientenindexfasern bringt eine zusätzliche Mantelschicht mit kleinerem Brechungsindex offenbar deutliche Vorteile für das Biegeverhalten ohne die Bandbreite dramatisch zu verkleinern. In [Oni04] und [Sato05] wird eine PF-GI-POF mit einer 6 µm dicken zusätzlichen Mantelschicht vorgestellt.

Abbildung 2.204 zeigt die gemessenen Biegeverluste für drei verschiedene Fasern mit unterschiedlich großen Indexsprüngen zwischen Rand des Kerns und zusätzlichem Mantel (um $\Delta n = 0{,}002$, $\Delta n = 0{,}005$ und $\Delta n = 0{,}014$). Schon bei einem Indexsprung von 0,005 kann ein Biegeradius von 10 mm mit unter 0,1 dB Dämpfung erreicht werden. das Bandbreite-Länge-Produkt der Faser liegt zwischen 1.800 MHz·km und 2.700 MHz·km. Die Dämpfung der Faser beträgt 30 dB/km bei 850 nm (mit ODTR gemessen).

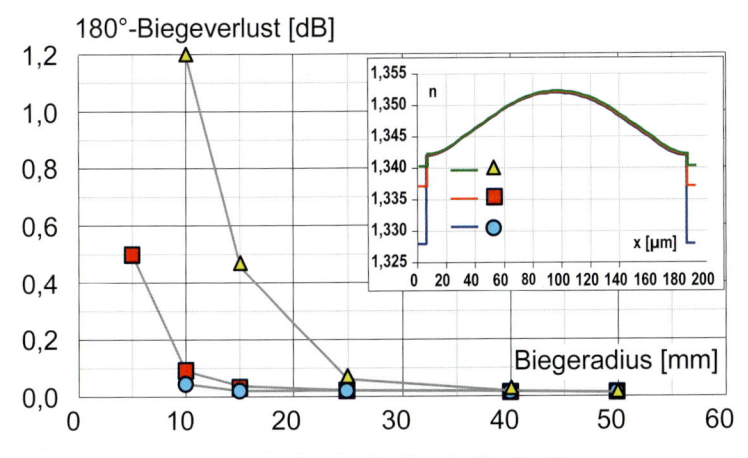

Abb. 2.204: Verringerung der Biegeverluste durch Semi-GI-Profil ([Sato05])

Auch für PMMA-GI-Fasern kann diese Methode verwendet werden. In [Aru05] werden Ergebnisse für eine 1 mm dicke Faser vorgestellt. Mit einem zusätzlichen PVDF-Mantel (Poly-Vinylidene-Fluoride, n = 1,42) sinkt der erreichbare Biegeradius auf unter 5 mm. Das Bandbreite-Länge-Produkt der Faser ist 1.500 MHz für 100 m und bleibt dabei bis 10 mm Biegeradius annähernd konstant. Es sinkt nur bei Vollanregung und 5 mm Biegeradius auf 500 MHz·100 m. Die Dämpfung an einer 90°-Biegung im Vergleich zu einer herkömmlichen PMMA-GI-POF zeigt Abb. 2.205.

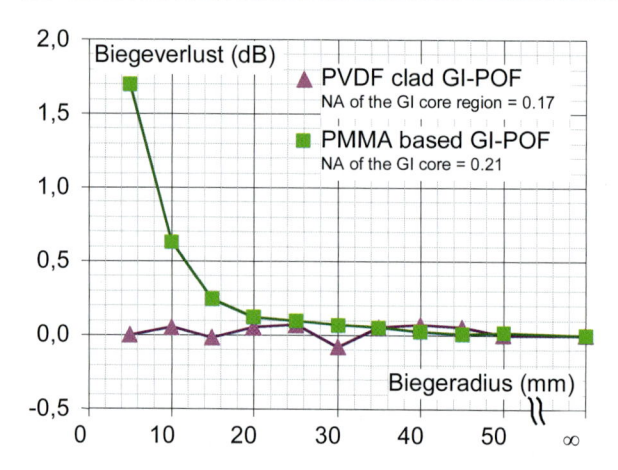

Abb. 2.205: Biegeverluste in Semi-GI-POF nach [Aru05]

Neben der zusätzlichen Mantelschicht wurde auch ein sogenanntes W-Profil für GI-Fasern entwickelt. Hier besteht das Ziel in einer Verbesserung der erreichbaren Bandbreite. In [Tak05b] werden Messungen an PMMA-GI-POF mit diesem W-Profil und verschiedenen Indexexponenten vorgestellt. Das W-Profil zeichnet sich durch einen sehr steilen Indexabfall direkt an der Kern-Mantel-Grenze aus. Abbildung 2.206 zeigt den Indexverlauf.

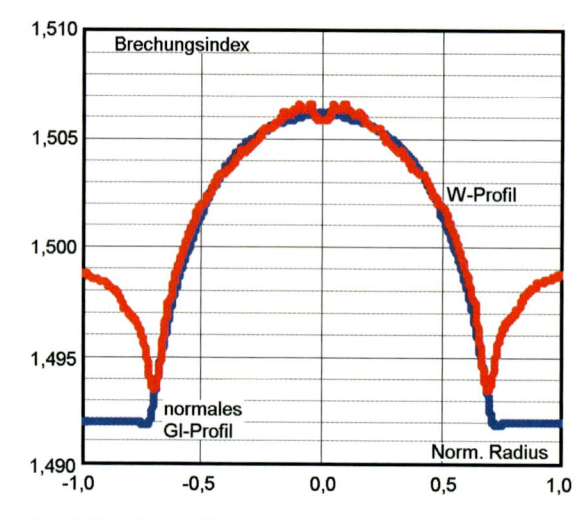

Abb. 2.206: W-Profil für PMMA-GI-Fasern ([Tak05b])

Es wurden Fasern mit einer NA von jeweils 0,20 und einem ρ-Parameter (Indexexponent des Anstiegs außerhalb Kern-Mantel-Grenzfläche) mit Indexexponenten zwischen 1,9 und 5,2 hergestellt. Abbildung 2.207 zeigt die theoretisch berechneten und gemessenen Bandbreiten.

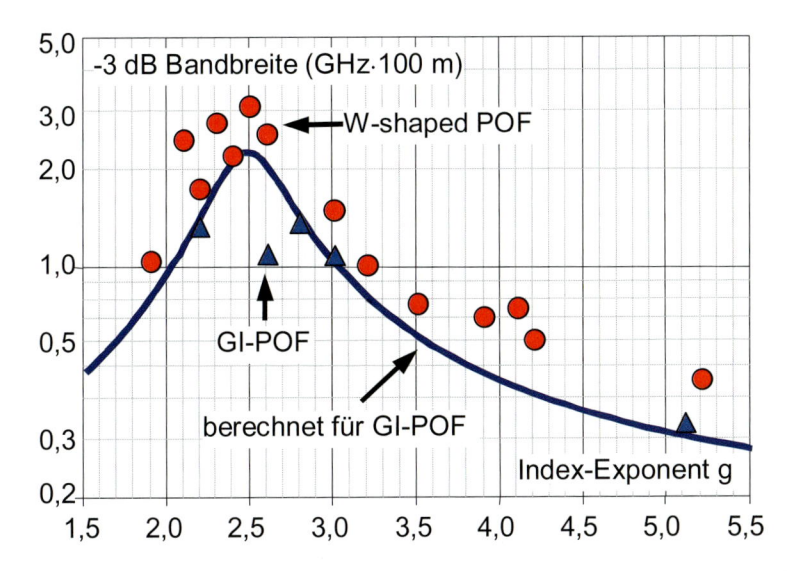

Abb. 2.207: Bandbreiten von PMMA-GI-POF, Verbesserung durch W-Profil [Tak05b]

In [Ebi05] werden PF-GI-POF mit optimierten Indexprofilen vorgestellt, deren Bandbreite diejenige von MM-GOF erreicht und im kurzwelligen Bereich sogar übertrifft (Tabelle 2.32). Erreicht wird die hohe Bandbreite durch einen annähernd idealen Indexkoeffizienten von 2,05 (in Kombination mit der niedrigen chromatischen Dispersion des Materials).

Tabelle 2.32: Vergleich der Bandbreiten von GI-GOF und POF nach [Ebi05]

	Bandbreite		
Wellenlänge	650 nm	780 nm	850 nm
PF GI-POF	8,39 GHz	8,50 GHz	9,54 GHz
SiO_2-GI-GOF	5,27 GHz	7,34 GHz	9,31 GHz

In Abb. 2.208 werden für einige der oben aufgeführten Fasern die besten Dämpfungswerte über der Zeit abgetragen. Ab Mitte der 80er Jahre haben PMMA-Fasern (SI und GI) ihre theoretischen Möglichkeiten annähernd ausgeschöpft. Inzwischen sind auch andere Indexprofile (MSI, MC, DSI) in diese Größenordnungen gelangt (ca. 130 dB/km bei 650 nm und 80 dB/km bei 570nm). Gewisse Unterschiede in Meßwerten und Spezifikationen sind dabei eher auf unterschiedliche Meßbedingungen als qualitative Unterschiede zurückzuführen.

Die PF-Fasern haben sich kontinuierlich verbessert, zumindestens was die Laborergebnisse betrifft. Die besten Werte wurden 2003 mit ca. 8 dB erreicht, immer noch etwa eine Größenordnung über den theoretischen Grenzen. In den letzten drei Jahren wurden bei der Dämpfung keine weiteren Fortschritte erzielt. Dafür gelang es, mit optimierten Brechzahlprofilen eine hohe, anregungsunabhängige Bandbreite zu erzielen und die Biegeempfindlichkeit zu verringern.

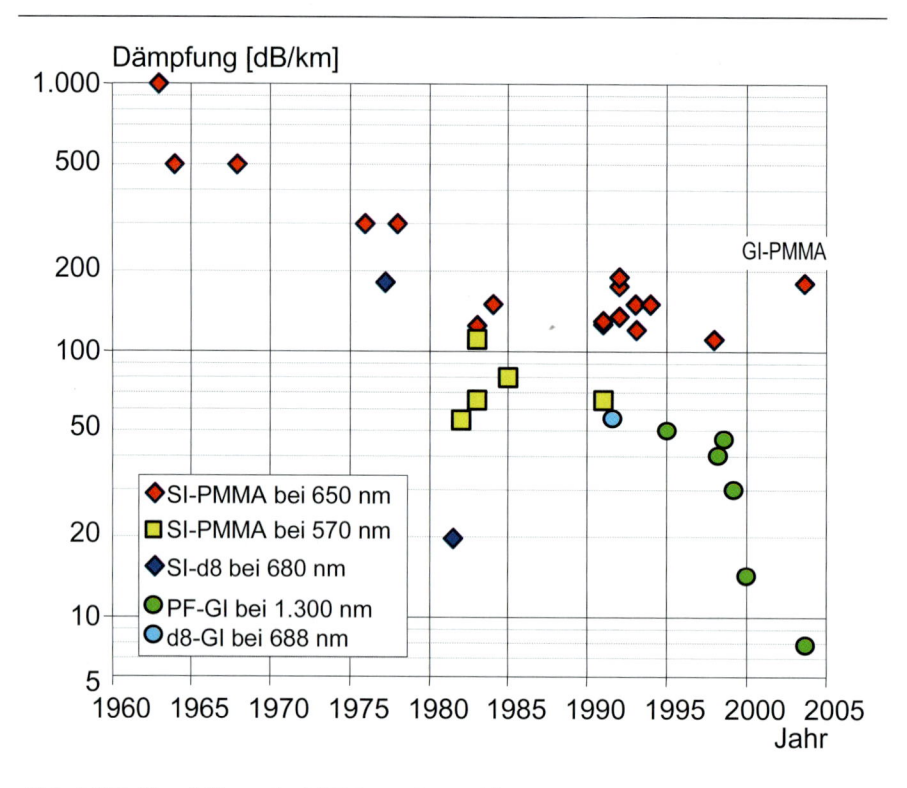

Abb. 2.208: Entwicklung der POF-Dämpfungen bis 2005

2.8.3 Kabelherstellung

In diesem Kapitel werden Aufbau und Eigenschaften verschiedener Kabelkonstruktionen mit POF-Adern beschrieben. Unterschiedliche Anwendungen stellen sehr verschiedene Anforderungen an den mechanischen Schutz der Polymerfaser. Für relativ kurze Übertragungsstrecken von etwa 100 m stellt die SI-POF (Step Index-Polymer Optical Fiber) ein interessantes Übertragungsmedium dar. Zur Herstellung dieser Fasern werden als Kernmaterial hauptsächlich polymerisierte Kunststoffe wie Polymethylmethacrylat (PMMA) oder Polycarbonat (PC) verwendet. Als Mantelsubstanzen benutzt man fluorierte Polymere, Silikone oder fluorierte PMMA-Werkstoffe mit einer abgesenkten Brechzahl von $n_m \sim 1,42$ gegenüber dem Kernmaterial $n_k > 1,48$ (Abb. 2.209).

Durch den großen Brechzahlunterschied werden numerische Aperturen bis zu 0,50 erreicht. Verschiedene Herstellungsvarianten von Lichtwellenleitern, bei denen Glas oder Kunststoffe als Kern- und Mantelmaterial kombiniert werden, zeigt Abb. 2.210. Die relativ dünnen Glasfasern sind mechanisch relativ empfindlich, so daß sie durch mehrschichtige Kabelkonstruktionen geschützt werden müssen. Die POF ist sehr flexibel, so daß eine einfache Umhüllung, direkt auf den optischen Mantel aufgebracht, für die Kabelkonstruktion ausreicht.

d	0,98 mm
D	1,00 mm
n_{Kern}	1,492
n_{Mantel}	1,416
NA	0,47

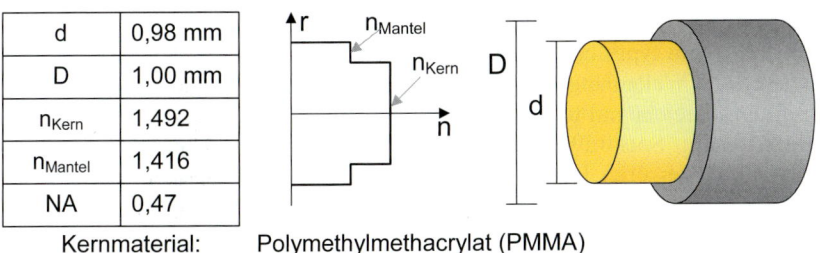

Kernmaterial: Polymethylmethacrylat (PMMA)
Mantelmaterial: fluoriertes PMMA

Abb. 2.209: Typische Parameter von SI-POF

Glasfasern mit polymerem optischen Mantel stellen eine Zwischenstufe dar. Auch sie sind relativ einfach aufgebaut (zweistufige Kunststoff-Beschichtung auf dem optischen Mantel). Der große Kerndurchmesser erlaubt hier nur Stufenindexprofile.

Einmoden-Glasfaser
10/ 125/ 250 µm

Mehrmoden-Glasfaser
50/ 125/ 250 µm

Glasfaser mit Polymermantel
200/ 230 µm

Polymerfaser
980/ 1000 µm

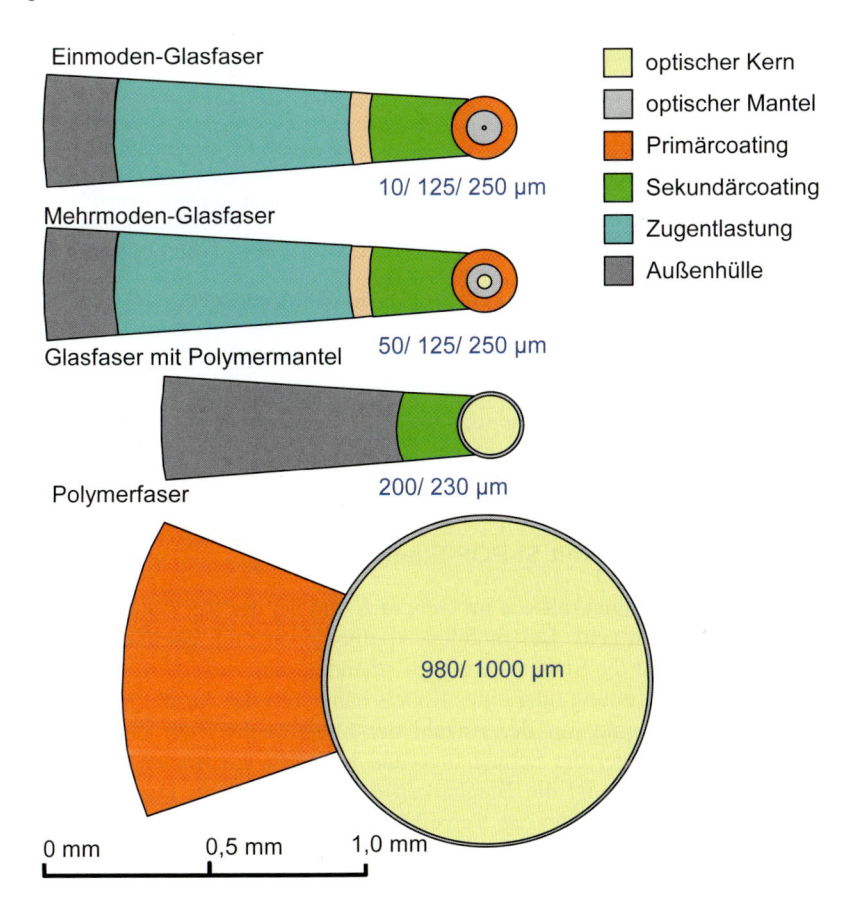

- optischer Kern
- optischer Mantel
- Primärcoating
- Sekundärcoating
- Zugentlastung
- Außenhülle

Abb. 2.210: Vergleich unterschiedlicher optischer Fasern

Bisher werden aus polymeren Kunststoffen fast ausschließlich Stufenindexprofilfasern mit einem typischen Außendurchmesser von 1 mm hergestellt. Diese SI-POF weisen für Wellenlängen zwischen 400 nm und 900 nm einige signifikante Transmissionsbereiche mit minimaler Dämpfung auf. (Abb. 2.211).

Die nutzbaren Spektralbereiche liegen bei 520 nm, 570 nm, 650 nm und 760 nm. Mit verbesserter Reinheit und Homogenität und deuterierten bzw. fluorierten Kunststoffen könnte die Dämpfung etwa auf 10 dB/km reduziert werden, wie bereits im Kap. 2.7.5 beschrieben wurde.

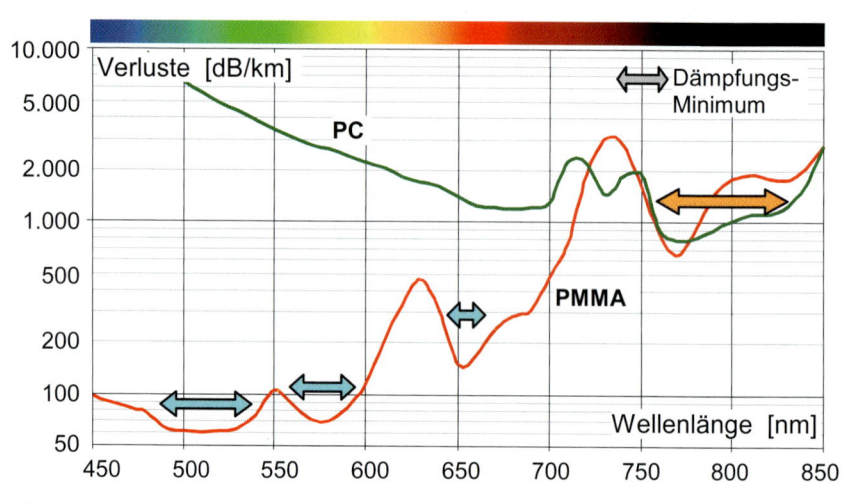

Abb. 2.211: Dämpfungsspektrum unterschiedlicher POF aus PMMA oder PC

Optische Polymerfasern können bei guter Flexibilität und Bruchfestigkeit mit relativ großen Durchmessern (bis zu 1,5 mm) hergestellt werden und sind dadurch leicht zu handhaben. Der große Kerndurchmesser in Verbindung mit der großen numerischen Apertur ermöglicht eine einfache Verbindungs- und Anschlußtechnik mit geringen Präzisionsanforderungen.

2.8.3.1 Kabelkonstruktion mit SI-POF-Elementen

SI-POF-Kabel oder -Leitungen müssen im Gebrauch und bei der Verwendung am Einsatzort immer biegsam sein. Bei mobilen Applikationen muß ebenfalls eine notwendige Flexibilität für die SI-POF-Leitung vorhanden sein.

Die Biegbarkeit einer Leitung oder eines Kabels hängt von der Anzahl und Abmessung der Verseilelemente mit der Anzahl der Lagenwechsel der einzelnen Verseilelemente ab. Je kürzer die Schlaglänge und je größer die Anzahl der Lagenwechsel ist, umso größer ist die Biegbarkeit der Verseileinheit. Die Schlaglänge der einzelnen POF-Ader oder des Verseilelementes mit dem entsprechenden Durchmesser hat einen entscheidenden Einfluß auf die Biegsamkeit der Verseileinheit. Je kürzer die Schlaglänge ist, umso biegbarer ist die Verseileinheit (Abb. 2.212).

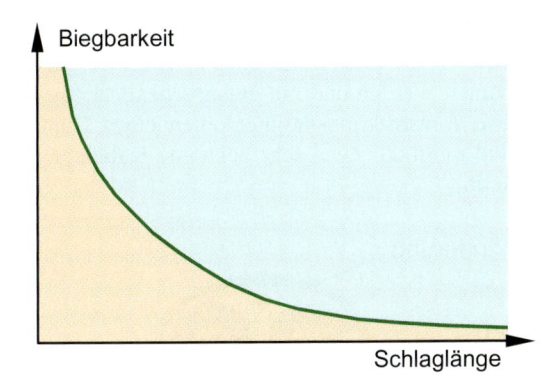

Abb. 2.212: Darstellung des Zusammenhangs der Schlaglänge mit der Biegbarkeit des Verseilverbands (schematisch)

2.8.3.2 Nicht verseilte SI-POF-Kabel

SI-POF-Simplexkabel

Die SI-POF-Ader wird zumeist für die Weiterverarbeitung zu einem Kabel mit entsprechender Zugentlastung und, wenn erforderlich, auch mit einer Diffusionssperre aus Metall über dem ersten Mantel beschichtet.

Eine absolute Diffusionssperre erreicht man ausschließlich mit einem geschlossenen Rohr, beispielsweise mit lasergeschweißtem Metallrohr. Der Werkstoff des Metallbandes für die Laserschweißung kann aus Aluminium, Kupfer oder Edelstahllegierung bestehen. Typischerweise liegen die Folienstärken zwischen 50 µm bis 150 µm zum Schweißen. Bei Überlappungen mit oder ohne Verklebung sind die Metallfolien in Sandwich-Bauweise aufgebaut, dies bedeutet beispielsweise 9 µm / 20 µm / 9 µm = Metall / Kunststoffträgerband / Metall.

Über die Zugelemente in Kombination mit den Metalldiffusionssperren wird ein entsprechender Mantel aufextrudiert. Dieser Mantel ist praktisch immer sehr flexibel und robust und vorzugsweise wird der Werkstoff Polyurethan oder Polyethylen verwendet. In der nachstehenden Abb. 2.213 sind zwei typische SI-POF-Simplex-Kabelkonstruktionen dargestellt.

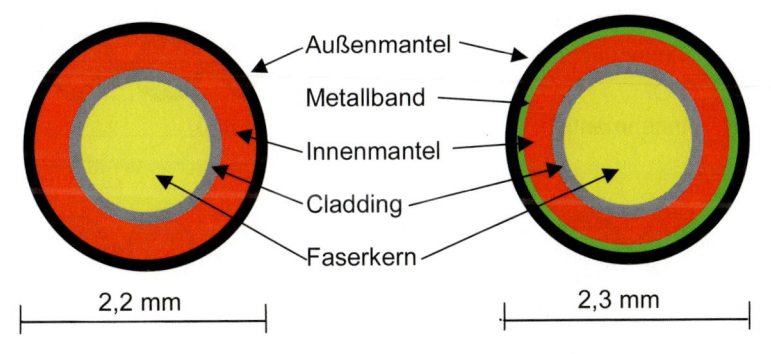

Abb. 2.213: Aufbau von Lichtwellenleitern mit Innenmantel

SI-POF-Duplexkabel

Die einfachste Form eines Duplexkabels ist die Zusammenführung von zwei parallel geführten POF-Adern, die ummantelt werden und mit entsprechenden Zugelementen versehen sind. Verschiedene Konstruktionsmöglichkeiten eines Duplexkabels oder einer Duplexleitung sind möglich. Zwei sehr bekannte Kabelkonstruktionen sind in Abb. 2.214 dargestellt.

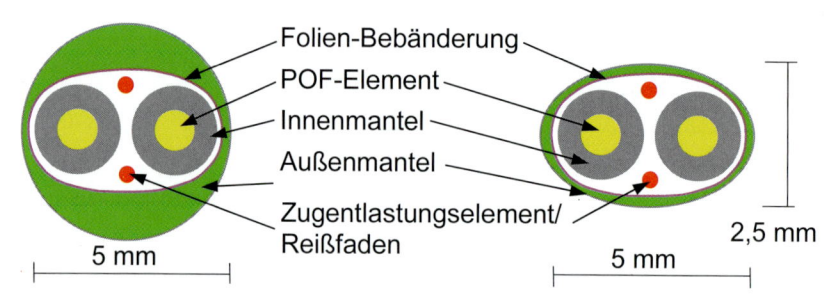

Abb. 2.214: SI-POF-Duplexkabel als Rund- und Flachkabel

Bei diesen Duplex-Kabelkonstruktionen ist besonders darauf zu achten, daß die Zugentlastungselemente in den Steckern oder an den Verbindungsstellen mit verarbeitet werden, denn die Temperaturbeeinflussung der SI-POF-Adern ist bei diesen Zug- und Stützelementen so aufgebaut, daß ein optimales Temperaturverhalten im Temperaturbereich -40°C bis +80°C gesichert ist.

SI-POF- und GI-POF-Bändchenkabel

In Erweiterung zu einem Duplexkabel kann ein entsprechendes Bandkabel mit n SI-POF-Elementen aufgebaut werden. Die parallel nebeneinander aufgereihten SI-POF-Elemente im Design eines Kammes werden vorzugsweise in 5er oder 10er Elementen zusammengelegt. In einem Arbeitsgang wird ein dünner Schutzmantel mit entsprechenden Zug- und Stützelementen über dieses Bandkabel extrudiert. Verschiedene SI-POF-Bandkabel-Konstruktionen mit einem modularen Konstruktionsaufbau sind in Abb. 2.215 dargestellt.

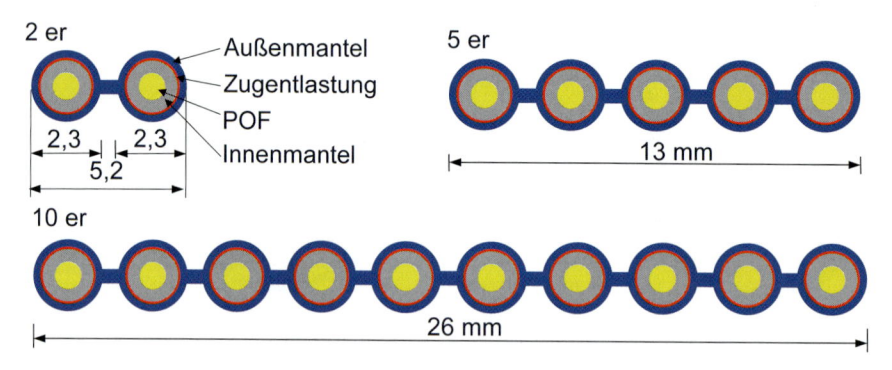

Abb. 2.215: SI-POF-Bandkabel mit Zug- und Stützelementen

In Abb. 2.216 werden die Querschnitte zweier POF-Bändchen aus [Boc04] gezeigt. Die Einzelfasern sind dabei jeweils in einem gemeinsamen Acrylatmantel extrudiert worden.

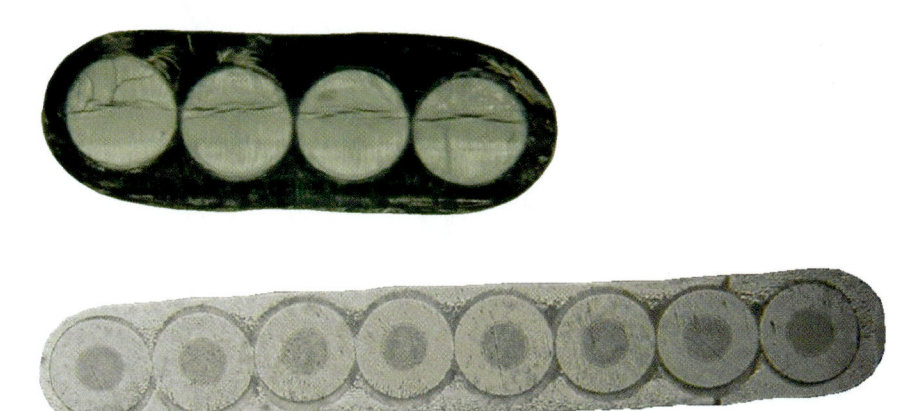

Abb. 2.216: Bändchen aus vier 500 µm SI-POF (oben) und acht 120 µm/500 µm GI-POF ([Boc04])

Für das Projekt OVAL (siehe Kap. 6) hat das POF-AC Nürnberg 8er Bändchen aus SI- und GI-POF mit je 500 µm Durchmesser anfertigen lassen (Herstellung bei Nexans). Den Querschnitt eines Prototyps mit den PMMA-GI-POF (Optimedia) zeigt Abb. 2.217.

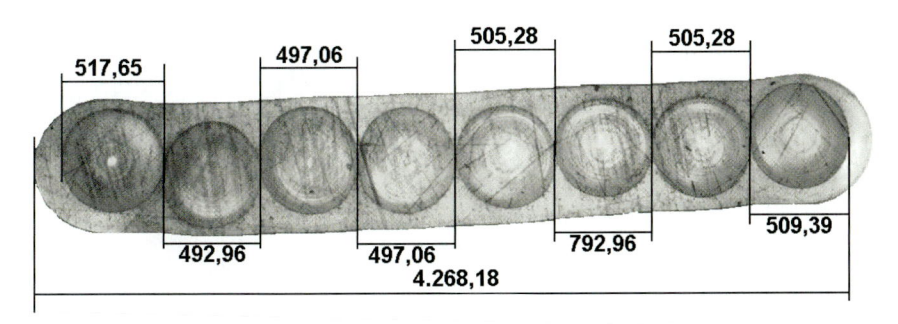

Abb. 2.217: 8er POF-Bändchen mit 500 µm OM-Giga-Fasern (Bemaßung in µm)

Die Abstände der Einzelfasern weichen nur wenig von 500 µm ab. Lediglich in der vertikalen Position treten größere Abweichungen auf, was aber durch bessere Führung der Einzelfasern im Extrusionswerkzeug leicht verhindert werden kann.

Um den Einfluß der Bändchenherstellung auf die optischen Parameter zu untersuchen, wurden an SI-POF-Bändchen jeweils die spektrale Dämpfung und die Bandbreite ermittelt. In den Abb. 2.218 und 2.219 werden die Ergebnisse gezeigt.

[Abb. 2.218: Einzelfaserdämpfungen im Bändchen]

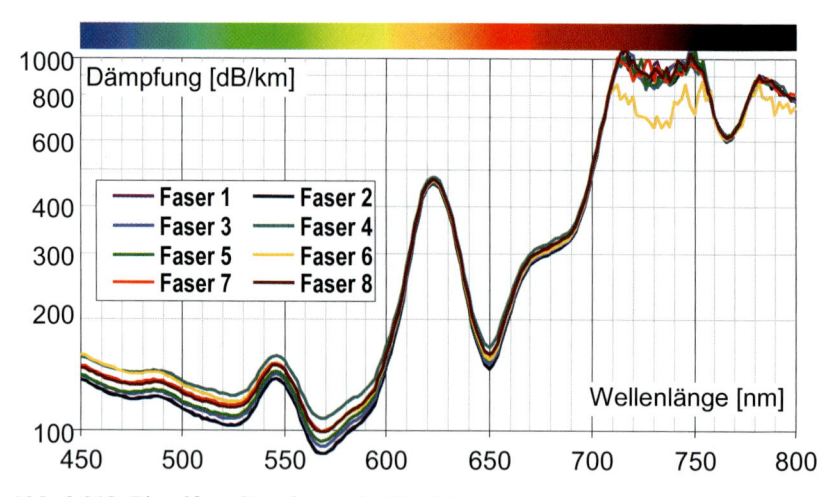

Abb. 2.218: Einzelfaserdämpfungen im Bändchen

Die Dämpfungen der 8 Fasern stimmen innerhalb eines üblichen Meßfehlers von ±0,5 dB überein. Auch bei den Übertragungsfunktionen in Abb. 2.219 sind keine signifikanten Abweichungen erkennbar.

[Abb. 2.219: Übertragungsfunktion der Fasern im Bändchen]

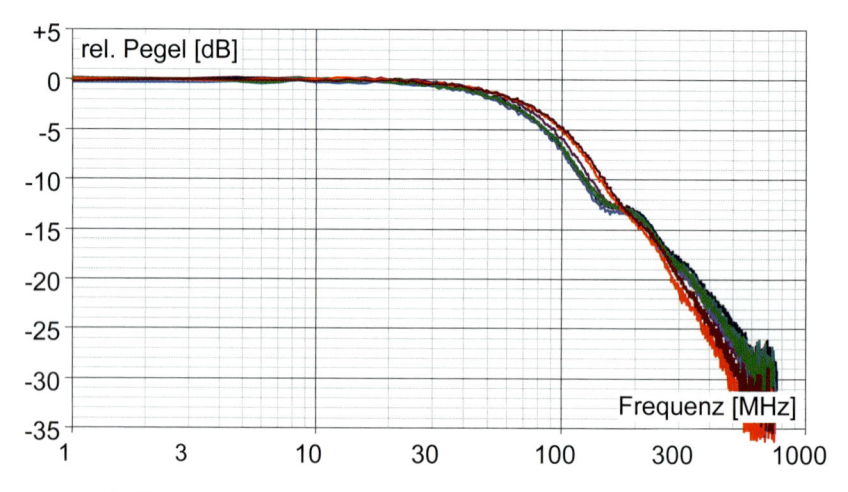

Abb. 2.219: Übertragunsfunktion der Fasern im Bändchen

In einem letzten Experiment wurde untersucht, ob die Bändchenherstellung die Modenmischung in den Fasern verstärkt. Dazu wurden an Einzelfasern und Bändchen die Fernfeldbreite bei Unteranregung für verschiedene Längen ermittelt. Das Experiment wurde an Bändchen nach Temperung (120 min bei +90°C) und nach Alterung (200 h) wiederholt. Wie in Abb. 2.220 zu erkennen ist, dauert die Einstellung des Modengleichgewichtes in allen vier Fällen praktisch gleich lange. Durch das Bändchen werden also die Modenmischprozesse nicht beeinflußt.

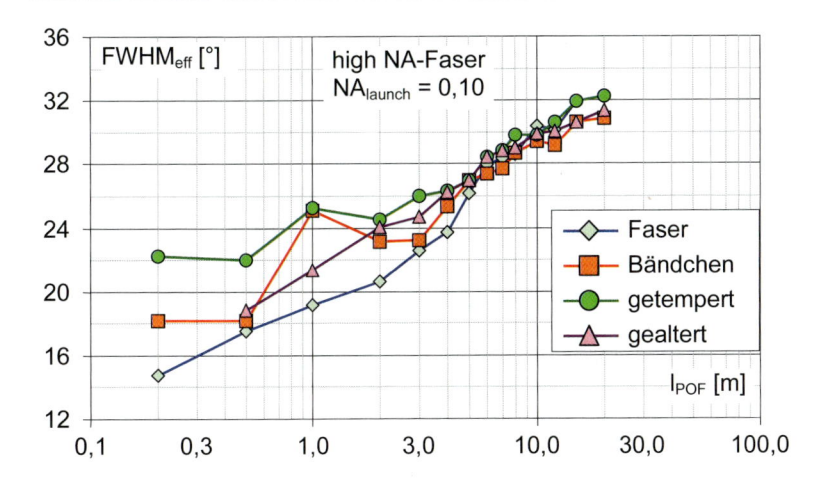

Abb. 2.220: Effekt der Modenmischung in Faserbändchen ([Har06])

SI-POF-Hybridkabel

Hybridkabel zeichnen sich dadurch aus, daß sie aus einer Kombination von SI-POF-Elementen mit kupferisolierten Adern, die einzeln oder paarweise zu einer Kabelkonstruktion zusammengefügt werden, aufgebaut sind.

Darüber hinaus gibt es die Hybridkabelkombination im koaxialen Aufbau mit einem Mikrowellrohr, das sogenannte POF-CMT-Element (CMT = Corrugated Metallic Tube). Die dargestellten Aufbauten in Abb. 2.21 zeigen mögliche Kombinationen mit SI-POF-Kupferelementen oder SI-POF-Aluminiumelementen in koaxialer Ausführung.

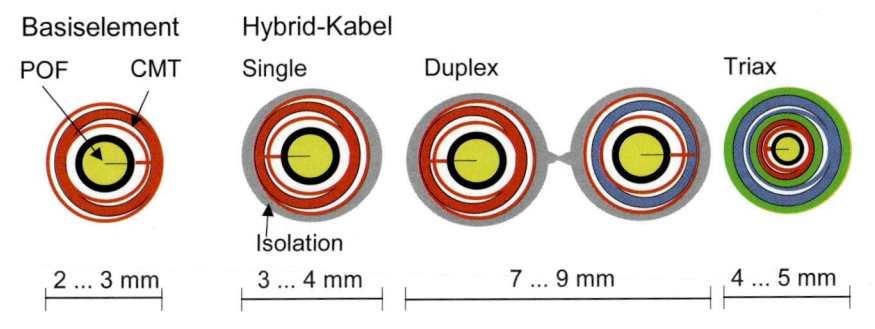

Abb. 2.221: Neues Design für POF mit CMT als elektrischem Leiter

Der Vorzug solcher Hybrid-Kabelkonstruktionen liegt in der Möglichkeit der direkten Stromversorgung zum Sender und/oder Empfänger der einzelnen SI-POF-Elemente ([Ziem99a], [Ziem99b]). Die Steckerkombination für Hybridkabelaufbauten ist bekannt und findet ihre Anwendungen in den Automobilbereichen.

Außer der koaxialen Hybrid-Lösung ist auch die lagenverseilte Hybrid-Kabelkonstruktion sehr bekannt (Abb. 2.222 und 2.223).

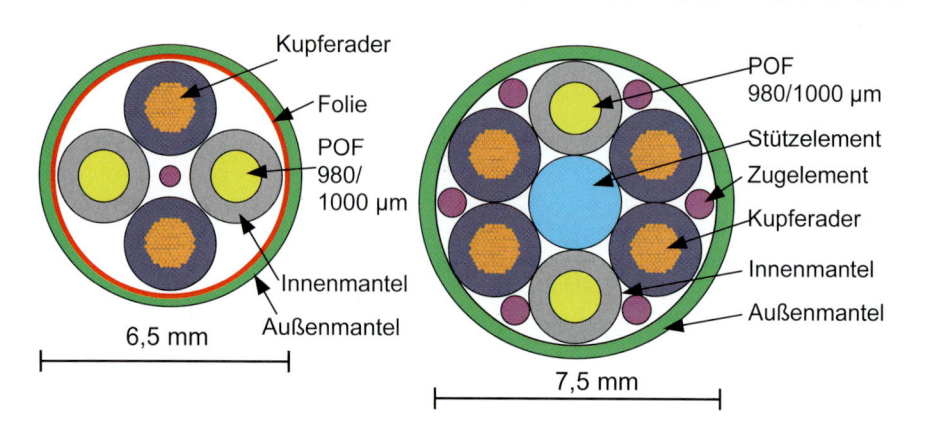

Abb. 2.222: Lagenverseilte POF-Cu-Kabel (Prinzip)

In diesen Fällen werden isolierte Kupferadern und POF-Adern zu einem Viererdesign oder als Lagenverseilung mit mehreren Verseilelementen verarbeitet. Die Kupferadern werden mit 0,5 mm bis 1,5 mm Durchmesser verwendet. Stärkere Kupferadern werden dann als Litze verarbeitet, da meist die Flexibilität des Kabels nicht mehr den Kundenansprüchen genügt.

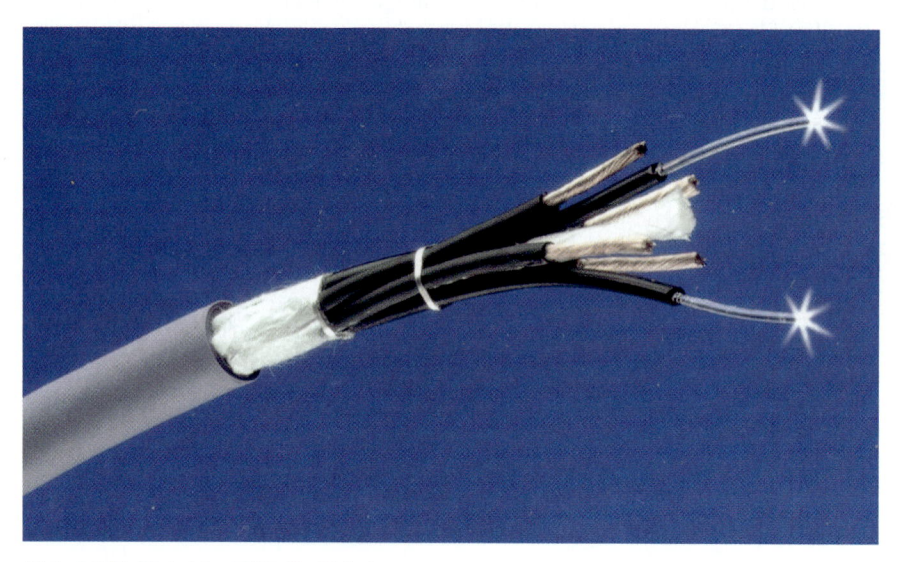

Abb. 2.223: Hybrides POF-Cu-Kabel

2.8.3.3 Verseilte SI-POF-Kabel

Einführung
SI-POF-Kabel oder SI-POF-Leitungen sind Produkte, die in ihrer Anwendung und bei der Bearbeitung immer biegbar sein müssen. Diese Forderung ist für die

Herstellung oder für den Transport oder die Verlegung der Kabel respektive Leitungen auf Produktionsmaschinenspulen oder Versandspulen oder in Ringware immer erforderlich. Die einzelnen SI-POF-Elemente werden schraubenlinienförmig um eine gedachte Mittellinie verseilt. Das Verseilen ist erforderlich, damit die hergestellten Produkte biegbar und beweglich sind.

Der Vorzug einer Verseilung liegt darin, daß das Verseilelement abwechselnd an der inneren und äußeren Seite eines Bogens gedehnt und gestaucht wird (Abb. 4.28). Ist die Strecke, in der ein SI-POF-Verseilelement einmal um 360° um die Verseilachse herumgelegt worden, wesentlich kleiner als der Bogen, so sind die Zug- und Druckbeanspruchung in einem Verseilverbund konstant und das Biegen dieser SI-POF-Kabelkonstruktion ist ohne Deformation durchzuführen.

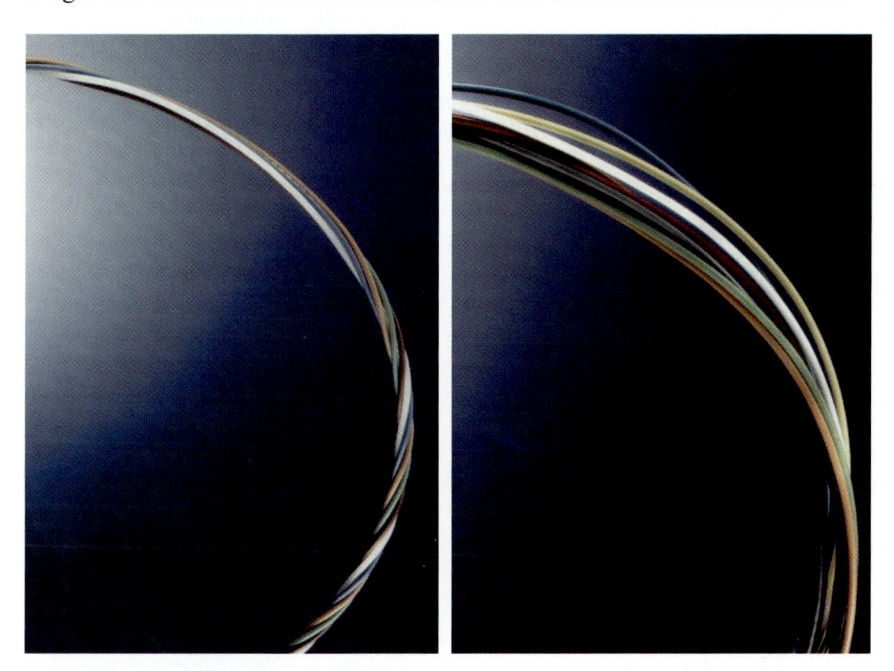

Abb. 2.224: Vergleich einer Kabelkonstruktion mit kurzer oder langer Schlaglänge im Biegeverhalten

Die Biegbarkeit eines SI-POF-Kabels oder SI-POF-Leitung ist eine Funktion der geometrischen Abmessung der Verseilelemente und von der Anzahl der Lagenwechsel in einer Kabelkonstruktion. Beispielsweise führt eine große Anzahl von Lagenwechseln zu größerer Biegbarkeit der SI-POF-Kabelkonstruktion.

Das schraubenförmige Herumlegen der SI-POF-Verseilelemente um die Verseilachse erfolgt in unterschiedlichen Maschinenkonfigurationen. Die Basis dieser unterschiedlichen Maschinendesigns ist letztendlich immer das Zusammenwirken einer Drehbewegung mit einer Längsbewegung, dies kann schematisch aus der nachfolgenden Abb. 2.225 entnommen werden.

1. Rotor	s: Schlaglänge	d: Durchmesser des
2. Verseilelemente	n_1: Drehzahl des	Verseilverbandes
3. Verseilverband	Verseilkorbes	n_2: Drehrichtung und
4. Abzugsscheibe	D_A: Durchmesser der	Drehzahl der
5. Verseilachse	Abzugsscheibe	Abzugsscheibe

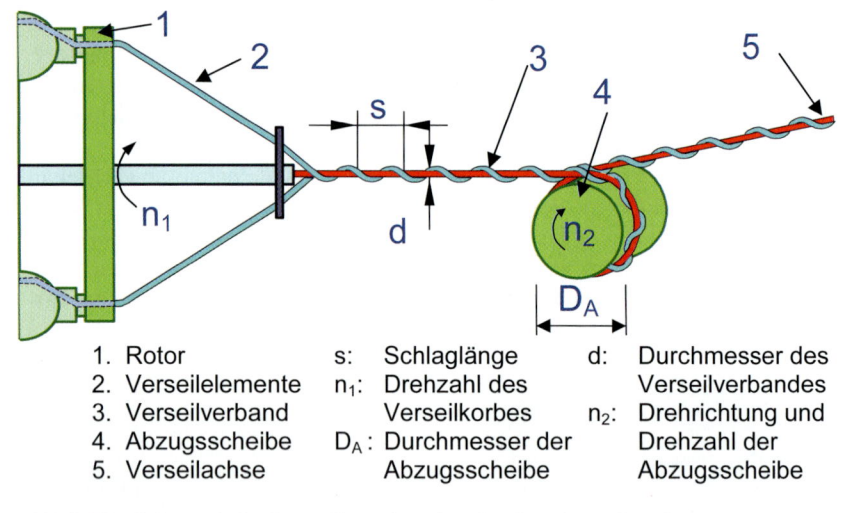

Abb. 2.225: Schematische Darstellung der schraubenförmigen Verseilung

Das Verseilen von SI-POF-Elementen zu einer Einheit wird durch folgende Begriffe exakt bestimmt

- Schlaglänge
- Schlagrichtung
- Verlängerungsfaktor
- Verseilzahl.

2.8.3.4 Grundlagen der Verseilung

Schlaglänge

Die Schlaglänge ist eine Entfernung zwischen zwei Punkten auf der Verseilachse. In diesen zwei Punkten hat sich das SI-POF-Element einmal um 360° um die Verseilachse herumgelegt. Die Schlaglänge s berechnet sich aus

$$s = \frac{D_A \cdot \pi \cdot n_2}{n_1} \text{ [mm]} \qquad s = \frac{v_m \cdot 1000}{n_1}$$

mit: D_A: Durchmesser der Abzugsscheibe
n_2: Drehzahl der Abzugsscheibe
n_1: Drehzahl des Verseilkorbes
v_m: Abzugsgeschwindigkeit der Maschine

Bei der Herstellung von verseilten SI-POF-Kabeln oder SI-POF-Leitungen muß, wegen der exakten Geometrie, die Schlaglänge sehr genau festgelegt werden. Das bedeutet, daß bei Verseilmaschinen für SI-POF-Elemente, die über eine Abzugsscheibe oder über einen Caterpillar verseilt werden, der Durchmesser der Verseilelemente mit berücksichtigt werden muß. In der Praxis ergibt sich ein abweichender Durchmesser für den SI-POF-Verseilverband und dies bewirkt eine Verlängerung der hergestellten Schlaglänge. Aus der beigefügten Abbildung (Abb. 2.226) ist die geometrische Zuordnung zu erkennen und es wird daraus die Herstellungsschlaglänge S_H berechnet.

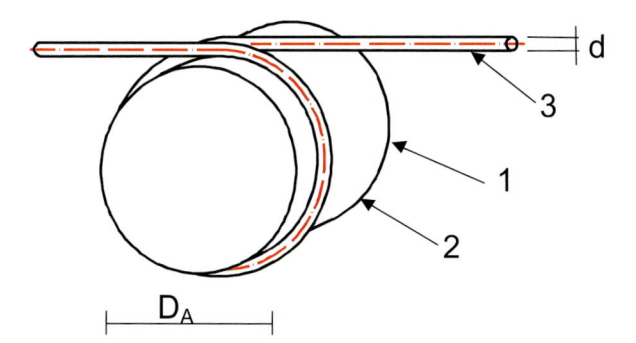

Abb. 2.226: Darstellung zur Erklärung der Herstellungsschlaglänge

Diese Herstellungsschlaglänge errechnet sich nach

$$s_H = s \cdot \frac{D_A + d}{D_A}$$

s_H hergestellte Schlaglänge
s Schlaglänge in Maschinen
D_A Durchmesser der Abzugsscheibe
d Durchmesser des Verseilverbands

Schlagrichtung

Die Drehrichtung des Verseilkorbes bestimmt die Schlagrichtung. Nach dem Richtungssinn der Schraubenlinie unterscheiden wir

➢ Z-Schlag, dies bedeutet ein Rechtsgewinde von einer Schraube
➢ S-Schlag, dies bedeutet ein Linksgewinde von einer Schraube (Abb. 2.227)

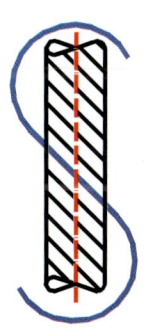

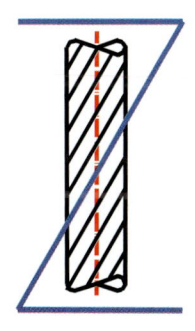

Abb. 2.227: Schema Erklärung zur Schlagrichtung

In der nachfolgenden Abb. 2.228 ist veranschaulicht, wie eine SZ-Verseilung zu lesen ist. Dabei wird nach jeweils einigen Rotationen die Schlagrichtung gewechselt. Die SZ-Verseilung hat gegenüber der klassischen Korbverseilung den großen Vorteil, in der Abzugsgeschwindigkeit um den Faktor 5 bis 20 höher zu liegen.

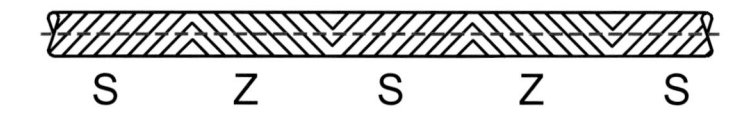

Abb. 2.228: Schema Erklärung zur Schlagrichtung

Wirtschaftlich-technisch verseilte Kabelprodukte werden ausschließlich in SZ-Verseilung hergestellt, d.h. auch für POF-Anwendungen.

SI-POF-Verseileinheiten, die aus mehreren Verseillagen aufgebaut sind, erhalten in der klassischen Konstruktion abwechselnd eine Z- und eine S-Richtung. Dieses Kabelkonstruktionselement - SZ-Verseilung - für SI-POF führt zu einer sehr guten kompakten Geometrie des Verseilverbandes, so daß mechanische Quer- und Längskräfte gut abgefedert werden. Denn das Verseilelement soll sicherstellen, daß die optischen Übertragungswerte bei der Herstellung des Kabelproduktes erhalten bleiben und nach dem Verlegen der POF-Kabel und im Betrieb keine Veränderungen der spezifizierten Übertragungswerte auftreten.

Verlängerungsfaktor

Das schraubenlinienförmige SI-POF-Verseilelement (Abb. 2.228) ist in der verseilten Einheit länger. Die Verseilung führt grundsätzlich zu einem höheren Materialverbrauch. Das Verhältnis der gestreckten Länge L des SI-POF-Verseilelementes zur Schlaglänge s der verseilten Einheit führt zu dem bekannten Verlängerungsfaktor f mit $f = L/s$. Der Verlängerungsfaktor f wird von der Schlaglänge s und dem mittleren Durchmesser D_m in der Verseillage bestimmt.

Die Berechnung des Verlängerungsfaktors f ist anschaulich aus dem Dreieck in Abb. 2.229 abzuleiten.

$$L = \sqrt{(\pi \cdot D_m)^2 + s^2} \quad \text{und} \quad f = \frac{L}{s} = \frac{\sqrt{(\pi \cdot D_m)^2 + s^2}}{s} = \sqrt{\left(\frac{\pi \cdot D_m}{s}\right)^2 + 1}$$

mit: L: gestreckte Länge $L = s/\cos \omega$
       f: Verlängerungsfaktor
      D_m: mittlerer Durchmesser der Verseillage
       s: Schlaglänge der jeweiligen Verseillage

Für relativ große Schlaglängen ($D_m \ll s$) kann vereinfachend gerechnet werden:

$$f \approx 1 + (\pi \cdot D_m / s)^2 / 2$$

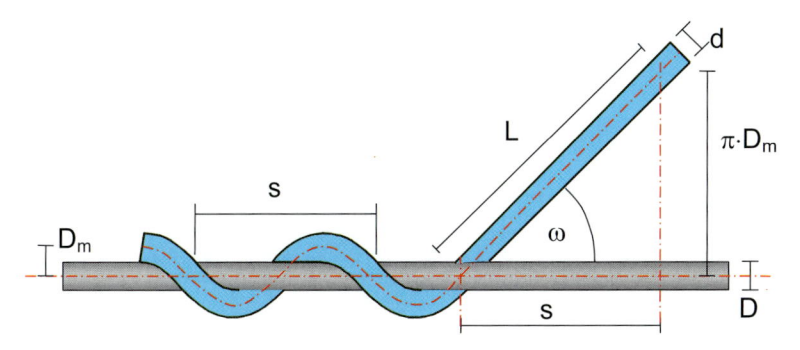

Abb. 2.229: Zeichnerische Darstellung des SI-POF-Verseilelementes

Verseilzahl

Zur Charakterisierung des Biegeverhaltens eines SI-POF-Verseilelementes dient die Verseilzahl v. Die Verseilzahl wird gebildet aus dem Quotienten der Schlaglänge s zum mittleren Durchmesser D_m ($v = s/D_m$).

    s   Schlaglänge der jeweiligen Verseillage
    D_m mittlerer Durchmesser dieser Verseillage
    v   Verseilzahl

Die Produktentwicklung von verseilten SI-POF-Kabelkonstruktionen oder SI-POF-Leitungen führt zu Verseilzahlen von v > 8. Unter Nutzung der Verseilzahl v kann der Verlängerungsfaktor f in einfacher Weise errechnet werden.

$$f = \sqrt{\left(\frac{\pi}{v}\right)^2 + 1} = \frac{\sqrt{\pi^2 + v^2}}{v} \approx 1 + \pi^2/2v^2$$

Lagenaufbau

Die Standard-SI-POF-Elemente sind geometrisch einfach, aber exakt im Durchmesser. Es lassen sich so beispielsweise SI-POF-Kabel oder SI-POF-Leitungen in einfacher Weise berechnen. Ein SI-POF-Kabel in klassischer Form, d.h. das Kernelement hat den gleichen Durchmesser d wie das SI-POF-Element, läßt sich kreisförmig mit sechs SI-POF-Elemente in einer gleichen Lage aufbauen. Hierbei berühren sich die Mantellinien. In der nachfolgenden Abb. 2.230 sind schematisch fallweise zwei unterschiedliche Kernlagen angenommen worden, die weiteren Lagen wurden berechnet und dargestellt. Zahl der Elemente und Durchmesser werden allgemein und für den Fall d = 2,3 mm in Tabelle 2.33 und Tabelle 2.34 zusammengestellt. Dabei bedeuten:

    n: Lagennummer
    z: Anzahl der Elemente pro Lage
    Σz: Gesamtzahl der Elemente bis zur Lage n
    d: Durchmesser der Kabeleinheit
    D_m: mittlerer Durchmesser der Einheit
    D: Durchmesser der Lage

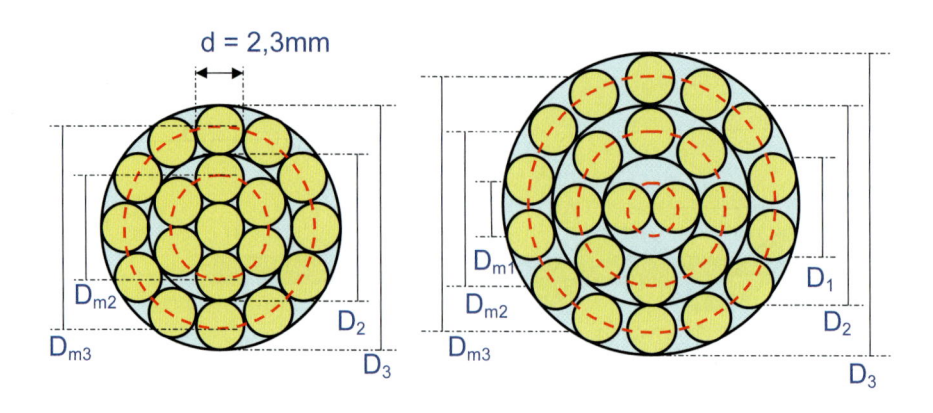

Abb. 2.230: SI-POF-Kabel (Lagenaufbau)

Tabelle 2.33: Dimension lagenverseilter POF-Kabel allgemein

n	z	D_m	D	Σz	n	z	D_m	D	Σz
1.	1	-	$1 \cdot d$	1	1.	2	$1 \cdot d$	$2 \cdot d$	2
2.	6	$2 \cdot d$	$3 \cdot d$	7	2.	8	$3 \cdot d$	$4 \cdot d$	10
3.	12	$4 \cdot d$	$5 \cdot d$	19	3.	14	$5 \cdot d$	$6 \cdot d$	24
4.	18	$6 \cdot d$	$7 \cdot d$	37	4.	20	$7 \cdot d$	$8 \cdot d$	44
5.	24	$8 \cdot d$	$9 \cdot d$	61	5.	26	$9 \cdot d$	$10 \cdot d$	70
6.	30	$10 \cdot d$	$11 \cdot d$	91	6.	32	$11 \cdot d$	$12 \cdot d$	102

Tabelle 2.34: Dimension lagenverseilter POF-Kabel mit d = 2,3 mm

n	z	D_m	D	Σz	n	z	D_m	D	Σz
1.	1	-	2,3 mm	1	1.	2	2,3 mm	4,6 mm	2
2.	6	4,6 mm	6,9 mm	7	2.	8	6,9 mm	9,2 mm	10
3.	12	9,2 mm	11,5 mm	19	3.	14	11,5 mm	13,8 mm	24
4.	18	13,8 mm	16,1 mm	37	4.	20	16,1 mm	18,4 mm	44
5.	24	18,4 mm	20,7 mm	61	5.	26	20,7 mm	23,0 mm	70
6.	30	23,0 mm	25,3 mm	91	6.	32	25,3 mm	27,6 mm	102

Kabelwerkstoffe

Das Anforderungsprofil für SI-POF-Kabel oder SI-POF-Leitungen in den unterschiedlichsten Anwendungsbereichen wie in der Industrie, im Büro oder im Automotivbereich, erfordert höchste Ansprüche an die Werkstoffkomponenten.

Bevorzugt werden thermoplastische Werkstoffe (Polymere), die über Extrusionsverfahren auf die Kabel aufgebracht werden. Gefordert sind sehr gute mechanische Eigenschaften, so daß bei der Installation von SI-POF-Kabeln oder SI-POF-Leitungen die Werte

2.8 Faser- und Kabelherstellung

- Abrieb
- Wechselbiegungen
- Torsionen
- Beschleunigungen
- Hammerschlag
- enge Biegeradien

gewährleistet sind. Darüber hinaus wird im Automotivbereich besonders die

- Ölbeständigkeit
- Kühlschmiermittelbeständigkeit
- heiße Dämpfe
- heiße Gase

mit höchster Resistenz gefordert.

Die Forderung nach temperaturbeständigen Werkstoffen kommt von der Anwenderseite. Diese Kunden sind im Automotivbereich oder im Industrie- und Gebäudeverkabelungsbereich zu finden. Denn hier werden speziell halogenfreie Materialeigenschaften gewünscht, um Sicherheit vor Ort dem Kunden und Verbraucher direkt zukommen zu lassen.

Die heutige Auswahl von modernen Kunststoffisolierungen und Mantelmischungen, die zum einen auch durch verschiedene Vernetzungsarten noch weiter verbessert werden können, sollen und müssen den SI-POF-Kabeln oder SI-POF-Leitungen in allen Anwendungsfällen schützen.

In Havariefällen sollen spezielle Kunststofflichtwellenleiterkabel noch Notlaufeigenschaften besitzen. Bei SI-POF-Hybridkabelkonstruktionen ist im hohen Maße diese Sicherheit gewährleistet.

Die mechanischen Eigenschaften von thermoplastischen Werkstoffen wie

- Härte
- Dichte
- Zugfestigkeit
- Reißdehnung
- Spannungswert
- Druckverformung
- Schlagzähigkeit
- elektrische Eigenschaften

sind aus den einschlägigen Datenblättern der standardisierten Normung oder den Datenblättern der chemischen Industrie zu entnehmen. Bevorzugte thermoplastische Werkstoffe sind:

- Polyethylene
- Polypropylene
- Polyurethane
- vernetzte Thermoplaste

Die erzielbare Eigenschaftsverbesserung durch die Vernetzungstechnologie liegt in der Verbesserung der Wärmebeständigkeit und höherer mechanischer

Festigkeit. Weiterhin erhöht sich die Beständigkeit gegen Lösungsmittel, dies zeigt sich dadurch, daß eine geringere Quellung und eine geringere Rißausbildung von Spannungsresten bei Polymeren auftreten.

Die wesentlichen physikalischen Eigenschaften einiger wichtiger Werkstoffe sind im Abschnitt 2.7.6 zusammengefaßt.

Als eine sehr gute Alternative ist eine Kombination von Kunststoff mit Metall, beispielsweise mit dem Mikrowellrohr, zu sehen; denn Metall in unterschiedlichster Ausführung, als Stahllegierung, in Aluminium oder in Kupfer hält gegen mechanische und thermische Beanspruchung die SI-POF-Ader sehr gut in einem erhöhten Temperaturschutzbereich.

2.8.3.5 Mikrowellmantel-Kabel

Der Einsatz von Wellmantelrohren zum Schutz von Kabeln ist seit langem üblich. Erstmalig wurde von Nexans auch die Ummantelung von Polymerfaseradern zur Herstellung widerstandsfähiger Kabel entwickelt. Wegen des kleinen Durchmessers der POF-Ader sind dabei spezielle Mikrowellmäntel (CMT: Corrugated Micro Tubes) erforderlich. Genauere Beschreibungen der mechanischen und thermischen Eigenschaften finden sich z.B. in [Schei98], [Zam99], [Ziem99a], [Ziem99b] und [Ziem00a]. Abbildung 2.231 zeigt eine POF-Ader mit Aluminium-Wellmantel.

Abb. 2.231: POF-Ader mit Mikrowellmantel

Zu möglichen Anwendungen der CMT-Kabel wird noch im Kap. 8.1.1.7 eingegangen. Nachfolgend wird die Herstellung von Wellmänteln beschrieben.

Wellmantel-Verfahren

Die UNIWEMA Universalwellmantelmaschine gehört heute weltweit zur Standardausrüstung moderner Kabelwerke. Die Anfänge des Wellmantelverfahrens reichen bis in die 40er Jahre zurück.

Das Wellmantelverfahren in seiner heutigen Form ist ein Stumpfschweißverfahren für kleine Abmessungen (z.B. POF-Adern). In einem Arbeitsgang wird ein dünnes Metallband um eine Kabelseele oder Einzelader herum zu einem Metallröhrchen geformt. Die aneinander liegenden Bandkanten werden gleichzeitig von einem Laserstrahl unter Schutzgas (Argon und/oder Helium) zu einem Rohrmantel verschweißt und anschließend spiralförmig oder alternativ ringförmig gewellt (Abb. 2.232).

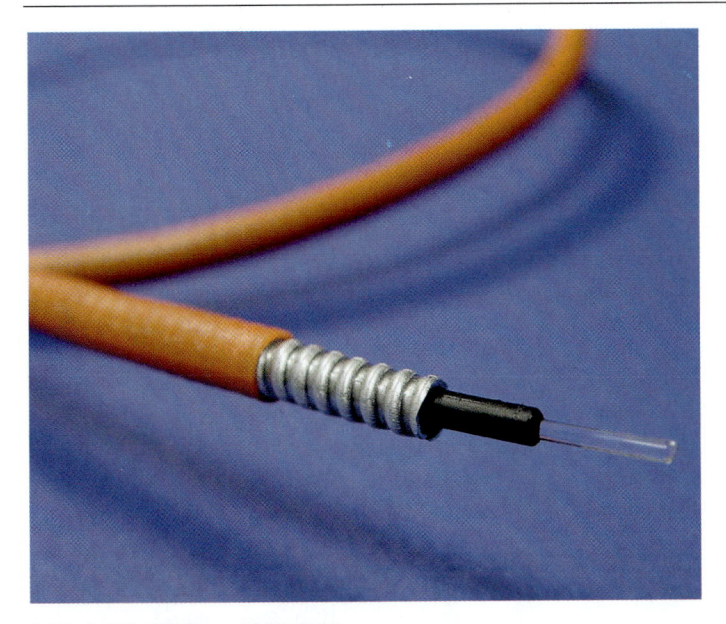

Abb. 2.232: Wellmantel für POF

Die UNIWEMA wird zum Verschweißen von Kupfer-, Aluminium- und Stahlbändern oder Stahllegierungen oder alternativen Werkstoffen eingesetzt. Mit ihr können geschweißte glatte und gewellte Metallröhrchen wirtschaftlich gefertigt werden.

Es gibt folgende Vorteile des Verfahrens. Der Rohrschweißprozeß ist kontinuierlich und schnell. Sämtliche verschweißbaren Metalle wie Kupfer, Aluminium, Stahl und deren Legierungen lassen sich verarbeiten. Das Verfahren ist einsetzbar für die Herstellung von Metallröhrchen für Seelendurchmesser von 1 mm bis 500 mm. Banddicken von 0,05 mm bis 4,0 mm werden mit Laser oder dem WIG-Verfahren verschweißt. An der Schweißnaht entstehen weder Grad noch Wulst (Abb. 2.233).

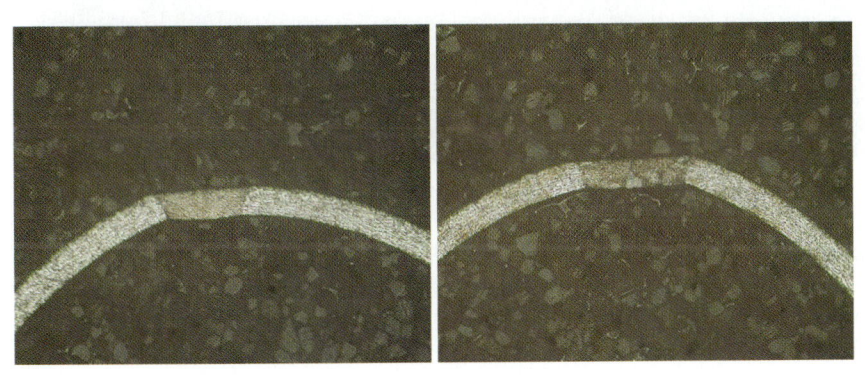

Abb. 2.233: Schweißnähte beim Laserschweißen

Durch die konzentrierte Wärmewirkung der Schweißquelle wird die Schweißzone an den Metallkanten begrenzt. Die Wärme wird schnell über den Mantel abgeleitet. Da die Schweißzone durch einen Schutzgasschirm abgedeckt ist, wird die Bildung von Oxydhaut verhindert.

Wellmantel für POF-Anwendungen
Nach dem UNIWEMA-Verfahren (Abb. 2.234) gefertigte dünne Metallmäntel sind für alle POF-Kabel einsetzbar. Das gilt für längsgeschweißte Metallmäntel aus Stahl und Edelstahllegierungen ebenso wie für längsgeschweißte glatte oder gewellte Kupfer- oder Aluminiummäntel. Kupferwellmäntel werden dort eingesetzt, wo eine besonders hohe Leitfähigkeit oder große Wärmeableitung gefordert ist. Wegen ihres vergleichbar geringen Gewichts beim Einsatz von dünnen Metallbändern lassen sich Wellmantelkabel problemlos transportieren und verlegen. Der Wellmantel ist leicht biegbar und in radialer Richtung besonders widerstandsfähig gegen äußere Verformung. Er ist absolut gasdicht. Damit können Wellmantelkabel, auch POF-Elemente, unter Druck und Vakuum betrieben werden.

Abb. 2.234: Laserschweißeinrichtung ([LZH01])

Laser-Schweißen
Der Laserstrahl ist monochromatisch und kohärent und läßt sich sehr gut fokussieren. Dadurch wird an der Bearbeitungsstelle - der V-Naht zwischen zwei Bandkanten - eine hohe Leistungsdichte erreicht (Abb. 2.235).

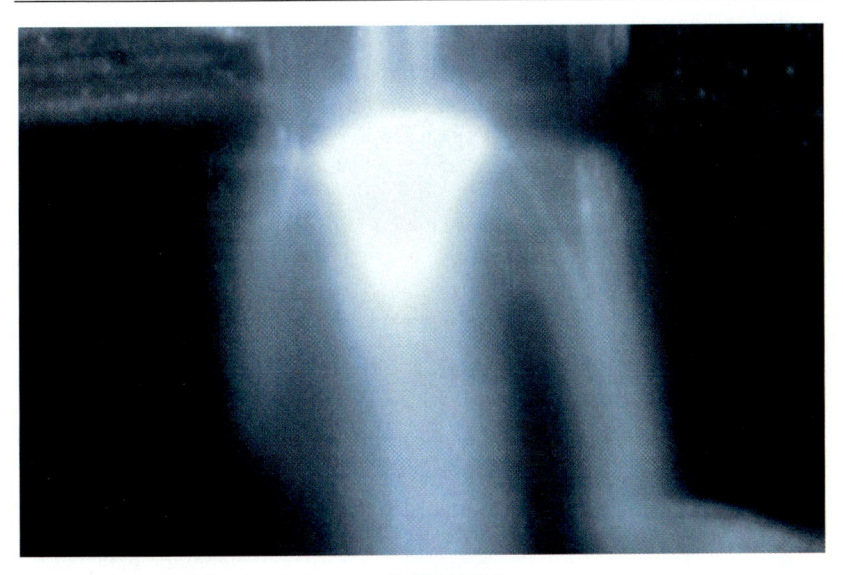

Abb. 2.235: Schweißnaht mit Laserstrahl ([LZH01])

Die Einkopplungseigenschaften des Plasmas werden durch den Einsatz des Arbeitsgases Argon und/oder Helium so gesteuert, daß die Strahlleistung in der Kapillare absorbiert wird. Die eigentliche Schweißverbindung entsteht durch die zusammenlaufende Schmelze hinter der Kapillare (Abb. 2.236).

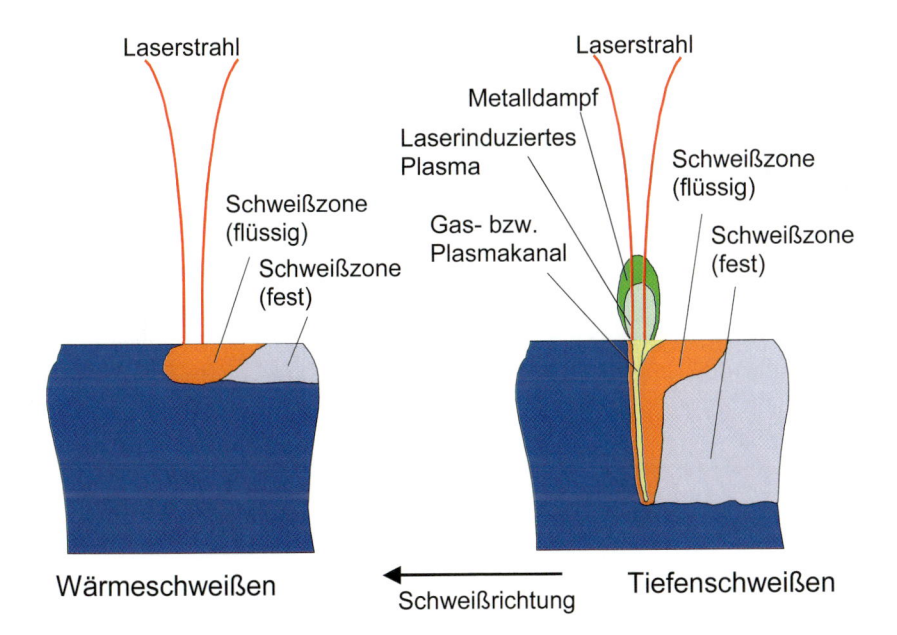

Abb. 2.236: Prinzip des Laserschweißens

Durch diesen Tiefschweißeffekt verteilt sich die Prozeßwärme gleichförmig und minimal über die gesamte Schweißzone (Abb. 2.237). Typische Schweißverbindungen sind Stumpfschweiß- oder überlappende Schweißnähte, verschweißbare Werkstoffe Stähle, Edelstähle, Messing, Kupfer, Aluminium und spezifische Metall-Legierungen. Bei der Laserschweißung können dünne kaschierte Metallfolien aus Aluminium/Kunststoff/Aluminium eingesetzt werden. Geriffelte Stahlbleche können mit einem YAG-Laser oder einem Dioden-Laser überlappend oder stumpf verschweißt werden.

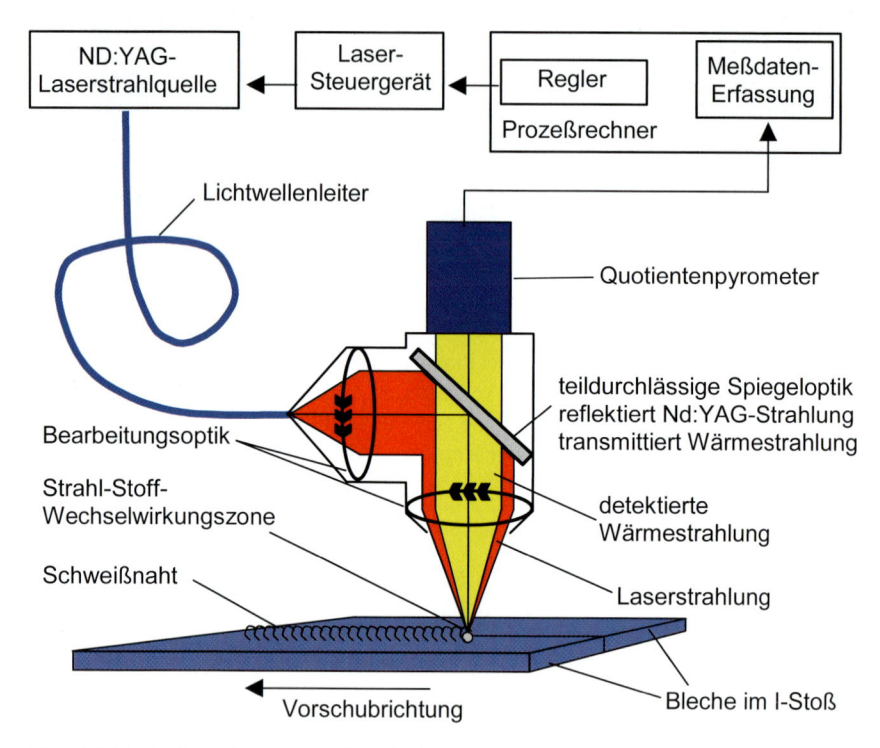

Abb. 2.237: Aufbau einer Laserschweißanlage

2.9 Mikrostrukturierte Fasern

Neben den klassischen optischen Fasern, die aus einem Faserkern und dem Fasermantel bestehen, gibt es auch mikrostrukturierte Fasern, bei denen die Wellenleitung nicht durch ein Brechzahlprofil entsteht, sondern bei denen entlang der gesamten Faser z.B. Löcher eingebracht werden. Üblicherweise beruht die Wellenleitung in optischen Fasern auf dem Effekt der Totalreflexion im allgemeinen Sinne. Der Faserkern besteht aus einem Material mit höherem Brechungsindex als das umgebende Mantelmaterial. In dieser Faser-Konfiguration können spezielle Feldverteilungen, sog. Moden oder auch Eigenwellen, innerhalb der Faser geführt werden. Diese Moden erfahren dabei einen effektiven Brechungsindex der Faser, der zwischen dem maximalen Brechungsindex des Kerns und dem des Mantelmaterials liegt.

Im Jahre 1996 demonstrierten J. Knight et al. eine neuartige optische Faser, deren Wellenleitereigenschaften nicht mehr auf einem rotationssymmetrischen Brechzahlprofil beruhte und somit eine Vielfalt an völlig neuen Möglichkeiten und neuartige Funktionalitäten ermöglichte ([Kni96] und [Kni97]). Diese Fasern bestehen aus nur noch einem Material, i. a. Quarzglas, und weisen eine Strukturierung des Querschnittes mit Luftlöchern auf. Die Löcher dieser Strukturierung sind i. a. deutlich kleiner als die Wellenlänge des Lichtes, so daß sie nicht wie Objekte wirken, an denen das Licht gestreut oder reflektiert wird, sondern die Brechungseigenschaften des Materials verändern. Das Material wird damit verändert, so daß es neuartige Eigenschaften erhält. Mit diesen Fasern lassen sich relativ einfach und gezielt spezielle Eigenschaften einstellen, wie z.B. Dispersion und Steigung, Modenfeldradius und andere.

Seit einigen Jahren werden auch mikrostrukturierte Fasern aus Polymer hergestellt. Auf Grund des niedrigeren Schmelzpunkts von Polymeren und weiteren anderen Eigenschaften lassen sich diese Fasern mit Niedrigtemperaturprozessen herstellen, wodurch neuartige Fasergeometrien möglich werden und somit auch potentiell neue Anwendungen.

Im Folgenden wollen wir auf die grundlegenden Wellenleitungsmechanismen eingehen. Dazu werden die verschiedenen Fasertypen und ihre speziellen Eigenschaften vorgestellt. Die Methoden zur Herstellung der verschiedenen Fasertypen werden dann gezeigt. Insbesondere sollen die Unterschiede zwischen mikrostrukturierten Fasern aus Glas und aus Polymeren untersucht werden. Anschließend werden Anwendungen vorgestellt, die mit diesen Fasern möglich werden und zur Zeit Gegenstand der Forschung sind. Einige Anwendungen sind sogar schon kommerziell erhältlich. Abschließend sollen die derzeitigen Entwicklungen beschrieben und ein Ausblick gewagt werden, wo in Zukunft die Grenzen solcher Fasern liegen könnten.

2.9.1 Arten der Wellenführung

Die Wellenleitung in mikrostrukturierten Fasern wird durch Strukturierung des Querschnitts entlang der gesamten Fasern bestimmt. Normalerweise werden über die gesamte Faserlänge Löcher in die Faser eingebracht, wodurch lokal der Brechungsindex sehr stark variiert. Diese Bereiche mit deutlich verschiedener Brechzahl sind sehr klein im Verhältnis zur Wellenlänge, so daß sie vom Licht nicht aufgelöst werden können und nur mittelbar einen Einfluss auf die Ausbreitungseigenschaften des Lichts haben.

Grundsätzlich gibt es zwei Mechanismen, nach denen die Beeinflussung stattfindet. Die Löcher - es können auch andere Materialien mit im Vergleich zum Kernmaterial stark unterschiedlichem Brechungsindex sein - wirken entweder wie eine Dotierung, indem sie den effektiven Brechungsindex des Materials im Mittel verändern [Gho99], oder sie werden in einer regelmäßigen, gitterförmigen Anordnung eingebracht, so daß sie wie ein Metamaterial wirken [Cre99]. Solche Fasern können Effekte mit sehr starker Wellenlängenabhängigkeit zeigen, da solche Anordnungen ähnliche Eigenschaften haben wie z.B. Bragg-Gitter, in denen sich das Licht bei bestimmten Wellenlängen konstruktiv, bei anderen destruktiv überlagert. Das zweidimensionale Pendant zu solchen Bragg-Gittern sind die Bragg-Fasern, in denen konzentrische Bereiche mit möglichst stark verschiedenen Brechzahlen sich mit gleichmäßigem Abstand abwechseln [Yeh78]. Bei bestimmten Wellenlängen entstehen somit sich konstruktiv überlagernde Wellen. Es besteht Wellenführung. Bei anderen Wellenlängen wird das Licht nicht geführt. Man kann daraus schon erahnen, daß solche Fasern stark wellenlängenabhängige Eigenschaften aufweisen werden.

In solchen Fasern mit regelmäßiger Strukturierung tritt auch eine neuartige Wellenleitung auf, mit der im Gegensatz zu Fasern, die auf Totalreflexion basieren, auch Wellenleitung in Faserkernen aus Luft möglich ist. Für Wellenleitung mit Totalreflexion ist es notwendig, daß das Kernmaterial einen effektiven Brechungsindex aufweist, der höher ist als der des Mantels. Das ist bei solchen Fasern mit „photonischer Bandlücke" nicht nötig. Durch die regelmäßige Struktur innerhalb der Faser bilden sich analog zu elektrischen Halbleitern Bänderstrukturen aus, in denen bestimmte Energiezustände von Lichtwellen erlaubt und andere verboten sind, womit einige Lichtwellen sich innerhalb des Materials aufhalten dürfen und andere nicht. Wenn es nun Lichtwellen gibt, die zwar im Kernbereich erlaubte Energiezustände haben, jedoch nicht im Mantel, muss sich das Licht im Mantel aufhalten und wird durch diese Bandlücke geführt, da sie ja nicht in den Mantel austreten können.

2.9.1.1 Effektiver Brechungsindex

Fasern, die auf dem Effekt des effektiven Brechungsindex beruhen, sind am leichtesten intuitiv zu verstehen. In ihnen wird das Material durch Einbringen von Luft oder anderen Materialien dotiert. Die eingebrachten Löcher müssen also sehr klein sein im Verhältnis zur Wellenlänge und sollten möglichst zufällig angeordnet sein. Der effektive Brechungsindex ergibt sich dann aus dem Flächen- oder Volumenverhältnis der beiden Materialien. Je größer der Anteil der Luft wird, desto kleiner wird der effektive Brechungsindex des Materials. In Fasern, die auf dem effektiven Brechungsindex beruhen, sollten die eingebrachten Löcher zum einen möglichst klein sein im Verhältnis zur Wellenlänge des Lichts, damit die Löcher als solche nicht mehr aufgelöst werden können, zum anderen sollten die Löcher in einer möglichst unregelmäßigen Form in das Material eingebracht werden, damit die Geometrie und Anordnung der Löcher keinen weiteren Einfluss auf die Eigenschaften des Materials haben (siehe Abb. 2.228).

Solche Fasern sind grundsätzlich nicht verschieden von traditionellen Fasern, bei denen der Faserkern einen höheren Brechungsindex aufweist als der Mantel: somit liegt eine Form von Totalreflexion. Da man durch Dotierung mit Luft den effektiven Brechungsindex grundsätzlich senkt, wird in solchen Fasern normalerweise der Mantelbereich mit Löchern strukturiert, der Faserkern ist meist undotiertes Glas. Solche Fasern lassen sich ähnlich wie normale Stufenindex-Glasfasern beschreiben, wobei der Faserparameter V von der Wellenlänge des Lichtes abhängt ([Mor03a] und [Mor05b]). Das lässt sich damit erklären, daß je nach Wellenlänge des Lichts der Einfluss der Löcher unterschiedlich stark ist, je nachdem wie das Verhältnis zwischen Lochdurchmesser und Wellenlänge ist und die Löcher vom Licht aufgelöst werden können.

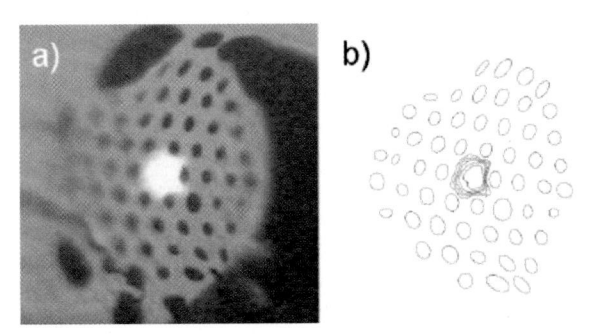

Abb. 2.238: mPOF mit effektiven Brechungsindex aus [Lar02a]

2.9.1.2 Photonische Bandlücke

Neben den Fasern, deren Brechzahlprofil durch den effektiven Brechungsindex entsteht, der durch die eingebrachten Löcher entsteht, gibt es auch Wellenleitung auf Grund einer photonischen Bandlücke ([Cre99]). Fasern, die auf dem Prinzip der photonischen Bandlücke beruhen, verhalten sich grundsätzlich anders als die eben behandelten Fasern mit effektivem Brechungsindex. Bei diesen Fasern müssen die eingebrachten Löcher in einer speziellen periodischen Anordnung eingebracht werden, damit sich eine Art Meta-Kristall ergibt. Nach dem Bloch-Theorem fungieren die benachbarten eingebrachten Löcher wie eine Elementarzelle, die sich gleichförmig in mehrere Dimensionen wiederholt. Dadurch ergeben sich neuartige Eigenschaften für den so entstandenen Meta-Kristall. Es können sich, wie auch im Halbleiter, Energiebänder ausbilden, die aus der periodischen Struktur des Materials erwachsen: Im Halbleiter sind das die periodisch angeordneten Atomrümpfe des Halbleitermaterials, in Fasern mit photonischer Bandlücke sind es die periodisch angeordneten Löcher. In solchen Fasern entsteht die Lichtführung dadurch, daß Licht einer bestimmten Wellenlänge, und somit Photonen mit spezieller Energie, im Kernbereich erlaubte Energiezustände besitzen, während dieselben Energiezustände im Mantelbereich nicht erlaubt sind und somit Photonen mit diesem Energiezustand sich nur im Kernbereich der Faser aufhalten dürfen (Siehe dazu Abb. 2.239).

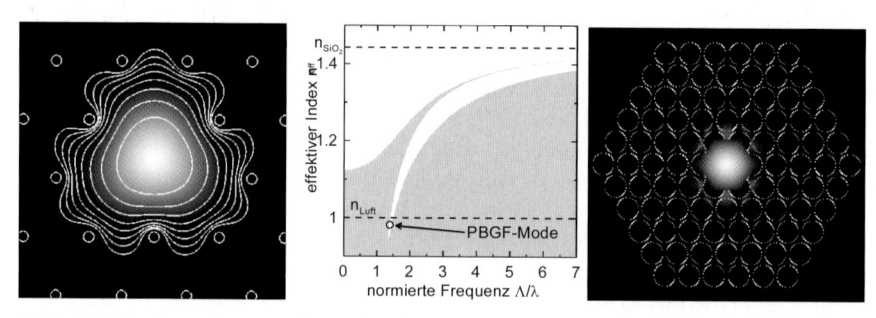

Abb. 2.239: Intensitätsverteilung in einer Large-Mode-Area-Laserfaser nach [Lim03] (links). Effektiver Index der Strahlungsmoden des Mantels (grau) mit Lage der gebundenen Defektmode in der Bandlücke (Mitte) und magnetische Feldstärke der linear polarisierten Grundmode für $\Lambda = 2{,}27$ µm, $d = 1{,}993$ µm, $D = 4{,}54$ µm bei $\lambda = 1{,}55$ µm mit $n_{eff} = 0{,}977$ (rechts).

Die Gestalt der Energiebänder, also der Energiebereiche, die erlaubten Energiezuständen der Photonen entsprechen, ist sehr stark von der Anordnung der einzelnen Löcher abhängig. Auch kleine Abweichungen können zu großen Änderungen der Energiebänder führen, so daß bei dieser Art von Fasern nur kleine Toleranzen bei der Anordnung der Löcher erlaubt sind. Dennoch erlauben diese Fasern größere Gestaltungsmöglichkeiten ([Arg06]). So lassen sich Ausbreitungseigenschaften wie Dispersion, ihre Steigung, effektive Fläche etc. in relativ großem Rahmen einstellen. Insbesondere für sehr schmalbandige Anwendungen, z.B. scharfkantige Filter, lassen sich Fasern mit photonischer Bandlücke sehr gut einsetzen, aber auch für Hochleistungs-Anwendungen, bei denen die linearen Eigenschaften des Lochkerns genutzt werden ([Lim03], [Mat05b] und [Nie06]).

Abb. 2.240: Airhole - mPOF mit 220 µm Außendurchmesser/5 µm Lochabstand, [Eij03a]

2.9.1.3 Bragg-Fasern

Bragg-Fasern bestehen aus konzentrischen Ringen mit unterschiedlichem Brechungsindex. Diese Ringe fungieren wie Bragg-Gitter in Radiusrichtung, so daß sie bestimmte Wellenlängen, die auf den Abstand der Ringe abgestimmt sind, reflektieren, andere hingegen durchlassen. Dadurch ergibt sich eine Wellenführung bei eben diesen Wellenlängen, bei denen die Bragg-Ringe reflektieren. Bei allen anderen Wellenlängen ergibt sich keine Wellenführung. Die Faser wirkt somit wie ein Filter und lässt nur Licht mit ganz bestimmten Wellenlängen durch ([Yeh78]).

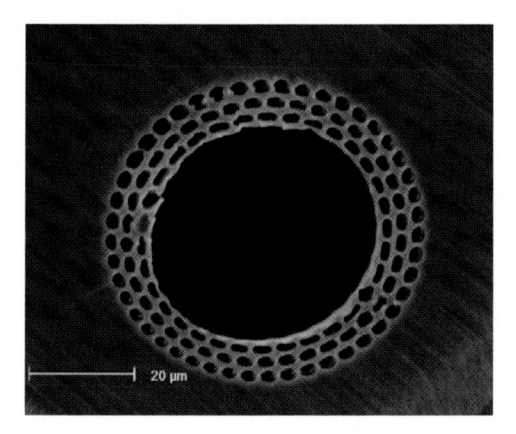

Abb. 2.241: Querschnitt einer Bragg-Faser aus [Arg06]

Diese Ringe können auf verschiedene Art und Weise hergestellt werden. Es lassen sich Brechzahlprofile herstellen, die bei speziellen Radien höhere oder niedrigere Brechzahlen aufweisen. Es sind aber auch mikrostrukturierte Fasern möglich, bei denen die Ringe mit unterschiedlichem Brechungsindex durch Löcherstrukturen realisiert sind. Hierbei werden Ringe mit Löchern in regelmäßigen Abständen von der Faserachse angeordnet, die auf Grund des effektiven Index dieser Schicht wie eine Schicht mit verringerter Brechzahl wirken.

Bragg-Fasern verhalten sich ähnlich wie Fasern mit photonischer Bandlücke. Auch sie basieren auf der genauen Anordnung der Löcher bzw. der Schichten mit unterschiedlichem Brechungsindex. Bei genauer Einhaltung der Geometrie lassen sich sehr scharfkantige Filter herstellen bzw. Fasern, die sehr selektiv hinsichtlich der Wellenlänge sind.

2.9.1.4 Hole-Assisted Fibres

Neben den neuartigen Fasern, deren Wellenleitereigenschaften alleinig auf den eingebrachten Strukturierungen basieren, sind auch Hybridfasern vorgestellt worden, die ein Zwischending zwischen konventionellen Fasern mit Brechzahlprofil und mikrostrukturierten Fasern darstellen ([Has01]). Bei diesen Fasern ist die Wellenleitung wie in konventionellen Fasern gegeben, jedoch verändern die zusätzlich eingebrachten Löcher die Ausbreitungseigenschaften, so daß man weitere

Freiheitsgrade bei Faserdesign erhält. Insbesondere werden ringförmige Löcherstrukturen um den Faserkern herum angeordnet, um die Biegeempfindlichkeit der Fasern zu verringern ([Guan04] und [Nak03b]). Die äußere Struktur wirkt wie eine zusätzliche Stufe im Brechzahlprofil, die einen Teil der in der Biegung abgestrahlten Leistung im Mantelbereich halten soll. Diese Maßnahme soll die Wellenführung erhöhen, ohne dabei Kompromisse bei den Ausbreitungseigenschaften der Faser eingehen zu müssen.

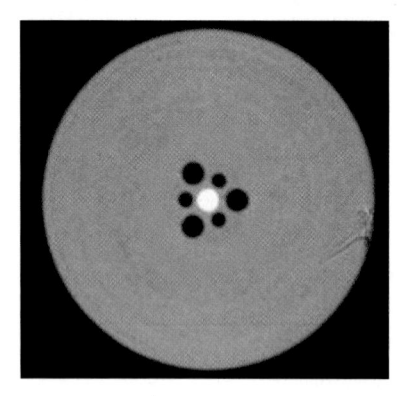

Abb. 2.242: Querschnitt einer Hole-Assisted Fibre nach [Guan04]

2.9.2 Herstellungsmethoden

Mikrostrukturierte Fasern lassen sich in sehr verschiedenen Arten herstellen. Bei Glas- und Polymerfasern sind unterschiedliche Herstellungsmethoden möglich.

2.9.2.1 Mikrostrukturierte Glasfasern

Die ersten mikrostrukturierten Fasern wurden aus Glas hergestellt ([Kni96] und [Kni97]). Da Glas einen sehr hohen Schmelzpunkt aufweist, sind die Herstellungsmöglichkeiten begrenzt. Meist werden die Fasern mit der sogenannten Stack-and-Draw-Technik hergestellt. Hierbei werden Glasröhrchen verschiedener Durchmesser, je nach gewünschtem Lochdurchmesser, zu einem Bündel zusammengefasst. Je nach Fasertyp wird für den Faserkern ein ausgefüllter Glasstab (effektiver Index) oder ein weiteres Glasröhrchen (photonische Bandlücke) genommen. Diese zusammengefassten Röhrchen bilden dann die Vorform, werden angeschmolzen und zu einer Faser gezogen. Dazu wird meist noch ein Fasermantel über die gesamte Vorform gezogen, die den Außenbereich der Faser bildet und nur der Stabilität dient.

Dadurch, daß runde Glasröhrchen zu einer Vorform zusammengefasst werden, lassen sich i. A. nur wenige Anordnungen erreichen: die rechteckige, sechseckige und so genannte Bienenwaben-Struktur (honey comb). Auch wenn man bei der Anordnung der Löcher auf sechseckige Strukturen festgelegt ist, so lassen sich die Lochabstände und Lochgrößen in einem recht großen Bereich einstellen, wodurch sich vielfältige Designmöglichkeiten ergeben.

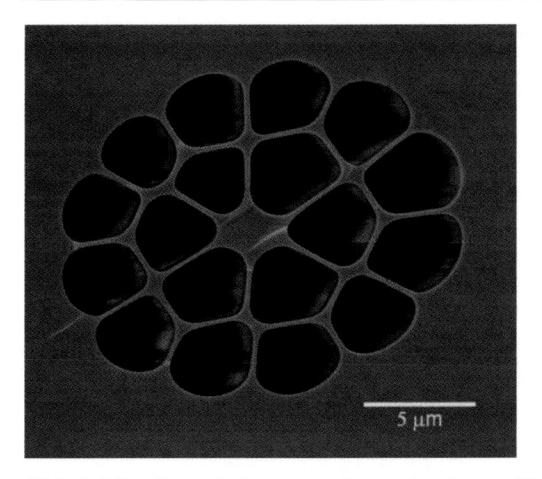

Abb. 2.243: Querschnitt einer mikrostrukturierten Glasfaser, die mit der Stack-and-Draw-Technik hergestellt wurde ([Ort04]).

Niedrig schmelzende Gläser kann man auch extrudieren. Hierbei wird das Glas geschmolzen oder verflüssigt. Die so entstandene zähe Flüssigkeit kann man dann durch speziell angeordnete Düsen pressen, die die Struktur der gewünschten Vorform aufweisen. Die so entstandene Vorform kann man sofort zu einer Faser ziehen oder zu einer Vorform formen. Diese Art der Vorformgestaltung erlaubt die Herstellung quasi beliebiger Lochgeometrien. Im Prinzip lassen sich damit auch nicht runde Löcher und jede Art der Anordnung realisieren. Allerdings ist diese Herstellungsform auf niedrig schmelzende Gläser beschränkt, wodurch z.B. Silica-Gläser nicht prozessiert werden können.

Die Fertigungstechnik von mikrostrukturierten Fasern hat sich in den letzten Jahren sehr stark verbessert. Während die ersten Fasern noch Dämpfungen von mehreren 100 dB/km aufwiesen, können heute schon Fasern basierend auf effektivem Index mit Dämpfungsbelägen unter 0,3 dB/km bei 1,55 µm Wellenlänge gefertigt werden ([Taj03]). Photonic-Bandgap-Fasern erlauben schon Dämpfungsbeläge bis zu 13 dB/km ([Smi03]).

2.9.2.2 Mikrostrukturierte Polymerfasern (mPOF)

Fasern aus Kunststoffen erlauben eine Vielfalt verschiedener Herstellungsmethoden. Insbesondere lassen sie sich bei viel niedrigeren Temperaturen prozessieren: Während Glasfasern bei Temperaturen um 2000 °C gezogen werden, können mPOF schon bei 200°C hergestellt werden ([Lyy04]). Das erlaubt einfachere Prozeßtechniken, aber es lassen sich so auch Stoffe in die Faser einbringen, die sich ansonsten zersetzen würden (z.B. Dyes) ([Lar04]). Allerdings weisen sie auch Nachteile hinsichtlich erhöhter Dämpfung, niedrigerer Betriebstemperaturen, anderer Betriebswellenlängen etc. auf ([Lar06a]).

Mikrostrukturierte Polymerfasern lassen sich auch extrudieren und anschließend zu Fasern ziehen. Bei ihnen gelten die gleichen Einschränkungen hinsichtlich der Geometrie und Herstellungstoleranzen wie für Glasfasern. Forscher der Universität Sydney ([Bar04c] und [Lar01b]) haben eine besondere Art der Vorformherstellung entwickelt, bei der ein massiver Zylinder aus Polymer mit Bohrern unterschiedlichen Durchmessers strukturiert wird. Zurzeit lassen sich damit Vorformen von bis zu 65 mm Länge strukturieren, da ansonsten die Bohrer zu lang würden. Es lassen sich quasi beliebige Geometrien herstellen, bei denen sowohl die Anordnung als auch die Lochdurchmesser frei gewählt werden können. Im derzeitigen Fertigungsprozess werden Löcherdurchmesser zwischen 1 mm und 10 mm mit minimalen Abständen untereinander von ca. 100 µm gefertigt, die dann durch das Ziehen auf ihre endgültige Größe schrumpfen. Durch neuartige Prozesstechniken lassen sich sogar elliptische Löcher fertigen, die der Faser eine intrinsische Doppelbrechung verleihen. Vorformen können auch entweder in Gießformen oder um Kapillaren herum gegossen und dann zu Fasern gezogen werden ([Zha06]).

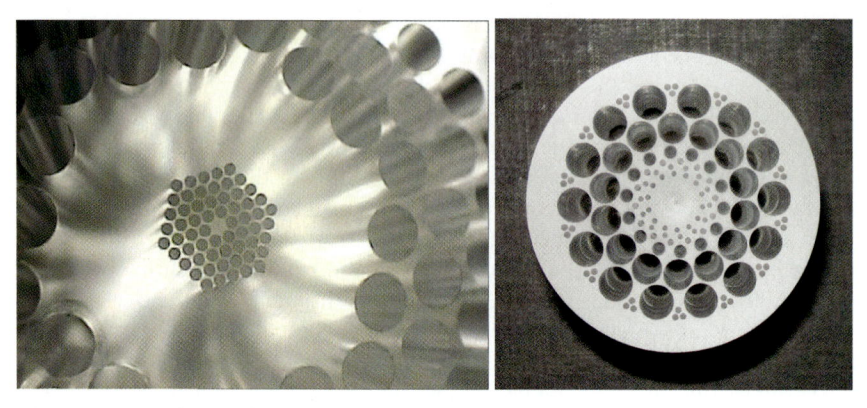

Abb. 2.244: Vorformen für M-POF ([Lwin06], [Poi06e])

Zusätzlich zu den Löchern lassen sich auch andere Stoffe in die Faser einbringen. So sind schon Fasern mit Metalldrähten zur elektrischen Polung des Materials, mit Flüssigkeiten in den Kapillaren zur Steuerung der Ausbreitungseigenschaften und auch mit Dotierstoffen zur Veränderung der optischen und elektrischen Eigenschaften demonstriert worden ([Cox03b] und [Cox06]).

Nachdem Ende 2001 die erste mPOF vorgestellt wurde ([Lar01b]), hat sich die Technologie rasant weiter entwickelt. Die damals präsentierte Faser wies noch einen Dämpfungsbelag von 30.000 dB/km auf. Im Laufe der Jahre wurden die einzelnen Prozessparameter immer weiter verbessert, so daß die Dämpfung kontinuierlich verringert werden konnte. Als Prozeßparameter wurden die Bedingungen beim Bohren der Vorformen, Spülen und Reinigungsschritte sowie Ziehparameter optimiert. Die besten mikrostrukturierten Polymerfasern weisen heute einen Dämpfungsbelag von 200 dB/km auf und sind somit nicht mehr weit entfernt von herkömmlichen Polymerfasern, die bei einer Wellenlänge von 650 nm einen Dämpfungsbelag von ca. 120 dB/km haben.

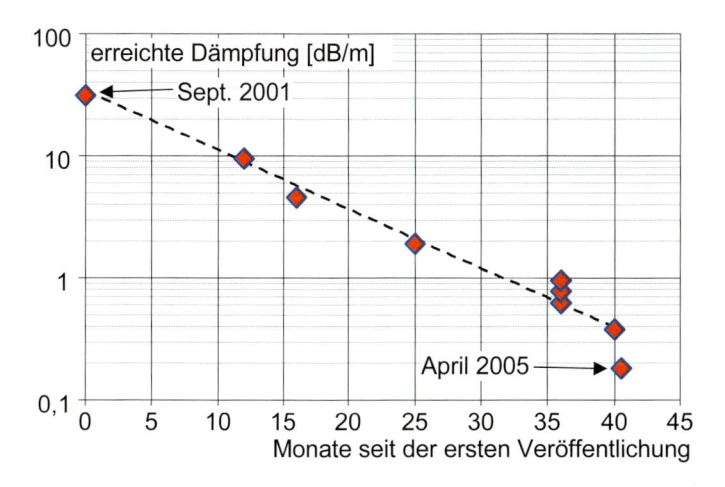

Abb. 2.245: Dämpfungsentwicklung der mPOF 2001-2005 [Lwin05]

2.9.2.3 Endflächenpräparation

Bei der Endflächenbearbeitung von herkömmlichen Polymerfasern hat sich das Mikrotomschneiden als eine brauchbare Methode erwiesen. Diese Form der Bearbeitung ergibt nur unzureichende Resultate bei mikrostrukturierten Fasern, da die feine, treppenartige Struktur auf dem Faserende in den Löchern zu Defekten und Unregelmäßigkeiten führen kann (siehe Abb. 2.246). Diese Strukturen sind auf allen Endflächen so bearbeiteter Fasern, also auch auf herkömmlichen Polymerfasern, zu erkennen. Dennoch zeigt sich, daß insbesondere die mechanischen Eigenschaften der mPOF den treppenartigen Effekt verstärkt. Die filigranen Strukturen nehmen die seitlich auftretenden Kräfte auf, verformen sich dabei und geben nach jedem einzelnen Vorschub wieder nach.

Abb. 2.246: Einmoden-MPOF geschnitten mit Mikrotom. 1000-fache Vergrößerung.

Das direkte Schneiden der Faser mit herkömmlichen Schneidzangen kann auf Grund der großen Seitenkräfte die feinen Strukturen zerstören.

Abb. 2.247: Einmoden-MPOF geschnitten mit MOST®-Zange. 100-fache Vergrößerung.

Weitere Bearbeitungsmethoden wie Hot-Plate oder nachträgliches Polieren wurden auch untersucht, erbrachten jedoch keine guten Ergebnisse. Die Hot-Plate-Technik führt zu Einschlüssen an der Endfläche, so daß sich die ursprüngliche Geometrie nicht mehr erkennen lässt (siehe Abb. 2.247). Beim Polieren hingegen lagern sich die abgeriebenen Späne und der Abtrag in den Löchern an. Somit ist eine reproduzierbare Einkopplung nicht möglich, da der Einfluss dieser Einschlüsse oder der eingelagerten Fremdstoffe in den Löchern der Struktur nicht kontrollierbar ist.

Bessere Bearbeitungseigenschaften zeigen solche mPOF, die mit einer weiteren, sog. Bufferschicht aus hartem Polyester ummantelt sind. Diese Schicht nimmt einen Großteil der mechanischen Kräfte beim Schneiden auf und verhindert das Brechen der feinen Stege innerhalb der Struktur. Da eine solche Faser fast ausschließlich aus Polymer bestehen, lassen sie sich beinahe wie Polymerfasern bearbeiten. Abb. 2.248 zeigt die Endfläche einer solchen, eingebetteten Faser mit Bufferschicht. Es ist zu erkennen, daß die Faser nicht zentrisch eingebettet ist. Das führt bei der praktischen Verwendung zu seitlichem Versatz in Steckern und somit zu Steckerverlusten und Leistungsumverteilung. Es ist jedoch zu erwarten, daß in Zukunft die Abmessungen der Faser größer werden und mit einer neuen Ziehtechnologie die Fasern auch besser zentriert werden können.

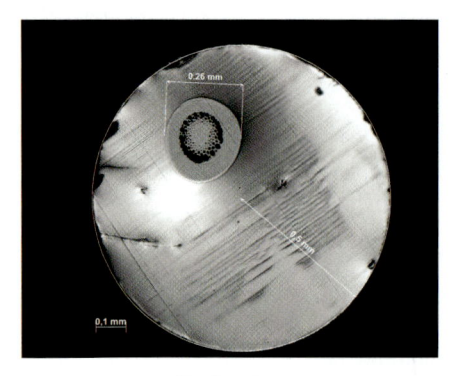

Abb. 2.248: Endfläche einer eingebetteten Faser mit Bufferschicht; 100-fache Vergr.

Es existiert also noch keine praxisgerechte Lösung, die gute Reproduzierbarkeit und hohe Zuverlässigkeit bereitstellen würde. Für den praktischen Einsatz, jedoch auch für den Laborgebrauch, müssen noch immer Bearbeitungsmethoden gefunden werden, die den Ansprüchen gerecht werden. Im Falle der Terminierung im Feld müssen die Endflächen akzeptable Dämpfungen erlauben, für den Laborbetrieb ist eine Präparation mit hoher Reproduzierbarkeit notwendig. Beide Präparationsarten müssen noch entwickelt werden.

2.9.3 Anwendungen mikrostrukturierter Fasern

Mikrostrukturierte Fasern erlauben eine Vielzahl von Anwendungen, da durch die zusätzlichen Freiheitsgrade beim Design und der Herstellung ihre Eigenschaften in einem großen Bereich nach Belieben eingestellt werden können. So lassen sich die Wellenleitereigenschaften wie z.B. die chromatische Dispersion und ihre Steigung einstellen und der Modefleckdurchmesser. Es lassen sich durch die entlang der Faser verlaufenden Löcher andere Materialien oder auch Flüssigkeiten in die Faser einbringen, die die Ausbreitungseigenschaften der Faser verändern können, wodurch sich entweder verstellbare (tunable) Komponenten oder Sensoren möglich sind. Im Folgenden sollen einige Anwendungen beschrieben werden, die mit mikrostrukturierten Fasern möglich sind. Die Auflistung erhebt keinen Anspruch auf Vollständigkeit, sondern soll die bekanntesten und z.T. auch schon kommerziell verfügbaren Anwendungen vorstellen.

2.9.3.1 Dispersionskompensation

Die ersten Anwendungen mikrostrukturierter Glasfasern waren die Kompensation der Dispersion bzw. ihrer Steigung. Durch die zusätzlichen Möglichkeiten beim Faserdesign, Wahl der Anzahl der Löcher, ihre Größe und deren Abstand voneinander, lassen sich insbesondere wellenlängenabhängige Effekte wie die chromatische Dispersion sehr gut einstellen. Wie schon oben beschrieben, bewirken die Löcher bei kleineren Wellenlängen schwächere Wellenführung, weil das Licht in die Stege zwischen den Löchern eindringen kann. Das bewirkt eine andere Wellenführung, so daß sich die Faser verhält, als ob sie einen anderen Faserparameter aufweise. Mit einer geschickten Wahl der Löcherdurchmesser und ihrem Abstand lassen sich so die Dispersion und höhere Ordnungen sehr gut einstellen. Dispersionskompensierende mikrostrukturierte Glas-Fasern sind schon kommerziell erhältlich.

2.9.3.2 Endlessly Singlemode

Mikrostrukturierte Fasern erlauben auch Anwendungen, die mit herkömmlichen Fasern unmöglich sind. Eine solche Anwendung sind sog. endlessly singlemode fibres, also Fasern, die im gesamten Wellenlängenspektrum einmodig sind und keine cut-off-Freqeunz haben. Diese Eigenschaft kann dadurch entstehen, daß sich die Wellenführung mit der Wellenlänge ändert.

In Stufenindex-Fasern ist die Einmodigkeit eindeutig durch den Faserparameter V festgelegt, der proportional zum Kerndurchmesser, der numerischen Apertur und dem Kehrwert der verwendeten Wellenlänge ist. Dicke Fasern mit großer numerischer Apertur zeichnen sich somit durch einen großen Faserparameter V aus. Einmodig sind nur Fasern mit V < 2,405, der ersten Nullstelle der Besselfunktion nullter Ordnung. Wenn man also die verwendete Wellenlänge nur groß genug wählt, wird V irgendwann klein genug, damit die Faser einmodig wird. Im mikrostrukturierten Fasern ist der Faserparameter nicht so einfach antiproportional zur Wellenlänge, da die Löcher im Mantelbereich bei größeren Wellenlängen anders wirken als bei kleinen, so daß man Fasern herstellen kann, die für alle Wellenlängen einmodig sind ([Bir97], [Mor03b] und [Zag04]).

2.9.3.3 Doppelbrechung

Da mikrostrukturierte Fasern nicht rotationssymmetrisch sind, wie z.B. herkömmliche Fasern mit einem Brechzahlprofil, sind sie tendenziell doppelbrechend. Typische hexagonale Strukturen weisen keine Doppelbrechung auf, wenn jedoch diese Symmetrie gestört wird, z.B. durch Herstellungstoleranzen, sind diese Fasern doppelbrechend.

Dieser Effekt wird in manchen Fasern positiv genutzt, wobei die hohe Doppelbrechung bewirkt, daß die Fasern polarisationserhaltend sind ([Ort04]). Bei sehr großen Unterschieden zwischen den Ausbreitungskonstanten der beiden Polarisationen können beide Polarisationen nur sehr schwach miteinander wechselwirken und Leistung austauschen. Wenn also nur eine Polarisation in die Faser eingestrahlt wird, bleibt die Leistung in dieser Polarisation erhalten und breitet sich in dieser Weise bis zum Ende der Faser aus.

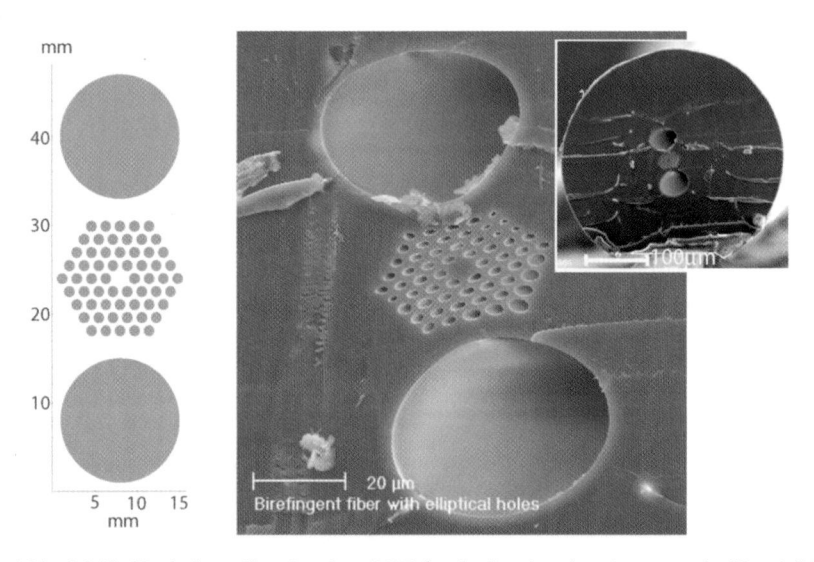

Abb. 2.249: Hoch doppelbrechende mPOF durch eingebrachte Asymmetrie ([Issa04b])

In mikrostrukturierten Fasern lässt sich der Effekt der Doppelbrechung in zweierlei Art und Weise erzeugen: Entweder ordnet man die Löcher in nicht symmetrischer Form an, so daß eine geometrische Doppelbrechung entsteht, die man sehr kontrolliert und auch temperaturstabil herstellen kann, oder die Löcher selbst sind nicht kreisrund, sondern elliptisch, weshalb die diese zur Doppelbrechung beitragen ([Issa04b]). Diese Form der Doppelbrechung ist schwieriger kontrolliert herzustellen, erlaubt weiterhin die volle Freiheit beim Faserdesign, weil die Anordnung der Löcher und auch ihre Größe frei gewählt werden können.

2.9.3.4 Hoch nichtlineare Fasern

Die nichtlinearen Eigenschaften von Faser sind zum einen durch die Nichtlinearität des Materials beeinflusst, zum anderen durch die Stärke der Wellenführung, die sich durch die sog. effektive Modenfläche beschrieben wird. Bei sehr starker Wellenführung wird das Licht sehr stark im Zentrum des Faserkerns geführt, und die optische Leistung kann sich kaum im Bereich der Kern-Mantel-Grenzfläche oder sogar im Fasermantel ausbreiten. Hierbei wird das Licht also stark in einem kleinen Bereich des Faserkerns konzentriert, wodurch bei gleicher Leistung sehr hohe Intensitäten entstehen, die zu nichtlinearem Verhalten innerhalb der Faser führen. Solche starke Wellenführung lässt sich nur durch große Brechungsindexunterschiede zwischen Kern und Mantel erreichen. In konventionellen Fasern sind die Brechzahlunterschiede im Bereich weniger Prozente. Mikrostrukturierte Fasern bestehen hingegen aus Bereichen aus Glas, mit einem Brechungsindex von ca. $n_{Glas} \approx 1,5$, und Löchern, die i. A. aus Luft ($n_{Luft} \approx 1$) bestehen. Durch diesen sehr hohen Brechungsindexkontrast lässt sich auch sehr hohe Wellenführung erreichen. In Fasern, die auf dem effektiven Brechungsindex basieren, muss der Fasermantel einen sehr hohen Luftfüllfaktor aufweisen: Der Anteil an Luft im Verhältnis zum gesamten Volumen muss hoch sein, so daß der effektive Brechungsindex nahe beim Wert für Luft liegt. Mit diesem Verfahren sind schon Fasern mit effektiven Flächen bis zu $A_{eff} = 2{,}85\ \mu m^2$ realisiert worden ([Lee02]).

Zusätzlich dazu können noch Materialien wie z.B. Bi_2O_3 verwendet werden, die einen hohen nichtlinearen Brechungsindex χ_3 haben. Mit solchen Materialien lassen sich nichtlineare Parameter von $\gamma = 1100\ W^{-1}km^{-1}$ herstellen ([Lee06c]).

2.9.3.5 Kontrolle der effektiven Fläche

Während man z.B. für die rein optische Signalverarbeitung Fasern mit besonders hohen Nichtlinearitäten benötigt, gibt es auch eine Reihe von Anwendungen, bei denen die nichtlinearen Effekte besonders schwach sein sollten, damit die Lichtausbreitung in solchen Fasern nicht gestört wird. In solchen Fasern wird genau der umgekehrte Weg wie in hoch nichtlinearen Fasern gegangen: Das verwendete Material sollte möglichst geringe Nichtlinearitäten aufweisen, und die effektive Fläche der Faser sollte möglichst groß sein, damit bei gegebener Lichtleistung die Intensität innerhalb der Faser gering bleibt. Auch wenn der Brechzahlunterschied zwischen dem Kernmaterial und den Löchern weiterhin sehr groß ist, so kann man doch durch geschickte Designs erreichen, daß das Licht relativ schwach geführt wird und das Modenfeld eine möglichst große Fläche einnimmt. Im Allgemeinen weisen diese Fasern einen sehr geringen Luft-Füllfaktor auf, so daß auch im Mantelbereich der effektive Brechungsindex nur geringfügig unterhalb dem des Kerns liegt. So konnten schon Fasern mit effektiven Flächen von $A_{eff} = 100$ μm^2 vorgestellt werden ([Kim06c] und [Sai06]).

Die Technik kann auch dafür genutzt werden, die Form des Modenfeldes zu kontrollieren, um es an andere Fasertypen anzupassen und so an der Übergangsstelle die Koppelverluste zu minimieren. Furukawa hat z.B. bei der ECOC 2004 ([Guan04]) solche Fasern vorgestellt, deren Modenfelder an die Standard-Einmodenfasern angepasst sind.

2.9.3.6 Filter

Mikrostrukturierte Fasern können sehr stark wellenlängenabhängige Effekte aufweisen. Es lässt sich, wie oben beschrieben, die Dispersion in einem weiten Bereich einstellen. Aber auch andere wellenlängenabhängige Eigenschaften lassen sich spezifisch designen. So kann man die z.B. die Gruppengeschwindigkeit oder sogar der Dämpfungsbelag der Faser wellenlängenabhängig gestalten.

Fasern mit effektivem Brechungsindex erlauben die relativ einfache Einstellung der Gruppengeschwindigkeit, wodurch man Allpässe mit speziellen Phasenverläufen erzeugen kann. Fasern, die auf einer photonischen Bandlücke basieren, können sehr scharf abgegrenzte Wellenlängenbereiche aufweisen, bei denen Licht geführt wird. So können Filter mit speziellen Amplitudengängen und scharfen Flanken hergestellt werden ([Vill03], [Kim05c], [Kim06d] und [Sai05]).

2.9.3.7 Sensorik, einstellbare Elemente

Die Eigenschaften mikrostrukturierter Fasern sind in vielfacher Weise manipulierbar. Insbesondere lassen sich Stoffe in die Löcher entlang der Faser einbringen, die durch ihren unterschiedlichen Brechungsindex die Eigenschaften der mikrostrukturierten Faser ändern. Diese Stoffe können z.B. Gase oder Flüssigkeiten sein, die durch die Faser geleitet werden und bei einer Änderung der Zusammensetzung etc. die Eigenschaften der Faser ändern ([Car06b]). Man kann mit solchen Methoden auch Analytik von Flüssigkeiten wie z.B. Blut im Körper betreiben. Insbesondere Polymerfasern sind für diese Anwendung interessant, weil i. A. Glas splittern könnte und somit als zu gefährlich eingestuft wird.

Diese Änderung der Eigenschaften kann man auch willentlich durch kontrolliertes Einbringen von Flüssigkeiten bewirken. So wurden z.B. Sensoren vorgestellt, die genau darauf basierten, daß eine Flüssigkeit durch Temperaturerhöhung o.ä. in die Kapillaren im Mantelbereich gedrückt wurde und so die Ausbreitungseigenschaften der Faser veränderten ([Jen05]). So konnte z.B. die Dispersion ([Gun06]) oder die Bandlücke ([Sun06]) durch mehr oder weniger weites Einbringen von Flüssigkeit eingestellt werden. Andere Anwendungen sind Drucksensoren. Da die Geometrie der Löcher einen sehr großen Einfluss auf die Ausbreitungseigenschaften der Faser ausübt, wirken sich Querdrücke auf der Faser sehr deutlich im Verhalten der Faser aus ([Eij03b]). Insbesondere Fasern, die auf der photonischen Bandlücke basieren, reagieren sehr empfindlich auf Geometriestörungen. Somit lassen sich Fasern herstellen, die wie ein Filter wirken, dessen Passband durch Druckeinwirkung verschoben wird.

2.9.3.8 Doppelkern- und Vielkernfasern

Die meisten mikrostrukturierten Fasern bestehen aus einem Mantelbereich, in dem die Löcher entweder ungeordnet oder regelmäßig angeordnet sind. Der Kern besteht in Fasern, die auf dem effektiven Brechungsindex basieren, aus einem Bereich, in dem bei der Anordnung ein Loch ausgelassen wurde. Der Faserkern ist somit eine Art Störstelle innerhalb des photonischen Kristalls. In derselben Art und Weise lassen sich auch zwei und mehr Faserkerne herstellen, indem man nicht in der Mitte ein Loch auslässt, sondern zwei oder mehr Störstellen innerhalb des Mantelbereichs einfügt, in denen sich das Licht ausbreiten kann. Jede einzelne Stelle, an der ein Loch ausgelassen wurde und das Kernmaterial vorhanden ist, kann als eigene Faser betrachtet werden, in der sich das Licht ausbreiten kann. Wenn die einzelnen Faserkerne nun weit genug auseinander liegen, beeinflussen sie sich nicht oder nur schwach gegenseitig.

Solche Fasern mit mehreren Kernen kann man zur parallelen Datenübertragung nutzen ([Eij06a]). In ihnen bleibt die Anordnung der einzelnen Faserkerne erhalten, und somit kann man diese Fasern wie ein geordnetes Faserbündel verwenden. Allerdings sind diese Fasern deutlich kleiner im Durchmesser und lassen sich wie eine einzelne Faser verlegen ([Eij03b], [Pad04]).

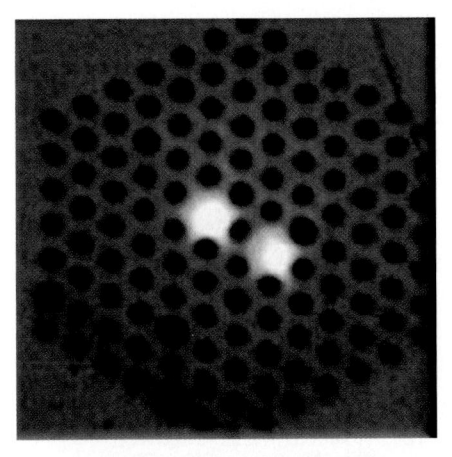

Abb. 2.250: Doppelkern-mPOF mit 9,6 µm Abstand zwischen den Kernen ([Eij03b])

2.9.3.9 Bildleiter

Oben ist gezeigt worden, daß man mikrostrukturierte Fasern mit mehr als einem Faserkern herstellen kann, die man zur parallelen Datenübertragung nutzen kann. Wenn man nun die Anzahl der Faserkerne weiter erhöht, kann man in der gleichen

Art und Weise Bildleiter herstellen, bei denen jeder einzelne Faserkern ein Teil des Bildes (ein Pixel) überträgt. Wie oben schon erwähnt, bleibt die Anordnung der Löcher und somit auch der Faserkerne entlang der Faser erhalten, und jedes einzelne Pixel erreicht das Ende der Faser an seiner festen Stelle, so daß das Bild erhalten bleibt ([Eij04c]).

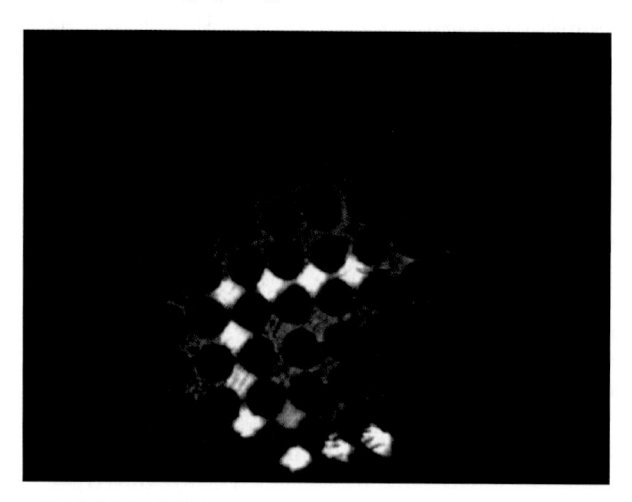

Abb. 2.251: Bildleiter-mPOF ([Eij04c])

2.9.3.10 Vielmoden-Gradientenindexfaser

Die bisher vorgestellten Fasern stellen relativ dünne, einmodige Fasern dar. Neben diesen sind auch Gradientenindex-Vielmodenfasern auf Polymer, sogenannte GIMPOF ([Kle03b] und [Eij04d]), entwickelt worden, die den großen Kerndurchmesser einer Polymerfaser und ein effektives Gradientenindexprofil einer Vielmoden-Glasfaser aufweisen (siehe Abb. 2.252).

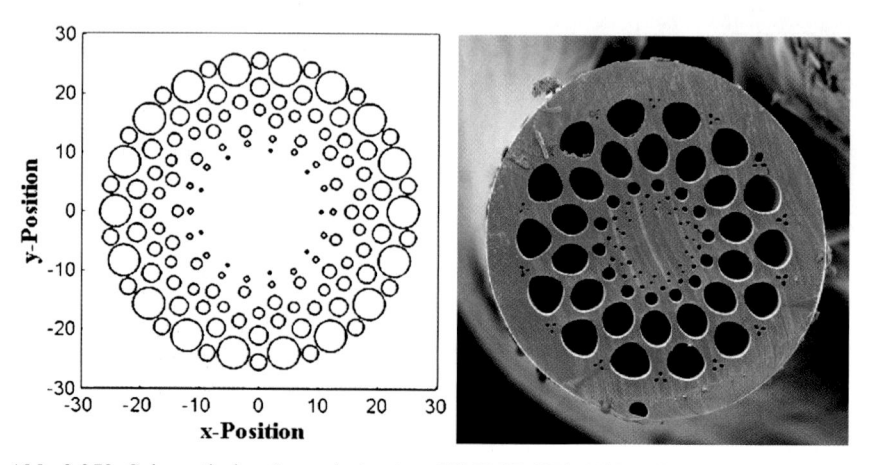

Abb. 2.252: Schematischer Querschnitt einer GIMPOF ([Kle04b] und [Lwin06])

Gerade bei Fasern mit großen Kerndurchmessern bieten Polymerfasern einige Vorteile gegenüber Glasfasern. Neben den Vorteilen, die auch für die anderen Fasertypen gelten, sind deutlich größere Kerndurchmesser möglich, ohne daß die Faser unflexibel wird. Aus diesem Grunde werden schon seit einigen Jahren Gradientenindex-Polymerfasern hergestellt, die Kerndurchmesser bis in den Millimeterbereich erreichen. Allerdings weisen diese Fasern ein Brechzahlprofil im Faserkern auf, das durch Dotieren des Kernmaterials eingestellt wird und gerade bei sehr großen Durchmessern recht schwierig zu fertigen ist. Der Vorteil der mikrostrukturierten Faser gegenüber einer dotierten Faser besteht im Fehlen des Dotierstoffes. Dadurch zeigen diese Fasern eine sehr gute Temperatur- und Alterungsbeständigkeit des Profils. Bereits existierende Gradientenindexprofil-Polymerfasern sind nicht besonders temperaturstabil. Sie zeigen bei Alterung, insbesondere in Kombination mit erhöhter Temperatur, häufig ein „Auseinanderlaufen" des Profils durch Diffusion der Dotierstoffe, wodurch sie die Konzentrationen der Dotierstoffe im gesamten Profil angleichen und das Profil dadurch verflacht.

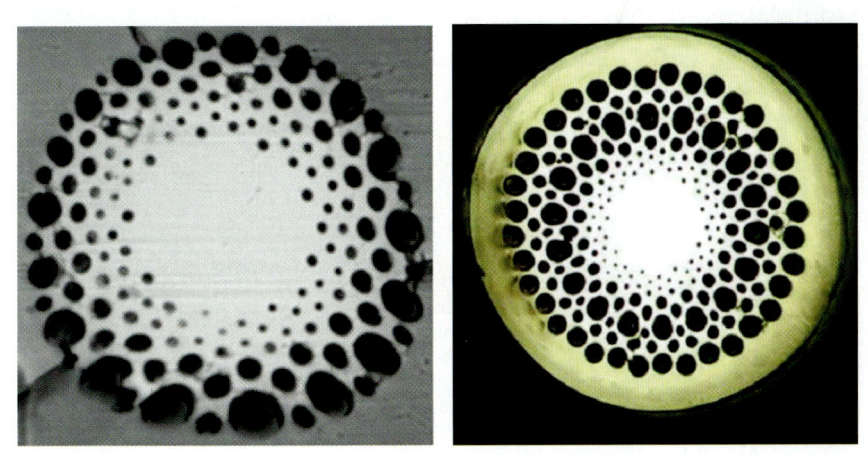

Abb. 2.253: Querschnitt einer Gradientenindex-Vielmoden-Polymerfaser (GIMPOF) mit 135 µm Kern- und 520 µm Außendurchmesser ([Eij04d]) und einer mPOF aus [Lwin06]

Abb. 2.253 zeigt eine Vielmodenfaser, bei der mit zunehmendem Abstand zur Faserachse der effektive Brechungsindex kontinuierlich abnimmt. Wenn man über den gesamten Umfang den Brechungsindex mittelt, ergibt sich in Radiusrichtung ein parabolisches Brechzahlprofil. Messungen zeigen, daß diese Faser ein ähnliches Ausbreitungsverhalten aufweist wie eine herkömmliche Vielmodenfaser mit einem parabolischen Brechzahlprofil. Allerdings liegen die Unterschiede im Detail. Wenn man die GIMPOF z.B. mit einem sehr kleinen Fleck anregt, verhält sich die Faser unterschiedlich, je nachdem ob das Licht eher ein Loch oder eher das Kernmaterial trifft, was in herkömmlichen Fasern nicht auftreten kann. Aus diesem Grunde sind noch Entwicklungen und Forschungsaufwand in der Meßtechnik und Charakterisierung notwendig, bis die GIMPOF in kommerziellen Anwendungen Verbreitung findet.

HAMAMATSU
PHOTONICS DEUTSCHLAND GmbH

Photon is our business

schnell
zuverlässig
preisgünstig

Sender und Empfänger für POF

- Automobil (MOST und AMI-C)
- Automatisierungstechnik
- Büro- und Heimnetzwerke

Hamamatsu Photonics Deutschland GmbH   www.hamamatsu.de

Arzbergerstraße 10 · D-82211 Herrsching · Tel.: (0 81 52) 3 75 - 100 · Fax: (0 81 52) 3 75 - 111
e-mail: info@hamamatsu.de

3. Passive Komponenten für optische Fasern

3.1 Verbindungstechnik für optische Fasern

Zu den unverzichtbaren Komponenten jedes Übertragungssystems gehören die Steckverbinder zur Kopplung von Kabeln bzw. Fasern untereinander. Einer der entscheidenden Vorteile der Polymerfaser gegenüber allen anderen Kabeltypen ist das Potential für sehr einfache Steckertechnologien.

Kupferkabel für hohe Datenraten erfordern zumeist die Verbindung mehrerer verdrillter Doppeladern, die teilweise einzeln geschirmt werden müssen (siehe Abb. 3.1). Bei Frequenzen von mehreren 100 MHz führt schon ein Auftrennen der Schirmung über einen Zentimeter zur merklichen Beeinflussung der Qualität der Verbindung.

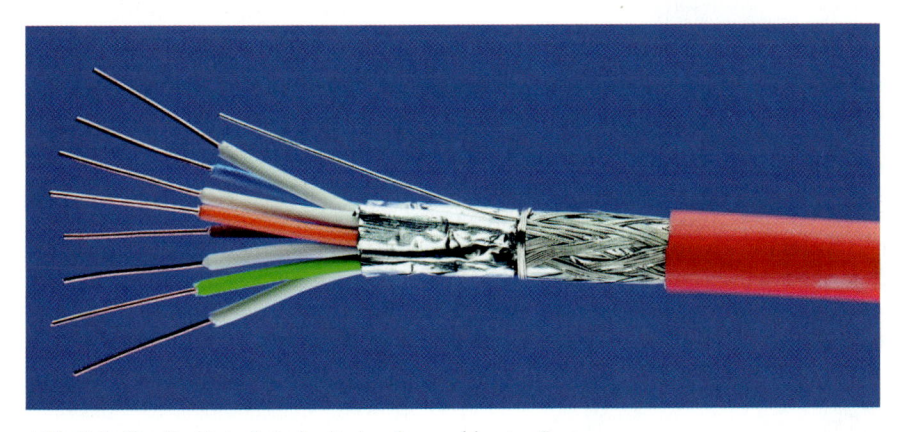

Abb. 3.1: Kupfer-Datenkabel mit einzeln geschirmten Paaren

Glasfasern weisen Kerndurchmesser zwischen 10 µm und 200 µm auf. Das erfordert präzise Führungen, die durch Metall-, Keramik oder hochwertige Kunststofferulen gegeben sind. Dazu kommt, daß man Glasfasern nicht einfach schneiden kann. Die Stirnfläche muß entweder durch Ritzen mit einer Diamantklinge präzise gebrochen, oder aber nach dem Schneiden aufwendig poliert werden.

Weitere Vorteile für POF ergeben sich durch das Material selbst. Die Oberfläche von Kunststoffen kann sowohl durch Schneiden, als auch durch einfaches Polieren geglättet werden. Daneben ist für PMMA auch eine thermische Glättung der Oberfläche möglich.

3.1.1 Steckverbindungen für Polymerfasern

Für die Polymerfaser sind, spezifisch für verschiedene Anwendungen, in den letzten Jahren eine Vielzahl von Steckertypen entwickelt worden. Diese lassen sich in Gruppen einteilen:

- Spezielle Steckverbindungen für POF (z.B. V-Pin, DNP)
- Für Glasfaser entwickelte Steckverbinder mit Adaption für die POF (z.B. FSMA, ST)
- Steckverbinder aus dem LAN-Bereich, die sowohl für Kupferkabel, als auch für optische Fasern identische Dimensionen aufweisen (SC-RJ, RCC45)
- Stecker für spezielle Standards (D2B, F07)
- steckerlose Verbindungssysteme (optische Klemme)
- Hybridstecker, zumeist Kombinationen aus Kupferleitungen und POF (MOST)

Verschiedene Stecker sind in Metall- oder Kunststoffausführung erhältlich, je nach Anforderungen an die mechanische Stabilität. Weiterhin sind die meisten Systeme in Simplex- oder Duplexvarianten erhältlich.

An dieser Stelle soll kurz der Begriff „Steckerdämpfung" definiert werden. Streng genommen hat ein Stecker keine definierten Verluste, sondern nur eine Faser-Faser-Verbindung. Die Lichtverluste kommen dabei zustande durch:

- nicht exakte Ausrichtung der Fasern zueinander, wofür wiederum die Parameter der Faser, der Stecker und der Kupplung verantwortlich sein können,
- nicht zueinander abgestimmte Faserparameter (z.B. unterschiedliche NA) und
- direkte Verluste an der Faserstirnfläche durch Reflexion, Streuung und Absorption (siehe Abb. 3.2).

Man erkennt sofort ein großes Dilemma der Steckerhersteller: Sie sind für einen wesentlichen Anteil der Verluste gar nicht verantwortlich. In den meisten Fällen kann noch nicht einmal sichergestellt werden, daß Stecker und Kupplungen vom gleichen Lieferanten kommen. Der größte Widerspruch liegt aber in der Spezifikation der POF selber. Wie später noch gezeigt werden wird, will die IEC einerseits sehr weite Bereiche für die Faserparameter zulassen, besteht aber andererseits in der Einbeziehung von Steckverbindungen in die Leistungsbilanzberechnung. Das wäre in etwa so, als wenn man für Gigabit-Ethernet auf symmetrischen Leitungen Wellenwiderstände von $100 \pm 30\ \Omega$ zuläßt und auf der anderen Seite mindestens 20 dB Reflexionsdämpfung und $< 0{,}1$ dB Steckerdämpfung fordert.

Aus diesem Grund versucht man die Charakterisierung eines Steckers auf die Effekte an der Steckerstirnfläche zu reduzieren. Dazu gehören dann die Präzision der Faserpositionierung im Stecker bzw. in der Kupplung und die Qualität der Oberflächenbearbeitung.

Erwähnt werden muß noch, daß bei allem Multimodefasern die Steckerdämpfung von der Modenverteilung und damit von den Anregungsbedingungen und der Meßfaserlänge abhängt. Hierfür gibt es noch keine spezifizierten Vorgaben.

Dämpfungsursachen im Stecker:

1. ungleiche Faserparameter (NA, Durchmesser)

2. unpräzise Position der Faser im Stecker

3. mechanische Toleranzen von Faser und Stecker

4. nicht exakte Führung der Stecker in der Kupplung

5. Verluste an den Faserstirnflächen (Reflexion, Streuung und Absortion)

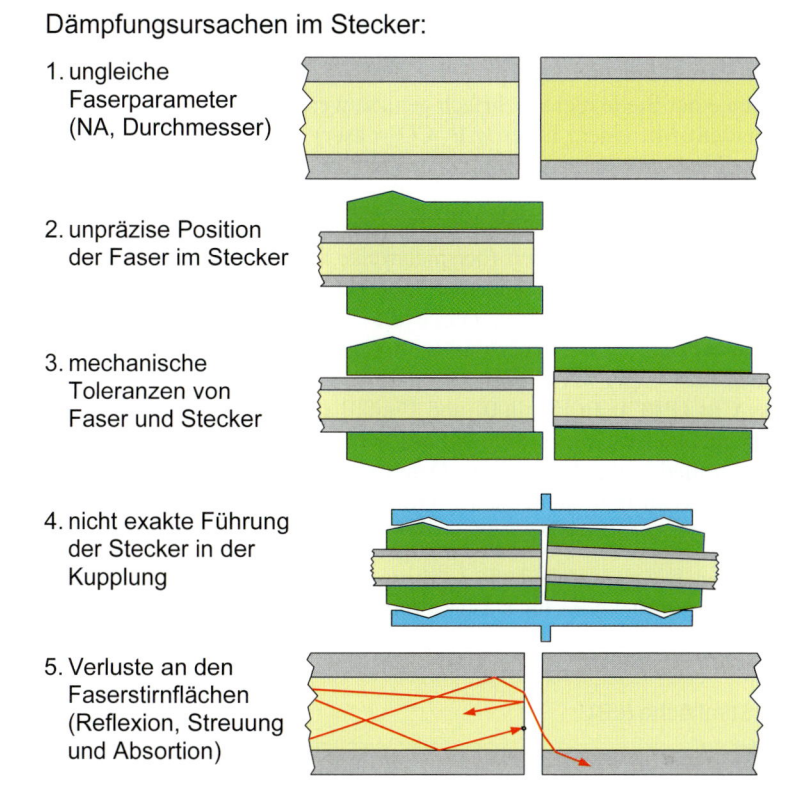

Abb. 3.2: Ursachen für Steckerdämpfungen

3.1.2 Oberflächenpräparation von POF-Steckern

Von wesentlicher Bedeutung ist die Wahl der Oberflächenpräparation (siehe z.B. [Moll00]). Folgende Verfahren haben sich bewährt:

➢ **Schneiden und Polieren:** Die POF wird dicht an der Steckerfrontfläche grob abgeschnitten und anschließend mit Schleifpapier bis zur Stirnfläche abgeschliffen. Mit feiner werdendem Polierpapier kann die Oberflächenqualität weiter verbessert werden. Für normale Anforderungen genügt es zumeist, nach einem ersten Schleifvorgang mit 3 µm-Polierpapier kurz nachzubearbeiten. Soll die Steckerdämpfung minimal sein, z.B. für Meßzwecke, empfiehlt sich das Polieren mit feiner werdendem Polierpapier (z.B. 10 µm, 3 µm und abschließend 0,3 µm).

➢ **Hot-Plate:** Die POF wird vor dem Stecker mit einem definierten Überstand abgeschnitten. Danach wird der Stecker in einer Führung gegen einen heißen metallischen Spiegel gedrückt. Der Stecker weist an der Frontseite eine ringförmige Ausbuchtung auf, in die das überstehende Material gedrückt wird. Nach Abkühlen des Spiegels wird der Stecker zurückgenommen.

- **Schneiden:** Die POF wird in einer Führung mit einer dünnen Schneide (zumeist eine Rasierklinge) möglichst senkrecht abgeschnitten. Diese Methode wird oft für Verbindungen ohne speziellen Stecker angewendet. Die Schneiden dürfen an einer Stelle nicht mehrfach genutzt werden.
- **Laserschneiden:** Mit einem Laser (z.B. CO_2-Laser) wird die POF senkrecht geschnitten. Dieses Verfahren kommt nur für vorkonfektionierte Kabel in Frage.
- **Mikrotomschnitt:** Mit einem Mikrotom können extrem dünne Scheiben von einer Probe abgeschnitten werden (beispielsweise für Mikroskopie). Schneidet man damit mehrere dünne Scheiben einer POF ab, ist die verbliebene Oberfläche extrem glatt und eben. Durch die Verwendung einer Diamantklinge ist das Verfahren sehr teuer und wird i.d.R. nur als Referenzmethode oder spezielle Messungen verwendet.
- **POF-Press-Cut (PPC):** In [Moll00] und [Fei00] wird beschrieben, wie bei Anwendung geeigneten Drucks während des Schneidvorganges Rißbildungen im PMMA vermieden werden können. Damit sind Oberflächen möglich, deren Verluste nahe an den theoretischen Grenzen (Fresnel-Reflexion) liegen, wie Abb. 3.3 zeigt.

Im nachfolgenden Diagramm sind die Verluste einer Steckverbindung auf jeweils eine Oberfläche zurückgerechnet. Durch optimierte Kopplung werden dabei geometrische Einflüsse eliminiert.

Verlust je Stirnfläche [dB]

Bearbeitungsmethode	Verlust [dB]
Schneiden	0,68
Hotplate	0,47
Schneiden mit Druck	0,35
Schleifen/Polieren	0,30
Mikrotomschnitt Diamantklinge	0,24

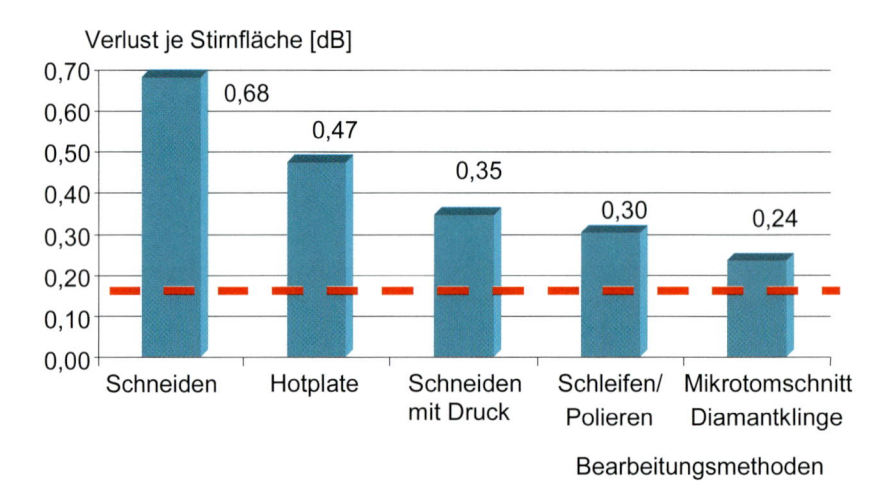

Abb. 3.3: Vergleich der Steckerverluste für verschiedene Verfahren nach [Moll00]

Das theoretische Limit sind 0,17 dB durch Fresnelreflexion. Einfach geschnittene POF liegen bei fast 7 Zehntel dB Verlust. Durch PPC und mehrstufiges Polieren erreicht man fast ideale Stirnflächen. Der Mikrotomschnitt liegt hier nur 0,07 dB über dem Fresnel-Limit, ist aber auch am aufwendigsten und nur für Meßzwecke einsetzbar.

3.1.2.1 POF-Präparation durch Schleifen und Polieren

In der Abb. 3.4 werden die einzelnen Schritte zur Montage eines POF-Steckers mit Polieren gezeigt. Nach dem Zuschneiden der POF wird ein kurzes Stück des Mantels abgesetzt. Der Stecker wird auf die Faser geschoben und fixiert. Bei V-Pin-Steckern kann das durch einfaches Zuklappen erfolgen, oder durch Aufcrimpen eines Metallrings.

Bei anderen Steckervarianten wird eine Art Klammer in den Stecker gedrückt, um die Faser zu fixieren. Eine weitere, wenn auch für POF zu aufwendige Methode ist das Einkleben der Faser in den Stecker. Nach dem Abschneiden des überstehenden Faserkerns bis auf einen kurzen Rest erfolgt das Schleifen und Polieren (evtl. in mehreren Schritten). Der Stecker wird dabei i.d.R. mit einer speziellen Aufnahme gehalten.

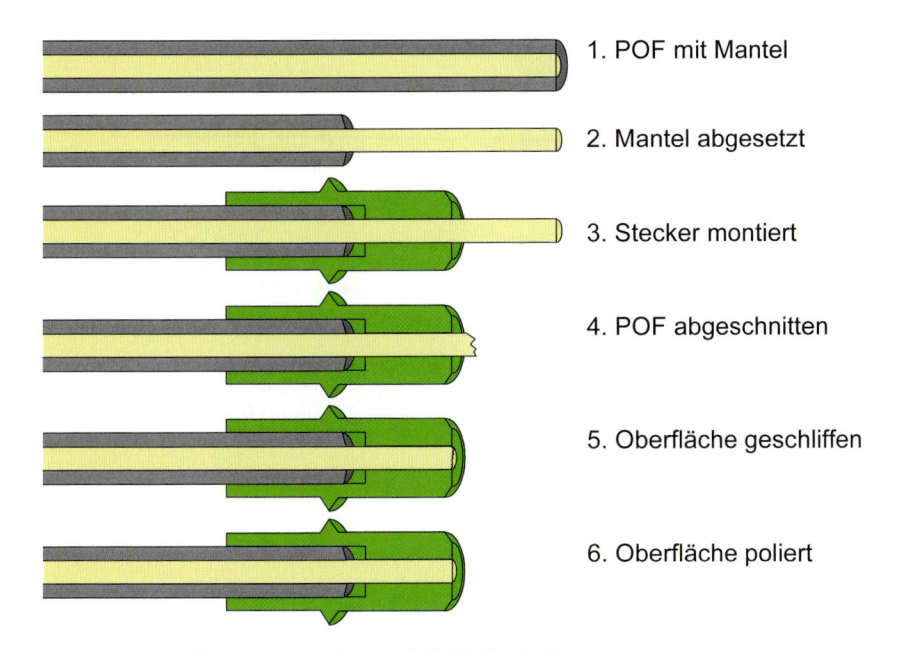

1. POF mit Mantel
2. Mantel abgesetzt
3. Stecker montiert
4. POF abgeschnitten
5. Oberfläche geschliffen
6. Oberfläche poliert

Abb. 3.4: Oberflächenpräparation durch Schleifen/Polieren

Der Vorteil dieses Verfahrens liegt in dem sehr begrenzten Werkzeugaufwand. Man benötigt:

➢ Eine Schere oder Zange
➢ Ein Absetzwerkzeug für den Fasermantel
➢ Die Polieraufnahme
➢ handelsübliches Schleifpapier
➢ Polierpapier, evtl. in mehreren Abstufungen

Mit etwas Übung fertigt man in unter 30 Sekunden einen brauchbaren und in 2 Minuten einen sehr guten Stecker.

3.1.2.2 Oberflächenpräparation durch Hot-Plate

Eine weitere Methode für die Oberflächenbearbeitung beruht auf der thermischen Glättung des Faserkerns. Der Stecker hat dabei, bis auf die kleine Nut an der Stirnfläche, den gleichen mechanischen Aufbau wie ein Stecker zum Polieren. Abbildung 3.5 zeigt den Ablauf.

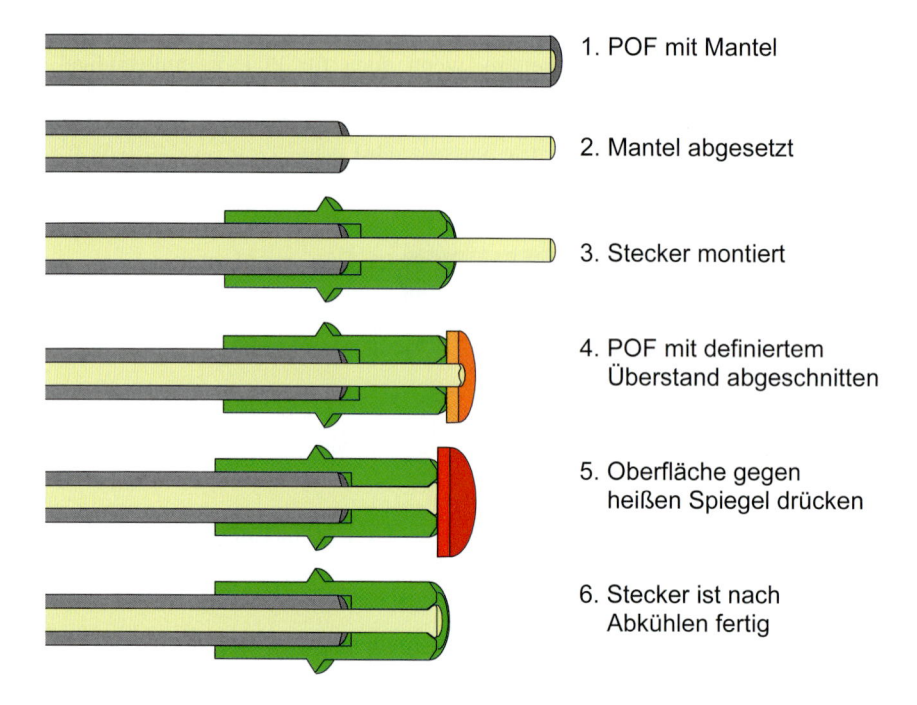

1. POF mit Mantel
2. Mantel abgesetzt
3. Stecker montiert
4. POF mit definiertem Überstand abgeschnitten
5. Oberfläche gegen heißen Spiegel drücken
6. Stecker ist nach Abkühlen fertig

Abb. 3.5: Oberflächenpräparation durch Hot Plate

3.1.2.3 Das POF-Press-Cut-Verfahren

In [Fei01a] wurde sehr detailliert untersucht und beschrieben, was beim einfachen Schneiden der PMMA-POF passiert. Kurz gefaßt bildet sich vor der Klinge ein Bruch, der sich schnell durch das Material ausbreitet und dabei zur Seite wegwandern kann. Im Ergebnis verbleibt eine Oberfläche, die zum großen Teil recht sauber geschnitten ist, in letzten Drittel aber unregelmäßig ausgeplatzt ist. Abbildung 3.6 zeigt eine solche Oberfläche und ein Detail an der Bruchkante.

Vor allem unter dem Fluoreszenzmikroskop sieht man diese Risse sehr gut. Ein durchaus überraschendes Ergebnis der Untersuchungen von Feistner war der Befund, daß beim Behandeln der Oberfläche mit Hot-Plate die Risse nicht verschwinden, sondern in einigen Mikrometern Tiefe quasi eingeschmolzen werden. Der Querschnitt einer solchen Stirnfläche mit einer detaillierten Ansicht der unter der Oberfläche eingeschlossenen Mikrorisse zeigt Abb. 3.7 aus [Fei01a].

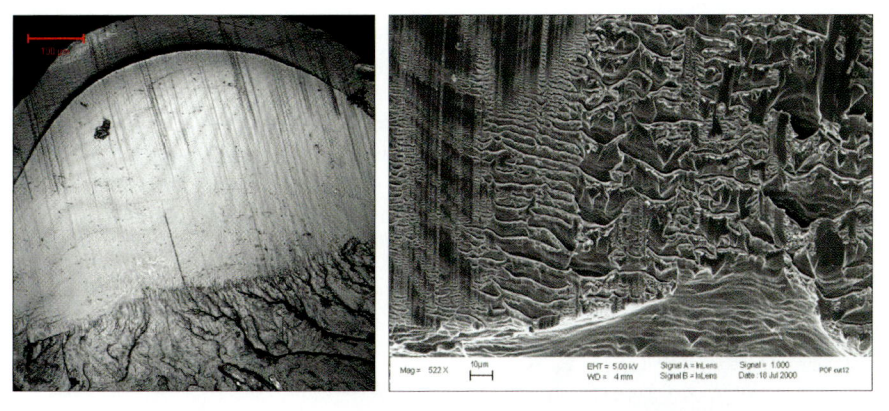

3.1 Verbindungstechnik für optische Fasern   239

Abb. 3.6: Unregelmäßig gebrochene POF durch Schneidvorgang ([Fei01a])

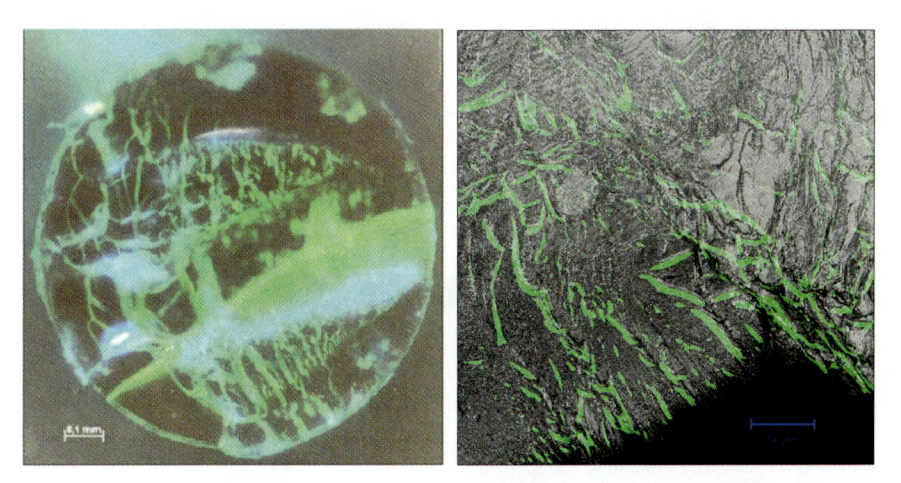

Abb. 3.7: Unregelmäßig gebrochene POF durch Schneidvorgang (im Fluoreszenzlicht)

Basierend auf diesen Ergebnissen wurde am POF-AC das POF-Press-Cut-Verfahren entwickelt. Dabei wird während des Schneidens die Faser rechts und links der Klinge gedrückt.

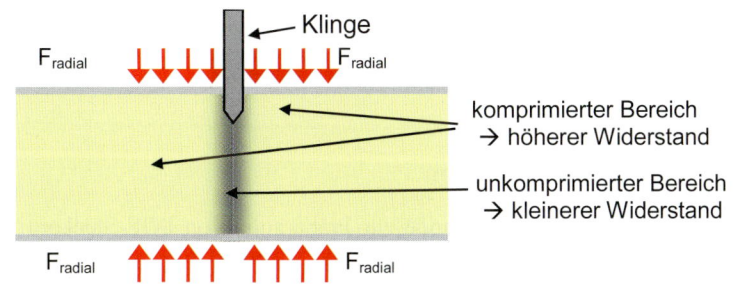

Abb. 3.8: Prinzip des PPC-Verfahrens

Der Riß wird so gezwungen, sich immer genau vor der Klinge auszubreiten. Im Ergebnis wird die POF über den ganzen Querschnitt gleichmäßig gut geschnitten (Prinzip in Abb. 3.8).

Der Schnitt mit dem PPC-Versuchsaufbau im Vergleich zu einem herkömmlichen Schnitt zeigt Abb. 3.9. Das Verfahren wurde inzwischen von zwei Herstellern in kommerziellen Produkten umgesetzt (Abb. 3.10 zeigt eine auf diesem Prinzip basierende Schneidzange der Firma Rennsteig).

Abb. 3.9: POF-Schnittfläche mit herkömmlicher Klinge und mit PPC

Abb. 3.10: Schneidzange für POF (Rennsteig)

3.1.2.4 POF-Präparation durch Fräsen

Eine sehr schnelle und zuverlässige Methode zur Präparation von POF-Steckern ist das Fräsen mit einer schnell rotierenden Klinge oder Schneide. Für mittlere Anforderungen reicht eine Strahlschneide, für höchste Ansprüche in der Meßtechnik oder der Komponentenherstellung kann auch ein Diamant verwendet werden.

Dabei kann sowohl die Faser selber, aber auch die bereits in einem Stecker befestigte Faser bearbeitet werden. Durch entsprechende Führungen und Anschläge wird verhindert, daß der Stecker selber angefräst wird. Der Vorteil des Verfahrens ist vor allem die hohe Reproduzierbarkeit. Ein Beispiel für derartige Geräte zeigt die Abb. 3.11.

Abb. 3.11: Fräsgerät zur Präparation von POF (DieMount)

3.1.3 Übersicht der Steckersysteme

Schon in der ersten Auflage des Buches wurde ein gutes halbes Dutzend von Steckerfamilien beschrieben. Inzwischen sind noch weitere Varianten dazugekommen. Alle einzelnen Produkte können hier nicht dargestellt werden. Viele der Hersteller haben ihre Daten in der Branchenübersicht www.pofatlas.de zugänglich gemacht.

In den nächsten Bildern werden einige verschiedene Steckersysteme für Polymerfasern als Auswahl gezeigt. Jedes System ist für spezifische Anwendungen optimiert. Einen allgemein einsetzbaren Universalstecker gibt es nicht, wie es auch für Glasfasern oder Kupferkabel der Fall ist.

3.1.3.1 Das V-Pin-Steckersystem

Eines der ersten speziell für POF und PCS entwickelten Steckersysteme war das V-Pin-System von Hewlett Packard (zwischenzeitlich Agilent, jetzt Avago). Das V steht für „versatile", also vielseitig. Tatsächlich wird in vielen experimentellen Aufbauten, aber auch in Anwendungen mit kleineren Stückzahlen das System immer noch gerne verwendet.

In der ursprünglichen Variante war der Stecker zum Crimpen gedacht. Es gibt eine Kunststofferule (in verschiedenen Farben) und einen Weichmetall-Crimpring, der mit einer speziellen Zange zusammengedrückt wird. Außerdem ist eine Inline-Kupplung verfügbar. Weiterhin ist eine Duplex-Steckervariante verfügbar. In

[HP06] und [HP03] werden die Stecker und die dafür verfügbaren aktiven Komponenten beschrieben. Die Sender- und Empfängervarianten HFBR-0507 bzw. HFBR-15X7/25X7 mit Datenraten bis zu 155 Mbit/s sind alle für dieses Stecksystem ausgelegt. In den Abb. 3.12 bis 3.14 werden der Simplex- und Duplex-Stecker, die Inline-Kupplung und eine aktive Komponente gezeigt.

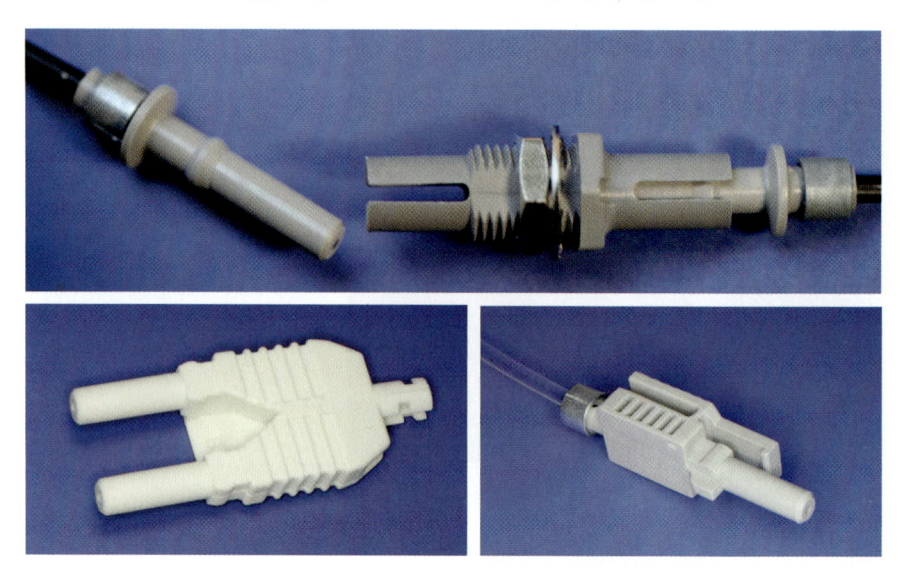

Abb. 3.12: V-Pin-Steckersystem (oben: gecrimper Simplexstecker mit Kupplung, unten links: Duplexstecker, untern rechts: Stecker mit Verriegelung)

Später wurde das System dann um Crimpless-Varianten erweitert. Dazu wurde ein Kunststoffteil entwickelt, welches beim Zuklappen einrastet und die Faser fixiert. Verbindet man zwei dieser Teile, erhält man automatisch einen Duplexstecker (Abb. 3.13). Der Faserabstand entspricht natürlich genau dem Abstand zweier zusammengesteckter HFBR-Komponenten. Außerdem gibt es die Stecker mit Verriegelung (Latch), um die Auszugskraft zu erhöhen.

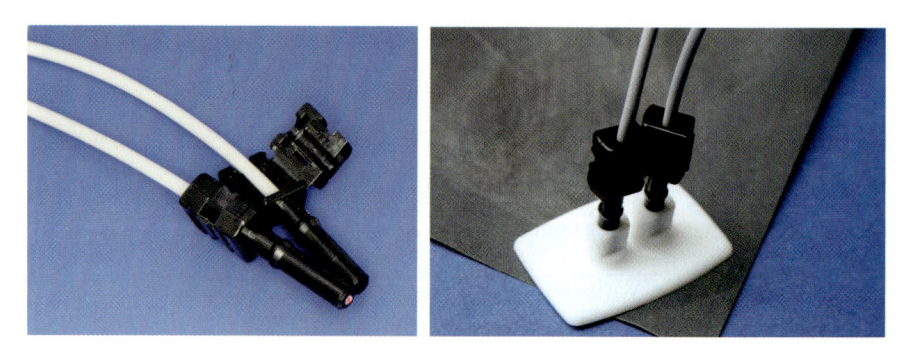

Abb. 3.13: V-Pin Crimpless-Steckersystem (Duplex in Abb. 3.42)

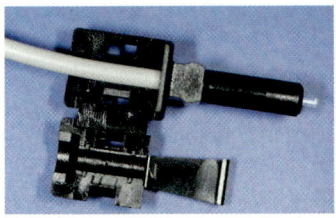

Abb. 3.14: V-Pin Stecker mit Verriegelung, Stecker mit aktiver Komponente

Der US-Hersteller Fiberfin bietet eine kompatible Steckerfamilie mit Metallferrule an (Abb. 3.15).

Abb. 3.15: Fiberfin-Steckersystem (vorgestellt auf der POF'2004)

Die POF wird nach dem Fixieren vor dem Stecker abgeschnitten und mit der Polieraufnahme geschliffen/poliert (siehe nächster Abschnitt).

Für 200/230 μm PCS kann ein fast identischer Stecker verwendet werden, allerdings muß hier zweimal gecrimpt werden. Zunächst wird der Stecker auf dem 500 μm-Schutzmantel befestigt und anschließend auf dem 2,2 mm Außenmantel aufgecrimpt (Abb. 3.16).

Abb. 3.16: V-Pin Stecker für PCS

Die Kupplung für PCS unterscheidet sich von derjenigen für POF nur durch den Metalleinsatz, der die Toleranzen verkleinert. Die aktiven Komponenten können zum Teil wahlweise für POF oder PCS verwendet werden.

3.1.3.2 FSMA-Stecker

Einer der am weitesten verbreiteten Stecker für POF und PCS ist auch der SMA in seiner Faserausführung (FSMA). Dieser Stecker wird grundsätzlich verschraubt, dadurch ist er sehr zuverlässig und liefert reproduzierbare Übergänge. Als Metallstecker bietet er kleine Toleranzen und damit für POF Steckverluste unter 1 dB. Für den Einsatz in Massenanwendungen ist er zu teuer, groß und kompliziert, in der Meßtechnik und in vielen industriellen Anwendungen ist er aber Standard.

In den folgenden Abbildungen sind verschiedenen FSMA-Stecker für POF abgebildet. Es gibt den Stecker zum Polieren und als Hot-Plate-Variante. Die Fixierung auf der Faser kann durch Kleben, Crimpen oder auch durch eine lösbare Klemmvorrichtung erfolgen. Es sind verschiedenen Knickschutze verfügbar. Schließlich kann der Stecker aus Metall, Kunststoff oder Kombinationen bestehen.

Abb. 3.17: FSMA-Stecker zum Crimpen/Kleben

Abb. 3.18: FSMA-Stecker zum Klemmen (mehrfach nutzbar)

In der folgenden Abb. 3.19 werden in der Frontalansicht die FSMA-Steckervarianten für die Präparation durch Polieren und durch Hot-Plate-Verfahren gezeigt. Um die Faserbohrung herum befindet sich in der Hot-Plate-Variante eine kleine Nut (die auch angeschrägt sein kann). In diesen Freiraum wird das überstehende Kernmaterial beim Anschmelzen gedrückt (vrgl. Abb. 3.5). Wie später noch gezeigt werden wird, verursacht dies eine geringe Zusatzdämpfung.

Abb. 3.19: FSMA-Stecker zum Polieren (links) / Hotplate (rechts), Vorderansicht

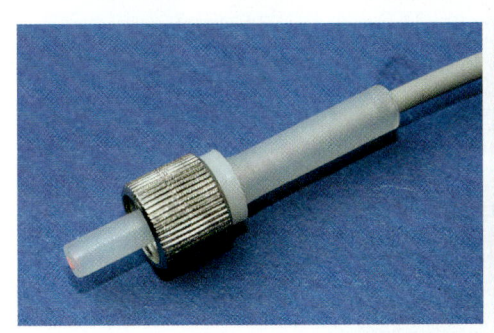

Abb. 3.20: FSMA-Stecker in Kunststoffvarianten und FSMA-Stecker mit Knickschutz

Abb. 3.21: FSMA- Inline-Kupplung und LED-Aufnahme

3.1.3.3 Das DNP-System

Mitte der 90er Jahre entwickelte AMP das sog. DNP-System (Dry non Polish). Dieser Stecker wurde grundsätzlich durch Hot-Plate bearbeitet. Das System bestand aus einer Normalgröße und einem Mini-Stecker, beide in Simplex und Duplex verfügbar. Zu beiden Varianten gab es auch eine Kupplung. Die Fixierung der Fasern erfolgte jeweils mit einer Metallhülse im Stecker. Kleine Wiederhaken hielten die Faser fest, nachdem sie mit einer entsprechenden Zange fest in den Stecker hereingedrückt wurde. Äußert praktisch war die Faser-Faser-Kupplung, in der zwei glatt geschnittene POF ohne Stecker fest verbunden werden konnten. Das System wird nicht mehr angeboten.

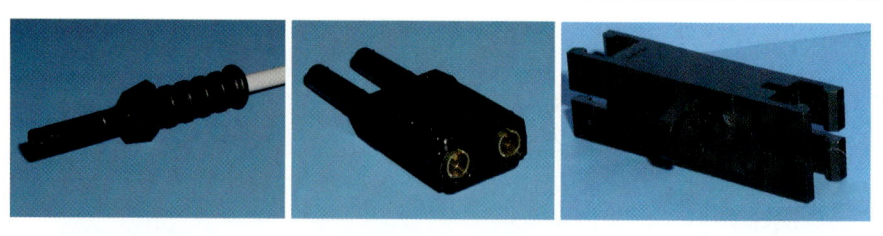

Abb. 3.22: DNP-Stecker (Simplex, Duplex, Kupplung)

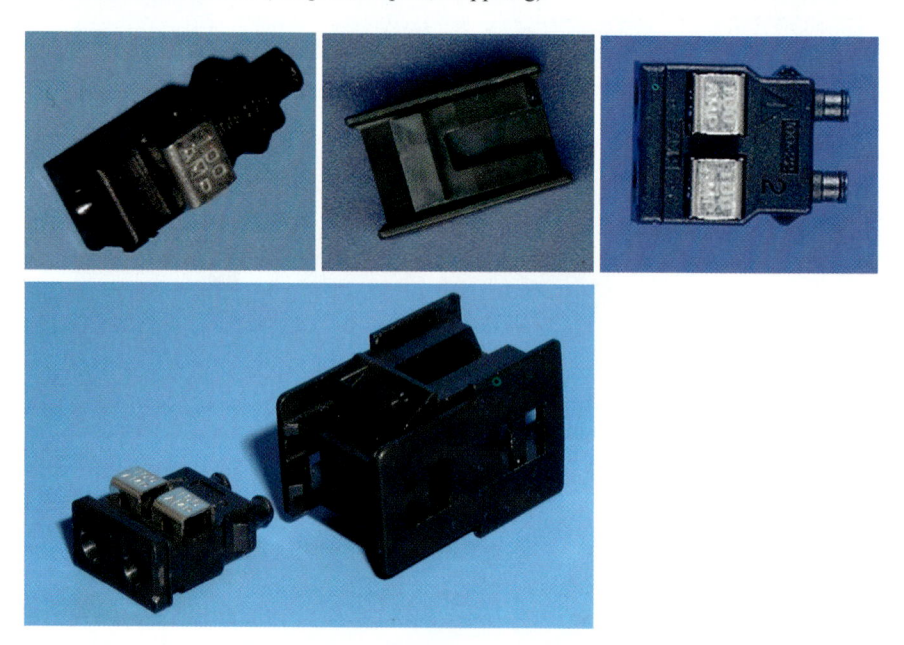

Abb. 3.23: Mini-DNP-Stecker (oben Simplex-Stecker und Kupplung, Duplex-Stecker, unten mit Kupplung)

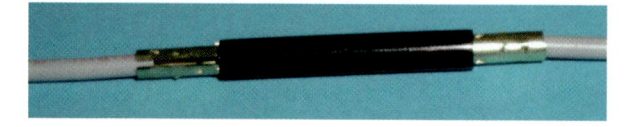

Abb. 3.24: DNP-Faserverbindung

3.1.3.4 F05 und F07

Der dem privaten Anwender sicher bekannteste Stecker für 1 mm Polymerfaser ist der F05. Er wird z.B. im Toslink-System für die Verbindung von digitalen Audiokomponenten von Toshiba eingesetzt (TOCP155, siehe Abb. 3.25). Standardisiert ist bei diesem Typ im wesentlichen das Steckergesicht. Vom Steckerkörper sind die vielfältigsten Varianten verfügbar. Sie unterscheiden sich in Form, Größe Farbe, Knickschutz und der Gestaltung des Klemmechanismus

3.1 Verbindungstechnik für optische Fasern   247

Abb. 3.25: F05 Stecker und Kupplung

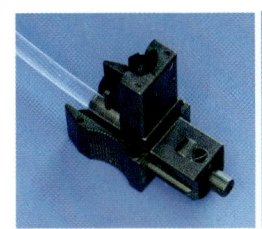

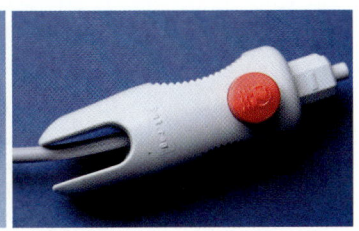

Abb. 3.26: F05 Steckervarianten

Die Duplexvariante dieses Steckers ist der F07, auch als Standardstecker im ATM-Forum verwendet (PN-Stecker). Hier gibt es wiederum unterschiedliche Varianten mit und ohne Verriegelung. Die Stirnflächenbearbeitung erfolgt bei F05 und F07 fast immer durch Hot-Plate, vereinzelt gibt es auch Varianten zum Schleifen und Polieren.

Abb. 3.27: F07-Stecker und Kupplung

3.1.3.5 ST und SC-Stecker

Weitere Steckervarianten, wie ST und SC sind aus dem Bereich der Glasfaser seit langem bekannt und werden auch für POF angeboten.

Abb. 3.28: Verschiedene ST-Stecker

Abb. 3.29: Kupplung für ST-Stecker

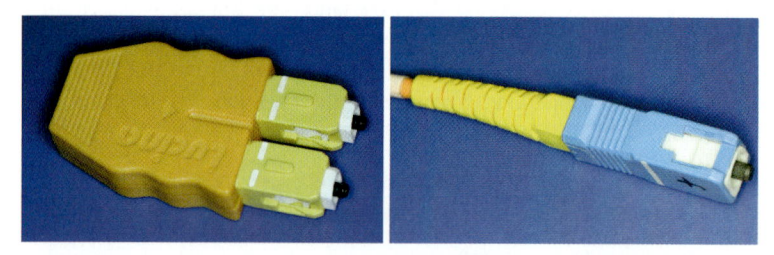

Abb. 3.30: SC-Stecker für GI-POF (AGC)

Abb. 3.31: Kupplung für SC-Stecker

3.1.3.6 Stecker für zukünftige Hausnetze

Im Bereich der Heimverkabelung sind die Anforderungen an mechanische Stabilität und Temperaturbereich nicht so hart wie z.B. in der Automatisierung oder in Fahrzeugnetzen. Dafür müssen die Stecker besonders einfach sein und müssen sich auch ohne Automaten leicht montieren lassen. In einer Arbeitsgruppe des DKE (Deutsche Kommission für Elektrotechnik) beraten derzeit ca. 20 Unternehmen aus dem POF-Bereich über Empfehlungen für zukünftige Steckverbinder. Nach dem bisherigen Stand werden die Duplexstecker SMI, SC-RJ und EM-RJ vorgeschlagen. Alle drei Varianten sind Small-Form-Factor fähig (SFF). Das bedeutet, sie benötigen nicht mehr Querschnitt als ein RJ45-Stecker.

SMI-Stecker

Der SMI-Stecker ist ein Duplex-Stecker für SI- und GI-POF. Er ist schon in verschiedenen Gremien und Standards beinhaltet, nicht zuletzt bei IEEE1394. Für die Oberflächenpräparation kann Hot-Plate ebenso wie Schleifen/Polieren verwendet werden. Eine Reihe von Herstellern bieten Transceiver an.

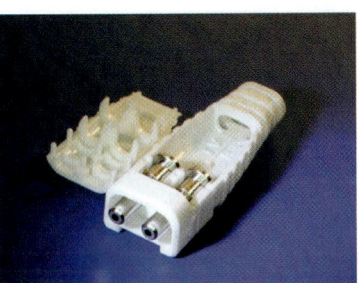

Abb. 3.32: Verschiedene SMI-Stecker

SC-RJ

Der SC-Stecker ist aus Glasfaseranwendungen gut bekannt und vor allem im Bereich lokaler Netze sehr beliebt. Insofern würde er bei vielen Installateuren wenig Umgewöhnung bedeuten. Der SC-Stecker ist ein Duplex-Stecker mit Verriegelung. Es gibt ihn aber auch als Simplex-Variante, so daß 2 Simplexstecker in eine Duplexkupplung gesteckt werden können. Ein Stecker, eine Kupplung und ein Transceiver von Reichle & de Massari [Chr05] werden in Abb. 3.33 gezeigt.

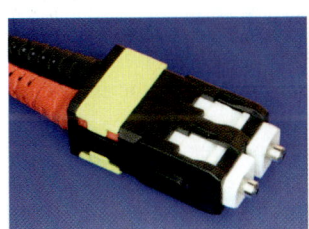

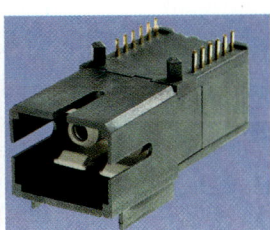

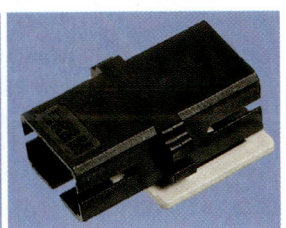

Abb. 3.33: SC-RJ-Stecker (RDM) mit Transceiver und Kupplung

Für Glasfasern gibt es Varianten für Einmodenfasern (grün, mit Schrägschliff und blau als Physical Contact) und für Mehrmodenfasern (beige). Der Stecker ist in der Norm IEC 60873-14, Teil 1 bis 3 beschrieben. Für POF ist die Farbkombination schwarz/weiß vorgeschlagen. Ein Simplexstecker und ein weiterer Transceiver-Prototyp aus [Dre05] werden in Abb. 3.34 gezeigt.

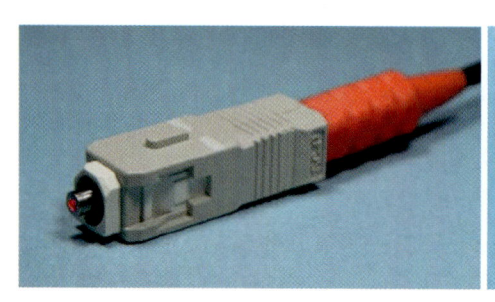

Abb. 3.34: SC-Simplex-Stecker und Transceiver ([Dre05])

EM-RJ

Der EM-RJ, vorgestellt z.B. in [Neh06a] ist ein feldkonfektionierbarer Duplexstecker mit den Gehäuseabmessungen das RJ45 (nach EN 60603-7). Er ist in den Schutzklassen IP20 bis IP67 für Heim- und industrielle Anwendungen verfügbar. Neben den Steckern sind auch Dosen, Kupplungen und Verteilfelder verfügbar. Die Ferrulen sind aus Metall, sollen zukünftig aber auch aus Kunststoff verfügbar sein. Es ist möglich, in den Stecker auch noch 8 Metallkontakte einzusetzen, so daß er als hybrider Ethernetstecker verwendet werden kann. Der Stecker und ein Fast-Ethernet Transceiver (Euromicron) werden in Abb. 3.35 gezeigt.

Abb. 3.35: EM-RJ mit Fast-Ethernet-Transceiver

3.1.3.7 Stecker für Fahrzeugnetze

Für den Einsatz in Fahrzeugnetzen wurden Ende der 90er Jahre eine Reihe unterschiedlicher Stecker entwickelt. Ziel war neben geringer Dämpfung vor allen ein extrem preiswerter Aufbau und die Montierbarkeit auf Automaten.

Von Harting wurde z.B. ein Metallstecker entwickelt, bei der die POF direkt mit der Spitze der Ferrule abgeschnitten wird, um eine völlig ebene Stirnfläche zu erhalten. Abbildung 3.36 aus [Bru00] zeigt den vorgestellten Automaten und ein fertiges Kabel.

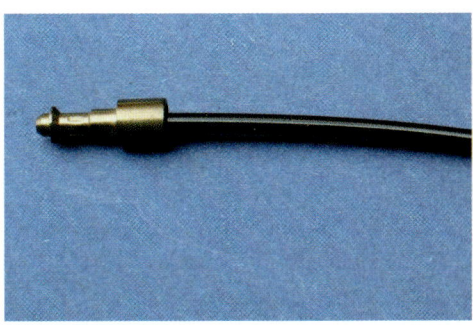

Abb. 3.36: Stecker von Harting mit Automat [Bru00]

Der Hersteller FCI entwickelte ein weiteres Konzept. Hier besteht der Stecker aus einem einzigen Kunststoffteil. Im hinteren Bereich befindet sich eine Verzahnung, die direkt auf den Mantel gecrimpt werden kann. Die Stirnfläche wird durch Hot-Plate bearbeitet. Abbildung 3.37 zeigt einige der Stecker.

Abb. 3.37: Stecker von FCI zum direkten Crimpen

Ein komplett neues Steckersystem wurde von Tyco-AMP für den D2B-Bus entwickelt. Auf die Faser wird dabei eine Art durchsichtiger Kunststoffbecher gesteckt, der mit einem Indexmatching-Gel gefüllt ist. Damit werden nicht ideale Oberflächen ausgeglichen. Nähere Angaben zu dem System sind nicht öffentlich verfügbar.

Wesentlich größere Bedeutung erlangte dann der für MOST (siehe Kap. 8.1.1) entwickelte Stecker. Dieser besteht aus einer Metall- oder Kunststofferrule, die auf den Fasermantel gecrimpt oder per Laser geschweißt wird. Die Steckerstirnfläche wird mit einer schnell rotierenden Säge abgefräst. In Abb. 3.38 werden zunächst zwei Varianten der Ferrule und ein Schnittbild gezeigt.

Die Ferrulen werden in verschiedenen Kombinationen mit elektrischen Kontakten in Hybridsteckverbinder eingebaut. Es gibt eine Vielzahl von Varianten für gerade und abgewinkelte Stecker, In-Line-Kupplungen und Buchsen an den Steuergeräten (Abb. 3.39).

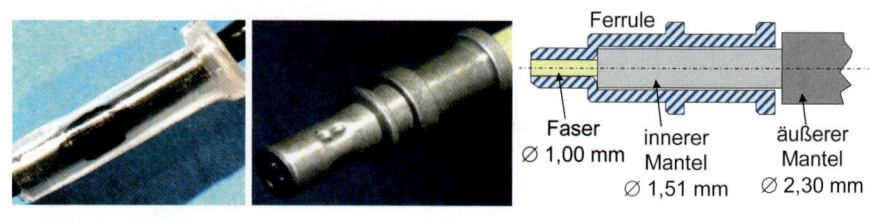

Abb. 3.38: MOST-Ferrulen
links: aus Kunststoff zum Laserschweißen aus [Eng00]
mitte: aus Metall zum mechanischen Crimpen aus [Eng00]
rechts: Schnittbild [Sie00]

Abb. 3.39: MOST-Steckersystem ([Sie00])

Abb: 3.40: MOST-Hybridstecker

3.1.3.8 Sonstige Stecker

Nur ganz unvollständig kann hier der Bereich der Spezialstecker behandelt werden, wie sie z.B. in der Automatisierungstechnik eingesetzt werden. Sehr oft kommen hybride Stecker und Varianten mit vielen Fasern zum Einsatz. Hohe Schutzanforderungen machen i.d.R. stabile Gehäuse und robuste Kabel notwendig. Zwei Beispiele für solche Verbindersysteme sind in Abb. 3.41 zu sehen.

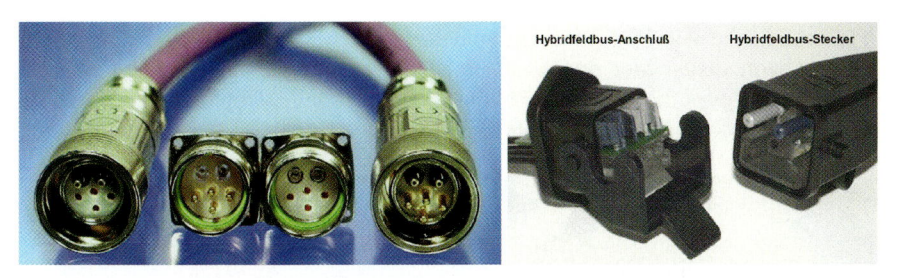

Abb. 3.41: Hybrid-POF-Stecker ([Kno03])

3.1.4 Bearbeitungswerkzeuge für POF-Stecker

Zur Montage der verschiedenen Steckertypen sind eine Reihe unterschiedlicher Werkzeuge verfügbar. Abbildung 3.42 zeigt das zur Montage eines crimpless V-Pin-Steckers notwendige Werkzeug (vgl. Abb. 3.12).

Abb. 3.42: Abisolierwerkzeug und Polieraufnahme

Auf der linken Seite ist eine Abisolierzange abgebildet, mit der die POF-Umhüllung abgesetzt wird. Rechts sieht man die Polieraufnahme, mit welcher der Stecker zum Polieren der Stirnfläche gehalten wird.

Für die V-Pin-Variante mit Crimpring wird zusätzlich die Zange in Abb. 3.43 benötigt. Hierbei handelt es sich um ein Kombi-Werkzeug zur Montage von Steckern an POF und 200 µm HCS-Fasern.

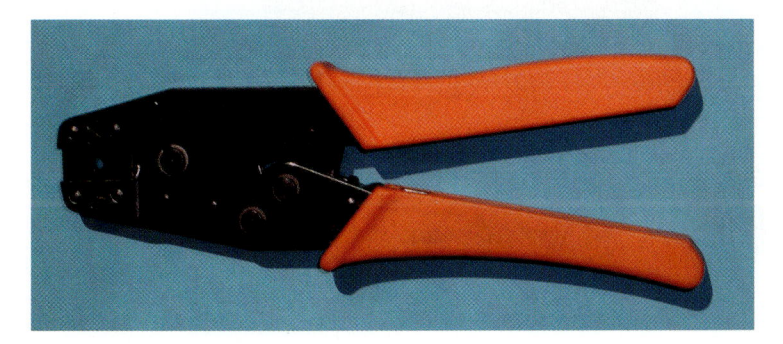

Abb. 3.43: Crimpzange für V-Pin-Stecker

Für eine Reihe von POF-Steckern sind inzwischen komplette Installationssets verfügbar, von denen hier einige als Beispiel gezeigt werden. Abbildung 3.44 zeigt die Montage- und Schneidaufnahme für einen Lucina-Duplexstecker (Asahi Glass) und die Montage eines SC-RJ (Reichle & deMassari).

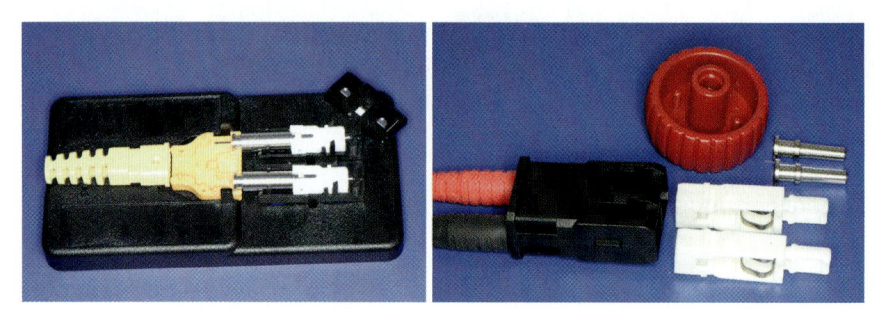

Abb. 3.44: Montage von POF-Steckern (Lucina-Faser und Duplex-POF an SC-RJ)

Zur Montage von Steckern mit dem Hot-Plate-Verfahren kann ein Werkzeug wie in Abb. 3.45 verwendet werden. Außerhalb des Bildes befindet sich das Netzteil. Es versorgt über einen festgelegten Zeitraum periodisch eine geheizte Metallplatte. Eine rote LED zeigt die Heizperiode an. Anschließend wird die Platte mittels Lüftung gekühlt. Die ganz links abgebildete Aufnahme gestattet es, verschiedene Stecker genau senkrecht auf die Platte zu drücken. Dies erfolgt bei zunächst kühler Platte. Der Stecker muß über die gesamte Heizzeit gegen den Spiegel gedrückt bleiben. Erst nach Aufleuchten der grünen LED ist die Oberfläche genügend verfestigt, so daß der Stecker abgenommen werden kann.

Abb. 3.45: Hot-Plate-Werkzeug (Siemens/FO-Systems-Leoni)

Zum Polieren verschiedener Stecker dienen die Aufnahmen in Abb. 3.46 und 3.47. Sie garantieren in jedem Fall eine senkrechte Position der Stirnfläche gegenüber dem Polier- und Schleifpapier. Weiterhin wird verhindert, daß der Stecker selbst zu weit abgeschliffen wird.

Abb. 3.46: Polieraufnahmen für Simplex- und Duplexstecker (AMP)

Abb. 3.47: Polieraufnahmen für ST-Stecker (links) und FSMA-Stecker (rechts)

In den Abb. 3.48 und 3.49 werden ein Werkzeug zum Abisolieren der POF und eine Crimpzange für die TCP-Hülse von FCI gezeigt. Die Besonderheit des Abisolierwerkzeugs besteht in einer präzisen Führung der Faser, so daß Beschädigungen des optischen Mantels sicher vermieden werden können.

Abb. 3.48: Abisolierwerkzeug für POF mit Aderführung und Anschlag

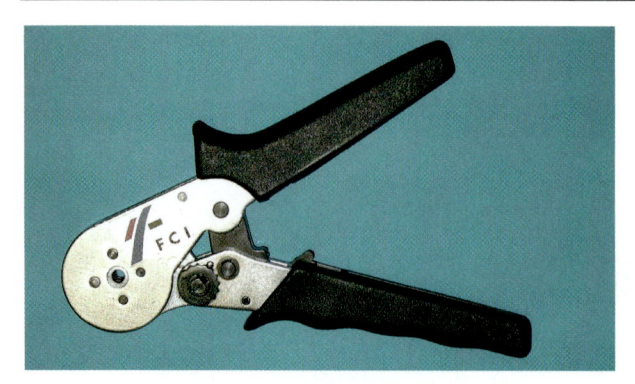

Abb. 3.49: Crimpzange für TCP-Hülse (FCI)

In der Abb. 3.49 werden drei einfache Abschneidewerkzeuge gezeigt, mit denen POF-Adern mit oder ohne Umhüllung mittels einer Rasierklinge abgetrennt werden können. Der Schnitt wird relativ unsauber, und pro Loch kann das Werkzeug nur einmal verwendet werden. Es handelt sich hier um einfache Einrichtungen für Heiminstallationen ohne besondere Qualitätsanforderungen.

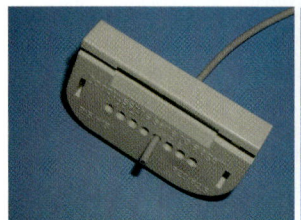

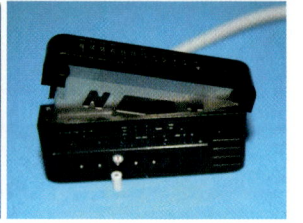

Abb. 3.50: Einfache Handwerkzeuge zum Trennen von POF

Eine besondere Bedeutung bei der Bearbeitung von POF nehmen die Automaten ein. Für Fahrzeugnetze wie MOST und Byteflight werden die einzelnen Kabel vorgefertigt, bevor die in die Kabelbäume integriert werden. Auf den Automaten wird ein Kabel einschließlich auf Länge schneiden, absetzen, Ferrulen anbringen und Stirnfläche bearbeiten in unter 2 Sekunden gefertigt.

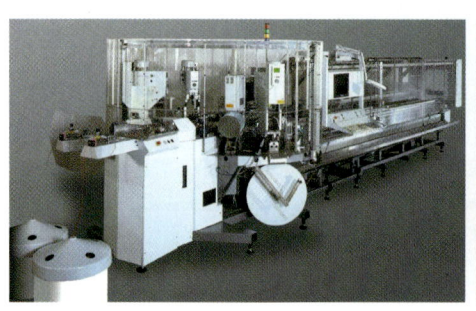

Abb. 3.51: Automat zur POF-Kabelherstellung, Detail der Maschine ([Mei02b])

3.1 Verbindungstechnik für optische Fasern   257

In den Abb. 3.51 und 3.52 aus [Mei01a] und [Mei02b] werden der Automat, ein Detail der Maschine, das Prinzip der Ferrulenbefestigung durch Crimpen und die Säge zum Bearbeiten der Oberfläche gezeigt.

Abb. 3.52: Crimpen der Ferrule, Säge zur Stirnflächenbearbeitung ([Mei02b])

3.1.5 Stecker für Glasfasern

Für Glasfasern gibt es heute eine Vielzahl von Steckern, die zum großen Teil auch durch entsprechende Standards beschrieben sind. Anders als bei POF-Steckern spielt bei Glasfasern auch die Reflexionsdämpfung eine sehr wichtige Rolle. Eine geringe Rückreflexion erreicht man durch Stecker mit physikalischem Kontakt (PC, siehe unten) oder aber durch schräg angeschliffene Stirnflächen (APC: Angled Physical Contact, siehe Abb. 3.53).

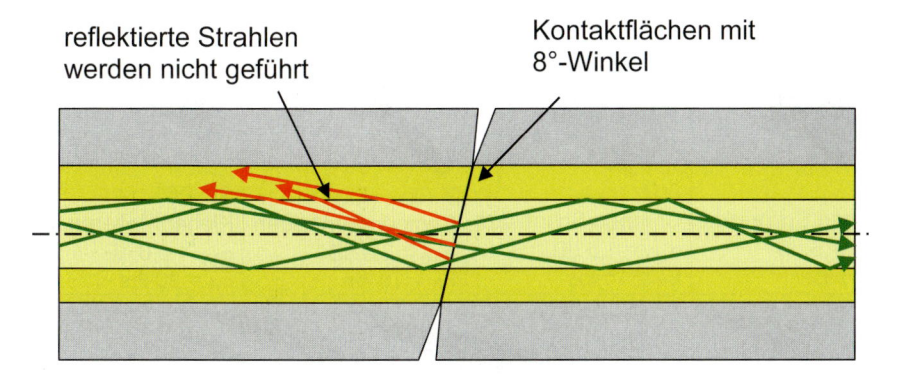

Abb. 3.53: Prinzip des APC-Steckers

Der Hauptunterschied von Glasfasersteckern zu POF-Steckern ist aber der deutlich größere Montageaufwand, bedingt durch die kleineren Toleranzen von « 5 µm für MM-GOF und unter 1 µm für SM-GOF. Abbildung 3.54 zeigt einen typischen Montagevorgang für einen Duplexstecker.

Abb. 3.54: Montage eines typischen Glasfasersteckers ([Mye02])

Fast immer werden bei Glasfasern gefederte Ferrulen verwendet, um den physikalischen Kontakt der Stirnflächen sicherzustellen. Außerdem sind Glasfaserkabel i.d.R. mit einer Zugentlastung (z.B. Kevlar-Fäden) versehen, die im Stecker extra befestigt werden muß, um die eigentliche Glasfaser vor Zugbelastungen zu schützen. Dafür erreichen aber gute Glasfasersteckverbindungen auch Verluste im Bereich 0,1 dB bis 0,5 dB.

Etwa in der Mitte zwischen POF und Glasfasern sind die PCS auch hinsichtlich der Komplexität der Steckverbinder einzuordnen. Einen Überblick der verfügbaren Steckverbinder gibt [Schö03]. Daraus werden in Tabelle 3.1 die wichtigsten Stecker mit typischen Werten aufgeführt.

Tabelle 3.1: Steckverbinder für PCS nach [Schö03]

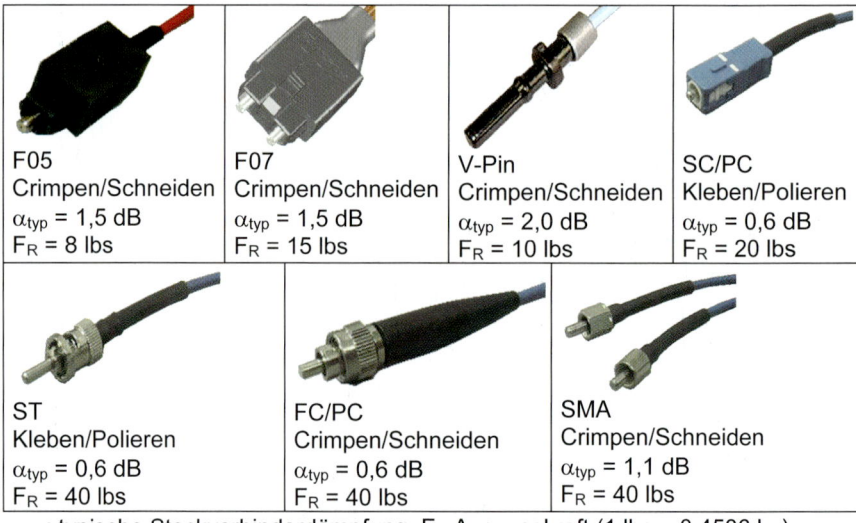

F05	F07	V-Pin	SC/PC
Crimpen/Schneiden	Crimpen/Schneiden	Crimpen/Schneiden	Kleben/Polieren
α_{typ} = 1,5 dB	α_{typ} = 1,5 dB	α_{typ} = 2,0 dB	α_{typ} = 0,6 dB
F_R = 8 lbs	F_R = 15 lbs	F_R = 10 lbs	F_R = 20 lbs

ST	FC/PC	SMA
Kleben/Polieren	Crimpen/Schneiden	Crimpen/Schneiden
α_{typ} = 0,6 dB	α_{typ} = 0,6 dB	α_{typ} = 1,1 dB
F_R = 40 lbs	F_R = 40 lbs	F_R = 40 lbs

α_{typ} : typische Steckverbinderdämpfung, F_R Auszugskraft (1 lbs = 0,4536 kg)

3.2 Berechnungsgrundlagen für Steckerverluste

3.2.1 Berechnung der Steckerverluste mit Modengleichverteilung

Die folgenden Bilder zeigen schematisch die unterschiedlichen Ursachen für die Steckerdämpfung. Dabei wird jedes Mal Modengleichverteilung (UMD: Uniform Mode Distribution) angenommen. Für eine Stufenindexprofilfaser bedeutet dies, daß sowohl das Nahfeld, als auch das Fernfeld innerhalb des Akzeptanzbereiches konstant ist, wie Abb. 3.55 zeigt. Für eine realistische POF ist das Modengleichgewicht (EMD) nicht mit der UMD identisch, da die modenabhängige Dämpfung mitbetrachtet werden muß. Die Annahme von UMD vereinfacht aber zunächst deutlich die Berechnung.

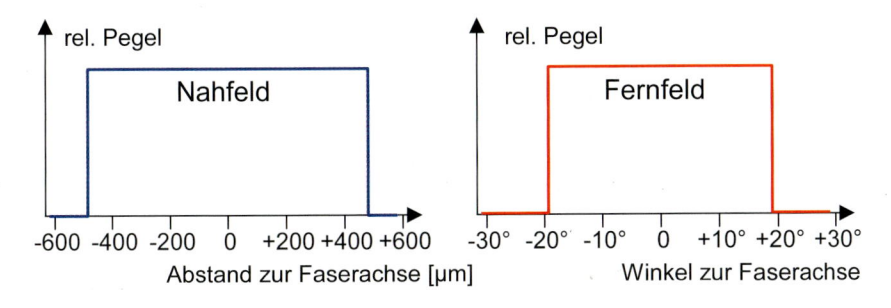

Abb. 3.55: Nah- und Fernfeld bei UMD-Bedingungen

3.2.2 Differenzen im Kerndurchmesser

Der erste betrachtete Prozeß betrifft den Unterschied zwischen den Kerndurchmessern der verwendeten POF. In Abb. 3.56 soll sich das Licht von links nach rechts ausbreiten. Offenbar ergibt sich kein Verlust, wenn die Ausgangsfaser (rechts, blau in der Draufsicht) größer als die Eingangsfaser (links, gelb in der Draufsicht) ist. Ist die Ausgangsfaser aber kleiner, ergibt sich ein Verlust für einen Teil des Lichts (nähere Beschreibungen siehe [Schw98b]).

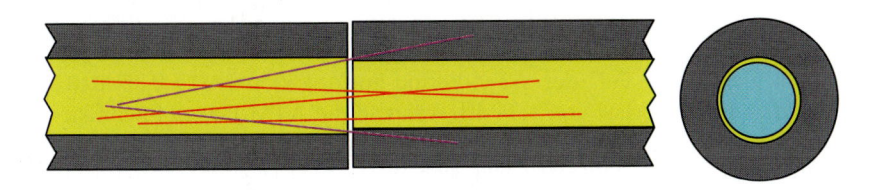

Abb. 3.56: Steckerverlust durch Kerndurchmesser-Abweichung

Die Größe der Dämpfung läßt sich bei UMD leicht berechnen. Sie entspricht gerade dem Anteil der überstehenden Kreisfläche der Eingangsfaser:

Fläche Eingangsfaser: $A_1 = d_1^2 \cdot \pi/4$
Fläche Ausgangsfaser: $A_2 = d_2^2 \cdot \pi/4$
Dämpfung: $\alpha = 10 \cdot \log(A_1/A_2) = 10 \cdot \log(d_1^2/d_2^2)$

Für die im ATM-Forum erlaubten Werte 931 µm bis 1029 µm sind dies 0,59 dB. Der aktuelle Standard EN 60793-2-40 erlaubt in der Klasse A4a Kerndurchmesser von 820 µm bis 1.040 µm, entsprechend zugelassenen Koppelverlusten von 1,06 dB. Der Anwender braucht jetzt aber nicht unruhig werden. Der Standard hinkt hier weit der technischen Entwicklung hinterher. Gute Hersteller erreichen heute Toleranzen deutlich unter 10 µm.

3.2.3 Differenzen der numerischen Apertur

Ganz ähnlich wirkt sich ein Unterschied in der numerischen Apertur aus. Hat die Eingangsfaser eine kleinere Apertur, wird das Licht von der Ausgangsfaser vollständig geführt. Ist aber die NA der Ausgangsfaser kleiner, wird sie überstrahlt und es kommt zu Verlusten, wie Abb. 3.57 illustriert.

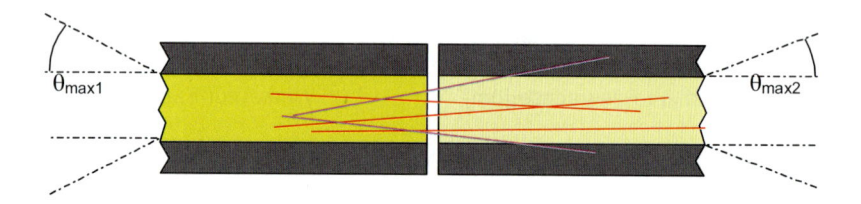

Abb. 3.57: Steckerverlust durch NA-Abweichung

Bei der Berechnung der Verluste unter UMD-Bedingungen werden die Raumwinkel der Fernfelder betrachtet, die bei nicht zu großer NA dem Fernfeldwinkel gleich gesetzt werden können.

Raumwinkel der Eingangsfaser: $\theta_{max1}^2 \cdot \pi$
Raumwinkel der Ausgangsfaser: $\theta_{max2}^2 \cdot \pi$
Dämpfung: $\alpha = 10 \cdot \log(\Omega_1/\Omega_2) = 10 \cdot \log(\theta_{max1}^2/\theta_{max2}^2)$
mit NA ausgedrückt: $\alpha = 10 \cdot \log(A_{N1}^2/A_{N2}^2)$

Für den schlechtesten Fall der ATM-Forum-Spezifikation ($A_N = 0,35$ bzw. 0,30) ergibt dies einen Verlust von 1,34 dB, während die ATM-Forum-Spezifikation nur 0,8 dB für die Summe der Verluste durch Kerndurchmesser- und NA-Abweichungen zuläßt. Diese Differenz läßt sich durch die Annahme von EMD-Bedingungen erklären, bei denen NA-Abweichungen weit weniger kritisch sind.

In der EN 60793-2-40 werden für die Faserklassen A4a bis A4c Werte der NA zwischen 0,35 und 0,65 zugelassen, also ist eigentlich die NA nicht spezifiziert. Bei der Kopplung einer POF mit NA = 0,65 und Vollanregung auf eine Faser mit $A_N = 0,35$ entsteht theoretisch ein Verlust von 5,38 dB. Offenbar war den Verfassern der Norm dieser Zusammenhang nicht bekannt. Die NA der Fasern der bedeutenden Herstellern liegen stabil zwischen 0,47 und 0,51. Damit sinken die möglichen Koppelverluste auf 0,71 dB. Unter realen Bedingungen liegen die Modenverteilungen der Fasern sogar noch dichter beieinander, so daß die Koppelverluste typisch bei einigen Zehntel dB liegen. Die theoretischen Verluste in Abhängigkeit des NA-Verhältnisses von Eingangs- zu Ausgangsfaser zeigt Abb. 3.58.

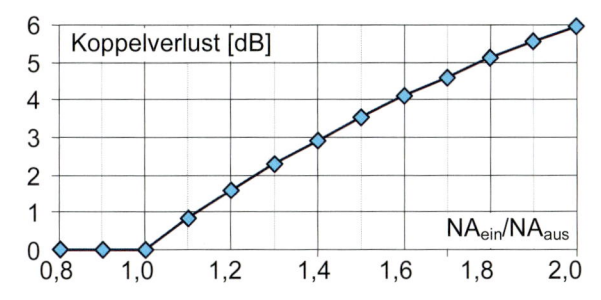

Abb. 3.58: Koppelverluste in Abhängigkeit des NA-Verhältnisses

3.2.4 Seitlicher Versatz der Fasern

Ähnlich einfach ist die Berechnung der Steckerverluste bei seitlichen Versatz (Abb. 3.59). Bei nicht zu großem Abstand x (« Durchmesser d) ergibt sich:

Dämpfung:
$$\alpha = 10 \cdot \log (A_1/A_2)$$
$$= 10 \cdot \log [(d^2 \cdot \pi/4)/(d^2 \cdot \pi/4 - d \cdot x)]$$
$$= 10 \cdot \log [1/(1 - 4 \cdot x/d \cdot \pi)]$$

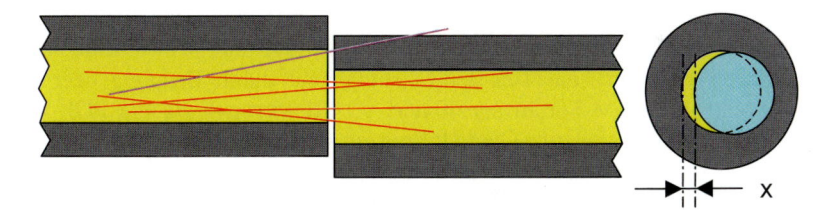

Abb. 3.59: Dämpfung bei seitlichem Versatz der Faserachsen

Die ATM-Forum-Spezifikation erlaubt $x = 100$ μm seitlichem Versatz. Mit 931 μm Kerndurchmesser würde dies rund 0,64 dB ergeben (spezifiziert sind 0,4 dB), für 980 μm sind es noch 0,60 dB. In [FOP97] wird als präzise Formel genannt (in der Quelle ist der letzte Bruch verkehrt herum abgedruckt):

$$\alpha = -10 \log \left[\frac{\pi}{\pi - 2 \cdot \arcsin(x/d) - 2 \cdot x/d \cdot \sqrt{1 - (x/d)^2}} \right]$$

Mit 980 µm Kerndurchmesser und x = 100 µm Versatz erhält man ebenfalls 0,60 dB, die Näherungsformel ist also völlig ausreichend.

Abbildung 3.60 zeigt ein Meßbeispiel für die Koppeldämpfung bei seitlicher Verschiebung zweier Fasern gegeneinander. Dabei wurden eine 1 mm Standard-POF und ein 1 mm Glasfaserbündel verwendet. Für beide Fasern ergeben sich annähernd identische Verläufe. Gegenüber der Theorie zeigt sich um den Nullpunkt herum ein abgerundeter Verlauf. Ursache hierfür ist, daß die Fasern bei der Messung nicht exakt auf Kontakt gestellt wurden, sondern etwa 100 µm Abstand hatten. Dadurch ist der Lichtfleck an der Ausgangsfaser etwas größer und sehr kleine Verschiebungen ergeben noch keinen Verlust.

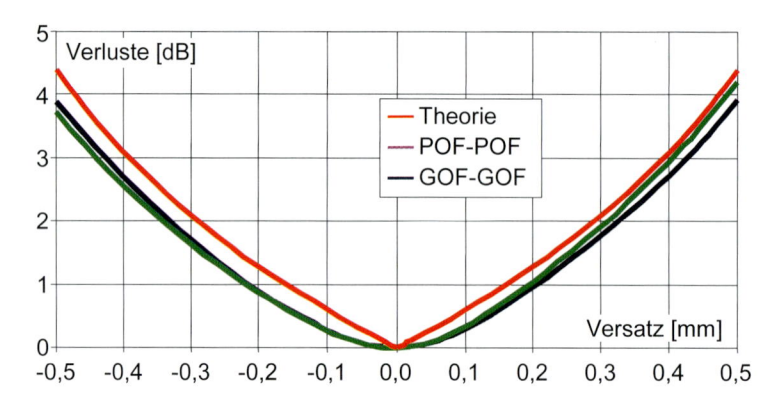

Abb. 3.60: Zusatzdämpfung bei Variation des seitliche Versatzes

3.2.5 Verluste durch rauhe Oberflächen

Eine weitere Ursache für die Dämpfung an Steckern zeigt Abb. 3.61. Die Oberfläche der POF kann durch die Bearbeitung, z.B. Schleifen, rauh sein. Dadurch wird der Lichtweg verändert, ein Teil der Leistung geht durch Beugung oder Streuung verloren. Das ATM-Forum spezifiziert 0,1 dB Verluste, da die POF-Oberfläche durch Hot-Plate eine gute Qualität besitzen sollte.

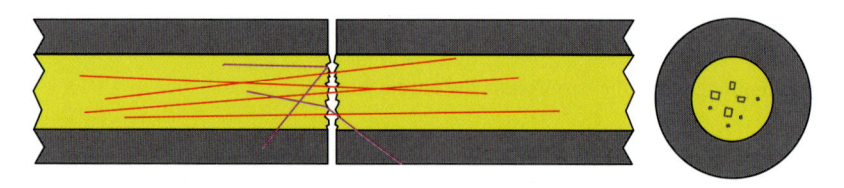

Abb. 3.61: Steckerdämpfung durch Rauhigkeit der Faseroberflächen

Ein spezifisches Problem rauher Oberflächen ist, daß das Licht nicht unbedingt sofort an der Koppelstelle verloren gehen muß. Vielmehr kann ein Teil des Lichts in hohe Ausbreitungswinkel konvertiert werden. Durch hohe modenabhängige Dämpfung geht es dann auf den nachfolgenden Metern nach und nach verloren.

3.2.6 Verluste durch Winkel zwischen den Faserachsen

Schließlich zeigt Abb. 3.62 eine Abweichung der Faserachsen als mögliche Dämpfungsursache. Hier erlaubt das ATM-Forum eine Abweichung von maximal 1°, entsprechend einem Verlust von 0,1 dB.

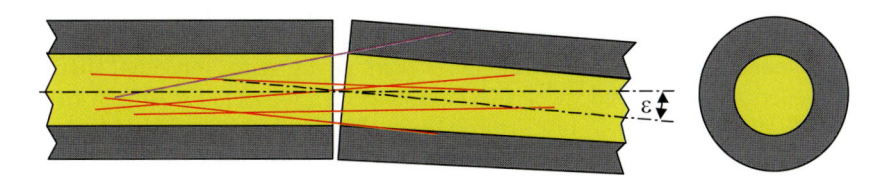

Abb. 3.62: Steckerdämpfung durch Winkel zwischen den Faserachsen

Auch die Berechnung dieses Wertes ist für kleine Winkel (im Vergleich zum Akzeptanzwinkel) relativ einfach. Das Fernfeld umfaßt einen Winkelbereich Ω, der bei nicht zu großer NA ca. $\Omega = \theta_{max}^2 \cdot \pi$ ist. Davon wird bei einem Winkelversatz ε (klein gegen θ_{max}) ein Raumwinkelbereich $2 \cdot \theta_{max} \cdot \varepsilon$ ausgeblendet. Es gilt:

Dämpfung: $\quad \alpha = 10 \cdot \log\left[(\theta_{max}^2 \cdot \pi)/(\theta_{max}^2 \cdot \pi - 2 \cdot \theta_{max} \cdot \varepsilon)\right]$
$\quad\quad\quad\quad\quad = 10 \cdot \log\left[1/(1 - 2 \cdot \varepsilon/\theta_{max} \cdot \pi)\right]$

Bei einer $A_N = 0{,}30$ ist der Akzeptanzwinkel $\theta_{max} = 17°$. Damit erhält man eine Dämpfung von 0,16 dB, also wiederum leicht über dem Wert der Spezifikation. Unter EMD-Bedingungen ist allerdings die zu erwartende Zusatzdämpfung deutlich geringer.

Ein Meßbeispiel aus [Schw98b] zeigt Abb. 3.63. Zwei Standard-POF wurden bei Winkeln bis zu 40° gegeneinander verkippt (der Faserabstand wurde dabei möglichst klein gehalten.

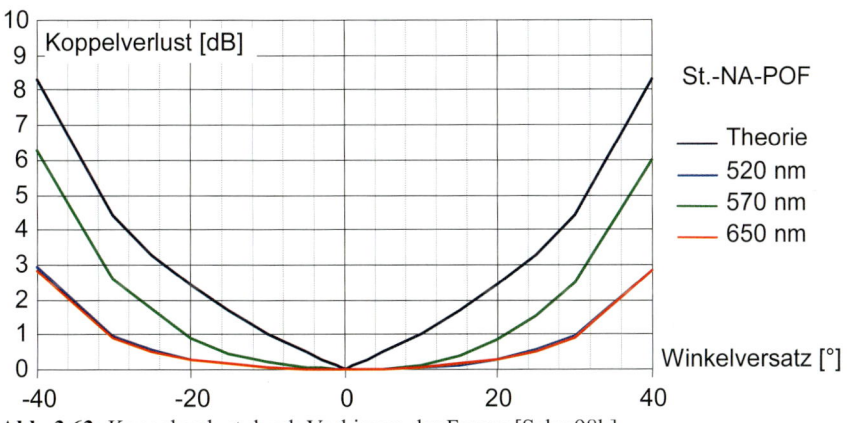

Abb. 3.63: Koppelverlust durch Verkippen der Fasern [Schw98b]

Die POF waren etwa einen Meter lang. Die gemessenen Verluste sind deutlich kleiner als die theoretischen unter UMD-Bedingungen. Unter normalen Bedingungen sind in den höheren Winkelbereichen kaum Moden vorhanden. Kleine Winkeldifferenzen an Kupplungen führen also erst mal nicht zu Verlusten. Die Messung wurde bei drei verschiedenen Wellenlängen durchgeführt. Die unterschiedlichen Ergebnisse erklären sich durch die verschiedenen Fernfelder der verwendeten LED. Es zeigt sich also auch, wie wichtig die Definition exakter Meßbedingungen bei der Angabe von Steckerverlusten sein kann.

Einen Detailausschnitt des Bereiches bis 10° Verkippung zeigt Abb. 3.64. Hier wurden wieder zwei POF und zwei Glasfaserbündel verwendet. Es ist gut zu sehen, daß Winkelfehler von 1° bis 2° für POF-Stecker durchaus tolerierbar sind. Bei einer Länge der Steckeraufnahme von 10 mm kann man also z.B. 100 µm Durchmessertoleranz zulassen.

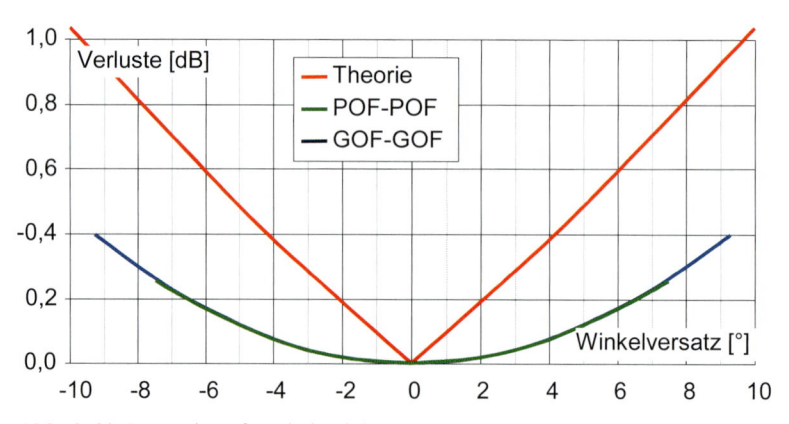

Abb. 3.64: Zusatzdämpfung bei Winkelversatz

3.2.7 Verluste durch Fresnelreflexion

Der Wert für die Fresnelverluste ergibt sich aus dem Brechzahlunterschied zwischen Luft und PMMA. Für einen POF-Stecker kann immer angenommen werden, daß sich ein Luftspalt zwischen den Kernen befindet, der sehr viel größer als die Wellenlänge ist. Wegen der großen Modenzahl und der üblicherweise verwendeten inkohärenten Quellen sind Interferenzeffekte vernachlässigbar, so daß die Reflexionsverluste wie an unabhängigen PMMA-Luft-Übergängen berechnet werden können (siehe Abb. 3.65).

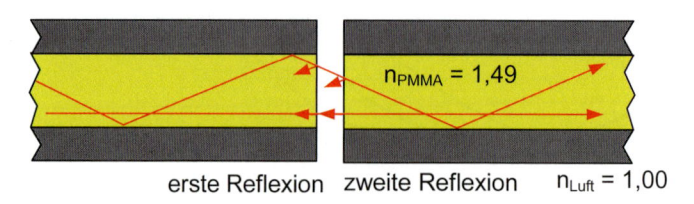

Abb. 3.65: Dämpfung durch Fresnelreflexion

Für senkrechten Einfall ist der Reflexionskoeffizient gegenüber Luft

$$R = \left(\frac{n-1}{n+1}\right)^2 = 0{,}04 \quad T = 1 - R$$

Bei zwei Grenzflächen ergibt sich damit ein Verlust von 0,35 dB (s. auch [Wei98]). Tatsächlich breiten sich die Strahlen nicht nur senkrecht, sondern auch mit Winkeln gegenüber der Faserachse aus, so daß die Fresnelverluste noch etwas größer sind. Das ATM-Forum spezifiziert 0,3 dB.

Bei Glasfasern tritt normalerweise ein fast genauso großer Verlust auf. Man vermeidet ihn durch sog. PC (Physical Contact) Stecker. Dabei werden die Ferrulen der beiden Stecker ballig geschliffen, so daß die Oberflächen etwas rund sind. Durch Federn werden beide Fasern so aufeinandergedrückt, daß der Spalt im Bereich des Kerns völlig verschwindet (oder zumindest klein gegenüber der Lichtwellenlänge ist). Da Glas nicht sehr elastisch ist, sind dazu enorm hohe Drücke nötig. Da aber die Kontaktfläche nur wenige 10 µm Durchmesser hat, reichen Kräfte im Bereich weniger Newton aus (Prinzip in Abb. 3.66).

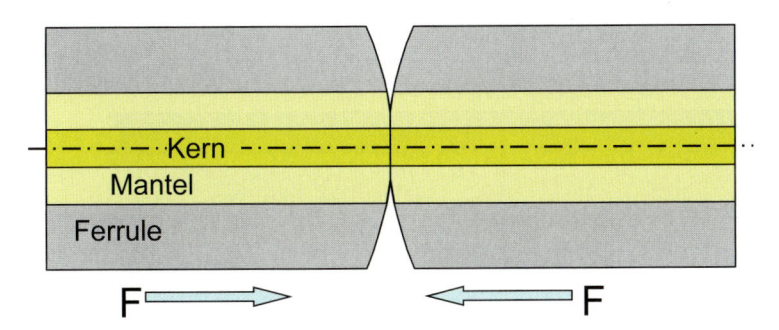

Abb. 3.66: Prinzip des PC-Steckers

Bei einer Andruckkraft von 5 N und einer Kontaktfläche von 30 µm Durchmesser ergibt sich ein Druck von immerhin 70.000 bar. Bei Polymerfasern ist aber die Fläche um den Faktor 1000 größer. Zwar ist das Polymer erheblich weicher, dennoch sind für POF viel größere absolute Kräfte erforderlich. Dies ist schon deswegen problematisch, weil das Einbringen der Kräfte über den weichen Mantel nicht beliebig möglich ist. Man darf also davon ausgehen, daß sich in POF-Steckern über den größten Teil des Querschnitts immer ein Luftspalt ergibt.

3.2.8 Verluste durch axialen Abstand der Fasern

Ein weiterer hier beschriebener Verlustmechanismus ist in der ATM-Forum-Spezifikation nicht enthalten. In der Praxis ist der Spalt zwischen den beiden Faserkernen oft von Bedeutung für die Faserdämpfung. Abbildung 3.67 zeigt den Mechanismus bei einem Abstand s.

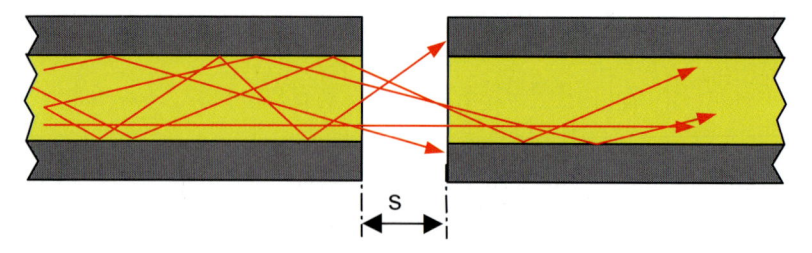

Abb. 3.67: Steckerdämpfung durch Abstand der Fasern

Nach [Wei98] gilt für den entstehenden Verlust

$$\alpha = -10 \cdot \log\left(1 - 2 \cdot s \cdot A_N / 3 \cdot n \cdot d\right).$$

Für $d = 980$ µm und $s = 200$ µm bei $A_N = 0{,}30$ würden sich beispielsweise 0,09 dB ergeben. Von besonderer Bedeutung ist dieser Effekt bei Hot-Plate-Steckern. Das überschüssige Material wird bei diesen Steckern in seitliche Nuten gedrückt. Dabei wird auf einer kurzen Länge die Lichtführung des Kerns zerstört. Näherungsweise kann dieser Effekt numerisch wie ein entsprechender Abstand betrachten werden (Abb. 3.68).

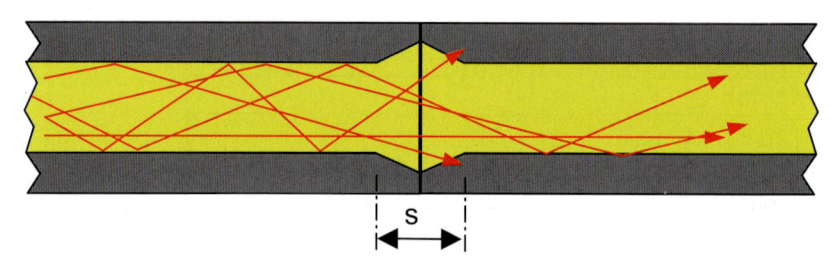

Abb. 3.68: Steckerdämpfung bei Steckern mit Nut

Üblicherweise sind diese Nuten etwa 0,2 mm tief, so daß sich ein Abstand der intakten Fasern von 0,4 mm ergibt. Für Standard-NA-POF ergibt sich ein Verlust von 0,4 dB, für DSI beträgt der Wert 0,25 dB. In [FOP97] wird als exakte Formel angegeben:

$$\alpha = -10 \log\left[\left(1 + 2 \cdot \frac{s}{d} \cdot \tan\theta_{max}\right)^2\right]$$

Für eine $A_N = 0{,}30$ ist $\theta_{max} = 19{,}4°$, da die Nut ausgefüllt ist, gilt $\theta_{max} = 12{,}9°$. Mit den genannten Werten ergibt sich für 400 µm Abstand ein Verlust von 1,98 dB. Beide Werte weichen deutlich voneinander ab. In [FOP97] wurde angenommen, daß das Licht gleichmäßig auf einer sich mit dem max. Winkel ausdehnenden Kreisscheibe verteilt ist. Diese Annahme ist auch für kleine Abstände nicht ausreichend. Hier wird vorgeschlagen, für kleine Abstände und UMD folgende Formel zu verwenden, bei der für einen überstrahlten Ring und einen unterstrahlten Ring (siehe Abb. 3.69) linear abnehmende Lichtleistung angenommen wird:

Fläche Eingangsfaser: $A_1 = d^2 \cdot \pi / 4$
überstrahlte Fläche: $A_2 = d \cdot \pi \cdot s \cdot A_N / n$ (mit ¼ zu bewerten)
Dämpfung: $\alpha = 10 \cdot \log((A_1 + A_2)/A_2)$
$= 10 \cdot \log(1 + (s \cdot A_N)/(n \cdot d))$

Für die genannten Werte wären dies 0,33 dB, nahe dem Wert aus [Wei98]. Die Näherungsformel sollte bei Abständen deutlich unter 1 mm verwendbar sein.

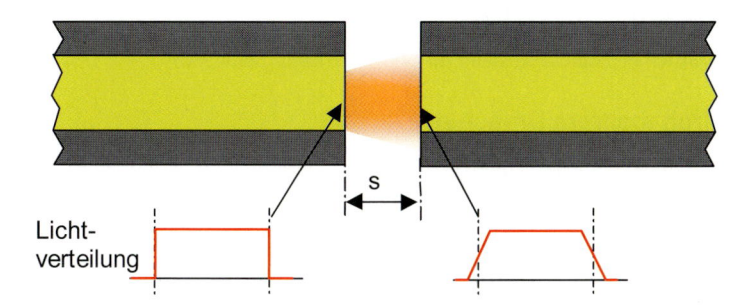

Abb. 3.69: Vorschlag zur Berechnung der Dämpfung bei axialem Abstand

Die tatsächlichen Verluste für Standard- und DSI-POF zeigen die Abb. 3.70 und 3.71. Für beide Fasern liegen sie deutlich unter der theoretischen Linie (mit UMD-Annahme). Ursache für die Abweichung ist wieder die starke Unterdrückung der Moden höherer Ordnung in den POF.

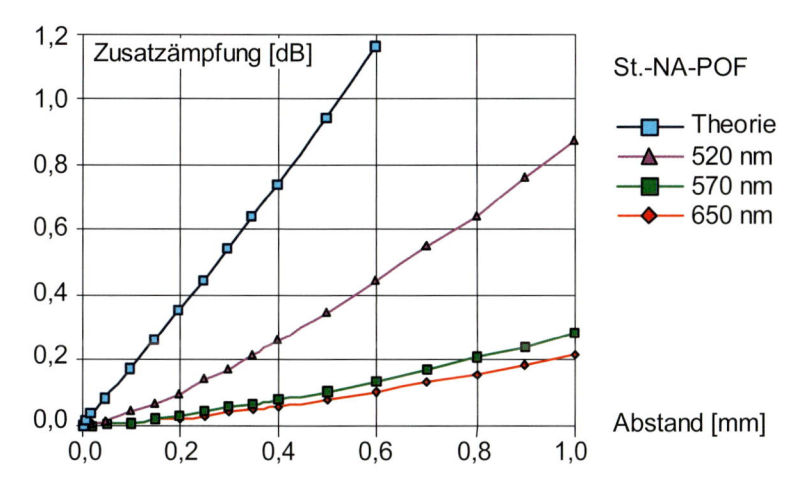

Abb. 3.70: Steckerverluste bei axialem Abstand für St.-POF nach [Schw98b]

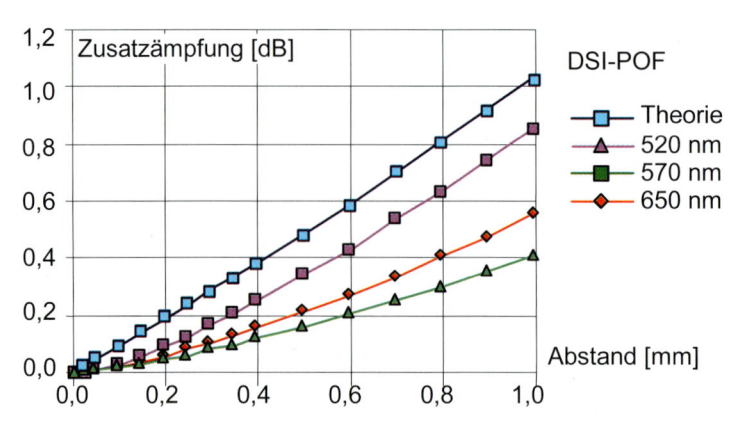

268   3.2 Berechnungsgrundlagen für Steckerverluste

Abb. 3.71: Steckerverluste bei axialem Abstand für DSI-POF nach [Schw98b]

3.2.9 Verluste durch mehrere Ursachen

Es sei allerdings darauf hingewiesen, daß die einzelnen Beiträge nicht automatisch linear addierbar sind. So heben sich Verluste durch Kerndurchmesserdifferenz und seitlichen Versatz teilweise auf, wie Abb. 3.72 schematisch zeigt. Der ungünstigste Fall ist hierbei eine Ausgangsfaser mit 108 µm kleinerem Durchmesser und 100 µm Versatz (Tabelle 3.1).

Abb. 3.72: Gleichzeitiger Einfluß von Versatz und Durchmesserabweichung

Für die genannten Größen treten Verluste von 0,59 dB für die Durchmesserabweichung und 0,29 dB für den Versatz auf (jetzt nur x = 46 µm angesetzt). Eine ähnliche Relation gilt für den Zusammenhang zwischen Winkelfehler und NA-Differenz. Dennoch bleiben für UMD-Bedingungen die Verluste deutlich größer als spezifiziert. Ein geschlossenes Modell für die Berechnung von EMD in SI- und DSI-POF oder gar für die Steckerdämpfung existiert noch nicht. Hier verbleibt weiterer Bedarf in den Standardisierungsgremien. Unter Annahme von EMD anstatt UMD sind aber 2,0 dB ein realistischer Wert. Mit weiterer Verbesserung der POF-Technologie sollte auch eine Verringerung der Fasertoleranzen beim Durchmesser und insbesondere bei der NA zu Verbesserungen der Situation führen. Zur voraussichtlichen Spezifikation der Dämpfung in GI-Fasern kann an dieser Stelle nichts gesagt werden. Die zu erwartenden Daten der Fasern sind noch weitgehend unbekannt. Der Durchmesser dürfte aber zwischen 100 µm und 150 µm mit einer NA um 0,20 liegen, so daß die Anforderungen an die Steckergenauigkeit um ca. einige Größenordnungen härter sein werden.

3.3 POF-Koppler

3.3.1 Koppler-Prinzipien

Unter den passiven Bauelementen für POF-Übertragungssysteme spielen bisher die Koppler eine wesentliche Rolle, die sich auch in einer ganzen Reihe kommerziell verfügbarer Produkte widerspiegelt. Umfangreiche Darstellungen der verschiedenen Möglichkeiten zur Konstruktion von Kopplern sind z.B. in [FOP97] und [Wei98] zu finden. In einer Reihe verschiedener Arbeiten wurden in den letzten Jahren Kopplerkonstruktionen vorgestellt ([Kal92], [Rog93], [Yuu92], [Woe93], [Yuu94], [Li96], [Agu97], [Fau98], [Sug99], [Kob99], [Ern00], [Kaw00] und [Woe94]).

In den folgenden Abbildungen werden verschiedene prinzipielle Möglichkeiten zur Herstellung von 1:X-Kopplern (ein Eingang mit mehreren Ausgängen gezeigt. Abbildung 3.73 zeigt einen Stirnflächenkoppler, bei dem die beiden Ausgangsfasern direkt stumpf an die Eingangsfaser gekoppelt sind.

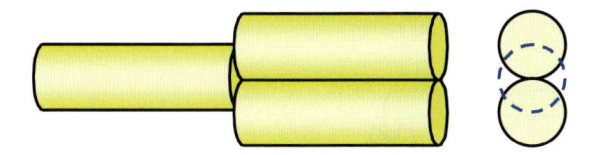

Abb. 3.73: Prinzip des Stirnflächenkopplers

Der Vorteil dieser Anordnung besteht in einem sehr einfachen Aufbau. Zusätzlich laufen die Faser parallel, so daß keine große Modenabhängigkeit auftritt. Der minimale Verlust eines Y-Kopplers beträgt 3 dB (unabhängig von der Nutzung als Verzweiger oder Koppler). Hier entstehen Zusatzverluste durch die nicht komplette Nutzung der Fläche der einkoppelnden Faser. Mathematisch sind diese mindestens 1,08 dB, was durchaus akzeptabel ist. Dazu kommen Verluste durch nicht perfekte Stirnflächen, die durch geeignete Indexanpassung minimiert werden können.

In Abb. 3.74 wird ein Koppler mit Wellenleiterelement gezeigt. Dieses kann zum Beispiel mit Spritzgußtechnik hergestellt, und anschließend mit den Fasern vergossen werden (z.B. [Rog93]). Der rechteckige Wellenleiterquerschnitt ist einfacher herzustellen und erzeugt ebenfalls nicht allzu hohe Verluste (0,48 dB).

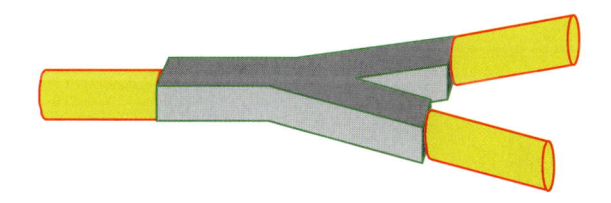

Abb. 3.74: Prinzip des Y-Kopplers mit Wellenleiterelement

Beim Anschliffkoppler (Abb. 3.75) werden passend geschliffene Fasern so verklebt, daß keine überstehenden Flächen entstehen. Zusatzverluste entstehen vor allem durch die plötzliche Änderung der geführten Winkelbereiche. Diese müssen durch ausreichend flache Anschliffwinken minimiert werden. Es verbleibt in jedem Fall eine Abhängigkeit der Zusatzdämpfung von den Anregungsbedingungen.

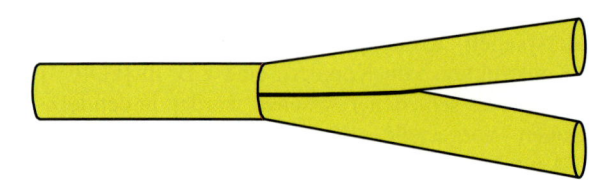

Abb. 3.75: Prinzip des Anschliffkopplers

Soll ein Koppler mehrere Tore besitzen, werden Anschliffkoppler zu kompliziert. Auch planare Mischelemente bieten nicht mehr ausreichende Gleichförmigkeit der Dämpfung zu den Ausgängen. Abbildung 3.76 zeigt einen 1:7-Koppler mit zylinderförmigen Mischelement. Bei 7, 19, 31 usw. Ausgangsfasern ist die Zusatzdämpfung nicht sehr groß.

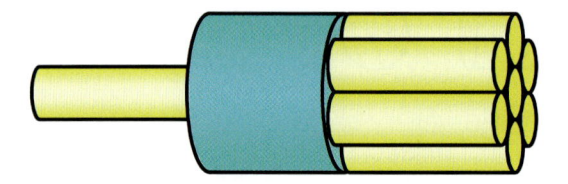

Abb. 3.76: Prinzip des Kopplers mit Mischzylinder

Um die Gleichförmigkeit der Dämpfung zu verbessern, kann, anstatt des geraden Mischzylinders, ein gebogenes Element verwendet werden, welches dann quasi als Modenmischer arbeitet (Abb. 3.77 nach [Woe93]).

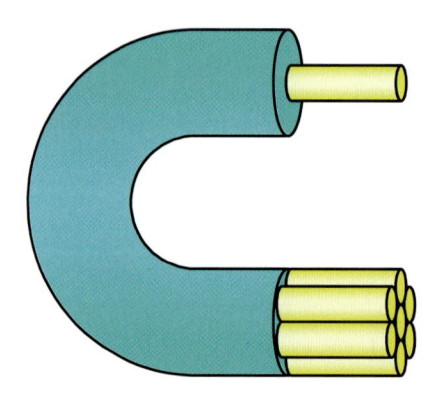

Abb. 3.77: Prinzip des Kopplers mit gebogenem Mischzylinder

Gute Ergebnisse erzielt man bei 180° Biegung bei einigen 10 mm Radius. Als letztes Beispiel wird in Abb. 3.78 ein Koppler nach [Fau98] gezeigt, bei dem das Mischelement ein Hohltrichter mit einer Wandstärke entsprechend dem Faserdurchmesser ist. Auch hier besteht das Ziel neben guter Gleichförmigkeit in der Verringerung der Modenabhängigkeit.

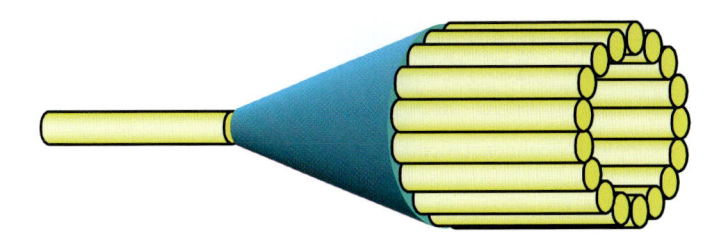

Abb. 3.78: Prinzip des Kopplers mit Mischelement in Kegelform

Weitere Möglichkeiten zum Kopplerdesign sind z.B. Anschliffkoppler, bei denen gebogene Fasern seitlich angeschliffen werden oder auch flache Mischelemente. Schmelzkoppler beruhen auf dem Verschweißen von Fasern zu Kopplern, die dabei zur Anpassung des Durchmessers in der Koppelzone gezogen werden. Schließlich sind auch Koppler mit abbildenden Elementen denkbar.

3.3.2 Kommerzielle Koppler

Der Bedarf an POF-Kopplern ist relativ klein, da es noch keine Massenanwendungen gibt. Bislang werden Koppler im Bereich der Meßtechnik und für spezielle Sensoren eingesetzt. Eine sehr breite Anwendung könnten POF-Koppler für bidirektionale Übertragung auf einer Faser finden.

Da POF-Koppler relativ einfach herzustellen sind, haben sich im Laufe der Jahre eine Reihe von Herstellern an dem Thema versucht. keiner konnte sich davon aber stabil etablieren. Zumeist erhält man heute diese Bauteile nur, wenn man eine gewisse Mindestanzahl Komponenten bestellt, die dann gezielt gefertigt werden.

Die Abb. 3.79 zeigt zwei Ende der 90er Jahre kommerziell erhältliche Y-Koppler. In Abb. 3.80 wird ein weiterer Koppler in 16 × 16-Konfiguration abgebildet (gedacht waren solche Komponenten für passive Sternnetze in mobilen Anwendungen).

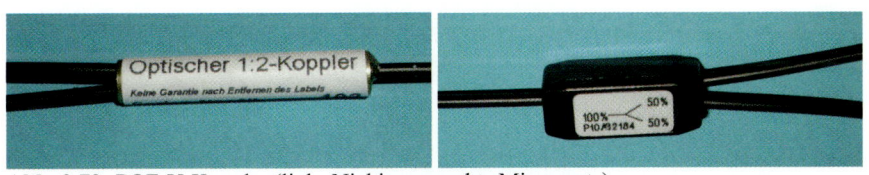

Abb. 3.79: POF-Y-Koppler (links Nichimen, rechts Microparts)

Abb. 3.80: POF- 16 × 16-Koppler (Nichimen, [Nich00])

Ein weiterer Koppler in 1:4-Bauweise wird in Abb. 3.81 gezeigt. Diese Bauform wird kundenspezifisch mit verschiedenen Fasern hergestellt, darunter auch mit DSI-POF. Sie wurden beispielsweise in den POF-Multiplexern von BAM und dem POF-AC eingesetzt.

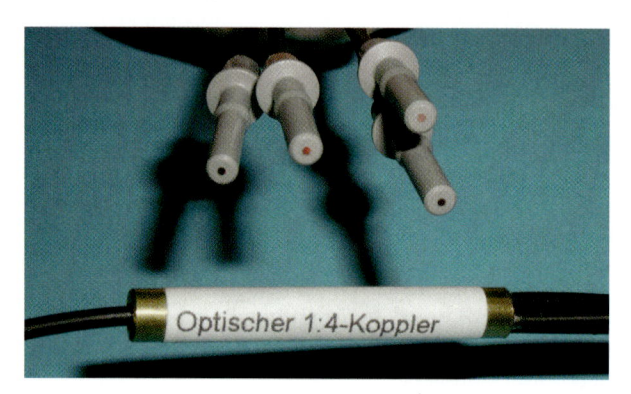

Abb. 3.81: 1:4-Koppler von Nichimen

Von der Firma Leonhardy wurde ein Kopplerprinzip mit einem speziellen Wellenleiter entwickelt (Abb. 3.82). Die Technologie erlaubt eine preiswerte Massenfertigung, in der Produktion wurden erste Serien gefertigt (siehe auch [Fei01b]).

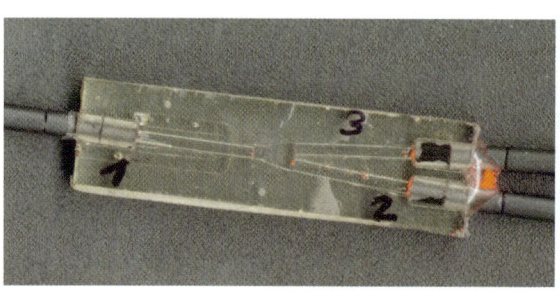

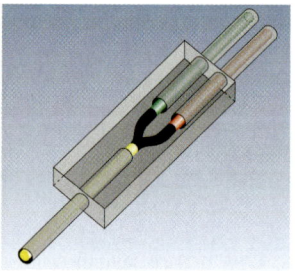

Abb. 3.82: Koppelstruktur von Leonhardy

Ein sehr einfacher Koppler für die Anwendung in Audionetzen wird von Hama über den Elektronikfachhandel angeboten (Abb. 3.83). Im Bauteil sind einfach 4 Fasern mit 500 µm Durchmesser angeordnet und werden auf die beiden Ausgänge verteilt. Die Anschlüsse entsprechen dem F05-Stecker.

Abb. 3.83: POF-Koppler von Hama

3.3.2.1 Anschliffkoppler von DieMount

Das Prinzip des Anschliffkopplers wurde oben bereits kurz beschrieben. Obgleich es zunächst relativ simpel erscheint, stellt die optimale Umsetzung dennoch hohe Ansprüche an das Verfahren. Neben der optischen Qualität der Grenzflächen kommt es vor allem auf eine geeignete Form des angeschliffenen Faserstücks an.

Die Firma DieMount aus Wernigerode bietet seit einigen Jahren POF-Koppler nach diesem Prinzip an ([Kra04b], [Kra05a]). Das Vorderteil einer zu 50% angeschliffenen 1 mm POF zeigt Abb. 3.84.

Abb. 3.84: 50% angeschliffene POF (DieMount)

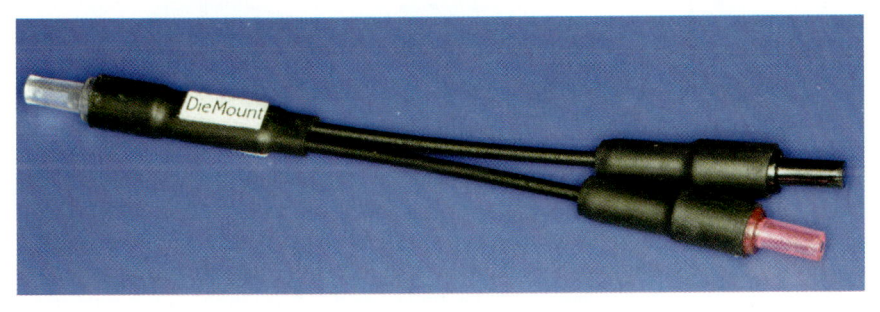

Abb. 3.85: Anschliffkoppler für POF (DieMount)

Die typischen Zusatzverluste der so hergestellten Koppler liegen einschließlich aller Grenzflächenverluste unter 2 dB. Ein Häufigkeitsdiagramm der gemessenen Zusatzverluste zeigt Abb. 3.86.

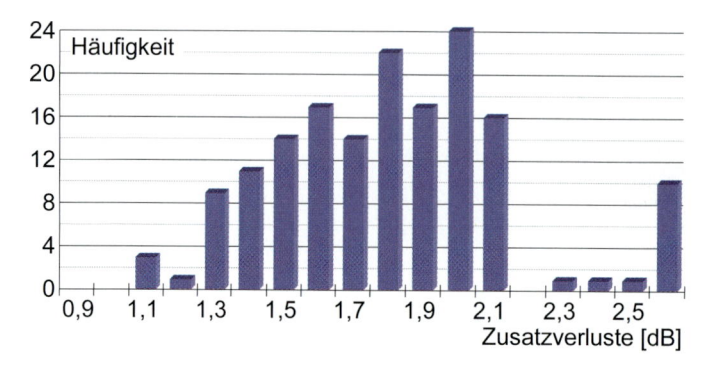

Abb. 3.86: Häufigkeitsverteilung der Zusatzverluste von POF-Kopplern

Neben Kopplern für 1 mm SI-POF können auch Komponenten für dünnere Fasern oder GI-Fasern hergestellt werden. Abweichende Teilerverhältnisse (z.B. 80:20) sind ebenfalls leicht realisierbar.

3.3.2.2 Abgeformte Koppler des IMM

In [Klo03] und [Fre03] stellte das Institut für Mikrotechnik Mainz die Herstellung von passiven Komponenten für POF und PCS auf Basis von Wellenleitern vor. Die dazu notwendigen Formen werden durch LIGA-Technik hergestellt. Die anschließende Fertigung eines Kopplers durch Füllen der Wellenleiterstruktur mit einem UV-härtenden Polymer zeigt Abb. 3.87.

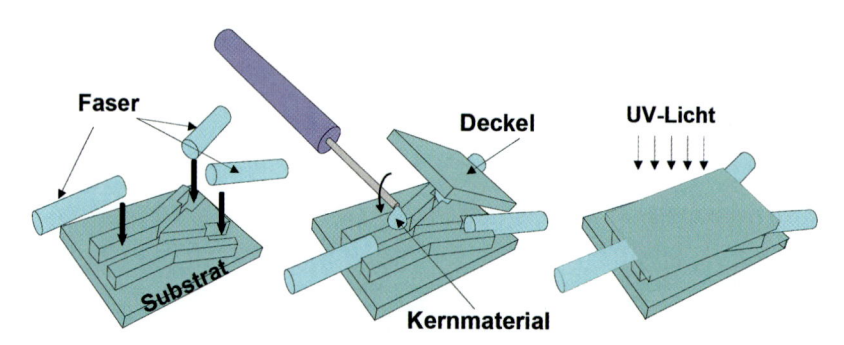

Abb. 3.87: Herstellung eines Wellenleiterkopplers im IMM ([Klo03])

Das fertige Bauteil mit angekoppelten 1 mm POF zeigt Abb. 3.88. Im Experiment wurden für das komplette Bauteil eine durchschnittliche Zusatzdämpfung von 2,8 dB und eine Gleichförmigkeit (bezogen auf die Ausgänge) von besser als 0,4 dB erzielt.

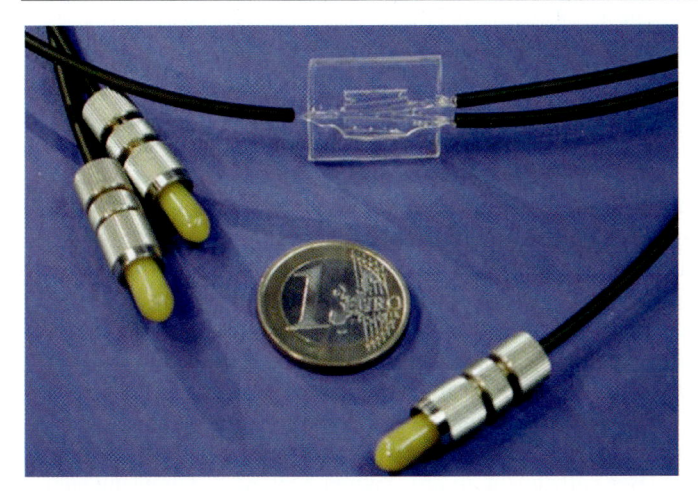

Abb. 3.88: Fertiger Wellenleiterkoppler des IMM für 1 mm POF ([Klo03])

Nachteilig an dem Verfahren ist, daß es sich aufgrund der relativ hohen Werkzeugkosten erst bei größeren Stückzahlen lohnt. Durch den Übergang von runden auf rechteckige Wellenleiter und zurück kann auch ein gewisser Zusatzverlust nicht vermieden werden. Dafür verspricht das Verfahren bei sehr großen Stückzahlen preiswerte Fertigung und gute Reproduzierbarkeit.

3.3.2.3 Wellenleiterkoppler der Universität Sendai

Ein vergleichbarer Ansatz zur Herstellung von POF-Kopplern mittels polymerer Wellenleiter wird in [Miz06] beschrieben. Im Unterschied zu den oben gezeigten Methoden verwenden die Autoren zum Herstellen der Wellenleiterstrukturen eine einfache Photoresist-Vorlage (SU-8). Die Verluste in den hergestellten Wellenleiter liegen bei ca. 0,2 dB/cm (bei 650 nm Wellenlänge). Der optimale Zusatzverlust für das Einfügen des Wellenleiters in eine 980 µm POF-Strecke von 1,6 dB ergibt sich bei einem Wellenleiterquerschnitt von 900 × 900 µm. Für die Kopplerstruktur ergibt sich ein weiterer Zusatzverlust von 1,0 dB.

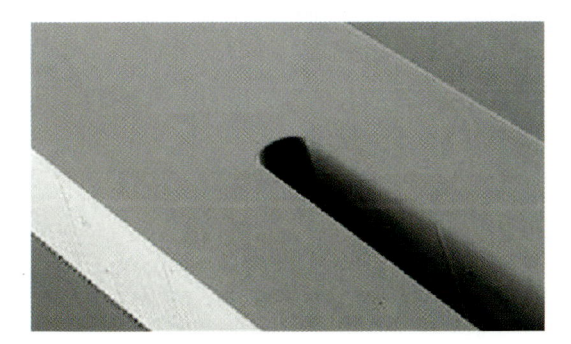

Abb. 3.89: Detail der Koppler-Wellenleiterstruktur aus [Miz06]

3.4 Filter und Abschwächer für POF

3.4.1 Filter

Optische Filter haben in Übertragungssystemen und Sensoranwendungen vielfältige Aufgaben zu erfüllen. Sie können beispielsweise der Störlichtunterdrückung dienen oder auch in WDM-Systemen das Nahnebensprechen reduzieren. Im Kap. 6 werden verschiedenen Anordnungen für Multiplexer und Filter detaillierter beschrieben.

Grundlegend werden bei allen Filtern zwei Kategorien unterschieden. Bei Interferenzfiltern (dazu gehören Gitter, dielektrische Vielschichtstrukturen und Interferometer) kann ein bestimmter Wellenlängenbereich das Filter passieren, der Rest wird reflektiert. Durch entsprechend komplexe Strukturen lassen sich fast beliebige spektrale Verläufe erzielen. Solche Komponenten kann man also auch für Multiplexer verwenden. Bei Farbstoffiltern absorbieren geeignete Beimischungen das unerwünschte Licht. Bei den spektralen Verläufen ist man auf die verfügbaren Stoffe angewiesen. Diese Filter haben normalerweise schlechtere Parameter, sind aber um ein Vielfaches einfacher und preiswerter. Zur Unterdrückung von Störlicht sind sie gut geeignet. Ein großer Vorteil ist, daß die unabhängig vom Winkel des einfallenden Lichtes arbeiten.

Tabelle 3.2 faßt einige wichtige Eigenschaften zusammen.

Tabelle 3.2: Eigenschaften optischer Filter

Filtertyp	Interferenzfilter	Farbstoffilter
Prinzip	Reflexion Transmission	Absorption Transmission
kleinste spektrale Breite	<1 nm möglich	ca. 10 nm
Aufbau	viele transparente Schichten Reflexionsgitter Transmissionsgitter Mach-Zehnder Interferometer	Trägerschicht mit Farbstoff
Winkelabhängigkeit	ja	nein
Polarisationsabhängigkeit	teilweise	nein

Wegen der noch sehr kleinen Anwendungsbreite gibt es keine speziellen Filter für POF oder andere dicke Fasern. Anwender sind weitgehend auf Produkte angewiesen, die für allgemeine Meßtechnik verwendet werden. Da aber PMMA-POF im sichtbaren Spektralbereich benutzt werden, gibt es aus optischen Anwendungen, z.B. der Photographie, zahlreiche nutzbare Produkte. In Abschnitt 6.3.7.3 wird z.B. gezeigt, daß Farbstoffe für Tintenstrahldrucker sehr gut geeignet sind, um das Nahnebensprechen (NEXT) in 520 nm/650 nm WDM-Systemen zu unterdrücken.

3.4.2 Abschwächer

In vielen Bereichen, vor allem in der Meßtechnik, werden Geräte zum variablen Abschwächen von Licht benötigt. Ein typischer Einsatzfall ist die Messung der Empfindlichkeit von Empfängern. Dazu wird die Bitfehlerwahrscheinlichkeit bei unterschiedlichen Lichtleistungen gemessen. Man könnte zwar einfach die Leistung des Senders variieren, dabei ändern sich aber zumeist auch andere Parameter, wie beispielsweise das Spektrum und die Modulationsbandbreite. Deswegen verwendet man Vorrichtungen, die in die Faserstrecke eingefügt werden können, und eine stufenlose oder vorgegebene Änderung der Lichtleistung bewirken. Die Anforderungen an solche VOA (Variable Optical Attenuator) sind:

- ➢ kleine Einfügedämpfung
- ➢ großer Einstellbereich
- ➢ hohe Auflösung
- ➢ gute Reproduzierbarkeit
- ➢ Wellenlängenunabhängigkeit
- ➢ Unabhängigkeit von der Fernfeldverteilung in der Faser

Für verschiedene Fasern wurden unterschiedliche Varianten für solche VOA entwickelt und in Geräten umgesetzt. Zwei der einfachsten Verfahren werden in Abb. 3.90 demonstriert.

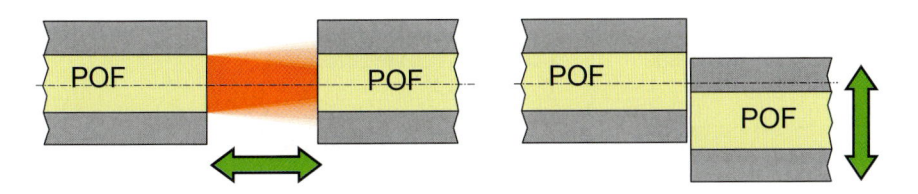

Abb. 3.90: Dämpfung durch axialen oder lateralen Versatz zweier Fasern

Die Variante mit axialem Versatz eignet sich besonders gut für die Einstellung sehr großer Dämpfungswerte. Bei relativ großem Abstand der beiden Fasern kann man die Dämpfung immer noch sehr feinfühlig ändern. Der Hauptnachteil ist, daß sich eine extreme Modenfilterung ergibt. In die Ausgangsfaser wird praktisch kollimiertes Licht eingekoppelt. Bei Systemen, in denen die Bandbreite der Faser eine wichtige Rolle spielt, werden die Meßergebnisse extrem verfälscht. Mißt man z.B. die Empfindlichkeit eines breitbandigen Empfängers, erzeugt dieser VOA eine viel größere Faserbandbreite, da ja alle hohen Moden weggefiltert werden. Mit einer realen Faser wird sich also ein ganz anderer Bandbreitewert ergeben.

Der laterale Versatz erzeugt auch eine gewisse Modenfilterung, aber lange nicht so extrem (zumindest bei Stufenindexprofilfasern). Dafür ist er für größere Dämpfungswerte nicht so gut geeignet. Wenn beide Fasern fast genau einen Durchmesser Versatz haben, erzeugen kleinste Verschiebungen schon deutliche Änderungen der Dämpfung. Die theoretischen Kennlinien (unter UMD-Bedingungen) für Standard-POF zeigt Abb. 3.91.

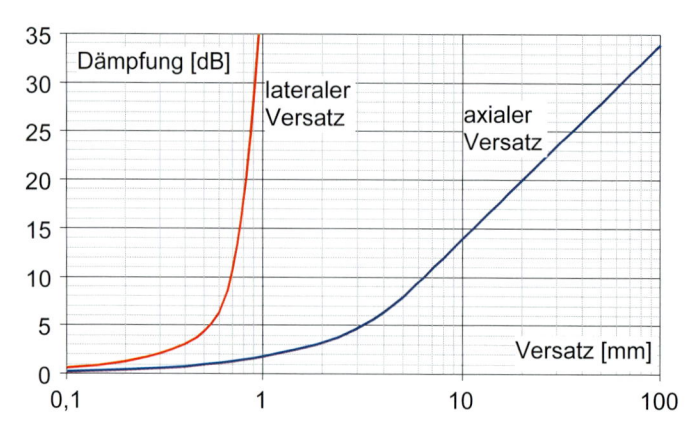

Abb. 3.91: Dämpfung durch axialen oder lateralen Versatz zweier Fasern

Eine Möglichkeit, die Abhängigkeit von der Lichtverteilung in der Faser weitgehend auszuschalten, wird in Abb. 3.92 gezeigt. Zwei Fasern befinden sich in wenigen Zehntel Millimetern Abstand gegenüber, so daß nur eine geringe Grunddämpfung entsteht. In den Spalt wird ein Graufilter eingeschoben, welches das Licht abschwächt.

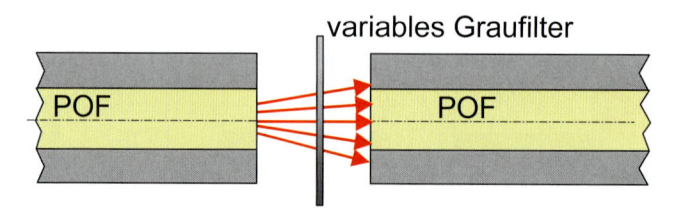

Abb. 3.92: Abschwächer mit Graufilter zwischen zwei Fasern

Alleine die Wahl des Graufilters bestimmt die Winkel- und spektrale Abhängigkeit. Bei Absorptionsfiltern sind beide i.d.R. relativ klein. Je geringer der Abstand zwischen den beiden Fasern ist, um so kleiner ist auch der Modenfiltereffekt (höhere Moden werden am Spalt etwas stärker ausgekoppelt). Größe und Abstufung des Filters bestimmen die Auflösung der eingestellten Dämpfung und den Einstellbereich. Die Präzision der mechanischen Ausführung ist für die Reproduzierbarkeit verantwortlich. Dieses universelle Prinzip ist weit verbreitet.

Eine Möglichkeit, auch Filter mit Winkelabhängigkeit einsetzen zu können, ist die Aufweitung des Lichtwegs mit Linsen, wie in Abb. 3.93 gezeigt.

Für Standard-POF hat diese Methode wiederum schlechte Eigenschaften bezüglich der Modenunabhängigkeit. Für eine NA von 0,50 sind kaum geeignete Linsen zu finden, die den gesamten Winkelbereich gleich effizient abbilden. Daraus ergibt sich eine große Zusatzdämpfung für höhere Moden. Dazu kommt, daß es insgesamt 8 Grenzflächen gibt, also schon einmal 1,56 dB Fresnelverluste. Für einen verlustarmen Aufbau müßten die Oberflächen entspiegelt werden.

3.4 Filter und Abschwächer für POF

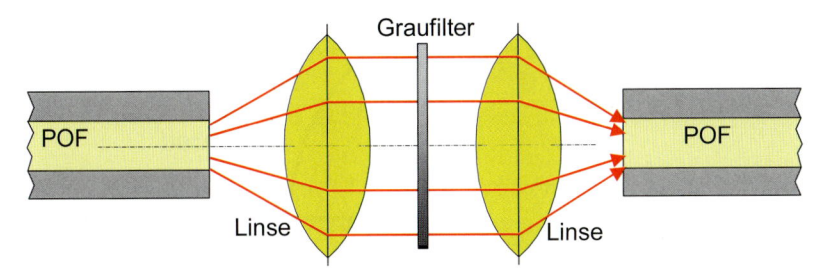

Abb. 3.93: Abschwächer mit Strahlaufweitung und Filter

Um die Effekte der Modenabhängigkeit und Modenfilterung zu minimieren, haben einige kommerzielle Geräte vor und hinter dem filternden Element Modenmischer eingefügt. Das erhöht zwar die Grunddämpfung um einige dB, macht aber die Funktion viel reproduzierbarer. Der Nachteil ist einerseits, daß die angegebenen Dämpfungswerte eben nur unter annähernd EMD-Bedingungen gelten, und daß andererseits keine Systeme untersucht werden können, bei denen gezielt nicht-EMD-Bedingungen verwendet werden sollen.

Als Beispiel zeigt Abb. 3.94 die Fernfelder vor und hinter einem VOA (POFA-3 von Bauer Engineering) bei variierten Einkoppelbedingungen.

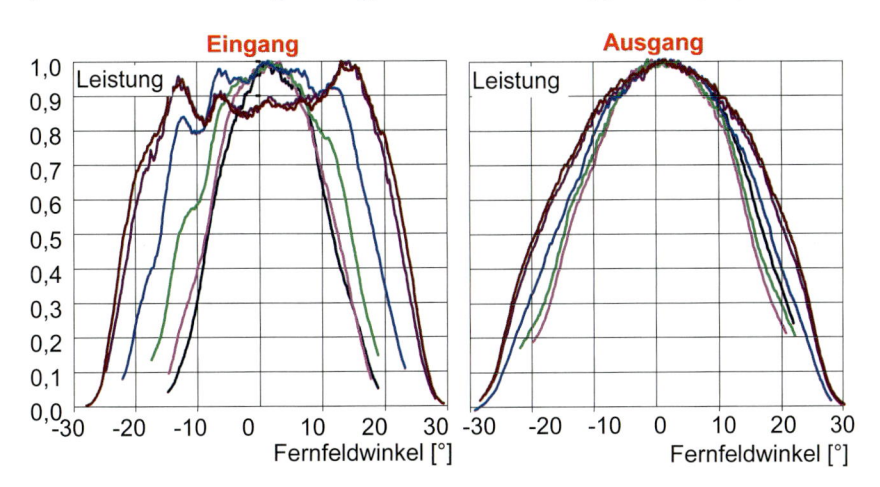

Abb. 3.94: Änderung der Fernfeldverteilungen durch den POFA-3

Es ist gut zu erkennen, daß unabhängig von der Fernfeldverteilung am Eingang des Gerätes am Ausgang immer in etwa Modengleichgewicht herrscht. Für die meisten meßtechnischen Anwendungen stellt das kein Problem dar, sondern ist eher von Vorteil.

Es gibt aber auch Anwendungen, in denen das Licht abgeschwächt werden soll, ohne die Modenverteilung in der Faser zu beeinflussen. Zu diesem Zweck wurde am POF-AC der sog. MIVA entwickelt (Mode Independent Variable Attenuator, [Los04b]). Abbildung 3.95 zeigt den prinzipiellen Aufbau.

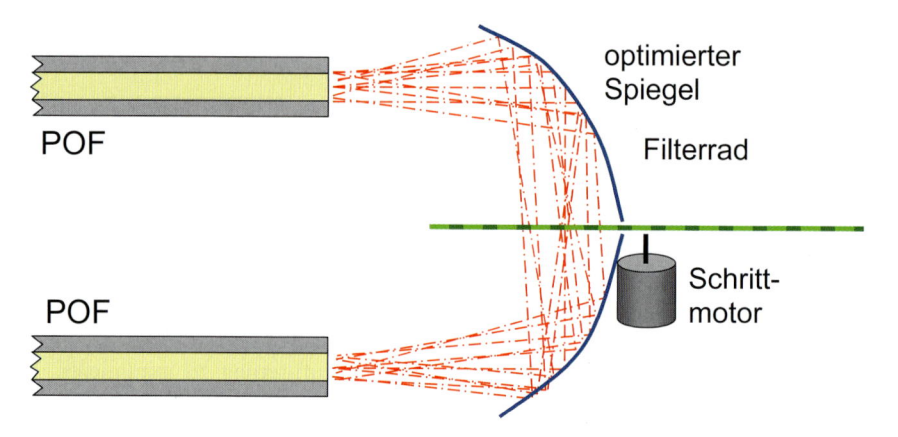

Abb. 3.95: Prinzip des modenunabhängigen Abschwächers

Anstelle von Linsen werden hier optimierte Spiegel für die optische Abbildung verwendet. Diese bieten den Vorteil, auch sehr große Winkelbereiche mit konstanter Effizienz abbilden zu können. Der Graufilter befindet sich im Bereich des auf 1 cm bis 2 cm aufgeweiteten Strahls. Der zweite Spiegel bildet die Eingangsfaser genau auf die Ausgangsfaser ab. Unter idealen Bedingungen kann man die Vorrichtung sogar für völlig unterschiedliche Fasern verwenden, da Fleckgröße und NA am Ausgang immer weitgehend der Faser am Eingang entsprechen.

Die Ausgangs-Fernfelder für unterschiedliche Dämpfungseinstellungen bei drei unterschiedlichen Anregungs-NA am Eingang des MIVA werden in Abb. 3.96 gezeigt. Die Verteilungen bleiben fast unverändert.

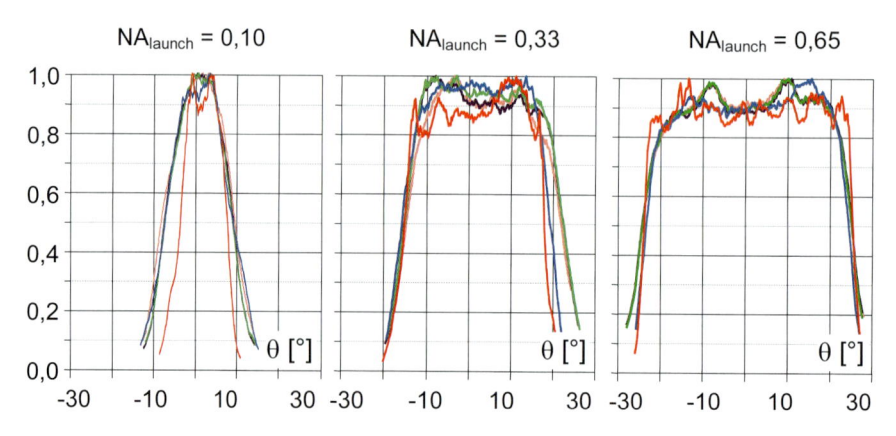

Abb. 3.96: Fernfeldverteilungen am Ausgang des MIVA

Der Prototyp des MIVA und das kommerziell erhältliche Gerät von Bauer Eng. (siehe auch auf www.pofatlas.de) ist in der Abb. 3.97 zu sehen. Ein Beispiel für die Gestaltung des Spiegels ist in Abb. 3.98 zu sehen.

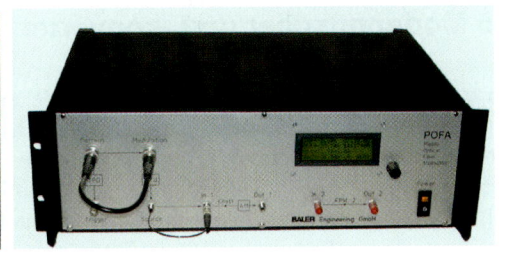

Abb. 3.97: MIVA-Prototyp und kommerzielles POFA-3

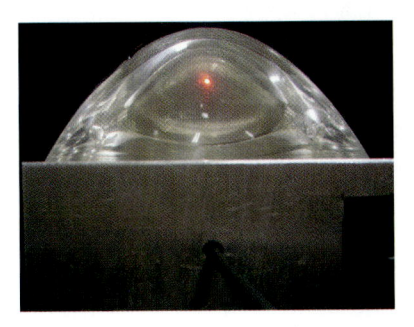

Abb. 3.98: Reflektor für modenunabhängigen Abschwächer

Nach Wissen der Verfasser gibt es für POF derzeit keine fest eingestellten Abschwächer. Ein Anwender kann sich einen solchen aber sehr einfach herstellen, indem kleine Stücke von kommerziellen Graufilterfolien (auch mehrere gleichzeitig) einfach zwischen zwei Stecker gelegt werden.

Spezielle Abschwächer für PCS sind ebenfalls noch nicht bekannt. Von Ocean Optics gibt es einen sehr einfachen Abschwächer, der zwischen Ein- und Ausgang mit Linsen und Graufilter arbeitet, und damit auch für verschiedene Fasern anwendbar ist. Er kann auch direkt an Fasern gekoppelt werden (Abb. 3.99).

Abb. 3.99: VOA (www.oceanoptics.com)

3.5 Modenmischer und -konverter

An verschiedenen Stellen des Buches wurde darauf verwiesen, wie wichtig es unter bestimmten Umständen ist, eine möglichst definierte und reproduzierbare Modenverteilung in der POF zu haben. Dies gilt insbesondere für fast alle Bereiche der optischen Meßtechnik an POF und anderen Fasern. Im einfachsten Fall verwendet man eine genügend lange Vorlauffaser. Leider benötigt man unter bestimmten Umständen über 100 m Faser, bevor in der POF Modengleichgewicht (EMD) entstanden ist. Die dabei entstehende Zusatzdämpfung macht dann die eigentliche Messung unmöglich.

Benötigt wird also eine Vorrichtung, die auf einem kurzen Stück Faser EMD-Bedingungen erzeugt, ohne dabei zuviel Einfügedämpfung zu haben. Solche Komponenten werden als Modenmischer (Mode Mixer oder auch Mode Scrambler) bezeichnet. Tatsächlich stellen Sie immer eine Kombination aus Modenmischung und Modenfilterung dar, weswegen die Bezeichnung Modenkonverter sachlich korrekter ist.

Einer der am weitesten verbreiteten Modenkonverter, und der einzige bislang standardisierte ist der Rollenmischer nach JIS 6863 (Abb. 3.100, siehe auch Abb. 9.12) für 1 mm Standard-POF.

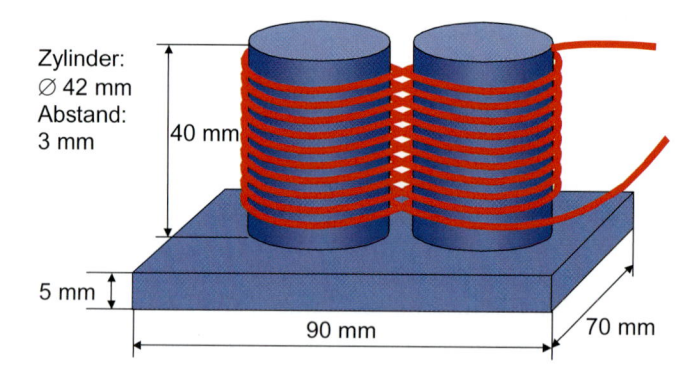

Abb. 3.100: Modenkonverter für 1 mm-SI-Fasern nach JIS 6863

Die POF wird 10 mal in Form einer „8" um die beiden Zylinder gewickelt. Zum einen werden dabei hohe Moden weggefiltert. Zum anderen kommen aber auch die niedrigen Moden viel häufiger mit der Kern-Mantel-Grenzfläche in Kontakt, wobei durch Konversion und Streuung neue Moden entstehen. Wie z.B. annähernd kollimiertes Licht nach Durchgang durch den Konverter eine sehr EMD-nahe Verteilung aufweist, zeigt Abb. 3.101.

Die Parameter Rollendurchmesser, Abstand und Zahl der Windungen sind empirisch ermittelt. In [Arr03b] findet man eine umfangreiche Analyse zur Variation der Parameter. So finden die Autoren experimentell, daß 7 Windungen um einen Rollendurchmesser von 40 mm eine bessere Modenmischung bei kleinerer Einfügedämpfung ergeben, als eine Windung bei 20 mm Durchmesser. Für 120 μm

3.5 Modenmischer und -konverter 283

PF-GI-POF wird eine Konfiguration mit 38 mm Rollendurchmesser, 120 mm Rollenabstand und 6 Windungen empfohlen (bei ca. 3 dB Einfügedämpfung).

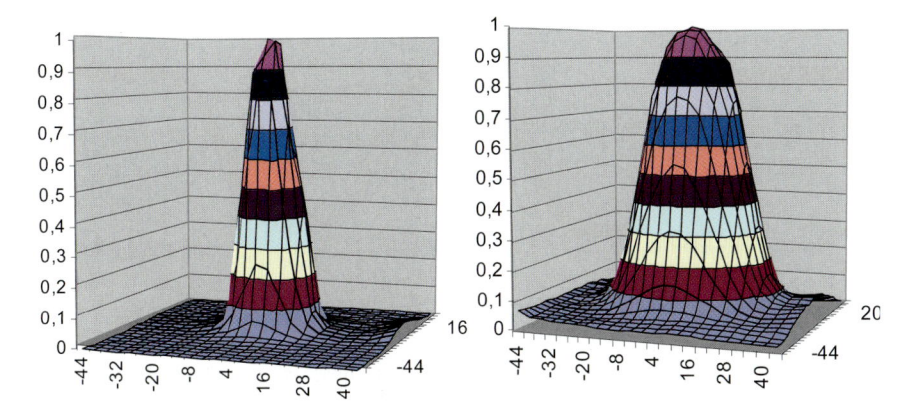

Abb. 3.101: Fernfeldverteilung vor und nach dem Modenkonverter

Eine sehr einfache, aber recht wirksame Methode zum Modenmischen ist der Mäandermischer (Abb. 3.102). Er kann, mit entsprechend variierten Biegeradien, auch für andere Fasern eingesetzt werden.

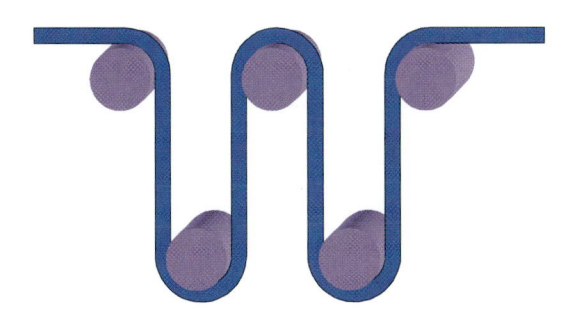

Abb. 3.102: Mäandermischer

In [Fus96] war ein vergleichbarer Aufbau zur Verringerung der Fernfeldbreite einer breit abstrahlende LED eingesetzt worden, wodurch sich die Bandbreite vergrößert.

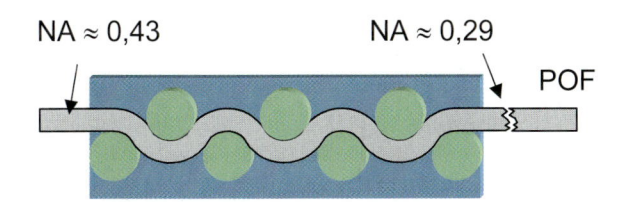

Abb. 3.103: Modenmischer nach [Fus96] (auch Kap. 2)

Der nächste hier gezeigte Modenkonverter wurde in [Att96b] vorgestellt. Auch hier wird die Faser in Mäanderform gelegt. Allerdings sind die Abstände und Biegeradien genau so berechnet worden, um eine maximale Modendurchmischung zu garantieren.

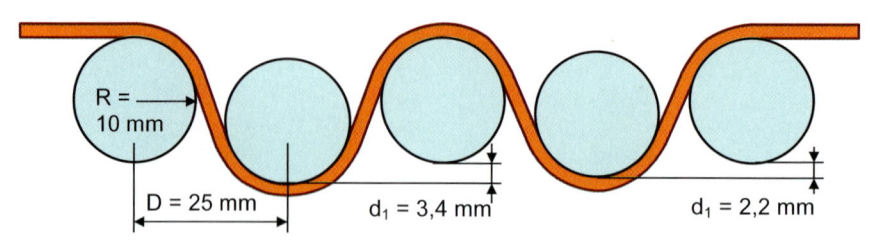

Abb. 3.104: Aufbau eines Modenmischers

Im Beitrag werden die Fernfeldverteilungen einer 100 m langen geraden Vergleichsfaser jeweils mit der gemessenen Fernfeldverteilung des Modenmischers und der simulierten Fernfeldverteilung des Mischers vergleichen. Das Modengleichgewicht wird sehr gut erzielt.

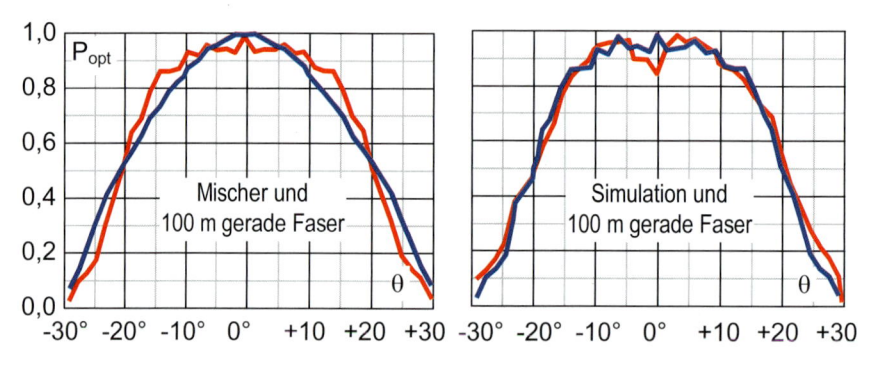

Abb. 3.105: Fernfeldverteilung nach Modenmischung aus [Att96b]

Bislang wurde die Arbeitsweise der Modenkonverter immer mit der Messung der Fernfeldverteilung bewertet. Tatsächlich beschreibt diese Verteilung die Modenverteilung nicht komplett. Zwischen meridionalen Strahlen und Helixstrahlen kann nicht unterschieden werden. In verschiedenen Experimenten zeigt sich, daß auch nach den unterschiedlichen Modenkonvertern EMD nicht vollständig erreicht ist, auch wenn die Breite des Fernfeldes darauf schließen läßt. Zudem erweist sich, daß speziell der Rollenmischer für die Standard-POF der verschiedenen Hersteller zu recht unterschiedlichen Ergebnissen führt. Zu einem kleineren Teil sind Unterschiede in den NA verantwortlich, hauptsächlich jedoch die unterschiedlichen Streuparameter an der Kern-Mantel-Grenzfläche. Um möglichst EMD-nahe Bedingungen mit allen POF zu erzielen, sollte man entweder von vornherein mit breit abstrahlenden Quellen (LED) arbeiten oder den Modenkonverter mit zusätzlichen Streumedien (z.B. Streufolien) kombinieren.

3.6 Optische Schleifringe und Drehübertrager

3.6.1 Drehübertrager

In vielen technischen Einrichtungen müssen Daten über rotierende Verbindungen übertragen werden. Dazu gehören z.B. Computertomographen, Roboter oder auch Einrichtungen in Kraftwerken. Kann man die Datenverbindung in der optischen Achse anbringen und alle Signale über eine Faser schicken, ist ein sehr einfacher Drehübertrager zu verwenden. Entscheidend für den Verlust ist dann nur der Abstand der beiden Fasern und die Präzision der Faserführung (Abb. 3.106).

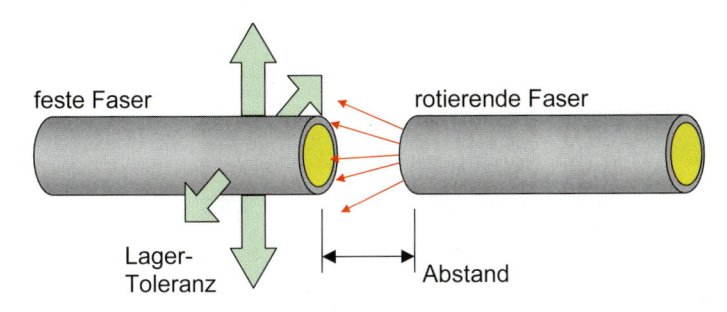

Abb. 3.106: Einkanaliger Drehübertrager

Polymerfasern würden in einer solchen Verbindung eingesetzt, wenn die erreichbaren mechanischen Abweichungen einige 10 µm überschreiten, bei Glasfasern also unzulässig hohe Koppelverluste entstehen, und wenn gleichzeitig keine hohen Anforderungen an Datenrate und Verbindungslänge bestehen.

Etwas komplizierter wird die Aufgabe, mehrere Fasern an einer rotierenden Kupplung miteinander zu verbinden. Dieses Problem wird mit einem sog. Dove-Prisma gelöst (Abb. 3.107). Das Prisma wird zwischen den Ein- und Ausgangsfasern positioniert. Mit Kollimatoren werden parallele Strahlbündel erzeugt. An eine der Außenflächen des Prismas kommt es zu Totalreflexion (siehe z.B. [Schi07], [Sta05]).

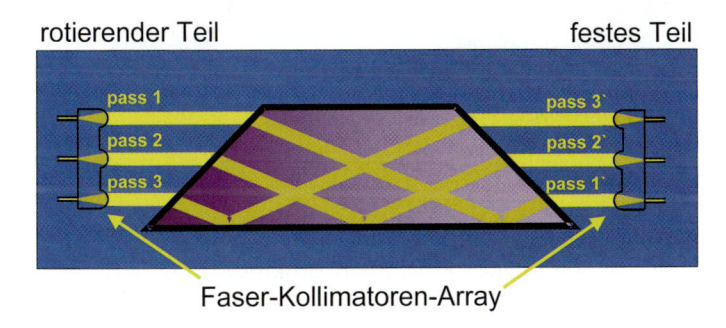

Abb. 3.107: Dove-Prisma in Drehübertragern

Mit einem speziellen Getriebe wird nun dafür gesorgt, daß sich das Prisma genau mit der Hälfte der Drehgeschwindigkeit des beweglichen Faserteils bewegt. Wie in Abb. 3.108 schematisch gezeigt wird, werden damit die sich drehenden Fasern genau auf die stehenden Fasern abgebildet. Auch solche Bauteile sind mit POF, MM-GOF oder Einmodenglasfasern verfügbar.

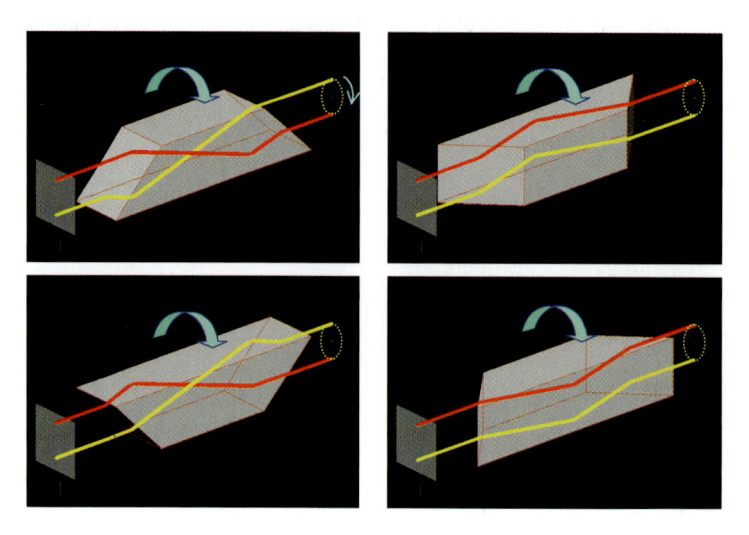

Abb. 3.108: Prinzip des Drehübertragers mit mehreren Fasern

Drehübertrager dieser Art sind z.B. von Stemmann, Schleifring und Ratioplast erhältlich (Abb. 3.109).

Abb. 3.109: Optischer POF-Drehübertrager (Ratioplast, Schleifring)

3.6.2 Das Mikrodreh-Projekt

Eine spezielle Form des mehrkanaligen optischen Drehübertragers wurde im Rahmen des vom Land Bayern im Rahmen des Programms „Mikrosystemtechnik" geförderten Projektes Mikrodreh in Kooperation der Fa. Schleifring (als Projekt-Auftragnehmer), der Firma Spinner, des Bayerischen Laserzentrums (BLZ) und des POF-AC Nürnberg entwickelt.

Die wesentlichen Aufgaben des POF-AC waren neben der technischen Projektleitung die Simulation des optischen Übertragungssystems und die meßtechnische Bewertung der benötigten Faser-Kollimator-Arrays. Ein Funktionsmuster zeigt Abb. 3.110.

Abb. 3.110: Funktionsmuster eines 6-kanaligen Drehübertragers (für Glasfasern)

Ergebnis des Projekts ist war ein weltweit konkurrenzloser ultrakompakter Drehübertrager mit bis zu 21 Einmodenglasfaser-Kanälen (für Datenraten von jeweils 10 Gbit/s). Das Endprodukt und ein Detail des optischen Aufbaus mit den Linsen zur Erzeugung des kollimierten Lichtes sind in Abb. 3.111 zu sehen.

Abb. 3.111: Optischer 13-Kanal-Drehübertrager und Kollimatorarray (Schleifring/BLZ)

Ein maßstäbliches Schnittbild eines kompletten mehrkanaligen Drehübertragers (Schleifring Apparatebau) zeigt Abb. 3.112. In der Bildmitte ist das Prisma zu erkennen. An beiden Seiten finden sich die Kollimatoren und die Anschlußfasern.

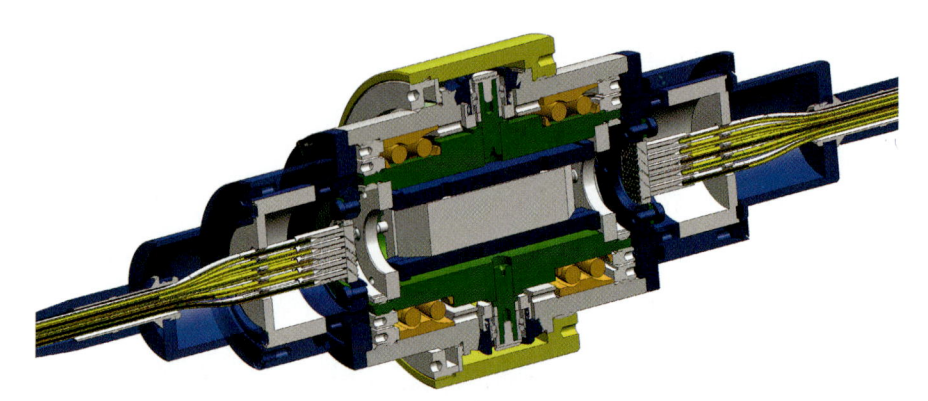

Abb. 3.112: Optischer Drehübertrager mit mehreren Kanälen.

3.6.3 POF-Schleifringe

Nicht immer ist für die Datenübertragung die optische Achse zugänglich. Ein klassisches Beispiel dafür ist der Computertomograph. Hier müssen sehr große Datenmengen aus dem sich drehenden Detektor übertragen werden, wobei nur ein äußerer Ring zur Verfügung steht.

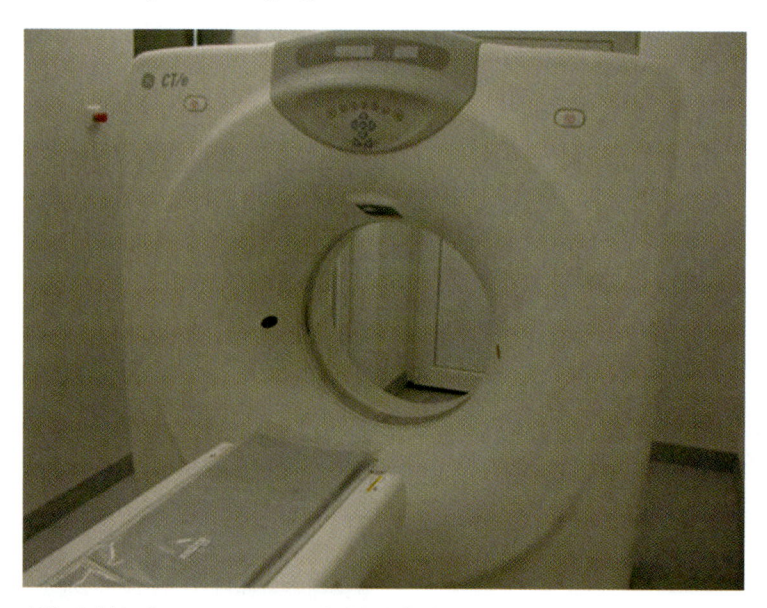

Abb. 3.113: Computertomograph (Tierklinik Augsburg)

Schon in den 90er Jahren entwickelte Prof. Poisel an der FH Nürnberg ein geeignetes Übertragungsverfahren auf Basis von fluoreszierenden Fasern (damals vom RPC in Tver nahe Moskau hergestellt). Das Grundprinzip wird in Abb. 3.114 gezeigt. Über einem feststehenden Ring aus einer Polymerfaser kreist eine LED. Diese kann mit mehreren 100 Mbit/s moduliert werde. In der Faser wird das Licht zum Teil absorbiert und erzeugt längerwelliges Fluoreszenzlicht. Dank der großen Numerischen Apertur wird ein bedeutender Teil dieses Lichts geführt und kann über einen x-Koppler abgegriffen und empfangen werden.

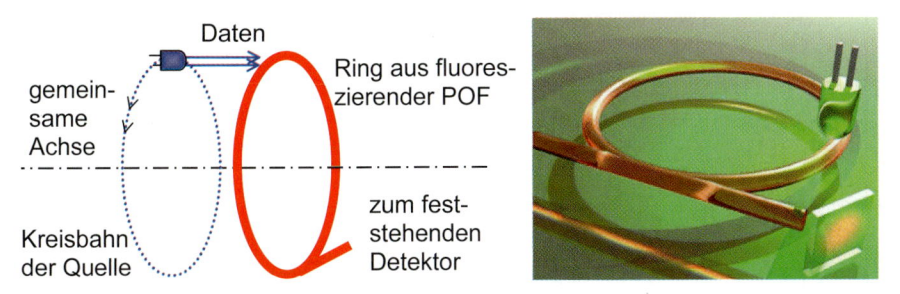

Abb. 3.114: Prinzip des Fluoreszenzschleifrings ([Poi99b])

Damit das Prinzip funktioniert, muß ein effizienter und schnell modulierbarer Sender zur Verfügung stehen. Außerdem muß der Fluoreszenzfarbstoff schnell genug auf das Licht reagieren, also möglichst eine Lebensdauer im ns-Bereich besitzen. In der nächsten Abb. 3.115 wird zunächst ein typisches Fluoreszenzspektrum eines der eingesetzten Farbstoffe gezeigt (links die Absorptionseffizienz, rechts das emittierte Spektrum.

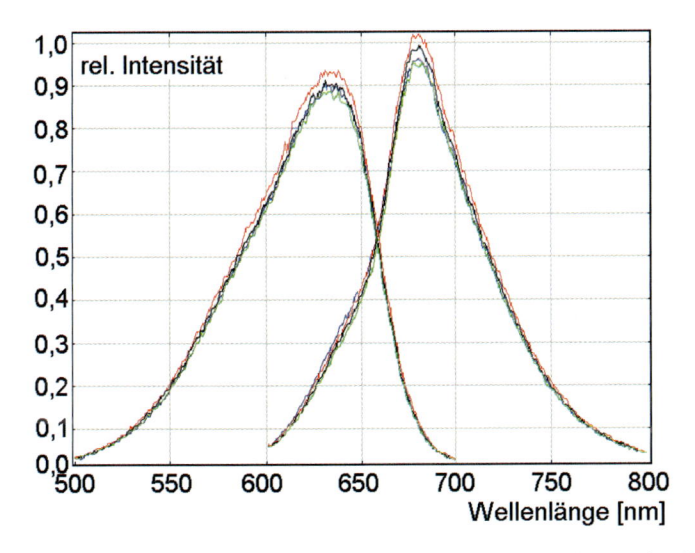

Abb. 3.115: Effizienz der Anregung und emittiertes Spektrum der fluoreszierenden POF ([Poi99b])

Beide Wellenlängenbereiche liegen in den Gebieten akzeptabel niedriger Dämpfung der Polymerfaser. Die Fluoreszenzlebensdauer zeigt Abb. 3.116. Der anregende Impuls (rote Kurve) ist etwa 2 ns breit, während der emittierte Impuls auf etwa 5 ns verbreitert wurde. Die kürzeste Lebensdauer für einen Farbstoff mit ausreichender Effizienz lag bei 1,9 ns. Damit wären theoretisch Übertragungsdatenraten bis zu 500 Mbit/s erreichbar.

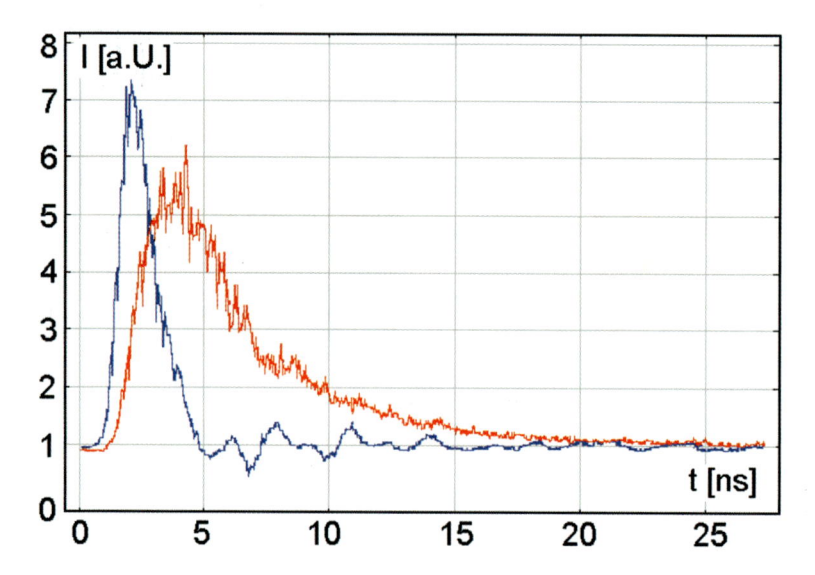

Abb. 3.116: Anregungs- und Emissionspeak (rot) der fluoreszierenden POF ([Poi99b])

3.6.4 Prismenkoppler-Schleifring

In einem weiteren Projekt wurde am POF-AC dann auch eine Lösung für die Übertragung noch sehr viel höherer Bitraten entwickelt. Der Projektname GigaFOS steht für Gigabit - Faser-Optischer Schleifring und wird als Projekt im Rahmen der „Mikrosystemtechnik" vom bayerischen Wirtschaftsministerium gefördert. Ziel ist die Entwicklung von optischen Drehübertragern für Datenraten > 10 Gbit/s. Diese „Schleifringe" müssen dabei einen großen freien Innendurchmesser aufweisen, da sie bevorzugt für medizinische Anwendungen (Computertomographie) eingesetzt werden sollen. Das POF-AC arbeitet in diesem Projekt mit dem BLZ und den Firmen Schleifring und Spinner zusammen.

Die Abb. 3.117 zeigt eines der realisierten Prinzipien, bei der über einen Prismenkoppler Licht in eine halbierte Lichtleiterfaser eingekoppelt wird. Im Anwendungsfall wird dieser Prismenkopf unter Bewegung mit mehreren Metern pro Sekunde im Abstand unter 0,1 µm über den Lichtleiter gleiten. Die Anforderungen hier sind vergleichbar mit denen bei DVD Spielern der nächsten Generation wie z.B. „Blueray". Als Faser wird eine PF-GI-POF verwendet. Damit kann einerseits die hohe Modendispersion der SI-POF eliminiert werden, andererseits lassen sich langwellige Laser aus der Kommunikationstechnik einsetzen.

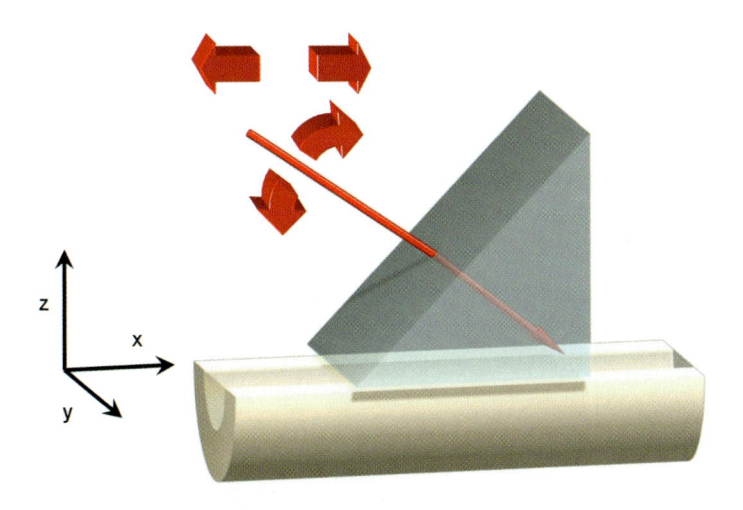

Abb. 3.117: Prismenkopf zur Lichteinkopplung

Am POF-AC wurde ein Demonstrator aufgebaut, der die Funktion an einem auf ca. ein Drittel verkleinerten Modell nachweisen soll. Kernstück neben dem schwebenden Prisma ist die der Länge nach halbierte polymere Faser aus CYTOP mit Gradientenprofil. Das Prinzip und ein Photo des Models (hier mit sichtbarem Licht angeregt) zeigt Abb. 3.118.

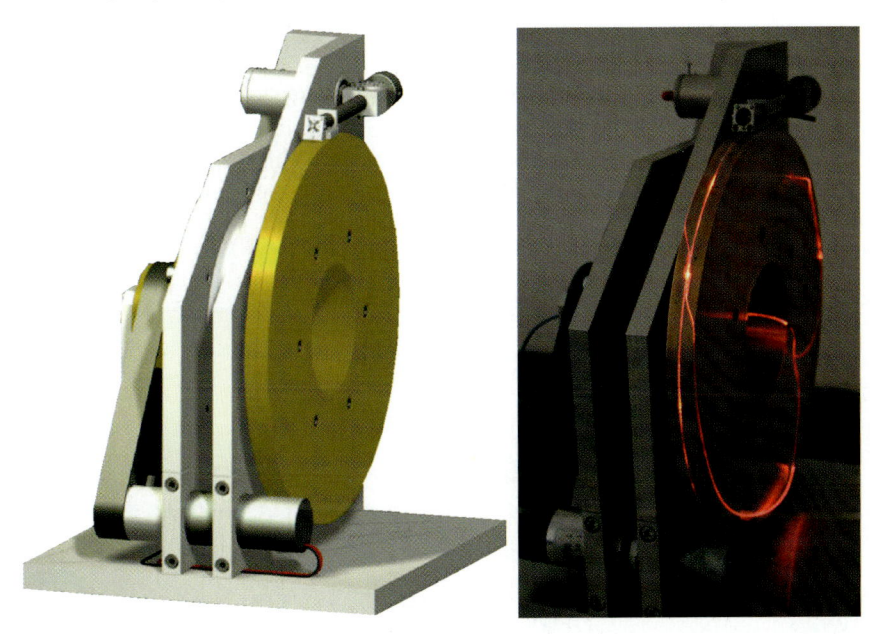

Abb. 3.118: Optischer Schleifring

3.6.5 Der Spiegelgraben-Schleifring

Die jüngste Entwicklung des gemeinsamen Projektes von POF-AC und der Schleifring und Apparatebau GmbH ist ein Übertragungssystem auf Basis eines Spiegelgrabens ([Schl06], [Schi07]). Dabei wird ein Laserstrahl unter sehr kleinem Winkel in eine kreisförmige Nut eingestrahlt. In der Abb. 3.119 wird das Prinzip der Lichtführung durch mehrmalige Reflexion und der rotierende Kopf zur Einkopplung des Lichtes gezeigt.

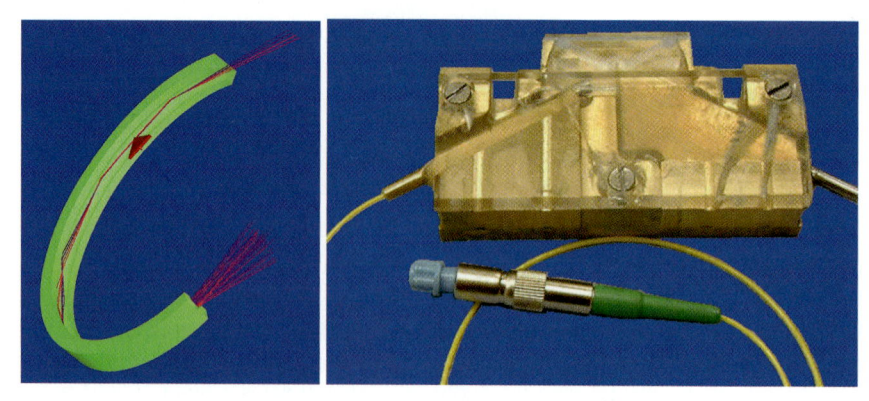

Abb. 3.119: Prinzip des Spiegelgraben-Schleifrings und beweglicher Kopf zur Lichteinkopplung

Da der Spiegelgraben über einen weiten Bereich eine hohe Reflektivität aufweist, können annähend beliebige Wellenlängen verwendet werden. Greift man auf Komponenten aus der Telekommunikation zurück (z.B. Laser bei 1,55 µm) können sehr hohe Datenraten realisiert werden. Gleichzeitig ermöglicht der Einmodenfaseranschluß dieser Bauelemente die Erzeugung eines sehr gut kollimierten Strahls, der über den Umfang des Rings kaum aufgeweitet wird. Der Querschnitt des Grabens und der Prototyp des Gesamtsystems (aus [Schl06]) werden in den Abb. 3.120 und 3.121 gezeigt.

Abb. 3.120: Spiegelgrabenquerschnitt und kompletter Übertrager

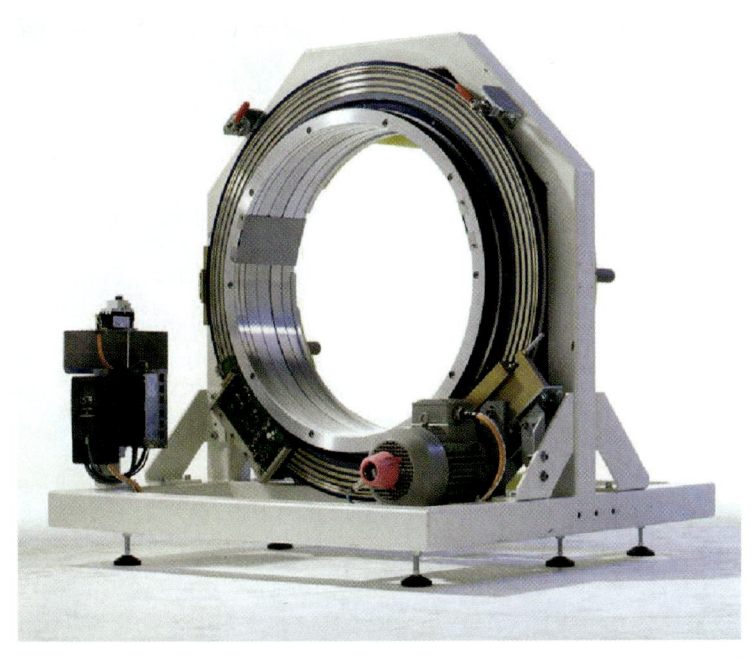

Abb. 3.121: Kompletter Drehübertrager (mit elektrischen Kontakten im Vordergrund)

Nach Angaben aus [Schl06] lassen sich folgende Parameter realisieren.

- Durchmesser: 0,6 m bis 2 m
- Datenrate pro Kanal: 10 Gbit/s (aktuell)
- Datenrate pro Kanal: 40 Gbit/s (in Entwicklung)
- höhere Datenraten durch WDM und/oder parallele Kanäle
- max. Drehgeschwindigkeit: 300 U·min^{-1}
- Bitfehlerwahrscheinlichkeit: $< 10^{-12}$

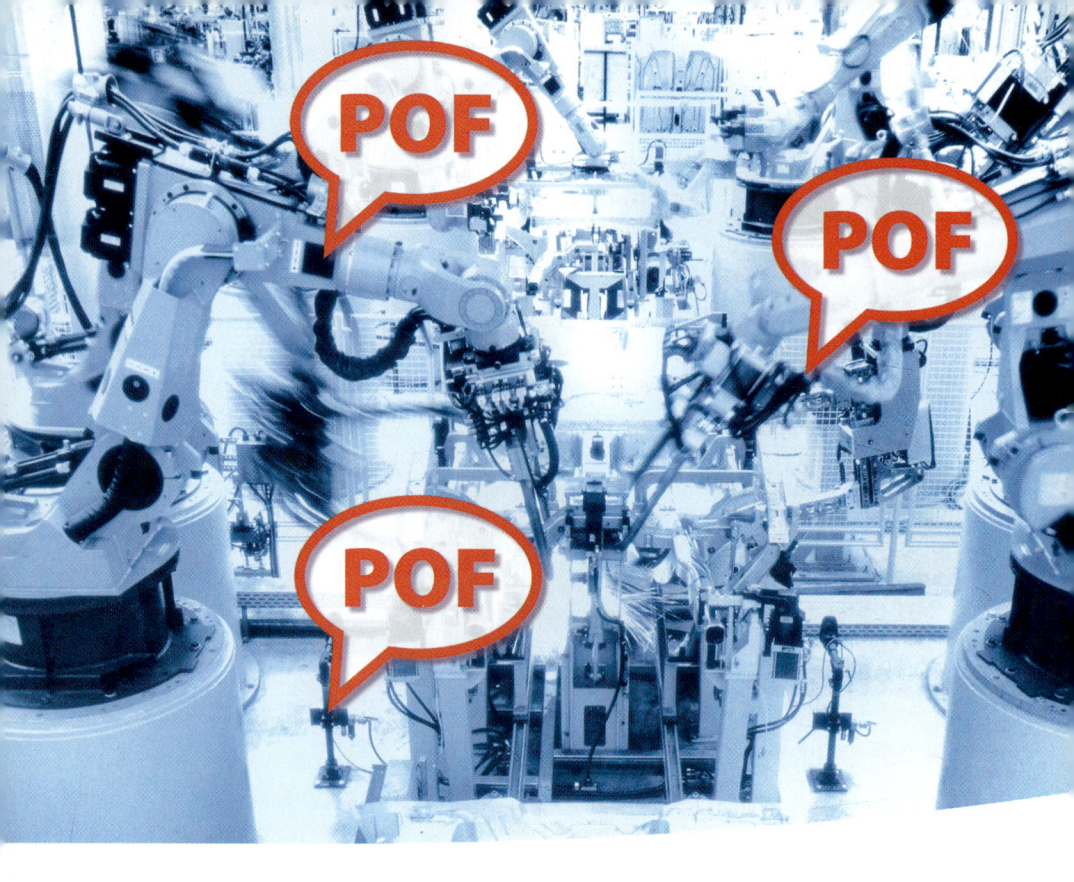

Ihr Spezialist für Lichtwellenleiter

- **Lichtwellenleiter für hochflexiblen und Schleppkettenfähigen Einsatz**
- **Lichtwellenleiter für Feldbusse und Fast Ethernet**
- **Spezialglasfasern**

Ethernet hält Einzug in die Fertigung. Warum also mit Ihrem Netzwerk vor dem Fabriktor Halt machen? LEONI hat sein Angebot an Datenleitungen den neuen Erfordernissen angepasst und um eine neue Produktlinie erweitert: LEONI fO LINE mit **polymeren optischen Fasern** (POF) – für den rauen Alltagsbetrieb in Fertigungsanlagen und -hallen geradezu ideal. Systemunabhängig und wirtschaftlich wie unsere übrigen Datenleitungen auch, sind sie darüber hinaus robust und leistungsfähig. Kurzum die intelligente Alternative für kommende Industrial Ehernet Anwendungen. Vergleichen Sie ruhig.

The Quality Connection

LEONI

LEONI Fiber Optics GmbH
Stieberstraße 5 · 91154 Roth · Telefon +49 (0)9171 804-2133 · E-Mail fiber-optics@leoni.com · www.leoni-fiber-optics.com

4. Aktive Komponenten für optische Systeme

In diesem Kapitel werden die nächsten wichtigen Bestandteile optischer Übertragungssysteme behandelt, die aktiven Komponenten. Mit wenigen Ausnahmen für spezielle Anwendungen kommen Halbleiterbauelemente zum Einsatz.

Zunächst werden einige theoretische Grundlagen erläutert. Danach werden die wichtigsten Typen und Strukturen von Sendern und Empfangsdioden zusammengestellt. Abschließend werden verfügbare Komponenten beschrieben. Wie auch bei den Fasern selber vollzieht sich die technische Entwicklung auf dem Gebiet der optoelektronischen Bauelemente rasant, so daß hier nur eine Momentaufnahme vorgestellt werden kann.

4.1 Sender und Empfänger

Im wesentlichen besteht ein optisches Übertragungssystem aus drei dominierenden Bestandteilen. Der Sender wandelt die elektrische Signalfolge in ein optisches Signal um und speist es in den optischen Übertragungskanal, hier also die Polymerfaser ein. Der Übertragungskanal, der außer der Faser selbst weitere aktive oder passive Komponenten enthalten kann, leitet das optische Signal weiter bis zum Empfänger. In diesem erfolgt die Rückwandlung in ein elektrisches Signal, welches dann zur weiteren Bearbeitung zur Verfügung steht. In der Regel bemüht man sich, daß dabei das empfangene elektrische Signal möglichst identisch mit der Ausgangsinformation ist. Naturgemäß kommen dabei dem Sender und dem Empfänger besondere Bedeutung zu, da diese eine Wandlung des Informationsträgers selbst vornehmen (Licht oder elektrische Spannung).

Zunächst sollen die möglichen Sendeelemente beschrieben werden. Heute werden in der optischen Nachrichtentechnik praktisch ausschließlich Halbleitersendedioden eingesetzt. Die Hauptgründe für deren Einsatz sind:

- ➢ Sehr kleine Bauformen (deutlich unter 1 mm^3)
- ➢ Sehr schnelle Schaltzeiten (wenige ns bis unter 1/10 ns)
- ➢ Hoher Wirkungsgrad (über 50% möglich)
- ➢ Praktisch beliebige Wellenlängen (von 200 nm bis 10.000 nm)
- ➢ Spektral eng begrenzte Lichtemission
- ➢ Kleiner Abstrahlwinkel
- ➢ Kleine abstrahlende Fläche (ergibt effiziente Kopplung an die Faser)
- ➢ Hohe Lebensdauer und Zuverlässigkeit

➢ Sehr großer Einsatztemperaturbereich
➢ Preiswerte Herstellung und Verarbeitung

Nur in wenigen speziellen Anwendungen, z.B. in optischen Freiraumverbindungen oder optischen Überlagerungssystemen werden im kleinen Maßstab andere Laserquellen verwendet, auf die hier aber nicht eingegangen werden soll. Alle thermischen Lichtquellen sind für die optische Lichtleiternachrichtenübertragung wegen der geringen Modulationsgeschwindigkeit und der Größe nicht einsetzbar. Organische Lichtquellen könnten mittelfristig interessante Alternativen darstellen, vor allem wegen des Potentials zur sehr preiswerten Herstellung.

4.1.1 Prinzip der Lichterzeugung in Halbleitern

Halbleiter unterscheiden sich von Metallen und Isolatoren durch ihre Bandstruktur. Ein im Grundzustand (0 K) völlig mit Elektronen besetztes Valenzband ist von einem entsprechend leeren Leitungsband durch eine energetische Lücke (der Bandlücke) mit der Breite W_G getrennt. Wird ein Elektron durch thermische Aktivierung ins Leitungsband gehoben, verbleibt im Valenzband ein Loch. Noch effizienter erfolgt die Füllung von Valenzbandes mit Löchern und des Leitungsbandes mit Elektronen durch eine äußere Stromquelle, also durch Injektion. Beide Teilchenarten können miteinander rekombinieren, wobei ein Lichtquant der Frequenz $f = W_G/h$ ausgestrahlt wird und das Elektron zurück ins Valenzband fällt. Der Bandabstand ist dabei vom Material und vom Bewegungszustand (Impuls) beider Teilchen abhängig. Der Impuls p eines Teilchens ist durch $p = h/\lambda = h \cdot k/2\pi$ gegeben.

Beim direkten Halbleiter befinden sich das Maximum des Valenzbandes und das Minimum des Leitungsbandes (hier halten sich die Ladungsträger bevorzugt auf) direkt übereinander, also beim gleichen Impulswert (Abb. 4.1 linkes Bild). Dadurch kann die Rekombination sehr effizient unter Ausstrahlung von Photonen erfolgen. Beim indirekten Halbleiter liegen die Extrema bei unterschiedlichen k-Werten (Abb. 4.1 rechtes Bild). Bei der Rekombination muß das Elektron seinen Impuls ändern, was über die Wechselwirkung mit einem Phonon (Gitterschwingung) erreicht wird. Da hierbei drei Teilchen miteinander in Wechselwirkung treten müssen, ist die strahlende Rekombination weniger wahrscheinlich und ineffizient. Nur einige der vielen bekannten Halbleiter besitzen eine direkte Bandstruktur. Bei Mischhalbleitern, also Kombinationen von mehr als zwei Elementen, gibt es oft nur bestimmte Bereiche, in denen das Material direkt ist.

Auch indirekte Halbleiter können als Lichtquellen eingesetzt werden, allerdings sind sie ineffizient und langsam und spielen im Rahmen dieser Betrachtungen keine Rolle. Einige grüne LED werden z.B. aus indirekten Halbleitern (z.B. GaP) hergestellt, wobei sog. tiefe Störstellen eingebaut werden, über die die Lichtemission erfolgt. In jüngster Zeit konnte auch der bekannteste indirekte Halbleiter, das Silizium, zum Leuchten angeregt werden. Neben dem äußerst geringen Wirkungsgrad sind diese Sender aber auch i.d.R. noch zu langsam.

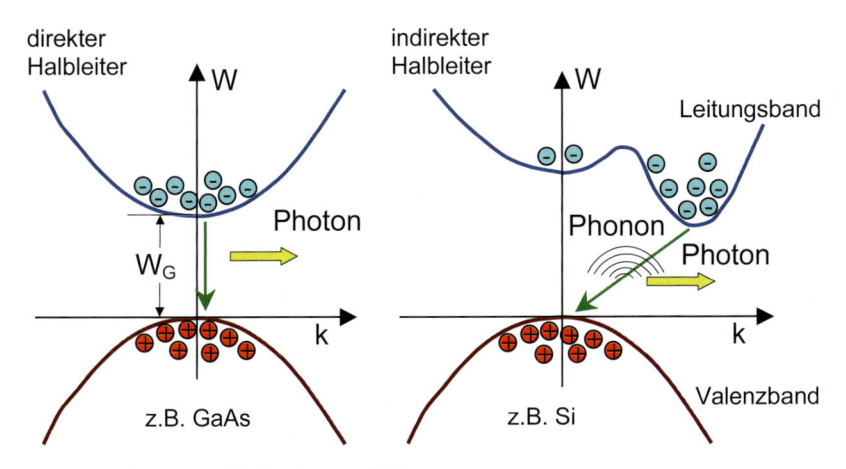

Abb. 4.1: Direkter und indirekter Halbleiter

Um einen direkten Halbleiter zum Leuchten zu bringen, reicht es prinzipiell, ihn mit Strom zu versorgen, also auf einer Seite Elektronen und auf der anderen Seite Löcher zu injizieren. Allerdings ist dieser Vorgang nicht sehr effektiv. Die ersten Lichtquellen wurden erst durch die Entwicklung des p-n-Übergangs realisierbar. Halbleiter können dotiert werden. Dabei werden Atome des Materials durch andere Kerne mit überschüssigen oder fehlenden Elektronen ersetzt. An der Grenzschicht zwischen einem p-Gebiet (mit fehlenden Bindungselektronen) und einem n-Gebiet (mit überschüssigen Bindungselektronen) werden die nicht gebundenen Elektronen in die freien Löcher wandern, wobei eine Raumladungszone entsteht (einige µm breit).

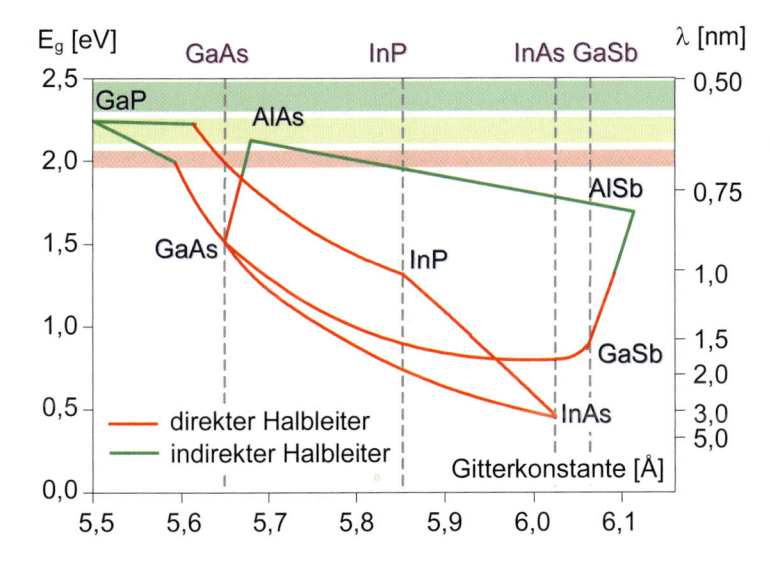

Abb. 4.2: Gitterkonstanten und Bandabstände verschiedener Halbleiter

Bei Stromiinjektion bildet genau diese Zone einen Bereich, in dem Löcher und Elektronen gleichzeitig mit großer Konzentration vorhanden sind. Ein weiterer Effekt ist, daß durch die Dotierung die Leitfähigkeit gegenüber einem reinen Halbleiter um viele Größenordnungen erhöht wird. Abbildung 4.2 zeigt den Bereich, in dem viele optische Halbleiter direkt sind. Die farbigen Streifen markieren die Dämpfungsfenster der PMMA-POF.

Von speziellem Interesse ist das Materialsystem $(Al_xGa_{1-x}In)_yP$. (Bandlücke und Gitterkonstante in Abb. 4.3). Bei 50% Indiumanteil ist der Halbleiter gitterangepaßt an GaAs. Damit kann theoretisch der Wellenlängenbereich von 525 nm bis 656 nm abgedeckt werden, also dort, wo die POF ihre Minima hat.

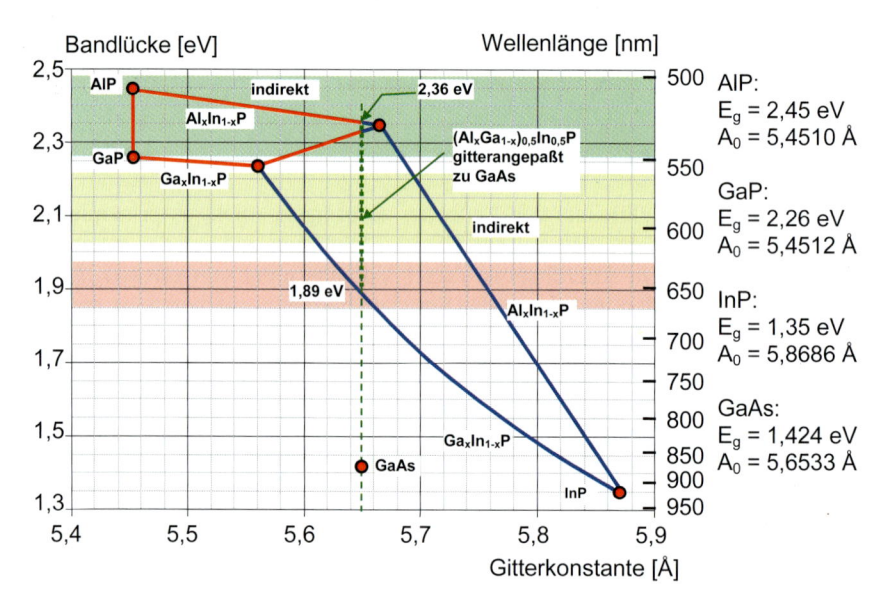

Abb. 4.3: Gitterkonstanten und Bandabstände im AlP/GaAs-Materialsystem ([Li05])

Abbildung 4.4 zeigt entsprechend die Gitterkonstanten und Bandlücken für das GaN-Halbleitersystem. Leider gibt es für dieses Material kein geeignetes (also gitterangepaßtes) Substratmaterial. Üblicherweise verwendet man SiC (ein leitfähiges Material) oder Saphir (Isolator). In beiden Fällen muß eine Zwischenschicht eingefügt werden, in der sich die Gitterkonstante an das LED-Material anpaßt. Diese Schicht ist voller Störstellen und Verwerfungen. Glücklicherweise sind diese elektrisch neutral (anders als bei den $A_{III}B_V$-Halbleitern). Eine theoretische Erklärung dieses Phänomens gelang erst in den letzten Jahren.

In den Bildern erkennt man eine weitere zwingende Voraussetzung für die Konstruktion eines leuchtenden Bauelements. Die verschiedenen Schichten werden durch unterschiedliche Verfahren auf ein Substrat aufgebracht (Epitaxie). Das Substrat ist ein Träger aus Halbleitermaterial, der vorher aus einem monokristallinen Block herausgeschnitten wurde (mit typischen Dicken von 100 μm bis 300 μm). Dieser Träger ermöglicht einerseits überhaupt die Handhabarkeit des üblicherweise extrem dünnen Schichtaufbaus, andererseits gibt er die Kristallstruktur der aufgewachsenen Halbleiterschichten vor.

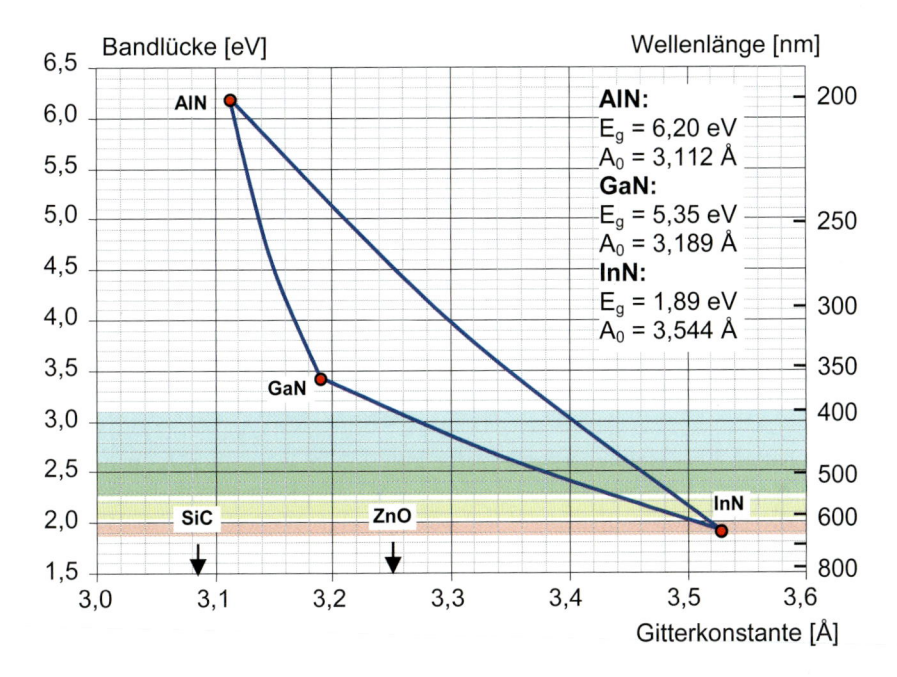

Abb. 4.4: Parameter des GaN-Materialsystems

Ist die Gitterkonstante von Substrat und Schichten völlig identisch, treten im Kristall keine Kräfte auf. Unterscheiden sich die Gitterkonstanten um einen kleinen Betrag, sind die aufgebrachten Schichten leicht deformiert (verspannt). Diese Fehlanpassung (Gitter-Misfit) kann üblicherweise einige Promille betragen. Wird er größer, treten Versetzungen auf, die die Funktion des Bauelementes massiv beeinflussen können.

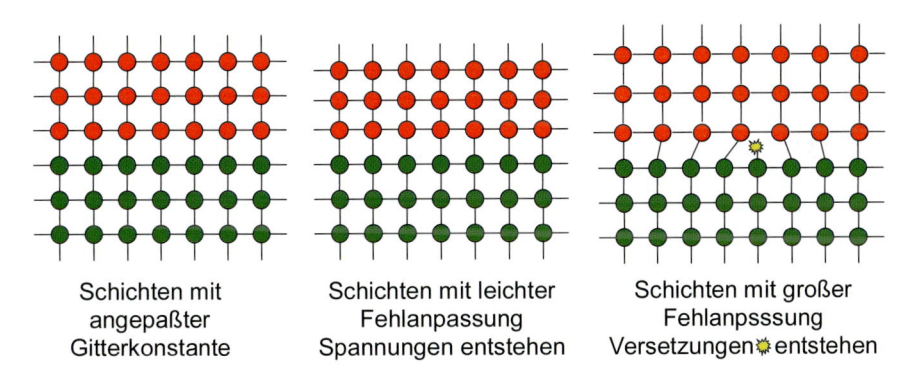

Abb. 4.5: Gitter(fehl)anpassung in Halbleitern

In Abb. 4.5 wird der Prozeß der Gitteranpassung schematisch demonstriert. Links ist ein gitterangepaßtes Element zu sehen. In der Mitte ist eine verspannte Schicht aufgebracht, während rechts bereits eine Versetzung aufgetreten ist. In vielen Fällen ist die Bandstruktur an einer solchen Versetzung so stark gestört, daß dort Ladungsträger verlorengehen, ohne Licht zu erzeugen. Das verringert zunächst den Wirkungsgrad und führt zu starker lokaler Wärmeentwicklung. Durch Ausdehnung der Gitterstörung kann schließlich das Bauelement völlig unbrauchbar werden.

Substrate lassen sich nicht aus jedem Halbleiter beliebig gut herstellen. Insbesondere kommen dafür praktisch keine Mischhalbleiter in Frage. Häufig verwendete Materialien sind z.B. Si, GaAs, InP oder Al_2O_3 (Saphir, für InGaN). Wichtig ist dabei auch die Leitfähigkeit des Substratmaterials. Ist diese zu schlecht, müssen beide Kontakte über die Schichtfolge realisiert werden.

4.1.2 Strukturierung von Halbleiterbauelementen

Die Eigenschaften einer Halbleiterquelle definieren sich im wesentlichen über drei wesentliche Konstruktionsparameter. Die Wahl des Halbleitermaterials bestimmt maßgeblich die Emissionswellenlänge, wie oben gezeigt. Weiterhin ist die Wahl zwischen einem direkten Halbleiter und indirektem Halbleiter entscheidend für die Effizienz und Modulierbarkeit. Zum dritten gibt es verschiedene Möglichkeiten zur räumliche Strukturierung der Diode, wodurch die Dichte der Ladungsträger ebenso beeinflußt werden kann, wie die Lichtführung innerhalb des Bauelementes und die Auskopplung der Strahlung. Im weiteren werden verschiedene dieser Strukturierungsmöglichkeiten beschrieben.

Halbleiterdioden bestehen aus einer Schichtfolge unterschiedlicher Materialien um effiziente Lichterzeugung zu ermöglichen. Es müssen also mehrere Forderungen kombiniert werden:

➢ Die lichtemittierende Schicht soll eine der gewünschten Wellenlänge entsprechende Bandlücke aufweisen.
➢ Dieses Material sowie das Material der übrigen Schichten muß zum Substrat gitterangepaßt sein.
➢ Durch Dotierung muß sich ein p-n-Übergang nahe der lichtemittierenden Schicht bilden lassen, alle übrigen Schichten müssen gut leitend sein.
➢ Alle Schichten sollen sich mit einem einheitlichen Verfahren herstellen lassen.

Glücklicherweise lassen sich viele Halbleiter mischen. Beispielsweise kann man Halbleitermaterialien aus den Elementen der dritten Hauptgruppe (Ga, Al, In) und der fünften Hauptgruppe (As und P) herstellen, indem man die jeweiligen Bestandteile in fast beliebiger Weise mischt. Hier spricht man von A_{III}-B_V-Halbleitern (oder kurz von III-V-Halbleitern). Ähnliche Kombinationen sind zwischen Elementen der zweiten und sechsten Hauptgruppe zu finden (II-VI-Halbleiter). Ein Beispiel für einen derartigen Mischhalbleiter ist das $Ga_xAl_{(1-x)}In_yP_{(1-y)}$. Sowohl Gitterkonstante als auch Bandabstand dieser Komposition sind in relativ komplizierter Weise von den Mischanteilen x und y abhängig. Durch Wahl der Kombinationen kann in einem bestimmten Bereich der Bandabstand so gewählt werden, daß dennoch Gitteranpassung an ein bestimmtes Substrat, z.B. InP, gewährleistet wird. Diese Materialwahl wird durch eine Vielzahl physikalischer und technologischer Probleme begleitet, die die tatsächlichen Wahlmöglichkeiten noch einmal einschränken. Dennoch haben sich eine Reihe erfolgreicher Materialsysteme etabliert, die heute einen breiten Spektralbereich vom Ultraviolett bis ins mittlere Infrarot abdecken.

Weitere Anstrengungen zur Erhöhung der Trägerkonzentration in der aktiven (also leuchtenden) Schicht führten zur Single- und Doppelheterostruktur. Bei letzterer wird die aktive Schicht von zwei Mantelschichten mit vergrößertem Bandabstand eingeschlossen (siehe Abb. 4.6). Die Ladungsträger sammeln sich in der aktiven Schicht, und die Effizienz wird gesteigert.

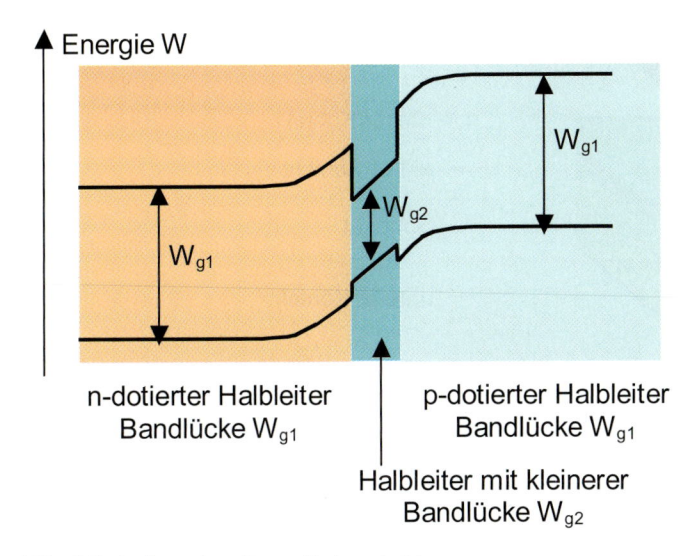

Abb. 4.6: Aufbau einer Doppelheterostruktur

In Laserdioden ist nicht nur der unterschiedliche Bandabstand sondern auch der damit verbundene unterschiedliche Brechungsindex interessant. Die Zwischenschicht bildet für das Licht einen optischen Wellenleiter, wodurch die Effizienz ebenfalls steigt. Für Oberflächenemitter spielt dieser Effekt keine Rolle.

Weitere Möglichkeiten der Vertikalstrukturierung sind Schichten zur separaten optischen Führung des Lichtes oder der Einsatz von sog. Quantengräben. Hier wird die Schichtdicke so weit verringert, daß sich die Ladungsträger nur noch in einer Ebene bewegen können. Damit wird die Bandstruktur fundamental verändert. In der Praxis zeichnen sich SQW- und MQW-Strukturen (Single- und Multi Quantum Well) durch besonders großen Wirkungsgrad und sehr stabile Wellenlängen aus, allerdings erfordern sie auch sehr aufwendige Prozesse und sind nicht mit jedem Material realisierbar.

4.1.3 Strukturen von Halbleitersendern

4.1.3.1 Lumineszenzdiode

Die älteste und einfachste Form eines lichtemittierenden Halbleiters ist die Lumineszenzdiode (LED: Light Emitting Diode). Sie benötigt im wesentlichen zwei Schichten gleichen Halbleiters, die den p-n-Übergang bilden, wie Abb. 4.7 zeigt. Dort wird dann auch das Licht emittiert. Der interne Wirkungsgrad kann dabei durchaus über 50% liegen ([Kra99] und [Hop00]). Da für das Licht keinerlei Führung besteht, wird es in alle Richtungen abgestrahlt. Wegen der großen Brechzahl üblicher Halbleiter (n = 3,5) können aber nur Strahlen, die annähernd senkrecht auf die Grenzfläche treffen, das Bauelement zu verlassen. Unter Berücksichtigung der Lichtbrechung an der Oberfläche hat eine LED dann näherungsweise die Charakteristik eines Lambertstrahlers [Ziem01c].

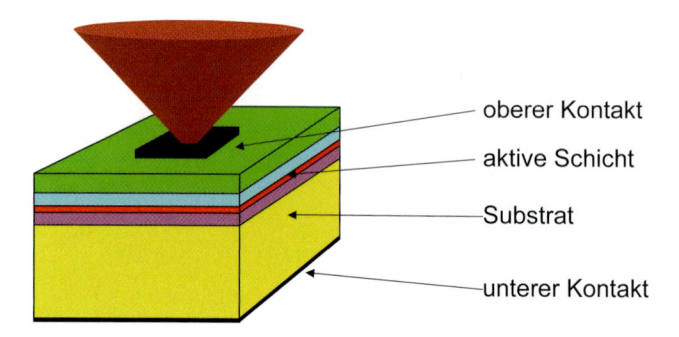

Abb. 4.7: Aufbau einer LED

Wird ein leitfähiges Substrat verwendet, kann ein Kontakt unten und der zweite auf dem Schichtpaket angebracht werden. Oft werden LED mit dem Schichtpaket nach unten auf den Metallträger aufgeklebt (face down). Da das Substrat dabei für das abgestrahlte Licht durchlässig ist, spielt das für die Abstrahlung keine Rolle. Die bei der Funktion entstehende Wärme kann besser abgeführt werden, so daß die mögliche optische Leistung steigt. Schließlich wird das Bauelement in einem transparenten Gehäuse verpackt, so daß der Halbleiter keiner Luftfeuchtigkeit ausgesetzt und mechanisch geschützt ist. Durch Formung einer Linse kann die Abstrahlcharakteristik dann noch in geeigneter Weise angepaßt werden.

4.1.3.2 Laser- und Superlumineszenzdiode

Laserdioden haben prinzipiell den gleichen Schichtenaufbau wie LED, also einen p-n-Übergang, i.d.R. verbunden mit einer Doppelheterostruktur, planar auf ein Substrat aufgewachsen. Laser arbeiten aber bei wesentlich höheren Ladungsträgerkonzentrationen. Dazu ist eine Verkleinerung des lichterzeugenden Bereiches notwendig (z.B. durch einen schmalen elektrische Kontakt und seitliche Strombarrieren). Oberhalb einer bestimmten Stromdichte wird die stimulierte Emission so stark, daß die Verluste im Bauelement übertroffen werden. Als letzte Bedingung muß jetzt noch ein Resonator hergestellt werden. Im einfachsten Fall wird dieser durch zwei parallel gebrochene Halbleiterkanten gebildet (Fabry-Perot-Laserdiode). Abbildung 4.8 zeigt die prinzipielle Struktur.

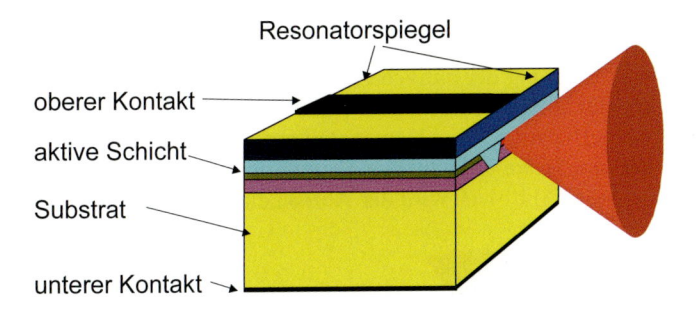

Abb. 4.8: Aufbau eines Halbleiterlasers

Der Laser hat gegenüber der LED eine Reihe von Vorteilen. Durch die stimulierte Emission ist die externe Effizienz wesentlich größer. Die hohe Ladungsträgerdichte führt zu hohen Modulationsgeschwindigkeiten. Die Abstrahlung erfolgt aus einer wesentlich kleineren Fläche in einem schmaleren Winkelbereich als bei der LED. Die Laserwellenlänge wird nicht nur durch den Halbleiter sondern auch durch die Resonatoreigenschaften bestimmt. Während LED einige 10 nm spektrale Breite besitzen, beträgt diese bei Lasern nur einige nm oder noch weniger bei einmodigen Lasern. Nachteilig sind der seitliche Lichtaustritt, das Vorhandensein einer Laserschwelle und die große Temperaturabhängigkeit einiger Parameter.

Praktisch identisch aufgebaut ist eine Superlumineszensdiode (SLED), oft auch als ELED (Edge emitting LED) bezeichnet. Hier ist zumindestens eine Seite entspiegelt, so daß kein Resonator entsteht. Das Bauelement wird dennoch oberhalb der Transparenzkonzentration betrieben, so daß die stimulierte Emission überwiegt. Da diese in Richtung der aktiven Schicht am effizientesten ist, strahlt die SLED ebenso wie die LD zur Seite ab. Eine sehr ansprechende Einführung in die Grundbegriffe der Halbleiterphysik findet man z.B. in [BS00].

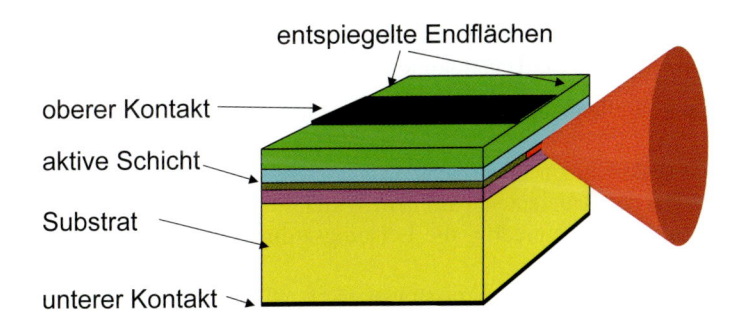

Abb. 4.9: Aufbau einer Superlumineszensdiode

4.1.3.3 Oberflächenemittierende Laser

Oberflächenemittierende Laser mit vertikalem Resonator (VCSEL: Vertical Cavity Surface Emitting Laser Diodes) sind Bauelemente mit faszinierenden Eigenschaften und vielfältigen Gestaltungsmöglichkeiten ([Wip98], [Wip99]).

Die prinzipielle Schichtstruktur ist wiederum mit einer normalen Doppelheterostruktur-LED identisch. Um das Bauelement in den Laserbetrieb zu bringen, wird der Resonator aber nicht in Richtung der aktiven Schicht, sondern senkrecht dazu aufgebaut. Da die aktive Schicht nur wenige Zehntel Mikrometer dick ist, reichen die niedrigen Reflexionskoeffizienten von Kantenemittern nicht aus. Vielmehr muß das Licht viele Male die aktive Schicht durchlaufen, um eine ausreichende Lichtverstärkung zu erzielen. In Abb. 4.10 wird der Aufbau eines VCSEL gezeigt.

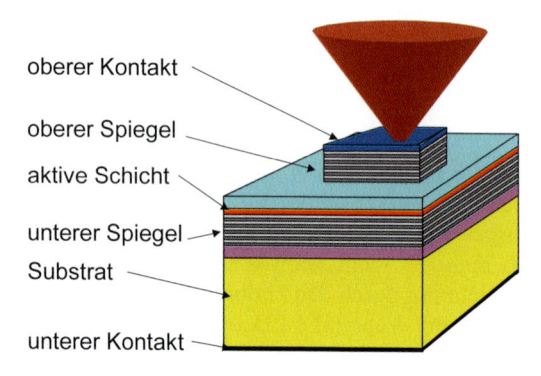

Abb. 4.10: Aufbau eines VCSEL

Um den Strom zu begrenzen, wird praktisch immer über eine Einschränkung des leitfähigen Bereiches unter dem oberen Kontakt die Licht emittierende Fläche begrenzt (Aperturdurchmesser typisch einige 10 µm). Damit ist das aktive Volumen viel kleiner als bei herkömmlichen Lasern. Daraus resultieren Schwellenströme, die typisch im Bereich weniger mA liegen, aber auch unter 100 µA betragen können. Das beschränkt aber auch die Ausgangsleistung auf wenige mW. Die Effizienz ist ebenso hoch, wie bei den besten Laserdioden. Für Datenkommunikation mit POF gilt i.d.R. eine Beschränkung der Laserleistung durch Bestimmungen zur Augensicherheit, so daß typische VCSEL-Leistungen völlig ausreichend sind. Vorteile der VSCEL-Technologie sind:

➢ Die Änderung der Wellenlänge mit der Temperatur beträgt nur ca. 1/3 des Wertes für LED.
➢ Der Laser strahlt senkrecht zur Oberfläche. Das erleichtert die Ankopplung an Fasern und den Test der Bauelemente auf dem Wafer.
➢ Der Schwellenstrom ist sehr niedrig, die Leistungsaufnahme des Senders ist damit sehr klein.
➢ Der VCSEL strahlt mit kleinem Emissionswinkel annähernd kreissymmetrisch und ist damit ideal für die Kopplung an Fasern.
➢ Das Spektrum eines VCSEL ist sehr schmal, verglichen mit LED.

Die größte Schwierigkeit bei der VCSEL-Herstellung stellen die Spiegel dar. Sie müssen teilweise über 99% des Lichtes reflektieren. Dazu werden wechselnde Schichten verschiedener Halbleitermaterialien aufgebracht. Für beide Spiegel können dies über 200 zusätzliche Schichten sein. Die Auswahl geeigneter Halbleiter ist, insbesondere für kurzwelligere Bereiche, leider sehr eingeschränkt. Wie in Kap. 4.2.5 noch gezeigt werden wird, könnten VCSEL die ideale Quelle für POF-Systeme darstellen.

Im Bereich 780 nm und 850 nm sind inzwischen sehr leistungsfähige VCSEL verfügbar, die neben einem Temperaturbereich von bis über +125°C und hoher Effizienz auch Geschwindigkeiten bis 12 Gbit/s erlauben. Im Bereich um 650 nm sieht die Situation noch anders aus. Durch die verschlechterte Wärmeleitfähigkeit (bedingt durch den Al-Anteil) sinkt die maximale Einsatztemperatur. Kommerzielle 650 nm-VCSEL sind nur bis ca. +45°C verwendbar. An der Univ. Stuttgart wurde aber kürzlich auch für rote VCSEL ein CW-Laserbetrieb bei 70°C erzielt.

4.1.3.4 Resonant Cavity LED

Resonant Cavity LED (RC-LED) wurden in den letzten Jahren z.B. von Mitel und Infineon vorgestellt ([Ste98], [Stre98a], [Stre98b], [Schö99a]). Der Aufbau entspricht dem eines VCSEL (siehe Abb. 4.11).

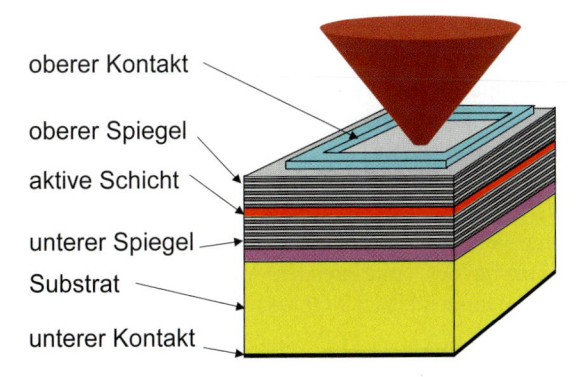

Abb. 4.11: Aufbau einer RC-LED

Das Bauelement arbeitet oberhalb der Transparenzkonzentration in der aktiven Schicht. Das bedeutet, daß bereits stimulierte Emission überwiegt. Die Reflektivität der Spiegel ist aber so klein gewählt, daß kein Laserbetrieb auftritt.

Eine RC-LED arbeitet ohne Schwellenstrom, kann also einfacher moduliert werden. Das Spektrum ist breiter als das eines VCSEL, aber ebenso wenig temperaturabhängig. Die Effizienz bisher hergestellter RC-LED beträgt einige Prozent. Sie sind für Modulation bis zu etlichen 100 Mbit/s geeignet. Rote RC-LED werden bereits in Komponenten für den Automotive-Bereich, aber auch in der Heimvernetzung eingesetzt. Im Materialsystem GaN können noch keine effizienten Halbleiterspiegel hergestellt werden. Grüne RC-LED mit alternativen Spiegeltechnologien wurden von der Fa. Firecomms realisiert.

4.1.3.5 Non Resonant Cavity LED

Namentlich eng verwandt, jedoch auf einem völlig anderen Prinzip basierend, arbeitet die Non Resonant Cavity LED (NRC-LED), die vom IMEC Belgien in Zusammenarbeit mit der Universität Erlangen entwickelt wurde.

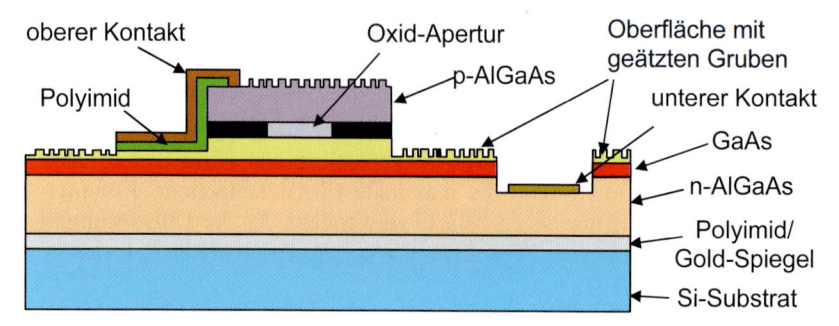

Abb. 4.12: Aufbau einer NRC-LED

Im Gegensatz zur RC-LED wird hier kein Resonator gebildet. Es tritt auch keine nennenswerte stimulierte Emission auf. Das Prinzip besteht vielmehr darin, daß die Effizienz der Lichtauskopplung gegenüber herkömmlichen LED vergrößert wird. Normalerweise können nur Lichtstrahlen mit nicht mehr als 17° Winkel gegenüber der Senkrechten einen Halbleiter mit n = 3,5 verlassen. Das übrige Licht wird total reflektiert. Ist auch die Chipunterseite verspiegelt, kann diese Strahlung u.U. vielfach zwischen Träger und Chipoberseite hin- und herlaufen. Bei der NRC-LED ist die Oberseite durch selektives Ätzen aufgerauht (siehe z.B. Abb. 4.13 aus [Här03]). Das Licht wird diffus reflektiert. Damit wird Licht jeden Winkels mit hoher Wahrscheinlichkeit nach wenigen Reflexionen die Möglichkeit zum Verlassen des Chips erhalten. Wirkungsgrade von über 50% sind möglich. Eine zusätzliche seitliche Begrenzung des emittierenden Volumens erhöht die Effizienz und erlaubt Modulationsdatenraten bis zu 2 Gbit/s (siehe Abschn. 4.2.6).

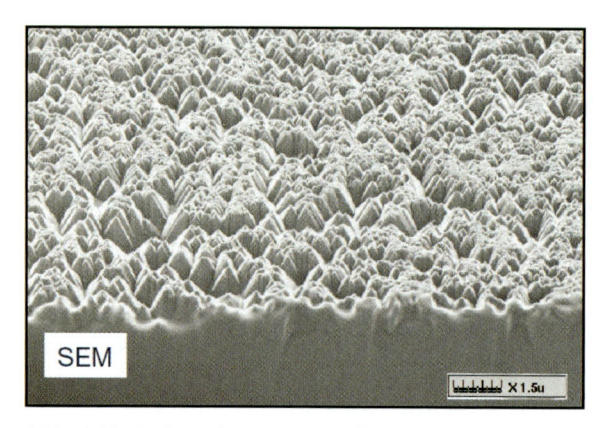

Abb. 4.13: Aufgerauhte LED-Oberfläche [Här03]

Während die ersten NRC-LED im Wellenlängenbereich um 800 nm realisiert wurden, können sie inzwischen auch im sichtbaren Bereich hergestellt werden. Vergleichbare Auskoppel-Wirkungsgrade von >50% können aber auch mit anderen Methoden erreicht werden. Als sehr effektiv haben sich schräge Seiten des LED-Chips erwiesen.

4.2 Sendedioden für die Datenkommunikation

Die folgenden Abschnitte beschreiben Beispiele für Sendedioden, die für POF-Systeme entwickelt wurden, oder zumindest für solche verwendet werden können. Zwischen Halbleitersendern für Glasfasern und für POF besteht ein wesentlicher Unterschied - der Preis. Die große Menge an heute verfügbaren Lasern für 850 nm bis 1,55 µm wurde zumeist speziell für die Datenübertragung entwickelt. Alle anderen Anwendungen sind dagegen relativ klein. Zu Beginn der Entwicklung waren die Stückzahlen noch niedrig, dafür kosteten Laserdioden teilweise mehrere 10.000 DM. Heute sind die Komponenten viel preiswerter, dafür sind die Stückzahlen deutlich größer.

Für POF-Komponenten sieht die Situation völlig anders aus. Von Anfang an müssen POF-Systeme mit anderen Massentechnologien auch preislich konkurrieren können. Dabei bleibt für die Sendedioden oft nur ein Preisspielraum von wenigen 10 ct. Die Entwicklungskosten für neue Bauteile können nicht auf die ersten Produktgenerationen umgelegt werden. Die meisten Hersteller wollen sich also erst dann mit der Entwicklung von neuen Komponenten befassen, wenn Produktionsmengen von Millionen Stück pro Jahr garantiert sind. Solange aber keine optimierten POF-Sender verfügbar sind, wird die Verbreitung der Technologie behindert. Glücklicherweise tolerieren viele POF-Anwendungen so weite Bereiche in den Bauteileparametern, daß LED oder Laser aus anderen Massenanwendungen verwendet werden können. Im Kapitel über POF-Systeme werden viele Experimente vorgestellt, bei denen z.B. LED für Beleuchtungszwecke oder Laser aus Laserpointern und Barkodelesern eingesetzt wurden. Erst für die MOST-Netze wurden neue Sender entwickelt, da hier ein Masseneinsatz sehr wahrscheinlich war. Mit dem in Deutschland 2006 startenden Einsatz der POF dürfte sich die Situation ändern. Der steigende Bedarf an POF-Systemen wird Entwicklungen bei verschiedenen Herstellern initiieren. Das wird zu fallenden Preisen und schnell verbesserten Parametern führen und damit den breiteren POF-Einsatz beflügeln.

4.2.1 Rote LED und SLED

Seit etwa Mitte der 80er Jahre werden kommerzielle POF-Komponenten auf Basis roter LED und SLED angeboten. In den ersten Jahren waren es vor allem GaAlAs-LED, deren Emissionswellenlänge im Bereich 660 nm bis 670 nm lag. Durch die Verwendung quaternärer Halbleiter konnte im weiteren Verlauf die Wellenlänge besser an das 650 nm-Minimum angepaßt werden.

Ring-LED 650 nm

Eine speziell für POF angepaßte LED wird in [Dut95] und [Yam95] beschrieben. Die Emissionswellenlänge der Doppelheterostruktur-LED ist 655 nm, optimiert auf das Dämpfungsminimum der POF. Abbildung 4.14 zeigt die LED-Struktur.

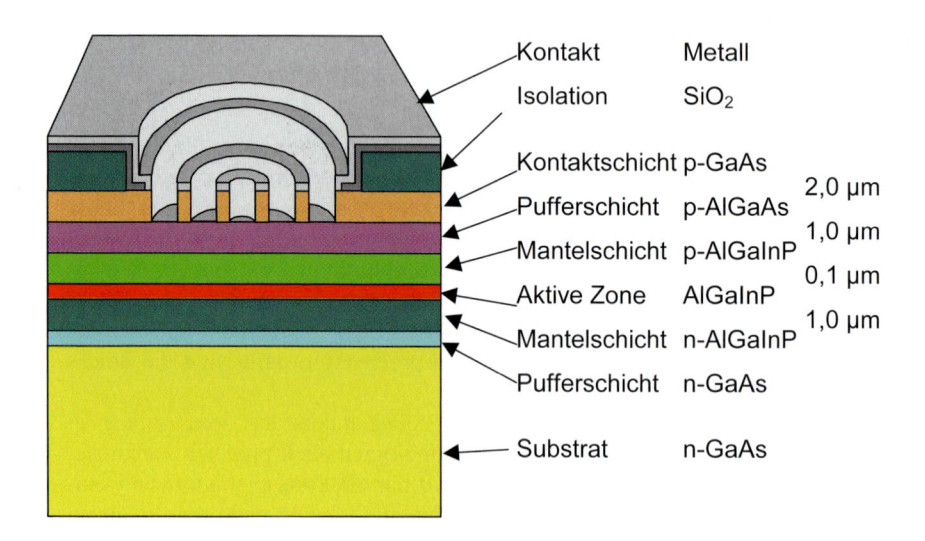

Abb. 4.14: Rote LED mit Ringkontakt nach [Dut95]

Die besondere Anpassung der Struktur besteht in der Verwendung ringförmiger Kontakte (Außendurchmesser 65 µm) anstelle eines mittig angebrachten Kontaktes, wie bei LED üblich. Damit wird das Nahfeld besser an die Faserkopplung angepaßt. Bei direkter Kopplung mit einer 2 mm Kugellinse an eine 1 mm-POF können 35% der Leistung eingekoppelt werden. Mit einer speziellen aufgebrachten Kunststofflinse kann der Koppelwirkungsgrad auf 70% erhöht werden. Dabei beträgt die emittierte Leistung bis zu 1,7 mW bei 100 mA Diodenstrom. Die spektrale Breite beträgt 25 nm, die Modulationsdatenrate bis zu 156 Mbit/s.

SLED 650 nm

Superlumineszensdioden ermöglichen schnellere Modulation und haben einen kleineren Abstrahlwinkel als herkömmliche LED. Sie wurden Ende der 90er Jahre in verschiedenen POF-Sendern verwendet. So wurden Sie z.B. von Hewlett Packard und NEC eingesetzt (siehe auch Abb. 4.71).

MOST-LED

Für den Einsatz in mobilen Netzen ist vor allem eine geringe Temperaturabhängigkeit der Ausgangsleistung entscheidend. In [Baur02] wurde eine rote LED mit besondern kleiner Änderung der Ausgangsleistung (nur 2 dB) im Bereich von 20°C bis 125°C vorgestellt (Abb. 4.15).

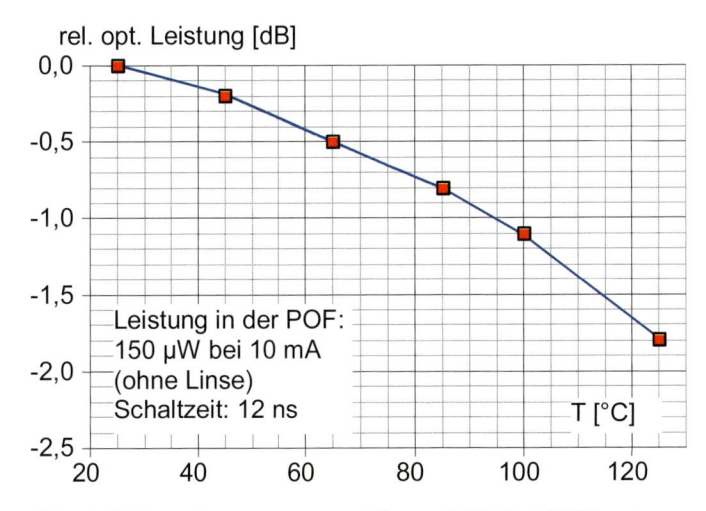

Abb. 4.15: Besonders temperaturstabile rote LED für MOST

4.2.2 Rote Laserdioden

Laserdioden im Bereich um 650 nm werden seit einer Reihe von Jahren in großen Stückzahlen hergestellt. Wichtigste Anwendungen sind CD- und DVD-Laufwerke, Laserpointer und Scanner. Wirklich große Modulationsbandbreiten werden dabei nicht gefordert. Da in den meisten Anwendungen die Laser dabei nicht ständig arbeiten müssen, sind auch die spezifizierten Lebensdauern nicht immer für Anwendungen in der Datentechnik geeignet. Hauptnachteil ist zumeist die Bauform, die nicht für die Kopplung an Fasern optimiert ist. Generell arbeiten diese Laser mit $A_{III}B_V$-Halbleitern wie AlGaAs oder AlInGaP.

Laserdiode, 650 nm

In [Hon00] wird ein 650 nm Laser auf Basis von AlInGaP vorgestellt. Bei Zimmertemperatur beträgt der Schwellenstrom nur 9 mA, der Laser ist bis zu +90°C einsetzbar, was für den Einsatz in Kraftfahrzeugen interessant wäre. Die aktive Schicht besitzt eine MQW-Struktur (Vielfach-Quantengräben). Um die Emissionswellenlänge auf 650 nm einzustellen, ist die aktive Schicht verspannt (strain compressed; SC-MQW). Abbildung 4.16 zeigt die temperaturabhängigen P-I-Kennlinien nach [Hon00]. Die Effizienz des Lasers beträgt maximal 0,83 mW/mA (entsprechend einer externen Quanteneffizienz von 43,5 %). Bei 90°C und 5 mW Ausgangsleistung konnte eine Lebensdauer von mehr als 3.000 h ermittelt werden.

In [Hir97] wird ein SQW-Laser (SQW: Single Quantum Well; Einfacher Quantengraben) mit 638 nm Wellenlänge bei Zimmertemperatur beschrieben. Die Dämpfung der PMMA-POF liegt hier bei rund 209 dB/km (gegenüber 132 dB/km bei 650 nm). Durch die Vergrößerung der Wellenlänge mit der Temperatur kompensieren sich für einen solchen Laser die abnehmende optische Leistung und die sinkenden POF-Verluste. Dieser Laser wäre also auch sehr gut für bestimmte POF-Anwendungen geeignet.

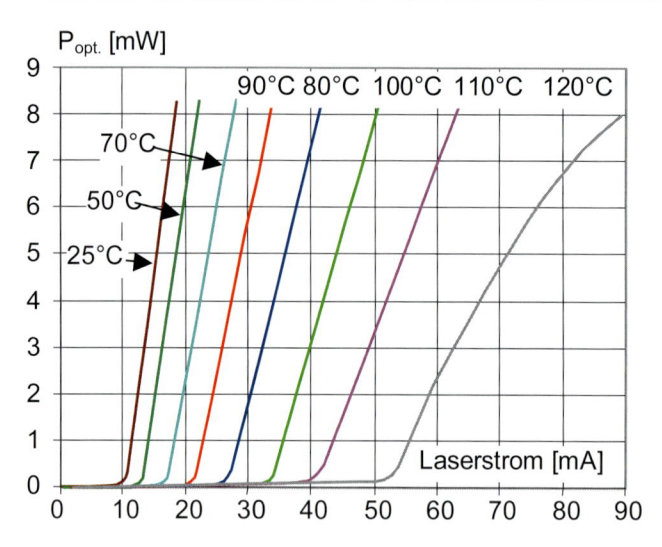

Abb. 4.16: P-I-T-Kennlinien eines 650 nm Lasers

Die aktive Schicht des beschriebenen Bauelementes besteht aus einem GaInP-Quantengraben (zugverspannt) in AlInGaP-Barrierenschichten (druckverspannt), um die herum sich $(Al_{0,7}Ga_{0,3})_{0,5}In_{0,5}P$-Mantelschichten befinden. Für Laser mit 600 µm langem Resonator ist die maximal mögliche optische Leistung 72 mW bei 38 mA Schwellenstrom und einer Kennlinien-Steilheit von 1 mW/mA. Bei bis zu 75°C können 30 mW bei Dauerstrombetrieb erzielt werden. Bei 30 mW Leistung und 50°C Temperatur beträgt die Lebensdauer über 1.000 h.

Die Leistungsfähigkeit heute verfügbarer roter Laserdioden beweist [Ohy99]. Der dort beschriebene Laser ist für DVD-Anwendungen bestimmt, wobei hohe Ausgangsleistung und große Lebensdauer bei gleichzeitig niedrigem Preis gefordert werden. Der 655 nm Laser basiert auf AlInGaP. Die aktive Schicht wird durch einen druckverspannten MQW auf fehlorientiertem GaAs-Substrat gebildet. Die Resonatorlänge beträgt 500 µm. Bei 80°C und konstant 5 mW optischer Ausgangsleistung ist eine Lebensdauer von 92.000 h erzielt worden. Die Leistung von 5 mW kann bis zu +115°C erreicht werden. Bei Zimmertemperatur beträgt der Schwellenstrom 36 mA.

MQW-Laser 650 nm

In [Oka98] werden verschiedene MQW-Laser auf Basis zugverspannter aktiver Schichten aus GaInAsP/AlGaInP beschrieben. Mit unterschiedlichen Resonatorlängen und Spiegelbeschichtungen werden Schwellenströme zwischen 4,5 mA und 23,4 mA bei Wellenlängen zwischen 654 nm und 659 nm erreicht. Leistungen von 30 mW sind bis zu +90°C möglich.

Ein speziell für POF angepaßter Laser wird in [Mor95] vorgestellt. Die LD besitzt eine aktive Schicht aus AlInGaP mit MQW-Struktur. Die seitliche Strombegrenzung erfolgt durch geätzte Gräben. Bei 24 mA Schwellenstrom (Zimmertemperatur) beträgt die Wellenlänge 650 nm. Die maximale Einsatztemperatur ist +80°C. Die maximale Modulationsbitrate ist größer als 4 Gbit/s.

In einer Reihe von Arbeiten wird ein speziell von NEC entwickelter 647 nm-Laser verwendet (z.B. [Yam94], [Ish95] und [Koi96c]). Bei Verwendung einer GRIN-Linse ermöglicht dieser Laser die Einkopplung von +6,1 dBm in eine 420 µm GI-POF. Es wurden verschiedene Experimente mit 2,5 Gbit/s Modulationsrate durchgeführt.

Kommerzielle Laser bei 650 nm

Verschiedene Hersteller bieten 650 nm Laser in unterschiedlichen Bauformen an. Die nachfolgenden Daten beziehen sich auf Typen, die am POF-AC für den Einsatz in POF-Systemen getestet wurden. Keiner der Produzenten spezifiziert eine Modulationsbandbreite. Bei Ansteuerung mit einem 50 Ω-Generator über ein Bias-T konnten aber alle Laser mit mindestens 1.200 Mbit/s betrieben werden. Wichtige Eigenschaften der untersuchten Laser sind in Tab. 4.1 zusammengestellt.

Tabelle 4.1: Daten typischer Laserdioden

Laserdiode	Wellenlänge	Leistung	I_{th}	max. Bitrate
SLD 1133VL (Sony)	650 nm	7 mW	50 mA	1.300 Mbit/s
SLD-650-P5 (Union Optr.)	650 nm	5 mW	12 mA	2.200 Mbit/s
L-4147-162 (Sanyo)	650 nm	10 mW	30 mA	1.600 Mbit/s
RLD 78MA (Rohm)	780 nm	5 mW	35 mA	2.600 Mbit/s

Für den Sanyo-Laser wird in Abb. 4.17 der Verlauf der Laserwellenlänge in Abhängigkeit der Temperatur gezeigt (Angaben aus dem Datenblatt). Zusätzlich ist im Diagramm die Dämpfung einer PMMA-POF an den entsprechenden Wellenlängen eingetragen.

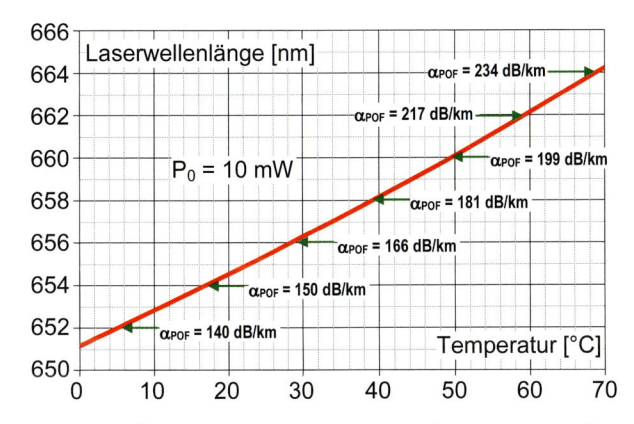

Abb. 4.17: Änderung der Wellenlänge mit der Temperatur (Sanyo-LD)

Bis 70°C ändert sich die Wellenlänge bis hin zu 664 nm. Hier ist die POF-Dämpfung schon um 100 dB/km angestiegen. Der Temperaturkoeffizient von

0,18 nm/K ist für rote Laser materialbedingt. Man sollte also darauf achten, daß in der Mitte des vorgesehenen Arbeitstemperaturbereiches die Emissionswellenlänge möglichst genau bei 650 nm liegt.

Die temperaturabhängigen Strom-Lichtleistungs-Kennlinien eines der Laser (Union Optronics) zeigt Abb. 4.18. Zwischen 10°C und 70°C verdoppelt sich der Schwellenstrom annähernd, auch der differentielle Wirkungsgrad wird kleiner.

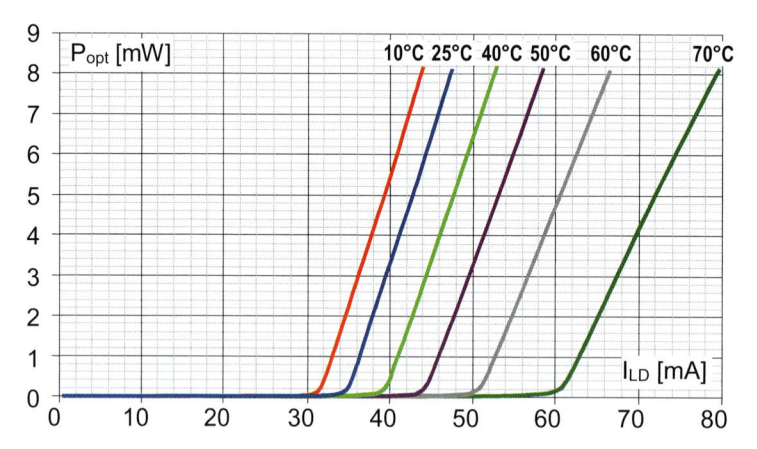

Abb. 4.18: Strom-Lichtleistungskennlinien eines 650 nm Lasers (Union Optronics)

Die spektrale Breite der Laser liegt normalerweise im Bereich um 2 nm. Chromatische Dispersion spielt demzufolge bei PMMA-Fasern beim Einsatz von Laserdioden keine Rolle. Beispiele für die Spektren zeigt Abb. 4.19. Die Laser sind spektral multimodal (im Bild sind die Moden nicht aufgelöst, da sie nur wenige Zehntel Nanometer auseinanderliegen).

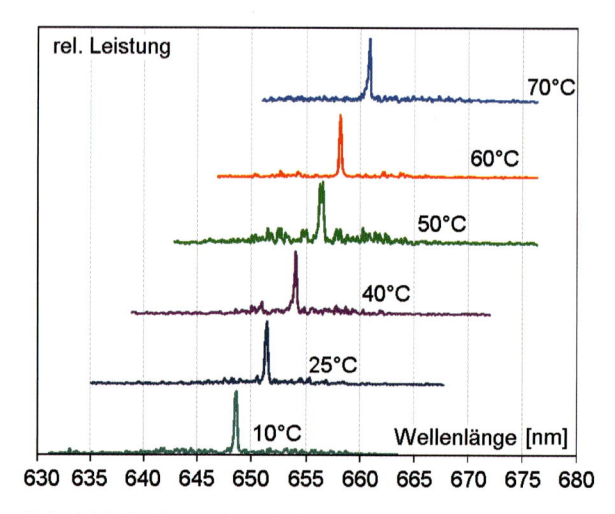

Abb. 4.19: Spektren eines 650 nm Lasers (Union Optronics)

Parameter wie das relative Intensitätsrauschen oder die Polarisationseigenschaften spielen in POF-Übertragungssystemen keine Rolle. Wichtig ist noch die Abstrahlcharakteristik. Ohne abbildende Optik zeigen alle diese Laser ein elliptisches Fernfeld mit ca. 6° × 30° Ausdehnung. In eine Standard-POF kann damit fast die gesamte Leistung eingekoppelt werden (Fernfeld in Abb. 4.20).

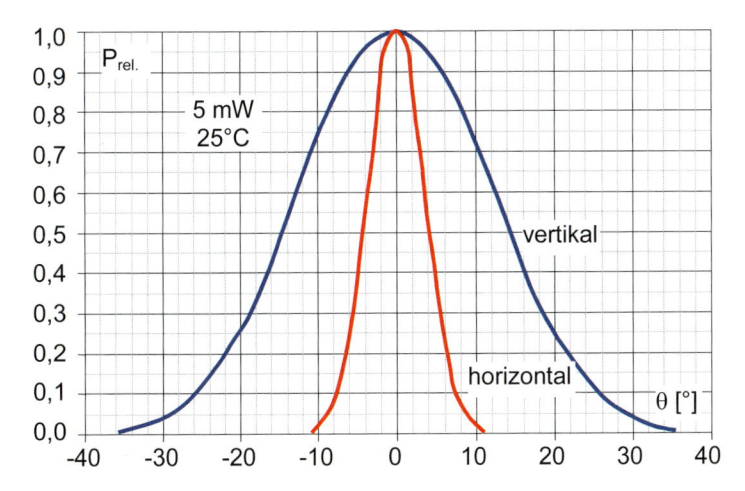

Abb. 4.20: Typisches Fernfeld eines 650 nm Lasers (Sanyo)

Laserdioden werden in unterschiedlichen Bauformen ausgeliefert. Sehr gebräuchlich ist der Aufbau in einem TO-18 Gehäuse. Der Laserchip ist einem geschlossenen Raum untergebracht. Oben befindet sich ein Fenster mit 1 mm Durchmesser in etwas über einem Millimeter Abstand zur emittierenden Fläche (Abb. 4.21). Bei ±30° Fernfeldbreite ist der Lichtfleck am Fenster immer noch nur 1 mm groß, kann also gut in eine POF eingekoppelt werden.

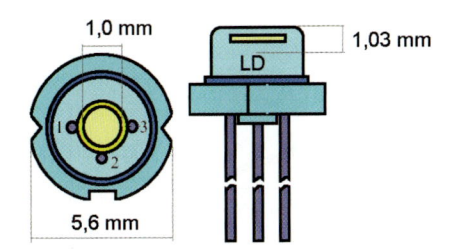

Abb. 4.21: TO-18 Gehäuse für Laseraufbau

Die drei Anschlüsse werden für die Versorgung des Lasers und zum Anschluß einer Monitorphotodiode verwendet. Dabei sind entweder gemeinsame Kathoden, Anoden oder auch Reihenschaltungen möglich. Bisweilen wird statt des Fensters eine Linse verwendet, die entweder den Lichtstrahl fokussiert oder paralleles Licht erzeugt (für Laserpointer).

4.2.3 Blaue und grüne LED

Besonders rasant verlief in den letzten Jahren die Entwicklung von LED auf Basis von GaN. Die Emissionswellenlänge von reinem GaN liegt im blauen Bereich. Durch Zumischung von Aluminium kann die Emissionswellenlänge bis ca. 560 nm vergrößert werden. Im Unterschied zu den herkömmlichen $A_{III}B_V$-Halbleitern gibt es kein angepaßtes Substratmaterial. Man stellt GaN-LED heute entweder auf Saphir- oder SiC-Substrat her. Durch geeignete Beschichtungsverfahren erreicht man, daß trotz großer Gitterfehlanpassung in der leuchtenden Schicht keine Versetzungen auftreten. GaN-LED sind zumeist schnell modulierbar (bis zu einigen 100 Mbit/s), besitzen hohe Wirkungsgrade und hohe Zuverlässigkeit.

LED für Beleuchtungsanwendungen

Mit der Verfügbarkeit blauer und später grüner LED auf GaN-Basis seit Mitte der 90er Jahre eröffnete sich auch die Möglichkeit diese für Datenübertragung auf POF zu verwenden, auch wenn diese Dioden fast ausschließlich für Belichtung und Displays entwickelt wurden. Verschiedene Systeme werden später im Kap. 6 detailliert beschrieben. Vor allem die LED des Herstellers Nichia wurden in dieser Zeit verwendet. Die temperaturabhängigen Spektren des Typs NSPG525 werden in Abb. 4.22 gezeigt.

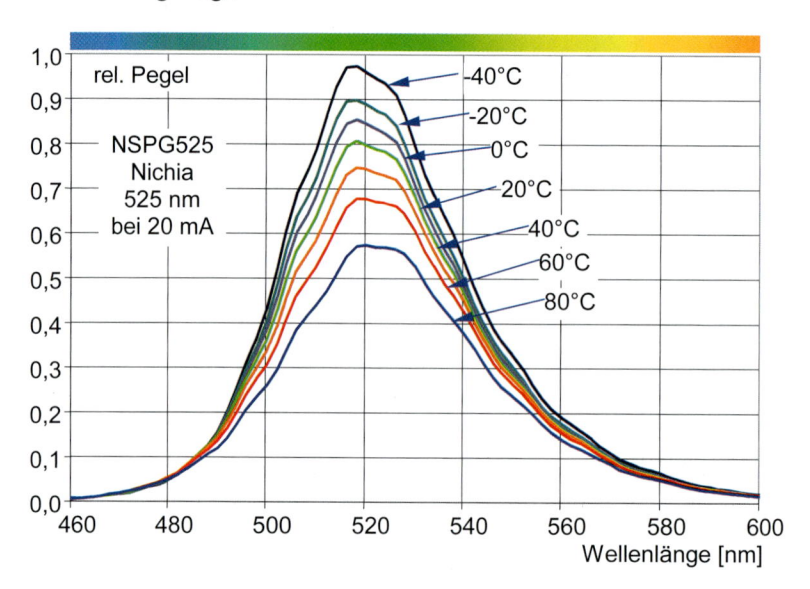

Abb. 4.22: Spektren der grünen LED NSPG525

Im Gegensatz zu roten LED gibt es hier kaum eine Wellenlängendrift (im Beispiel nur 2 nm über einen Bereich von 120 K). Nachteilig ist hier die relativ große spektrale Breite von ca. 45 nm, zumal die chromatische Dispersion der PMMA-POF bei grün wesentlich größer ist als bei rot.

4.2 Sendedioden für die Datenkommunikation

Ein weiteres Beispiel wird in Abb. 4.23 mit der NSPG510 gezeigt. Die spektrale Breite dieses Typs ist mit 35 nm etwas kleiner, und die Temperaturabhängigkeiten sind noch geringer. Die Vorteile des Einsatzes einer solchen LED anstelle von roten Sendern sind leicht zu sehen. Zum einen liegt die Dämpfung der POF fast um den Faktor 2 niedriger, zum anderen spielen die Temperaturkoeffizienten für Wellenlänge und Ausgangsleistung fast keine Rolle.

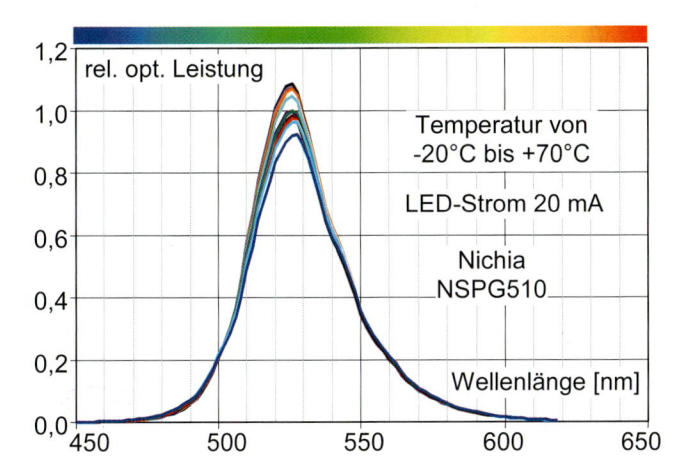

Abb. 4.23: Spektren der grünen LED NSPG510

Die relative Änderung der Ausgangsleistung in Abhängigkeit von der Temperatur für die NSPG500 zeigt die Abb. 4.24. In einem für Heimanwendungen typischen Bereich von -20°C bis +70°C ändert sich die Leistung nur um 1,1 dB.

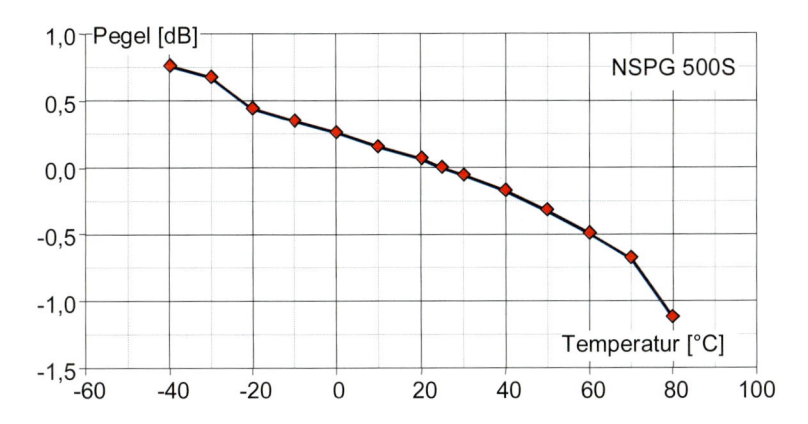

Abb. 4.24: Änderung der optischen Leistung mit der Temperatur einer GaN-LED

Zwischenzeitlich wurde von Nichia auch LED-Muster hergestellt, die für POF-Übertragung optimiert waren. Im wesentlichen wurde dabei die Chipfläche verkleinert, um eine geringere Diodenkapazität zu erhalten.

Das Emissionsspektrum bei Raumtemperatur und die Übertragungsfunktion, gemessen mit einer 50 Ω-Quelle zeigen Abb. 4.25 und Abb. 4.26. Die Modulationsbandbreite dieser LED beträgt ca. 150 MHz. Mit Peaking und niederohmiger Ansteuerung dürften noch höhere Werte erreichbar sein. Damit sind GaN-LED den roten „Vettern" deutlich überlegen.

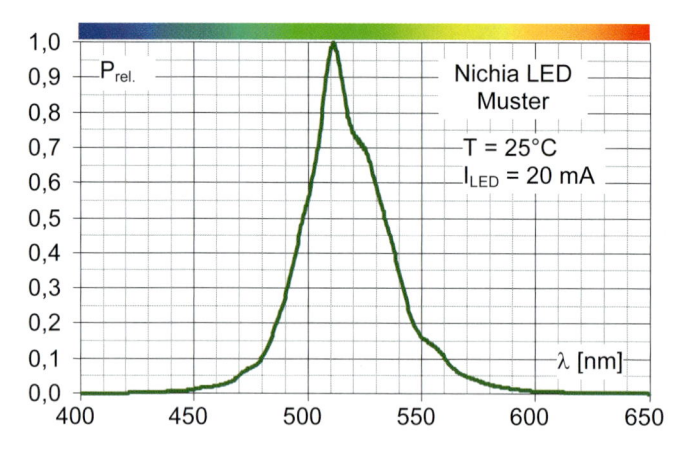

Abb. 4.25: Emissionsspektrum der schnelle grünen LED

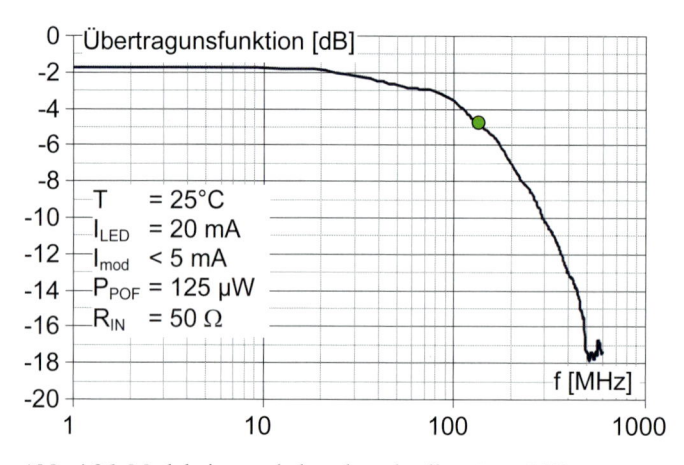

Abb. 4.26: Modulationsverhalten der schnelle grünen LED

Die höchsten Wellenlängen, die bisher mit GaN-LED erreicht wurden, betragen 562 nm, also im Bereich des absoluten Dämpfungsminimums der POF. Der Wirkungsgrad verringert sich bei größeren Wellenlängen, die untersuchten LED emittierten aber noch 1,9 mW bei 50 mA.

Die Abb. 4.27 und 4.28 zeigen die temperaturabhängigen Spektren der LED bei 20 mA und die Änderung der LED-Leistung mit der Temperatur in Bezug auf 25°C (direkt gemessen und nach 250 m PMMA-POF unter Berücksichtigung des spektralen Filtereffektes).

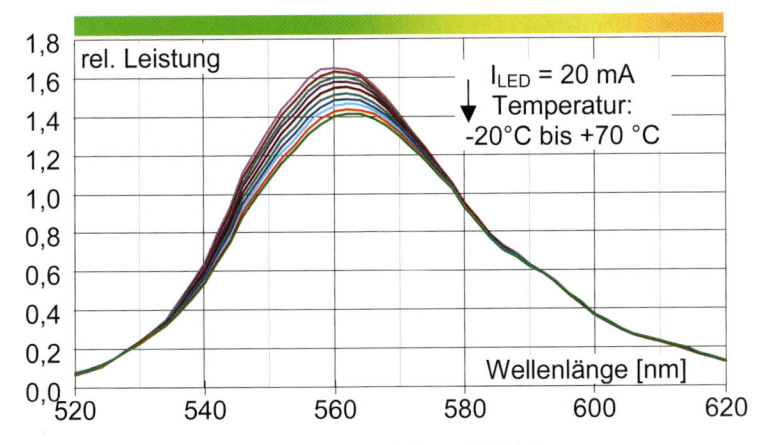

Abb. 4.27: Spektren einer 560 nm-LED (Muster Nichia)

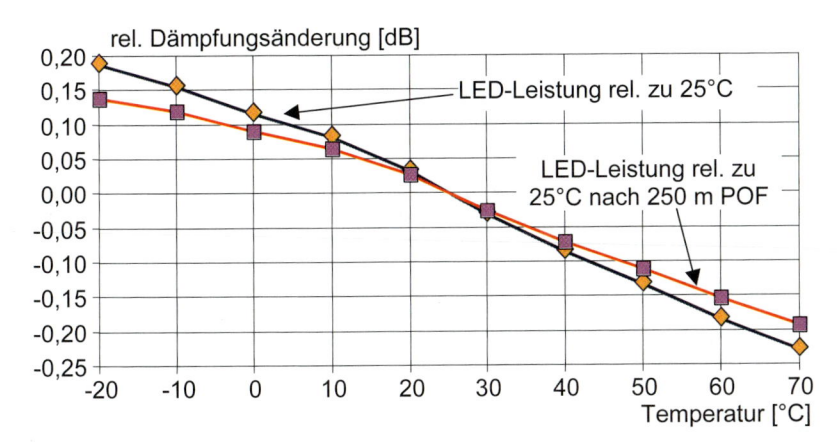

Abb. 4.28: Änderung der optischen Leistung mit der Temperatur (560 nm-LED)

Auch blaue LED im Bereich 430 nm bis 470 nm wurden schon für POF-Systeme verwendet. Zwar ist die Dämpfung der PMMA-POF bei 470 nm ca. 20 dB/km höher als bei 520 nm, dafür sind aber die blauen LED deutlich effizienter und i.d.R. auch schneller modulierbar. Ein Hauptgrund dürfte in der besseren Leitfähigkeit liegen. Zudem zeigen viele blaue LED eine deutlich kleinere spektrale Breite, so daß die chromatische Dispersion weniger ins Gewicht fällt.

In der folgenden Abb. 4.29 werden die temperaturabhängigen Spektren einer bauen LED im Bereich -20°C bis +70°C (Typ SHR470, Sander-Elektronik) dargestellt. Die Temperaturkoeffizienten für Leistung und Wellenlänge sind noch kleiner als bei grünen LED, also ideal für POF-Anwendungen.

Im Jahr 2006 gelang es am POFAC erstmalig, mit einer blauen LED (DieMount) eine fehlerfreie Datenübertragung mit über 1 Gbit/s zu realisieren. Wenn sich die GaN-LED-Hersteller dem Thema optimierte POF-Sender erst einmal direkt zuwenden, sind weitere Leistungssteigerungen absehbar.

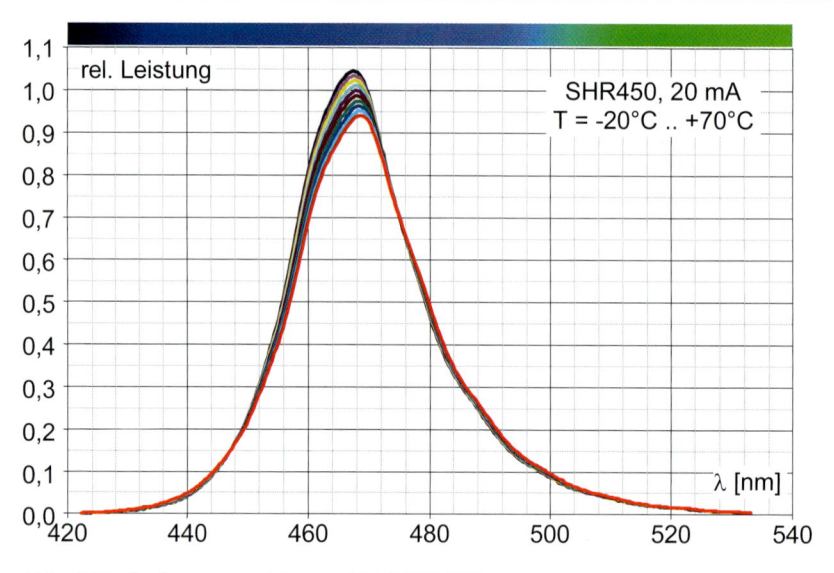

Abb. 4.29: Spektren einer blauen LED (SHR470)

LED des Agetha-Projektes

Im Rahmen des europäischen Projektes Agetha (IST-1999-10292) sollten gelbe (570 nm) und grüne LED (510 nm) bzw. VCSEL mit besonders großen Temperaturbereichen (bis +120°C) entwickelt werden. Eine Reihe von Ergebnissen wurde z.B. in [Lam01], [Lam02] und [Akh02] präsentiert. Die Herstellung von VCSEL gelang nicht, hauptsächlich wegen der schwierigen Herstellung der Braggspiegel. Einen Ansatz für eine grüne RC-LED zeigt Abb. 4.30.

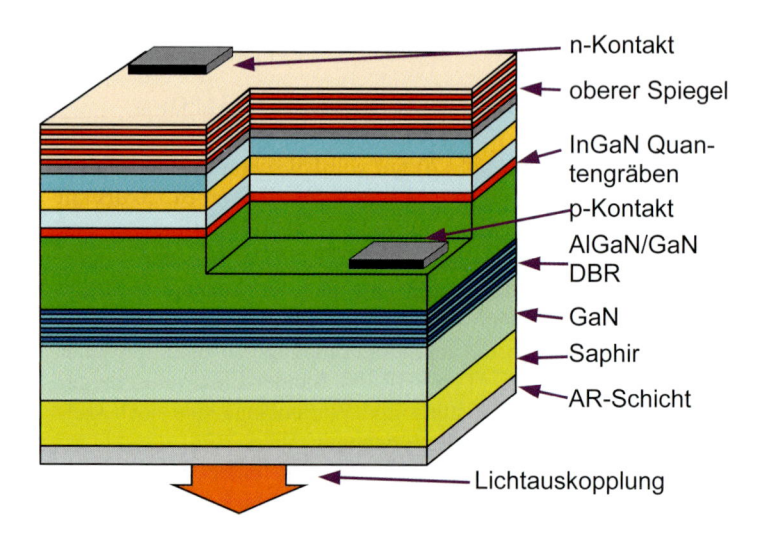

Abb. 4.30: Aufbau einer grünen RC-LED nach [Lam02]

Teilnehmer des Projektes waren:

- NMRC, Lee Maltings, Prospect Row, Corc, Ireland
- CHREA, CNRS, Valbonne, France
- THALES, Orsay, France
- ETSI Telecomminicatión, UPM, Madrid, Spain
- Dep. of Physica, TCD, Dublin, Ireland
- Dep. of Physica, Univ. of Surrey, United Kingdom
- Infineon Technologies AG, Regensburg, Germany
- Photonics Group, BAE Systems, Sowerby, Bristol, United Kingdom

Eines der Projektergebnisse war eine 510 nm LED mit 1,2 mW optischer Leistung bei 20 mA und einer Leistungsschwankung von nur 0,23 dB (zwischen 10°C und 50°C) bzw. 1,14 dB (zwischen -40°C und +70°C). Auf der POF 2002 wurde damit die Übertragung von 200 Mbit/s über 100 m PMMA-POF demonstriert. Im Projekt wurde weiter gezeigt, daß grüne LED bis zu +200°C eingesetzt werden können. Neben dem Aufbau von Halbleiterbraggspiegeln für RC-LED oder VCSEL wurde auch die Verwendung von dielektrischen Spiegeln (SiO$_2$/TiO$_2$) oder metallischer Spiegel untersucht.

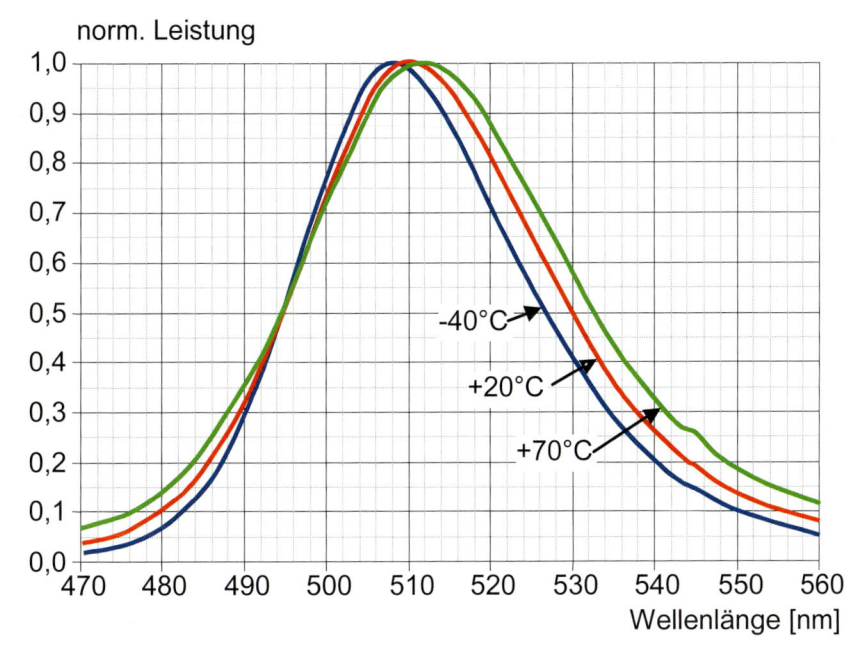

Abb. 4.31: Spektren einer grünen LED nach [Lam02]

Die Strom-Lichtleistungskennlinien einer grünen LED im Vergleich zu einer roten RC-LED zeigt Abb. 4.32 (aus [Lam02]). Der viel linearere Verlauf bei der grünen LED hängt direkt mit der geringeren Temperaturabhängigkeit zusammen.

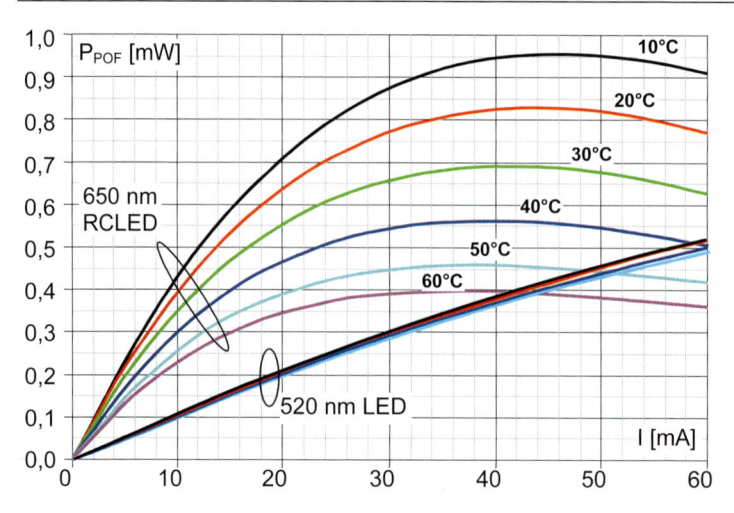

Abb. 4.32: P-I-Kennlinien einer grünen LED im Vergleich zu einer roten RC-LED

4.2.4 Grüne Laserdioden

Laser mit einer Wellenlänge im grünen Dämpfungsminimum der POF wären natürlich ideale Sender. Inzwischen gehören grüne Laserpointer zum Sortiment jedes Bastelladens. Darin verbirgt sich aber immer eine infrarote Laserquelle, die dann frequenzverdoppelt wird. „Echte" grüne Laser sind bislang noch nicht großtechnisch einsetzbar. Erfolgreich realisiert sind Laser auf Basis von ZnSe. Das Materialsystem GaN erlaubt bislang nur blaue Laser.

Geeignet für POF-Systeme wären effiziente Laser bei 520 nm oder 560 nm. Mit ZnSe sind bereits effiziente grüne Laser entwickelt worden, deren Lebensdauer aber noch nicht den praktischen Anforderungen entspricht. Blaue Laser auf GaN-Basis sind am Markt eingefügt und werden vor allem für Massenspeichersysteme (DVD) eingesetzt. Grüne Laser auf InGaN-Basis arbeiten erst optisch gepumpt, sind aber durchaus auch elektrisch versorgt in naher Zukunft zu erwarten.

Grüner Laser ZnSe 521 nm

Ein 521 nm Laser, realisiert an der Universität Würzburg auf Basis von Berylliumchalkogenid, wird in [Leg98] beschrieben. Die aktive Schicht besteht aus 4 nm $Zn_{0,65}Cd_{0,35}Se$ und ist in eine $ZnSe/Be_{0,06}Zn_{0,94}Se$-Supergitterstruktur zur optischen Führung eingebettet. Auf einem GaAs-Substrat befinden sich Mantelschichten aus $Be_{0,06}Mg_{0,06}Zn_{0,88}Se$. Bei 1,5 µm Breite des Steges (400 µm bis 800 µm Resonatorlänge) liegt der Schwellenstrom bei 15 mA und der differentielle Wirkungsgrad bei 21% mit bis zu 10 mW optischer Leistung (jeweils im Impulsbetrieb mit 1:20 Tastverhältnis). Im Impulsbetrieb konnte für einen Laser mit 7 µm Stegbreite eine maximale Betriebstemperatur von +140°C erreicht werden, bei 1,5 µm Stegbreite sind es noch +100°C. Die Abstrahlungswinkel senkrecht und parallel zur Schichtebene sind ±10,5° bzw. ±13°. Die Lebensdauer ist nicht angegeben, die optischen Parameter würden aber optimal für den Einsatz in POF-Systemen sein.

Grünen Laser ZnSe 528 nm

In [Stra00] wird ein realisierter 528 nm-Laser beschrieben. Abbildung 4.33 zeigt den Aufbau des Lasers schematisch. Durch eine verbesserte Kontaktstruktur beträgt die Schwellenstromdichte 42 A/cm² (gegenüber 235 A/cm² für eine Standardelektrode). Bei einer Größe der aktiven Zone von 20×1.000 µm ergibt dies einen Schwellenstrom von ca. 8 mA. Bei Raumtemperatur und konstant 1 mW Ausgangsleistung betrug die Lebensdauer im Experiment ca. 40 min, eine Verbesserung um mehr als eine Größenordnung gegenüber bisherigen Ergebnissen.

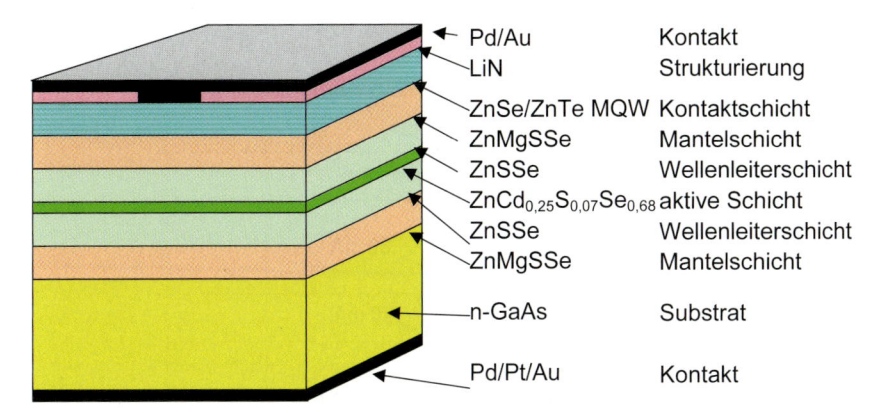

Pd/Au	Kontakt
LiN	Strukturierung
ZnSe/ZnTe MQW	Kontaktschicht
ZnMgSSe	Mantelschicht
ZnSSe	Wellenleiterschicht
$ZnCd_{0,25}S_{0,07}Se_{0,68}$	aktive Schicht
ZnSSe	Wellenleiterschicht
ZnMgSSe	Mantelschicht
n-GaAs	Substrat
Pd/Pt/Au	Kontakt

Abb. 4.33: 528 nm ZnS-Laserdiode

4.2.5 Vertikallaserdioden und RC-LED

Umfangreiche Arbeit zur Entwicklung von Vertikallaserdioden (VCSEL) im roten und nahen infraroten Spektralbereich wurden in den vergangenen Jahren z.B. an der Universität Ulm (z.B. [Ebe96], [Ebe98]) und an der Universität Stuttgart durchgeführt. Die besten VCSEL sind derzeit im Spektralbereich von 800 nm bis 1.000 nm mit AlInGaAs-Quantengräben verfügbar. Die effizientesten Bauelemente erreichen 47 % Konversionswirkungsgrad (optische Leistung relativ zur elektrischen Verlustleistung) und 50 mW optische Leistung oder auch Schwellenströme von 0,29 mA. Im kurzwelligen Bereich werden 670 nm gut beherrscht, an roten (650 nm) und grünen VCSEL wird intensiv gearbeitet. Im langwelligen Bereich werden 1.550 nm-Laser weiterentwickelt, auch größere Wellenlängen (z.B. 6 µm mit IV-VI-Halbleitern) sind möglich.

4.2.5.1 rote RC-LED

Zunächst werden in diesem Abschnitt rote RC-LED beschrieben. Wie oben erläutert, entsprechen sie im Aufbau den VCSEL in vielen Details, arbeiten aber nicht im Laserbetrieb. Nach einigen Jahren der Entwicklung sind sie heute kommerziell erhältlich und übertreffen herkömmliche LED in den meisten Leistungsparametern.

RC-LED 655 nm und 650 nm

In [Saa01] wird eine RC-LED mit einer Emissionswellenlänge von 655 nm vorgestellt, also fast genau an das Dämpfungsminimum der POF angepaßt. Der Resonator ist um ca. 10 nm verstimmt. Das bedeutet, daß die Bandlücke nicht genau mit der Resonanzfrequenz der Braggspiegel übereinstimmt. Der untere Spiegel erreicht 99% Reflexion, der obere nur 60%. Die aktive Zone hatte Durchmesser von 84 µm, 150 µm und 300 µm. Damit konnten maximale Leistungen von 2,3 mW, 4,18 mW und 8,25 mW erreicht werden (bei 40 mA, 70 mA und 120 mA). Die Spektren der RC-LED mit 84 µm Durchmesser der strahlenden Fläche zeigt Abb. 4.34.

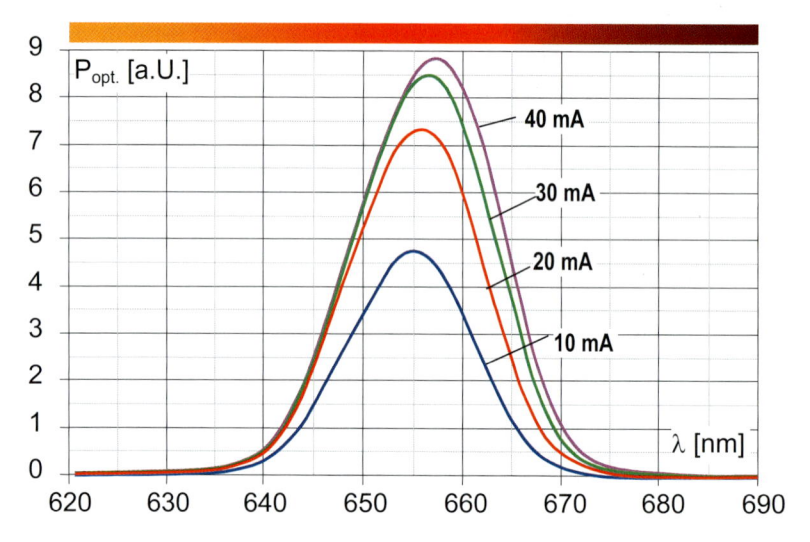

Abb. 4.34: Spektrum einer 655 nm RC-LED

Weitere Details zu dieser Diode werden in [Gui00a] und [Dum01] angegeben. Die am Optoelectronics Research Centre der Tampere University of Technology entwickelte Quelle kann mit bis zu 1 Gbit/s moduliert werden (siehe auch Kap. 6). Über 1 m bzw. 10 m POF wurden 622 Mbit/s und 400 Mbit/s übertragen. Den Zusammenhang zwischen der Größe der aktiven Zone, der optischen Leistung und der Modulationsbandbreite zeigt dafür Tabelle 4.2.

Tabelle 4.2: Parameter von 655 nm RC-LED nach [Dum01]

RC-LED	I_{LED}	P_{opt}	$BW_{3\,dB}$
40 µm	10..15 mA	0,18..0,20 mW	350 MHz
84 µm	40 mA	1,4..1,5 mW	200 MHz
150 µm	70 mA	3,2 mW	150 MHz
150 µm	35..45 mA	2,5 mW	100 MHz

In [Gui00b] wird eine RC-LED mit 650 nm Wellenlänge beschrieben. Der externem Quantenwirkungsgrad (1,4 mW bei 40 mA) beträgt 3,25% bei einer Modulationsbandbreite von 200 MHz. Typisch sind 30 MHz bis 80 MHz für GaInAsP-LED. Die aktive Zone besteht aus einem druckverspannten $Ga_{0,45}In_{0,55}P$ Quantengraben. Die unteren und oberen Spiegel werden aus 32 und 6 bis 12 Schichtpaaren mit 99 % bzw. >80 % Reflektivität gebildet. Es erfolgte die Formung einer 84 µm Durchmesser-Zone zur Begrenzung der Emissionsfläche.

RC-LED 650 nm

In [Gray00] wird eine neue 650 nm RC-LED für den Einsatz in POF-Systemen beschrieben. Die bisher besten RC-LED auf Basis von InGaP/AlGaInP erreichten bei einer Emissionswellenlänge von 660 nm einen externen Quantenwirkungsgrad von 4,8 %, bzw. 0,5 mW optische Leistung bei 5 mA Diodenstrom.

Die beschriebene Diode besitzt zwei Spiegel mit 32 Perioden (unten) und 8 Perioden (oben) aus $Al_{0,5}Ga_{0,5}As/AlAs$ mit einer Wellenlänge Abstand (damit deutlich weniger Schichtpaare als bei VCSEL). Die aktive Schicht wird aus drei $In_{0,5}Ga_{0,5}P$-Quantengräben, $(Al_{0,5}Ga_{0,5})_{0,51}In_{0,49}P$-Barrieren und $(Al_{0,7}Ga_{0,3})_{0,51}In_{0,49}P$-Mantelschichten gebildet (MQW-Struktur). Die Verschiebung auf 650 nm wird durch Verspannen der aktiven Schicht erzielt. In die Schicht wurde ein 400 µm großer Mesa geätzt. Die Wellenlänge liegt, je nach Abstrahlwinkel, zwischen 647 nm und 649 nm bei 4 nm spektraler Breite. Bei 1 mA Strom beträgt die optische Leistung 0,1 mA, entsprechend einer Quanteneffizienz von 6 %, mit einer Diodenspannung von 1,7 V.

Das Prinzip des Verstimmens der Spiegelresonanz gegenüber der Wellenlänge der aktiven Schicht beschreibt [Gray01]. Dabei haben die beiden Braggspiegel bei Raumtemperatur eine etwas zu große Resonanzwellenlänge. Bei Temperaturerhöhung läuft die Emissionswellenlänge der aktiven Schicht sozusagen in die Resonanz hinein. Im Ergebnis wird die normale Abnahme der Effizienz dabei über einen breiten Temperaturbereich kompensiert. Ein weiterer Effekt ist, daß die emittierte Wellenlänge mit dem Abstrahlwinkel variiert, wie Abb. 4.35 zeigt.

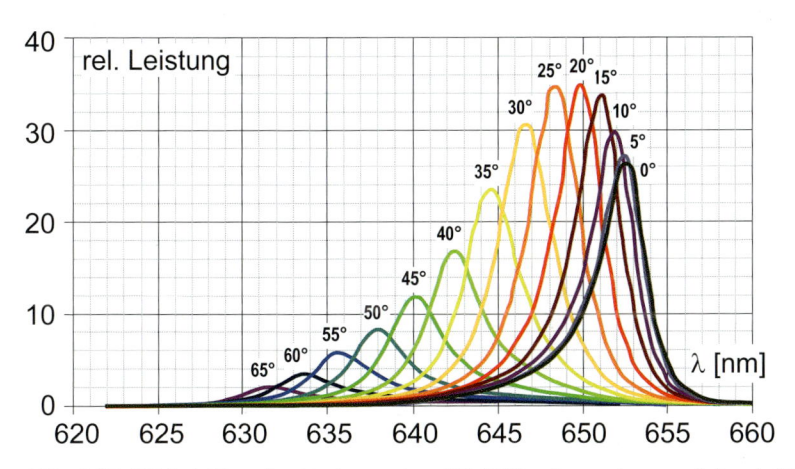

Abb. 4.35: Winkelabhängige Spektren einer RC-LED mit verstimmten Spiegel, [Gray01]

Hier sind die Spektren winkelselektiv zwischen 0° und 65° Abstrahlwinkel gemessen worden. Bei 0° liegt das Emissionsmaximum bei ca. 653 nm. Bei 65° liegt das Maximum hingegen bei 632 nm. Dabei muß beachtet werden, daß die Winkelunterschiede in der Diode selber kleiner sind (wegen der Lichtbrechung beim Austritt aus dem Material).

Der Effekt ist auch in der Abb. 4.36 gut zu erkennen. Hier ist alternativ das Fernfeld bei unterschiedlichen Wellenlängen gemessen worden. Die höheren Wellenlängen werden zentral abgestrahlt, während die kürzeren Wellenlängen schräg aus der Diode austreten.

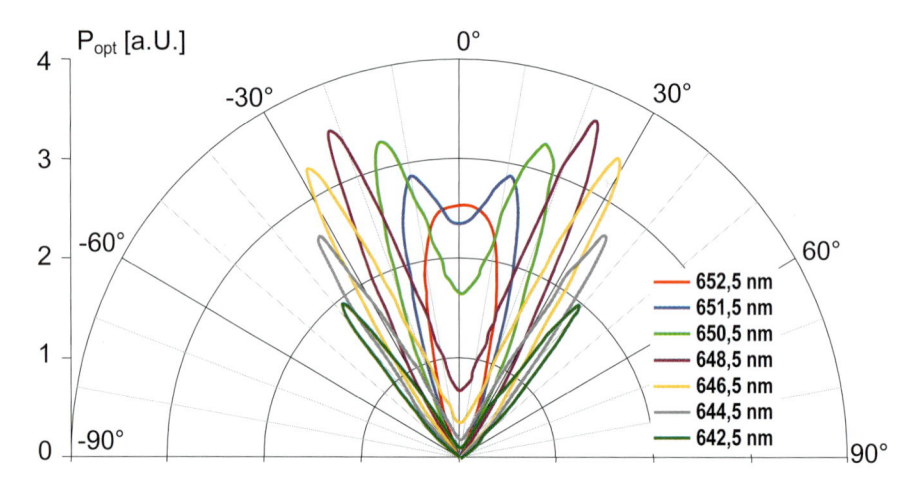

Abb. 4.36: Wellenlängenabhängiges Fernfeld der RC-LED mit verstimmten Spiegel

In dieser Darstellung sieht man besonders eindrucksvoll, daß sich mit veränderter Temperatur nicht nur Leistung und Spektrum der verstimmtem RC-LED ändern, sonder daß sich auch noch der Koppelwirkungsgrad in eine Faser erheblich ändern kann, was wiederum spektral ganz unterschiedlich vor sich geht. Der Effekt kann benutzt werden, um die Leistung am Empfänger weitgehend temperaturunabhängig zu halten, allerdings wird es nur für einen Typ Faser innerhalb eines bestimmten Längenbereiches gut funktionieren. Als Beispiel können Fahrzeugnetze genannt werden, in denen die Fasern genau spezifiziert sind und keine Längen über 10 m auftreten.

RC-LED Firecomms

Der irische Hersteller Firecomms entwickelt seit einigen Jahren rote RC-LED, die inzwischen kommerziell angeboten werden. Die temperaturabhängigen Spektren des Typs FC200R-010 (Datenblatt auf der Webseite, [Lam03d]) werden in Abb. 4.37 gezeigt. Diese Quelle ist für Bitraten bis zu 250 Mbit/s geeignet.

Die spektrale Breite der RC-LED ist mit 20 nm relativ klein. Die Wellenlängenverschiebung ist ebenfalls kleiner als für normale LED (ca. 0,12 nm/K). Die temperaturabhängigen P-I-Kennlinien zeigt Abb. 4.38.

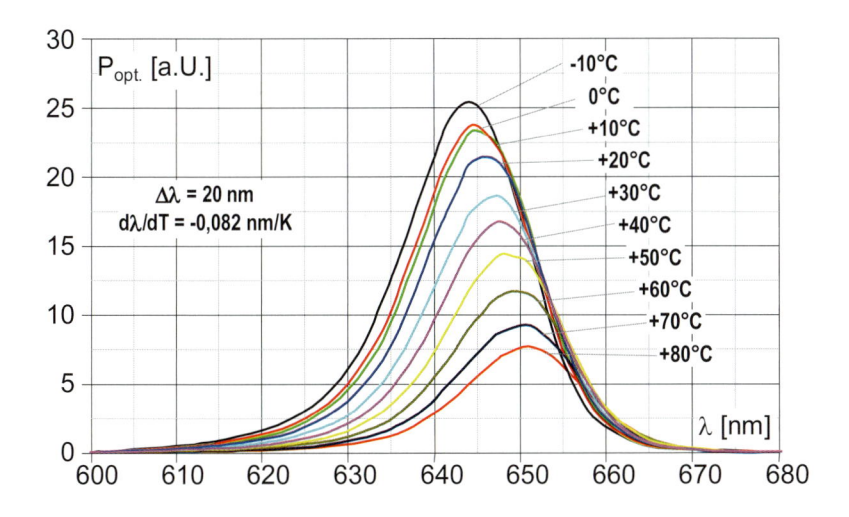

Abb. 4.37: Spektrum einer RC-LED

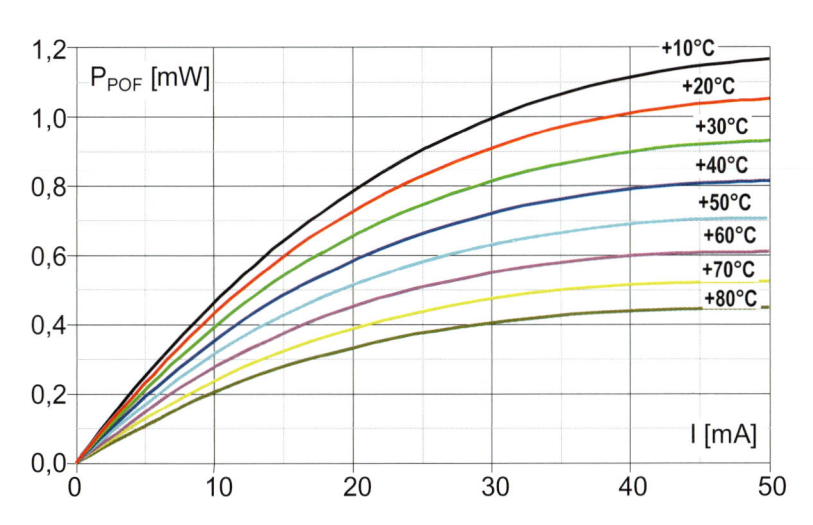

Abb. 4.38: P-I-Kennlinien der RC-LED

RC-LED für mobile Netze

Bei 650 nm emittierende RC-LED für den Einsatz in mobilen Netzen werden in [Wir01a], [Wir01b], [Osr01] und [Baur02] vorgestellt. Ziel dabei sind wiederum möglichst kleine Temperaturkoeffizienten. Der Einfluß de Spiegelverstimmung dieser Komponente auf das Fernfeld wird in Abb. 4.39 nach [Osr01] gezeigt. Neben der geringeren Abnahme der Leistung mit der Temperatur steigt dabei auch noch der Einkoppelwirkungsgrad in die POF, so daß die Leistungsänderungen am Empfänger weiter minimiert werden.

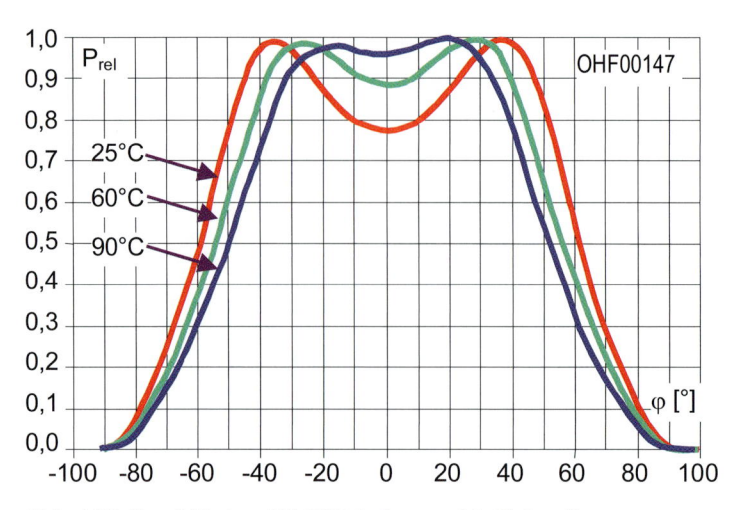

Abb. 4.39: Fernfeld einer RC-LED bei unterschiedlichen Temperaturen

Die Abnahme der optischen Leistung mit der Temperatur zeigt Abb. 4.40 nach [Baur02]. Bis +85°C (Arbeitsbereich der MOST-Netze) ist der Leistungsabfall weniger als 1 dB, bis +125°C sind es ca. 3 dB (aktuell sieht die Leistungsbilanz in MOST bis zu 6 dB Schwankungen der Sendeleistung vor).

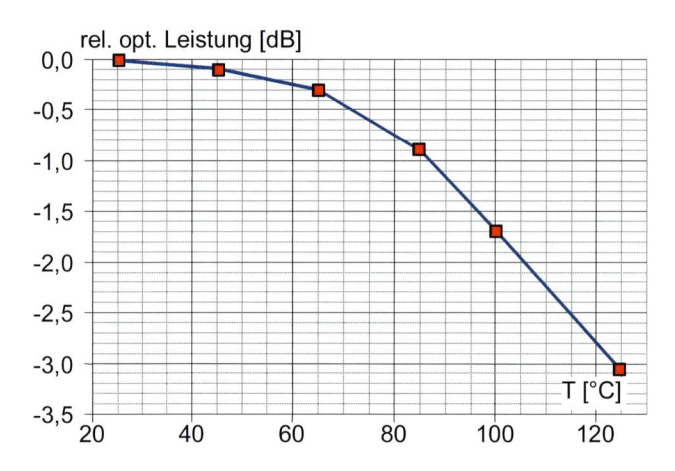

Abb. 4.40: Temperaturabhängigkeit der Leistung einer optimierten RC-LED

Wie in Abb. 4.41 aus [Wir01b] gezeigt wird, spielt auch die Geometrie der elektrischen Kontakte eine wichtige Rolle. Um hohe optische Leistungen zu erhalten, verwendet man große Chipflächen mit großflächigen Kontakten, die den Strom optimal verteilen (links). Für die Datenübertragung sind kleinere Dioden sinnvoll, die weniger Kapazität aufweisen. Außerdem sollte die Mitte des Emissionsbereiches nicht durch elektrische Kontakte abgedeckt werden, um eine optimale Kopplung des Lichtes in eine Faser zu ermöglichen (rechts).

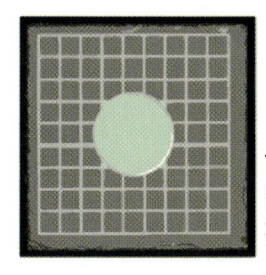

Typ A
hohe Leistung
300 x 300 µm²

Typ B
Datenlinks
⌀: 80 µm²

Abb. 4.41: Varianten des Chipdesigns nach [Wir01b]

In [Wir01b] werden RC-LED mit den Emissionswellenlängen 605 nm und 632 nm beschrieben. Sie erreichen 0,34 mW bzw. 2,7 mW optische Leistung bei jeweils 20 mA Strom.

RC-LED für hohe Datenraten

Eine weitere rote (650 nm) RC-LED, die sowohl für hohe Geschwindigkeit, als auch für geringe Temperaturkoeffizienten optimiert ist, beschreibt [Chi05b]. Die aktive Fläche der LED hat dabei einen Durchmesser von 84 µm. Es wurden drei Varianten mit 1, 3 und 5 Quantengräben hergestellt. Dabei steigt mit wachsender Zahl der Schichten die erreichbare Leistung von 2 mW auf 3 mW bzw. 3,2 mW, allerdings sinkt die Modulationsbandbreite von 235 MHz auf 110 MHz bzw. 60 MHz. Mit der schnellsten RC-LED können 500 Mbit/s über 50 m PMMA-GI-POF problemlos übertragen werden. Bei +85°C sinkt die in die Faser gekoppelte Leistung im Vergleich zu Raumtemperatur nur auf 60% ab.

4.2.5.2 Rote VCSEL

VCSEL bei 650 nm wären die ideale Sendequelle für Systeme mit PMMA-POF. Ermuntert durch die schnelle Entwicklung der VCSEL im nahem Infrarot arbeiten seit Mitte der 90er Jahre eine ganze Reihe von Instituten an dieser Problematik. Auch eine Reihe von Förderprojekten wurden dabei finanziert (z.B. HSPN und PAV-NET in den USA, siehe Kap. 11). Die ersten Ergebnisse lagen in Bereich 670 nm bis 680 nm vor.

VCSEL 690 nm

In [Saa00] wird ein 690 nm VCSEL beschrieben. Hier werden 55½ und 38 Schichtpaare als Spiegel verwendet. Die Mesa haben von 34 µm bis 50 µm Durchmesser bei Strom-Aperturdurchmessern von 4 µm bis 20 µm. Es werden 1,3 mA Schwellenstrom und max. 0,56 mW Leistung bei 5,6 mA (6,9% externe Effizienz) erreicht. Laseroperation ist bis +45°C möglich. Die P-I-Kennlinien des VCSEL mit 10 µm Aperturdurchmesser zeigt Abb. 4.42. Der größte erreichte Wirkungsgrad liegt bei 6,9% (3,7 mA). Für POF ist dieses Bauelement noch kaum geeignet, da hier die Dämpfung über 300 dB/km beträgt.

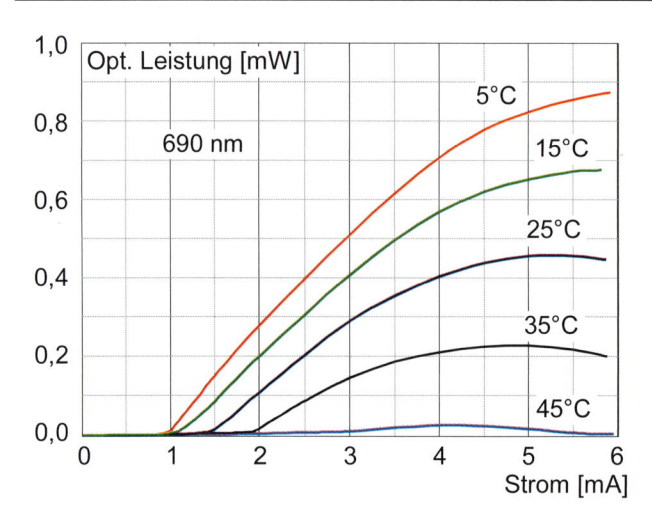

Abb. 4.42: P-I-Kennlinien eines 690 nm VCSEL nach [Saa00]

VCSEL 675 nm

Abbildung 4.43 zeigt die Kennlinien eines 675 nm VCSEL [Lam00b]. Hier liegt der Schwellenstrom noch niedriger. Bei 25°C werden über 1 mW optische Leistung erreicht. Allerdings kann Laseroperation wiederum nur bis etwas über 50°C erzielt werden.

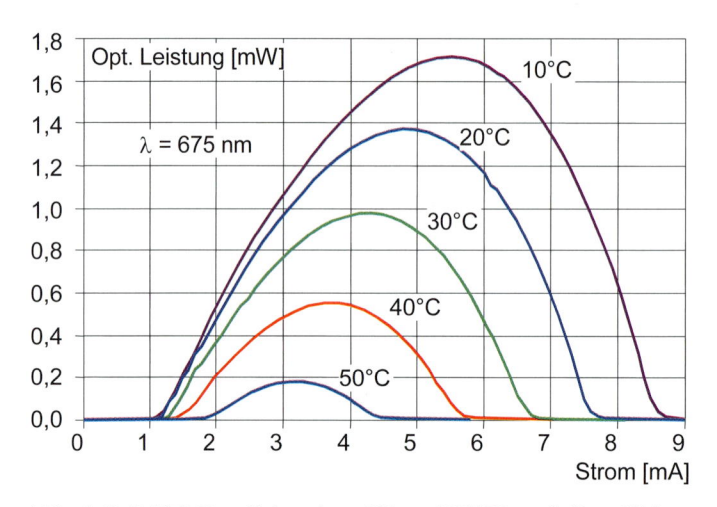

Abb. 4.43: P-I(T)-Kennlinien eines 675 nm VCSEL nach [Lam00b]

VCSEL 674 nm

Einen weiteren VCSEL mit 674 nm Emissionswellenlänge beschreibt [Tyn00]. Hier ist Laserbetrieb sogar bis +75°C erreicht worden (Abb. 4.44). Für einen vergleichbaren Typ mit 670nm Emissionswellenlänge beträgt die maximale Einsatztemperatur noch etwas über 60°C. Die Spiegel des VCSEL bestehen aus 35 Paaren $Al_{0,95}Ga_{0,05}As/Al_{0,5}Ga_{0,5}As$ (oben) bzw. 54½ Paaren (unten). Die aktive Zone besteht aus vier Quantengräben.

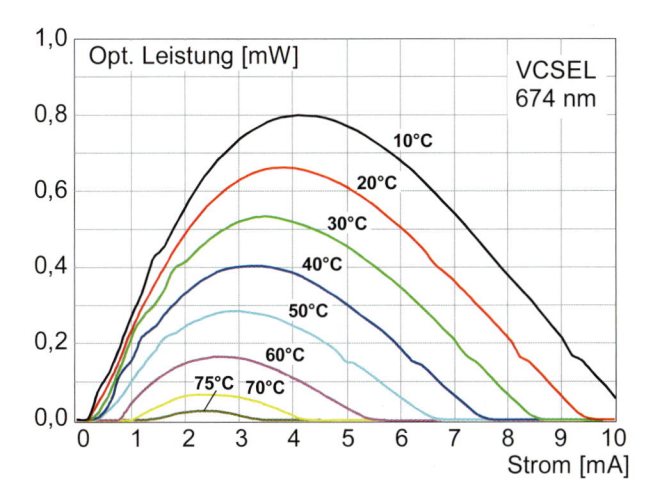

Abb. 4.44: P-I(T)-Kennlinien eines 674 nm VCSEL nach [Tyn00]

VCSEL 670 nm

In Abb. 4.45 wird das Temperaturverhalten eines 670 nm VCSEL (siehe [Tak99]) gezeigt. Der Schwellenstrom liegt mit nur 4 mA deutlich unter den typischen Werten eines Kantenemitters (15 mA bis 60 mA). Laserbetrieb ist aber nur bis ca. 50°C möglich. Berücksichtigt man die typische Erwärmung, z.B. in einem PC-Gehäuse, kann ein solches Bauteil kaum über +30°C eingesetzt werden, also nur in klimatisierter Umgebung.

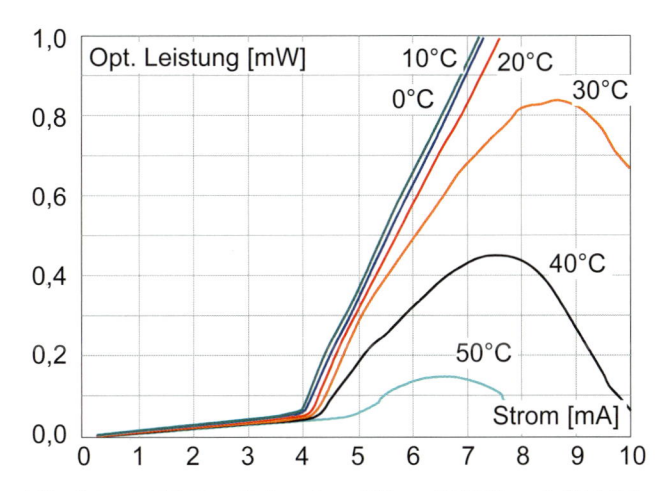

Abb. 4.45: P-I(T)-Kennlinien eines 670 nm VCSEL nach [Tak99]

VCSEL 665 nm

In [Lam00b] wird der Aufbau von Arrays aus 665 nm VCSEL für parallele Datenkommunikation mit POF beschrieben (siehe auch [Lam00a]). Ziel der Arbeiten ist die Herstellung von VCSEL mit >1 mW zwischen 0°C und +50°C. Im beschriebenen Bauelement werden Spiegel mit 54 bzw. 34 Schichtpaaren verwendet. Die aktive Zone besteht aus 4 druckverspannten GaInP-Quantengräben und AlInGaP-Barrieren. Die seitliche Strombegrenzung erfolgt mit geätzten Mesa (49 µm) mit oxidierter Apertur (15 µm).

Relativ groß ist mit 2 %/K noch die Leistungsänderung bei Erwärmung. Für 10 µm Aperturdurchmesser werden bis zu 2 mW erreicht. Laseroperation ist bis zu +60°C möglich. Bei 13 µm Apertur ist der Schwellenstrom 1,9 mA.

VCSEL 650 nm - 670 nm

Ein sehr umfangreicher Überblick über den Stand der Entwicklung roter VCSEL gibt [Schw03b]. Bei den hergestellten VCSEL wurde sowohl die Wellenlänge, als auch die Größe der emittierenden Fläche (durch eine entsprechende Stromapertur) variiert. Abbildung 4.46 zeigt die Elektronenmikroskopaufnahme eines VCSEL (speziell des oberen Spiegels mit Apertur und Kontakt).

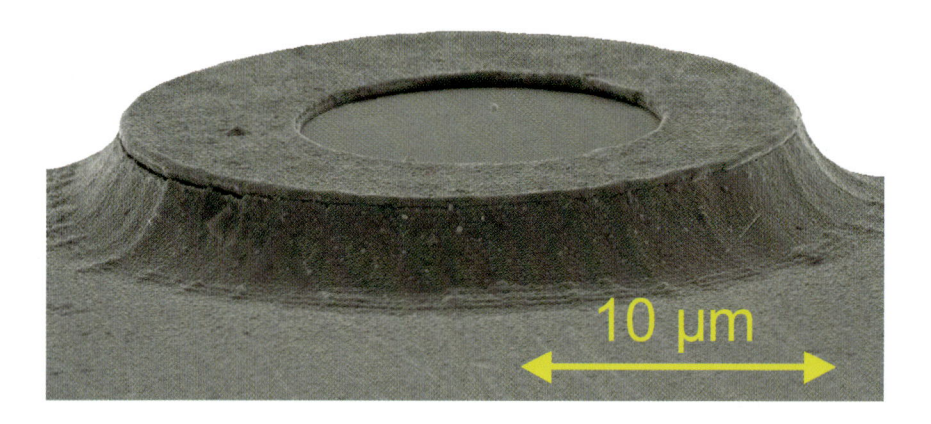

Abb. 4.46: VCSEL-Nahaufnahme (UNI Stuttgart)

Die Strom-Lichtleistungskennlinie eines solchen VCSEL zeigt Abb. 4.47 (für einen Laser mit 7 µm Apertur und 670 nm Emissionswellenlänge). Die maximale Ausgangsleistung liegt bei über 4 mW, Laseroperation (CW) erhält man bis 70°C.

Leider sinkt die erreichbare Ausgangsleistung mit sinkender Wellenlänge. Eine Hauptursache ist die nachlassende Wärmeleitfähigkeit des Materials, speziell des unteren Spiegels. Die erreichten optischen Leistungen bei 20°C in Abhängigkeit der Emissionswellenlänge zeigt Abb. 4.48.

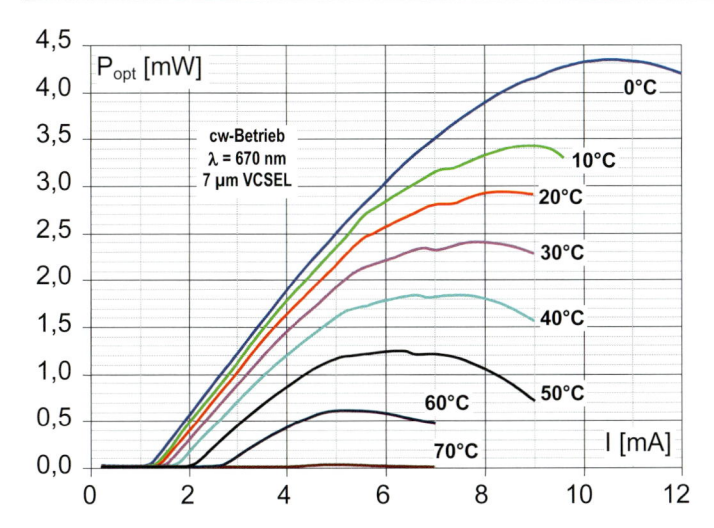

Abb. 4.47: P-I-Kennlinien eines 670 nm VCSEL ([Schw03b])

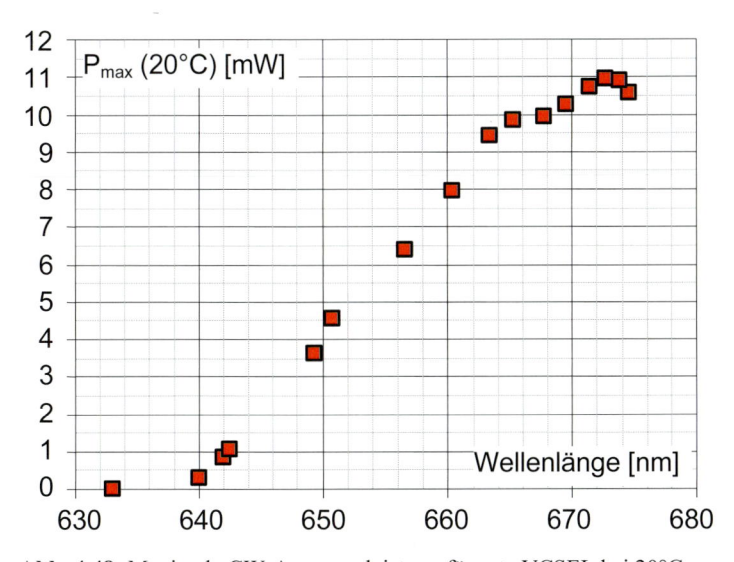

Abb. 4.48: Maximale CW-Ausgangsleistung für rote VCSEL bei 20°C

Daß tatsächlich die schlechte Wärmeleitfähigkeit an der nachlassenden Effizienz schuld ist, beweist die Messung der P-I-Kennlinie mit kleinem Tastverhältnis. Lasertätigkeit des 670 nm VCSEL wird hier bis zu einer Temperatur von +150°C in der aktiven Zone erreicht (Abb. 4.49).

Brauchbare 650 nm VCSEL wären die ideale Quelle, gerade für PMMA-GI-POF. Die eben gezeigten Ergebnisse reduzieren das Problem „nur" auf eine effiziente Wärmeabführung aus der aktiven Zone. Eine Reihe von erfolgversprechenden Methoden sind aber derzeit in Entwicklung.

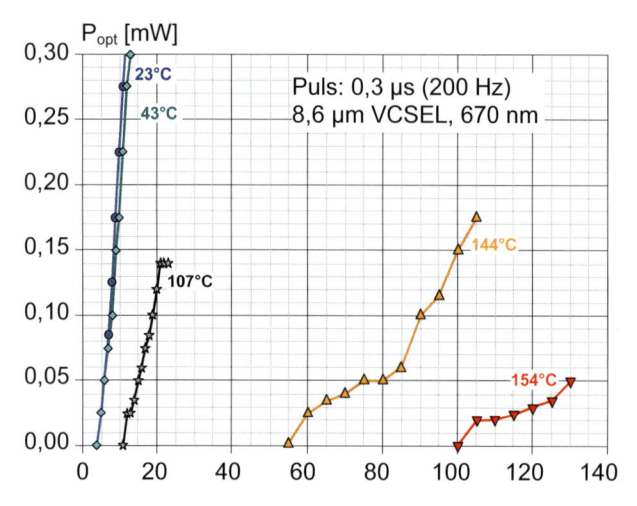

Abb. 4.49: P-I-Kennlinie unter Impulsbetrieb ([Schw03b])

Die einfachste Methode zur Reduktion der Erwärmung der aktiven Zone im Laserbetrieb ist die Minimierung der Größe. Allerdings sinkt damit auch die erreichbare Ausgangsleistung. Die P-I-Kennlinien zweier 650 nm VCSEL mit 20 µm und 7 µm großen Aperturen zeigt Abb. 4.50. Während die Ausgangleistung auf etwa 40% sinkt, steigt die maximaler Temperatur für Laserbetrieb auf +65°C.

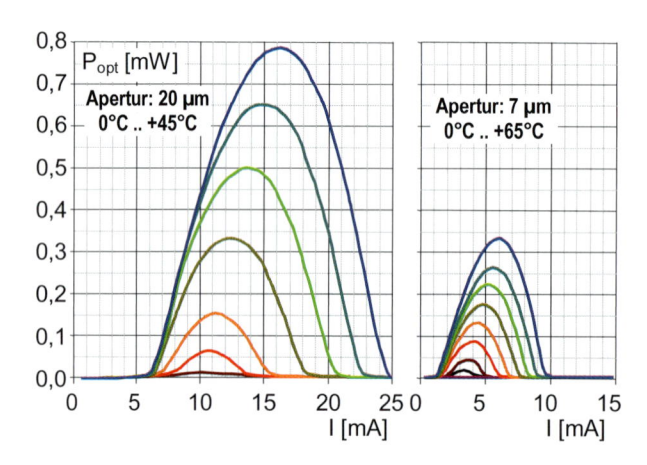

Abb. 4.50: Vergleich zweier 650 nm VCSEL mit unterschiedlicher Apertur

Die Autoren kommen zu dem Ergebnis, daß mögliche Parameter roter VCSEL sind:

- ➢ Laserbetrieb bis 110°C
- ➢ bis 10 mW Ausgangsleistung bei Raumtemperatur
- ➢ Modulationsbandbreiten bis 10 GHz

Als Zusammenfassung zeigt Abb. 4.51 die bislang erzielten Ergebnisse für maximale Lasertemperatur und Emissionswellenlänge.

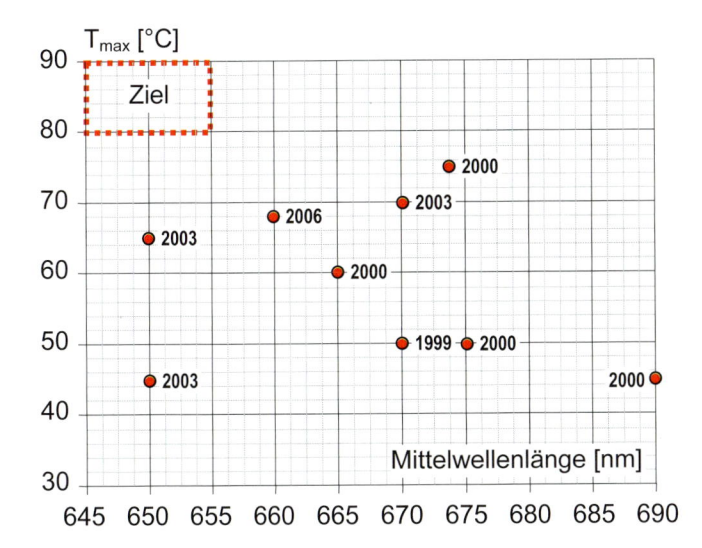

Abb. 4.51: Übersicht der bisher vorgestellten roten VCSEL

4.2.5.3 VCSEL im IR-Bereich

VCSEL 970 nm

In [Ebe96] wird die Verwendung von 970 nm-VCSEL für die Datenübertragung mit Glasfasern beschrieben. Mit Datenraten von 10 Gbit/s wurden mehrere km überbrückt. Die spezifischen Eigenschaften der VSCEL, insbesondere die Abstrahlung senkrecht zur Schichtebene mit kleinem Winkel, ermöglichen den Aufbau sehr preiswerter paralleler optischer Verbindungen. Diese Bauelemente sind insbesondere für PF-GI-POF interessant. VCSEL im roten PMMA-Dämpfungsfenster zeigen noch erhebliche Zuverlässigkeitsprobleme. Problematisch ist vor allem die große Temperaturabhängigkeit, die den Einsatzbereich auf nur knapp +50°C beschränkt.

VCSEL 850 nm

VCSEL mit Emissionswellenlängen von 850 nm können für relativ hohe Umgebungstemperaturen eingesetzt werden. In [Schn03] wird beispielsweise ein 850 nm VCSEL gezeigt, der bis +145°C Laseremission zeigt (P-I-Kennlinie in Abb. 4.52).

In diesem Wellenlängenbereich können VCSEL sogar ohne Leistungsregelung über weite Temperaturbereiche verwendet werden. Die PMMA-POF hat bei 850 nm ca. 3 dB/m Verluste. Der Einsatz von 850 nm-Quellen ist dennoch sinnvoll, z.B. für Verbindungen zwischen Computerkomponenten oder in Massenspeichern. Auch bei 780 nm sind sehr gute VCSEL verfügbar. Hier erlaubt die PMMA-Faser sogar Längen bis zu 30 m.

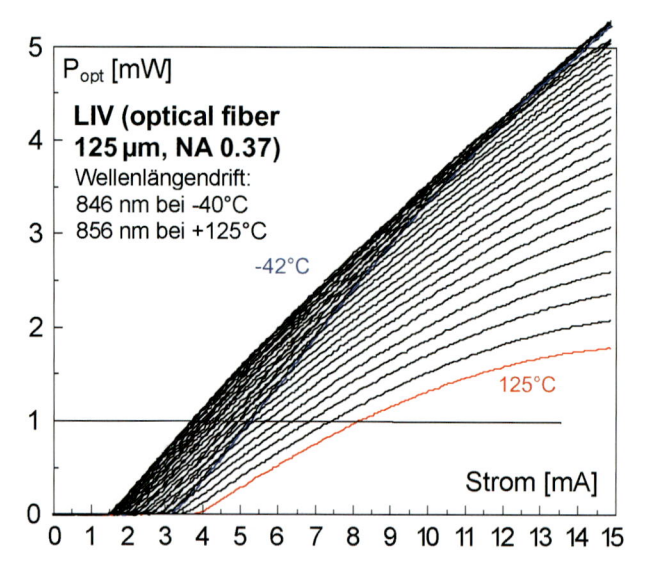

Abb. 4.52: Kennlinienfeld eines 850 nm-VCSEL ([Schn03])

VCSEL 782 nm

In [Ueki99] wird ein 782 nm VCSEL mit einer maximalen Ausgangsleistung von 3,4 mW bei 10 mA vorgestellt. Der Schwellenstrom ist 0,61 mA (jeweils bei +20°C). Bei +60°C werden noch 2 mW optische Leistung erreicht. Langwelligere VCSEL sind also schon für deutlich größere Temperaturen geeignet.

Der obere Spiegel des VCSEL besteht aus 24 Paaren, der untere aus 40½ Paaren $Al_{0,3}Ga_{0,7}As/Al_{0,9}Ga_{0,1}As$, mit einer Wellenlänge Abstand. Die aktive Schicht enthält drei Quantengräben aus $Al_{0,12}Ga_{0,88}As/Al_{0,3}Ga_{0,7}As$.

4.2.6 Non Resonant Cavity LED

NRC-LED 850 nm

Bis zum Jahr 2000 wurden Non Resonant Cavity LED nur bei Wellenlängen um 850 nm beschrieben. In [Roo00] wird ein Array von 850 nm NRC-LED mit 30 µm aktivem Durchmesser und 100 µm Abstand vorgestellt. Damit können 1 Gbit/s über 10 cm Bildleitfaser (7 µm Einzelfaserdurchmesser) übertragen werden.

Eine Reihe von Arbeiten zu NRC-LED wurden von Windisch veröffentlicht. In [Win99] wird ein Wirkungsgrad von bis zu 31% für 870 nm NRC-LED genannt. Die aufgerauhte Oberfläche führt zu diffuser Streuung und Verbesserung des Wirkungsgrades. Ein rückseitiger Spiegel verbessert die Effizienz. In [Win00a], [Win00b] und [Win00c] werden weitere Verbesserungen auf bis zu 40% externen Wirkungsgrad für 870 nm NRC-LED beschrieben. Mit unterschiedlichen Dicken der aktiven Schicht (10 nm, 20 nm und 30 nm) und unterschiedlichen Durchmessern der geätzten Mesa (30 µm und 45 µm) wurden unterschiedliche Parameter erzielt, wie Tabelle 4.3 zusammenfaßt.

Tabelle 4.3: Daten verschiedener NRC-LED

Dicke AZ	$\varnothing_{Mesa}$	max. Bitrate	Effizienz
30 nm	45 µm	580 Mbit/s	36%
30 nm	45 µm	800 Mbit/s	34%
20 nm	30 µm	1.100 Mbit/s	31%
10 nm	30 µm	1.600 Mbit/s	21 %
10 nm	30 µm	2.000 Mbit/s	2,5 %

Bei Verwendung von NRC-LED mit 20% Wirkungsgrad können 1.200 Mbit/s übertragen werden. Zur Verbesserung der Abbildung der 30 µm LED auf eine POF kann eine 100 µm Glaskugellinse verwendet werden. Damit erreicht die Einkoppeleffizienz in eine POF mit $A_N = 0{,}50$ einen Wert von 50%. Abbildung 4.53 zeigt dabei den Zusammenhang zwischen der erreichten Bitrate und der Effizienz. Bei größeren aktiven Durchmessern wird zwar eine hohe Effizienz erzielt, aber die Bitrate ist etwas kleiner. Immerhin können 1,25 Gbit/s noch mit NRC-LED mit 20% Quantenwirkungsgrad erreicht werden.

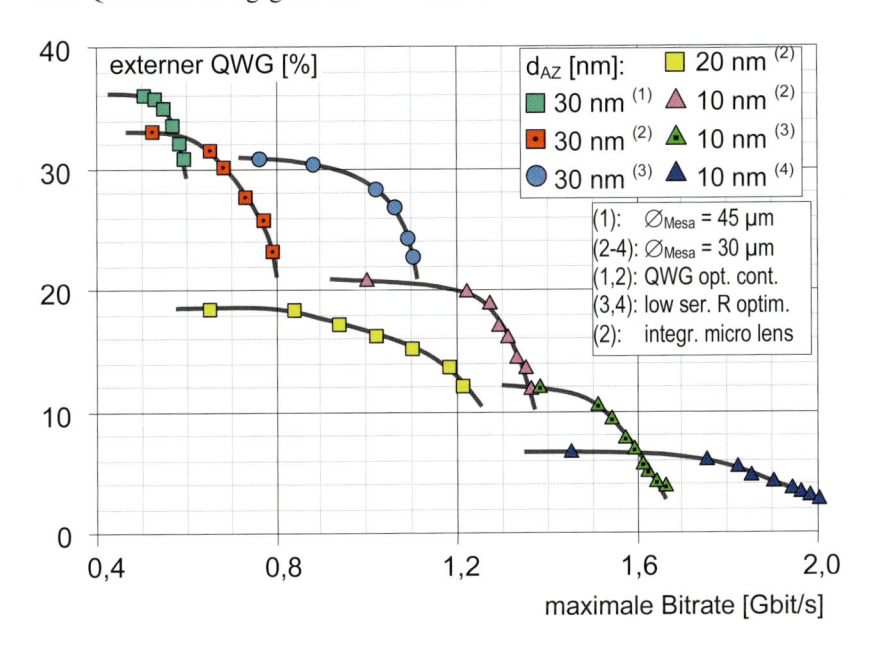

Abb. 4.53: Bitraten und Effizienz von NRC-LED

NRC-LED 650 nm

Die erste rote NRC-LED wurde in [Roo01] vorgestellt. Die InGaP/AlInGaP-LED erreicht bei 650 nm einen externen Quantenwirkungsgrad von 31%, während bis dahin rote LED maximal 12% erreicht hatten. Bei 7 mA Strom werden beispielsweise 4 mA Ausgangsleistung erzielt. Das Spektrum der NRC-LED wird in Abb. 4.54 gezeigt.

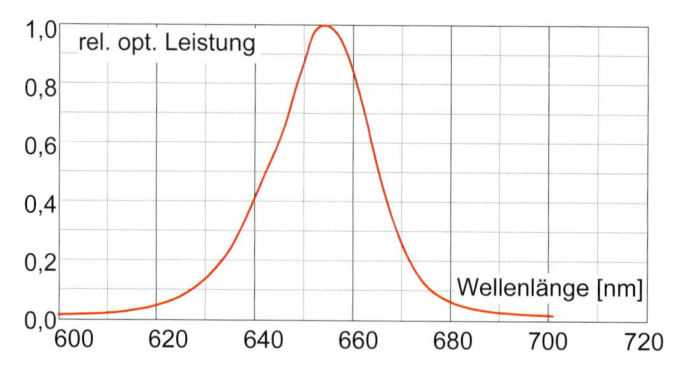

Abb. 4.54: Spektrum einer 650 nm NRC-LED nach [Roo01]

NRC-LED 623 nm, 610 nm

Weitere NRC-LED im sichtbaren Bereich werden in [Lin01b] vorgestellt. Bei 623 nm wird ein externer Wirkungsgrad von ca. 30% erreicht, und zwar durch eine Kombination aus Oberflächenstrukturierung und optimierter Kontaktgeometrie. Für eine 610 nm-Diode werden 32 lm/W Effizienz erreicht (etwa 10% Wirkungsgrad).

4.2.7 Pyramiden-LED

In [Kra99], [Lew99], [Li05] und [Här03] wird eine einfache Methode zur Erhöhung des Auskoppelwirkungsgrades einer LED vorgestellt. Normalerweise hat ein Halbleiter einen Brechungsindex von etwa 3,5. Schon oberhalb eines Winkels von 17° tritt Totalreflexion ein. Ist der LED-Chip wie üblich quaderförmig, ändert sich der Winkel auch bei Reflexionen nicht. Nur knapp 3% des emittierten Lichtes können die LED durch die obere Grenzfläche verlassen. Durch ein transparentes Substrat mit Verspiegelung und einer geeigneten trichterförmigen LED-Aufnahme kann man das Licht aus allen 6 Begrenzungsflächen nutzen, wodurch der Wirkungsgrad auf gut 15% steigen kann.

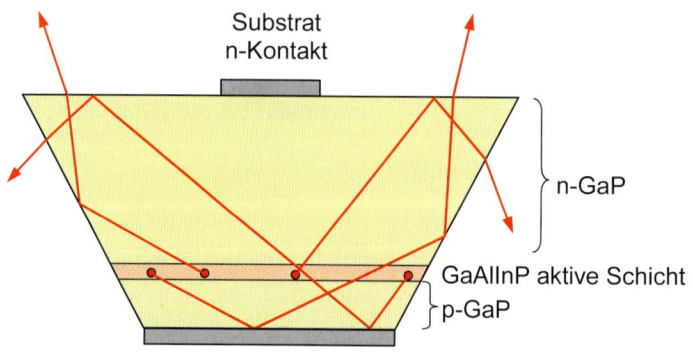

Abb. 4.55: Prinzip der Pyramiden-LED

Die Pyramiden-LED nutzt ebenso wie die NRC-LED den Effekt aus, die Richtung des Lichtes bei der Reflexion zu ändern. Anstatt einer aufgerauhten Oberfläche werden hier gezielt schräge Seitenflächen an der LED erzeugt. Das Prinzip wird in Abb. 4.55 demonstriert (nach [Li05]).

Für rote LED konnte ein externer Quantenwirkungsgrad von 55% erreicht werden. Für blaue LED konnten 37% erzielt werden. Einige Beispiele für solche Pyramiden LED zeigt Abb. 4.56 (aus [Lew99] und [Här03]).

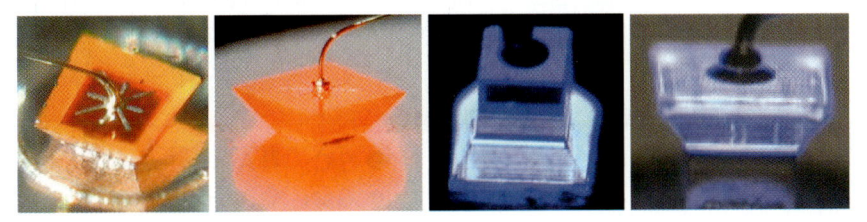

Abb. 4.56: Beispiele für Pyramiden-LED

4.3 Wellenlängen für POF-Quellen

Um eine effiziente Datenübertragung mit einer bestimmten POF realisieren zu können, wird man immer zuerst nach Quellen suchen, deren Emissionswellenlänge den jeweiligen Dämpfungsminima entsprechen. Für PMMA-Fasern sind dies die Bereich um 520 nm, 570 nm und 650 nm.

In der Abb. 4.57 werden die externen Wirkungsgrade (Angaben aus den aktuellen Datenblättern verschiedener Hersteller) für verfügbare LED zusammengestellt. Dabei sind die unterschiedlichen Materialien getrennt gekennzeichnet.

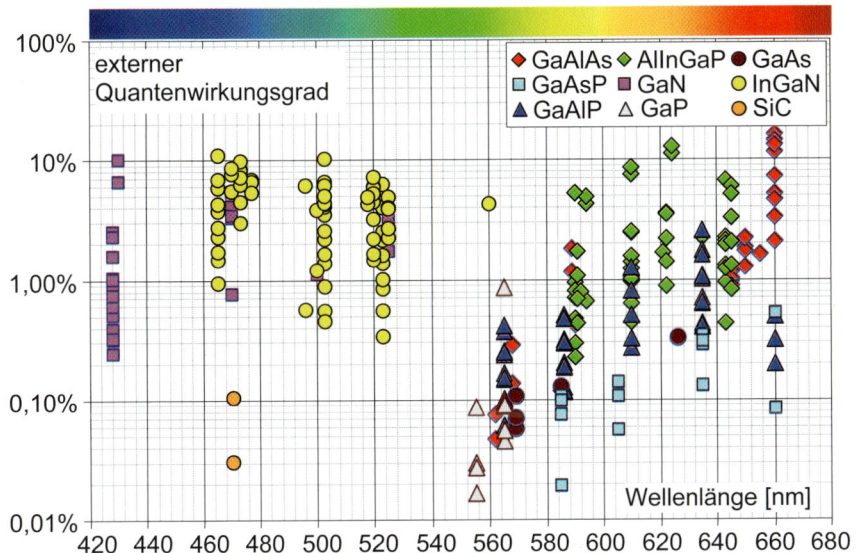

Abb. 4.57: Wirkungsgrad verschiedener LED-Materialsysteme (aus Datenblattangaben)

Bis zur Entwicklung der GaN/InGaN-Technologie nahm der Wirkungsgrad der LED in Richtung des kurzwelligen Spektrums stark ab. Im blauen Bereich waren lediglich SiC-LED verfügbar, die aber teuer und ineffizient sind. Inzwischen sind von 370 nm bis 540 nm sehr effiziente LED verfügbar. Auch bei 560 nm sind schon Muster hergestellt. Es kann erwartet werden, daß in den nächsten Jahren die bestehende Lücke bis ins Rote geschlossen werden kann, so daß im gesamten sichtbaren Spektralbereich Quellen mit >10% Wirkungsgrad verfügbar sind.

Neben dem Wirkungsgrad spielt natürlich auch die mögliche Modulationsgeschwindigkeit eine entscheidende Rolle. In Abb. 4.58 werden für einige LED aus Abb. 4.57 die in den Datenblättern genannten Schaltzeiten gezeigt.

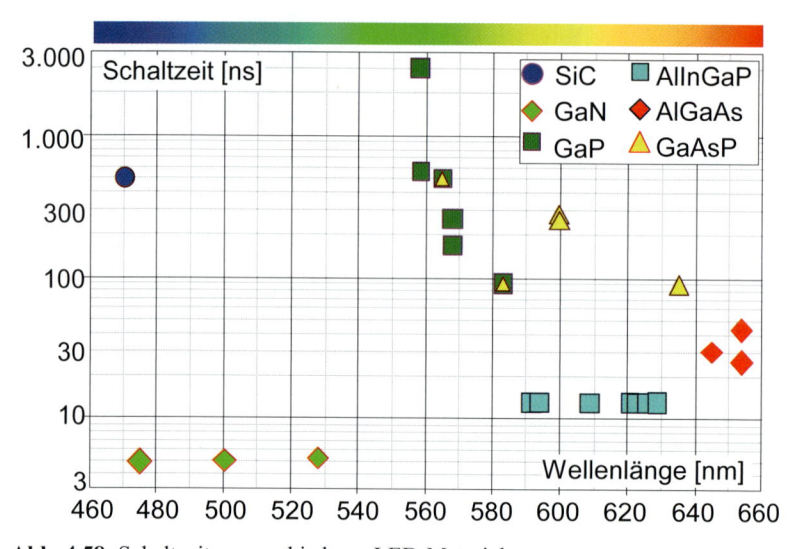

Abb. 4.58: Schaltzeiten verschiedener LED-Materialsysteme

Dioden mit niedrigem Wirkungsgrad zeigen i.d.R. auch sehr niedrige Schaltgeschwindigkeiten. Dies gilt insbesondere für die grünen LED herkömmlicher Technologie. Dioden auf GaN-Basis sind auch aufgrund ihre hohen Schaltgeschwindigkeiten sehr gut für Datenübertragung geeignet.

Die verschiedenen Diodenbauformen, wie Laser, VCSEL, RC-LED oder NRC-LED sind bislang nur im roten Spektralbereich realisiert. Im gelben und grünen POF-Dämpfungsfenster stehen nur LED zur Verfügung. In den nächsten Jahren wird sich wahrscheinlich auch diese Situation ändern.

4.4 Empfänger

Neben den Sendedioden sind natürlich auch die Photodioden extrem wichtige Komponenten für optische Übertragungssysteme. Neben der Empfindlichkeit ist auch die Geschwindigkeit dieser Bauteile für die Kapazität ausschlaggebend.

Im Gegensatz zu den Sendedioden kommt eigentlich nur ein Materialsystem in Frage. In Photodioden werden Lichtquanten absorbiert und in Elektronen-Loch-Paare umgewandelt. Im Prinzip werden also alle Photonen erfaßt, deren Energie oberhalb der Bandlücke liegt. Eine weitere Eigenschaft von Photodioden ist, daß auch indirekte Halbleiter verwendet werden können. Das Elektron muß ja erst nach seiner Erzeugung den Impuls ändern, um ins Minimum des Leitungsbandes zu gelangen. Dazu hat es beliebig viel Zeit und auf den Photostrom hat dies keinen Einfluß. Damit bietet sich für alle Wellenlängen unterhalb von ca. 1,1 µm das Silizium an. Tatsächlich beruhen praktisch alle kommerziellen Empfänger auf diesem preiswertesten aller Halbleitermaterialien.

4.4.1 Wirkungsgrad und Empfindlichkeit

Anders als bei Solarzellen werden Photodioden in der Nachrichtentechnik immer mit einer Vorspannung betrieben. Der durch die einfallenden Photonen generierte Photostrom stellt dann das gemessene Signal dar. Die Effizienz einer Photodiode wird dabei durch den externen Quantenwirkungsgrad η_{ext} beschrieben.

Die Energie eines Photons beträgt bekanntlich $W = h \cdot f$. Bei einer Wellenlänge von 1,24 µm haben die Photonen gerade 1 eV Energie. Demzufolge erzeugt ein Lichtstrom von 1 W unter idealen Bedingungen gerade 1 A Photostrom. Für alle anderen Wellenlängen gilt dann:

$$I_{Ph}[A] = P_{opt}[W] \cdot \eta_{ext} \cdot \lambda / 1{,}24\,\mu m$$

Je kleiner die Lichtwellenlänge ist, um so weniger Photostrom entsteht pro Watt optischer Leistung, eben weil jedes Photon mehr Energie besitzt. Dies erscheint zunächst paradox, aber man muß auch bedenken, das eine kurzwellige LED bei gleichem Wirkungsgrad mehr optische Leistung emittiert als eine langwellige Energie. Zwischen Modulationsstrom der LED und Photostrom der Photodiode besteht also ein wellenlängenunabhängiger Zusammenhang.

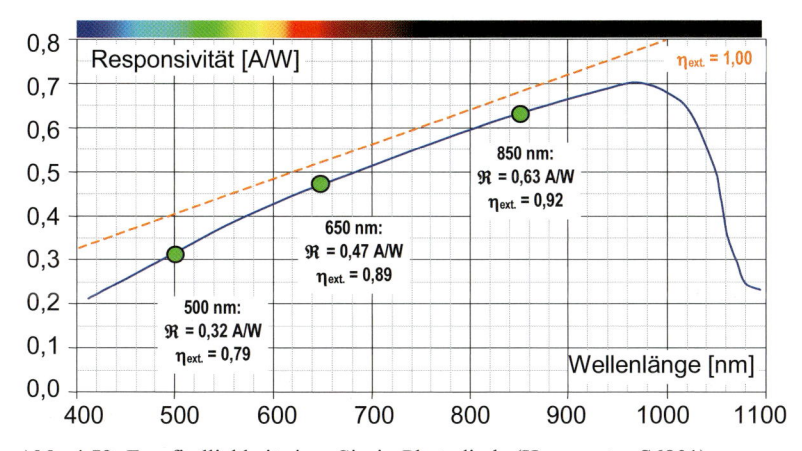

Abb. 4.59: Empfindlichkeit einer Si-pin-Photodiode (Hamamatsu S6801)

In den Datenblättern von Photodioden wird selten der Wirkungsgrad, sondern die Responsivität $\mathfrak{R}$ angegeben. Diese Größe beschreibt den entstehenden Photostrom je Lichtleistung (in A/W oder auch in mA/mW). Ein Beispiel für die längenabhängige Responsivität zeigt Abb. 4.59 (Datenblattangaben Hamamatsu).

Bei ca. 950 nm hat diese Diode ihre größte Responsivität, wie es für Silizium-Photodioden typisch ist. Aber auch bei 650 nm ist der Wirkungsgrad nahe 90%. Oberhalb 1000 nm geht die Effizienz schnell auf Null zurück, da die Energie der Photonen zu klein wird.

Neben der eigentlichen Effizienz gibt es noch einen weiteren wichtigen Parameter, nämlich die Eindringtiefe. Zu längeren Wellenlängen hin wird die Eindringtiefe immer größer. Überschreitet sie die Dicke der absorbierenden Schicht sinkt der Wirkungsgrad ab, weil das Licht durch die Photodiode hindurchgeht. Die Abhängigkeit der Eindringtiefe von der Wellenlänge für verschiedene Halbleitermaterialien zeigt Abb. 4.60.

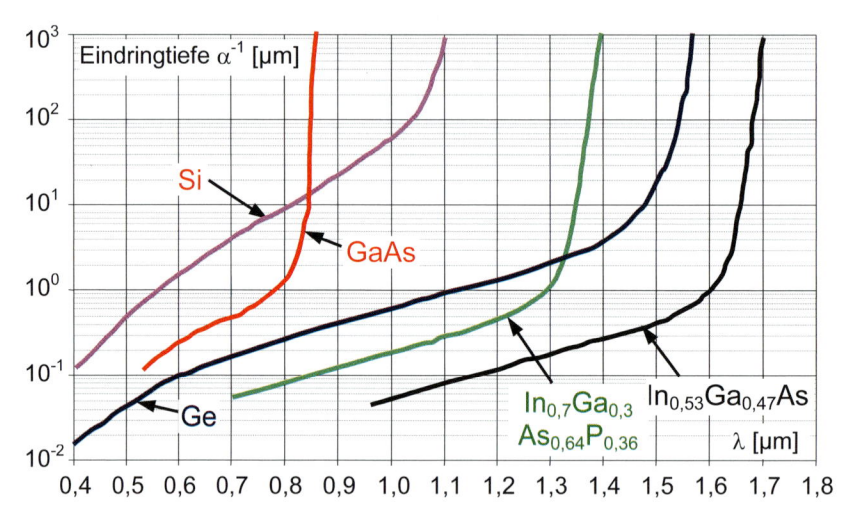

Abb. 4.60: Eindringtiefe für verschiedene Halbleitermaterialien

Geht man von einer maximalen Dicke der absorbierenden Schicht von 10 μm aus, kann man Silizium im Bereich zwischen 400 nm und 1.000 nm gut verwenden. Für Glasfasersysteme bei 1,3 mm und 155 μm werden üblicherweise Dioden auf InGaAs-Basis verwendet.

4.4.2 Photodiodenstrukturen

In der Technik werden verschiedenen Photodiodenstrukturen eingesetzt. Die drei wichtigsten Varianten sind:

➤ Die p-i-n-Photodiode besteht aus einer intrinsisch dotierten Zwischenschicht zwischen den p- und n-Zonen. Die Absorption erfolgt vor allem in diesem Bereich.

➤ Die Lawinenphotodiode (APD: Avalanche Photo Diode) besitzt eine hochdotierte Schicht, in der die erzeugten Elektronen durch ein starkes lokales elektrisches Feld beschleunigt und vervielfacht werden.
➤ Bei der MSM (Metal - Semiconductor - Metal) Photodiode gibt es keinen p-n-Übergang. Auf eine absorbierende Halbleiteroberfläche werden fingerartige Elektronen aufgebracht. Die angelegte Vorspannung zieht die entstehenden Ladungsträger ab.

Der typische Aufbau einer pin-PD und einer APD wird in den Abb. 4.61 und 4.62 gezeigt. Beide Bauformen können sowohl mit Silizium, als auch mit andren Halbleitermaterialien realisiert werden.

Die interne Verstärkung einer APD kann bis zu 400 betragen. Da der Verstärkungsfaktor nicht für jedes generierte Elektron gleich groß ist, erzeugt die APD ein zusätzliches Rauschen. In realen Verstärkern überwiegt aber zumeist das Rauschen des nachfolgenden Verstärkers die Rauschbeiträge in der Photodiode bei weitem. Da die APD bereits vor der ersten Stufe eine hohe Verstärkung erzeugt, spielt das elektronische Rauschen eine viel kleinere Rolle. Im Schnitt sind APD-Empfänger um 10 dB empfindlicher als pin-PD-Empfänger.

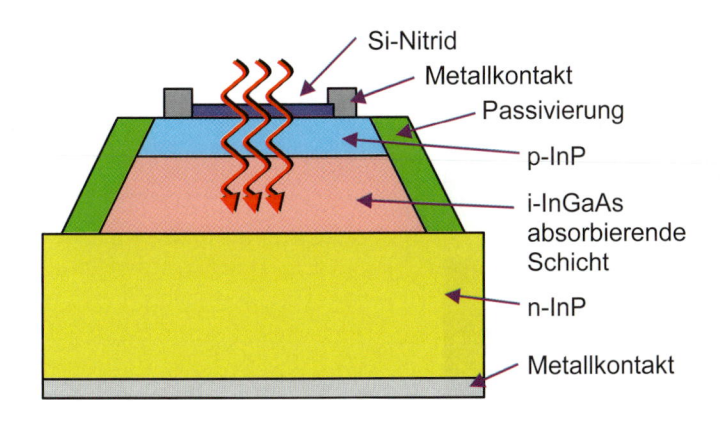

Abb. 4.61: Typischer Aufbau einer pin-PD

Der Vorteil einer pin-Diode liegt in der einfachen Verwendung. Es wird lediglich eine Vorspannung (typisch 5 V bis 15 V) benötigt. Für APD muß die Vorspannung so eingestellt werden, daß der optimale Verstärkungsfaktor erzielt wird. Die nötigen Vorspannungen können dabei einige 100 V erreichen und sind zudem von der Temperatur und der Leistung abhängig (Regelungen erforderlich). Weiterhin sind APD deutlich teurer. Alle kommerziellen POF-Systeme arbeiten mit pin-Photodioden.

Die Kontaktstruktur einer MSM-Photodiode zeigt Abb. 4.63. Die Metallflächen verursachen eine teilweise Abschattung, so daß die Effizienz sinkt. Da aber die Kapazität der Diode viel kleiner sein kann als bei einer gleich großen pin-Diode kann eine größere Transimpedanz verwendet werden, wodurch sich die Empfindlichkeit verbessert.

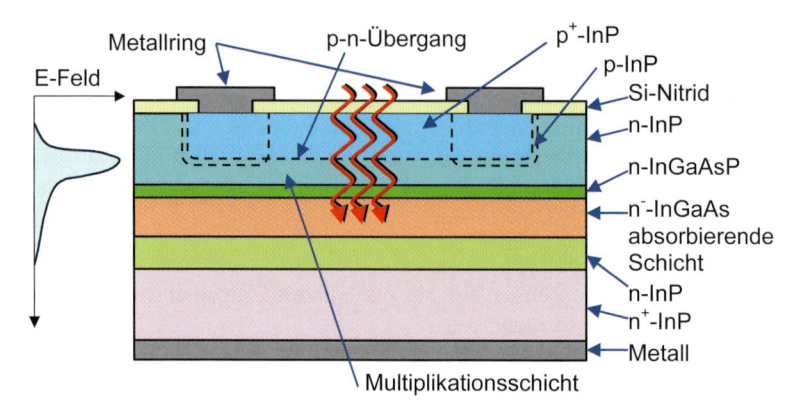

Abb. 4.62: Typischer Aufbau einer APD

Für sehr schnelle MSM-PD (bis 30 GHz) sind Fingerabstände im Bereich 1 µm erforderlich. Dabei kommt es schon zu Polarisationsabhängigkeiten. Für POF-Systeme sind MSM-PD noch nicht kommerziell im Einsatz, könnten aber in wenigen Jahren Verwendung finden.

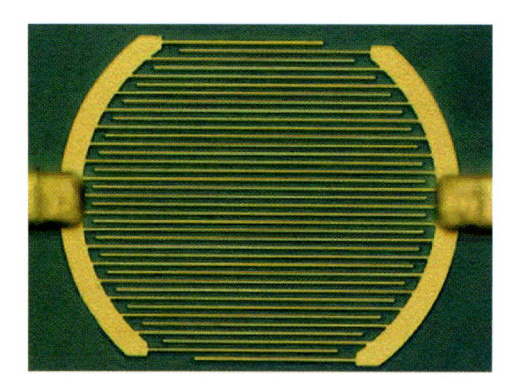

Abb. 4.63: MSM-Photodiode (Diode von Astri HongKong)

Die wichtigsten Eigenschaften der drei Photodiodentypen werden in Tabelle 4.4 qualitativ verglichen. Die pin-Photodiode stellt in allen Parametern einen guten Kompromiß dar und ist zudem preiswert.

Tabelle 4.4: Vergleich der Eigenschaften von Photodioden

	MSM	PIN	APD
Kapazität	+ + +	+ +	+
SNR	-	+ +	+ + +
Vorspannung	-	+ +	- - -
Responsivität	+ +	+ +	+ + +
Preis	-	+ + +	+

4.4.3 Sperrschichtkapazität und Bandbreite

Wie jede Halbleiterdiode weist auch eine pin-Photodiode eine Sperrschichtkapazität auf, die von der angelegten Vorspannung abhängig ist. Ein typisches Beispiel zeigt Abb. 4.64. Wegen der großen notwendigen Photodiodenflächen ist diese Kapazität viel größer als bei Dioden für Glasfasersysteme (zumeist über 3 pF bei Dioden bis 800 µm Durchmesser).

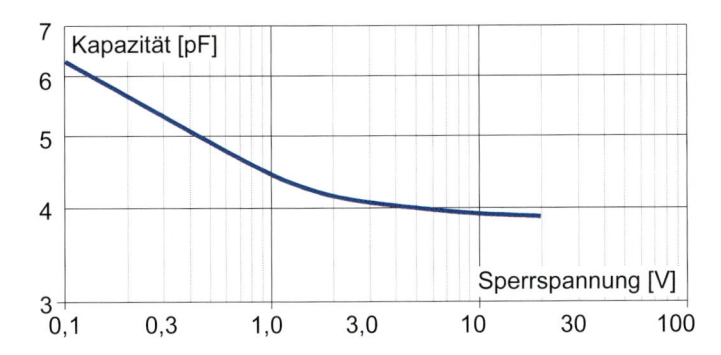

Abb. 4.64: Sperrschichtkapazität einer pin-Diode (Hamamatsu S6801)

Zusammen mit dem Eingangswiderstand der nachfolgenden Stufe bildet diese Diodenkapazität einen Tiefpaß, der i.d.R. die Gesamtbandbreite des Empfängers limitiert. Um gutes Signal-zu-Rausch-Verhältnis zu erzielen, sollte die Impedanz des Empfängers möglichst groß werden. Eine kleine Diodenkapazität ist also unmittelbar für eine gute Empfängerempfindlichkeit verantwortlich.

Lange Zeit galt deswegen die mögliche Bitrate für 1 mm-Fasern auf höchstens 150 Mbit/s limitiert. Inzwischen haben aber verschiedenen Laboratorien mit pin-Photodioden von 600 µm bis 800 µm Durchmesser Datenraten bis 2.500 Mbit/s erzielt (siehe Kap. 6). Mit mehrstufiger Übertragung, adaptiver Entzerrung und Vielträgerübertragung sollten auch noch deutlich größere Bitraten möglich sein. Die Optimierung der Ankopplung der Faser an die Photodiode verspricht weitere Verbesserungen.

4.4.4 Empfängerübersicht

In den verschiedenen Veröffentlichungen zu POF-Systemen wird auf die Konstruktion des Empfängers i.d.R. wenig eingegangen. Viele Institute verwenden kommerzielle Empfänger oder zumindest Verstärker. Rauscharme Transimpedanzverstärker sind für nahezu jeden Bitratenbereich verfügbar. Der größte Nachteil besteht darin, daß diese kommerziellen Bauteile für Kapazitäten von wenigen Zehnten pF ausgelegt sind. Koppelt man Photodioden mit deutlich größerer Kapazität an, sinken Bandbreite und Empfindlichkeit teilweise drastisch. Details der Empfängerschaltungen, soweit sie angegeben wurden, werden im Kap. 6 Systemübersicht aufgeführt.

Einen Überblick über die erzielten Empfindlichkeiten bei verschiedenen Bitraten (und für verschiedene Faserdurchmesser und unterschiedliche Wellenlängen) gibt Abb. 4.65.

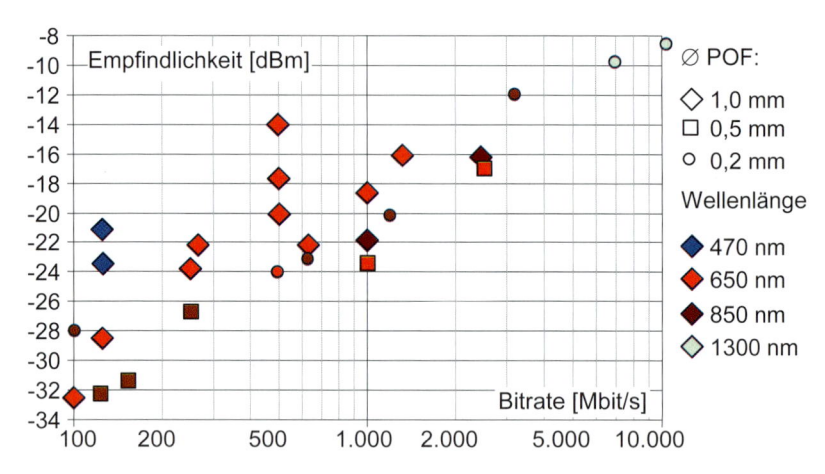

Abb. 4.65: Parameter bisheriger POF-Empfänger

Der Zusammenhang zwischen Bitrate und erreichter Empfindlichkeit ist gut zu sehen. Eine Verzehnfachung der Bitrate kosten ca. 15 dB Empfindlichkeit - sowohl durch die größere Rauschbandbreite, als auch durch die notwendige Verkleinerung des Empfängerwiderstandes. Datenraten über 3 Gbit/s sind bislang nur mit relativ dünnen Fasern erreicht worden. Wie auch bei den Sendern gibt es aber zahlreiche technologische Ansätze um die Parameter der Empfänger deutlich zu verbessern, die ab Beginn des Masseneinsatzes auch umgesetzt werden dürften.

4.4.5 Kommerzielle Produkte

Eine auch nur annähernd vollständige Zusammenstellung kommerziell verfügbarer Dioden- und Empfängertypen würde den Rahmen dieses Buches sprengen und kann deswegen nicht gegeben werden. Deswegen sollen hier beispielhaft nur zwei Photodioden vorgestellt werden, die beide in verschiedenen Instituten seit Jahren für POF-Systeme eingesetzt werden.

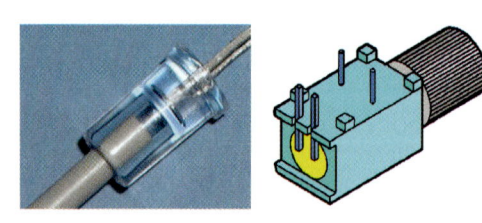

Abb. 4.66: pin-Diode SFH 250 von Infineon für 1,0 mm/2,2 mm POF (recht in einem Gehäuse zum Klemmen der Faser mit Schraubverschluß)

Schon vor über 10 Jahren entwickelte Siemens (jetzt Infineon) den Typ SFH 250 in Abb. 4.66. Die Si-pin-PD hat etwa 1 mm Durchmesser. Das Kunststoffgehäuse weist eine 2,2 mm Bohrung auf, so daß eine ummantelte 1 mm-POF direkt zentriert werden kann. Die Diode ist damit ideal für steckerlose Systeme geeignet.

Wichtige Parameter der Diode sind in Tab. 4.5 zusammengestellt (Angaben aus [Inf03]). In verschiedenen Aufbauten wurden Datenraten bis 250 Mbit/s realisiert. Die Diode konnte auch erfolgreich für analoge Signale eingesetzt werden.

Tabelle 4.5: Parameter der SFH 250

Parameter	Symbol	Einheit	Wert
Arbeitstemperatur	T_{op}	°C	-40 .. +85
max. Sperrspannung	U_R	V	30
Wellenlänge der besten Empfindlichkeit	$\lambda_{S\,max}$	nm	850
Empfindlicher Bereich ($S \geq 0,1 \cdot S_{max}$)	λ	nm	400 .. 1100
Dunkelstrom (U_R = 20 V)	I_R	nA	1 ($\leq$ 10)
Sperrschichtkapazität (f = 1 MHz, U_R = 0 V)	C_0	pF	11
Sperrschichtkapazität (f = 1 MHz, U_R = 20 V)	C_{20}	pF	2,3
Anstiegszeit und Abfallzeit (10% - 90%, R_L = 50 Ω, U_R = 30 V, λ = 880 nm)	t_r, t_f	ns	10
Photostrom (10 mW in der POF, U_R = 5 V) für 660 nm und 950 nm	I_P	µA	3 (660 nm) 4 (950 nm)

Eine weitere sehr gerne eingesetzte Diode ist die Hamamatsu S5052. Der 800 µm große Chip ist in ein Plastikgehäuse mit einer 3 mm großen Linse eingegossen, welche eine optimale Ankopplung an 1 mm dicke Fasern gewährleistet. Am POF-AC wurde die Diode bis zu Datenraten von 2,5 Gbit/s betrieben. Wichtige Parameter listet Tabelle 4.6 auf ([Ham01]).

Tabelle 4.6: Parameter der S5052

Parameter	Symbol	Einheit	Wert
Arbeitstemperatur	T_{op}	°C	-25 .. +85
max. Sperrspannung	U_R	V	20
Wellenlänge der besten Empfindlichkeit	$\lambda_{S\,max}$	nm	800
Empfindlicher Bereich ($S \geq 0,1 \cdot S_{max}$)	λ	nm	320 .. 1000
Dunkelstrom (U_R = 5 V)	I_R	nA	0,02 ($\leq$ 0,3)
Sperrschichtkapazität (f = 1 MHz, U_R = 5 V)	C_0	pF	4
Bandbreite an 50 Ω (U_R = 20 V)	f_c	MHz	500
Empfindlichkeit bei 660 nm	$\Re$	mA/mW	0,40
Empfindlichkeit bei 780 nm	$\Re$	mA/mW	0,45
Empfindlichkeit bei 830 nm	$\Re$	mA/mW	0,45

Empfänger für Polymerfasern sind einzeln kaum erhältlich, sie werden zumeist als System mit den entsprechenden Sendern angeboten. Daten zu verfügbaren Komponenten werden im übernächsten Abschnitt zusammengestellt.

4.4.6 Verbesserung der Empfindlichkeit

Wie oben schon erläutert wurde, nutzen viele Empfänger eine Linse zur Verbesserung der Empfindlichkeit. Wenn man die Photodiode kleiner auslegt als die Faser, kann man zwar eine größere Transimpedanz verwenden, verliert aber mehr Empfindlichkeit durch das verloren gegangene Licht. Mit einer geeigneten Linse kann man aber einen großen Teil des in der Faser geführten Lichtes auf eine kleinere Photodiode konzentrieren. Wegen der großen NA der POF funktioniert dies etwas bis zu Verkleinerungsfaktoren von 2, da darüber die auftretenden Winkel sowohl für die Linse, als auch für die Photodiode zu groß werden. In Abb. 4.67 aus [Har01] wir der mögliche Koppelwirkungsgrad aus einer 1 mm Standard-POF (UMD-Anregung) in verschieden große Photodioden mit sphärischen Linsen gezeigt.

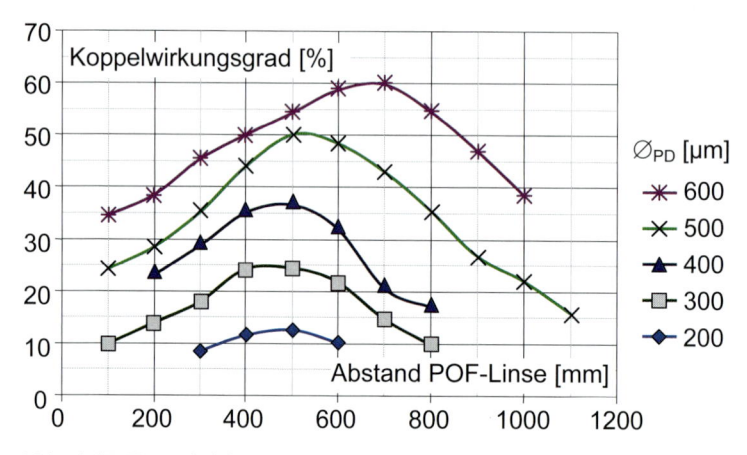

Abb. 4.67: Koppelwirkungsgrad POF-PD mit sphärischen Linsen nach [Har01]

Bei einer 500 µm großen Photodiode können also mit einer korrekt positionierten sphärischen Linse noch 50% des Lichtes in die Photodiode eingekoppelt werden. Selbst wenn man jetzt tatsächlich einen vierfach größeren Arbeitswiderstand am Empfänger wählen kann (wegen der kleineren Kapazität) ergibt sich kein Gewinn im SNR:

- ➢ Verlust durch die Ankopplung: 3 dB
- ➢ Gewinn durch größere Transimpedanz: 6 dB
- ➢ Verlust durch höheres Rauschen: 3 dB

Andererseits lassen sich mit der kleineren Photodiode generell höhere Datenraten erreichen, so daß sich der Einsatz dennoch lohnt.

Eine effizientere Kopplung aus der Faser in die Photodiode gestatten optische Konzentratoren (als nicht abbildende Elemente), wie z.B. in [Poi04a] beschrieben. Dabei gibt es sowohl Varianten mit verspiegelten Flächen, als auch solche mit Wellenleitung durch Totalreflexion. Eine Variante aus [Ueh02b], [Ueh03] und [Mat02b] wird in Abb. 4.68 gezeigt.

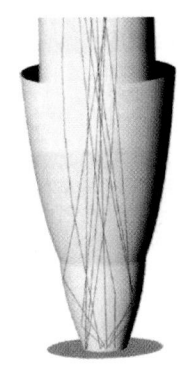

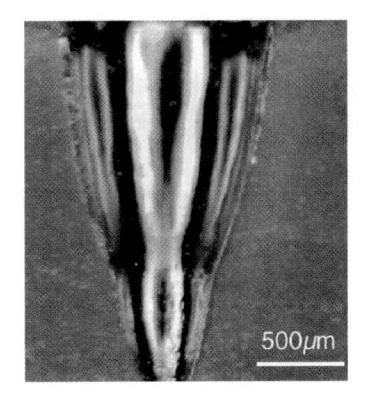

Abb. 4.68: Optische Konzentratoren

Tabelle 4.7 aus [Poi04a] zeigt den theoretischen Wirkungsgrad verschiedener Varianten für die Ankopplung einer 1 mm POF (UMD-Anregung) an verschieden große Photodioden im Vergleich zur direkten Stirnkopplung.

Tabelle 4.7: Möglichkeiten zur Photodiodenkopplung

Konzept	Stirn-Kopplung	Linse	Taper verspiegelt	Taper dielektrisch	Parabel
$\varnothing_{PD}$ = 300 µm	8,3 %	31,6 %	21,2 %	50,5 %	34,0 %
$\varnothing_{PD}$ = 400 µm	16,4 %	46,6 %	36,9 %	**75,3 %**	39,7 %
$\varnothing_{PD}$ = 500 µm	23,4 %	60,6 %	54,4 %	**83,2 %**	41,4 %

Den besten Wirkungsgrad erreicht der dielektrische Taper (Reflexion gegen Luft), da die Totalreflexion effizienter ist als die metallische Reflexion. Bei einer nur 400 µm großen Photodiode (nur 16% der Kapazität) können theoretisch 75 % des Lichtes eingekoppelt werden (1,25 dB Verlust). Ohne Frage werden zukünftige POF-Systeme diese Methoden verstärkt ausnutzen, da die Konzentratoren in der Massenherstellung sehr einfach sein werden.

4.5 Transceiver

4.5.1 Komponenten bis 2000

Gerade im Bereich der POF-Transceiver hat es in den letzten 5 Jahren vielfältige Entwicklungen gegeben. In der ersten Auflage des Buches konnten kaum komplette Systeme vorgestellt werden. Die Komponenten wurden nur von kleinen Herstellern und für Nischenanwendungen angeboten. Von Wiesemann & Theis wurden beispielsweise Umsetzer von RS232 bzw. 10BaseT auf Duplex-POF entwickelt. Abbildung 4.69 zeigt beide Komponenten. Als Quellen werden 594 nm (T2P®) bzw. 650 nm LED verwendet (vgl. auch [Leh00]).

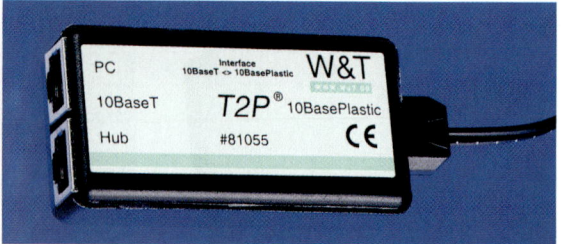

Abb. 4.69: RS232 (links) und 10 Mbit/s Ethernet-Transceiver (rechts) von W&T

Die Kopplung der Duplex-POF an beide Komponenten erfolgt sehr einfach durch Hineinstecken des abgeschnittenen Kabels. Eine einfache Entriegelung ermöglicht das spätere Lösen. Eine Variante für 100 Mbit/s ist in Vorbereitung.

Die Abb. 4.70 zeigt 3 Transceiver für 125 Mit/s bzw. 155 Mbit/s von Hewlett Packard, NEC bzw. der Universität Ulm (auf 520 nm umgerüstet). Der HP-Transceiver ist mit V-pin-Aufnahmen ausgerüstet. Er ist, wie hier beim NEC-Transceiver, auch für F07-Stecker mit der Komponente HFBR-5527 erhältlich.

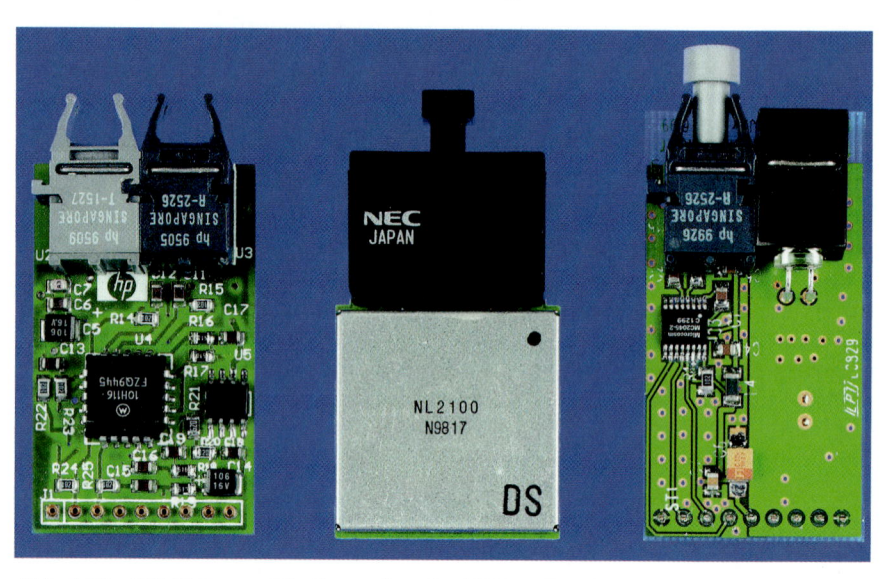

Abb. 4.70: ATMF-kompatible Transceiver für 100BaseT und 155 Mbit/s ATM, (v.l.n.r.: Hewlett Packard, NEC, Universität Ulm)

Alle 3 Komponenten sind mit einem 1 × 9-pin-Kontakt ausgestattet und können in herkömmliche PC-Karten oder LAN-Komponenten eingesteckt werden. Testnetze wurden dazu an der Universität Ulm ([Som98a]) und der Telekom in Berlin ([Lei98]) realisiert. Tabelle 4.8 faßt die wichtigsten Eigenschaften zusammen (nach [HP01], [HP02], [NL2100] und Ergebnissen eines Forschungsprojektes mit der UNI Ulm).

Tabelle 4.8: 125/155 Mbit/s-Transceiver für POF (typ. Werte)

Parameter	HFBR 5527	NL2100	R-2526/NSPG500
Hersteller	Hewlett Packard	NEC	UNI Ulm
λ_{Quelle}	650 ± 10 nm	650 ± 10 nm	520 ± 10 nm
Einsatztemperatur	0..70°C	0..70°C	k.A.
max. Datenrate	125 Mbit/s	155 Mbit/s	155 Mbit/s
LED-NA	0,30	0,21	0,50
spektr. Breite	21 nm	33 nm	40 nm
Sendeleistung	-4,3..-10,4 dBm	-4,2..-5,7 dBm	ca. -8 dBm
max. Empfangsleistung	-7,5 dBm	-1,0 dBm	-7,5 dBm
min. Empfindlichkeit	-27,5 dBm	-25 dBm	-23 dBm
t_r/t_f Sender	2,1/2,8 ns	4,5/4,5 ns	k.A.
t_r/t_f Empfänger	6,3/6,3 ns	k.A.	k.A.
minimale Reichweite	25 m	50 m	100 m (Labor)

Alle drei Transceiver orientieren sich an der ATMF-Spezifikation. In Abb. 4.71 wird das temperaturabhängige Spektrum des NL-2100-Transceivers gezeigt. Es entspricht weitgehend den Eigenschaften des HP-Transceivers. Weder HP noch NEC geben aktuell Angaben zu möglichen Weiterentwicklungen zu den Produkten. Dies betrifft auch den von NEC in Mustern abgegebenen Transceiver NL2110 für Datenraten bis 250 Mbit/s.

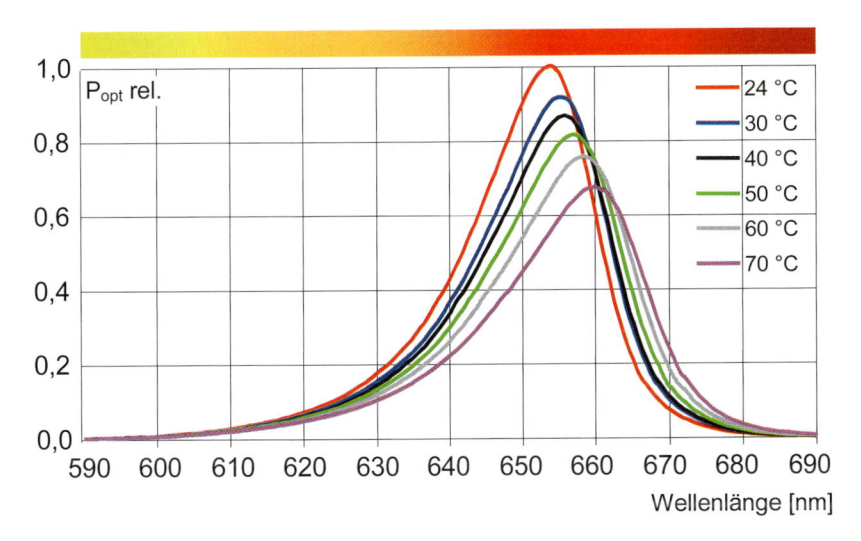

Abb. 4.71: Spektren der Sende-LED im Transceiver NL2100

Von Hewlett Packard (später Agilent, jetzt Avago) sind eine Reihe verschiedener POF-Transceiver für einen weiten Bereich der Datenraten verfügbar, wie in Tabelle 4.9 zusammengestellt.

Tabelle 4.9: POF-Transceiver von HP (nach [Leh00])

Datenrate	Reichweite +25 °C	Reichweite (0-70°C)	Sender (HFBR-)	Empfänger (HFBR-)	Stecker	λ_{Quelle}
DC-40 Kbit/s	120 m	110 m	1523/1533	2523/2533	v-pin	650 nm
DC-1 Mbit/s	55 m	45 m	1522/1532	2522/2532	v-pin	650 nm
DC-1Mbit/s	75 m	70 m	1528/1538	2522/2532	v-pin	650 nm
DC-2 Mbit/s	45 m	42 m	1604/1614	2602/2612	SMA/ST	650 nm
DC-4 Mbit/s	50 m	40 m	1505A/1505B	2505A/2505B	SMA/ST	650 nm
DC-5 Mbit/s	30 m	20 m	1521/1531	2521/2531	v-pin	650 nm
DC- 10 Mbit/s	60 m	55 m	2528	2528	v-pin	650 nm
DC-32 Mbit/s	k.A.	75 m	1527/1537	2526/2536	v-pin	650 nm
DC-55 Mbit/s	k.A.	60 m	1527/1537	2526/2536	v-pin	650 nm
125 Mbit/s	k.A.	50 m	1527/1537	2526/2536	v-pin	650 nm
155 Mbit/s	k.A.	50 m	1527/1537	2526/2536	v-pin	650 nm

4.5.2 Fast Ethernet-Transceiver

In den letzten Jahren wird in der Automatisierung verstärkt Fast Ethernet (125 Mbit/s physikalische Datenrate) anstelle der herkömmlichen Feldbussysteme eingesetzt. Eine Vielzahl von Komponenten wurde für diesen Bereich entwickelt. Hinzu kommen seit wenigen Jahren auch Produkte, die gezielt für den Heimbereich entwickelt wurde. Alleine im ersten Halbjahr 2006 kam ein halbes Dutzend neuer Hersteller hinzu. Deswegen kann die folgende Zusammenstellung nur eine unvollständige Momentaufnahme sein. Auf die Angabe detaillierter Parameter und Firmenadresse wird hier verzichtet. Man findet diese Daten z.B. im POF-Atlas (www.pofatlas.de).

4.5.2.1 POF-Lösungen von DieMount Wernigerode

Eine Reihe der innovativsten Entwicklungen für POF-Transceiver wurden in den letzten Jahren von der Firma DieMount in Wernigerode (Sachsen-Anhalt) vorgestellt. Die Komponenten zeichnen sich vor allem durch drei Besonderheiten aus.

- ➢ Die POF werden am Transceiver ohne Stecker durch einen einfachen Schraubmechanismus befestigt. Das vereinfacht die Installation.
- ➢ Die LED werden in die POF durch Verwendung eines Mikrospiegels besonders effizient eingekoppelt (siehe auch Kap. 6).
- ➢ Durch den Einsatz eines eigenen patentierten Kopplers mit niedrigen Verlusten und hoher Reflexionsunterdrückung können beide Übertragungsrichtungen auf einer Faser laufen (Simplexsysteme).

Die POF-Halterungen an den Transceivern zeigt Abb. 4.72 in einer Duplex- und einer Simplexvariante.

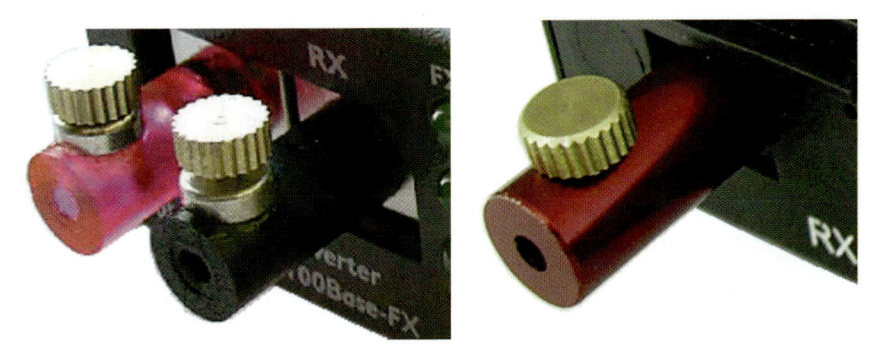

Abb. 4.72: Faserhalterungen DieMount

Als einziger Hersteller bietet DieMount Transceiver mit blauen und roten LED an. Für bi-direktionale Übertragung wurde auch eine WDM-Variante entwickelt. Die Simplexkomponenten erreichen bei 470 nm bzw. 645 nm Wellenlänge Reichweiten von 70 m bzw. 30 m. Als Duplexvarianten sind jeweils über 100 m Übertragungslänge möglich. Verschiedene Varianten der Fast-Ethernet-Transceiver von DieMount werden in Abb. 4.73 dargestellt. Die Produkte werden inzwischen auch unter anderen Markennamen von großen Elektronikfirmen angeboten. Neben den hier dargestellten externen Medienkonvertern werden auch PC-Einsteckkarten und komplette Switche angeboten.

Abb. 4.73: Fast-Ethernet-Konverter von DieMount

4.5.2.2 Optische Klemmen von Ratioplast

Der Hersteller Ratioplast liefert schon längere Zeit Lösungen für Automatisierungs-Anwendungen auf POF-Basis. Eine Eigenentwicklung ist die sog. optische Klemme, ebenfalls eine Lösung zur steckerlosen POF-Installation (Abb. 4.74). Dabei wird die abgeschnittene POF durch eine kleine Klemme seitlich festgehalten.

Abb. 4.74: Optische Klemme für POF von Ratioplast

Als Medienkonverter sind Varianten für Fast Ethernet (mit roten LED, 70 m Reichweite) und für 10 Mbit/s Ethernet mit 520 nm LED und bis zu 200 m Übertragungslänge ([Thi04]) verfügbar. Die Komponenten sind in Abb. 4.75 zu sehen.

Abb. 4.75: Medienkonverter für 10 und 100 Mbit/s von Ratioplast

4.5.2.3 Transceiverfamilie von Avago

Auf die v-pin-Produktfamilie von Avago (Hewlett Packard) wurde bereits weiter oben eingegangen. Praktisch alle Varianten sind sowohl als einzelne Sender und Empfänger, als auch als Transceiver in Standardbauformen (1 × 9 pin-Transceiver) verfügbar. Abbildung 4.76 zeigt eine Testleiterplatte mit einem Sender-Empfängerpaar und einen Transceiver.

Abb. 4.76: POF-Transceiver von Avago

4.5.2.4 Hausinstallation von RDM

Der Schweizer Hersteller Reichle & DeMassari entwickelte zwei unterschiedliche Konzepte für die Verkabelung von Häusern mit POF. Zum einen werden Stecker, Werkzeuge und Transceiver auf dem SC-RJ-Stecker angeboten ([Rich05b]), zum Zweiten wird mit dem RCC45-System eine Kombination aus Datenkabel und POF angeboten ([Rich04], siehe Abb. 4.77).

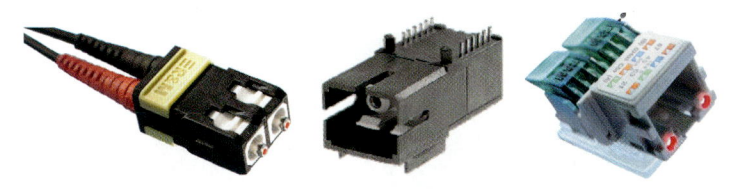

Abb. 4.77: SC-RJ-Stecker und Fast-Ethernet-Transceiver (links) und RCC-45 Hybridstecker aus Datenkabel und Duplex-POF von Reichle & DeMassari

4.5.2.5 POF-Transceiver von Infineon/Siemens

Auf dem 21. Treffen de ITG-Fachgruppe „Optische Polymerfasern" stellte Infineon Technologies erstmalig seinen neuen POF-Transceiver vor (Abb. 4.78, [Lück06]). Zum Einsatz kommt hier das von Ratioplast entwickelte Klemmenprinzip.

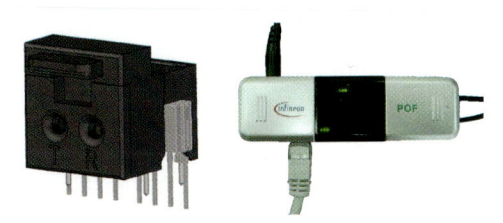

Abb. 4.78: Optische Klemme und Transceiver (Prototyp) von Infineon

Infineon erwartet in den nächsten Jahren ein starkes Anwachsen des POF-Marktes. Dafür ist vor allem die Einführung von VDSL und das Anwachsen von IPTV-Angeboten verantwortlich (prognostizierte Wachstumsrate für IPTV-fähigen Anschlüsse: 92%/Jahr). Als Preis für die kompletten elektronischen Komponenten gibt Infineon 12 US% an (POF-Transceiver und ADM6992SX-Chip bei hohen Stückzahlen, Abb. 4.79 aus [Inf06]).

Abb. 4.79: POF-Transceiver - Leiterplattengestaltung

Seit Oktober 2006 kann das System - jetzt mit Siemens-Label - über die Webseite der Deutschen Telekom bestellt werden. Im Set (Abb. 4.80) sind neben den beiden Medienkonvertern (Abb. 4.81) auch die Kupferanschlußkabel, Netzteile, ein Schneidewerkzeug und 30 m Duplex-POF (mit 1 mm Kerndurchmesser und 1,5 mm Schutzmantel).

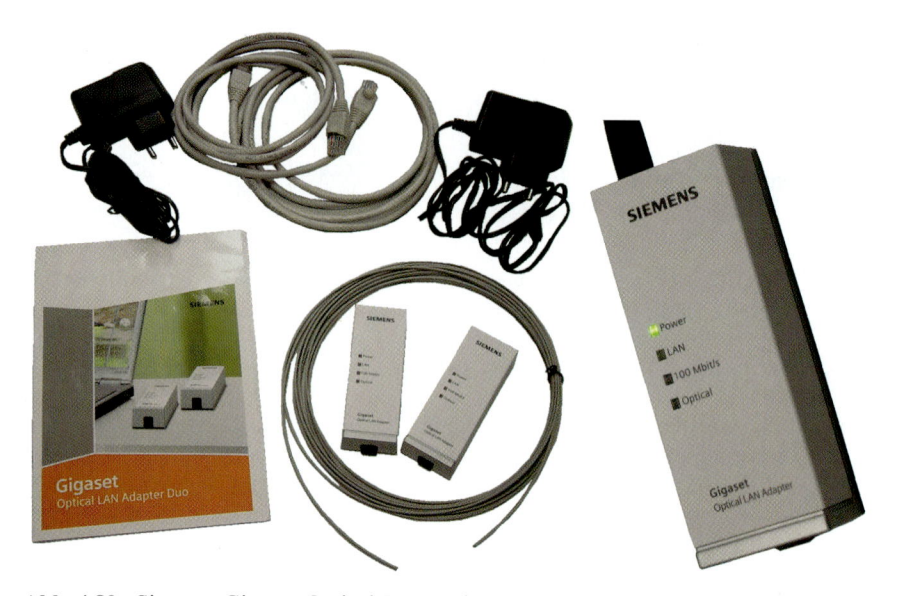

Abb. 4.80: Siemens Gigaset Optical LAN-Adapter, vertrieben von der Telekom (rechts: Medienkonverter für Fast-Ethernet)

4.5.3 Andere Systeme

Neben den Fast Ethernet-Komponenten werden auch POF-Transceiver für verschiedene andere Schnittstellen angeboten. Vor allem in den asiatischen Ländern setzt man bei der Hausverkabelung nicht auf reine IP-Netze, sondern auf den Standard IEEE1394. Dieser Standard erlaubt im Gegensatz zu IP Echtzeitübertragung mit garantierten Datenraten und maximalen Verzögerungszeiten und ist für den Betrieb ohne zentralen PC ausgelegt. Die Komponenten sind aber aufgrund der niedrigeren Stückzahlen heute noch etwas teurer. Für die POF und die Transceiver spielt es kaum eine Rolle, ob Ethernet oder IEEE1394 eingesetzt wird. Beide Systeme können z.B. mit 100 Mbit/s arbeiten und verwenden 4B5B-Kodierung.

4.5.3.1 Comoss

Der asiatische Hersteller Comoss bietet ein komplettes Sortiment von POF-Komponenten für IEEE1394-Systme auf Basis des SMI-Steckers an (Abb. 4.81). Es sind sowohl Medienkonverter, als auch Transceiver mit roten LED, bis zu 50 m Reichweite und Datenraten S100 und S200 verfügbar.

Abb. 4.81: IEEE1394-Komponenten mit SMI-Stecker

4.5.3.2 IEEE1394, MOST und Fast Ethernet von Firecomms

Die Ergebnisse des irischen Herstellers Fircomms werden noch ausführlich im Kapitel 6 „Systeme" beschrieben. Auf die Eigenschaften der VCSEL, RC-LED und grünen LED wurde im Abschnitt aktive Komponenten eingegangen.

Speziell auf Basis der roten RC-LED sind derzeit eine ganze Reihe von Produkten mit herausragenden Parametern verfügbar. Die Fast-Ethernet-Transceiver erreichen 100 m Übertragungslänge ([OTS06c]). Auch die mit SMI-Steckern ausgestattete S200-Variante für IEEE1394 mit 50 m Reichweite ist verfügbar und erfüllt die entsprechenden Spezifikationen (Abb. 4.82, [OTS06b]). Die Firma Netopia hat angekündigt, die Firecomms-Transceiver für Ihre VDSL-Systeme in der Heimvernetzung einzusetzen (Abb. 4.88).

Abb. 4.82: IEEE1394-S200Transceiver mit SMI-Stecker von Firecomms

Die für den MOST-Einsatz konzipierten Transceiver sind inzwischen zertifiziert und übertreffen beispielsweise die geforderte Leistungsbilanz um 8 dB. Die Schaltzeiten von 4,2 ns ermöglichen dabei einen Einsatz bis zu 250 Mbit/s. Es ist ebenfalls eine Vergrößerung des Temperaturbereiches möglich. Auch von Firecomms ist inzwischen eine steckerfreie POF-Variante verfügbar (Abb. 4.83). Tabelle 4.10 faßt einige Parameter der Firecomms-Transceiver zusammen.

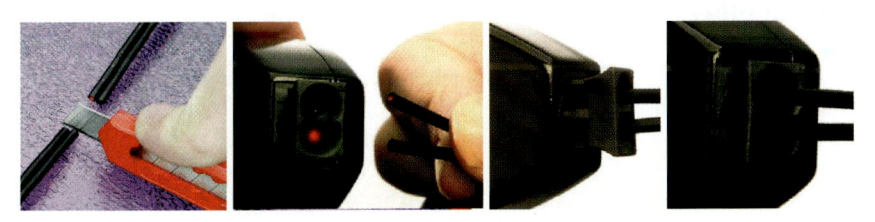

Abb. 4.83: IEEE1394-Transceiver OptoLock von Firecomms ohne Stecker

Tabelle 4.10: Parameter von Firecomms-POF-Produkten (typische Werte, Datenblätter)

		FOT-Paar	OptoLock	MOST	1394, S200
max. Datenrate	Mbit/s	125	250	50	250
Wellenlänge	nm	650	660	650	660
max. POF-Länge	m	100	k.A.	k.A.	50
Arbeitstemperatur	°C	-20 .. +70	-40 .. +70	-40 .. +95	-40 .. +70
opt. Leistung	dBm	-8,5 .. -2	-7,0 .. -2,0	-7,0 .. -2,0	-7,0 .. -2,0
Empfindlichkeit	dBm	-24 .. -28	-24	-28	-27
t_r und t_f	ns	2,0 / 2,0	1,5 / 2,0	3,0 / 2,0	1,5 / 2,0

4.5.3.3 Japanische Hersteller

Zahlreiche japanische Hersteller bieten POF-Transceiver für Fast-Ethernet, vor allem aber für IEEE1394 in den Geschwindigkeitsbereichen S100 bis S400 an. Dazu gehören z.B. Hitachi und Mitsubishi (Abb. 4.84), Sharp, Hamamatsu, Toshiba und Sony.

Abb. 4.84: POF-Transceiver Hitachi DC9500 von 1999 (limks), Fast Ethernet, POF-Medienkonverter Mitsubishi OMCP-ETH100SA für S200 (Mitte und rechts)

Leider sind derzeit Informationen über neuere Entwicklungen kaum zu bekommen. Europäische Vertreiber fehlen i.d.R. und Bestellungen sind nur gegen Vorkasse möglich. Dennoch darf vermutet werden, daß auch in Japan aktuell sehr intensiv an der Entwicklungen neuer POF-Transceiver gearbeitet wird.

4.5.3.4 Fast Ethernet, Ethernet und Video bei Luceat

Ein breites Sortiment von POF-Komponenten bietet der italienische Hersteller Luceat an. Neben Transceivern für 10 Mbit Ethernet (mit 510 nm LED, 200 m Reichweite, [Luc04a]) und 100 Mbit/s Ethernet (mit 650 nm LED, 100 m Reichweite, [Luc04b]) werden auch Konverter für RS232-Schnittstellen mit bis zu 400 m Reichweite angeboten ([Luc04d], siehe Abb. 4.85).

Abb. 4.85: Medienkonverter für 10/100 Mbit/s Ethernet und RS232 von Luceat

Daneben bietet Luceat Systeme für analoge Videoübertragung in verschiedenen Varianten mit bis zu 250 m Übertragungslänge auf Basis grüner LED an (Abb. 4.87, [Luc04c]).

Abb. 4.87: Analoge Videoübertragung, Komponenten von Luceat

4.5.3.5 DSL-Modem mit POF

Ein großes Problem der aktuellen POF-Anwendung stellt das Fehlen von Geräten mit eigener POF-Schnittstelle dar. Somit sind dann immer externe Medienkonverter und zusätzliche Netzteile notwendig (siehe auch Kap. 8).

Mit Netopia hat erstmals ein Hersteller ein DSL-Modem mit eingebauter POF-Schnittstelle angeboten (Abb. 4.88, Transceiver von Firecomms, [OTS06c]).

Abb. 4.88: Netopia-DSL-Modem mit POF-Anschluß

Leading the Light
Fiber Optics Solutions for today's datacom

SFH: industrial

MOST: automotive

Fast Ethernet: consumer

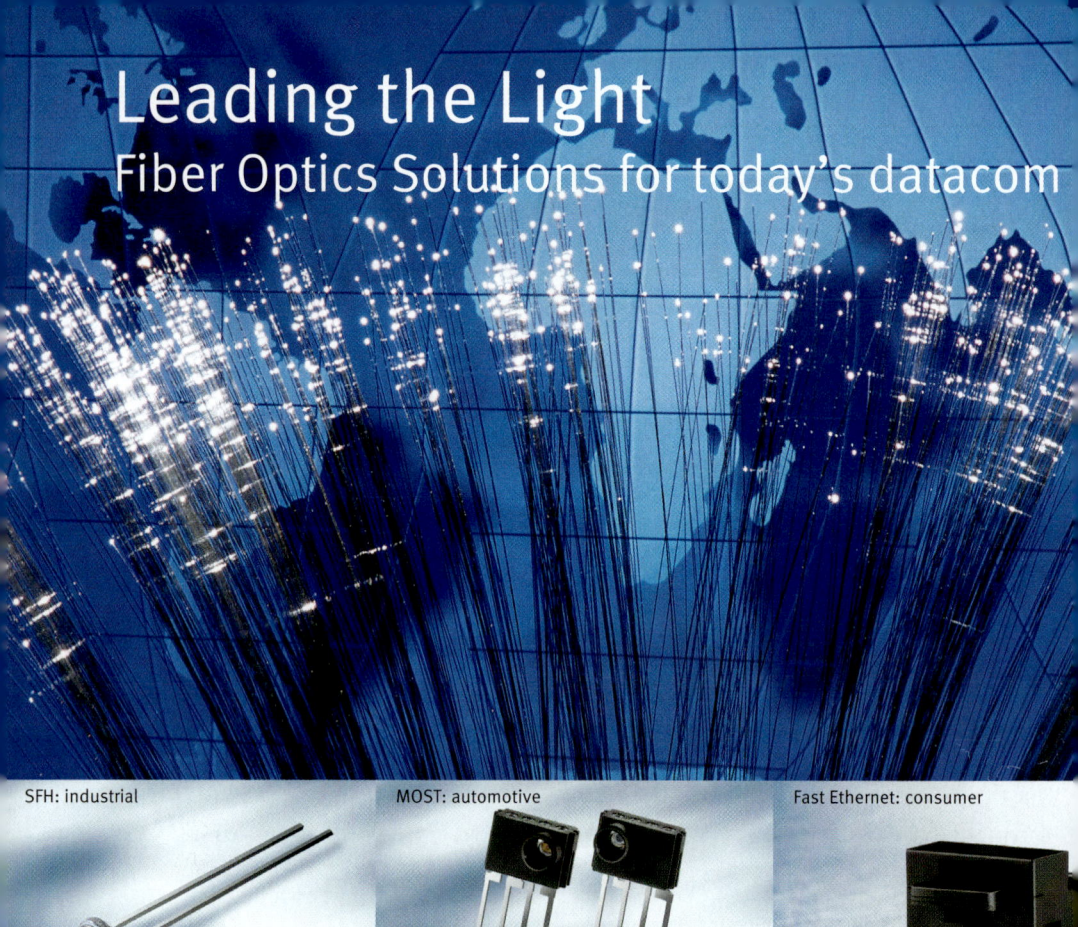

AS A GLOBAL INDUSTRY LEADER in plastic fiber optic technology, Infineon offers a standardized product range of fiber optics as well as customized products. Recognizing the importance of optical data transmission for today's datacom within industrial, automotive and consumer applications, Infineon is driving the advancement of fiber optic technology. Plastical Optical Fiber (POF) enables low cost applications with the advantages of optical data transmission.

If you need any information about Fiber Optics please contact us.
Germany: 0 800 951 951 951
International: 00800 951 951 951

www.infineon.com/POF

Infineon

Never stop thinking

5. Planare Wellenleiter

Als optische Wellenleiter bezeichnet man transparente Strukturen, die auf mehr oder weniger festen Trägern aufgebracht werden. Im Prinzip funktionieren sie genauso wie Fasern und werden auch durch die gleichen Parameter beschrieben. Es gibt aber auch grundlegende Unterschiede:

- Wellenleiter werden nicht als Meterware hergestellt, die dann in der nötigen Länge konfektioniert wird, sondern als optische Leitung mit genau vorgegebenem Verlauf und Länge.
- Die typischen Längen liegen im Bereich zwischen Metern und unter einem Millimeter, deswegen ist die Dämpfung normalerweise nicht der wichtigste Parameter.
- Aufgrund der einfacheren Herstellung werden oft anstelle runder Querschnitte auch quadratische oder trapezförmige Wellenleiter hergestellt.

Wellenleiter können aus ganz unterschiedlichen Materialien hergestellt werden, z.B. aus Quarzglas, aus $LiNbO_3$, aus GaAlAs oder auch aus anderen optischen Halbleitern. Da es vielfältige Veröffentlichungen zu den verschiedenen Formen und Anwendungen gibt, soll in diesem Kapitel nur auf Wellenleiter eingegangen werden, die aus Polymeren hergestellt werden.

Polymere Lichtwellenleiter können nicht nur in Form von Fasern, wie in den vorangehenden Kapiteln beschrieben, sondern auch als planare (ebene) Strukturen sehr einfach und kostengünstig hergestellt werden. Verschiedene Merkmale der Polymere sind dabei sehr interessant:

- große Änderung des Brechungsindex mit der Temperatur, damit sind thermooptische Schalter möglich.
- große nichtlineare Koeffizienten ermöglichen extrem schnelle optische Schalter und Multiplexer
- optische Wellenleiter können einfach durch Abformen hergestellt werden
- verschiedene Materialien ermöglichen sehr große Brechzahlunterschiede, das ermöglicht z.B. sehr kleine Biegeradien

Die folgenden Absätze zeigen exemplarisch mögliche Anwendungen von ein- und mehrmodigen polymeren Wellenleitern. Dies sind zwar keine eigentlichen Polymerfasern, aber technologisch mit ihnen verwandt. Darüber hinaus ergeben sich interessante Optionen für die Kombination von planaren Wellenleitern und Polymerfasern.

5.1 Materialien für Wellenleiterstrukturen

Eine umfassende Übersicht über polymere Materialien für die Herstellung von optischen Wellenleitern wird in der Dissertation [Gra99] vorgestellt (Tabelle 5.1). Neben den hier aufgeführten Polymeren werden in der Arbeit auch Wellenleiter aus anorganischen Gläsern untersucht.

Tabelle 5.1: Polymere für optische Wellenleiter ([Gra99])

Material	Dämpfung bei 670/850 nm	Dämpfung bei 1.300 nm	Dämpfung bei 1.500 nm
PMMA / BDK			0,9 dB/cm
EGDMA / TFPMA / PMMA		0,3 dB/cm	> 1,0 dB/cm
PFPMA / TeCEA		0,2 dB/cm	0,7 dB/cm
Teilfluorierte Acrylate			0,06 dB/cm
Polyisocyanourat			0,8 dB/cm
Polyimid	0,3 - 0,5 dB/cm	0,3 - 0,5 dB/cm	
Polysteren			
Polycarbonat			
BCB Polycylobuten			1,5 dB/cm
Photobleachable Polymer (Akzo)		< 0,1 dB/cm	< 0,1 dB/cm
Komposite (Ormocer)	< 0,4 dB/cm		< 0,3 dB/cm

Schon an der Angabe der Verluste in dB/cm ist zu erkennen, daß die Transparenz dieser Strukturen nicht mit der von optischen Fasern vergleichbar ist. Die Hauptursachen für die sehr viel größeren optischen Verluste liegen vor allem in der nicht zylindrischen Wellenleitergeometrie und in der schlechteren Oberflächenqualität der Kern-Mantel-Grenzfläche begründet. Berücksichtigt man aber, daß für typische Anwendungen nur wenige Zentimeter Länge benötigt werden, sind Verluste in den gezeigten Größenordnungen vertretbar.

Als optische Faser ist PMMA bei 1,3 µm und 1,55 µm völlig unbrauchbar, da die Dämpfung zu groß ist. Als Wellenleitermaterial ist es aber einsetzbar, da die Anforderungen hier nicht zu groß sind. Dennoch werden speziell bei 1,55 µm Materialien mit kleinerer Dämpfung gesucht. Wie auch bei den Fasern ist eine effektive Variante der Einsatz von teilweise oder vollständig fluorierten Polymeren. Auch das Material CYTOP® kommt hier zum Einsatz. Die Lage der Schwingungsbanden verschiedener Kohlenstoffbindungen zeigt Abb. 5.1 (detailliertere Beschreibung in [Gra99]. Die fluorierten Verbindungen haben dabei die niedrigsten Schwingungsfrequenzen (im mittleren Infrarot).

Neben der relativ hohen Dämpfung kommt als weiterer beschränkender Faktor die mangelnde Temperaturbeständigkeit des PMMA negativ zum Tragen. Viele Polymermaterialien mit hohem T_g, deren Verwendung als Fasermaterial an den Verlusten scheitert, sind in Wellenleiterstrukturen sinnvoll einsetzbar.

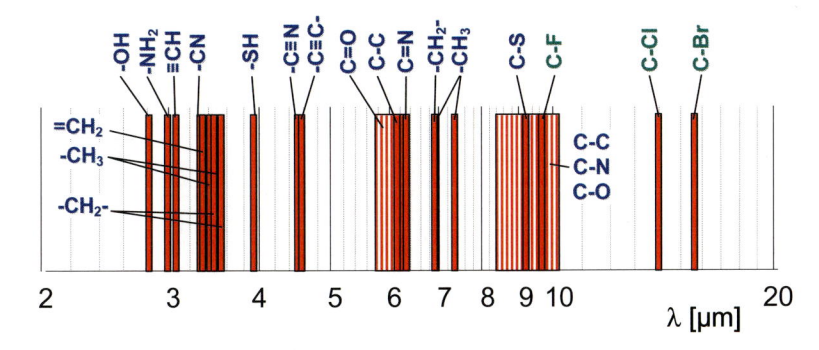

Abb. 5.1: Lage der Schwingungsbanden in Polymeren nach [Gra99]

Weitere Materialien für optische Wellenleiter aus den Entwicklungen des Fraunhoferinstituts HHI Berlin werden in [Keil05] beschrieben:

- Triazin-Acrylat MA2, 0,45 dB/km Verluste bei 1,55 µm
- Triazin-Acrylat MA3, 0,28 dB/km Verluste bei 1,55 µm
- ZPU12 (Korea), 0,50 dB/km Verluste bei 1,55 µm
- CYTOP (AGC Japan), 0,12 dB/km Verluste bei 1,55 µm

5.2 Herstellung polymerer Wellenleiter

In [Gra99] werden verschiedene Herstellungsverfahren für polymere Wellenleiter genannt, detailliert beschrieben und verglichen (Arbeiten an der Universität Saarland):

- Ionenätzen von Polyimid
- Ionenbestrahlung
- Photostrukturierung (Maskaligner, Laserschreiben)
- Induzierte Diffusion dotierter Polymere
- Spritzguß
- Molekulare Orientierung der Dotierung
- Photobleichen
- Elektronenstrahlstrukturierung (Photoresist)
- Sol-Gel-Technologie
- Abformtechnik

Einige Vorteile bei der Herstellung von Wellenleitern aus Polymeren sind die im Vergleich zu anderen Stoffen niedrigen Prozeßtemperaturen und die Möglichkeit zur Abformung, was vor allem in der Massenproduktion sinnvoll ist. Einen prinzipiellen Vergleich zwischen organischen und anorganischen Materialsystemen zeigt Tabelle 5.2 aus [Gra99]. Dabei befaßt sich der Autor ausschließlich mit Einmodenwellenleitern, die als Bauelemente in Glasfaserkommunikationssystemen Verwendung finden sollen.

5.2 Herstellung polymerer Wellenleiter

Tabelle 5.2: Vergleich der Wellenleiter-Materialsysteme ([Gra99])

Materialsystem	Kenngrößen	
	anorganisch	organisch
Therm. Ausdehnung	10^{-6}/K (gering)	10^{-4}/K (hoch)
Thermooptischer Koeffizient	10^{-6}/K (gering)	10^{-4}/K (hoch)
Phononengrenzenergie	< 1300 cm^{-1} (niedrig)	< 2500 cm^{-1} (niedrig)
Intrinsische Absorption @ 1.5 µm	0,01 dB/cm (gering)	0,50 dB/cm (hoch)
Technologisches Verfahren	FHD, RIE Heißpreßverfahren	Abformtechnik Photolithographie
Temperaturstabilität	mehrere 100°C	um 100°C

In der Arbeit wird beispielsweise die Herstellung von Wellenleiter aus wäßrig synthetisierten Kompositmaterialien (Verbindung von organischen und anorganischen Bestandteilen) beschrieben (Abb. 5.2). Der verwendete Stempel kann dabei aus Silizium oder Quarzglas (hergestellt durch anisotropes Ätzen) oder aus Nickel (galvanisch geformt) sein.

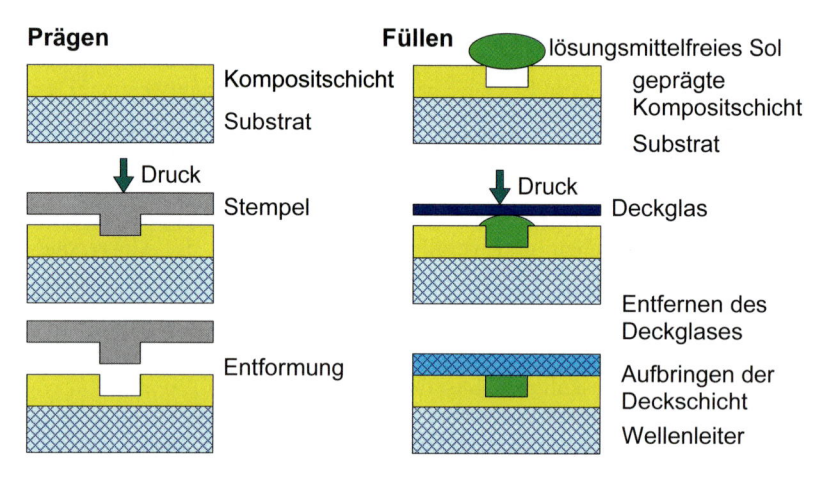

Abb. 5.2: Schematischer Ablauf der Wellenleiterherstellung aus wäßrig synthetisiertem Komposit ([Gra99])

Als Materialsysteme werden u.a. die Kombination MPTS/MAS/Zr(PrO)$_4$ und das wasserfrei synthetisierte Komposit M115 beschrieben. Die nachfolgenden Tabellen 5.3 und 5.4 zeigen die optischen Verluste des ersten Systems und vergleichen die Eigenschaften der beiden Varianten.

Tabelle 5.3: Dämpfung des Materialsystems MPTS/MAS/Zr(PrO)$_4$ bei verschiedenen Wellenlängen ([Gra99])

Wellenlänge	632,8 nm	780 nm	1320 nm	1550 nm
Verluste	0,35 dB/cm	0,17 dB/cm	0,55 dB/cm	2,41 dB/cm

Tabelle 5.4: Übersicht über die optischen Eigenschaften und Herstellungstechnologie passiver optischer Lichtwellenleiter ([Gra99])

Materialsystem	Optische Eigenschaften	Herstellungstechnologie
MPTS/ MAS/ Zr(PrO)$_4$	n ≈ 1,5; Δn ≈ 0,005 Dämpfung (Schicht) α (633 nm) ≈ 0,35 dB/cm α (780 nm) ≈ 0,17 dB/cm α (1320 nm) ≈ 0,55 dB/cm α (1550 nm) ≈ 2,41 dB/cm	Prozeßtechnologie: Schichtwellenleiter 3-Schichtwellenleiter Endflächenpolitur Streifenwellenleiter (kritische Prozeßführung ⇒ Materialmodifikation nötig)
M115 Derivate	n ≈ 1,4; Δn ≈ 0,005 Dämpfung (Volumen) α (1320 nm) ≈ 0,10 dB/cm α (1550 nm) ≈ 0,40 dB/km Dämpfung Streifenwellenleiter) α (1550 nm) ≈ 1,00 dB/km	Prozeßtechnologie: Schichtwellenleiter Abformung der Mikrostrukturen Streifenwellenleiter

Eine weitere Übersicht der Herstellungsverfahren für polymere optische Wellenleiter wurde in der Dissertation [Hen04] an der Universität Karlsruhe zusammengestellt. Als mögliche Verfahren werden genannt:

- Fotochemische Strukturierung: Fotolocking, Fotopolymerisation, Fotolyse
- Ablative-/Ätzverfahren: Laserablation, Reaktives Ionenätzen (RIE)
- Replikationsverfahren: Spritzgießen, Heißprägen, Spritzprägen

Hier wird als Beispiel das Photolocking-Verfahren wiedergegeben (Abb. 5.3).

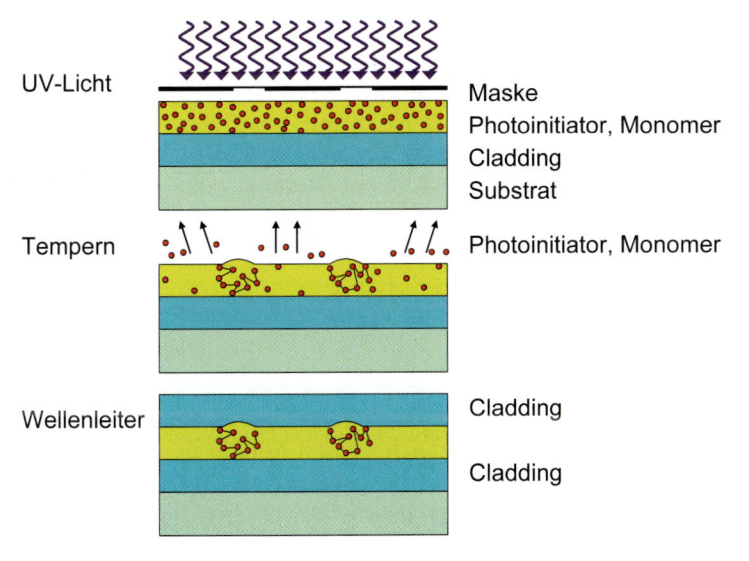

Abb. 5.3: Schematische Darstellung des Fotolocking-Verfahrens ([Hen04])

In der Methode wird ein Substrat mit einem Gemisch aus einem Monomer und einem photoempfindlichen Stoff beschichtet. Durch eine Maske erfolgt eine selektive Änderung des Brechungsindex in der Wellenleiterschicht (durch Einbau der Initiatoren in die Polymermatrix). Nach dem Belichten werden aus den unbestrahlten Bereichen die verbliebenen flüchtigen Moleküle durch Tempern entfernt. Nach Abdeckung mit einer weiteren Mantelschicht ist der Wellenleiter gebildet.

Das Verfahren wird unter dem Markennamen Polyguide von DuPont kommerziell zur Herstellung mehrmodiger Wellenleiter angewendet. Als Substrat kann PMMA dienen, Photoinitiatoren sind z.B. Ketone und Benzoine. Die möglichen Änderungen des relativen Brechungsindex Δ liegen zwischen 0,001 und 0,010. Nach [Keil96b] wird die Methode für thermooptische Schalter verwendet, wobei die Wellenleiter Verluste von 0,3 dB/cm bei 1,3 µm und 0,8 dB/cm bei 1,55 µm aufweisen.

Ein weiteres in [Hen04] genanntes Verfahren zur Herstellung von Wellenleitern ist die selektive Polymerisation. Auch hier wird der Wellenleiter durch photochemisch ausgelöste Polymerisation gebildet, allerdings werden anschließend die unbelichteten Anteile entfernt. Mit Ormoceren (ein anorganisch-organisches Hybridpolymer der Fraunhofergesellschaft) wurden Verluste von 0,32 dB/cm (bei 1,32 µm) und 0,66 dB/cm (bei 1,55 µm) erreicht.

Beim Photobleaching wird dagegen der Brechungsindex außerhalb der späteren Wellenleiter durch eine photochemische Reaktion abgesenkt. Dazu werden die nichtlinearen Eigenschaften verschiedener Farbstoffe verwendet. Es wurden Wellenleiterdämpfungen von 0,8 dB/cm bei 1,31 µm Wellenlänge erreicht.

Eine Methode zur Herstellung von Wellenleitern in einer Art Druckverfahren beschreibt [Kal03b]. Dabei wird das Polymer geschmolzen und mittels einer ca. 10 µm dicken Mikropipette direkt auf einen Träger aufgetragen. Anschließend erfolgt die Aushärtung mittels UV-Licht. Als oberes Mantelmaterial dient ein zweites Polymer. Einmodenwellenleiter mit einem Querschnitt von etwa $16 \times 0,8$ µm wurden erfolgreich hergestellt.

Die Herstellung von Wellenleitern durch UV-induzierte Brechzahländerung wird in [Bru06] beschrieben. Durch Bestrahlung mit Licht der Wellenlängen 200 nm bis 260 nm werden 7,5 µm breite Wellenleiter in PMMA erzeugt. Bei 1,55 µm Wellenlänge erreichen die Wellenleiter Verluste von weniger als 1 dB/cm. Es wurden auch verschiedene Koppler realisiert.

5.3 Einmoden-Wellenleiter

Die Besonderheit von Einmodenwellenleitern ist der kleine Querschnitt. Genau wie bei Fasern ist die Bedingung für die Einmodigkeit ein V-Parameter unter 2,405. Um relativ kleine Biegeradien im Bereich weniger Millimeter realisieren zu können, sollte der Brechungsindexunterschied zwischen Kern und Mantel möglichst groß sein (einige Prozent). Daraus ergibt sich ein typischer Querschnitt von 5×5 µm². Fertigungstechnisch ist das relativ problemlos. Praktisch alle Wellenleiterbauelemente sind aber für den Einsatz in Einmodenfasersystemen bestimmt, müssen also an diese angekoppelt werden. Zur Verringerung der Koppelverluste muß entweder der Querschnitt der Wellenleiter angepaßt werden, oder man setzt sog. Taper zur Transformation des Modenfeldes ein.

Nicht alle Herstellungstechnologien eignen sich gleich gut für Ein- und Mehrmodenwellenleiter. Insbesondere die Abformtechniken sind für dickere Strukturen vorteilhafter.

In [Kor04] wird die Herstellung von Wellenleitern in einer Sensoranwendung (Interferometrie) beschrieben. Dabei wird durch Laserablatation (UV-Eximerlaser) eine Rillenstruktur in Glas geschrieben, welche anschließend mit einem hochviskosen Polymer als Wellenleiterkern aufgefüllt wird. Eine zweite Technologie basiert auf der UV-Polymerisation dünner Schichten, wobei die erzeugten Stegwellenleiter dann mit einem zweiten Material mit kleinerem Brechungsindex umgeben werden. Die dritte untersuchte Methode stellt lineare Wellenleiter durch Brechzahlmodifikation mittels eines fs-Pulslasers her. Details der Wellenleiterstrukturen zeigt Abb. 5.4.

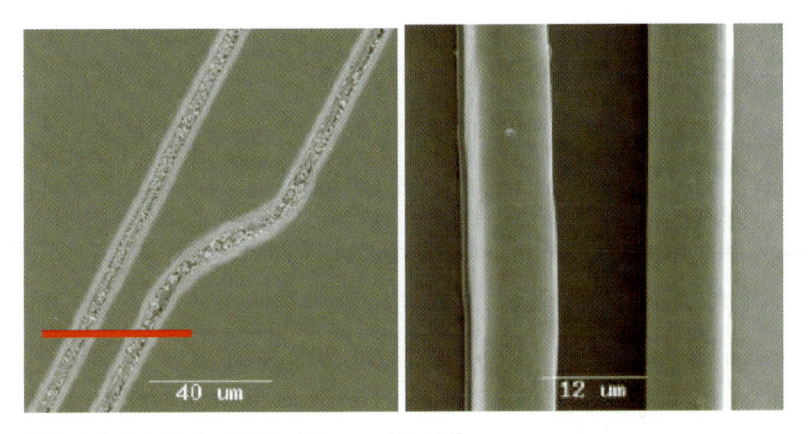

Abb. 5.4: Details der Wellenleiter aus [Kor04]

Der Aufgabe besonders temperaturstabiler optischer Wellenleiter (>300°C) widmet sich [Xu00]. Als Basis dienen zwei neuenentwickelte deuterierte Silikonpolymere (DSBP1 und DSBP2). Sie besitzen eine sehr gute Transparenz im nahen Infrarot (0,2 dB/cm bei 1,55 µm Wellenlänge). Der Brechungsindex kann über die Mischung der Polymere verändert werden, so daß sich Indexdifferenzen von $\Delta n = 0{,}32\ \%$ bis $1{,}2\ \%$ (bei 1,55 µm) ergeben.

Eine Rückenwellenleiterstruktur wurde auf Si-Substrat hergestellt. Die Arbeit beschreibt zwei Varianten mit:

➢ Kern: $n = 1{,}520$, $w = 6$ µm, $h = 4$ µm, $d = 2$ µm; 5 µm Mantelschicht $n = 1{,}507$
➢ Kern: $n = 1{,}520$, $w = 6$ µm, $h = 3$ µm, $d = 3$ µm; 5 µm Mantelschicht $n = 1{,}507$

Der Aufbau der Wellenleiter ist in Abb. 5.5 gezeigt. Die Strukturierung erfolgt durch Photolithographie, der Wellenleiter wird durch reaktives Ionenstrahlätzen erzeugt (RIA), worauf die Verfüllung mit dem Polymer und die Abdeckung erfolgt.

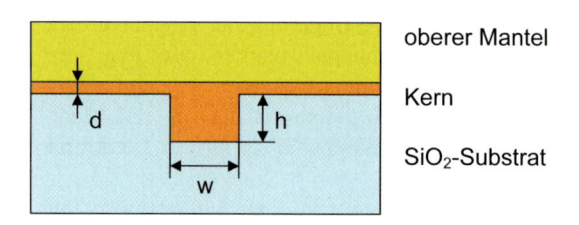

Abb. 5.5: Wellenleiterstruktur nach [Xu00]

Die Verluste der beiden Wellenleiter liegen bei 0,42 bzw. 0,46 dB/cm (1,55 µm Wellenlänge).

Ebenfalls besonders temperaturbeständige Polymerwellenleiter werden in [Kang02] beschrieben. Als Materialien dienen fluoriniertes Poly(arylene ether sulfide), (FPAESI) und fluoriniertes Poly(arylene ether sulfide fluorene,) (FPAESF). Für Einmodenwellenleiter mit einem Querschnitt von 6 × 7 µm² werden Verluste von 0,4 dB/cm bei 1,55 µm erreicht. Die Alterung über 1.000 h bei +100°C ergab keinen Anstieg der Dämpfung.

Eine weitere Methode zur Herstellung polymerer Wellenleiter wird in [Sum04] beschrieben. Als Substrat wird wiederum eine Glasscheibe verwendet. Der Kern wird aus PMMA oder SU-8 gebildet, während als Mantel NOA-88 zum Einsatz kommt. Das Schreiben der Wellenleiterstrukturen erfolgt hier mit einem Protonenstrahl (2 MeV, 2 pA Protonenstrom $1,875 \cdot 10^{13}$ Protonen/cm²). Der Herstellungsprozeß wird in Abb. 5.6 gezeigt (Wellenleiterquerschnitt ist 5 × 5 µm).

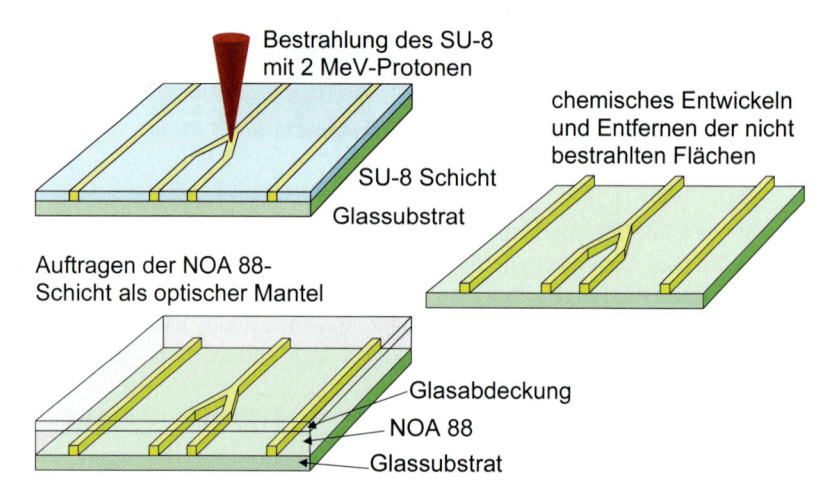

Abb. 5.6: Herstellung der Wellenleiterstrukturen ([Sum04])

Mikroskopaufnahmen der hergestellten Wellenleiter zeigt Abb. 5.7. Bei 633 nm beträgt die Dämpfung $0,19 \pm 0,03$ dB/cm. Die Brechungsindizes des Glassubstrates, des SU-8-Kerns und des NOA-88-Mantels betragen 1,514; 1,595 und 1,555 (bei 633 nm). Das entspricht einer NA von etwa 0,35.

5.3 Einmoden-Wellenleiter

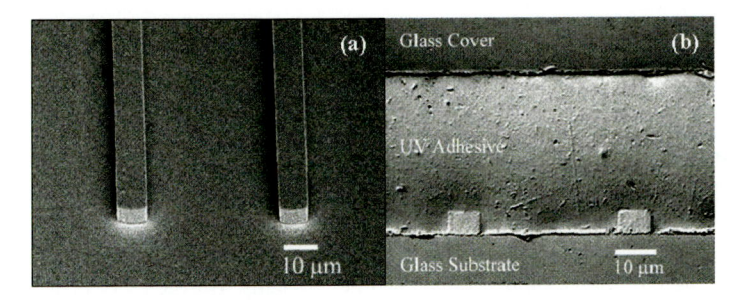

Abb. 5.7: Protonengeschriebene Polymerwellenleiter ([Sum04])

Neben linearen Wellenleitern wurden auch Y-Verzweiger realisiert. Der Aufbau eines solchen Verzweigers ist in Abb. 5.8 gezeigt. Die spektrale Transmission für einen 2 mm langen Wellenleiter gibt Abb. 5.9 an.

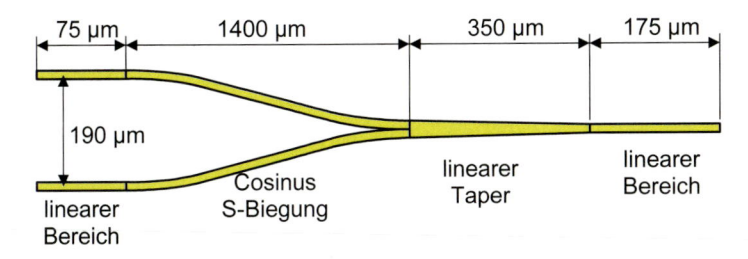

Abb. 5.8: Struktur eines Y-Splitters ([Sum04])

Nach den Angaben für den Teilchenstrom und der verwendeten Bestrahlungsleistung (12 Mio Teilchen/Sekunde) dürfte das Schreiben eines Kopplers einige Minuten dauern. Die Ausgangsleistungen der beiden Arme lagen im Verhältnis 46 : 54.

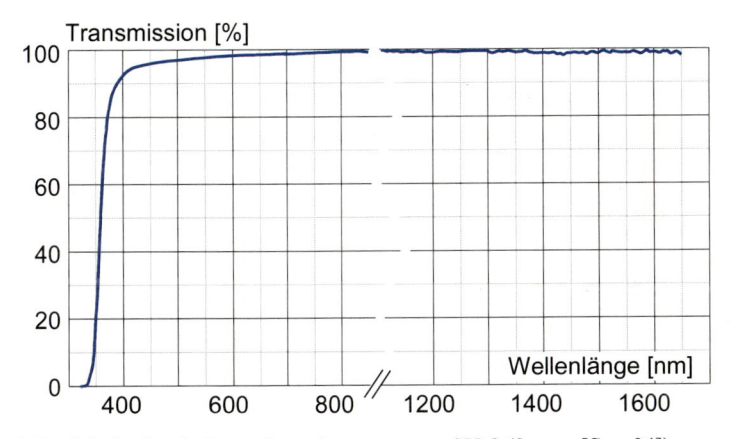

Abb. 5.9: Spektrale Dämpfung des vernetzten SU-8 (2 mm, [Sum04])

5.4 Mehrmoden-Wellenleiter

Mehrmodige Polymerwellenleiter haben, genau wie Mehrmodenfasern, den Nachteil einer durch Modendispersion begrenzten Bandbreite. Der entscheidende Faktor ist wiederum die Numerische Apertur. Da aber optische Wellenleiter typischerweise in einem Längenbereich unter einem Meter eingesetzt werden, können Bitraten von vielen Gbit/s problemlos übertragen werden. Aus der Literatur sind auch kaum Messungen der Bandbreite bekannt, da i.d.R. die Werte weit oberhalb der Meßmöglichkeiten liegen. In Demonstratoren wurden bislang Bitraten bis etwa 10 Gbit/s realisiert.

Der Hauptgrund für den Einsatz dicker Wellenleiter liegt in den Toleranzen begründet (siehe auch Abschnitt 5.6). Bei der Integration in elektrische Leiterplatten möchte man die optischen Komponenten passiv mit herkömmlichen Bestückungsautomaten plazieren. Dazu sind Wellenleiterquerschnitte von mindestens 50×50 µm² erforderlich.

Konzepte für planare Multimode-Wellenleiter wurden z.B. in [Schm00] vorgestellt. Als Materialien werden hier TOPAS® 6017, APEC®HAT 9371 und PMMI® 8817 eingesetzt. Der Wellenleiterquerschnitt ist ca. 100 µm × 250 µm. Angaben zur Dämpfung wurden noch nicht gemacht.

Während Einmodenwellenleiter vor allem als funktionelle Bauelemente in klassischen Glasfasersystemen (u.a. als Koppler, Filter, Schalter oder evtl. auch als Verstärker) eingesetzt werden, sollen Mehrmodenwellenleiter vor allem als hochbitratige Datenkanäle dienen. Als Herstellungstechniken kommen zumeist Abformung oder die photochemische Strukturierung dünner Schichten zum Einsatz. Abbildung 5.10 aus [Schr02] zeigt die wichtigsten Herstellungsverfahren für Multimode-Polymerwellenleiter.

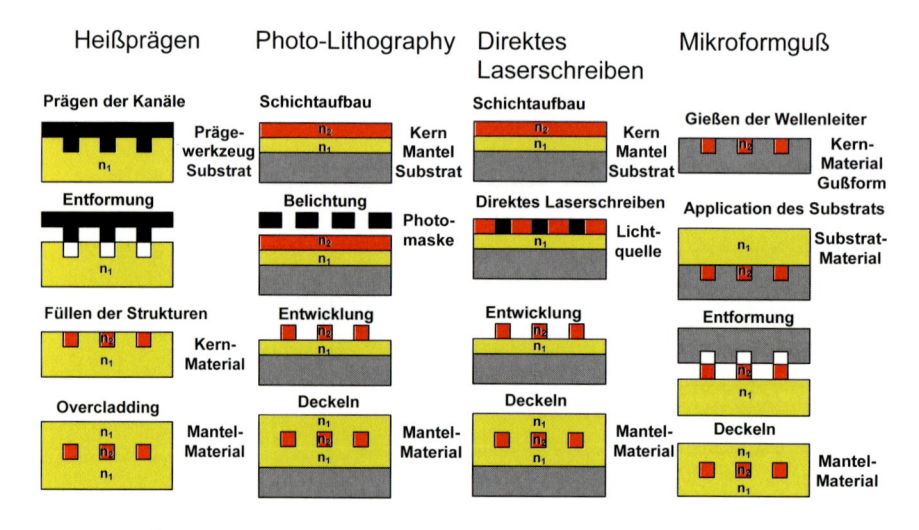

Abb. 5.10: Übersicht der Polymerwellenleiter-Herstellungsverfahren ([Schr02], [Sche05a])

In der Arbeit wird auch der Aufbau eines kompletten Demonstrators im Rahmen des BMBF-Projektes EOCB (Electro Optical Circuit Board) beschrieben. Über 4 parallele Kanäle mit je 250 µm Abstand wurden jeweils bis zu 1,25 Gbit/s übertragen (50 µm Querschnitt).

Die Querschnitte polymerer Multimodewellenleiter sind zumeist quadratisch oder trapezförmig. In Berechnungen des C-Lab Paderborn werden die Zusatzverluste dieser Geometrie berechnet ([Bie02]). Der Vorteil der trapezförmigen Struktur liegt in der leichteren Abformbarkeit und in daraus resultierenden kleineren Rauhigkeiten. Für einen Wellenleiter von 30 cm Länge ergeben sich nach den Simulationen Zusatzverluste von 0,38 dB bzw. 0,66 dB bei Flankenwinkeln von 5° bzw. 10°. Dies ist normalerweise gegenüber den Verlusten durch die Oberflächenrauhigkeit zu vernachlässigen.

In [Ney05] wird die Verwendung von Silikonen für Multimodewellenleiter beschrieben. Die hohe Temperaturbeständigkeit dieser Materialgruppe vereinfacht vor allem das Einlaminieren in Leiterplatten. Bei 850 nm sind die Verluste nur 0,03 dB/cm (vergleichbar mit der Dämpfung einer PMMA-POF von ca. 3000 dB/km bei 850 nm). Tabelle 5.5 zeigt Parameter bisher beschriebener Polymere für Wellenleiter.

Tabelle 5.5: Übersicht Polymere für Wellenleiter in Leiterplatten ([Ney05])

Firma	Material	Thermische Stabilität [°C]	Optische Verluste bei 850 nm [dB/cm]
Luvantix	Epoxid	> 250	0,04
KIST	Epoxid	220	0,36
NTT	Epoxid	> 200	0,10
Zen Photonics	Acrylat	> 250	0,05
IBM	Acrylat	> 250	0,04
DaimlerChrysler	unbekannt	> 250	0,04
RPO	Siloxan	> 250	0,10
Dow Corning	Siloxan	> 200	0,06
Shipley	Siloxan	> 250	< 0,10

Die Silikon-Wellenleiter werden durch ein kombiniertes Gieß-/Rakelverfahren hergestellt (Abb. 5.12). Zunächst wird eine Gießform hergestellt. Das Auftragen des Photolacks (SU8) erfolgt nicht wie üblich durch Aufschleudern, sondern durch eine Rakeltechnik. Über eine Maske erfolgt die Belichtung. Nach der Entwicklung ist die Masterform fertiggestellt. Für die Massenherstellung wird galvanisch eine stabilere Kopie erstellt. In die Kanäle der Vorform wird dann das Kernpolymer verfüllt (n = 1,43). Auf die ausgehärteten Kerne wird ein Substrat (n = 1,41) aufgebracht. Als Träger kann eine herkömmliche Leiterplatte verwendet werden, bei der das Kupfer im Bereich der Wellenleiter entfernt wurde, womit sich eine Dicke des optischen Substrats von 35 µm ergibt. Nach erneutem Aushärten wird das Bauteil entformt und in einem weiteren Prozeßschritt wird das Superstrat als optischer Mantel (n = 1,41) aufgebracht (ggf. wiederum mit Leiterplattenträger). Alternativ kann der Wellenleiter auch zwischen Polyimidfolien eingebettet werden. Die erzeugten Wellenleiter haben 70 × 70 µm Querschnitt bei einer NA von 0,26. Ein Vorteil des Verfahrens besteht auch darin, daß die zur Ankopplung benötigten 45°-Spiegel schon in der Vorform erzeugt werden können. Über einen 12 cm langen Wellenleiter konnten 10 Gbit/s übertragen werden (BER > 10^{-12}).

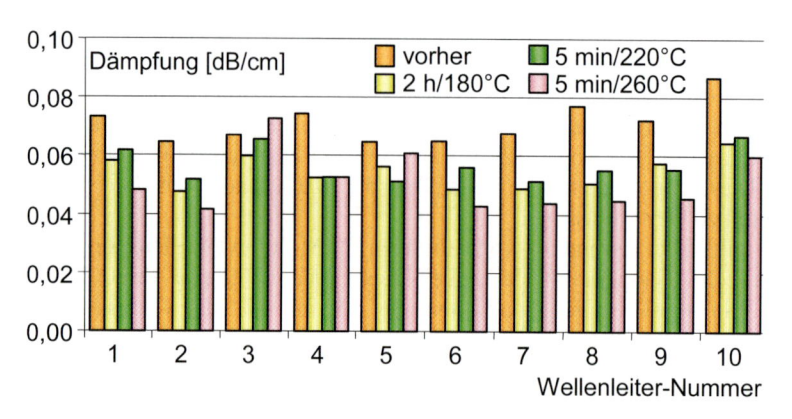

Abb. 5.11: Temperaturverhalten von Silikon-Wellenleitern (Polyimid-Einbettung)

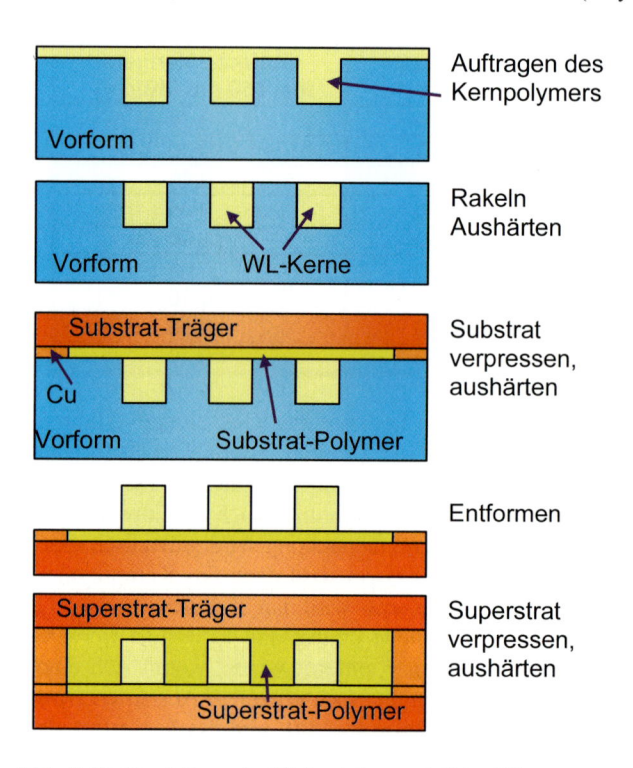

Abb. 5.12: Herstellung der Wellenleiter nach [Ney05]

5.5 Funktionelle Bauelemente als Wellenleiter

5.5.1 Thermooptische Schalter

Eine Vielzahl von Arbeiten wurden zur Konstruktion von Komponenten für Systeme mit Einmodenglasfasern durchgeführt. Als Beispiel seien hier die Aktivitäten des Heinrich-Hertz-Institutes (HHI) in Berlin genannt ([Keil96a], [Keil97], [Keil99], [Keil05]). Einmodenwellenleiter auf Polymerbasis sind etwa 10×10 µm² im Querschnitt. Ihre Vorteile liegen u.a. in der einfachen Herstellbarkeit durch Abformen. Die große Abhängigkeit des Brechungsindex von der Temperatur kann störend sein, aber auch vorteilhaft für die Herstellung von Schaltern und abstimmbaren Filtern eingesetzt werden.

Die Abb. 5.13 zeigt schematisch den Aufbau eines thermooptischen Schalters mit polymeren Wellenleitern. Über den Kernbereichen befinden sich Heizelektroden. Durch Erwärmen wird der Brechungsindex so geändert, daß, bedingt durch die veränderte Wellenausbreitung, die Leistung nur noch aus einem Ausgang austritt.

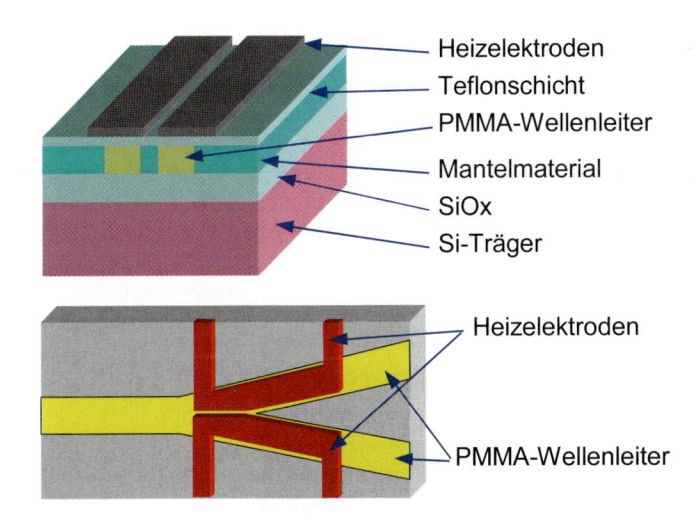

Abb. 5.13: Thermooptischer Schalter mit polymerem Wellenleiter ([Keil96a], [Keil05])

Im HHI wurden verschiedene Schalter in den Konfigurationen 1×2, 2×2, 1×4 und 4×4 entwickelt und vorgestellt. Das Übersprechen liegt dabei unter -30 dB. Die Dämpfung der Wellenleiter ist ca. 0,7 dB/cm, so daß die Einfügeverluste der kompletten Schalter sehr klein sind. Ein Vorteil der Technologie ist die sehr kleine notwendige Schaltleistung von wenigen 10 mW. Die Schaltgeschwindigkeit liegt im Bereich einiger Millisekunden.

Die Abhängigkeit der Transmission eines solchen Schalters von der angelegten Heizleistung zeigt Abb. 5.14 aus [Keil05].

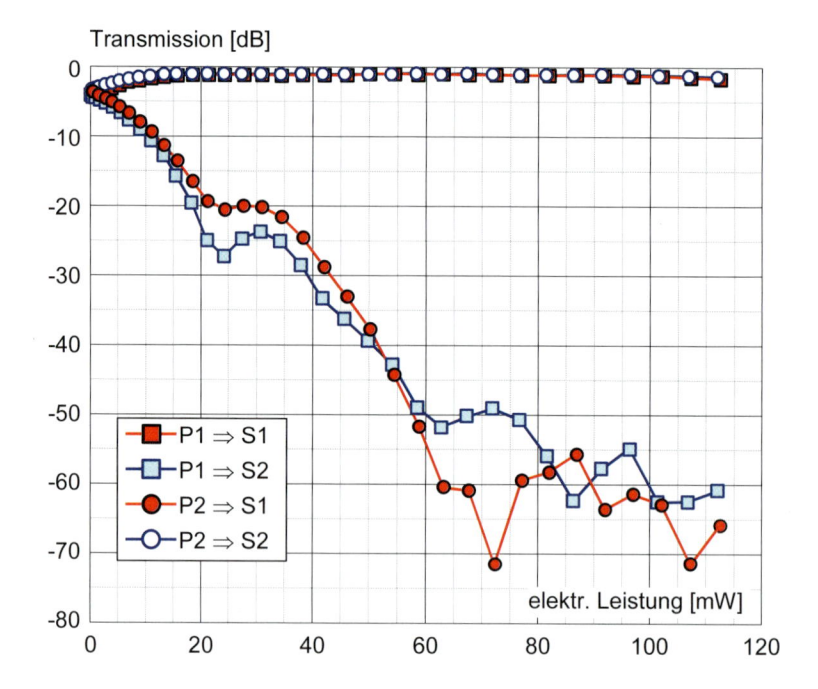

Abb. 5.14: Transmission eines thermooptischen Schalters

Ohne Heizung liegt ein normaler 3 dB-Teiler vor. Mit steigender Heizleistung schaltet das Bauelement immer effizienter, wobei ab ca. 60 mW die Trennung über 50 dB beträgt. die Einfügedämpfung dieses Bauelementes in eine Einmodenglasfaser lag bei nur 1,1 dB. Ähnliche Parameter sind auch mit einem 4fach-Array aus 2 × 2-Schaltern erreicht worden (Abb. 5.15).

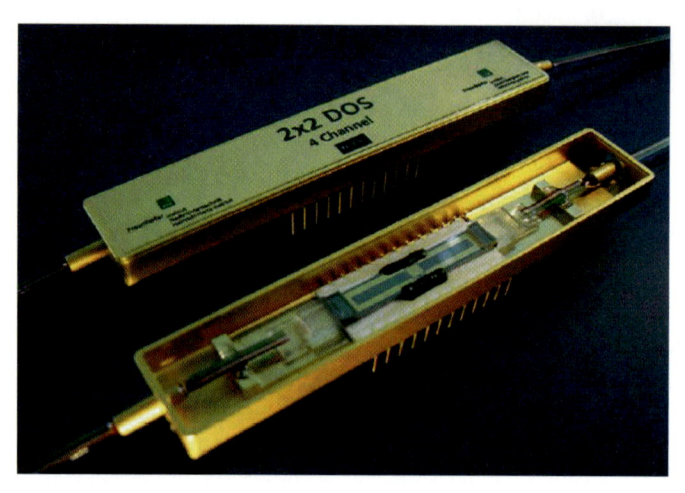

Abb. 5.15: 4fach thermooptischer Schalter aus Polymerwellenleitern (HHI 2005)

Eine Vielzahl weiterer Wellenleiterbauelemente auf Polymerbasis sind am Fraunhofer-HHI inzwischen entwickelt worden (nach [Keil05]), darunter konfigurierbare Add-Drop-Multiplexer.

Eine weitere Arbeit, welche sich mit thermooptischen Schaltern auf Basis von Polymerwellenleitern befaßt ist [Yang02]. Im leistungslosen Zustand wirkt die X-Konfiguration als Kreuzung mit >29 dB Übersprechdämpfung. Bei einer elektrischen Heizleistung von 132 mW schaltet das Element um und erreicht eine Übersprechdämpfung über 28 dB zwischen den beiden Kanälen. Die Wellenleiter haben 7×7 µm² Querschnitt und sind aus den Polymeren Ultradel 9120 und 9020 hergestellt (n = 1,535 und 1,527).

5.5.2 Modulatoren

Der Aufbau eines elektro-optischen Modulators auf Basis polymerer Wellenleiter wird in [Len05] beschrieben. Der große Brechungsindexunterschied der Wellenleitermaterialien (1,55 zu 1,48) erlaubt besonders dünne Schichten ($0,3 \times 5$ µm² Querschnitt). Damit sinkt die gesamte Modulatordicke zwischen den Elektroden auf 8 µm (Abb. 5.16). Eine Phasenänderung um 180° wird bereits bei einer angelegten Spannung von 0,8 V erreicht (typisch sind 5 V). Mit dem Bauelement wird eine Bandbreite von 150 GHz- 205 GHz erreicht (im Vergleich: 70 GHz bis 105 GHz für einen $LiNbO_3$-Modulator).

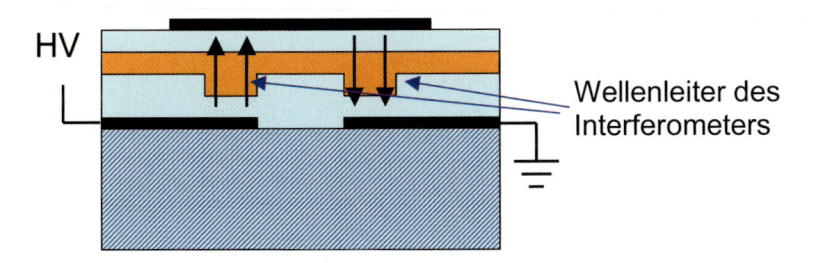

Abb. 5.16: Aufbau des Polymerwellenleiter-Modulators

5.5.3 Kopplerbauelemente

In [Mule03] wird der Aufbau von passiven Koppelelementen aus Polymerwellenleitern beschrieben. Zur Herstellung wird auf einem Si-Wafer zunächst eine 6 bis 7 µm dicke Quarzschicht aufgewachsen. Nach einer Passivierung wird das Material Unity 200P durch Spincoating als 10 bis 14 µm dicke Schicht aufgetragen und bei 110°C ausgehärtet. Die Wellenleiter werden durch UV-Licht (365 nm Wellenlänge) generiert. Als Mantelmaterial findet Avatrel 2090P Verwendung. Die Besonderheit des Verfahrens bilden die Luft-Mantel-Regionen um die Wellenleiter herum (1 µm dicke Lücken), welche die Wellenleitung verbessern und somit engere Biegungen erlauben. Beispiele für 1×2 -Teilerstrukturen zeigt Abb. 5.17.

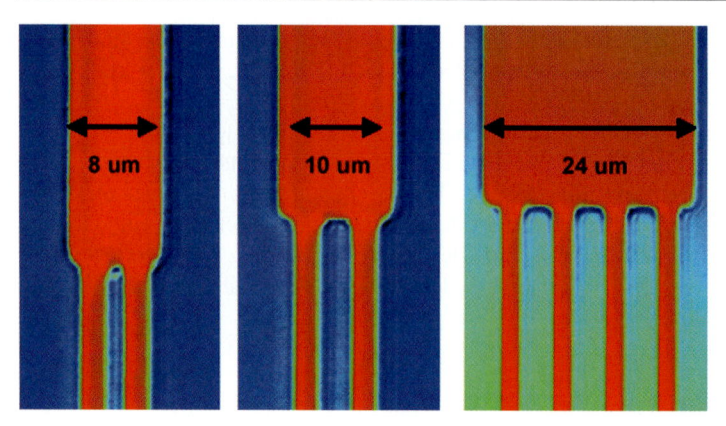

Abb. 5.17: Kopplerstrukturen als planare Wellenleiter aus [Mule03]

Die Wellenleiter in der Abbildung sind jeweils 2 µm breit und 0,9 µm dick bei Abständen von 4 bis 6 µm. Die Verluste der Wellenleiter liegen bei 0,43 - 1,22 dB/cm und die Gleichförmigkeit de Teilerausgänge bei 0,23 - 1,30 dB.

In der bereits oben zitierten Arbeit [Hen04] wird auch die Herstellung von Kopplern beschrieben. Abbildung 5.18 zeigt ein solches Verzweigerbauelement. Als Dämpfung für die Wellenleiter wurde als bester Wert 0,9 dB/cm bei 1,55 µm erzielt. Die Einfügedämpfung des Y-Kopplers liebt bei ca. 6,5 dB, was gegenüber den Wellenleiterverlusten eine Zusatzdämpfung von etwa 1 dB bedeutet.

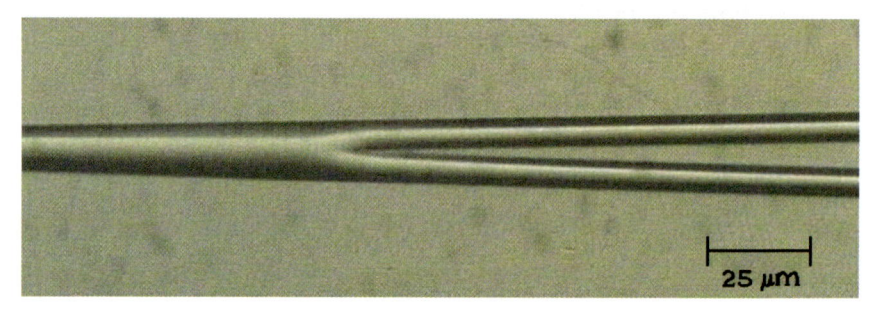

Abb. 5.18: Wellenleiterkoppler ([Hen04])

5.5.4 Wellenleitergitter

Die Herstellung von Wellenleitergittern (AWG: Arrayed Waveguide Gratings) als Multiplexer und Demultiplexer in WDM-Systemen beschribt [Dre06]. Ein großen Problem herkömmlicher AWG, sowohl aus Glas, als auch aus Polymeren, ist die Temperaturabhängigkeit der Brechungsindizes, woraus eine Wellenlängenverschiebung der Transmissionsbereiche resultiert. Durch eine geeignete Kompensation von thermischen Ausdehnungskoeffizienten und Brechzahlabhängigkeiten kann eine temperaturunabhängige Übertragungscharakteristik erzielt werden. Beispiele für herkömmliche und kompensierte AWG zeigt Abb. 5.19.

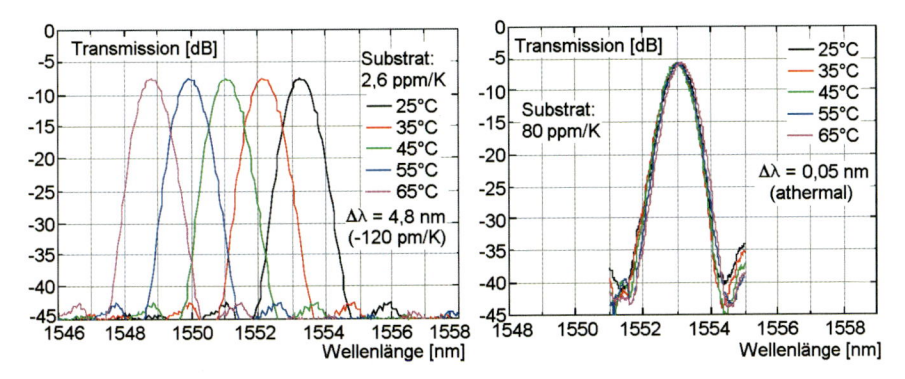

Abb. 5.19: Temperaturunabhängige AWG (IZM und HHI, [Dre06])

5.6 Wellenleiter als Interconnection-Lösungen

In diesem Abschnitt werden Beispiele für eine noch relativ wenig verbreitete Anwendung optischer Polymerwellenleiter vorgestellt, die aber in mittlerer Zukunft ein enormes Potential entwickeln könnten. Das Ziel dieser Entwicklungen wird oft als „optische Leiterplatte" bezeichnet. Die Idee besteht darin, optische Wellenleiter auf einer herkömmlichen Leiterplatte zu integrieren.

Während die einmodigen Polymer-Wellenleiter in der Anwendung mit anderen Technologien konkurrieren (z.B. Glas, InP, Si/SiO_2 usw.), eröffnen multimodige Wellenleiter aus polymeren Werkstoffen völlig neue Anwendungsbereiche. Hier kommt zum Tragen, daß fast beliebig große Querschnitte preiswert und einfach hergestellt werden können.

Aus Platzgründen können hier nur einige Beispiele vorgestellt werden. Deren wesentliche Parameter und Probleme sind aber recht ähnlich.

5.6.1 Optische Rückwandsysteme von DaimlerChrysler

Im Forschungszentrum von DaimlerChrysler wird seit einigen Jahren an der Entwicklung von Rechner-Rückwänden (Backplanes) mit Kombination von elektrischen und optischen Leitungen gearbeitet (siehe z.B.: [Gut99], [Moi00a], [Moi00b], [Moi00c], [Rode97], [Mon00] und [Kru00]). Motivation dafür ist die immer größer werdende Zahl von Datenverbindungen in Rechnern bei immer breiter werdenden Bussen. Optische Lösungen verhindern hier die Probleme des Übersprechens erheblich. In Abb. 5.20 ist der prinzipielle Aufbau eines Rechners mit elektrischer/optischer Rückwand dargestellt. In der folgenden Abb. 5.21 wird im Detail gezeigt, wie die Kopplung der Einsteckkarten an die Rückwand kontaktfrei gelöst ist. Über Linsen wird ein Parallelstrahl erzeugt, der dann wieder auf den Wellenleiter fokussiert wird. Dadurch ist der Abstand zwischen Rückwand und Karte weitgehend unkritisch.

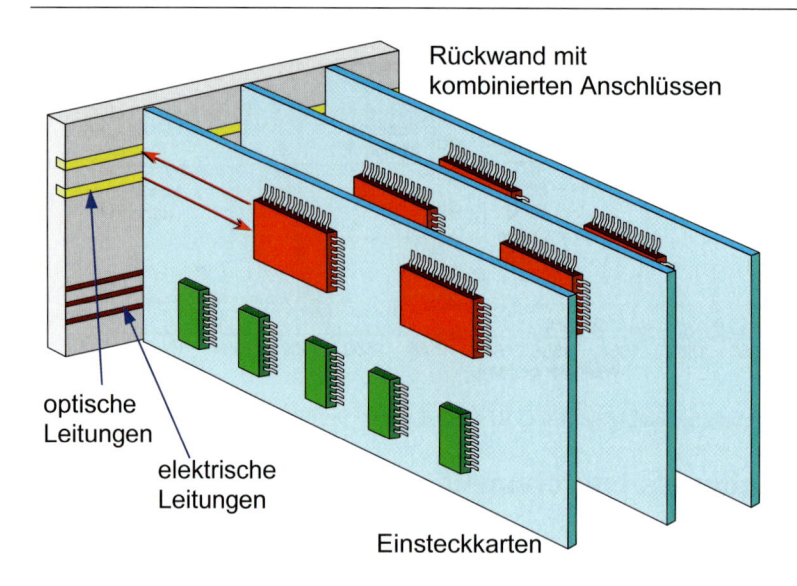

Abb. 5.20: Einsteckkarten und Rückwand mit polymeren Wellenleitern

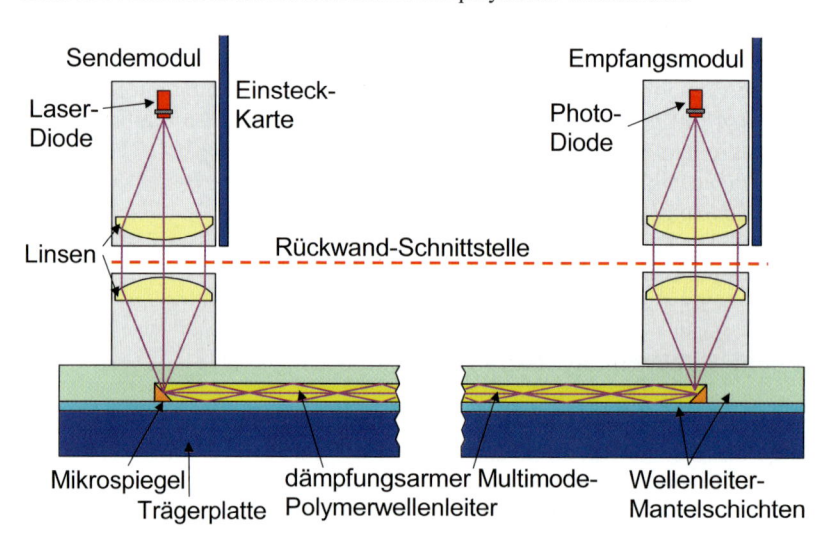

Abb. 5.21: Prinzip der Ankopplung einer optischen Rückwand über Linsen

In einem ersten Versuch wurde der Wellenleiter durch eine 1 mm St.-NA-POF gebildet. Zur Abbildung wurden Kugellinsen mit 5 mm Durchmesser verwendet. Die Toleranz für seitliche Verschiebung der Karten (bei weniger als 1 dB Verlust) war 500 µm, der zulässige Winkelfehler 1,5°. Als Sender wurden 780 nm Laserdioden mit 1 mW optischer Leistung benutzt. Die Empfindlichkeit der Si-PD war -14 dBm bei einer Datenrate von 1 Gbit/s. Da der Verlust des gesamten optischen Pfades nur 3 dB war, betrug die Leistungsreserve 11 dB.

In späteren Arbeiten werden Wellenleiter mit 200 × 200 μm² Querschnitt vorgestellt. Zwischen 650 nm und 850 nm Wellenlänge ist der Verlust kleiner als 3 dB/m. Bei Biegungen ist die Zusatzdämpfung ca. 1 dB/cm für 15 mm Biegeradius. Die Numerische Apertur des Wellenleiters ist 0,35. Die Einsatztemperatur liegt zwischen -40°C und +85°C. Für Wellenleiter mit 55 cm Länge betrug die komplette Dämpfung nur 2,5 dB. Neben geraden und gebogenen Wellenleitern sind auch Kreuzungen und Koppler realisierbar, so daß komplette optische Netzwerke realisiert werden können. Durch den Einsatz von VCSEL und MSM-Photodioden (300 μm Durchmesser) kann die Empfindlichkeit auf -20 dBm bei 2,5 Gbit/s verbessert werden. Abbildung 5.22 zeigt das Design für eine 56 × 1 Gbit/s-Verbindung ([Moi00c]).

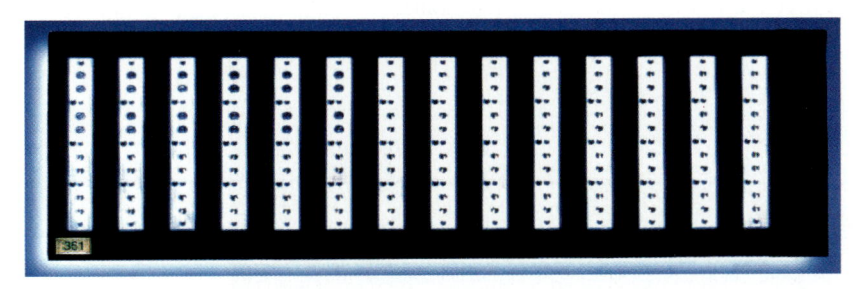

Abb. 5.22: Anwendungsbeispiel für eine optische Rückwand mit 56 Kanälen

Die nachfolgenden Abb. 5.23 bis 5.25 demonstrieren weitere Details der Realisierung optischer Rückwände. Zunächst stellt Abb. 5.23 einen Träger mit verschiedenen Wellenleitern (gerade und als 4 × 4-Netzwerk) dar.

Abb. 5.23: parallele optische Wellenleiter (teilweise mit Kopplern)

Abbildung 5.24 zeigt den Aufbau eines einzelnen Transceivers mit LD, PD und den Linsen für die Abbildung (links). Rechts sind die Aufnahmen zur Kombination mehrerer Transceiver, sowie die einzelnen Linsen zu erkennen.

Die Abb. 5.25 bildet einen gebogenen polymeren Lichtleiter mit rechteckigem Querschnitt ab (Laser nicht zu erkennen). Solche Bauelemente sind vor allem für die Weiterleitung von Licht nutzbar.

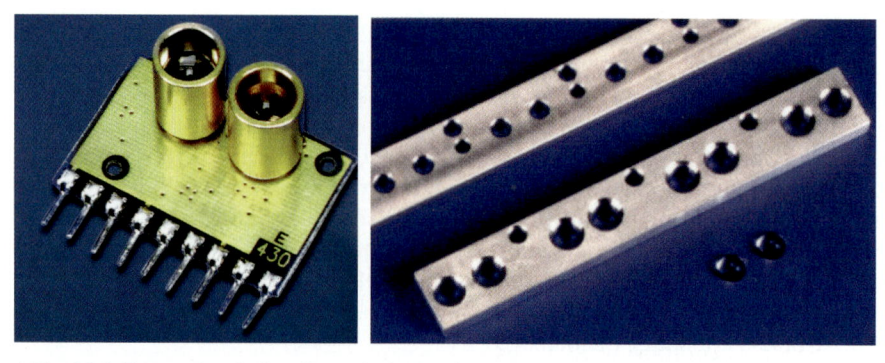

Abb. 5.24: Transceiverdesign für optische Rückwände

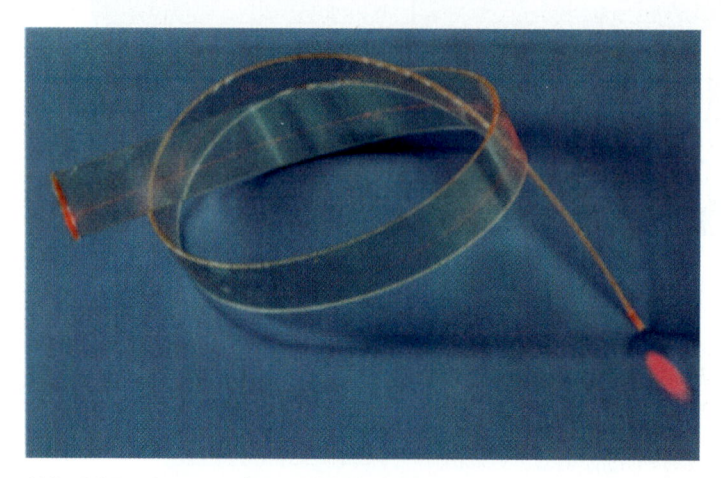

Abb. 5.25: gebogener planarer Wellenleiter

Ab 2002 wurde die Fertigung optischer Rückwände an die Kooperationspartner ERNI und Varioprint als Lizenz vergeben ([Ern02]).

5.6.2 Systeme der Universität Ulm

In [Med00] werden Ergebnisse der Wellenleiterherstellung an der Universität Ulm beschrieben. Auf Basis von 855 nm VCSEL wurde ein komplettes Übertragungssystem aufgebaut. Die polymeren Wellenleiter haben einen Querschnitt von 120×130 μm² bei 43 mm bzw. 46 mm Länge. Die minimale Dämpfung war 0,5 dB/cm. Hit Hilfe eines 50 μm großen Germaniumdetektors war fehlerfreie Datenübertragung bei 3 Gbit/s möglich. Die optischen Leiter bleiben bis +160°C stabil und können damit in Leiterplatten einlaminiert werden. Zwei Beispiele für Wellenleiterstrukturen zeigt Abb. 5.26.

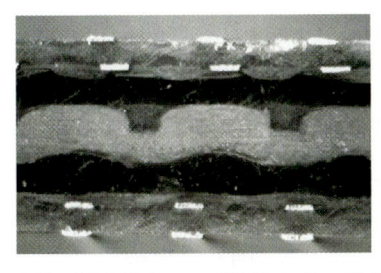

Abb. 5.26: Polymere Wellenleiter ([Med00])

5.6.3 Elektro-optische Leiterplatte der Universität Siegen

In [Gri06] wird ebenfalls das Konzept einer Leiterplatte mit integrierten Multimode-Wellenleitern auf Polymerbasis vorgestellt. Im Vortrag wird dabei als Vorteil der Multimodetechnik erläutert, daß trotz der relativ großen Toleranz herkömmlicher Bestückungsautomaten (ca. 50 µm) eine passive Justage der aktiven Elemente gegenüber der relativ dicken Wellenleiter möglich ist.

Als erste Herstellungstechnologie wird das Heißprägen (Hot Embossing) aufgeführt. Als erreichbare Verluste werden 0,2 dB/cm genannt. Abbildung 5.27 zeigt den Querschnitt mehrerer Wellenleiter.

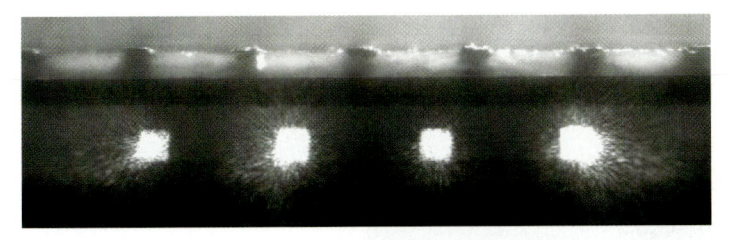

Abb. 5.27: Heißgepräge Polymerwellenleiter ([Gri06])

Im Vergleich dazu erlaubt das Laser-Direktschreiben von Wellenleitern Verluste von 0,03 dB/cm, und damit Verbindungslängen im Meterbereich (Abb. 5.28). Der Prozeß erlaubt zwar beliebige Strukturen, ist aber langsamer und bedingt ein unzureichendes Temperaturverhalten.

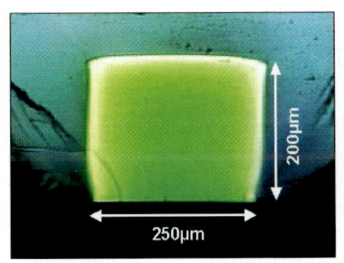

Abb. 5.28: Mit Laser geschriebener und photolithographisch hergestellter optischer Polymerwellenleiter ([Gri06])

Weitere Methoden sind das Einpressen der Wellenleiter in Kupfer (0,1 dB/cm) und die bereits oben beschriebene Herstellung durch photolithographische Prozesse (0,1 dB/cm).

Neben dem Wellenleiter selber spielt die Ankopplung der aktiven Komponenten eine wichtige Rolle. In [Gri06] wird dazu ein Konzept vorgestellt, bei dem das Licht über 45°-Spiegel von den Wellenleitern an die aktiven Bauteile angekoppelt wird. Die Verbindung kann über Stecker lösbar erfolgen. Sinnvolle Anforderungen an Stabilität und Toleranzen sind dabei nur mit multimodigen Wellenleitern erreichbar.

5.6.4 IBM-Forschungszentrum Zürich/ETH Zürich

In [Schm05] werden Interconnection-Lösungen mit polymeren Wellenleitern bis hin zu praktischen Demonstrationen untersucht (IBM-Forschungszentrum Zürich). Als Ausgangspunkt dient die Überlegung, daß bei elektrischen Verbindungen die übertragbare Datenrate mit dem Quadrat der Länge sinkt, und der benötigte Querschnitt mit der Datenrate linear ansteigt.

Vor allem bei sehr hohen Datenraten im Gbit/s-Bereich versprechen damit optische Lösungen Vorteile in Platzbedarf und Leistungsverbrauch. Die vorgeschlagenen Lösungen arbeiten bei 850 nm Wellenlänge, wofür sich polymere Wellenleiter besonders gut eignen. Mit neuen optimierten CMOS-Treibern ist ein kleinerer Leistungsverbrauch möglich (nur 100 mW für 4 Kanäle Sender und Empfänger bei 2,5 mW/Gbit/s. Über Multimode-Glasfasern wurde die Übertragung von 10 Gbit/s gezeigt (Abb. 5.29).

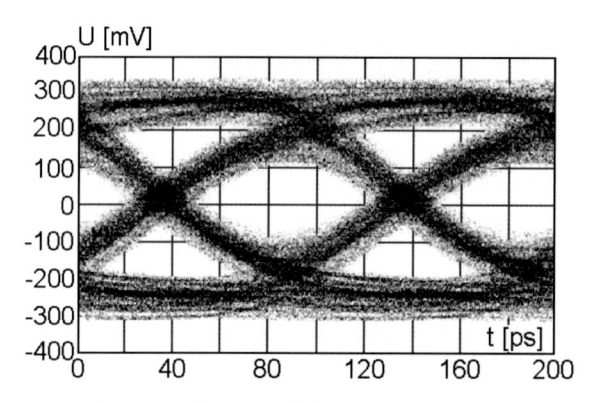

Abb. 5.29: Augendiagramm bei 10 Gbit/s über 5 m MM-GOF bei 850 nn

Zur Herstellung der Wellenleiter wird eine bis zu 30×40 cm² großen Schicht auf ein Substrat aufgebracht. Die anschließende Lithographie erfolgt mit UV-Licht. Der typische Querschnitt der Wellenleiter ist 50 µm. Es können aber auch bis 16 Kanäle je mm hergestellt werden (durch Verringerung der Abstände und des Querschnitts auf 35 µm). Darüber hinaus sind zweidimensionale Arrays möglich.

Die erreichten Eigenschaften der Wellenleiter sind:

- Geraden: Dämpfungen von 0,028 bis 0,040 dB/cm für alle Kerngrößen
- Kurven: 0,1 dB pro 180°-Biegung mit 20 mm Radius
- Kreuzungen: 0,02 dB/Kreuzung
- Teiler: 0,1 dB pro 50:50-Teiler
- Dispersion: Offene Augen bei 12,5 Gbit/s mit einer 1 m langen Spirale (50 µm Kern)
- Potential bis zu 40 Gbit/s (mit ultrakurzen Impulsen gemessen)

In den Jahren 2003 und 2004 wurden Systemdemonstratoren vorgestellt. Die Wellenleiter wurden in einer FR4-Leiterplatte integriert. In der ersten Variante erfolgte die Kopplung der opto-elektrische Module mit Linsen (90°-Umlenkung). Die getesteten Sender erlaubten Datenraten bis 12,5 Gbit/s, die Empfänger bis 10 Gbit/s. Für die Card to Card-Verbindung wurden 5 Gbit/s erreicht. In der zweiten Variante wurde auf die optische Umlenkung verzichtet und die Sender /Empfänger wurden durch direkte Stoßkopplung an die Wellenleiter angeschlossen. Ein Konzept für passive Positionierung der aktiven Bauelemente wurde vorgestellt.

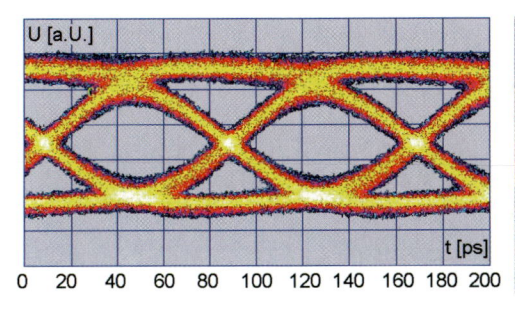

Abb. 5.30: Augendiagramm des Senders (12,5 Gbit/s), polymere Wellenleiter ([Schm05])

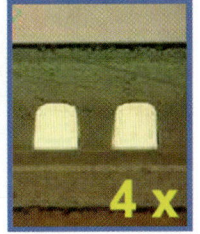

Abb. 5.31: Polymere Wellenleiter mit verschiedenen Abständen ([Schm05])

Details dieser Untersuchungen wurden auch in [Lenz05] von der ETH Zürich veröffentlicht. Es werden Wellenleiter bis zu 100 µm Querschnitt beschrieben. In der Arbeit wird aber auch darauf hingewiesen, daß einer der limitierenden Faktoren für die integrierte Optik die kleine Packungsdichte ist, welche aus den minimalen Biegeradien resultiert. Eine Lösung könnten photonische Kristallstrukturen sein, die annähernd rechtwinklige Biegungen erlauben.

Abb. 5.32: Y-Koppler auf Basis eines photonischen Kristalls (ETHZ, [Lenz05])

5.6.5 Ergebnisse des Projektes NeGIT

Eine ähnliche Konzeption für optische Leiterplatten wird in [Bau05] vom Fraunhoferinstitut für Zuverlässigkeit und Mikrointegration (IZM Berlin) beschrieben. Ziel des zugrundeliegenden durch das BMBF geförderten Verbundprojektes NeGIT (New Generation Interconnection Technology) ist vor allem die Entwicklung von Steckverbindungen, um komplette optische Leitungen über die Rückwände von Rechnerkomponenten führen zu können (Abb. 5.33).

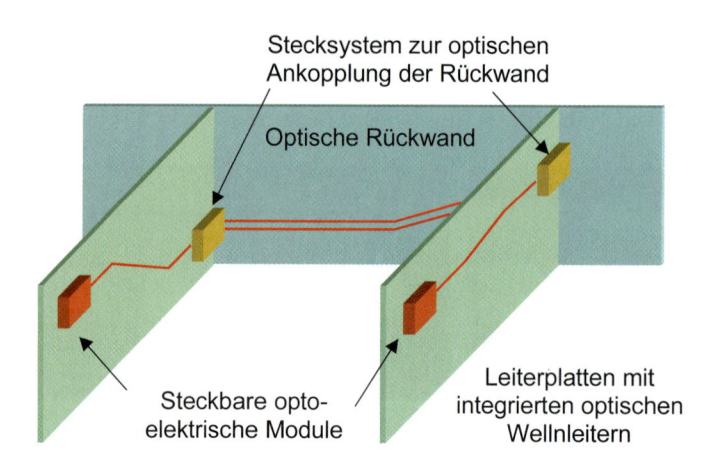

Abb 5.33: Prinzip der optischen Rückwandverbindung nach [Bau05]

Wie schon andere Systeme arbeitet auch dieser Vorschlag bei 850 nm Wellenlänge mit verfügbaren VCSEL-Sendern. Als Material werden photostrukturierbare Epoxydharze verwendet, die auch den hohen Temperaturen bei der Leiterplattenherstellung standhalten. Ein typischer Wellenleiterquerschnitt mit 50 µm Breite bzw. Höhe zeigt Abb. 5.34.

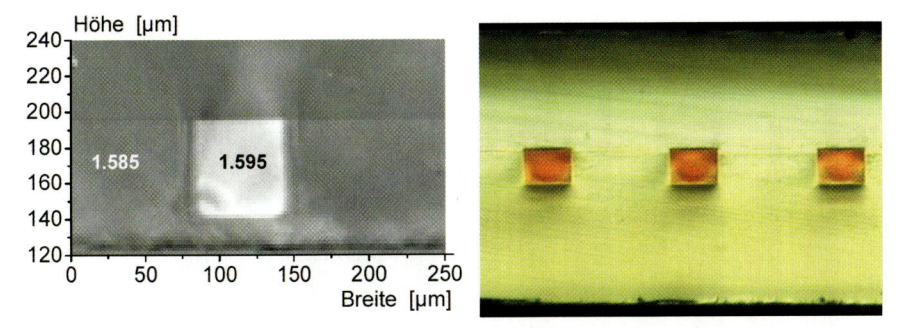

Abb. 5.34: Indexprofil eines optischer Wellenleiter und Querschnitt ([Bau05])

Die Transmission eines derartigen Wellenleiters zeigt Abb. 5.35 (50 x 50 µm² Wellenleiter mit NA = 0,18). Das verwendete Spincoating Verfahren erlaubt Schichten von 20 µm bis 120 µm Dicke.

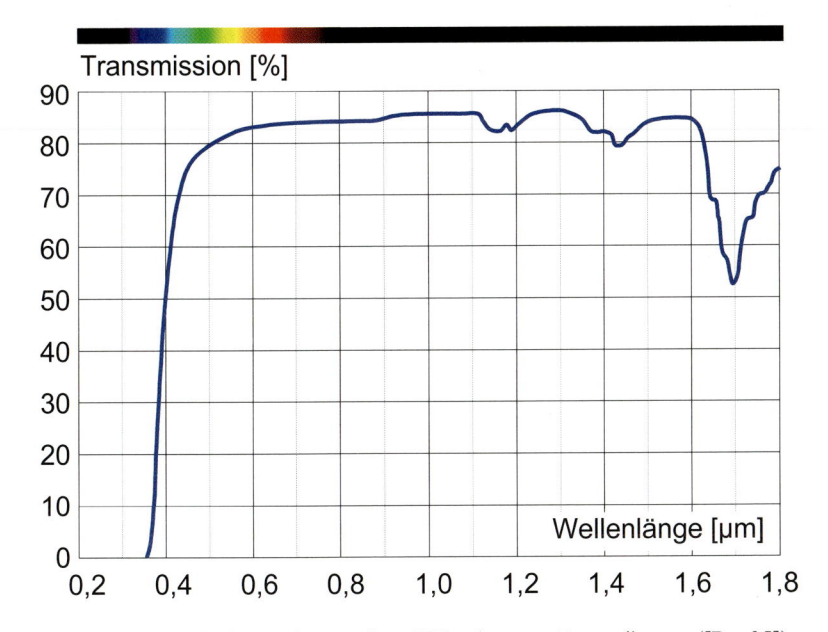

Abb. 5.35: Transmissionsspektrum eines UV-gehärteten Epoxydharzes ([Bau05])

Die erzeugten Wellenleiter zeigen auch nach dem Laminieren der Leiterplatten, nach Löttests und nach Temperatur-Zyklen-Tests (-40°C/+125°C, >200 Zyklen) keine deutliche Änderung der Transmission (sondern sogar eine Abnahme, Abb. 5.36).

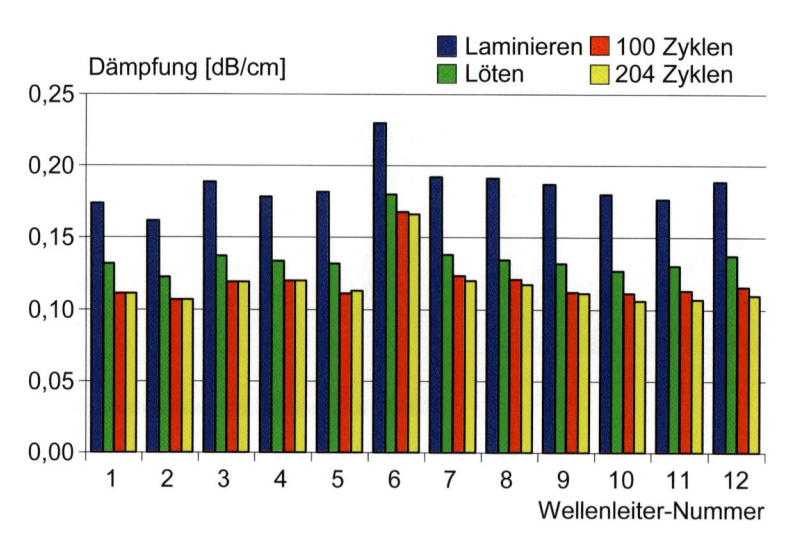

Abb. 5.36: Wellenleiterdämpfung nach Laminieren/Löten und Temperaturbelastung ([Bau05])

Weitere aktuelle Details sind in z.B. in [Schr05b], [Schr06a], [Schr06b] und [Micr06] veröffentlicht. Als Ziele der Entwicklungen optischer Wellenleiter werden hier genannt:

- Verringerung der Dämpfung < 0,1 dB/cm bei 850 nm im laminierten Zustand
- Erhöhung der Reproduzierbarkeit
- Neue Verfahren wie zum Beispiel UV-Direktschreiben für lange Wellenleiter
- Verringerte Wellenleiterquerschnitte für neue Anwendungen
- wirtschaftliche Herstellung
- Splitter und Kreuzungen
- 45° Spiegelflächen zur Ein- und Auskopplung

Von der am Projekt NeGIT beteiligten Firma Microresist wird die Materialkombination Epocore und Epoclad verwendet. In [Micr06] werden dabei als erreichbare Daten angegebenen (Beispiele für erzeugte Wellenleiterstrukturen in Abb. 5.37):

- Polymer   Epoxidharz
- Wellenleiter   Brechungsindex: EpoCore 1,58, EpoClad 1,57, @ 830 nm
- Glastemperatur   > 180°C
- Substrat   Standard FR4 (10 × 10 cm², 8 Zoll)
- Laminieren   Standardtemperatur > 185°C, Druck 23 kp/cm²
- Standardtests   Reflow: 3 × 15 s bei T = 230°C; TCT: 240 × -40°C / +120°C
- Opt. Dämpfung   ~0,2 dB/cm bei 850 nm

Abb. 5.37: Wellenleiter, 50 µm Linien, 200 µm Zwischenräume; Wafer mit Wellenleiterstruktur; Wellenleiter mit glatter Oberfläche und senkrechten Kanten (aus [Micr06])

Ein Modul zur Kopplung der aktiven Module an die optische Leiterplatte zeigt Abb. 5.38. In die Leiterplatte werden Löcher gebohrt, in die das Modul hineinragt. Die Umlenkung des Lichtes erfolgt mittels 45°-Spiegeln.

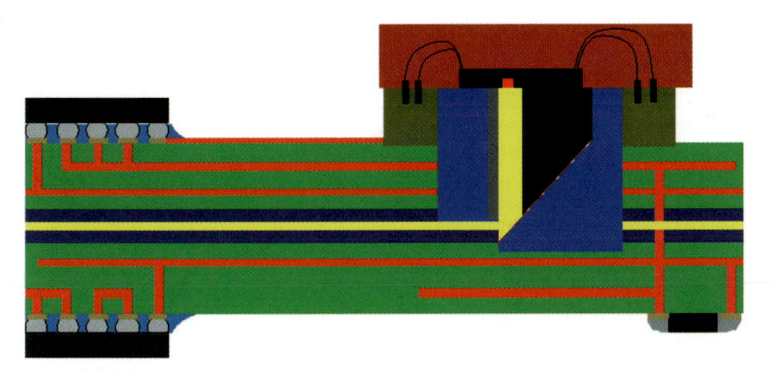

Abb. 5.38: Ankopplung der optischen Leiterplatte (IZM, [Schr06a])

OM-Giga

optimedia

The first commercial PMMA-based gradient-index POF for high-speed short-distance data communication introduced by Optimedia, Inc. in Korea.

It does not contain any refractive-index modifying dopant and has excellent mechanical properties and thermal stability

Attenuation	< 200 dB/km (at 650 nm)
Bandwidth	> 3 Gbps – 50 m
Tensile at break	> 70 N
Diameter Variation	± 5%
Bending Radius	25 mm

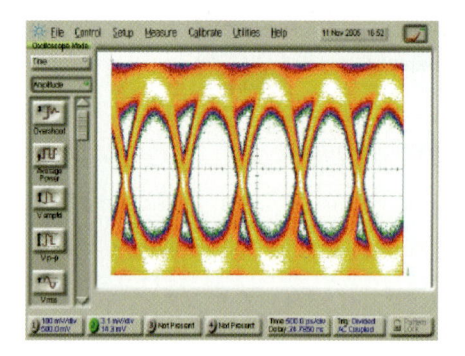

Eye diagram for 40m OM-Giga at 1.0 Gbps data rate (PRBS-7 test pattern)

Available products include
bare fibers (core/cladding : 900/1000 μm or 675/750 μm)
PE or PVC-jacketed simplex (2.2 mm), duplex (2.2 x 4.4 mm) cables

Contact for product inquiry or purchase;
 Optimedia, Inc. (**www.optimedia.co.kr**)
 204 Byuksan Technopia, Sangdaewon-Dong, Joongwon-Gu, Seongnam-Si, Kyonggi-Do, 462-716, Korea
 Tel : 82-31-737-8151 Fax : 82-31-737-8150
 e-mail : support@optimedia.co.kr

6. Systemdesign

6.1 Leistungsbilanzberechnungen

Im wesentlichen läßt sich ein optisches Übertragungssystem in drei Abschnitte einteilen:

- Den Sender, meist eine Halbleiterquelle.
- Die Übertragungsstrecke, also eine optische Faser mit Steckern, Kopplern Ein- und Auskoppelelementen.
- Der optische Empfänger, wiederum ein Halbleiterbauelement mit Verstärker.

6.1.1 Änderung der Sendeleistung

Zur Berechnung der Leistungsbilanz muß man den Bereich kennen, in dem die Leistung der Quelle schwanken kann. Danach wird die Dämpfung der Strecke ermittelt. Beides zusammen ergibt den Bereich der Leistung des am Empfänger eintreffenden Lichtes. Übersteigt dieser den Dynamikbereich des Empfängers, ist das System nicht sicher zu betreiben.

Die Lichtleistung einer Halbleiterquelle ist nicht konstant. Insbesondere ist sie von der Temperatur abhängig und verringert sich i.d.R. im Laufe der Zeit. Soll ein System in einem bestimmten Temperaturbereich eingesetzt werden, z.B. zwischen -20°C und +70°C, müssen die Leistungsschwankungen der Quelle in diesem Bereich beachtet werden. Abbildung 6.1 zeigt typische Strom-Lichtleistungskennlinien von LD und LED, den häufigsten Quellen von POF-Systemen in Abhängigkeit der Temperatur (schematisch).

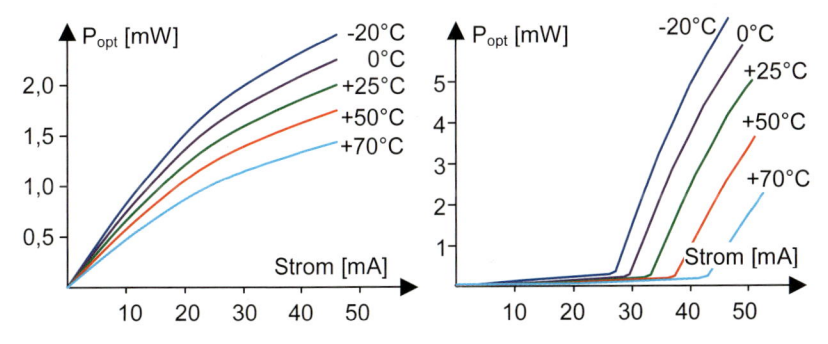

Abb. 6.1: Typische P-I(T)-Kennlinien einer LED (links) und einer LD (rechts)

Die LED zeigt im wesentlichen ein Abflachen der Kennlinie, also eine Verminderung des Wirkungsgrades. Bei der LD kommt hinzu, daß sich der Schwellenstrom I_{th}, also der Einsatz des Laserbetriebs, zu höheren Strömen hin verschiebt. Wie später gezeigt werden wird, erfordert dieses Verhalten ganz spezielle Maßnahmen, um LD als Sender einsetzen zu können.

Im nächsten Schritt ist zu klären, wie die Quelle betrieben werden soll. Bei der LED nehmen wir an, daß sie mit einem konstanten Strom betrieben wird. Also kann man aus der P-I(T)-Kennlinie die Änderung der optischen Leistung ermitteln, wie Abb. 6.2 zeigt.

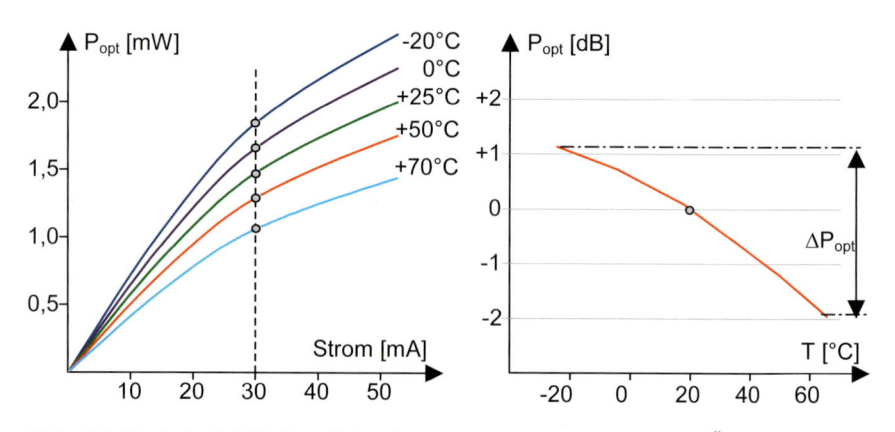

Abb. 6.2: Typische P-I(T)-Kennlinien für LED und Ermittlung der Popt-Änderung

In der Abbildung ist die Leistung bei 25°C als Referenz (0 dB) verwendet worden. Der senkrechte Doppelpfeil gibt die insgesamt mögliche Leistungsänderung innerhalb des erlaubten Temperaturbereiches wieder. Typische Werte für die Änderung der LED-Leistung zwischen -20°C und +70°C liegen bei 1 dB bis 5 dB. Dazu kommen bis zu 3 dB Änderung der Ausgangsleistung mit zunehmendem Alter der Quelle (siehe auch [Schö00a]).

6.1.2 Empfindlichkeit des Empfängers

Auch die Empfindlichkeit von Empfängern ist nicht konstant, sondern hängt von verschiedenen Größen ab. Dazu gehört z.B. die Temperatur, die insbesondere auf das Rauschen des Verstärkers wirkt, und die Wellenlänge des empfangenen Lichtes, die wiederum durch die Temperatur am Sender beeinflußt wird.

Für die Bewertung des Empfängers muß dessen Einsatzzweck klar sein. Wird er zur analogen Übertragung eines Signals eingesetzt, muß ein bestimmtes Signal-zu-Rauschverhältnis (SNR) ebenso eingehalten werden wie eine bestimmte Linearität, angegeben durch die Leistung der Verzerrungen. Für digitale Systeme ist zumeist die Einhaltung einer bestimmten Bitfehlerwahrscheinlichkeit (BER) gefordert. Abbildung 6.3 zeigt die typische Abhängigkeit der BER eines Systems von der Leistung am Empfänger.

Für Datenübertragungen wird z.B. eine BER = 10^{-9} akzeptiert. Damit ist die Empfindlichkeit des gezeigten Empfängers -32 dBm (0,63 µW). Die Abbildung zeigt aber noch eine zweite Eigenschaft eines Empfängers, den Dynamikbereich. Bei zu großen Empfangsleistungen kann der Verstärker übersteuert werden. Dies führt ebenfalls zu einer Verschlechterung des Signals, bis hin zum Überschreiten der zulässigen BER. Im gezeigten Beispiel erfolgt dies bei -12 dBm (63 µW). Der Dynamikbereich des Empfängers beträgt also 20 dB. Für das Systemdesign ist also nicht nur entscheidend, daß am Empfänger die optische Leistung immer mindestens der Empfindlichkeit entspricht, sondern auch, daß sie das obere Ende des Dynamikbereichs nicht überschreitet. Da Übertragungssysteme oft mit sehr unterschiedlichen Kabellängen arbeiten müssen, ist letztgenannte Forderung nicht immer einfach zu erfüllen.

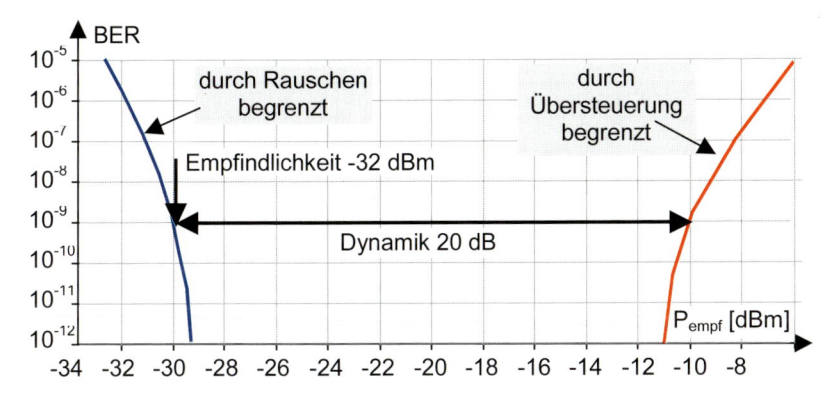

Abb. 6.3: Empfindlichkeit und Dynamik eines Empfängers

Die Empfindlichkeit des Empfängers wird natürlich am einfachsten durch Messung ermittelt. Der Versuchsaufbau besteht dafür aus einem möglichst idealen Sender, der Übertragungsstrecke, dem zu testenden Empfänger und einem variablen Dämpfungselement. Dieses Dämpfungselement sollte eine wählbare Dämpfung reproduzierbar einstellen können, anderenfalls ist die parallele Messung der empfangenen Leistung über einen Koppler notwendig, wie Abb. 6.4 schematisch zeigt.

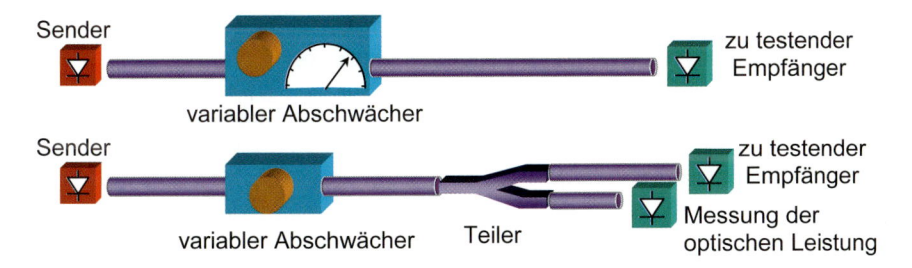

Abb. 6.4: Empfängerempfindlichkeits-Messung ohne/mit Referenzempfänger

Die zweite Möglichkeit der Bestimmung der Empfängerempfindlichkeit, insbesondere wichtig für die Konstruktionsphase, besteht in der theoretischen Berechnung. Ausreichende Bandbreite und Linearität vorausgesetzt, ist das Rauschen der ersten Verstärkerstufe in aller Regel der limitierende Faktor. Eine einfache Methode ist die Benutzung der Stromrauschdichte am Verstärkereingang, angegeben in pA/√Hz. Nachfolgend zeigt eine Beispielrechnung (Tabelle 6.1) die notwendigen Schritte:

Tabelle 6.1: Berechnung der Empfindlichkeit aus der Stromrauschdichte

Größe	Formel/ Berechnung	Wert
Stromrauschdichte am Empfängereingang	$<i>$	10 pA/√Hz
Bitrate im System	BR	155 Mbit/s
elektrische Filterbandbreite ($\geq$ ½ Bitrate)	Δf	100 MHz
Stromrauschen am Empfängereingang	$I_{RMS} = <i> \cdot \sqrt{\Delta f}$	100 nA
notwendiges elektrisches SNR	SNR	12 dB
minimal notwendiger Photostrom	$I_{ph} = I_{RMS} \cdot 10^{(SNR/20)}$	400 nA
Responsivität der Photodiode bei λ_{Quelle}	$\mathfrak{R}$	0,4 mA/mW
minimal notwendige optische Leistung	$P_{opt} = I_{ph} / R$	1 µW
Empfindlichkeit		**-30 dBm**

Somit stehen für die Berechnung der kompletten Leistungsbilanz die notwendigen Eckdaten von Sender und Empfänger zur Verfügung, wie Abb. 6.5 noch einmal schematisch darstellt. Liegt die abgegebene Senderleistung in jedem Fall innerhalb des Dynamikbereiches (Fall a), so darf die Summe der Verluste auf der Faserstrecke zwischen 0 dB und dem eingezeichneten Maximalwert liegen. Ist die maximal mögliche Sendeleistung über dem oberen Limit des Dynamikbereiches (Fall b), muß eine minimale Streckendämpfung garantiert werden (gegebenenfalls über einen zusätzlichen Abschwächer).

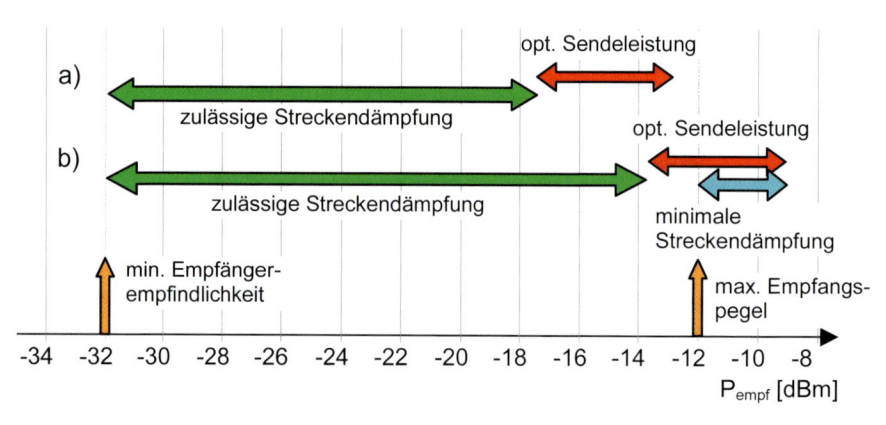

Abb. 6.5: Bestimmung der zulässigen Streckendämpfung

6.1.3 Dämpfung der Faserstrecke

Die größte Aufmerksamkeit bei der Berechnung der Leistungsbilanz muß der Faserstrecke gehören. Auf diesen Teil hat der Systemhersteller normalerweise den geringsten Einfluß. Hier treten auch die größten Einflüsse der Umwelt auf.

Im Rahmen dieses Buches sollen passive POF-Übertragungssysteme beschrieben werden. Prinzipielle sind zwar POF-Verstärker denkbar, sie werden aber in absehbarer Zukunft keinerlei praktische Bedeutung erhalten können. Demzufolge wird es zwischen Sender und Empfänger nur verlustbehaftete Elemente geben. In Abb. 6.6 werden alle wichtigen Elemente zusammengestellt.

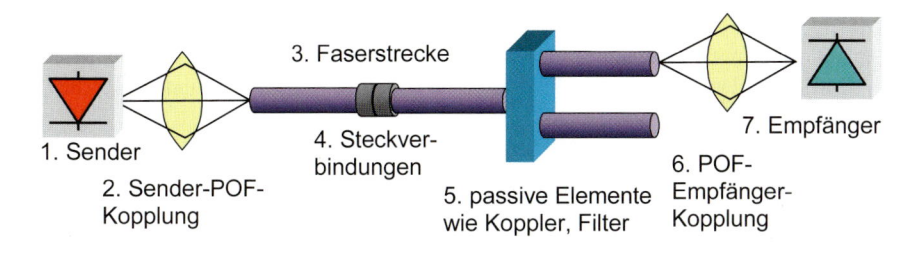

Abb. 6.6: Verlustbehaftete Elemente einer POF-Strecke

6.1.3.1 Koppelverluste vom Sender in die POF

Der erste Verlust tritt bereits an der Koppelstelle zwischen Sender und Faser auf. Zunächst besitzt der Sender eine gewisse Ausdehnung und Divergenz (Abstrahlwinkel). Da man die Faser meist nicht direkt auf den Sender setzt, sondern einen gewissen Schutzabstand einhält, kann nicht das gesamte Licht auf die Faserstirnfläche fallen. Außerdem besitzt die Faser einen beschränkten Akzeptanzbereich. Licht, das unter größerem Winkel in die Faserstirnfläche fällt, wird nicht geführt und abgestrahlt. Durch eine nichtideale Oberfläche sowie den Brechungsindexsprung zwischen Luft und PMMA kommt es zu einer teilweisen Reflexion von Licht, welches dann auch verloren geht, wie in Abb. 6.7 gezeigt wird.

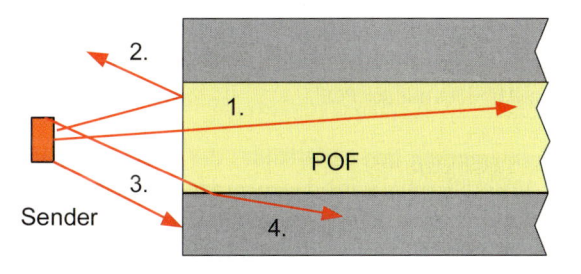

Abb. 6.7: Ursachen für Ankoppelverluste an die POF

Am kritischsten unter den Quellenparametern ist der Abstrahlwinkel oder, präziser formuliert, das Fernfeld, also die Abhängigkeit der abgestrahlten Leistung vom Winkel relativ zur optischen Achse. Eine Standard-NA-POF hat einen Akzeptanzwinkel von ca. ±28°. Für die DSI-POF sinkt dieser Wert auf ±17°. Für DSI-MC-POF oder GI-POF ist er nur noch ±11°. Die für POF-Systeme aus Kostengründen verwendeten LED strahlen aber sehr viel breiter ab. In gewissem Maß kann man den Abstrahlwinkel einer LED durch Linsen verringern. Oft sind von einem LED-Typ Varianten mit verschiedenen Strahlwinkeln erhältlich. Diese werden nur durch verschiedene Ausführungen des LED-Gehäuses, welches gleichzeitig als Linse wirkt, erzeugt. Nach den Gesetzen der Optik kann das Produkt aus Bildgröße und Numerischer Apertur nicht verringert werden. Eine Verkleinerung des Winkels führt also zu einer Vergrößerung des Bildes des LED-Chips auf der Faserstirnfläche. Typische LED-Chips sind 200 µm bis 300 µm groß. Dank des 1 mm POF-Durchmessers besteht hier also Spielraum, wie die Abb. 6.8 und 6.9 schematisch zeigen.

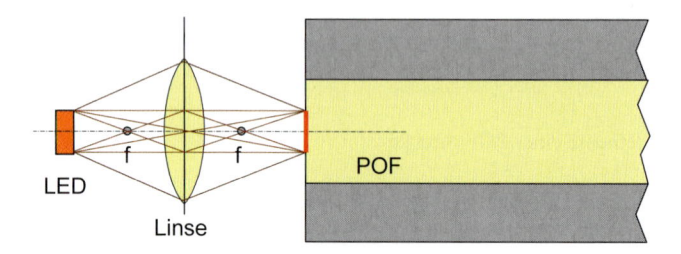

Abb. 6.8: Abbildung des LED-Chips auf die POF im Maßstab 1:1

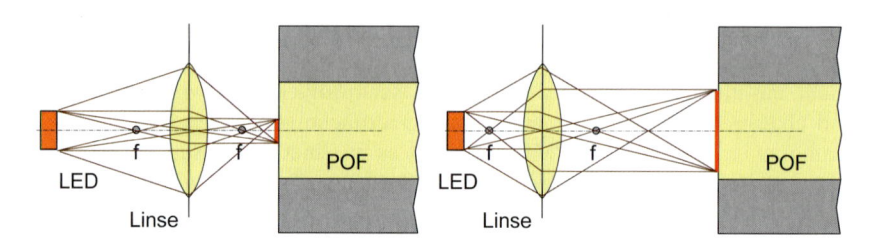

Abb. 6.9: Abbildung des LED-Chips auf die POF mit Verkleinerung (links) und Vergrößerung (rechts) des Chip-Abbildes auf der POF

Es ist zu erkennen, daß bei Verkleinerung des LED-Bildes der Winkelbereich der Strahlen zunimmt. Bei einer Vergrößerung wird dagegen der Winkelbereich kleiner. In der Abbildung ist noch ein zweiter Effekt angedeutet. Typische LED strahlen in einem Winkel ab, der so groß ist, daß er von normalen Linsen kaum eingefangen werden kann. Somit bestimmt also die Apertur der Linse, wieviel Licht eingekoppelt werden kann. Die Autoren verwendeten zu diesem Zweck beispielsweise plan-konvexe Linsen mit 13 mm Brennweite bei 21,4 mm effektivem

Durchmesser. Durch Hintereinanderschalten zweier Linsen konnte die LED etwa im Brennpunkt plaziert werden, so daß die nutzbare Linsen-NA bei ca. 0,8 liegt. Wesentlich effizienter gelingt die Ankopplung der LED aber, wenn der Chip direkt vom Hersteller mit einer entsprechende Mikrolinse versehen wird, wie Abb. 6.10 zeigt.

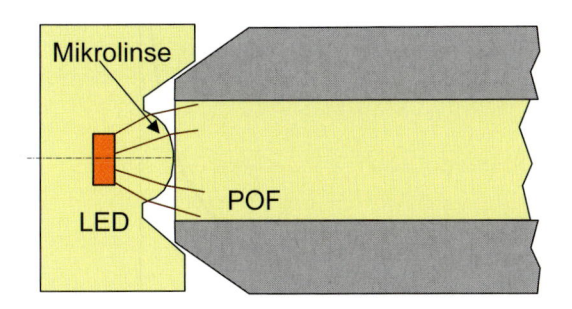

Abb. 6.10: Abbildung des LED-Chips auf die POF mit Mikrolinse

Die direkte Stirnkopplung einer LED an die POF ergibt typische Verluste im Bereich 10 dB bis 12 dB. Mit optimierten Abbildungen können diese Verluste auf 4 dB bis 5 dB verringert werden. Bessere Werte können nur noch erreicht werden, wenn entsprechend optimierte Bauelemente verwendet werden. Dazu gehören z.B. VCSEL oder spezielle LED, wie sie später noch beschrieben werden.

6.1.3.2 Verluste auf der Faserstrecke

In einer homogenen Faser, in der sich das Licht im Modengleichgewicht ausbreitet, wird je Längeneinheit immer der gleiche Anteil des Lichtes verlorengehen. Über die Länge ergibt sich damit ein exponentieller Abfall, der in der logarithmischen Darstellung linear erscheint. Der Abfall dieser Geraden ist der Dämpfungskoeffizient in dB/km. Bei der POF treten als Hauptursachen für die Dämpfung auf:

- Rayleighstreuung
- Absorption (hauptsächlich an den C-H-Bindungen)
- Verluste durch geometrische Störungen an der Kern-Mantel-Grenzfläche
- Verluste durch die Dämpfung im optischen Mantel

Die ersten zwei Prozesse sind Volumenprozesse, demzufolge wirken sie auf alle Moden mehr oder weniger gleichmäßig. Die letzten beiden Vorgänge sind aber stark davon abhängig, unter welchem Winkel sich das Licht in der POF ausbreitet. In [Paar92] wird beispielsweise die Dämpfung durch den optischen Mantel bei Annahme einer Dämpfung von 50.000 dB/km ermittelt (siehe Abb. 6.11).

Im Gegensatz zu Glasfasern ist die Dämpfung verschiedener Moden in der POF sehr unterschiedlich. Über die Länge der Faser ändert sich damit die effektive, d.h. über alle Moden gemittelte Dämpfung deutlich. Durch Modenkonversion an

Faserkrümmungen und Modenmischung an Inhomogenitäten wird dieser Prozeß weiter verändert. Dazu kommt, daß die sog. Leckwellen, die Ausbreitungswinkel bis 90° relativ zur Faserachse haben können, signifikant zur Lichtausbreitung in POF beitragen, wie in [Bun99a] und [Bun99b] gezeigt wurde.

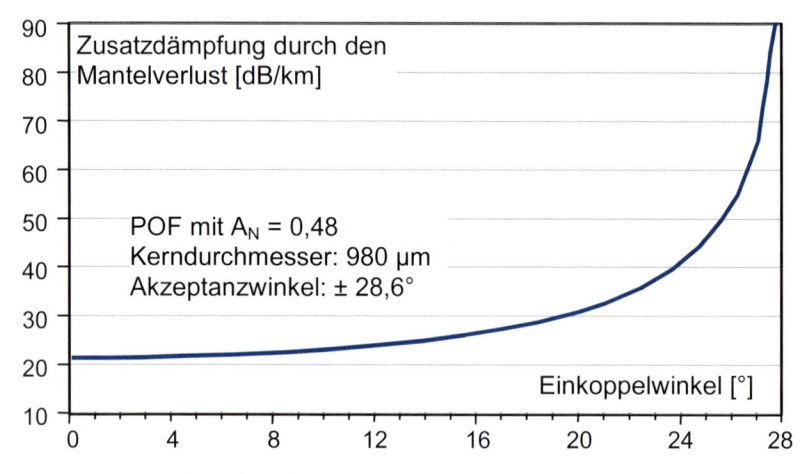

Abb. 6.11: Zusatzdämpfung durch Mantelverluste nach [Paar92]

Allgemein gilt aber, daß bei Einkopplung mit kleiner NA auf den ersten einigen 10 m eine deutlich niedrigere Dämpfung gemessen werden kann, bei Einkopplung mit großer NA eine deutlich größere Dämpfung. Numerisch wird dieser Effekt dadurch berücksichtigt, daß ein Dämpfungskoeffizient für den Fall des Modengleichgewichtes angegeben wird, und ein zusätzlicher Wert für die gesamte Dämpfungsabweichung durch Einkopplung mit abweichender NA. Die genaue numerische Bestimmung dieses Wertes ist aber noch offen und in bisherigen Standards nur rudimentär beschrieben. Dämpfungsangaben für POF in Datenblättern sind zumeist mit kollimiertem Licht ermittelt worden, und demzufolge nur bedingt für den praktischen Gebrauch zu verwenden.

6.1.3.3 Verluste an Steckverbindungen

In den seltensten Fällen wird eine längere Faserstrecke als komplettes Kabel verlegt werden können. Deswegen ist es notwendig, einzelne Faserstücke mit Steckern oder Spleißen zu verbinden. In der Einmodenglasfasertechnik ist die Spleißtechnik weit entwickelt und erlaubt die Verbindung von Fasern mit wenigen hundertstel dB Verlust. Auch Steckverbindungen besitzen nur wenige Zehntel dB Dämpfung, da die Fasern sehr exakt glatt geschliffen und mit den Stirnflächen ohne jeden Luftspalt aufeinandergedrückt werden.

Ein großer Vorteil der POF besteht in der preiswerten Steckertechnik. Gerade die Parameter Kerndurchmesser, große NA, hohe zulässige Toleranzen und einfache Stecker führen aber auch zu relativ großen Verlusten bei Steckverbindungen (siehe Abschnitt passive Komponenten). In diesem Kapitel wurden die möglichen Dämpfungsursachen detailliert beschrieben. Eine praktikable Spleiß- oder Klebetechnik für PMMA-POF wurde bisher noch nicht entwickelt.

6.1.3.4 Verluste an passiven Bauelementen

Die am häufigsten verwendeten passiven Bauelemente für POF-Systeme sind neben Steckern Koppler und Filter. Bei den Kopplern unterscheidet man symmetrische Koppler, bei denen alle Ein- bzw. Ausgänge gleichberechtigt sind, und asymmetrische Koppler mit unterschiedlichen Aufteilungsfaktoren. Bei symmetrischen Kopplern mit N Armen sind die minimalen Verluste:

$$\alpha = 10 \cdot \log N \text{ [dB]}$$

Dabei spielt es keine Rolle, ob es um Koppler im Sinne von zusammenführenden Elementen geht, oder um Teiler, wie aus der Umkehrbarkeit des Lichtweges folgt. Zur besseren Anschaulichkeit hat man sich also einen 2 auf 1-Koppler als 2 auf 2-Koppler mit einem abgetrennten Ausgang vorzustellen.

Steht vor einem System die Aufgabe, mehrere Sender mit mehreren Empfängern zu verbinden, sind prinzipiell zwei Lösungen denkbar, nämlich räumlich getrennte Koppler und Teiler oder ein zentraler Koppler, wie in Abb. 6.12 gezeigt.

verteilte Koppler

zentraler Koppler

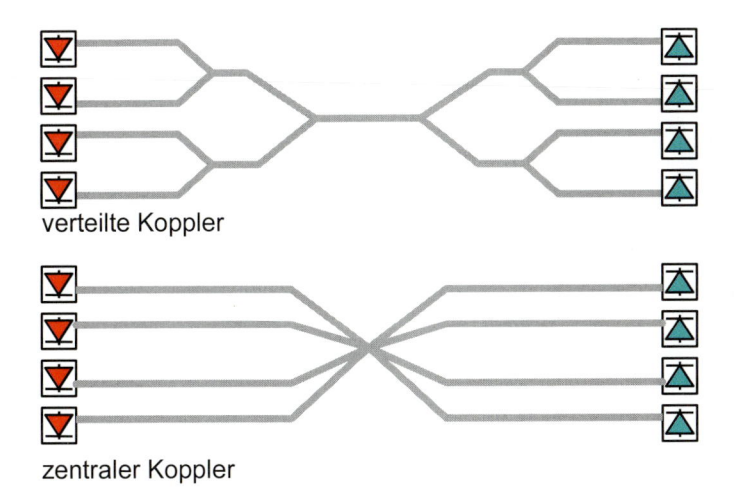

Abb. 6.12: Möglichkeiten für MP-MP-Strukturen (MP: Multi Point)

Im oben gezeigten Fall beträgt der Verlust durch die Koppler mindestens 12 dB, nämlich 6 dB durch die Zusammenführung der vier Arme und weitere 6 dB durch deren spätere Aufteilung. Im unteren Fall kann der Verlust auf insgesamt 6 dB verringert werden, wie eine weitere Abb. 6.13 mit der detaillierten Darstellung des Kopplers zeigt. Während im oberen Fall zwischen Koppel- und Verteilpunkt tatsächlich nur eine einzige Faser liegt, sind im unteren Fall vier Fasern bzw. ein entsprechend breiterer Wellenleiter vorhanden.

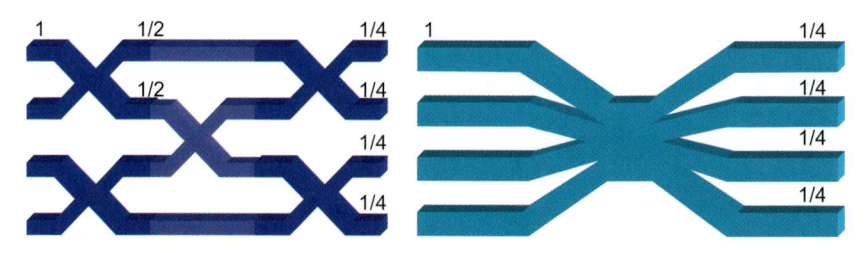

Abb. 6.13: Zentrale 4:4-Koppler

Die linke Variante zeigt einen 4:4-Koppler, der aus x-Kopplern zusammengesetzt ist. Die mittlere Verbindung ist dabei kein Koppler, sondern eine Kreuzung zweier Wellenleiter. Für einen Pfad ist beispielhaft gezeigt, daß die Leistung auf alle Pfade gleichmäßig verteilt wird. Auf der linken Seite ist ein 4:4-Koppler gezeigt, der als zentrales Element einen entsprechend breiteren Wellenleiter enthält. Dessen richtige Dimensionierung entscheidet darüber, daß alle Eingänge gleichmäßig auf alle Ausgänge verteilt werden. Die Abb. 6.14 zeigt vergleichend für einen 8:8-Koppler, wie der Aufwand mit steigender Zahl der Tore anwächst.

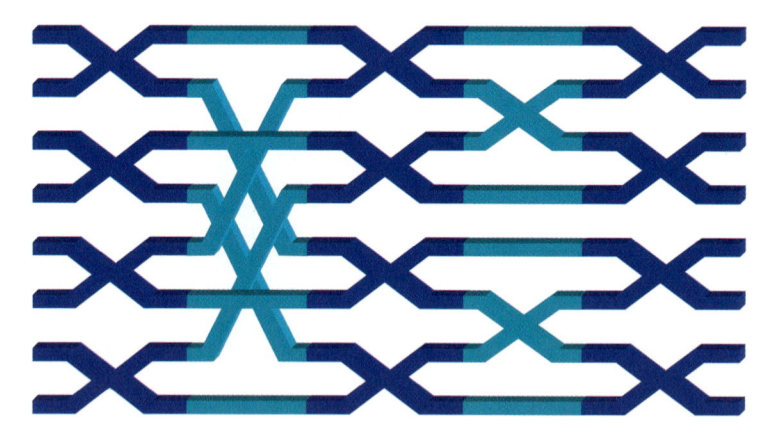

Abb. 6.14: Zentraler 8:8-Koppler aus x-Kopplern

Diese kurze Betrachtung der Kopplertechnik zeigt, daß allgemeine Formeln nur dann benutzt werden sollten, wenn die verwendete Topologie völlig klar ist.

Filter sind in POF-Systemen immer dann von Nutzen, wenn Wellenlängenmultiplex eingesetzt wird. Im Kapitel 5 wurden bereits eine Reihe verschiedener Lösungen vorgestellt. Der große Durchmesser der POF gestattet es, Filter direkt zwischen den Stirnflächen zweier Stecker zu plazieren, wie es Abb. 6.15 zeigt. Hier liegen die Verluste im Bereich der Steckerdämpfung. Die zweite Möglichkeit ist die Aufweitung des Strahls mittels Linse oder Spiegel und die Plazierung des Filterelementes im Parallelstrahl (Abb. 6.16). Wegen der großen NA der POF sind Linsen oft nicht in der Lage das Licht effizient zu erfassen, so daß Verluste von 5 dB typisch sind.

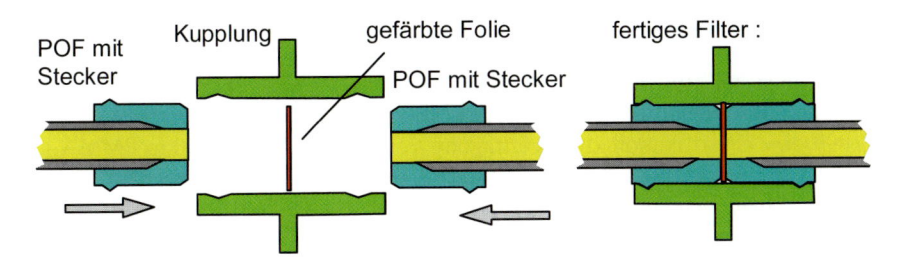

Abb. 6.15: Filter im POF-Stecker

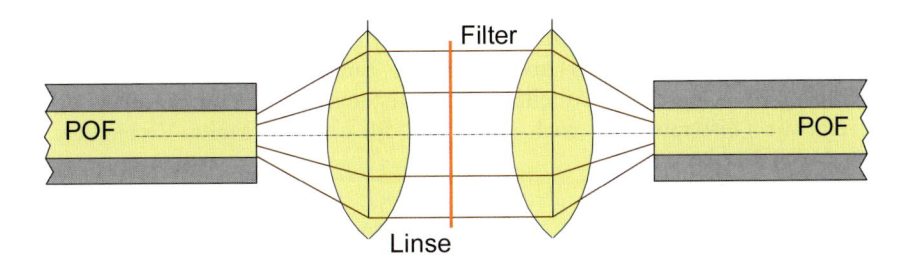

Abb. 6.16: Filter mit Strahlaufweitung

6.1.3.5 Verluste bei der Kopplung der POF an den Empfänger

Zunächst scheint die Ankopplung einer Photodiode an eine POF relativ einfach zu sein. Im Gegensatz zu LED ist das Fernfeld der POF relativ gut bekannt und weist z.B. bei der Standard-NA-POF den Bereich ±30° auf. Man muß also nur eine ausreichend große LED relativ nahe am Ende der POF positionieren, um praktisch die gesamte Lichtleistung zu erfassen. Ein Hauptproblem ist aber, daß bei Photodioden die Fläche direkt die Diodenkapazität C_{PD} bestimmt. Diese Kapazität bildet aber mit dem Eingangswiderstand R des Verstärkers einen Tiefpaß, dessen Grenzfrequenz durch das Produkt $C_{PD} \cdot R$ gebildet wird. Durch R wird bestimmt, welche Spannung durch einen gegebenen Photostrom $I_{ph} \sim P_{opt}$ erzeugt werden kann. Die elektrische Leistung ist proportional U^2, damit also auch proportional zu R^2. Da aber das Rauschen nur proportional zu R ist, steigt das Signal-zu-Rausch-Verhältnis linear mit R. Eine größere Diodenfläche begrenzt also entweder die Bandbreite oder die Empfindlichkeit, je nach Wahl von R. Tatsächlich stellt die Diodenkapazität den vorrangig begrenzenden Parameter zumindest für 1 mm-POF-Systeme dar. Man wird also bestrebt sein, eine möglichst kleine Photodiode zu verwenden, an die die POF über eine Mikrolinse angekoppelt wird. Gängige Empfänger arbeiten mit Dioden von ca. 0,7 mm Durchmesser. Verluste im Bereich von 2 dB durch die Linsenankopplung werden für die verringerte Diodenkapazität in Kauf genommen.

6.1.4 Die Leistungsbilanz der ATM-Forum-Spezifikation

Viele der oben nur allgemein beschriebenen Prozesse sind in verschiedenen Standards quantitativ genau untersucht worden. Das ATM-Forum hat zwischen 1996 und 1999 eine Spezifikation zur Übertragung von 155 Mbit/s über 50 m PMMA-POF erarbeitet ([ATM96a], [ATM96b] und [ATM99]). In den Dokumenten werden die verschiedenen Beiträge zur Leistungsbilanz so detailliert beschrieben, daß sie hier als sehr anschauliches Beispiel dienen können.

6.1.4.1 Die ATM-Forum-Verlustanalyse

Zur Darstellung der verschiedenen Anteile der Leistungsbilanz wird im folgenden ein Kreisdiagramm verwendet. Der volle Umfang entspricht dem Abstand zwischen maximaler Sendeleistung und minimaler Empfindlichkeit. Die entsprechenden Segmente geben die Anteile an der Leistungsbilanz wieder. Abbildung 6.17 zeigt die Leistungsbilanz nach [ATM96b] für eine 155 Mbit/s-Verbindung über maximal 50 m.

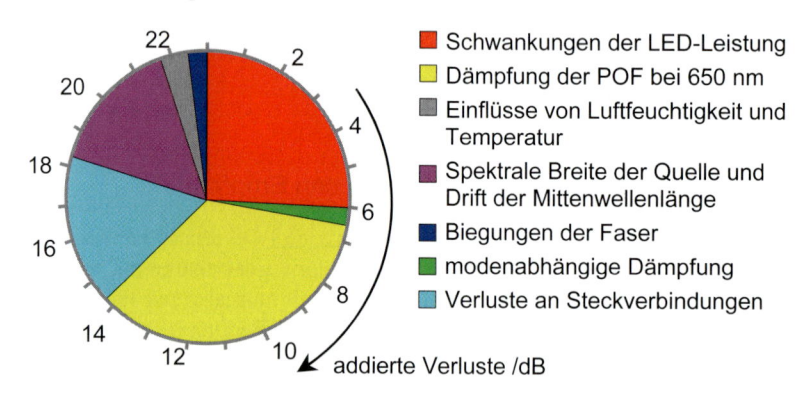

Abb. 6.17: Leistungsbilanz nach ATM-Forum-Spezifikation

Im folgenden sollen die einzelnen Beiträge genauer untersucht werden. Insgesamt stehen 23 dB Leistungsbilanz zur Verfügung. Die maximal erlaubte Leistung des Senders bei 650 nm ist -2 dBm, beschränkt durch Augensicherheit und LED-Strom (z.B. 30 mA für HP-Komponenten). Die garantierte Empfängerempfindlichkeit ist -25 dBm (3 µW). Die maximal zulässige Empfangsleistung ist mit -2 dBm mit der maximalen Sendeleistung identisch, d.h., eine Übersteuerung des Empfängers ist in jedem Fall ausgeschlossen.

6.1.4.2 Änderung der Sendeleistung

Die Spezifikation erlaubt maximal 6,0 dB mögliche Änderungen der LED-Leistung durch Temperatur, Alterung der Quelle und Herstellungstoleranzen. Bei maximal -2 dBm beträgt damit die garantierte Mindestleistung -8 dBm (158 µW).

6.1 Leistungsbilanzberechnungen

Der Hauptanteil der erlaubten Änderungen wird durch die temperaturbedingten Schwankungen der LED-Leistung bestimmt. In Abb. 6.18 wird das Spektrum einer 650 nm LED, wie sie in Bauelementen von Hewlett Packard eingesetzt wird, in Abhängigkeit von der Temperatur gezeigt (nach [HP04]). Deutlich ist die Abnahme der emittierten Leistung zu höheren Temperaturen hin zu erkennen. Daneben verschiebt sich die Emissionswellenlänge zunehmend zu größeren Wellenlängen hin. Wie später noch zu sehen sein wird, führt auch dieser Prozeß zu zusätzlichen Verlusten.

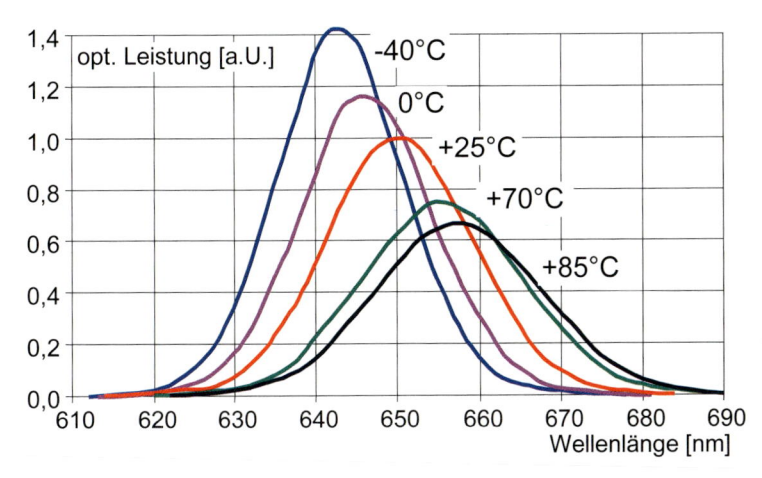

Abb. 6.18: Änderung des LED-Spektrums mit der Temperatur nach [HP04]

Die große Abhängigkeit der Leistung von der Temperatur wird vor allem durch die Wahl des Halbleitermaterials bestimmt. In [Nak97a] wird für die Änderung der Leistung einer GaAlAs-LED zwischen -20°C und +70°C eine Differenz von ca. 4,5 dB angegeben, wie Abb. 6.19 zeigt. Für quaternäre Materialien (AlInGaP) liegt dieser Wert etwas niedriger.

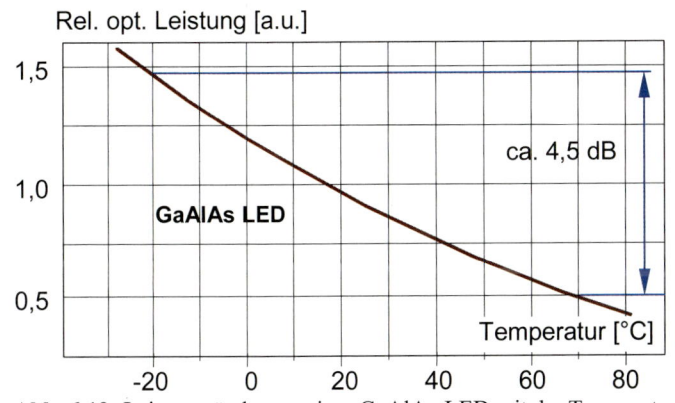

Abb. 6.19: Leistungsänderung einer GaAlAs-LED mit der Temperatur [Nak97a]

In [Schö99a] werden neue LED für den Einsatz in POF-Systemen im Automobilbereich vorgestellt, für die die Temperaturabhängigkeit besonders wichtig ist. Die hier gezeigten LED mit Doppelheterostruktur und mehrfachen Quantengräben (DH-MQW: Double Heterostructure Multi Quantum Well) haben nur noch weniger als 1 dB Änderung der Ausgangsleistung zwischen -20°C und +70°C.

Die Größe der Leistungsabnahme bei Alterung der LED wird vor allem durch die Betriebstemperatur und den Betriebsstrom bestimmt. Eine Halbierung des Stroms oder eine Verringerung der Betriebstemperatur um 10 K kann die Lebensdauer um etwa eine Größenordnung steigern. Die Größe der Produktionstoleranzen wird durch den Aufwand bei der Herstellung bestimmt. Gegebenenfalls ist eine Selektion der Bauelemente notwendig.

6.1.4.3 Dämpfung der Polymerfaserstrecke

Die ATM-Forum-Spezifikation erlaubt eine Streckendämpfung von 13 dB für eine Verbindung von 50 m. Diese unterteilen sich wie folgt:

➢ 7,8 dB Dämpfung der POF bei Zimmertemperatur (156 dB/km) für 650 nm
➢ 0,5 dB Zusatzverlust durch Einkopplung mit einer divergenten Quelle mit einer maximalen $A_N = 0,30$
➢ 3,4 dB Zusatzdämpfung durch die spektralen Eigenschaften der Quelle (maximal 40 nm Breite und ±10 nm Abweichung von der Mittenwellenlänge)
➢ 1,3 dB Zusatzdämpfung durch äußere Einflüsse

Während der erste Wert relativ leicht nachzuvollziehen, und vor allem auch zu messen ist, muß für die Zusatzdämpfung durch die spektralen Quelleneigenschaften eine tiefer gehende Betrachtung angestellt werden.

Faserdämpfung bei der Quellenwellenlänge
Abbildung 6.20 zeigt die Dämpfungsspektren verschiedener 1 mm SI-PMMA-POF im Vergleich.

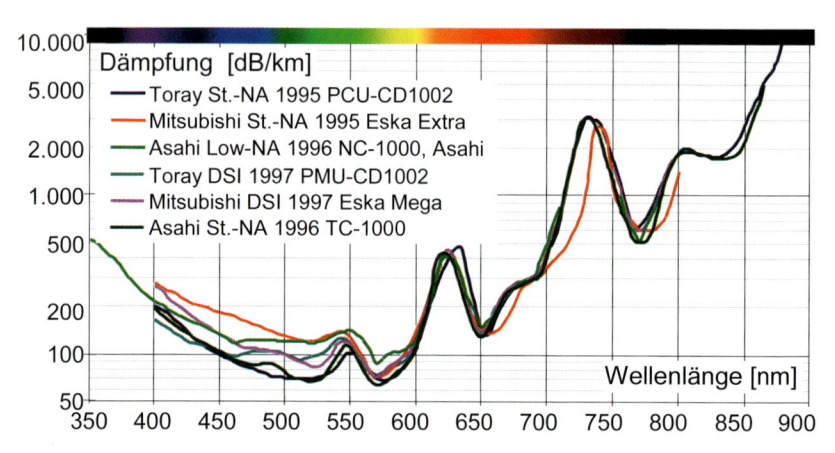

Abb. 6.20: Dämpfungsspektren verschiedener 1 mm PMMA-POF

Bei 650 nm Wellenlänge erfüllen alle Fasern die Anforderung des ATM Forums mit weniger als 156 dB/km Dämpfung, wie die Detaildarstellung der verschiedenen Fasern in Abb. 6.21 noch deutlicher zeigt.

Unterhalb von 550 nm sind deutliche Unterschiede zwischen den verschiedenen Fasertypen erkennbar. Messungen der Faserdämpfung unter Bedingungen des Modengleichgewichtes sind in den seltensten Fällen verfügbar. Üblicherweise spezifizieren die Hersteller die Fasern mit kollimiertem Licht oder mit Anregung mit kleiner NA. Detaillierte Untersuchungen zur Dämpfung in Polymerfasern, insbesondere in Hinblick auf die Bedeutung der Einkoppelbedingungen sind in [Kell98], [Pfl99], [Hen99], [Pei00a] und [Pei00b] zu finden.

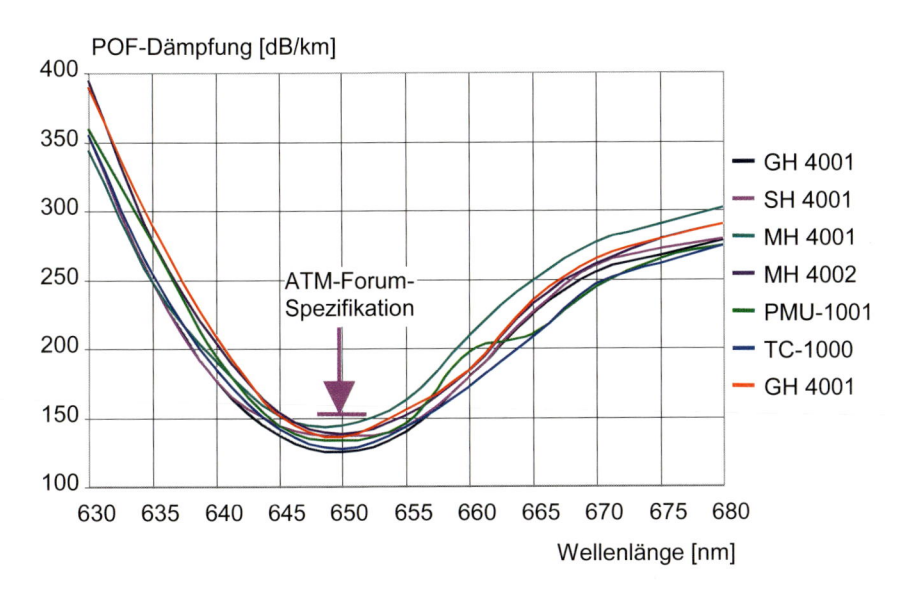

Abb. 6.21: Dämpfung verschiedener POF um 650 nm

Spektraler Filtereffekt für breite Quellen

Für praktische POF-Systeme werden keine idealen Quellen mit konstant 650 nm Wellenlänge eingesetzt, sondern LED mit einer bestimmten spektralen Breite (Full Width at Half Maximum: FWHM) und zulässigen Abweichungen von der spezifizierten Wellenlänge. Für ein gegebenes Spektrum muß die effektive Dämpfung berechnet werden. Dies erfolgt, wie in Tabelle 6.2 beschrieben.

Da die Dämpfung der POF auf beiden Seiten des Minimums von 650 nm stark zunimmt, wird die effektive Dämpfung für eine breite spektrale Quelle immer größer sein. Dabei tritt der sog. Filtereffekt auf. Das bedeutet, daß das LED-Spektrum beim Durchlaufen einer längeren Faserstrecke deutlich verformt wird. Licht bei 650 nm wird relativ wenig gedämpft, während die Anteile seitlich davon höhere Verluste erleiden. Das LED-Spektrum wird dabei schmaler. Lag die Mittenwellenlänge der LED nicht genau bei 650 nm, so wird das spektrale Maximum in Richtung der minimalen POF-Dämpfung verschoben.

Tabelle 6.2: Schritte zur Berechnung effektiven POF-Dämpfung mit LED

Größe	Formel/Berechnung	Einheit
Normiertes Spektrum der LED	$P_{LED}(\lambda)$	1/nm
Leistung der LED	$P_0 = \int_{\lambda=0}^{\infty} P_{LED}(\lambda) d\lambda = 1$	1
Spektrale POF-Dämpfung	$\alpha(\lambda)$	dB/km
Länge der Strecke	l	km
LED-Spektrum nach der POF	$P'_{LED}(\lambda)$	1/nm
LED-Leistung nach der POF	$P'(l) = \int_{\lambda=0}^{\infty} P_{LED}(\lambda) \cdot 10^{-(\alpha(\lambda)/10 \cdot l)} d\lambda$	1
Effektive Dämpfung	$\alpha_{eff} = 10 \lg(P'/P_0)/l$	dB/km
Effektive Zusatzdämpfung	$\alpha_{Zusatz} = \alpha_{eff} - \alpha(\lambda)$	dB/km

Abbildung 6.22 zeigt in linearer Skalierung die Änderung eines gaußförmigen Spektrums mit 40 nm spektraler Breite und 660 nm Mittenwellenlänge bei Übertragung über 50 m POF. Deutlich ist die Verschiebung in Richtung 650 nm zu sehen.

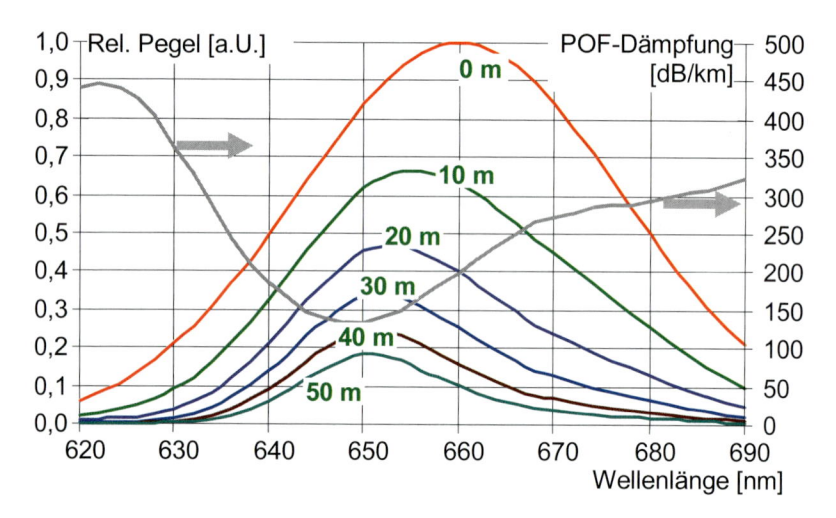

Abb. 6.22: Verformung des Spektrums einer 660 nm LED durch POF-Dämpfung

Abb. 6.23 zeigt in logarithmischer Skalierung den Filtereffekt für Längen bis zu 200 m POF. Dabei wurde ein gemessenes LED-Spektrum und die gemessene spektrale POF-Dämpfung verwendet, um die Spektren nach Durchgang durch verschiedene Faserlängen rechnerisch zu ermitteln. Auch hier ist sowohl die Verschiebung in Richtung 650 nm als auch die Verschmälerung deutlich zu erkennen.

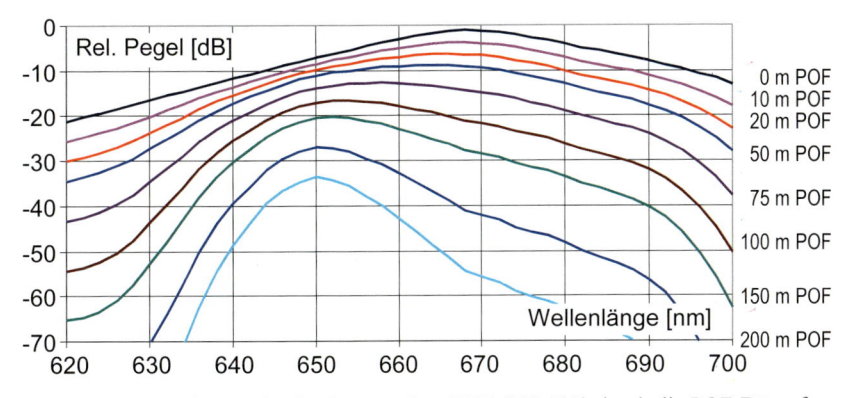

Abb. 6.23: Veränderung des Spektrums einer LED (FH 511) durch die POF-Dämpfung

Die effektive Dämpfung der Faser ist, bedingt durch den Filtereffekt, nicht mehr längenproportional. Ein relativ breites Spektrum einer LED ist am Anfang der POF im Mittel einer relativ hohen Dämpfung unterworfen, da sehr viel Leistung in Spektralbereichen mit hoher POF-Dämpfung liegt. Nach einiger Strecke ist das Spektrum schmaler geworden und liegt mit seinem Schwerpunkt nahe dem Dämpfungsminimum, so daß die effektive Dämpfung sinkt. Dies verdeutlicht die Schwierigkeiten sowohl bei Messung der POF-Dämpfung mit LED-Quellen, als auch für die korrekte Spezifikation der effektiven Dämpfung.

Die ATM-Forum-Spezifikation läßt Quellen mit einer spektralen Breite von maximal 40 nm und einer Mittenwellenlänge von 650 ± 10 nm zu. Über die Form des LED-Spektrums werden dabei keine Angaben gemacht. Die meisten LED lassen sich aber recht gut mit gaußförmigen Spektren annähern.

Zur Berechnung der effektiven Zusatzdämpfung werden hier gaußförmige LED-Spektren und die POF-Dämpfungskurve nach [Wei98] verwendet (Verluste bei 650 nm: 132 dB/km). Die Abb. 6.24 zeigt die Ergebnisse der Berechnung für eine spektrale Breite von 40 nm und Abweichungen von der Mittenwellenlänge 650 nm bis zu 20 nm, also für Mittenwellenlängen von 630 nm, 640 nm, 650 nm, 660 nm und 670 nm (Berechnung nach Erläuterung in Tabelle 6.2).

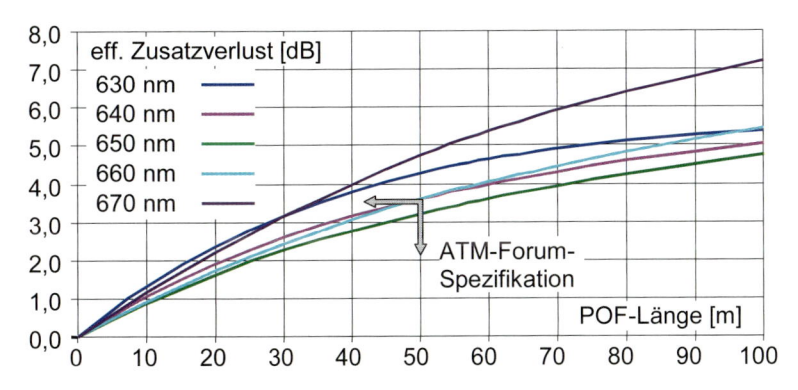

Abb. 6.24: Zusatzverluste einer 40 nm breiten LED-Quelle

Der Grenzwert des ATM-Forum für maximal 50 m ist eingetragen. In der Spezifikation werden 3,4 dB Zusatzdämpfung zugelassen, hier werden 3,61 dB als Maximalwert der Kurven von 640 nm bis 660 nm Mittenwellenlänge ermittelt, wobei allerdings bei 650 nm von einem Wert von 132 dB/km, also nur 6,6 dB für 50 m ausgegangen wird (anstelle der 7,8 dB der Spezifikation). Sehr gut ist das Abflachen der Kurven durch den Filtereffekt zu sehen, also die Annäherung der effektiven Dämpfung an den Wert im Dämpfungsminimum.

Abbildung 6.25 zeigt die vergleichbaren Ergebnisse für eine wiederum gaußförmige Quelle mit diesmal nur 20 nm Halbwertsbreite und Mittenwellenlängen zwischen 630 nm und 670 nm.

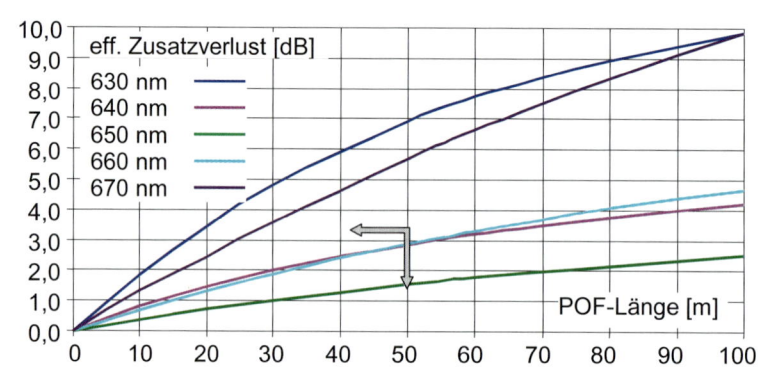

Abb. 6.25: Zusatzverluste einer 20 nm breiten LED-Quelle

Hier wird der Grenzwert des ATM Forums deutlich unterschritten. Für Quellen zwischen 640 nm und 660 nm Mittelwellenlänge ist also das schmalere Spektrum mit kleineren Zusatzverlusten verbunden. Für Quellen mit 630 nm und 670 nm Wellenlänge sind hier allerdings die Zusatzdämpfungen deutlich größer als bei den 40 nm breiten Quellen. Schließlich zeigt Abb. 6.26 die Zusatzverluste für monochromatische Quellen, also z.B. einmodige Laser.

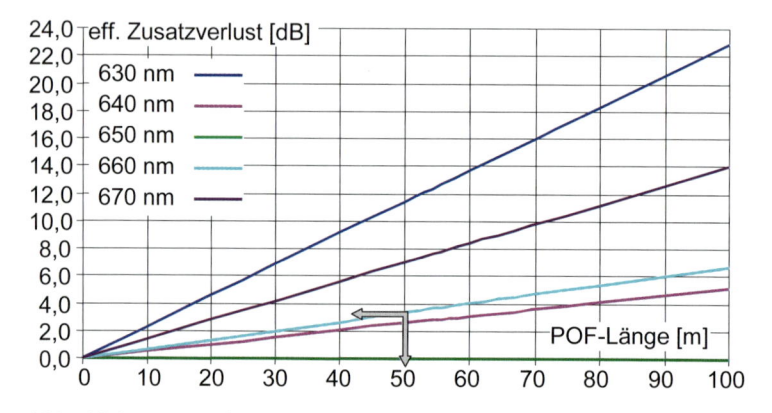

Abb. 6.26: Zusatzverluste einer monochromatischen Quelle

Wie leicht einzusehen ist, gibt es hier keinen Filtereffekt, da nur die kilometrische Dämpfung der Quellenwellenlänge eingeht. Bei 660 nm ist die Zusatzdämpfung bereits wieder 3,35 dB, also an der Grenze der Spezifikation. Für größere Abweichungen von der Wellenlänge des Dämpfungsminimums steigen die Zusatzverluste rapide an, entsprechend der Dämpfungscharakteristik der POF. Damit lassen sich drei grundlegende Aussagen treffen:

➢ Breite Quellen erzeugen eine Zusatzdämpfung, da ein großer Teil des Spektrums in spektralen Bereichen mit größerer POF-Dämpfung liegt.
➢ Abweichungen der Quellen-Mittenwellenlänge vom Dämpfungsminimum führen zu Zusatzverlusten durch die ansteigenden POF-Verluste.
➢ Liegt eine Quelle deutlich außerhalb des Dämpfungsminimums, begrenzt ein breites Spektrum die Zusatzverluste bis zu einem gewissen Grad, da Teile des Spektrums in verlustarmen Bereichen liegen. Bei großen Längen steigen die Zusatzverluste durch den Filtereffekt unterproportional an.

Der letzte Punkt erklärt auch, warum die Einflüsse von Mittenwellenlänge und spektraler Breite nicht getrennt ermittelt werden können, sondern immer in ihrem (nichtlinearen) Zusammenhang betrachtet werden müssen.

Moden-Filtereffekt

Neben dem spektralen Filtereffekt, d.h. unterschiedlicher Dämpfung der verschiedenen Wellenlängen, muß auch noch der Moden-Filtereffekt beachtet werden. Wie bereits oben beschrieben worden ist, haben verschiedene Moden unterschiedliche Dämpfungen. Abbildung 6.11 nach [Paar92] hatte beispielsweise die Abhängigkeit vom Ausbreitungswinkel relativ zur Faserachse für meridionale Strahlen gezeigt. Die Dämpfung einer POF wird sinnvollerweise für Modengleichgewichtsbedingungen angegeben. Hat die Quelle eine andere Abstrahlcharakteristik, kann die tatsächliche Dämpfung größer (insbesondere für große Abstrahlwinkel) oder kleiner sein. Letzteres gilt insbesondere für wenig divergentes Laserlicht, das parallel zur Faserachse eingekoppelt wird.

Das ATM-Forum spezifiziert eine maximale zusätzliche Dämpfung von 0,5 dB bei Einkopplung von Quellen mit maximaler NA von 0,30. Nach einigen 10 m Faserstrecke bildet sich durch Modenkonversion und Modenkopplung in der POF automatisch der Gleichgewichtszustand heraus. Somit ist der Moden-Filtereffekt auf den Anfang der Faserstrecke beschränkt. Er wird deshalb üblicherweise nicht in dB/km gemessen, sondern als kumulierte Zusatzdämpfung beschrieben. In [Kle00] wird der Einfluß des Ausbreitungswinkels relativ zur Faserachse auf die Dämpfung experimentell untersucht. Dazu wird ein dünner Laserstrahl (594 nm Wellenlänge) zentral in die POF-Stirnfläche mit unterschiedlichen Winkeln eingekoppelt. Die Leistung am Faserausgang wird mit einer Ulbrichtkugel ermittelt, um alle entstandenen Moden zu erfassen. Abbildung 6.27 zeigt die Ergebnisse für eine Standard-NA-POF.

Strahlen, die mit Winkeln zwischen etwa -10° und +10° relativ zur Faserachse eingekoppelt wurden, zeigen keine erkennbare Änderung der Dämpfung. Bereits bei Winkeln von ±20° beträgt die zusätzliche effektive Dämpfung einige 10 dB/km, etwa ein Drittel des spezifizierten Wertes. Diese Strahlen bewegen sich noch deutlich innerhalb des Akzeptanzbereiches der POF, die Zusatzdämpfung kann also nicht strahlenoptisch erklärt werden, sondern ist auf Verluste an der Kern-Mantel-Grenzfläche zurückzuführen. Bis zur Grenze des Akzeptanzbereiches steigen die Zusatzverluste auf mehrere 100 dB/km, also dem Mehrfachen der Grunddämpfung an. Die Messung bei 50 m Faser ergibt deutlich niedrigere Zusatzdämpfungen. Das erklärt sich damit, daß ein Teil der mit dem hohen Winkel eingekoppelten Leistung während der Faserstrecke durch Modenkonversion zu kleineren Ausbreitungswinkeln verschoben wurde. Die Werte spiegeln also nicht mehr die Verhältnisse genau eines Ausbreitungswinkels wieder, sondern stellen einen Mittelwert der zwischenzeitlich angeregten Moden dar.

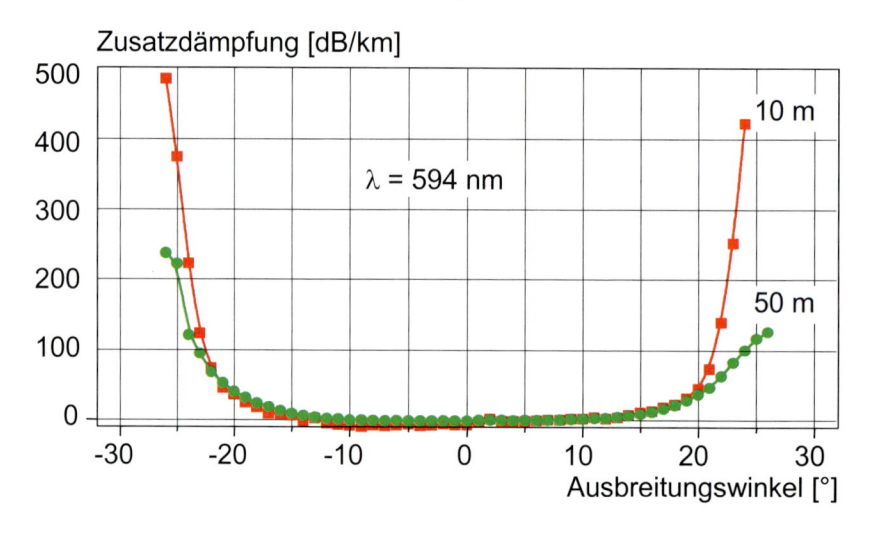

Abb. 6.27: Winkelabhängige Zusatzdämpfung für eine St.-NA-POF nach [Kle00]

In Abb. 6.28 werden die vergleichbaren Ergebnisse für die Messung an einer Doppelstufenindexprofil-POF gezeigt. Prinzipiell tritt hier genau das gleiche Verhalten auf. Anders als bei der Standard-POF sind hier aber hohe Zusatzdämpfungen im Bereich zwischen ±20° und ±30° zu erkennen. Diese Winkelbereiche beinhalten Licht, das von der Grenzfläche zwischen Kern und innerem Mantel nicht mehr geführt wird, aber noch an der Grenzfläche zwischen innerem und äußerem Mantel total reflektiert wird. Die deutlich größere Dämpfung des inneren Mantels, verglichen mit der des Kerns, sorgt für die hohe Zusatzdämpfung. Genau dieser Effekt sorgt dafür, daß nach einigen 10 m nur noch Licht innerhalb des Akzeptanzbereiches des inneren Mantels vorhanden ist. Die Modenkonversion führt auch hier zu einer Verringerung der Zusatzverluste nach größeren POF-Längen.

Die Messung der winkelabhängigen Zusatzdämpfung nach der von Klein entwickelten Methode ermöglicht einen sehr schnellen und anschaulichen Einblick in die Funktion von modenabhängiger Dämpfung und Modenkonversion, die zusammen für den Moden-Filtereffekt verantwortlich sind. Es bleibt zu hoffen, daß diese Methode Eingang in die Spezifikationen zur Messung von POF findet.

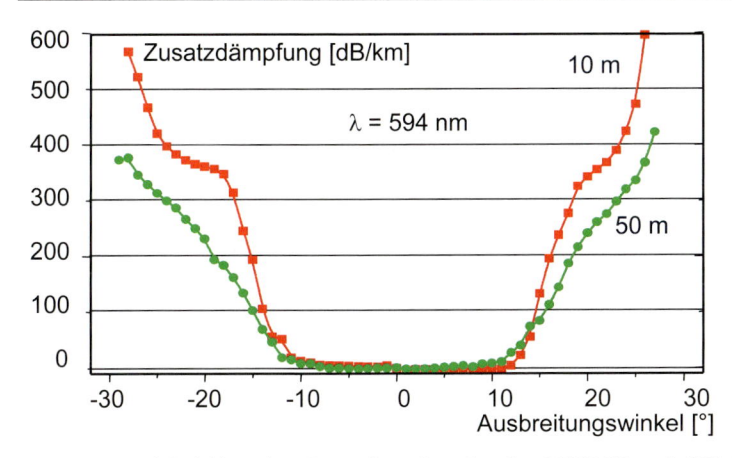

Abb. 6.28: Winkelabhängige Zusatzdämpfung für eine DSI-POF nach [Kle00]

6.1.4.4 Verluste an Steckverbindungen

Wie bereits bei der Übersicht der Verlustmechanismen beschrieben wurde, ist bei der Installation von Kabeln oft das Einfügen von Steckverbindungen notwendig. Das ATM-Forum erlaubt maximal zwei Steckverbindungen, wobei pro Koppelstelle 2,0 dB Einfügedämpfung zulässig sind. Die Ermittlung der Steckerdämpfung ist sowohl meßtechnisch, als auch theoretisch nicht einfach. Wiederum ist die Abweichung von der richtigen Modenverteilung einer der Gründe für auftretende Probleme. Als Hauptursachen für zusätzliche Dämpfungen in einer Steckverbindung sind sowohl die mechanischen Eigenschaften der Stecker-Kupplung-Kombination, als auch die Toleranzen der verwendeten Fasern zu nennen. Die folgende Tabelle 6.3 gibt die Ermittlung der Verluste für eine SI-POF mit $A_N = 0,30$ nach ATM-Forum-Spezifikation wieder.

Tabelle 6.3: Berechnung der maximalen Steckerverlustes nach ATM-Forum

Maximaler Steckerverlust (nach ATM Forum-Spezifikation, SWG Phy. Layer, RBB, Doc. 95-1469)		
Ursache	Parameter	Dämpfung
Dämpfung der Steckverbindung		
Seitlicher Versatz	0,1 mm max.	0,4 dB
Rauhigkeit der Steckerstirnfläche	5 µm	0,1 dB
Winkel zwischen den Faserachsen	1°	0,1 dB
Fresnel-Verluste	n = 1,49	0,3 dB
Äußere Einflüsse[1]		0,3 dB
Verluste durch Fasereigenschaften		
Kerndurchmesser- und NA-Unterschiede		0,8 dB
Summe		**2,0 dB**
[1] 20 mal Stecken/Lösen, Vibration mit 10-2000 Hz, 15g, +70°C Temp. für 96 h; -25°C Temp. für 96 h, -25°C/+70°C, 10 Zyklen, +25°C/+65°C, 90-96% r.F., 10 Zyklen [2] Kerndurchmesser 931 µm bis 1029 µm, NA von 0,30 bis 0,35		

Wie im Kapitel 3 gezeigt wurde, wirkt der bei Hot-Plate-Verfahren entstehende Materialüberstand wie ein axialer Abstand von einigen Zehntel Millimetern. Dadurch eine zusätzliche Dämpfung von typisch 0,4 dB. Es ist nicht klar, warum die ATM-Forum-Spezifikation trotz Empfehlung des Hot-Plate-Verfahrens diesen Wert nicht berücksichtigt. In der folgenden Tabelle 6.4 sind noch einmal die hier berücksichtigten Verluste zusammengestellt.

Tabelle 6.4: Zusammenstellung der Steckerverluste unter UMD-Bedingungen

Verlustmechanismus	ATM-Forum	Annahmen	Berechnung mit UMD (A_N = 0,30)
Differenzen im Kerndurchmesser	0,80 dB	d_{min} = 931 µm d_{max} = 1.039 µm	0,59 dB
Differenzen der Numerischen Apertur	-	$A_{N\,min}$ = 0,30 $A_{N\,max}$ = 0,35	1,34 dB
Seitlicher Faserversatz	0,40 dB	x = 100 µm	0,64 dB
Winkelabweichung	0,10 dB	max. 1°	0,16 dB
Fresnelreflexion	0,30 dB	n = 1,492	0,35 dB
Axialer Abstand	k.A.	s = 400 µm	0,33 dB
Äußere Einflüsse	0,30 dB	übernommen	0,30 dB
Stirnflächenrauhigkeit	0,10 dB	übernommen	0,10 dB
Summe	**2,00 dB**		**3,81 dB**

Setzt man die Verluste durch Rauhigkeit und äußere mechanische Verluste gleich an, ergeben sich mit den hier angenommenen UMD-Bedingungen insgesamt fast die doppelten Dämpfungen in Vergleich zur ATM-Forum-Spezifikation.

6.1.4.5 Zusatzverluste durch äußere Einflüsse

Faserbiegungen auf der Strecke

Keine Faser kann genau geradeaus verlegt werden, so daß immer Biegungen in Betracht gezogen werden müssen. Bei Multimodefasern führt jede Biegung zu Zusatzverlusten. Anschaulich kann man sich vorstellen, daß ein Lichtstrahl gerade innerhalb des Akzeptanzbereiches der Faser an einer Biegung den Grenzwinkel der Totalreflexion überschreiten kann, und damit gedämpft wird. Das ATM-Forum erlaubt für Biegungen eine Zusatzdämpfung von 0,5 dB. Dabei werden bis zu 10 Biegungen um je 90° bei einem minimalen Biegeradius von 25,4 mm zugelassen. In Abb. 6.29 werden Biegeverluste für eine Standard-POF (Toray) laut Datenblatt ([Tor96b]) gezeigt.

Die Messung der Dämpfung von 15 Biegungen um je 90° orientierte sich am ersten Entwurf der ATM-Forum-Spezifikation. Die vorgestellte Faser erfüllt den Grenzwert, wie am gelben Pfeil zu erkennen ist. Zusätzlich ist hier die Dämpfung einer 360°-Biegung, also eines Vollkreises eingezeichnet. Diese läßt sich nicht einfach durch Vervierfachung der Dämpfung einer 90°-Biegung ermitteln.

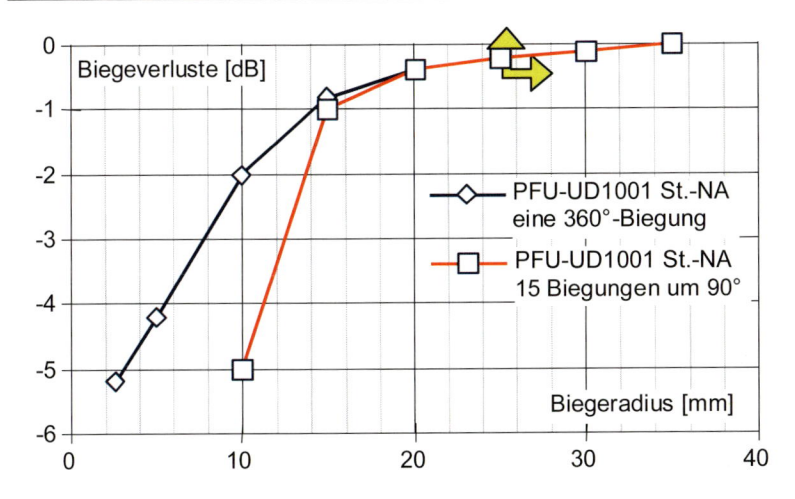

Abb. 6.29: Biegeverluste einer Standard-NA-POF nach [Tor96b]

Sind die Biegungen über die Faserlänge verteilt, kann zwischen ihnen Modenkonversion auftreten. Die erste Biegung führt zur Auskopplung bestimmter Moden, die den Akzeptanzbereich überschreiten. Folgt sofort eine weitere Biegung, ist das Modenfeld bereits angepaßt, wodurch üblicherweise die Dämpfung sinkt. Folgt die Biegung später, hat sich die Modenverteilung schon wieder in Richtung Modengleichgewicht verändert. Außerdem wird eine spätere Biegung i.d.R. eine andere Richtung haben.

Einfluß von Klima und Alterung

Für den Einfluß des Klimas auf die POF-Strecke berücksichtigt die ATM-Forum-Spezifikation eine Zusatzdämpfung von maximal 0,8 dB. Das entspricht einer kilometrischen Dämpfung von 16 dB/km. Als höchstzulässige Werte werden 95% relative Luftfeuchtigkeit (RH: Relative Humidity) und +70°C Temperatur zugelassen.

Die Einflüsse von Luftfeuchtigkeit und Temperatur auf die Dämpfung von POF sind relativ komplex, so daß ihnen in diesem Buch ein eigener Abschnitt (siehe Kap. 9.6.1) gewidmet wird. An dieser Stelle sollen die wesentlichen Prozesse genannt werden:

➢ Bei Temperaturerhöhungen bis +70°C in trockener Umgebung ändert sich die Dämpfung der POF kaum. Bei gekrümmten Fasern wird oft sogar eine Verringerung der Verluste ermittelt, da sich die Faser entspannt.

➢ Bei Erhöhung der Luftfeuchtigkeit, insbesondere bei höheren Temperaturen, nimmt der Kern Wasser auf, was zu einer Erhöhung der Dämpfung um typisch 25 dB/km führen kann. Dieser Effekt ist reversibel, das heißt, die Faser gibt das Wasser in trockener Umgebung wieder ab.

➢ Bei langer Lagerung bei hohen Temperaturen (oberhalb +70°C) nimmt die Wasseraufnahmefähigkeit, und damit die Zusatzdämpfung in feuchter Umgebung zu. Auch dieser Prozeß ist reversibel.

➢ Lange Lagerung bei hoher Temperatur und Luftfeuchtigkeit führt zu einer stetigen irreversiblen Alterung der Faser, die typisch zu 60 dB/km Zusatzdämpfung je 1000 h Alterung führt (für +85°C/95% r.F., [Ziem00b]). Ab einer bestimmten Grenze setzt eine beschleunigte Alterung ein, bei der die innere Struktur der Faser zerstört wird. Für +70°C liegt diese Zeit bei über 20 Jahren.

Insgesamt sind die Alterungseffekte für Polymerfasern noch wenig systematisch untersucht worden. Sehr wahrscheinlich müssen die derzeitigen Spezifikationen angepaßt werden, da unter bestimmten Bedingungen die kalkulierten Zusatzdämpfungen unter den spezifizierten Bedingungen überschritten werden. Andererseits ist es wenig sinnvoll, für den Einsatz in Gebäuden eine Luftfeuchtigkeit von 95% bei +75°C für die gesamte maximale Verbindungslänge zu fordern, denn dieses Klima macht ein normales Gebäude zumindest unbewohnbar. Kurzzeitige Belastungen oder die Einwirkung auf kurze Faserabschnitte hingegen kann die derzeitige POF ohne weiteres vertragen.

Damit sind alle Bestandteile der Leistungsbilanz der ATM-Forum-Spezifikation beschrieben. Es zeigte sich, daß viele der im einzelnen betrachteten Mechanismen relativ komplexe Berechnungen erfolgen. Insgesamt ist die Bilanz nicht vollständig nachvollziehbar. Insbesondere bei der Definition der Zusatzdämpfung durch spektrale Quelleneigenschaften, durch Steckverbindungen und durch klimatische Einflüsse bleiben Fragen offen.

Im nächsten Kapitel soll gezeigt werden, welche Verbesserung in der Leistungsbilanz durch andere Bauelemente erreicht werden kann. Das größte Potential bietet dabei die Wahl der Quellenwellenlänge und des Typs des Senders.

6.1.5 Wahl der Wellenlänge für POF-Systeme

Zunächst erscheint es so, als ob die Wahl der Quellenwellenlänge für POF-Systeme relativ einfach ist, und sich nach der minimalen Dämpfung richtet. Bei genauerer Betrachtung stellt man aber fest, daß eine Vielzahl von Kriterien beachtet werden muß, von denen die wichtigsten hier aufgeführt sind:

➢ niedrige POF-Dämpfung bei der LED-Wellenlänge
➢ geringe effektive Zusatzdämpfung bei Berücksichtigung des Spektrums
➢ geringe Drift der Wellenlänge mit der Temperatur
➢ geringe spektrale Breite (wegen chromatischer Dispersion)
➢ hohe Ausgangsleistung
➢ kleine emittierende Fläche
➢ kleiner Abstrahlwinkel
➢ hohe Lebensdauer
➢ gute Effizienz
➢ große Modulationsbandbreite
➢ niedriger Preis
➢ gute Verfügbarkeit, möglichst von mehreren Herstellern
➢ großer Temperaturbereich
➢ geringe Temperaturabhängigkeit von Wellenlänge und Leistung

Diese Liste läßt sich weiter fortführen. Viele der Parameter führen zu völlig unterschiedlichen Lösungen, so daß die abschließende Wahl immer einen Kompromiß darstellt. Die besten spektralen Eigenschaften, die größte Modulationsbandbreite und Leistung bieten Laserdioden. Diese sind aber nicht immer preiswert und zeigen oft große Temperaturkoeffizienten. Rote LED sind preiswert und breit verfügbar, haben aber ungünstige spektrale Eigenschaften. Grüne LED oder rote VCSEL besitzen bessere Parameter, sind aber noch nicht breit verfügbar. In den folgenden Abschnitten werden zunächst LED als mögliche Sender für POF-Systeme betrachtet. Anschließend wird ein theoretischer Vergleich verschiedener Halbleiterstrukturen vorgenommen.

6.1.5.1 LED als Sender für POF-Systeme

Verschiedene LED-Quellen sind z.B. in [Schö00a] und [Arn00] untersucht worden. Hier werden einige Ergebnisse detailliert gezeigt. Dabei wird zunächst nur die Frage der spektralen Zusatzdämpfung untersucht. Für 15 verschiedene LED, beschafft bei Nichia, R&S Components, Farnel und Conrad, wurden die Spektren bei Umgebungstemperaturen jeweils zwischen -20°C und +70°C gemessen.

Zur Berechnung der spektralen Zusatzdämpfung wurde der in [Wei98] angegebene typische Dämpfungsverlauf einer POF angesetzt, wie in Abb. 6.30 noch einmal zur besseren Verständlichkeit der Ergebnisse gezeigt. Die effektive Dämpfung der LED bei Übertragung über jeweils 50 m POF wurde rechnerisch ermittelt. Die Berechnung erfolgte wie schon oben nach dem Schema in Tabelle 6.2, allerdings wurde hier jeweils das exakte LED-Spektrum anstelle einer Gaußkurve benutzt. Dabei werden Effekte durch unterschiedliche Anregungsbedingungen nicht berücksichtigt. Tabelle 6.5 führt zunächst alle verwendeten LED auf.

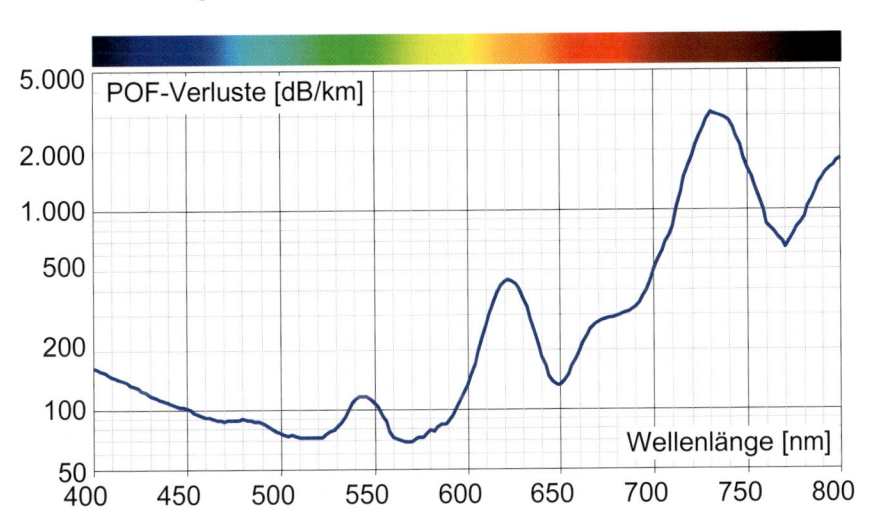

Abb. 6.30: POF-Dämpfungsspektrum nach [Wei98] für die Berechnung der effektiven Dämpfung (Bereich 700 nm bis 800 nm nach [LC95] ergänzt)

Obwohl diese LED für ihre Wellenlängen jeweils relativ hohe Leistungen besitzen, repräsentieren sie nicht in jedem Fall die erreichbaren Höchstwerte. Eine wesentliche Ursache liegt darin, daß die meisten Hersteller von sichtbaren LED die optische Leistung nicht angeben. Typisch ist die Spezifizierung von Beleuchtungsstärke und Abstrahlwinkel. Daraus kann, wenn Fernfeld und Spektrum nicht bekannt sind, nur bedingt auf die absolute optische Leistung geschlossen werden. Oft sind diese Angaben auch unpräzise und mit verschiedenen Meßbedingungen ermittelt. Zusätzlich weisen viele LED große Schwankungen der Intensität zwischen den einzelnen Exemplaren auf, so daß nur typische Werte angegeben werden.

Tabelle 6.5: Verschiedene LED im sichtbaren Bereich

Typ Lieferant	Wellenlänge	Leistung bei 20°C und 20 mA (Integriert)	spektrale Breite (20°C)	Material
Sander	430 nm	0,6 mW	62 nm	InGaN/GaN
Sander	450 nm	2,2 mW	32 nm	InGaN/GaN
Sander	470 nm	4,5 mW	24 nm	InGaN/GaN
RS	470 nm	0,05 mW	68 nm	SiC
Sander	500 nm	2,6 mW	32 nm	InGaN/GaN
Conrad	520 nm	2,0 mW	38 nm	InGaN/GaN
Nichia	525 nm	3,9 mW	38 nm	InGaN/GaN
Nichia	560 nm	1,9 mW	42 nm	InGaN/GaN
RS	563 nm	0,011 mW	28 nm	k. A.
RS	583 nm	0,12 mW	32 nm	GaAsP
RS	594 nm	0,7 mW	16 nm	AlInGaP
Farnell	609 nm	2,4 mW	17 nm	AlInGaP
Conrad	615 nm	2,3 mW	18 nm	AlInGaP
Farnell	621 nm	2,9 mW	18 nm	AlInGaP
Conrad	626 nm	4,0 mW	18 nm	AlInGaP
RS	650 nm	0,45 mW	42 nm	k. A.
RS	660 nm	4,7 mW	21 nm	AlGaAs
RS	700 nm	0,50 mW	66 nm	GaP

Bei Messungen wurden zwischen den absoluten gemessenen Leistungen und den rückgerechneten Werten aus den Datenblattangaben Unterschiede bis zum Faktor 5 gefunden. Die optimale Wahl der geeigneten Quelle kann also nur durch praktische Versuche gelingen. Für die Massenproduktion von POF-Komponenten werden auch keine LED „von der Stange", sondern speziell optimierte Bauteile eingesetzt. Alle hier aufgeführten Elemente sind Standard-LED im 5 mm-Gehäuse. Die Absolutleistung ist nur bedingt repräsentativ, während die spektralen

Eigenschaften und das Temperaturverhalten weitgehend materialtypisch sind und damit einen guten Vergleich der verschiedenen LED-Gruppen ermöglichen.

Zunächst zeigt Abb. 6.31 die Abhängigkeit der Ausgangsleistung, integriert über das gesamte Spektrum von der Umgebungstemperatur. Dabei wird die Änderung zwischen -20°C und +70°C als mittlerer Wert in dB/K dargestellt. Alle LED zeigen bei Temperaturanstieg sinkende Ausgangsleistungen. Allerdings ist die Größe des Koeffizienten $\Delta P_{opt}/\Delta T$ sehr unterschiedlich. Für die untersuchten LED reichen die Werte von -0,002 dB/K bis -0,052 dB/K. Die GaN-LED im Bereich zwischen 470 nm und 560 nm zeigen die geringsten Änderungen der optischen Leistung mit der Temperatur. Am stärksten sinkt die Leistung der 593 nm LED.

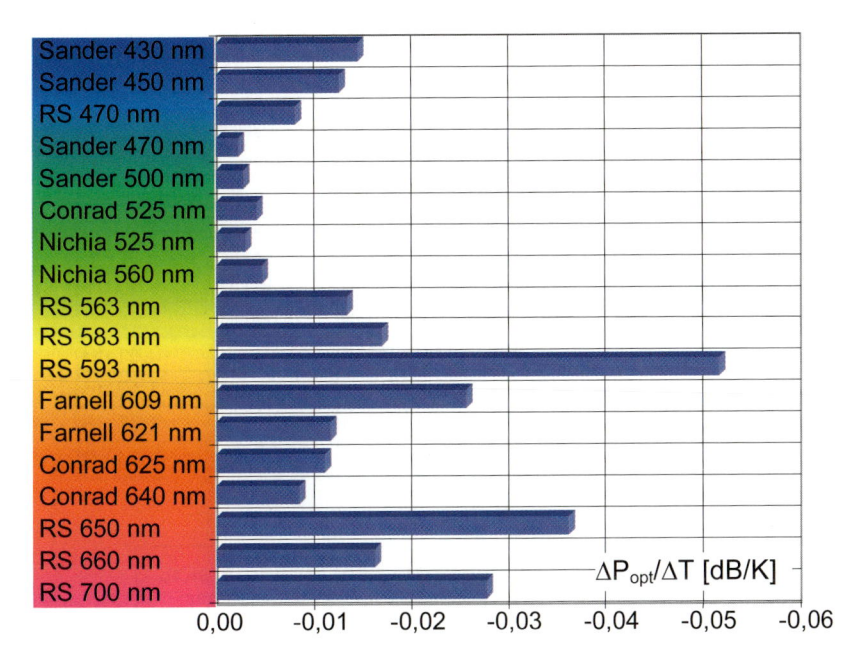

Abb. 6.31: Temperaturkoeffizient der optischen Leistung verschiedener LED

In einem weiteren Schritt wurde der Einfluß der Temperaturabhängigkeit der Spektren auf die effektive Dämpfung an 50 m POF untersucht. Zur Berechnung wurden zunächst alle Spektren auf gleiche Gesamtleistung normiert, so daß nur die Breite und die spektrale Lage eingehen. Die Tabelle 6.6 faßt die numerisch ermittelten Werte zusammen. In einer Reihe von Fällen ist die Änderung der effektiven Dämpfung negativ. Das bedeutet nichts anderes, als daß die effektive Dämpfung der LED kleiner ist als die POF-Dämpfung bei der Mittenwellenlänge. Bei positiven Werten erhöht sich der Verlust der optischen Leistung, im wesentlichen durch die Breite des Spektrums bedingt.

Abbildung 6.32 zeigt die Bereiche der Zusatzdämpfung für die LED mit Wellenlängen zwischen 430 nm und 593 nm. Hier ist das POF-Dämpfungsspektrum insgesamt relativ niedrig und vor allem flach.

Tabelle 6.6: Einfluß der LED-Spektren auf die effektive POF-Dämpfung

Typ	eff. POF-Dämpfung (auf 50 m POF)		POF-Dämpfung	effektive Zusatzdämpfung	
	maximal	minimal	bei λ_{LED}	minimal	maximal
Sander 430 nm	5,50 dB	5,45 dB	119,0 dB/km	-0,45 dB	-0,50 dB
Sander 450 nm	4,54 dB	4,48 dB	101,0 dB/km	-0,51 dB	-0,57 dB
RS 470 nm	4,72 dB	4,62 dB	88,0 dB/km	0,32 dB	0,22 dB
Sander 470 nm	4,51 dB	4,50 dB	88,0 dB/km	0,11 dB	0,10 dB
Sander 500 nm	4,04 dB	4,04 dB	76,0 dB/km	0,24 dB	0,24 dB
Conrad 525 nm	4,16 dB	4,12 dB	76,5 dB/km	0,33 dB	0,29 dB
Nichia 525 nm	4,24 dB	4,21 dB	76,5 dB/km	0,41 dB	0,38 dB
Nichia 560 nm	4,58 dB	4,55 dB	73,0 dB/km	0,93 dB	0,90 dB
RS 563 nm	4,33 dB	4,25 dB	70,5 dB/km	0,80 dB	0,72 dB
RS 583 nm	5,67 dB	5,00 dB	80,0 dB/km	1,67 dB	1,00 dB
RS 593 nm	6,17 dB	4,88 dB	98,5 dB/km	1,24 dB	-0,05 dB
Farnell 609 nm	11,11 dB	8,88 dB	249,0 dB/km	-1,34 dB	-3,57 dB
Farnell 621 nm	12,83 dB	12,22 dB	443,5 dB/km	-9,34 dB	-9,95 dB
Conrad 625 nm	13,11 dB	12,00 dB	433,0 dB/km	-8,54 dB	-9,65 dB
Conrad 640 nm	10,93 dB	9,19 dB	184,0 dB/km	1,73 dB	-0,01 dB
RS 650 nm	10,58 dB	10,02 dB	132,0 dB/km	3,98 dB	3,42 dB
RS 660 nm	10,27 dB	8,59 dB	199,0 dB/km	0,32 dB	-1,36 dB
RS 700 nm	15,03 dB	14,96 dB	498,0 dB/km	-9,87 dB	-9,94 dB

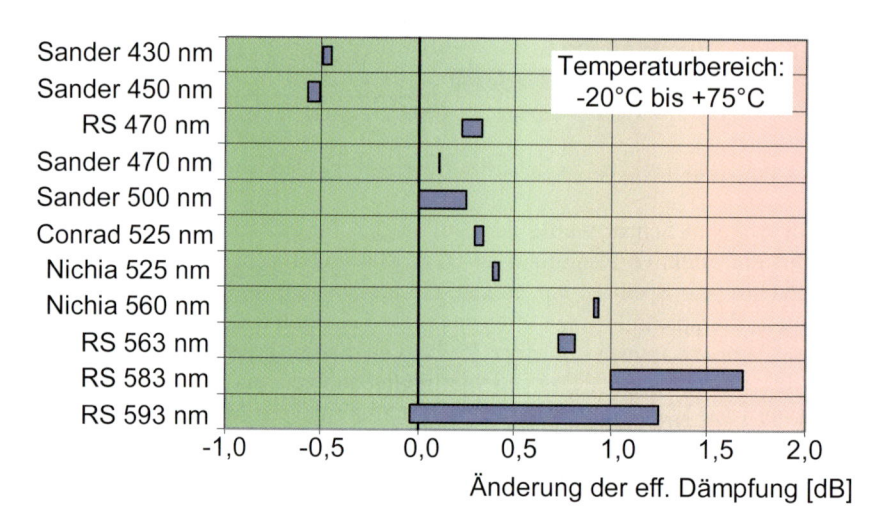

Abb. 6.32: Einfluß des Spektrums auf die Zusatzdämpfung der 50 m POF

Alle Quellen, die nahe der absoluten Minima um 520 nm und 570 nm liegen, erzeugen zusätzliche Verluste. Die kurzwelligen Quellen bei 430 nm und 450 nm liegen auf der abfallenden Flanke des ersten Minimums und haben dank des Filtereffektes eine etwas kleinere effektive Zusatzdämpfung. Die relativ große Zunahme der effektiven Dämpfung der 583 nm und 593 nm LED kommt durch die Verschiebung in Richtung deutlich höherer Dämpfungen in Richtung des 620 nm-Maximums zustande. Abbildung 6.33 zeigt die Ergebnisse für LED oberhalb 600 nm.

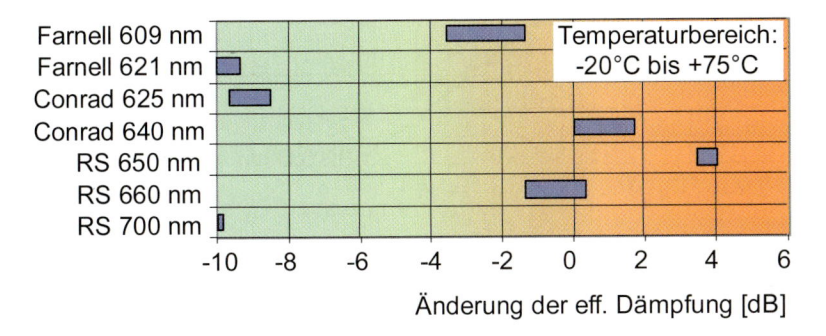

Abb. 6.33: Einfluß des Spektrums auf die Zusatzdämpfung der 50 m POF

In diesem Wellenlängenbereich dominieren das schmale Minimum um 650 nm, der hohe Dämpfungspeak bei 620 nm und der steile Anstieg jenseits 650 nm das POF-Dämpfungsspektrum. Die großen Differenzen in Abb. 6.33 belegen dies deutlich. Die LED bei 621 nm und 625 nm erreichen durch den Filtereffekt rund 10 dB Verbesserung (von einem allerdings sehr hohen Dämpfungswert), während der effektive Zusatzverlust der roten 650 nm LED bis zu 4 dB beträgt. Die unterschiedlichen Schwankungsbreiten erklären sich insbesondere durch verschiedene Temperaturkoeffizienten der Mittenwellenlänge.

Als letzter Schritt werden die Einflüsse von Änderung der spektralen Eigenschaften und Absinken der optischen Ausgangsleistung gemeinsam betrachtet. Die Abbildungen 6.34 und 6.35 zeigen die Ergebnisse für die Wellenlängenbereiche 430 nm bis 563 nm bzw. 606 nm bis 660 nm. Die effektive POF-Dämpfung wurde dabei, wie bereits beschrieben, aus den integrierten Spektren der LED vor und nach der POF-Strecke ermittelt.

Betrachtet man die zulässige Dämpfung der ATM-Forum-Spezifikation von 11,2 dB (7,8 dB Grunddämpfung + 3,4 dB Zusatzverluste), erfüllt die POF für alle diese LED die Anforderungen, zumal hier bereits die Änderung der LED-Ausgangsleistung durch Temperaturvariation mitberücksichtigt wird (enthalten in 6,0 dB zulässiger Schwankung). Im Bereich 450 nm bis 560 nm liegen die effektiven Dämpfungen etwa zwischen 4 und 5 dB. Für die LED am blauen und gelben Rand steigt die effektive Dämpfung auf ca. 6,5 dB, wobei die Temperaturabhängigkeit deutlich zunimmt. Insbesondere die LED im grünen Fenster versprechen deutlich größere mögliche Übertragungslängen. Abbildung 6.35 zeigt die Ergebnisse der LED ab 600 nm Wellenlänge.

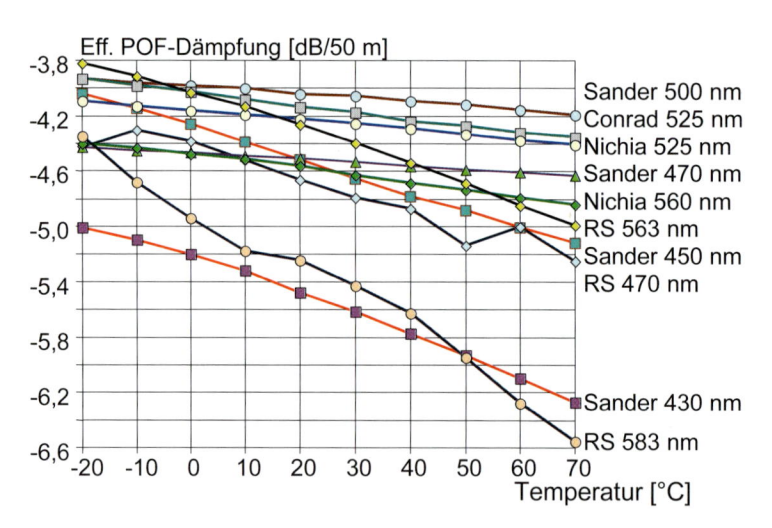

Abb. 6.34: Effektive Dämpfung von 50 m POF mit verschiedenen LED

Die klassischen 660 nm LED erfüllen noch die Anforderungen des ATM-Forum, allerdings ist die Temperaturabhängigkeit sehr groß, insbesondere bedingt durch das Herauslaufen der LED-Wellenlänge aus dem Dämpfungsminimum bei Erwärmung. Die 650 nm LED von RS schneidet noch schlechter ab, bedingt durch ein relativ breites Spektrum und eine starke Abnahme der Leistung mit der Temperatur. Der 640 nm LED der Fa. Conrad kommt, neben der Tatsache einer kleineren Temperaturabhängigkeit der Leistung, die gegenläufige Tendenz von POF-Dämpfung und Verschiebung der Wellenlänge zugute. Bei Erwärmung läuft das Spektrum in das Dämpfungsminimum hinein. Damit ist die effektive Dämpfung über den gesamten Bereich deutlich niedriger.

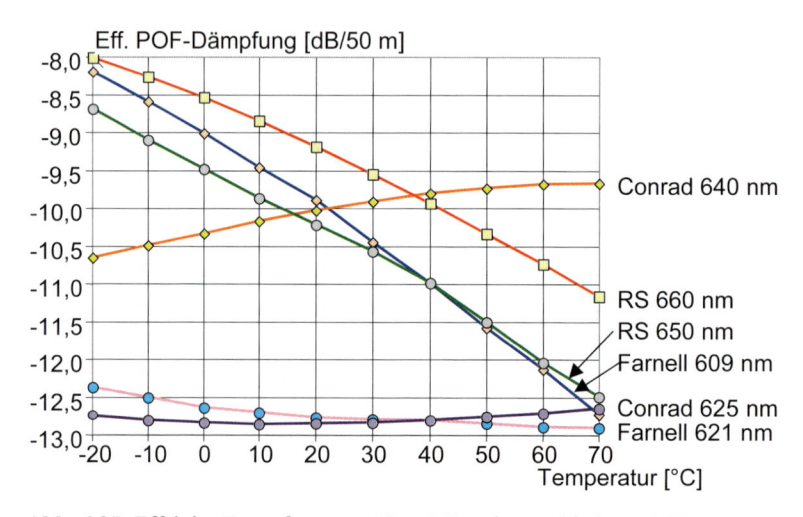

Abb. 6.35: Effektive Dämpfung von 50 m POF mit verschiedenen LED

Die LED bei 621 nm und 625 nm liegen mit ihren Maxima praktisch genau auf einem Dämpfungspeak. Dennoch ist ihre effektive Dämpfung kaum größer als die der 650 nm LED. Die Spektren sind so breit, daß sie in die dämpfungsärmeren Bereiche beiderseits des Peaks hineinreichen. Hier kompensiert sich die Verschiebung in Richtung zu größeren Wellenleängen (rotes Licht) und die Verkleinerung der Leistung bei Erwärmung fast ideal. Für fest installierte Leitungen könnte hier ein Empfänger mit sehr kleiner Dynamik eingesetzt werden. Die 609 nm-LED verschiebt sich bei Erwärmung aber gerade in Richtung des Dämpfungsmaximums, was der starke Abfall der Leistung zeigt.

Einige LED im grünen und gelben Fenster werden noch einmal in Abb. 6.36 gegenübergestellt. Die 593 nm LED von RS hat bei niedrigen Temperaturen die geringste effektive Dämpfung aller LED, allerdings wandert die Peakwellenlänge bei Erwärmung bereits deutlich in den Dämpfungsanstieg bis 620 nm hinein. Dazu kommt ein hoher Temperaturkoeffizient der Ausgangsleistung.

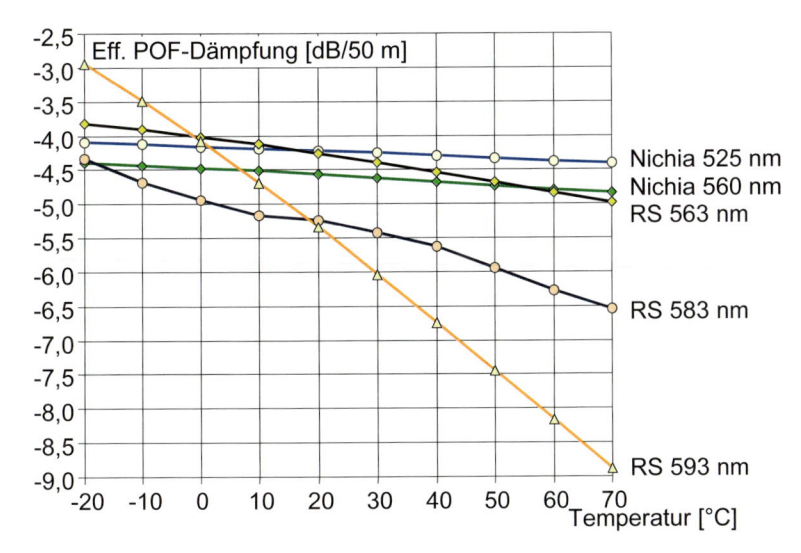

Abb. 6.36: Effektive Dämpfung von 50 m POF mit verschiedenen LED

Zusammenfassend läßt sich feststellen, daß die Wahl der LED allein nach ihren Parametern Mittenwellenlänge und spektraler Breite nicht immer die optimalen Ergebnisse ergibt. Vielmehr muß die effektive Dämpfung zusammen mit der Dämpfungskurve der eingesetzten POF ermittelt werden. GaN-LED im grünen und gelben Bereich sind dabei generell von Vorteil, vorausgesetzt, sie erreichen ausreichende absolute Leistungen.

Die hier ermittelten numerischen Werte sind von den konkreten LED-Exemplaren und des POF-Typs abhängig. Andere Typen können zu deutlich geänderten Ergebnissen führen, gerade im Bereich steiler Flanken im Dämpfungsspektrum. Die grundlegende Tendenz sollte aber erhalten bleiben. Abbildung 6.37 zeigt, daß heute in allen Bereichen des sichtbaren Lichtes leistungsfähige LED verfügbar sind (Spektren auf gleiche maximale Leistung normiert).

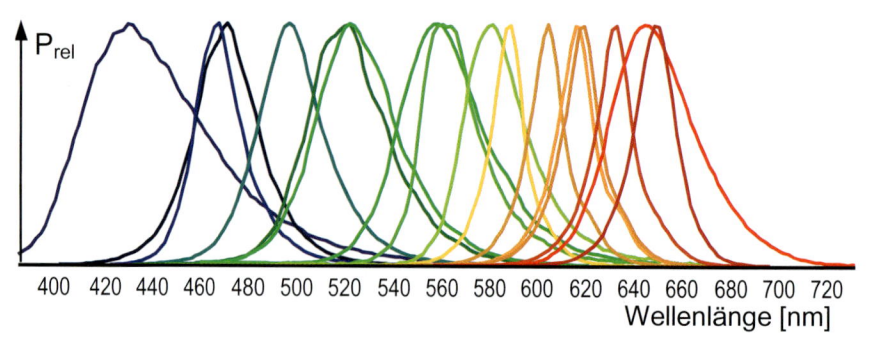

Abb. 6.37: Spektren verschiedener LED im Überblick

6.1.5.2 Wahl des Quellen-Typs

In diesem Abschnitt soll nun auf die optimale Wahl des Quellentyps eingegangen werden. Für den Einsatz in POF sind folgende Halbleiterstrukturen interessant:

- LED: Lumineszenzdioden
- SLED: Superlumineszenzdioden
- LD: Laserdioden
- VCSEL: Oberflächenemittierende Vertikallaserdioden
- RC-LED: Resonant Cavity Lumineszenzdioden
- NRC-LED: Non Resonant Cavity Lumineszenzdioden
- P-LED: Polymere Lumineszenzdioden

Die detaillierten Eigenschaften sind im Kapitel Komponenten beschrieben, hier soll auf die Auswirkungen auf die Berechnung der Leistungsbilanz eingegangen werden. Praktischen Einsatz haben bisher nur LED, LD und RC-LED gefunden. In Tabelle 6.7 werden Eigenschaften von verschiedenen HL-Quellen zusammengestellt (typische Werte).

Tabelle 6.7: Parameter verschiedener Quellentypen im Vergleich (aus versch. Arbeiten)

Eigenschaft	LED	SLED	LD	VCSEL	RC-LED	NRC-LED
verfügbar bei 650 nm	ja	ja	ja	ja*⁾	ja	nein
verfügbar bei 520 nm	ja	nein	nein	nein	nein	nein
verfügbar bei 570 nm	ja	nein	nein	nein	nein	nein
Schwellenstrom I_{th}	-	-	40 mA	8 mA	-	-
opt. Leistung	2 mW	3 mW	7 mW	1 mW	2 mW	2 mW
modulierbar bis [Gbit/s]	0,25	0,25	4,0	5,0	0,6	1,2
Spektrale Breite /nm	30	20	2	3	4	30
$\Delta\lambda/\Delta T$ [nm/K]	0,12	0,12	0,18	0,06	k.A.	k.A.
$\Delta P_{opt}/\Delta T$ [dB/K]	-0,02	-0,03	-0,02	-0,08	-0,03	k.A.
Emissionswinkel [°]	50	50/10	60/8	10	8	50
strahlende Fläche [µm²]	200 × 200	10 × 0,3	3 × 0,3	10 × 10	30 × 30	15 × 15

*⁾ nur bis ca. +50°C einsetzbar

Praktisch alle heute verfügbaren kommerziellen POF-Sender arbeiten mit LED oder SLED. Systemexperimente mit hohen Datenraten ab etwa 1 Gbit/s werden ausschließlich mit Laserdioden durchgeführt, da kommerziell verfügbare LED nicht schnell genug sind.

Sowohl VCSEL, als auch RC-LED und NRC-LED zeigen im Labormaßstab hervorragende Eigenschaften, die einen zukünftigen Einsatz für POF in Aussicht stellen. Vorerst sind diese Technologien auf den roten Spektralbereich beschränkt. An der Entwicklung von grünen und gelben VCSEL/RC-LED wird aber bereits gearbeitet.

6.1.5.3 Typische Verluste für LED-Quellen

In Abb. 6.38 wird ein idealisiertes Spektrum einer roten LED gezeigt. Die angenommenen Parameter der Quelle sind:

- Mittenwellenlänge bei 25°C: 665 nm
- Temperaturkoeffizient der Wellenlänge: 0,12 nm/K
- Temperaturkoeffizient der Ausgangsleistung: -0,03 dB/K
- Form des optischen Spektrums: gaußförmig
- spektrale Breite (FWHM): 40 nm

Im Bild sind die Spektren der LED für fünf verschiedene Temperaturen zwischen -20°C und +70°C wiedergegeben. Mit der in Abb. 6.30 gezeigten Dämpfungskurve sind die Spektren der LED nach einer Länge von 50 m POF berechnet und dargestellt.

Vor Durchgang durch die POF sieht man die Verschiebung der Mittenwellenlänge durch die Temperaturänderung. Durch den spektralen Filtereffekt der POF werden die Maxima in Richtung 650 nm verschoben.

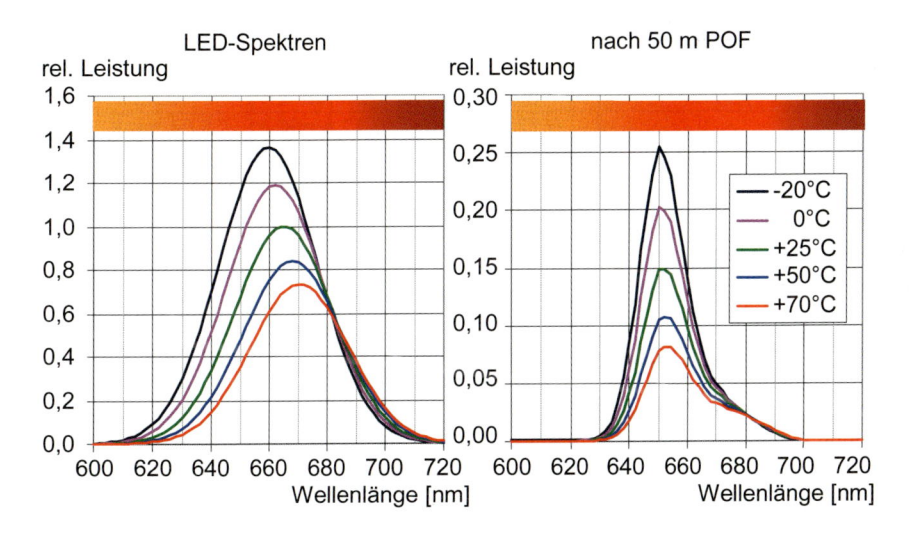

Abb. 6.38: Spektren einer LED vor und nach 50 m PMMA-POF

Die effektive Dämpfung der 50 m-POF-Strecke beträgt zwischen 10,20 dB (-20°C) und 11,54 dB (+70°C). Davon entfällt auf die Grunddämpfung bei 665 nm ein Betrag von 12,1 dB, das breite Spektrum kommt somit der effektiven Dämpfung zugute. Dazu kommt noch ein Wert von 2,70 dB für die Änderung der LED-Ausgangsleistung. In Summe ergibt sich folgende Leistungsbilanz:

A) Grunddämpfung bei 665 nm für 50 m: 12,10 dB
B) Änderung der LED-Ausgangsleistung (rel. zu 25°C):   -1,35 dB bis 1,35 dB
C) Einfluß der Wellenlängendrift: -2,15 dB bis 1,50 dB
D) Einfluß der spektralen Breite: 0,25 dB bis -2,05 dB
E) damit effektive Dämpfung für 50 m: 10,20 dB bis 11,55 dB
F) damit Änderung der Empfangsleistung (rel. zu 25°C):   8,85 dB bis 12,90 dB

Als nächstes sollen drei weitere LED theoretisch betrachtet werden. Speziell für POF adaptierte rote LED liegen möglichst exakt bei 650 nm und haben sehr kleine Temperaturkoeffizienten. Gelbe LED auf AlInGaP-Basis liegen im absoluten Dämpfungsminimum der PMMA-POF, haben aber große Temperaturkoeffizienten. Grüne LED auf GaN-Basis sind typischerweise in Wellenlänge und Leistung sehr wenig temperaturabhängig.

In Tabelle 6.8 werden die Parameter und die Leistungsbilanzbeiträge zusammengestellt. Die Abb. 6.39 zeigt die entsprechenden Spektren bei Annahme von gaußförmigen Charakteristiken (maximale Leistung bei 25°C jeweils auf 1 normiert). Alle Werte sind wiederum numerisch mit typischen Parametern von LED ermittelt worden. Einflüsse von Alterung und Exemplarstreuung sind hier nicht berücksichtigt. Die genaue Berechnung ist in Tabelle 6.2 beschrieben. Reale Bauteile oder andere POF-Längen können damit berücksichtigt werden.

Tabelle 6.8: Parameter für die Leistungsbilanzberechnung

Parameter	rote LED	gelbe LED	grüne LED
λ_{Mitte}	650 nm	590 nm	520 nm
$\Delta\lambda$	30 nm	25 nm	40 nm
$d\lambda/dT$	0,12 nm/K	0,12 nm/K	0,04 nm/K
dP_{opt}/dT	0,01 dB/K	0,05 dB/K	0,01 dB/K
Grunddämpfung	6,60 dB	4,40 dB	3,65 dB
Änderung von P_{opt}	±0,45 dB	±2,25 dB	±0,45 dB
Einfluß Wellenlängendrift	0,74..1,69 dB	-0,30..1,15 dB	0,00 dB
Einfluß der spektralen Breite	1,99..0,98 dB	0,29..0,29 dB	0,37..0,45 dB
effektive Dämpfung für 50 m	9,07..9,33 dB	4,39..5,83 dB	4,03..4,10 dB
Änderung Empfangsleistung	8,88..9,72 dB	2,14..8,08 dB	3,58..4,55 dB

Mit der optimierten roten LED gewinnt man über 2 dB in der Leistungsbilanz, zuzüglich des Betrages für die geringeren Schwankungen der Ausgangsleistung. Grüne LED haben neben der geringeren Dämpfung den Vorteil des sehr flachen Dämpfungsverlaufes, so daß die spektralen Parameter nur eine geringe Rolle spielen. Gelbe LED bei 580 nm bis 590 nm zeichnen sich immer durch einen großen Einfluß der temperaturabhängigen Parameter aus. Ideal wären LED im Bereich um 560 nm, die inzwischen auf GaN-Basis in Mustern verfügbar sind.

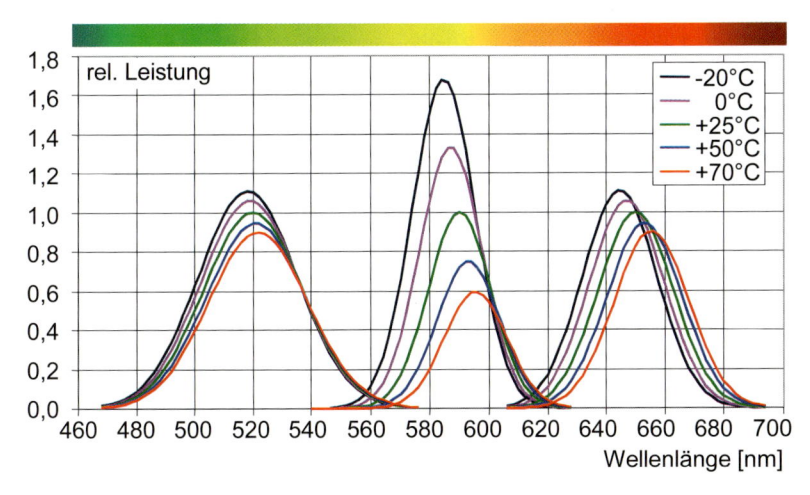

Abb. 6.39: Temperaturabhängige Spektren verschiedener LED

In Abb. 6.40 werden die Leistungsbilanzen für die effektive POF-Dämpfung der vier betrachteten LED zusammengefaßt.

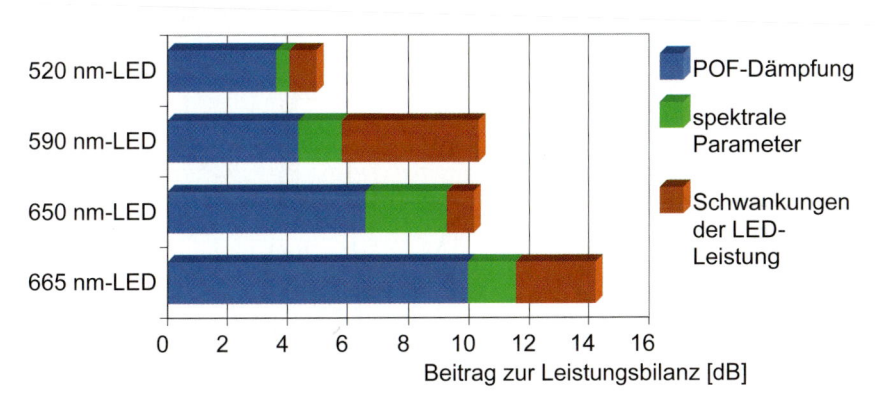

Abb. 6.40: Vergleich verschiedener LED für eine 50 m-POF-Strecke

6.1.5.4 Laser für POF-Systeme

Die Berechnung der Leistungsbilanz von POF-Systemen bei Einsatz von Laserdioden vereinfacht sich deutlich. Durch die große Temperaturabhängigkeit des Schwellenstroms muß die Ausgangsleistung normaler Kantenemitter immer geregelt werden. Viele Laserdioden besitzen an der hinteren Chipkante eine Monitor-Photodiode, mit der die abgestrahlte Leistung direkt überwacht werden kann. Ein einfacher Regelkreis stabilisiert die Laserleistung.

Weiterhin ist die spektrale Breite von Laserdioden sehr viel kleiner als von LED. Für mehrmodige Laserdioden ist die Breite typisch einige Nanometer und damit kaum von Bedeutung für die effektive Dämpfung. DFB-Laserdioden (Distributed Feedback; Laser mit verteilter Rückkopplung in der aktiven Zone) emittieren einmodig mit einer Breite, die für POF-Systeme völlig vernachlässigbar ist.

Von größerer Bedeutung ist aber die temperaturbedingte Drift der Wellenlänge. Als Beispiel sei ein AlInGaP-basierender Laser von Toshiba genannt ([Tos98]). Zwischen -10°C und +60°C steigt die Wellenlänge praktisch linear von 664,5 nm auf 677 nm an. Das entspricht einem Koeffizienten von 0,18 nm/K, wie er typisch für Fabry-Perot-Laserdioden ist. Bei einer POF-Länge von 100 m entspricht dies einer Dämpfungszunahme von 5 dB (von 238 dB/km auf 288 dB/km).

Nimmt man für den gesamten interessierenden POF-Wellenlängenbereich für Laser diesen Koeffizienten an, verschiebt sich die Emissionswellenlänge gegenüber 25°C im Bereich von -20°C bis +70°C um ±8 nm. In Abb. 6.41 wird gezeigt, wie sich die effektive Dämpfung einer 100 m langen POF-Strecke für einen idealen Laser gegenüber dem Wert bei 25°C verändert.

Für einen Laser bei 650 nm ist die Änderung immerhin 3,4 dB bzw. 4,9 dB für -20°C bzw. +70°C. Auch hier wären Bauelemente im Wellenlängenbereich um 520 nm oder 560 nm sehr gut geeignet. DFB-Laser haben wesentlich kleinere Temperaturabhängigkeiten, sie sind aber für POF-Verbindungen um Größenordnungen zu teuer.

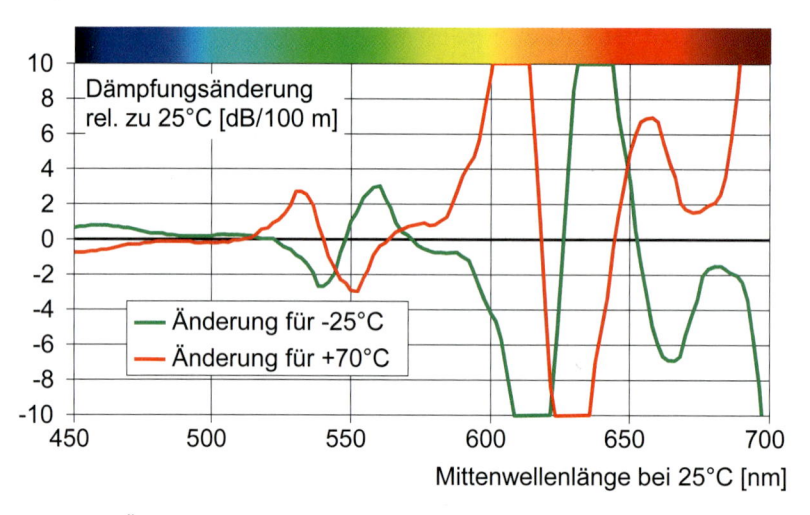

Abb. 6.41: Änderung der POF-Dämpfung durch Laserwellenlängendrift

6.1.5.5 VCSEL und RC-LED für POF-Systeme

Vertikallaserdioden und Resonant Cavity-LED liegen bezüglich des Einflusses der spektralen Parameter auf die Leistungsbilanz zwischen LED und Lasern. Zunächst wird bei VCSEL die Wellenlänge durch den Resonator bestimmt, ähnlich wie bei DFB-Laserdioden. Das gilt weitgehend auch für RC-LED.

Darüber hinaus kann die von vornherein relativ große Temperaturabhängigkeit der Ausgangsleistung teilweise kompensiert werden. Dazu wird der Resonator so gestaltet, daß Resonanzwellenlänge bei niedrigen Temperaturen etwas oberhalb der Emissionswellenlänge der aktiven Schicht liegt. Im Laserbetrieb wird die Wellenlänge durch den Resonator entsprechend vergrößert, die Effizienz ist aber verschlechtert. Bei Temperaturerhöhung sinkt der Wirkungsgrad der Emission, aber die Anpassung des Resonators verbessert sich, so daß die ausgekoppelte Leistung annähernd konstant bleibt (siehe z.B. [Ebe98]).

Ein weiterer Vorteil des VCSEL gegenüber kantenemittierenden Lasern ist der sehr niedrige Schwellenstrom, von teilweise unter 1 mA. Das bedeutet, daß im Betrieb der Arbeitsstrom ein Vielfaches des Schwellenstromes beträgt. Selbst wenn sich der Schwellenstrom bei Temperaturänderung stark verändert, kann der VCSEL dennoch mit konstantem Strom betrieben werden, wie Abb. 6.42 schematisch zeigt.

Zu den bisher veröffentlichten Realisierungen von POF-Systemen mit VCSEL oder RC-LED fehlen komplette Angaben zum Verhalten von Ausgangsleistung und Spektrum bei Temperaturverhalten, so daß hier keine repräsentativen Berechnungen zur Leistungsbilanz angestellt werden können.

Feststellen kann man aber, daß RC-LED hervorragende Eigenschaften bezüglich der Änderung der Ausgangsleistung ausweisen (vgl. [Schö99a]), während rote VCSEL derzeit bis 70°C überhaupt nicht einsetzbar sind.

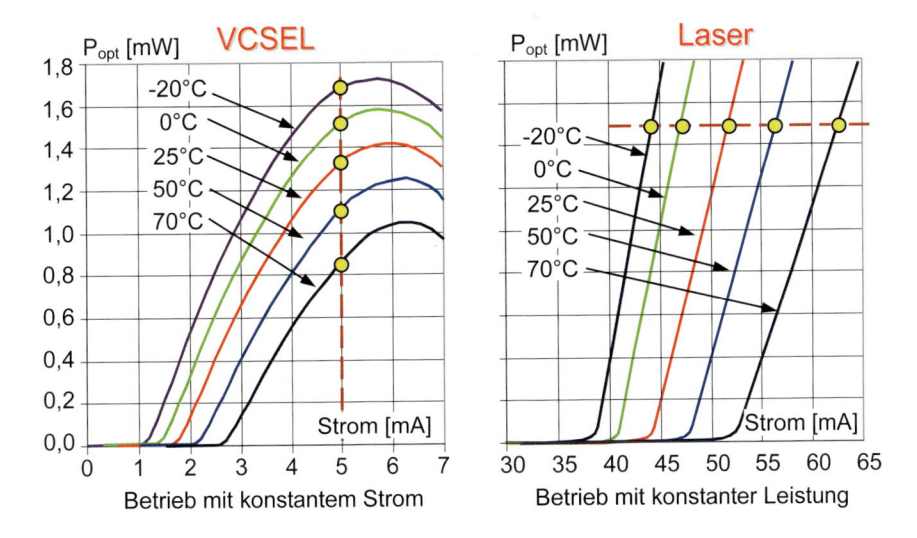

Abb. 6.42: Betriebsarten für VCSEL und Laserdioden

6.1.6 Definition neuer LED-Parameter

Die meisten herkömmlichen LED mit Doppelheterostruktur haben mehr oder weniger gaußförmige Emissionsspektren. Die bislang errechneten Werte für die spektrale Zusatzdämpfung wurden deswegen auch mit dieser Verteilung gerechnet.

Es gibt aber inzwischen auch verschiedene neue LED-Varianten, die stark asymmetrische Spektren aufweisen. Dies hat durchaus deutliche Konsequenzen für die effektive Dämpfung. Im Rahmen eines Projektes mit Agilent wurde ermittelt, welche tatsächlichen Verluste auf 10 m Faserstrecke in Abhängigkeit verschiedener spektraler Parameter auftreten können. In der MOST-Spezifikation werden Mittenwellenlängen zwischen 630 nm und 685 nm zugelassen, wobei die maximale spektrale Breite 40 nm betragen darf. Die Dämpfung von 10 m POF für LED mit Mittenwellenlängen (λ_{Peak}) und spektralen Breiten ($\Delta\lambda$) im zugelassenen Bereich zeigt Abb. 6.43. Dabei wurde jeweils ein gaußförmiges Spektrum verwendet.

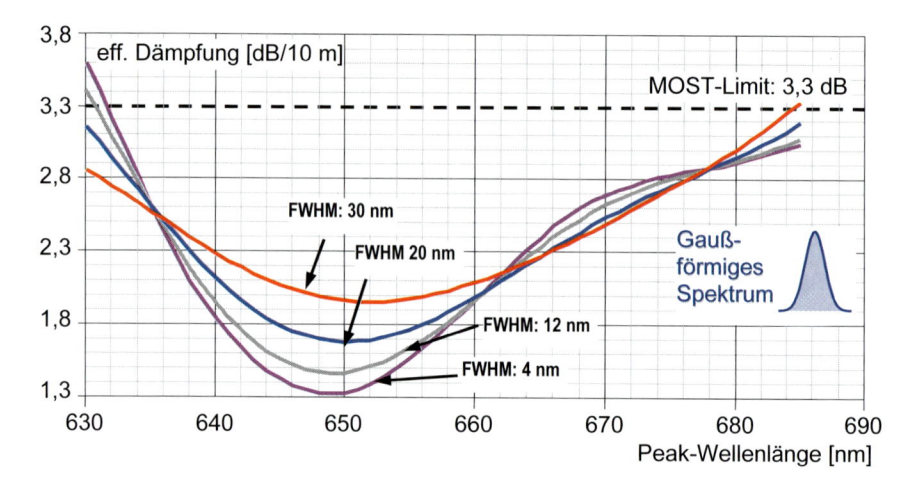

Abb. 6.43: Effektive POF-Dämpfung mit Gauß-Spektren

Tatsächlich werden bei λ_{Peak} = 685 nm und $\Delta\lambda$ = 30 nm genau 3,3 dB erreicht. Bei 630 nm ist der Verlust noch deutlich kleiner. Offenbar haben aber die Autoren des Standards angenommen, daß die größten Dämpfungen immer bei maximaler spektraler Breite auftreten. Das gilt auf der langwelligen Seite des Spektrums, nicht aber auf der kurzwelligen. Eine LED mit λ_{Peak} = 630 nm und $\Delta\lambda$ = 4 nm erfüllt zwar die MOST-Spezifikation, führt aber zu 0,3 dB zuviel Dämpfung.

Dieser sehr theoretische Fall dürfte aber nicht eintreten, da LED immer breitere Spektren haben. Außerdem treten die kurzen Wellenlängen nur bei niedrigen Temperaturen auf, bei denen die Effizienz der LED steigt.

Sehr viel realistischer ist der Fall, daß das LED-Spektrum deutlich asymmetrisch ist. Dies kann beispielsweise bei S-LED. Für die nächste Abb. 6.44 wurde ein Spektrum angesetzt, welches aus zwei unterschiedlich steilen Gaußflanken im Breitenverhältnis 1:7 besteht.

Im schlimmsten Fall kann dabei eine Dämpfung von 5 dB auftreten (1,7 dB über der angenommenen Maximaldämpfung), obwohl die LED formal den Spezifikationen entspricht. Ursache ist, daß der größte Teil der Lichtenergie oberhalb der Peakwellenlänge liegt, wo die POF-Dämpfung am größten ist.

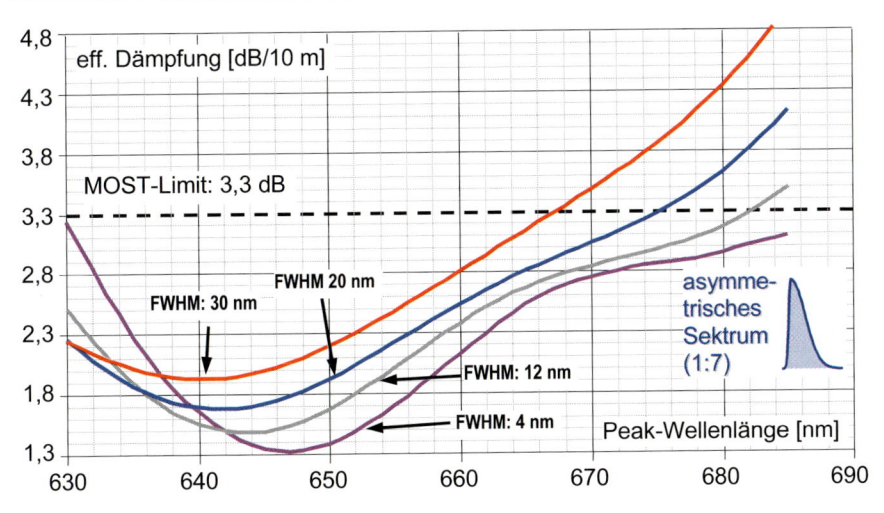

Abb. 6.44: Effektive POF-Dämpfung mit asymmetrischen Spektren

Insgesamt wurde die effektive Dämpfung mit 7 verschiedenen Spektren berechnet. In Abb. 6.45 sind die Teile des Parameterfeldes aus λ_{Peak} und $\Delta\lambda$ markiert, in denen die Dämpfung für mindestens ein Spektrum über 3,3 dB liegt. Ein bedeutender Teil des von MOST zugelassenen Bereiches wird dabei mit überdeckt.

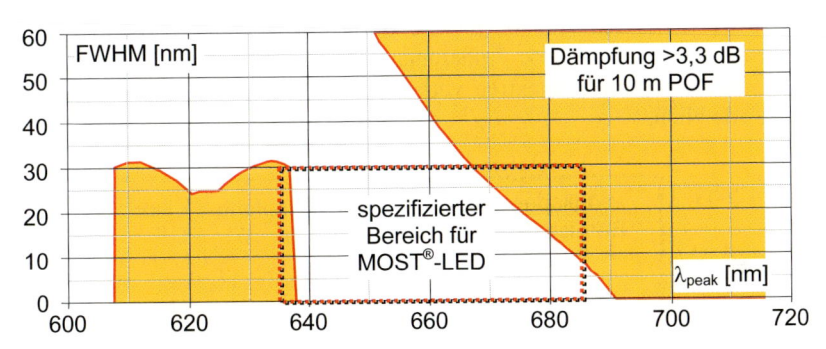

Abb. 6.45: Berechnete Gebiete der LED Parameter mit >3.3 dB Verlust

Will man vermeiden, entweder den zugelassenen Parameterbereich deutlich einzuschränken, oder aber mehr Dämpfung zuzulassen, müssen die LED durch Parameter beschrieben werden, bei denen eventuelle Asymmetrien im Spektrum weniger ins Gewicht fallen. Die vorgeschlagene, und inzwischen vom MOST-Konsortium akzeptierte Lösung besteht darin, zukünftig LED über ihre spektrale Schwerpunktswellenlänge und die effektive Breite (50%-Breite der äquivalenten Gaußverteilung) zu beschreiben:

$$\lambda_{Central} = \frac{\sum P_i \cdot \lambda_i}{\sum P_i} \text{ und } \Delta\lambda_{eff} = 2{,}355 \cdot \sigma = 2{,}355 \cdot \sqrt{\frac{\sum P_i (\lambda_i - \lambda_{Central})^2}{\sum P_i}}$$

Zwei Beispiele für reale LED-Spektren werden in Abb. 6.46 gezeigt. Zusätzlich sind die Gaußkurven eingezeichnet, die sich durch $\lambda_{Central}$ und $\Delta\lambda_{eff}$ ergeben. Für die LED-Hersteller ist die Ermittlung dieser Daten einfach realisierbar.

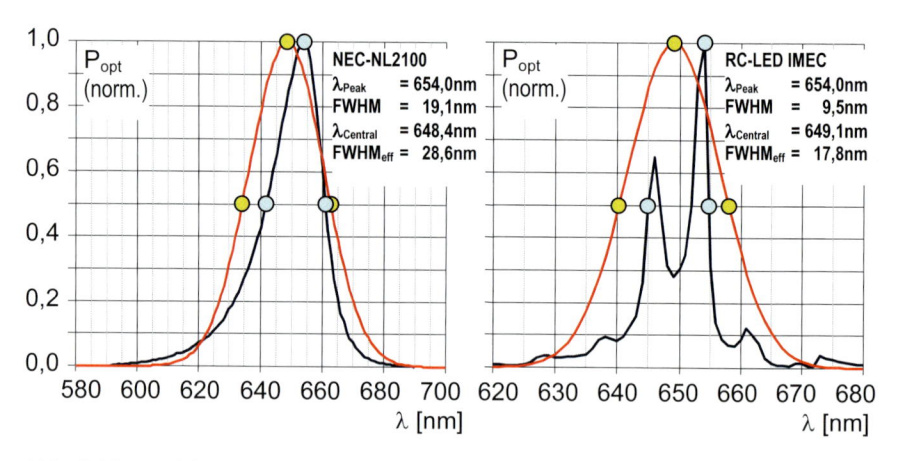

Abb. 6.46: Vergleich der alten und neuen Parameter für 2 LED

Nimmt man jetzt diese beiden Parameter als Grundlage, bleibt fast der gesamte von MOST spezifizierte Bereich unterhalb 3,3 dB Verlusten. Es wäre sogar noch ein sehr viel größerer Bereich zugelassen (Abb. 6.47). Für herkömmliche LED mit symmetrischem Spektrum ist diese Änderung praktisch irrelevant. Speziell für RC-LED mit ungewöhnlichen Spektren verbessert sich die Berechenbarkeit der POF-Verluste erheblich.

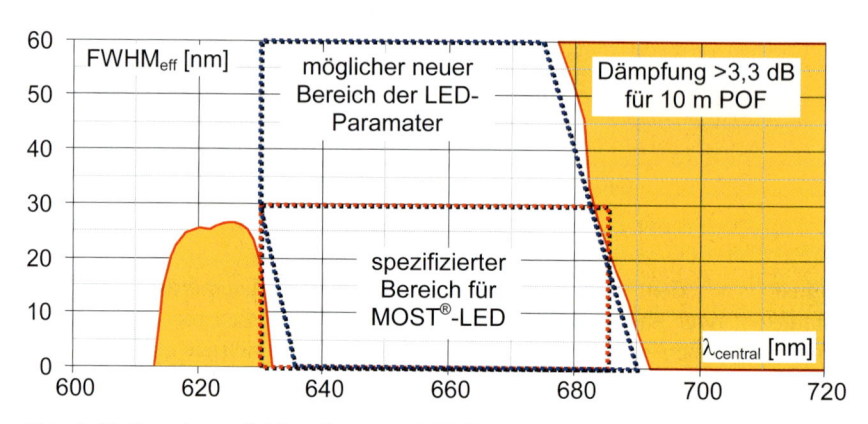

Abb. 6.47: Berechnete Gebiete der neuen LED-Parameter mit >3.3 dB Verlust

Für größere Längen werden die Effekte noch dramatischer. Zukünftig müssen sich also auch andere Standards der von MOST eingeführten neuen Parameter bedienen.

6.2 Beispiele für Leistungsbilanzen

6.2.1 ATM-Forum-Spezifikation

Hier sollen nun einige praktische Beispiele für die Berechnung der Leistungsbilanz gegeben werden. Zunächst noch einmal in Abb. 6.48 die Berechnung der Leistungsbilanz der ATM-Forum-Spezifikation für 155 Mbit/s über 50 m bei 650 nm Wellenlänge.

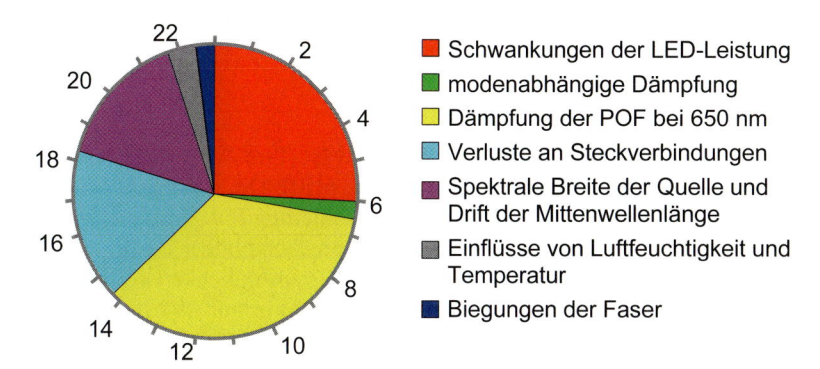

Abb. 6.48: ATM-Forum-Leistungsbilanz für 155 Mbit/s

Neben Schwankungen der LED-Leistung, Steckerverlusten und Dämpfung der POF unter Berücksichtigung der spektralen Quelleneigenschaften wurde hier die modenabhängige Dämpfung und der Einfluß von Klima und Biegungen berücksichtigt.

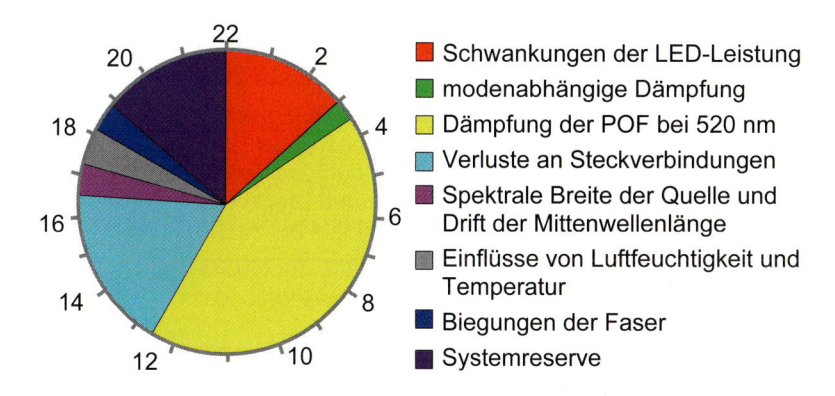

Abb. 6.49: Leistungsbilanz einer 100 m-Strecke mit 520 nm-LED

In [Ziem98a] und [Ziem98b] wurde die Nutzung des ersten optischen POF-Dämpfungsfensters für die Übertragung von 155 Mbit/s vorgeschlagen. Dank der kleineren Dämpfung bei 520 nm, vor allem aber wegen des flacheren Minimums ist die effektive Dämpfung, wie oben gezeigt, wesentlich niedriger als bei Verwendung des roten Minimums und LED-Quellen. Nach Abschätzungen des Verfassers sollten problemlos 100 m Reichweite möglich sein, wobei sogar noch eine zusätzliche Systemreserve von 3,0 dB verbleibt (inzwischen gibt es dafür kommerzielle Produkte). Abbildung 6.49 zeigt die Leistungsbilanz im Vergleich zur ATM-Forum-Spezifikation für 50 m. Die maximale Leistung wurde identisch mit -2 dBm angenommen, die geringere Empfindlichkeit des Empfängers wurde mit 1 dB Verschlechterung der Leistungsbilanz angesetzt (optimierte PD vorausgesetzt).

6.2.2 IEEE1394b

Für die Verwendung der POF im Standard IEEE1394b (Fire-Wire oder i.link) wurde ebenfalls eine Leistungsbilanz berechnet (Abb. 6.50). Die maximale Nutzdatenrate beträgt hier 200 Mbit/s. Durch die 8B10B-Kodierung (NRZ) ist die physikalische Datenrate auf der POF 250 Mbit/s (und entsprechend höher für die weiteren Hierarchiestufen). Entsprechend schlechter ist die Empfindlichkeit des breitbandigeren Empfängers, so daß die gesamte Leistungsbilanz nur 19 dB beträgt (gegenüber 23 dB beim ATM-Forum). Bei IEEE1394 wird keine feste Länge spezifiziert. Vielmehr erlaubt der Standard eine maximale Streckendämpfung von 9,1 dB, entsprechend den Werten der ATMF-Spezifikation ohne Stecker mit Einbeziehung von Klimafaktoren und modenabhängiger Dämpfung. Werden Steckverbindungen eingesetzt (hier wiederum mit 2,0 dB maximaler Dämpfung berücksichtigt) sinkt die zulässige Länge der Strecke entsprechend. Es sind maximal 3 Steckverbindungen möglich. Dabei sinkt die maximale Länge auf 27 m (42 m bei einer Steckverbindung und 34 m bei zwei Steckverbindungen). Eine Systemreserve ist auch hier nicht vorgesehen.

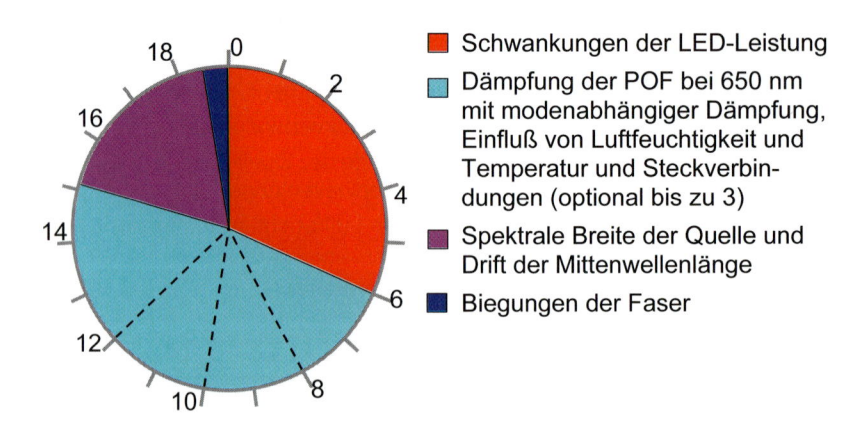

Abb. 6.50: Spezifikation IEEE1394b für 250 Mbit/s bei 650 nm

- Schwankungen der LED-Leistung
- Dämpfung der POF bei 650 nm mit modenabhängiger Dämpfung, Einfluß von Luftfeuchtigkeit und Temperatur und Steckverbindungen (optional bis zu 3)
- Spektrale Breite der Quelle und Drift der Mittenwellenlänge
- Biegungen der Faser

Der Einfluß der spektralen Quellenparameter wird dabei bei 50 m Faserlänge mit 3,4 dB angesetzt, entsprechend sind die Werte für 42 m: 2,9 dB, für 34 m: 2,3 dB und für 27 m: 1,6 dB (jeweils gerechnet mit 0,182 dB/m und 2,0 dB Verlust pro Stecker und 12,5 dB kompletter Verlust).

Aktuell sind auf dem Markt Empfänger erhältlich, die auch bei 250 Mbit/s Datenrate deutlich besser sind. Eine Überarbeitung der Spezifikation dürfte sicher sinnvoll sein, spätestens bei Berücksichtigung der kurzwelligeren POF-Fenster oder bei Nutzung neuer Quellentypen (RC-LED, VCSEL).

6.2.3 D2B und MOST

Weitere Spezifikationen der Leistungsbilanz existieren für die im Automobilbereich verwendeten Bussysteme D2B (Domestic Digital Bus) und MOST (Media Oriented System Transport). Abbildung 6.51 zeigt die Leistungsbilanz für die D2B-Spezifikation nach [Pet98]. Die garantierte LED-Leistung ist -15 dBm. Eine maximale LED-Leistung ist in der Literatur nicht angegeben. Berücksichtigt man typische Temperaturabhängigkeiten und den spezifizierten Temperaturbereich von -40°C bis +85°C dürfte der Wert um -6 dBm liegen.

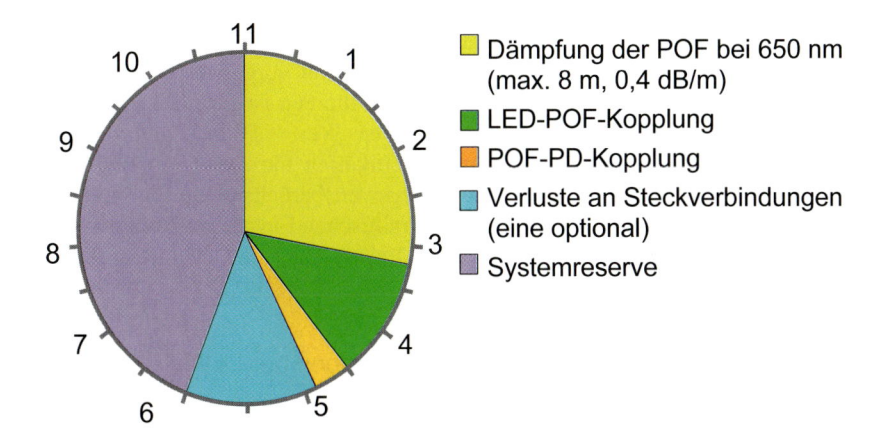

Abb. 6.51: Leistungsbilanz der D2B-Spezifikation

Die Datenrate für D2B liegt bei 5,65 Mbit/s, davon sind 4,2 Mbit/s nutzbar. Durch eine Biphasenkodierung ist die physikalische Datenrate auf der POF dementsprechend 11,3 Mbit/s.

Die Architektur von D2B bildet einen aktiven Ring. Das bedeutet, daß jede Komponente mit einem Empfänger und einem Sender ausgestattet ist. Die Komponenten werden im Ring geschaltet, so daß jedes Element die Signale für alle folgenden Geräte weitergeben muß.

Die Spezifikation berücksichtigt keine modenabhängige Dämpfung, Einflüsse von Klima oder Einfluß der spektralen Quellenparameter. Dafür ist der Wert für die POF-Dämpfung mit 400 dB/km sehr konservativ angenommen, so daß auch eine beträchtliche Alterung oder eine Verschiebung der Quellenwellenlänge auf 670 nm toleriert werden können. Bei maximal 8 m Übertragungslänge sind diese Verluste eher unkritisch. Dafür sieht die Spezifikation eine große Systemreserve von 5,0 dB vor. Hier ist sicherlich der Neuartigkeit der Technologie für den Automobilbereich Rechnung getragen. Weiterhin herrschen bei der Installation der Kabel in der Fahrzeugfertigung ungleich härtere Bedingungen als beispielsweise bei der Installation in einem Gebäudenetz. Auch der nachträgliche Ersatz einer ausgefallenen Leitung ist aufwendig. Die Empfindlichkeit des Empfängers ist mit -26 dBm spezifiziert. Unter Beachtung der niedrigen Datenrate (11,3 Mbit/s) ist auch dieser Wert sehr konservativ. Insgesamt zeigt die Leistungsbilanz, daß ein großer Teil des Risikos von der Kabelinstallation und dem Design der elektrischen Schnittstellen auf die POF-Strecke verlagert worden ist. Diese kann dies aber ohne weiteres verkraften. Die damit inhärent vorhandenen Reserven werden in den nächsten Generationen sicherlich insbesondere zur Vergrößerung der Bitraten verwendet werden, wie schon die Einführung des MOST-Standards zeigt. Bei ca. 21,2 Mbit/s Nutzdatenrate ist hier die physikalische Bitrate wegen der RZ-Kodierung rund 50 Mbit/s.

Abbildung 6.52 zeigt die Leistungsbilanz für MOST (Media Oriented System Transport, siehe z.B. [Tei00], [Pan99] und [Pan00]). Die Bilanz umfaßt ca. 23 dB. Für die Dämpfung der POF-Strecke werden 16,5 dB berücksichtigt. Darin sind Verluste an zusätzlichen Koppelstellen enthalten, falls mit vorgefertigten Pigtails gearbeitet wird. Angesichts der kurzen Längen im Fahrzeug ist dennoch ein sehr großer Wert berücksichtigt, vergleicht man diesen Wert z.B. mit den 13 dB Streckendämpfung, die in der ATM-Forum-Spezifikation für eine 50 m-Verbindung angenommen werden. Der große Dämpfungswert berücksichtigt die rauhen Bedingungen für POF bei der Montage und im praktischen Einsatz im Automobilbereich und die nötigen Reserven für eine lange Lebensdauer und Zuverlässigkeit der Systeme.

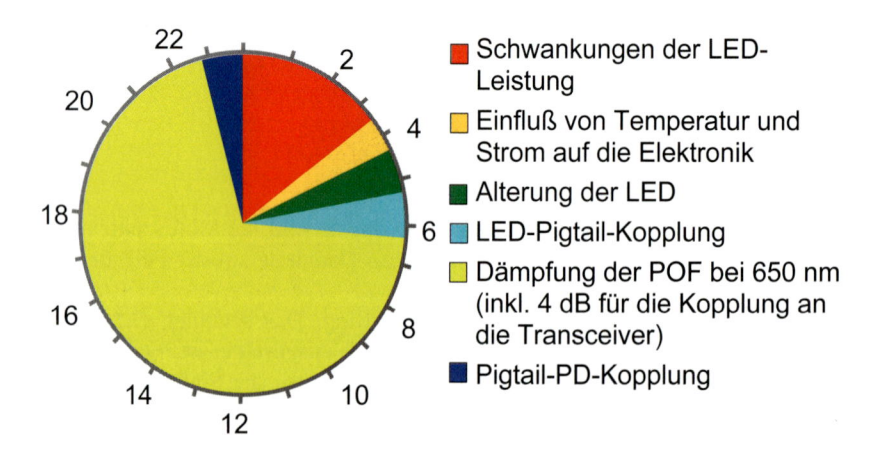

Abb. 6.52: Leistungsbilanz der MOST-Spezifikation ([Pan00])

6.2.4 ISDN über POF

Abbildung 6.53 zeigt abschließend eine weitere Leistungsbilanz, beruhend auf einem Vorschlag des Verfassers für die Übertragung von ISDN-Signalen auf POF ([Ziem00c], [Ziem00d] und [Ziem00e]).

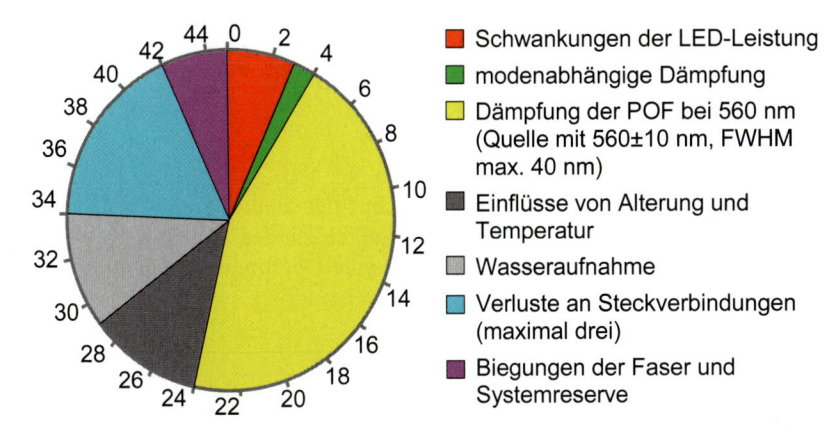

Abb. 6.53: Leistungsbilanz für 250 m POF-ISDN mit 560 nm-LED

Als Quelle diente hier eine 560 nm GaN-LED, die bei Nichia in Mustern erhältlich war. Als maximale in die POF eingekoppelte Leistung wird hier -3 dBm angenommen. Bei einer garantierten Empfängerempfindlichkeit von -48 dBm beträgt der Umfang der Leistungsbilanz 45 dB.

Dank der hervorragenden Temperaturstabilität der GaN-LED müssen für Schwankungen der Leistung nur 3 dB in Betracht gezogen werden. Die modenabhängige Dämpfung ist mit 1,0 dB berücksichtigt. Bei Annahme einer Wellenlängendrift von 10 nm (GaN-LED besitzen viel weniger) und maximal 40 nm spektraler Breite erhält man eine Faserdämpfung von 80 dB/km, entsprechend 20 dB für die hier angesetzten maximal 250 m Übertragungslänge. Nach Ergebnissen eigener Klimatests wurden 20 dB/km für Einflüsse der Alterung durch Temperatur und 20 dB/km für den Einfluß der Wasseraufnahme angesetzt (jeweils 5 dB für 250 m, siehe auch [Ziem00b]). Bei zulässigen 3 Steckverbindungen verbleiben 3,0 dB Systemreserve, die z.B. Biegungen der Faserstrecke berücksichtigen. Dieser Vorschlag betritt für die POF-Anwendung Neuland, da mit relativ kleiner Datenrate (192 kbit/s) eine große Entfernung überbrückt werden soll. Dabei ist die Nutzung der ersten beiden POF-Fenster unumgänglich.

6.2.5 Leistungsbilanz für bidirektionale Übertragung

In Zusammenarbeit zwischen der T-Nova GmbH und Alcatel Autoelectric wurden Möglichkeiten für hochbitratige Datenübertragung über kurze Entfernung untersucht. Im Kap. 6 wird auf ein praktisch realisiertes 520 nm/650 nm WDM-System näher eingegangen. Nachfolgend werden Leistungsbilanzen für mögliche Systeme mit asymmetrischen Bitraten demonstriert.

Falls in den nächsten Jahren in Fahrzeugnetzen die hier betrachteten sehr großen Übertragungsraten auftreten, ist mit stark asymmetrischem Bedarf zu rechnen. Das bedeutet, daß in Rückrichtung nur kleinere Datenraten anfallen. Die Übertragung verschiedener Datenströme über nur eine Faser (im Gegensatz zur Duplexfaserlösung) ist besonders effektiv mit WDM zu lösen (siehe auch [Ziem97b]). Dazu kommen zwei unterschiedliche Konzepte in Frage:

6.2.5.1 Asymmetrische Koppler

Durch Verwendung asymmetrischer Koppler erfährt der niederratige Kanal eine größere Dämpfung. Aufgrund der besseren Empfindlichkeit des Empfängers (kleinere Rauschbandbreite) kann dennoch eine gleich gute Übertragungsqualität gesichert werden. Denkbar ist hier ein 520 nm/650 nm Multiplex, wie in Abb. 6.54 schematisch gezeigt.

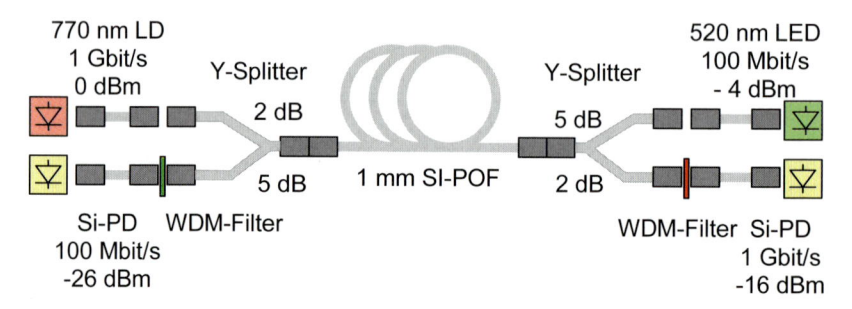

Abb. 6.54: Konzept für WDM mit asymmetrischen Kopplern

6.2.5.2 Symmetrischer Koppler

Bei Verwendung symmetrischer Koppler nutzt man für den höherratigen Kanal die Wellenlänge, die die geringste Faserdämpfung ergibt. Für den niederratigeren Kanal kann die höhere Dämpfung bei einer anderen Wellenlänge aufgrund der höheren Empfindlichkeit akzeptiert werden, wie Abb. 6.55 demonstriert.

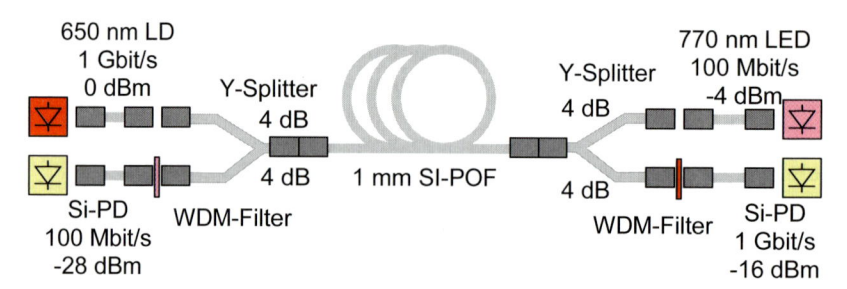

Abb. 6.55: Konzept für WDM mit symmetrischen Kopplern

Die kompletten Leistungsbilanzberechnungen für beide Systeme zeigt zusammengefaßt schematisch Abb. 6.56. Dieser Aufbau wurde nicht praktisch realisiert. Problematisch war zum damaligen Zeitpunkt noch der Aufbau ausreichend schneller Empfänger für 1 mm-POF. Die Systeme sind als prinzipielle Konzepte zu sehen.

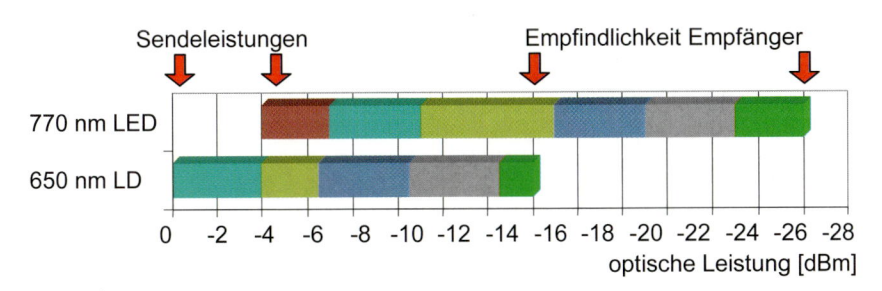

Dämpfungsbeiträge:
- Änderung LED-Leistung
- POF-Strecke (10 m)
- Dämpfung 1. Koppler
- Dämpfung 2. Koppler
- Verluste 2 Stecker
- Reserve

Abb. 6.56: Leistungsbilanz für asymmetrische WDM-Verbindungen

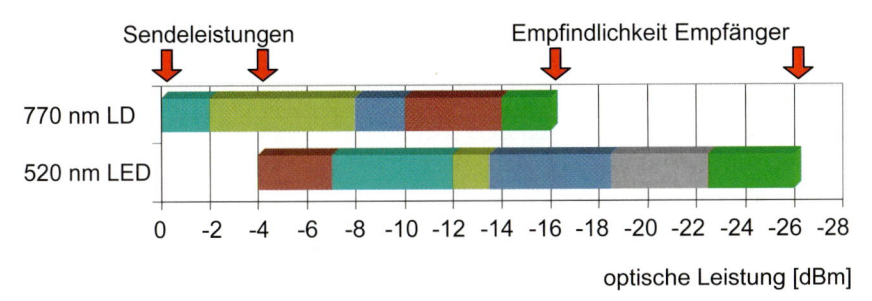

6.3 Übersicht der POF-Systeme

Schon in der ersten Auflage dieses Buches wurde eine ausführliche Darstellung der bis dahin publizierten Übertragungsexperimente mit Polymerfasern gegeben. Wie zu erwarten war, hat sich die Zahl der Veröffentlichungen in den letzten Jahren deutlich vergrößert. Einen nicht unwesentlichen Anteil daran hat das POF-AC Nürnberg, beispielsweise mit der ersten Übertragung von 2,5 Gbit/s über eine 1 mm dicke Faser. Um den Charakter eines Übersichts- und Nachschlagewerkes zu erhalten, haben wir versucht den Systemüberblick weitgehend komplett zu erhalten. Naturgemäß können wir dabei nur solche Experimente berücksichtigen, die auf wichtigen POF-Konferenzen, den wichtigsten IEEE-Zeitschriften oder auch im Internet veröffentlicht wurden. Einige Experimente erscheinen heute wenig bemerkenswert, weil in allen Parametern längst übertroffen, es soll aber auch die Entwicklung im Verlauf der letzten 15 Jahre aufgezeigt werden.

In den folgenden Abschnitten werden die Übertragungsexperimente in verschiedene Gruppen zusammengefaßt. Innerhalb dieser Abschnitte sind wiederum Arbeiten der gleichen Forschungsgruppe oder auch thematisch sehr ähnliche Veröffentlichungen zusammengefaßt. Ansonsten wurde die zeitliche Reihenfolge zugrunde gelegt. Im einzelnen werden behandelt:

- Systeme mit PMMA-SI-POF bei Wellenlängen um 650 nm
- Systeme mit PMMA-SI-POF mit Datenraten von 500 Mbit/s und mehr
- Systeme mit PMMA-SI-POF bei Wellenlängen unter 600 nm
- Systeme mit PMMA-SI-POF bei Wellenlängen in nahen Infrarot
- Systeme mit PMMA-GI-POF, MSI-POF und MC-POF
- Systeme mit fluorierten POF
- Wellenlängenmultiplexsysteme mit PMMA-POF
- Wellenlängenmultiplexsysteme mit PF-GI-POF
- bidirektionale Systeme mit POF
- spezielle Systeme, z.B. mit analogen Signalen

Am Ende jedes Teils werden die aktuellen Ergebnisse des POF-AC Nürnberg vorgestellt und es wird eine tabellarische Übersicht gegeben. Die wichtigsten Parameter jedes Systems werden als Aufzählung zusammengestellt, um den Überblick zu vereinfachen. Die neu in das Buch aufgenommenen Glasfasern und einige weitere Spezialfasern werden dann im Abschnitt 6.3 behandelt.

In vielen Graphiken werden die Parameter Bitrate und Faserlänge dargestellt. Natürlich beschreiben diese beiden Parameter alleine noch kein System. Viele beschriebene Versuche fanden im Labor unter idealen Bedingungen statt. Für kommerzielle Anwendungen sind Reserven für temperaturbedingte Veränderungen, Alterung und nicht ideale Faserverlegung zu berücksichtigen. Unter Umständen sind auch Grenzen durch die Augensicherheit zu berücksichtigen. Viele Systeme wären auch für einen praktischen Einsatz viel zu teuer und aufwendig, z.B., wenn sie APD mit hohen Vorspannungen verwenden. Insofern ist eine einfache Vergleichbarkeit der verschiedenen Ergebnisse nicht immer gegeben. Der Leser findet dazu Hinweise im Text oder in den angegebenen Quellen.

6.3.1 Stufenindexprofil-POF-Systeme bei 650 nm

Seit Mitte der 70er Jahre stehen relativ dämpfungsarme SI-PMMA-POF kommerziell zur Verfügung (siehe z.B. [Sai92]). Zunächst seien, ohne Anspruch auf Vollzähligkeit, einige ältere Experimente aufgezählt, die beweisen, daß die POF schon längere Zeit für Kurzstreckendatenübertragung untersucht wurde.

6.3.1.1 Erste SI-POF-Systeme

Eine der ersten den Autoren vorliegenden Beschreibungen eines POF-Übertragungssystems wird in [Scho88] gegeben. Mit dem System können 20 Mbit/s über 80 m POF (Stufenindex, PMMA) übertragen werden.

Fasertyp:	SI-POF
Länge:	80 m
Bitrate:	20 Mbit/s
Sender:	650 nm
Literatur:	[Scho88]

Ab 1992 fand die Internationale POF-Konferenz jährlich statt. Seitdem werden fast alle wichtigen Neuentwicklungen auf dem POF-Gebiet auf dieser Konferenz vorgestellt. Einen Überblick über die bisherige Entwicklung der POF-Datenübertragung findet man z.B. in [Kuch94]. Danach wurde bereits 1990 von Kaiser die Übertragung von 140 Mbit/s über 110 m Standard-NA-POF demonstriert.

Fasertyp:	St.-SI-POF
Länge:	110 m
Bitrate:	140 Mbit/s
Sender:	650 nm
Literatur:	[Kuch94]
Firma:	in Kaiser 90

Einer der ersten kommerziellen POF-Transceiver wurde von Hewlett Packard im Jahre 1992 [HP05] mit 50 Mbit/s bei 15 m Reichweite vorgestellt. Später entstand eine komplette Familie von Sendern, Empfängern und Transceivern für POF und PCS mit einem eigenen Steckersystem (beschrieben im Kap. 3 und Kap. 4). Der POF-Bereich gehörte zwischenzeitlich zur Firma Agilent und ist inzwischen bei Avago zu finden.

Fasertyp:	St.-NA-POF
Länge:	15 m
Bitrate:	50 Mbit/s
Sender:	660 nm
Empfänger:	Si-pin-PD
Literatur:	[HP05]
Firma:	Hewlett Packard 1992

Price beschreibt 1992 [Pri92] erstmalig die Übertragung eines Signals von 125 Mbit/s über 1 m, 25 m, 50 m und 90 m SI-PMMA-POF (Mitsubishi

EH 4001). Die Faser ist vom Hersteller mit 300 dB/km spezifiziert. Als Quelle wurde eine Laserdiode LD NDL 3200 mit max. 3 mW bei 670 nm Wellenlänge verwendet, die ursprünglich für Barcodelaser entwickelt wurde. Bei Modulation und Einkopplung mit kollimiertem Strahl betrug die maximale Leistung in der POF noch 0 dBm.

Als Empfänger wurde eine pin-FET-Transistor-Anordnung benutzt. Bei 3 pF Diodenkapazität war die Bandbreite des Empfängers 75 MHz (0,6 × Bitrate). Die berechnete Empfindlichkeit betrug -31,4 dBm bei einer BER = 10^{-9}, gemessen wurden -28,5 dBm (mit 80 MHz Vorverstärker). Das ergab 3,7 dB Koppelverluste am Empfänger. Bei gemessenen Verlusten von 276 dB/km konnten mit dem Leistungsbudget von 28,5 dBm somit maximal 90 m Übertragungsstrecke realisiert werden. Das System ist schematisch in Abb. 6.57 dargestellt.

Fasertyp	St.-NA-POF EH 4001, 300 dB/km (Mitsubishi)
Länge	1 m/ 25 m/50 m/90 m
Bitrate	125 Mbit/s
Sender	LD 670 nm; NDL 3200, 3 mW
Empfänger	pin-FET-Transistor-Anordnung
Literatur	[Pri92]
Firma	Kennedy & Donkin Systems Control Ltd.

Abb. 6.57: Übertragungssystem nach [Pri92]

In [Kit92] wurde die damals neu entwickelte Mitsubishi-POF ESKA Premier verwendet. Bei A_N = 0,51 und Verlusten von 135 dB/km bei 650 nm Wellenlänge ist diese Faser bis zu +85°C verwendbar. Mit kollimiertem Licht werden Dämpfungen von 65 dB/km bei 570 nm und 124 dB/km bei 650 nm gemessen.

Bei Verwendung der Laserdiode Toshiba TOLD 9410 und eines eigenen Empfängers konnten bei 650 nm Wellenlänge 125 Mbit/s über 100 m übertragen werden (Abb. 6.58). Außerdem wurde ein System mit einer gelben LED realisiert (siehe unten).

Fasertyp:	SI-POF, Mitsubishi ESKA Premier
Länge:	100 m
Bitrate:	125 Mbit/s
Sender:	650 nm LD, Toshiba TOLD 9410
Empfänger:	eigener
Literatur:	[Kit92]
Firma:	Mitsubishi

6.3 Übersicht der POF-Systeme

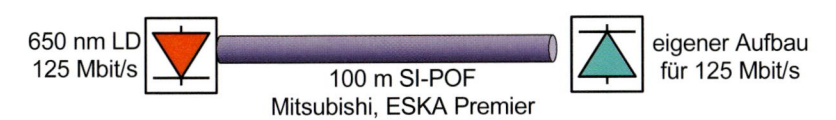

650 nm LD
125 Mbit/s
100 m SI-POF
Mitsubishi, ESKA Premier
eigener Aufbau
für 125 Mbit/s

Abb. 6.58: Übertragungssystem nach [Kit92]

In [Fuk93] wird ebenfalls die Verwendung verschiedener Wellenlängen für POF-Übertragungssysteme beschrieben. Zunächst wurde eine InGaAsP-LED bei 670 nm benutzt, mit der -12 dBm mittlere Leistung in die Faser eingekoppelt werden konnten. Über 30 m SI-POF konnten 100 Mbit/s übertragen werden.

Fasertyp:	SI-POF
Länge:	30 m
Bitrate:	100 Mbit/s
Sender:	InGaAsP-LED, 670 nm, -12 dBm
Empfänger:	kommerzieller Toshiba-Empfänger, -22 dBm Empfindlichkeit
Literatur:	[Fuk93]
Firma:	Toshiba

670 nm LED
InGaAsP, 63 µW
30 m SI-POF
TORX 196

Abb. 6.59: Übertragungssystem nach [Fuk93]

Von der Keio Universität ([Koi94]) wurde 1994 ein System mit einer Datenrate von 250 Mbit/s bei 100 m Übertragungslänge über SI-POF vorgestellt. Der Autor nennt die Modendispersion hierbei als Bandbreite begrenzenden Faktor. Als Quelle diente eine Laserdiode von NEC mit maximal +6,1 dBm Leistung (4 mW).

Fasertyp:	SI-POF
Länge:	100 m
Bitrate:	250 Mbit/s
Sender:	NEC, Laserdiode; +6,1 dBm
Literatur:	[Koi94]
Firma:	Keio Universität

Von Fujitsu wird in [Tan94b] die Übertragung eines 400 Mbit/s-Signals über 50 m SI-POF beschrieben. Die verwendete PMMA-POF (ESKA EXTRA MH 4001 von Mitsubishi) hatte bei 650 nm Wellenlänge eine Dämpfung von 250 dB/km und eine $A_N = 0{,}50$. Als Empfänger diente eine 0,5 mm-APD.

Fasertyp:	SI-POF, Eska Extra MH4001
Länge:	50 m
Bitrate:	400 Mbit/s
Empfänger:	500 µm APD
Literatur:	[Tan94b]
Firma:	Fujitsu

Von NEC wurde bereits 1995 die neu entwickelte Low-NA-POF für die Übertragung von 156 Mbit/s über 100 m mit Hilfe von 650 nm LED benutzt (z.B. [Koi97a]). In [Kob97] wird für solche Systeme eine neuartige LED benutzt, die durch verbesserte Abstrahlcharakteristik einen Einkoppelgrad von 70% mit einfachen Kunststofflinsen ermöglicht. Später wurde ein Transceiver in 1 × 9-pin-Bauform als kommerzielles Produkt angeboten (NL2100). Ihm folgte mit dem NL2110 der S200-Typ mit 250 Mbit/s Datenrate über max. 70 m. Heute sind von NEC keine Aktivitäten auf dem POF-Gebiet mehr bekannt.

Fasertyp:	Low-NA-POF
Länge:	100 m
Bitrate:	156 Mbit/s
Sender:	650 nm LED, verbesserte Ankopplung durch optimierte Abstrahlcharakteristik
Literatur:	[Koi97a], [Kob97]
Firma:	NEC

Von Sony wurde 1997 ein Transceiver für IEEE 1394 vorgestellt ([Sak97]). Die verwendete SI-POF hatte bei 650 nm eine Dämpfung von 160 dB/km und 130 MHz·100 m Bandbreite. Die Silizium-pin-Diode war an einen Transimpedanzverstärker angekoppelt, womit eine Empfindlichkeit von -25 dBm bei BER = 10^{-10} erzielt wurde (125 Mbit/s). Bei 200 Mbit/s wurde eine Übertragungslänge von 70 m erreicht.

Fasertyp:	DSI-POF, 160 dB/km, 130 MHz·100 m
Länge:	70 m
Bitrate:	200 Mbit/s
Sender:	650 nm LD
Empfänger:	Si-pin-PD, -25 dBm bei 125 Mbit/s, Transimpedanzverstärker
Literatur:	[Sak97]
Firma:	Sony

An der Universität Ulm wurde ein Testnetz für Büroverkabelung mit SI-POF und später mit DSI-POF aufgebaut. 1998 wurden erste Ergebnisse in [Som98a] vorgestellt. Insgesamt 33 POF-Verbindungen mit Längen zwischen 5 m und 63 m wurden installiert (gesamte installierte Kabellänge 1.400 m). Die Bitrate auf der POF betrug 125 Mbit/s.

Als zentraler Knoten dient ein 100BaseFX(POF)-Switch. Der Switch und die PC-Karten wurden mit verschiedenen kommerziell erhältlichen POF-Transceivern in 1 × 9-pin-Bauform umgerüstet. Es kamen HFBR 5527 von Hewlett Packard, NL 2100 Transceiver von NEC und an der Universität Ulm aufgebaute Transceiver mit Elementen der HFBR 0507-Serie zum Einsatz. Als Fasern wurden DSI-POF nach ATM-Forum-Spezifikation Asahi AC-1000W, Mitsubishi MH 4002F und Toray PMU CD 1002-22E eingesetzt. Die gemessene effektive Dämpfung mit den eingesetzten Transceivern liegt zwischen 196 bis 205 dB/km.

Fasertyp:	SI-POF, DSI-POF, Asahi AC-1000W, Mitsubishi MH 4002F; Toray PMU CD 1002-22E

6.3 Übersicht der POF-Systeme

Länge:	5 m bis 63 m
Bitrate:	125 Mbit/s
Transceiver:	HFBR 5527, NL 2100 von NEC und an der Universität Ulm aufgebaute Transceiver mit Elementen der HFBR 0507-Serie
Literatur:	[Som98a]
Firma:	Universität Ulm

Ein weiterer kommerzieller Transceiver wurde von Hamamatsu entwickelt und z.B. in [Mai00] vorgestellt. Nachdem das Unternehmen zunächst Komponenten für Fahrzeugnetze herstellte, sind jetzt auch diverse Bauteile für Ethernet und IEEE1394-Anwendungen verfügbar.

Fasertyp:	SI-POF
Länge:	50 m
Bitrate:	4 bis 156 Mbit/s
Sender:	650 nm LED, -2 dBm in der POF
Empfänger:	-22 dBm
Literatur:	[Mai00]
Firma:	Hamamatsu

Speziell den Bereich der Fahrzeugnetze behandelt [Num01]. Die verwendete RC-LED ist auf einen großen Temperaturbereich optimiert. In der Leistungsbilanzberechnung sind auch alle Koppelverluste berücksichtigt.

Fasertyp:	PMMA-SI-POF, $A_N = 0{,}50$
Länge:	20 m
Bitrate:	50 Mbit/s
Sender:	650 nm RC-LED, $\Delta\lambda < 20$ nm. $\Delta\lambda/\Delta T < 0{,}1$ nm/K, -6,8 dBm; Temperaturbereich -40°C bis +85°C mit 4,1 dB Schwankung
Empfänger:	800 µm Si-PD, Empfindlichkeit: -29,1 dBm
Literatur:	[Num01]
Firma:	Matsushita

Seit einigen Jahren konzentrieren sich die Arbeiten aller wichtigen Institute auf höhere Übertragungsgeschwindigkeiten (siehe nächster Abschnitt) bzw. auf neuere Fasertypen. Im Bereich der SI-POF haben sich die Aktivitäten auf die Entwicklung besserer und preiswerterer Produkte verlagert (dazu sind einige Beispiele im Kapitel Komponenten zu finden).

Zum Abschluß soll noch eine aktuelle Arbeit genannt werden, die einen neuen POF-Transceiver für Fast-Ethernet beschreibt. Neu ist der einfach zu montierende EM-RJ-Stecker (Abb. 6.60).

Fasertyp:	SI-PMMA-POF
Länge:	70 m
Bitrate:	125 Mbit/s
Sender:	655 nm LED
Empfänger:	Si-pin-PD
Literatur:	[Neh06a]
Firma:	Euromikron

Abb. 6.60: EM-RJ-Stecker und Fast-Ethernet-Transceiver

6.3.1.2 SI-POF-Systeme mit 500 Mbit/s

Datenübertragungsraten von bis zu 500 Mbit/s sind für eine Vielzahl von Anwendungen interessant. Schon heute haben viele Geräte der Unterhaltungselektronik standardmäßig IEEE1394-S400-Schnittstellen (typische Übertragungsdatenrate 500 Mbit/s). Auch im Automobilbereich werden so hohe Werte erwartet, wenn unkomprimierte Bewegtbilder übertragen werden sollen. Dies ist z.B. bei Fahrerassistenzsystemen notwendig, wenn die Zeitverzögerung durch Kompressionsalgorithmen zu groß ist. In vielen Veröffentlichungen liest man bis heute, daß 1 mm SI-POF für so hohe Geschwindigkeiten nicht geeignet sind, da einerseits die Bandbreite zu niedrig ist, andererseits auch die großen Photodioden nicht schnell genug wären. Die folgenden Beispiele aus über 10 Jahren zeigen aber, daß diese Meinung über das Potential der POF lange überholt ist.

In den Jahren 1992 bis 1994 wurden in einer Reihe von Veröffentlichungen von Bates, Yaseen und Walker von der Universität Essex ([Kuch94], [Wal93], [Yas93], [Bat92], [Bat96b]) hochratige Übertragungsexperimente auf SI-POF vorgestellt. Mit Datenraten von 265 Mbit/s und 531 Mbit/s (1994) konnten 100 m POF überbrückt werden. Abbildung 6.61 zeigt zunächst den prinzipiellen Versuchsaufbau.

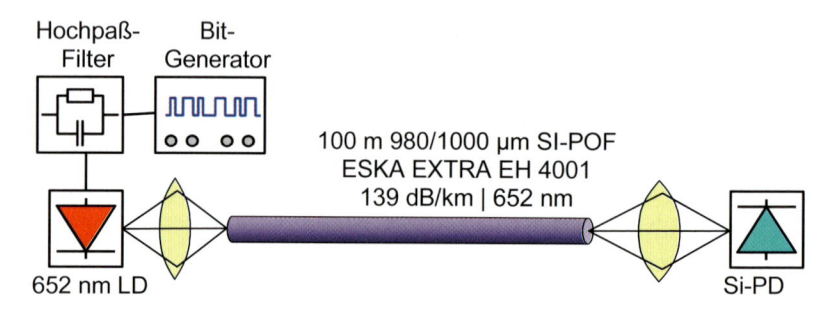

Abb. 6.61: Hochbitratige Datenübertragung auf SI-POF

Als Faser wurde die Mitsubishi ESKA EXTRA EH4001 verwendet. Sie besitzt 139 dB/km Dämpfung bei 652 nm. Als Quelle diente jeweils eine Philips-Laserdiode CQL82 mit 652 nm Wellenlänge. Der Laser wurde bei 290 K (17°C) mit

36 mA Bias-Strom betrieben. Zur Erhöhung der Bitrate wurde ein Hochpaß erster Ordnung als Peaking-Filter vorgeschaltet. Mit Hilfe der Einkoppel-Optik konnten 2,7 mW$_{p-p}$ Leistung in der POF bei einer Anregung mit $A_N = 0,11$ erreicht werden. Bei Modulation betrug die mittlere Leistung: -1,7 dBm (0,68 mW), mit dem Peaking-Filter sank die mittlere Leistung auf noch -6,7 dBm (0,21 mW).

Als Empfänger diente eine Photodiode AEG-Telefunken BPW89 mit 4,9 pF Kapazität bei 20 V Sperrspannung. Die Responsivität ist 0,4 A/W bei 650 nm (76 % QWG). Die Kopplung an die POF erfolgte mit einer Kugellinse. Hinter dem Empfänger war ein zweiter Hochpaß als Kompensationsfilter für die Modendispersion geschaltet. Der Empfänger erreichte -22,1 dBm Empfindlichkeit bei einer BER = 10^{-9}. Damit konnte eine Datenrate von 265 Mbit/s erzielt werden.

Mit einer besseren Photodiode Hamamatsu S4782 mit 1,6 pF Kapazität bei 10 V Sperrspannung und 600 µm Durchmesser der aktiven Fläche konnte die gleiche Empfindlichkeit ohne Linse und Kompensator erreicht werden.

Wie bekannt, ist die theoretische Bandbreite der Standard-NA-POF etwa 40 MHz·100 m. Damit wären die hohen Datenraten der genannten Experimente nicht möglich. Allerdings gilt dieser Wert nur für Lichtausbreitung im Modengleichgewicht. Abbildung 6.62 zeigt, mit welchen Methoden die Bandbreite des Übertragungssystems erhöht werden kann.

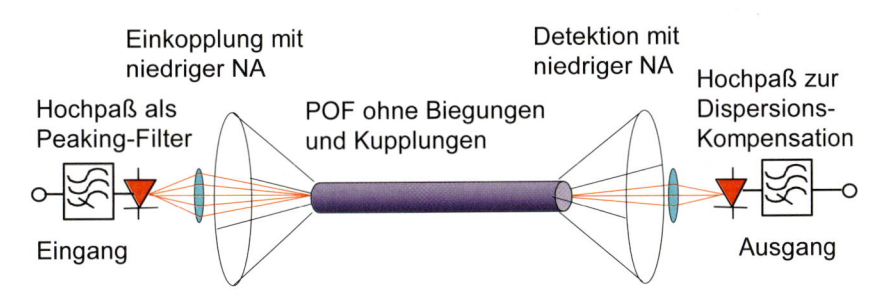

Abb. 6.62: Maßnahmen zur Bandbreitevergrößerung bei SI-POF

Neben der Kompensation der Bandbegrenzungen durch Sender, Faser und Empfänger mit geeigneten Hochpaßfiltern ist es insbesondere günstig, die Zahl der an der Datenübertragung beteiligten Moden und damit die Impulsverbreiterung zu vermindern. Folgende Methoden können einzeln oder in Kombination verwendet werden (Werte nach Bates):

➢ Einstrahlung mit kleiner $A_N = 0,11$, dadurch werden nur wenige Moden mit geringen Laufzeitunterschieden angeregt.
➢ Vorverzerrung des LD-Ansteuersignals (Peaking) mit Hochpaß (33 pF || 51 Ω).
➢ Auskopplung mit geringerer NA (Moden mit großen Laufzeitdifferenzen werden ausgeblendet)
➢ Dispersionskompensation hinter dem Empfänger mit Hochpaß (8 pF || 200Ω).

Nach Wissen der Verfasser stellte die Übertragung von 531 Mbit/s über 100 m

SI-POF das bis dahin leistungsfähigste System hinsichtlich des Bitraten-Längen-Produkts dar. In [Bat96a] wurde die theoretische Grenze sogar mit 1 Gbit/s über 100 m abgeschätzt. Die praktische Anwendung solcher Systeme dürfte aber problematisch sein, da die Dimensionierung der Filter sehr exakt erfolgen muß und auf die konkreten Parameter jeder einzelnen Strecke angepaßt werden sollte. Durch Biegungen und Steckverbindungen erfolgt bei der POF eine Änderung der Modenverteilung, so daß der Bandbreitegewinn durch selektive Ein- und Auskopplung zumindestens teilweise verloren geht.

Fasertyp:	SI-POF, Eska Extra EH4001, 139 dB/km @ 650 nm
Länge:	100 m
Bitrate:	265 Mbit/s; 531 Mbit/s
Sender:	Philips LD CQL82, 652 nm. -1,7 dBm
Empfänger:	AEG-Telefunken, BPW89, 0,4 A/W
	Hamamatsu S7452, ⌀: 600 µm (aktuell vergleichbarer Typ: S7482)
Literatur:	[Bat92], [Wal93], [Yas93], [Kuch94], [Bat96b]
Firma:	Universität Essex

In Zusammenarbeit von IBM und Keio Universität ([Kuch94]) wurde 1994 ein System realisiert, bei dem als Quelle ein oberflächenemittierender Laser bei 670 nm Wellenlänge verwendet wurde. Bei einer Einkoppel-NA von 0,11 betrug die Leistung in der Faser -10 dBm. Als Empfänger diente eine 400 µm Si-pin-PD Hamamatsu S4753, die mit einer GRIN-Linse angekoppelt wurde. Die Empfindlichkeit betrug -23,3 dBm bei 1 Gbit/s (BER = $1,5 \cdot 10^{-9}$). Eine Datenrate von 531 Mbit/s konnte über 30 m SI-PMMA-POF übertragen werden. Als POF wurde die INFOLITE F120 (Hoechst Celanese) mit 500 µm Kerndurchmesser benutzt. Die Dämpfung dieser Faser ist 130 dB/km bei 650 nm bzw. 300 dB/km bei 670 nm. Für 100 m POF-Länge lag die Grenze für die Datenrate bei 300 Mbit/s für den gewählten Versuchsaufbau.

Fasertyp:	500 µm SI-POF, Infolite F120 (Hoechst)
	130 dB/km (650 nm); 300 dB/km (670 nm)
Länge:	30 m
Bitrate:	531 Mbit/s (300 Mbit/s über 100 m)
Sender:	670 nm VCSEL; -10 dBm
Empfänger:	400 µm PD, Hamamatsu S4753, -23,3 dBm bei 1 Gbit/s
Literatur:	[Kuch94]
Firma:	IBM, Keio-Universität

Die Firma Mitel aus Schweden arbeitete längere Zeit an der Entwicklung von 650 nm VCSEL für den Einsatz in POF-Systemen. Die Resonant Cavity LED (RC-LED) kann als Vorstufe zum VCSEL betrachtet werden und besitzt bereits viele seiner Vorteile, wie den kleinen Abstrahlwinkel und die geringen Wellenlängendrift bei Temperaturänderung.

In [Stre98a] und [Stre98b] wurde 1998 die Verwendung von 650 nm RC-LED für die Übertragung von 250 Mbit/s über 30 m gezeigt. Dabei wurde eine BER von $3 \cdot 10^{-10}$ erzielt. Die RC-LED hat hierbei DBR-Spiegel aus AlGaAs und eine aktive Zone mit 4 Quantengräben aus GaInP und Barrieren aus AlGaInP. Die Mantelschichten bestehen aus AlGaInP. Die emittierende Öffnung hat 84 µm Durchmesser. Bei 660 nm Mittenwellenlänge hat die RC-LED 3 nm spektrale Breite und emittiert 3 mW optischer Leistung bei 50 mA. Die maximale Leistung beträgt 4,2 mW bei 120 mA. Der maximale externe Quantenwirkungsgrad (QWG_{ext}) liegt damit bei gut 3,2 %. Der differentielle Widerstand wird von den Verfassern mit 3 Ω angegeben.

Es wurde eine SI-POF mit 980 µm Kerndurchmesser und einer $A_N = 0{,}48$ verwendet. Die effektive Dämpfung bei 650 nm ist 180 dB/km. Die Quelle wurde ohne Optik direkt an die POF gekoppelt. Bei 60 mA Dauerstrom betrug die eingekoppelte Leistung -2,2 dBm (0,6 mW). Als Empfänger diente eine Si-pin-Photodiode (Tek P6701A). Die Fehlerwahrscheinlichkeit wurde aus der Messung des Q-Faktors abgeschätzt (6,2). Die Übertragungsrate ist begrenzt durch die Modendispersion in der POF (Anstiegszeit = 2,85 ns entsprechend 44 MHz·100 m). Bei 1 m POF-Strecke war die Übertragung von 512 Mbit/s möglich.

Fasertyp:	SI-POF; $A_N = 0{,}48$; 44 MHz·100 m
Länge:	30 m; 1m
Bitrate:	250 Mbit/s; 512 Mbit/s
Sender:	660 nm RC-LED, Δλ = 3 nm, 4,2 mW bei 50 mA
Empfänger:	Si-pin-Photodiode (Tek P6701A)
Literatur:	[Stre98a], [Stre98b]
Firma:	Mitel

In einer jüngeren Arbeit ([Schu01a]) wurden kommerziell verfügbare RC-LED für den Einsatz bei Längen von 50 m bis 100 m untersucht. Außer dem Einsatz einer DSI-POF wurden keine weiteren Bandbreite erhöhenden Maßnahmen angewandt. Bei 50 m DSI-POF beträgt der SNR-Verlust (Penalty) durch die Modendispersion bei 500 Mbit/s immerhin schon 7 dB. Für eine Standard-POF sind über 50 m bzw. 100 m mit dem System noch 250 Mbit/s und 125 Mbit/s fehlerfrei übertragbar.

Fasertyp:	PMMA-DSI-POF, $A_N = 0{,}30$
Länge:	50 m
Bitrate:	500 Mbit/s
	125 Mbit/s über 100 m und 250 Mbit/s über 50 m St.-SI-POF
Sender:	650 nm RC-LED
Empfänger:	Si-PD (t_r, t_f < 1 ns) mit Vorverstärker Infineon FOA 1061 Empfindlichkeit: -11,25 dBm (7 dB Penalty durch Modendispersion)
Literatur:	[Schu01a]
Firma:	Infineon Technologies

Abb. 6.63: Übertragung von 500 Mbit/s über DSI-POF

Das letzte in diesem Abschnitt vorgestellte System wurde am DaimlerChrysler-Forschungszentrum in Ulm aufgebaut ([Scha01]). Es erlaubte immerhin die Übertragung von 500 Mbit/s über 30 m Standard-POF mit kommerziellen Bauteilen im Empfänger.

Fasertyp:	PMMA-SI-POF
Länge:	30 m
Bitrate:	500 Mbit/s
Sender:	650 nm LD
Empfänger:	pin-H125G-010 von OSI Fibercomm (400 µm)
	MAX3761 Vorverstärker, -11,4 dBm Empfindlichkeit
	(Stirnkopplung)
Literatur:	[Scha01]
Firma:	Daimler Chrysler Forschungszentrum Ulm

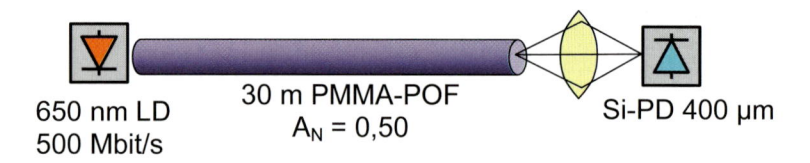

Abb. 6.64: Übertragung von 500 Mbit/s über SI-POF mit Laserdiode

Die folgenden Jahre wurden dann durch die Erzielung immer größerer Bitraten auch auf SI-POF geprägt. Grundlage war weniger die Entwicklung besserer Bauteile, als das zunehmende Interesse an schnellen Systemen über kurze Entfernungen.

6.3.1.3 SI-POF-Systeme mit über 500 Mbit/s

Um noch höhere Datenraten über 500 Mbit/s erreichen zu können, müssen vor allem die aktiven Komponenten optimiert werden. Mit LED können so hohe Datenraten derzeitig gar nicht, und mit RC-LED nur sehr eingeschränkt realisiert werden. Kantenemittierende Laserdioden mit 650 nm Wellenlänge sind schnell genug und bieten hohe Emissionsleistung, sind aber im praktischen Einsatz sehr kompliziert. Vertikallaserdioden wären ideale POF-Sender, leiden aber derzeit noch unter zu geringen Arbeitstemperaturbereichen (wie im Kapitel Komponenten beschrieben).

6.3 Übersicht der POF-Systeme

Auf der Empfängerseite ist es besonders wichtig, Photodioden mit kleiner Kapazität zu verwenden. Für 1 mm Fasern werden zumeist Dioden von 600 µm bis 800 µm Durchmesser verwendet, die mit geeigneten Linsen angekoppelt werden. Am häufigsten werden Dioden des Herstellers Hamamatsu verwendet. In jüngeren Arbeiten von DieMount und Infineon wurden aber auch mit anderen Typen ähnlich gute Ergebnisse realisiert.

In [Gui00a] wird eine 650 nm RC-LED mit 622 Mbit/s moduliert. In einem Experiment wird diese Datenrate über 1 m mit $A_N = 0,48$ übertragen. Bei 30 mA Bias-Strom erreichte die optische Leistung der RC-LED 1,4 mW. Bei direkter Kopplung konnten 30% der Leistung in die POF gekoppelt werden.

Fasertyp:	SI-POF
Länge:	1 m
Bitrate:	622 Mbit/s
Sender:	650 nm RC-LED; 1,4 mW
Literatur:	[Gui00a]
Firma:	Universität Tampere

In weiteren Experimenten wurden verschiedene Arten von RC-LED mit unterschiedlichen Strom-Aperturen untersucht. Kleinere aktive Volumina ergeben dabei größere Bandbreiten, verringern aber gleichzeitig die Ausgangsleistung. Mit optimiertem Vorstrom konnten bis zu 1.000 Mbit/s übertragen werden. Nach Wissen der Autoren ist dies die höchste mit RC-LED realisierte Datenrate. Für 10 m Faserlänge (SI-POF) war die übertragbare Bitrate noch 400 Mbit/s, bei Verwendung einer DSI-POF waren 622 Mbit/s möglich.

Fasertyp:	SI-POF, $A_N = 0,48$, DSI-POF
Länge:	1 m, 10 m
Bitrate:	622 Mbit/s über 1 m POF (BER < $1 \cdot 10^{-11}$), 84 µm-LED, 30 mA Bias, 1 V
	1.000 Mbit/s mit höherem BIAS
	400 Mbit/s über 10 m (POF-NA: 0,48)
	622 Mbit/s über 10 m DSI-POF
Sender:	RC-LED mit 84 µm Apertur, erreicht 200 MHz Bandbreite bei 40 mA mit 1,4..1,5 mW
	40 µm-RC-LED erreichen 350 MHz bei 0,18..0,20 mW mit 10..15 mA Strom
Literatur:	[Dum01], [Gui00a], [Gui00b]
Firma:	Univ. Tampere

655 nm RC-LED
622/1.000 Mbit/s
400 Mbit/s

SI-POF, $A_N = 0,48$
1 m
10 m
Si-PD

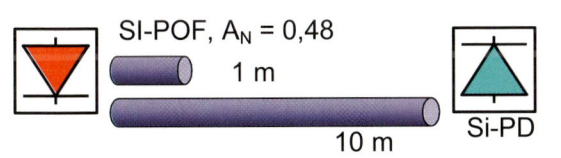

Abb. 6.65: Datenübertragung mit 655 nm RC-LED

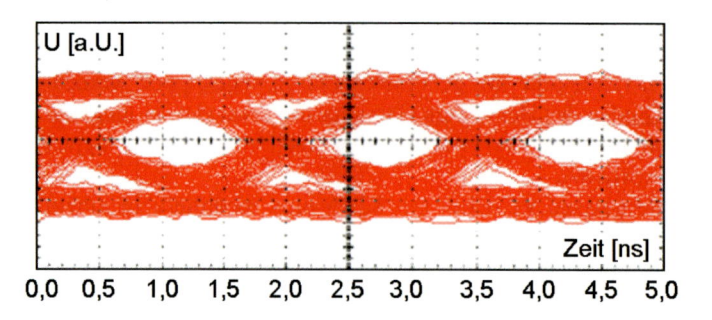

Abb. 6.66: Augendiagramm für 622 Mbit/s über 10 m DSI-POF

In [Scha00] wird ebenfalls die Übertragung großer Datenraten für den Einsatz im Kfz-Bereich untersucht (Abb. 6.67). Es wurden verschiedene PMMA-SI-POF von Höchst, Toray und Siemens (mit Mitsubishi-Kern, speziell für MOST entwickelt) getestet. Mit einem 670 nm VCSEL konnten bei 0,32 mW fasergekoppelter Leistung 500 Mbit/s über 10 m übertragen werden. In weiteren Versuchen wurde ein 650 nm Laser mit 50 µm Glasfaser-Ausgang ($A_N = 0,20$) verwendet. Als Empfänger diente ein Tektronix-Wandler P6701A mit 850 MHz Bandbreite. Über 10 m und 20 m Höchst-Faser (300 dB/km bei 650 nm) wurden 400 Mbit/s übertragen. Für neuere Faserproben (150 dB/km bei 650 nm) wurden sogar 600 Mbit/s über 30 m erreicht. In allen Fällen wurde keine BER-Messung, sondern eine Messung des Augendiagramms vorgenommen (Abb. 6.68).

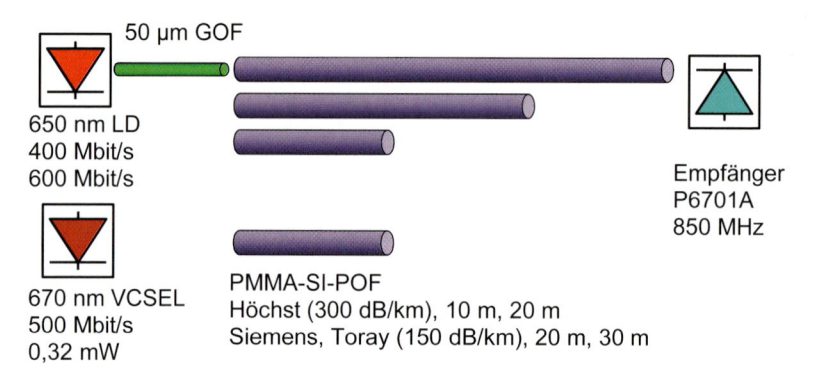

Abb. 6.67: Übertragungsexperimente mit verschiedenen POF nach [Scha00]

Fasertyp:	PMMA-SI-POF von Höchst, Toray und Siemens
Länge:	10 m, 20 m, 30 m
Bitrate:	bis 600 Mbit/s
Sender:	670 nm VCSEL, 650 nm LD
Empfänger:	Tektronix P6701A, keine BER-Messung
Literatur:	[Scha00], [Scha01]
Firma:	Daimler Chrysler Forschungszentrum Ulm

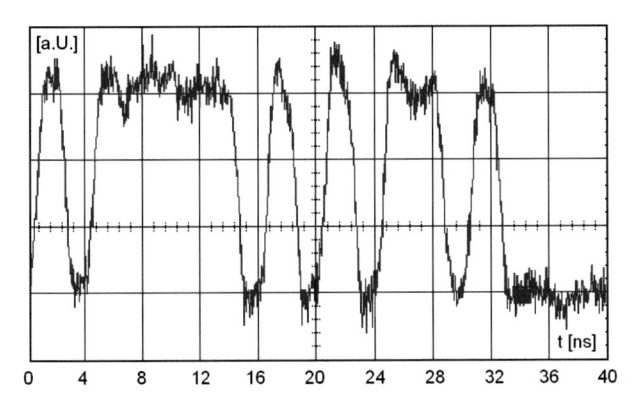

Abb. 6.68: Bitfolge bei 500 Mbit/s, PRBS [Scha01]

Bei der T-Nova GmbH wurden Anfang 2000 verschiedene Übertragungsexperimente mit einem 650 nm-Laser durchgeführt. Die Untersuchungen erfolgten im Rahmen einer Kooperation mit Nexans Autoelectric. Der kantenemittierende Laser wurde direkt an die POF angekoppelt. Um hohe Datenraten trotz der großflächigen Si-pin-Photodiode erreichen zu können, wurde ein niederohmiger Breitbandempfänger (10 Ω) aufgebaut. Um den Empfängertiefpaß zu kompensieren, wurde eine Vorverzerrung am Laser realisiert.
Die Parameter des verwendeten Lasers sind:

- Sony SLD 1133VL (für DVD, Laserpointer und Barcodeleser), indexgeführt
- Materialsystem: AlGaInP, SQW-Struktur
- longitudinal einmodig
- $\lambda = 657,5$ nm (bei 20°C)
- max. 7 mW Ausgangsleistung
- Abstrahlwinkel (FWHM): $\theta_\perp = 30°, \theta_\parallel = 8°$
- Bitrate mit Vorverzerrungs-Filter > 1.200 Mbit/s
- $I_{th} = 50$ mA (bei 20°C)

Damit konnten folgende Experimente durchgeführt werden:

- 1.200 Mbit/s über 10 m SI-POF, $A_N = 0,48$, BER $< 10^{-13}$
- 800 Mbit/s über 20 m SI-POF, $A_N = 0,48$, BER $< 10^{-12}$
- 800 Mbit/s über 50 m MC-DSI-POF, $A_N = 0,19$, BER $< 10^{-12}$

Ziel der Experimente war den Nachweis für die Übertragbarkeit hoher Datenraten im für den Automobilbereich typischen Längenbereich bis 10 m über Standard-POF, wie sie auch bei D2B und MOST verwendet werden, (z.B. in [Ziem00a] und [Ziem00f] beschrieben).

Auch in diesen Experimenten lag für die SI-POF die Systemkapazität über den theoretischen Grenzen. Hauptgrund war der relativ kleine Abstrahlwinkel des Lasers. Da aber die Einstellung des Modengleichgewichts mindestens einige 10 m benötigt, dürfte für die untersuchten kurzen Entfernungen ein praktischer Einsatz möglich sein.

Fasertyp:	SI-POF, $A_N = 0{,}48$
Länge:	10 m, 20 m
Bitrate:	1.200 Mbit/s, 800 Mbit/s
Sender:	Sony LD SLD 1133VL, 657 nm, 7 mW
	AlGaInP, SQW-Struktur; Abstrahlwinkel (FWHM):
	$q_\perp = 30°, q_\parallel = 8°$; Bitrate mit Peakingfilter > 1.200 Mbit/s:
	$I_{th} = 50$ mA (bei 20°C)
Empfänger:	Hamamatsu S5052, Low-Impedanzempfänger
Literatur:	[Ziem00a]; [Ziem00f], [Stei00b]
Firma:	Deutsche Telekom

In der Abb. 6.69 wird der Systemaufbau gezeigt, im nachfolgenden Bild das Augendiagramm für das 1.200 Mbit/s-Signal nach 10 m Übertragung. Das Auge ist noch relativ weit geöffnet und es war fehlerfreie Übertragung über mehrere Tage möglich. Die Faser war mit einem v-pin-Stecker an der Laserseite und einem FSMA-Stecker auf der Empfängerseite konfektioniert. Es wurden keine Koppellinsen oder aktive Justierungen verwendet. Zum damaligen Zeitpunkt stellte das Ergebnis die höchste veröffentlichte Datenrate über 1 mm Fasern dar.

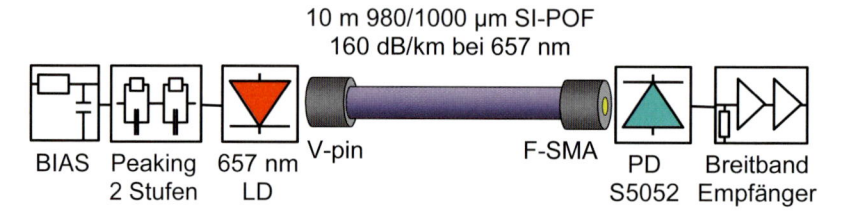

Abb. 6.69: Übertragungsexperiment bei T-Nova Berlin

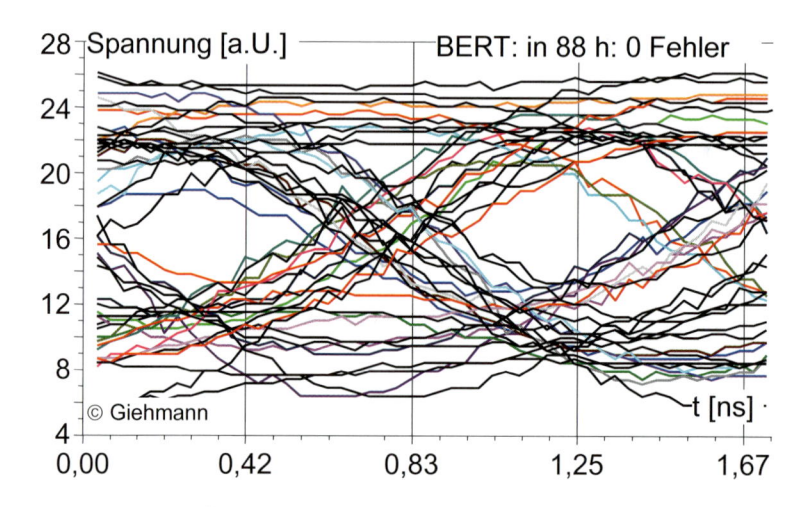

Abb. 6.70: Augendiagramm bei 1.200 Mbit/s

Auch am Fraunhofer Institut für Integrierte Schaltungen (IIS) in Nürnberg wurden verschiedene Versuche mit Gbit/s-Übertragung auf POF durchgeführt. Als Sender wurde eine kommerzielle Laserdiode für DVD-Anwendungen verwendet. Eine relativ kleine Photodiode (330 µm aktive Fläche) wurde verwendet, resultierend in ca. 10 dB Koppelverlust. Zur Signalverbesserung wurde ein passives Filter zur Dispersionskompensation und ein Begrenzer-Verstärker eingesetzt. Unterschiedliche Faservarianten in Längen bis zu 50 m wurden verwendet.

Fasertyp:	SI-POF, DSI-POF, MC-POF
Länge:	15 m bis 50 m
Bitrate:	500 Mbit/s, 800 Mbit/s, 1.000 Mbit/s
Sender:	650 nm DVD-LD
Empfänger:	330 µm Si-pin-PD
Literatur:	[Jun04d]
Firma:	Fraunhofer IIS

Die verschiedenen Versuche ergaben die Übertragung von:

➤ 1.000 Mbit/s über 15 m SI-POF direkt
➤ 1.000 Mbit/s über 20 m SI-POF mit Entzerrer-Filter
➤ 500 Mbit/s über 50 m SI-POF
➤ 500 Mbit/s über 50 m DSI-POF
➤ 1.000 Mbit/s über 50 m MC-POF (theoretisch abgeschätzt, wegen der begrenzten Empfangsleistung nicht realisierbar)

In den Abb. 6.71 und 6.72 werden der Meßaufbau und ein Augendiagramm für ein S800-Signal (1.000 Mbit/s effektiv) gezeigt. Wie zu sehen ist, stellt das Rauschen die dominierende Systembegrenzung dar. Mit einer optimierten Photodiodenkopplung (z.B. CPC) könnte eine deutliche Systemverbesserung erzielt werden.

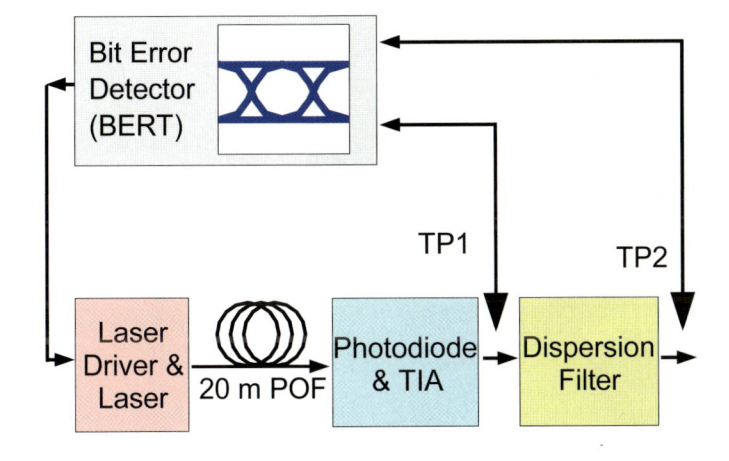

Abb. 6.71: Meßaufbau des IIS für IEEE1394-S800-Übertragung

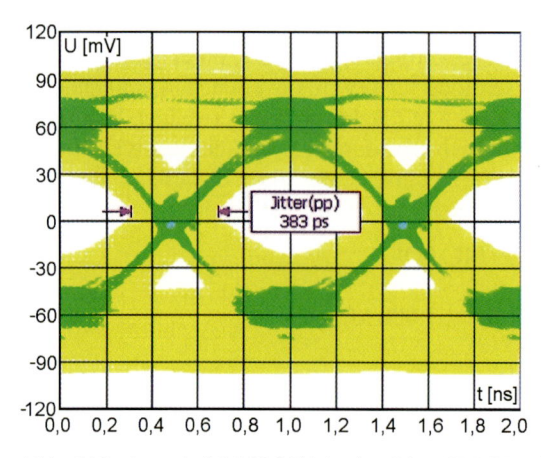

Abb. 6.72: Auge bei 1.000 Mbit/s über 20 m SI-POF mit Kompensation

In den nächsten zwei Abbildungen wird ein Beispiel für die S800-Bitfolge nach dem Begrenzer und für den fertig aufgebauten Medienkonverter gezeigt.

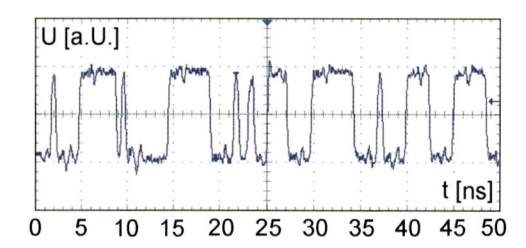

Abb. 6.73: Bitfolge nach Kompensation und Begrenzer

Abb. 6.74: Medienkonverterkarte für Wandlung auf POF

6.3.1.4 SI-POF-Systeme am POF-AC Nürnberg

Seit 2002 wurde am Polymerfaser-Anwendungszentrum der Fachhochschule Nürnberg ein Testsystem für verschiedene dicke Fasern aufgebaut. Grundlage ist eine einfache Laseransteuerung auf Basis eines Breitband MMIC-Verstärkers und ein breitbandiger Empfänger mit der Hamamatsu-Photodiode S5052 (800 µm aktiver Durchmesser). In einer ersten Variante arbeitete die Photodiode direkt auf einen 50 Ω-Widerstand. Bei einer Bandbreite von ca. 900 MHz betrug die Empfindlichkeit dieser Variante (LIA) ca. -16 dBm (bei 1 Gbit/s und 780 nm Wellenlänge). In einer späteren Diplomarbeit wurden verbesserte Empfängervarianten mit Bipolar- und FET-Transistoren in der ersten Stufe aufgebaut. Dank der vergrößerten Transimpedanz (zwischen 500 Ω und 1.000 Ω) verbesserte sich die Empfindlichkeit auf -22 dBm bei 1 Gbit/s. Allerdings war die Bandbreite dieses Empfängers (TIA) mit ca. 500 MHz etwas kleiner. In Kombination mit Entzerrerfiltern konnten mit der TIA-Variante dennoch zumeist die besseren Ergebnisse erzielt werden (Details zum Empfänger in [Sap04], [Vin04b], [Vin05b]).

Insgesamt stehen heute 6 verschiedene Laserdioden für Messungen zur Verfügung:

> 657 nm Laserdiode, Sony SLD1133VL, max. 1,3 Gbit/s, +8,4 dBm
> 652 nm Laserdiode, Sanyo L-4147-162, max. 1,6 Gbit/s, +7,0 dBm
> 654 nm Laserdiode, Union Optronics SLD-650-P5, max. 2,7 Gbit/s, +10 dBm
> 665 nm VCSEL, Firecomms, max. 2,7 Gbit/s, +0 dBm
> 780 nm Laserdiode, Rohm RLD 78MA, max. 2,6 Gbit/s, +7,0 dBm
> 850 nm VCSEL, max. 2,5 Gbit/s, -3,0 dBm

Der Bitfehlerratentester des POF-AC erlaubt Datenraten bis max. 2.700 Mbit/s. In den Abb. 6.75 und 6.76 werden die Sender und Empfänger und ein Schaltplan des LIA-Empfängers gezeigt.

Abb. 6.75: Sender und Empfänger für POF-Experimente

In zwei unterschiedlichen Meßreihen wurde die Kapazität von DSI-POF untersucht. Mit dem LIA-Empfänger und der Sony-Laserdiode konnten 550 Mbit/s übertragen werden ([Ziem03h]). Später ermöglichte ein verbessertes Leistungsbudget (stärkere Laserdiode und bessere Empfindlichkeit des TIA) die Übertragung von sogar 820 Mbit/s. In der Abb. 6.77 wird der Systemaufbau gezeigt (Augendiagramm nach 100 m in Abb. 2.142).

6.3 Übersicht der POF-Systeme

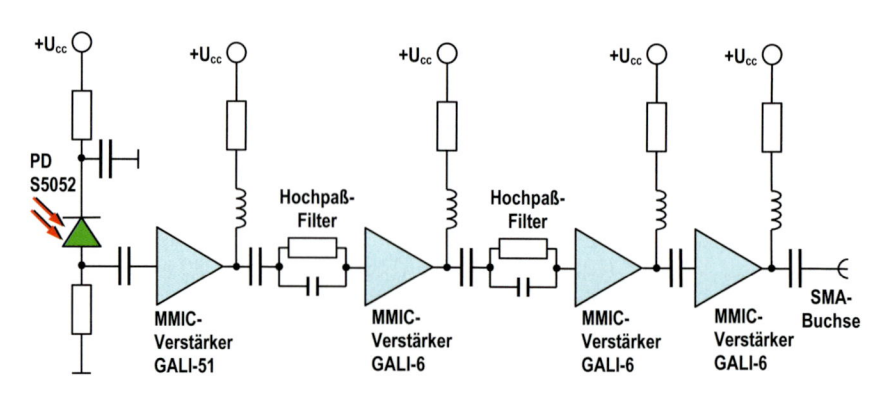

Abb. 6.76: Prinzipschaltung des Empfängers (erste Variante LIA)

Fasertyp:	DSI-POF, Asahi Chemical, AC-1000-I, $A_N = 0,25$
Länge:	100 m
Bitrate:	550 Mbit/s, 820 Mbit/s
Sender:	657 nm LD, Sony SLD 1133VL, +3,2 dBm in der POF
Empfänger:	800 µm Si-pin-PD Hamamatsu S5052
	Empfangsleistung nach 100 m: -11,5 dBm
Literatur:	[Ziem03h], [Vin05b]
Firma:	POF-AC 2003 und 2004

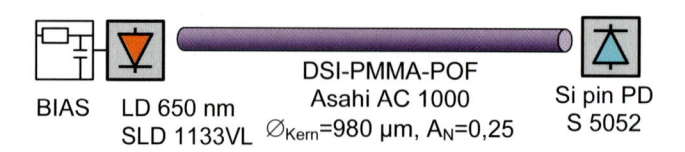

Abb. 6.77: Übertragungssystem mit DSI-POF

An Standard SI-POF wurde vor allem die Kapazität über kurze Entfernungen untersucht. Als Faser wurde die Toray PFU-CD-1001 verwendet. Über 10 m und 20 m wurden zunächst 1.220 Mbit/s und 820 Mbit/s bei 650 nm übertragen ([Ziem03g], [Vin04b], [Vin05c], [Ziem05j]).

Für Längen über 25 m wird man sicher in hochbitratigen Anwendungen auf andere Indexprofile zurückgreifen. Die Grenzen der SI-POF werden mit den oben beschriebenen Komponenten am POF-AC auch in einem Praktikumsversuch untersucht. Dabei werden Faserstücke von je 5 m Länge mit FSMA-Steckern verbunden und bei jeder Länge die maximale Bitrate gemessen. Messungen sind bis 85 m möglich (dann mit 15 Steckverbindungen). Gigabit-Übertragung wird bis ca. 30 m bis 35 m erreicht. Die Resultate zweier Praktikumsgruppen werden in Abb. 6.78 gezeigt.

Fasertyp:	Toray PFU-CD1001, 980 µm PMMA-SI-POF
Länge:	15 m bis 85 m (alle 5 m eine Steckverbindung)
Bitrate:	bis 1.500 Mbit/s (20 m)

Sender: 650 nm LD (Sony, Union Optronics)
Empfänger: 800 µm Si-pin-PD
Literatur: [Obe06], [Gott06]
Firma: POF-AC Nürnberg

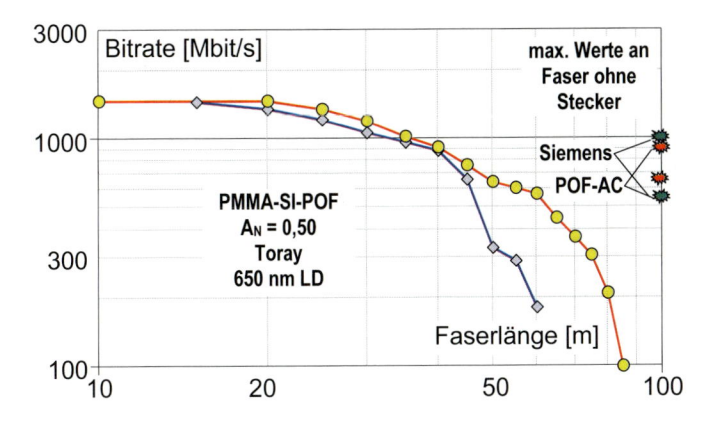

Abb. 6.78: Datenübertragung auf SI-POF (Praktikumsversuch)

Mit dem gleichen Aufbau können noch bessere Werte erzielt werden, wenn weniger Steckverbindungen verwendet werden. Mit einem zweistufigen passiven Entzerrer konnte eine maximale Bitrate von 760 Mbit/s über 100 m Standard-POF erreicht werden (Augendiagramm in Abb. 6.79). Das übertrifft sowohl die Ergebnisse mit optischer Modefilterung (533 Mbit/s [Bat96]), als auch die ersten Kalkulationen für Mehrträgerübertragung bis 540 Mbit/s ([Ran06a]).

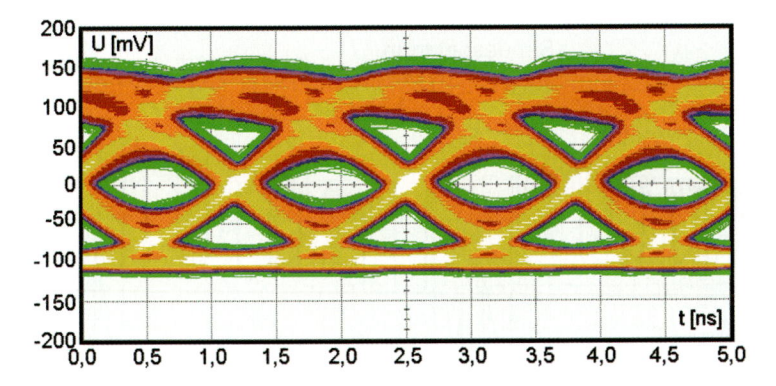

Abb. 6.79: Fehlerfreie Datenübertragung von 760 Mbit/s über 100 m St.-POF

Im Frühjahr 2007 wurden mit einer nochmals verbesserten Empfängerschaltung systematische Untersuchungen der maximalen Kapazität verschiedener Fasern durchgeführt ([Was07]). Über 100 m Standard-POF (eine Steckverbindung) konnte mit einem 650 nm-Laser eine maximale Datenrate von 910 Mbit/s bei

BER < 10^{-9} übertragen werden. Bei Einsatz einer Fehlerkorrektur wäre sogar ca. 1 Gbit/s erreicht werden. Das Augendiagramm der Messung zeigt Abb. 6.80.

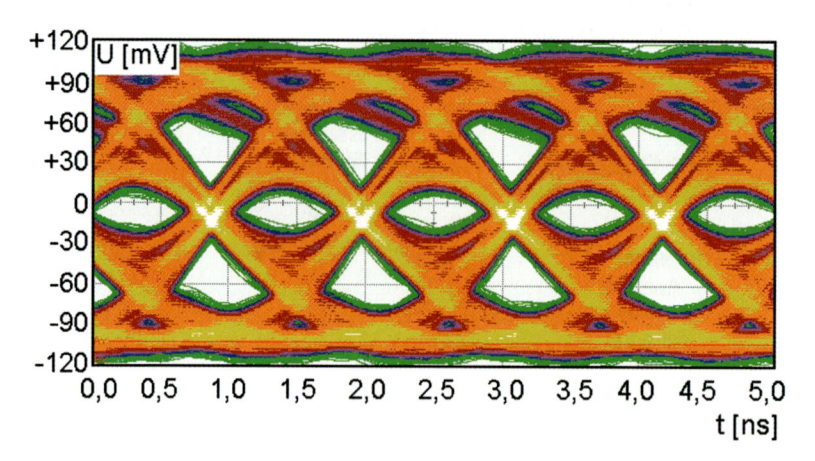

Abb. 6.80: Fehlerfreie Datenübertragung von 910 Mbit/s über 100 m St.-POF ([Was07])

In [Ran06b], [Ran06c] und [Ran07a] ist das Mehrträgersystem soweit verbessert worden, daß inzwischen ca. 1 Gbit/s über 100 Standard-SI-POF übertragen werden kann. Die Idee hinter dem System ist die Kombination verschiedener Verfahren, die auch aus dem Mobilfunk gut bekannt sind. Der Frequenzbereich bis 200 MHz wird in verschiedene Träger unterteilt. Durch eine höhere Leistung bei den höheren Trägerfrequenzen wird die abfallende Übertragungsfunktion der POF-Strecke teilweise kompensiert (Abb. 6.81).

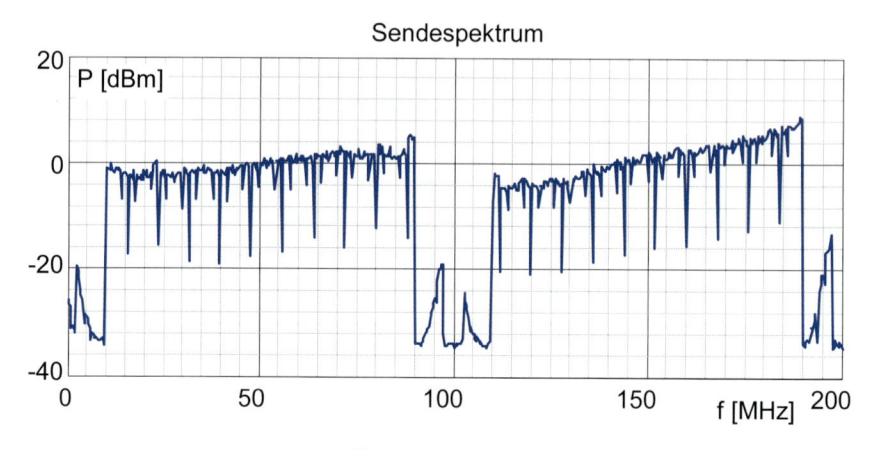

Abb. 6.81: Kompensation der POF-Übertragungsfunktion in einem Mehrträgersystem

Um eine höhere spektrale Effizienz zu erreichen, wird jeder Träger mit einem höherwertigen QAM-Signal moduliert. Im beschriebenen Beispiel wurden

2 Gruppen mit je 40 Trägern verwendet. Der Trägerabstand war 2 MHz bei einer Symbolrate von 1,8 Mbaud je Träger. Durch die Anpassung der Trägerphasen wurde der Crestfaktor optimiert, um einen möglichst hohen Modulationsgrad zu erreichen. In der unteren Gruppe wurde QAM-256 verwendet (8 bit/Symbol) und in der oberen Gruppe eine QAM-64 (6 bit/Symbol). Damit ergibt sich eine Gesamtbitrate von:

$$BR_{brutto} = 40 \cdot 1{,}8 \text{ Mbaud} \cdot 8 \frac{\text{bit}}{\text{Symbol}} + 40 \cdot 1{,}8 \text{ Mbaud} \cdot 6 \frac{\text{bit}}{\text{Symbol}} = 1.008 \text{ Mbit/s}$$

Die vorhandene Meßtechnik erlaubte noch keine Echtzeitdemodulation. Deswegen wurden nur Datenpakete übertragen, mit einem schnellen Oszilloskop aufgezeichnet und an einem PC demoduliert. Die Konstellationsdiagramme für 2 typische Kanäle werden in Abb. 6.82 gezeigt.

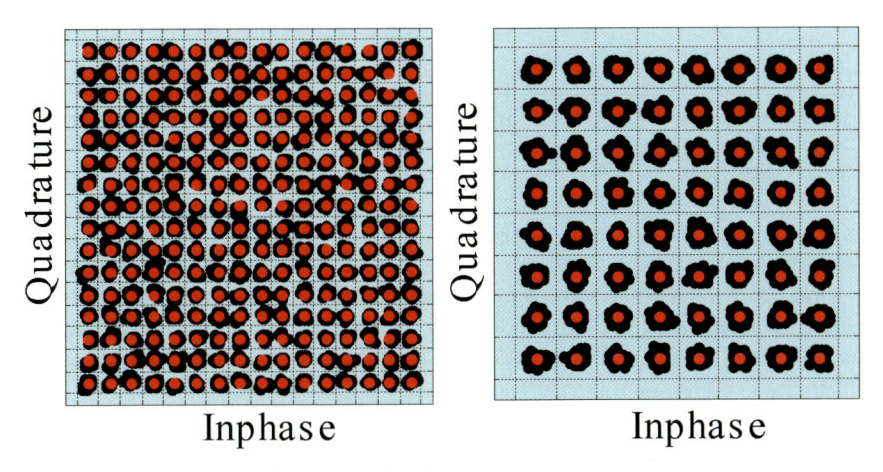

Abb. 6.82: Konstellationsdiagramme für 2 Träger

Insgesamt erreicht das Verfahren eine spektrale Effizienz von 6,3 bit/s/Hz. Mit dem verwendeten 650 nm-Laser hat die verwendete 100 m SI-POF einen Verlust von 14 dB. Als Empfänger dient ein kommerzieller TIA mit einer 1 mm großen Photodiode.

Für alle Träger konnte aus dem Fehlervektor eine Bitfehlerwahrscheinlichkeit von unter 10^{-3} errechnet werden. Durch Verwendung eines RS-Kodes (511,479) kann die Bitfehlerwahrscheinlichkeit auf unter 10^{-9} verringert werden. Dann wäre die Nettobitrate bei 945 Mbit/s. Die Arbeiten am System werden im Rahmen des Projektes POF-ALL (www.ist-pof-all.org) in Kooperation mit dem FhG IIS und dem POF-AC Nürnberg weitergeführt werden.

Das beschriebene System ist durch die Verwendung der FEC (Fehlerkorrektur) nicht ganz mit den vorher beschriebenen Experimenten vergleichbar, die jeweils durch eine FEC auch noch einmal deutlich verbessert werden könnten. In der Tabelle 6.9 und der Abb. 6.83 werden die bisher vorgestellten Systeme noch einmal zusammengestellt.

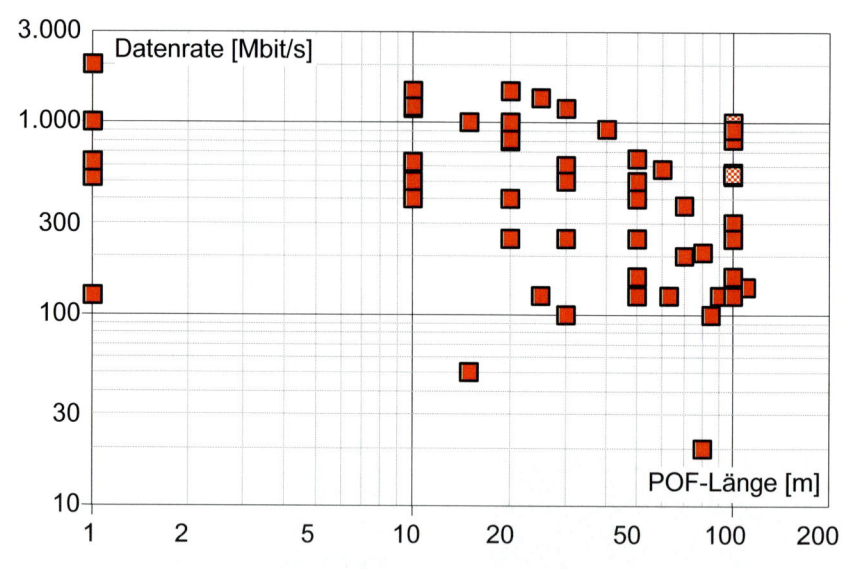

Abb. 6.83: Übersicht der SI/DSI-POF-Systeme bei 650 nm

Ganz offensichtlich decken die PMMA-SI und DSI-POF einen wesentlich größeren Anwendungsbereich ab, als von den meisten Anwendern wahrgenommen wird. Zwar sind viele der oben beschriebenen Experimente unter idealen Laborbedingungen durchgeführt worden, auf der anderen Seite sind aber auch weitere Verbesserungen auf der Seite der aktiven Komponenten möglich und absehbar.

Tabelle 6.9: POF-Übertragungssysteme (SI-POF/DSI-POF)

Quelle	Institut	Faser	Länge [m]	Bitrate Mbit/s	Kapazität Mbit/s·km	Sender
[Scho88]	-	SI-POF	80	10	0,8	650 nm LED
[Kuch94]	-	SI-POF	100	140	14,0	650 nm LD
[HP05]	HP	SI-POF	15	50	0,75	650 nm LED
[Pri92]	Kennedy&Donkin	SI-POF	90	125	11,3	670 nm LD
[Kit92]	Mitsubishi	SI-POF	100	10	1,0	596 nm LED
				125	12,5	650 nm LD
[Kuch94]	Kaiser 1990	SI-POF	110	140	15,4	k.A.
[Fuk93]	Toshiba	SI-POF	30	100	3,0	670 nm LED
[Koi94]	Keio Univ.	SI-POF	100	250	25,0	653 nm LD
[Tan94b]	Fujitsu	SI-POF	50	400	20,0	650 nm LD
[Kob97]	NEC	Low-NA	100	156	15,6	650 nm LED
[Yos96]	Asahi Glass	DSI-POF	50	155	7,8	650 nm SLED
[NL2110]	NEC	DSI-POF	70	250	17,5	650 nm SLED

Tabelle 6.9: POF-Übertragungssysteme (SI-POF/DSI-POF), Fortsetzung

Quelle	Institut	Faser	Länge [m]	Bitrate Mbit/s	Kapazität Mbit/s·km	Sender
[Sak97]	Sony	SI-POF	70	200	14,0	650 nm LD
[Som98a]	Univ. Ulm	DSI-POF	63	125	7,9	650 nm SLED
[Mai00]	Hamamatsu	SI-POF	50	156	7,8	650 nm LED
[Num01a]	Matsushita	SI-POF	20	50	1,0	650 nm RC-LED
[Neh06a]	Euromicron	SI-POF	70	125	8,8	655 nm LED
[Bat92a]	Univ. Essex	SI-POF	100	265	26,5	652 nm LD
[Yas93]	Univ. Essex	SI-POF	100	531	53,1	652 nm LD
[Kuch94]	IBM	500µm-SI	30 100	531 300	15,0 30,0	670 nm VCSEL
[Stre98b]	Mitel	SI-POF	1 30	512 250	0,5 7,5	660 nm RC-LED
[Schu01b]	Infineon	DSI-POF	50 100	500 250	25,0 25,0	650 nm RC-LED
[Scha01]	DaimlerChrysler	SI-POF	30	500	15,0	650 nm LD
[Gui00a]	Univ. Tampere	SI-POF	1	622	0,6	650 nm RC-LED
[Gui00b]	Univ. Tampere	SI-POF	1 10	1.000 400	1,0 4,0	650 nm RC-LED
[Gui00b]	Univ. Tampere	DSI-POF	10	622	6,2	650 nm RC-LED
[Scha00]	DaimlerChrysler	SI-POF	10	500	5,0	670 nm VCSEL
[Scha00]	DaimlerChrysler	SI-POF	10 20 30	400 400 600	4,0 8,0 18,0	650 nm LD
[Ziem00a]	Telekom	SI-POF	10 20	1.200 800	12,0 16,0	650 nm LD
[Jun04d]	FhG IIS	SI-POF	15 20 50	1.000 1.000 500	15,0 20,0 25,0	650 nm DVD-LD
[Ziem03h]	POF-AC	DSI-POF	100 100	550 820	55,0 82,0	657 nm LD
[Gott06]	POF-AC	SI-POF	20 30 50 85	1.470 1.200 650 100	29,4 36,0 32,5 8,5	650 nm LD
[Was07]	POF-AC/ TUSUR	SI-POF	50 100	1.660 910	83,0 91,0	650 nm LD
[Ran06a]	Siemens	SI-POF	100	540	54,0	650 nm LD, FEC
[Ran06c]	Siemens	SI-POF	100	945	94,5	650 nm LD, FEC

6.3.2 Systeme mit PMMA-SI-POF bei Wellenlängen unter 600 nm

Die PMMA-Faser hat ihre niedrigste Dämpfung bei Wellenlängen um 520 nm und 560 nm. Dennoch wurden die meisten Übertragungssysteme und -experimente zunächst im dritten Dämpfungsfenster um 650 nm realisiert. Ursache war das Fehlen geeigneter LED in der Zeit vor der Entwicklung der GaN-Technologie in der zweiten Hälfte der 90er Jahre.

In den folgenden Abschnitten werden die verschiedenen Etappen von Übertragungssystemen mit blauen, grünen und gelben LED vorgestellt.

6.3.2.1 Systeme mit $A_{III}B_V$-Halbleiter-LED

Vor der Einführung von GaN-LED konnten grüne LED nur auf Basis indirekter Halbleiter realisiert (GaP) werden. Diese sind aufgrund ihres schlechten Wirkungsgrades und der langsamen Schaltzeiten für Datenübertragung ungeeignet. Aus InGaAlP bzw. GaAsP können aber LED mit Wellenlängen im Bereich bis herab zu 570 nm hergestellt werden. Diese wurden schon Anfang der 90er Jahre für POF genutzt.

In einem solchen Übertragungsexperiment wurden 10 Mbit/s über 100 m realisiert. Dabei wurde eine gelbe LED HLMA-DL00 (596 nm) mit -12,4 dBm in der POF benutzt. Als Empfänger diente der TORX 194 mit -29,55 dBm Empfindlichkeit bei BER = 10^{-9}. Inzwischen ist von W&T ein 10BasePOF-Transceiver mit vergleichbaren Parametern kommerziell erhältlich (nach Wissen der Verfasser das erste nicht bei 650 nm angebotene Produkt).

Fasertyp:	SI-POF, Mitsubishi ESKA Premier
Länge:	100 m
Bitrate:	10 Mbit/s
Sender:	LED HLMA-DL00 (596 nm); -12,4 dBm
Empfänger:	TORX-194, -29,55 dBm
Literatur:	[Kit92]
Firma:	Mitsubishi

596 nm LED
10 Mbit/s
100 m SI-POF
Mitsubishi, ESKA Premier
TORX 194
für 10 Mbit/s

Abb. 6.84: Übertragungssystem nach [Kit92]

In einem weiteren Versuch ([Fuk93]) wurde eine 573 nm InGaAlP-LED mit 0,7% externem Wirkungsgrad (QWG), 12,5 nm spektraler Breite und -20,5 dBm mittlerer Leistung in der POF verwendet (100 m). Als Empfänger diente wiederum ein TORX 196 mit -32,5 dBm Empfindlichkeit. Mit größerer LED-Leistung wurden 200 m Reichweite abgeschätzt, allerdings waren zu diesem Zeitpunkt entsprechende Quellen nicht verfügbar. In späteren Kapiteln werden die Vorteile neuerer GaN-LED detailliert beschrieben werden.

Fasertyp: SI-POF
Länge: 100 m
Bitrate: 10 Mbit/s
Sender: InGaAlP-LED, 573 nm, $\Delta\lambda$ = 12,5 nm
-17,5 dBm in der Faser bei 100 mA
Empfänger: TORX-196, -32,5 dBm Empfindlichkeit
Literatur: [Fuk93]
Firma: Toshiba

573 nm LED InGaAlP, 9 µW — 100 m SI-POF — TORX 196

Abb. 6.85: Übertragungssystem nach [Fuk93]

6.3.2.2 Systeme mit GaN-LED

Im Zeitraum 1995 bis 1998 wurden am Technologiezentrum der Deutschen Telekom in Berlin umfangreiche Voruntersuchungen zum Einsatz von grünen LED in POF-Systemen durchgeführt. An damals neuen LED von Nichia wurden Messungen verschiedener optischer Parameter durchgeführt. Unter anderem wurde die Temperaturabhängigkeit der optischen Leistung und der Mittenwellenlänge vermessen. Für GaN-LED sind diese Werte viel besser als für herkömmliche rote LED. Ergebnisse sind z.B. in [Ziem96a], [Ziem98a], [Ziem98b], [Ziem98d] und [Ziem97d] vorgestellt. Ein Beispiel wird in Abb. 6.86 wiedergegeben. Gezeigt ist die Modulationsbandbreite je einer roten, grünen und gelben LED mit identischen Ansteuerschaltungen (20 mA Vorstrom und optimiertes Vorverzerrerfilter). Mit der grünen LED konnte aufgrund des Aufbaus (5 mm-Typ) zwar weniger Leistung in die POF eingekoppelt werden, die Bandbreite war aber fast doppelt so groß wie die der beiden anderen Typen.

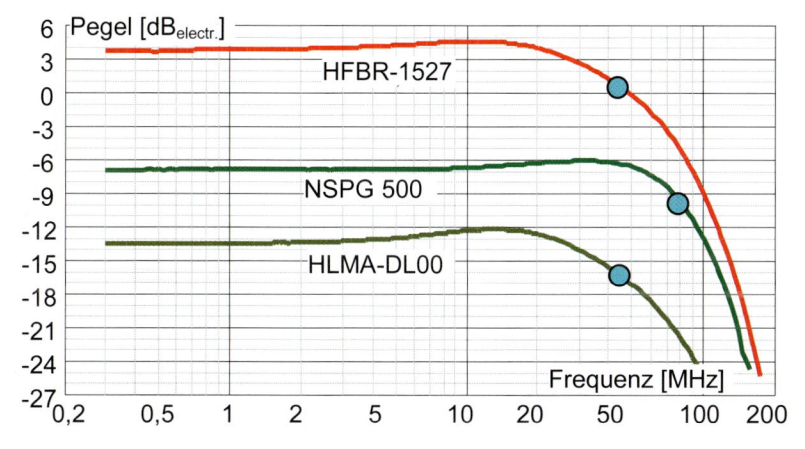

Abb. 6.86: Bandbreite verschiedener LED [Ziem98d]

6.3 Übersicht der POF-Systeme

Der Aufbau von Übertragungssystemen lag in dieser Zeit nicht im Bereich der Aufgaben der Berliner Forschungsgruppe. In einem Test in Kooperation mit der Universität Ulm konnten 1999 zunächst 125 Mbit/s über 50 m und später 155 Mbit/s über 100 m DSI-POF übertragen werden ([Daum01a]).

In [Ino99] wird die Verwendung von blauen LED für 125 Mbit/s über 100 m POF-Übertragung untersucht. Die Chip-LED emittierte maximal 0,92 dBm Leistung (1,24 mW). Ohne Peaking konnten -5,28 dBm (0,3 mW) in die POF eingekoppelt werden. Mit optimierten Linsen und Peaking waren es -3,62 dBm (0,43 mW). Die verwendete SI-POF besitzt bei der verwendeten Wellenlänge eine Dämpfung von 168 dB/km. Damit stehen nach 100 m POF -22,1 dBm bzw. -20,5 dBm am Faserausgang zur Verfügung (ohne Peaking/mit Peaking und Linsenoptimierung). Der Empfänger besitzt -21,1 dBm bzw. -22,1 dBm Empfindlichkeit (ohne/mit Peaking) bei einer BER = 10^{-12}. Die maximale Modulationsfrequenz der blauen LED beträgt 120 MHz bzw. 200 MHz ohne/mit Peaking.

Nur mit der optimierten Einkopplung konnte also die Übertragung erfolgreich realisiert werden. Obwohl die effektive Dämpfung der Faser niedriger als bei 650 nm ist, reichten die Parameter noch nicht für eine praktische Anwendung für 100 m Reichweite aus. Zu beachten ist, daß für blaues Licht die Grenzen für die Augensicherheit restriktiver als für rotes Licht sind.

Fasertyp:	SI-POF, 168 dB/km bei blau
Länge:	100 m
Bitrate:	125 Mbit/s
Sender:	+0,92 dBm, 120 MHz Bandbreite (200 MHz mit Peaking)
Empfänger:	-22,1 dBm Empfindlichkeit
Literatur:	[Ino99]
Firma:	Optowave Inc.

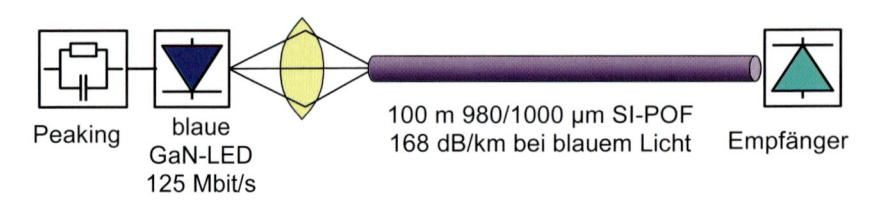

Abb. 6.87: POF-System mit blauer GaN-LED nach [Ino99]

Die Verwendung grüner und blauer LED für POF-Übertragung wurde ebenfalls in [Yago99] beschrieben. Die Autoren verwendeten kommerzielle LED bei 475 nm (als Chip) und 520 nm (im Gehäuse). Die verfügbare Leistung nach 50 m POF (Eska Mega von Mitsubishi) betrug -14,6 dBm (blau) bzw. -17,9 dBm (grün). Für die blaue LED wird eine eingekoppelte Leistung von -5,1 dBm angegeben. Die Bandbreiten verschiedener LED lagen zwischen 70 MHz und 120 MHz, so daß jeweils 125 Mbit/s übertragen werden konnten. Es wurde kein spezielles Peaking verwendet und als Empfänger diente der NL2100 von NEC (155 Mbit/s Transceiver). Folgende Übertragungsexperimente wurden durchgeführt:

6.3 Übersicht der POF-Systeme

> 475 nm, 50 m POF, BER = 10^{-12}, Empfangsleistung: -14,6 dBm
> 475 nm, 100 m POF, BER = 10^{-12}, Empfangsleistung: -22,1 dBm
> 520 nm, 50 m POF, BER = 10^{-12}, Empfangsleistung: -16,3 dBm

Fasertyp:	DSI-POF Eska-Mega
Länge:	50 m, 100 m
Bitrate:	155 Mbit/s
Sender:	475 nm LED; 520 nm LED
Empfänger:	NL2100, NEC
Literatur:	[Yago99]
Firma:	Optowave Laboratory

In [Mat00] wird die Verwendung einer grünen LED (520 nm) für die Übertragung von 30 Mbit/s über 100 m SI-POF (110 dB/km bei 520 nm bei $A_N = 0,51$) beschrieben. Bei ca. -1 dBm eingekoppelter Leistung ist die Empfindlichkeit -20,8 dBm für BER = 10^{-9}. Die Autoren bezeichnen ihr System als „*First plastic optical fibre transmission experiment using 520 nm LEDs*", dafür kamen sie aber einige Jahre zu spät.

Fasertyp:	SI-POF; 110 dB/km bei 520 nm bei $A_N = 0,51$
Länge:	100 m
Bitrate:	30 Mbit/s
Sender:	520 nm LED; -1 dBm
Empfänger:	-20,8 dBm Empfindlichkeit
Literatur:	[Mat00]
Firma:	NTT Basic Res. Labs

Im Rahmen des europäischen IST-Projektes Agetha sollten grüne und gelbe LED und RC-LED speziell für den Einsatz in Fahrzeugnetzen entwickelt werden. Neben hohen Datenraten sollte vor allem das Temperaturverhalten optimiert werden. Auch wenn nicht alle Projektziele erreicht worden, konnten doch bis dahin unerreichte Resultate für POF-Systeme bei kurzen Wellenlängen erzielt werden. In einer ersten Stufe wurden 100 Mbit/s über 100 m SI-POF erreicht.

Fasertyp:	PMMA SI-POF, 126 dB/km bei 495 nm
Länge:	100 m
Bitrate:	100 Mbit/s
Sender:	495 nm LED, 0,8 mW bei 20 mA (1,6% QWG) $T_K = -0,4\%/K$, bis 200°C
Empfänger:	Si-pin-PD
Literatur:	[Lam01]
Firma:	Firecomms

Im darauf folgenden Jahr wurde dann die Übertragung von 200 Mbit/s über 100 m Faser demonstriert. Verbessert wurden der Wirkungsgrad der Diode und die Modulationsgeschwindigkeit.

Fasertyp:	PMMA SI-POF
Länge:	100 m

Bitrate:	200 Mbit/s
Sender:	510 nm LED, 1,2 mW bei 20 mA, 5 QW, auf Saphir-Substrat 200 Mbit/s mit 50 mA, ohne Peaking
Empfänger:	Si-pin-PD
Literatur:	[Lam02], [Akh02]
Firma:	Firecomms

GaN-LED
495 nm, 100 Mbit/s
510 nm, 200 Mbit/s

100 m POF
126 dB/km
bei 495 nm

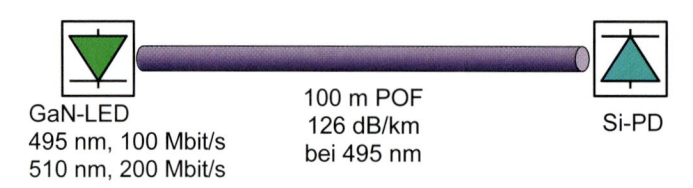

Si-PD

Abb. 6.88: Datenübertragung mit grünen LED bei Firecomms

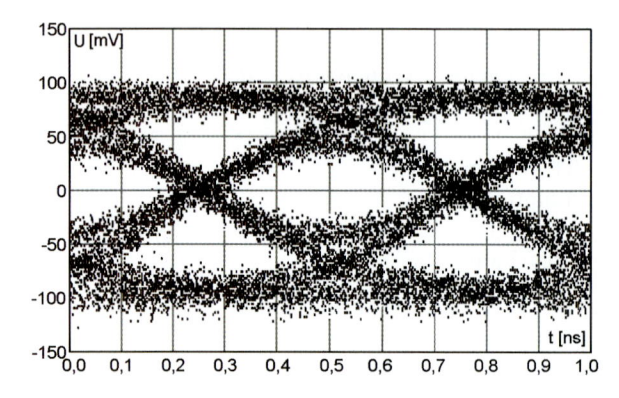

Abb. 6.89: Augendiagramm mit grünen LED, 200 Mbit/s über 100 m

Über kurze Entfernungen (10 m) konnten mit einzelnen LED bis zu 310 Mbit/s übertragen werden (Agetha final report). Inzwischen stellt Firecomms grüne Transceiver als kommerzielles Produkt her, vorerst nur bis 50 Mbit/s Datenrate. Nachfolgend werden die garantierten Daten genannt.

Fasertyp:	DSI-POF Asahi AC-1000
Länge:	100 m
Bitrate:	60 Mbit/s
Sender:	520 nm HSG-LED, -9,7 dBm in der Faser
Empfänger:	Si-pin-PD
Literatur:	[Lam03a]
Firma:	Firecomms

Eine weitere Firma, welche die Übertragung von Daten mit grünen LED untersucht, ist Toyota. Mit einer eigenen LED wurden 125 Mbit/s über 60 m DSI-POF übertragen. Auch diese LED zeichnet sich durch sehr kleine Temperaturkoeffizienten aus.

Fasertyp:	DSI-POF Eska-Mega
Länge:	60 m
Bitrate:	125 Mbit/s
Sender:	520 nm LED; E1L53-3G, +3,9 dBm, $\Delta P/\Delta T = -0,22\ \%/K$, $\Delta\lambda/\Delta T = 0,033$ nm/K, $\Delta\lambda = 35$ nm -4,5 dBm in der POF (20 mA), Chipfläche 300×300 µm²
Empfänger:	Scientek APD-250
Literatur:	[Kat02]
Firma:	Toyota

Weitere Experimente mit Datenraten bis zu 250 Mbit/s folgten in den nächsten beiden Jahren. Es wurden verschiedene LED mit kleineren Chipflächen untersucht.

Fasertyp:	DSI-POF Eska-Mega
Länge:	20 m (abgeschätzt werden 80 m bei 100 dB/km)
Bitrate:	250 Mbit/s
Sender:	515 nm LED; +1,1 dBm $\Delta P/\Delta T = -0,72\ \%/K$, $\Delta\lambda/\Delta T = 0,025$ nm/K 38,2 nm spektrale Breite, -5,6 dBm in der POF Chipfläche 200×260 µm²
Empfänger:	TODX-2402, -18,6 dBm (BER = 10^{-12})
Literatur:	[Kat04], [Kat05]
Firma:	Toyota auch 250 Mbit/s über 20 m mit 490 nm LED

Abb. 6.90: Grüne LED zur POF-Datenübertragung

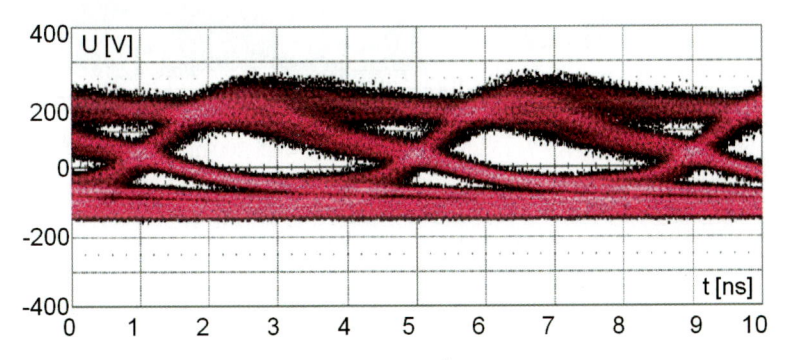

Abb. 6.91: Augendiagramm für 250 Mbit/s-Übertragung über 20 m POF

Seit einigen Jahren gibt es in Italien (Luceat, ISMB: Istituto Superiore Mario Boella und Politechnico di Turino) neue Aktivitäten mit dem Ziel die Reichweite von PMMA-POF-Systemen zu vergrößern. Neben der Verwendung von grünen LED werden dabei optimierte Modulationsverfahren, fehlerkorrigierende Kodes und mehrstufige Verfahren eingesetzt.

Als Beispiel wurde eine 4stufige Übertragung verwendet. Dabei wurde zusätzlich eine 5S/6S-Kodierung durchgeführt (aus 6^4 möglichen Kodes werden dafür 5^4 ausgewählt) um möglichst gleichstromfreie Signale zu erhalten. Für 100 Mbit/s ergibt sich so eine Symbolrate von 60 Mbaud/s. Es können 100 m SI-POF überbrückt werden. In den Abb. 6.92 und 6.93 ist der Effekt der Verbesserung der Signalqualität durch die 5S6S-Kodierung nach jeweils 50 m und 200 m POF zu erkennen.

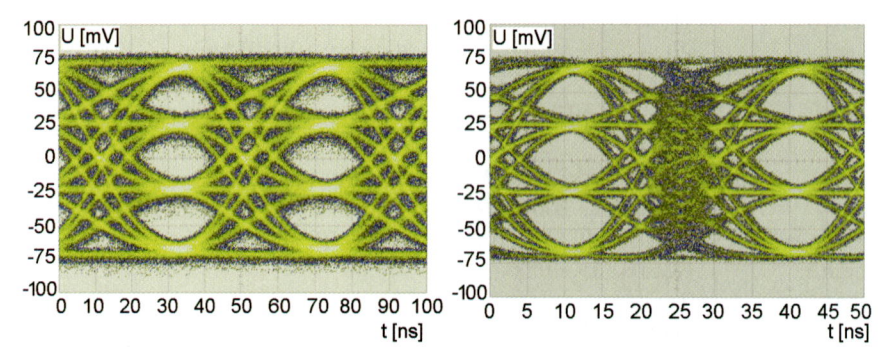

Abb. 6.92: Augen: unkodiert und kodiert mit 50 Mbit/s über 100 m ([Gau05a])

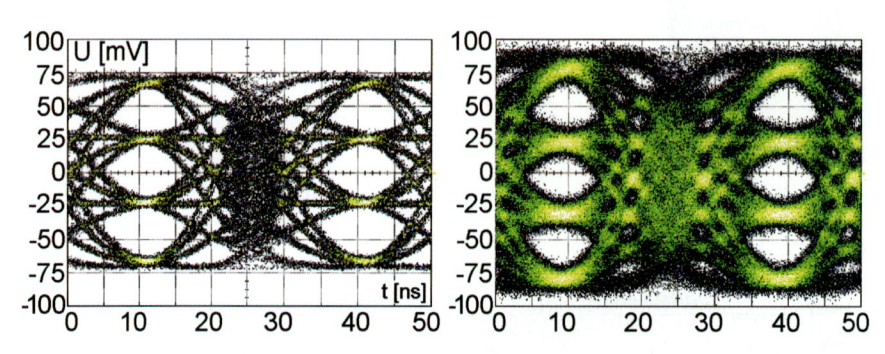

Abb. 6.93: Augen: 50 Mbit/s über 100 m (5S/6S) und 50 Mbit/s über 200 m [Gau05b]

Fasertyp	Luceat SI-POF, A_N = 0,50, 105 dB/km (grün)
	Verlust: 17 dB (150 m); 21 dB (200 m)
Länge	100 m, 150 m, 200 m
Bitrate	50 Mbit/s (4-stufiger Kode, 5S/6S-kodiert)
Sender	4 PAM-Modulation, grüne DieMount LED; +3 dBm (Pigtail), 22 MHz; mit Kompensation der Nichtlinearität

Empfänger	Hamamatsu-PD + TIA S6468-02
Literatur	[Gau04a], [Gau05a], [Gau05b]
Firma	Politechnico di Turino, ISMB Turin

Mit einer 4-stufigen Kodierung konnten bislang max. 100 Mbit/s über 100 m übertragen werden. Bis zu 150 Mbit/s konnten bei 8stufiger Kodierung erreicht werden (im Bild das Augendiagramm nach 50 m).

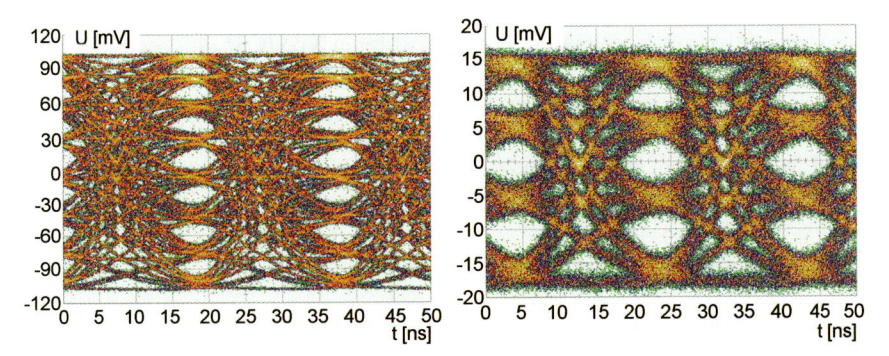

Abb. 6.94: Auge 150 Mbit/s über 50 m und 100 Mbit/s über 100 m, [Gau04a]

Auf der POF-Konferenz 2006 in Seoul wurde als neuestes Ergebnis eine Datenübertragung von 100 Mbit/s über 200 m SI-POF vorgestellt ([Nes06a] und [Nes06b]). Wie bereits in den vorhergehenden Systemen wurde eine grüne LED als Sender verwendet (DieMount, +3 dBm fasergekoppelte Leistung). Zur Kompensation des Übertragungsverhaltens der POF wurde jetzt ein adaptiver Equalizer verwendet. Bei 8-stufiger Kodierung war die Symbolrate 33 MBaud/s, das Empfangssignal wurde mit 66 MSample/s abgetastet und weiterverarbeitet.

Mit Fehlerkorrektur wird ein Rauschabstand von 19 dB benötigt. Experimentell konnten 26 dB erreicht werden (7 dB Reserve). In einem nächsten Schritt soll das System in einem FPGA integriert werden.

Fasertyp	Luceat SI-POF, $A_N = 0{,}50$, 105 dB/km (grün)
Länge	200 m
Bitrate	100 Mbit/s (8-stufig kodiert, 33 MBaud/s)
Sender	grüne DieMount LED; +3 dBm (Pigtail)
Empfänger	Hamamatsu-PD + TIA S6468-02
	adaptiver Entzerrer
Literatur	[Nes06a], [Nes06b]
Firma	Politechnico di Turino

In einem weiteren Versuch wurde eine Datenrate von 10 Mbit/s übertragen. Eine besonders leistungsfähige grüne LED (DieMount), eine großflächige Si-pin-PD mit einem rauscharmen Transimpedanzempfänger und eine spezielle Kodierung erlaubten eine Reichweite von 350 m. Auf der POF-Konferenz 2006 wurde sogar die Übertragung über 425 m vorgestellt werden (mit 8B10B-Kodierung, Reed-Solomon-Kode für FEC, [Car06a]).

Fasertyp	Luceat SI-POF, $A_N = 0{,}50$, 105 dB/km (grün)
Länge	350 m, 425 m
Bitrate	10 Mbit/s
Sender	grüne DieMount LED; +3 dBm (Pigtail)
Empfänger	Hamamatsu-PD + TIA S6468-02 (-37 dBm Empfindlichkeit)
Literatur	[Gau04a], [Car06a]
Firma	Politechnico di Turino

Eine Alternative zur Übertragung mit mehrstufigen Kodes ist die Verwendung von Mehrträgerverfahren, wie sie beispielsweise bei DSL eingesetzt werden. Von Teleconnect Dresden wurde dabei im Rahmen des POF-ALL-Projektes die Übertragung von Fast-Ethernet über 200 m realisiert ([Blu07]). Auch hier wird eine grüne LED verwendet, um die niedrige POF-Dämpfung ausnutzen zu können. Eine detailliert Beschreibung dieses Systems erfolgt im Abschnitt 6.2.8.2.

6.3.2.3 Kommerzielle Entwicklungen

Seit etwa 2003 sind verschiedene kommerzielle Transceiver mit GaN-LED in Entwicklung oder sogar schon verfügbar. Fast alle diese Produkte sind für Ethernet und Fast-Ethernet-Anwendungen vorgesehen. Einsatzbereiche sind Automatisierung und Heimnetze.

Von Ratioplast werden z.B. 10 Mbit/s-Transceiver mit bis zu 200 m Reichweite angeboten (Abb. 6.95).

Fasertyp:	SI-PMMA-POF
Länge:	200 m
Bitrate:	10 Mbit/s
Sender:	520 nm LED
Empfänger:	Si-pin-PD
Literatur:	[Thi04]
Firma:	Ratioplast

Abb. 6.95: Transceiver mit grüner LED

Auch von Luceat (Italien) wird ein vergleichbarer Transceiver mit grüner LED als kommerzielles Produkt angeboten.

Fasertyp:	SI-PMMA-POF
Länge:	25 m bis 200 m
Bitrate:	10 Mbit/s
Sender:	520 nm LED
Empfänger:	Si-pin-PD
Literatur:	[Luc04a]
Firma:	Luceat

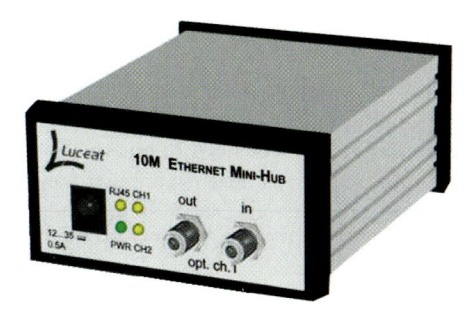

Abb. 6.96: Transceiver mit grüner LED von Luceat (Italien)

Vom Technologiezentrum Astri in HongKong wurden verschiedene Produkte für POF und vor allem PCS entwickelt. In Entwicklung befinden sich Komponenten für SI-POF auf Basis grüner LED. Auf der POF-Konferenz 2005 wurde ein komplettes Modul vorgestellt.

Fasertyp:	PMMA-SI-POF, 70 dB/km
Länge:	40 m
Bitrate:	20 Mbit/s
Sender:	520 nm LED, Transmittermodul: $9{,}7 \times 6{,}2 \times 3{,}6$ mm³
Empfänger:	Si-pin-PD
Literatur:	[Wip05]
Firma:	Astri Hong Kong

Auch Infineon Technologies stellte vor einiger Zeit eine produktnahe Entwicklung für Datenübertragung mit grünen LED vor. Das System sollte bei 125 Mbit/s über 100 m (DSI-POF) arbeiten und sich durch kleine Temperaturkoeffizienten auszeichnen.

Fasertyp:	DSI-POF, Eskamega
Länge:	100 m
Bitrate:	125 Mbit/s
Sender:	510 nm LED, 200 µW, 0,23 %/K Temperaturabhängigkeit
Empfänger:	Si-pin-PD, -23 dBm Empfindlichkeit
Literatur:	[Witt03]
Firma:	Infineon Technologies

Von DieMount wurden verschiedene Transceiverentwicklungen präsentiert. Zunächst wurde die Übertragung von 125 Mbit/s über 100 m DSI-POF vorgestellt. Mit einer leistungsstärkeren (+1 dBm in der Faser), aber etwas langsameren LED sind 50 Mbit/s über 200 m POF möglich.

Fasertyp:	DSI-POF Asahi AC-1000
Länge:	100 m
Bitrate:	125 Mbit/s
Sender:	520 nm LED, -3,5 dBm
Empfänger:	Si-pin-PD
Literatur:	[Kra03]
Firma:	DieMount

Höhere Geschwindigkeiten sind mit blauen LED möglich. Außerdem sind diese LED normalerweise effizienter. Die etwas höhere POF-Dämpfung und die schlechtere PD-Empfindlichkeit werden dadurch ggf. kompensiert. In einem Test wurde die Übertragung von 125 Mbit/s über 150 m realisiert. Der Empfänger enthielt einen Hochpaß zur Kompensation der Modendispersion. Das System ist als Duplexvariante (mit 2 Fasern) kommerziell erhältlich (garantiert werden dabei 80 m Reichweite).

Fasertyp:	SI-PMMA-POF
Länge:	150 m (eine Steckverbindung)
Bitrate:	125 Mbit/s, bidirektional über Duplexfaser
Sender:	470 nm LED
Empfänger:	Si-pin-PD
Literatur:	[Kra04a]
Firma:	DieMount

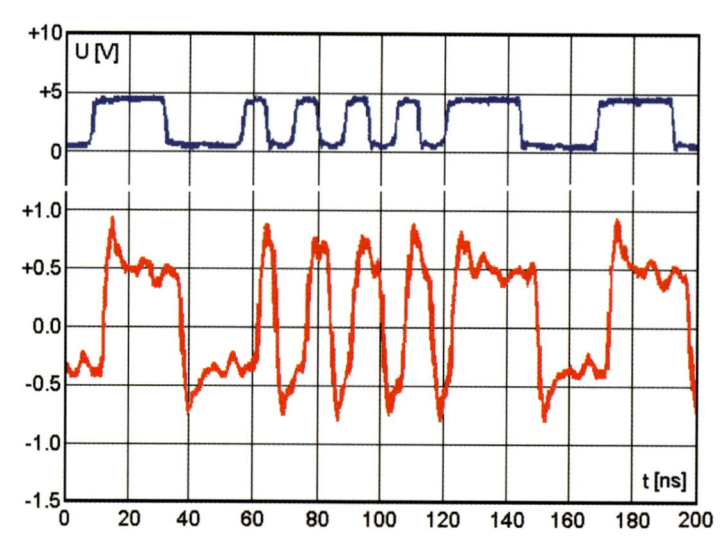

Abb. 6.97: Augendiagramm, 125 Mbit/s über 150 m SI-POF, eine Steckverbindung

6.3.2.4 Systeme des POF-AC

Am POF-AC wurden verschiedene Experimente zu den Grenzen der Modulierbarkeit von grünen und blauen LED durchgeführt. Mit grünen LED von Nichia konnte eine maximale Datenrate von 380 Mbit/s erreicht werden (Modulation über Bias-T, Ansteuerung mit 50 Ω-Generator). In der Abb. 6.98 wird eine Bitfolge mit 250 Mbit/s nach 10 m SI-POF gezeigt.

Fasertyp:	1 mm SI-POF
Länge:	10 m
Bitrate:	250 Mbit/s
Sender:	525 nm LED (Nichia), 8 mW bei 20 mA
	130 MHz Modulationsbandbreite an 50 Ω
Empfänger:	Si-pin-PD
Literatur:	[Ziem03e]
Firma:	POF-AC
	auch 380 Mbit/s über 1 m

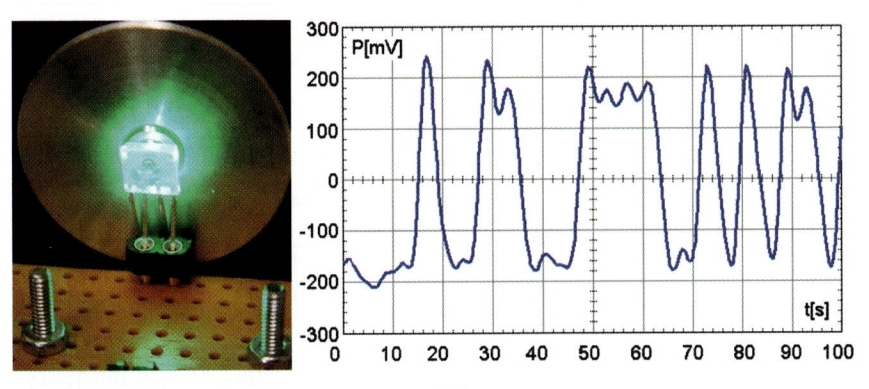

Abb. 6.98: Datenmodulation einer grünen Nichia-LED

Mit neuen LED (aufgebaut von DieMount mit optimierter Einkopplung) konnten 2006 noch deutlich größere Datenraten erreicht werden. Bei 470 nm konnten über 50 m SI-POF 210 Mbit/s fehlerfrei übertragen werden. Für Back-to-Back-Messung wurde erstmalig mit einer blauen LED eine Modulation von über 1 Gbit/s erzielt (Abb. 6.99).

Fasertyp:	PMMA-SI-POF, $A_N = 0{,}51$
Länge:	50 m
Bitrate:	210 Mbit/s
Sender:	470 nm LED, DieMount
Empfänger:	800 µm Si-pin-PD
Literatur:	[Ziem06h]
Firma:	POF-AC

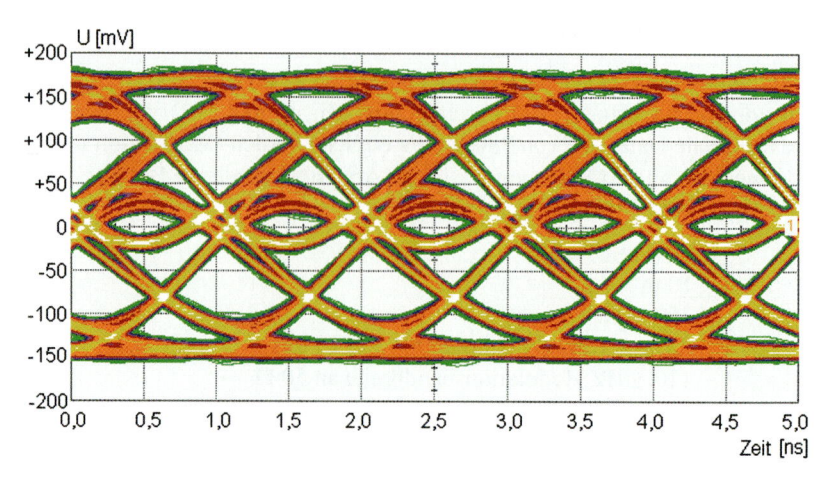

Abb. 6.99: Augendiagramm 1.000 Mbit/s, blaue LED, 1 m POF

Alle Experimente des Abschnitts werden in Tabelle 6.10 und der Abb. 6.100 zusammengefaßt. Vor allem für Entfernungen über 100 m sind diese Systeme interessant.

Tabelle 6.10: Übersicht der POF-Systeme bei kurzen Wellenlängen

Quelle	Institut	Faser	Länge [m]	Bitrate [Mbit/s]	Bemerkung	λ_{LED} [nm]
[Kit92]	Mitsubishi	SI-POF	100	10	P = -12,4 dBm	596
[Fuk93]	Toshiba	SI-POF	30	100	InGaAlP-LED, -20,5 dBm	573
[Ziem00c]	T-Nova	SI-POF	500	0,192	ISDN, S0-Bus	560
[Daum01a]	T-Nova	DSI-POF	50	125	Nichia LED	520
[Daum01a]	T-Nova	DSI-POF	100	155	Nichia LED	520
[Yago99]	Optowave	SI-POF	50	125	-17,9 dBm, 50m POF	520
[Mat00a]	NTT	SI-POF	100	30	-1,0 dBm	520
[Lam01]	Firecomms	SI-POF	100	100	Agetha Projekt	495
[Lam02]	Firecomms	SI-POF	100	200	Agetha Projekt	510
[Lam03a]	Firecomms	SI-POF	100	60	HSG-LED, DSI-POF	520
[Blu02]	POF-AC	SI-POF	400	6 MHz	Videosystem	525
[Kat02]	Toyota	DSI-POF	60	125	Toyoda E1L53-3G	510
[Kat04]	Toyota	DSI-POF	20	250	25 mA Modulation	515
[Kat04]	Toyota	DSI-POF	20	250	+1,1 dBm	490
[Gau04b]	ISMB	SI-POF	100	50	4-level Kodierung	520
[Gau04b]	ISMB	SI-POF	200	50	4-level Kodierung	520
[Gau04a]	ISMB	SI-POF	50	150	8-level Kodierung	520
[Gau04a]	ISMB	SI-POF	100	100	4-level Kodierung	520
[Nes06a]	ISMB	SI-POF	200	100	8-level Kodierung	520

6.3 Übersicht der POF-Systeme

Tabelle 6.10: Übersicht der POF-Systeme bei kurzen Wellenlängen, Fortsetzung

Quelle	Institut	Faser	Länge [m]	Bitrate [Mbit/s]	Bemerkung	λ_{LED} [nm]
[Blu07]	Teleconnect	SI-POF	200	107	DieMount-LED, VDSL2	520
[Blu07]	Teleconnect	SI-POF	300	40	DieMount-LED, VDSL2	520
[Luc04a]	Luceat	SI-POF	200	10	Medienkonverter	520
[Luc04c]	Luceat	SI-POF	250	6 MHz	Videosystem	520
[Gau04a]	Luceat	SI-POF	350	10	+3 dBm	520
[Gau06]	Luceat	SI-POF	425	10	mit FEC	520
[Thi04]	Ratioplast	SI-POF	200	10	Medienkonverter	520
[Wip05]	Astri	SI-POF	40	20	Medienkonverter	520
[Witt03]	Infineon	DSI-POF	100	125	200 µW	510
[Kra03]	DieMount	DSI-POF	100	125	-3,5 dBm	520
[Ziem03e]	POF-AC	SI-POF	1	380	Nichia-Muster	525
[Ziem03e]	POF-AC	SI-POF	10	250	Nichia-Muster	525
unveröff.	POF-AC'03	SI-POF	100	145	Nichia-Muster	510
[Ino99]	Optowave	SI-POF	100	125	P = 1.24 mW	470
[Yago99]	Optowave	SI-POF	50	125	-5.1 dBm	475
[Yago99]	Optowave	SI-POF	100	125	$P_{empf.}$ = -22,1 dBm	475
[Kra04a]	DieMount	SI-POF	150	125	+3.5 dBm in POF, SI-POF	470
[Ziem06h]	POF-AC	SI-POF	1	1000	mit Entzerrer	470
[Ziem06h]	POF-AC	SI-POF	50	210	mit Entzerrer	470

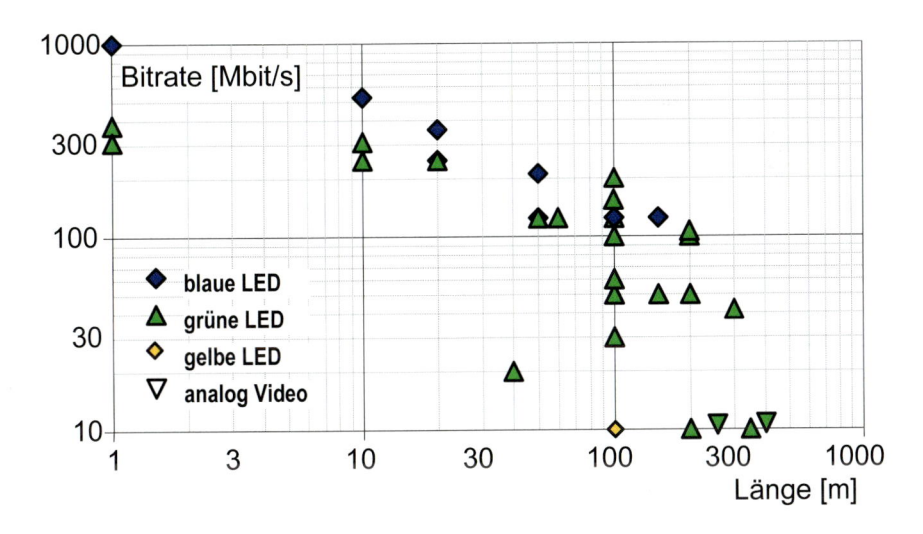

Abb. 6.100: POF-Systeme mit kurzwelligen Sendern

6.3.3 Systeme mit SI-POF bei Wellenlängen im nahen Infrarot

In den vorangehenden Abschnitten wurde gezeigt, daß auch SI-POF für Datenraten von über 1.000 Mbit/s verwendet werden können, allerdings nur für kurze Entfernungen. Daher ist die Idee naheliegend, auch Sender im nahen Infrarot zu verwenden. Zwar liegt die Dämpfung der PMMA-Faser in diesem Bereich deutlich höher, Entfernungen von bis zu 10 m, wie sie z.B. in Fahrzeugnetzen üblich sind, können aber dennoch überbrückt werden. Die PMMA-Dämpfungskurve mit Angabe der Verluste je 10 m Länge zeigt Abb. 6.101.

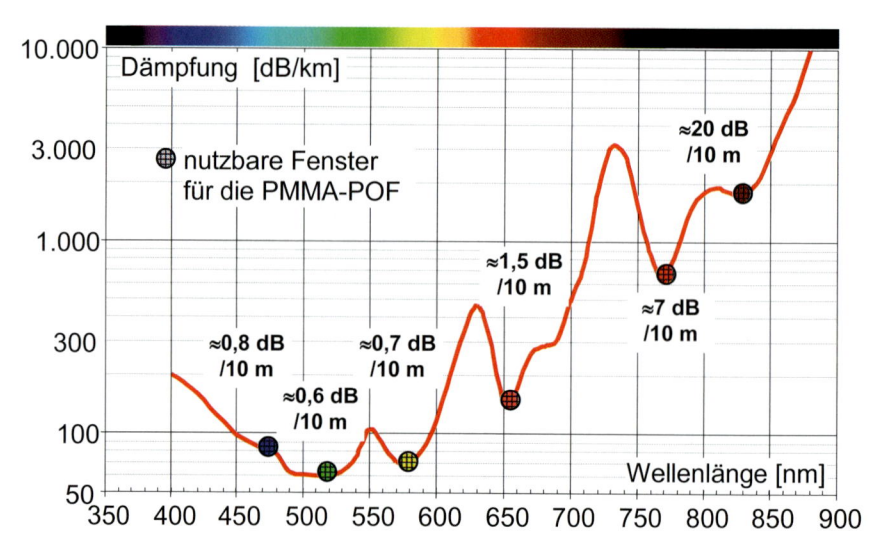

Abb. 6.101: Verluste der PMMA-POF

Vor allem das Fenster um 770 nm ist für Kurzstreckenanwendungen interessant. Im Gegensatz zur Wellenlänge 650 nm sind hier leistungsfähige VCSEL preiswert verfügbar, die auch in einem großen Temperaturbereich eingesetzt werden können, weiterhin sind Laser bei 780 nm normalerweise schneller und die Si-PD haben eine bessere Empfindlichkeit.

6.3.3.1 PMMA-Faser-Systeme im Infrarot

An der Universität Ulm [Schn98] wurde 1998 die Nutzbarkeit von 780/850 nm VCSEL für die Kurzstreckenübertragung untersucht. Dazu wurden eine POF mit 125 µm Kerndurchmesser und 250 µm Manteldurchmesser des Typs Toray PGR-FB 125 mit einer $A_N = 0,48$ benutzt. Als Quelle diente ein 775 nm GaAs-VCSEL mit 4 µm Aperturdurchmesser. Dieser besitzt 1,9 mA Schwellenstrom und emittiert maximal 1,1 mW bei 5 mA. Der schnelle Ge-APD-Detektor besitzt eine Empfindlichkeit von -24,8 dBm bei einer BER = 10^{-11}. Zunächst wurde mit dieser Quelle eine 1 m-Übertragung bei 2,5 Gbit/s realisiert.

Mit einem weiteren 835 nm GaAs-VCSEL mit 0,6 mA Schwellenstrom wurden weitere Übertragungsexperimente durchgeführt. Durch Modulation mit Vorstrom (Bias) konnte dabei die Reichweite deutlich vergrößert werden. Folgende Parameter wurden erzielt (siehe Abb. 6.102):

- 1,0 m-Übertragung bei 1,0 Gbit/s biasfrei, -26 dBm Empfindlichkeit
- 1,0 m-Übertragung bei 2,5 Gbit/s biasfrei, -22 dBm Empfindlichkeit
- 2,5 m-Übertragung bei 1,0 Gbit/s, 3 mA Bias, -26 dBm Empfindlichkeit
- 2,5 m-Übertragung bei 2,5 Gbit/s, 3 mA Bias, -23,5 dBm Empfindlichkeit

Fasertyp:	125 µm SI-POF, Toray PGR-FB 125
Länge:	1 m; 2,5 m
Bitrate:	1.000 Mbit/s; 2.500 Mbit/s
Sender:	775 nm GaAs-VCSEL; 835 nm GaAs-VCSEL
Empfänger:	Ge-APD
Literatur:	[Schn98]
Firma:	Uni Ulm

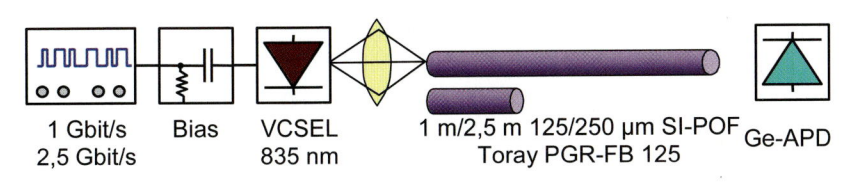

Abb. 6.102: POF für Kurzstreckenübertragung nach [Schn98]

In einer Diplomarbeit [Kich99] an der Universität Ulm wurde ebenfalls die Verwendung von VCSEL für POF-Systeme untersucht. Dabei wurde 1 Gbit/s über 15 m 1 mm SI-PMMA-POF mit einem 780 nm VCSEL (einmodig) erreicht. Die Quelle wurde mit 2,93 mA Vorstrom, und ±0,5 V Modulation betrieben. Es wurden St.-NA-POF, DSI-POF und Glasfasern benutzt. Im einzelnen wurden folgende Experimente realisiert:

- 900 Mbit/s über 15 m Hoechst EP51, $A_N = 0,46$, -22 dBm für BER = 10^{-11}
- 1.000 Mbit/s über 15m Mitsubishi MH4001, $A_N = 0,32$, -27,5dBm: BER=10^{-11}
- 1.000 Mbit/s über Glas-MM, -30,5 dBm für BER = 10^{-11}

Durch den kleinen Einkoppelwinkel (über Objektiv mit $A_N = 0,156$) herrschte in der POF kein Modengleichgewicht. Der Empfänger war eine Si-APD mit 1 mm Durchmesser.

Fasertyp:	SI-POF Hoechst EP51, DSI-POF MH4001
Länge:	15 m
Bitrate:	1.000 Mbit/s
Sender:	780 nm VCSEL
Empfänger:	Si-APD mit ∅: 1 mm
Literatur:	[Kich99]
Firma:	Univ. Ulm

BIAS VCSEL   15 m SI-POF   Si-APD
       780 nm   1 mm PMMA

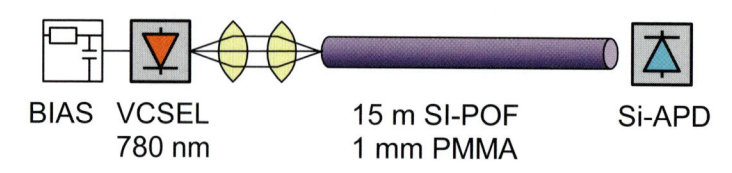

Abb. 6.103: Gbit/s-POF-System an der Universität Ulm

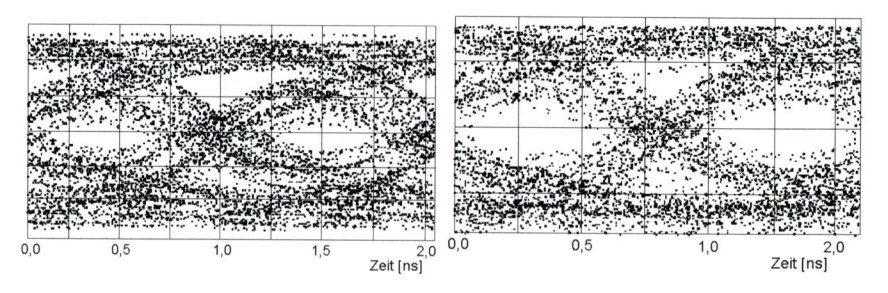

Abb. 6.104: Auge 900 Mbit/s über 15 m SI-POF und 1.000 Mbit/s über 15 m DSI-POF

Von Infineon Technologies wurde 2004 die Übertragung von 3.200 Mbit/s über kurze Entfernungen von 0,5 mm und 1 mm SI-POF vorgestellt, bislang die höchste Datenrate über 1 mm Fasern, die veröffentlicht wurde. Als Sender diente hier ein VCSEL bei 850 nm Wellenlänge.

Fasertyp:	SI-POF, 1 mm und 500 µm
Länge:	2 m
Bitrate:	3.200 Mbit/s
Sender:	850 nm VCSEL
Empfänger:	GaAs-PD (kleine Fläche)
Literatur:	[Hurt04], [Schu04]
Firma:	Infineon Technologies

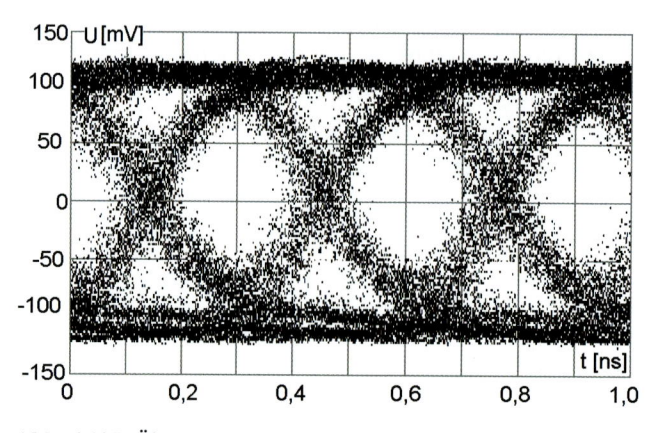

Abb. 6.105: Übertragung von 3.200 Mbit/s über 2 m einer 0,5 mm SI-POF

6.3.3.2 PC-Faser-Systeme im Infrarot

Stufenindexprofil-POF auf Basis von Polycarbonat weisen ähnliche Eigenschaften auf wie PMMA-basierten Fasern, können aber bei höheren Temperaturen eingesetzt werden (zumindest bei Abwesenheit hoher Luftfeuchtigkeit. Gerade für zukünftige Fahrzeugnetze, bei denen kurze Entfernungen, hohe Datenraten und hohe Einsatztemperaturen zusammenkommen, könnten solche Systeme interessant sein.

Von Furukawa wurden 1998 neue POF vorgestellt. Als Kernmaterial diente dabei teilfluoriertes Polycarbonat PC(AF). In [Hatt98] wird die Übertragung eines 125 Mbit/s Datenstroms über 85 m POF, einer Datenrate von 156 Mbit/s über 80 m und schließlich 250 Mbit/s über 58 m Faser beschrieben. Die Faser besitzt ein Dämpfungsfenster zwischen 730 nm und 820 nm, wobei die geringsten Verluste bei 780 nm mit 300 dB/km auftreten. Im Experiment wurde eine Laserdiode bei dieser Wellenlänge verwendet. Die Faser hat eine Numerische Apertur um $A_N = 0,30$ und damit eine Bandbreite von 20 MHz·km (vgl. auch [Nish98]). Ein besonderer Vorteil der PC(AF)-POF liegt in ihrer hohen Temperaturbeständigkeit bis +145°C (PMMA-POF bis +85°C). Die Abb. 6.106 zeigt den Versuchsaufbau. Die Empfängerempfindlichkeit betrug bei den drei Bitraten -32,35 dBm (125 MBd), -31,5 dBm (156 MBd) und -26,6 dBm bei 250 MBd bei BER um 10^{-12}. Die eingekoppelte Leistung lag bei rund -8 dBm.

Fasertyp:	500 µm SI-PC(AF)-POF, 300 dB/km bei 780 nm, $A_N = 0,30$
	Bandbreite 20 MHz·km
Länge:	58 m bis 85 m
Bitrate:	125 Mbit/s, 250 Mbit/s
Sender:	Laserdiode
Empfänger:	kommerzielle Empfänger (HP, NEC)
Literatur:	[Hatt98], [Nish98]
Firma:	Furukawa

780 nm LD
125 Mbit/s
156 Mbit/s
250 Mbit/s

85 m/ 80m /58 m SI-PC(AF)-POF
300 dB/km bei 780 nm

Empfänger
-32,35 dBm
-31,50 dBm
-26,60 dBm

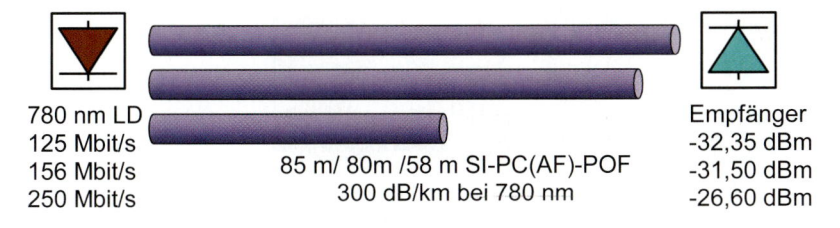

Abb. 6.106: POF-System bei 780 nm mit PC(AF)-POF

6.3.3.3 Systemexperimente am POF-AC

Am POF-AC Nürnberg wurden seit 2002 verschiedene Übertragungssysteme auf Basis von Laserdioden im nahem Infrarot aufgebaut. Zum Einsatz kamen dabei ein kantenemittierender 780 nm Laser für Barkode-Laser von Rohm (Laser-Components) und ein 850 nm VCSEL. In einem ersten Versuch wurde eine Datenrate von 1.700 Mbit/s über eine Standard-POF Toray PFU-CD1001 (10 m) übertragen.

Die maximale Datenrate über 2 m PMMA-POF betrug 2.000 Mbit/s.

Fasertyp:	PMMA-SI-POF, PFU-CD 1000, 1.670 dB/km
Länge:	10 m
Bitrate:	1.700 Mbit/s
Sender:	780 nm LD, POF-gekoppelte Leistung: +4,7 dBm
	Empfangsleistung: -12,0 dBm (10 m)
Empfänger:	800 µm Si-pin-PD Hamamatsu S5052
Literatur:	[Vin02b], [Ziem03f]
Firma:	POF-AC

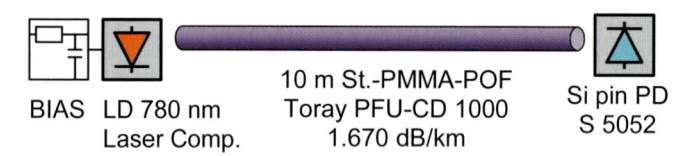

Abb. 6.107: Übertragungsexperiment mit 780 nm Laser (SI-PMMA-POF)

Spätere Experimente mit einem verbesserten Lasersender erbrachten dann sogar 1.800 Mbit/s Übertragungsdatenrate über 10 m SI-PMMA-POF ([Ziem02j], [Ziem02k]). Mit einem neuen Empfänger (TIA) wurde schließlich in [Vin05b], [Ziem05j] eine Datenrate von 2.200 Mbit/s erreicht.

Die bislang größte Datenrate betrug 2.270 Mbit/s über 5 m Toray PFU-CD1001 ([Ziem06d]). Das Augendiagramm ist in Abb. 6.108 zu sehen.

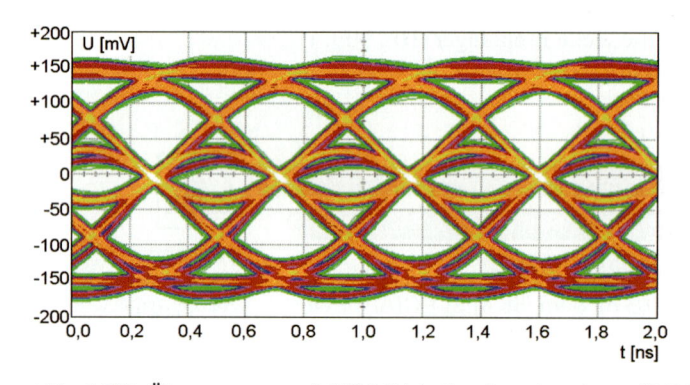

Abb. 6.108: Übertragung von 2.270 Mbit/s über 5 m einer 1 mm SI-POF

Im Folgejahr wurde dann die Datenübertragung über Polycarbonatfaser realisiert (Mitsubishi PC-POF, 1 mm Kerndurchmesser). Die Dämpfung dieser Faser liegt mit 900 dB/km bei 780 nm Wellenlänge deutlich unter dem Wert für die vorher verwendete PMMA-Faser. Dank der größeren Modenmischung können über 10 m bzw. 20 m PC-POF Datenraten von 1.800 Mbit/s bzw. 1.000 Mbit/s fehlerfrei übertragen werden. Der Versuchsaufbau wird in Abb. 6.109 gezeigt. Die Empfangsleistungen (Faser) waren dabei -4,3 dBm und -14,8 dBm.

Fasertyp:	1 mm PC-POF Mitsubishi FH4001-TM, $A_N = 0{,}75$
	900 dB/km bei 780 nm
Länge:	10 m, 20 m
Bitrate:	1.800 Mbit/s, 1.000 Mbit/s
Sender:	780 nm LD, +4,7 dBm
Empfänger:	800 µm Si-pin-PD, S5052
Literatur:	[Ziem03e]
Firma:	POF-AC

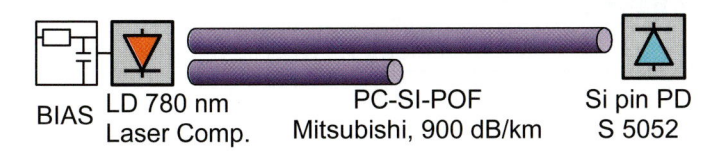

Abb. 6.109: Übertragungsexperiment mit 780 nm Laser (SI-PC-POF)

Um POF auch bei höheren Temperaturen einsetzen zu können wurde im RPC (Institute of Microelectronics and Informatics, Russian Academy, Research and Production Complex) in Tver eine POF auf Basis von modifiziertem PMMA entwickelt, die bis zu +130°C eingesetzt werden kann. Die Numerische Apertur entspricht der einer Standard-POF, allerdings ist die Bandbreite durch die stärkere Modenmischung größer.

Bei 780 nm ist die Dämpfung der Faser unter 1 dB/m. Es wurden verschiedene Proben von 10 m bis 23 m Länge untersucht. An einer 15 m langen Faser gelang 2003 erstmalig die Übertragung von 2,5 Gbit/s über eine 1 mm dicke Faser. Das Augendiagramm einer Übertragung von 1.000 Mbit/s über 23 m ist in Abb. 6.111 zu sehen. Es ist fast komplett geöffnet.

Fasertyp:	SI-POF, mod. PMMA (Tver)
Länge:	23 m
Bitrate:	1.200 Mbit/s
Sender:	780 nm LD, 5 mW, POF-gekoppelte Leistung: +4,7 dBm
	Empfangsleistung: -12,0 dBm (10 m)
Empfänger:	800 µm Si-pin-PD Hamamatsu S5052
Literatur:	[Vin02b], [Ziem03f], [Vin04a], [Ziem04b], [Vin05c]
Firma:	POF-AC
	1.200 Mbit/s über 23 m (2002)
	2.560 Mbit/s über 11 m (2005)
	2.500 Mbit/s über 15 m (2003)

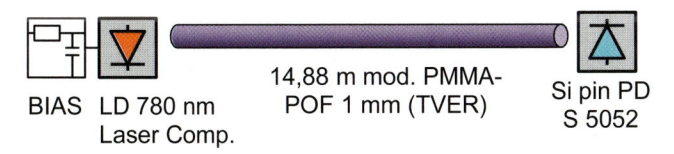

Abb. 6.110: Übertragungsexperiment mit 780 nm Laser (SI-mod. PMMA-POF)

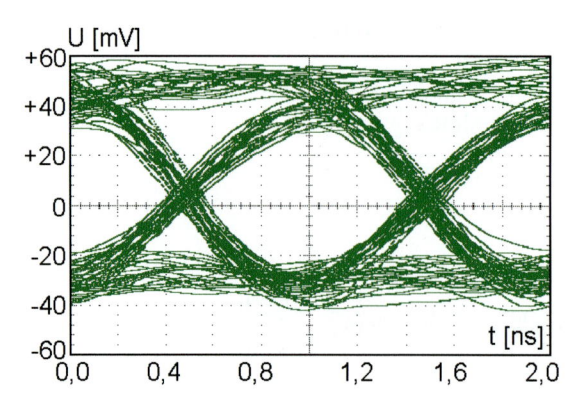

Abb. 6.111: Augendiagramm für 1.000 Mbit/s über 23 m (SI-mod. PMMA-POF)

Kommerziell war eine Zeit lang eine SI-POF auf Basis von modifiziertem PMMA von Toray erhältlich (PHKS-CD1001-22P, bis +115°C einsetzbar). Wie in [Ziem03e] gezeigt wurde, konnten auf dieser Faser 1.600 Mbit/s über 10 m bei 780 nm übertragen werden. Die Dämpfung der Faser lag bei 1.950 dB/km, die Empfangsleistung war -14,8 dB an der PD nach 10 m Faser.

Eine weiter Faser, die am POF-AC untersucht wurde, war die H-POF-S von Hitachi. Die Faser besteht aus einem Silikonmaterial und hat einen Cladding-Durchmesser von 1,5 mm. Über 10 m der Faser konnten 2.200 Mbit/s übertragen werden, bei 13,5 m waren es noch 1.700 Mbit/s.

Fasertyp:	H-POF-S (Hitachi), 1,5 mm
Länge:	10 m, 13,5 m
Bitrate:	2.200 Mbit/s, 1.700 Mbit/s
Sender:	780 nm LD, +3,4 dBm in der POF
	Empfangsleistung: -10,6 dBm (10 m); -15,4 dBm (13,5 m)
Empfänger:	800 µm Si-pin-PD Hamamatsu S5052
Literatur:	[Vin04b]
Firma:	POF-AC

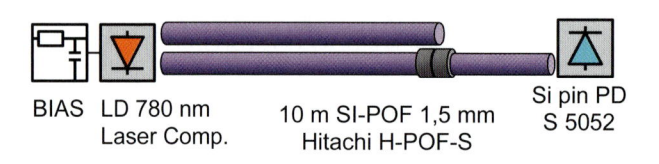

Abb. 6.112: Übertragungsexperiment mit 780 nm Laser (SI-EOF)

Von Fujifilm wird die Übertragung von DVI-Daten mit 1,65 Gbit/s über 15 m einer neuentwickelten GI-POF mit verringerter Dämpfung bei 780 nm berichtet. Sehr wahrscheinlich handelte es sich um eine teilweise oder komplett deuterierte POF. Der verwendete VCSEL besitzt vier aktive Zonen. Durch die Aufteilung der Leistung steigt die Lebensdauer auf mehr als das Zehnfache.

Fasertyp:	mod. PMMA-POF Lumistar, 300 µm
Länge:	15 m
Bitrate:	5.000 Mbit/s (back-to-back)
	1.650 Mbit/s (DVI) über 15 m
Sender:	780 nm VCSEL, 2 mW bei 6 mA (bis +60°C)
Literatur:	[Nak03a]
Firma:	Xerox, Fujifilm

Die Parameter Bitrate und Übertragungsreichweite für alle NIR-POF-Systeme sind in Abb. 6.113 noch einmal zusammengefaßt. In vielen Experimenten konnten Datenraten über 1 Gbit/s über einige 10 m übertragen werden. Später wird noch gezeigt werden, daß sich damit viele neue Anwendungsbereiche für die POF eröffnen.

Die Punkte bei Längen von 50 m bis 100 m stellen Spezialfälle dar, da sie mit einer speziellen POF erzielt wurden, deren Entwicklung nicht mehr weiter betrieben wird.

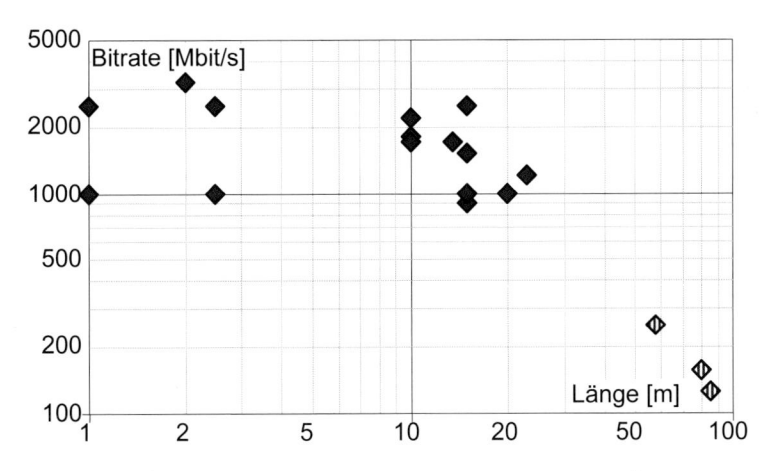

Abb. 6.113: Übertragungsexperimente mit 780 nm und 850 nm (Übersicht)

6.3.4 Systeme mit PMMA-GI-POF, MSI-POF und MC-POF

Nicht ohne Grund werden die Mehrstufenindex-, Gradientenindex und Vielkern-POF in einem Abschnitt gemeinsam behandelt. Die drei Fasertypen verbindet die Idee einer gegenüber der SI-POF deutlich erhöhten Bandbreite. Auf die Schwierigkeiten bei der Herstellung der verschiedenen Indexprofile wurde bereits im Kap. 2 umfassend eingegangen. Erwartungsgemäß konzentrieren sich die Systemexperimente auf besonders hohe Datenraten. Kurzwellige Sender kommen nicht zum Einsatz, da sie zu langsam sind und außerdem die Dämpfung der drei POF-Typen in diesem Bereich allgemein zu groß ist. Wellenlängen über 650 nm spielen ebenfalls keine Rolle. Hier sind die Reichweiten auf wenige 10 m begrenzt, wofür die Bandbreite von SI-POF noch groß genug für Gbit/s-Datenraten ist. Alle nachfolgend beschriebenen Systeme arbeiten also mit 650 nm Lasern.

6.3.4.1 PMMA-GI-POF Systemexperimente vor 2000

In [Tan94b] wird eine Datenrate von 700 Mbit/s über 50 m einer GI-POF übertragen. Die PMMA-GI-POF wurde von Nippon Petrochemicals Co. Ltd. hergestellt. Bei der verwendeten Wellenlänge der Laserdiode von 650 nm betrug die Dämpfung 400 dB/km. Der Kerndurchmesser der POF war 0,6 mm (N_A = 0,20). Als Empfänger diente eine 0,5 mm-APD mit Breitbandverstärker. Die Bitrate war durch den BER-Meßplatz Anritsu ME 522A begrenzt.

Fasertyp:	600 µm PMMA-GI-POF
	400 dB/km bei 650 nm; N_A = 0,20
Länge:	50 m
Bitrate:	700 Mbit/s
Sender:	650 nm Laser
Empfänger:	500 µm APD
Literatur:	[Tan94b]
Firma:	Nippon Petrochemicals Co. Ltd.

Bereits 1994 wurde von Kuchta (IBM, zusammen mit Keio Universität [Kuch94]) ein System mit einer Bitrate von bis zu 1 Gbit/s vorgestellt. Es wurden zwei verschiedene GI-POF der Keio Universität mit je 550 µm Kerndurchmesser untersucht. Sie unterschieden sich in ihren NA von 0,24 bzw. 0,30. An den untersuchten Proben von 90 m Länge wurde eine Bandbreite von 4.350 MHz bestimmt. Als Sender wurde zunächst eine 654 nm-LD TOLD9421 von Toshiba verwendet. Bei max. +4 dBm optischer Leistung konnte eine höchste Modulationsrate von 950 Mbit/s mit einfacher Vorverzerrung erzielt werden. Für beide POF-Proben betrug die Empfangsleistung nach 90 m noch ca. -20 dBm (entsprechend 267 dB/km Dämpfung).

Ein ebenfalls verwendeter 670 nm-VCSEL erlaubte bei allerdings nur -10 dBm eingekoppelter optischer Leistung eine Modulation bis 1,5 Gbit/s. Mit dieser Quelle konnten nur 30 m GI-POF überbrückt werden.

Als Empfänger wurde eine 400 µm Si-pin-Photodiode Hamamatsu S4753 mit GRIN-Linse zur optimalen Ankopplung verwendet. Die damit erzielte Empfindlichkeit war -23,3 dBm bei 1 Gbit/s (für BER = $1,5 \cdot 10^{-9}$). Abbildung 6.114 zeigt das Versuchsschema.

Fasertyp:	550 µm PMMA-GI-POF, 267 dB/km;
	A_N = 0,24 / 0,30
Länge:	90 m
Bitrate:	950 Mbit/s, 622 Mbit/s
Sender:	Toshiba 654 nm-LD TOLD9421, +4 dBm
Empfänger:	400 µm Si-pin-PD Hamamatsu S4753, -23,3 dBm
Literatur:	[Kuch94]
Firma:	IBM, Keio Univ.
	1.062 Mbit/s über 30 m mit 670 nm VCSEL

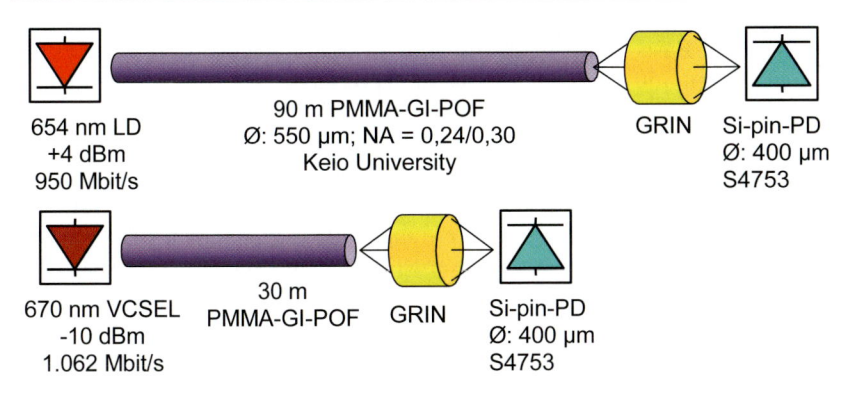

Abb. 6.114: GI-PMMA-POF-System mit LD und VCSEL nach [Kuch94]

Ebenfalls im Jahr 1994 stellte Prof. Koike das erste POF-Übertragungssystem mit einer Datenrate von 2.500 Mbit/s bei 100 m Reichweite vor ([Koi94], [Yam94], [Koi96c], [Yam96], [Ish95]). Es wurde eine PMMA-GI-POF mit 200 dB/km Dämpfung bei 647 nm verwendet. Die Bandbreite ist mit 0,5 bis 2 GHz·100 m angegeben. Die POF-NA war 0,21. Der Kerndurchmesser der Faser betrug 420 µm.

Als Quelle diente eine Laserdiode NEC mit 647 nm Wellenlänge. Bei Einkopplung mit einer GRIN-Linse wurde eine Leistung von +6,1 dBm in der POF erzielt. Eine Si-pin-PD mit 400 µm Durchmesser, angekoppelt mit einer GRIN-Linse und ein FET-Verstärker diente als Empfänger, mit dem eine Empfindlichkeit von -16,9 dBm bei BER = 10^{-9} erzielt werden konnte. Bei 100 m Faserlänge ergaben sich 0,6 dB Verschlechterung der Empfindlichkeit (Penalty) durch Modendispersion. Abbildung 6.115 zeigt das Systemschema.

Fasertyp:	PMMA-GI-POF; 200 dB/km bei 647 nm; A_N = 0,21
Länge:	100 m
Bitrate:	2.500 Mbit/s
Sender:	NEC LD 647 nm; +6,1 dBm
Empfänger:	400 µm Si-pin-PD; -16,9 dBm bei 2,5 Gbit/s
Literatur:	[Koi94], [Yam94], [Koi96c], [Yam96], [Ish95]
Firma:	Keio Universität

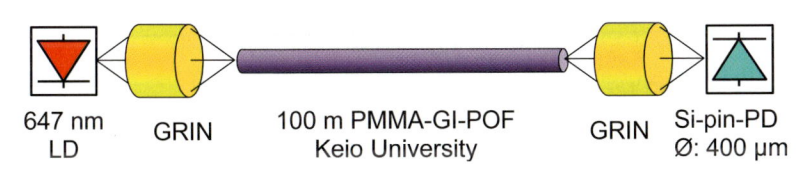

Abb. 6.115: Erstes 2,5 Gbit/s GI-POF-System an der Keio Universität

Im Rahmen des HSPN-Projektes wurden von Boeing PMMA-GI-POF für Bordnetze in Flugzeugen untersucht ([Krug95]). Diese waren z.B. für den Einsatz in der Boeing 777 gedacht. Kommerziell wird in dieser Maschine erstmalig ein optisches Netz auf Basis von 100 µm/140 µm Glasfasern eingesetzt. In den Tests wurden GI-POF mit 750 µm Durchmesser (600 µm Kern) bei Wellenlängen von 650 m eingesetzt. Datenraten von 10 Mbit/s und 100 Mbit/s wurden über max. 30 m übertragen. Abbildung 6.116 zeigt die Architektur eines derartigen Bordnetzes unter Verwendung optischer Verbindungen auf POF-Basis.

Das System wurde mit zwei unterschiedlichen Sendern projektiert. Die verfügbaren LED konnten -8,5 dBm maximale Leistung in die POF koppeln, mit VCSEL sollte eine Leistung von 0 dBm erreicht werden. Der von Honeywell entwickelte Empfänger besaß eine minimale Empfindlichkeit von -31 dBm. Die verwendete PMMA-GI-POF hatte eine typische Faserdämpfung von 145±5 dB/km bei 650 nm. Die typische Steckerdämpfung war 1,5±0,5 dB. Bei einem zulässigen Temperaturbereich von -40°C bis +85°C darf die maximale Leistung 1 mW nicht übersteigen, um die Augensicherheit zu gewährleisten. Es sollen 20 Jahre Lebensdauer erreicht werden.

Fasertyp:	600 µm PMMA-GI-POF, 145±5 dB/km bei 650 nm
Länge:	30 m
Bitrate:	10 und 100 Mbit/s
Sender:	650 nm LED, -8,5 dBm (VCSEL geplant)
Literatur:	[Krug95]
Firma:	Boeing

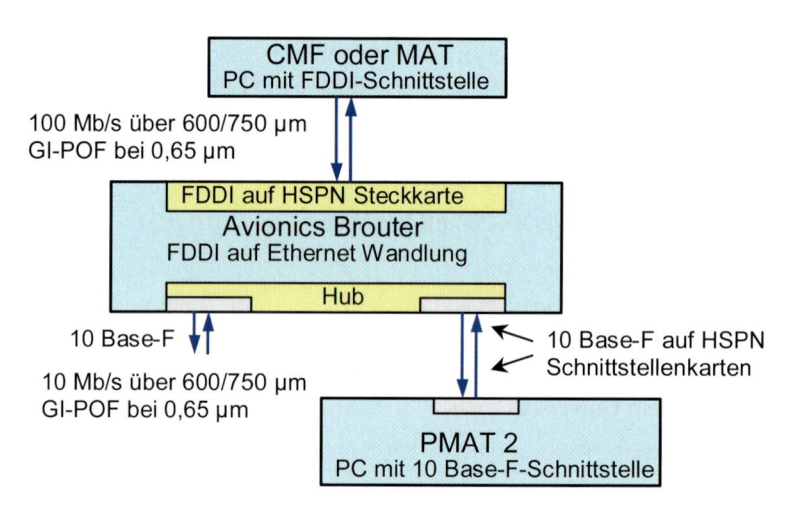

Abb. 6.116: Boeing-POF-Test-Aufbau für Avionik-Netze nach [Krug95]

In [Mor98a] wurde die Kombination der von Mitel entwickelten RC-LED und der GI-POF vorgestellt. Die Dämpfung der PMMA-GI-POF ist mit 180 dB/km angegeben. Als Empfänger diente eine Si-pin-PD mit 800 µm Durchmesser. Bei dem 250 Mbit/s-Experiment konnten -12,3 dBm in GI-POF bei 30 mA Diodenstrom ohne Linse eingekoppelt werden. Die Faserlänge betrug 50 m. Bei -23,7 dBm Empfindlichkeit wurde eine BER = 10^{-12} erzielt.

6.3 Übersicht der POF-Systeme

In einem zweiten 500 Mbit/s-Experiment wurden -17,6 dBm Empfindlichkeit erzielt. Durch eine Linsenankopplung wurde die optische Leistung auf -4,2 dBm bei 30 mA in der GI-POF erhöht. Die Systemverschlechterung durch Dispersion war in diesem Fall 0,9 dB. Zur Ansteuerung der RC-LED wurde ein Vorverzerrer-Filter benutzt. Vermutlich wurde in beiden Tests eine 750 µm MSI-POF von Mitsubishi verwendet, die streng genommen keine GI-POF ist. Abbildung 6.117 zeigt den Aufbau.

Fasertyp:	Mitsubishi MSI-POF; 180 dB/km
Länge:	50 m
Bitrate:	250 Mbit/s; 500 Mbit/s
Sender:	650 nm RC-LED; -4,2 dBm in der Faser
Empfänger:	800 µm Si-pin-PD
Literatur:	[Mor98a]
Firma:	Matsushita

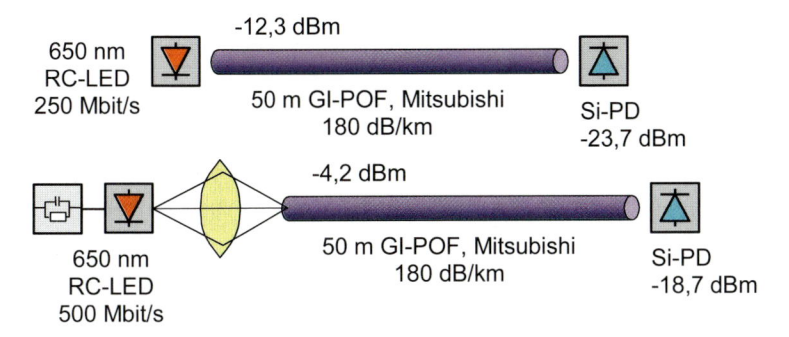

Abb. 6.117: GI-POF-System mit RC-LED nach [Mor98a]

Weitere Experimente von Matsushita zur Verwendung von RC-LED und VCSEL werden in [Fur99] und [Num99] beschrieben. Laser werden in ihrem Betrieb durch Reflexionen gestört. Bei sehr großen Beträgen rückgekoppelten Lichtes kann es zum Kohärenzkollaps kommen, der sich u.a. in extrem starken Leistungsschwankungen auswirkt. In [Fur99] wird deswegen auch der Einfluß von Reflexionen aus der POF untersucht. Bei einer Laserdiode können noch -20 dB Reflexion toleriert werden. Die RC-LED arbeitet sogar bis -10 dB Reflexion ungestört. Ein weiterer Vorteil der RC-LED ist die geringere Temperaturabhängigkeit der Wellenlänge mit 0,07 nm/K gegenüber 0,20 nm/K für die LD. Mit der Quelle war die Übertragung von 500 Mbit/s über 50 m MSI-POF (700 µm Durchmesser von Mitsubishi) möglich (Abb. 6.118). Bei 30 mA Strom emittiert die Quelle 2,26 mW optische Leistung. Bei -20,1 dBm Empfangsleistung war die Fehlerwahrscheinlichkeit BER < 10^{-12}.

Weiterhin wurde die Temperaturabhängigkeit der Ausgangsleistung verglichen. Zwischen -10°C und 70°C muß der Laserstrom von 50 mA auf 130 mA erhöht werden, um 2 mW optische Leistung zu erhalten. Bei der RC-LED muß der Strom nur von 20 mA auf 50 mA steigen.

Fasertyp: 700 µm MSI-POF, Mitsubishi
Länge: 50 m
Bitrate: 500 Mbit/s
Sender: RC-LED 650 nm, 2,26 mW
Empfänger: 800 µm Si-pin-PD, -20,1 dBm Empfindlichkeit
Literatur: [Fur99], [Num99]
Firma: Matsushita

650 nm
RC-LED
500 Mbit/s

50 m MSI-POF, 700 µm Mitsubishi
210 dB/km bei 660 nm

Si-pin-PD
800 µm

Abb. 6.118: IEEE1394-Systemexperiment von Matsushita

In [Sak98] stellt Sony Systeme mit Nutzung von Vielkernfasern (37 Kerne) und Vielstufenindexprofilfasern (mit 3 Stufen) vor. Eine 650 nm LD ist direkt an die Testfaser gekoppelt. Als Empfänger dient eine Si-pin-PD mit Linsenankopplung an die POF. Im Versuch wurden 500 Mbit/s über 50 m übertragen, wie es z.B. für IEEE1394-Systeme der Stufe S400 notwendig ist. Zwei verschiedene Fasertypen wurden untersucht:

➤ 750 µm PMMA-GI-POF (Mitsubishi Rayon Prototyp, tatsächlich MSI-POF)
➤ 1 mm MC-POF mit 37 Kernen (Asahi Glass)

Der von Sony konzipierte Duplex-Transceiver hat lediglich Ausmaße von $14 \times 8 \times 36$ mm³. Im Experiment betrug die Empfindlichkeit bei einer BER = 10^{-12} im Simplex-Betrieb -21,4 dBm mit der MSI-POF (0,3 dB Penalty). Im Duplex-Betrieb war die Empfindlichkeit bei BER = 10^{-12} noch -15,7 dBm mit der MSI-POF (1,4 dB Penalty). Wodurch die Verschlechterung verursacht wurde, wird nicht genannt. Es wird ebenfalls nicht erwähnt, ob Duplex- oder Simplexfaser benutzt wird, und welche Maßnahmen zur NEXT-Unterdrückung verwendet wurden (Systemaufbau in Abb. 6.119).

Fasertyp: 750 µm MSI-POF (Mitsubishi Rayon)
               1 mm MC-POF, 37 Kerne
               (Asahi Chemical)
Länge: 50 m
Bitrate: 500 Mbit/s
Sender: 650 nm LD
Empfänger: Si-pin-PD, -21,4 dBm
Literatur: [Sak98]
Firma: Sony

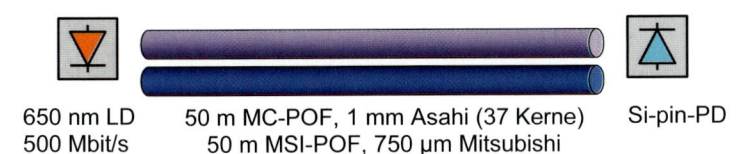

650 nm LD 50 m MC-POF, 1 mm Asahi (37 Kerne)   Si-pin-PD
500 Mbit/s 50 m MSI-POF, 750 µm Mitsubishi

Abb. 6.119: IEEE1394-Systemexperiment von Sony

Ebenfalls 1998 stellte S. Teshima, führend bei der Entwicklung der MC-POF, in [Tesh98] verschiedene Übertragungsexperimente vor. Eine Datenrate von 500 Mbit/s wurde über 50 m DSI-MC-POF übertragen. Die Faser bestand aus 37 Kernen. Die Numerische Apertur betrug $A_N = 0{,}19$ und die Dämpfung lag bei 155 dB/km für 650 nm. Als Sender diente eine 650 nm LD von Sony. Eine Datenrate von 156 Mbit/s wurde über 50 m SI-MC-POF übertragen. Diese hatte ebenfalls 37 Kerne, aber eine $A_N = 0{,}33$. In beiden Experimenten war die BER $< 10^{-14}$.

Fasertyp:	37 Kern DSI-MC-POF, $A_N = 0{,}19$; 155 dB/km bei 650 nm
	37 Kern SI-MC-POF, $A_N = 0{,}33$
Länge:	50 m
Bitrate:	500 Mbit/s (DSI-MC-POF), 156 Mbit/s (SI-MC-POF)
Sender:	Sony 650 nm LD
Empfänger:	Photodiode mit Linse angekoppelt
Literatur:	[Tesh98]
Firma:	Asahi Chemical

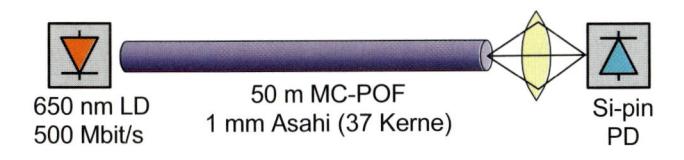

650 nm LD   50 m MC-POF   Si-pin
500 Mbit/s   1 mm Asahi (37 Kerne) PD

Abb. 6.120: 500 Mbit/s-Systemexperiment mit Vielkern-POF

An der Universität Eindhoven wurde 1998 erstmals die Übertragung von 2,5 Gbit/s über 200 m erfolgreich demonstriert ([Khoe99]). Die PMMA-GI-POF von Mitsubishi besaß 164 dB/km Dämpfung bei 650 nm. Als Quelle diente eine 645 nm-NEC-Laserdiode mit 0,4 nm spektraler Breite und maximal +6,8 dBm optischer Leistung (4,8 mW). Für den Empfänger wurde eine Si-APD benutzt, wodurch -29 dBm Empfindlichkeit bei BER $= 10^{-9}$ erzielt werden konnten (schematisch in Abb. 6.121).

Fasertyp:	500 µm PMMA-GI-POF; Mitsubishi; 164 dB/km bei 650 nm
Länge:	200 m
Bitrate:	2.500 Mbit/s
Sender:	645 nm NEC LD; +6,8 dBm
Empfänger:	Si-APD; -29 dBm
Literatur:	[Khoe99]
Firma:	Universität Eindhoven

645 nm LD — 200 m PMMA-GI-POF, Mitsubishi 164 dB/km, ⌀ 0,5 mm — **Si-APD**

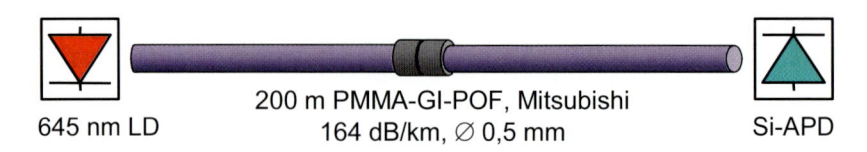

Abb. 6.121: 2,5 Gbit/s GI-POF-System an der Universität Eindhoven

6.3.4.2 Neuere PMMA-GI-POF-Systeme

In den letzten Jahren wurde wieder verstärkt an PMMA-GI-POF weiterentwickelt. Ziele sind jetzt vor allem einfache Systeme für den Einsatz in Gebäudenetzen. An der Keio-Universität wurde eine PMMA-GI-POF mit optimiertem Indexprofil entwickelt, welche die Übertragung von Gigabit-Ethernet über 100 m zuläßt.

Fasertyp:	PMMA-GI-POF, optimiertes Indexprofil, 4,5 GHz · 100 m Indexkoeffizient g = 2,4
Länge:	100 m
Bitrate:	1.250 Mbit/s
Sender:	650 nm LD
Literatur:	[Mak03]
Firma:	Keio Universität

Wie im Kapitel Fasern beschrieben wurde, stellt Optimedia derzeit die besten PMMA-GI-POF her. In [Park06a] wurde die Übertragung von 1.500 Mbit/s über 100 m der 900 μm Faser demonstriert.

Fasertyp:	900 μm PMMA-GI-POF, OM-Giga
Länge:	100 m
Bitrate:	1.500 Mbit/s
Sender:	650 nm LD
Literatur:	[Park06a]
Firma:	Optimedia
	auch 1.000 Mbit/s über 40 m mit Firecomms-VCSEL 655 nm

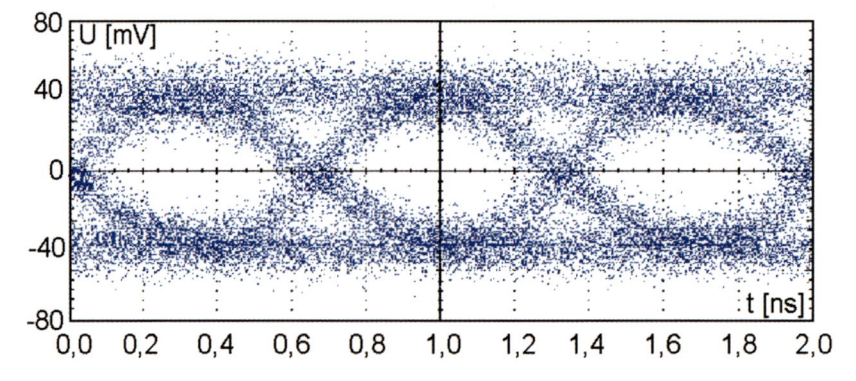

Abb. 6.122: 1,5 Gbit/s über 100 m GI-POF

Mit der gleichen Faser wurde am Fraunhofer-Institut in Erlangen die Übertragung von Gigabit-Ethernet über 50 m realisiert. Der Transceiver ist dabei so konzipiert, daß er in einen SC-RJ-Stecker integriert werden kann (Abb. 6.123). Mit Standard-SI-POF sind noch 15 m Übertragung möglich.

Fasertyp:	900 µm, PMMA-GI-POF, Optimedia
Länge:	50 m
Bitrate:	1.250 Mbit/s
Sender:	652 nm LD, 5 mW
Empfänger:	800 µm Si-pin-PD mit kommerziellem TIA
	-12,5 dBm Empfindlichkeit (BER = 10^{-12})
Literatur:	[Off05]
Firma:	Fraunhofer IIS

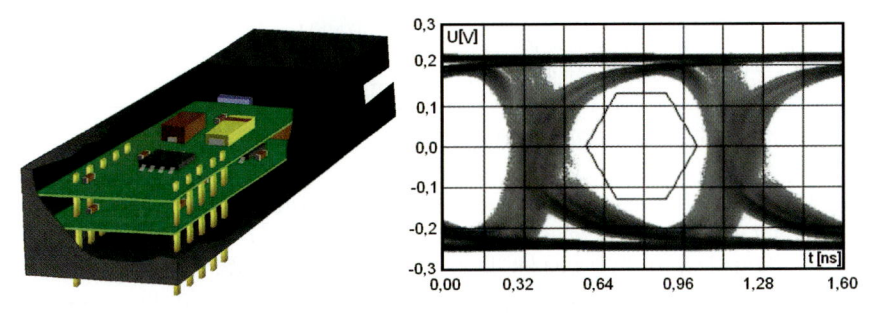

Abb. 6.123: Transceiver für 1,25 Gbit/s über 50 m GI-POF und Auge nach 50 m OM-Giga

6.3.4.3 Systemexperimente Telekom und POF-AC

Nach den Experimenten mit PMMA-SI-POF wurden im Technologiezentrum der Telekom auch Vielkernfasern untersucht. Mit Hilfe des 657 nm Lasers und des Breitbandempfängers konnten über 50 m MC-POF (37 Kerne, Asahi Chemical) 800 Mbit/s fehlerfrei übertragen werden.

Fasertyp:	Asahi MC-DSI-POF, $A_N = 0{,}19$
Länge:	50 m
Bitrate:	800 Mbit/s
Sender:	Sony LD SLD 1133VL, 657 nm, 7 mW
Empfänger:	Hamamatsu S9052, Low-Impedanzempfänger
Literatur:	[Ziem00a]; [Stei00a]
Firma:	Deutsche Telekom

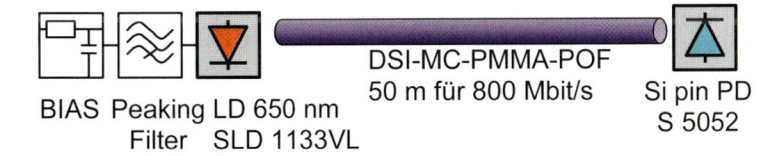

Abb. 6.124: Datenübertragung auf MC-POF

Ab 2003 wurden diese Untersuchungen am POF-AC Nürnberg mit verbesserten Komponenten fortgesetzt. Zunächst wurde über eine 100 m lange MSI-Faser von Mitsubishi eine Datenrate von 630 Mbit/s übertragen.

Fasertyp:	700 µm MSI-POF, Mitsubishi ESKA-MIU
Länge:	100 m
Bitrate:	630 Mbit/s
Sender:	657 nm LD, Sony SLD 1133VL
Empfänger:	800 µm Si-pin-PD Hamamatsu S5052
Literatur:	[Vin04b]
Firma:	POF-AC

Abb. 6.125: Datenübertragung auf MSI-POF

Die Übertragung von Daten auf Vielkernfasern wurde am POF-AC an zwei unterschiedlichen Varianten getestet. Zunächst wurde die 217-Kern-Faser mit einfachem Stufenindexprofil verwendet. Es standen drei Faserproben mit 21 m, 44 m und 90 m Länge zur Verfügung. Die Messungen wurden mit dem leistungsstärkeren Sanyo-Laser und dem Transimpedanzempfänger durchgeführt.

Fasertyp:	1 mm Asahi MC-POF: 217 Kerne
Länge:	21 m, 44 m und 90 m
Bitrate:	900 Mbit/s, 750 Mbit/s, 590 Mbit/s
Sender:	DL-4147-162 Sanyo, +8,6 dBm
Empfänger:	800 µm Si-pin-PD Hamamatsu S5052, Transimpedanzempfänger mit HEMT
	Empfangsleistungen: +4,5 dBm, -0,75 dBm und -10,2 dBm
Literatur:	[Vin04b]
Firma:	POF-AC

Der zweite untersuchte Vielkern-Fasertyp war eine POF mit 37 Kernen und Doppelstufenindexprofil. Über Längen von 30 m bis 100 m konnten Datenraten von 1.400 Mbit/s bis 800 Mbit/s übertragen werden. Damit liegt die Kapazität im gleichen Bereich, wie für die MSI-POF. Allerdings bietet die MC-POF den zusätzlichen Vorteil sehr kleiner Biegeradien.

Fasertyp:	1 mm Asahi MC-POF: MSC 1000
Länge:	30 m, 50 m, 64 m und 100 m
Bitrate:	1.400 Mbit/s, 1.300 Mbit/s, 1.200 Mbit/s, 800 Mbit/s
Sender:	DL-4147-162 Sanyo, POF gekoppelte Leistung: +8,6 dBm
Empfänger:	800 µm Si-pin-PD Hamamatsu S5052
	Transimpedanzempfänger mit HEMT

6.3 Übersicht der POF-Systeme

Literatur: [Ziem03g], [Vin05c]
Firma: POF-AC

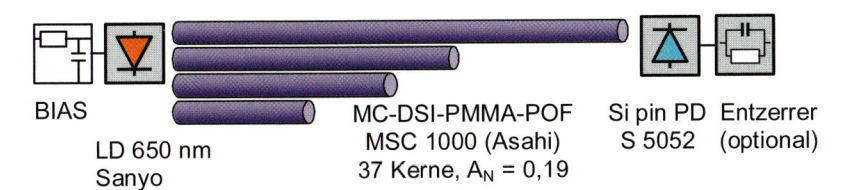

BIAS
LD 650 nm
Sanyo

MC-DSI-PMMA-POF
MSC 1000 (Asahi)
37 Kerne, $A_N = 0{,}19$

Si pin PD   Entzerrer
S 5052   (optional)

Abb. 6.126: Übertragungsexperimente an MC-POF

Später wurden an den beiden großen Faserlängen die Versuche mit einem zusätzlichen passiven Kompensationsfilter (RC-Hochpaß) wiederholt. Damit konnte erstmalig über 1 Gbit/s auf 100 m MC-POF erreicht werden.

Fasertyp:	Asahi MC-POF, 1 mm
Länge:	64 m, 100 m
Bitrate:	1.270 Mbit/s; 1.150 Mbit/s
	1.170 Mbit/s über 100 m mit optimiertem Entzerrer
Sender:	650 nm LD, 5 mW
Empfänger:	800 µm Si-pin-PF S5052 mit Transimpedanzempfänger
Literatur:	[Vin05a], [Vin05c]
Firma:	POF-AC

Die jüngsten Messungen aus [Was07] ergaben für die beiden unterschiedlichen Fasern maximale Bitraten von 725 Mbit/s über 90 m der 217-Kern-Faser und 1.170 Mbit/s über 100 m der 37-Kern-Faser (Augendiagramm in Abb. 6.127).

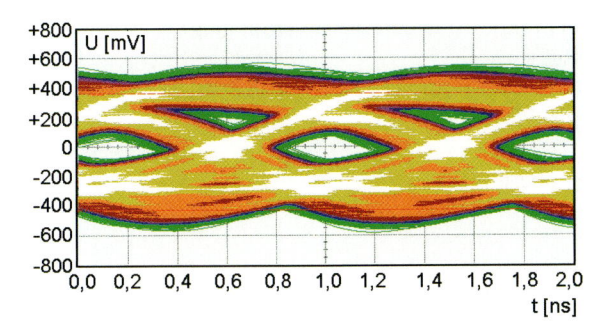

Abb. 6.127: Fehlerfreie Übertragung von 1.170 Mbit/s über 100 m MC-POF bei 650 nm

Seit 2005 werden auch die PMMA-GI-POF des koreanischen Herstellers Optimedia untersucht. Durch die Verwendung der roten Laserdioden ist die maximale Datenrate auf ca. 1.600 Mbit/s begrenzt. Auch nach 100 m ist mit fehlerfrei übertragenen 1.550 Mbit/s noch kein ernsthafter Einfluß der Modendispersion erkennbar. Mit optimiertem Entzerrerfilter und einem neuen Laser konnten 2 Gbit/s über 50 m übertragen werden (Abb. 6.38).

Fasertyp: PMMA-GI-POF, OM-Giga Optimedia
Länge: 100 m
Bitrate: 1.550 Mbit/s, auch 2.250 Mbit/s über 50 m
Sender: 650 nm LD, 5 mW
Empfänger: 800 µm Si-pin-PF S5052 mit Transimpedanzempfänger
Literatur: [Vin05b], [Ziem05f], [Vin05c]
Firma: POF-AC

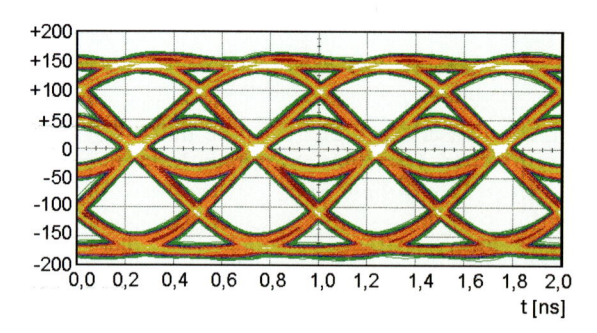

Abb. 6.128: Augendiagramm für 2.000 Mbit/s über 50 m

Mit den neuen Komponenten wird auch im Praktikum des Fachbereiches die Bitrate vermessen. Ein Beispiel für die Meßergebnisse bei verschiedenen Längen wird in Abb. 6.129 gezeigt. Da bei 100 m Faser schon 9 Steckverbindungen in der Strecke sind, ist die Bitrate durch den Empfangspegel limitiert (schmalere Filter zur Rauschunterdrückung notwendig).

Fasertyp: OM-GIGA, 900 µm PMMA-GI-POF
Länge: 20 m bis 100 m (alle 10 m eine Steckverbindung)
Bitrate: bis 2.250 Mbit/s
Sender: 650 nm LD
Empfänger: 800 µm Si-pin-PD
Literatur: [Gort06]
Firma: POF-AC Nürnberg

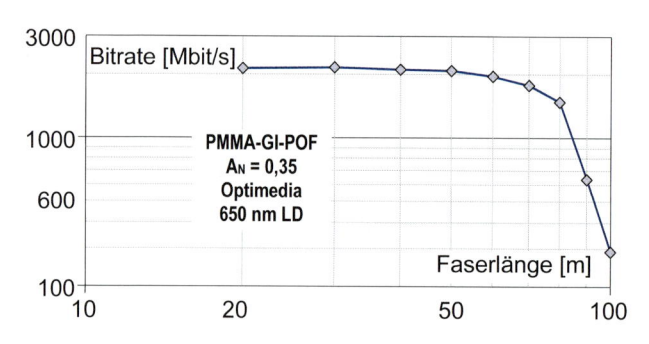

Abb. 6.129: Maximale Bitraten für PMMA-GI-POF

Bei aktuellen Messungen mit optimierten Komponenten und Faserproben ohne Steckverbindungen konnte für die 1 mm OM-Giga eine maximale Bitrate von 1.880 Mbit/s über 100 m erzielt werden (Abb. 6.130). Zwei ebenfalls 100 m lange Faserproben mit biegeoptimierten Fasern (jeweils 700 µm Kerndurchmesser) erlaubten maximale Datenraten von 1.600 Mbit/s bzw. 1.630 Mbit/s.

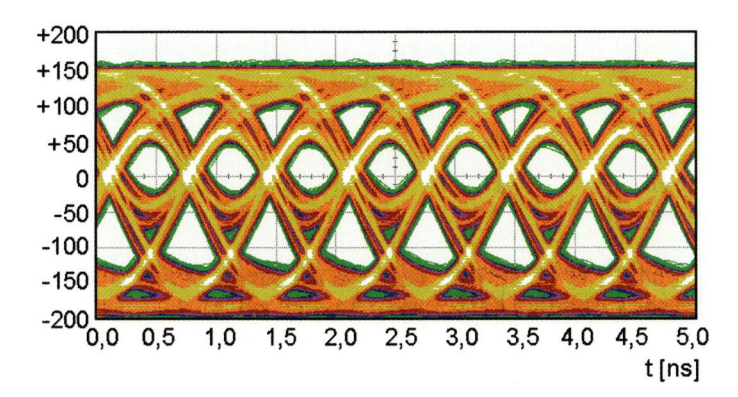

Abb. 6.130: Übertragung von 1.880 Mbit/s über 100 m OM-Giga ([Was07])

Wie noch weiter unten beschrieben wird, wurden auch POF-Bändchen mit OM-Giga für die Datenübertragung verwendet. Über 50 m können dabei auf vier parallelen Kanälen jeweils 1,6 Gbit/s übertragen werden, wobei die Spezifikation für die Maske im Augendiagramm gut eingehalten wird.

Zusammenfassend kann das Potential der verschiedenen Indexprofile wie folgt eingeschätzt werden:

➢ Vielkernfasern erlauben die Übertragung von 500 Mbit/s bis 1.000 Mbit/s über bis zu 100 m Faser, vor allem bei Verwendung des Doppelstufenindexprofils. Sie haben weiter den Vorteil, daß sich Materialien und Herstellung kaum von den Standard-POF unterscheiden. MC-POF erlauben extrem kleine Biegeradien, was für die Installation wichtig ist.
➢ Mehrstufenindexfasern sind einfacher herzustellen als GI-POF (Mehrfachextruder). Derzeit ist nur ein Typ von Mitsubishi verfügbar, dar bis ca. 500 Mbit/s über 100 m erlaubt (vergleichbar mit DSI-POF).
➢ Gradientenindex-PMMA-POF erlauben 2.500 Mbit/s über 100 m und mehr. Am besten verfügbar sind derzeit die Fasern von Optimedia. Das größte verbleibende Problem ist der begrenzte Biegeradius, der aber durch verbesserte Ummantelung verringert werden kann.

6.3.5 Systeme mit fluorierten POF

Wie im Kap. 2 beschrieben wurde, sind Steigerungen der Übertragungslänge auf deutlich über 100 m bei hohen Datenraten nur mit fluorierten Polymeren zu erreichen. Da es für diese Materialien keinen geeigneten Mantelstoff gibt, sind alle

PF-POF automatisch Gradientenindexprofilfasern. Im Prinzip sind alle nachfolgend vorgestellten Experimente auf Fasern von Asahi Glass realisiert worden. Erst in den letzten Jahren wurden auch Fasern von Nexans (Lyon) verwendet. Der dritte Hersteller ist Chromis-Fiberoptics, diese Fasern wurden aber erst jüngst für veröffentlichte Systemexperimente verwendet.

Heute werden fast alle PF-GI-POF-Systeme mit einem Kerndurchmesser von 120 µm und einer NA von 0,22 bis 0,25 hergestellt. Am Beginn der Entwicklung wurden teilweise auch größere Werte beider Parameter verwendet. Die wesentlichen Entwicklungen betreffen die Optimierung des Indexprofils und die weitere Absenkung der Dämpfung.

6.3.5.1 Erste Systeme mit PF-GI-POF

In [Kan98] wird erstmalig ein System mit der damals neu entwickelten CYTOP®-Faser von Asahi Glass als Übertragungsstrecke vorgestellt. Die GI-POF besteht aus vollständig fluoriertem Polymer und hat im nahen Infrarot deutlich verringerte Dämpfung. Der Kerndurchmesser ist 120 µm. Mit einer 850 nm-Quelle konnten 1 Gbit/s über 100 m mit einer BER = 10^{-12} übertragen werden. Der Detektor mit 1 GHz Bandbreite ist ein New Focus Model 1601 mit einer Empfindlichkeit von -18,6 dBm. Eine weitere GI-POF mit 200 µm Kerndurchmesser und $A_N = 0,175$ wurde für Toleranztests benutzt. Die Abb. 6.131 zeigt das Versuchsschema.

Fasertyp:	120 µm PF-GI-POF CYTOP®, $A_N = 0,175$
Länge:	100 m
Bitrate:	1.000 Mbit/s
Sender:	850 nm VCSEL
Empfänger:	New Focus Model 1601; -18,6 dBm
Literatur:	[Kan98]
Firma:	Seiko Epson Corp.

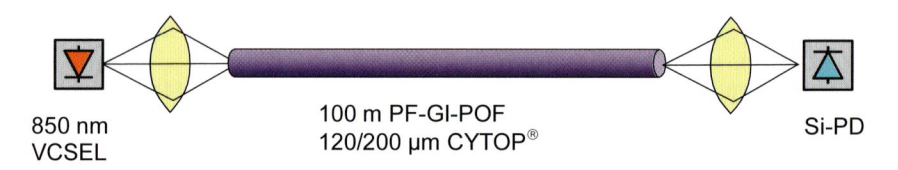

Abb. 6.131: 1 Gbit/s-Übertragung mit CYTOP®-Faser nach [Kan98]

In der gleichen Arbeit [Kan98] wird ein Space Division Multiplex-System mit 865 nm VCSEL vorgestellt. Dabei dienen als Quellen zwei Laserchips mit 200 µm Abstand. Die Duplex-POF hat einen Kern/Manteldurchmesser von 120/250 µm (500 µm Schutzmantel). Als Empfänger dienen GaAs-pin-PD mit 200 µm Abstand. Über 50 m Faser konnten 400 Mbit/s übertragen werden (siehe Abb. 6.132).

Fasertyp:	120 µm PF-GI-POF CYTOP®, Duplex
Länge:	50 m

Bitrate:	2 × 400 Mbit/s
Sender:	865 nm VCSEL
Empfänger:	GaAs-PD
Literatur:	[Kan98]
Firma:	Seiko Epson Corp.

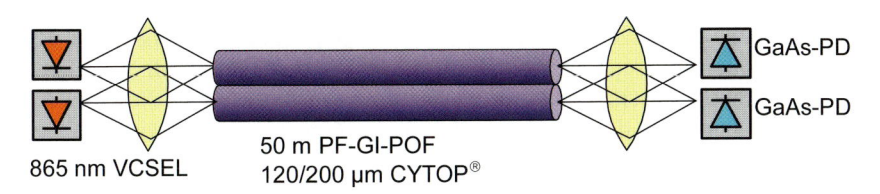

Abb. 6.132: Parallele Datenübertragung über GI-POF nach [Kan98]

In [Imai97] werden 200 m fluorierte GI-POF zur Übertragung von 2,5 Gbit/s verwendet. Die Faser hatte 120 dB/km Dämpfung bei 850 nm und 56 dB/km bei 1.300 nm (siehe auch [Khoe99]). Als Quelle diente ein 1.310 nm Laser (siehe Abb. 6.133).

Fasertyp:	120 µm PF-GI-POF CYTOP®, 56 dB/km bei 850 nm
Länge:	200 m
Bitrate:	2.500 Mbit/s
Sender:	1.310 nm LD
Empfänger:	30 µm APD mit Linsenkopplung, -25,7 dBm Empfindlichkeit (BER = 10^{-10})
Literatur:	[Imai97]
Firma:	Fujitsu Laboratories Inc.

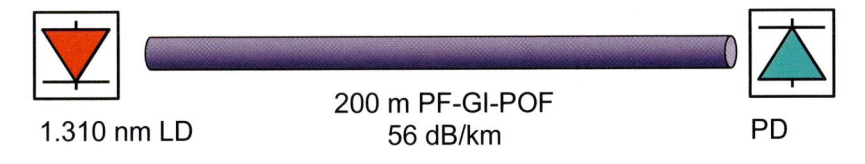

Abb. 6.133: 2,5 Gbit/s PF-GI-POF-System bei Fujitsu

Ein Test verschiedener GI-POF wird von Watanabe in [Wat99] gezeigt. Dabei werden verschiedene PF-GI-POF mit 83 µm, 99 µm, 147 µm und 221 µm Kerndurchmesser mit kommerziellen Glasfaser-Multimode-Transceivern betrieben (1.250 Mbit/s). Diese verwenden 850 nm VCSEL als Sender und PD mit 100 µm Durchmesser im Empfänger.

Der Test wurde mit je mit 100 m PF-GI-POF durchgeführt. Für die Faser mit 109 µm Kerndurchmesser (78 dB/km Dämpfung) bei 850 nm wurde bei Zimmertemperatur und +50°C eine Empfindlichkeit von -15,54 dBm ermittelt. Die Autoren kommen zu dem Ergebnis, daß der Durchmesser kleiner als 100 µm sein sollte, um mit GOF-Komponenten zusammenarbeiten zu können (siehe Abb. 6.134).

Das Ergebnis ist allerdings nicht weiter verwunderlich. VCSEL zeichnen sich durch relativ kleine Abstrahlfläche und Abstrahlwinkel aus. Die eingekoppelte Leistung dürfte damit für alle Fasern ähnlich gewesen sein. Die relativ kurze Übertragungslänge sollte auch zu keiner Bandbegrenzung bei derbs verwendeten Datenrate führen. Somit verbleibt als begrenzender Faktor die Kopplung der Faser an die Photodiode. Bei den größeren Fasern wird die Diode überstrahlt, es treten also höhere Koppelverluste auf. Die Polymerfaser verspricht aber gerade durch die Verwendung preiswerterer Komponenten Vorteile. Unter der Randbedingung, daß nur existierende Glasfasersystemkomponenten verwendet werden, ist die Frage zu stellen, wieso nicht auch die Glasfaser selbst als Medium beibehalten wird.

Fasertyp:	PF-GI-POF, $\varnothing_{Kern}$ = 83 µm, 99 µm, 147 µm, 221 µm
Länge:	100 m
Bitrate:	1.250 Mbit/s
Sender:	850 nm VCSEL
Empfänger:	100 µm Si-pin-PD
Literatur:	[Wat99]
Firma:	Asahi Glass

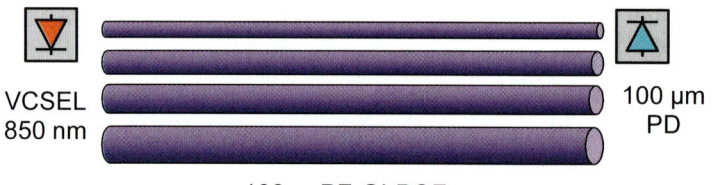

Abb. 6.134: Test verschiedener GI-POF mit Glasfaser-Komponenten ([Wat99])

Der Einsatz von kommerziellen Glasfasertransceivern mit 850 nm VCSEL wurde in [Lin01a] untersucht. Dabei wurden Faserlängen bis 300 m und Bitraten bis 3,2 Gbit/s verwendet.

Fasertyp:	PF-GI-POF
Länge:	300 m
Bitrate:	3.200 Mbit/s
Sender:	850 nm VCSEL
Empfänger:	120 µm GaAs-pin-PD
Literatur:	[Lin01a]
Firma:	True-Light Corporation
	auch 1.250 Mbit/s über 100 m, 200 m und 300 m

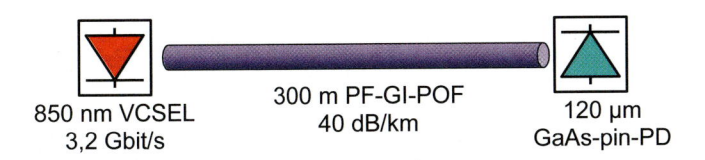

850 nm VCSEL — **300 m PF-GI-POF** — **120 µm**
3,2 Gbit/s — 40 dB/km — GaAs-pin-PD

Abb. 6.135: POF-Testsystem mit kommerziellen 850 nm-Komponenten

In Belgien wurde die Übertragung von Gbit-Ethernet auf 300 m GI-POF untersucht. Anhand der Übertragungsexperimente und umfangreicher Bandbreitemessungen bei verschiedenen Anregungen kommen die Autoren zu dem Ergebnis, daß PF-GI-POF besser als OM1-Faser für Gbit/s-Systeme geeignet sind.

Fasertyp:	120 µm PF-GI-POF, A4g
Länge:	300 m
Bitrate:	1.250 Mbit/s
Sender:	850 nm VCSEL
Empfänger:	125 × 125 µm² pin-PD
Literatur:	[Gof05]
Firma:	Royal Military Academy, Belgien

Auch Infineon Technologies baute 2003 ein System mit der Übertragung von 1,5 Gbit/s über 300 m PF-GI-POF auf. Es wurde eine Faser von Nexans verwendet.

Fasertyp:	120 µm PF-GI-POF (Nexans)
Länge:	300 m
Bitrate:	1.500 Mbit/s
Sender:	850 nm VCSEL
Empfänger:	GaAs-PD
Literatur:	[Schu04]
Firma:	Infineon Technologies

6.3.5.2 Experimente der TU Eindhoven

Prof. Khoe und seiner Gruppe an der Universität Eindhoven gelangen Ende der 90er Jahre weitere Verbesserungen der Parameter des GI-POF-Übertragungssystems. In [Li98] wird bereits die Übertragung von 2,5 Gbit/s über 300 m PF-GI-POF (CYTOP®, 170/340 µm, 110 dB/km) erfolgreich demonstriert. Der 230 µm-Durchmesser Si-APD-Empfänger erreicht -29 dBm bei BER = 10^{-9} und nur 0,3 dB Koppelverlust von der Faser in die Photodiode. Als Quelle diente ein 645 nm Laser von NEC mit 0,4 nm spektrale Breite, +6,2 dBm maximaler Ausgangsleistung und 0,3 dB Koppelverlust bei Einkopplung in die POF. Dieser Laser wurde z.B. schon in [Koi94], [Khoe99] verwendet. Für die Kopplungen wurden antireflexionsbeschichtete Linsen verwendet. Durch einen 4°-Schrägschliff der Faserenden wurden störende Reflexionen vermieden. Um die Effizienz zu verbessern, erfolgt eine NA-Wandlung von 0,55 auf 0,16 am Laser und von 0,25 auf 0,55 am Empfänger (je 2 Linsen). Abbildung 6.136 zeigt das System.

Für den Versuch standen 3 Faserstücke mit je 100 m Länge zur Verfügung die mit Steckern verbunden wurden. Insgesamt betrug die Streckendämpfung bei der Laserwellenlänge 32,6 dB. Es wurde 1 dB Penalty (Systemverschlechterung) durch Modendispersion ermittelt. Dazu kamen die 0,6 dB Ankoppelverluste an Sender und Empfänger, womit eine Leistungsbilanz von 34,2 dB aufzubringen war. Dank der 35,2 dB Abstand von Sendeleistung und Empfängerempfindlichkeit war dies möglich.

Fasertyp:	170 µm PF-GI-POF CYTOP®, 32,6 dB/300 m bei 645 nm
Länge:	300 m (2 Stecker)
Bitrate:	2.500 Mbit/s
Sender:	645 nm Laser NEC; $\Delta\lambda$ = 0,4 nm, +6,2 dBm
Empfänger:	230 µm Si-APD; -29 dBm
Literatur:	[Li98]
Firma:	Universität Eindhoven

Abb. 6.136: 2,5 Gbit/s-System nach [Li98] mit 300 m Reichweite

Von der Gruppe an der TU Eindhoven wurde ebenfalls 1998 ein neuer Entfernungsrekord mit der Übertragung von 2,5 Gbit/s über 450 m vorgestellt ([Li98]). Dazu wurde eine 1.310 nm-LD verwendet. Als Faserstücken standen 4×100 m und 1×50 m GI-POF zur Verfügung. Der Laser war hierbei an eine 62,5 µm GI-Glasfaser angekoppelt. Ein optischer Halbleiterverstärker (SOA, Semiconductor Optical Amplifier) erhöhte die Leistung auf das notwendige Maß, dargestellt in Abb. 6.137.

Die erreichte Sendeleistung wurde nicht angegeben, letztere dürfte aber bei ca. 10 mW gelegen haben. Mit demselben Aufbau wurden auch 5 Gbit/s über 140 m und später über 200 m übertragen, wobei die Bandbreite des Empfängers als beschränkender Faktor genannt wurde. Weiterhin konnte ohne den optischen Verstärker eine Übertragungslänge von 300 m mit 2,5 Gbit/s erreicht werden.

Fasertyp:	170 µm PF-GI-POF CYTOP®, 31 dB/km
Länge:	450 m (4 Stecker)
Bitrate:	2.500 Mbit/s
Sender:	1.310 nm LD, mit SOA verstärkt
Empfänger:	80 µm APD
Literatur:	[Li98]
Firma:	Universität Eindhoven
	auch 5.000 Mbit/s über 140 m und 200 m

6.3 Übersicht der POF-Systeme

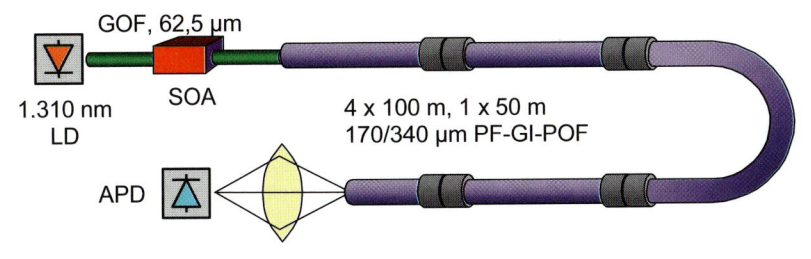

Abb. 6.137: 2,5 Gbit/s-System nach [Li98] mit 450 m Reichweite

Im Jahr 1999 verbesserte die Gruppe in Eindhoven die Übertragungslänge auf 550 m (siehe [Khoe99], [Li99]) bei 2,5 Gbit/s Datenrate. Dies war möglich, da nunmehr ein 550 m GI-POF-Faserstück mit 170 µm Kerndurchmesser zur Verfügung stand (Abb. 6.138). Außerdem wurde nun ein 840 nm VCSEL verwendet.

Es wurden Experimente mit verschiedenen Quellen durchgeführt. Bei den Laserwellenlängen war die gemessene Dämpfung:

> 110 dB/km bei 650 nm (LD als Quelle)
> 43,6 dB/km bei 840 nm (VCSEL als Quelle)
> 31 dB/km bei 1.310 nm (LD als Quelle)

Der VCSEL lieferte 1,3 dBm Leistung bei 1 nm spektraler Breite. Er konnte direkt an die POF gekoppelt werden. (< 1 dB Verlust). Ein passives Filter für die VCSEL-Frequenzgangkompensation wurde verwendet.

Eine Si-APD mit 230 µm Durchmesser wurde bei 840 nm für den Empfänger benutzt. Er erreichte -28,6 dBm Empfindlichkeit bei BER = 10^{-9}, womit 29,9 dB Budget verfügbar waren. Die Experimente ergaben 4,5 dB Penalty durch Modenrauschen und Dispersion und 24,0 dB Dämpfung durch die 550 m POF-Strecke (24,0 + 1,0 + 0,3 + 4,5 dB ergibt 29,8 dB).

Fasertyp:	170 µm PF-GI-POF CYTOP®; 43,6 dB/km
Länge:	550 m
Bitrate:	2.500 Mbit/s
Sender:	840 nm VCSEL, $\Delta\lambda$ = 1 nm, 1,3 dBm
Empfänger:	230 µm Si-APD
Literatur:	[Li99]
Firma:	Universität Eindhoven

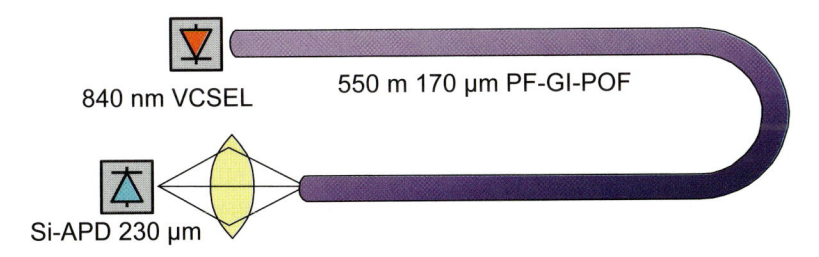

Abb. 6.138: POF-System mit Rekord-Übertragungslänge nach [Li99]

Die Übertragung von 2,5 Gbit/s über 550 m bei 1,3 µm wurde ebenfalls in [Li99] beschrieben. Der 1310 nm- DFB-Laser hatte eine Modulationsbandbreite von 5 GHz, eine spektrale Breite von 0,1 nm und max. 0,4 dBm optische Ausgangsleistung (1,1 mW). Der Laser ist ein Standard-Sendelement für Einmodenfasersysteme und ist mit einem entsprechenden Faserausgang ausgestattet. Diese Einmodenfaser wurde auch direkt zur Kopplung an die GI-POF verwendet (< 0,1 dB Verlust). Mit dieser Methode wird nur ein sehr kleiner Teil des Modenfeldes angeregt, wodurch die Bandbreite deutlich vergrößert wird.

Als Empfänger diente bei dieser Wellenlänge eine InGaAs-APD mit 80 µm Durchmesser. Die POF wurde mit einer Doppellinse bei Änderung der NA von 0,25 auf $A_N = 0,55$ (<0,3 dB Verlust) abgebildet. Die Empfindlichkeit war -28,4 dBm bei einer BER = 10^{-9}. Somit standen 28,8 dB Leistungsbilanz einem Verlust der Faser von 16,3 dB gegenüber. Bei gemessenen 4,4 dB Penalty durch Modenrauschen und Dispersion ergibt sich eine benötigte Bilanz von: 16,3 + 0,1 + 0,3 + 4,4 = 21,1 dB. Die verbleibende Systemreserve (Margin) von 7,7 dB würde demnach eine Übertragungslänge bis zu 750 m möglich machen. Abbildung 6.139 zeigt auch hier das Schema des Systems.

Fasertyp:	170 µm PF-GI-POF CYTOP®, 31 dB/km
Länge:	550 m
Bitrate:	2.500 Mbit/s
Sender:	1.310 nm LD, $\Delta\lambda$ = 0,1 nm, 0,4 dBm
Empfänger:	80 µm GaAsP-APD, -28,4 dBm
Literatur:	[Li99]
Firma:	Universität Eindhoven

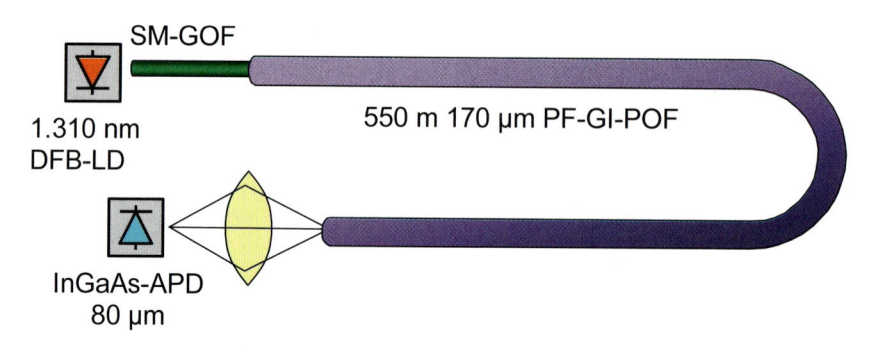

Abb. 6.139: 550 m GI-POF-System bei 1.310 nm nach [Li99]

Die Leistungsbilanzen der beiden 550 m Experimente bei 840 nm und 1.310 nm werden in Abb. 6.140 gegenübergestellt. Der deutliche Vorteil liegt bei der 1.310 nm Laserdiode, da die Dämpfung der POF hier wesentlich niedriger ist. Allerdings entsprechen die verwendeten Komponenten keineswegs der „Low-Cost"-Philosophie der Polymerfaser.

6.3 Übersicht der POF-Systeme

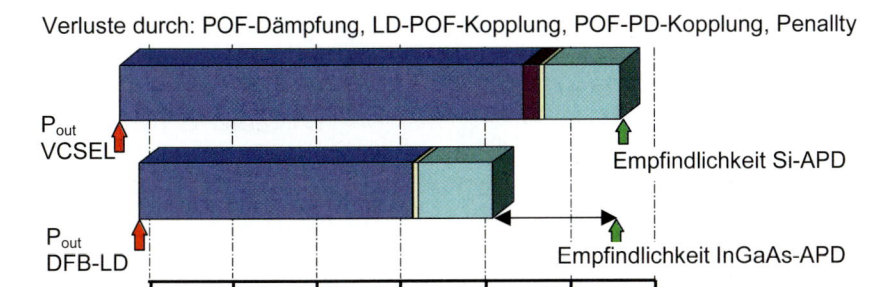

Verluste durch: POF-Dämpfung, LD-POF-Kopplung, POF-PD-Kopplung, Penallty

Abb. 6.140: Vergleich der Leistungsbilanzen für 840 nm und 1.310 nm

In den Jahren 2001 und 2002 zeigte die Gruppe an der Universität Eindhoven, daß PF-GI-POF auch für Übertragungslängen bis 1 km geeignet sind. In einem ersten Experiment wurde ein 840 nm VCSEL verwendet, die Faser bestand aus drei kaskadierten 330 m-Stücken (Systemaufbau in Abb. 6.141).

Fasertyp:	PF-GI-POF, 27 dB/km bei 840 nm
Länge:	990 m
Bitrate:	1.250 Mbit/s
Sender:	840 nm VCSEL mit +1,1 dBm mittlerer optischer Leistung (1,3 mW)
Empfänger:	230 µm Si-APD, Empfindlichkeit -31,3 dBm (BER = 10^{-9}) Penalty 1,2 dB durch Modendispersion
Literatur:	[Boo01a], [Nar01]
Firma:	Universität Eindhoven

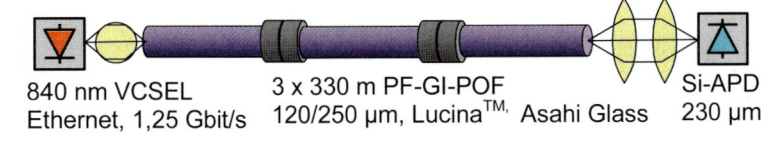

840 nm VCSEL — Ethernet, 1,25 Gbit/s
3 x 330 m PF-GI-POF — 120/250 µm, Lucina^{TM}, Asahi Glass
Si-APD 230 µm

Abb. 6.141: Gigabit-Ethernet-Übertragung über 990 m PF-GI-POF

Im Folgejahr stand dann ein 1 km langes Faserstück zur Verfügung. Als Laser wurde diesmal ein 1.300 nm Kantenemitter verwendet (gekoppelt an eine Einmodenfaser), dessen Ausgangsleistung durch einen optischen Halbleiterverstärker vergrößert wurde.

Fasertyp:	120 µm PF-GI-POF
Länge:	1.006 m
Bitrate:	1.250 Mbit/s
Sender:	1.300 nm LD mit opt. Halbleiterverstärker
Empfänger:	80 µm InGaAs-APD
Literatur:	[Khoe02]
Firma:	Universität Eindhoven

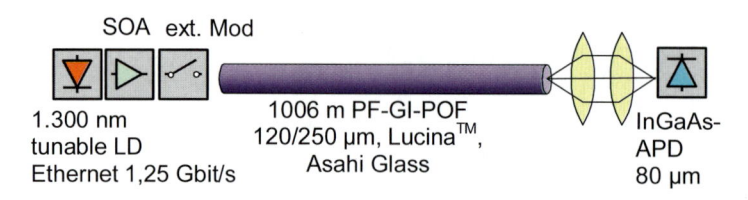

Abb. 6.142: Gigabit-Ethernet-Übertragung über 1.006 m PF-GI-POF

6.3.5.3 Datenraten über 5 Gbit/s mit GI-POF

Auch an der Universität Ulm wurden mit der CYTOP® PF-GI-POF Übertragungsexperimente mit hohen Datenraten durchgeführt. In [Schn99] wird ein Experiment mit 7 Gbit/s bei 80 m GI-POF-Länge beschrieben. Die verwendete POF hatte 155 µm Kerndurchmesser. Als Quelle diente 930 nm VCSEL mit max. 4,5 mW Leistung bei 10 mA Diodenstrom. Im Experiment wurde mit einem Vorstrom von 7 mA und ±0,75 V Modulationshub gearbeitet. Der VCSEL wurde direkt per Stirnkopplung mit der GI-POF verbunden. Abbildung 6.143 zeigt den Versuchsaufbau. Bei einer Leistung von -9,75 dBm am Empfänger konnte eine BER = 10^{-11} erzielt werden konnte.

Fasertyp:	155 µm PF-GI-POF CYTOP®
Länge:	80 m
Bitrate:	7.000 Mbit/s
Sender:	930 nm VCSEL, 4,5 mW
Empfänger:	InGaAs pin-PD
Literatur:	[Schn99]
Firma:	Universität Ulm

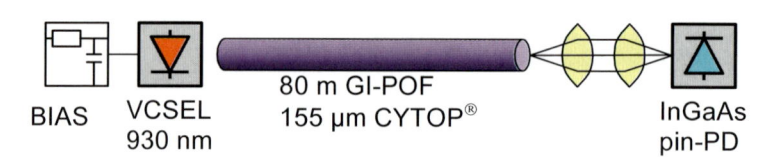

Abb. 6.143: 7 Gbit/s-Experiment an der Universität Ulm

Die bis dahin höchste Datenrate für ein POF-System mit 11 Gbit/s über 100 m PF-GI-POF wurde von Lucent in [Gia99a] vorgestellt. Als Quelle diente eine 1.300 nm Fabry-Perot-Laserdiode. Über die am Laser angekoppelte Einmodenfaser konnte 1 mW Leistung über eine Linse in die GI-POF eingekoppelt werden. Die Dämpfung der GI-POF mit 130 µm/300 µm Kern-/Manteldurchmesser betrug 44 dB/km bei 830 nm und 33 dB/km bei 1.300 nm.

Der Empfänger war eine pin-Photodiode mit fest angebrachtem Glasfaserende (62,5 µm Multimode). Die Kopplung zwischen POF und Glasfaser erfolgte über eine Linse mit 4,8 dB Verlust. Die Fehlerwahrscheinlichkeit lag bei weniger als BER = 10^{-10} mit -8,6 dBm empfangener Leistung. Die Abb. 6.144 zeigt den Versuchsaufbau.

6.3 Übersicht der POF-Systeme

Der verwendete Laser erfüllte die Klasse 1 mit < +8 dBm Ausgangsleistung. Der Penalty durch Dispersion betrug 2,5 dB. Auch dieses System sollte als Technologietest für die Leistungsfähigkeit der GI-POF verstanden werden, da der Versuchsaufbau keinesfalls dem Anspruch nach preiswerten Komponenten erfüllt.

Fasertyp:	130 µm PF-GI-POF CYTOP®; 33 dB/km
Länge:	100 m
Bitrate:	11.000 Mbit/s
Sender:	1.300 nm LD, +8 dBm
Empfänger:	pin-PD (an 62,5 µm GI-GOF)
Literatur:	[Gia99a]
Firma:	Lucent Technologies

Abb. 6.144: Bisher höchste Bitrate für ein POF-System bei Lucent Technologies

In einer weiteren Veröffentlichung [Gia99b], [Gia99c] wird neben dem 1.300 nm Fabry-Perot-Laser ein 830 nm VCSEL verwendet. Dieser konnte mit 9 Gbit/s moduliert werden. Die Systemverschlechterung um 4 dB wird hierbei durch das begrenzte Extinktionsverhältnis verursacht. Für das VCSEL-Experiment wurde die POF an eine Picometrix pin-PD mit 70 µm Durchmesser und 9 GHz Bandbreite angekoppelt (2 dB Verlust bei 2:1 Verkleinerung). Abbildung 6.145 demonstriert den geänderten Aufbau.

Fasertyp:	130 µm PF-GI-POF CYTOP®; 44 dB/km
Länge:	100 m
Bitrate:	9.000 Mbit/s
Sender:	830 nm VCSEL
Empfänger:	70 µm pin-PD Picometrix
Literatur:	[Gia99b], [Gia99c]
Firma:	Lucent Technologies

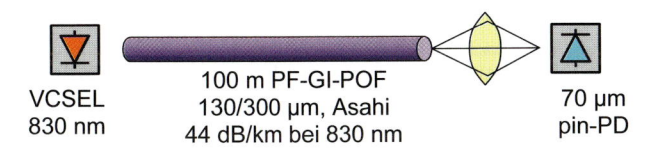

Abb. 6.145: 9 Gbit/s System mit VCSEL bei Lucent Technologies

Von Nexans wurde ebenfalls die Übertragung von rund 10 Gbit/s über 100 m PF-GI-POF demonstriert. Als aktive Elemente wurden ein 850 nm Laser und eine pin-PD jeweils in einem sehr kompakten Gehäuse verwendet. Parameter des Systems waren:

- 850 nm VCSEL (50 Ω) mit pin-Monitordiode und SiGe-Treiber
- TIA-Empfänger mit pin-Diode
- 5 mA BIAS-Strom, 7,5 mA $I_{mod,p-p}$
- $f_{3\,dB}$: 5,5 GHz ($f_{6\,dB}$: 8,0 GHz) mit Modenfilter
- 850 nm VCSEL
- 10,7 Gbit/s, PRBS 10^{23}-1
- Kopplung mit Kugellinsen
- BER < 10^{-12}, BER < 10^{-10} mit optimierter Einkopplung

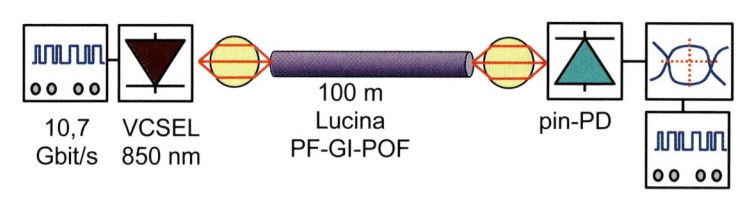

Abb. 6.146: 10,7 Gbit/s-System von Nexans

In der Abb. 6.147 werden die aktiven Komponenten gezeigt.

Fasertyp:	120 µm PF-GI-POF
Länge:	100 m
Bitrate:	10.700 Mbit/s
Sender:	850 nm VCSEL
Empfänger:	pin-PD mit Transimpedanzverstärker
Literatur:	[Wid02b]
Firma:	Nexans Lyon

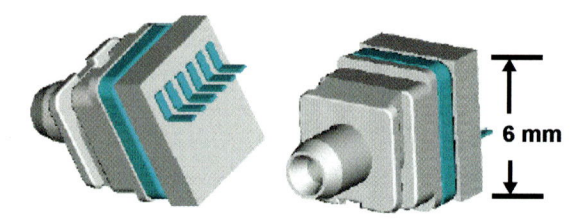

Abb. 6.147: 10,7 Gbit/s-System-Komponenten

Ein vergleichbares 10 Gbit/s-System wurde auch an der Universität Ulm aufgebaut. Es wurde eine etwas dickere GI-POF verwendet. Der 850 nm VCSEL zeichnet sich durch besonders große Leistung und Bandbreite aus.

Fasertyp:	155 µm PF-GI-POF, A_N = 0,25
Länge:	80 m
Bitrate:	10.400 Mbit/s
Sender:	850 nm VCSEL, 7,1 mW bei 18,3 mA
	9,4 GHz Bandbreite bei 12 mA
	gefertigt beim Ferdinand-Braun-Institut Berlin

Empfänger: InGaAs pin-PD mit Linsenkopplung
Literatur: [Sta03]
Firma: Universität Ulm

An der Keio-Universität wurde 2004 erstmalig ein 10 Gbit/s-System vorgestellt. Auch hier wurde ein 850 nm Laser verwendet.

Fasertyp: PF-GI-POF, Keio University
Länge: 100 m
Bitrate: 10.000 Mbit/s
Sender: 850 nm Laser
Literatur: [Ish04b]
Firma: Keio Universität

Im Jahr 2005 wurde erstmalig die Übertragung von 12 Gbit/s vorgestellt. Grundlage war eine GI-POF mit verbessertem Indexprofil. Besonders interessant ist, daß diese Faser die hohe Bitrate sowohl bei 850 nm, als auch bei 1.300 nm Wellenlänge ermöglicht. In der Abb. 6.148 ist das Augendiagramm für das 1.300 nm-Experiment gezeigt.

Fasertyp: PF-GI-POF, Keio University, neues optimiertes Profil
Länge: 100 m
Bitrate: 12.000 Mbit/s
Sender: 850 nm, 1.300 nm Laser
Literatur: [Ish05a]
Firma: Keio Universität

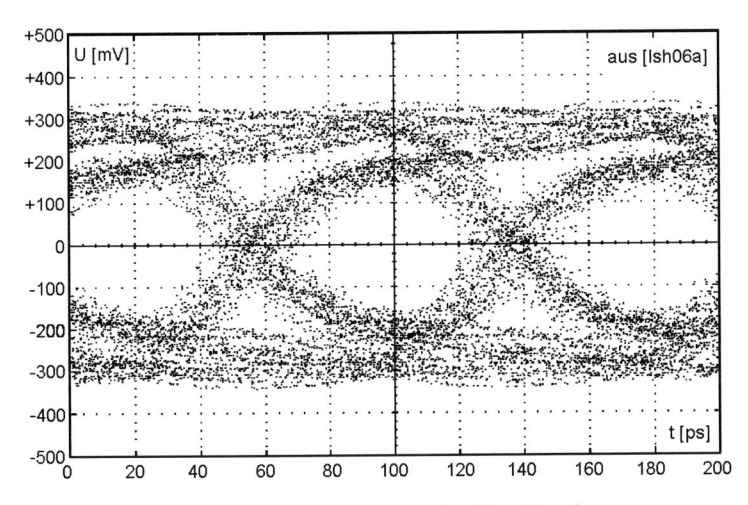

Abb. 6.148: Auge bei 12 Gbit/s (1,3 µm nach 100 m Faser)

Eine deutliche Vergrößerung der Reichweite von 10 Gbit/s POF-Systemen gelang wiederum der Gruppe von Dr. Randel bei Siemens in München ([Lee07a]). Der Aufbau eines Systemexperiments mit einem 1.300 nm Laser zeigt Abb. 6.149.

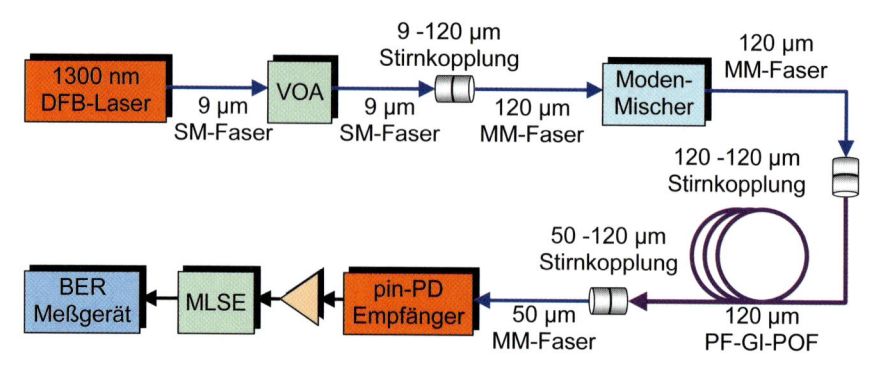

Abb. 6.149: 10 Gbit/s-System aus [Lee07a]

Mit direkter Detektion können etwa 90 m Faser überbrückt werden. Durch Verwendung eines MLSE-Equalizer für die Dispersionskompensation (Maximum Likelihood Sequence Estimation) kann die Übertragungsstrecke auf 220 m vergrößert werden (jeweils unter Annahme eines FEC-Limits von BER = 10^{-4}). Die Systemparameter waren:

Fasertyp:	120 µm PF-GI-POF (40 dB/km, NA = 0,185)
Länge:	bis 220 m
Bitrate:	10.000 Mbit/s
Sender:	1.300 nm DFB-Laser
Einkopplung	Over Filled Launch (Modenmischer: 10 Windungen um 20 mm Zylinder)
Empfänger:	50 µm GI-GOF-Empfänger mit MLSE/Fehlerkorrektur
Literatur:	[Lee07a]
Firma:	Siemens München/Universität Eindhoven

Die Verbesserung durch den MLSE-Empfänger zeigt Abb. 6.150. In der Empfindlichkeit werden ca. 6 dB Gewinn erreicht. Das entspricht etwa der Vergrößerung der Reichweite von 90 m auf 220 m.

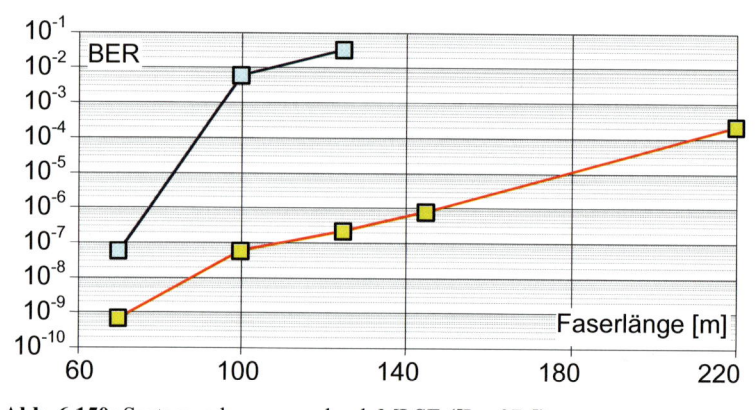

Abb. 6.150: Systemverbesserung durch MLSE ([Lee07a])

6.3 Übersicht der POF-Systeme

Im Prinzip kann auch dieses Verfahren bei den meisten dispersionsbegrenzten POF-Systemen eingesetzt werden, um einige dB Systemgewinn zu erreichen. Bei PMMA-POF entspricht dies aber nur einem Längenzuwachs von einigen 10 m.

Die bislang größten Bitraten für POF-Systeme wurden am Georgia Institute of Technology ([Ral06], [Ral07], [Poll07]) realisiert. Als Medium diente eine PF-GI-POF von Chromis Fiberoptics. Da Sender bei 1.300 nm nicht ausreichend schnell sind, wurden eine 1.550 nm-Quellen und ein entsprechend schneller Empfänger verwendet. Da die Dämpfung der PF-POF bei 1,55 µm schon relativ groß ist (» 100 dB/km) war die Übertragungslänge auf 30 m begrenzt. Eine BER $< 10^{-12}$ konnte für Datenraten bis zu 30 Gbit/s erzielt werden. Bei 40 Gbit/s konnte mit einer Fehlerwahrscheinlichkeit von $1,45 \cdot 10^{-3}$ übertragen werden (Empfängerbegrenzt). Der Faserdurchmesser erlaubt bis ±10 µm Versatz bei der Einkopplung. Die Augendiagramme für 10 Gbit/s und 30 Gbit/s sind in Abb. 6.151 gezeigt.

Fasertyp:	50 µm PF-GI-POF (Chromis Fiberoptics)
Länge:	30 m
Bitrate:	10.000 - 40.000 Mbit/s
Sender:	1.550 nm Faserlaser mit externem Modulator
Empfänger:	50 µm MM-Faser-Detektor Newfocus 1454 POF-Ausgangsleistung: 3,87 dBm
Literatur:	[Ral06], [Ral07], [Poll07]
Firma:	Georgia Institute of Technology

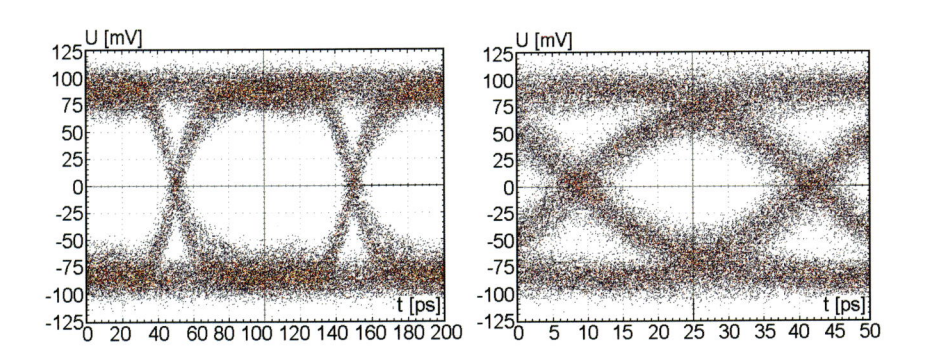

Abb. 6.151: Augendiagramme für 10Gbit/s und 30 Gbit/s ([Ral06])

Neben der Bitrate wurde auch die Impulsantwort der Faser ermittelt. Ein Vergleich mit einer Messung an einer 50 mm-Glasfaser (GI) zeigt Abb. 6.152. Dank der starken Modenmischung in der POF tritt deutlich weniger Modendispersion auf.

Eine umfangreiche Erläuterung des Effektes der Modenmischung auf die Bandbreite der PF-GI-Faser findet sich im Abschnitt 10.3.

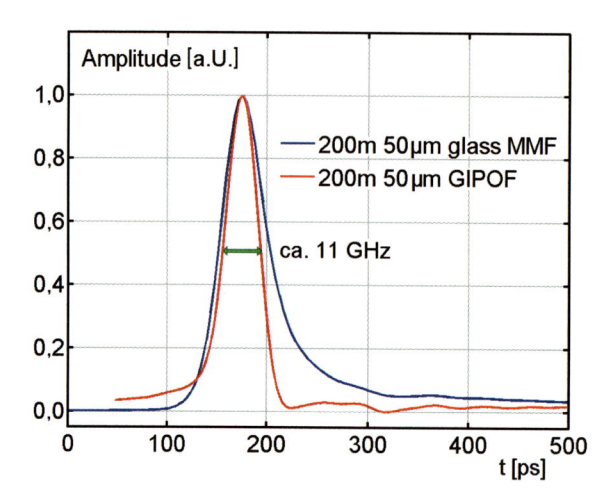

Abb. 6.152: Impulsantworten für GI-POF und GI-GOF ([Ral06])

Alle oben genannten Systemexperimente mit der PF-GI-POF sind in Abb. 6.153 zusammengefaßt. Das Limit der Faser liegt aktuell im Bereich 1.250 Mbit/s · km. Die Leistungsfähigkeit ist bei 850 nm und 1.300 nm praktisch identisch - ein klarer Vorteil gegenüber Glasfasern. Bei 650 nm sind sowohl Reichweite (höhere Faserdämpfung) als auch Datenrate (langsamere Laser) deutlich eingeschränkt.

Im Abschnitt 6.3.7.4 werden Modenmultiplexsysteme vorgestellt. Dabei erreichte [Schö06] die Übertragung von 2 × 10,7 Gbit/s über 10 m PF-GI-POF bei 1.550 nm Wellenlänge.

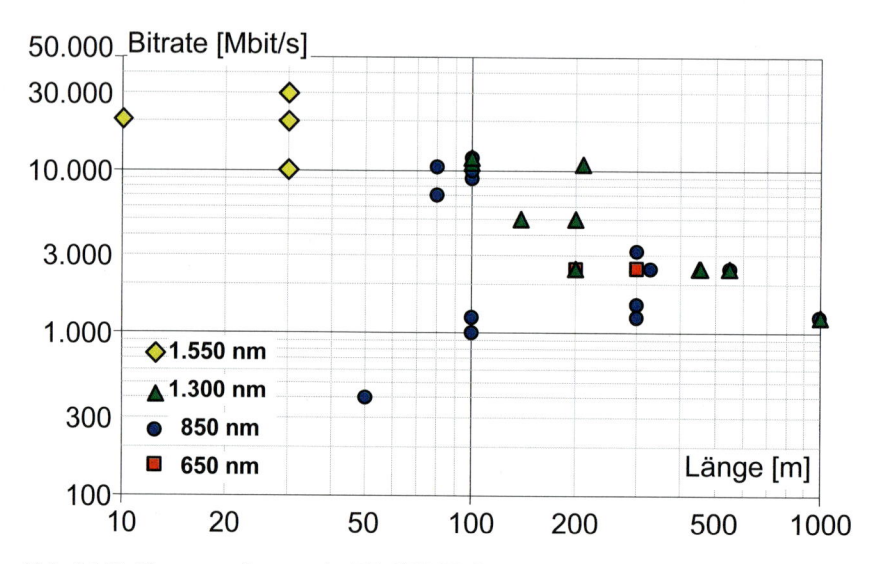

Abb. 6.153: Zusammenfassung der PF-GI-POF-Systeme

6.3.6 POF-Multiplex

Aus der Glasfasertechnik ist die Methode des Wellenlängenmultiplex sowohl zur Vergrößerung der Kanalkapazität als auch für die bidirektionale Datenübertragung gut bekannt. In experimentellen Systemen wurden schon über 100 Wellenlängen kombiniert und bei der Gesamtkapazität die 1 Tbit/s-Grenze deutlich überboten. Auf der ECOC'2000 wurden von Alcatel, Siemens und NEC Systeme mit 6 bis 7 Tbit/s Datenrate vorgestellt. Auf der OFC'2007 gab es einen Beitrag über die Übertragung von 25,4 Tbit/s über eine Glasfaser. In wenigen Jahren sollen kommerzielle Systeme mit mehreren 100 Wellenlängen verfügbar sein.

Die Ansprüche der POF-System-Designer sind bisher deutlich niedriger. Andererseits stehen inzwischen preiswerte und leistungsfähige LED im Bereich von blau bis ins nahe Infrarot zur Verfügung. Damit können die Dämpfungsfenster der PMMA und der PF-POF gut ausgenutzt werden. Grundsätzliche Probleme der POF sind der große Durchmesser und die große Numerische Apertur. In der Glasfaser-Einmodentechnik können als Multiplexer und Filter verschiedenste Komponenten auf Basis von Fasergittern, Interferenzfiltern und Interferometern eingesetzt werden. Diese Elemente kommen für die POF nicht in Frage. Schon der Einsatz eines Interferenzfilters ergibt die in Abb. 6.154 gezeigten Probleme:

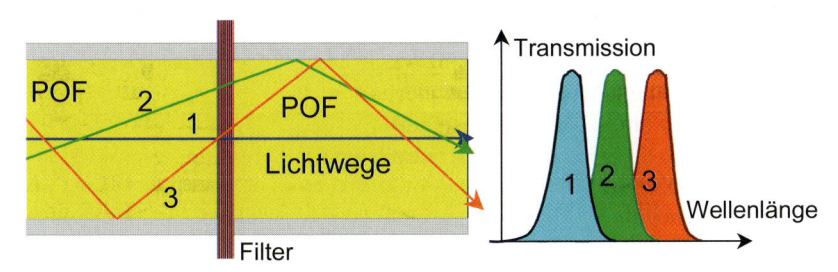

Abb. 6.154: Probleme bei Interferenzfiltern mit POF

Interferenzfilter auf Basis transparenter Schichten weisen eine deutliche Winkelabhängigkeit der Transmission auf. In einer Standard-NA-POF kann der Ausbreitungswinkel in der Faser bis zu 20° von der Achse abweichen. Hier verschiebt sich der Transmissionsbereich eines Filters schon um mehr als 6%. Ähnliches gilt auch für Reflexions- und Transmissionsgitter. Interferenzeinrichtungen wie Fasergitter und Mach-Zehnder-Interferometer sind für Multimodefasern überhaupt nicht verwendbar, da jeder Modus seine eigene Interferenzbedingung erfüllt, so daß bei der Überlagerung aller Moden die Interferenzen verschwinden. Prinzipiell gibt es verschiedene Auswege für wellenlängenselektive Elemente:

➢ Nutzung von Absorptionsfiltern, die praktisch keine Winkelabhängigkeit aufweisen.
➢ Nutzung von sehr breiten Interferenzfiltern, die die spektrale Verschiebung tolerieren können.
➢ Aufweitung des Lichtstrahls aus der POF und Verringerung der NA, um normale Elemente benutzen zu können.

In den nächsten Abschnitten werden alle diese Methoden beschrieben. Für GI-POF mit ihren heute üblichen kleinen Kerndurchmessern und NA ist das Problem weitaus weniger kritisch als für 1 mm SI-POF.

Zunächst werden WDM-Systeme auf PMMA-Fasern beschrieben. Im folgenden Teil werden Lösungen mit PF-GI-POF zusammengestellt. Den Abschluß bildet die Vorstellung von Komponenten für bi-direktionale Übertragung auf einer Faser.

6.3.6.1 Wellenlängenmultiplexsysteme mit PMMA-POF

Der Einsatz von Wellenlängenmultiplex auf PMMA-POF wird sich auf wenige Kanäle beschränken. Nur bei 650 nm stehen Laserdioden zur Verfügung, in den anderen Übertragungsfenstern muß bislang auf LED zurückgegriffen werden, die neben der begrenzten Bitrate auch eine große spektrale Breite aufweisen. Auf der anderen Seite erlaubt der große Faserdurchmesser sehr einfache Multiplexerkonstruktionen ohne aktive Justage.

Bereits in [Tak94] wurde die bidirektionale Übertragung mit einem System aus einer 830 nm-Quelle für einen 6 MHz Video-Kanal und einer 660 nm LED für ein 10 kHz Kontrollsignal gezeigt. Weitere Angaben zum Systemaufbau sind darüber nicht verfügbar.

Fasertyp:	PMMA-POF
Bitrate:	analog 6 MHz / 10 kHz
Sender:	830 nm (6 MHz Videosignal)
	660 nm LED (10 kHz Kontrollsignal)
Demux:	Koppler
Literatur:	[Tak94]
Firma:	Hitachi Forschungszentrum

In [Ziem97a] und [Ziem97b] wird eine Methode vorgeschlagen, welche die Leistungsbilanz dieses Systems deutlich verbessert. Dabei soll ausgenutzt werden, daß der Durchmesser der Photodiode deutlich größer ist als derjenige typischer LED. Durch einfache „Stapelung" der Elemente wird ein WDM-System für bidirektionale Übertragung realisiert, wie Abb. 6.155 schematisch darstellt.

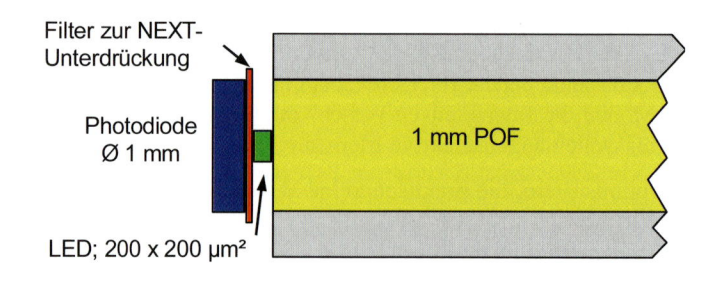

Abb. 6.155: WDM-Transceiver ohne Abbildungsoptik oder Koppler

Am bereits mehrfach erwähnten Institut von Prof. Khoe an der Universität Eindhoven wurde ein Demultiplexer für POF-Systeme auf Basis eines Reflexionsgitters entwickelt ([Hun96]).

In Abb. 6.156 wird der Demultiplexer gezeigt. Das Übertragungsmedium ist eine GI-POF mit 750 µm Kerndurchmesser und einer $A_N = 0,29$. Die Ausgänge des Multiplexers bilden SI-POF mit 1 mm Durchmesser und $A_N = 0,46$. Die gesamte Anordnung besteht aus einer Linse zum Fokussieren und einem Reflexionsgitter. Durch eine leichte Schrägstellung wird die Eingangs-POF auf die beiden Ausgangs-POF abgebildet.

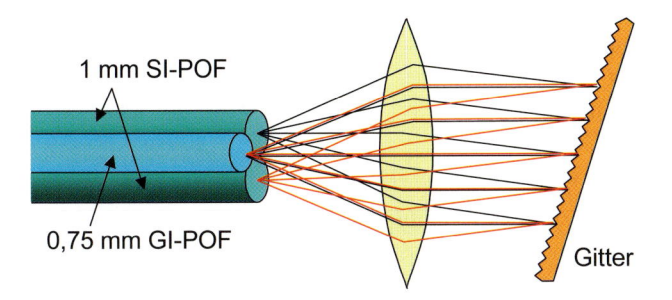

Abb. 6.156: POF-WDM-Demultiplexer nach [Hun96]

Die verwendeten Wellenlängen sind 645 nm und 675 nm, bedingt durch die verfügbaren Laserdioden. Für den Aufbau wurde ein Gitter mit 1.200 Linien/mm und 500 nm Blaze-Wellenlänge ausgewählt. Die Kollimatorlinse hatte eine Brennweite von 25,5 mm, wodurch sich eine lineare Trennung der Wellenlängen um theoretisch 995,8 µm ergibt, also sehr genau dem 1 mm-Abstand der Ausgangsfasern entsprechend. Der Linsendurchmesser ist 25,4 mm, also ausreichend groß zur Erfassung des kompletten Fernfeldes der GI-POF. Abbildung 6.157 zeigt die Übertragungsfunktionen für die beiden Ausgänge des Multiplexers, gemessen mit einer Weißlichtquelle vor der GI-POF und mit 0,1 nm Auflösung.

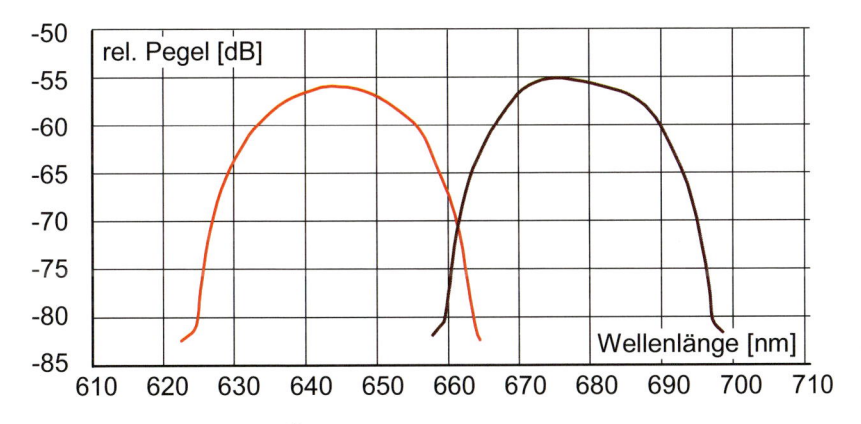

Abb. 6.157: Demultiplexer-Übertragungsfunktion [Hun96]

Die Dämpfung bei den Arbeitswellenlängen liegt unter 5 dB. Die Unterdrückung des jeweils anderen Kanals ist besser als 55 dB, wodurch ein fehlerfreier Betrieb bei Verwendung schmalbandiger Laser möglich sein sollte.

In [Khoe97] wurde mit diesem Demultiplexer ein WDM-System mit 84 m PMMA-GI-POF (Keio Universität) aufgebaut. Die beiden Sender waren ein 645 nm Laser von NEC mit einer Datenrate von 2.500 Mbit/s und ein 675 nm CD-Laser von Philips mit 620 Mbit/s. Die Empfindlichkeit der beiden Empfänger betrug -26 dBm bzw. -31 dBm.

Fasertyp:	750 µm PMMA-GI-POF
Länge:	84 m
Bitrate:	2 × 2.500 Mbit/s
Sender:	645 nm LD/675 nm LD
Demux:	Gitterdemultiplexer
Literatur:	[Hun96], [Khoe97]
Firma:	Universität Eindhoven

Eine weitere Anordnung für einen Demultiplexer für POF-WDM-Systeme stellte eine tunesische Gruppe in [Att96a] vor. Ziel war dabei, eine möglichst kompakte Bauform des Multiplexers zu erreichen. Dazu wurde die POF an ein Glasfaserbündel mit rundem Querschnitt angekoppelt. Dieses bestand aus 61 Einzelfasern mit je 100 µm Kerndurchmesser und $A_N = 0,28$. Der 1 mm Kerndurchmesser der POF wird dabei zu ca. 60 % ausgenutzt. In Richtung der fokussierenden Linsen sind die Einzelfasern linear angeordnet. Damit ergibt sich praktisch ein Spalt von 6,1 × 0,1 mm. Der Vorteil dieser Anordnung liegt darin, daß eine wesentlich kleinere lineare Trennung der Kanäle notwendig ist als bei einem runden 1 mm-Eingang, wie Abb. 6.158 demonstriert. Es können also kleinere Linsen und Gitter verwendet werden.

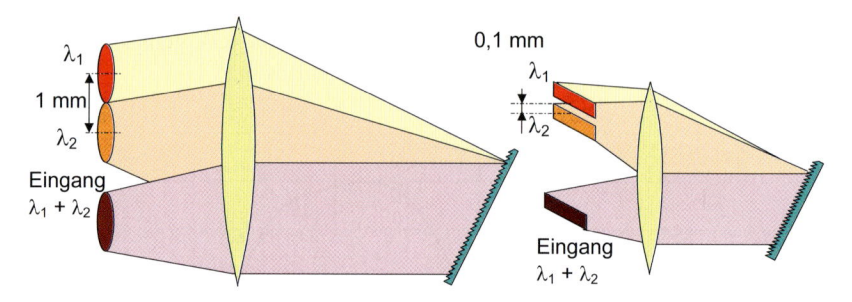

Abb. 6.158: POF-Demultiplexer

Für den realisierten Demultiplexer wird ein Gitter mit 1.800 Linien/mm und 8 mm × 8 mm Größe verwendet. Die beiden fokussierenden Linsen besitzen 3,6 mm Brennweite. Als Wellenlängen sollen: $\lambda_1 = 632,8$ nm, $\lambda_2 = 650$ nm und $\lambda_3 = 670$ nm verwendet werden. Der komplette Zusatzverlust der Anordnung mit diesen Wellenlängen ist mit 7 dB angegeben. Ein konkretes Übertragungssystem wurde noch nicht verwirklicht.

Fasertyp:	PMMA-SI-POF, $A_N = 0{,}50$
Sender:	632,8 nm, 650 nm, 670 nm LD
Multiplexer:	Gitter mit Querschnittswandler
Literatur:	[Att96a]
Firma:	Ecole Nationale d'Ingénieurs de Tunis

Am POF-AC Nürnberg wurden im Rahmen zweier Diplomarbeiten WDM-Systeme für Demonstrationszwecke aufgebaut. Das erste System arbeitete mit 4 LED. Wie Abb. 6.159 zeigt, überlappen sich die Spektren dieser vier LED sichtbar. Um ein Übersprechen zu verhindern, müßten relativ schmale optische Filter eingesetzt werden.

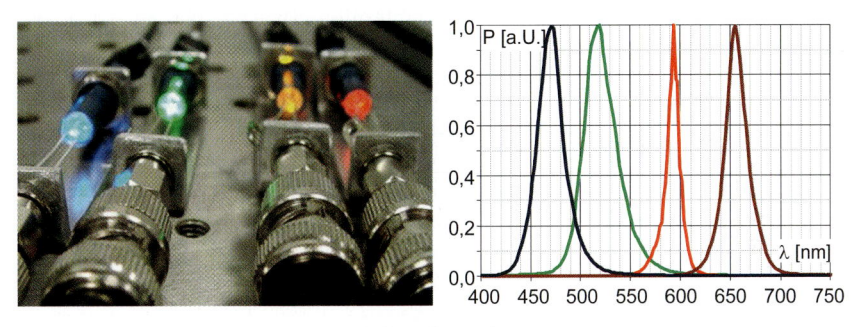

Abb. 6.159: 4-LED-WDM-System und Spektren der LED

Der Demultiplexer wurde optisch mit Linsenaufweitungen und Interferenzfiltern realisiert. Das Übersprechen wurde elektrisch mittels einer analogen Kompensationsschaltung reduziert. Dazu wurden zunächst die Koppelkoeffizienten zwischen den Kanälen vermessen und anschließend über einstellbare Regler einjustiert (Abb. 6.160). Das System wurde mit einer Bitrate von 10 Mbit/s getestet. Um die Funktion der Übersprechkompensation zu demonstrieren, zeigt Abb. 6.160 Impulsfolgen ohne und mit Ausgleichsschaltung.

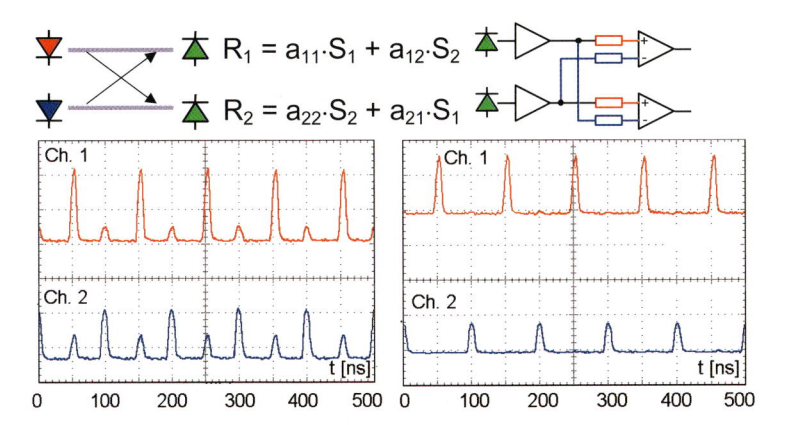

$$R_1 = a_{11} \cdot S_1 + a_{12} \cdot S_2$$
$$R_2 = a_{22} \cdot S_2 + a_{21} \cdot S_1$$

Abb. 6.160: Kompensation des Nebensprechens im POF-WDM-System

Fasertyp:	St.-POF
Länge:	20 m
Bitrate:	4 ×10 Mbit/s
Sender:	4 LED
Empfänger:	SFH250 mit Vorverstärker
Literatur:	[App02b], [App02c]
Firma:	POF-AC

Ein zweites POF-WDM-System wurde zur Übertragung eines analogen VGA-Signals aufgebaut (siehe [Bar03b]). Als Quellen dienten eine rote, eine grüne und eine blaue LED mit 30 MHz bis 60 MHz Modulationsbandbreite (Abb. 6.161). Als Multiplexer bzw. Demultiplexer dienten Strahlteilerwürfel, wie sie auch in LCD-Projektoren verwendet werden.

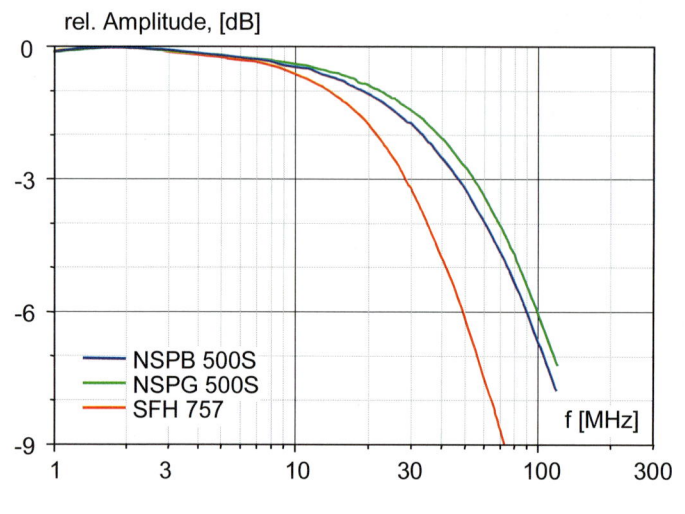

Abb. 6.161: Modulationsbandbreite der drei LED

Ein ähnliches Demonstrationssystem wurde auch am Fraunhofer Institut in Nürnberg aufgebaut. Hier werden ein analoger Videokanal, ein digitales Audiosignal und ein zusätzlicher Datenkanal in der entgegengesetzten Richtung übertragen (Abb. 6.162). Multiplexer wurden mit Gittern und Interferenzfiltern realisiert.

Fasertyp:	St.-SI-POF
Länge:	50 m
Bitrate:	1 × analog Video, CD-Signal (2,8 Mbit/s)
Sender:	650 nm LD, 520 nm und 465 nm LED
Multiplexer:	reflektives Blazegitter (2 Wellenlängen)
	Linsen und Interferenzfilter (3 Wellenlängen)
Empfänger:	kommerzielle Komponenten
Literatur:	[Jun02a], [Jun02b]
Firma:	Fraunhofer IIS

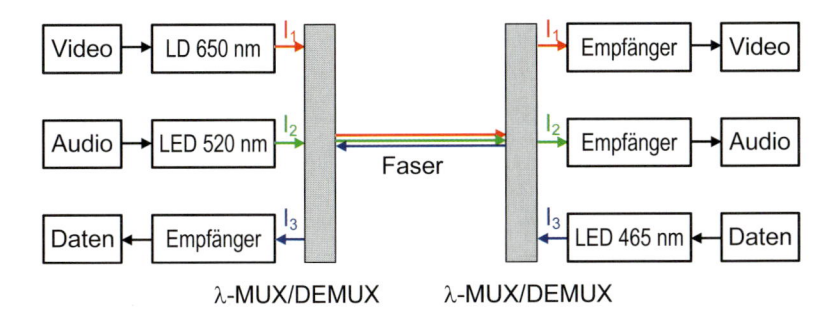

Abb. 6.162: 3-Kanal-POF-WDM-System des Fraunhofer IIS Nürnberg

Ein Beispiel für die Transmission des 3-Kanal-Multiplexers und das Bauteil werden in Abb. 6.163 und 6.164 dargestellt.

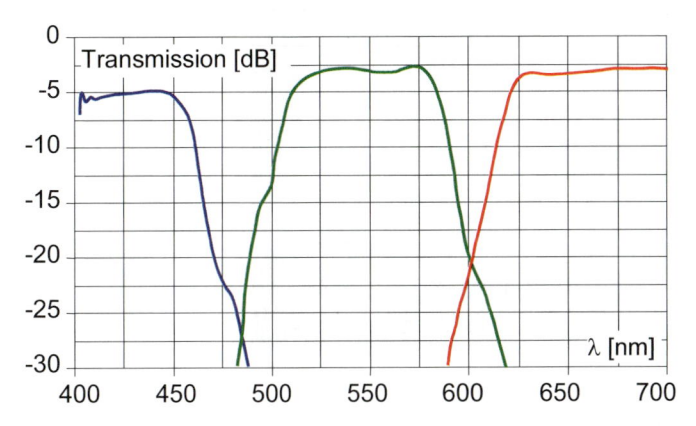

Abb. 6.163: Transmission des 3-Kanal-Demultiplexers (FhG IIS)

Abb. 6.164: 3-Kanal-Demultiplexer (FhG IIS)

Ein WDM-System für den Einsatz in Lehrveranstaltungen hat die Hochschule Harz im Rahmen des Projektes Optomux entwickelt ([Fis06]).

Fasertyp:	St.-SI-POF
Länge:	25 m
Bitrate:	3 × 60 Mbit/s
Sender:	470 nm, 530 nm und 660 nm LED
Multiplexer:	Prisma
Literatur:	[Fis06]
Firma:	HS Harz, Harz-Optics

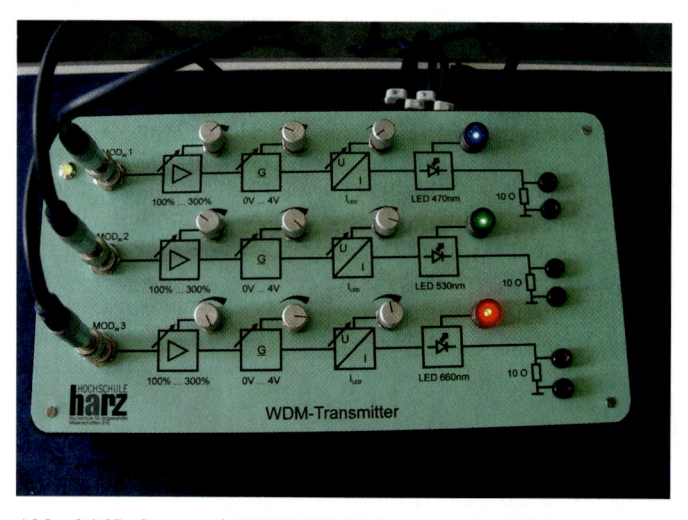

Abb. 6.165: Optoteach POF-WDM-Lehrsystem der HS Harz

6.3.6.2 Wellenlängenmultiplexsysteme mit PF-GI-POF

Die fluorierte GI-Polymerfaser bietet aus mehreren Gründen Vorteile für den Einsatz von Wellenlängenmultiplex. Der kleine Kerndurchmesser und die kleine NA machen den Aufbau von Multiplexern einfacher. Die PF-GI-POF bietet darüber hinaus ein sehr breites Übertragungsfenster mit kleiner Dämpfung und fast verschwindender chromatischer Dispersion. Aus der Glasfasertechnik stehen eine Vielzahl unterschiedlicher Quellen zur Verfügung, da diese den gleichen Spektralbereich benutzt.

In [Kan98] wird ein POF-WDM-System mit 790 nm/860 nm VCSEL vorgestellt. Die Sendeelemente haben nur 75 μm Abstand voneinander und werden mit 400 Mbit/s moduliert. Durch den großen Kerndurchmesser der GI-POF von 120 μm können beide Quellen mit einer Linse direkt angekoppelt werden (Abb. 6.166).

Als Empfänger werden GaAs-PD verwendet. Zur Abbildung diente eine Linse. In einem Teilerwürfel war ein Filter als Demultiplexer eingesetzt. Der große Wellenlängenabstand ermöglichte eine einfache Selektion.

6.3 Übersicht der POF-Systeme

Fasertyp: 120 µm PF-GI-POF
Länge: 50 m
Bitrate: 2 × 400 Mbit/s
Sender: 790 nm/860 nm VCSEL
Empfänger: GaAs-PD
Demux: Interferenzfilter mit Linsen
Literatur: [Kan98]
Firma: Seiko Epson Corp.

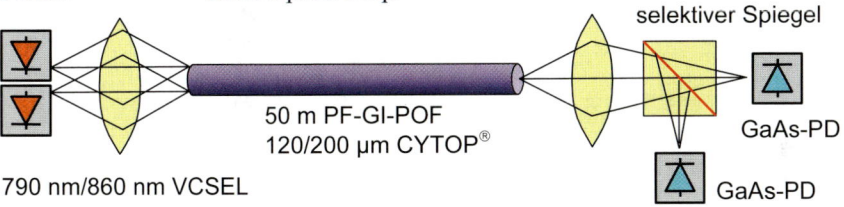

Abb. 6.166: 790 nm/860 nm POF-WDM-System nach [Kan98]

Ein Vorschlag für ein POF-WDM-System wurde von NTT in [Miz99] vorgestellt. Dabei sollen 4 Wellenlängen über eine 250 µm GI-POF übertragen werden. Die vier Sender sind direkt am Fasereingang mit Abständen von je 125 µm im Quadrat angeordnet, so daß ein separater Multiplexer nicht notwendig ist. Die Photodioden sind ebenfalls im Quadrat am Ausgang der Faser angeordnet. Die Kanaltrennung erfolgt über dielektrische Filter. Das Prinzip wird in Abb. 6.167 dargestellt.

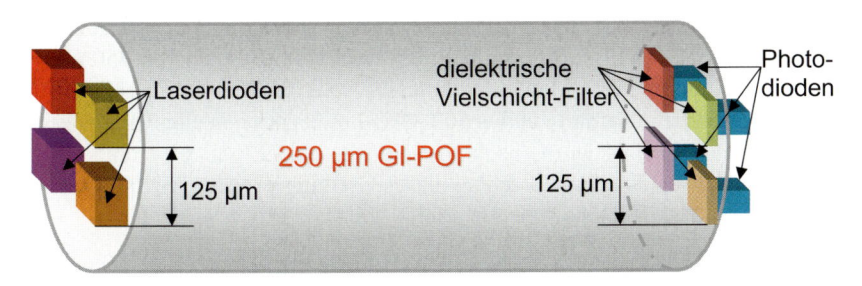

Abb. 6.167: 4-Wellenlängen-Multiplex nach [Miz99]

Der mögliche Abstand der Laser wird mit 25 nm angegeben, so daß Interferenzfilter einsetzbar sind. Durch die direkte Einkopplung tritt kein Multiplexer-Verlust ein. Beim Demultiplexen ist aber ein Verlust von ca. 7 - 9 dB nicht zu vermeiden, da jede Photodiode das Gesamtsignal erhält, aber nur eine Wellenlänge ausnutzt. Hier wurde angenommen, daß die Photodioden rund sind (∅: 90 µm) und ideale Filter eingesetzt werden. Die Abb. 6.168 zeigt die Größenverhältnisse von POF und PD. Bei Dioden mit je 90 µm Durchmesser beträgt der Verlust 8,8 dB (linke Darstellung). Bei einer maximalen Diodengröße von 125 µm ist der Verlust noch knapp über 7,0 dB.

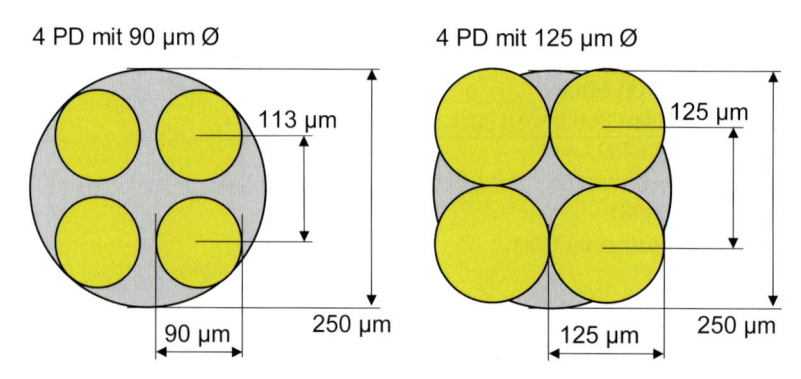

Abb. 6.168: Anordnung von 4 PD mit je 125 µm Abstand an einer 250 µm POF

Fasertyp: 250 µm GI-POF
Sender: 4 direkt gekoppelte Laser
Demux: Farbfilter vor direkt gekoppelten PD
Literatur: [Miz99]
Firma: NTT Advances Technology Corp.

Von Uehara wurde in verschiedenen Veröffentlichungen (z.B. [Ueh98], [Ueh99]) ein WDM-System zur Videoübertragung beschrieben. Abbildung 6.169 zeigt den schematischen Aufbau.

In der experimentellen Realisierung wurden drei unterschiedliche Wellenlängen verwendet. Die Kombination der Signale und deren Trennung auf der Empfängerseite erfolgte über Multiplexer mit dielektrischen Spiegeln.

Die verwendete PF-GI-POF hat eine Dämpfung von <100 dB/km im Wellenlängenbereich von 650 nm bis 1.300 nm und <50 dB/km im Bereich von 850 nm bis 1.300 nm. Bei einem Kern/Manteldurchmesser von 150/250 µm beträgt die $A_N = 0{,}20$. Die Bandbreite beträgt 300 bis 500 MHz·km über den Wellenlängenbereich. Die Wellenlängenwahl wurde nach Vorschlägen des „Eight Λ Forum" getroffen. Die Abb. 6.170 zeigt den Vorschlag dieses Gremiums (siehe [Miz00]).

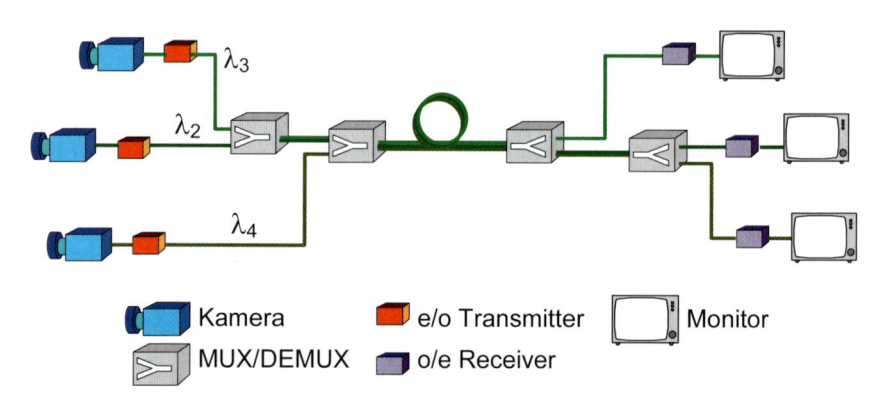

Abb. 6.169: Vorschlag für ein POF-WDM-System in 1.200 - 1.600 nm-Bereich

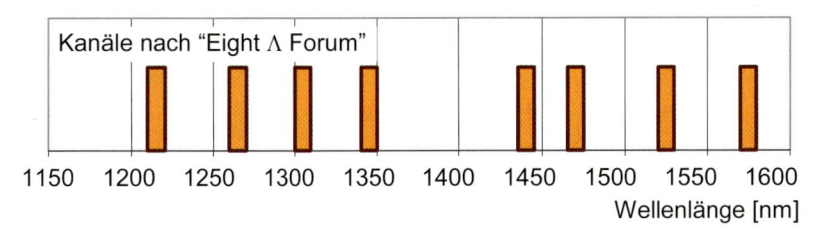

Abb. 6.170: Wellenlängenkanäle nach "Eight-Λ-Forum"

Die 8 Wellenlängenkanäle sind jeweils 10 nm breit und orientieren sich nach verfügbaren Lasern. Die große Breite der Kanäle und der minimale Abstand von 20 nm gestattet die Verwendung nicht stabilisierter Quellen und relativ einfacher Filter in den Multiplexern. Die Transmitter arbeiten mit LD, die mit Puls-Frequenz-Modulation (PFM-IM) bei 80 MHz Trägerfrequenz das Signal übertragen. Als Empfänger dienen Si-pin-PD für 1.200 bis 1.600 nm Wellenlänge.

Abbildung 6.171 zeigt die Multiplexer, die mit planaren Wellenleitern realisiert sind. In das Substrat ist eine Nut eingearbeitet, in die Interferenz-Bandpaßfilter eingefügt sind. Das Bauelement kann jeweils zum Einfügen oder Auskoppeln einer spezifischen Wellenlänge dienen.

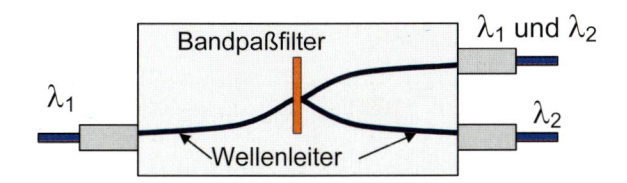

Abb. 6.171: Multiplexer/Demultiplexer in Wellenleiterstruktur

Dank der relativ kleinen NA der eingesetzten Faser (0,20) sind die Winkelunterschiede der verschiedenen Lichtwege nicht sehr groß. Der Abstand der verwendeten Wellenlängen ist im Experiment 40 nm, also rund 3 %. Das ermöglicht den Einsatz von Interferenzfiltern.

Das zuerst aufgebaute System wurde mit 3 Wellenlängen über 100 m und mit 4 Wellenlängen über 50 m erfolgreich betrieben. Je mehr Multiplexer eingefügt werden, um so geringer ist die überbrückbare Entfernung, da sich die Leistungsbilanz verschlechtert. Abschätzungen der Autoren [Ueh98] zeigen folgende Übertragungslängen:

➤ mit 2 Wellenlängen 250 m möglich
➤ mit 3 Wellenlängen 150 m möglich
➤ mit 4 Wellenlängen 100 m möglich
➤ mit 5 Wellenlängen 50 m möglich

Nach [Ueh99] waren die Testwellenlängen: $\lambda_2 = 1.265$ nm, $\lambda_3 = 1.305$ nm und $\lambda_4 = 1.345$ nm. Für Punkt-zu-Punkt-Übertragung sind mit diesen Quellen und der GI-POF Datenraten von 500 MBit/s und 1 Gbit/s über 100 m möglich. Die maximal emittierte Leistung war +3,8 dBm, die Empfindlichkeit war -33,5 dBm. Bei einem Übersprechen besser 36,9 dB ist fehlerfreie Videoübertragung möglich.

Fasertyp:	120 µm PF-GI-POF, <100 dB/km
Länge:	50 m bis 250 m
Bitrate:	Videosignale auf 80 MHz-Trägern
Sender:	Laserdioden nach dem "Eight-Λ-Forum", max. +3,8 dBm
Demux:	Interferenzfilter in Wellenleiterstrukturen
Literatur:	[Ueh98], [Ueh99], [Miz00]
Firma:	NTT Multimedia-Labor

Von der Universität Eindhoven wurde 1999 ein Vorschlag für ein 2,5 Gbit/s-WDM-System bei 645 nm, 840 nm und 1310 nm vorgestellt ([Khoe99], siehe Abb. 6.172).

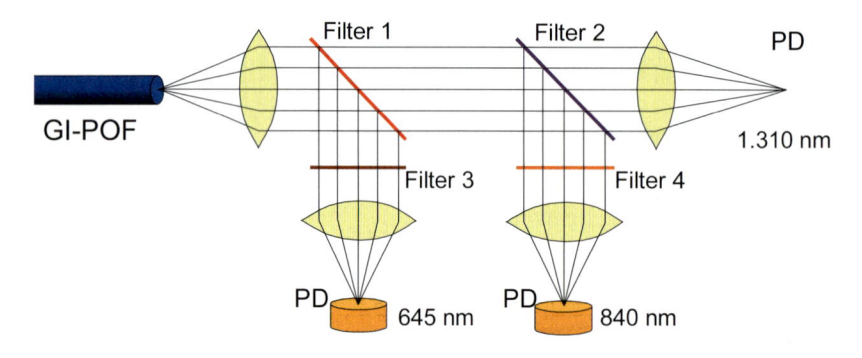

Abb. 6.172: 3-Wellenlängen WDM-Demultiplexer nach [Khoe99]

Die Sender und Empfänger für dieses System entsprechen den Komponenten für die 2,5 Gbit/s Punkt-zu-Punkt Übertragungen (siehe oben). Die gemessene Einfügedämpfung der Demultiplexanordnung war < 1,6 dB mit einem Übersprechen von < -35 dB. In [Khoe00] wurden praktische Experimente mit diesem Demultiplexer vorgestellt. Als Sender dienten die 3 schon weiter vorne beschriebenen Laser bei 645 nm, 840 nm und 1.310 nm. Die Abb. 6.173 zeigt die durchgeführten Experimente.

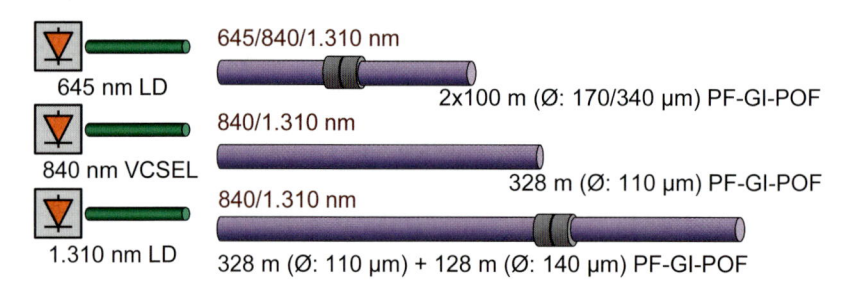

Abb. 6.173: WDM-POF-System der Universität Eindhoven

Über eine Strecke von 200 m konnten alle drei Kanäle gleichzeitig übertragen werden. Begrenzend war hier die Dämpfung bei 645 nm (110 dB/km). Für die Kombination der beiden langwelligeren Quellen konnte zunächst eine Übertragungslänge von 328 m (GI-Faser mit 110 µm Kerndurchmesser) und später von 456 m erreicht werden. Tabelle 6.11 faßt die Daten der drei Kanäle zusammen.

Tabelle 6.11: 3-Kanal WDM-System

Kanal	645 nm	840 nm	1.310 nm
Quelle	LD	VCSEL	FP-LD
max. Leistung	+6,8 dBm	+1,3 dBm	+3,0 dBm
GI-POF-Dämpfung	110 dB/km	43,6 dB/km	31 dB/km
WDM-Verlust	4,0 dB	6,8 dB	6,6 dB
Demultiplex-Verlust	1,4 dB	1,6 dB	1,6 dB
Empfindlichkeit	-29,0 dBm	-28,6 dBm	-28,4 dBm

6.3.6.3 Bi-direktionale Systeme mit POF

Die bi-direktionale Übertragung von Signalen auf einer Faser ist für Zugangsnetze und In-Hausnetze gleichermaßen interessant. Zum einen werden dabei gegenüber der 2-Faser-Lösung Fasern und Stecker eingespart. Zum zweiten sinkt auch der Platzbedarf und ein versehentliches Verdrehen des Steckers durch den Anwender ist ausgeschlossen.

Die verschiedenen Systeme kann man unterteilen in WDM-Systeme, die unterschiedliche Wellenlängen für die beiden Richtungen nutzen und Einwellensysteme, bei der beide Richtungen mit identischen Sendern arbeiten. Die letzte Variante ist besonders stark durch Nahnebensprechen begrenzt.

Zunächst soll ein WDM-System vorgestellt werden, welches 1999 in Zusammenarbeit zwischen der Universität Ulm und dem Technologiezentrum der Deutschen Telekom zur bidirektionalen Übertragung von Daten aufgebaut wurde ([Ziem97b] und [Som98b]). Abbildung 6.174 zeigt den prinzipiellen Systemaufbau. Als Quellen werden einfache LED bei 520 nm und 650 nm verwendet. Über kommerziell verfügbare Koppler sind diese mit den Empfängern (HP HFBR2526) an die Faserstrecke angekoppelt. Die Funktion der Unterdrückung des Nahnebensprechens erfüllen farbig bedruckte Folien zwischen den Steckverbindungen der Sender (Transmission: Abb. 6.174). Die nachfolgende Tabelle 6.12 berechnet die Leistungsbilanz für beide Richtungen. In einem Testaufbau im Futurelab der Deutschen Telekom wurden 10 Mbit/s Daten über 63 m übertragen.

Fasertyp:	SI-POF
Länge:	63 m
Bitrate:	10 Mbit/s
Sender:	520 nm LED/650 nm LED
Empfänger:	HFBR2526
Demux:	Koppler mit Farbfiltern
Literatur:	[Ziem97b]; [Som98b]
Firma:	Deutsche Telekom, Univ. Ulm

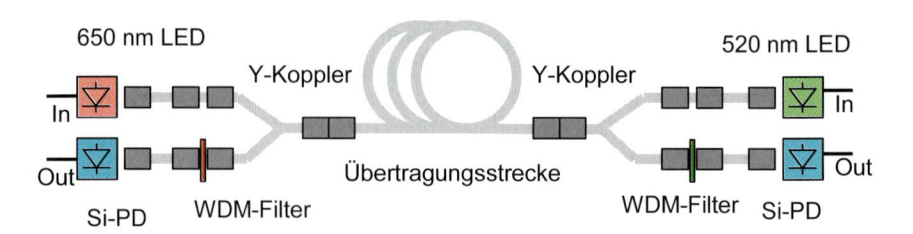

Abb. 6.174: 500 nm/650 nm POF-WDM-System für bidirektionale Übertragung

Tabelle 6.2 Leistungsbilanz für ein 520 nm/650 nm POF-System

	Sende-Leistung	Verlust Y-Koppler	50 m Strecke	Verlust Y-Koppler	WDM-Filter	Vier Kupplungen	Empfangs-Leistung
λ: 650 nm	0 dBm	5 dB	9 dB	5 dB	2 dB	6 dB	- 27 dBm
λ: 500 nm	0 dBm	5 dB	7 dB	5 dB	4 dB	6 dB	- 27 dBm

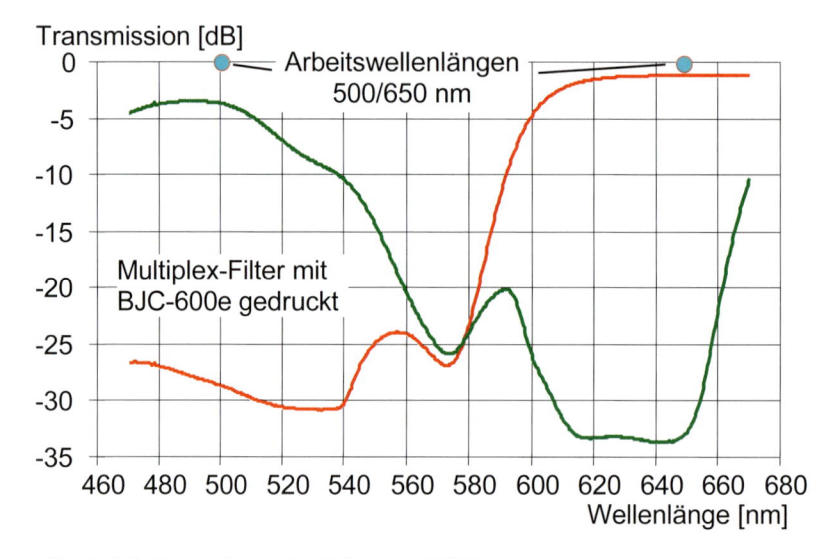

Abb. 6.175: Transmission der Folien zur NEXT-Unterdrückung

Von Sony wurde 1998 in [Hor98] ein Modul zur bidirektionalen Datenübertragung vorgestellt. Bei 125 Mbit/s Datenrate können 50 m DSI-POF überbrückt werden. Im Experiment wurde eine BER = $1,9 \cdot 10^{-10}$ erzielt. Der Duplexbetrieb wurde allerdings nur mit einer Computersimulation überprüft. Als Quelle dient dem Modul eine 650 nm LD mit maximal 1,6 mW Ausgangsleistung bei 55 mA. Die verwendete Low-NA-PMMA-POF hat eine A_N = 0,32. Sender und Empfänger sind im Modul auf einem gemeinsamen Träger befestigt, wie Abb. 6.176 zeigt.

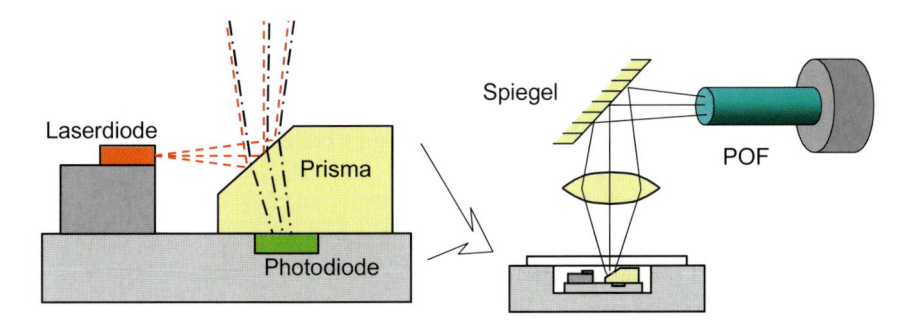

Abb. 6.176: Bidirektionaler Transceiver von Sony

Der Laser trifft auf die schräge Grenzfläche eines Prismas. Dank der Ausrichtung der Laserpolarisation erfolgt die praktisch vollständige Reflexion. Über eine Linse und einen Umlenkspiegel erfolgt die Einkopplung in die POF. Die Koppeleffizienz von der LD in die POF wird mit 91,4 % angegeben (0,26 dB Verlust). Dabei wird natürlich auch die kleine strahlende Fläche und der geringe Abstrahlwinkel der LD ausgenutzt. Das vom entfernten Sender eintreffende Licht ist unpolarisiert. Deswegen wird ein Teil des von der gleichen Linse fokussierten Lichts durch das Prisma auf die Photodiode gebrochen. Hier beträgt die Koppeleffizienz von der POF in die PD 24,0 %, entsprechend 6,2 dB Verlust. Der Polarisationsgrad der LD liegt bei >150 bei über 1 mW optischer Leistung (0,7 % in der zweiten Polarisationsrichtung).

Begrenzender Faktor in diesem System ist das NEXT (Near End Cross Talk), also die empfangene Leistung des eigenen Senders. In der Arbeit ist das NEXT berechnet worden. Bei 1,6 mW Sendeleistung (55 mA) beträgt es:

> nur für die LD-PD-Einheit: 2 µW (0,13 %)
> für den Transceiver ohne POF: 5 µW (0,32 %)
> für den Transceiver mit POF: 8 µW (0,49 %)

Ein 125 Mbit/s-Test mit 1 mW mittlerer eingekoppelter optischer Leistung verlief erfolgreich. Die Computersimulation ergibt ein Signal-zu-Rausch-Verhältnis (SNR) von 22 dB bei 0,49 % NEXT. Dies sollte einen Vollduplex-Betrieb ermöglichen. Ein Problem stellen Stecker direkt hinter dem Transceiver dar. Durch den Indexunterschied von Luft und PMMA entstehen zwei Reflexionen von je ca. -14 dB. Bei kurzen Strecken fällt die POF-Dämpfung noch nicht ins Gewicht, außerdem ist das Licht noch weitgehend polarisiert. Ein fehlerfreier Duplex-Betrieb ist somit unter Umständen nicht möglich. Die Autoren geben als Mindestabstand für den ersten Stecker ca. 5 m an. Ebenfalls nicht berücksichtigt wird der Effekt, daß die beiden Transceiver einer Strecke durchaus unterschiedliche Sendepegel aufweisen könnten (z.B. durch unterschiedliche Temperaturen). Dadurch wird das SNR weiter verschlechtert. Abhilfe könnte z.B. eine aktive Echokompensation schaffen, wenn die Reflexionen nur an wenigen, zeitlich konstanten Stellen auftreten. In [Kure00] und [Tak00] werden die Berechnungen des Signal-zu-Rausch-Verhältnis für diese Art bidirektionaler Übertragung konkret vorgestellt.

Dabei wird berücksichtigt, daß die Störungen durch das Nahnebensprechen nicht mit weißem Rauschen gleichzusetzen sind, sondern durch Sendepegel und Stärke der Reflexionen bestimmt werden. Nach den vorgestellten Simulationen sind bis zu 20% Übersprechen (bezogen auf den Sendepegel) bei einer BER $< 10^{-12}$ tolerierbar.

Fasertyp:	Low-NA-POF, $A_N = 0{,}32$
Länge:	bis 10 m
Bitrate:	125 Mbit/s, bidirektional
Sender:	roter Laser
Transceiver:	LD und PD mit polarisationsabhängigem Spiegel
Literatur:	[Hor98], [Kure00], [Tak00]
Firma:	Sony

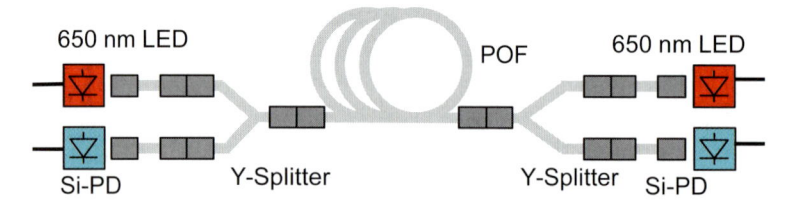

Abb. 6.177: Bi-direktionale Übertragung mit Einwellensystem von Sony

Ebenfalls bidirektionale Übertragung mit einer Wellenlänge wird in [Gar99] beschrieben. Die Kopplung von Sendern und Empfängern erfolgt hier mit Y-Kopplern (siehe Abb. 6.178).

Für die Punkt-zu-Punkt-Übertragung ermitteln die Autoren eine Leistungsbilanz von 19 dB. Für eine 10 Mbit/s-Übertragung (Ethernet) sind 110 m Reichweite möglich (180 dB/km). Die Koppler besitzen 4 dB Einfügedämpfung, zuzüglich weiterer 2 dB Dämpfung für die zusätzliche Steckverbindung. Damit verringert sich die Leistungsbilanz auf 7 dB, entsprechend einer Reichweite von 40 m. Durch bessere POF (140 dB/km) könnte die Reichweite auf 50 m vergrößert werden.

Die Autoren schätzen die Möglichkeit zum Vollduplexbetrieb aus der guten Isolation der Koppler mit ca. 21 dB ab. Stecker hinter dem Koppler verschlechtern diesen Wert nicht, allerdings konnte durch einen Spiegel in 2 mm Abstand ein Ausfall des Systems herbeigeführt werden. Eine Vergrößerung der Reichweite kann durch den Einsatz leistungsfähigerer 650 nm-LD erreicht werden, allerdings muß dazu die Isolation der Koppler verbessert werden. Leichte Verbesserungen erbrachte der Einsatz von Indexmatching-Gel.

Fasertyp:	PMMA-SI-POF
Länge:	40 m (rechnerisch)
Bitrate:	10 Mbit/s bidirektional
Sender:	650 nm LED, HFBR 1527
Empfänger:	Si-pin PD HFBR 2526
Multiplexer:	Y-Koppler mit 21 dB Isolation

6.3 Übersicht der POF-Systeme

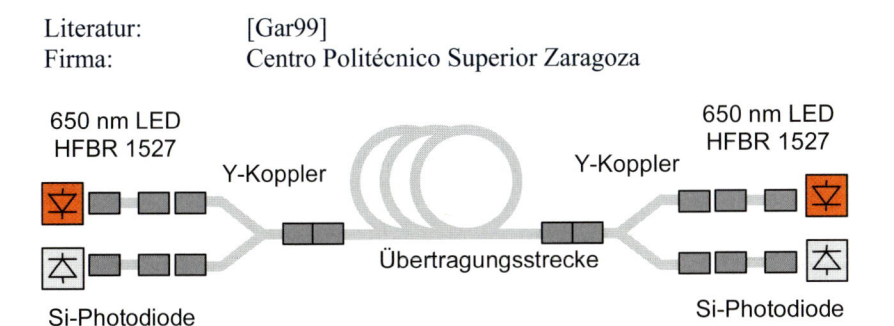

Literatur: [Gar99]
Firma: Centro Politécnico Superior Zaragoza

Abb. 6.178: Bidirektionale Übertragung nach [Gar99]

Die bi-direktionale Übertragung von IEEE1394-Daten wurde 2002 von Sharp vorgestellt. Als Stecker kommt in dem System der OMJ-Steckverbinder (2,5 mm oder 3,5 mm) zum Einsatz, der sowohl elektrische Kontakte, als auch die 1 mm POF beinhaltet. Der Multiplexer ist als spezieller optischer Block (PMMA Spritzgußteil, Abb. 6.179) konstruiert und ermöglicht die passive Justage von PD und LD. Die möglichen Datenraten reichen von S100 bis S400.

Fasertyp:	DSI-POF, $A_N = 0,25 .. 0,32$
Länge:	10 m
Bitrate:	125 Mbit/s, 250 Mbit/s, 500 Mbit/s bidirektional
Sender:	638 nm - 666 nm LD, -6,0 bis -6,5 dBm
Empfänger:	-17,5 dBm (S100) bis zu -13,6 dBm (S400)
Multiplexer:	spezielle kompakte Optik
Literatur:	[Fuji02], [Miz03]
Firma:	Sharp Co.

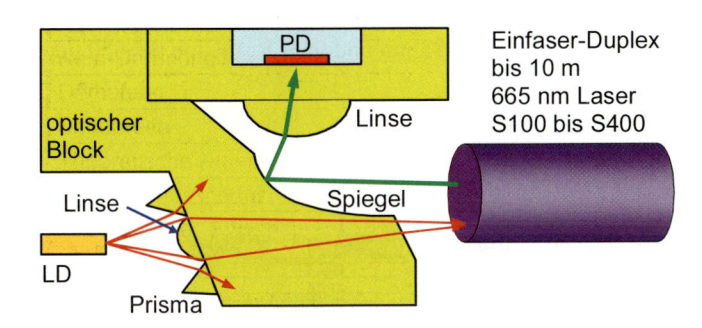

Abb. 6.179: Optischer Multiplexer für bi-direktionale Übertragung

Ein sehr interessantes Konzept für die bi-direktionale Übertragung von Daten wurde von Toyota entwickelt. Hier wird wiederum ein WDM-Prinzip mit einer roten und einer blauen LED verwendet. Als Multiplexer wird ein Interferenzfilter verwendet. Der komplette Systemaufbau ist in Abb. 6.180 dargestellt.

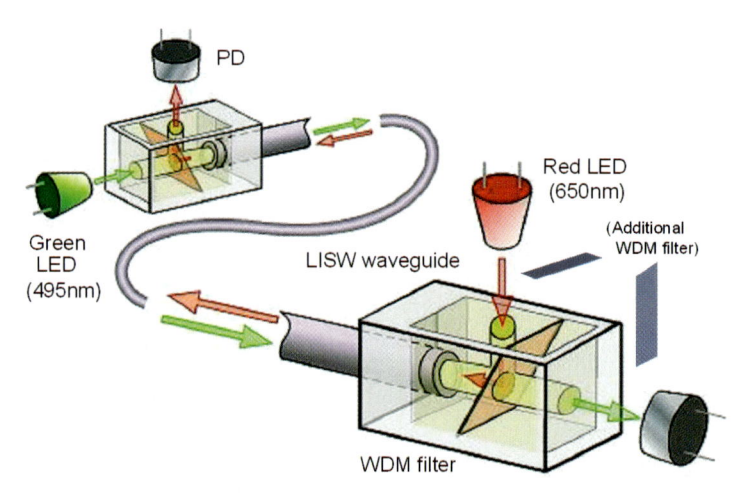

Abb. 6.180: Bi-direktionales WDM-System von Toyota

Die maximale Datenrate beträgt 250 Mbit/s für beide Kanäle bei einer Übertragungslänge von 10 m (DSI-POF). Die Augendiagramme der beiden Kanäle sind in Abb. 6.181 zu sehen.

Fasertyp:	DSI-POF, Mitsubishi Eska-Mega
Länge:	10 m mit Steckverbindung
Bitrate:	250 Mbit/s bidirektional
Sender:	495 nm (Eigenentwicklung); -5,7 dBm in der POF
	und 650 nm LED (Hamamatsu L7726); -1,5 dBm in der POF
Empfänger:	Si-PD
	Empfindlichkeit bei 495 nm: -17,4 dBm
	Empfindlichkeit bei 650 nm: -20,6 dBm
Multiplexer:	selbst geschriebener Wellenleiter mit Interferenzfilter
	85% Transmission bei 495 nm und 96% Reflexion bei 650 nm
	Modul: $6 \times 7 \times 9$ mm³
Literatur:	[Kag03], [Yon04], [Yon05]
Firma:	Toyota

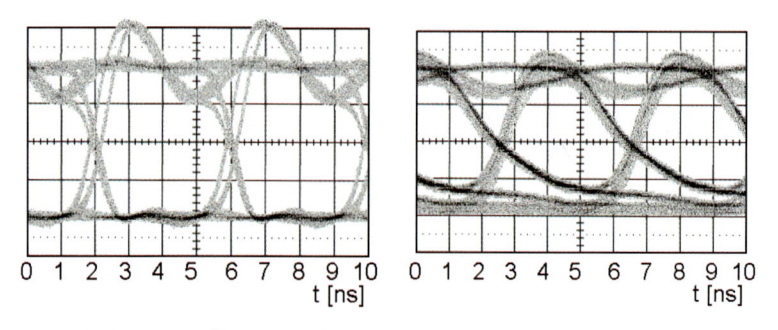

Abb. 6.181: Augendiagramme der beiden Kanäle des WDM-Systems von Toyota

Eine Besonderheit stellt die Strahlführung im Multiplexer dar. Anstelle von Linsensystemen wird ein Wellenleiter verwendet, der durch UV-Belichtung selbständig in einen Polymerblock geschrieben wird. Damit entfallen alle Justageschritte. Der fertig geschriebene Teiler mit Filter und angekoppelter POF ist in Abb. 6.182 wiedergegeben.

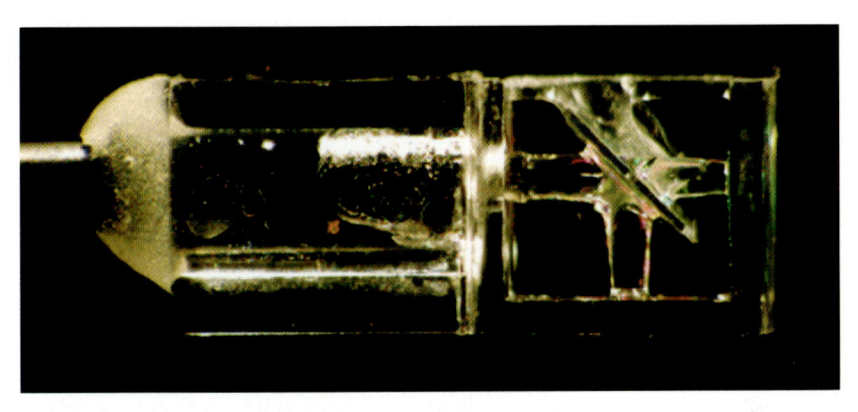

Abb. 6.182: Splitter des WDM-Systems von Toyota

Ein sehr preiswerter Vorschlag für bidirektionale Übertragung auf POF wurde von einer englischen Gruppe in [Kat98] unterbreitet. Die Autoren untersuchten die Möglichkeit, eine LED gleichzeitig als Sender und Empfänger einzusetzen. Es ist bekannt, daß im Prinzip Halbleitersender auch als Detektoren eingesetzt werden können. Dabei liegt das Maximum der Emission bei kürzeren Wellenlängen. Durch diese Verschiebung ermitteln die Autoren einen Systemverlust von 5 dB. Im Vergleich zu einer typischen Photodiode (Siemens SFH 250) ist außerdem die Empfindlichkeit ca. 7 dB niedriger. Damit ist das System um 12 dB schlechter als ein herkömmliches Punkt-zu-Punkt-System. Es kann außerdem nur im Halbduplexbetrieb eingesetzt werden, da der Betrieb der Dioden umgeschaltet werden muß. Für kurze Entfernungen bis 20 m könnte diese Lösung aber aus Kostengründen interessant sein.

Fasertyp:	PMMA-SI-POF
Länge:	bis 20 m (rechnerisch)
Bitrate:	Halbduplexbetrieb
Sender:	LED mit Photodiodenfunktion
Literatur:	[Kat98]
Firma:	University of North London

Ein ähnlicher Ansatz wird auch in [Ing06] beschrieben. Über 500 m einer GI-GOF (50 µm) wird eine 1,25 Gbit/s Halbduplexübertragung mit VCSEL als Sender und Empfänger realisiert. Die Empfindlichkeit des VCSEL im Photodiodenbetrieb ist ca. 0,1 mA/mW (bei 850 nm, 0,9 nA Dunkelstrom) und es werden 933 MHz Empfängerbandbreite erzielt. Die Empfindlichkeit ist -12,3 dBm, wie Abb. 6.183 zeigt.

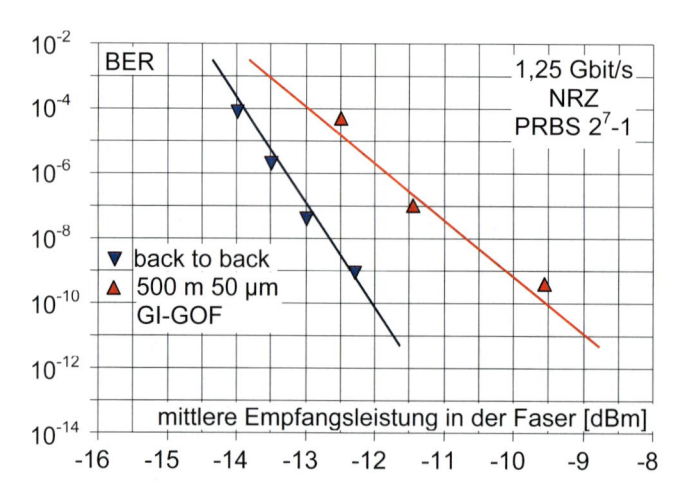

Abb. 6.183: Empfindlichkeit eines VCSEL im Photodiodenbetrieb

Für Anwendungen im Automobilbereich entwickelte Infineon (siehe [Schö99b]) den Transceiver SFH800. Mit Hilfe einer Chip-on-Chip-Technologie wird der LED-Sender direkt auf der Photodiode montiert, wie Abb. 6.184 schematisch zeigt. Das Bauelement ist für passive Sternnetze im Halbduplexbetrieb für Datenraten bis 10 Mbit/s vorgesehen.

Fasertyp:	SI-POF
Bitrate:	10 Mbit/s, Halbduplexbetrieb
Sender:	Photodiode mit LED „on Chip"
	>300 µW bei 30 mA, 650 nm
Empfänger:	-23 dBm Empfindlichkeit
Literatur:	[Schö99b], [Schö00b], [Gri00]
Firma:	Infineon Technologies

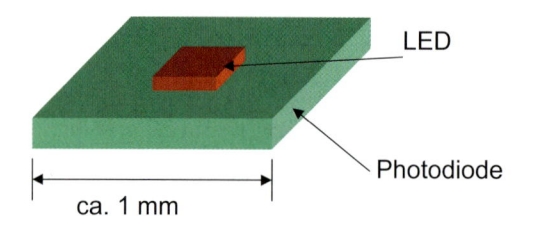

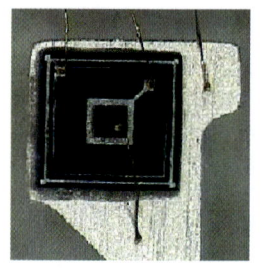

Abb. 6.184: SFH 800 von Infineon für bi-direktionalen Betrieb

In [Baur02] werden Konzepte vorgestellt, dieses Prinzip auch für Nachfolgesysteme mit deutlich größeren Datenraten einzusetzen. Durch Einsatz einer RC-LED mit einer Schaltzeit unter 1 ns können bis zu 200 Mbit/s übertragen werden. Die Empfindlichkeiten der Photodiode sind (BER = 10^{-9}):

- -23 dBm (bis 50 Mbit/s)
- -22 dBm (100 Mbit/s)
- -17 dBm (200 Mbit/s)

Die Firma DieMount entwickelte in den letzten Jahren verschiedene Systeme für bi-direktionale Übertragung auf SI-POF. Mit Hilfe besonders reflexionsarmer Koppler aus eigener Entwicklung läßt sich das Nebensprechen in Einwellensystemen deutlich verringern. Weiterhin kann durch die Verwendung einer speziellen Spiegeloptik die in die Faser eingekoppelte Leistung deutlich über 0 dBm gesteigert werden. Gegenüber normalen Systemen kann bei einem bi-direktionalen System mit integrierten Kopplern mit größerer Leistung gearbeitet werden, da die Grenze für die Augensicherheit erst am Kopplerausgang gilt. Für eine Wellenlänge von 470 nm wird bei einer Datenrate von 125 Mbit/s eine maximale Faserlänge von 100 m erreicht. Für 650 nm LED ist die Reichweite mit 95 m vergleichbar groß. Für das Produkt werden 50 m Reichweite garantiert.

Fasertyp:	SI-PMMA-POF
Länge:	100 m
Bitrate:	125 Mbit/s bidirektional
Sender:	470 nm LED
Empfänger:	Si-pin-PD
Multiplexer:	Koppler mit niedrigem NEXT
Literatur:	[Kra04a]
Firma:	DieMount

Das zweite von DieMount vorgestellte System ist eine WDM-Aufbau mit 470 nm und 657 nm LED. Damit konnte eine Faserlänge von 50 m erzielt werden. Die Abb. 6.185 und 6.186 zeigen das Prinzip der Mikrospiegelankopplung und den Transmissionsverlauf der beiden Farbfilter für die Nebensprechunterdrückung.

Fasertyp:	PMMA-SI-POF, 165 dB/km @ 647 nm; 76 dB/km @ 470 nm
Länge:	50 m
Bitrate:	125 Mbit/s bidirektional
Sender:	647 nm LED, -3 dBm; 470 nm LED, -1 dBm
Empfänger:	Si-pin-PD
Multiplexer:	spezielle reflexionsarme Koppler mit Farbfiltern
Literatur:	[Kra04c]
Firma:	DieMount

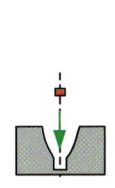

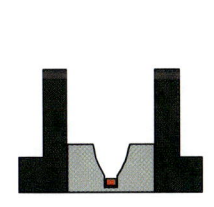

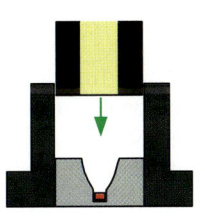

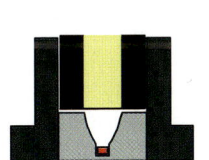

Abb. 6.185: spezielle Kopplung der LED durch Mikrospiegel

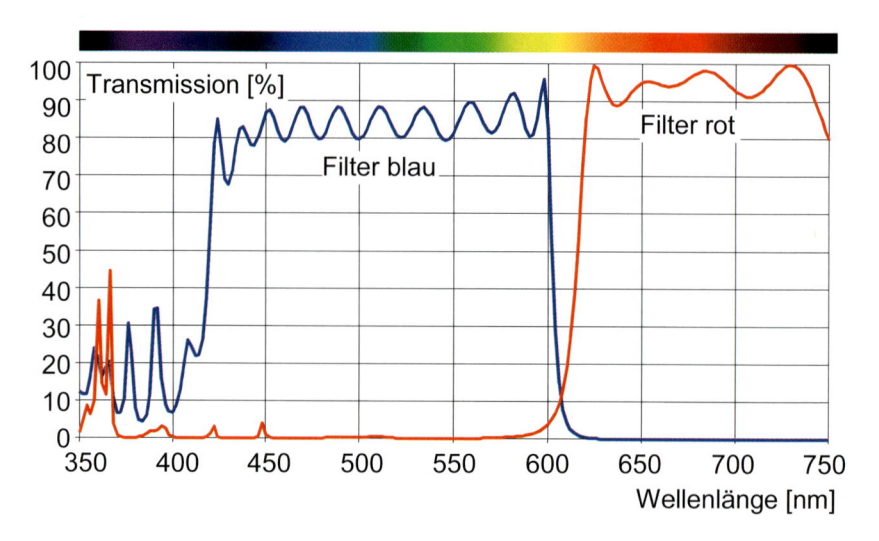

Abb. 6.186: Filterfunktionen der NEXT-Filter im WDM-System

6.3.7 Spezielle Systeme, z.B. mit analogen Signalen

In den oben genannten Beispielen ging es immer um digitale Signalübertragung, der Domäne der optischen Nachrichtentechnik. In manchen Fällen ist aber auch die Übertragung analoger Signale sinnvoll. In den folgenden Abschnitten werden zunächst Ideen für die analoge Übertragung von Videosignalen gezeigt. Anschließend werden einige spezielle Versuche vorgestellt, wie analog modulierte digitale Signale übertragen werden können.

Ein großer Vorteil der POF gegenüber den Glas-Multimodefasern liegt in der großen Zahl von Moden. Dadurch spielt das Modenverteilungsrauschen i.d.R. keine wesentliche Rolle, anders als z.B. bei 50 µm GI-GOF. Nachteilig ist, daß die verwendeten Laser üblicherweise nicht so linear sind, wie z.B. die 1,3 µm DFB-Laser, die in Glasfasersystemen eingesetzt werden. Die Parameter von Einmodenglasfasersystemen können natürlich mit POF keinesfalls erreicht werden. POF-Systeme machen also Sinn in Anwendungen über kurze Entfernungen, bei denen es um einfache Installation und robuste Systeme geht.

6.3.7.1 Videoübertragung mit POF

Daß die POF auch zur Übertragung breitbandiger analoger Signale geeignet ist, wurde z.B. in [Fan98] bewiesen. Im beschriebenen Experiment wurde ein 60-Kanal-Videosignal als Quelle benutzt. Jeder amplitudenmodulierte Kanal belegte dabei 6 MHz Bandbreite. Der bei 145,25 MHz liegende Kanal 10 wurde ausgeblendet und durch einen digitalen 2 Mbit/s Kanal ausgetauscht. Als Modulationsverfahren wurde BPSK verwendet (binary PSK). Abbildung 6.187 zeigt den Versuchsaufbau.

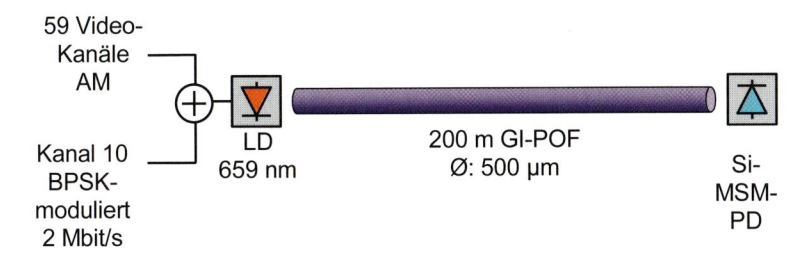

```
59 Video-
  Kanäle
    AM ─┐
        ├─[+]─[▼]────────────────────────[▲]
Kanal 10 ┘    LD      200 m GI-POF       Si-
BPSK-       659 nm     Ø: 500 µm         MSM-
moduliert                                PD
2 Mbit/s
```

Abb. 6.187: Hybrides POF-System zur Video-Übertragung

Die verwendete GI-POF (200 m) besitzt einen Durchmesser von ca. 500 µm. Als Quelle dient eine 659 nm Laserdiode mit maximal 1,5 mW eingekoppelter Leistung (+1,8 dBm). Für den Empfänger wurde eine Si-MSM-Photodiode benutzt (MSM: Metal-Semiconductor-Metal). Für die BER-Messungen wurde für die analogen Kanäle ein Modulationsindex von 3,8 % und für den digitalen Kanal von 3 % gewählt. Eine BER $< 10^{-9}$ konnte für einen Modulationsindex ab 2,2 % erreicht werden. Zur Charakterisierung der Laser-Nichtlinearitäten wurde für alle Kanäle die Größe des CTB (Composite Triple Beat) und CSO (Composite Second Order) bestimmt, also die Summe der Mischprodukte zweiter und dritter Ordnung bei den übertragenen Trägerfrequenzen. In der Arbeit werden die Werte: CTB $\approx$ 64 dBc und CSO $\approx$ 63 dBc für alle Kanäle ermittelt. Damit sollte eine problemlose Videoübertragung möglich sein, allerdings geben die Autoren keine Aussage über die Qualität der analogen Kanäle nach der Übertragung. Da es sich bei der POF vermutlich um eine PMMA-Faser handelt, wird deren Dämpfung bei 659 nm um 200 dB/km gelegen haben, der Empfangspegel wird dementsprechend relativ klein gewesen sein, so daß die analogen Kanäle deutlich durch das Empfängerrauschen gestört werden.

Fasertyp:	500 µm PMMA-GI-POF
Länge:	200 m
Bitrate:	60 × 6 MHz Video
	BPSK-Signal mit 2 Mbit/s bei 145,25 MHz
Sender:	659 nm LD, 1,5 mW
Empfänger:	Si-MSM-PD
Literatur:	[Fan98]
Firma:	Universität Connecticut

Am POF-AC Nürnberg wurde ein System zur analogen Übertragung eines Videokanals im Basisband aufgebaut. Als Sender diente dabei eine besonders leistungsfähige grüne LED von DieMount (Abb. 6.188). Der Empfänger bestand aus der Si-pin-PD SFH250 von Siemens und einem besonders rauscharmen Verstärker (Empfängerschaltung und System in Abb. 6.189).

Fasertyp:	PMMA-SI-POF, 99 dB/km
Länge:	400 m
Bitrate:	6 MHz analog Video

Sender: 520 nm LED, DieMount
Empfänger: SFH250 mit OPV-Verstärker
Literatur: [Blu01], [Blu02]
Firma: POF-AC

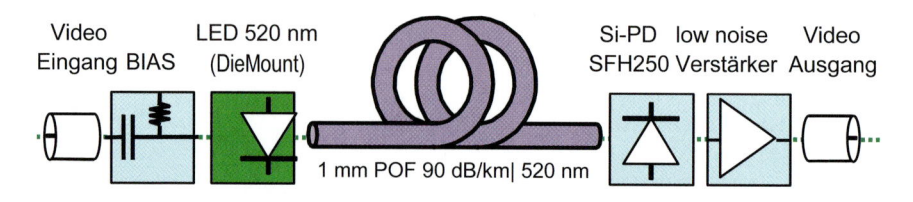

Abb. 6.188: Systemaufbau für Basisband-Videoübertragung

Abb. 6.189: Empfänger und komplettes System für Basisband-Videoübertragung

Bis zu 350 m Faserlänge war noch keine Verschlechterung der Signalqualität zu erkennen, bei 400 m wurde Rauschen sichtbar, für Überwachungszwecke wäre das Bild aber noch brauchbar gewesen. In Abb. 6.190 werden die Bilder für Entfernungen von 300 m bis 400 m gezeigt.

Abb. 6.190: Bildqualität nach 300 m, 350 m und 400 m Standard-POF

Die Systemqualität wurde in verschiedenen Varianten durch Einsatz besserer Komponenten schrittweise verbessert. LED und Photodiode blieben aber als preiswerte Grundkomponeten bestehen. Die Stromrauschdichte (simuliert) am Empfängereingang und das Emissionsspektrum der LED werden in Abb. 6.191 wiedergegeben.

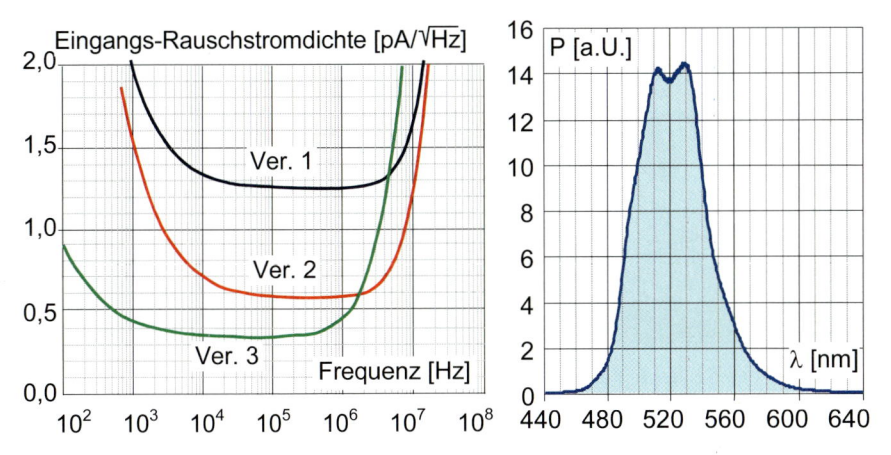

Abb. 6.191: Rauschstromdichte am Empfängereingang; Emissionsspektrum der LED

Inzwischen ist ein kommerzielles Produkt mit vergleichbarem Konzept vom italienischen Hersteller Luceat verfügbar. Dabei werden 200 m Reichweite garantiert (in der High-End Variante zwischen 50 m und 250 m). Im System sind eine Audioübertragung und eine Verstärkungsregelung enthalten.

Fasertyp:	SI-PMMA-POF
Länge:	50 m bis 250 m
Bitrate:	analoges Video, Basisband bis 6 MHz
Sender:	520 nm LD
Empfänger:	Si-pin-PD
Literatur:	[Luc04c]
Firma:	Luceat

Die fehlerfreie Übertragung von 37 analogen und 16 digitalen Fernsehkanälen wurde 2003 am Fraunhofer Institut Nürnberg realisiert. Als Sender kam ein herkömmlicher 655 nm Laser zum Einsatz, der Empfänger basierte wieder auf einer Hamamatsu-Si-PD. Sender- und Empfängermodul werden in Abb. 6.192 gezeigt.

Fasertyp:	900 µm, PMMA-GI-POF, Optimedia
Länge:	25 m
Bitrate:	analoges TV, 47 - 695 MHz
Sender:	655 nm LD
Empfänger:	800 µm Si-pin-PD
Literatur:	[Web03a], [Jun04b], [Jun05a]
Firma:	Fraunhofer IIS
	auch 30 m SI-POF und 100 m PF-GI-POF

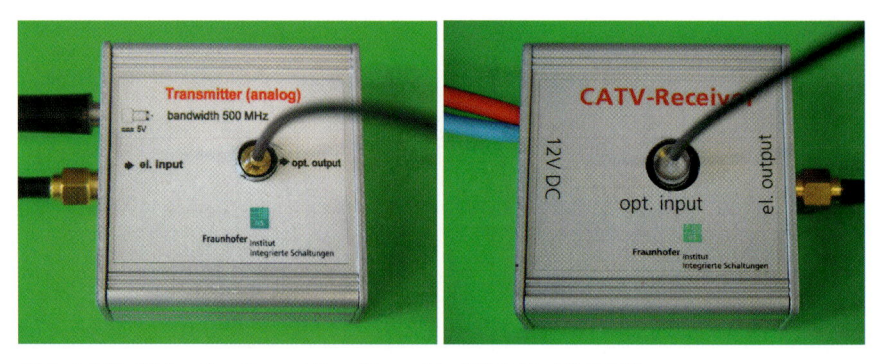

Abb. 6.192: Video-Sender und Empfänger bis 470 MHz (FhG IIS)

Das komplette Spektrum der übertragenen Signale ist in Abb. 6.193 zu sehen. In einem ersten Experiment 2003 wurden lediglich zwei Kanäle (325 MHz und 380 MHz) über 50 m übertragen. In späteren Versuchen (2004) konnte dann das komplette Band bis 470 MHz über 35 m SI-POF übertragen werden.

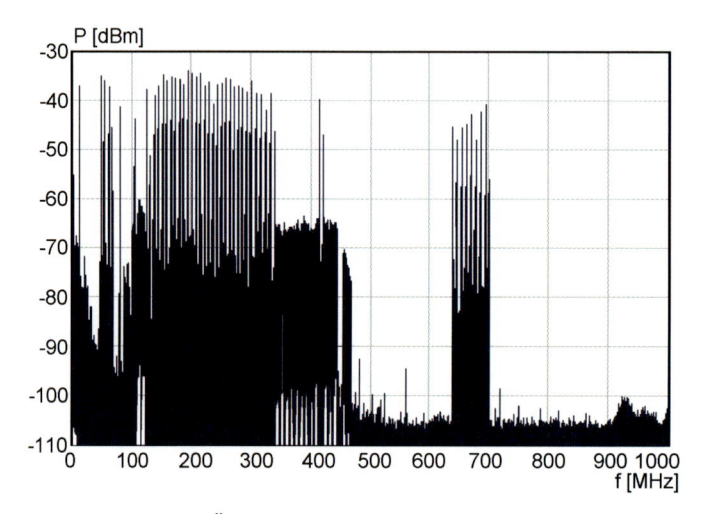

Abb. 6.193: Video-Übertragung bis 470 MHz (FhG IIS), komplettes Spektrum

Für die Übertragung des Bandes bis 470 MHz über 30 m SI-POF wurde die Signalqualität analysiert (Kanäle von 147,25 MHz bis 335,25 MHz). Es wurde eine Verschlechterung des CNR von 46 dB (Eingang) auf 43 dB (Ausgang) ermittelt. Das CSO blieb unverändert bei 53 dB. Mit dem System wurde auch die Übertragung über 100 m PF-GI-POF (Lucina) erfolgreich demonstriert. Die Werte für CNR und CSO verhielten sich wie bei der SI-POF, lediglich der Signalpegel war wegen der schlechteren Lasereinkopplung einige dB kleiner.

Die Übertragung von 37 analogen und 16 digitalen Kanälen über 25 m PMMA-GI-POF wurde 2005 demonstriert, ebenfalls mit nur unwesentlichen Änderungen von CNR, CSO und CTB.

Auf der POF-Konferenz 2006 in Seoul wurde ebenfalls ein System zur Übertragung des BK-Bandes auf POF vorgestellt ([Kim06b]). Als Quelle diente ein Generator mit 60 analogen Videosignalen (NTSC-Format, 55,25 MHz bis 439,25 MHz). Ein 1,31 µm DFB-Laser (10 mW) wurde mit einem Index von 3,4% je Kanal moduliert. Die Übertragungsstrecke war eine 25 m lange PF-GI-POF (50 µm Kerndurchmesser, Asahi Glass). Als Empfänger diente eine pin-Photodiode. Für CSO und CNR wurden nur sehr geringfügige Verschlechterungen ermittelt (Abb. 6.194).

Fasertyp:	50 µm PF-GI-POF (Asahi Glass)
Länge:	25 m
Bitrate:	60 NTSC-Kanäle analoges TV, 55,25 MHz bis 439,25 MHz
Sender:	1.310 nm DFB-Laser, +10 dBm
Empfänger:	Si-pin-PD
Literatur:	[Kim06b]
Firma:	Nationaluniversität Kyungpook, Südkorea

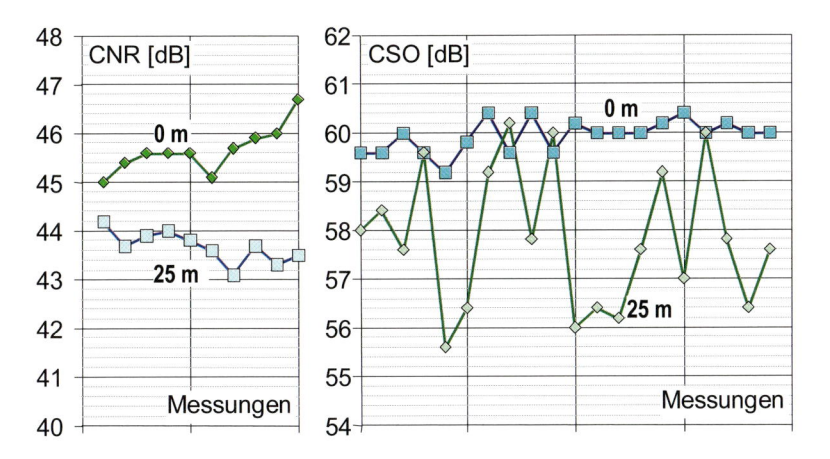

Abb. 6.194: Qualität der analogen Videoübertragung (25 m PF-GI-POF)

6.3.7.2 Übertragung analog modulierter digitaler Signale

Herkömmliche Kupferleitungen sind zur Übertragung breitbandiger digitaler Signale nur bedingt geeignet. Die wichtigsten Einschränkungen liegen in der Zunahme der Dämpfung mit der Wurzel aus der Frequenz (Skineffekt) und dem Übersprechen zwischen benachbarten Leitungen. Um die Kanaleigenschaften optimal zu nutzen, werden deswegen oft spezielle Modulationsverfahren verwendet, bei denen dann ein quasianaloges Signal entsteht. Ein Beispiel ist die Übertragung von DSL. Hier wird das Signal auf mehrere Unterträger moduliert, die wiederum QAM-Modulation mit unterschiedlichem Modulationsgrad enthalten. Für die optische Übertragung solcher Signale kann man entweder direkt in die digitale Ebene zurückgehen, oder aber das optische System als transparenten analogen Kanal verwenden.

An der FH Gelsenkirchen wurde 1999 ein System zur Übertragung eines VDSL-Datenstroms über SI-POF aufgebaut ([Flex99], [Poll01]). Das VDSL-Signal besitzt ca. 10 MHz Bandbreite. Als Sender und Empfänger wurden Standardbauelemente von Hewlett Packard (HFBR-Serie) benutzt. Die Übertragungslänge betrug 50 m. Das Signal von Hin- und Rückrichtung wurde direkt auf die mit ca. 20 mA Vorstrom betriebene LED moduliert. Zur Rauschminderung wurden an den Empfängern Bandpässe entsprechend der VDSL-Übertragungsbänder eingesetzt. Mögliche Anwendungen eines solchen Systems sind Verlängerungen von VDSL-Leitungen innerhalb von Gebäuden, wenn die existierende Kupferkabelinstallation nicht ausreicht. Abbildung 6.195 zeigt das aufgebaute System.

Fasertyp:	SI-POF
Länge:	50 m
Bitrate:	50 Mbit/s VDSL-Signal (ca. 10 MHz Bandbreite)
Sender:	SLED 650 nm (HFBR)
Empfänger:	Si-pin-PD (HFBR)
Literatur:	[Flex99], [Poll01]
Firma:	FH Gelsenkirchen

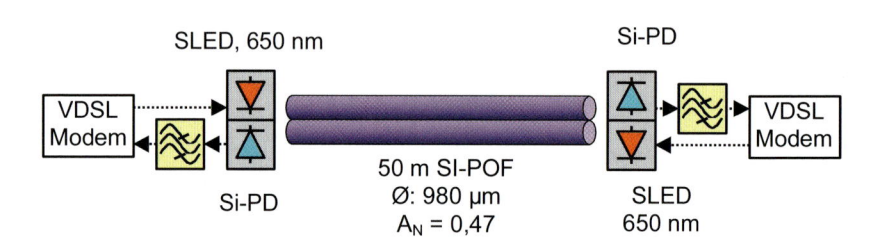

Abb. 6.195: VDSL-Übertragung über POF nach [Flex99]

Inzwischen hat sich die DSL-Technik deutlich weiterentwickelt und es stehen bessere Komponenten für die Polymerfaser zur Verfügung. Im Rahmen des Projektes POF-ALL hat die Firma Teleconnect aus Dresden ein System zur Übertragung von Fast-Ethernet über 1 mm SI-POF entwickelt, bei dem die Vielträgertechnik von VDSL2 zum Einsatz kommt.

Der Vorteil von VDSL2 besteht darin, daß der Frequenzbereich bis 30 MHz praktisch beliebig aufgeteilt werden kann. Jeder einzelne Träger (mit ca. 4 kHz Breite) kann unterschiedlich moduliert und im Pegel angepaßt werden. Nutzt man die Technik für POF, können beide Richtungen mit dem identischen Frequenzbereich verwendet werden, da es auf Duplexfasern kein Übersprechen gibt. Der verfügbare Frequenzbereich von 30 MHz entspricht sehr gut den nutzbaren Bereich einer SI-POF von 200 m bis 300 m Länge und der Modulationsbandbreite herkömmlicher grüner LED. Der Aufbau des Testsystems wird in Abb. 6.196 gezeigt.

Im Frequenzbereich von 8 kHz bis 30 MHz stehen bei typischen Bandplänen insgesamt 3.474 Träger zur Verfügung. So können beispielsweise die Träger 1 bis 1.739 für Upstream (Daten zum Netzbetreiber) genutzt werden und die Träger 1740 bis 3474 für Downstream (Daten zum Kunden).

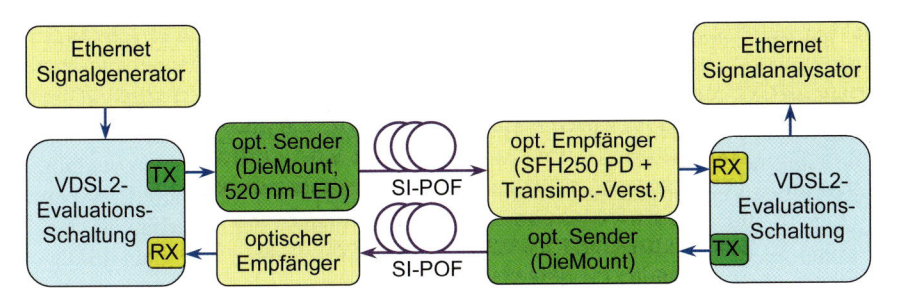

Abb. 6.196: VDSL2 über POF, Testaufbau bei Teleconnect Dresden

Abbildung 6.197 zeigt das SNR für die Downstream und Upstream-Richtung nach 300 m SI-POF (High Quality-Faser von Luceat). Die Bitrate in Downstream-Richtung beträgt ca. 40 Mbit/s. Über 200 m können 107,42 Mbit/s übertragen werden.

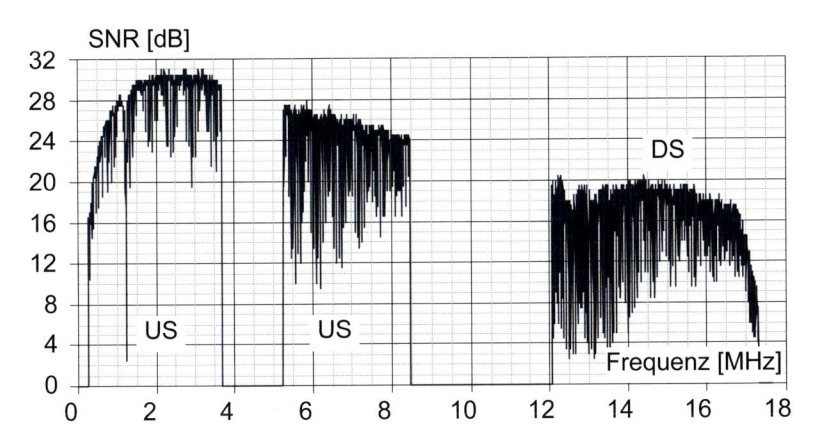

Abb. 6.197: Signal-zu-Rauschverhältnis pro Träger nach 300 m POF

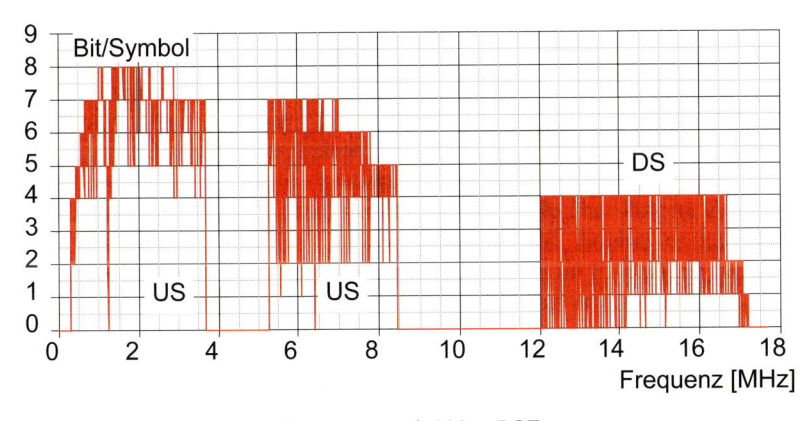

Abb. 6.198: Bit pro Symbol je Träger nach 300 m POF

In einem endgültigen System würde der Frequenzbereich praktisch ohne Lücken genutzt werden, da mit Störungen anderer Dienste nicht zu rechnen wäre. Die erreichbare Modulationstiefe pro Träger in Bit/Symbol zeigt Abb. 6.198 (8 Bit/Symbol bedeutet QAM256, 7 Bit/Symbol bedeutet QAM128 usw.).

Die Übertragung bestehender Datenformate über Polymerfasern war ebenfalls das Ziel eines Versuchsaufbaus bei der T-Nova im Jahr 2000 ([Ziem00c]), wie in den Abb. 6.199 und 6.200 gezeigt. Die Module dienen der Übertragung des 192 kbit/s S_0-Bus-Signals, wie er zwischen ISDN-Endgeräten und dem ISDN-NTBA verwendet wird.

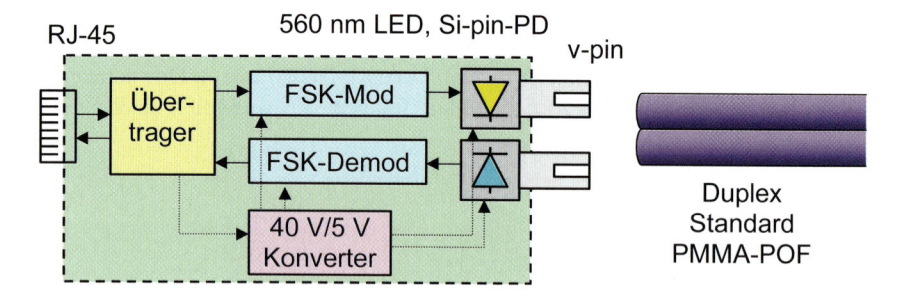

Abb. 6.199: ISDN-POF-Modul für die NT-Seite

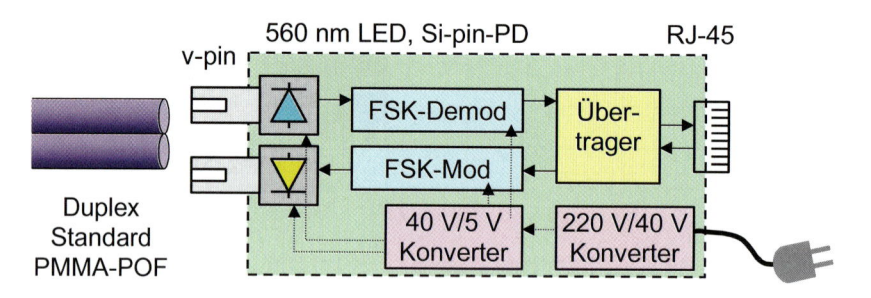

Abb. 6.200: ISDN-POF-Modul für die Geräte-Seite

Als Medium dient in diesem System eine PMMA-SI-POF mit $A_N = 0{,}47$. Bei etwa 570 nm Wellenlänge hat diese Faser ihr absolutes Dämpfungsminimum. An einer 500 m-Spule des Typs GH 4000 wurde eine Dämpfung von 80 dB/km bei Einkopplung mit eine 560 nm-LED von Nichia ermittelt. Mit der LED können bei 20 mA mittlerem Strom ca. -5 dBm in die Faser eingekoppelt werden. Bei einer Empfängerempfindlichkeit von -45 dBm konnten unter Laborbedingungen (keine Stecker, konstante Temperatur) bis zu 500 m überbrückt werden. Bei Verwendung eines Photomultipliers war die Empfindlichkeit ca. -51 dBm.

Die gute Empfindlichkeit kann durch Frequenzmodulation der LED erreicht werden. Die FM bietet sich auch deswegen an, da der S_0-Bus einen dreistufigen Kode besitzt, dessen Spannungshub auch noch zur Erkennung des Aktiv-

6.3 Übersicht der POF-Systeme

(±750 mV; 0 mV) und Ruhezustandes (±600 mV; 0 mV) verwendet wird. Im Modulator wird das Signal in einen proportionalen Frequenzhub umgesetzt. Im Empfänger wird der Träger durch einen Begrenzer-Verstärker zunächst auf einen einheitlichen Pegel gebracht, gefiltert und dann an einem Diskriminator in das Ursprungssignal zurückgewandelt. Die Bandbreite der POF ist ausreichend, um auch noch einen zweiten Kanal zu übertragen, beispielsweise für bidirektionale Übertragung auf nur einer Faser oder zur Kopplung der beiden Schnittstellen am ISDN-NTBA. Abbildung 6.201 zeigt die dazu mögliche Wahl der Trägerfrequenzen.

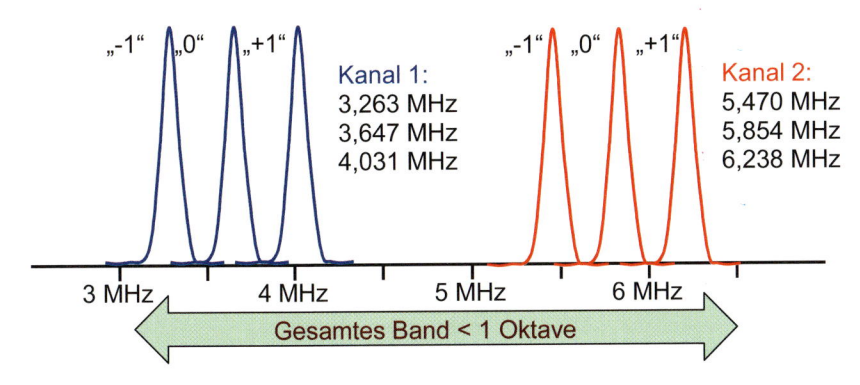

Abb. 6.201: Zweikanalübertragung des S0-Bus auf POF

Durch die Wahl aller Frequenzen innerhalb einer Oktave werden die Störungen durch Nichtlinearitäten in Sender und Verstärker verringert. Dieses System kann, bei Verringerung der möglichen Reichweiten, durch eine WDM-Anordnung ergänzt werden. Damit ist dann z.B. die Übertragung zweier S_0-Busse (4 Kanäle) in beide Richtungen auf nur einer POF möglich.

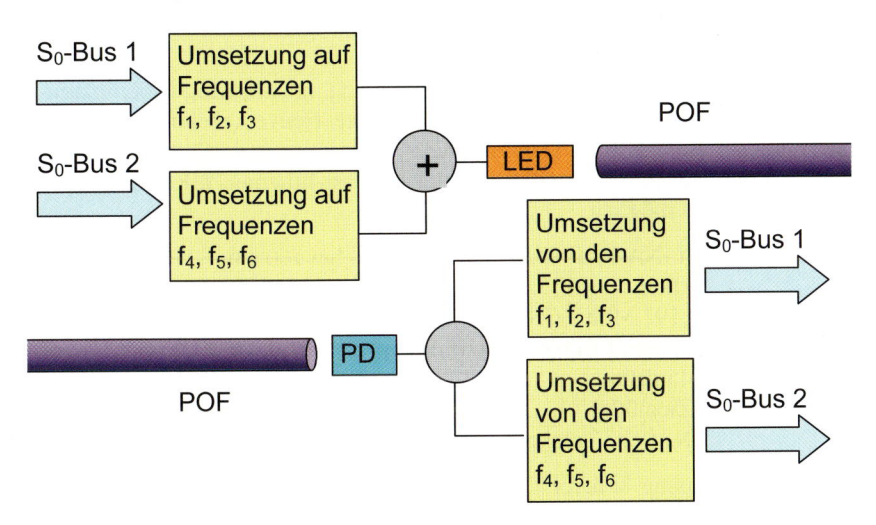

Abb. 6.202: Elektrisches Multiplexen zweier S_0-Busse

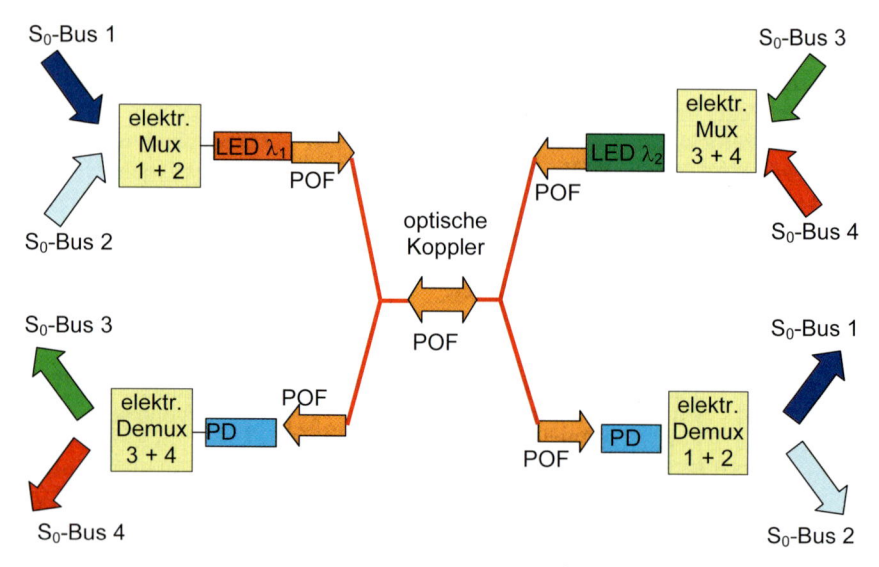

Abb. 6.203: Kombination mit WDM zur bidirektionalen Übertragung

Die Übertragung eines ISDN-Signals über POF anstatt über Kupferkabel bringt zunächst keinen Qualitätsvorteil. Auch die Verbindungskosten können nicht gesenkt werden. Von großem Vorteil ist aber der Verzicht auf eine elektrisch leitende Verbindung. NTBA und Endgerät sind i.d.R. über die Stromversorgung bereits verbunden. Die zweite elektrische Verbindung über den S_0-Bus ergibt eine Schleife, die im Falle von Blitzeinschlägen zur Zerstörung von Komponenten führen kann. Die POF würde dieses Problem einfach beseitigen. Dazu kommt die bessere Verträglichkeit der POF gegenüber äußeren elektromagnetischen Störungen. In Nebenstellenanlagen mit hohen Sicherheitsanforderungen stellt dies eine attraktive, preiswerte Alternative dar.

Ein zweiter Vorteil einer POF-ISDN-Verkabelung ist die Möglichkeit zum späteren Systemwechsel auf höhere Datenraten ohne Neuverkabelung. Für den S_0-Bus können natürlich sofort DSI-POF, MC-POF oder, wenn verfügbar, GI-POF verwendet werden. Später ist dann der Wechsel auf Fast-Ethernet, IEEE 1394 oder auch Gigabit-Ethernet möglich.

Fasertyp:	St.-NA-POF GH 4000, 80 dB/km bei 560 nm
Länge:	500 m
Bitrate:	0,192 Mbit/s (ISDN S_0-Bus), frequenzmoduliert
Sender:	560 nm LED (Nichia, Prototyp)
Empfänger:	-45 dBm
Literatur:	[Ziem00c]
Firma:	Deutsche Telekom

Auch zur Übertragung höherer Datenraten können Vielträgerverfahren eingesetzt werden. Ein Vorteil ist, daß jeder Träger mit unterschiedlicher Quantisierung moduliert werden kann. Bei Frequenzen mit schlechten SNR werden nur wenige

Bit pro Symbol verwendet, bei hohem SNR aber hohe Modulationsstufen. Auf Kupferkabeln (DSL) oder in Funknetzen erfolgt diese Aufteilung sogar dynamisch. Das Prinzip der Anpassung der Modulation an das SNR zeigt Abb. 6.204 bei der Annahme, daß der begrenzende Effekt die Tiefpaßcharakteristik der Faser ist. Alternativ kann man auch die Leistung der Träger so variieren, daß ein konstantes CNR entsteht.

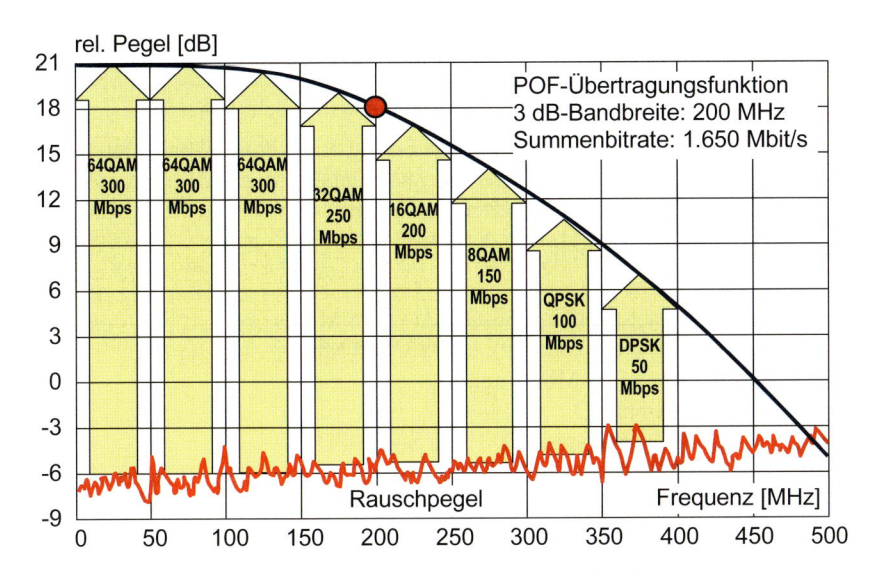

Abb. 6.204: Schematische Mehrträgerübertragung auf POF (1.650 Mbit/s in Summe)

Im Prinzip stellt das oben beschriebene VDSL-über-POF-System genau dieses Verfahren dar. Der Nachteil ist, daß Vorteile nur dann zu erzielen sind, wenn ein Bereich deutlich oberhalb der 3 dB-Bandbreite ausgenutzt werden kann. Dabei wird ein SNR benötigt, daß deutlich über dem eines herkömmlichen NRZ-Systems liegt. Das Verfahren könnte also bei kurzen Faserlängen interessant sein. Für rein rauschbegrenzte Systeme bleibt der erreichbare Gewinn bescheiden.

Erste praktische Realisierungen wurden in [Zeng06] und [Ran06a] vorgestellt. Die erste Arbeit beschreibt die Übertragung von 1.250 Mbit/s über eine PF-GI-POF. Das Signal ist dabei auf einen Träger bei 3 GHz moduliert (BPSK oder ASK). Weitere Tests mit Trägerfrequenzen bei 2,5 GHz, 3,5 GHz und 4,0 GHz zeigen das Potential für eine Mehrträgerübertragung.

Fasertyp:	50 µm PF-GI-POF, NA: 0,17, 50 dB/km
Länge:	100 m
Bitrate:	1.250 Mbit/s (Träger 3 GHz), ASK oder BPSK
Sender:	1.310 nm DFB-LD
Empfänger:	25 GHz-Empfänger mit 50 µm GI-POF-Pigtail
	Empfindlichkeit -13,2 dBm/-9,8 dBm (BPSK/ASK)
Literatur:	[Zeng06]
Firma:	Universität Eindhoven

In [Ran06a] wird eine 1 mm SI-POF zur Übertragung verwendet. Als Laser kommt ein 658 nm Kantenemitter zum Einsatz. Im Frequenzbereich zwischen 11 MHz und 89 MHz werden 40 Träger verwendet. Auf jedem Träger wird eine 256-QAM-Modulation mit 1,8 MS/s genutzt (8 × 40 × 1,8 MS/s = 576 Mbit/s). Abzüglich des Anteils für die Fehlerkorrektur (Reed-Solomon Kode 255/239) ergibt sich eine Nutzdatenrate von 540 Mbit/s. Später wurden mit weiteren Trägern insgesamt ca. 1000 Mbit/s erreicht. Die Autoren geben keine komplette Messung der BER an, weisen aber die Funktionsfähigkeit anhand der Messungen des Fehlervektors (Error Vector Magnitude) nach, der im gesamten Frequenzbereich unterhalb des Grenzwertes der FEC liegt (ca. 3,2%). Wie weiter oben gezeigt wurde, kann schon mit einfacher passiver Entzerrung eine vergleichbare Datenrate (910 Mbit/s, POF-AC) übertragen werden. Mit einem optimalen Empfänger können auch noch höhere Datenraten erreicht werden.

Fasertyp:	1 mm SI-POF, NA: 0,50
Länge:	100 m
Bitrate:	40 × 1,8 MS/s (256-QAM) = 576 Mbit/s
	FEC: RS (255,239), effektiv 540 Mbit/s
	später 945 Mbit/s netto
Sender:	658 nm LD
Empfänger:	200 µm Si-pin-PD, 1 mm Si-pin-PD
Literatur:	[Ran06a], [Ran06c]
Firma:	Siemens AG

6.3.7.3 Radio over Fiber

Ein sehr spezialisiertes Übertragungsverfahren wird derzeit vor allem an der Universität Eindhoven entwickelt ([Ng02a]). Ziel ist die Übertragung von Signalen für Funk-Basisstationen ohne Signalumwandlung, also direkt im Radioband (zumeist das ISM-Band bei 2,5 GHz). Das grundsätzliche Prinzip zeigt Abb. 6.205.

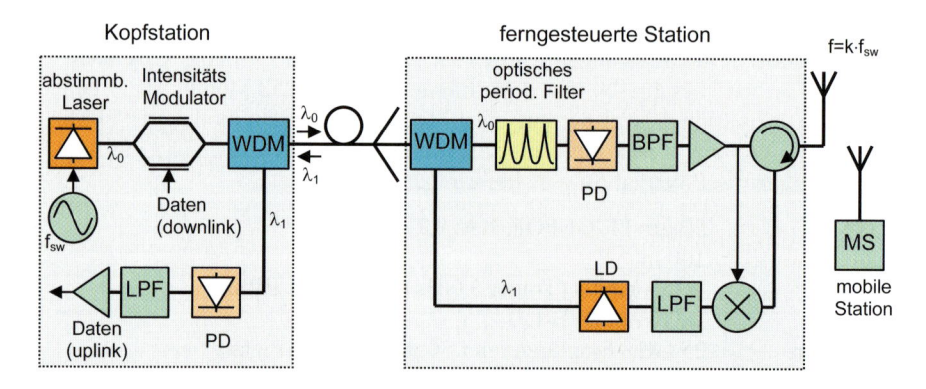

Abb. 6.205: Prinzip des „Radio over Fiber" nach [Ng02a]

Der abstimmbare DFB-Laser wird frequenzmoduliert. Anschließend wird das Signal in einem Mach-Zehnder-Intensitätsmodulator mit den Daten versehen. Die Modulationsfrequenz des Lasers liegt innerhalb der Bandbreitengrenzen der Faser. Durch die Wechselwirkung des modulierten Signals mit der periodischen Kennlinie eines optischen Filters (z.B. eines Fabry-Perot-Filters, FP) wird die Frequenz heraufkonvertiert.

Der Rückkanal kann mittels eines WDM-Verfahrens auf der gleichen Faser realisiert werden, die Frequenz für das Herunterkonvertieren liefert der Empfänger selber, so daß kein eigener Oszillator benötigt wird.

Im Experiment wurde ein 1.310 nm Laser mit 10 mW verwendet. Die dreieckförmige Frequenzmodulation (hier mit f_{sw} = 800 MHz und max. 28,8 GHz Hub) wurde durch einen externen Phasenmodulator realisiert. Das FP-Filter hatte eine Periode von 9,6 GHz. Es erfolgte eine Frequenzkonversion auf 5,4 GHz, 10,8 GHz usw. Auf den Modulator wurde eine Trägerfrequenz von 225 MHz gegeben, welche wiederum BPSK bzw. QAM-moduliert war (bis zu 56 Mbit/s fehlerfreie Übertragung). Der Uplink unterstützt bis über 1 Gbit/s.

Das Verfahren ermöglicht sowohl die Nutzung von Glas-Multimodefasern (mit über 4 km demonstriert), als auch von POF. Weitere Beschreibungen sind in [Gie03], [Koo04b], [Lar06b], [Lar06c], [Ng04a] und [Ng04b] zu finden.

6.3.7.4 Modenmultiplex

Eine weitere Gruppe von Übertragungsverfahren nutzt die Tatsache aus, daß über begrenzte Längen von POF die Ausbreitungswinkel näherungsweise konstant bleiben. Wenn es gelingt, Licht in die Faser unter unterschiedlichen Winkeln einzukoppeln, und diese Winkelbereiche auch wieder getrennt zu detektieren, dann können diese Winkelbereiche als unabhängige Übertragungskanäle verwendet werden (Mode Group Division Multiplex: MGDM, siehe z.B. [Koo03b], [Boo05] und [Schö06]).

Das Prinzip von MGDM (aus [Koo03b]) wird in Abb. 6.206 gezeigt, ebenso wie ein Beispiel für die Modenverteilung (nach Übertragung über 25 m SI-POF, [Boo05]).

Experimentelle Ergebnisse für Bitraten von 5 Gbit/s, allerdings bei Verwendung von Glas-MM-Fasern sind in [Schö06] zu finden. Die Nachteile dieses Verfahrens sind das zunehmende Übersprechen für größere Entfernungen und die Notwendigkeit von ringförmigen Detektoren. Der Querschnitt höherer Moden steigt mit zunehmendem Ausbreitungswinkel, deswegen kann die Kapazität der einzelnen Kanäle stark unterschiedlich sein.

Multiplexer:	Modenmultiplex
Literatur:	[Koo02a], [Koo03b], [Boo05], [Schö06], [Ziem06g]
Firma:	Univ. Eindhoven

Nachdem in verschiedenen Arbeiten Modenverteilungen an SI-POF und PMMA-GI-POF mit bis zu 100 m Länge ermittelt wurden und Experimente mit niedrigen Datenraten (2 × 1 Mbit/s) die prinzipielle Realisierbarkeit zeigten, stellt [Lee06b] ein komplettes System vor.

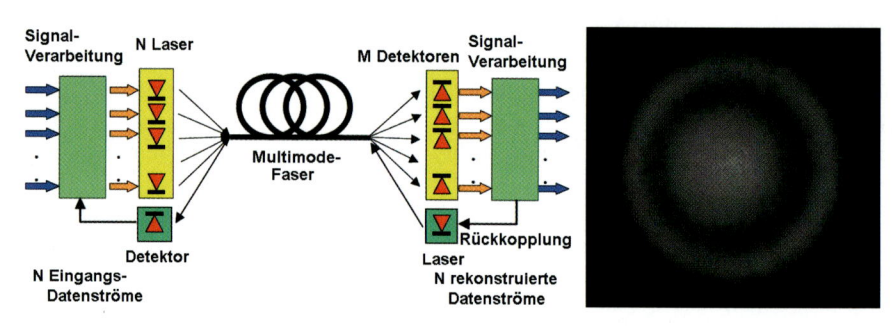

Abb. 6.206: Prinzip des MGDM und Beispiel für die Modenverteilung ([Koo03b])

Über 25 m einer 1 mm SI-POF wurden 2 Kanäle mit je 500 Mbit/s übertragen. Die Sender waren jeweils Laser, die unter verschiedenen Winkeln eingekoppelt wurden. Die Auskopplung und Trennung der Modengruppen erfolgte mit Hilfe von gekippten Spiegeln (siehe Abb. 6.207).

Faser:	1 mm PMMA-SI-POF (NA: 0,50)
Länge:	25 m
Bitrate:	2 × 500 Mbit/s (gleichzeitig gesendet und empfangen)
Sender:	635 nm und 658 nm LD (eingekoppelt mit 0° und 20° Winkel)
Multiplexer:	Modenmultiplex,
	Trennung der Modengruppen mit gekippten Spiegeln
Literatur:	[Lee06b]
Firma:	Universität Eindhoven

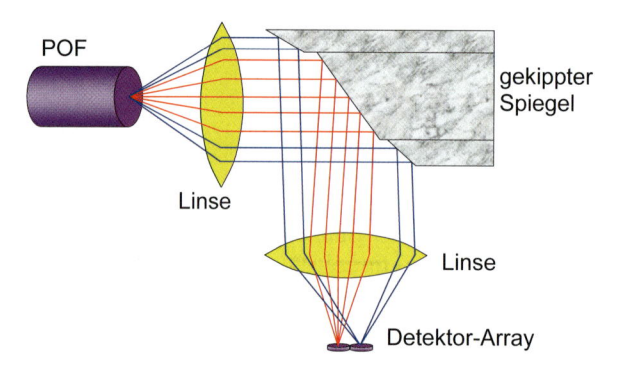

Abb. 6.207: Demultiplexer für MGDM nach [Lee06b]

Erste experimentelle Ergebnisse für Modenmultiplex auf PF-GI-POF stellte [Schö06] auf der POF-Konferenz in Seoul vor. Es wurde eine 62,5 mm PF-GI-POF verwendet. In zwei Fasern wurde über entsprechend positionierte Einmodenfasern das Signal in unterschiedliche Modengruppen eingekoppelt. Diese wurden dann über einen Moden erhaltenden Koppler zusammenführt. Mit einer frei positionierbaren Einmodenfaser wurde am Ende der Testfaser das Signal auch wieder detektiert. Beide Kanäle konnten (getrennt) fehlerfrei übertragen werden.

Faser:	62,5 µm PF-GI-POF
Länge:	10 m
Bitrate:	2 × 10,7 Gbit/s (gleichzeitig gesendet, separat empfangen)
Sender:	1.540 nm LD
Multiplexer:	Modenmultiplex, Einkopplung zentral und mit 20 mm Offset Trennung der Modengruppen mit Mikropositionierer
Literatur:	[Schö06]
Firma:	Universität Kiel

In den folgenden Abbildungen werden Modenfeldmessungen verschiedener POF bei unterschiedlichen Anregungen gezeigt. Diese Messungen wurden zwar nicht gezielt für MGDM-Anwendungen gemacht, zeigen aber, daß die Modenfamilien unter optimalen Bedingungen recht lange stabil bleiben können.

In [Ohd04] und [Ish05b] wird untersucht, welchen Einfluß die Faser-NA auf die Modenkopplung in PMMA-GI-Faser hat. Verschiedene Fasern mit NA im Bereich von 0,15 bis 0,30 und Kerndurchmessern von 400 µm bzw. 600 µm werden untersucht. Das Nahfeld nach 100 m Faser ($A_N = 0{,}30$) bei zentraler Einkopplung und Anregung mit Offset zeigt Abb. 6.208 (links aus [Ohd04], rechts [Ish05b]).

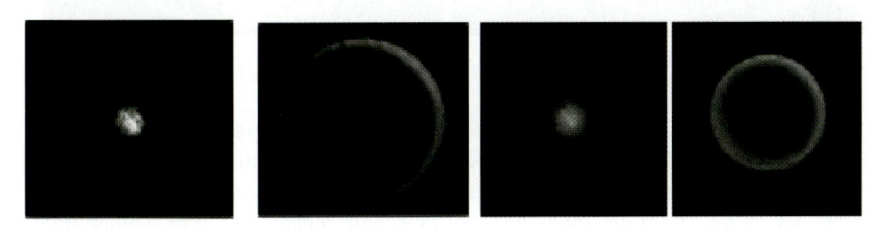

Abb. 6.208: Nahfeld nach 100 m PMMA-GI-POF (jeweils links: Einkopplung zentral, rechts: mit Offset)

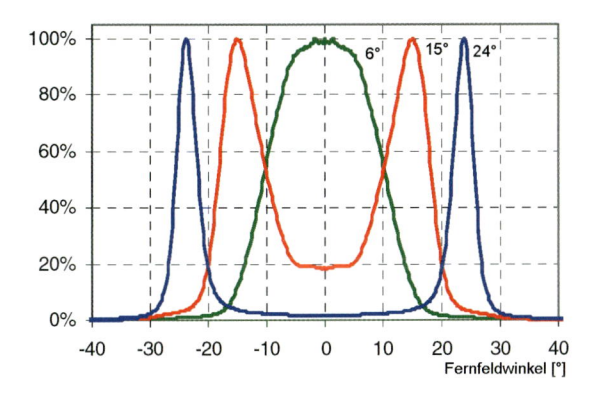

Abb. 6.209: Fernfelder nach 10 m PMMA-SI-POF

In [Jan04] wird das Modenverhalten von SI-POF untersucht. Die Fernfelder nach 10 m POF (Mitsubishi CK-40) bei Einkopplung von kollimiertem Licht (6°, 15° und 24° relativ zur Faserachse) zeigt Abb. 6.209.

Daß MGDM auch in Glasfasern sehr gut funktioniert, zeigen [Kra00] und [Klu02] (Univ. Mannheim). Hier wird eine 200 µm SI-PCS verwendet ($A_N = 0{,}39$). Als Quelle dient ein 632 nm He-Ne-Laser mit kleiner Divergenz. Bis zu 13 unterschiedliche Modengruppen können nach einem kurzen Faserstück (40 cm) unterschieden werden. Abbildung 6.210 zeigt ein Bild mit jeder zweiten Modengruppe.

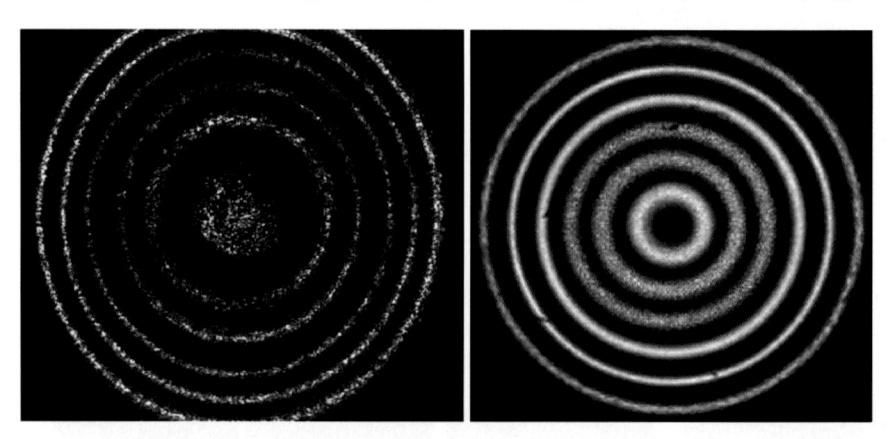

Abb. 6.210: Modengruppen in einer 200 µm PCS ([Kra00], [Klu02])

In [Kra00] wird ausführlich auf die Kapazität des Verfahrens eingegangen und das Nebensprechen zwischen den Kanälen analysiert. Eine Datenübertragung wurde dann in [Klu02] untersucht. Mit der PCS wurden Längen bis zu 20 m vermessen, es stand ebenfalls eine 200 µm POF zur Verfügung. Die prinzipielle Möglichkeit zur Datenübertragung wurde anhand der gemessenen Übersprechdämpfung > 10 dB ermittelt.

6.3.7.5 Bändchenfasersysteme

Die letzte Gruppe der hier behandelten POF-Übertragungssysteme stellt die einfachste Form des Multiplexen dar - die Parallel-Übertragung auf mehreren Fasern. Aus der Glasfasertechnik ist das Prinzip lange bekannt und wird über kurze Distanzen bis in den Zugangsnetzbereich auch genutzt. In den meisten anderen Anwendungen hat sich eher WDM durchgesetzt, da hier nur eine Faser notwendig ist.

Für POF haben Bändchenlösungen ein viel größeres Potential. Zum einen sind die aktiven Komponenten zumeist sehr preiswert, so daß der Einsatz vieler Elemente immer noch kostengünstiger sein kann, als beispielsweise der Wechsel zu einer Einmoden-Glasfaserlösung. Im weiteren sind die Entfernungen oft sehr klein, so daß der Fasermehrbedarf nicht so sehr ins Gewicht fällt. Letztlich sind die POF so dick und so einfach zu bearbeiten, daß die Bändchenstecker extrem kosteneffizient herzustellen und zu montieren sind, anders als bei Glasfasern.

Ein erstes kommerzielles System ist von Honda-Kabel vorgestellt worden. Auf vier SI-POF können jeweils bis zu 500 Mbit/s übertragen werden. Der Stecker entspricht einem elektrischen RJ-45.

6.3 Übersicht der POF-Systeme

Länge: 10 m
Bitrate: 4 × 500 Mbit/s, Bändchen
Literatur: [Hon05]
Firma: Honda-Kabel

> PMMA-SI POF
> Kern-/Manteldurchmesser: 980/1000 µm
> Uni-direktionale Übertragung
> 100 - 500 Mbit/s pro Faser
> LED: 650 nm
> pin-Photodiode
> elektrische Schnittstelle: LVPECL (Low Voltage Positive Emitter Coupled Logic)
> Arbeitstemperaturbereich: 0 to +60°C

Abb. 6.211: 4-Faser-Paralleübertragung von Honda-Kabel

Im Rahmen des von der Bayerischen Forschungsstiftung geförderten Projektes OVAL wurde am POF-AC ein System zur Übertragung von HDMI-Signalen aufgebaut. Auf vier parallelen Kanälen können jeweils 1.600 Mbit/s über 50 m Faser (500 µm PMMA-GI-POF von Optimedia) übertragen werden. Der komplette Systemaufbau wird in Abb. 6.212 gezeigt (hier noch mit 4 einzelnen Fasern).

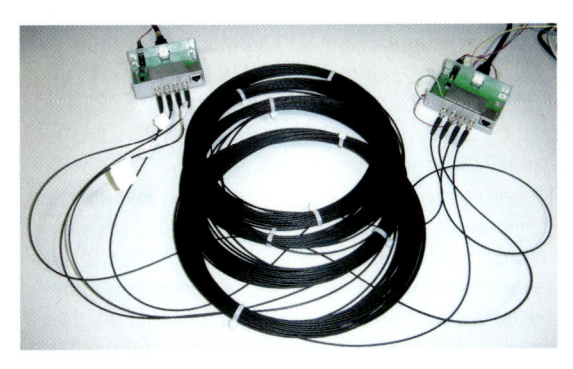

Abb. 6.212: HDMI-Datenübertragung über 50 m PMMA-GI-POF

Bereits im Kap. 2 wurden die dabei verwendeten POF-Bändchen vorgestellt. Das System hatte die folgenden Parameter:

Fasertyp: 500 µm PMMA-SI-POF und PMMA-GI-POF, 8er Bändchen
Länge: 50 m
Bitrate: 4 × 1.600 Mbit/s
Sender: 650 nm LD
Empfänger: pin-PD
Multiplexer: 8-Faser Bändchen
Literatur: [Jun06], [Ziem06g]
Firma: OVAL-Projekt (Loewe, SGT, FhG IIS, POF-AC)

6.4 Weitere optische Übertragungssysteme

In diesem Buch sollen in Ergänzung zur ersten Auflage auch andere Fasern behandelt werden. Damit wird der Entwicklung der optischen Kurzstreckenkommunikation Rechnung getragen, die inner öfter auch andere optische Fasern einsetzt.

Zunächst sollen Polymerfasern betrachtet werden, die besonders für hohe Temperaturen geeignet sind (die Beschreibung der Fasereigenschaften erfolgte bereits im Kap. 2, einige Übertragungsexperimente mit 780 nm-Sendern wurden schon im Abschnitt 6.3.4.3 vorgestellt). Anschließend werden vielfach parallele POF-Verbindungen beschrieben.

Den Abschluß bilden Systeme mit PCS und Glasfaserbündeln.

6.4.1 Datenübertragung auf Hochtemperatur-POF

Polycarbonatfasern galten lange Zeit als aussichtsreichste Kandidaten für Hochtemperatur-POF für Einsatzbereiche bis +130°C. Der Haupanwender für solche Systeme ist die Automobilindustrie, da in Fahrzeugen an vielen Stellen Temperaturen über +100°C auftreten können.

Im Abschnitt 6.3.1.3 wurden Systemtests an PMMA-SI-POF mit hohen Datenraten vorgestellt. Im Rahmen der gemeinsamen Versuche von T-Nova und Nexans Autoelectric wurde auch ein Test zur Übertragung hoher Datenraten auf PC-POF durchgeführt. Die Abb. 6.213 zeigt Meßergebnisse mit 800 Mbit/s und Pseudozufallsfolge bei 500 Mbit/s bei Übertragung über 10 m Faser. Als Laser wurde ein 657 nm-Bauelement von Sony eingesetzt. Die Dämpfung der Faser lag bei 12 dB.

Für das Experiment mit 800 Mbit/s wurde ein Empfänger mit GPD-Verstärkern und SFH75P-Photodiode benutzt (max. Datenrate des Empfängers: 1.200 Mbit/s). Dank der alternierenden Symbole konnte trotz der begrenzten POF-Bandbreite fehlerfrei übertragen werden. Die Leistung an der Photodiode war -11.2 dBm.

In einem zweiten Experiment wurde eine Pseudozufallsfolge der Länge $2^7 - 1$ verwendet. Wegen der begrenzten Bandbreite der POF war hier die maximal mögliche Datenrate 500 Mbit/s. Der Laser wurde ohne Vorverzerrung betrieben. Der Empfänger war unverändert auf max. 1.200 Mbit/s ausgelegt. Die Empfangsleistung lag ebenfalls bei -11,2 dBm.

Damit kann die PC-POF ohne weiteres auch für Anwendungen wie IEEE 1394 S400 eingesetzt werden, falls z.B. im Motorenraum von Fahrzeugen erhöhte Anforderungen an die Einsatztemperatur gestellt werden. Höhere Bandbreiten können mit veränderten Mantelmaterialien, oder mit PC-MC-POF erzielt werden.

Fasertyp:	1 mm PC-POF, 1.200 dB/km bei 650 nm
Länge:	10 m
Bitrate:	500 Mbit/s
Sender:	657 nm LD, Sony SLD 1133 VL
Empfänger:	SFH75P mit Verstärker
Literatur:	[Stei00a]
Firma:	Deutsche Telekom

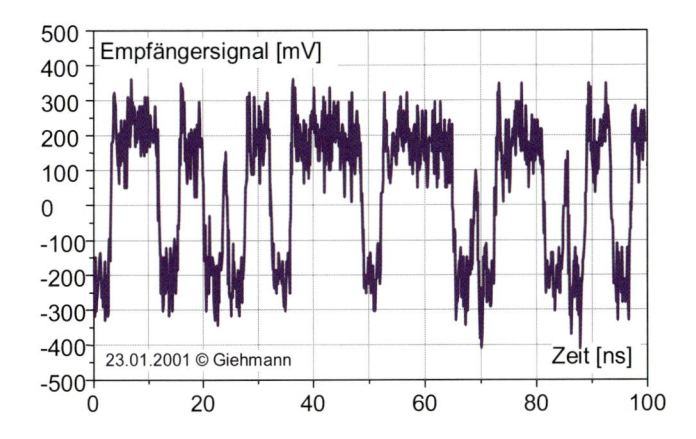

Abb. 6.213: PC-POF-System bei 500 Mbit/s (PRBS-Folge) über 10 m

Mit dem verbesserten Testsystem am POF-AC wurden neue Versuche mit der PC-POF von Mitsubishi unternommen. Über 10 m Faser konnten zunächst 950 Mbit/s fehlerfrei übertragen werden ([Ziem03g]). Später wurden 1.000 Mbit/s über 10 m bei -13 dBm Empfangsleistung erreicht ([Vin04b]). Im Vergleich dazu lagen die Datenraten für PMMA-SI-POF unter ansonsten gleichen Bedingungen bei ca. 1.500 Mbit/s. Ursache ist die größere NA der PC-POF. Außerdem läßt der niedrigere Empfangspegel nur einen kleineren Penalty zu.

Abb. 6.214: PC-POF-System, 950 Mbit/s (PRBS-Folge) über 10 m

Weitere Fasertypen für den Einsatz bei höheren Temperaturen sind Fasern aus modifiziertem (quervernetztem) PMMA und aus Elastomeren. Am POF-AC wurden dazu verschiedene Übertragungsexperimente durchgeführt.

- H-POF (Tver): Übertragung von 620 Mbit/s über 15 m bei 650 nm (Empfangsleistung -6,5 dBm), Sony-Laser ([Ziem03g])
- H-POF (Tver): 1.200 Mbit/s über 11 m und 900 Mbit/s über 23 m POF bei 650 nm (Sanyo-Laserdiode, [Ziem03g], [Vin04b]), siehe Abb. 6.225
- PHKS-CD1001 (mod. PMMA-POF von Toray), Übertragung von 1.050 Mbit/s über 10 m und 830 Mbit/s über 20 m bei 650 nm (Empfangsleistungen +0,5 dBm und -2,6 dBm, [Ziem02j], [Ziem02k])
- H-POF (mod. PMMA, Muster Hitachi): 850 Mbit/s über 24 m bei 650 nm ([Vin04b])
- H-POF-S (Elastomer), nur bei 780 nm getestet, siehe oben

BIAS LD
650 nm

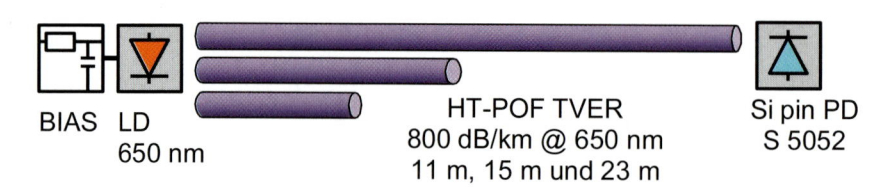

HT-POF TVER
800 dB/km @ 650 nm
11 m, 15 m und 23 m

Si pin PD
S 5052

Abb. 6.215: Modifizierte-PMMA-POF-System bei 650 nm

Ergebnis der Tests ist, daß alle untersuchten Hochtemperaturfasern ähnliche Datenraten wie die SI-PMMA-POF zulassen, allerdings noch deutlich höhere Verluste haben. Für den praktischen Einsatz in Fahrzeugnetzen sind aber noch viele Detailprobleme zu untersuchen.

6.4.2 Multiparallele POF-Verbindungen

Für den Einsatz in optischen Bussystemen, also vielfach parallele Verbindungen über sehr kurze Entfernungen, bieten POF viele Vorteile. Zunächst haben die Fasern ein sehr gutes Verhältnis von Mantel- zu Kerndurchmesser, was die Justage erleichtert. Weiterhin erlauben das flexible Material und die große NA viel kleinere Biegeradien als für vergleichbare Glasfasern. Vielleicht am wichtigsten ist die einfache Bearbeitung. Ein POF-Bündel kann einfach mit einer heißen Klinge abgeschnitten oder durch Polieren sehr schnell geglättet werden.

Umfangreiche Entwicklungen wurden dazu an der Universität Dortmund durchgeführt. Um viele Kanäle auf kleinem Raum zu realisieren, wurden 1/8-mm-POF verwendet. Da nur max. 50 cm überbrückt werden sollten, konnten problemlos 850 nm VCSEL eingesetzt werden. In den Abb. 6.216 bis 6.218 werden zunächst das Prinzip des Parallellinks gezeigt und anschließend Aufnahmen des Steckers und eines PC-Boards mit dem POF-Link. Im Prinzipbild sieht man, daß die Fasern senkrecht auf ein VCSEL-Array gesteckt werden, um dann im Stecker um 90° umgeleitet zu werden. Dank des Biegeradius unter 2 mm geht das mit den verwendeten POF problemlos. Auf jedem der 64 Kanäle können 2.500 Mbit/s übertragen werden.

Fasertyp:	125 µm SI-POF, $A_N = 0{,}50$
Dämpfung	1,7 dB bei 660 nm (50 cm):
	4,5 dB bei 870 nm
	8,5 dB bei 980 nm
Länge:	0,5 m
Bitrate:	2.500 Mbit/s
Sender:	850 nm VCSEL-Array (8 × 8)
Empfänger:	Si-pin-PD-Array, -23 dBm bei 2,5 Gbit/s und BER $=10^{-11}$
Multiplexer:	SDM bis zu 128 Fasern; Größe des Modul 3,5 × 10 × 10 mm³
Literatur:	[Witt98], [Jöh98], [Ney01], [Ney02]
Firma:	Univ. Dortmund

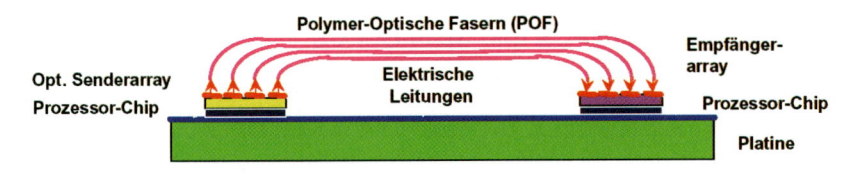

Abb. 6.216: Prinzip der optischen Parallelverbindung mit POF

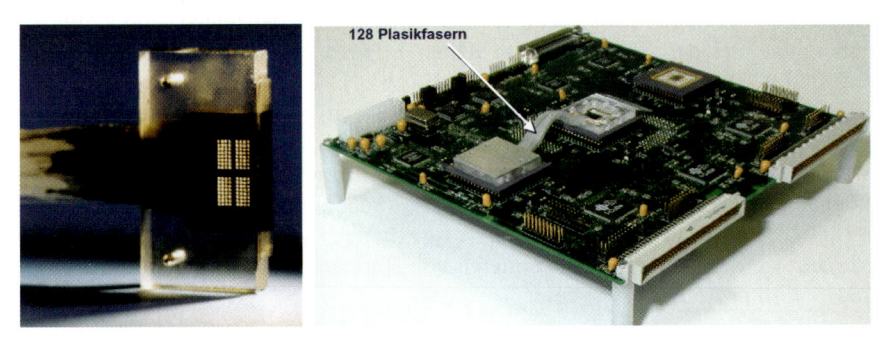

Abb. 6.217: optischen Parallelverbindung mit POF, Stecker und fertige Verbindung

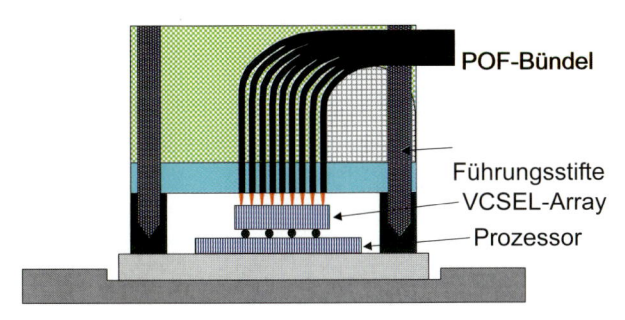

Abb. 6.218: Ankopplung des Faserbündels

Ähnliche Versuche zur Nutzung dünner POF wurden an der Universität Ulm unternommen. Hier wurden aber rote VCSEL als Sender verwendet. Über 1 m Faser konnten 2.000 Mbit/s übertragen werden. Der Laser selbst kann bis zu 5 Gbit/s moduliert werden. Diese Datenrate läßt sich auch über 100 m Gradienten-Glasfaser übertragen.

Fasertyp:	125 µm PMMA-SI-POF, A_N = 0,50, 500 dB/km
	670 MHz Bandbreite über 10 m
Länge:	1 m
Bitrate:	2.000 Mbit/s, auch 5 Gbit/s über 100 m MM-GOF
Sender:	650 nm VCSEL, 0,79 mW
Empfänger:	InGaAs pin-PD mit Linsenkopplung
Literatur:	[Sta03]
Firma:	UNI Ulm

6.4.3 Systeme mit 200 µm PCS und Semi-GI-PCS

Glasfasern mit Polymermantel (PCS) sind in der Automatisierungstechnik seit vielen Jahren im erfolgreichen Einsatz. Die dabei verwendeten Datenraten lagen bis vor wenigen Jahren bei max. 12 Mbit/s, die Bandbreite der Faser spielte also keine Rolle. Erst in jüngerer Zeit wird auch das Potential der PCS für sehr viel größere Datenraten untersucht, z.B. für den Einsatz in zukünftigen Fahrzeugnetzen. Die Vorteile der PCS liegen dabei beim kleinen Biegeradius, der hohen Temperaturbeständigkeit und der Nutzbarkeit im nahen Infrarot, wo bessere VCSEL verfügbar sind.

Von Hewlett Packard (später Agilent, Avagotech) sind Transceiver für bis zu 155 Mbit/s Datenrate verfügbar, die sowohl mit POF, als auch mit 200 µm PCS verwendet werden können. In die PCS lassen sich etwa 6 dB weniger Leistung einkoppeln. Dank der sehr viel niedrigeren Faserdämpfung wird dieser Nachteil aber für Längen über 50 m mehr als ausgeglichen, so daß größere Strecken überbrückt werden können. Der Vergleich von Bitraten und Reichweiten für POF und PCS wird in Abb. 6.219 gezeigt

Fasertyp:	200 µm SI-PCS
Länge:	10 m bis 700 m
Bitrate:	20 Mbit/s bis 125 Mbit/s
Sender:	650 nm SLED, -16,2 dBm in der Faser
Empfänger:	Si-pin-PD
Literatur:	[HP07]
Firma:	Hewlett Packard, Agilent, Avagotech

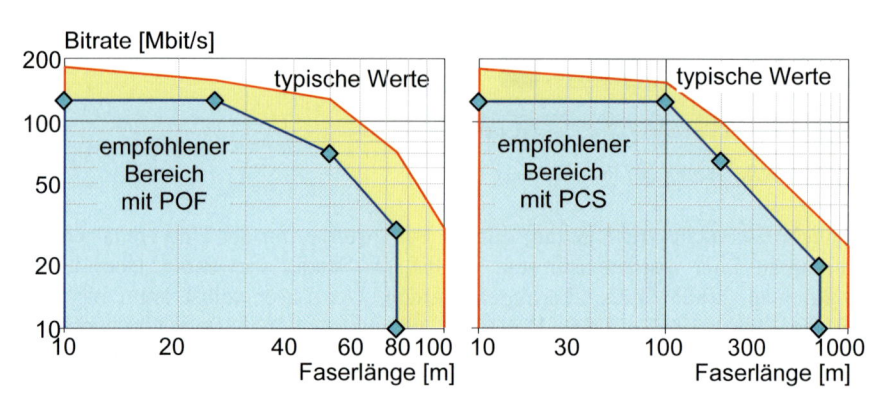

Abb. 6.219: Reichweiten und Biraten von AFBR-Komonenten auf POF und PCS

Am Forschungszentrum Astri in HongKong werden seit einigen Jahren schnelle Komponenten für MM-Glasfasersysteme hergestellt. Für 200 µm PCS sind 850 nm-Komponenten entwickelt worden, die bis zu 1.250 Mbit/s Datenübertragung über 10 m PCS erlauben. Augendiagramme für drei unterschiedliche Bitraten werden in Abb. 6.220 gezeigt.

6.4 Weitere optische Übertragungssysteme

Fasertyp:	200 µm SI-PCS
Länge:	10 m
Bitrate:	300 Mbit/s; 600 Mbit/s; 1.250 Mbit/s
Sender:	850 nm VCSEL, min. -0,6 dBm
Empfänger:	GaAs MSM-PD
Literatur:	[Wip05]
Firma:	Astri Hong Kong
	von -40°C bis +105°C einsetzbar

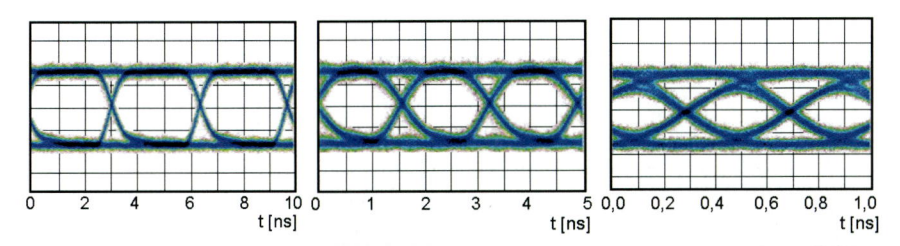

Abb. 6.220: Augendiagramme nach 10 m für 300 Mbit/s, 600 Mbit/s und 1.250 Mbit/s

Am Fraunhofer-Institut Nürnberg wurde ein WDM-System auf PCS-Basis realisiert. Mit den Wellenlängen 650 nm und 850 nm konnten jeweils 800 Mbit/s über 30 m übertragen werden. Ein sehr langsamer Steuerkanal (700 kbit/s) wurde über 500 m bi-direktional übertragen (mit LED-Quellen). Die Spektren der verwendeten LED zeigt Abb. 6.221.

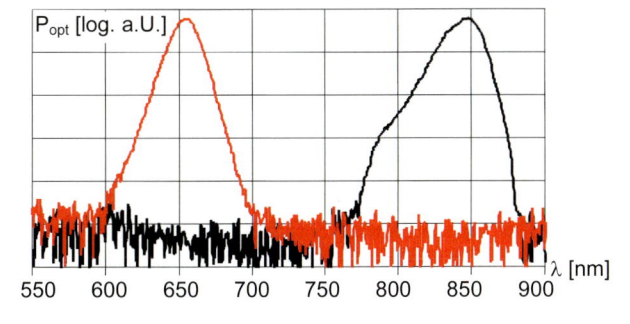

Abb. 6.221: Spektren der verwendeten LED

Fasertyp:	200 µm SI-PCS, $A_N = 0,37$
Länge:	30 m
Bitrate:	2×800 Mbit/s
Sender:	650 nm/850 nm LED, LD
Empfänger:	400 µm PD mit TIA und Begrenzer-Verstärker
Multiplexer:	Linsen-Interferenzfilter-Kombination
	Gehäuse mit FSMA-Anschlüssen 45×25 mm
Literatur:	[Tsch04b]
Firma:	Fraunhofer IIS

In Zusammenarbeit zwischen dem POF-AC und dem FhG IIS wurde ein Versuchssystem zur Übertragung analoger VGA-Signale auf PCS aufgebaut. Als Sender dienten herkömmliche rote Laserdioden. Mit einer mittleren Bildschirmauflösung konnten bis zu 100 m Faser überbrückt werden. Abb. 6.222 zeigt den Versuchsaufbau.

Fasertyp:	SI-PCS, $A_N = 0{,}37$
Länge:	100 m
Bitrate:	VGA-Signal, 1.280×1.024 Pixel
Sender:	650 nm LD, 2,5 mW
Empfänger:	400 µm PD S5973, Hamamatsu
Literatur:	[Fac04]
Firma:	POF-AC und Fraunhofer IIS

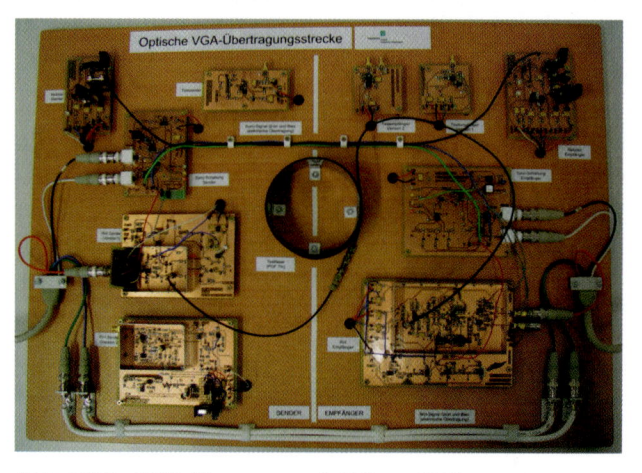

Abb. 6.222: VGA-Testsystem mit 200 µm PCS

Im Rahmen verschiedener Projekte, u.a. mit BMW, wurden am POF-AC auch Übertragungsexperimente mit SI-PCS unternommen. Dabei wurden Längen zwischen 5 m und 100 m verwendet. Die Laserwellenlängen waren 650 nm und 780 nm. Es wurde der gleiche großflächige Detektor wie für die 1 mm Fasern benutzt.

Fasertyp:	SI-PCS, $A_N = 0{,}37$
Länge:	5 m, 25 m, 50 m, 75 m und 100 m
Bitrate:	340 Mbit/s, 500 Mbit/s, 600 Mbit/s, 900 Mbit/s und 1.850 Mbit/s (650 nm)
	800 Mbit/s, 1.200 Mbit/s und 2.500 Mbit/s (780 nm)
Sender:	650 nm LD, -6 dBm bis -15 dBm Empfangsleistung
	780 nm LD, -11 dBm bis -14 dBm Empfangsleistung
Empfänger:	800 µm PD S5052, Hamamatsu
Literatur:	[Vin04b]
Firma:	POF-AC

In späteren Versuchen wurden dann auch größere Übertragungslängen mit verschiedenen PCS-Typen untersucht. Es wurden Filter zum Ausgleichen der Modendispersion eingesetzt. Dabei wurden erreicht (780 nm Wellenlänge):

- ➢ 2.230 Mbit/s über 10 m
- ➢ 1.040 Mbit/s über 50 m
- ➢ 500 Mbit/s über 100 m
- ➢ 260 Mbit/s über 200 m

In Abb. 6.223 wird als Beispiel das Augendiagramm für die Übertragung von 350 Mbit/s über 100 m gezeigt.

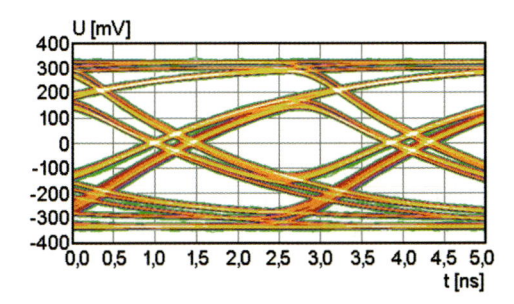

Abb. 6.223: Augendiagramm mit 200 µm PCS

Die Bitraten und Reichweiten der SI-PCS-Systeme sind noch einmal in Abb. 6.224 zusammengestellt. Natürlich können auch Entfernungen von vielen hundert Metern überbrückt werden, da die Dämpfung viel kleiner als bei PMMA-POF ist. Bezüglich der Bandbreite liegt die SI-PCS aber nur etwa im Bereich der DSI-POF.

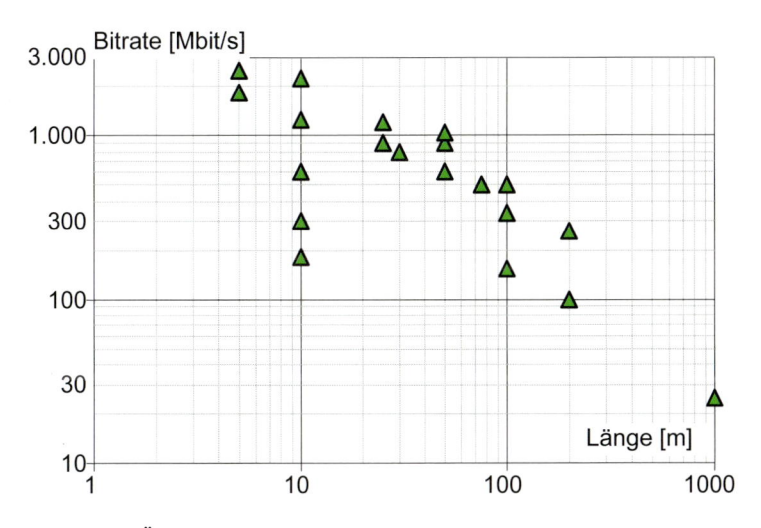

Abb. 6.224: Übersicht 200 µm PCS-Systeme

Um die niedrige Dämpfung der PCS auch bei höheren Bitraten ausnutzen zu können, werden u.a. von Sumitomo und OFS PCS mit einem Semi-Gradientenindexprofil hergestellt ([Sum03]). In einer Arbeit von 1995 ([Kos95]) wird ein System zur Datenübertragung mit den damals neuen Fasern vorgestellt. Als Sender wurde ein 850 nm VCSEL verwendet, als Empfänger eine kleinflächige InGaAs-APD. Über 100 m konnten 3.000 Mbit/s übertragen werden, über 1.000 m waren es noch 1.500 Mbit/s. Damit erreicht die Semi-GI-PCS etwa die Leistungsfähigkeit von PF-GI-POF (ist aber wesentlich teurer).

Fasertyp:	Sumitomo Semi-GI-PCS
Länge:	100 m, 500 m, 1000 m
Bitrate:	3.000 Mbit/s; 2.000 Mbit/s; 1.500 Mbit/s
Sender:	850 nm VCSEL
Empfänger:	InGaAs-APD
Literatur:	[Kos95]
Firma:	Sumitomo

Am POF-AC wurde die Datenübertragung auf 500 m Sumitomo Semi-GI-PCS mit je einem 650 nm und 780 nm Laser getestet. Die maximal möglichen Datenraten waren 600 Mbit/s und 1.000 Mbit/s (Augendiagramm in Abb. 6.225). Allerdings wurde ein 800 µm Si-pin-Detektor verwendet, der eigentlich viel zu groß ist. Das System kann also noch verbessert werden.

Fasertyp:	Sumitomo Semi-GI-PCS
Länge:	500 m
Bitrate:	1.000 Mbit/s, 600 Mbit/s
Sender:	780 nm LD, 650 nm LD
Empfänger:	800 µm Si-pin-PD Hamamatsu S5052
Literatur:	[Ziem06i]
Firma:	POF-AC

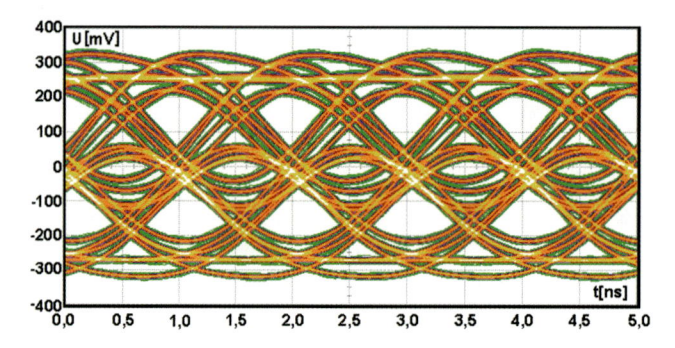

Abb. 6.225: Augendiagramm für 1000 Mbit/s über 500 m Semi-GI-PCS bei 780 nm

In einem späteren Experiment wurden verschiedenen Proben zweier Hersteller untersucht. Mit den Wellenlängen 650 nm, 780 nm und 850 nm (VCSEL) konnten über jeweils 300 m Datenraten von 1.650 Mbit/s, 2.200 Mbit/s und 1.900 Mbit/s übertragen werden. Abb. 6.226 zeigt die Augendiagramme jeweils für 1.000 Mbit/s, sie sind weit geöffnet und zeigen viel Systemreserve.

650 nm   780 nm   850 nm

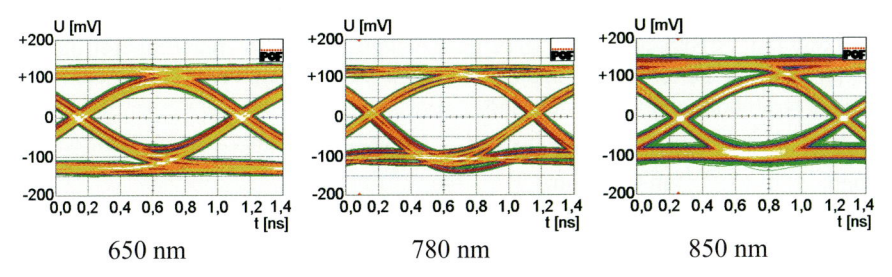

Abb. 6.226: 1.000 Mbit/s-Übertragung auf 300 m semi-GI-PCS

6.4.4 Systeme mit Glasfaserbündeln

Als letzte Klasse von Fasern überhaupt soll eine Entwicklung von Schott Glas vorgestellt werden. Die hier MC-GOF genannten Fasern bestehen aus Glaskern und -Mantel, allerdings nicht aus Quarzglas, sondern aus „normalem" mineralischem Glas (welches viel billiger ist). Jeder einzelne der ca. 400 Kerne hat einen Durchmesser von 53 µm und hat nur wenige µm Manteldicke. Dämpfung und NA sind mit Standard-POF vergleichbar. Die Vorteile liegen in der Temperaturbeständigkeit und dem extrem kleinen Biegeradius. Außer den Arbeiten des POF-AC gibt es noch keine veröffentlichten Daten zu erreichbaren Bitraten und Bandbreitemessungen. In zwei verschiedenen Meßreihen wurden Faserlängen zwischen 5 m und 20 m getestet.

Fasertyp:	MC-GOF, 375 Kerne, 1 mm, Schott
Länge:	5 m; 10 m; 20 m
Bitrate:	1.800 Mbit/s; 1.300 Mbit/s; 900 Mbit/s (650 nm)
	2.100 Mbit/s , 1.800 Mbit/s, 1.400 Mbit/s (780 nm)
Sender:	650 nm LD (-1,4 dBm bis -5,1 dBm Empfangsleistung)
	780 nm LD (-4,7 dBm bis -6,8 dBm Empfangsleistung)
Empfänger:	800 µm Si-pin-PF S5052
Literatur:	[Vin04a], [Vin04b]
Firma:	POF-AC

BIAS
LD 780 nm
LD 650 nm
MC-GOF (375 Kerne)
Schott, ca. 200 dB/km
Si pin PD
S 5052

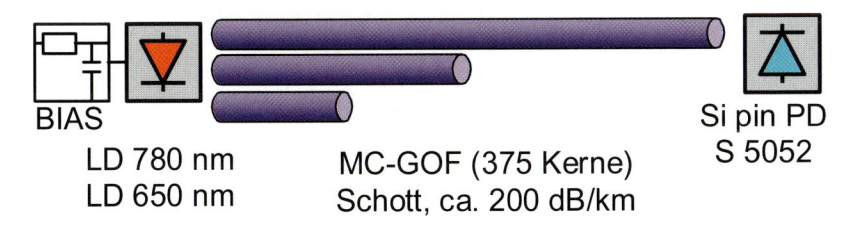

Abb. 6.227: Datenübertragung auf MC-GOF

Auch die MC-GOF werden an der Fachhochschule Nürnberg in einem Praktikumsversuch eingesetzt. Dazu stellte Schott Glas Faserlängen von 1 m bis 50 m zur Verfügung. In Abb. 6.229 werden Ergebnisse zweier Praktikumsgruppen mit einem 850 nm VCSEL als Quelle gezeigt. Es ist zu bemerken, daß die Faser über Adapter-POF an die aktiven Elemente gekoppelt sind, so daß pro Länge zwei bis vier Steckverbindungen vorhanden sind.

Fasertyp:	MC-GOF, 375 Kerne, 1 mm, Schott
Länge:	2 m bis 70 m
Bitrate:	bis 2.610 Mbit/s
Sender:	850 nm VCSEL
Empfänger:	800 µm Si-pin-PF S5052
Literatur:	[Kön06], [Has06], [Was07]
Firma:	POF-AC
	260 Mbit/s über 100 m mit 780 nm LD

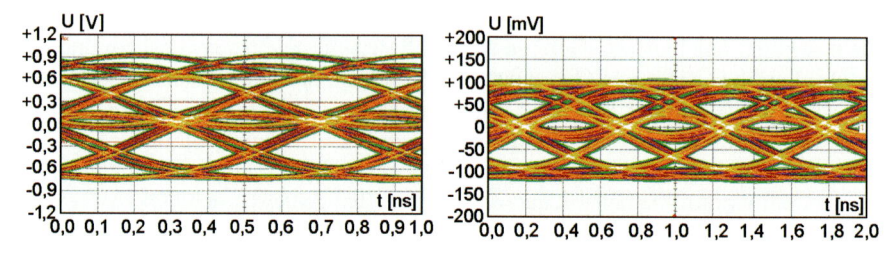

Abb. 6.228: Augendiagramme 5 m (2.610 Mbit/s) und 30 m (1.840 Mbit/s) aus [Was07]

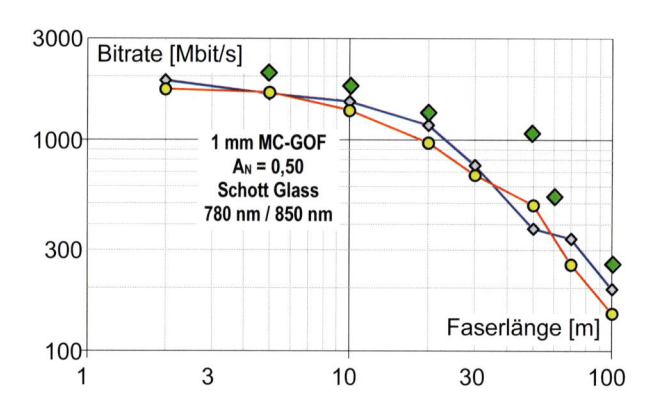

Abb. 6.229: Datenübertragung über MC-GOF (Praktikumsergebnisse, grün: max. Werte)

Ein Vergleich der Kapazität dieser Faser bei den Wellenlängen 650 nm, 780 nm und 850 nm zeigt die Abb. 6.230 aus [Was07]. Die geringen Unterschiede zwischen den Kurven dürften eher auf die verschiedenen Leistungen der Sendedioden zurückzuführen sein. Das Augendiagramm für eine Bitrate von 1.200 Mbit/s bei 50 m Faserlänge (bei 650 nm) zeigt anschließend Abb. 6.231.

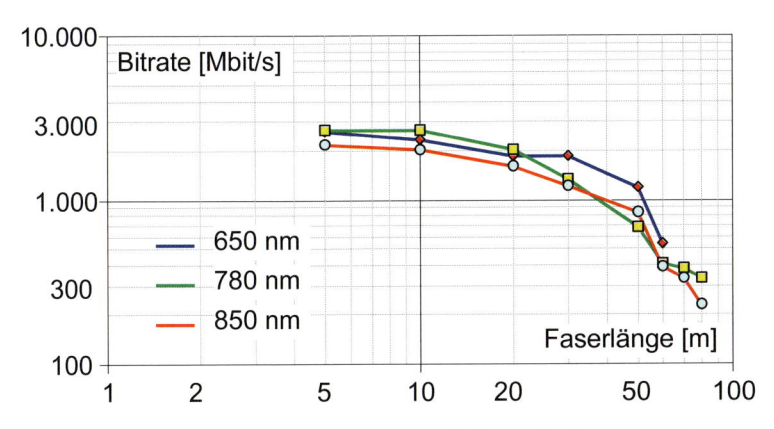

Abb. 6.230: Datenübertragung über MC-GOF bei 3 Wellenlängen ([Was07])

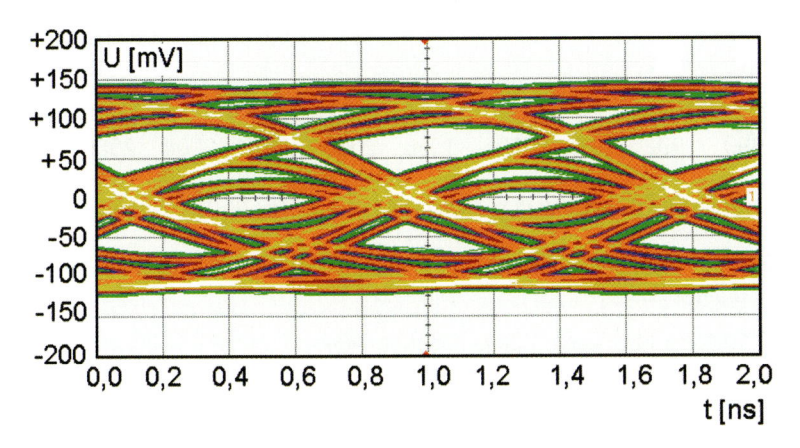

Abb. 6.231: Datenübertragung über 50 m MC-GOF mit 1.200 Mbit/s ([Was07])

6.5 Übersicht und Vergleich der Multiplexverfahren

In der ersten Auflage des Buches wurde eine Graphik mit der Entwicklung der Kapazität von POF-Systemen gezeigt (Abb. 6.232). Der damals aktuelle Bestwert war die Übertragung von 2 × 2,5 Gbit/s über 458 m (Universität Eindhoven). Als Systemkapazität hat dieser Wert bis heute Bestand. Dennoch bedeutet das nicht, daß die Entwicklung der POF-Systeme nicht weiter gekommen wäre. Ein Großteil der aktuellen Entwicklungen bezieht sich nicht auf die Verbesserung der Parameter der PF-GI-POF, sondern erfolgt im Bereich der preiswerten PMMA-Fasern. So konnten die Datenraten für 1 mm POF im Labor schon auf 2..3 Gbit/s gesteigert werden. Mit 1 mm PMMA-GI-POF sind 2 Gbit/s über 100 m möglich und mit grünen LED werden Entfernungen von mehreren 100 m PMMA-POF überbrückt.

Auf der SOFM2006 in Boulder wurde erstmalig die Übertragung von Datenraten von 10 Gbit/s bis 40 Gbit/s über kurze Längen (30 m) PF-GI-POF präsentiert (50 µm Kerndurchmesser). Diese Ergebnisse sind vor allem für parallele Datenverbindungen interessant.

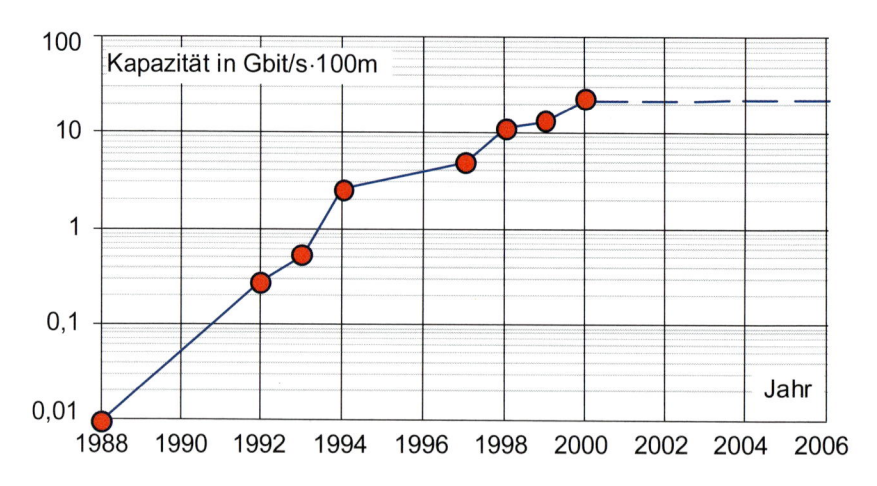

Abb. 6.232: Kapazitätsentwicklung bei POF-Systemen

Die nachfolgende Übersicht gibt aktuelle Kapazitäten verschiedener Polymer- und Glasfasern wieder.

- bis zu 2.500 Mbit/s über kurze Längen PMMA-POF
- bis zu 40.000 Mbit/s über PF-GI-POF (30 m)
- 500 m Reichweite für kleine Datenraten mit PMMA-SI-POF
- 550 m Reichweite für 2,5 Gbit/s mit PF-GI-POF
- 1000 m Reichweite für 1,25 Gbit/s mit PF-GI-POF
- 76 Mbit/s·km Kapazität für SI- und DSI-POF
- 50 Mbit/s Kapazität auf 1 mm MC-GOF
- 50 Mbit/s Kapazität auf 200 µm SI-PCS
- 1.500 Mbit/s Kapazität auf 200 µm Semi-GI-PCS
- 100 Mbit/s·km Kapazität für MSI- und MC-POF
- 500 Mbit/s·km Kapazität für PMMA-GI-POF
- 2.280 Mbit/s·km Kapazität für PF-GI-POF

Nach wie vor schwer abschätzbar ist die zukünftige Entwicklung der PF-GI-POF. Optimistisch stimmen vor allem die Erfolge bei Chromis Fiberoptics. Für den Einsatz in Hausnetzen könnte vor allem die PMMA-GI-POF immer interessanter werden. Weitere Verbesserungen der Systemkapazität sind mit der Entwicklung neuer Multiplextechniken zu erwarten.

In der Tabelle 6.13 werden verschiedene für POF relevanten Multiplexsysteme verglichen (typische Werte nach aktuellen Veröffentlichungen).

Tabelle 6.13: Übersicht der Multiplexverfahren auf POF

	SDM	WDM	MGDM	SCM
Zahl der Fasern	N	1	1	1
mögliche Bitrate (bei einer Faserbandbreite von B)	$\approx 2 \cdot B \cdot N$	$\approx 2 \cdot B \cdot N$	$\approx 6..8 \cdot B$	$\approx 4..6 \cdot B$
notwendige Wellenlängen	1	N	1	1
verfügbare Sender für PMMA-POF	650 nm LD	650 nm LD alle λ LED	650 nm LD	650 nm LD
verfügbare Sender für PF-POF und SiO$_2$ Fasern	850 nm - 1300 nm LD	850 nm - 1300 nm LD	850 nm - 1300 nm LD	850 nm - 1300 nm LD
notwendige spezielle Komponenten	Bändchen LD/PD-Zeilen	Mux/ Demux	kleiner TX modensel. RX	linear LD low noise RX
Vorteile	Verwendung verfügbarer Komponenten	einfacher Aufbau opt. Filterung	nur eine Wellenlänge nötig	nur 1 TX/RX nötig verf. Komp.
Nachteile	dickere Kabel	große MUX für PMMA-POF	unbekannter Einfluß der Modenkoppl.	nicht stabile Übertragungsfunkt.?

Aus der Tabelle geht kein klarer Favorit hervor. Für PF-GI-Fasern dürfte sich mittelfristig das Wellenlängenmultiplex als deutlicher Gewinner abzeichnen. Hierfür sprechen verschiedene Besonderheiten:

➢ besonders breites Band mit kleiner Dämpfung und Dispersion (600 nm bis 1.300 nm)
➢ relativ kleine Multiplexer/Demultiplexer
➢ große Zahl von verfügbaren Laserdioden bei verschiedenen Wellenlängen

Für PMMA-Fasern sind bei MGDM und WDM die Zahl der möglichen Kanäle relativ eng begrenzt. Außerdem führen der große Kerndurchmesser und die große NA zu relativ voluminösen optischen Bauteilen. Vielträgerverfahren sind in Funk und DSL-Technik schon weit entwickelt und können für POF relativ einfach adaptiert werden, um die begrenzte Kapazität besser auszunutzen. Allerdings bieten auch die Entwicklung besserer GI-POF, schnellerer Sender und adaptiver Entzerrer vorerst noch sehr viel Potential für sehr einfache Lösungen.

Vor allem die Entwicklung von SDM-Systemen ist in vielen Anwendungen mit POF interessant. Die extrem einfachen und preiswerten Kabel, unkomplizierte Stirnflächenbearbeitung und Justage und die Verfügbarkeit von sehr billigen aktiven Komponenten werden vielfach parallele Systeme speziell über kurze Entfernungen äußerst attraktiv machen. Bei Entfernungen bis zu wenigen Metern kann hier die PMMA-SI-POF ohne weiteres viele Gbit/s transportieren und damit Kupferleitungen übertreffen. Dabei sinkt auch noch der Strombedarf und es können verfügbare VCSEL im nahen Infrarot verwendet werden.

Hard Clad Optical Fibers

Explore Our Capabilities™

- Low Attenuation/High Power Capabilities
- Large Core & High (0.37) NA
- High Core/Clad Ratio
- High Mechanical Strength
- 125° C Continuous Operation
- Standard Sizes Available
- Excellent For: Medical Laser, Automotive Databus & Industrial Controls

polymicro.com

Polymicro Technologies, LLC

18019 N 25th Ave., Phoenix, AZ 85023-1200
Ph: 602.375.4100 Fax: 602.375.4110 E-mail: sales@polymicro.com

7. Standards

Um einheitliche Schnittstellen zur Verfügung zu haben, einigten sich Hersteller von LWL-Komponenten auf Standards, die entsprechend den Anforderungen und dem technischen Fortschritt permanent weiterentwickelt werden. In diesem Kapitel werden die für den Einsatz von Polymerfasern relevanten Spezifikationen behandelt. Abbildung 7.1 gibt eine Übersicht über die wichtigsten POF-Anwendungsgebiete für Datenkommunikation, für die Standards vorhanden sind, sowie Empfehlungen für Meßverfahren an POF.

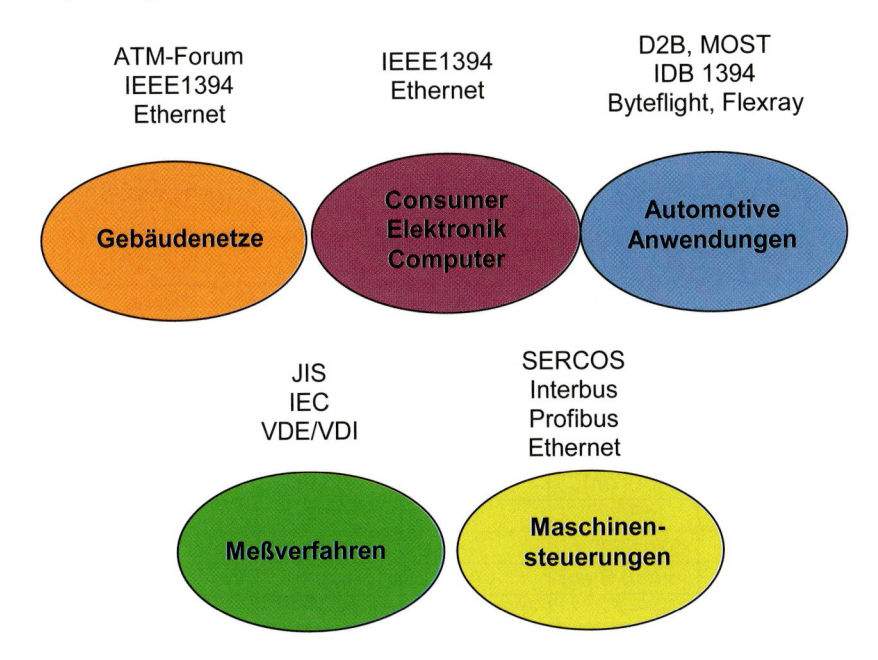

Abb. 7.1: Standards für POF-Anwendungen

Bereits Anfang der neunziger Jahre wurden im Japanischen Industriestandard (JIS) Empfehlungen für Meßverfahren an POF entwickelt. Es folgten Definitionen für Anwendungen der POF in Gebäudenetzen, des PC-Bereiches, der Unterhaltungselektronik, des Automobils und in der Werkzeugmaschinensteuerung. Abbildung 7.2 zeigt die zeitliche Entwicklung von Standards für die Polymerfaser.

Seit kurzem sind nun die Parameter der verschiedenen POF in der IEC 60793-2-40 festgeschrieben.

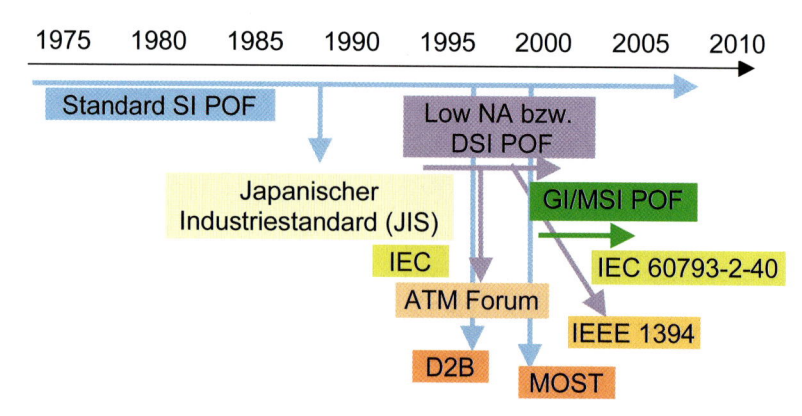

Abb. 7.2: Entwicklung der Standards für POF

7.1 Standards für Polymer- und Glasfasern

7.1.1 Polymerfasern

Die ersten Standards für Polymerfasern wurden in Japan festgelegt. Der Japanische Industriestandard JIS-C-6837 legte Parameter fest, die später von der IEC 60793-2 übernommen wurden. Die Werte zeigt Tabelle 7.1 (nach [Wei98]).

Tabelle 7.1: Spezifikation von SI-POF nach JIS-C-6837

Parameter	Einheit	½ mm SI-POF	¾ mm SI-POF	1 mm SI-POF
⌀-Kern	[µm]	485	735	980
⌀-Mantel	[µm]	500±30	750±45	1.000±60
⌀-Jacket	[mm]	1,5 ± 0,1	2,2 ± 0,1	2,2 ± 0,1
Kernexzentrizität	[%]	≤ 6	≤ 6	≤ 6
Dämpf. bei 650 nm	[dB/km]	≤ 400	≤ 400	≤ 400
mit EMD launch	[dB/km]	≤ 300	≤ 300	≤ 300
Bandbreite*	[MHz·100m]	-	-	-
Biegeverlust	[dB/10 Bieg]	≤ 0,5	≤ 0,5	≤ 0,5
Num. Apertur	-	0,50 ± 0,15	0,50 ± 0,15	0,50 ± 0,15

* > 10 MHz · 100 m bei IEC definiert

Die Werte sind im wesentlichen nach den Bedürfnissen der Industrieanwendungen definiert worden. So fallen z.B. alle Fasern mit NA zwischen 0,35 bis 0,65 in diese Klasse, auch wenn diese untereinander gar nicht sinnvoll koppelbar sind (der theoretische Koppelverlust kann durch den NA-Unterschied bis 5,4 dB betragen).

Inzwischen wurde die Norm 60793-2-40 umfassend überarbeitet und enthält 8 verschiedene Klassen von Polymerfasern (A4a bis A4h, siehe [IEC04]). Die Tabellen 7.2 und 7.3 geben die spezifizierten Parameter wieder. Die ersten drei Klassen sind Standard-Stufenindexprofilfasern aus PMMA mit unveränderten Werten.

Die Klasse A4d beschreibt DSI-PMMA-POF. In die Klasse A4e fallen MSI und GI-POF aus PMMA, während die letzten drei Klassen GI-POF aus perfluorierten Fasern beschreiben.

Tabelle 7.2: Spezifikation von SI-POF nach IEC 60793-2-40

Parameter	Einheit	Klasse A4a	Klasse A4b	Klasse A4c	Klasse A4d
⌀-Kern	[µm]	n.d.	n.d.	n.d.	n.d.
⌀-Mantel	[µm]	1.000 ± 60	750 ± 45	500 ± 30	1.000 ± 60
⌀-Jacket	[mm]	2,2 ± 0,1	2,2 ± 0,1	1,5 ± 0,1	2,2 ± 0,1
Kernexzentrizität	[%]	≤ 6	≤ 6	≤ 6	≤ 6
Dämpf. 650 nm	[dB/km]	≤ 400	≤ 400	≤ 400	≤ 400
mit EMD launch	[dB/km]	≤ 300	≤ 300	≤ 300	≤ 180
Bandbreite	[MHz·100m]	≥ 10	≥ 10	≥ 10	≥ 100
Biegeverlust	[dB/10 Bieg]	≤ 0,5	≤ 0,5	≤ 0,5	≤ 0,5
Num. Apertur	-	0,50±0,15	0,50±0,15	0,50±0,15	0,30±0,05

Tabelle 7.3: Spezifikation von GI/MSI-POF nach IEC 60793-2-40

Parameter	Einheit	Klasse A4e	Klasse A4f	Klasse A4g	Klasse A4h
⌀-Kern	[µm]	≥ 500	200 ± 10	120 ± 10	62,5 ± 5
⌀-Mantel	[µm]	750 ± 20	490 ± 10	490 ± 10	245 ± 5
⌀-Jacket	[mm]	2,2 ± 0,1	n.d.	n.d.	n.d.
Kernexzentrizität	[%]	≤ 6	≤ 4	≤ 4	≤ 2
Dämpfung 650 nm	[dB/km]	≤ 180	≤ 100	≤ 100	n.d.
Dämpfung 850 nm	[dB/km]	n.d.	≤ 40	≤ 33	≤ 33
Dämpfung 1300 nm	[dB/km]	n.d.	≤ 40	≤ 33	≤ 33
Bandbreite 650 nm	[MHz·100m]	≥ 200	≥ 800	≥ 800	n.d.
Bandbreite 850 nm	[MHz·100m]	n.d.	1500-4000	1880-5000	1880-5000
Bandbreite 1300 nm	[MHz·100m]	n.d.	1500-4000	1880-5000	1880-5000
Biegeverluste	[dB/10 Bieg]	≤ 0,5	≤ 1,25	≤ 0,6	≤ 0,25
Num. Apertur	-	0,25±0,07	0,19±0,015	0,19±0,015	0,19±0,015

Einige Parameter der Norm sind wenig nachvollziehbar. So werden für die Fasern f bis g Obergrenzen für die Bandbreite angegeben. Das ist natürlich unnötig. Weiterhin sind sich alle Hersteller einig, daß eine PF-POF mit 200 µm Kerndurchmesser nicht hergestellt werden wird, weil sie viel zu teuer ist. Kerndurchmessertoleranzen von 60 µm sind für Fasern in Kommunikationsqualität (Data Grade) viel zu groß, realistisch sind maximale Abweichungen von 10 µm. Des Weiteren ist die Spezifikation einer Bandbreite von 10 MHz · 100 m viel zu pessimistisch. Auch unter künstlich negativ eingestellten Bedingungen sind keine Werte unter 30 MHz · 100 m erreichbar. Hier muß vermutet werden, daß sich die Faserhersteller in der Festlegung der Parameter gegenüber den Anwendern durchgesetzt haben und eine Art kleinsten gemeinsamen Nenner wählten.

Um diese Problematik zu umgehen, werden in den meisten Standards für Anwendungen die Parameter der zu verwendenden Fasern noch einmal enger spezifiziert (z.B. bei MOST). Dies ist dem Sinne der Standardisierung eigentlich entgegengesetzt.

7.1.2 Kunststoffummantelte Glasfasern

Die Definition der Parameter von Glasfasern mit Polymermantel erfolgt in der Norm IEC 60793-2-30 ([IEC06]). Die Werte nach dem aktuellen Stand zeigt Tabelle 7.4.

Tabelle 7.4: Spezifikation von SI-PCS nach IEC 60793-2-30

Parameter	Einheit	A3a	A3b	A3c	A3d
⌀-Kern	[µm]	200 ± 8	200 ± 8	200 ± 8	200 ± 8
⌀-Cladding	[µm]	300 ± 30	380 ± 30	230 ± 10	230 ± 10
⌀-Jacket	[µm]	900 ± 50	600 ± 50	500 ± 50	500 ± 50
Kernexzentrizität	[%]	≤ 6	≤ 6	≤ 6	≤ 6
Dämpfung 850 nm	[dB/km]	≤ 10	≤ 10	≤ 10	≤ 10
Bandbreite	[MHz·100m]	≥ 50	≥ 50	≥ 50	≥ 100
Num. Apertur	-	0,40±0,04	0,40±0,04	0,40±0,04	0,35±0,02

Bezüglich der Definition und Messung der Bandbreiten von PCS-Fasern sind die Überlegungen noch nicht abgeschlossen. Speziell entspricht der Unterschied der spezifizierten Bandbreitewerte der Klassen a bis c und d nicht den Differenzen in der Numerischen Apertur. Die seit einigen Jahren wieder verstärkt betrachteten Semi-GI-PCS tauchen in der Kategorie A3 gar nicht auf, dies wird sicher in den nächsten Überarbeitungen nachgeholt werden. In den verschiedenen Standards werden üblicherweise auch die wichtigsten Testmethoden zusammengestellt (dabei wird auf weitere spezifische Standards verwiesen). Die folgende Tabelle nennt spezifizierte Tests für die Kategorie A3.

Tabelle 7.5: Spezifizierte Tests für A3-Fasern

Testbedingung	Standard	Testparameter
Feuchte Hitze	IEC-60793-1-50	A: +85°C, 85% RH, 3000/240 h (Lang-/Kurzzeit)
		B: +75°C, 85% RH, 3000/240 h (Lang-/Kurzzeit)
		C: +70°C, RH: 85%, 750 h
Trockene Hitze	IEC-60793-1-51	A: +125°C, 3000/240 h (Lang-/Kurzzeit)
		B: +85°C, 3000/240 h (Lang-/Kurzzeit)
		C: +70°C, 720 h
Temperatur-wechsel	IEC-60793-1-52	A: Wechsel zwischen -40°C und +125°C
		B: Wechsel zwischen -40°C und +85°C
		C: Wechsel zwischen -20°C und +70°C

7.1.3 Fasern allgemein

Der Standard IEC-60793-2 beschreibt in der Übersicht folgende Fasertypen:

- Teil 2-10: Kategorie A1 Multimodefasern (GI-GOF)
- Teil 2-20: Kategorie A2 Multimodefasern (SI-GOF)
- Teil 2-30: Kategorie A3 Multimodefasern (PCS)
- Teil 2-40: Kategorie A4 Multimodefasern (POF)
- Teil 2-50: Kategorie B Einmodenfasern (SMF)
- Teil 2-60: Kategorie C Einmodenfasern für Intraconnection

Eine Unterscheidung zwischen Stufen- und Gradientenindex nimmt die IEC anhand des Indexkoeffizienten vor. Dabei gilt:

- A1: Gradientenindexfaser: $1 \leq g < 3$
- A2: Stufen- oder Quasistufenindex: $3 \leq g < 10$
- A3: Stufenindex: $10 \leq g < \infty$
- A4: Stufen, Vielstufen-, Gradientenindex: $1 \leq g < \infty$

Für die weniger gebräuchlichen SI-GOF der Kategorie A2 werden die Werte in Tabelle 7.6 spezifiziert. Kern und Mantel der Fasern bestehen aus Quarzglas.

Tabelle 7.6: Spezifikation von SI-PCS nach IEC 60793-2-20

Parameter	Einheit	Klasse A2a	Klasse A2b	Klasse A2c
⌀-Kern	[µm]	100 ± 4	200 ± 8	200 ± 8
⌀-Cladding	[µm]	140 ± 10	240 ± 10	280 ± 10
Kernexzentrizität	[%]	≤ 4	≤ 4	≤ 4
Dämpfung bei λ_Y	[dB/km]	≤ 10	≤ 10	≤ 10
Bandbreite	[MHz·km]	≥ 10	≥ 10	≥ 10
Num. Apertur bei λ_Y	-	0,23±0,03 0,26±0,03	0,23±0,03 0,26±0,03	0,23±0,03 0,26±0,03

Wellenlänge λ_Y : kundenspezifisch zu definieren

Im Bereich der Einmodenglasfasern werden folgende Varianten definiert:

- B1.1: Dispersions-nichtverschobene Faser; optimiert für den Einsatz bei 1.310 nm, auch bei 1.550 nm einsetzbar
- B1.2: Cut-off-verschobene Faser; optimiert für niedrige Dämpfung | 1.550 nm
- B1.3: Extended-Band-Faser; optimiert für 1.360 nm bis 1.530 nm.
- B2: Dispersionsverschobene Faser; Dispersion ist optimiert für Einkanalbetrieb bei 1.500 nm
- B4: NZDSF (non zero dispersion shifted); optimiert für den WDM-Betrieb bei 1.550 nm (Dispersion im Bereich 4..8 ps/nm·km um Vierwellenmischung zu verringern)
- B5: Wideband-NZDSF: optimiert für DWDM und CWDM im Bereich 1.460 nm bis 1.625 nm (Dispersion nicht Null).

An dieser Tabelle ist schon zu sehen, daß aus der klassischen Einmodenfaser inzwischen auch eine große Zahl von Unterkategorien geworden ist. Insofern muß die derzeitige Typenvielfalt im Bereich der POF nicht unbedingt als spezifischer Nachteil angesehen werden.

Für Einmodenglasfasern werden die Optimierungsziele vor allem durch vier Forderungen bestimmt:

➢ Möglichst niedrige Dämpfung im gesamten optischen Bereich von 1.260 nm bis 1.625 nm (Minimierung des OH-Anteils).
➢ Möglichst kleine chromatische Dispersion.
➢ Nicht zu kleine chromatische Dispersion zur Verminderung der Effekte der Vierwellenmischung.
➢ Möglichst große effektive Fläche zur Verminderung nichtlinearer Effekte.

Sowohl Dämpfung, als auch chromatische Dispersion können heute durch EDFA bzw. Ramanverstärker und dispersionskompensierende Fasern fast beliebig kompensiert werden. Nichtlineare Effekte werden bewußt zur Kompensation der Dispersion ausgenutzt oder durch spezielle Modulationsformate minimiert. Damit erreichen Standard-SMF in DWDM-Systemen praktisch die gleiche Leistungsfähigkeit wie die vielen verschiedenen Klassen von Spezialfasern.

Überhaupt nicht spezifiziert sind bislang z.B. Faserbündel oder mikrostrukturierte Glas- und Polymerfasern. Eine der wichtigsten Aufgaben der Normierung wird sicher die Festlegung von Parametern für biegeunempfindliche Fasern werden, die vor allem in der Heimverkabelung eine wichtige Rolle spielen.

7.2 Anwendungsstandards

Die folgenden Abschnitte beschreiben eine Reihe von Anwendungen, die mehr oder weniger umfangreiche Spezifikationen für Fasern und aktive Komponenten festgelegt haben. Hier sollen zunächst die wichtigsten technischen Parameter zusammengestellt werden. Im nächsten Kapitel werden dann die konkreten Anwendungen mit praktischen Beispielen vorgestellt.

7.2.1 ATM-Forum (Asynchronous Transfer Mode)

In mehreren Dokumenten des ATM-Forum [ATM96a], [ATM96b], [ATM97], [ATM99] wird das Übertragungsmedium für die Datenübertragung mit 155 Mbit/s bis 50 m mit POF bzw. 100 m mit HPCF (Hard Plastic Clad Fiber, hier im Buch sonst als PCS bezeichnet) beschrieben. Nach dem letzten Dokument von Januar 1999 (AF-PHY-0079.001) [ATM99] sollte die Dämpfung einer Verbindung mit POF nicht größer als 17 dB sein, wovon 4 dB den Steckerverlust repräsentieren. Bei HPCF Verbindungen beträgt die maximale Dämpfung 6,5 dB, worin 4,5 dB für die Steckerdämpfung enthalten sind. Die Polymerfaser mit einem Durchmesser von 1000 µm hat ein Stufenindexprofil, wie in IEC 61793-2 Sec. 4 Klasse A4d spezifiziert. Die HPCF ist eine 225 µm Multimode-Stufenindex-Hard-Polymer-Clad-Faser, wie in IEC 61793-2 Sec. 3 Klasse A3d spezifiziert. Die minimale Bandbreite aufgrund der Modendispersion beträgt bei 650 nm 10 MHz·km, gemessen nach IEC 61793-1-C2A oder IEC 61793-1-C2B.

Das Dämpfungsmaximum von 50 m POF im Temperaturbereich von -20°C bis +70°C und 95% relativer Luftfeuchte sollte maximal 9,1 dB betragen (182 dB/km). Für HPCF liegt die maximale Dämpfung für 100 m zwischen -20 bis +70°C und 95% rel. Luftfeuchte bei 1,8 dB. Die Dämpfung wird nach IEC 61793-1-C1A oder C1B bei 650 nm mit einer schmalbandigen (< 5 nm FWHM) Lichtquelle bestimmt. Mit der Zusatzdämpfung aufgrund von Umweltbedingungen und Einkoppel-NA ergibt sich eine Dämpfung von 9,1 dB für die POF und 1,8 dB für die HPCF, wobei für die POF von einer Dämpfung von 7,8 dB auf 50 m (156 dB/km Grunddämpfung) ausgegangen wird und 1,3 dB für Umwelteinflüsse angesetzt werden.

Tabelle 7.7 zeigt die Zusatzverluste, die durch die spektralen Eigenschaften der Quelle bedingt sind, zum einen wegen der Verschiebung der Mittenwellenlänge (zwischen 640 nm und 660 nm), zum anderen wegen der spektralen Breite des Senders (max. 40 nm), da die Dämpfung mit einer spektralen Breite von <5 nm gemessen werden sollte. Außerdem wird der Zusatzverlust aufgrund von Biegungen angegeben. In Tabelle 7.8 werden die Parameter für Sender und Empfänger genannt.

Tabelle 7.7: Worst-Case Dämpfungszunahme für 50 m POF- und 100 m HPCF-Kabel unter Berücksichtigung der spektralen Eigenschaften der Quelle und von Biegungen

Parameter	Einheit	min.	max.	Dämpfungszunahme POF	HPCF
Mittenwellenlänge	nm	640	660	3,4 dB	0,1 dB
spektrale Breite	nm		40		
Biegeradius	mm	25,4		0,5 dB	0,1 dB
90° Biegungen			10		

Tabelle 7.8a: Sendereigenschaften nach ATMF-Spezifikation

Sendereigenschaften	Einheit	POF	HPCF
Wellenlänge	nm	640 - 660	640 - 660
Maximale spektrale Breite	nm	40	40
mittlere eingekoppelte Leistung	dBm	-2 bis -8	-8 bis -14
numerische Apertur		0,2 - 0,3	0,2 - 0,3
minimales Auslöschungsverhältnis	dB	10	10
maximale Anstiegs- bzw. Abfallzeit (t_r, t_f)	ns	4,5	4,5
maximales Überschwingen	%	25	25
maximaler systematischer Jitter	ns	1,6	1,6
maximaler zufälliger Jitter	ns	0,6	0,6

Tabelle 7.8b: Empfängereigenschaften nach ATMF-Spezifikation

Empfängereigenschaften	Einheit	POF	HPCF
minimale Eingangsleistung	dBm	-25	-26,5
maximale Eingangsleistung	dBm	-2	-14
maximale Anstiegs- bzw. Abfallzeit (t_r, t_f)	ns	5	6
maximaler systematischer Jitter	ns	2	2
minimaler zufälliger Jitter	ns	0,6	0,6
minimale Augenöffnung	ns	1,23	1,23

Auch Steckverbindungen für 155 Mbit/s-Systeme sind vom ATM-Forum spezifiziert worden. Es handelt sich dabei um den Duplex-Stecker F07/ PN und den Simplex-Stecker F05 (Abb. 7.3). Der PN-Stecker unterscheidet sich nur minimal vom F07 durch zwei zusätzliche Erhöhungen. Die Kupplungen sind so ausgelegt, daß beide Stecker kompatibel zueinander sind. Die Einfügedämpfung soll maximal 2 dB betragen. Tabelle 7.9 listet die einzelnen Verlustbeiträge auf.

Tabelle 7.9: Worst Case-Werte für die Einfügedämpfung von Steckverbindungen

Faktoren		Verlust
Extrinsische Verluste		
radialer Versatz	max. 0,1 mm	0,4 dB
Rauheit der Faserendfläche	5 µm	0,1 dB
Winkelversatz	1°	0,1 dB
Fresnel Verluste		0,3 dB
Umweltbedingung[1]		0,3 dB
Intrinsische Verluste		
Faserabmessung und NA-Fehler[2]		0,8 dB
Summe		**2,0 dB**

(1): u.a. hohe Temperatur von 70°C, Vibrationen, Temperaturzyklen von -25°C bis 70°C, daraus folgend max. Erhöhung der Einfügedämpfung um 0,3 dB
(2): aus der POF Spezifikation: $A_N = 0,3 \pm 0,05$; Kerndurchmesser = 980 µm±20 µm

Die Vorschläge des ATM-Forum beziehen sich auf Übertragungsstrecken von 50 m mit 650 nm Quellen. Eine Vergrößerung der Reichweite auf 100 m ist aufgrund der hohen Dämpfung der Polymerfaser in diesem Wellenlängenbereich nicht realisierbar. Wählt man aber das Übertragungsfenster bei 520 nm, so erhält man neue Optionen, die eine Reichweite von 100 m unter Einhaltung der ATM-Forum-Spezifikationen zulassen.

In [Ziem98a] und [Ziem98b] wird eine Erweiterung der Reichweite vorgeschlagen unter Einsatz von LED bei 520 nm. In diesem Bereich weist die Polymerfaser eine Dämpfung von ca. 110 dB/km auf. Bei 650 nm beträgt die Dämpfung 156 dB/km. Ein weiterer Vorteil ergibt sich durch den wesentlich flacheren Dämpfungsverlauf in der Umgebung des 520 nm-Fensters, so daß die spektrale

Breite des Senders die Dämpfung weniger beeinflußt als bei 650 nm. Außerdem ist die Temperaturabhängigkeit des Spektrums der 520 nm LED (InGaN) geringer als die der 650 nm LED (AlGaInP), wodurch auch Temperaturänderungen weniger Einfluß auf die Systembilanz ausüben.

Abb. 7.3: Beispiele für F07 Stecker (oben) und einen F05 Stecker mit Kupplung (unten)

Eine detaillierte Diskussion über die ATM-Forum-Spezifikationen wird in Kap. 6.2.1 geführt. Inzwischen würden auch rote RC-LED oder blaue LED eine 155 Mbit/s-Datenübertragung über 100 m erlauben. Der ATM-Standard hat aber keinerlei Bedeutung innerhalb von Gebäudenetze erlangt, so daß auch eine Erweiterung der POF-Spezifikation durch das ATM-Forum voraussichtlich nicht zur Debatte steht.

7.2.2 IEEE 1394b

Im Kap. 8 des Dokumentes P1394b [P1394b] werden die Eigenschaften von POF und HPCF-Kabeln für Datenraten bis 125 Mbit/s (S100β) und 250 Mbit/s (S200β) bei Übertragungswellenlängen von 650 nm spezifiziert. Ziel ist es, mit diesen Übertragungsmedien kostengünstige Punkt-zu-Punkt-Verbindungen zwischen IEEE1394-Komponenten bis zu 50 m (POF) bzw. bis zu 100 m (HPCF) zur Verfügung zu stellen. In der Diskussion ist auch die Datenrate von 400 Mbit/s (S400β) mit bis zu 15 m Reichweite für POF [Schu00].

In Tabelle 7.10 ist die Dämpfungszunahme für 50 m POF- und 100 m HPCF-Kabel unter Berücksichtigung der spektralen Eigenschaften der Quelle und von Biegungen entsprechend dem Dokument P1394b dargestellt. Tabelle 7.11 zeigt die Sender- und Empfängereigenschaften für das S100β-System, Tabelle 7.12 für das S200β-System.

Tabelle 7.10: Worst Case Dämpfungszunahme für 50 m POF- und 100 m HPCF-Kabel unter Berücksichtigung der spektralen Eigenschaften der Quelle und von Biegungen (identisch mit der ATMF-Spezifikation)

Parameter	Einheit	min.	max.	Dämpfungszunahme POF	HPCF
Mittenwellenlänge:	nm	640	660	3,4 dB	0,1 dB
spektrale Breite	nm		40		
Biegeradius	mm	25,4		0,5 dB	0,1 dB

Tabelle 7.11a: Sendereigenschaften für S100β

Sendereigenschaften	Einheit	POF	HPCF
Mittenwellenlänge	nm	640 bis 660	640 bis 660
maximale spektrale Breite (FWHM)	nm	40	40
mittlere Einkoppelleistung	dBm	-8 bis -2	-20 bis -14
Sender-NA		0,2 bis 0,3	0,2 bis 0,3
minimales Auslöschungsverhältnis	dB	10	10
maximale Anstiegs-/Abfallzeit (10%-90%)	ns	4,5	4,5
maximales Überschwingen	%	25	25
maximaler systematischer Jitter	ns	1,6	1,6
maximaler zufälliger Jitter	ns	0,6	0,6

Tabelle 7.11b: Empfängereigenschaften für S100β

Empfängereigenschaften	Einheit	POF	HPCF
Minimale Eingangsleistung	dBm	-21	-24
Maximale Übersteuerung	dBm	-2	-14
Max. Anstiegs-/Abfallzeit (10%-90%)	ns	5	5
Maximaler systematischer Jitter	ns	1,6	1,6
Maximaler zufälliger Jitter	ns	0,6	0,6
Minimale Augenöffnung	ns	1,5	1,5

Tabelle 7.12a: Sendereigenschaften für S200β

Sendereigenschaften	Einheit	POF	HPCF
Mittenwellenlänge	nm	640 bis 660	640 bis 660
maximale spektrale Breite (FWHM)	nm	40	40
mittlere Einkoppelleistung	dBm	-8 bis -2	-20 bis -14
Sender-NA		0,2 bis 0,3	0,2 bis 0,3
minimales Auslöschungsverhältnis	dB	10	10
max. Anstiegs-/Abfallzeit (10%-90%)	ns	3,5	3,5
maximales Überschwingen	%	25	25
maximaler systematischer Jitter	ns	0,8	0,8
maximaler zufälliger Jitter	ns	0,3	0,3

Tabelle 7.12b: Empfängereigenschaften für S200β

Empfängereigenschaften	Einheit	POF	HPCF
minimale Eingangsleistung	dBm	-21	-24
maximale Übersteuerung	dBm	-2	-14
max. Anstiegs-/Abfallzeit (10% - 90%)	ns	5	5
maximaler systematischer Jitter	ns	1,6	1,6
maximaler zufälliger Jitter	ns	0,6	0,6
minimale Augenöffnung	ns	1,5	1,5

Der optische Stecker ist ein PN-Typ Duplex mit einem Ferrulendurchmesser von 2,5 mm und 10,16 mm Mittenabstand der Ferrulen (Abb. 7.4). Inzwischen erlaubt IEEE1394 auch die Verwendung des SMI-Steckers, der sich zumindest für die Polymerfaser mehr oder weniger durchgesetzt hat. Ein großer Anteil heute verfügbarer optischer 1394-Komponenten wird mit SMI-Schnittstelle angeboten.

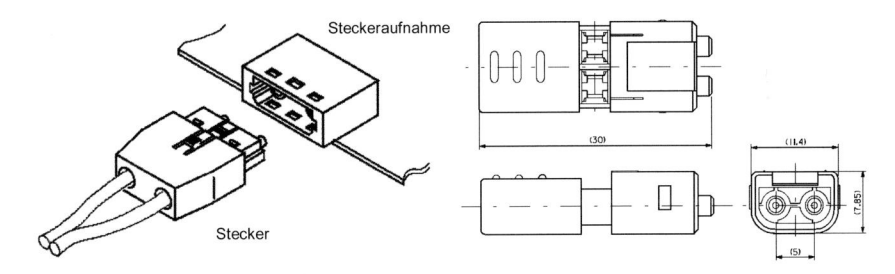

Abb. 7.4: PN-Stecker mit Aufnahme und SMI-Schnittstelle (AMP)

Die maximale Übertragungslänge hängt außer von der POF-Dämpfung auch von der Anzahl der Faserverbindungen ab. Dieser Zusammenhang wird in Tabelle 7.13 beschrieben. Die Verbindungen am Anfang und Ende der Übertragungsstrecke sind nicht enthalten.

Tabelle 7.13: Anzahl der Verbindungen in Abhängigkeit von der Übertragungslänge

Anzahl der Steckverbindungen	POF Übertragungslänge	HPCF Übertragungslänge
0	50 m	100 m
1	42 m	96 m
2	34 m	50 m
3	27 m	4 m

Ein grundlegender Unterschied zwischen dem Konzept von 1394 und anderen Systemen ist, daß sich dieser Standard von vornherein auf die Nutzung ganz unterschiedlicher Medien je nach Anwendung und Längenanforderungen ausrichtet.

- Für Längen bis zu 4,5 m können geschirmte symmetrische Kupferkabel verwendet werden (2 Doppeladern für die Daten und 2 Adern Stromversorgung).
- Ungeschirmte Datenkabel der Kategorie 5 können für S100 bis zu 100 m verwendet werden (S800 wird angestrebt).
- Polymerfasern werden für S100 und S200 bis zu 50 m verwendet (S400 mit MSI/GI-POF der neuen Generation).
- PSC sind für Längen bis zu 100 m und S200 vorgesehen (bis S800 mit den neuen Semi-GI-PSC).
- Glas-Multimodefasern (50 µm GI) werden bis zu 100 m für Datenraten bis S3200 verwendet.

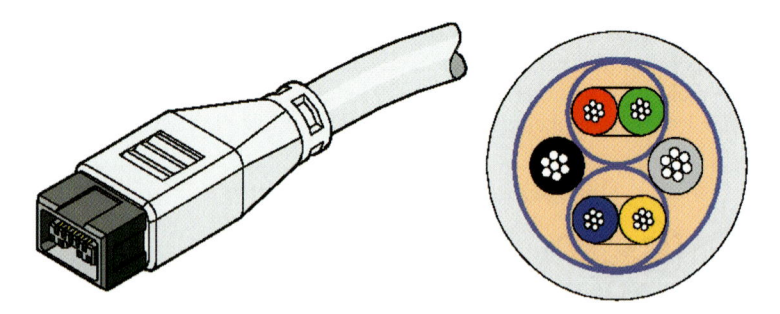

Abb. 7.5: Kupfer-Stecker für IEEE1394b ([Har04]) und geschirmtes Kabel (∅: ca. 4 mm)

7.2.3 SERCOS (SErial Realtime COmmunication System)

SERCOS beschreibt ein standardisiertes digitales Interface zur Datenkommunikation in industriellen CNC-Anwendungen. Es ermöglicht ein serielles Echtzeitkommunikationssystem, das aus optischen Punkt-zu-Punkt-Verbindungen in Ringstruktur besteht (Abb. 7.6).

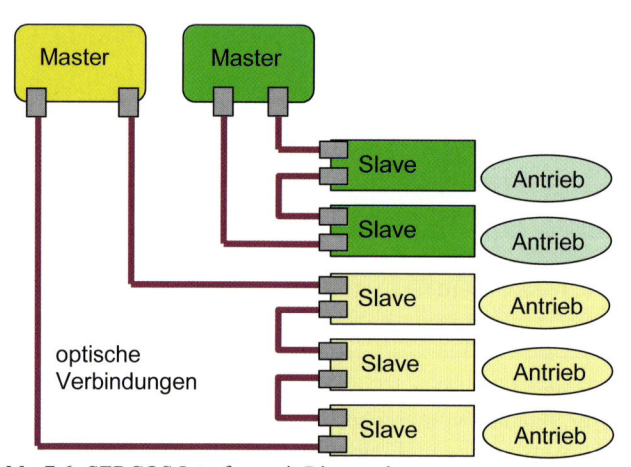

Abb. 7.6: SERCOS Interface mit Ringstruktur

Ein Master regelt den Datenverkehr im Ring. Über Slaves werden Antriebe an den Ring angebunden. Daten werden nur mit dem Master ausgetauscht. Bis zu 254 Teilnehmer sind mit diesem System ansteuerbar. Es werden Polymerfaser bis zu einer Länge von maximal 60 m mit LED-Sendern im Wellenlängenbereich von 640 nm bis 670 nm eingesetzt bei einer Datenrate von 2 Mbit/s. Ausführlich Informationen findet man auf der Internetseite www.sercos.org.

7.2.4 Profibus

Der Profibus ist ein Feldbussystem, das in EN 50170 Vol. 2 genormt ist. Ein Feldbus kennzeichnet einen Netztyp auf der untersten Automatisierungsebene, unmittelbar am technischen Prozeß (DIN 19245). Es sind mehrere Master möglich, die mit einem Token-Passing-Protokoll auf den Bus zugreifen. Die maximale Anzahl der Teilnehmer pro Netzsegment ist auf 32 begrenzt. Neben geschirmten Zweidrahtleitungen sind auch Polymerfasern als Übertragungsmedium spezifiziert. In Abhängigkeit vom Übertragungsmedium sind verschiedene Netztopologien zugelassen. Typisch für die elektrische Verkabelung sind die Linien- und Baumstruktur. Gerade auf der Feldebene in der Umgebung von Motoren, Schweißrobotern und dergleichen treten sehr große elektromagnetische Störfelder auf. Unter solchen Bedingungen werden optische Schnittstellen eingesetzt. Als Übertragungsverfahren wird Zeitmultiplex verwendet. Die Übertragungsgeschwindigkeiten reichen bis 1,5 Mbit/s.

Tabelle 7.14: Optische Parameter für den PROFIBUS [Gus98]

Fasereigenschaften		
Faserkern- und Manteldurchmesser [μm]	980 / 1000	
Numerische Apertur	0,50	
Sendereigenschaften		
Mittenwellenlänge min./max. [nm]	640 / 675	
Spektrale Halbwertsbreite [nm]	<35	
	Standard	erhöht
maximale Sendeleistung binär „1" [dBm]	-31	-29,5
Sendeleistung binär „0" max./min. [dBm]	-5,5 / -11	-3,5/-8
maximales Überschwingen binär „0" [dBm]	-4,3	-2,3
Empfängereigenschaften		
Mittenwellenlänge [nm]	640 / 675	
maximale Empfangsleistung binär „1" [dBm]	-31	
maximale Empfangsleistung binär „0" [dBm]	-5	
minimale Empfangsleistung binär „0" [dBm]	-20	
Pulsbreitenverzerrung min./ max. [ns]	-20 / 80	
Jitter min/ max [ns]	0/ 15	
BER	10^{-9}	

Mit Polymerfasern wird eine Übertragungslänge von bis zu 60 m erreicht. Für die Steckermontage wird das Snap-In-Steckersystem von Hewlett-Packard verwendet. Eine weitere Ergänzung ist die Einführung einer optischen Schnittstelle für Polymerfasern mit einer Datenrate von 12 Mbit/s.

7.2.5 INTERBUS

Das Interbussystem beschreibt eine Vollduplex-Datenübertragung in einer Ringstruktur. Es können sowohl Cu-Kabel als auch Lichtwellenleiter verschiedenen Typs eingesetzt werden, Polymerfasern, PCS-Fasern und Multimodeglasfasern. Mit POF lassen sich Entfernungen bis zu 70 m überbrücken, mit PCS-Fasern 400 m und mit Glasfasern bis zu 3.600 m. In der „Technischen Richtlinie: Optische Übertragungtechnik" wird der optische Teil des Interbussystems ausführlich behandelt [Int97]. In Tabelle 7.15 werden die Fasereigenschaften, in Tabelle 7.16 die wichtigen Daten für optische Sender und in Tabelle 7.17 für optische Empfänger dargestellt. Da die Pegelmessung mit einem großflächigen Detektor in einer Entfernung von 1 m Lichtwellenleiter erfolgt, ist die Steckerdämpfung enthalten.

Tabelle 7.15: Fasereigenschaften

Fasertyp	POF	PCS
Brechzahlprofil	Stufenindex	Stufenindex
Kerndurchmesser [µm]	980 ± 60	200 ± 4
Manteldurchmesser [µm]	1000 ± 60	230 ± 10
Numerische Apertur	0,47 ± 0,03	> 0,36
Dämpfung für 660 nm [dB/km]	< 220	< 10
Dämpfung für 660 nm gemessen mit LED [dB/km]	< 310	< 10

Tabelle 7.16: Eigenschaften des optischen Senders

	POF		PCS - Faser	
	Typ1	Typ2	Typ1	Typ2
Peakwellenlänge [nm]	635-667	635-692*	635-667	635-692
spektrale Halbwertsbreite [nm]	< 30		< 30	
Kern-/Manteldurchmesser der Faser [µm]	980/1000		200/230	
NA der Meßfaser	0,47 ± 0,03		> 0,36	
max. Sendeleistung binär "1" $P_{smax"1"}$ [dBm]	-40		-40	
max. Sendeleistung binär "0" $P_{smax"0"}$ [dBm]	-2,75		-9,25	
min. Sendeleistung binär "0" $P_{smin"0"}$ [dBm]	-6,2*		-22,2	
maximale Anstiegszeit [ns]	100		100	
maximale Abfallzeit [ns]	40		40	
maximale Tastverhältnisabweichung [%]	-1 / +0		-1 / +0	

* Unter Verwendung einer LED mit einer maximalen Peakwellenlänge von 676 nm ist eine minimale Sendeleistung binär "0" von -8,6 dBm zulässig.

Tabelle 7.17: Eigenschaften optischer Empfänger

	POF		PCS - Faser	
	Typ1	Typ2	Typ1	Typ2
Peakwellenlänge [nm]	635-667	635-692	635-667	635-692
spektr. Halbwertsbr. [nm]	< 30		< 30	
Kern-/Manteldurchmesser der Faser [µm]	980/1000		200/230	
NA der Meßfaser	$0,47 \pm 0,03$		$> 0,36$	
maximale Empfangsleistung binär "1" $P_{smax"1"}$ [dBm]	-40		-40	
maximale Empfangsleistung binär "0" $P_{smax"0"}$ [dBm]	-2,75		-8	
minmale Empfangsleistung binär "0" $P_{smin"0"}$ [dBm]	-26,4		-28,4	
max. Anstiegszeit [ns]	30		30	
max. Abfallzeit [ns]	30		30	
max. Tastverhältnisabweichung [%]	± 12,5		± 12,5	

7.2.6 Industrial Ethernet over POF

Der weltweit wichtigste Standard im Bereich lokaler Netze ist der Ethernet-Standard. Bedingt durch enorm große Stückzahlen sind Komponenten dafür inzwischen extrem preiswert geworden. Auf der anderen Seite steigen im Bereich der Industrieautomation die Anforderungen an Flexibilität und Kapazität. Es lag also nahe, die Preis- und Leistungsvorteile der Ethernettechnik auch hier zu nutzen. Die Anforderungen an Zuverlässigkeit und Robustheit sind aber im Bereich der Automatisierung viel höher, so daß ein spezifischer Standard entwickelt werden mußte.

Im Rahmen der Arbeit der ITG-Fachgruppe „Optische Polymerfaser" hat sich auch ein Kreis von ca. 20 Firmen aus dem deutschsprachigen Raum zusammengefunden, die 2003/2004 eine Empfehlung zum Einsatz der POF für Industrial Ethernet erarbeitet haben. Ein Hauptziel war vor allem, die bislang gut etablierte 1 mm Standard-Stufenindex-POF weiter verwenden zu können. Erstmalig wurde hierbei der Einsatz verschiedener Wellenlängen (rot und grün) mit PMMA-POF spezifiziert.

Für eine Übertragungslänge von 100 m reicht die Bandbreite der Standard-POF bei 125 Mbit/s (Fast-Ethernet mit 4B5B-Kodierung) ohne zusätzliche Maßnahmen (wie Vor- oder Nachverzerrung) nicht ganz aus. Deswegen wurde im Vorschlag der Arbeitsgruppe die Verwendung von Standard-NA-POF nur bis 50 m empfohlen. Bis 100 m kann dann die ebenfalls kommerziell verfügbare DSI-POF eingesetzt werden. Um auch bei 100 m einen ausreichenden Empfangspegel zu erzielen, sollten dann grüne LED verwendet werden (Abb. 7.7).

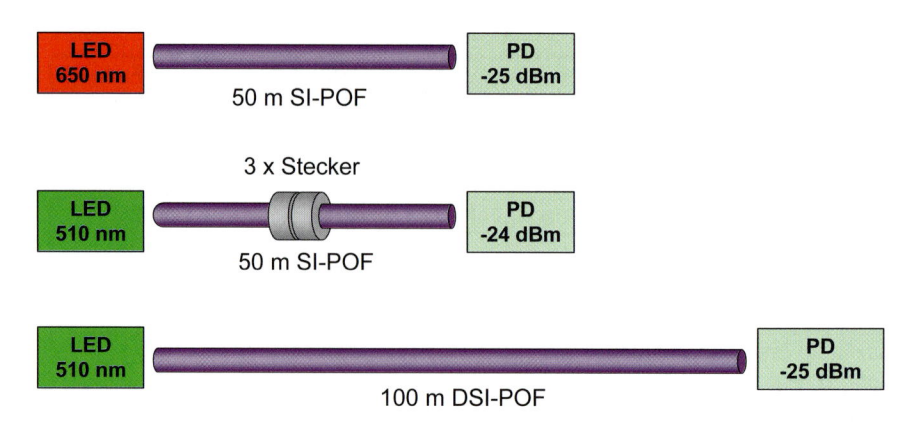

Abb. 7.7: Vorschlag der Arbeitsgruppe für Fast-Ethernet-Link-Spezifikationen

Alternativ kann die kleinere Dämpfung der POF im grünen Spektralbereich auch dazu verwendet werden, um zusätzliche Steckverbinder einsetzen zu können. Kombiniert man einen grünen Sender mit bis zu 50 m Standard- oder DSI-POF, erlaubt die Leistungsbilanz bis zu 3 zusätzliche Kupplungen (bei angenommenen max. 2 dB Verlust je Steckverbindung, siehe Tabelle 7.18).

Tabelle 7.18: Leistungsbilanzen der verschiedenen Link-Optionen (Vorschlag)

	50 m St.-SI 650 nm	50 m St.-SI 520 nm	100 m DSI 520 nm
P_{opt} min.	-8,0 dBm	-8,0 dBm	-8,0 dBm
POF-loss (25°C)	8,0 dB	4,5 dB	9,0 dB
Klima und Alterung	2,0 dB	2,0 dB	4,0 dB
Spektrale Parameter[1)]	3,7 dB	0,6 dB	1,15 dB
Biegungen (10)	0,5 dB	0,5 dB	0,5 dB
Steckverbinder	-	6,0 dB	-
Systemreserve	2,8 dB	2,4 dB	2,4 dB
Empfindlichkeit	-25,0 dBm	-24,0 dBm	-25,0 dBm

[1)] max. 30 nm breite LED, 650 ± 10 nm bzw, 510 ± 20 nm

Die zulässigen Parameter der Sendedioden (aus [Küs04], [Ziem03a], [Blo03], [Blo04]) faßt Tabelle 7.19 zusammen. Der große Vorteil des Einsatzes von grünen LED liegt neben der generell niedrigeren POF-Dämpfung im sehr flachen Verlauf der spektralen Dämpfungskurve, so daß auch große Abweichungen von der Mittenwellenlänge problemlos möglich sind. Dazu kommt wieder die sehr viel niedrigere Temperaturabhängigkeit der Ausgangsleistung von GaN-LED im Vergleich zu roten LED.

Tabelle 7.19: Spezifikation für Fast-Ethernet-Sender (Vorschlag)

Parameter	Einheit	grüne LED	rote LED
λ_{center}	nm	510 ± 20	650 ± 10
max. $\Delta\lambda$	nm	60	30
$\Delta\lambda/\Delta T$	nm/K	-	0,08
max. mittl. P_{opt}	dBm	0	0
min. mittl. P_{opt}	dBm	-8	-8
t_r (10% - 90%)	ns	3	3
t_f (10% - 90%)	ns	3	3
max. NA	-	0,30	0,30
max. Überschw.	%	25	25

Im aktuellen Entwurf des Standards IEC 24702 „Industry Cabling" sind letztlich zwei unterschiedliche Faservarianten und 4 unterschiedliche Link-Klassen mit POF vorgesehen. Die beiden Faservarianten werden in der nachfolgenden Tabelle 7.20 gegenübergestellt.

Tabelle 7.20: Faservarianten im Standard „Industrial Cabling"

Parameter		Einheit	OP1	OP2
Indextyp		-	DSI	PF-GI
Fasertyp nach IEC60793-2-40		-	A4d	A4g
Kerndurchmesser		µm	980	120
Numerische Apertur		-	$0,30 \pm 0,05$	$0,19 \pm 0,015$
Dämpfung	bei 520 nm	dB/km	100	-
	bei 650 nm		200	100
	bei 850 nm/1300 nm		-	40
Bandbreite	bei 520 nm	MHz·100 m	ffs	-
	bei 650 nm		100	800
	bei 850 nm/1300 nm		-	1.880

Die Klasse A4a, also die Standard-POF kommt auch für 50 m hier nicht in Frage, da im Faserstandard IEC60793 deren Bandbreite nur mit 10 MHz·100 m spezifiziert ist. In der Realität hat natürlich diese Faser in jedem Fall genügend Bandbreite für Fast-Ethernet über 50 m, und es werden auch diverse Produkte dafür angeboten.

Der Standard definiert weiter 4 unterschiedliche Verbindungsklassen mit maximalen Entfernungen zwischen 25 m und 200 m. Noch größere Längen können dann mit Glasfasern (Ein- oder Mehrmodenfasern, hier nicht aufgeführt) erreicht werden. Die zulässigen Dämpfungswerte der Links werden in Tabelle 7.21 zusammengestellt.

Tabelle 7.21: Link-Klassen für „Industry Cabling"

Link-Klasse	mit OP1	mit OP2
OF25	5,5 dB (bei 520 nm)	-
	8,0 dB (bei 650 nm)	-
	-	4,0 dB (bei 850 nm)
OF50	8,0 dB (bei 520 nm)	-
	13,0 dB (bei 650 nm)	-
	-	6,0 dB (bei 850 nm)
OF100	13,0 dB (bei 520 nm)	-
	23,0 dB (bei 650 nm)	-
	-	7,0 dB (bei 850 nm)
OF200	-	-
	-	23,0 dB (bei 650 nm)
	-	11,0 dB (bei 850 nm)

Natürlich kann die PF-GI-POF auf für kürzere Verbindungen bei 650 nm verwendet werden. Gegenüber der 1 mm-POF ist dann aber nachteilig, daß wegen des kleineren Kerndurchmessers ein Laser verwendet werden muß.

7.2.7 D2B (Domestic Digital Bus)

Das System D2B stellt genau genommen keinen Standard, sondern eine firmenspezifische Lösung dar.

D2B spezifiziert ein Ringsystem, das verschiedene Geräte im Kfz, wie Navigationscomputer, Autoradio, CD-Wechsler, Telefon usw. über POF miteinander verbindet (Abb. 7.8).

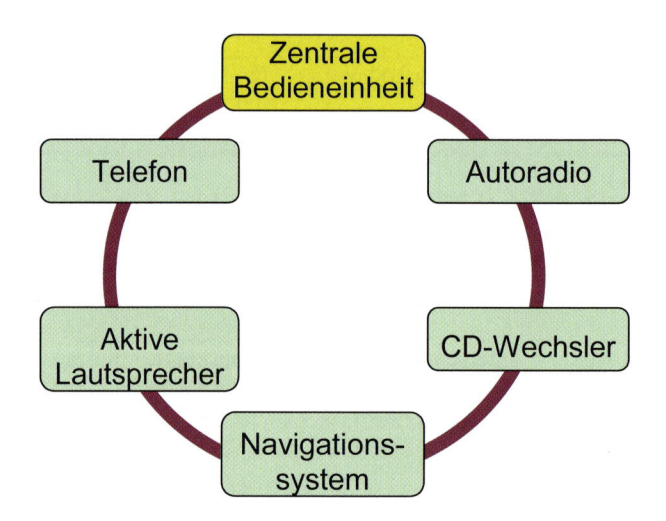

Abb. 7.8: Ringstruktur nach dem D2B - Standard

In Tabelle 7.22 sind die wichtigsten Daten für den D2B-Standard zusammengestellt. Eine ausführliche Beschreibung findet sich in [Pet98]. Es wird ein spezielles Steckersystem verwendet, das 90°- oder 180°-Steckung gestattet. Der Ring kann bei Bedarf aufgetrennt und mit einem Kupplung zum Anschluß eines weiteren Gerätes versehen werden.

Tabelle 7.22: Eigenschaften des D2B - Systems

Parameter	Wert
minimale LED-Leistung	-15 dBm
maximale POF-Dämpfung	400 dB/km
Reichweite	8 m
Systemreserve	5 dB
Einkoppelverlust	1,3 dB
Auskoppelverlust	0,3 dB
Kuppler für Nachrüstung	1,2 dB
Empfängerempfindlichkeit	-26 dBm
Nutzdatenrate	5,6 Mbit/s
Temperaturbereich	-40°C - +85°C

Die Übertragungslänge bei D2B ist maximal 10 m. Sind in der Strecke ein oder zwei Kupplungen eingesetzt, verringert sich die zulässige Leitungslänge auf 7,0 m bzw. 3,6 m ([D2B02]). Das Hochfahren der Komponenten und die Diagnose erfolgen bei D2B über separate Kupferleitungen.

Die bei D2B eingesetzte Polymerfaser hat einen 980 μm dicken Kern und einen 2,2 mm dicken Schutzmantel. Der minimale Biegeradius ist mit 25 mm spezifiziert (z.B. [Her02]). Der Schutzmantel ist zweiteilig. Der innere Mantel ist 1,5 mm und schwarz um evtl. Lichteinkopplung zu verhindern.

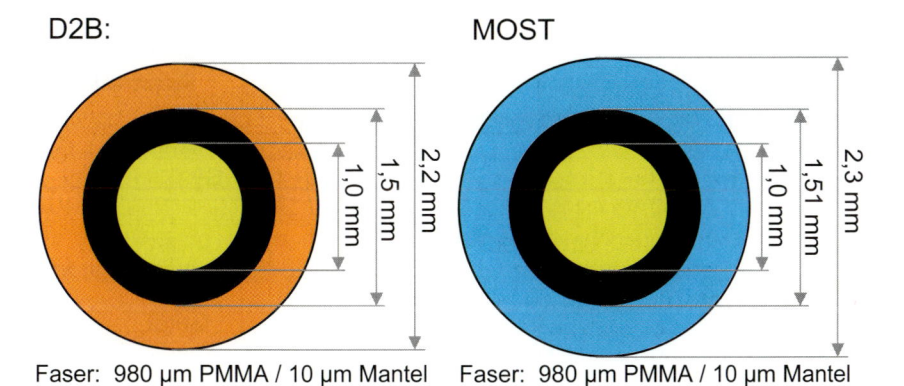

D2B:
Faser: 980 μm PMMA / 10 μm Mantel
inneres Jacket: PA 12 schwarz
äußeres Jacket: PA 12 orange

MOST
Faser: 980 μm PMMA / 10 μm Mantel
inneres Jacket: PA 12 schwarz
äußeres Jacket: PA 12 Elastomer, farbig

Abb. 7.9: Vergleich der POF für D2B und MOST ([Her02])

Die Mäntel können nicht getrennt werden. Die POF für MOST (siehe folgender Abschnitt) hat ebenfalls einen zweiteiligen Mantel. Hier sitzt aber der innere Mantel fest auf der Faser und der äußere Mantel kann leicht abgesetzt werden. Zweck dieses Aufbaus ist, daß der Stecker bei MOST nicht auf die Faser, sondern auf den inneren Mantel gecrimpt, bzw. mit Laser geschweißt wird (Aufbau in Abb. 7.9).

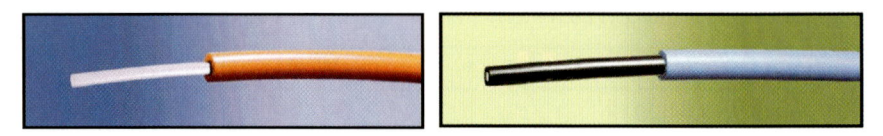

Abb. 7.10: Ansicht der POF für D2B und MOST ([Her02])

Neben den etwas unterschiedlichen Maßen wurde die MOST-POF flammwidrig gestaltet (Test nach ISO 6722). Weiterhin ist sie etwas flexibler, um die Konfektionierung auf Automaten zu erleichtern.

7.2.8 MOST (Media Oriented System Transport)

Die MOST-Spezifizierung [MOST01] gibt Empfehlungen für Multimedia fähige Netze in Kraftfahrzeugen. Seit Gründung der MOST-Initiative im Jahr 1998 arbeiten 14 internationale Autohersteller und mehr als 50 Schlüsselkomponentenlieferanten an der MOST-Technologie. Abbildung 7.11 zeigt die spezifizierten Servicepunkte SP1 bis SP4. Die optischen Servicepunkte sind SP2 am elektrooptischen Wandler und SP3 am optoelektrischen Wandler. Als Übertragungsmedium wird die Polymerfaser eingesetzt. In den Tabellen 7.23 und 7.24 sind die Spezifikationen der Punkte SP2 und SP3 zusammengestellt.

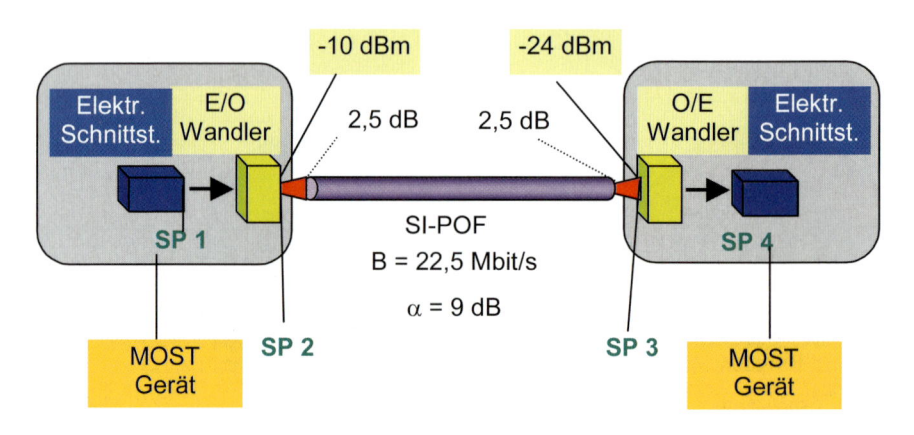

Abb. 7.11: Verbindung zweier MOST - Komponenten mit POF

Tabelle 7.23: Spezifikation am Punkt SP2

	Einheit	min.	typ.	max.
Peak-Wellenlänge	nm	630	650	685
spektr. Halbwertsbreite (FWHM)	nm			30
Ausgangsleistung	dBm	-10		-1,5
Ausgangsleistung „Licht aus"	dBm			-50
Auslöschungsverhältnis	dB	10		
Anstiegszeit (20% - 80%)	ns			5,97
Abfallzeit (80% - 20%)	ns			5,97
Pulsbreite	ns	20,88		24,4
mittlere Pulsbreitenverzerrung	ns	-0,51		+1,51
positives Überschwingen (innerhalb 2/3 UI*)	%	-20		+25
negatives Überschwingen (innerhalb 2/3 UI)	%	-10		+20

* UI: Unit Interval = 22,14 ns

Tabelle 7.24: Spezifikation am Punkt SP3

	Einheit	min.	max.
detektierbare optische Leistung	dBm	-24	-2
detektierbare optische Leistung „Licht aus"	dBm	-40	-24
Auslöschungsverhältnis	dB	10	
Anstiegszeit (20% - 80%)	ns		6,86
Abfallzeit (80% - 20%)	ns		6,86
Pulsbreite	ns	20,88	24,4
mittlere Pulsbreitenverzerrung	ns	-0,51	+1,51

Grundlage des Bustaktes bildet die Abtastfrequenz des CD-Spielers mit 44,1 kHz. Durch Bildung von Blöcken â 512 bit ergibt sich daraus eine Bruttodatenrate von 22,6 Mbit/s. Prinzipiell sind alle Komponenten aber für eine Rahmentaktrate zwischen 30 kHz und 50 kHz ausgelegt. In einem MOST-Link können bis zu 64 Knoten verbunden werden. Es wird zwischen synchronen Daten (mit fest zugeordneten Kanälen), asynchronen Daten (mit Nutzung verfügbarer Kanäle) und Kontrolldaten mit fester Zuordnung im Zeitrahmen unterschieden. Bedingt durch die Rahmentaktraten liegt die Verzögerungszeit bei max. 25 µs.

Die Rahmenstruktur für die Übertragung der verschiedenen aufgeführten Daten zeigt Abb. 7.12. Wie in der Tabelle zu sehen, ist dabei die Aufteilung zwischen synchronen und asynchronen Daten variabel möglich.

Obwohl zunächst als reine Ringarchitektur konzipiert, kann das MOST-System durch Einfügen von Systemmaster-Einheiten andere Topologien annehmen (verknüpfte Ringe, Stern usw.).

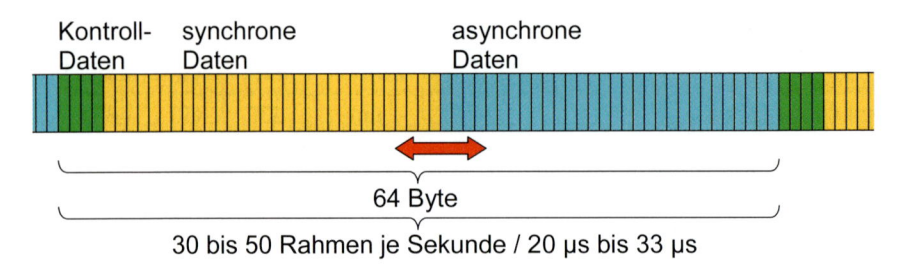

Abb. 7.12: MOST-Rahmenstruktur

Die Datenstruktur des MOST-Systems orientiert sich weitgehend an den Erfordernissen der anschließbaren multimedialen Endgeräte. In Tabelle 7.25 werden die verschiedenen möglichen Datenformate mit ihren Bitraten zusammengestellt.

Tabelle 7.25: Datenstruktur bei MOST

Datenformat	Bitrate
Synchrone Daten:	
minimal 12 Kanäle â 16 bit	8,467 Mbit/s
maximal 30 Kanäle â 16 bit	21,168 Mbit/s
Audio (2 Kanäle Stereo; 16 bit)	1,411 Mbit/s
DVD-Daten (je nach Bildqualität 4, 8 oder 16 Kanäle)	2,822 Mbit/s, 5,645 Mbit/s 11,290 Mbit/s
TV-Daten (nach MPEG-Kodierung)	1,411 Mbit/s 2,822 Mbit/s
unbewegte Bilder (JPEG-Kodiert)	0,1 Mbit/s
Asynchrone Daten (maximal)	12,7 Mbit/s
Bordrechner, Navigationssystem	0,1..11 Mbit/s
Kontrolldaten (2.700 Meldungen je Sekunde)	0,7 Mbit/s

7.2.9 IDB-1394

Der Standard IEEE1394 wurde vor allem für die Vernetzung von Geräten der Unterhaltungselektronik in Wohnungen entwickelt (siehe oben). Innerhalb der Gruppe wurde in den letzten Jahren auch die Verwendbarkeit dieses Standards in Fahrzeugnetzen diskutiert. In den Abschnitten 6.2.2 (Leistungsbilanz) und 8.1.1.4 (Anwendungen) werden weitere Angaben dazu beschrieben. Neben den Angaben zu den optischen Parametern der aktiven Komponenten sind noch kaum Details veröffentlicht. Mit der Weiterentwicklung des MOST-Standards zu größeren Bitraten kann erwartet werden, daß die Sender- und Empfänger für beide Systeme verwendet werden. Bislang sieht IDB-1394 die Verwendung des SMI-Steckers vor, der allerdings in seiner bisherigen Ausführung die Forderungen der Fahrzeugtechnik nicht komplett erfüllt (z.B. hinsichtlich der Steckzyklen).

Zwischenzeitlich im Gespräch war auch die Spezifikation einer POF mit deutlich vergrößerter NA, um die Biegeempfindlichkeit zu verringern. Dies steht aber im Widerspruch zu den höheren Anforderungen an die Bandbreite. Eine absehbare Lösung ist der Einsatz einer Vielkernfaser für alle hochbitratigen Fahrzeugnetze. Die jüngsten Fortschritte bei der Herstellung dieses Fasertyps lassen diese Variante extrem sinnvoll erscheinen.

Einen Vergleich der verschiedenen bestehenden Bussysteme für das Auto aus [Wan04] soll hier zusammenfassend angefügt werden. Die Koexistenz von optischen und elektrischen Lösungen dürfte noch eine ganze Zeit weiter bestehen. Letztlich müssen vor allem die aktiven Komponenten in Preis und Zuverlässigkeit mit den elektrischen Systemen konkurrieren können, um die diversen Vorteile der optischen Datenübertragung nutzen zu können.

Tabelle 7.26: Vergleich von Fahrzeugbussen nach [Wan04]

	LIN	CAN	FlexRay	TTP/C	MOST
Anwendung	Low-Level Kommunikation	Soft-Real-Time-Systeme	Hard-Real-Time-Systeme (X-By-Wire)	Hard-Real-Time-Systeme (X-By-Wire)	Multimedia Telematik
Steuerung	Single-Master	Multi-Master	Multi-Master	Multi-Master	Multi-Master
Übertragung	synchron	asynchron	synchron asynchron	synchron asynchron	synchron asynchron
Zugriff	Polling	CSMA/CA	TDMA FTDMA	TDMA	TDN CSMA/CA
Bitrate	20 kbit/s	500 kbit/s	10 Mbit/s	25 Mbit/s	25/50 Mbit/s
Medium	Elektrisch (single wire)	Elektrisch (twisted pair)	Optisch Elektrisch	Optisch Elektrisch	Optisch (Elektrisch)

7.2.10 EN 50173

Der Standard EN 50173 „Anwendungsneutrale Kommunikationskabelanlagen" ist einer der wichtigsten Normen überhaupt. Er beschreibt den Aufbau strukturierter Daten- und Telekommunikationsnetze. Bislang war diese Norm vor allem für öffentliche Gebäude und Firmen interessant. Mit der rasanten Entwicklung der breitbandigen Anschlüsse werden in Zukunft aber auch Wohngebäude strukturiert verkabelt werden. Die heutigen Telefon- und Koaxialkabelnetze sind jeweils nur auf einen spezifischen Dienst ausgerichtet - also nicht „anwendungsneutral".

Die strukturierte Verkabelung in Geschäftsgebäuden sollte es ermöglichen, mit einer Infrastruktur existierende und zukünftige Anwendungen zu ermöglichen. Basis dieses Ansatzes war der Einsatz von symmetrischen Kupferkabeln. Wirklich anwendungsneutral ist diese Verkabelung natürlich auch nie gewesen. In kommerziellen Netzen gibt es eigentlich nur zwei relevante Dienste. Hohe Datenmengen werden über Ethernet-Verbindungen übertragen. Daneben gibt es Telefonanschlüsse auf 64 kbit/s-Basis. Diese niedrige Datenrate stellt keinerlei Anforderungen an die Kabelqualität, er werden lediglich zwei verdrillte Drähte benötigt.

Somit ist die ursprüngliche EN 50173 im wesentlichen eine durch Ethernet-Anwendungen geprägte Norm. Für die Übertragung von Fast-Ethernet wurden Kabel der Kategorie 5 entwickelt. Dank der 4B5B-Kodierung wird eine Bandbreite von 62,5 MHz verwendet. Um auch für 1000 Mbit/s dieselbe Infrastruktur verwenden zu können, wurde das Übertragungsverfahren grundlegend verändert. Statt binärer Kodierung wird ein mehrstufiger Kode verwendet und aus der getrennten Übertragung beider Richtungen auf je einem Leitungspaar ist eine bidirektionale Übertragung auf allen 4 Doppeladern geworden (Abb. 7.13).

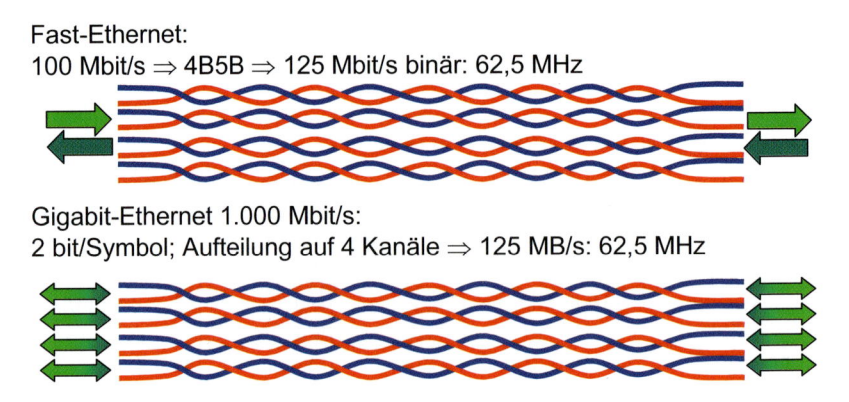

Fast-Ethernet:
100 Mbit/s ⇒ 4B5B ⇒ 125 Mbit/s binär: 62,5 MHz

Gigabit-Ethernet 1.000 Mbit/s:
2 bit/Symbol; Aufteilung auf 4 Kanäle ⇒ 125 MB/s: 62,5 MHz

Abb. 7.13: Trick zur Nutzung der selben Kabel für 100 und 1000 Mbit/s

Nicht jedes Kat. 5-Kabel ließ sich aber für Gbit-Ethernet nutzen, vor allem durch mangelnde Reflexionsdämpfung. Deswegen wurde die Zwischenklasse 5e eingeführt. Heute werden überwiegend Kabel der Kategorien 6 und 7 eingesetzt, die 1 Gbit/s problemlos ermöglichen. Der Übergang auf 10 Gbit/s wird aber wiederum nicht „anwendungsneutral" erfolgen, da einerseits komplett neue Stecker erforderlich sind und auch die 100 m Reichweite vermutlich nicht möglich sind.

Derzeit ist die IEC bestrebt, den Standard auf andere Anwendungen auszuweiten. Die verschiedenen Bereiche sind dabei:

- 50173-1: generelle Anforderungen
- 50173-2: Büro-Bereich
- 50173-3: Produktions-Bereich
- 50173-4: Heim-Bereich
- 50173-5: Rechenzentren

Der DKE (Deutsche Kommission für Elektrotechnik) wurde aufgefordert, für den Einsatz der Polymerfaser im Heimbereich einen Vorschlag auszuarbeiten. Dazu wurde der gemeinsame Arbeits-Unterkreis (GUK) 715.3 ins Leben gerufen.

Die Situation im privaten Umfeld ist ungleich komplizierter als im kommerziellen Bereich. Neben Telefon und Ethernet ist auch das analoge Fernsehen als Dienst zu berücksichtigen. Schließt man das Satelliten-Zwischenfrequenzband mit ein, muß ein Kabel über 2 GHz Bandbreite mit einer wesentlich höheren Übersprechdämpfung aufweisen. Nur symmetrische Kupferkabel der geplanten

Kategorie 8 oder gute Koaxialkabel könnten diese Anforderungen erfüllen. Quarzglasfaser (nur Einmodenfaser) bieten selbstverständlich ausreichend Kapazität, sind aber für den Privatkunden ungeeignet.

Das Ziel einer anwendungsneutralen Infrastruktur, die den Anforderungen der nächsten Jahrzehnte im Wohnungsbereich genügen soll, ist extrem ambitioniert, und eigentlich nicht erfüllbar. Für die Polymerfaser ergibt sich das erste Problem schon bei den ungenügenden Vorgaben der Fasernorm IEC 60796-2-40. So kann man die Kapazität der Standard-POF aus drei unterschiedlichen Blickwinkeln betrachten:

➢ Nach IEC 60796-2-40 hat die Klasse A4a eine Bandbreite von 10 MHz·100 m. Fast-Ethernet kann damit gerade einmal über 15 m übertragen werden.
➢ In der Realität haben alle kommerziellen 1 mm Standard-POF eine Bandbreite von ca. 40 MHz·100 m. Fast-Ethernet über 50 m ist immer möglich, mit etwas Aufwand sind auch 100 m und mehr kein wirkliches Problem (auch Kupferkabel werden stark entzerrt, ein Kat. 5-Kabel hat eine Bandbreite von nur 3 MHz·100 m.
➢ Mit Methoden, die der Gibabit-Übertragung auf Kupferkabeln entsprechen, sind selbst auf der Standard-POF bis 1000 Mbit/s über 100 m möglich (DMT, Siemens, 2006, siehe Kap. 6).

Unter Beachtung der tatsächlichen Kapazität von POF hat die Arbeitsgruppe 3 verschiedene Linkklassen vorgeschlagen. Innerhalb von Wohnungen soll eine Reichweite von 25 m garantiert werden. Für mittlere und große Wohngebäude sind Verbindungen bis 50 m bzw. 100 m vorgesehen. Verbindungslängen über 100 m kommen in Wohngebäuden praktisch nie vor. In Deutschland gibt es nur ganz wenige Wohngebäude mit mehr als 15 Etagen. Um einen Aufzugsschacht gruppieren sich typisch 4 bis 8 Wohnungen. Sehr große Wohngebäude bestehen aus Segmenten, die durch Bandschutzwände getrennt sind, durch die Kabel praktisch nicht durchgezogen werden dürfen.

Tabelle 7.27 zeigt die vorgeschlagenen Link-Klassen mit den entsprechend möglichen Anwendungen und den nach IEC 60796-2-40 deklarierten Faserklassen.

Tabelle 7.27: Vorschlag des GUK 715.3 für Link-Klassen in Gebäudenetzen

Klasse	Anwendung	Faser
OF-25	100 Mbit/s	A4a (bei 40 MHz·100 m) und alle weiteren
	1000 Mbit/s	A4d und höher
	CATV	A4e
OF-50	100 Mbit/s	A4d und höher
	1000 Mbit/s	A4e und höher
	CATV	A4e
OF-100	100 Mbit/s	A4d (bei 520 nm), A4g und höher
	1000 Mbit/s	A4g und höher
	CATV	A4g, h

Unter bestimmten Umständen können auch Fasern einer kleineren Kategorie eingesetzt werden (z.B. mit Entzerrung). Da der Standard noch in der Diskussion ist, soll auf die Beschreibung der Leistungsbilanzberechnungen verzichtet werden. Es zeichnet sich ab, daß in der endgültigen Version nur die Fasern A4d (DSI-POF) und A4g (PF-GI-POF) berücksichtigt werden, daß die Linkklasse 25 m entfällt, und daß die Nutzung von blauen und grünen Quellen nicht vorgesehen wird. Damit wird dieser Standard im Prinzip nutzlos. Schon heute sind diverse Produkte für Fast-Ethernet über 50 m bis 100 m auf Standard-POF am Markt verfügbar. Die Faser A4d bietet zwar nominell ausreichend Bandbreite für Fast-Ethernet über 100 m. Dagegen spricht aber, daß schon heute preiswertere Fasern der Kategorie A4e (MC und GI) verfügbar sind, die auch für Gbit/s verwendbar sind. Der Vorschlag zur Nutzung der Klasse A4g (120 µm PF-GI-POF) ist sicher sinnvoll, nur wird sich zeigen müssen, wie diesem Fasertyp die Markteinführung gelingt.

Schon heute zeichnet sich ab, daß die tatsächliche Entwicklung der Gebäudeinstallationen am Konzept dieses Standardentwurfs vorbeilaufen wird:

➢ Die Standard-POF (A4a) ist schon in vielen Anwendungen etabliert und wird auch in Heimnetzen am Anfang überwiegend genutzt werden. Fast Ethernet über 100 m und Gigabit-Ethernet über bis zu 25 m sind problemlos möglich.
➢ Als Kandidaten für höhere Datenraten zeichnen sich aus Sicht des Editors vor allem die MC-POF und die PMMA-GI-POF (wenn das Biegeproblem gelöst ist) ab. Beide erlauben die Nutzung bestehender Stecker (bzw. Nicht-Stecker).
➢ Die PF-GI-POF wird vor allem für die Übertragung von CATV-Signalen sinnvoll sein. Auch bei Entfernungen über 100 m ist diese Faservariante in jedem Fall zu empfehlen. Bitraten bis 10 Gbit/s sind bereits realisiert. Wenn die PMMA-POF als erste Generation betrachtet wird, kann die PF-GI-POF die Folgegeneration dominieren.

Zur Übertragung von CATV-Signalen bleibt abzuwarten, ob überhaupt Systeme dafür entwickelt werden. Die technischen Grundlagen dafür sind seit Jahren verfügbar. Heute zeichnet sich aber ein schneller Übergang zur generellen Übertragung aller Fernsehsignale über das Internetprotokoll ab (IP-TV). In Kombination mit VoIP (Voice over IP) kommt man doch wieder zu anwendungsneutralen Netzen, denn für die sog. Triple-Play-Anwendungen braucht man eben nur ein Netzwerk (i.d.R. ein Ethernet).

Zusammenfassend muß man feststellen, daß Kupferkabel und POF in der Standardisierung mit unterschiedlichen Maßstäben behandelt werden. Dem Kupferkabel billigt man beim Übergang zu höheren Bitraten umfangreiche Änderungen in den Übertragungsverfahren zu, was bei der POF unberücksichtigt bleibt. Für Kupferkabel gibt es eine Vielzahl unterschiedlicher Varianten (Kategorien 3, 5, 5e, 6, 7, geschirmt und ungeschirmt, mit 100 Ω in Europa und 150 Ω in den USA), während man bei der POF nur wenige Varianten zulassen will. Dazu kommt, daß die Einbeziehung der analogen TV-Signale (mit einer fraglichen Restlaufzeit) die Anforderungen dramatisch verschärft. Vielleicht wird hier das Ziel einer langfristigen „Anwendungsneutralität" gegenüber einem marktorientierten Ansatz zu stark überbewertet.

7.3 Standards für Meßverfahren

Für die POF existieren im Vergleich zu Multimode- oder Singlemodeglasfasern nur wenige standardisierte Meßmethoden. Sie sind im Japanischen Industrie Standard (JIS) und in verschiedenen IEC-Standards niedergelegt. In Tabelle 7.28 sind die Standards für Messungen an POF zusammengestellt.

Tabelle 7.28: Standards für Meßverfahren an POF

Meßgröße	Standard
Fernfeld, NA	IEC 61793-1-C6, JIS C 6863
Dämpfung	IEC 61793-1-C1A,
Dispersion, Bandbreite	IEC 61793-1-C2A
Steckerverluste	EN 18600-1
Arbeitstemperatur	IEC 794-1-F1
minimaler Biegeradius	IEC 794-1-E11-B
Auszugskraft (Stecker)	IEC 794-1-E1-E1
Schlagtest	IEC 794-1-E3
optische Parameter	IEC 60793-2-40
Entflammbarkeit	IEC 332-1 (CEI 20-35)
toxische Ausgasung	IEC 60754-1/IEC 61034-1
Klimawechsel	IEC 60794-1-F1
Manteldurchmesser	IEC 60793-1-20
Mantel-Unrundheit	IEC 60793-1-20
Kerndurchmesser	IEC 60793-1-20
Schutzmantel-Durchmesser	IEC 60793-1-21
Faserlänge	IEC 60793-1-22
Kern-Mantel-Konzentrizität	IEC 60793-1-20
Kern-Unrundheit	IEC 60793-1-20
Dämpfung	IEC 60793-1-40
Bandbreite	IEC 60793-1-41
Theoretische Numerische Apertur	IEC 60793-1-20
Numerische Apertur	IEC 60793-1-43
Änderung der optischen Transmission	IEC 60793-1-46

Zu vielen der beschriebenen Meßmethoden werden im Kap. 9 Beispiele demonstriert. Für eine Reihe von Fasern und Parametern (beispielsweise der Bandbreite) gibt es noch gar keine internationalen Standards.

In Deutschland war in den letzten Jahren eine Gruppe von POF-Experten damit befaßt, eine eigene Empfehlung zur Charakterisierung von Polymerfasern und POF-Kabeln zu erarbeiten, die nachfolgend beschrieben wird. Ein Teil dieser Vorschläge ist inzwischen in die Europäische Standardisierung eingeflossen.

7.3.1 Die VDE/VDI-Richtlinie 5570

Nachdem der MOST-Standard in der Serienfertigung eingeführt worden war, stellte man fest, daß es zwischen den Meßergebnissen für die Dämpfung von vorgefertigten Kabeln zu deutlichen Abweichungen kommen konnte. Im Ergebnis dieser Erkenntnis wurde ein Arbeitskreis gebildet, der zunächst einheitliche Regeln für die Messung der Dämpfung an Fasern und Kabeln erarbeiten sollte.

In weiteren Schritten sollten dann Empfehlungen zur Messung der mechanischen Zuverlässigkeit und der Einflüsse von Klima und Chemikalien erarbeitet werden. Das Dokument ist als VDE/VDI-Empfehlung 5570: „Prüfung von konfektionierten und unkonfektionierten Kunststofflichtwellenleitern (POF)" erschienen. Es besteht aus 4 Blättern mit den Inhalten:

- Blatt 1: Begriffe und Definitionen
- Blatt 2: Prüfverfahren für optische Kennwerte
- Blatt 3: Prüfverfahren für mechanische Kennwerte und Umweltkennwerte
- Blatt 4: Leistungsbilanz

Für die Messung der Übertragungseigenschaften (Bandbreite, Impulsverbreiterung usw.) ist die Erarbeitung eines Blatts 5 geplant. Auf den Inhalt der Empfehlung soll hier nur stichpunktartig eingegangen werden, da viele der Verfahren in Kap. 2 und Kap. 9 enthalten sind.

Die Empfehlung beginnt mit einer Definition der verwendeten grundlegenden Begriffe. Überraschenderweise ist deren Verwendung keinesfalls allgemein gleich. Die Bezeichnungen für Faser und Ader zeigt Abb. 7.14.

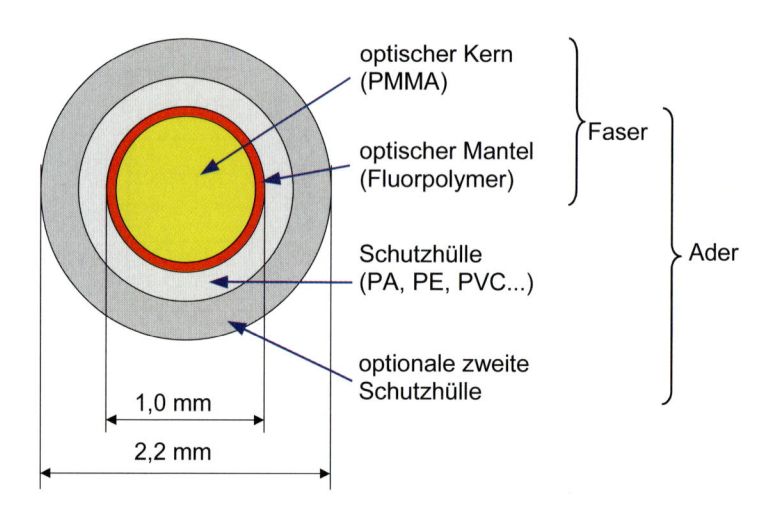

Abb. 7.14: Definition der Begriffe in der VDE/VDI 5570

Weitere Kombinationen der Ader mit Ummantelungen oder anderen Adern ergeben dann Kabel. Die verwendeten Definitionen stammen weitgehend aus den

Bereichen Automatisierung und Fahrzeugnetze, in denen die POF schon lange etabliert ist.

Ein Beispiel für die Definition praxisnaher Meßverfahren in der Empfehlung soll nachfolgend beschrieben werden. Oft werden in der Praxis LED-Quellen zur Messung der POF-Dämpfung bei einer bestimmten Wellenlänge verwendet. Bedingt durch die große spektrale Breite wird naturgemäß ein viel zu großer Dämpfungswert (bezogen auf das gewählte Dämpfungsminimum, beispielsweise bei 650 nm) ermittelt. In der Empfehlung wird beschrieben, wie durch Bildung eines Korrekturfaktors dennoch eine genaue Messung möglich ist.

Der Ablauf des Verfahrens ist in Abb. 7.18 dargestellt. Zunächst werden das Spektrum der verwendeten LED und das Dämpfungsspektrum des zu vermessenden Fasertyps gemessen. Für SI-PMMA-POF kann die tabellierte Dämpfungskurve aus [Wei98] verwendet werden. Im nächsten Schritt wird das theoretische LED-Spektrum nach Durchlauf einer definierten Länge der POF ermittelt. Aus dem Verhältnis der integrierten Spektren wird eine effektive Dämpfung bestimmt. Der Unterschied zwischen dieser effektiven Dämpfung und der Dämpfung an der gewünschten Wellenlänge ergibt den Korrekturfaktor.

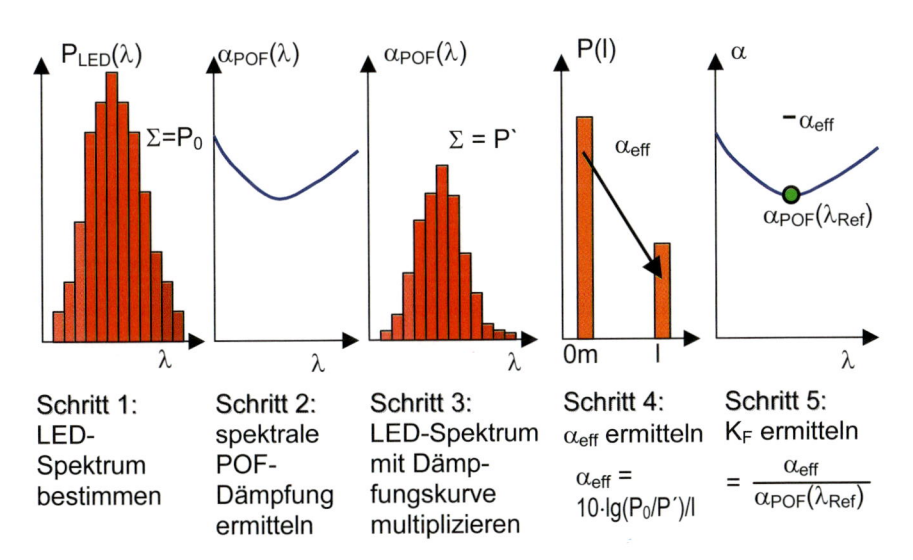

Abb. 7.15: Messung der Dämpfung mit spektralem Korrekturfaktor

Wie man zeigen kann, läßt sich dieser Korrekturfaktor auch dann verwenden, wenn die tatsächliche spektrale Dämpfungskurve von der im ersten Schritt angenommenen typischen Kurve abweicht. Allerdings sollte die Differenz weitgehend wellenlängenunabhängig und nicht zu groß sein. In der nachfolgenden Tabelle 7.29 werden die Schritte zur Bildung des Korrekturfaktors in Formeln dargestellt.

Tabelle 7.29: Bildung des spektralen Korrekturfaktors zur Dämpfungsmessung mit LED

Größe	Formel/Berechnung	Einheit
Normiertes Spektrum der LED	$P_{LED}(\lambda)$	1/nm
Leistung der LED	$P_0 = \int_{\lambda=0}^{\infty} P_{LED}(\lambda) \, d\lambda = 1$	1
spektraler POF-Dämpfungskoeffizient	$\alpha(\lambda)$	dB/km
Dämpfung	$a = \alpha(\lambda) \cdot l$	dB
Länge der Strecke	l	km
LED-Spektrum nach der POF	$P'_{LED}(\lambda)$	1/nm
LED-Leistung nach der POF	$P'(l) = \int_{\lambda=0}^{\infty} P_{LED}(\lambda) \cdot 10^{-(\alpha(\lambda)/10 \cdot l)} d\lambda$	1
effektiver Dämpfungskoeffizient	$\alpha_{eff} = 10 \log (P_0/P')/l$	dB/km
effektiver Zusatz-dämpfungskoeffizient im Vergleich zum Referenzwert	$\alpha_{Zusatz} = \alpha_{eff} - \alpha_{Ref}$	dB/km
Korrekturfaktor	$K_F = 10 \, (l \cdot \alpha_{Zusatz}/10)$	1

Zu beachten ist in jedem Fall, daß der Korrekturfaktor in nichtlinearer Weise mit der Länge der Faser variiert. Ein Beispiel soll die Methode beschreiben (Messung der POF-Dämpfung bei 650 nm mit einer LED):

➢ Nach Tabelle hat die PMMA-POF bei 650 nm einen Dämpfungskoeffizienten von 132 dB/km.
➢ Es wird eine rote LED mit 40 nm Breite, 650 nm Mittenwellenlänge und gaußförmigem Spektrum verwendet. Für 10 m Länge ergibt sich ein effektiver Dämpfungskoeffizient von 185 dB/km, also ein Zusatzdämpfungskoeffizient von 53 dB/km, entsprechend einem Korrekturfaktor von $K_F = 1,13$.
➢ Bei einem Bezugswert von 30 µW ergibt sich mit der 10 m langen Testfaser (zu beachten ist, daß der Korrekturfaktor immer nur für eine bestimmt Länge gilt) ein Meßwert von $P_{meß} = 18,5$ µW.
➢ Der gemessene Dämpfungskoeffizient ist demnach:
➢ $\alpha_{meß} = 10 \cdot \log (30/18,5)/0,01$ km $= 210$ dB/km
➢ Mit der Korrektur von 53 dB/km ist der Referenzdämpfungsbelag: 157 dB/km (bei einem Bezugswert von 132 dB/km ist der Unterschied nur 25 dB/km für 0,01 km = 0,25 dB, so daß die Anwendung des Korrekturfaktors zulässig ist).

Für genaue Messungen der spektralen Dämpfung unter Laborbedingungen wird ein vom Editor vorgeschlagener Meßplatz empfohlen, wie er in Abschnitt 9.4.5.4 beschrieben wird.

Weitere Teile der Empfehlung beschreiben die Messung der Nähe der Abstrahlcharakteristik einer Quelle zur Modengleichgewichtsverteilung einer Faser (der sog. EMDizität).

Die verschiedenen Methoden zur Messung der Numerischen Apertur werden ebenfalls vorgestellt. Dazu gehören:

- Fernfeldmethode
- Reflexionsmethode
- Inverse Fernfeldmethode

Sehr umfangreich wird auf die Herstellung und Verwendung von Referenzfasern eingegangen. Definitionen zu Fehlerquellen und deren Berücksichtigung schließen sich an.

Im Blatt 3 werden schließlich Meßverfahren für mechanische, klimatische und chemische Umwelteinflüsse beschrieben. Die Vorschläge hierzu stammen im wesentlichen von der BAM und sind in den Abschnitten 9.6 und 9.7 zum Teil ausführlich beschrieben (unverändert gegenüber der ersten Auflage)

Prüfverfahren für mechanische Kennwerte:

- Zugfestigkeit
- Querdruckfestigkeit
- Schlagfestigkeit
- Wechselbiegung
- Torsion
- Rollenwechselbiegung
- Statische Biegung
- Haftsitz der Schutzhülle
- Haftsitz der Ferrule

Prüfverfahren für Umweltkennwerte

- Temperaturbeständigkeit
- Beständigkeit gegen hohe Temperatur und Feuchte
- Beständigkeit gegen Klimawechsel
- Pistoning
- Fremdlichteinkopplung
- Chemikalienbeständigkeit

POF Connectors

R&M SOLUTIONS SET STANDARDS FOR MODULARITY, QUALITY AND EASE OF INSTALLATION AND MAINTENANCE

R&M connections based on the 2.5 mm screw ferrule allows fibers' fast termination, polishing and enables the installer to achieve low optical loss, while ensuring maximum repeatability. For the whole Installation process no special tools or skills are required.

- All based on 2.5 mm Ferules
- All quick field mountable
- No special tools required
- Wide modularity and compatibility
- Several Outlets for different needs available

Beside the connectivity R&M develops and provides a whole range of platforms for a complete POF cabling solution. Outlets, 19" racks, DIN rail adapters, from IP20 to IP67.

SC-RJ

SC-RJ push-pull connector, spring loaded, security system compatible. Also available in IP67 version for harsh environment.

FAST COUPLER

Fast POF coupler with low insertion loss for maintenance or extensions.

SMI

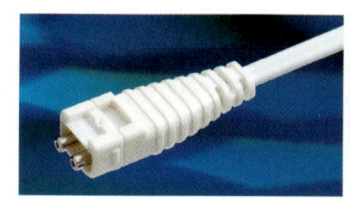

The SMI is a duplex connector acc. to IEC61754-21. Friction-lock system against rotation. Not spring loaded.

Get More @ R&M

Reichle & De-Massari AG
Binzstrasse 31
CHE-8620 Wetzikon
Telefon +41 (0)44 933 81 11
Telefax +41 (0)44 930 49 41
www.rdm.com

R&M
Convincing cabling solutions

8. Anwendungen optischer Polymer- und Glasfasern

In kaum einem Bereich hat sich die Zahl der Anwendungen so rasant entwickelt wie im Bereich der optischen Kurzstreckenkommunikation. Anwendungen von Polymerfasern, aber auch von Glasfaserbündeln im Bereich der Beleuchtungstechnik, und in der Automatisierung sind seit vielen Jahren etabliert. Seit Ende der 90er Jahre werden POF nun auch in verschiedenen mobilen Netzen eingesetzt. Zum Zeitpunkt des Verfassens der ersten Auflage dieses Buches waren speziell zu den MOST-Anwendungen noch kaum Angaben veröffentlicht, die detaillierte Beschreibung kann jetzt in der zweiten Auflage nachgeholt werden. Die Anwendungen von POF und anderen dicken optischen Fasern im Bereich der Sensorik und der Heimnetze stehen dicht vor dem Masseneinsatz. Einige aktuelle Entwicklungen werden nachfolgend vorgestellt.

Noch viel größere Perspektiven für optische Technologien zeichnen sich im Bereich Interconnection ab. Auch dieser Bereich soll hier behandelt werden.

Entsprechend der Ausrichtung dieses Buches werden Anwendungen außerhalb der Datenkommunikation, also speziell der Bereich der Beleuchtungstechnik und der Gestaltung mit Fasern nur kurz behandelt. In diesen Bereichen soll auf bestehende Veröffentlichungen verwiesen werden ([Wei98], [FOP97]).

8.1 Datenübertragung mit POF

Die wichtigsten Medien zur Übertragung von hohen Datenraten sind heute elektrische Leitungen (zumeist aus Kupfer), optische Fasern und der Funk. Jede dieser Kanäle hat sehr spezifische Besonderheiten:

- ➢ Elektrische Leitungen verbinden Sender und Empfänger direkt. Kontakte zwischen Leitungen sind einfach herstellbar. Reichweite und Datenrate werden vor allem durch den Skineffekt begrenzt (Dämpfung steigt mit $f^{1/2}$).
- ➢ Optische Systeme arbeiten mit Licht als Trägerfrequenz. Die Bandbreite wird dabei zumeist durch Dispersionseffekte begrenzt, wobei das Übertragungsverhalten näherungsweise gaußförmig ist ($e^{-(f/f_0)^2}$, Abb. 8.1). Die Reichweite wird durch die Dämpfung des optischen Pfades begrenzt. Verbindungen auf der Strecke erfordern meist hohe Präzision.
- ➢ Die Besonderheit der Funkübertragung besteht darin, daß sich alle Teilnehmer innerhalb einer Zelle (Reichweite des Senders) die Kapazität teilen müssen. Durch Vielwegeausbreitung und den daraus resultierenden Überlage-

rungen und externe Störquellen ergibt sich ein extrem kompliziertes Kanalverhalten, welches durch adaptive Verfahren ausgeglichen werden muß.

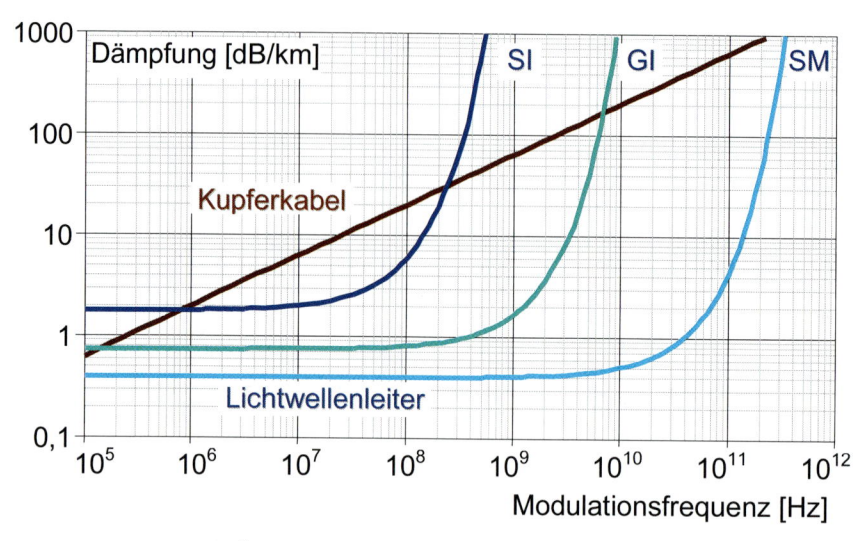

Abb. 8.1: Vergleich der Übertragungsfunktion von Kupferkabeln und optischen Fasern

Optische Verfahren bieten dabei im Vergleich zu allen anderen Medien die mit Abstand größte Kapazität (die sich durch parallele Leitungen beliebig vervielfachen läßt), die geringsten Störungen und die größte Reichweite. Mit steigenden Bitraten kommen noch der kleine Platzbedarf und die geringere Leistungsaufnahme hinzu. Dafür müssen aber die optischen Leitungen installiert werden und an den Enden der Übertragungsstrecke ist der Einsatz optisch-elekrischer Wandler notwendig.

Optische Datenübertragung wird nur dann eingesetzt werden, wenn die herkömmlichen Verfahren an ihre Leistungsgrenzen stoßen. Für Glasfasersysteme war dies bislang vor allem in den Telekommunikationsnetzen und in großen Firmennetzwerken der Fall. Die preiswerte Polymerfasertechnologie eröffnet nun der Optik ganz neue Einsatzgebiete vor allem im Bereich der Kurzstreckendatenübertragung (bis zu einigen 100 m Reichweite). Teilweise werden dabei herkömmliche Kupferlösungen substituiert. Zum größeren Teil werden aber Anwendungen erschlossen, die bislang gar nicht sinnvoll realisierbar sind.

Die Datenkommunikation mit POF läßt sich in die in Tabelle 8.1 aufgeführten wesentliche Bereiche einteilen.

Besonders problematisch ist dabei der Einsatz in Gebäuden und Wohnungen. Anders als z.B. in der Automobilindustrie wird hier nicht ein Komplettsystem einmalig installiert, sondern die Netze werden ständig erweitert und evtl. sogar mit schnelleren Komponenten aufgewertet. Die Faserinfrastruktur muß also nicht nur für eine aktuelle Anwendung dimensioniert werden, sondern auch das Potential für zukünftig zu erwartende Systeme aufweisen.

Tabelle 8.1: Anwendungen und Anforderungen für Datenübertragung mit POF

Anwendung	typische Parameter	spezielle Anforderungen
mobile Netze ➢ KFZ ➢ Züge/Schiffe ➢ Flugzeuge	➢ Entfernungen zwischen 10 m (KFZ) und 200 m (Schiffe, Flugzeuge) ➢ Datenraten bis »1 Gbit/s	➢ Komplettsysteme ➢ kritische Umgebungsbedingungen ➢ extreme Zuverlässigkeit und lange Lebensdauer
lokale Netze ➢ Büro ➢ Wohnung ➢ Gebäude	➢ Reichweiten 25 - 100 m ➢ Datenraten 100 Mbit/s bis 1 Gbit/s	➢ einfache Installation ➢ unterschiedliche Datenformate ➢ Mix unterschiedlicher Komponenten
Interconnection ➢ on Board ➢ Intraboard	➢ viele parallele Kanäle ➢ Datenraten bis 10 Gbit/s ➢ Zentimeter bis Meter	➢ sehr platzsparend ➢ wenig Verlustleistung ➢ automatisch bestückbar

Hinzu kommt, daß Gebäudenetze u.U. Komponenten vieler verschiedener Hersteller verbinden können. Demgegenüber wird z.B. in einem Auto der gesamte Kabelbaum von nur einem Hersteller geliefert. Der Anschluß fremder Komponenten wird, wenn möglich, verhindert.

In den nachfolgenden Abschnitten wird ein Überblick über die Datenkommunikation mit POF in den verschiedenen Anwendungsbreichen gegeben. Zur Definition technischer Details sei auf das Kapitel Standards verwiesen.

8.1.1 Optische Datennetze im Automobilbereich

In Europa stellte die Verwendung der Polymerfaser für das Unterhaltungs-Bordnetz der Fahrzeuge von DaimlerChrysler seit 1998 die erste umfassende Anwendung der POF in der Datenkommunikation dar. Für den Einsatz der POF in Fahrzeugen sprechen u.a. folgende Argumente (siehe z.B. [Ziem00a]):

➢ geringes Kabelgewicht
➢ kleiner Querschnitt
➢ Unempfindlichkeit gegenüber elektromagnetischen Störungen

Die verschiedenen Standards für Bordnetze mit POF wurden im Kap. 7 zusammengefaßt. Die wichtigsten Vertreter sind:

➢ CAN (Controller Area Network)
➢ D2B (Digital Domestic Bus)
➢ MOST (Media Oriented System Transport)
➢ IEEE 1394 (derzeit noch nicht für den KFz-Bereich spezifiziert, aber als zukünftiges System denkbar)
➢ Byteflight (passives Sternsystem zur Fahrzeugkontrolle)

In Kraftfahrzeugen, Flugzeugen und Schienenfahrzeugen werden immer mehr digitale Kommunikationsverbindungen eingesetzt. Daraus ergeben sich sowohl neue Anforderungen an die Architektur der Datenverbindungen, als auch an die

Übertragungsmedien. Im Bereich der weniger sicherheitsrelevanten Fahrerinformations- und Unterhaltungssysteme werden vermehrt serielle Bussysteme verwendet. Dabei werden mit hochbitratigen Verbindungen die einzelnen Geräte hintereinander geschaltet. Der Vorteil ist hierbei ist die Einsparung von Leitungen. Nachteilig ist der Ausfall einer ganzen Reihe von Geräten bei einer defekten Transceiver-Baugruppe.

Abbildung 8.2 zeigt die Zahl von Leitungen in einem Mittelklassewagen nach [Ziem00a]. Während bis vor einigen Jahren die Stromversorgung von Komponenten den größten Anteil hatte, dominiert heute die stark anwachsende Zahl von Datenverbindungen.

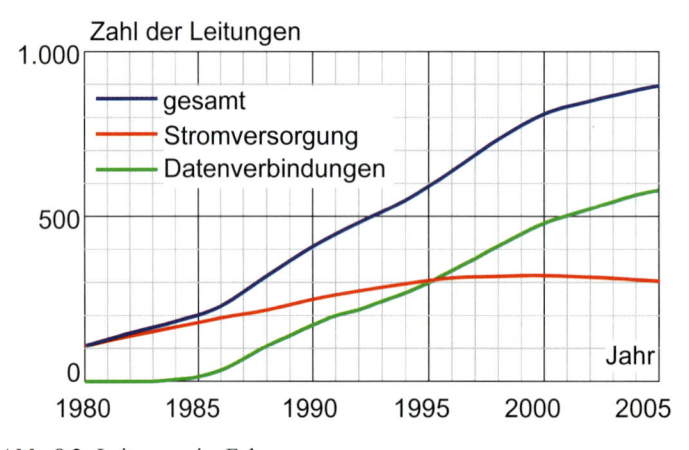

Abb. 8.2: Leitungen im Fahrzeug

Seit 1997 sind optische Komponenten für den Automobileinsatz von Harman/Becker Automotive Systems erhältlich ([Schö01]), seit 1998 erfolgt der seriermäßige Einsatz (z.B. im DaimlerChrysler Vaneo ab 2001, Abb. 8.3).

Abb. 8.3: Vaneo (DaimlerChrysler 2001)

Die Abb. 8.4 und 8.5 aus [Schö01] zeigen die Entwicklung verschiedener Multimedia-Endgeräte im Automobilbereich. Zu Beginn der 90er Jahre kamen mit CD-Wechslern (CDC) erstmalig Zusatzgeräte zum Autoradio zum Einsatz. Später wurden digitale Verstärker (Amp) eingesetzt. Kombinationen von Autoradio und Mobiltelefon (Tel.), teilweise auch mit separaten Spracheingabesystemen (Sprache IO) vervollständigten das Angebot.

Inzwischen sind in Fahrzeugen weitere Geräte wie Navigationssysteme (Navi), Verkehrsleitsysteme (Telematik), mobiler Internetzugang und DVD-Spieler im Einsatz.

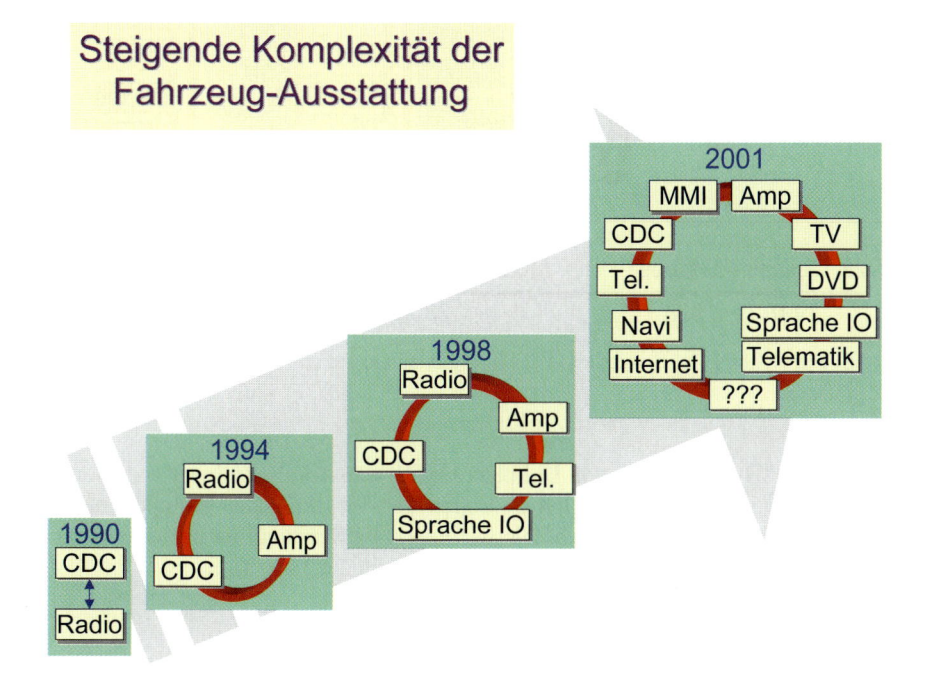

Abb. 8.4: Entwicklung von digitalen Geräten im Automobil

In der folgenden Abb. 8.5 wird (ebenfalls aus [Schö01]) die Entwicklung der optischen Bussysteme gezeigt. Die oben aufgeführten Geräte werden dabei optisch mit diversen Eingabesystemen und z.B. auch Monitoren an verschiedenen Positionen im Fahrzeug verbunden. Während bisher die elektronischen Medien im Fahrzeug hauptsächlich dem Fahrer zugeordnet waren, und damit im wesentlichen der Unterstützung der Fahrzeugsteuerung dienten, rückt immer mehr die Unterhaltung der mitreisenden Passagiere ins Blickfeld. Erste kommerziell erhältliche Produkte sind beispielsweise Monitore für die Rücksitze, auf denen Fernsehprogramme empfangen oder DVD abgespielt werden können.

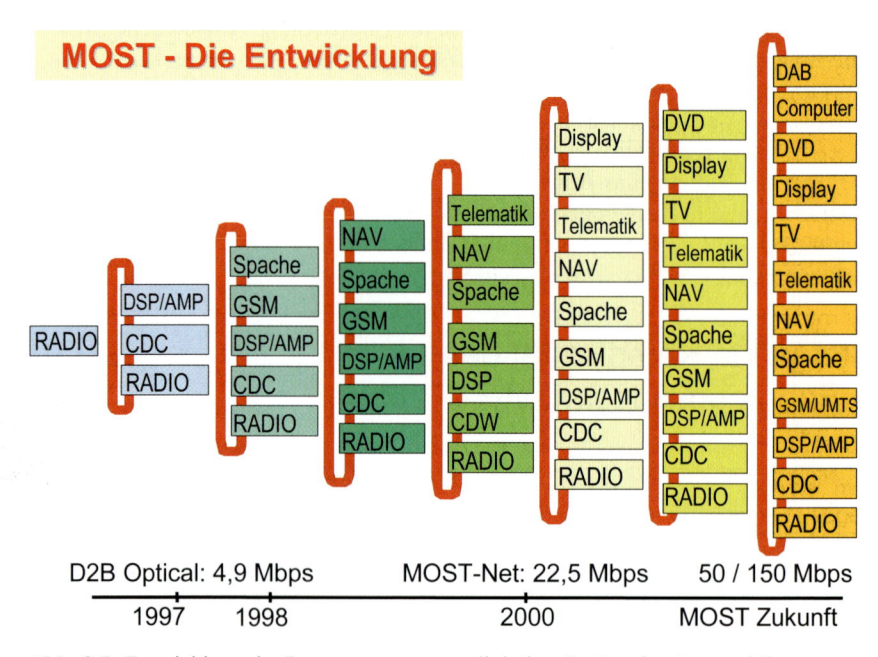

Abb. 8.5: Entwicklung der Busvernetzung von digitalen Geräten im Automobil

8.1.1.1 D2B

Das System D2B wurde 1998 von DaimlerChrysler entwickelt. Ziel war vor allem die Übertragung von Audiosignalen zwischen den verschiedenen Komponenten der Unterhaltungselektronik, welche als wichtigste Anwendung betrachtet wurde. Abbildung 8.6 aus [D2B02] zeigt die Konfiguration in der M-Klasse.

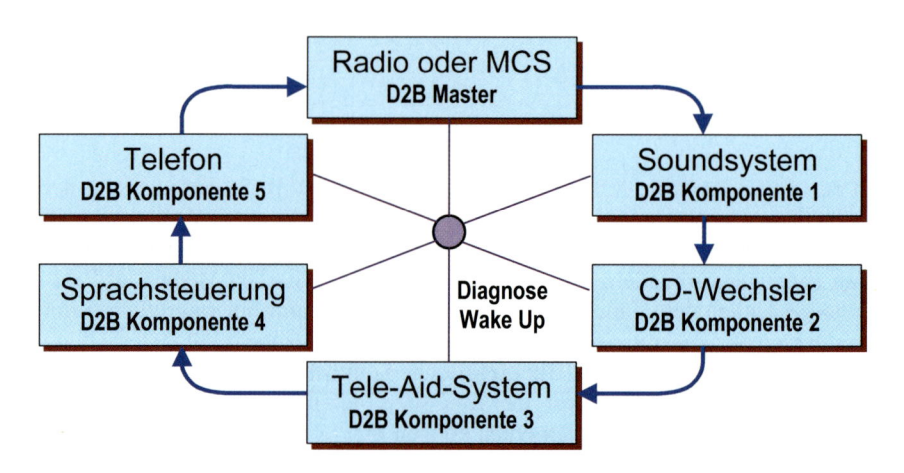

Abb. 8.6: D2B-Konfiguration

Nach [Sco04] waren 2004 über 6 Millionen Knoten installiert (in Mercedes-Benz und Jaguar-Fahrzeugen). Jaguar setzt den D2B im X-Type, S-Type und in der XJ-Serie ein. Im Fahrzeug sind über den D2B-Ring verbunden: CD-Wechsler, Autotelefon, Rückbanksysteme (mit Bildschirmen, DVD-Spieler, Wahleinheit und Mikrophon), Spracherkennung, Soundsystem und der Navigationscomputer.

Die Datenrate des Busses beträgt 5,6 Mbit/s. Die Übertragung erfolgt mittels LED bei 660 nm und mit 1 mm/2,2 mm SI-POF-Kabeln (siehe Kap. 7). Die maximale Leitungslänge ist 8 m. Eine spezielle Entwicklung ist der D2B-Stecker. Aufgabe der Entwicklung war ein Stecker, der relativ unabhängig von der Oberflächenqualität der POF eine gute optische Kontaktierung ermöglicht. Dazu wurde eine Kappe entwickelt, in der sich ein Indexgel befindet. Die abgeschnittene POF wird dort hineingesteckt. Der eigentliche Kontakt ist die ideal glatte Vorderfläche der Kappe (Abb. 8.7).

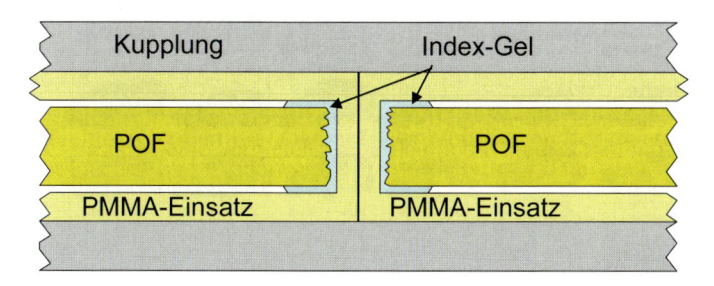

Abb. 8.7: Stecker für D2B

Der Abstand zwischen den Faserstirnflächen liegt unter 1 mm, so daß die Verluste je Steckverbinder unter 2 dB bleiben.

8.1.1.2 MOST

Der Einsatz von D2B blieb im wesentlichen auf einen Hersteller beschränkt. Deswegen konnte auch keine Verringerung der Preise durch größere Herstellungsmengen erreicht werden. Dies dürfte eine der Hauptgründe für die Entwicklung von MOST (Media Oriented Systems Transport) gewesen sein. Vor allem einige deutsche Automobilhersteller übernahmen die Führung in diesem Konsortium. Die MOST-Corporation wurde 1998 von BMW, Daimler-Chrysler, Becker Radio und OASIS Silicon Systems gegründet. Als weltweit erstes Serienmodell wurde der 7er BMW im Jahr 2001 mit diesem Datenbus ausgestattet.

In der ersten Variante kann der MOST-Bus bis zu 25 Mbit/s transportieren. Nach [Thi03a] sind die Preise für einen MOST-Link alleine von 2002 auf 2003 von ca. 10 € auf unter 5 € gefallen (wovon 2/3 auf die optischen Komponenten entfallen).

Einen Überblick über die Entwicklung der MOST-Technologie findet man z.B. in [Muy05a], [Muy05b] und [Thi03b]. In den verschiedenen Vorträgen werden die Zahlen für den Einsatz von MOST-Komponenten genannt:

- 6 Mio MOST-Knoten im Sept. 2003 installiert
- 70 verschiedene Endgeräte mit MOST-Schnittstelle am Markt (2003)
- mehr als 10 Mio MOST-Knoten pro Jahr ab 2004
- mehr als 20 Mio installierte Knoten in 2005

bzw. für die Zahl der Fahrzeugtypen mit MOST:

- 1. Fahrzeugtyp im Jahr 2001
- 10 Typen Ende 2003
- 15 Typen im Sept. 2004
- 36 Typen Ende 2005 (siehe Abb. 8.8)

Abb. 8.8: Fahrzeugtypen mit MOST-Bus (Sept. 2005, [Muy05b])

Im Mai 2005 umfaßte das MOST-Konsortium die folgenden Mitglieder ([Muy05b]):

offizielle Partner	Audi, BMW, DaimlerChrysler, Harman/Becker, Oasis SiliconSystems
Assoziierte Partner: Fahrzeughersteller	Aston Martin, Ford, Honda, Hyundai/Kia, Jaguar, Land Rover, Nissan, Porsche, PSA, Renault, Toyota, Volvo, VW
Assoziierte Partner: Zulieferer	Advanced Optical Components, Agilent Technologies, Alpine, Analog Devices, ASK Industries, Audiovox Electronics, AWTCE, Bosch, Bose, C&CE, c&s group, Citizen Electronics, Clarion, Delco, Dension Audio, DENSO, FCI, Firecomms, Fujitsu TEN, Furukawa, GADV, Hamamatsu, Hirschmann, Hosiden, Hyundai Autonet, HYUNDAI MOBIS, IAV, IMC, Infineon, Iriso, Johnson Controls, K2L, Kenwood, Korea, Electric Terminal, Kostal, Lear, LINEAS Automotive, Matsushita Communication, Matsushita Electric, Melexis, Mitsubishi Electric, Mitsubishi Rayon, Mitsumi Newtec, Motorola, Nokia, Ontorix GmbH, OPTITAS, Philips, Pioneer, Renesas Technology, RUETZ Technologies, Sanyo, SEWS-CE, SHARP, Siemens VDO, SMSC, Softing, STMicroelectronics, TYCO AMP, Vector, Visteon, Yazaki

Ein großer Vorteil der MOST-Technologie ist der Einsatz standardisierter Transceiver, Fasern und Stecker. In Abb. 8.9 werden Sender/Empfänger für MOST gezeigt.

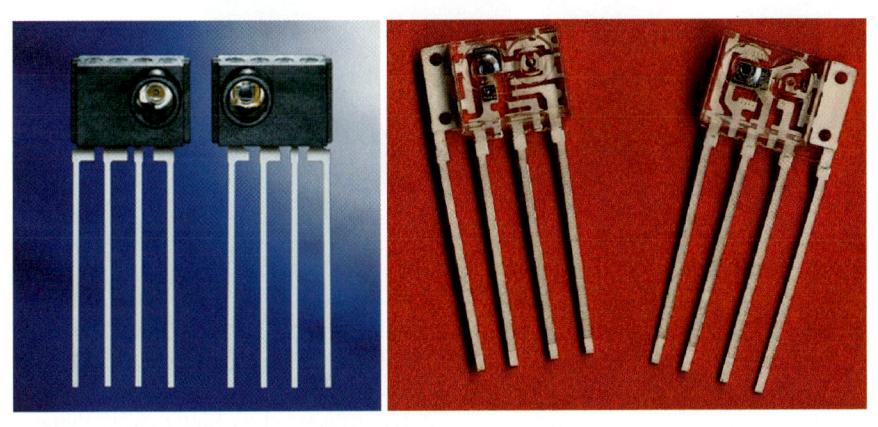

Abb. 8.9: MOST Sender/Empfänger von Infineon und Hamamatsu ([Fre04b], [Thi03b])

Besonders wichtig ist die Entwicklung der verschiedenen Steckervarianten. Bei MOST werden hybride Stecker eingesetzt, in denen POF und Kupferkabel kombiniert werden können. Neben den Gerätesteckern sind auch In-Line-Kupplungen gebräuchlich. Abbildung 8.10 zeigt einige Beispiele.

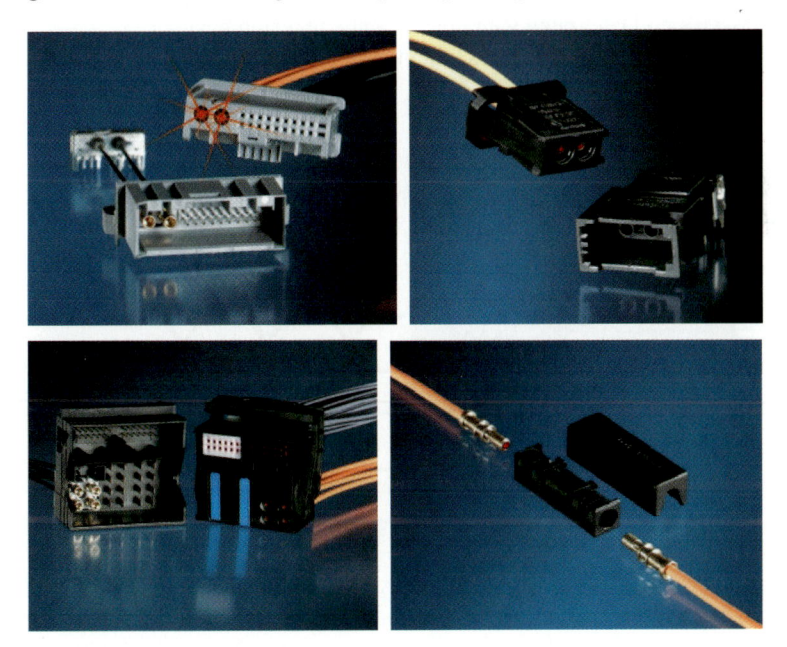

Abb. 8.10: MOST-Stecker und Kupplungen (AMP, [AMP00])

Abb. 8.11: Varianten für MOST-Stecker ([Thi03b])

Parallel zur Zahl der angeschlossenen Geräte steigen die notwendigen Übertragungsdatenraten. Schon jetzt wird im MOST-Konsortium die Einführung von 50 Mbit/s und später 150 Mbit/s vorbereitet. Datenraten von 400 Mbit/s und mehr sind zumindest langfristig zu erwarten. Die Polymerfaser selber bietet ausreichend Bandbreite auch für diese Geschwindigkeiten. Auch die Entwicklung der Sendedioden läßt solche Systeme realisierbar erscheinen. Problematisch ist noch das Design entsprechend empfindlicher und schneller Detektoren. Noch vor wenigen Jahren ging man davon aus, daß sich höhere Datenraten nur mit kleineren Empfängern realisieren lassen, da ansonsten die Photodiodenkapazität der begrenzende Faktor ist. Inzwischen ist diese These vielfach widerlegt worden. Auch mit 1 mm dicken Fasern lassen sich Datenraten weit über 1 Gbit/s realisieren.

Bereits fertig realisiert und im MOST-Standard berücksichtigt sind aktuell folgende Varianten:

➢ LED-POF-Lösung für 50 Mbit/s
➢ RC-LED/POF-Produkte für 150 Mbit/s sind zertifiziert
➢ elektrische Übertragung auf verdrillten Doppeladern mit 50 Mbit/s (Abb. 8.12)
➢ Übertragung von 150 Mbit/s mit PCS und 850 nm VCSEL

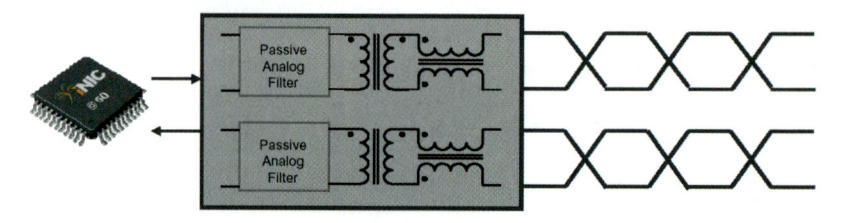

Abb. 8.12: Elektrische Übertragung mit dem MOST-System

Ein wesentlicher Vorteil der aktuellen MOST-Variante auf verdrillten Doppeladern ist die Möglichkeit, bis zu 8 Steckverbindungen je Link einzufügen ([SMCS06]). Das ermöglicht den Einsatz von MOST auch für Fahrzeughersteller, die ihre Produkte aus vielen Einzelmodulen zusammensetzen.

In [Kra02b] wird als Lösung für hohe Datenraten der Einsatz des Gigastar-Links vorgeschlagen. Es können bis zu 1.300 Mbit/s über ungeschirmte Doppeladern als differentielles CML-Signal auf einpaariges STP-Kabel (3 mm) übertragen werden. Das System erlaubt maximal 30 m Strecke.

8.1.1.3 Byteflight

Das System Byteflight wird bislang nur vom BMW eingesetzt. Es dient zur Verbindung von Komponenten des Airbagsystems und weiterer Steuerungskomponenten (im Intelligent Savety Integration System, [Gri00]). Die eingesetzten Stecker und Fasern entsprechen dem MOST-Standard, allerdings erfolgt die Datenübertragung bidirektional auf einer Faser. Die Topologie ist als aktiver Stern ausgelegt. Die Konzeption eines passiven Sterns scheiterte an der zu großen Einfügedämpfung des zentralen Kopplers. Ein auf der POF2004 in Nürnberg gezeigter BMW der 6er Baureihe mit MOST- und Byteflight-Ausstattung ist in Abb. 8.13 zu sehen. Nach [Fre04c] sind z.B. in einem BMW 12 Sensoren für Geschwindigkeit, Beschleunigung und Druck und für das Airbag-System enthalten.

Abb. 8.13: 6er BMW mit MOST und Byteflight (POF2004 Nürnberg)

Die Entwicklung der Komponenten erfolgte zusammen mit den Firmen Siemens, Motorola und Elmos. Die Datenrate bei Byteflight beträgt 10 Mbit/s. Eines der Komponenten im Bus wird als Synchronisations-Master konfiguriert und stellt den Takt für alle anderen Teilnehmer bereit (alle 250 µs). Zwischen den Sync-Impulsen können alle Teilnehmer ihre Daten senden. Es gibt zwei verschiedene Prioritäten, wobei für die hoch-priorisierten Daten die Übertragung mit einer maximalen Wartezeit garantiert wird, und die verbleibende Kapazität für die weniger zeitkritischen Nachrichten ausgenutzt wird (Abb. 8.14).

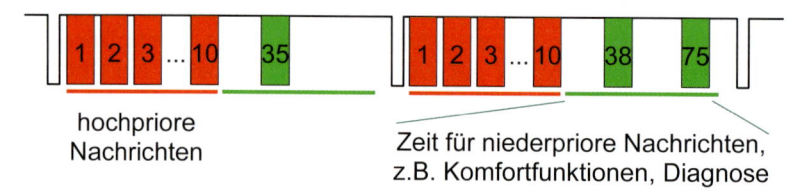

Abb. 8.14: Datenstruktur bei Byteflight

Die bidirektionale Datenübertragung auf der POF erfolgt mit Halb-Duplex. Die Transceiver sind von Infineon entwickelt worden (Abb. 8.15). Für die Komponenten und den aktiven Stern werden jeweils die gleichen Bauteile verwendet.

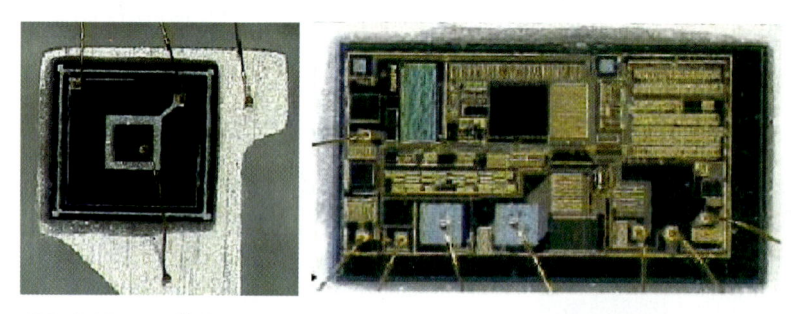

Abb. 8.15: Byteflight-Transceiver (Infineon) und IC (Elmos), [Gri00]

Die spezifizierten Daten der Transceiver sind ([Schö00b], [BFT03]):

- optische Leistung (30 mA): -5,2 dBm
- Anstiegs-, Abfallzeit: < 35 ns
- Peakwellenlänge (25°C): 650 ± 10 nm
- Peakwellenlänge (-40 .. +85°C): 650 ± 20 nm
- Empfängerempfindlichkeit: < -23 dBm
- maximale Empfangsleistung: -1,0 dBm (800 µW)
- Verbrauch im Stand-By: < 10 µA
- Arbeitstemperatur: -40°C .. +85°C

Über eine Weiterentwicklung des Byteflight-Systems wird derzeit noch in verschiedene Richtungen nachgedacht. Sicher scheint, daß das Konzept des aktiven Sterns vor allem für sicherheitskritische Anwendungen ausgeweitet wird. Als wahrscheinlichster Nachfolger des Byteflight gilt Flexray mit mindestens 100 Mbit/s Systemdatenrate. Bislang soll Flexray nur elektrisch realisiert werden. Technisch wäre aber sowohl die POF, aber auch die PCS einsetzbar.

8.1.1.4 IDB1394

Schon seit einigen Jahren wird die Möglichkeit diskutiert, den im Heimbereich schon weitverbreiteten Standard IEEE1394 auch im Auto einzusetzen. Hintergrund ist vor allem der Wunsch nach Übertragung unkomprimierter Videodaten und die Möglichkeit zum Anschluß externer Geräte an die Fahrzeugsysteme (über einen Customer Convenience Port: CCP). Um den höheren Anforderungen im Fahrzeug gerecht zu werden, wurde die Standardvariante IDB1394 entwickelt.

Die Autohersteller Renault (Typ: Espace) und Nissan (8.16) haben in den letzen Jahren Prototypen mit IDB 1394 Netzen demonstriert. Renault setzte dabei LED-basierte 200 Mbit/s-Verbindungen ein. Es konnten 3 simultane Videosignale (DVD-Spieler, Digitales Fernsehen und Hecksicht-Kamera) übertragen werden. Im Nissan-Fahrzeug konnten über das 400 Mbit/s-Netz 7 verschiedene Kameras abgerufen werden. Der Fahrer kann auf einem Schirm bis zu vier Bilder gleichzeitig ansehen.

Abb. 8.16: Nissan-Demonstrationsfahrzeug mit IDB-1394 ([New04])

Eine Beschreibung des IDB 1394-Entwurfes geben [Tee01] und [Lit03]. Als Medien werden sowohl symmetrische Kupferkabel als auch POF vorgesehen (für die längeren Strecken). Die maximalen Übertragungslängen sollen bis 18 m betragen können (bis 10 m mit zwei Steckverbindungen). Ein großer Vorteil der 1394-Spezifikation liegt in der freien Wahl der Topologie. Es sind Baum-, Ketten-, Stern- oder Ringsysteme möglich. Für den CCP ist ein Stecker auf Basis des bekannten SMI-Verbinders geplant. Die Datenstruktur von 1394 ist auf Multimedia-Anwendungen optimiert. Es können sowohl Echtzeitanwendungen (Videoübertragung), als auch Datenverbindungen mit variabler Bitrate realisiert werden.

Komponenten für POF-basierte IDB-1394 Systeme sind schon verfügbar. Firecomms stellte in [Lam05] neue RC-LED vor, die für 200 Mbit/s unter Automobilbedingungen eingesetzt werden können. Der Einsatztemperaturbereich dieser Sender reicht von -40°C bis +95°C bei mehr als -5 dBm POF-gekoppelter Leistung.

8.1.1.5 MOST mit PCS

Einer der entscheidenden Nachteile für den Einsatz der POF in mobilen Netzen ist der beschränkte Temperaturbereich. Aktuell sind die MOST-POF nur bis zu +85°C zugelassen, neuere Faservarianten erlauben den Einsatz bis zu +105°C. Tatsächlich gibt es aber im Auto auch sehr viel wärmere Bereiche, wie Abb. 8.17 zeigt.

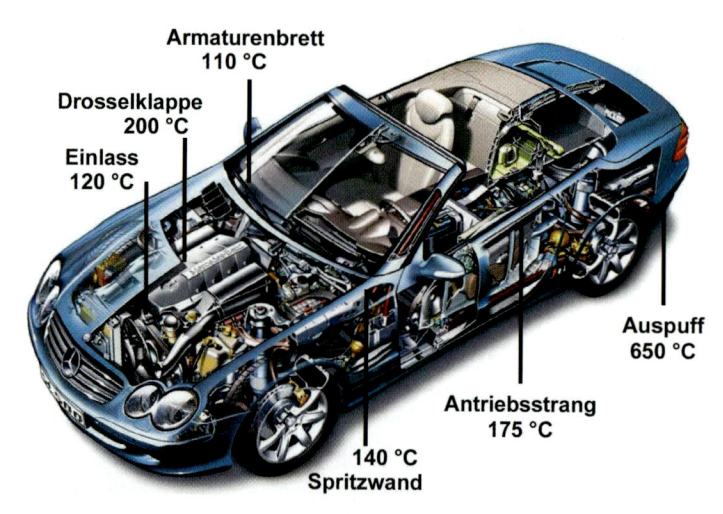

Abb. 8.17: Temperaturen im Auto nach [GMM02]

Eine Erhöhung des Temperaturbereiches auf +125°C würde zumindest den Einsatz der optischen Netze im Motorraum, im gesamten Armaturenbrett und unter dem Autodach ermöglichen. Temperaturstabile Polymere würden durchaus bis +170°C einsetzbar sein, aktuell gibt es hier aber keine Faserentwicklungen.

Speziell von DaimlerChrysler wurde deswegen der Einsatz polymerummantelter Glasfasern (PCS) als Alternative untersucht. Der Kerndurchmesser dieser Fasern beträgt 200 µm bei einer NA von 0,37. In verschiedenen Vorträgen wurden drei Vorteile der PCS gegenüber der POF genannt:

➤ höhere Einsatztemperaturen (bis +125°C)
➤ bessere Leistungsbilanz durch den Einsatz von VCSEL, ermöglicht u.a. den Aufbau passiver Sternnetze
➤ höhere Bandbreiten (gilt inzwischen nicht mehr)

In [Zeeb02] und [Zeeb03] wird ein realisiertes System beschrieben. Mittelpunkt des passiven Sternnetzes ist ein neuentwickelter 13-Tor-Koppler mit 11,1 dB bis 15 dB Einfügedämpfung. An jedem Port können Fasern mit bis zu 15 m Länge angeschlossen werden. Jeder Link erlaubt maximal 5 Steckverbindungen. Die Datenrate im Netz ist 622 Mbit/s, wobei je Kanal bis zu 270 Mbit/s übertragen werden konnten. Nach 2½ Jahren Fahrversuchen (mit 26 umgerüsteten Fahrzeugen der S-Klasse) wurde keine Verschlechterung der Systemparameter festgestellt. Die verwendeten PCS-Kabel mit 1,5 mm Außendurchmesser erlauben 5 mm Biegeradius und zeigen weder nach 100.000 Biegezyklen noch nach Temperaturbelastungen zwischen -55°C und +95°C eine Zunahme der Dämpfung.

Für die verwendeten VCSEL werden über 10.000 Stunden Lebensdauer bei +125°C bei Preisen von 50 ct. angegeben. In [Fre04c] werden als Kosten für die MOST-taugliche PCS etwa 0,50 €/m angegeben, was allerdings deutlich teurer als die POF ist. Kosten für Stecker und insbesondere für den zentralen Koppler sind bislang nicht veröffentlicht worden.

In [Zeeb02] wird ein Vergleich zwischen PCS und POF hinsichtlich der möglichen Leistungsbilanz gegeben (Tabelle 8.2).

Tabelle 8.2: Vergleich der Leistungsbilanzen für POF und PCS

Parameter	Einheit	POF/LED	PCS/VCSEL
Wellenlänge	[nm]	650	850
minimale Ausgangsleistung	[dBm]	-9,6	-1,0*
Empfängerempfindlichkeit	[dBm]	-25,0	-27,0
Dynamikbereich	[dB]	15,4	26,0
Faserdämpfung	[dB/km]	300	< 10
Steckerdämpfung	[dB]	2,0	< 2,0
Koppeldämpfung am Transceiver	[dB]	2,5	2,5
Kerndurchmesser der Faser	[µm]	980	200
Biegeradius	[mm]	25	10

* mit aktiver Leistungsregelung oder passiver Kompensation

Zunächst scheint hier die PCS deutlich besser abzuschneiden. Die Vorteile des Systems basieren vor allem auf drei Eigenschaften:

> - Die Faserdämpfung der PCS ist mit 10 dB/km gegenüber derjenigen der POF praktisch vernachlässigbar (300 dB/km). Bei maximal 10 m Verbindungslänge macht dies aber nur wenige dB aus.
> - Die garantierte Ausgangsleistung des VCSEL ist viel höher als die der MOST-POF. Ursachen dafür sind eine effizientere Einkopplung und vor allem die Leistungsnachregelung. Bei der MOST-LED hat man aus Kostengründen auf diese Maßnahmen verzichtet. Eine geregelte LED mit optimierter Einkopplung (z.B. mit Mikrospiegeln) könnte ebenfalls eine sehr viel höhere fasergekoppelte Leistung garantieren.
> - Für die Dämpfung von PCS-Steckern lassen sich sehr viel bessere Werte erreichen, als sie für den MOST-POF-Stecker spezifiziert sind. Allerdings sind dafür sehr viel geringere Toleranzen (etwa 10 µm) einzuhalten und die Oberflächenpräparation der PCS ist viel aufwendiger (z.B. Schneiden mit CO_2-Laser). Auch für POF-Stecker ließe sich die Dämpfung deutlich verringern, wenn beispielsweise die Toleranzen von Steckern und Fasern auf das Niveau eines PCS-Steckers verringert würden.

Vorteilhaft ist in jedem Fall, daß die 850 nm-VCSEL problemlos mit hohen Datenraten moduliert werden können. Fraglich bleibt sicher, ob die erhöhten Anforderungen an die Justagetoleranzen und die Senderstabilisierung zu mit POF vergleichbar niedrigen Herstellungskosten realisiert werden können.

Eine Möglichkeit zum Aufbau der benötigten zentralen Koppler in einem passiven Stern zeigt [Bäu00]. Die verschiedenen Fasern werden dabei an einen Mischzylinder gekoppelt (1.100 µm Durchmesser (Abb. 8.18). Bei drei Messungen wurden Einfügedämpfungen zwischen 17,10 dB und 18,53 dB ermittelt (Abb. 8.19).

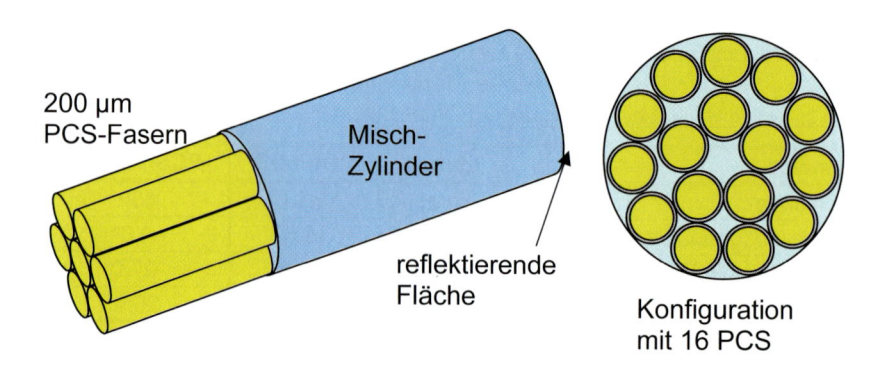

Abb. 8.18: Aufbau reflektierender Sternkoppler ([Bäu00])

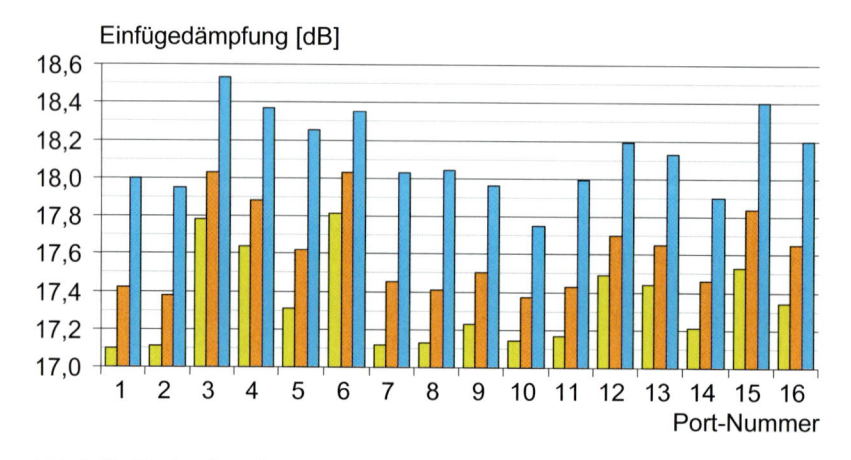

Abb 8.19: Einfügedämpfung von drei 16-Port-Sternkopplern nach [Bäu00]

Zur bidirektionalen Datenübertragung schlägt [Bäu00] den Einsatz von VCSEL-Modulen vor, bei denen das Licht über einen Mikrospiegel zwischen Photodiode und Sender kombiniert wird. Im Halbduplexbetrieb sind bis zu 200 Mbit/s Datenrate möglich (Sendeleistung: -2,5 dBm, Empfängerempfindlichkeit: -20 dBm).

Im MOST-Standard ist die PCS-Lösung als Advanced Optical Physical Layer (aoPhy) spezifiziert ([Pof06]). Ein passiver Stern ist nicht mehr vorgesehen, sondern es werden Punkt-zu-Punkt-Verbindungen aufgebaut. Die festgelegten Parameter der Links sind:

- Faser: 200 mm/230 µm SI-PCS
- Sender: 850 nm VCSEL
- Powerbudget: 20 dB
- minimaler Biegeradius: 9 mm
- Datenrate: >150 Mbit/s
- Stecker: MOST-kompatibel

Musterkomponenten für Fasern, Stecker und aktive Elemente sind von OFS, Polymicro, Infineon, Yazaki, Avanced Optical Components, Delphi, Leoni und Tyco verfügbar. Über den Aufbau der PCS-Leitungen gibt es verschiedene Angaben. Einheitlich ist die Verwendung von 200 µm/230 µm PCS mit einer NA von 0,37. Der Außenmantel soll aus PA12 bestehen und 1,5 mm bzw. 2,3 mm Durchmesser besitzen.

Ein Beispiel für kommerziell erhältliche VCSEL gibt [Pof02]. Hier wird der 850 nm-VCSEL Honeywell 4085-321 untersucht. Zwischen -55°C und +125°C wurde die Ausgangsleistung ohne Regelung zwischen 10 µW und 150 µW schwanken (Abb. 8.20).

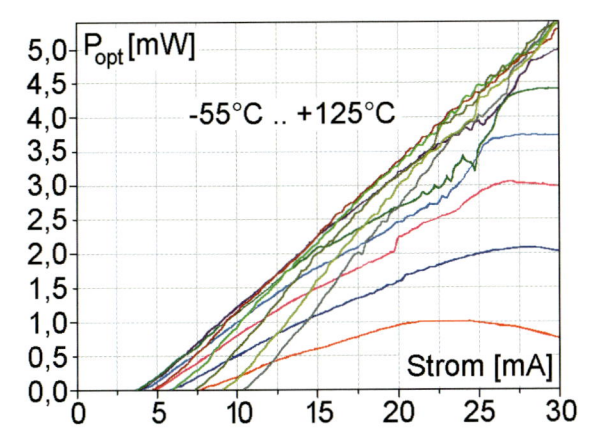

Abb. 8.20: Strom-Lichtleistungskennlinien eines 820 nm VCSEL

Mit Hilfe eines temperaturabhängigen Widerstandsnetzwerkes in der VCSEL-Ansteuerung (Kombination aus NTC und PTC) kann eine weitgehend konstante Leistung eingestellt werden (0,90 ± 0,25 mW). Eine fehlerfreie Datenübertragung konnte mit 500 Mbit/s realisiert werden.

8.1.1.6 Ausblick der Automobilnetze

Mit der Einführung von MOST in immer mehr Fahrzeugtypen, der Einführung eines weiteren Bussystems mit Byteflight und der erfolgreichen Demonstration der technischen Realisierbarkeit noch schnellerer Lösungen (MOST mit 150 Mbit/s, IDB1394 mit 400 Mbit/s) schien die Weiterentwicklung der optischen Bordnetze vorgezeichnet zu sein. Eine mögliche zeitliche Entwicklung zeigt Abb. 8.21 (aus Sicht von 2001).

Etwa ab 2003 trat dann eine Stagnation ein, als DaimlerChrysler zunächst verkündete, künftig statt der POF die 200 µm PCS in Kombination mit 850 nm VCSEL einzusetzen. Im Jahr 2004 wurde dann verkündet, daß DaimlerChrysler in Zukunft überhaupt keine optischen Fasern mehr einsetzen würde ([Wol04]). Diese Aussage wurde zwar schnell zurückgenommen, bei vielen Zulieferern und anderen Autoherstellern herrschte aber seitdem große Verunsicherung.

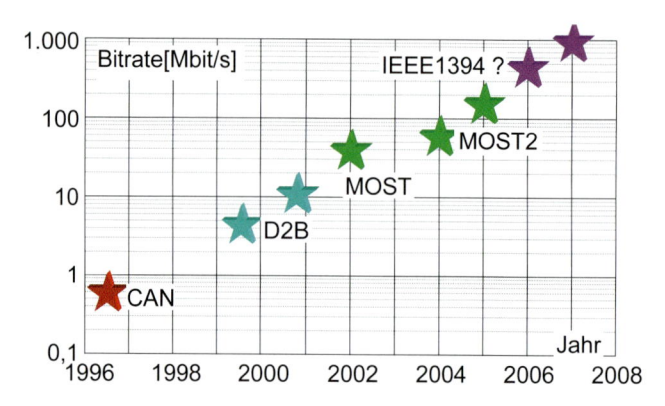

Abb. 8.21: Potentielle Bitratenentwicklung im Automobil (Prognose aus 2001)

Heute scheint klar zu sein, daß es keinen akuten Grund für einen Austausch der POF gibt. Auf der Seite der aktiven Komponenten gibt es mittlerweile RC-LED, die auch 150 Mbit/s erreichen und dabei Leistungsbilanz und Temperaturbereich deutlich verbessern. SI-POF haben gezeigt, daß sie über 10 m ohne Weiteres bis zu 2,5 Gbit/s zulassen. Eine PMMA-POF mit einem Temperaturbereich bis 105°C ist am Markt verfügbar, wobei die Dämpfung gegenüber Standard-POF nur wenig erhöht ist.

Auf der anderen Seite haben viele Experimente kupferbasierte Lösungen für hohe Datenraten gezeigt. Sowohl geschirmte symmetrische Kabel als auch Koaxialkabel sind dabei getestet worden. Ein Beispiel wird in [Beer05] beschrieben. Die Datenübertragung mit maximal 800 Mbit/s erfolgt hier mit symmetrischen geschirmten Kabeln. Die maximale Einsatztemperatur ist +125°C und der minimale Biegeradius des Kabels ist 10 mm. FCI hat hierzu auch eine entsprechende Steckerlösung entwickelt.

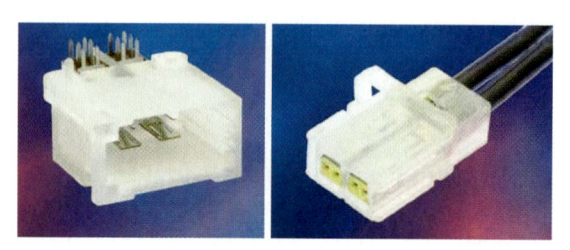

Abb. 8.22: Vorschlag für einen MOST-Kupferstecker (bis 800 Mbit/s, [Beer05])

Zumindest unter Laborbedingungen halten auch die neueren Kupferlösungen die Grenzwerte für die elektromagnetische Verträglichkeit ein (eines der Hauptargumente für den Einsatz der Optik war der Schutz vor Störungen). Einen ganz entscheidenden Schritt zur weiteren Verbreitung der POF in Fahrzeugnetzen könnte die Entwicklung von sehr schnell (1 Gbit/s) modulierbaren LED beitragen. Im Labor ist dies bereits gelungen. Nur wenn die Linkkosten der Optik in den Bereich der Kupfertechnik kommen wird sie sich weiter durchsetzen.

8.1.1.7 Mikrowellmantel-POF im Auto

Eine sehr interessante Anwendung für POF-Kabel mit Mikrowellmantel (siehe auch Kap. 3) könnte sich mit der Einführung einer neuen Betriebsspannungsebene im Fahrzeug (evtl. 42 V) ergeben. Abbildung 8.23 zeigt den Anschluß eines digitalen Gerätes über POF mit Mikrowellmantel. Dieser dient dabei sowohl als mechanischer Schutz, als auch als Stromversorgung (zweiter Pol ist wie gewohnt der Fahrzeugrahmen).

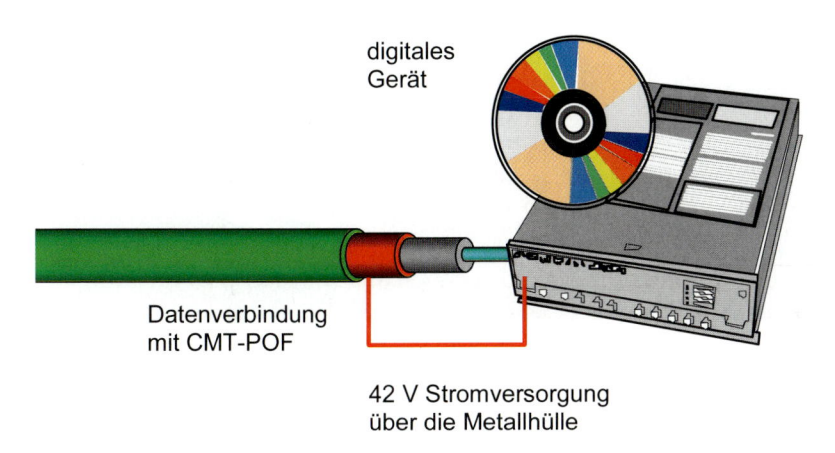

Abb. 8.23: Anschluß von Endgeräten mit Stromversorgung über den Schutzmantel

Trotz ansteigender Anzahl von Datenverbindungen kann damit der Platzbedarf und das Gewicht der Kabelbäume begrenzt werden. Auch in der MOST-Spezifikation sind verschiedene hybride Steckverbinder vorgesehen, so daß Stromversorgung und Datenübertragung gleichzeitig installiert werden können.

8.1.1.8 Optische Kameralinks für LKW

Von der Firma Nexans Autoelectric Floß wird derzeit in Zusammenarbeit mit DaimlerChrysler ein neuartiges LKW-Kamera-Rangiersystem entwickelt. Dabei sind am Auflieger verschiedenen Kameras befestigt, die den gesamten umgebenden Raum lückenlos erfassen. In der Zugmaschine (z.B. einem Actros, Abb. 8.24) befindet sich die Auswerteelektronik. Die erfaßten Bilder werden entzerrt, so daß der Fahrer ein komplettes Bild erhält, und auf engen Parkplätzen oder verkehrsreichen Ladezonen sicher einparken kann.

Eine neue Lösung soll bei der Verbindung der verschiedenen Kameras mit der zentralen Elektronik beschritten werden. Herkömmliche Kupferkabel stoßen in Bezug auf Länge (bis zu 30 m) und der benötigten Bandbreite an ihre Grenzen. Funkübertragung ist wegen der großen Datenmenge und der Gefahr von Überlagerungen auf Plätzen mit vielen LKW ebenfalls schwierig realisierbar. Optische Fasern erlauben störungsfreie Übertragung mit hoher Kapazität.

Abb. 8.24: Actros-Sattelzug (DaimlerChrysler)

Lösungen für die benötigten robusten Stecker wurden z.B. für Züge schon entwickelt. Als mögliche Faservarianten werden derzeit sowohl 200 µm PCS, als auch 1 mm POF untersucht (SI-POF nach MOST-Spezifikation und Vielkernfasern). In der nachfolgenden Skizze ist die Ausrüstung der Kamera (digital oder analog) mit optischen Fasern dargestellt.

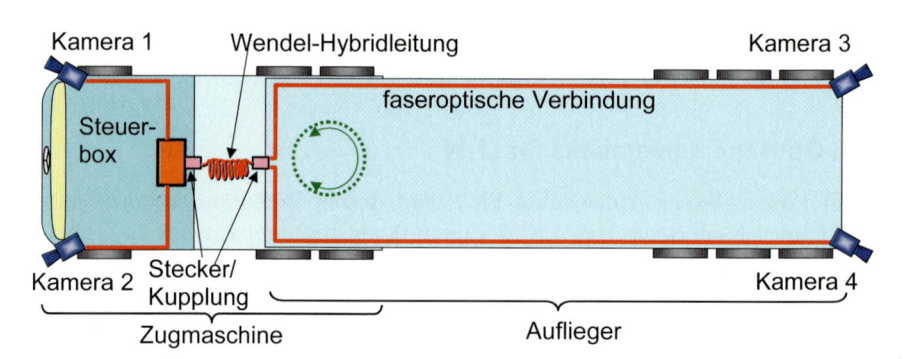

Abb. 8.25: Sattelschlepper mit Kamera-Überwachungssystem

Eine besondere Herausforderung stellt naturgemäß die flexible Verbindung zwischen Zugmaschine und Auflieger dar. Bislang werden dazu relativ dicke Spiralkabel verwendet. Diese sind ca. 7 m lang (Kabellänge), enthalten rund ein Dutzend elektrische Leitungen und haben 15,5 mm Außendurchmesser. Der Wendeldurchmesser beträgt 80 mm (Abb. 8.26).

Abb. 8.26: Spiralkabel mit Querschnitt (Nexans Autoelectric)

In Kooperation mit dem POF-AC Nürnberg wird untersucht, welche optischen Fasern sowohl den Anforderungen bei der Herstellung der Spiralkabel (kurzzeitige hohe Temperaturen), als auch im Betrieb (enge, ständig wechselnde Biegungen) genügen. Die Stecker werden von Ratioplast/Lübbecke hergestellt. Abbildung 8.27 zeigt die maximal auftretenden Verbindungslängen.

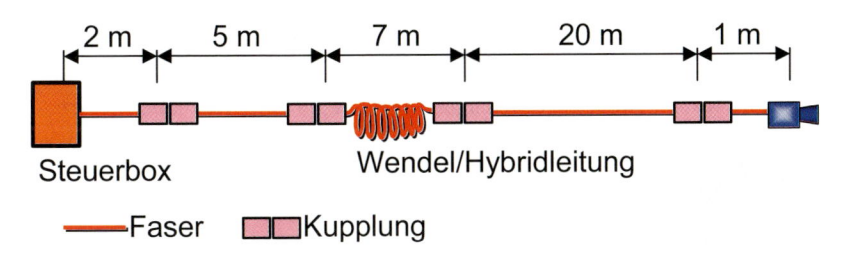

Abb. 8.27: Maximale Verbindungslängen

Insgesamt kann also eine Verbindungslänge von bis zu 35 m auftreten. Mit Standard-MOST-POF steht ausreichend Bandbreite für ein analoges Kamerasignal in PAL-Qualität zur Verfügung (ca. 8 MHz). Selbst mehrere Kanäle können gleichzeitig durch Frequenzmultiplex übertragen werden. Für ein komplettes digitales Signal (unkomprimiert) reicht die Bandbreite nur knapp aus. Vorteilhaft ist dann die Verwendung von MC-POF oder Semi-GI-PCS.

In einem ersten Experiment konnte gezeigt werden, daß die Dämpfung der MC-POF durch den Einbau in das Spiralkabel nur um ca. 0,15 dB/m erhöht wird (insgesamt ca. 1 dB für die Wendelleitung). Bei Dehnung des Spiralkabels ändert sich die Dämpfung der POF im Spiralkabel nicht meßbar. Bei einer POF-Dämpfung von ca. 0,4 dB/m einschließlich der Einflüsse von Alterung und Temperaturschwankungen und 2 dB Verlust je Steckverbindung beträgt der maximale Linkverlust:

$$\alpha_{Link} = l_{Link} \cdot \alpha_{POF} + N \cdot \alpha_{Stecker} + \alpha_{Wendel}$$
$$= 35 \text{ m} \cdot 0{,}4 \text{ dB/m} + 4 \cdot 2 \text{ dB} + 1 \text{ dB} = 23 \text{ dB}$$

Für die fest verlegten Kabelverbindungen im Bereich der Zugmaschine und des Aufliegers werden Wellmantel-Kabel eingesetzt (Abb. 8.28) um einen optimalen Schutz des Lichtwellenleiters zu gewährleisten. Die von der Fa. Ratioplast realisierten Steckverbinder garantieren eine geringe Einfügedämpfung. Mit Hilfe einer Linse wird das Licht kollimiert, so daß kontaktlos und auch bei relativ großem Abstand eine sichere Verbindung garantiert wird. Die nötige Winkelgenauigkeit wird über die Führung des Hybridsteckers gewährleistet.

Abb. 8.28: Linsensteckverbinder für Kameralink mit Wellmantelkabel

Eine komplette Dose für das vielpolige Hybridkabel mit Schutzdeckel und einer integrierten optischen Faser wird in Abb. 8.29 gezeigt. Daneben ist in der Seitenansicht im Kabelbündel die optische Faser im Wellmantelrohr zu erkennen.

Abb. 8.29: Hybridsteckdose und Stecker mit Wellmantelkabel

8.1.2 Datennetze in Wohnungen und Gebäuden

Der Einsatz der POF in Fahrzeugnetzen stellte die erste große Massenanwendung dar und hat die Polymerfaserentwicklung weit vorangetrieben. Ein noch sehr viel größeres Potential besteht aber in der Vernetzung von Wohnungen und Gebäuden. Dabei muß zwischen verschiedenen Anwendungsfeldern unterschieden werden. In Bürogebäuden ist vor allem die Vernetzung der Arbeitsplatzrechner, der Zugang zu Internet und Telekommunikationsnetzen und der Datentransfer zu Speichersystemen wichtig. Im privaten Umfeld (Wohnungen) stellen nach wie vor die

Videoanwendungen (Fernsehen, Video-on-Demand) die dominierenden Dienste dar. Dementsprechend unterscheiden sich die Anforderungen an die Netzarchitektur.

Für Bürogebäude gibt es seit langer Zeit Standards für diensteneutrale strukturierte Verkabelungen. In Wohngebäuden sind die Netze nach wie vor rein dienstebezogen und nicht auf Erweiterungen ausgelegt (aus Kostengründen wird fast immer nur das absolute Minimum eingebaut). Der Autor wohnt beispielsweise in einem Neubau (2001), in dem nach nur 6 Jahren das (als Baumnetz) ausgelegte Koaxialkabelnetz ausgetauscht werden muß. Mit dem zügigen Ausbau der Breitbandnetze in Deutschland wird deswegen ein enormer Bedarf an Nachrüstungen in Wohnungen und Gebäuden entstehen.

8.1.2.1 Einsatz von POF in LAN-Anwendungen

Für LAN-Anwendungen dominieren aktuell Datenkabel auf Basis von symmetrischen Kupferleitungen, vor allem aber Glasfasern die Netze. Während noch vor wenigen Jahren 10 Mbit/s-Ethernet (10BaseT) den Hauptanteil der Schnittstellen bildete (in Stern oder Baumstruktur), werden heute überwiegend reine Sternnetze auf Basis von 100 Mbit/s-Verbindungen aufgebaut. Grundlage der Topologie moderner LAN bilden die Standards zur strukturierten Verkabelung, z.B. die IN 11801.

Bei der strukturierten Verkabelung wird das LAN in verschiedene Segmente eingeteilt, für die es entsprechende Empfehlungen gibt. Innerhalb von Gebäuden wird dabei die Vertikalverkabelung (Zwischen Keller und Etagen) und die horizontale Verkabelung (innerhalb der Etage) getrennt. Für die verschiedenen Bitraten werden unterschiedliche Kategorien für die Qualität der Kupferleitungen festgelegt. Die Reichweite für Kupferkabel ist dabei immer 100 m (90 m für ein fest installiertes Kabel plus 2 mal 5 m für Patchkabel am Verteilraum und im Büro, siehe Abb. 8.30). Im einzelnen sind dabei dargestellt:

1: Zentraler Gebäudeserver (mit Anschluß an die TK-Netze)
2: Vertikalverkabelung (z.B. 1000BaseSX)
3: Etagen-Switch
4: Patchkabel (maximal 5 m)
5: Verteilfeld für die Etage
6: Horizontalverkabelung
7: Anschlußdose im Büro
8: Anschlußkabel (maximal 5 m)
9: Endgerät (z.B. Computer)

Für den Einsatz der Polymerfaser in LAN-Anwendungen könnten vor allem folgende Gründe sprechen:

➢ weniger Platzbedarf der Kabel
➢ geringere Anfälligkeit gegenüber Störungen
➢ galvanische Trennung der Komponenten

Datennetze in Bürogebäuden werden i.d.R. sehr sorgfältig geplant und errichtet. Die Nutzung von geschirmten Kabeln dominiert in Deutschland (im Gegensatz zu den USA) gegenüber ungeschirmten Kabeln. Die sorgfältige Beachtung eines einheitlichen Erdpotentials im gesamten Gebäude ermöglicht eine optimale Nutzung der Vorteile geschirmter Kabel. Damit spielen in Datennetzen, zumindest bei ordnungsgemäßer Installation, elektromagnetische Störungen keine große Rolle.

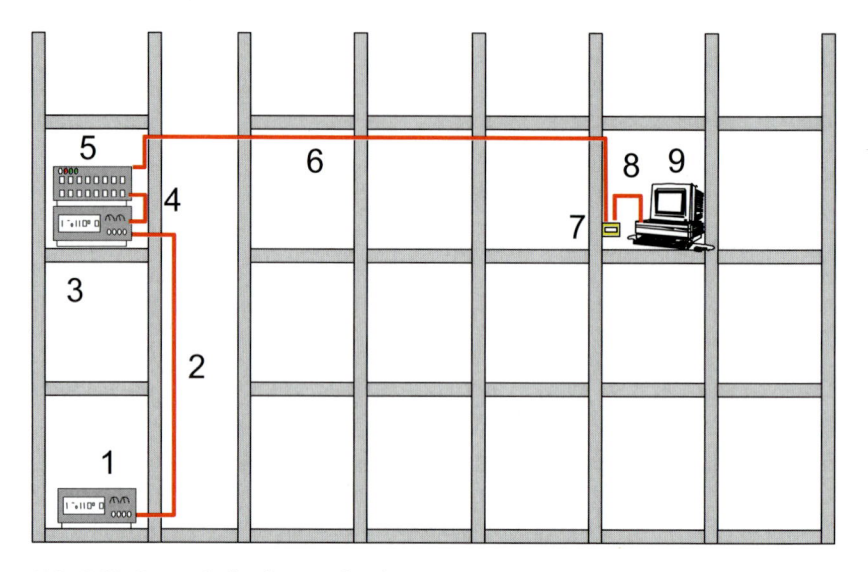

Abb. 8.30: Bestandteile einer strukturierten LAN-Verkabelung

Die Verlegung der Datenkabel in Bürogebäuden erfolgt üblicherweise auf Gittern unterhalb der Flurdecken. Der hohe Platzbedarf von Datenkabeln spielt dabei keine sehr große Rolle.

Die Verbindung von elektronischen Geräten über das Stromnetz und über Datennetze erzeugt immer Schleifen, die sowohl als Antenne wirken können, oder sogar unerwünschte Strompfade ergeben. Im kommerziellen Anwendungen sollten diese Probleme berücksichtigt werden. Vor allem das Problem der Induktion (z.B. durch nahe Blitzeinschläge) muß durch entsprechende Schutzeinrichtungen gelöst werden. Hier wäre die POF eine interessante Alternative, die sicher in speziellen Anwendungen Verwendung finden wird. Aber auch für Kupferleitungen existieren praktikable und bewährte Lösungen.

8.1.2.2 Einsatz von POF in privaten Netzen

Heutige Wohnungen sind zumeist mit drei verschiedenen leitergebundenen Netzen ausgestattet, dem Telefonanschluß, dem Anschluß an das Breitbandkabelnetz oder eine Antennenanlage und das 220 V-Stromversorgungsnetz. Jedes dieser Netze ist für seinen spezifischen, jeweils sehr unterschiedlichen Einsatzzweck angepaßt. Abbildung 8.31 zeigt eine typische Netzstruktur in einer Wohnung.

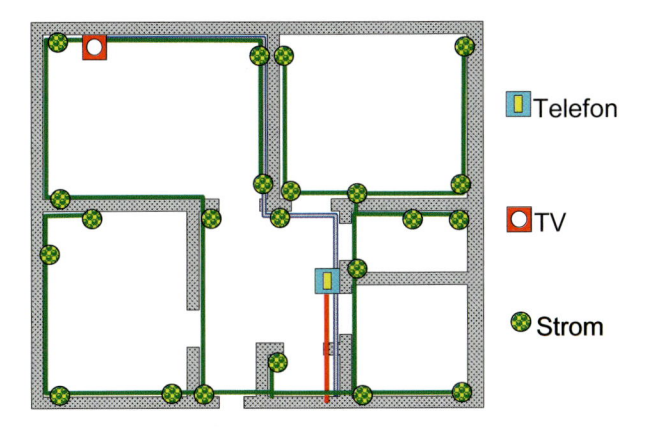

Abb. 8.31: Typische Wohnungsverkabelung (3 Raum-Wohnung)

Wie zu erkennen ist, verbindet nur das Stromnetz alle Räume effektiv miteinander. Telefon- und BK-Netz bieten zwar den Anschluß an die Zugangsnetze, nicht aber die Möglichkeit zur Vernetzung verschiedener Endgeräte innerhalb einer Wohnung, wie sie in Abb. 8.32 schematisch gezeigt wird.

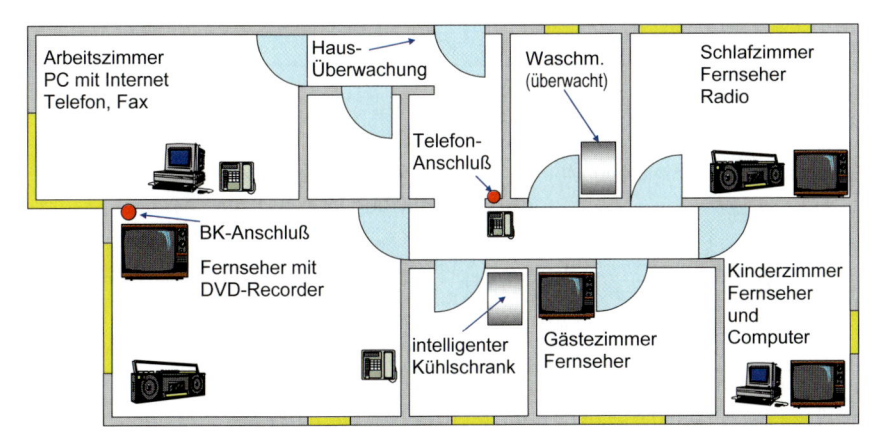

Abb. 8.32: Beispiele für vernetzte Geräte im Haushalt

Die Liste der möglichen Geräte mit Bedarf nach Vernetzung läßt sich beliebig ergänzen. Wachsende Bedeutung haben z.B. Überwachungs- und Steuerungssysteme für Heizung, Fenster und Türen. Wie der Verfasser erfahren durfte, werden selbst im Jahre 2001 noch Wohnungen ohne jegliche Anlage von Netzwerken geplant und errichtet. Der Mieter steht damit vor dem Problem, möglichst ohne großen Aufwand Datenverbindungen zwischen den Geräten herzustellen. Zwei Möglichkeiten, völlig ohne Kabelinstallation auszukommen, sind die Nutzung der PowerLine-Technologie oder der Aufbau eines Funknetzes. Beide Optionen sind technisch weit entwickelt und durchaus bezahlbar. Die möglichen

Bitraten und die erreichbare Qualität sind aber deutlichen Begrenzungen unterworfen. Spätestens bei der Übertragung qualitativ hochwertiger Bewegtbilder in Echtzeit, oder dem breitbandigen Anschluß von Rechnern (beispielsweise für Heimarbeit) sind leitungsgebundene Verfahren vorzuziehen. Dazu kommen die verschiedenen Kupferkabel, aber auch optische Fasern in Frage. Tabelle 8.3 faßt einige mögliche Technologien für den Einsatz in privaten Umgebungen zusammen.

Tabelle 8.3: Technologien für Heim-Netzwerke

Technologie	Leistungsfähigkeit	Vor- und Nachteile
Funktechniken		
UMTS	2 Mbit/s über 70 m 300 kbit/s » 100m 14 Mbit/s (HSDPA)	keine lokale Vernetzung
Bluetooth	1 Mbit/s über 10 m 50 Mbit/s (802.15.3)	sehr einfache Vernetzung begrenzte Kapazität
wireless ATM	25 Mbit/s über 30 m	unterstützt vielfältige Dienste noch relativ teuer
wireless LAN	54 Mbit/s über 30 m IEEE 802.11g	weit verbreitet shared Medium
UWB / 802.11n	..1 Gbit/s über 10 m	in Entwicklung
Kupferkabel		
PNA	einige Mbit/s	erfordert vorhandene Telefonleitungen, störanfällig
Koaxialkabel	einige 100 Mbit/s	erfordert vorhandene Koaxialleitungen; relativ aufwendige Umsetzer
Datenkabel	1 Gbit/s über 100 m	dicke Kabel (ca. 7-8 mm): am weitesten entwickelte LAN-Technologie
PLC	bis ca. 45 Mbit/s (Home-Plug AV)	einfach zu installieren Störanfälligkeit und Abstrahlung kritisch, shared Medium
Optische Kabel		
Glas-SM-Faser	praktisch unbegrenzt	extrem teure Installation
Glas-MM-Faser	2,5 Gbit/s	begrenzter Aufwand für die Installation
PMMA-POF	100..1000 Mbit/s über 100 m	noch sehr neue Technik extrem einfache Installation

Abkürzungen:
PNA: Phone Network Association, Nutzung vorhandener Kupferkabel
PLC: PowerLine Communication, Nutzung des Stromnetzes
UMTS: Universal Mobile Telecommunications System, Mobilfunkstandard der 3. Generation

Wie man aus der Aufstellung entnehmen kann, liegt die PMMA-POF durchaus im Mittelfeld der Leistungsfähigkeit der verschiedenen Übertragungsmedien. In Bezug auf die Einfachheit der Installation sind natürlich Funksysteme und PLC nicht zu übertreffen. Unter den leitungsgebundenen Verfahren zeichnet sich die POF aber durch den einfachsten Kabelaufbau und die kostengünstigste Verbindungstechnik aus. In Abb. 8.33 ist ein Größenvergleich verschiedener Kabel zu sehen. Es wird demonstriert, daß POF sehr gut in bestehende Kabelkanalsysteme integriert werden können.

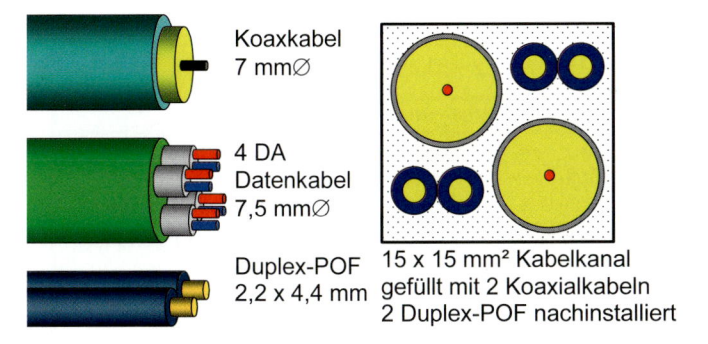

Koaxkabel
7 mm$\varnothing$

4 DA
Datenkabel
7,5 mm$\varnothing$

Duplex-POF
2,2 x 4,4 mm

15 x 15 mm² Kabelkanal
gefüllt mit 2 Koaxialkabeln
2 Duplex-POF nachinstalliert

Abb. 8.33: Größenvergleich verschiedener Kabel

Abb. 8.34: Das Rote oder das Schwarze ? Unter den Medien für die In-Haus-Verkabelung kann der Endkunde im wesentlichen zwischen symmetrischen Kupferkabeln und POF wählen (Photo: I. Männl, FH Nürnberg)

Neben der Frage nach dem Übertragungsmedium ist aber vor allem die Schnittstelle zum Verbraucher interessant. Nur wenn Endgeräte mit entsprechenden Anschlüssen ausgestattet sind, die gewünschten Dienste in ausreichender Qualität unterstützt werden und Komponenten für den Netzaufbau preiswert verfügbar sind, kann sich ein System durchsetzen. Tabelle 8.4 listet einige der interessanten Schnittstellen auf.

Tabelle 8.4: Schnittstellen für Heim-Netzwerke

Schnittstelle	Bitraten	Vor- und Nachteile
ATM-Forum	25 Mbit/s, 155 Mbit/s, 622 Mbit/s, 2,5 Gbit/s	unterstützt qualitativ hochwertige Dienste und wird bereits im Fernnetz eingesetzt bisher zu teuer für Heimanwendungen
Ethernet	10 Mbit/s, 100 Mbit/s 1.000 Mbit/s	vor allem für IP-Anwendungen genutzt, weit verbreitet und preiswert, dominierend im LAN-Bereich schwierig bei Video-Übertragung
USB	12 Mbit/s (neu 480 Mbit/s)	weitverbreiteter Standard für PC sehr einfacher Betrieb erfordert laufenden PC bisher zu kleine Datenrate
IEEE 1394	100Mbit/s, 200Mbit/s 400Mbit/s, 800Mbit/s bis 3,2Gbit/s geplant	universelles System für alle Anwendungen (incl. Video) Multimaster-Network mit extrem einfachem Betrieb

Für alle 4 genannten Schnittstellen wurden bereits POF-Systeme realisiert. Das ATM-Forum hat die Verwendung der PMMA-POF für 155 Mbit/s spezifiziert. Sehr interessant ist aber vor allen die Einbeziehung der POF in die Spezifikationen von IEEE 1394 (bisher 100 Mbit/s und 200 Mbit/s über 50 m, 400 Mbit/s über 100 m ist in der Vorbereitung). Diese Schnittstelle könnte sich, im Gegensatz zu Ethernet, nicht nur bei Computern sondern auch in vielfältigen Multimediageräten wie Spielekonsolen, Foto- und Videokameras, Fernseher und DVD-Geräten und bei Computerperipherie durchsetzen.

Der Standard IEEE 1394 setzt bewußt nicht exklusiv auf ein Medium, sondern stellt dem Nutzer die Wahl des jeweils geeigneten Kabels als Option frei. Darin liegt gerade für die POF ein großes Anwendungspotential, wie die oben gezeigte Übersicht demonstriert.

Neben der Frage der möglichen Schnittstellen soll noch der Gebäudenetzmarkt in Deutschland allgemein betrachtet werden. Im Gegensatz zu Ländern wie Japan oder den USA wohnen in Deutschland die meisten Menschen in Mehrfamilienhäusern. Die Abb. 8.35 zeigt die Verteilung der Gebäudegrößen nach der letzten Wohnungs- und Gebäudezählung für Berlin. Auf der linken Seite ist die Zahl der Gebäude (ca. 200.000 in Berlin) mit verschiedenen Größen dargestellt (W/G: Wohnungen je Gebäude). Die rechte Seite des Diagramms vergleicht die Zahl der Wohnungen (ca. 1.200.000) innerhalb der verschiedenen Gebäudegrößenklassen.

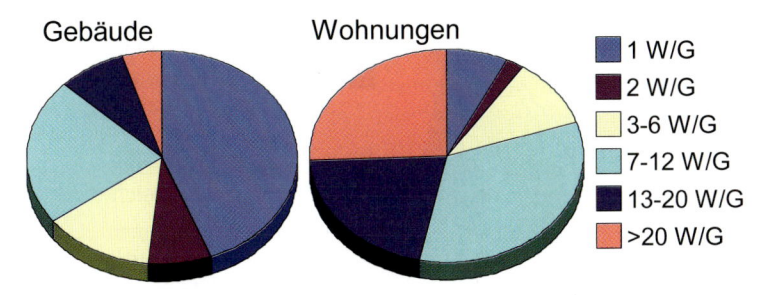

Abb. 8.35: Gebäudegrößenverteilung in Berlin

Obwohl fast die Hälfte der Gebäude Einfamilienhäuser sind, repräsentieren sie doch nur rund 10 % der Berliner Wohnungen. Jeweils rund ¼ der Wohnungen befindet sich in Gebäuden mit 7 - 12, 13 - 20 oder mehr als 20 Wohnungen. Deutschlandweit sind immerhin ca. 70 % aller Wohnungen in Mehrfamilienhäusern.

Abschließend zeigt Abb. 8.36 die kumulierte Häufigkeit von Kabellängen in Gebäuden (errechnet für die Gebäudegrößenverteilung in Berlin). Praktisch alle Kabellängen (gemessen zwischen Hausübergabepunkt und Endgerät) sind unter 100 m, typische Längen sind 30 m bis 40 m. Auch hier zeigt sich, daß die POF sehr gut in das Anforderungsprofil nicht nur für Netze in Wohnungen, sondern auch in Gebäuden paßt (siehe [Kra98]).

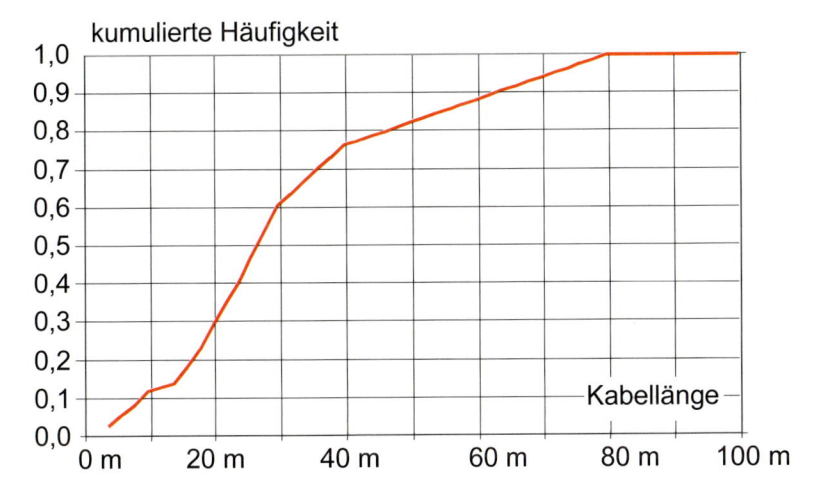

Abb. 8.36: Kabellängenverteilung für Berlin

Eine Besonderheit einiger europäischer Länder, zu denen auch Deutschland gehört, ist ein sehr hoher Anteil von Wohnungen in Mehrfamilienhäusern. In den USA liegt dieser Anteil nur um 20%, während es in Deutschland ca. 70% sind (Abb. 8.37). Insofern muß die Entwicklung neuer Lösungen für Gebäudenetze speziell in Deutschland erfolgen.

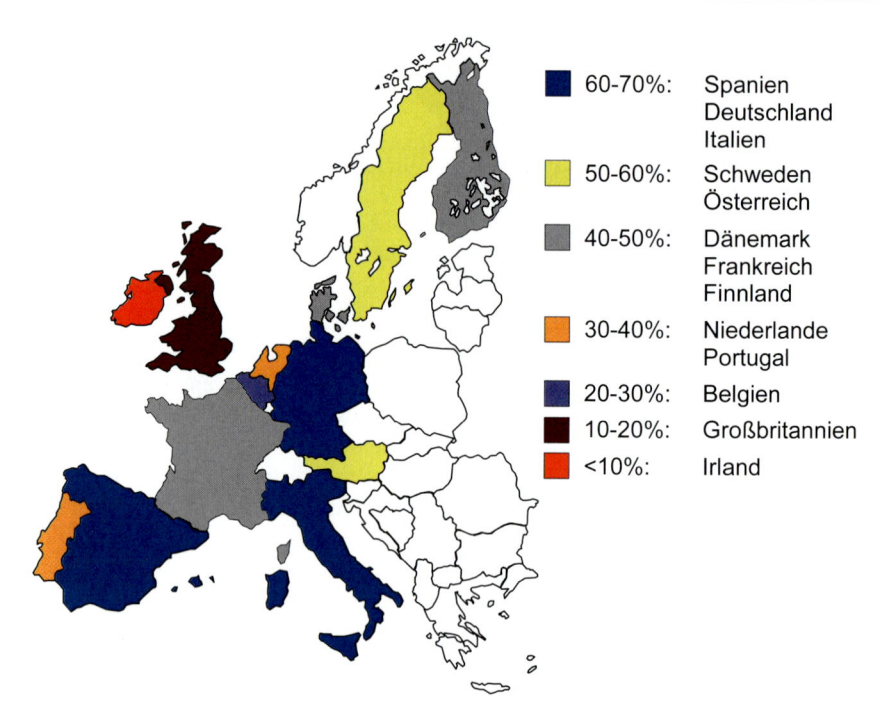

Abb. 8.37: Anteil der Mehrfamilienhäuser [Tan04]

Eine der sicher kritischsten Fragen ist die nach der Zukunftsfähigkeit der Polymerfaser in der Hausverkabelung. Wie im Kap. 2 ausführlich dargelegt wurde, gibt es bislang eine Reihe unterschiedlicher Faservarianten. Als einzige Variante ist die Standard-SI-POF in großen Menge, stabil und preiswert verfügbar. Dafür ist aber die Datenrate mit den heute verfügbaren Systemen auf ca. 100 Mbit/s limitiert. Um sein Netz auch für 1000 Mbit/s ausbaufähig zu halten, sollte man andere Fasern mit höherer Bandbreite einsetzen, die dann aber u.U. mit den existierenden Fast-Ethernet-Komponenten nicht optimal funktionieren.

Die neuesten technischen Entwicklungen zeigen aber einen sinnvollen Ausweg aus dieser Situation. Mit bandbreiteeffizienten Verfahren, wie sie für Kupfer oder Funk schon lange eingesetzt werden, kann man 1 Gbit/s auch über SI-POF übertragen. Mit der Marktverfügbarkeit von Systemen ist in naher Zukunft zu rechnen. Der Bedarf für so hohe Datenraten wird vermutlich erst entstehen, wenn sich Glasfaseranschlüsse auf breiter Basis durchsetzen. Zumindest in Deutschland wird das aber noch einige Jahre dauern.

Ein weiterer Aspekt ist, daß sich POF relativ einfach austauschen lassen. Sollte also eine SI-POF-Installation tatsächlich nicht mehr den Anforderungen genügen, kann der Ersatz, z.B. durch eine GI-POF mit relativ wenig Aufwand erfolgen. Diese Fasern dürften in einigen Jahren dann auch sehr viel preiswerter sein.

Innerhalb von Wohnungen werden die Verbindungslängen praktisch immer unter 25 m liegen, mit typischen Längen von 10 m bis 20 m zwischen den Räumen. Auf so kurze Entfernungen kann 1 Gbit/s problemlos mit NRZ-Kodierung über eine SI-POF übertragen werden. Hier kann also der Anwender fast nichts falsch machen.

8.1.2.3 POF und die Breitbandnetzentwicklung

Der entscheidende Treiber für die Entwicklung der digitalen Heimvernetzung (und damit auch für die POF-Technologie) ist der Ausbau der Breitband-Zugangsnetze. Im Jahr 1999 begann mit der Einführung von ADSL in Deutschland das Breitbandzeitalter. In wenigen Jahren werden die schnellen Datenverbindungen den herkömmlichen Telefonanschluß abgelöst haben. Eine Prognose für die Entwicklung der weltweiten Privatkunden-Anschlüsse nach Anzahl und Bandbreite zeigt Abb. 8.38 (aus 2004).

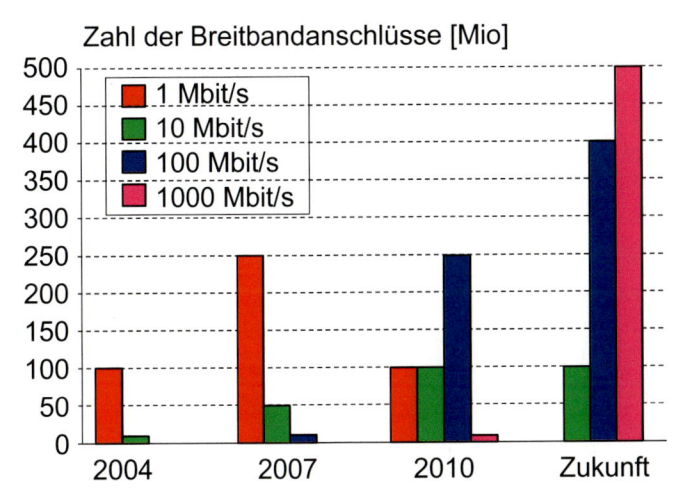

Abb. 8.38: Entwicklung der weltweiten Breitbandanschlüsse (Teleconnect Dresden)

Nach dieser Voraussage gibt es schon 2010 weltweit ½ Milliarde Breitbandverbindungen. Genauso wichtig ist aber die Tatsache, daß schon bald mittlere Datenraten zwischen 100 Mbit/s und 1.000 Mbit/s als Standardanschluß gelten werden. Technisch steht hinter dieser Entwicklung die Ablösung von ADSL durch VDSL und die immer weitere Verbreitung von FTTH (Fiber To The Home). Auch für Funkverbindungen wird sich diese Entwicklung durchsetzen, dabei sind so hohe Datenraten nur durch gerichtete Verbindungen mit Sichtverbindung zwischen Basisstation und Teilnehmer zu erreichen.

Diese Entwicklung hat entscheidende Konsequenzen für die Netze in Gebäuden:

➢ ADSL liefert Bitraten bis etwa 10 Mbit/s. Das Modem befindet sich zumeist in der Wohnung des Kunden. Powerline und Wireless LAN stellen ausreichend Kapazität bereit, auch wenn benachbarte Nutzer gleichzeitig aktiv sind.

624   8.1 Datenübertragung mit POF

- ➢ VDSL liefert Bitraten bis 100 Mbit/s. In vielen Fällen wird das Modem im Keller stehen, wenn die In-Haus-Verkabelung nicht hochwertig genug ist. Wireless LAN und PLC besitzen weder die notwendige Reichweite noch die Kapazität, vor allem wenn in einem Gebäude mehrere Nutzer aktiv sind. Im Haus wird eine kabelbasierte Infrastrukturverkabelung nötig sein.
- ➢ FTTH ist extrem teuer. Bei FTTB (Fiber To The Building) muß nur jedes Gebäude einzeln angeschlossen werden, wenn die Daten im Hause effektiv weiterverteilt werden. Die Kapazität einer Glasfaser reicht auch für Gebäude mit vielen Wohnungen bequem aus.
- ➢ Breitbandige gerichtete Funkanschlüsse erfordern eine Außenantenne in Richtung der Basisstation (auf dem Dach oder an einer Außenwand). Auch hier wird man zum Anschluß der Endgeräte in größeren Gebäuden eine Basisverkabelung benötigen.

Daß sich die Voraussagen über die Bitraten und Teilnehmerzahlen auch in Deutschland erfüllen, zeigen die Abb. 8.39 und 8.40.

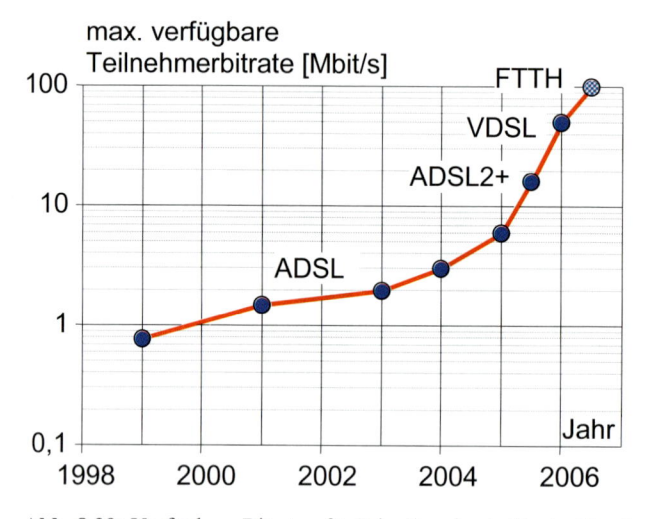

Abb. 8.39: Verfügbare Bitraten für Privatkunden in Deutschland

Die ersten ADSL-Anschlüsse boten insgesamt knapp 1 Mbit/s. Schnell wurde dann die mögliche Kapazität von 6 Mbit/s auch ausgenutzt, bevor mit ADSL2 und ADSL2+ die Erweiterung auf bis zu 18 Mbit/s erfolgte (allerdings nur für Kunden nahe den Vermittlungsstellen). Ab August 2006 (Fußball-WM) gibt es auch in Deutschland VDSL für den Privatkunden. Schrittweise wird auch hier die Bitrate vergrößert werden (theoretisch sind bis zu 300 Mbit/s möglich). Die ersten kleineren Netzbetreiber bieten hierzulande auch schon Glasfaseranschlüsse an. Wann dies flächendeckend erfolgen wird, ist eher eine politische als eine technisch/ökonomische Fragestellung. Daß es auch in Deutschland zu einem Glasfaserausbau bis zum Endkunden kommen muß, ist jedoch zweifelsfrei. Die Entwicklung der Breitband-Teilnehmerzahlen in Deutschland zeigt Abb. 8.40.

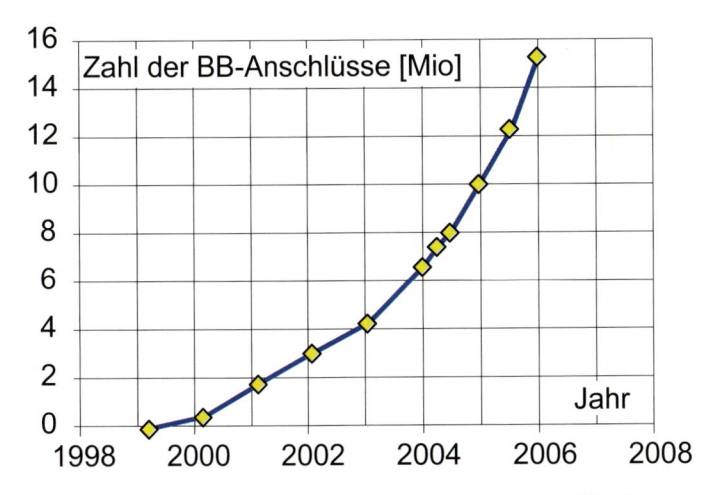

Abb. 8.40: Entwicklung der Breitbandanschlüsse in Deutschland

Schon heute haben rund 40% der Haushalte einen solchen Anschluß (» 90% mit ADSL). Zum Zeitpunkt der ersten Auflage dieses Buches waren es noch unter 1% und viele sog. Experten bezweifelten die Notwendigkeit eines Breitbandausbaus. Beeindruckend an dieser Graphik ist nicht nur die rasante Entwicklung, sondern auch, daß Deutschland im gezeigten Zeitraum bzgl. der Anschlußdichte von einer internationalen Spitzenposition auf einen der letzten Plätze in Europa zurückgefallen ist (Beispiel in Abb. 8.41).

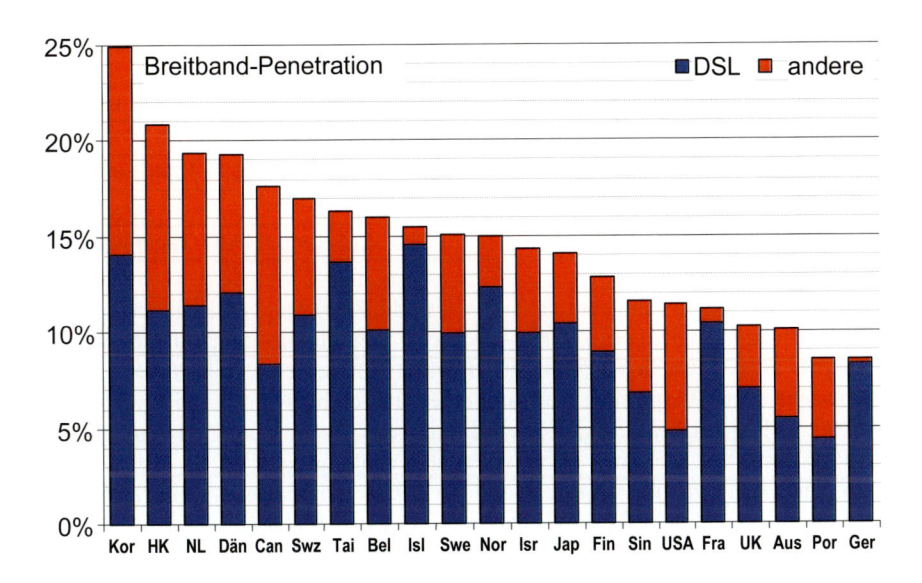

Abb. 8.41: weltweiter Vergleich der Breitbandversorgung ([Fal05])

Ohne Frage wird Deutschland diesen Rückstand wieder aufholen. Die Notwendigkeit einer effizienten Gebäudevernetzung sollte dabei nicht als Hindernis betrachtet werden, sondern als Möglichkeit mit FTTB immer viele Kunden gleichzeitig zu versorgen. Basis muß dabei eine Technologie bilden, die sowohl bezüglich der Komponenten, als auch der Installation preiswert ist. Die Polymerfaser bildet dafür einen herausragenden Kandidaten.

8.1.2.4 POF und Funk

Gerade in der In-Haus-Verkabelung gelten Funk (im Wesentlichen IEEE 802.11 Wireless LAN) und die Polymerfaser als Konkurrenten. Die Funktechnologie hat dabei einige Jahre Entwicklungsvorsprung und den Vorteil eines enormen politischen Gewichtes. Der Entwurf des Bundesministeriums für Bildung und Forschung (BMBF) für die Forschungsförderung der Informations- und Kommunikationstechnologie bis 2020 behandelt beispielsweise fast ausschließlich drahtlose Technologien. Optische Technologien werden nur kurz, die Gebäudenetze gar nicht erwähnt. Ursache des weit verbreiteten Glaubens, man könne mit Funktechnologien bald jede beliebige Kapazitätsanforderung erfüllen, ist die schnelle Entwicklung der maximal erreichbaren Datenraten der verschiedenen Funksysteme. Die folgende Tabelle zeigt einige der Entwicklungsschritte.

Tabelle 8.5: Entwicklung der Funktechnologien für Heimnetze

Standard	Jahr	Kapazität
IEEE 802.11	1997	2 Mbit/s (im 2,4 GHz ISM-Band)
IEEE 802.11b	1999	11 Mbit/s (im 2,4 GHz ISM-Band)
IEEE 802.11g	2002	54 Mbit/s (im 2,4 GHz ISM-Band)
IEEE 802.11n	2005	bis 320 Mbit/s (im 2,4 GHz ISM-Band, MIMO-Technik)
IEEE 802.16	2006	134 Mbit/s (11..60 GHz, bei Sichtverbindung)
IEEE 802.15.3	2004	200 Mbit/s / 4 m (Bluetooth WPAN, 2,4 GHz ISM-Band)
UWB	???	bis 1000 Mbit/s (3,1 .. 10,6 GHz)
WigWam	???	bis 1080 Mbit/s (im 5 GHz ISM-Band, MIMO-Technik)

In weniger als einem Jahrzehnt hat sich damit die Kapazität von Funknetzen für die Hausvernetzung annähernd vertausendfacht. Bei diesem simplen Vergleich werden aber zwei Tatsachen nicht berücksichtigt. Zum einen resultiert der Kapazitätszuwachs zum allergrößten Teil aus einer immer besseren Ausnutzung des verfügbaren Frequenzbereiches. So wird z.B. das lizenzfreie ISM-Band von 2.400 MHz bis 2.483 MHz in 13 überlappende Kanäle aufgeteilt. Nur drei davon können gleichzeitig genutzt werden. Bei einer Bitrate von 54 Mbit/s bidirektional werden zwei dieser Kanäle benötigt. Die inzwischen verfügbaren 108 Mbit/s-Modems können gar nicht mit voller Bitrate bidirektional übertragen. Im zweiten lizenzfreien Band von 5.150 MHz bis 5.350 MHz steht etwas mehr Kapazität zur Verfügung, hier steigt aber die Dämpfung von Wänden und anderen Hindernissen stark an. Konkurrieren mehrere Geräte um die verfügbaren Frequenzen (eventuell auch die der Nachbarn), sinken die erreichbaren Bitraten schnell ab.

Der zweite Teil des Kapazitätszuwachses resultiert aus höherwertigen Modulationsverfahren (bis QAM256). Diese erfordern aber bessere Störabstände und sind deswegen meist nur noch auf kurze Entfernungen realisierbar.

Abbildung 8.42 aus [Sha04] zeigt den Zusammenhang zwischen Reichweite (ohne Wände) und erreichbarer Bitrate für Funksysteme verschiedener Generationen. Obwohl sich die maximalen Kapazitäten stark unterscheiden, gibt es doch einen klaren Zusammenhang zwischen Kapazität und Reichweite. Es gilt zu bedenken, daß die Kapazität noch einmal stark fällt, wenn mehrere Wände zu überbrücken sind (insbesondere bei höheren Frequenzen). Stahlbetonwände (und -decken) sind fast undurchlässig.

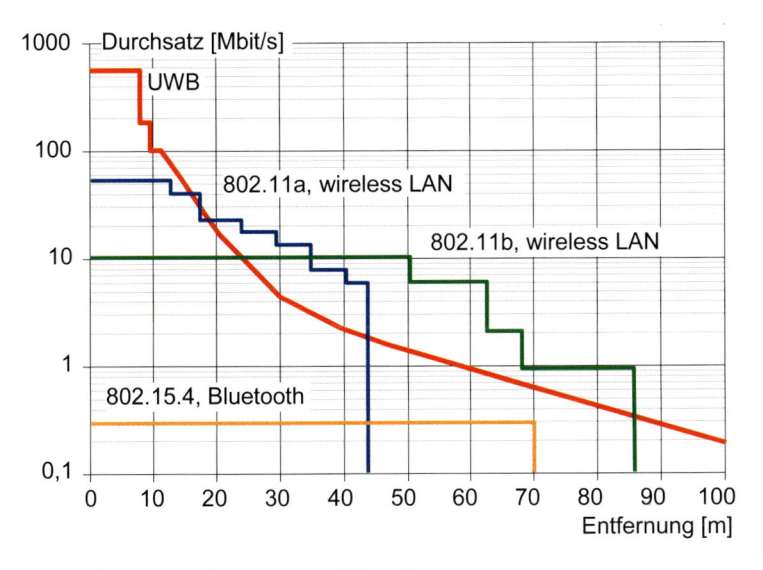

Abb. 8.42: Reichweite von Funk ([Sha04])

Natürlich gibt es auch „echte" Kapazitätsverbesserungen bei den Funksystemen, z.B. durch effizientere Fehlerkorrekturalgorithmen und bessere Vielfachzugriffsverfahren. Besonders effektiv ist die MIMO-Technik (Multiple Input - Multiple Output). Hier muß aber jedes Gerät mehrere Antennen aufweisen.

Dramatische Steigerungen der Kapazität um Größenordnungen sind in der Funktechnik nur möglich, wenn entweder das Frequenzband auf mehrere GHz erweitert wird (z.B. indem andere Dienste abgeschaltet werden, was illusorisch ist), oder indem die Sendeleistungen massiv erhöht werden (was unter Umständen ungesund ist).

Bitraten von einigen 100 Mbit/s, wie sie auch von einer SI-POF problemlos übertragen werden können, sind mit Funk effektiv wohl nur innerhalb von Räumen möglich. Dabei bilden alle Kabel Punkt-zu-Punkt-Verbindungen. Sie garantieren also die Kapazität, unabhängig davon, was andere Geräte gerade machen.

Um dennoch von der Mobilität in Funknetzen auch mit breitbandigen Anwendungen (z.B. einem HDTV-Gerät) profitieren zu können, kann man POF und Funk wie in Abb. 8.43 gezeigt kombinieren.

Das dargestellte Gebäude hat einen breitbandigen Anschluß (zu Beginn vielleicht einige VDSL-Leitungen, später einen 2,5 Gbit/s-Glasfaseranschluß). Ein POF-basiertes Sternnetz verteilt die Daten in die Wohnungen (per Duplexfaser). In jeder Wohnung gibt es einen weiteren Switch. Ab hier werden die Daten auf Simplexfasern transportiert, um die Installation noch einmal zu erleichtern. Das gesamte System kann mit heute marktverfügbaren Komponenten mit Fast-Ethernet aufgebaut werden. Später ist eine Erweiterung auf 1000 Mbit/s je Leitung denkbar. In einer Reihe von Räumen sind zusätzlich Breitbandfunk-Basisstationen installiert. Da sie nur je einen Raum abdecken müssen, können sie mit kleiner Sendeleistung und bei hohen Frequenzen arbeiten (dies würde dann auch die Störungen in den Nachbarräumen reduzieren). Ein Handover ist über den zentralen Gebäudeknoten möglich, so daß die volle Mobilität gegeben ist.

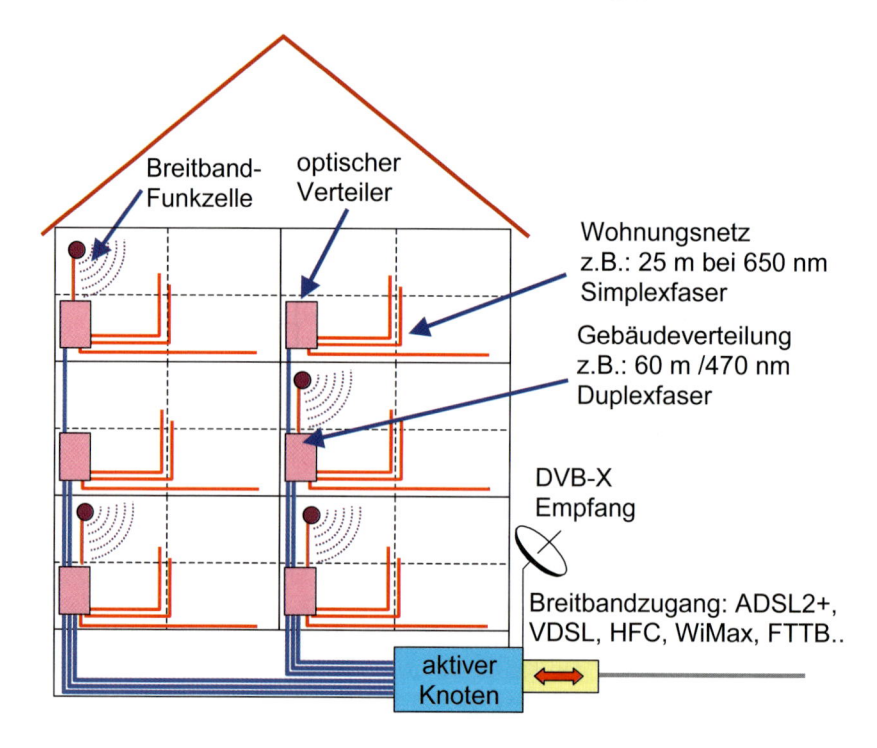

Abb. 8.43: Optische Haus- und Wohnungsnetz mit POF-Vernetzung

Mit dem gezeigten Vorschlag können die Vorteile breitbandiger Funklösungen und fester POF-Installationen ideal kombiniert werden. Für den Endkunden ergibt sich zudem die eventuell gewünschte Minimierung der Belastung durch Funkwellen.

8.1.2.5 POF-Topologien

Von wesentlicher Bedeutung für den Einsatz der POF sind die möglichen Topologien. Zum heutigen Zeitpunkt sind praktisch keine Endgeräte mit POF-Schnittstellen verfügbar. Der Anwender muß also an den Geräten die verfügbaren elektrischen Schnittstellen verwenden und das Signal mittels Medienkonverter auf die POF umsetzen (Abb. 8.44). Natürlich sind dabei auch die entsprechenden Stromversorgungen notwendig.

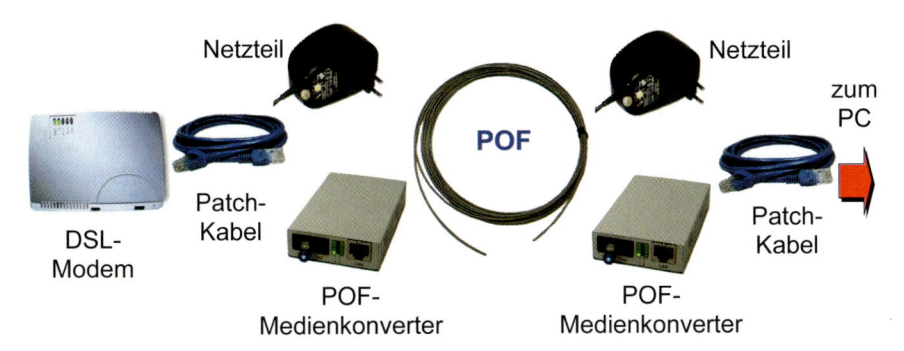

Abb. 8.44: Anschluß eines PC an ein DSL-Modem mit POF-Medienkonvertern

Der Nachteil der Lösung besteht in den vielen notwendigen Komponenten. Im Prinzip sind im System vier vollwertige elektrische Ethernet-Schnittstellen vorhanden, die eigentlich überflüssig sind. Für den Endanwender wird aber schon diese Variante unter bestimmten Umständen einer Kupferverkabelung vorzuziehen sein. Zum einen ist die POF sehr viel dünner als das notwendige Kupferkabel, zum anderen sind die beiden Seiten elektrisch komplett getrennt.

In den nächsten Jahren werden diese Verbindungen stückweise vereinfacht werden. Schon heute sind z.B. PC-Steckkarten mit POF-Anschluß von einigen Herstellern verfügbar. Es gibt (z.B. von Luceat) auch schon Ethernet-Switche bzw. Hubs. In einem nächsten Schritt könnten DSL-Modems wahlweise direkt mit einer POF-Schnittstelle ausgestattet werden (ein erstes derartiges Produkt ist von Netopia - ausgestattet mit Transceivern von Firecomms - vorgestellt worden [OTS06c]). Dann kann der Anwender sein Netz ganz ohne externe Medienkonverter, Patchkabel und zusätzliche Netzteile aufbauen (Abb. 8.84).

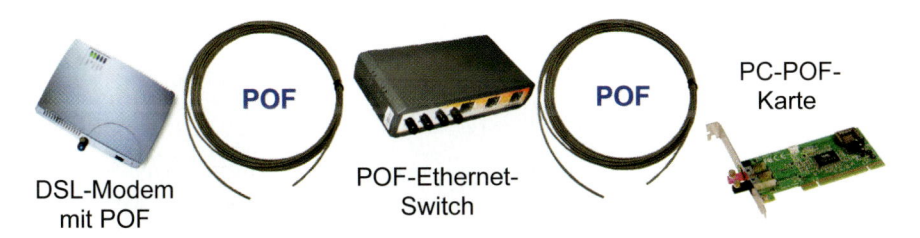

Abb. 8.45: Anschluß mehrerer PC an ein DSL-Modem mit POF-Ausgang (fiktiv)

In weiteren Schritten werden dann spezielle Endgeräte direkt mit POF-Schnittstellen ausgestattet werden. Eine notwendige Voraussetzung ist dafür natürlich ein stabiler Standard. Wie oben beschrieben, dürften vor allem Funk-Basisstationen mit POF-Anschluß sehr sinnvoll sein.

Neben der allgemeinen Vernetzung der Wohnungen und Gebäude könnte es eine Reihe von Anwendungen geben, in denen POF in spezifischen Punkt-zu-Punkt-Verbindungen eingesetzt wird. Ein Beispiel ist die Übertragung von unkomprimierten Videodaten zwischen Empfänger und Bildschirm. Weitere mögliche POF-Verbindungen könnten Sensoren anschließen (die dann auch optisch ferngespeist werden können).

Im Rahmen eines durch die Bayerische Forschungsstiftung geförderten Projektes haben die Partner Loewe Opto, das Fraunhofer Institut für Integrierte Schaltungen Erlangen, die Firma SGT Weidenberg und das POF-AC Nürnberg ein System zur Übertragung von HDMI-Videodaten ($3 \times 1,6$ Gbit/s) über ein POF-Bändchen entwickelt. Mit SI-POF kommt man etwa 15 m weit, mit GI-POF bis zu 50 m. Die Abb. 8.46 und 8.47 zeigen den Versuchsaufbau und das verwendete Bändchen mit dem Stecker-Prototyp.

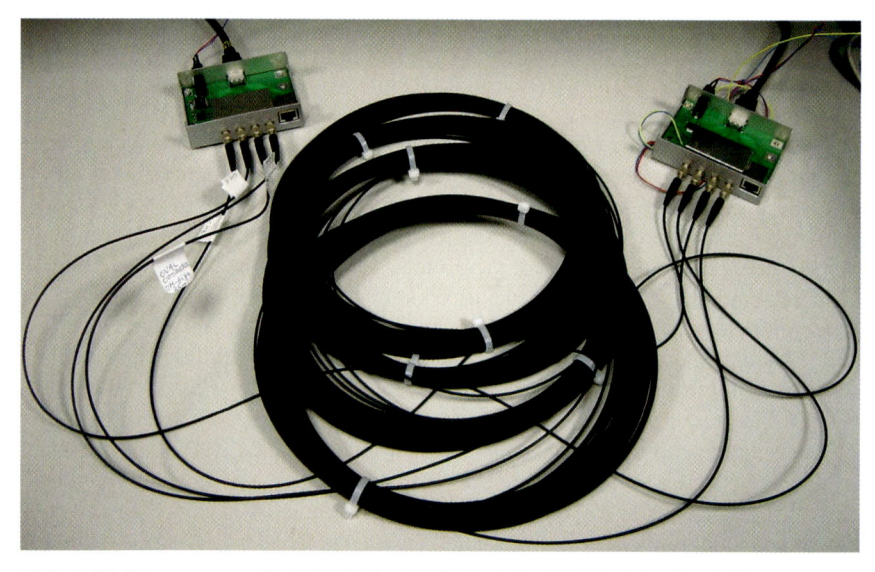

Abb. 8.46: Demonstrator für HDMI über POF (Projekt OVAL, siehe [Jun06])

Abb. 8.47: POF-Bändchen mit Stecker-Prototyp

8.1.3 Interconnectionsysteme mit POF

Im Kapitel 5 wurde bereits beschrieben, welche vielfältigen Anwendungen optische Bussysteme im Bereich der parallelen Datenübertragung in naher Zukunft haben könnten. Als Alternative zu in Leiterplatten integrierten Wellenleitern können auch Faserlösungen treten. Der Vorteil faserbasierter Varianten besteht darin, daß die Materialien nicht den hohen Temperaturen beim Herstellen und Bestücken der Leiterplatten ausgesetzt werden. Auch Verbindungen zwischen verschiedenen Einsteckkarten sind problemlos möglich, da die Fasern bzw. Faserbündel fast beliebig gebogen werden können. Ein Beispiel für ein POF-basiertes System ist im Abschnitt 6.4.2 gezeigt worden.

Im Prinzip lassen sich alle herkömmlichen Fasern für diese Anwendungen nutzen. Da zumeist viele Kanäle parallel mit großen Datenraten notwendig sind, bilden VCSEL-Arrays die idealen Quellen. Für eine optimale Ankopplung und gleichzeitig kleine Biegeradien wird man Fasern mit relativ kleinem Kerndurchmesser verwenden (125 µm oder 250 µm). Verglichen mit Standard-Multimode-Glasfasern sind diese immer noch relativ dick, gestatten also größere Toleranzen. Der wichtigste Unterschied ist aber sicher die extrem einfache Verarbeitung.

Dank der kurzen Übertragungslängen können auch PMMA-POF bei Wellenlängen von 780 nm oder 850 nm eingesetzt werden. Auch der Einsatz von Stufenindexfasern ist bis zu einigen Metern mit Datenraten bis 10 Gbit/s je Kanal möglich.

Eine umfangreiche Übersicht über die Details einer POF-Interconnection-Lösung ist in [Witt04] gegeben (siehe auch [Jöhn98], [Witt98], [Ney02]).

8.1.3.1 Parallele Datenübertragung mit Glasfasern

Für verschiedene Glasfasern (MM-GI-GOF und PCS) sind bereits kommerzielle Systeme auf dem Markt verfügbar. So bietet z.B. Infineon das System Paroli an, bei dem auf 12 Kanälen jeweils 1 Gbit/s über Entfernungen bis zu 300 m transportiert werden kann. Die Verbindung zu den aktiven Komponenten erfolgt mit einem MT-Stecker.

8.1.3.2 Parallele Datenübertragung mit POF

Im Rahmen des EU-Projektes OIIC (Optical Interconnected Integrated Circuits) entwickelte die Universität Dortmund ([Witt04]) eine vielfach parallel optische Lösung mit Polymerfasern. Eine spezielle Anforderung war dabei eine maximale Bauhöhe von 5 mm (Prinzip in Abb. 8.48).

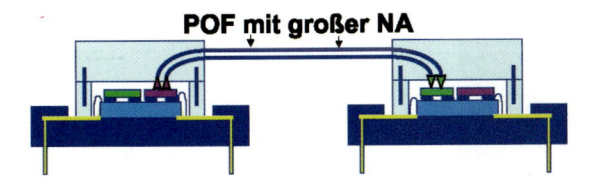

Abb. 8.48: Parallele POF-Verbindung ([Witt04])

Als Sender wurden 980 nm VCSEL-Arrays mit jeweils 250 mm Abstand verwendet (1 mW Ausgangsleistung pro Laser mit max. 2,5 Gbit/s Datenrate, hergestellt an der Universität Ulm). Aufgebaut wurden Anordnungen mit 4 × 8 Dioden. Die aktive Fläche der VCSEL hat dabei nur 13 µm Durchmesser.

Die Empfänger wurden von der ETH Zürich hergestellt. Die InGaAs/InP-Photodioden mit 150 µm Durchmesser der aktiven Fläche erreichten eine Schaltzeit von 300 ps (an 50 Ω, Diodenkapazität: 1,4 - 1,5 pF). Als Fasern wurden 120 µm /125 µm SI-POF von Toray verwendet (NA: 0,48) eingesetzt. Die Faserbündel wurden durch Einkleben der Fasern in vorgebohrte dünne Kunststoffscheiben gebildet. Das gemessene Dämpfungsspektrum zeigt Abb. 8.49.

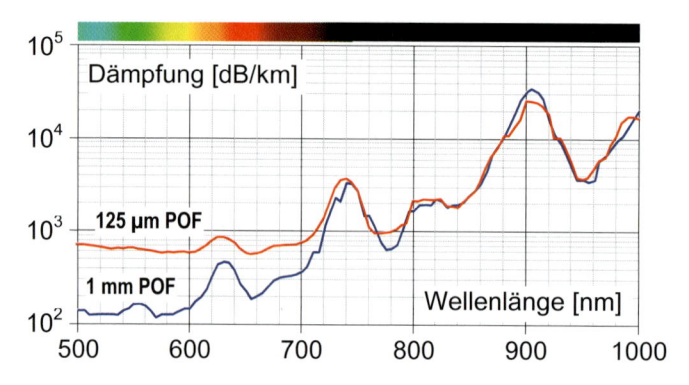

Abb. 8.49: Dämpfungsspektrum einer 125 µm dicken POF

Sehr gute VCSEL sind bei den Wellenlängen 780 nm und 850 nm verfügbar. Die Dämpfungswerte liegen hier deutlich über den minimalen Verlusten um 650 nm, erlauben aber immer noch einige Meter Übertragungsstrecke. Selbst der Einsatz von 980 nm-Komponenten ist im Bereich einiger Dezimeter Strecke möglich (entspricht dem Ausmaß von Computerhauptplatinen). Die im kurzwelligen Bereich erhöhte Dämpfung der 125 µm POF im Vergleich zur Standard 1 mm POF spielt in dieser Anwendung keine Rolle.

Führung der Faser und Positionierung gegenüber den Sende- und Empfangsbauelementen erfolgt mit der in Abb. 8.50 gezeigten vorgebohrten Plexiglasplatte. Die Fertigung erfolgt mit Toleranzen deutlich unter 10 µm, so daß eine effiziente passive Kopplung leicht möglich ist.

Abb. 8.50: Plexiglasplatte zur Aufnahme der POF

Wichtig für die Einhaltung der geringen Bauhöhe sind enge Biegeradien der POF. Die Verluste für eine 360°-Biegung (bei 650 nm Wellenlänge) werden als Beispiel in Abb. 8.51 gezeigt. Erlaubt man im Leistungsbudget ein Dezibel zusätzliche Verluste, könnten Radien unter 1 mm verwendet werden. Dies wäre mit Glasfasern gleichen Durchmessers nicht denkbar und auch mit Hochfrequenz-Kupferleitungen schwierig.

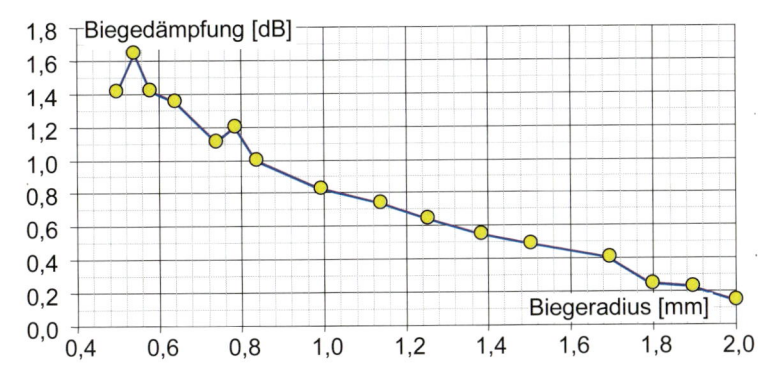

Abb. 8.51: Biegeverluste der 125 µm-POF (eine 360°-Biegung aus [Witt04])

Für den Test des Übertragungsverhaltens der Faserbündel wurden Übertragungsexperimente mit den 850 nm VCSEL bei 2,5 Gbit/s über 50 cm Strecke durchgeführt. Bei einer Empfangsleistung von -20 dBm wurde eine BER $<10^{-11}$ erzielt (PRBS der Länge $2^7 - 1$, NRZ). Abb. 8.52 zeigt den fertigen Aufbau, wie er zur Verbindung zweier Schaltkreise mit 320 Gbit/s (128 Kanäle â 2,5 Gbit/s) verwendet werden könnte.

Abb. 8.52: Multiparallele Chipverbindung

Jüngste Experimente zeigen, daß mit geeigneten Vielträgerverfahren und bandbreiteeffizienter Modulation (QAM) Datenraten mit über 10 Gbit/s auch über dicke Fasern übertragbar sind. Bei QAM64 können z.B. in einem Band von ca. 2 GHz Breite 12,5 Gbit/s übertragen werden. Mit 500 µm großen Photodioden und roten Lasern wurde ein System aufgebaut, welches bis 2,5 GHz nur ca. 8 dB abfällt, was in einem DMT-System problemlos kompensiert werden kann. Wenn die Datenverarbeitung ausreichend schnell ist, spricht nichts dagegen, über ein 8er Bändchen mit ½ mm POF bis zu 100 Gbit/s über einige 10 m zu transportieren.

8.2 POF in der Beleuchtungstechnik

In vielen Anwendungen der Beleuchtungstechnik wird die Polymerfaser in großen Mengen eingesetzt. Vor allem zwei Varianten sind dabei verbreitet. Im ersten Fall wird die Polymerfaser als reiner Lichtleiter eingesetzt, wenn Lichtquelle und zu beleuchtendes Objekt räumlich getrennt sind. Im zweiten Fall wird die POF selbst als Leuchtmittel eingesetzt. Vor allem für Konturenbeleuchtungen ist dies sehr dekorativ.

Gegenüber der ersten Auflage wurden hier nur einige Beispiele ergänzt. Dies liegt nicht daran, daß die Beleuchtungstechnik in den letzten 6 Jahren an Bedeutung verloren hat. Tatsächlich gibt es derzeit eine Vielzahl von Anwendungen. Diese zweite Auflage des POF-Buchs konzentriert sich aber auf die Datenübertragung, so daß für eine vollständige Darstellung der Beleuchtungstechnik nicht ausreichend Raum vorhanden ist. Auf der anderen Seite sind die Anforderungen an die optischen Parameter der POF seitens der Anwendungen in der Beleuchtungstechnik bei weitem nicht so groß, so daß bei der Faserentwicklung keine großen Änderungen notwendig sind.

8.2.1 POF zur Lichtführung

Die Verwendung von Glasfasern zum Transport von Licht ist seit langem bekannt und etabliert. In der Kommunikationstechnik werden Glasfasern mit Dämpfungen unter 1 dB/km eingesetzt. Diese bestehen jedoch aus hochreinem Quarzglas, dessen Einsatz für die Beleuchtungstechnik völlig unbezahlbar wäre. Hier werden Glasfaserbündel (zwecks besserer Flexibilität) aus preiswerterem Material eingesetzt. Abbildung 8.53 zeigt den Vergleich der spektralen Dämpfung von Lichtleitfaserbündeln aus Glas und PMMA im sichtbaren Spektralbereich.

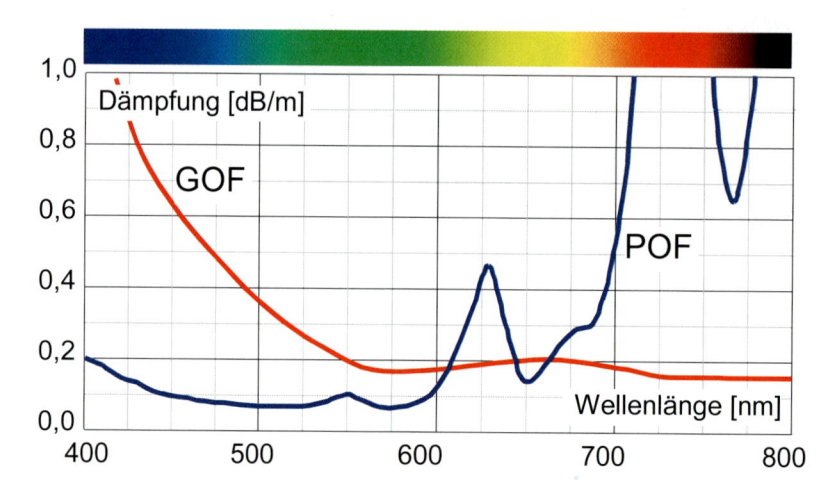

Abb. 8.53: Spektrale Dämpfung von POF und GOF für Beleuchtungsanwendungen

8.2 POF in der Beleuchtungstechnik

Die Glasfaser ist ab 600 nm deutlich besser, gerade im blauen und grünen Spektralbereich, der für die Farbwiedergabe wichtig ist, ergeben sich Vorteile für die POF. Effektiv steigt damit die mögliche Länge für Faserbündel, auch wenn in POF wegen der niedrigeren Temperaturbelastbarkeit weniger Licht eingekoppelt werden kann.

Einen umfangreicher Überblick über die Verwendung unterschiedlicher Fasertypen wurde z.B. in [Mann00a] und [Mann00b] gegeben. Tabelle 8.6 stellt Vor- und Nachteile der beiden Materialoptionen zusammen.

Tabelle 8.6: Vergleich von POF und GOF für Beleuchtungsanwendungen

Parameter	Glasfaser	Polymerfaser
Material	mineralisches Glas (Kern/Mantel)	PMMA
Dämpfung	ca. 0,2 dB/m	ca. 0,1 dB/m
Durchmesser	50 µm Kern	50 µm - 1.000 µm Kern
Num. Apertur	0,50 - 0,60	0,50 - 0,60
Vorteile	höhere Temperaturen langlebig	einfach zu verarbeiten preiswertere Kabel geringere Dämpfung
Nachteile	schwer zu konfektionieren Fasern brechen leicht höhere Dämpfung (vor allem im blauen)	niedrigere Temperatur weniger Leistung Lebensdauer begrenzt

Neben Faserbündeln können auch sehr dicke Polymerfasern für die Lichtleitung eingesetzte werden (falls keine enge Biegungen erforderlich sind). Von Asahi Chemical sind beispielsweise Fasern bis zu 12 mm Kerndurchmesser verfügbar (Abb. 8.54). Einige Beispiele für POF in der Beleuchtungstechnik zeigen die Abb. 8.55 und 8.56.

Abb. 8.54: Polymerfasern mit bis zu 12 mm Kerndurchmesser ([Nich00])

Abb. 8.55: Lampengehäuse mit POF-Bündel und Farbfilterscheibe ([Nich00])

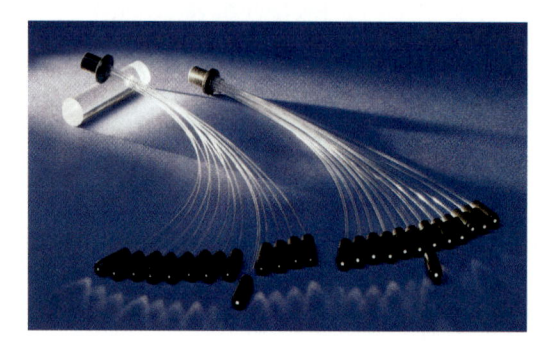

Abb. 8.56: POF-Bündel mit einzeln gefaßten Faserenden, z.B. für Sternhimmel ([Nich00])

8.2.1.1 POF zur Litfaßsäulenbeleuchtung

Herkömmliche Beleuchtungen von Werbeflächen mit Leuchtstoffröhren haben den Nachteil einer sehr ungleichmäßigen Ausleuchtung. Speziell für Litfaßsäulen entwickelte T. Reulein eine neue Methode zur Beleuchtung mit POF ([Kas03]). Eine zentrale Lichtquelle versorgt viele Fasern, die wiederum über speziell entworfene Strahler das Licht gleichmäßig verteilen. Die Diplomarbeit wurde mit dem Preis der N-ERGIE Nürnberg ausgezeichnet, da sich quasi nebenbei auch noch eine 75-prozentige Energieeinsparung ergibt. In Abb. 8.57 werden die Litfaßsäule und die dabei verwendeten Taper gezeigt.

Die Vorteile der vorgeschlagenen Lösung gegenüber herkömmlichen Systemen liegen in:

- ➢ Die zentrale Lichtquelle kann so plaziert werden, daß sie sehr leicht austauschbar ist. Außerdem ist sie vandalismussicher.
- ➢ Die Taper strahlen die Säulenoberfläche direkt an, so daß nur wenig Licht durch seitliche Abstrahlung verloren geht.

➢ Durch geeignete Gestaltung der Taper wird besonders viel Licht auf den unteren Teil der Säule gelenkt, wobei eine sehr viel gleichmäßigere Ausleuchtung erzielt wird (mit herkömmlichen Halogenlampen kommt es zu Beleuchtungsstärkeunterschieden von bis zu 1 : 10.000).

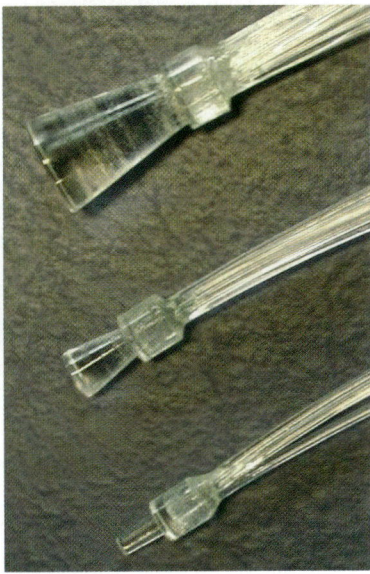

Abb. 8.57: T. Reulein mit Litfaßsäule, Taper zur Beleuchtung

8.2.1.2 POF-Sternhimmel

Eine umfangreiche Produktpalette von Beleuchtungselementen mit POF wird z.B. in [Fib02] vorgestellt. Als Vorteile faseroptischer Beleuchtung werden genannt:

- Völliges Fehlen von ultravioletter (UV) und infraroter Strahlung (IR)
- Elektrische Trennung von Lichtquelle und Lichtaustritt
- Kein elektrisches Potential am Lichtaustritt
- Keine aufwendigen Schutzmaßnahmen am Lichtaustritt notwendig
- Keine höhere Temperatur am Lichtaustritt
- Hohe Wirtschaftlichkeit durch geringen Stromverbrauch

Als Komponenten stehen zur Verfügung:

- Halogen-Projektoren (10 W bis 150 W)
- Farbräder
- Faserbündel (mit 1 mm-, 2 mm- und 3 mm-Fasern)
- verschiedene Linsen zur Lichtauskopplung
- Seitenlichtfasern

Abbildung 8.58 zeigt ein besonders aufwendig gestaltetes Beispiel für einen Sternhimmel mit POF.

Abb. 8.58: Sternhimmel von Brumberg ([Fib02])

Neben rein dekorativen Elementen kann das System natürlich auch zur Darstellung von Informationen verwendet werden. So können Routen auf Karten als leuchtende Punkte markiert werden. Die Eingangstür des POF-AC in Nürnberg zeigt das Institutslogo als Muster von POF-Enden (mit verschiedenen LED beleuchtet, Abb. 8.59). Auch das Logo der Fachhochschule wurde so akzentuiert.

Abb. 8.59: Logos des POF-AC und der GSO-FH mit POF-Beleuchtung

Gerade die Nutzung der Kombination von LED und POF eröffnet fast unendliche Anwendungsmöglichkeiten. Eine denkbare Anwendung sind dabei Wechselverkehrszeichen, die allerdings das Problem des noch begrenzten Temperaturbereichs der POF haben.

8.2.2 Seitenlichtfasern

Mit verschiedenen Verfahren kann man Licht seitlich aus der POF auskoppeln. Der optische Mantel der POF ist transparent und sehr dünn. Eine Möglichkeit zur Erzeugung seitlicher Abstrahlung ist das gezielte Stören der Kern-Mantel-Grenzfläche durch mechanische Beschädigung oder auch durch Beschädigung mit Laserbestrahlung. An der FH Nürnberg wurden Versuche zur Lichtabstrahlung durch Einbringen gezielter Nuten durchgeführt (siehe Abb. 8.60 und 8.62).

Eine ebenfalls praktisch verwendete Methode zur Lichtauskopplung ist das periodische Biegen der Faser mit kleinen Radien. An den Biegungen wird ein Teil des Lichtes ausgekoppelt.

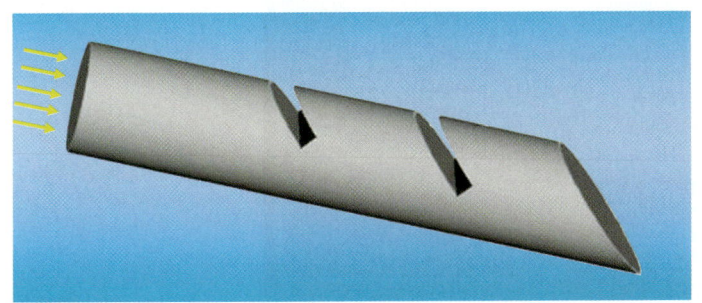

Abb. 8.60: Prinzip der seitlichen Lichtauskopplung aus POF ([Poi99a])

Werden viele dieser Fasern in einem Kunststoffschlauch zusammengebracht und von einer, besser noch von beiden Seiten beleuchtet, erhält man ein flexibles Lichtelement, ähnlich einer dünnen Leuchtstoffröhre, mit bis zu einigen 10 m Länge. Da dieses Bündel nur aus Kunststoff besteht und keinen Strom führt ist es viel sicherer und belastbarer als z.B. eine Leuchtstoffröhre (Abb. 8.61).

Abb. 8.61: Verwendung von Seitenlichtfasern in der Beleuchtungstechnik (LBM Lichtleit-Fasertechnik Berching)

640   8.2 POF in der Beleuchtungstechnik

Abb. 8.62: Beleuchtung einer Plexiglasplatte mit dem Logo des Fachbereiches NF an der FH Nürnberg mit seitlich gekerbten POF ([Poi99a])

Die Abb. 8.63 zeigt Komponenten zur Beleuchtung des Wählhebels einer Automatikschaltung (Nich00). Auch hier wird die POF sowohl zum Lichttransport wie auch zur direkten Beleuchtung verwendet. Als Lichtquelle werden im Automobil dabei vermehrt LED verwendet, da sie kleiner, effizienter und langlebiger als entsprechende Glühlampen sind. Ein Problem bei Verwendung mehrerer LED in einem Gerät ist es aber, die exakt gleiche Farbe über die Lebensdauer und den Temperaturbereich einzuhalten.

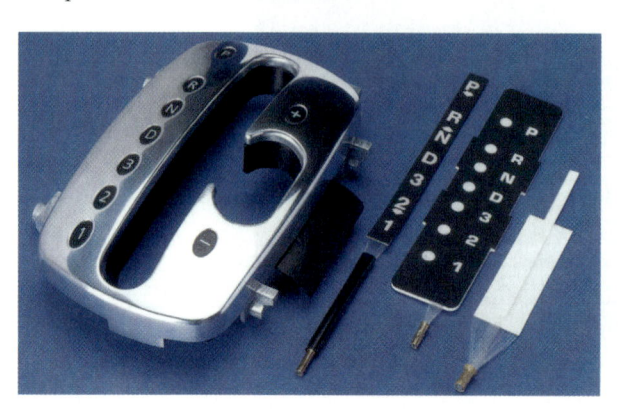

Abb. 8.63: Komponenten zur Detailbeleuchtung im Automobil ([Nich00])

8.2 POF in der Beleuchtungstechnik   641

Ein bekannter Anwender optischer Fasern ist die Firma Hellux. Diese setzt bevorzugt Kunststofffasern ein ([Hell04]), da sich bei Glasfaser die Lichtfarbe schon nach 3-4 m ändert, bei POF aber erst ab 8 m.

Die mittlere Lebensdauer der POF für Beleuchtungsanwendungen wird auf der Produktseite mit 20 Jahre angegeben. Die Ummantelungen sind dabei halogenfrei und flammwidrig nach Brandschutzklasse II der VDE 0207 T24. Ein Anwendungsbeispiel zeigt Abb. 8.64.

Abb. 8.64: Seitenlicht-POF-Anwendung von Hellux ([Hell04])

Ein weiterer Anbieter von POF-Beleuchtungssystemen ist die Fa. Stiers. Auch hier werden Fasern von 0,75 mm bis 3 mm Durchmesser und Faserbündel (als Seitenlichtfasern) angeboten. Diverse Projektoren und Linsen für den Lichtaustritt komplettieren das Programm (Beispiele in Abb. 8.65).

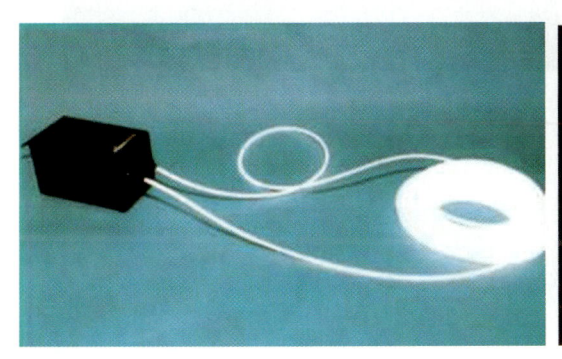

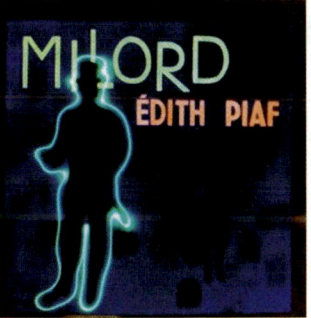

Abb. 8.65: Seitenlichtfasern (Fa. Stiers)

In [Spi05] wird ein Überblick über die verschiedenen Verwendungsmöglichkeiten seitlich emittierender Polymerfasern gegeben. Als Anwendungsbereiche solcher Materialien werden genannt:

➢ Dekorative Beleuchtung in Luft, Wasser oder Eis
➢ Lasershows, Anzeigen, leuchtende Textilien, Innenausstattung und sichtbare Umrahmungen
➢ Sicherheitsausstattungen
➢ Notbeleuchtungen
➢ Faseroptische Sensoren
➢ Dosimetrie
➢ Medizinische Lichttherapie

Im Artikel werden weiter die verschiedenen Methoden beschrieben, um entlang einer Faser möglichst gleichmäßige Leuchtdichte zu erhellen:

➢ Lichteinkopplung von beiden Seiten
➢ Anbringen eines Reflektors am zweiten Faserende
➢ Graduelle Änderung der Streuzentren entlang der Faser (theoretisch ideal aber am schwersten technologisch umsetzbar)
➢ Erzeugung einer Lumineszenz auf andere Wege (z.B. durch externe UV-Bestrahlung)

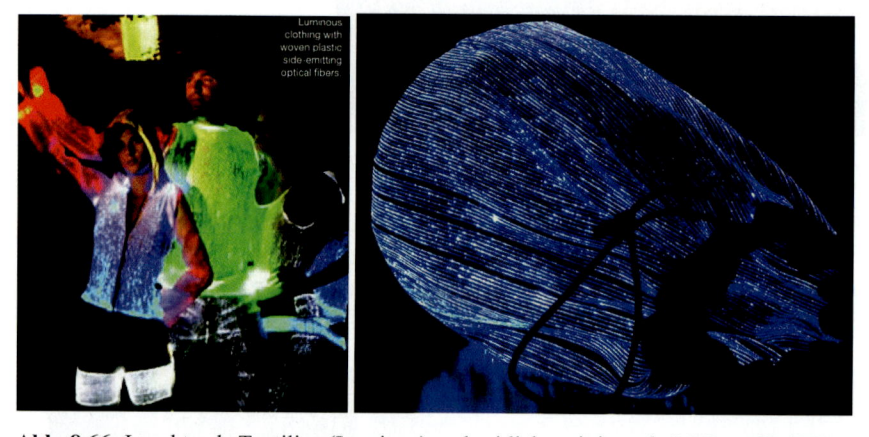

Abb. 8.66: Leuchtende Textilien (Luminex) und seitlich emittierende POF aus [Spi05]

8.3 POF in der Sensorik

Vor allem im Bereich der Sensorik ist die Nutzung der Polymerfaser in den letzten 5 Jahren sehr intensiv untersucht worden. In vielen Sensoranwendungen sind die Entfernungen zwischen den Meßpunkten und der Auswertelektronik relativ kurz und die Messungen selber erfolgen mit niedriger Geschwindigkeit. Beide Parameter kommen der Nutzung der Polymerfaser entgegen. Dazu kommt, daß gerade in Massenanwendungen der niedrige Preis, die hohe Flexibilität und die einfache Verarbeitbarkeit wichtige Faktoren darstellen. Natürlich bilden elektrische Sensoren heute immer noch den weit überwiegenden Teil der Sensoranwendungen. Es gibt aber eine ganze Reihe von Anwendungsbereichen, in denen elektrisch leitende Verbindungen Probleme bereiten, z.B. im Bereich starker elektromagnetischer Felder. Sensoren auf Basis von Einmodenglasfaser können inzwischen in vielfältigen Anwendungen verwendet werden. Eine Beschreibung ausgewählter Systeme erfolgt am Ende des Abschnitts 8.4. Für die meisten Einsatzbereiche sind diese Einmodenfasersysteme aber viel zu teuer. Hier können POF-basierte Sensoren verwendet werden. Der Einsatz der POF in der Sensorik läßt sich grob in drei verschiedene Bereiche einteilen:

➢ Am Meßpunkt befindet sich ein konventioneller elektrischer Sensor, der seine Daten über eine POF oder eine PCS überträgt. Dies erfolgt meist dann, wenn der Sensorpunkt elektrisch isoliert angebracht werden soll. Ein Vorteil der Verwendung dicker Fasern besteht darin, daß auch die Energieversorgung optisch erfolgen kann.
➢ Die POF sendet und empfängt Licht. Das Meßprinzip beruht auf der Änderung der Transmission zwischen Sende- und Empfangsfaser. Im einfachsten Fall wird dabei das Prinzip der Lichtschranke verwendet.
➢ Die Faser selber dient als sensitives Element. Dabei kann z.B. die Transmission durch Biegungen oder Strecken der Faser beeinflußt werden. Hier kombiniert die Faser den Datentransport und die Sensorfunktion.
➢ Als sensitives Element dienen Veränderungen verschiedenster Art auf Stirn- oder Mantelfläche der Faser. Dies können gezielte Löcher im optischen Mantel aber auch Beschichtungen sein, die auf bestimmte Chemikalien reagieren. Es wird entweder die Transmissionsänderung insgesamt oder bei bestimmten Wellenlängen gemessen.

In den nachfolgenden Abschnitten werden einige Entwicklungen von POF-Sensoren zusammengestellt. Die Liste ist keineswegs vollständig, sollte aber die wesentlichen Prinzipien demonstrieren. Ein exemplarisches Beispiel für einen Sensor, in dem die POF lediglich der Signalführung dient, sei [Rib05b]. Hier erfolgt die Messung der Temperatur mittels eines POF-Sensorsystems im Bereich von 30°C bis 70°C mit 1 K Auflösung. Die POF ist dabei mit einem Rubinkristall verbunden. Bei Anregung mit blauen oder grünen LED kommt es zu einer Fluoreszenz-Emission bei 694 nm. Die Lebensdauer der Fluoreszenz liegt temperaturabhängig zwischen 2 ms und 4 ms. Das Meßsignal ist die Zeitverzögerung zwischen Pumpimpulsen und Fluoreszenzlicht (4 ms bis 5 ms).

8.3.1 Ferngespeiste Sensoren

Ein Beispiel für die gleichzeitige Übertragung von Leistung und Daten wird in [Böt06] vorgestellt. Ziel des Aufbaus ist die Fernspeisung einer digitalen Kamera über eine optische Faser bei gleichzeitiger Übertragung der Kamerabilder über die gleiche Faser. Die Kamera liefert Farbbilder mit 640 × 480 Punkten. Das Prinzip wird in Abb. 8.67 dargestellt.

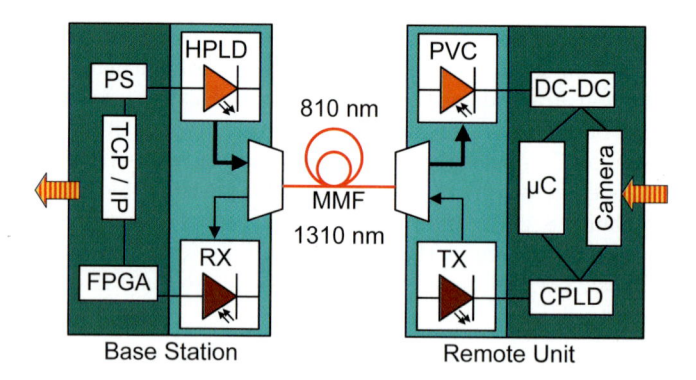

Abb. 8.67: Prinzip der ferngespeisten Kamera mit Datenübertragung ([Böt06])

Als Energiequelle dient ein 810 nm kantenemittierender Laser mit 1 W optischer Leistung. Davon werden ca. 480 mW in die Faser eingekoppelt. Über 200 m beträgt der Verlust inklusive der Koppler 2,3 dB, so daß am Empfänger noch ca. 280 mW verfügbar sind. Die Datenübertragung erfolgt mit Standardkomponenten bei 1.310 nm. Um beide Wellenlängen effizient übertragen zu können, wurde eine 62,5 µm MM-GOF verwendet.

Auf der Seite der Kamera befindet sich ein etwa 1 mm großer Detektor, der im Elementbetrieb das Licht in Photostrom umwandelt. Die verfügbare Spannung von ca. 0,7 V bis 0,8 V wird auf die notwendige Höhe von 3,3 V umgesetzt und speist alle Komponenten. Die gesamte Einheit verbraucht dabei nur 110 mW. Limitiert durch die Taktrate des Prozessors (4 MHz) kann ein Bild pro Sekunde übertragen werden. Der Konverter wird in Abb. 8.68 gezeigt. Ein- und Auskopplung der Nutzdaten erfolgt über optische Wellenlängenmultiplex-Koppler.

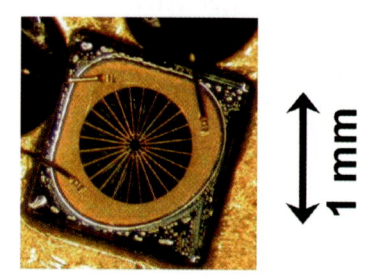

Abb. 8.68: optischer Konverter ([Böt06])

Über Polymerfasern werden i.d.R. nicht so hohe Leistungen übertragen werden. Bei Verwendung normaler LED können bis ca. 10 mW in die Faser gekoppelt werden. Auf der anderen Seite können moderne Mikroprozessoren bei Taktraten von einigen MHz mit Strömen unter 1 mA arbeiten. Sehr nützlich wäre es, wenn man ohne DC-DC-Wandlung auskommen würde. Dazu können segmentierte und in Reihe geschaltete Photoempfänger verwendet werden. Noch besser wäre es, wenn Halbleiter mit hoher Bandlücke (z.B. GaN) effizient als Photoelement genutzt werden könnten.

8.3.2 Transmissions- und Reflexions-Sensoren

Die folgenden Beispiele für POF-Sensoren arbeiten alle nach dem gleichen Grundprinzip. Ein Sender (zumeist eine preiswerte LED) koppelt Licht in eine Faser. Das Licht wird ausgekoppelt und entweder in die gleiche Faser oder in eine andere POF wieder eingekoppelt. Die zu messende Größe ändert nun den Betrag des zurückkommenden Lichtes, so daß der entsprechende Vorgang detektiert werden kann.

Dieses Prinzip kann mit allen Fasern verwendet werden. Die POF bietet aber den Vorteil einer großen Querschnittsfläche, so daß die Sensoren relativ einfach hergestellt werden können. Normalerweise laufen die Meßvorgänge sehr langsam ab (im Sekundenbereich). Limitierend für die mögliche Meßgeschwindigkeit sind aber nur die Bandbreiten von Sender und Empfänger und die Modendispersion im optischen Pfad. Bei Bedarf wären also Bandbreiten bis in den GHz-Bereich möglich.

8.3.2.1 POF als Abstandssensor

Sehr gut geeignet ist die POF als Abstands- oder Bewegungssensor. Dabei wird das reflektierte Licht gemessen. Abbildung 8.69 zeigt entsprechende POF-Ausführungen, Abb. 8.70 demonstriert die Wirkungsweise.

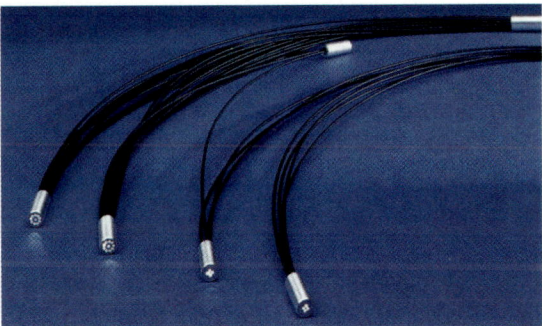

Abb. 8.69: POF-Anwendungen für Sensoren ([Nich00])

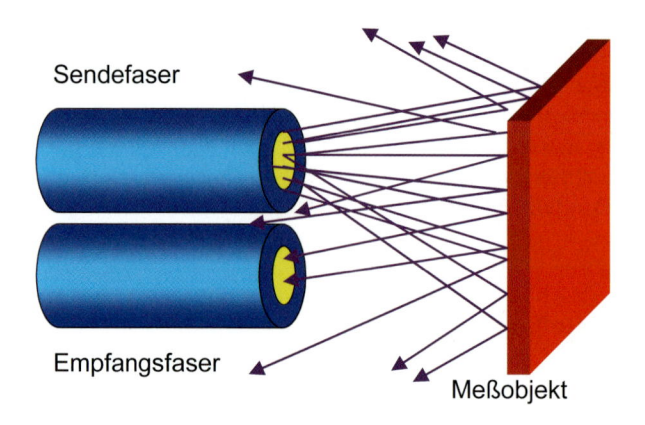

Abb. 8.70: Wirkungsweise eines POF-Abstandssensors

Die Verwendung eines derartigen Sensors zur Messung der Drehzahl eines Windkraftwerk-Rotors beschreibt beispielsweise [Zub99].

Verwendet man typische Fasern mit 1 mm Kerndurchmesser, können die Arbeitsabstände bis zu einigen Zentimetern betragen. Deutlich größere Entfernungen bis in Meterdimensionen sind möglich, wenn an die Faser Kollimatoren angeschlossen werden, oder wenn das reflektierende Objekt mit Retroreflektorfolie versehen wird.

In [Ber05] wird Reflexionssensor auf Basis eines Faserbündels (19 POF: PG-U-FB750, hexagonal angeordnet) beschrieben. In der Mitte sendet eine Faser Licht aus, die zwei Ringe von Fasern darum herum detektieren das Signal. In der Arbeit wird das Prinzip z.B. zur Messung von festen Bestandteilen in fließenden Strömen verwendet. Der Vorteil der Anordnung liegt darin, daß sehr viel des reflektierten Lichtes erfaßt wird. Durch Vergleich der Signale in den beiden Ringen können Effekte unterschiedlichen Rückstreuverhaltens kompensiert werden.

Ebenfalls die Reflexion wird bei dem von [Zub00] beschriebenen Sensor verwendet. Hier soll aber nicht der Abstand eines Objektes vermessen werden, sondern die Umdrehungsgeschwindigkeit.

Zur Messung der Windgeschwindigkeit in Windkraftwerken werden üblicherweise Anemometer verwendet, deren Umdrehungszahl durch Optokoppler ermittelt wird. Problematisch sind die elektrischen Zuleitungen, in denen bei Blitzschlägen Ströme induziert werden. Das vorgeschlagene Konzept zieht Zu- und Ableitung eines optischen Signals über POF vor (490 µm POF). Am Windmesser ist ein Zylinder mit reflektierenden Abschnitten befestigt (12 mm Durchmesser mit 6 Abschnitten). Bei 0,4 mm Abstand der beiden Fasern ergibt sich ca. 5% Koppeleffizienz. Eine Auswerteelektronik zählt die Impulse und kann damit Windgeschwindigkeiten von 10 bis 100 km/h messen.

Vom Prinzip wird auch in [Per04] ein Abstandssensor beschrieben. Hier sollen allerdings Risse in Betonstrukturen detektiert werden. Dazu werden POF in die entsprechenden Bauteile integriert. Ein sich öffnender Riß trennt die Faser und erzeugt eine Zusatzdämpfung (Abb. 8.70).

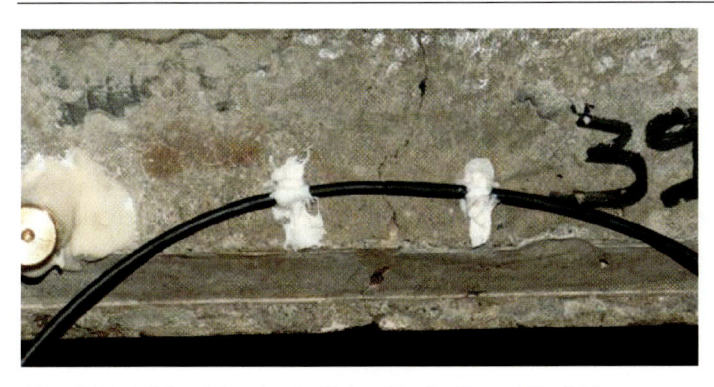

Abb. 8.71: Rißdetektion durch Abstand in der Faser ([Per04])

8.3.2.2 POF-Konzentrationssensoren

Eine weitere Sensoranwendung beschreibt [Lom00]. Dabei befinden sich zwei POF mit einem gewissen Abstand in einer Säure. Bei Veränderung der Konzentration ändert sich der Brechungsindex, und damit der Anteil des eingekoppelten Lichtes, wie Abb. 8.72 demonstriert.

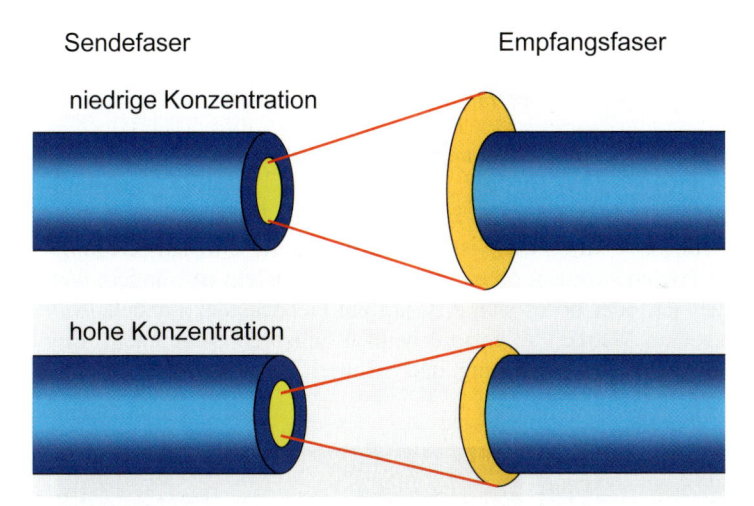

Abb. 8.72: Wirkungsweise eines POF-Konzentrationssensors

8.3.2.3 Deformations- und Drucksensor

Für die Anwendungen im Automobilbereich wurde ein spezieller POF-basierter Sensor unter dem Markennamen Firma Kinotex entwickelt ([Can02], [Poi06b], [Poi05a]). Sende- und Empfangsfaser befinden sich hier innerhalb eines diffus reflektierenden Schaumstoffes (Abb. 8.73). Wird nun der Schaum komprimiert, vergrößert sich die optische Dichte, und es gelangt mehr Licht auf den Empfänger (Abb. 8.74).

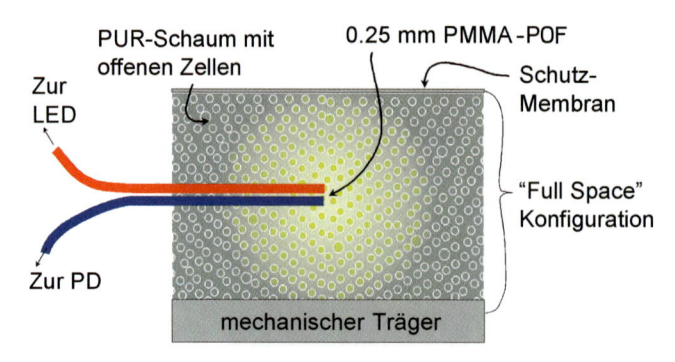

Abb. 8.73: Prinzip des Kinotex-Sensors

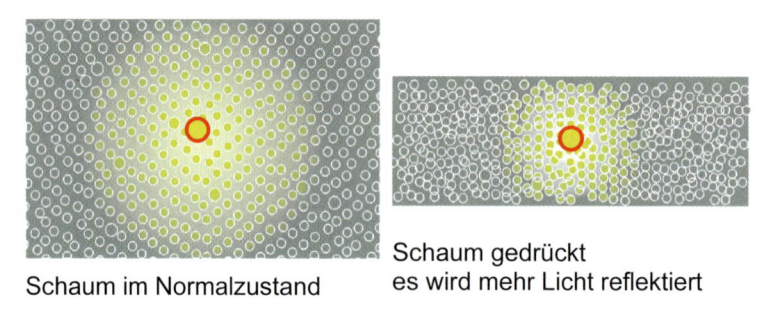

Abb. 8.74: Änderung der Reflexion bei Zusammendrücken des Schaums

Man kann diesen Sensor beispielsweise zur Detektion von Unfällen verwenden. Eine andere vorgeschlagene Anwendung ist die Erkennung der Sitzplatzbelegung. Dabei soll nicht nur erkannt werden, ob ein Sitz überhaupt belegt ist, sondern wie schwer der Passagier ist, oder ob es sich z.B. um ein Gepäckstück handelt. Auf dem Sitz wird dazu eine Matrix von entsprechenden Sensoren aufgebracht. Ein Rechner mißt ständig die Kraftverteilung und ermittelt die Art der Sitzplatzbelegung (Abb. 8.75).

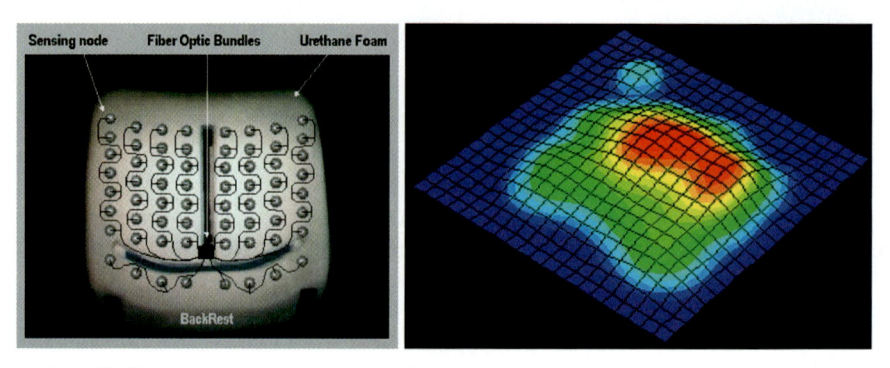

Abb. 8.75: Sitzplatzerkennung mit einer Sensormatrix

8.3.3 Sensoren mit Fasern als empfindliche Elemente

Optische Fasern reagieren empfindlich auf die verschiedensten äußeren Einflüsse. Der sicher bekannteste Effekt ist die Zunahme der Dämpfung beim Biegen der Faser. Eine ganze Reihe von Glasfasersensoren nutzen dieses Prinzip aus und auch mit der POF ist dieses Verfahren praktisch realisiert worden. Das zugrunde liegende Prinzip zeigt an einem Beispiel Abb. 8.76.

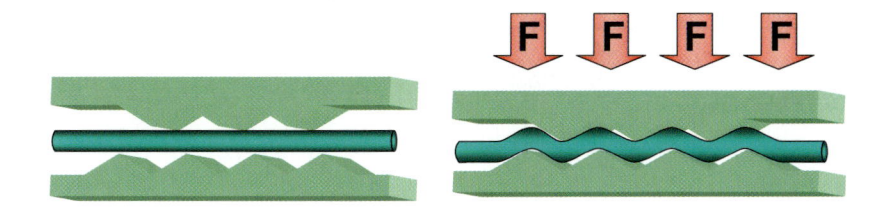

Abb. 8.76: Prinzip eines optischen Sensors mit Nutzung der Biegedämpfung

Ohne äußere Kraft verläuft die Faser gerade, und die Transmission ist maximal. Durch die Einwirkung einer äußeren Kraft werden in der Faser Biegungen erzeugt, wodurch die Transmission in der Faser sinkt. Der Effekt erfolgt momentan, die Geschwindigkeit des Sensors ist nur durch die mechanische Trägheit und die Bandbreite von Sender und Empfänger begrenzt.

8.3.3.1 Die POF-Waage

Am POF-AC wurde ein ähnliches Sensorprinzip verwirklicht. Dabei wird eine POF zu einer engen Spule gewickelt. Drückt man diese Spule zusammen, ergibt sich eine starke Dämpfungserhöhung. Hierbei wird aber nicht die eigentliche Biegedämpfung ausgenutzt. Wickelt man eine POF relativ eng auf, steigt die Dämpfung weit weniger stark als mit der Zahl der Wicklungen an. Ursache ist, daß zu Beginn der Wicklung vor allem die hohen Moden relativ schnell abgestrahlt werden. Nach einigen Windungen hat sich ein neues Modengleichgewicht eingestellt. Am Übergang zur geraden Faser kommt es dann noch einmal zu deutlichen Verlusten. Deformiert man nun die Spule, hat die Faser an jedem Punkt des Umfangs einen unterschiedlichen lokalen Biegeradius. Es kann nicht zur Einstellung eines Modengleichgewichtes kommen und über die gesamte Länge der Wicklung werden Moden abgestrahlt.

Die Empfindlichkeit dieses Sensors ist viel höher, als wenn nur die eigentliche Biegedämpfung ausgenutzt wird. Zudem können wesentlich größere Radien verwendet werden, so daß die Faser nicht sehr belastet wird. Kombiniert man die Spule mit einem elastischen Deformationselement (z.B. einer Stahlfeder) kann man anstelle eines Deformationssensors auch einen Kraftsensor aufbauen. Mittels Vorspannen kann eine hohe Empfindlichkeit auch bei kleinen Auslenkungen erzielt werden.

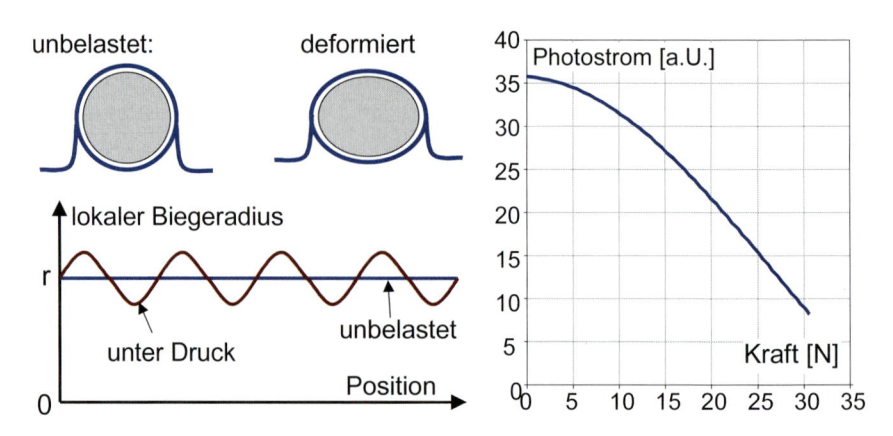

Abb. 8.77: Prinzip des Sensors und typische Kennlinie ([Poi05b])

Bei Verwendung entsprechend dünner Fasern können Baugrößen von wenigen mm³ realisiert werden. Der gesamte Sensor kann vergossen werden, um die Faser vor Umwelteinflüssen zu schützen. Am POF-AC wurde mit 4 solcher Sensoren eine Personenwaage als Demonstrator aufgebaut (Abb. 8.78).

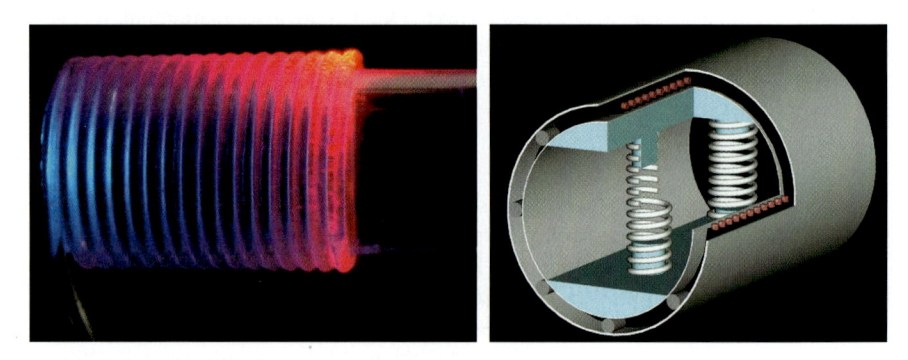

Abb. 8.78: Empfindliche Spule und Kombination mit Federn ([Poi05b])

8.3.3.2 POF-Dehnungssensor

Im Rahmen des von der Bayerischen Forschungsstiftung geförderten Projektes For-Photon werden zur Zeit verschiedene Methoden zur Herstellung effizienter und preiswerter optischer Sensoren entwickelt. Eine der möglichen Anwendungen ist die Messung der Durchbiegung von Windkraftwerksflügeln. Bei einer genauen Kenntnis der Verformung kann die Abschaltung bei zu großen Windgeschwindigkeiten genauer durchgeführt werden, so daß mehr elektrischer Strom erzeugt wird.

Das hier vorgeschlagene Prinzip ist aus der Optik lange bekannt und z.B. in [Dör06] und [Kie06] beschrieben. Dabei ist eine Faser mit dem sich dehnenden Meßobjekt fest verbunden. Auf der Faser liegt ein moduliertes Signal an. Durch die Längenänderung verschiebt sich nun die Phase des Modulationssignals. Diese

Änderung gegenüber einem Referenzpfad wird in einem Phasenkomparator bestimmt. Je höher die Modulationsfrequenz ist, um so besser ist die Auflösung des Verfahrens. Das Meßprinzip wird schematisch in Abb. 8.79 dargestellt. Abbildung 8.80 zeigt ein typisches Meßsignal, bei dem noch Längenänderungen von wenigen 10 µm erkannt werden können.

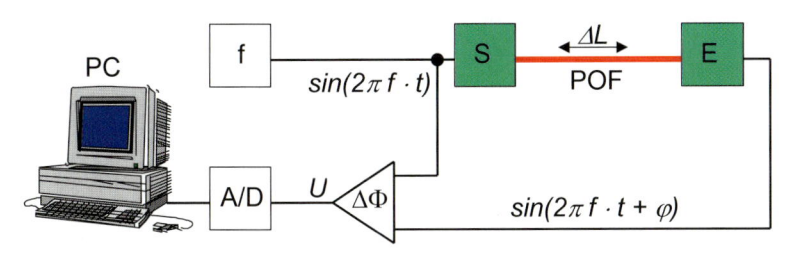

Abb. 8.79: Meßprinzip für den Dehnungssensor

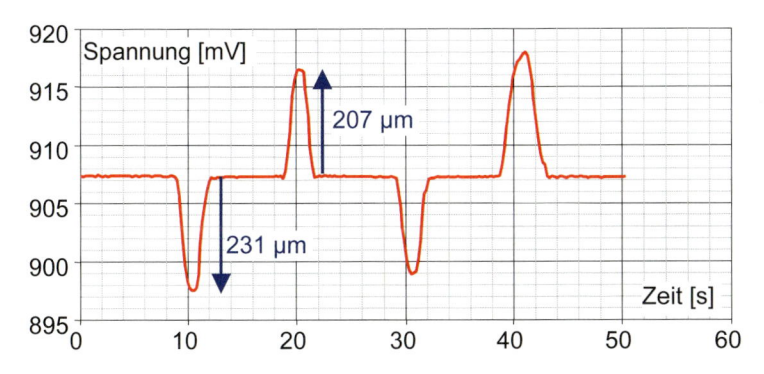

Abb. 8.80: Meßbeispiel für Dehnungssensor

Bringt man mehrere dieser Sensoren auf einem Flügel an, kann dessen Durchbiegung sehr genau vermessen werden. Der Vorteil der POF liegt dabei vor allem in der sehr einfachen Verarbeitung und den niedrigen Komponentenkosten. Darüber hinaus kann eine POF ca. 10 mal stärker gedehnt werden als eine Glasfaser.

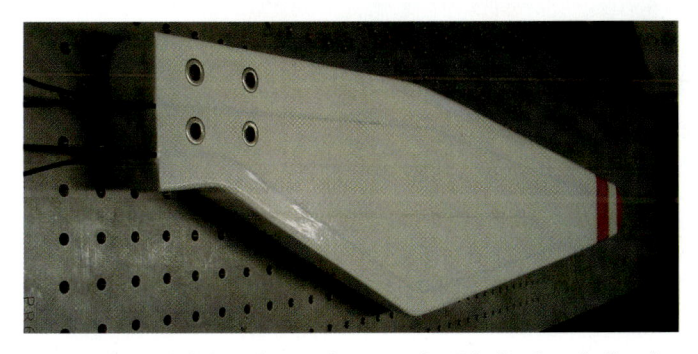

Abb. 8.81: Modell des Biegemeßsystems für Windkraftwerksflügel

8.3.4 Sensoren mit oberflächenveränderten Fasern

In vielen Anwendungen reicht die Empfindlichkeit der normalen Fasern für die Meßaufgabe nicht aus. Durch gezielte Veränderungen an oder in der Faser kann aber der Einfluß der Meßgröße auf die Faser verstärkt werden. Solche Änderungen können z.B. mechanische Beschädigungen des Mantels, Änderungen des Brechungsindex, aber auch die Beschichtung mit chemisch aktiven Stoffen sein. Auch hierzu können nachfolgend nur einige Beispiele angegeben werden.

8.3.4.1 Biegesensor mit geritzten Fasern

Ein wichtiger Einsatzbereich für Sensoren ist der Automobilbereich. Unter Beteiligung des POF-AC wurde bei Siemens-VDO ein neues Sensorprinzip für die Detektion von Kollisionen mit Fußgängern entwickelt ([Mie04], [Mie05a], [Mie05b], [Tem05] und [Djo03]).

Gemäß der EU-Richtlinie 2003/102/EC muß ab 2007 jedes Fahrzeug spezielle Schutzmaßnahmen für Fußgänger aufweisen. Dies kann durch strukturelle Maßnahmen (weiche Aufprallzonen) oder durch aktive Systeme erfolgen. Eines dieser Systeme zeigt Abb. 8.82.

Abb. 8.82: Fußgängerschutzssystem ([Mie04])

In der Stoßstange des Fahrzeugs befindet sich ein optischer Sensor, der im Millisekundenbereich an vielen Punkten die lokale Verbiegung bestimmen kann. Der Zeitverlauf dieser Durchbiegung ist je nach Unfallart charakteristisch. Ermittelt der Bordcomputer einen Zusammenprall mit einem Menschen wird die Motorklappe um einige Zentimeter geöffnet, um den direkten Aufprall auf den Motorblock abzumildern.

Zur Messung der Durchbiegung werden Polymerfasern verwendet, bei denen in bestimmten Zonen der Mantel gezielt geschädigt wurde (sog. Treatments). Die Treatments sind auf einer Seite der Faser angebracht. Bei Krümmung der Faser in Richtung der Kerben verringert sich die Lichtauskopplung, bei Krümmung in die andere Richtung erhöht sich die Lichtabstrahlung (Abb. 8.83). Es läßt sich also nicht nur der Grad der Biegung, sondern auch die Richtung feststellen.

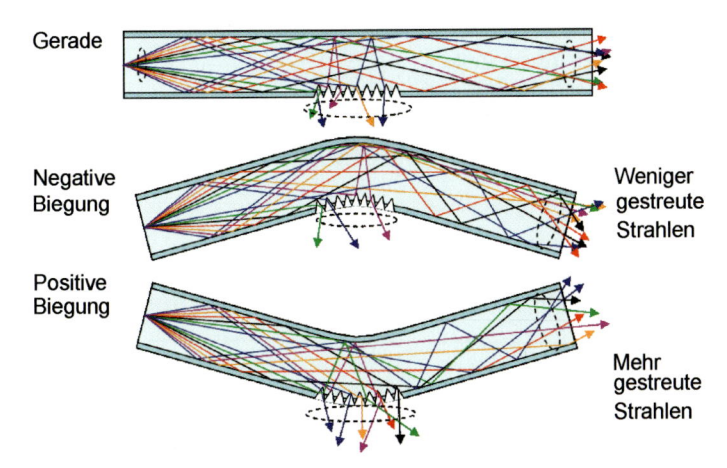

Abb. 8.83: Prinzip der Messung des Biegeradius und der -richtung

Die allgemeine Verwendbarkeit von einseitig gestörten Fasern für die Sensorik wurde auch in [Djo03] beschrieben. Der Autor nennt als Vorteile des Prinzips, daß sich die Fasern einfach einbetten lassen (in Laminate). Die Messung der Biegeradien ist dabei unabhängig von lokalen Spannungen. Abbildung 8.84 zeigt das Prinzip nach [Djo03].

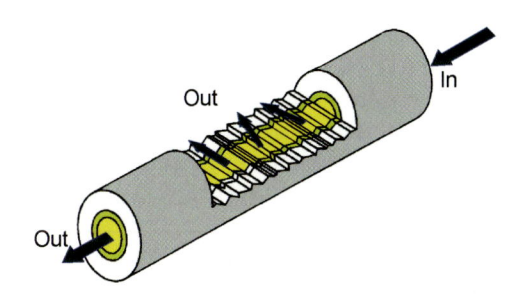

Abb. 8.84: Empfindliche Zonen in Biegesensoren

Um die Ortsauflösung zu erreichen, werden Faserbändchen verwendet, in denen verschiedene empfindliche Zonen aufgebracht wurden (Abb. 8.85). Nach [Tem05] werden die Treatments (ca. 100 µm breit und 20 µm bis 30 µm tief) mit Hilfe eines UV-Lasers (266 nm) eingebrannt. Die Einführung des IPPS (Intelligent Pedestrian Protection Systems) ist für 2007 vorgesehen.

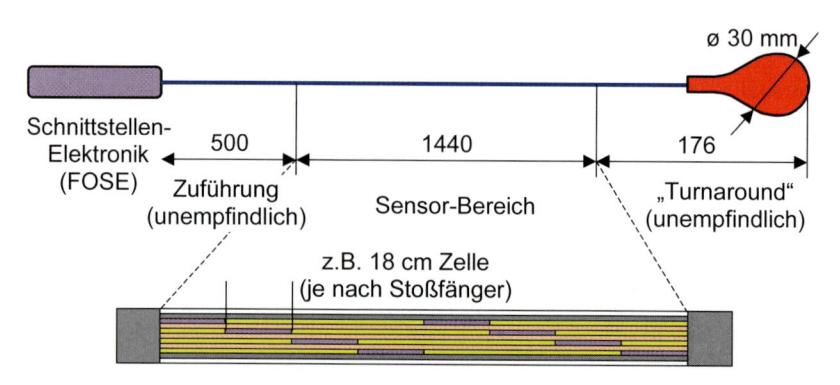

Abb. 8.85: Aufbau des gesamten Sensors mit Faserbändchen

Für die gleiche Anwendung ist der Sensor von ACTS ([Alb05]) gedacht. Hier wird aber lediglich die zunehmende Biegedämpfung gemessen und es gibt keine Ortsauflösung.

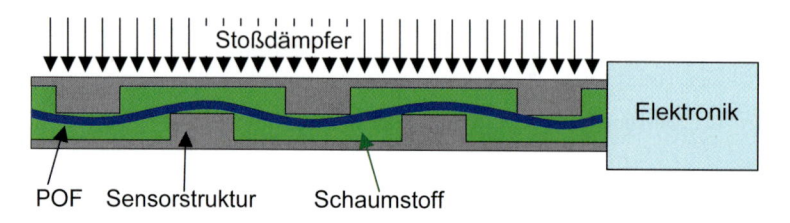

Abb. 8.86: ACTS Force Sensor

8.3.4.2 POF-Evaneszentfeld-Sensoren

Von Leoni wurde ebenfalls ein auf Polymerfasern basierender Sensor für den Einsatz in Kraftfahrzeugen entwickelt ([Kodl03], [Kodl04], [Kodl05], [Poi05a]). Als empfindliches Element dient eine Polymerfaser ohne optischen Mantel. Wie aus der Theorie der Wellenleitung in der Faser folgt, dringt das Licht bei der Totalreflexion an der Kern-Mantel (bzw. Kern-Luft-) Grenzfläche einige Mikrometer ein (Abb. 8.87). Diesen Bereich nennt man evaneszentes Feld.

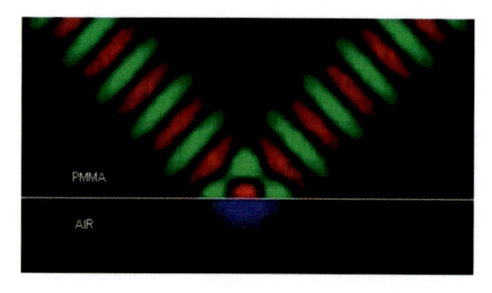

Abb. 8.87: Eindringen der optischen Welle in das umgebende Medium ([Poi05a])

In dem von Leoni vorgeschlagenen und getesteten Sensor ist der Kern von einem grob strukturiertem Material umgeben, welches nur an wenigen Punkten am Faserkern anliegt. Somit erfolgt fast immer Totalreflexion gegen Luft, und die Transmission ist hoch. Wird nun durch Krafteinwirkung das umhüllende Material zusammengedrückt, vergrößert sich die am Kern anliegende Fläche, und ein zunehmender Teil des Lichtes wird absorbiert bzw. ausgekoppelt. Auf diese Weise kann der Sensor z.B. benutzt werden, um das Einklemmen von Gegenständen beim Schließen von Autoscheiben zu erkennen (Abb. 8.88).

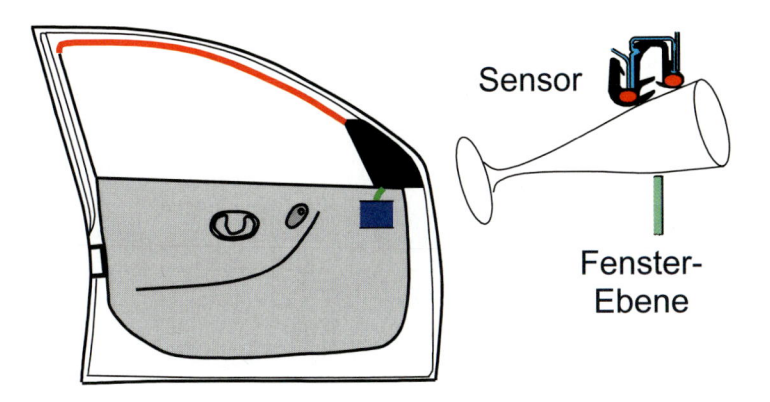

Abb. 8.88: Evaneszenzfeldsensor als Einklemmschutz bei Autoscheiben ([Kodl03])

Ein typischer Verlauf der Transmission über der von außen anliegenden Kraft wird in Abb. 8.89 dargestellt. Der Sensor kann so empfindlich eingestellt werden, daß z.B. ein Robotergreifer eine Eierschale halten kann, ohne diese zu zerdrücken.

Weitere Anwendungen des Sensorprinzips sind in [Kodl05] beschrieben. Hier wird der Sensor für die Erkennung von Verschmutzungen verwendet. Natürlich kann man damit auch optische Tastschalter herstellen.

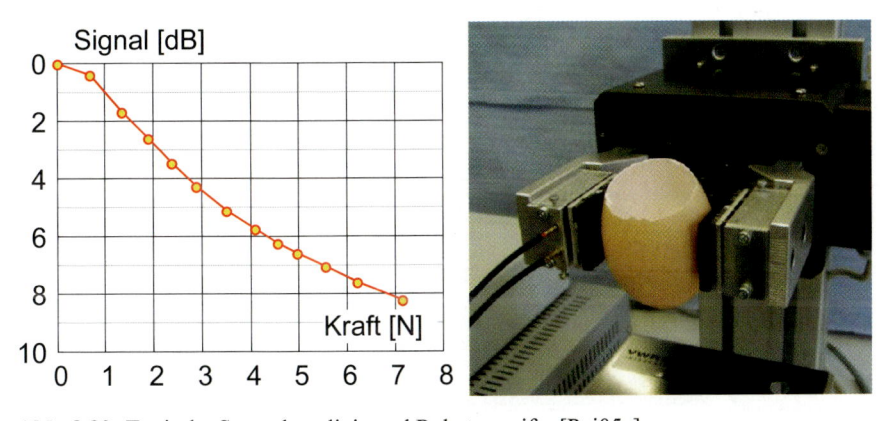

Abb. 8.89: Typische Sensorkennlinie und Robotergreifer [Poi05a]

8.3.4.3 Füllstandssensoren

In den Arbeiten [Lom05a] und [Lom05c] wird ein Sensor zur Messung des Flüssigkeitsstandes vorgeschlagen, der ebenfalls einen Oberflächeneffekt nutzt. In den Tank werden stark gebogene POF eingebracht, die in der Biegung angeschliffen sind (ca. 140 µm). Jede dieser Biegungen erzeugt etwa 3,4 dB Verluste. Taucht der Sensor ins Wasser, ändert sich die Transmission um etwa 0,5 dB je Sensorpunkt. Je mehr Meßpunkte vorhanden sind, um so genauer kann der Flüssigkeitsstand ermittelt werden.

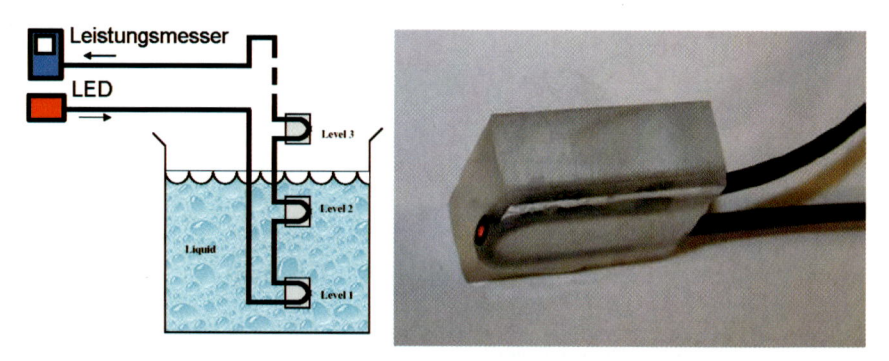

Abb. 8.90: POF als Füllstandssensor [Lom05c]

Ein ganz ähnlicher Sensor wurde auch im Rahmen eines Schülerprojektes an der Fachoberschule Weißenburg mit Betreuung des POF-AC entwickelt (Abb. 8.90, [Fei02]). Dieser Sensor nutzt Fasern mit optischem Mantel, aber ohne Schutzhülle. Wird so eine Faser eng gebogen, ohne irgendwo aufzuliegen, tritt an der Mantel-Luft-Grenzfläche immer noch Totalreflexion auf, so daß das Licht weiter geführt wird. Durch Eintauchen in die Flüssigkeit verringert sich der Grenzwinkel der Totalreflexion dramatisch, do daß die Biegeverluste deutlich ansteigen. In Verbindung mit einem Schwellwertschalter wird so der Flüssigkeitspegel detektiert.

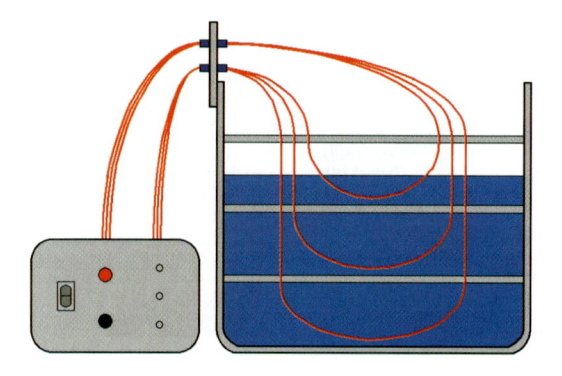

Abb. 8.91: Füllstandssensor des Schülerprojektes ([Fei02])

8.3.4.3 POF-Bragg-Gittersensoren

Bragg-Gitter sind in Einmodenglasfasern seit langem bekannt und werden dort sowohl als optische Filter, als auch in der Meßtechnik eingesetzt. Nachdem Einmoden-Polymerfasern hergestellt werden konnten, war auch die Möglichkeit für Bragg-Gitter in POF gegeben. In verschiedenen Arbeiten ([Liu02b], [Liu03], [Liu04], [Liu05a] und [Liu05b]) stellt eine Gruppe der Universität Sydney Herstellung und Anwendungen von POF-Bragg-Gittern vor.

In [Liu04] wird die Realisierung eines Bragg-Gitter in POF mit 28 dB Isolation beschrieben. Durch den hohen thermischen Koeffizienten des PMMA ist die thermische Empfindlichkeit 10 mal stärker als bei Quarzglasfasergittern. So kann z.B. Dispersions-Abstimmung mit Hilfe von gechirpten POF-Gittern durchgeführt werden. Weiterhin lassen sich Polymerfasern viel stärker dehnen als Glasfasern. Damit lassen sich die Gitter auch durch Dehnung abstimmen, wie das Beispiel in Abb. 8.92 zeigt.

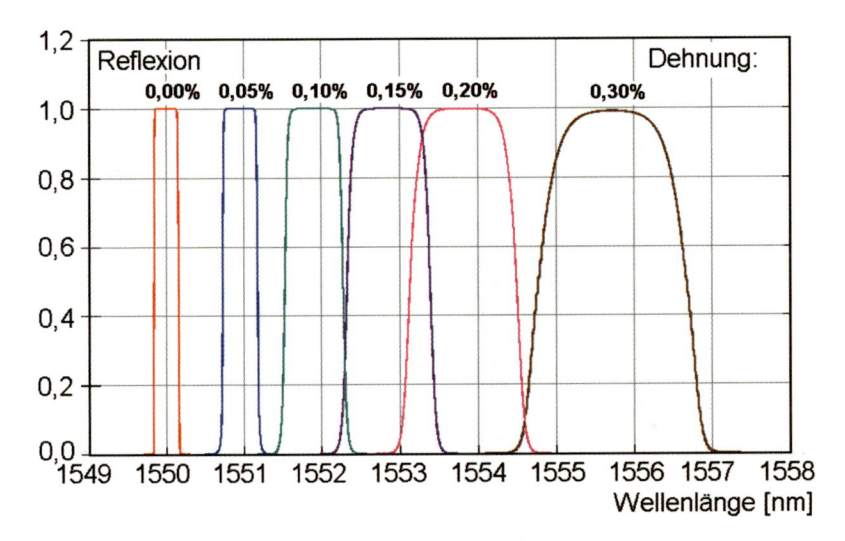

Abb. 8.92: Abstimmen eines POF-Gitters durch Dehnung ([Liu04])

Ein Abstimmbereich von 10 nm konnte durch 55 K Temperaturänderung erreicht werden. Durch Dehnung wurde im gechirpten Gitter eine Änderung der Dispersion von 2400 ps/nm (0,02%) auf 110 ps/nm (bei 0,4%) erzielt.

Die Verwendung des POF-Gitters als Dehnungssensor beschreibt [Liu05b]. Es können Längenänderungen bis zu 1,9% gemessen werden. Die spektrale Verschiebung der Gitterwellenlänge ist dabei 1,46 pm je Millionstel Dehnung (insgesamt 27 nm). Basis des Gitters ist eine Singlemode-POF mit 6/125 µm Durchmesser ($\Delta n = 0,86\%$; NA: 0,16).

Die Messung der Dehnung erfolgt durch die Verstimmung eines Faserringlasers mittels des gedehnten POF-Gitters (Abb. 8.93). Theoretisch erlaubt PMMA bis zu 13% Dehnung, was einem Abstimmbereich von 100 nm entspricht.

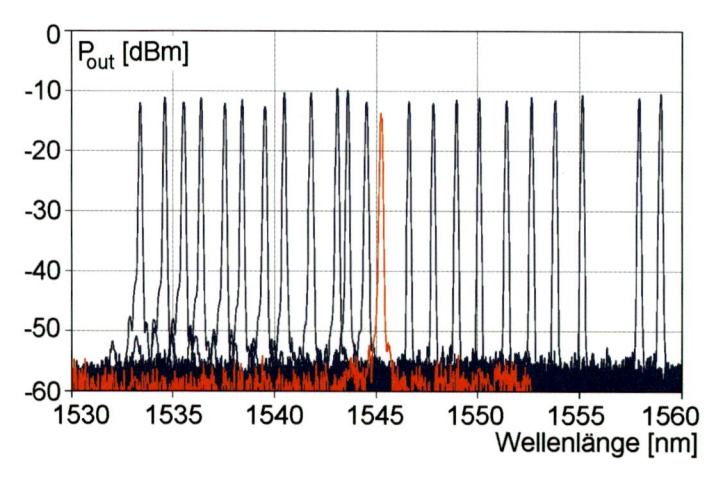

Abb. 8.93: Durchstimmung eines Faserringlasers mit POF-Gitter ([Liu05b])

Die Herstellung von UV-empfindlichen Einmoden-POF aus PMMA, wie sie für Fasergitter benötigt werden, beschreibt [Yu05]. Die ersten Bragg-Gitter in POF wurden 1999 hergestellt. Die SM-POF wird aus einer Vorform gezogen und hat 10 µm/110 µm Kern-/Manteldurchmesser (Abb. 8.94).

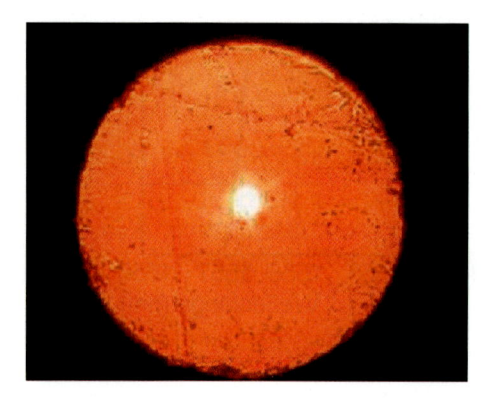

Abb. 8.94: Querschnitt einer SM-POF ([Yu05])

8.3.5 Sensoren für chemische Stoffe

Um mit optischen Fasern chemische oder biologische Substanzen feststellen zu können, müssen entsprechend empfindliche Schichten aufgebracht werden, die dann die Lichtausbreitung entsprechend variieren.

Als ein erstes Beispiel sei die Messung der Ozon-Konzentration mit POF nach [Kee05] genannt. Hier dient aber die POF nur zur Zu- und Abführung des 603 nm-Meßlichtes. Die Gasmessung erfolgt in einer 5 cm langen Meßzelle, die das Licht nach entsprechender Aufweitung durchläuft. Der Meßbereich liegt bei 27 bis 127 mg/dm³ mit 5 mg/dm³ Auflösung.

8.3.5.1 Luftfeuchtigkeit

Einen echten chemischen Fasersensor stellt [Mor04] vor. Ziel ist die Messung der Luftfeuchtigkeit. Dazu wird ausgenutzt, daß bestimmte Moleküle bei Wasseraufnahme stark anschwellen und ihren Brechungsindex ändern. Verwendet man solche Materialien als Mantel optischer Fasern, kann man die Feuchtigkeit über die Änderung der Lichtführung detektieren (Abb. 8.95).

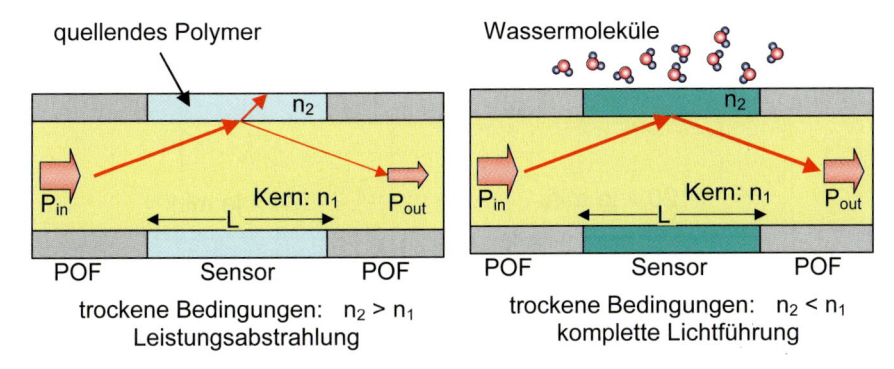

Abb. 8.95: Prinzip der optischen Messung der Luftfeuchtigkeit ([Mor04])

Die Autoren verwenden Hydroxylethylenzellulose (HEC) als Mantelmaterial. Der Brechungsindex beträgt 1,51 bei trockenen Bedingungen und 1,487 in feuchter Atmosphäre. Durch Mischung eines PVDF-Mantels mit einem HEC-Film erreicht man einen Brechungsindex dicht oberhalb des Kernindex. Somit liegt keine Lichtführung vor. In feuchter Luft sinkt der Brechungsindex in unter einer Sekunde soweit ab, daß es zur Lichtführung kommt, und die Transmission stark ansteigt (Abb. 8.96).

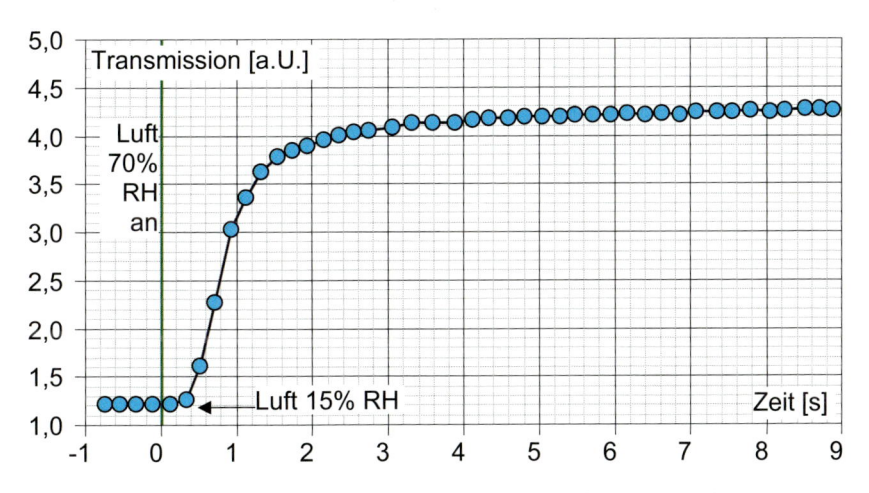

Abb. 8.96: Zeitlicher Verlauf bei Messung der Luftfeuchtigkeit ([Mor04])

Im gezeigten Beispiel steigt die Transmission schon wenige Zehntel Sekunden nach Zuschalten der Luftfeuchtigkeit an. Eine Sättigung ist nach einigen Sekunden erreicht. Die typischen Werte des Sensors sind 0,5 mm Faserdurchmesser und 5 cm empfindliche Länge. Das Prinzip kann z.B. verwendet werden, um die Atmung von Menschen zu überwachen. Die Transmission eines entsprechenden Sensors für Atmung mit 20 Zügen/Minute und 74 Zügen/Minute zeigt Abb. 8.97. Mit entsprechender Korrektur des Systemverhaltens kann das Signal sicher noch verbessert werden.

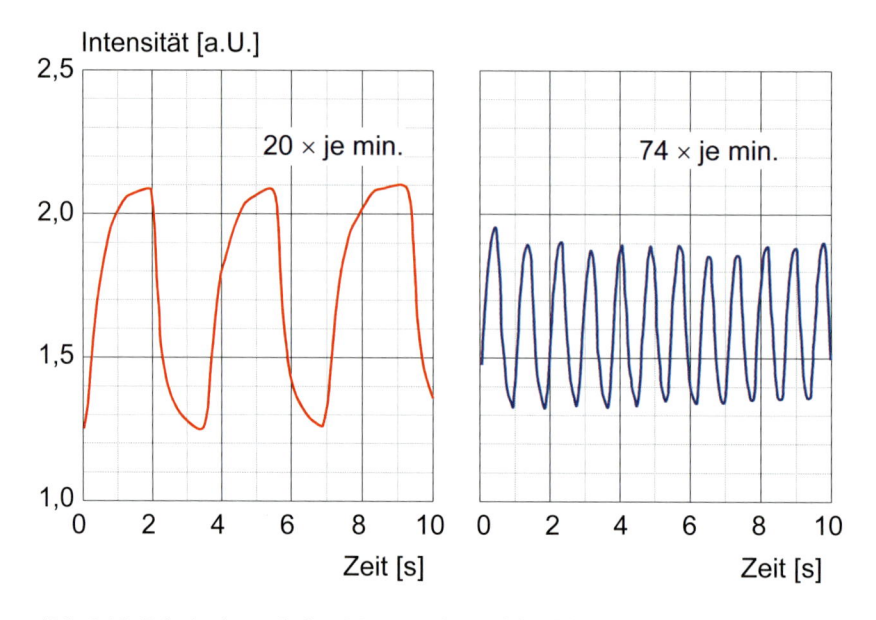

Abb. 8.97: Prinzip der optischen Messung der Luftfeuchtigkeit ([Mor04])

8.3.5.2 Biosensoren

Eine wachsende Bedeutung kommt der Detektion biologischer Substanzen zu. Auch hier könnten Polymerfasern breite Anwendung finden, vor allem im Bereich der Einmalverwendungen.

In [Emi05] wird die Verwendung von mikrostrukturierten POF zur Detektion von Antikörpern demonstriert. Die biosensitive Schicht ist auf den Seitenwällen der mikrostrukturierter POF aufgebracht. Die Testflüssigkeit füllt diese Löcher. Zwei Beispiele für die verwendeten mPOF zeigt Abb. 8.98.

Die Autoren der Arbeiten beschreiben die Herstellung der mPOF aus einer Faservorform mit 20 mm Durchmesser. Die gezogene mPOF hat dann z.B. 300 µm Außendurchmesser mit 60 µm dicken Löchern. Ein Flüssigkeitsvolumen von nur 3,4 µl füllt die 20 cm lange Meßstrecke. Die Auswertung erfolgt über das Fluoreszenzspektrum (an das Spektrometer gekoppelt mit einer 50 µm-Glasfaser).

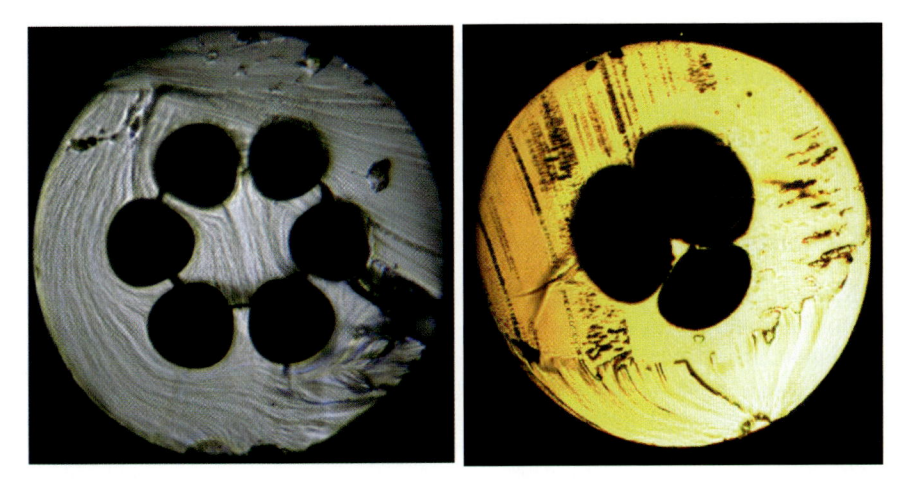

Abb. 8.98: mPOF ([Emi05] und [Jen06] mit 300 µm bzw. 320 µm Kerndurchmesser (Löcher: 60 µm bzw. 55 µm Durchmesser)

8.3.5.3 Flüssigkeiten

Mikrostrukturierte POF lassen sich generell gut zur Messung von Flüssigkeiten verwenden. In [Cox06] wird ein Sensor auf Basis der sog. HC-mPOF (Hollow Core mPOF) beschrieben (Abb. 8.99).

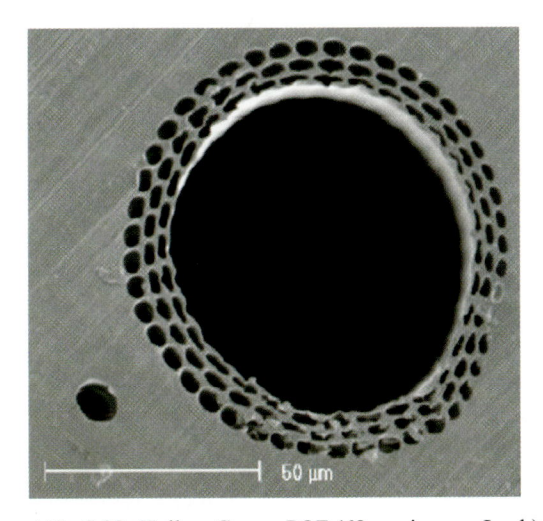

Abb. 8.99: Hollow Core-mPOF (68 µm inneres Loch)

Die Idee der Messung besteht darin, daß der Brechungsindex des mit Flüssigkeit gefüllten Kerns ist höher als derjenige der Mantelstruktur. Damit ändern sich die Übertragungsbereiche der Faser beim Befüllen des Kernlochs mit Flüssigkeit.

Im vorgestellten Beispiel ist die etwa 50 cm Faserprobe nach ca. 10 min komplett mit Wasser gefüllt (etwa 10^{-6} l). Dabei erfolgt eine Verschiebung der Transmissionspeaks von 1.430 nm/1.140 nm auf 875 nm/700 nm nach der Wasserbefüllung

Weiter wird die Messung der optischen Drehung von Fruktoselösung mit Hilfe einer chiralen Faser (Messung mit polarisiertem Licht bei 589 nm) vorgestellt.

8.3.5.4 Korrosion

In [McA04] wird ein optischer Sensor zum Erkennen von Korrosion an Aluminiumstrukturen (in diesem Falle an Militärflugzeugen). Bei der Korrosion von Aluminium entstehen Kationen. Diese diffundieren in den porösen Mantel einer optischen Faser (200 µm Kerndurchmesser, keine Angabe des Kernmaterials). Der Mantel mit PMMA als Trägermaterial ist mit 8-Hydroxyquinoline (8-HQ) dotiert. Diese Moleküle bilden mit den Aluminiumkationen Komplexe, die bei UV-Bestrahlung (360 nm bis 390 nm) Fluoreszenz bei 516 nm erzeugen. Das Prinzip zeigt Abb. 8.100.

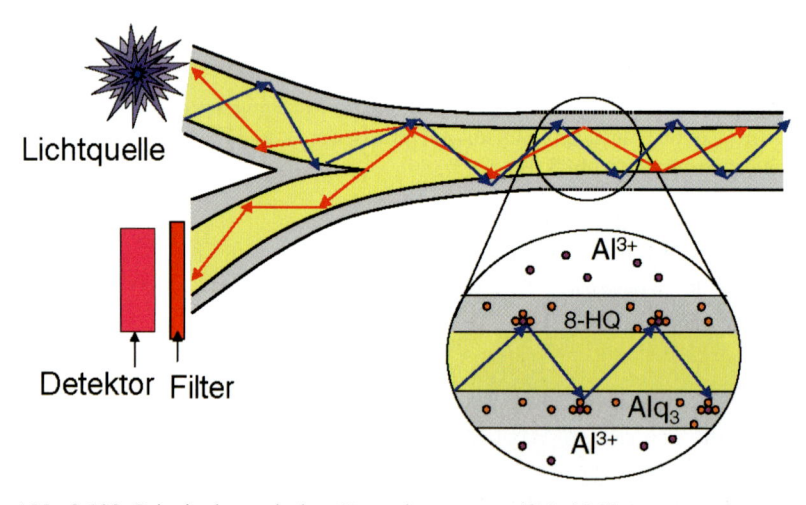

Abb. 8.100: Prinzip des optischen Korrosionssensors ([McA04])

8.3.6 Glasfasersensoren

Im Vergleich mit den i.d.R. multimodigen Polymerfasern ermöglichen Einmoden-Glasfasern noch erheblich mehr Sensorprinzipien. Üblicherweise werden hierbei die Filtereigenschaften von Interferometeranordnungen ausgenutzt. Verschiedene Beispiele für solche Anordnungen werden in [Coo03] beschrieben. In einem geförderten Projekt sollten dabei preiswerte und zuverlässige optische Sensoren für die Messung von Temperatur, Druck, Durchflußmenge und Schallwellen in unterirdischen Systemen der Ölgewinnung entwickelt werden.

In die Fasern werden kleine Fabry-Perot-Interferometer (⌀ 0,1 mm × 5 mm) eingefügt. Typische Bereiche für die Meßgrößen sind:

- -40°C bis +200°C
- Druck bis 150 bar
- Durchflußmenge bis 100.000 Barrel/Tag

Der Aufbau eines solchen Interferometers wird in Abb. 8.101 gezeigt.

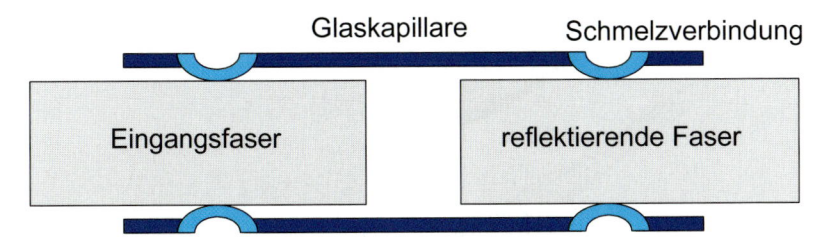

Abb. 8.101: Beispiel für FP-Interferometer zur Druckmessung ([Coo03])

Die FP-Sensoren ergeben eine periodische Übertragungsfunktion für das reflektierte Licht. Eine Flanke dieser Übertragungsfunktion wird zur Messung verwendet. Für kurze Entfernungen können Multimodefasern verwendet werden, auf größere Entfernungen werden Einmodenfasern benutzt. Als breitbandige Lichtquellen dienen LED und SLED.

Im gezeigten Drucksensor wird die Deformation des Röhrchens zur Detektion verwendet. Bei der Temperaturmessung wird die thermische Ausdehnung des Luftspaltes ausgenutzt.

Andere Sensoren mit Glasfasern verwenden Bragg-Gitter (siehe oben), nutzen die Biegedämpfung aus oder arbeiten ebenfalls mit speziellen Beschichtungen. Eine Temperaturmessung kann über die temperaturabhängigen Frequenzverschiebungen bei der Brillouinstreuung realisiert werden.

Der große Vorteil der Glasfaser ist die Möglichkeit der Messung im Abstand vieler 10 km von der aktiven Technik und in der hohen Stabilität der Faser, resultierend in hoher Genauigkeit und Auflösung.

Vorteile der Polymerfaser sind vor allem das extrem einfache Handling und in vielen Fällen der große Querschnitt. Als umfangreiche Übersichtsarbeit, in der ein Rückblick auf die ersten Entwicklungen der POF-Sensoren gegeben wird sei hier noch [Bar00] genannt. Unter anderem wird hier ein 1997 von Niewisch ([Nie97]) entwickelter POF-Sensor genannt, der in flüssigen Stickstoff bei 77 K arbeitet. Ebenso werden verschiedenen Sensoren mit fluoreszierenden Fasern erwähnt.

fiber**ware**

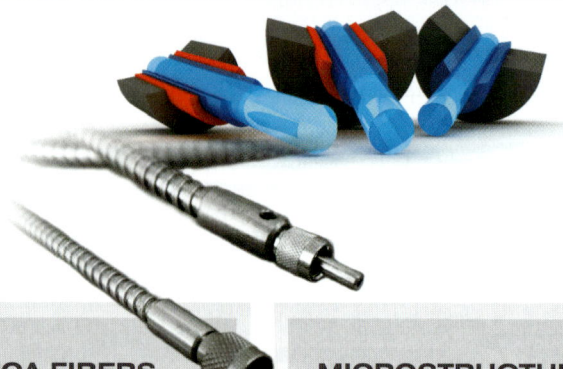

SILICA/SILICA FIBERS
Diameters up to 2mm

SINGLE MODE FIBERS
Wavelenght 400nm - 2000nm

MICROSTRUCTURED FIBERS
Bending insensitiv · High Numerical Aperture

FUSED COUPLERS
Single Mode · Multimode

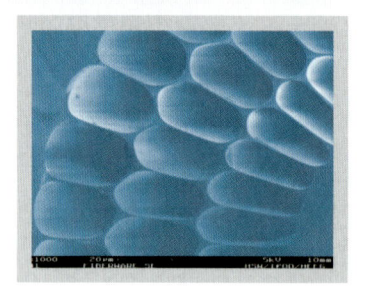

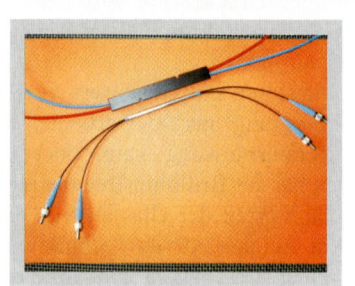

the fiber specialist

FIBEROPTIC SENSORS

SPECIALITY CABLES
High Temperature Application

SPECIALITY ASSEMBLING

fiber**ware**

fiber**ware** GmbH · Bornheimer Str. 4 · D-09648 Mittweida
Telefon: +49 30 56 700 730
Fax: +49 30 56 700 732
E-Mail: info@fiberware.de
Internet: fiberware.de

9. Optische Meß- und Prüftechnik

Die Meßtechnik für Polymerfasern und andere Dickkernfaser unterscheidet sich in einigen wesentlichen Parametern von derjenigen für herkömmliche Glasfasern. Der Hauptunterschied liegt in den dominierenden modenabhängigen Effekten. In der ersten Auflage des Buches wurde ein allgemeiner Überblick über die POF-Meßtechnik mit wenigen spezifischen Ergebnissen gegeben.

In den inzwischen fünf Jahren des Bestehens des POF-AC Nürnberg wurden viele Meßverfahren angepaßt und überarbeitet. Eine Reihe neuer Meßanordnungen wurden aufgebaut und erprobt. Das folgende Kapitel ist um diese neuen Methoden und Ergebnisse ergänzt worden, ohne auf die allgemeine Darstellung zu verzichten. Auf die Ergebnisse der Messung von Faserbandbreiten wird hier nicht weiter eingegangen, da dazu schon im Kap. 2 umfangreiche Beispiele gebracht wurden. Dies gilt auch für die Messung der Biegeverluste.

9.1 Übersicht

Grundsätzlich werden drei Einsatzgebiete für Meßverfahren unterschieden

- ➢ für Fertigungskontrolle und Produktspezifikation,
- ➢ während und nach der Installation,
- ➢ für Wartung und Fehlersuche.

Hierbei werden die Eigenschaften der Einzelkomponenten als auch des gesamten Übertragungssystems untersucht. In diesem Kapitel sollen die für den Anwender relevanten optischen Meßverfahren für Polymerfasern beschrieben werden. Es sind dies insbesondere die Messung der Faserdämpfung und -dispersion sowie der Abstrahlcharakteristik und der Steckerdämpfung, wie in Abb. 9.1 schematisch dargestellt.

Die verschiedenen Meßgrößen können dabei mit ganz verschiedenen Verfahren ermittelt werden. So kann z.B. die Dämpfung im Durchlicht und in Reflexion ermittelt werden. Alle optischen Kenngrößen können in Abhängigkeit der Anregungsbedingungen und der Wellenlänge (spektral aufgelöst) gemessen werden. Weiter können die Messungen mit Variation der äußeren Bedingungen, wie z.B. mechanischer oder klimatischer Belastungen kombiniert werden.

Die grundlegenden Eigenschaften der Komponenten eines Übertragungssystems werden vom Hersteller ermittelt und sollten ihren Niederschlag in Datenblättern und Anwendungsberichten finden. Aus dem vorliegenden Datenmaterial kann der Systemdesigner seine Informationen ziehen und die geeignete Wahl der Materialien und Komponenten treffen. Der Anwender wiederum wird Feldmessungen vornehmen, um die Systemeigenschaften zu bewerten und auftretende Fehler zu lokalisieren. Voraussetzung ist, daß die Bauelemente nach anerkannten Standards hergestellt und charakterisiert werden.

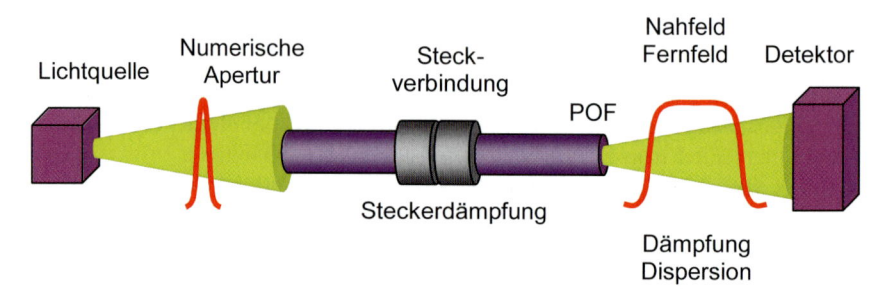

Abb. 9.1: Wichtige Meßgrößen der Polymerfaser

Speziell für Polymerfasern sind nur wenige Standards vorhanden, meistens werden Meßverfahren eingesetzt, die für Glasfasern entwickelt bzw. spezifiziert sind. Außerdem gibt es nur wenige kommerzielle Meßgeräte, die für Untersuchungen an Polymerfasern konzipiert sind. Somit müssen Meßverfahren und -geräte den speziellen Anforderungen von Polymerfasern angepaßt werden.

Die Informationen in Datenhandbüchern sind häufig „minimalistisch", so daß die Bewertung und Nachvollziehbarkeit eines angegebenen Meßwertes sich schwierig gestaltet, da die Meßbedingungen gar nicht oder unzureichend dokumentiert sind, andererseits aber die angegebenen Werte u.U. in hohem Maße von den Meßbedingungen abhängen. Deshalb soll die folgende Beschreibung dem Anwender Hilfsmittel an die Hand geben, Werte in einem Datenblatt beurteilen und gegebenenfalls nachvollziehen zu können.

9.2 Leistungsmessung

In der optischen Nachrichtentechnik wird die optische Leistung als lineare Größe in W (mW, µW oder nW) oder logarithmische Größe in dBm angegeben. Mit dBm wird der absolute Leistungspegel bezogen auf 1 mW bezeichnet:

$$x\,dBm = 10 \cdot \log \frac{opt.\,Leistung\,P\,[mW]}{1\,mW}$$

Für die Umrechnung von dBm in mW gilt

$$P\,[mW] = 10^{\frac{x\,[dBm]}{10}}$$

Wird die optische Leistung auf µW bezogen, erhält man die logarithmische Größe in dBµ. In Abb. 9.2 ist der Zusammenhang zwischen mW und dBm grafisch dargestellt.

Normierte logarithmische Leistung [dBm]

| -30 | -25 | -20 | -15 | -10 | -5 | 0 | +5 | +10 |

| 0,001 | | 0,01 | | 0,1 | | 1 | | 10 |

Lineare optische Leistung [mW]

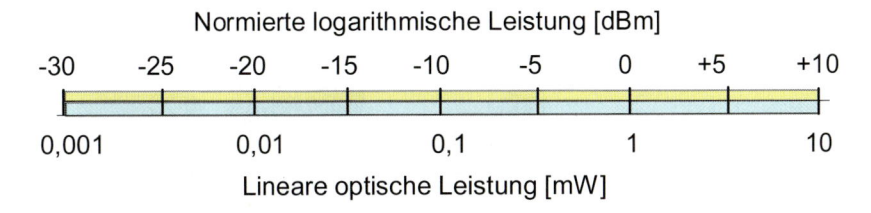

Abb. 9.2: Zusammenhang der Größen mW und dBm

Positive dBm-Werte bedeuten Leistungen größer als der Referenzwert 1 mW, negative entsprechen Leistungswerten kleiner als 1 mW. Die Differenz zweier Leistungspegel wird in dB angegeben: Nimmt ein Pegel um beispielsweise 3 dB ab, verringert sich die lineare Leistung um 50%. Der Vorteil der logarithmischen Schreibweise liegt darin, daß die Differenz der Leistungspegel zweier Punkte im Übertragungssystem die Dämpfung der betreffenden Strecke in dB darstellt.

Die typischen Leistungspegel in POF-Übertragungssystemen liegen zwischen -2 dBm und -26 dBm, bzw. 0,63 und 0,0025 mW (ATM-Forum Spezifikation). Als Leistungsmesser für diesen Bereich werden Halbleiterdetektoren eingesetzt. Für den Wellenlängenbereich der Dämpfungsminima der Polymerfaser (ca. 500 nm - 700 nm) sind Si-Photodioden am empfindlichsten. Die Leistungsanzeige eines Leistungsmessers ist wegen der wellenlängenabhängigen Empfindlichkeit des Detektors nur für die vom Gerätehersteller angegebene Wellenlänge gültig. Für andere Wellenlängen muß ein Anpassungsfaktor berücksichtigt werden.

In der praktischen Anwendung ist die Leistungsmessung die wichtigste Meßaufgabe. An Sendern wird damit überprüft, ob sie ihre Minimalspezifikationen einhalten, an installierten Übertragungsstrecken kann ermittelt werden, ob die minimal notwendige Empfangsleistung noch erreicht wird.

Leistungsmeßgeräte sind von verschiedenen Herstellern in vielfachen Ausführungen erhältlich. Üblicherweise messen Sie das aus der Faser kommende Licht mit einer großflächigen Si-Photodiode. Die Anzeige ist absolut in mW oder in dBm möglich. Über eine Kalibrierfunktion kann die Leistungsdifferenz zu einem Bezugswert in dB dargestellt werden. Die unterschiedlichen Empfindlichkeiten für Standardwellenlängen (zumeist 650 nm, 780 nm und 850 nm) sind einprogrammiert. Bessere Geräte bieten auch die Möglichkeit die Leistung von langsam moduliertem Licht zu messen, um den Einfluß von Umgebungslicht auszuschalten. Um verschiedene Stecker verwenden zu können, sind i.d.R. eine Vielzahl von Adaptern verfügbar, die einfach aufgesteckt oder -geschraubt werden können.

Alle handelsüblichen Geräte haben den Nachteil einer gewissen Modenabhängigkeit, da ebene Photodioden verwendet werden. Für identische Modenverteilungen können die Geräte i.d.R. auf 0,1 dB genau messen, für variierende Feldverteilungen liegt die Genauigkeit im Bereich 0,5 dB. Der übliche Meßbereich beginnt bei -50 dBm bis -60 dBm und endet bei +3 dBm.

In der Abb. 9.3 werden verschiedene Handgeräte im Überblick gezeigt. Die Liste ist keineswegs vollständig und derzeit schnell am Wachsen begriffen - auch ein Beleg für die steigende Bedeutung der POF-Technologie.

Abb. 9.3: Hand-Leistungsmeßgeräte für POF (v.l.n.r.)
oben: FO-Systems/Leoni, Tempo, Photom, Senko, OWL
unten: Scientech, Rifocs, Advanced Fiber Solutions, Fotec, Ratioplast

Daneben gibt es eine ganze Reihe von speziellen Geräten, z.B. für Durchgangsmessungen und mit vielen Kanälen (Beispiele in Abb. 9.4). Fast zu allen Leistungsmeßgeräten bieten die Hersteller auch stabilisierte Sender (LED und/oder Laserdioden) an.

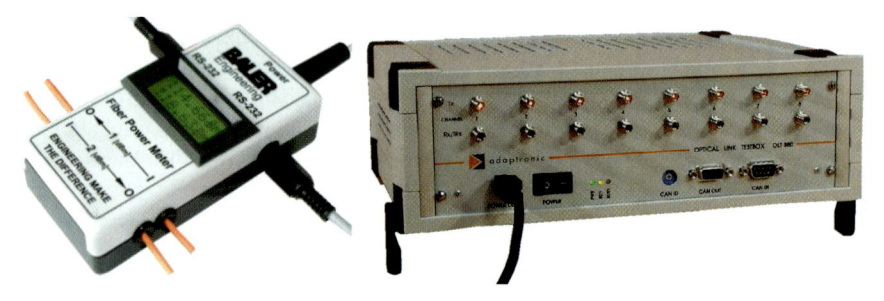

Abb. 9.4: Leistungsmeßgeräte von Bauer Engineering und Adaptronik

Bei Verwendung der Sender ist es oft problematisch, daß Mittenwellenlänge und spektrale Breite recht willkürlich gewählt sind. Einige der LED-Sender liegen in der Emissionswellenlänge bei ca. 665 nm. Dort hat die PMMA-POF schon ca. 100 dB/km mehr Dämpfung als bei 650 nm. Zusätzlich treten bei LED spektrale und modale Filtereffekte auf (siehe Kapitel Systemdesign). Exakte Dämpfungsmessungen an POF sind mit solchen Gerätekombinationen also nur sehr eingeschränkt möglich. Für Feldtests sind sie aber ideal.

Mit Standard-Meßgeräten lassen sich normalerweise Längen bis zu 200 m PMMA-Faser problemlos messen. Die Firma Teleconnect stellte 1996 ein in Zusammenarbeit mit Siemens Coburg (jetzt Leoni Fiberoptics) entwickeltes Meßgerät vor, mit dem bis zu 700 m Standard-POF vermessen werden können. Damit läßt sich die Qualität der Fasern in der Produktion vermessen, da die Lieferlängen üblicherweise 500 m betragen [Ziem97c]. Die wesentlichen Komponenten zum Erreichen dieser außergewöhnlich hohen Meßlänge waren:

➢ Laserdiode mit fast genau 650 nm Wellenlänge (temperaturstabilisiert)
➢ +7 dBm fasergekoppelte Ausgangsleistung
➢ 112 dB Dynamikbereich durch einen extrem empfindlichen Photodetektor
➢ bei 125 dB/km theoretisch bis zu 896 m Meßlänge

Abbildung 9.5 zeigt das Gerät.

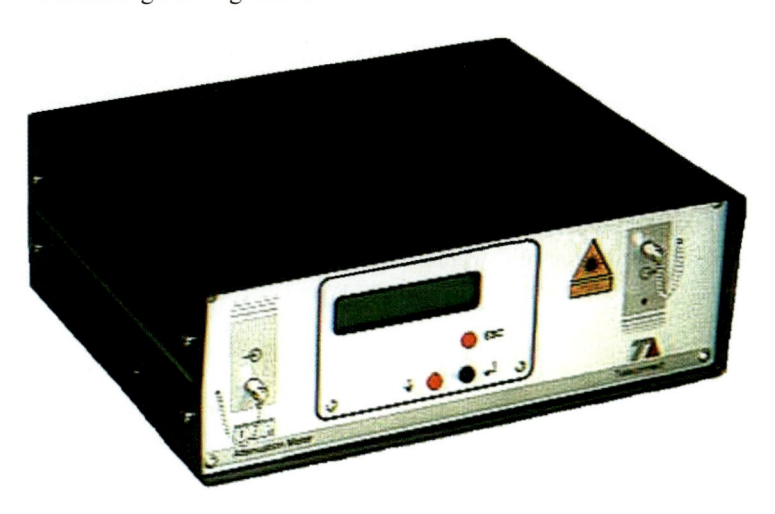

Abb. 9.5: Dämpfungsmeßgerät mit 700 m Reichweite

Eine ganze Anzahl von speziellen Geräten wurde für die Messung der Dämpfung an Kabeln für Automobilnetze entwickelt. Neben der Genauigkeit kommt es hier auf vollautomatisches Arbeiten und sehr kurze Meßzeiten an. Dank der kurzen Kabel spielt die Empfindlichkeit eine untergeordnete Rolle. Das Meßgerät OptiTest 10 von Schleuniger wird in Abb. 9.6 gezeigt (links). Auf der rechten Seite ist die Dämpfungsmeßstation des Verarbeitungssystems IDC 9600 MS von Komax zu sehen (www.komax.ch).

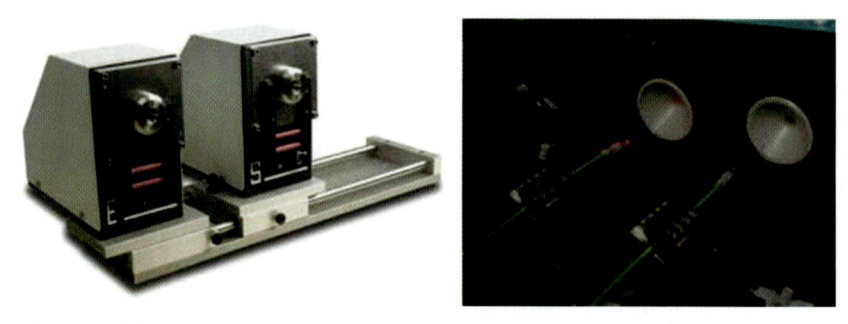

Abb. 9.6: Meßplätze zur Dämpfungsmessung an POF (Schleuniger, Komax)

Zur Kalibrierung verwendet man in diesen Systemen eine „Golden Fiber", also eine hochpräzise gefertigte und vermessene Referenzfaser. In Verbindung mit einer aktiven Positionierung der Stecker der zu messenden Faser kann eine Genauigkeit von 0,02 dB erreicht werden (Angabe laut Webseite www.schleuniger.de).

9.3 Abhängigkeit von den Anregungsbedingungen

Die Meßgeräte im vorangehenden Abschnitt verwenden i.d.R. keine spezifisch optimierten Anregungsbedingungen. Der Sender wird also einfach direkt am Eingang der Faser positioniert. Nachfolgend wird nun gezeigt werden, daß dieses Vorgehen für exakte Messungen nicht ausreichend ist.

Die Übertragungseigenschaften eines Lichtwellenleiters sind durch Dämpfung und Dispersion gekennzeichnet. Der gemessene Dämpfungs- bzw. Dispersionswert ist abhängig von der Einstrahlung in die Faser. Daher müssen reproduzierbare Anregungsbedingungen hergestellt werden. Dies bedeutet, daß die Verteilung der optischen Leistung auf die im Lichtwellenleiter angeregten Moden bekannt sein muß.

Wird die gesamte Kernfläche und Numerische Apertur gleichmäßig ausgeleuchtet (Vollanregung), führen alle Moden zunächst die gleiche Leistung (Modengleichverteilung = UMD: Uniform Mode Distribution; blaue Kurve in Abb. 9.7 und Abb. 9.8). Im weiteren Durchgang des Lichtes durch die Faser werden die Strahlen, die sich unter größerem Winkel zur Faserachse ausbreiten, stärker gedämpft als die Strahlen unter kleinerem Winkel, da sie einen längeren Weg zurücklegen und häufiger an der Kern-Mantelfläche reflektiert werden. Beispiel: Bei einer Faser mit $A_N = 0{,}5$, $n_{Kern} = 1{,}497$ und einem Kernradius von 0,5 mm läuft der Kernstrahl, der gerade noch total reflektiert wird, unter einem Winkel von 19,5°. Auf einem Meter wird der Strahl ca. 350 mal an der Kern-Mantelfläche reflektiert. Wegen Inhomogenitäten an der Kern-Mantelfläche sowie im Kernmaterial kann ein Leistungsübergang in andere Ausbreitungsrichtungen erfolgen (Modenkopplung). Außerdem wird an Wellenleiterkrümmungen durch Modenkonversion Leistung zwischen den verschiedenen Ausbreitungsrichtungen ausgetauscht. Diese Effekte führen zur Änderung der am Faseranfang angeregten Modenverteilung. Nach einer bestimmten Lauflänge stellt sich ein Gleichgewicht ein, von dem ab die Modenverteilung konstant bleibt (Modengleichgewicht = EMD: Equilibrium Mode Distribution; rote Kurve in Abb. 9.7 und 9.8), soweit keine Störungen auftreten, die wiederum Modenkopplungseffekte bewirken. Wird mit kleiner Numerischen Apertur anregt (grüne Kurve in Abb. 9.7 und 9.8), entsteht ebenfalls nach Durchlaufen einer bestimmten Länge Modengleichgewicht dadurch, daß höhere Moden entstehen.

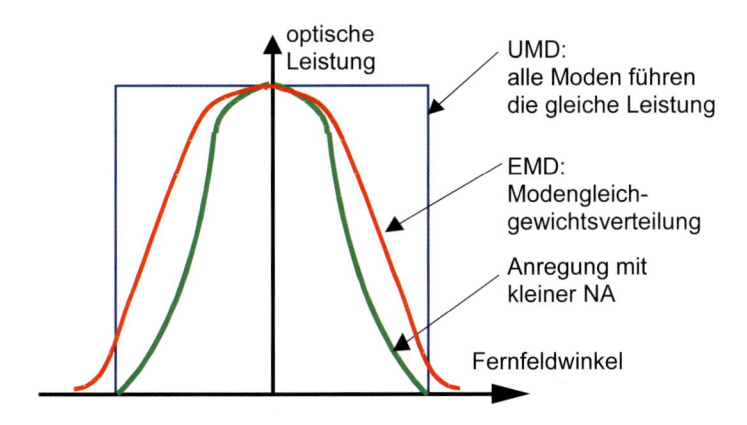

Abb. 9.7: Modenverteilung bei verschiedener Anregung (schematisch)

In Abb. 9.8 ist schematisch die längenabhängige Dämpfung über der Länge dargestellt. Im Fall der Überanregung ist der Dämpfungsverlauf bis zur Koppellänge hyperlinear, bei Unteranregung sublinear. Ein reales Meßbeispiel wird weiter unten noch gezeigt.

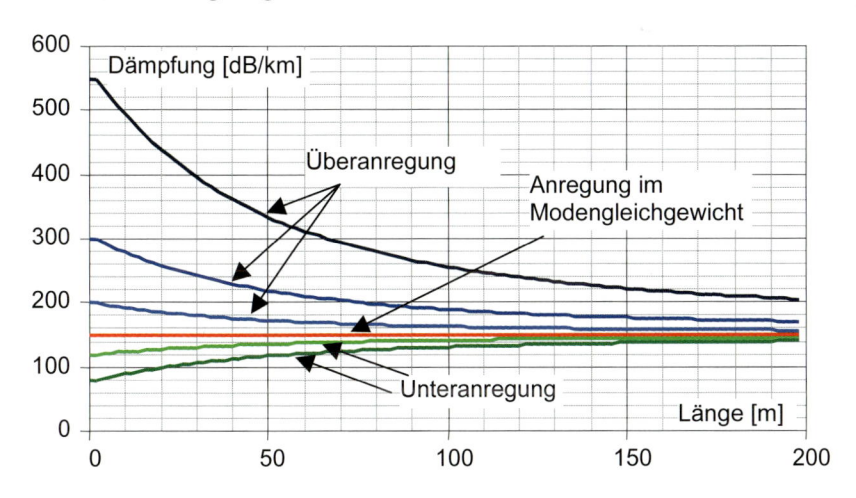

Abb. 9.8: Längenabhängige Dämpfung in Abhängigkeit von der Faserlänge bei unterschiedlicher Modenverteilung (schematisch)

In Abb. 9.9 ist der Dämpfungsunterschied zwischen den parallel zur Faserachse und den unter maximal möglichen Einstrahlwinkel einfallenden Strahlen dargestellt (Kernradius a = 0,5 mm, n_{kern} = 1,497). Unter der Annahme der Gleichverteilung der Moden auf die Ausbreitungswinkel erhält man bei Berücksichtigung der Moden von 0° bis 20° Einstrahlwinkel (Die Hälfte der möglichen Moden) eine gemittelte Dämpfungszunahme von bis zu 2,5 dB/km, während bei Berücksichtigung auch der höheren Moden eine Änderung von bis zu 6 dB/km - jeweils bezogen auf 100 dB/km Grunddämpfung - auftritt. Hierbei ist lediglich der Dämpfungsanteil aufgrund des längeren Weges (Volumendämpfung) berücksichtigt worden. Weitere Effekte die zur modenabhängigen Dämpfung beitragen, die Modenkonversion und Modenkopplung, werden weiter unten beschrieben. Dieses einfache Beispiel verdeutlicht die schwierige Situation, anregungsunabhängige Messungen durchzuführen.

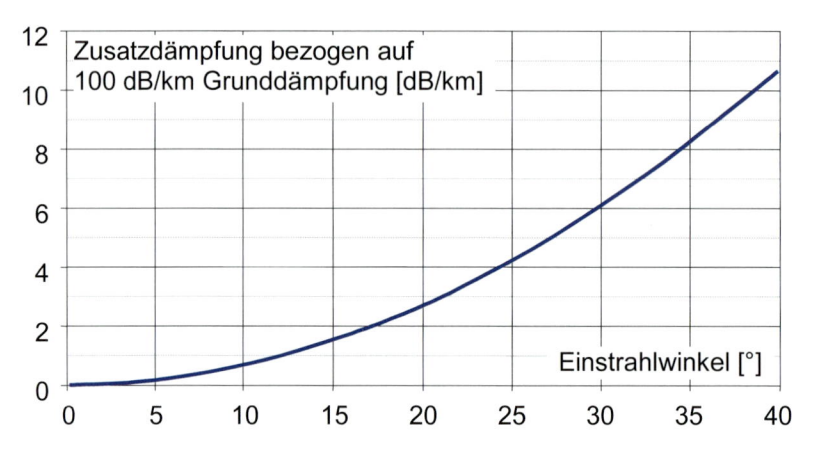

Abb. 9.9: Relative Dämpfungsänderung in Abhängigkeit vom Einstrahlwinkel (nur durch Wegunterschied)

Für reale Polymerfasern, aber auch für PCS kommt noch der sehr viel stärkere Einfluß der hohen Verluste für Strahlen mit großem Ausbreitungswinkel durch die Dämpfung des Mantelmaterials hinzu. Bei PMMA-POF liegt die Manteldämpfung bei einigen 10.000 dB/km. Meßergebnisse für PCS wurden in Kap. 2 gezeigt.

Abbildung 9.10 zeigt die Zahl der Moden in einer SI-POF mit den oben genannten Parametern (650 nm Wellenlänge) in Abhängigkeit des maximal betrachteten Anregungswinkels.

Um bei Dämpfungs- und Dispersionsmessungen reproduzierbare Ergebnisse zu erhalten, sollten Modengleichgewichtsbedingungen herrschen. Dies kann durch eine Vorlauffaser erreicht werden, was allerdings bei der Polymerfaser weniger praktikabel ist, da die erforderliche Länge von 30 m - 60 m zu einer hohen zusätzlichen Dämpfung (6 dB - 12 dB bei 200 dB/km Dämpfung) führt. Um diesen Wert verringert sich die Dynamik des Meßaufbaus. Zum Vergleich: Bei Glasfasern liegt die Länge der Vorlauffaser bei 1 km - 2 km, wodurch eine Zusatzdämpfung von 2 dB bis 4 dB (bei 2 dB/km Dämpfung) auftritt.

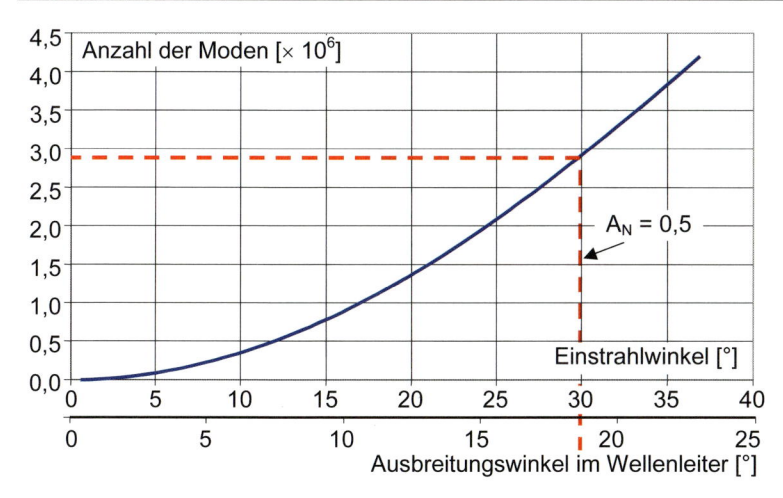

Abb. 9.10: Anzahl der Moden in Abhängigkeit vom Einstrahlwinkel

Eine weitere Möglichkeit ist die Einkopplung durch einen geeigneten optischen Aufbau mit einer Kernausleuchtung und Numerischen Apertur, die dem Modengleichgewicht entsprechen. In Abb. 9.11 wird eine Einkoppeloptik beschrieben, die es gestattet, die Numerische Apertur und den Fleckdurchmesser unabhängig voneinander einzustellen. Bei dieser Methode ist es allerdings nötig, die Modengleichgewichtsbedingungen zu kennen, die von Faser zu Faser differieren.

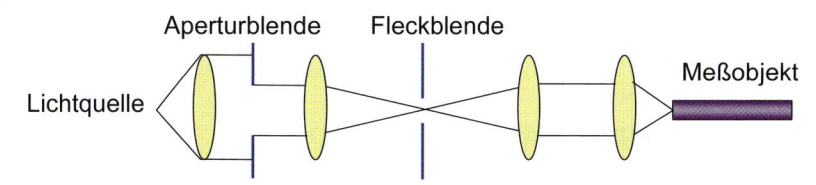

Abb. 9.11: Einkoppeloptik mit unabhängig voneinander einstellbarer Numerischer Apertur und Fleckdurchmesser

In der Praxis wird häufig ein Modenmischer (Abb. 9.12, siehe auch Kap. 3) nach dem japanischen Industriestandard JIS 6863 bzw. IEC 60794-1-1 Annex A eingesetzt. Er besteht aus zwei Zylindern mit einem Durchmesser von jeweils 42 mm im Abstand von 3 mm, um die eine Standard - Polymerfaser von 3,50 m bzw. 20 m Länge in 10 Windungen gewickelt wird. Es treten folgende Effekte auf.

- Höhere Moden werden in den Krümmungen abgestrahlt (Strahlungsmoden).
- Durch die Krümmungen werden Moden ineinander umgewandelt (Modenkonversion).
- Durch Störungen, die an der Kern-Mantelfläche vorhanden sind, können aus einem Mode mehrere Moden entstehen (Modenkopplung). Dieser Prozeß dominiert und ist vom jeweiligen Fasertyp abhängig.
- Die Einfügedämpfung beträgt ca. 4 dB.

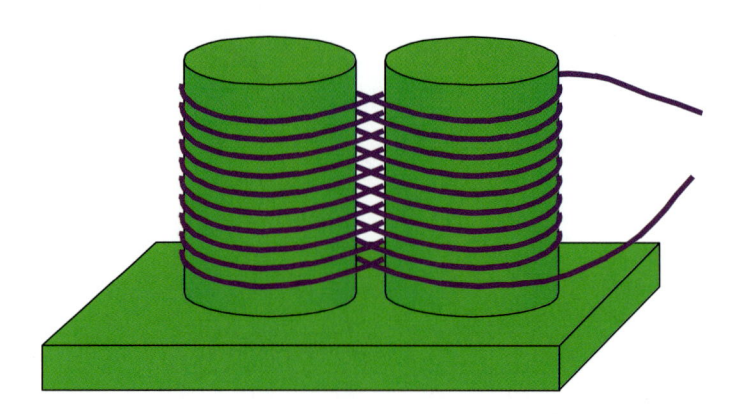

Abb. 9.12: Modenmischer nach japanischem Industriestandard JIS 6863

Neben dem beschriebenen Modenmischer werden auch andere Konstruktionen, wie z.B. der Rollenmodenmischer eingesetzt [Fus96]. Diese sind allerdings nicht standardisiert. Für DSI-Fasern bleibt ein solcher Modenmischer ohne die erwünschte Wirkung, da der geeignete Biegeradius sehr viel kleiner sein müßte. Untersuchungen [Pfl99] zeigen, daß Biegeradien von weniger als 15 mm eingesetzt werden müßten, was zu hoher Dämpfung führt und daher nicht praktikabel ist. Bei DSI-Fasern sollte daher kein Modenmischer der erwähnten Art eingesetzt werden, sondern die Dämpfung nur ab einer bestimmten minimalen Länge gemessen werden. Diese Länge ist für jeden Fasertyp individuell z.B. mit der Rückschneidemethode zu ermitteln (siehe unten).

9.4 Messung der optischen Kenngrößen

In den folgenden Abschnitten werden die Methoden zur Messung der verschiedenen optischen Kenngrößen und jeweils einige exemplarische Messungen beschrieben. Ebenso wie bei der Messung der Bandbreite (Kap. 2) werden hier die Auswirkungen unterschiedlicher Anregungsbedingungen besonders hervorgehoben. Die verschiedenen experimentellen Ergebnisse haben vielfältige praktische Bedeutungen, z.B. für Koppeldämpfungen, zur Ermittlung von Systemreichweiten und -kapazitäten und qualitativen Charakterisierung von Fasern und aktiven Komponenten. Im einzelnen werden behandelt:

- Nahfeldverteilung
- Fernfeldverteilung
- Inverses Fernfeld
- Indexprofil
- Optische Dämpfung
- Rückstreumeßverfahren
- Dispersion

9.4.1 Nahfeld

Die Nahfeldverteilung (Near Field Distribution) gibt die Leistungsverteilung des Lichtes in der Austrittsebene des Lichtwellenleiters an. Es wird entweder mit einer vergrößerten Abbildung gemessen oder mit einem geeigneten Lichtwellenleiter abgetastet. Abbildung 9.13 zeigt einen möglichen Aufbau, mit dem eine Dynamik von 55 dB erreicht werden konnte [Gie00]. Hierbei wird eine Einmodenfaser (Kerndurchmesser 9 µm) in sehr kleinem Abstand (einige µm) von einem Schrittmotor angetrieben radial entlang der Faseroberfläche geführt. Das Signal wird von einem hochempfindlichen Detektor aufgenommen. Die Abb. 9.14 und 9.15 zeigen die mit der beschriebenen Anordnung aufgenommenen Nahfelder einer Standard-NA-POF und einer Vielkern-POF.

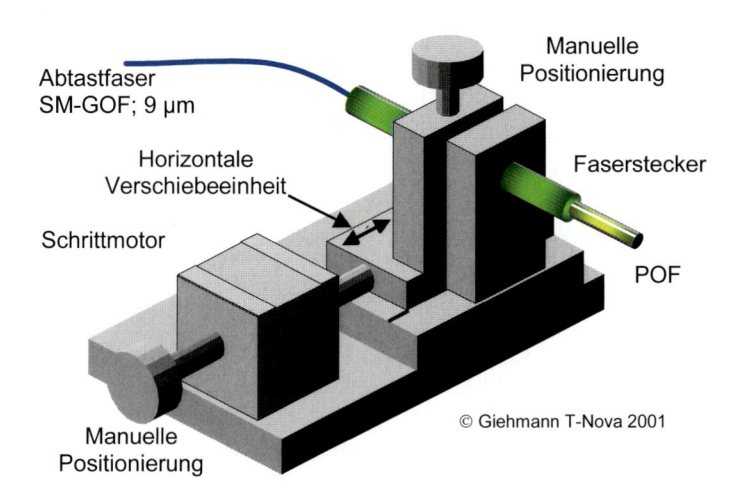

Abb. 9.13: Nahfeld-Abtastmeßplatz

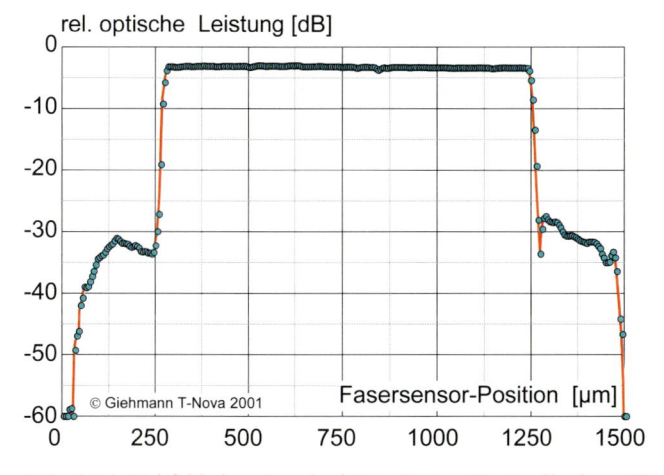

Abb. 9.14: Nahfeld einer Standard-NA-POF, LED-Quelle ($\lambda = 560$ nm).

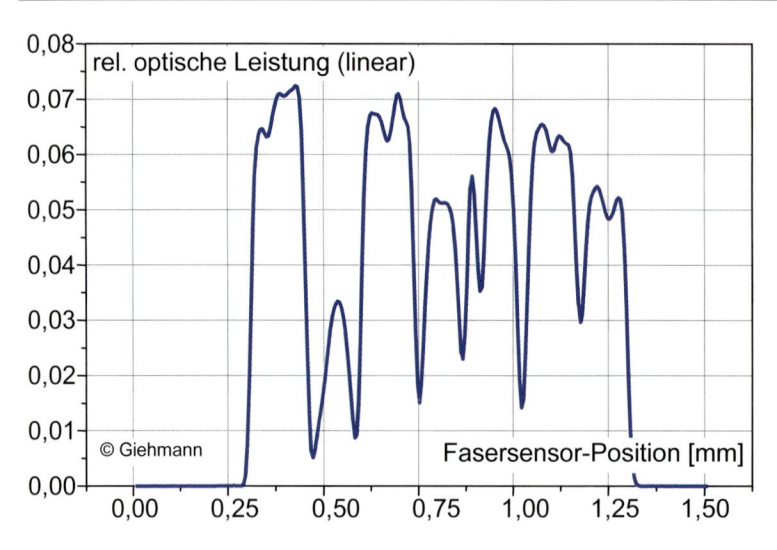

Abb. 9.15: Nahfeld einer DSI-MC-POF

Der Abtastweg in Abb. 9.15 verläuft über den Mittelpunkt der MC-POF und erfaßt 7 Einzelfasern (siehe Abb. 2.47). Er ist aber nicht an den Mittelpunkten der Einzelfasern ausgerichtet, daher sind einige Fasern nur angeschnitten.

Inzwischen sind kommerzielle Geräte zur Messung der Nahfeldverteilung verfügbar, die auch für POF und PCS verfügbar sind. Am POF-AC Nürnberg wird das LEPAS-Meßsystem des japanischen Herstellers Hamamatsu verwendet (siehe [Bach02]).

Für korrekte Nahfeldmessungen ist es nicht nur wichtig, daß der gesamte Faserquerschnitt erfaßt wird, sondern auch, daß alle vorkommenden Ausbreitungswinkel berücksichtigt werden. Viele veröffentlichte Messungen an Fasern haben Abbildungssysteme mit kleiner NA verwendet. Die Folgen eines solchen Fehlers zeigt Abb. 9.16 für die Messung einer GI-POF.

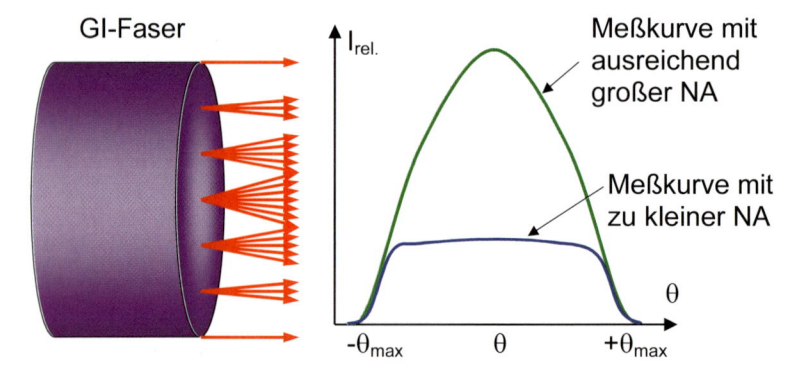

Abb. 9.16: Messung des Nahfeldes einer GI-POF mit eines System zu kleiner NA

Im Zentrum der GI-Faser kommen Moden mit unterschiedlichen Winkeln vor, am Rand fast nur noch achsenparallele Strahlen. Nimmt das Meßsystem nur die kleinen Winkel auf, wird in der Mitte eine viel zu kleine Intensität ermittelt. Die Nahfeldverteilung entspricht scheinbar der einer SI-Faser. Der umgekehrte Effekt kann eintreten, wenn die Optik nicht über den gesamten Querschnitt den nötigen Winkelbereich erfassen kann. Hier kann es passieren, daß in der Mitte der Faser alle Moden gemessen werden, und an den Faserrändern nur ein Teil davon. Das Nahfeld würde wie dasjenige einer GI-Faser aussehen.

Um solche Effekte zu minimieren, wurde zum LEPAS-System von der Fa. Sill-Optik eine spezielle Linsenkombination angefertigt, die die korrekte Messung von 1 mm-POF erlaubt. Die Optik und das Abbildungsprinzip werden in Abb. 9.17 gezeigt.

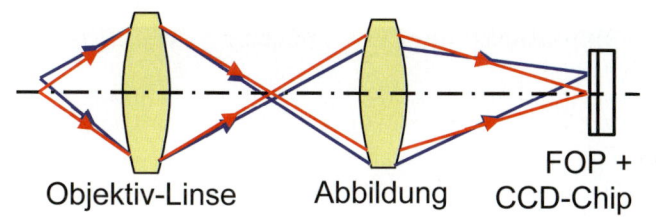

Abb. 9.17: Nahfeldoptik und Arbeitsprinzip

Die Optik bildet die Ausgangsstirnfläche der Faser auf einen CCD-Chip ab (mit einer Vergrößerung von etwa 5). Die faseroptische Platte (FOP) verhindert Interferenzmuster durch die Chipabdeckung. Die technischen Daten des Systems sind:

➢ Akzeptanzwinkel ±30°
➢ Auflösung > 2 µm (rechnerisch)
➢ Vergrößerung ca. 5,5
➢ Wellenlängenbereich 400 nm - 1100 nm
➢ Arbeitsabstand 13,8 mm

Um zu testen, ob die Optik den Anforderungen entspricht, wurde ein dünner (0,2 mm) Laserstrahl (Divergenz < 0,1°) in der Meßebene des Systems sowohl seitlich, als auch in verschiedenen Winkel positioniert. Abbildung 9.18 zeigt die Ergebnisse für 7 verschiedene Positionen.

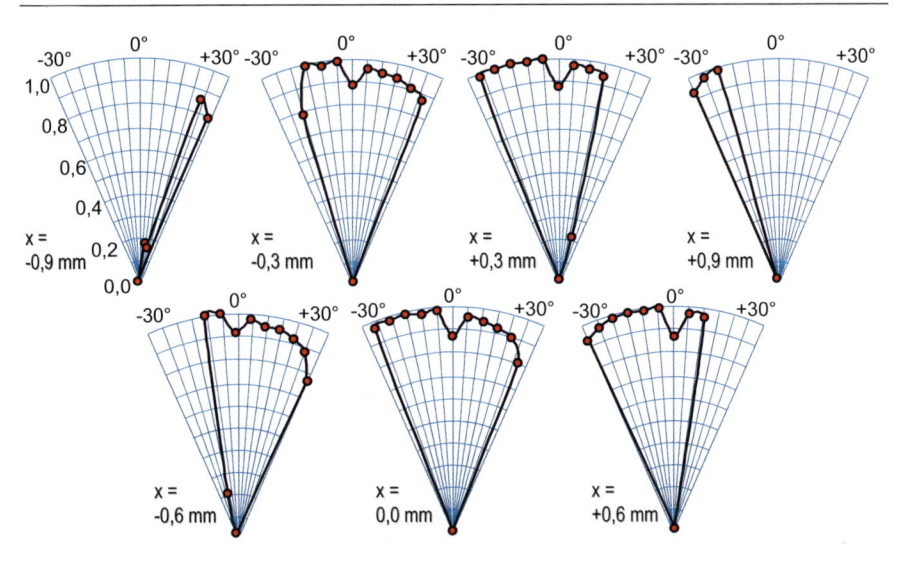

Abb. 9.18: Test der Nahfeldoptik

Bei 0,9 mm Abstand zur Systemachse wird nur noch ein ganz geringer Anteil der Winkel erfaßt. Innerhalb eines Bereiches von ±0,3 mm wird praktisch der volle Winkelbereich gemessen. Für Fasern bis 1 mm Durchmesser und NA bis 0,50 kann das System zufriedenstellende Ergebnisse liefern.

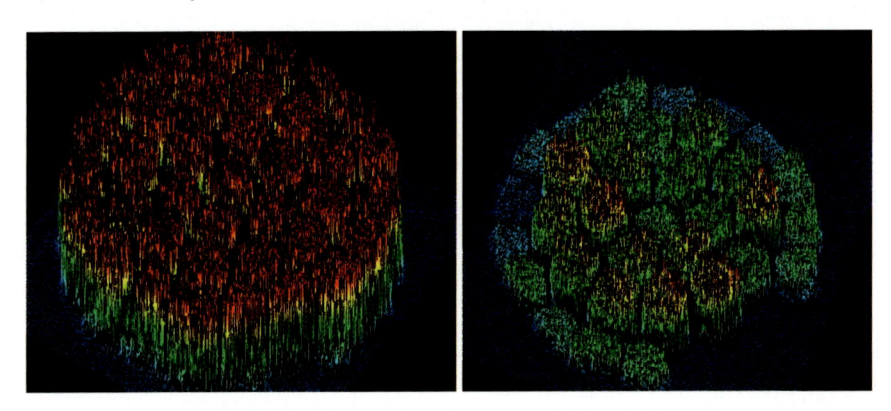

Abb. 9.19: Beispiele für Nahfeldmessungen (ca. 1 m und 30 m MC-POF)

Zwei Beispiele für Nahfeldmessungen sind in Abb. 9.19 gezeigt. Hier wurde eine 37-Kern MC-POF nach einem kurzen Stück (links) und nach einer langen Strecke vermessen. Man kann für jede einzelne Faser die Dämpfung bestimmen. Insbesondere war bei dieser Messung die höhere Dämpfung der Randfasern gut zu sehen. Kombiniert man das Meßsystem mit einer entsprechenden Mustererkennung zur Identifikation der Kerne, kann die Einzelfaserdämpfung auch automatisch bestimmt werden.

9.4.2 Fernfeld

Das Fernfeld ist durch die Leistungsverteilung in einem Abstand D » 2a von der Austrittsfläche der Faser definiert (Abb. 9.20).

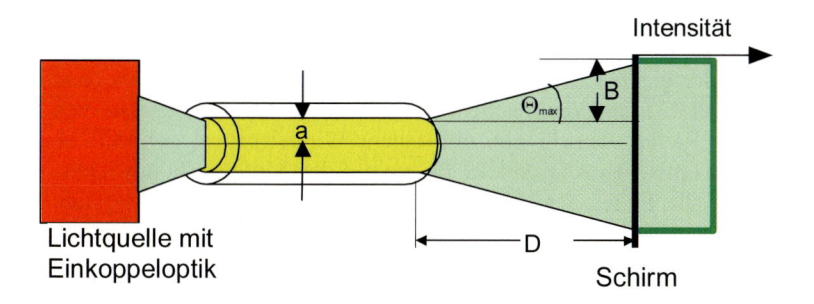

Abb. 9.20: Ideales Fernfeld einer Stufenindexprofilfaser

Der Winkel Θ_{max} errechnet sich aus $\tan \Theta_{max} = B/D$. Aus dem Fernfeldwinkel Θ_{max} berechnet sich die Numerische Apertur NA nach:

$$\sin \Theta_{max} = A_N = \sqrt{n_{Kern}^2 - n_{Mantel}^2}$$

Hierbei werden alle im Kern geführte Moden angeregt (Vollanregung), also Meridionalstrahlen und auch schiefe Strahlen.

Das Fernfeld gibt die Intensitätsverteilung auf einer Kugeloberfläche wieder, in deren Mittelpunkt sich die Lichtaustrittsfläche befindet. Die Messung erfolgt winkelselektiv mit einem Photodetektor. Die Winkelauflösung hängt von dem durch die Detektorfläche erfaßten Winkelbereich ab. Abbildung 9.21 zeigt einen möglichen experimentellen Aufbau zur Aufnahme des Fernfeldes in einer Ebene.

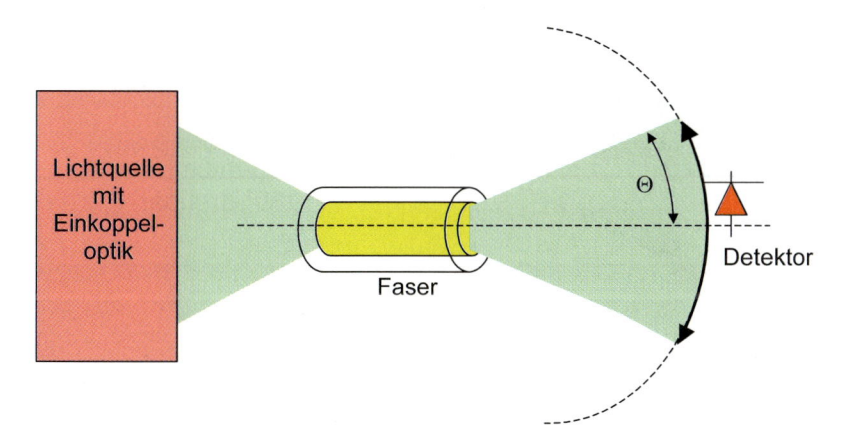

Abb. 9.21: Prinzip der Fernfeldmessung

9.4 Messung der optischen Kenngrößen

Um eine dreidimensionale Darstellung zu erhalten, ist es erforderlich den gesamten Halbraum abzutasten, was einen erheblichen Meßaufwand darstellt. Bei Fasern kann in der Regel von einer symmetrischen Abstrahlcharakteristik ausgegangen werden. Daher ist es häufig ausreichend, den Intensitätsverlauf im Sagittal- und Meridionalschnitt aufzunehmen.

Schnelle Ergebnisse erhält man mit dem in Abb. 9.22 dargestellten Fernfeldmeßplatz (Emitor, [Klo98b]). Dieser besteht aus einem faseroptischen Meßkopf mit einem Bügel, der einen Kreisabschnitt von ±80° umschließt. Zur Detektion sind in diesem Bügel 321 Quarzlichtwellenleiter mit einem Kerndurchmesser von 100 µm auf einem Radius von 35 mm und einem Winkelabstand von 0,5° so angeordnet, daß die optischen Achsen aller Fasern auf den Mittelpunkt des Kreisabschnittes zeigen. Die Enden der LWL sind in einem Bündel zusammengefaßt und auf ein CCD-Kamera-System gerichtet, das die Abstrahlung der Fasern erfaßt. Zur Streulichtunterdrückung befindet sich diese faseroptische Anordnung in einem geschlossenen Gehäuse. Ein in dieses System integrierter Signalprozessor bereitet die Meßwerte auf. Die serielle Schnittstelle (RS232) ermöglicht es, mit dem Signalprozessor zu kommunizieren. Der Meßkopf ist auf einem Präzisionsdrehtisch montiert und läßt sich um 90° schwenken, so daß das Fernfeld in der Meridional- und Sagittalebene in wenigen Sekunden aufgenommen werden kann. Soll das Fernfeld dreidimensional gemessen werden, wird mit einem Schrittmotor der Bügel um seine optische Achse von 0° bis 180° gedreht. Die Schrittweite des Motors beträgt dabei 0,9°. Die Aufnahme einer 3D Darstellung dauert ca. 10 Min. [Klo98b]. Das Gerät wurde von der Firma GMS kommerziell angeboten.

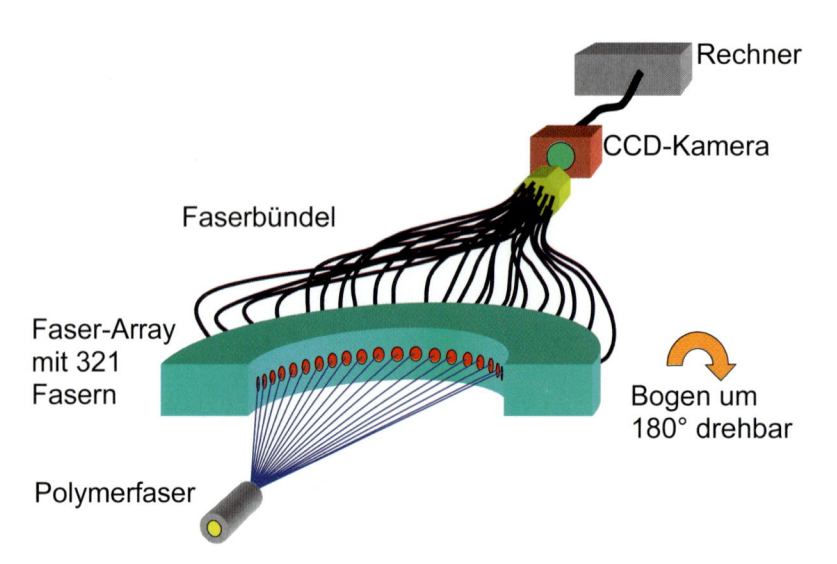

Abb. 9.22: Schema der Fernfeldmessung mit dem Emitor

Zum Test wurden unter gleichen Bedingungen 4 verschiedene 1 mm POF vermessen (Parameter in Tab. 9.1).

Tabelle 9.1: Daten der in Abb. 9.23 verwendeten Fasern

Bezeichnung des Fasertyps	PFU-CD1000	AC-1000W	MH-4000	NC-1000
Charakterisierung	Standard-SI-Faser	DSI-Faser	DSI-Faser	Low-NA-Faser
Hersteller	Toray	Ashahi Chemical	Mitsubishi Rayon	Ashahi Chemical
Numerische Apertur	0,46	0,32	0,33	0,25

Da es schwierig ist, den tatsächlichen Nullwert der Intensität zu bestimmen, benutzt man vereinbarungsgemäß für die NA den Wert, bei dem die Intensität auf 5% des Maximalwertes abgefallen ist (teilweise auch bei 10%).

In Abb. 9.23 sind die Fernfelder verschiedener Fasertypen dargestellt. Das Signal ist auf den maximal gemessenen Wert im Fernfeld normiert. Die Fasern werden mit einer Numerischen Apertur $A_N = 0{,}50$ ($\Rightarrow 30°$) angeregt. Bei allen Fasern ist der Abstrahlbereich gegenüber der Einkopplung deutlich geringer. Nach 50 m Faserlänge ergeben sich bei den einzelnen Fasertypen verschiedene Fernfeldbreiten. Ursache dafür ist die unterschiedliche Entwicklung der Modenverteilung hin zum Modengleichgewicht durch Modenkopplung und Modenkonversion, die zu verschiedenen Koppellängen führt.

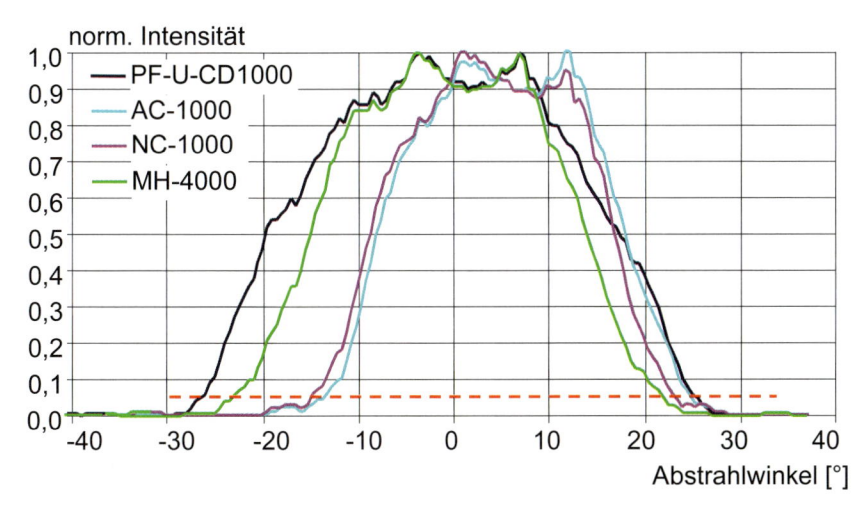

Abb. 9.23: Fernfelder verschiedener Fasern, Lichtquelle LED-650 nm, 50 m Faser [Hen99]

Auffallend breit ist mit einer Numerischen Apertur von 0,42 die 10%-Fernfeldbreite der SI-POF PFU-CD1000. Diese Faser besitzt eine theoretische NA (bestimmt durch n_{Kern} und n_{Mantel}) von 0,46. In [Bun99b] und [Pei00a] wird für die PFU-CD1000 eine Koppellänge von 36 m angegeben. Bei der verwendeten Länge von 50 m ist bei dieser Faser bereits der Gleichgewichtszustand erreicht. Außerdem steigt die Intensitätsverteilung gegenüber den anderen Fasern steil von Null an, während die anderen Meßkurven einen glockenförmigen Anstieg zeigen. Dies ist ein Indiz dafür, daß der Leistungsanteil der Leckwellen gering ist und dieser somit kaum zur Verbreiterung des Fernfeldes beiträgt.

In Abb. 9.24 ist die 10% Fernfeldbreite in Abhängigkeit vom Krümmungsradius für verschiedene Windungszahlen dargestellt. Die Einkopplung erfolgte mit $A_N = 0{,}50$. Diese Untersuchung ist die Basis zum Aufbau eines Modenmischers, wie er z.B. im japanischen Industriestandard JIS 6863 und in IEC 60794-1-1 (Annex A) beschrieben wird. Wie erwartet, nimmt die Numerische Apertur mit dem Biegeradius bei 10 Windungen am stärksten ab. Beim Biegeradius von 21 mm beträgt die Numerische Apertur am Ausgang 0,42.

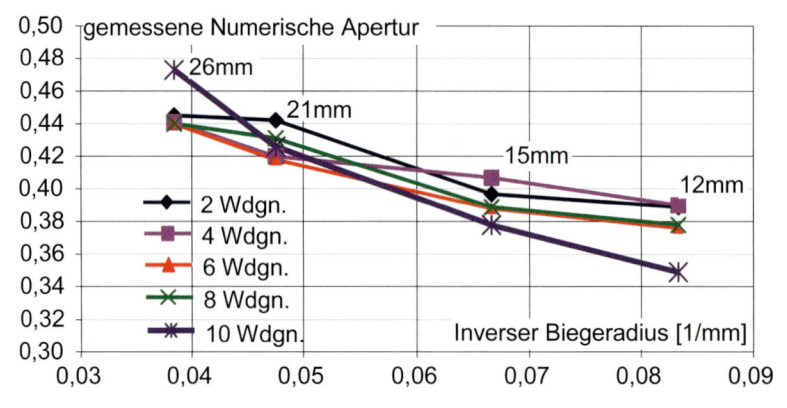

Abb. 9.24: Numerische Apertur (10%-Fernfeldbreite) in Abhängigkeit vom inversen Biegeradius für die Faser PFU-CD-1001

Abbildung 2.147 zeigte schon die Zusatzdämpfung in Abhängigkeit vom inversen Krümmungsradius für verschiedene Windungszahlen. Für die in den oben genannten Standards vorgegebene Bedingungen (Biegeradius = 21 mm, 10 Windungen) beträgt die Zusatzdämpfung ca. 2 dB.

In Abb. 9.25 wird die Änderung des Fernfeldes der DSI-Faser MH4000 für verschiedene Windungszahlen, beginnend bei Null, gezeigt.

Bei zwei Windungen wird das Fernfeld deutlich schmaler als ohne Windung. Die höheren Moden werden bei diesem Biegeradius in größerem Maße abgestrahlt und leisten damit keinen Beitrag zum Fernfeld. Dieser Effekt tritt bei einem Biegeradius kleiner als 15 mm auf [Hen99]. Auf Grund der Faserlänge ist Modenkopplung weitgehend auszuschließen. Die Numerische Apertur beträgt bei zwei Windungen ca. 0,3, ohne Windung aber 0,44. Dies ist auf das Doppelstufenindexprofil der Faser zurückzuführen: Ohne Windung wird das Licht auch im inneren Mantel geführt, durch die Biegungen wird der Winkel der Totalreflexion zwischen innerem und äußerem Mantel für einen Großteil der Strahlen überschritten, so daß das Licht in den äußeren Mantel gelangt und abgestrahlt wird. Die Ausbreitungseigenschaften werden jetzt von der Brechzahldifferenz zwischen Kern und innerem Mantel bestimmt, was einer Numerischen Apertur von ca. 0,30 entspricht. Das Modengleichgewicht muß sich nun noch im Kern ausbilden.

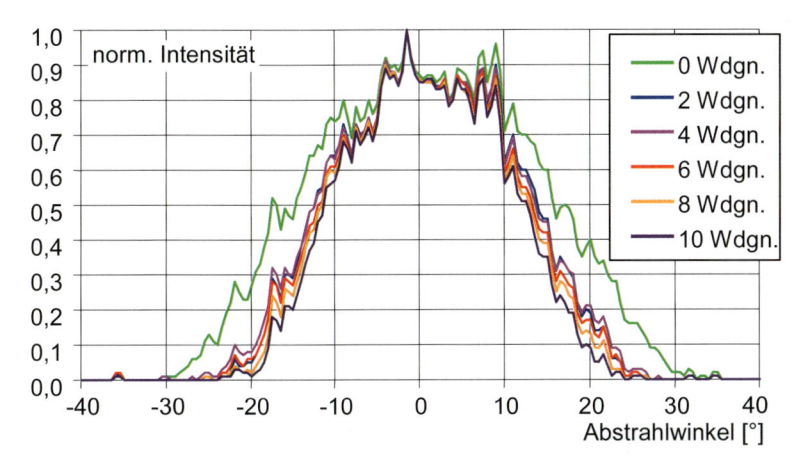

Abb. 9.25: Fernfelder der DSI-Faser MH 4000 für verschiedene Windungszahlen
(Biegeradius r = 12 mm, Lichtquelle LED bei 650 nm, Faserlänge 4 m)

In [Hen99] wird die Verwendung eines Modenmischers für DSI-Fasern untersucht. Als Modengleichgewichtsbedingung ergibt sich für die Faser MH4000 ein Biegeradius von 9 mm, was zu einer Zusatzdämpfung bei 10 Windungen von 18 dB führt. Dieser hohe Wert ist für Dämpfungs- oder Dispersionsmessungen nicht akzeptabel, so daß in DSI-Fasern Modengleichgewicht mit Hilfe von Modenmischern nur auf Kosten hoher Dämpfung hergestellt werden kann.

Auch zur zweidimensionalen Messung von Fernfeldverteilungen gibt es inzwischen eine Reihe kommerzieller Geräte. Wie auch zur Nahfeldmessung nutzt das POF-AC das Lepas-System. Die entsprechende Optik und der dazugehörige Strahlenverlauf werden in Abb. 9.26 gezeigt.

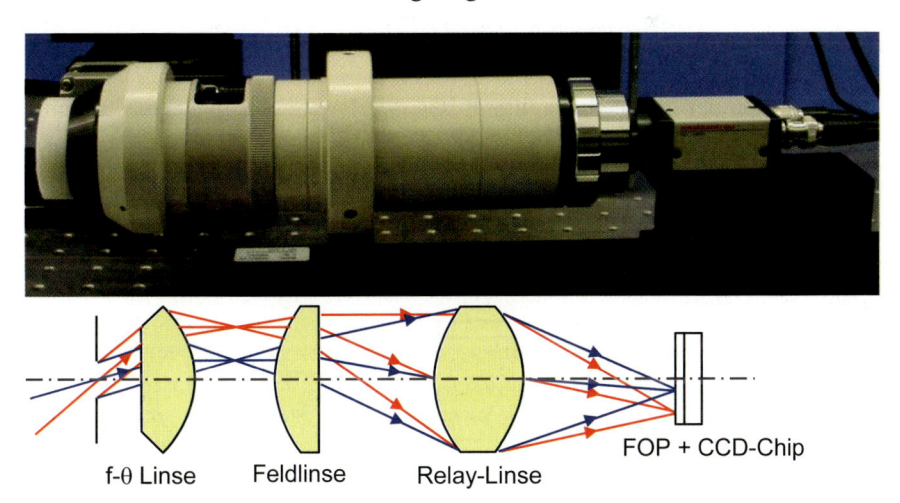

Abb. 9.26: Fernfeldoptik des Lepas-Systems mit Strahlengang

Die f-θ-Linse konvertiert die verschiedenen Winkel in Orte der Zwischenabbildung, die dann mit der folgenden Mikroskopanordnung auf den CCD-Chip projiziert wird. Dabei werden die folgenden Parameter erreicht:

- Akzeptanzwinkel ±45°
- Winkelauflösung 0,18° (rechnerisch)
- Wellenlängenbereich 400 nm - 1100 nm
- Arbeitsabstand 2,8 mm

Als Beispiel zeigt Abb. 9.27 die Fernfelder einer 1 mm Standard-POF nach 10 m und 100 m bei Einkopplung mit kollimiertem Licht unter jeweils 10° Winkel. Gut zu sehen ist jeweils die Ringstruktur, die aber nach 100 m durch Modenmischung schon weitgehend aufgelöst wurde.

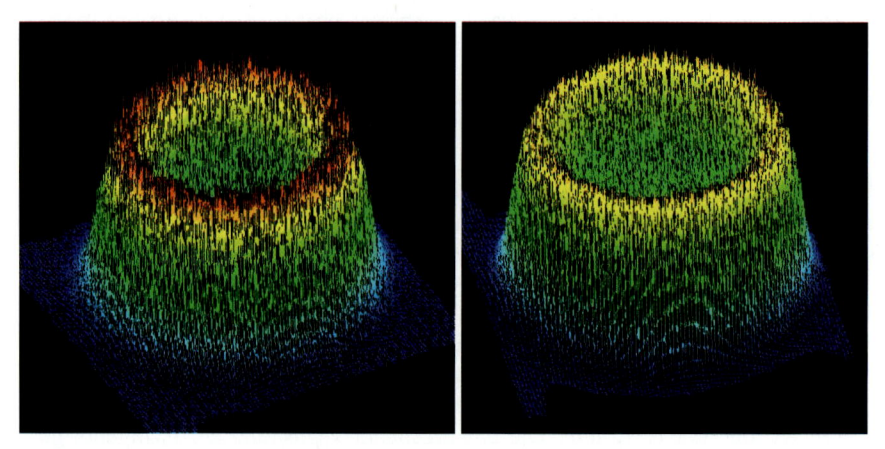

Abb. 9.27: Fernfeld einer SI-POF bei Einstrahlung mit 10° nach 10 m und 100 m

9.4.3 Inverses Fernfeld

Mit der inversen Fernfeldmethode, die in [Gies98] beschrieben wird, erhält man noch detailliertere Informationen über die Lichtausbreitung als mit dem oben beschriebenen Verfahren. Hierbei wird nicht nur das abgestrahlte Licht selektiv gemessen, sondern auch winkelselektiv in die Faser eingekoppelt (Abb. 9.28).

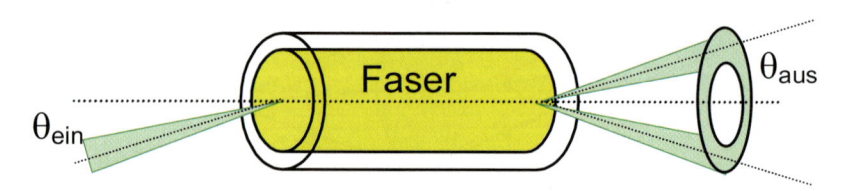

Abb. 9.28: Prinzip der inversen Fernfeldmessung

Der Vorteil dieses Verfahrens besteht darin, daß der Einkoppelfleck mit einem kleinen Durchmesser (einige zehn µm) und einer kleinen Numerischen Apertur ($A_N \approx 0{,}02$) an der gewünschten Stelle auf der Faserstirnfläche plaziert werden kann und somit gezielt bestimmte Modengruppen angeregt werden können. Mit dieser Art der Anregung werden keine schiefen Strahlen, sondern nur Meridionalstrahlen angeregt.

Abb. 9.29 zeigt die Fernfeldverteilung einer Standard-NA-POF bei Einstrahlung unter 15°, 20° und 25° nach 10 m und 50 m Faserlänge. Der steile Anstieg der Fernfeldkurven ist ein Indiz dafür, daß keine Leckmoden angeregt wurden. Während sich bei Einstrahlung mit 15° nach 50 m die Leistung auf die kleineren Winkel vollständig verteilt hat, ist bei 20° und 25° Einkopplung noch deutlich die Dominanz dieser Modengruppen zu erkennen.

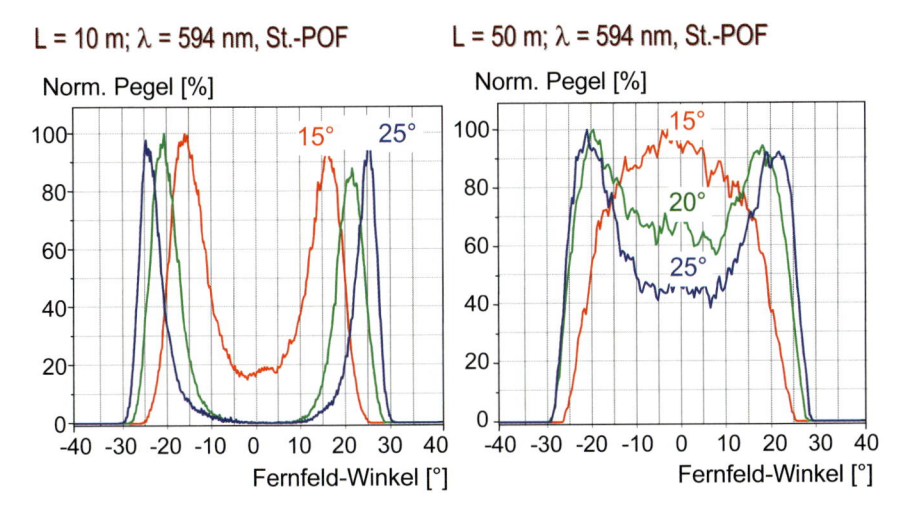

Abb. 9.29: Fernfeld einer Standardfaser bei Einstrahlung unter verschiedenen Winkeln [Kle98]

Anders liegen die Verhältnisse bei der DSI Faser (Abb. 9.30). Hier ist nach 50 m die gesamte Leistung vom inneren Mantel in den Kern übergegangen, so daß die Fernfeldbreite bei 15° Einkopplung fast der Numerischen Apertur, die der Brechzahldifferenz zwischen Kern und innerem Mantel entspricht, erreicht hat.

In Abb. 9.31 wird der Einkoppelwinkel zwischen -30° und +30° um jeweils 1° geändert und die Gesamtintensität des austretenden Lichtes mit einem großflächigen Detektor gemessen. Für die Standard-NA-Fasern (linkes Bild) geht ein fast rechteckiges Fernfeldprofil bei Faserlängen von 1 m und 10 m in eine parabolische Form bei größeren Längen über; entsprechend verringert sich auch der Fernfeldwinkel, der bei den großen Längen ca. 26° beträgt ($A_N = 0{,}44$). Die Ursache liegt in der stärkeren Dämpfung der höheren Moden. Nach 50 m hat sich Modengleichgewicht eingestellt.

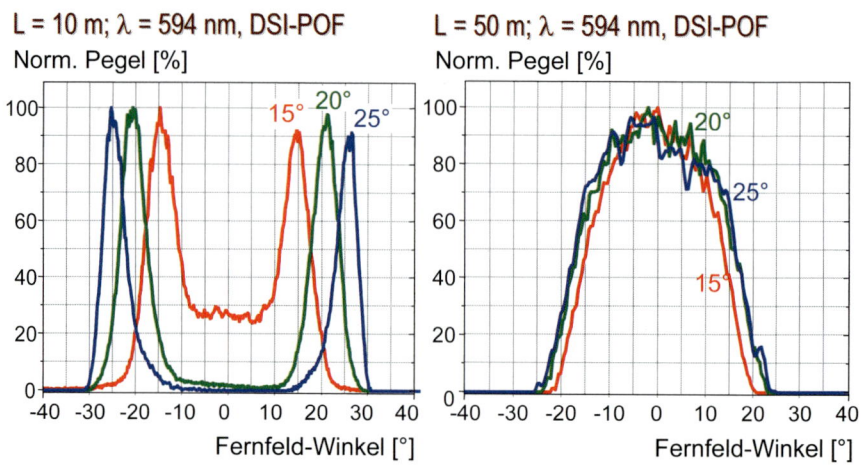

Abb. 9.30: Fernfeld einer DSI-Faser bei Einstrahlung unter verschiedenen Winkeln [Kle98]

Auf der rechten Seite von Abb. 9.31 ist das Ergebnis für eine DSI-Faser dargestellt. Mit zunehmender Länge werden die Strahlen, die sich unter größeren Winkeln ausbreiten, stark gedämpft, so daß bei 50 m und 90 m der Fernfeldwinkel 18° (A_N = 0,32) beträgt.

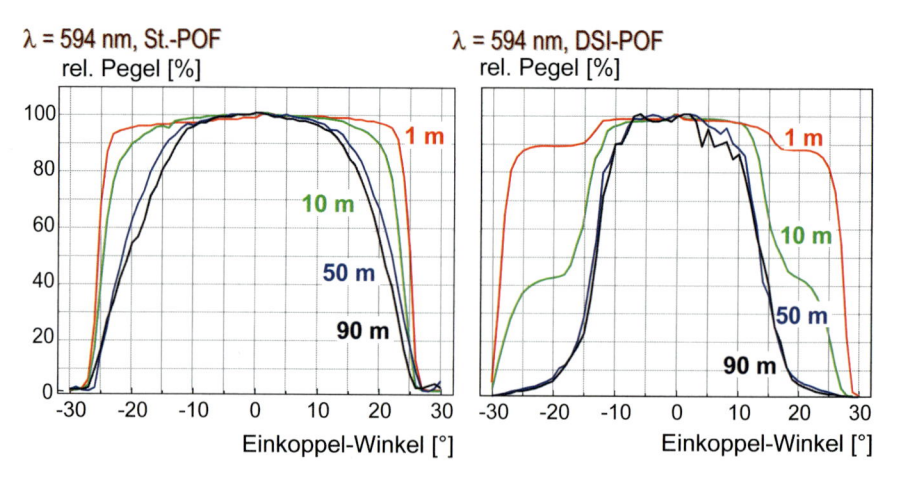

Abb. 9.31: Fernfeld in Abhängigkeit vom Einkoppelwinkel [Kle98]

Die Strahlen unter großem Winkel werden an der Grenzflächen des inneren zum äußeren Mantel total reflektiert. Da der innere Mantel eine höhere Dämpfung aufweist als der Kern, sind die in ihm sich ausbreitenden Strahlen nach einigen 10 m so stark gedämpft, daß sie im Fernfeld nicht mehr nachgewiesen werden können. Von den Herstellern werden die DSI-Fasern Low-NA-Fasern genannt; die Numerische Apertur wird mit 0,30 angegeben, ohne einen Längenbezug herzustellen.

9.4.4 Indexprofil

Eine sehr wichtige Messung für Polymerfasern ist die des Indexprofils. Speziell bei GI-POF, die durch Diffusion hergestellt werden, muß der Indexverlauf im Kern regelmäßig überprüft werden. Zur Messung wird entweder direkt die Stirnfläche abgetastet oder die Faser seitlich durchstrahlt. Einen Überblick über verschiedenen Methoden zur Messung des Brechungsindexprofils an optischen Fasern bei seitlicher Beleuchtung gibt [Bun04a].

Eine für POF gut geeignete Methode beruht auf der Abtastung der Faserstirnfläche mit einem möglichst eng kollimierten Strahl (ergibt die Auflösung des Verfahrens). Die NA des Lichts muß dabei an die NA der untersuchten Faser angepaßt sein. Mit zwei Detektoren wird das die Faser passierende Licht und ein Referenzstrahl vermessen. Aus der Differenz kann dann der ortsabhängige Brechungsindex berechnet werden. Die Methode liefert nur dann gute Resultate, wenn die Faserstirnfläche exakt glatt und eben präpariert wurde. Die nächsten zwei Abb. 9.32 und 9.33 zeigen Meßergebnisse an einer Mehrstufenindex-POF und einer Semi-GI-PCS. Das Meßverfahren ergibt nur relative Brechungsindexunterschiede, falls nicht vorher eine Kalibrierung an genau bekannten Proben erfolgt.

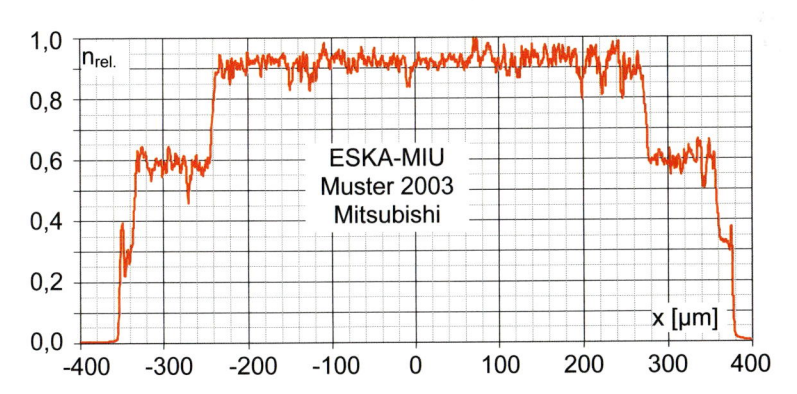

Abb. 9.32: Brechungsindexprofil einer MSI-POF

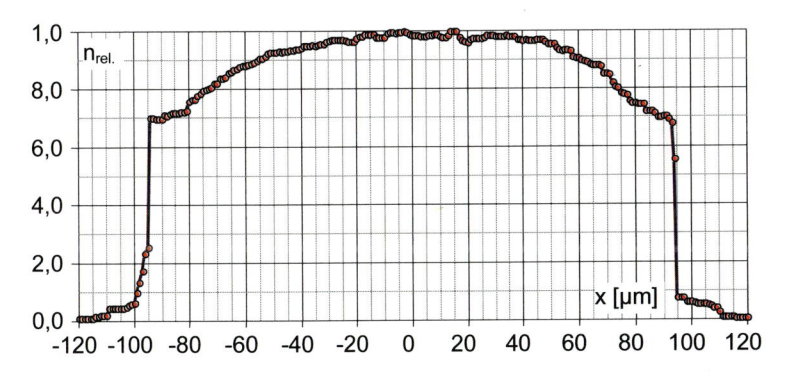

Abb. 9.33: Brechungsindexprofil einer Semi-GI-PCS

9.4.5 Optische Dämpfung

Die optische Dämpfung beschreibt den Lichtverlust zwischen Eingang und Ausgang einer optischen Komponente, also auch einer Faser. Im Prinzip sind dafür nur zwei Leistungsmessungen notwendig, so daß die Ausführungen aus Abschnitt 9.2 hinreichend sein sollten. Tatsächlich ist die Problematik aber sehr viel komplexer.

Die Dämpfungsmeßverfahren liefern als Ergebnis sowohl die Gesamtdämpfung, die für den Systemdesigner von großem Interesse ist, als auch die Einzelbeiträge durch Absorption und Rayleigh-Streuung, die dem Hersteller wichtige Informationen zur Prozeßoptimierung geben. Die Charakterisierung kann bei einer oder mehreren diskreten Wellenlängen (z.B. bei der Übertragungswellenlänge) oder kontinuierlich über einen größeren spektralen Bereich durchgeführt werden.

9.4.5.1 Einfüge- und Substitutionsverfahren

Für die Dämpfungsmessung werden das Einfügeverfahren (zerstörungsfrei), Substitutionsverfahren (zerstörungsfrei) oder das Rückschneideverfahren (zerstörend) eingesetzt.

Da die Eingangsleistung P_0 nicht genau zu bestimmen ist, vergleicht man die Ausgangsleistungen mit und ohne Testfaser (Abb. 9.34). Es wird zunächst die Lichtleistung P_{L2} am Ende des Lichtwellenleiters (Testfaser) gemessen. Danach werden Sender- und Empfängerstecker miteinander verbunden und die Leistung P_{L1} bestimmt. Die Dämpfung errechnet sich aus:

$$\text{Einfügedämpfung} = \frac{10}{L} \cdot \log\left(\frac{P_{L1}}{P_{L2}}\right) = \alpha_{\text{Faser}} + \alpha_{\text{Steckerdämpfungen}}$$

Mit dieser Methode wird die Dämpfung des eingefügten Kabels einschließlich Steckverbinder gemessen. Um die Faserdämpfung bestimmen zu können, muß die zusätzliche Dämpfung der Steckverbindung bekannt sein.

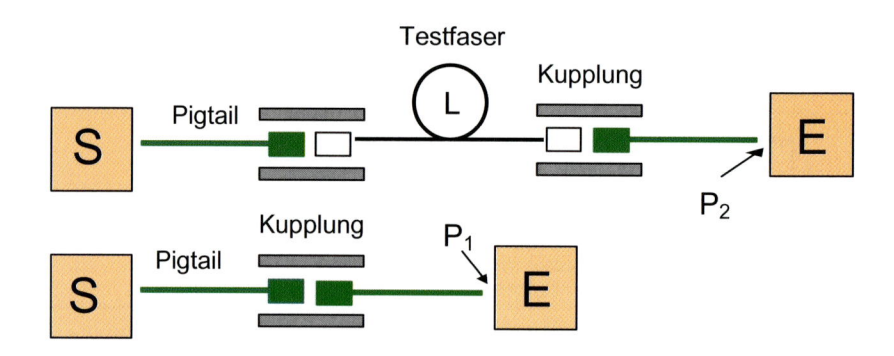

Abb. 9.34: Messung der Einfügeverluste

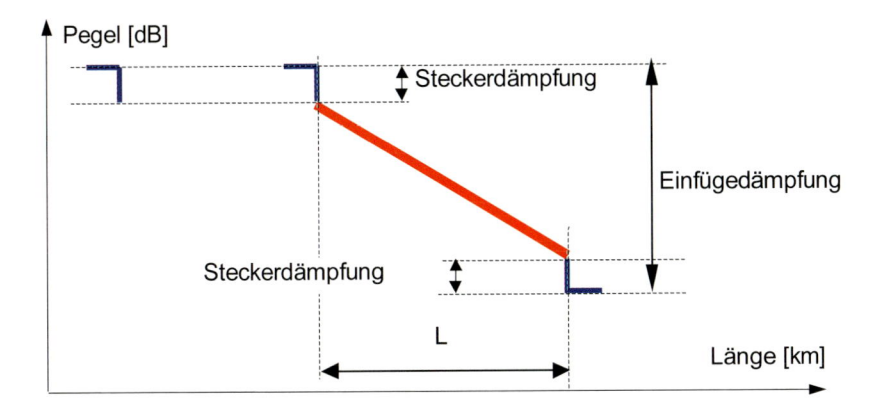

Abb. 9.35: Zur Bestimmung der Verluste mit der Einfügemethode

Bei der Substitutionsmethode wird analog verfahren: Zunächst wird die Leistung P_{L2} bestimmt. Anschließend wird die Faser durch ein kurzes Referenzstück ersetzt und die Leistung P_{L1} festgestellt. Dabei müssen Aufbau und Eigenschaften von Test- und Referenzfaser identisch sein. Im Unterschied zur Einfügemethode bleibt allerdings die Anzahl der Stecker konstant, weshalb die Faserverluste - ohne Steckverbindungen - ermittelt werden können. Voraussetzung ist allerdings, daß die Dämpfung der verwendeten Steckverbindungen untereinander konstant ist. Dies ist allerdings nur in einem begrenzten Rahmen möglich, da je nach Steckertyp die Werte Streubreiten von einigen dB aufweisen können. Daher kann mit dieser Meßmethode insbesondere bei der Messung von kurzer Faserstücken ein erheblicher Fehler in der kilometrischen Faserdämpfung auftreten.

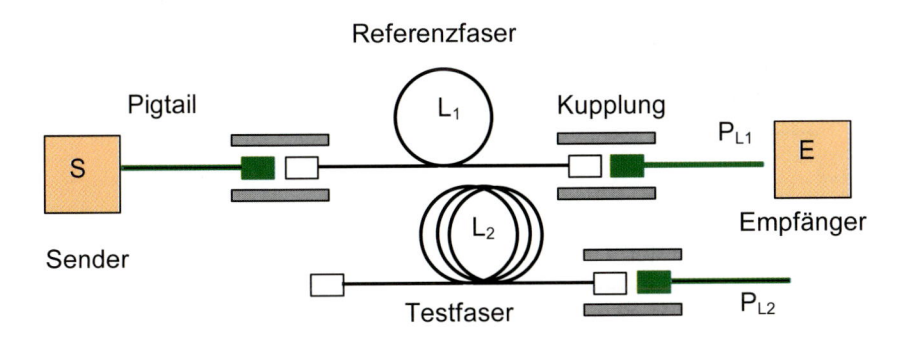

Abb. 9.36: Beispiel für den Meßaufbau des Substitutionsverfahrens

Die Dämpfung errechnet sich aus: $\alpha = \dfrac{10}{L_2 - L_1} \cdot \log \dfrac{P_{L1}}{P_{L2}}$

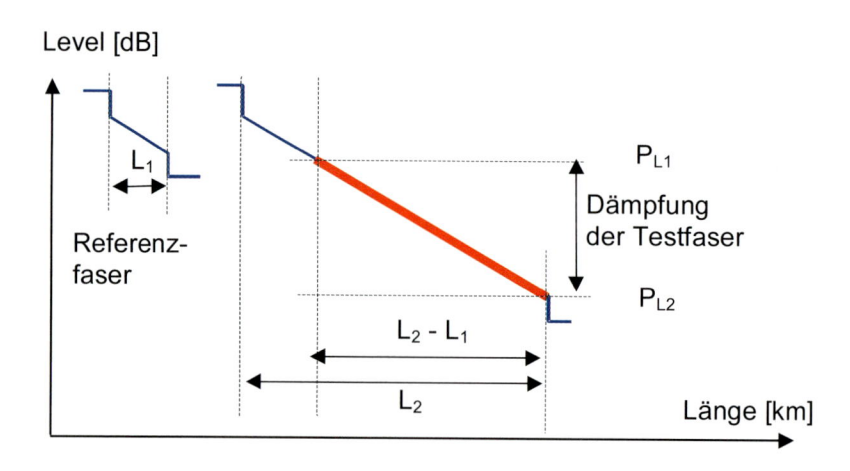

Abb. 9.37: Bestimmung der Dämpfung nach dem Substitutionsverfahren

9.4.5.2 Rückschneide-Verfahren

Genauere Ergebnisse als Einfüge- und Substitutionsverfahren liefert die Rückschneidemethode (cut-back-method). Hierbei wird zunächst die Ausgangsleistung P_{L2} der Faser mit der Länge L_2 gemessen; danach wird die Faser nach der Länge L_1 (typ. 1 m hinter der Lichtquelle) durchgeschnitten und die Leistung P_{L1} bestimmt. Der Vorteil dieser Methode liegt darin, daß die Einkopplung unverändert bleibt.

Die Dämpfung errechnet sich wie bei der Substitutionsmethode. Vorteil des Substitutionsmethode ist, daß es sich um ein zerstörungsfreies Verfahren handelt.

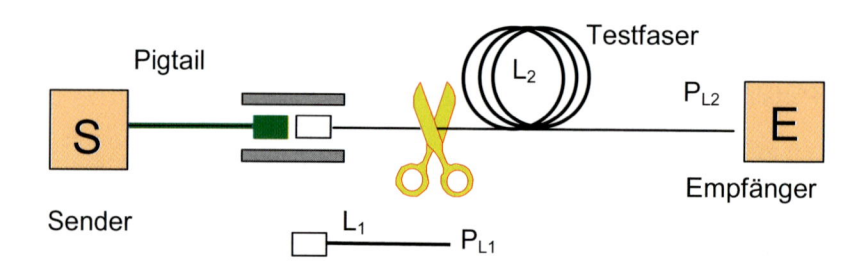

Abb. 9.38: Bestimmung der Dämpfung nach dem Cut-Back-Verfahren

9.4.5.3 Dämpfungsmessung bei diskreter Wellenlänge

Soll die Dämpfung nur bei einer Wellenlänge ermittelt werden, wird ein Halbleiterlaser oder eine LED eingesetzt. In jedem Falle ist die Abstrahlcharakteristik der Bauelemente zu beachten, damit eine geeignete Ankopplung gewährleistet wird.

Wird eine LED als Lichtquelle benutzt wird, ergeben sich einige Unterschiede zur Dämpfungsmessung mit monochromatischer Strahlung. Wegen der großen spektralen Breite der LED von ca. 20 nm und mehr kann im Zusammenwirken mit dem Dämpfungsspektrum ein Filtereffekt auftreten. Besonders auffällig ist dieses Verhalten im Fenster um 650 nm, da dort die Flanken der PMMA-Faser-Dämpfung steil ansteigen. Dies hat zur Folge, daß beim Durchlaufen der Faser die Breite des LED-Spektrums abnimmt und die Peakwellenlänge zum Dämpfungsminimum der Faser verschoben wird, sofern sie sich nicht dort befand.

Dadurch, daß die Lichtenergie der LED über einen relativ großen Spektralbereich verteilt ist, werden gerade im 650 nm-Fenster die Seiten des LED-Spektrums sehr viel stärker gedämpft, was zu einer im Vergleich zur monochromatischen Messung deutlich höhere Dämpfung führt. Abbildung 9.39 zeigt die Filterwirkung der PMMA-Faser. Die blaue Kurve stellt das Spektrum einer LED mit einer Halbwertsbreite von 21 nm und einer Peakwellenlänge von 646,7 nm dar. Die grüne Kurve entspricht dem Spektrum der LED nach 50 m ESKA EH 4001, hier ist die Halbwertsbreite auf 14,4 nm gesunken und die Peakwellenlänge nach 650,6 nm verschoben.

Besonders groß wird die Abweichung, wenn die Peakwellenlänge der LED nicht exakt 650 nm ist, also ein noch größerer Anteil der Lichtleistung in Bereichen mit deutlich höherer Dämpfung liegt. Daher muß eine Korrektur vorgenommen werden. Mit den nachfolgenden Schritten kann ein Korrekturfaktor ermittelt werden, mit dessen Hilfe des Resultat der Messung berichtigt werden kann.

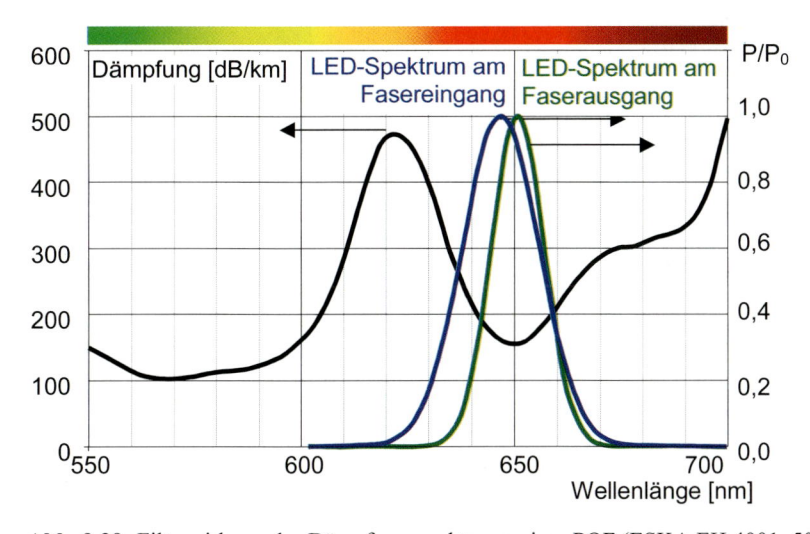

Abb. 9.39: Filterwirkung des Dämpfungsspektrums einer POF (ESKA EH 4001, 50 m)

Die Fläche unter der Glockenkurve entspricht dabei der gesamten optischen Sendeleistung der LED. Man benötigt das LED-Spektrum $P(\lambda)$. Dieses muß so normiert werden, daß gilt:

$$\int_0^\infty P(\lambda)\,d\lambda = 1$$

Weiterhin muß das Dämpfungsspektrum $\alpha(\lambda)$ der POF bekannt sein. Dies ist z.B. in [Wei98] angegeben. Es ist aber wichtig, daß das verwendete Spektrum mit dem der POF identisch ist oder von diesem nur um einen konstanten Dämpfungsbelag abweicht. Um nun den Korrekturfaktor für die Dämpfung α_{gemessen} für eine gewünschte Wellenlänge λ_0 (z.B. 650 nm) für eine bestimmte Faserlänge L zu bestimmen, wird zunächst folgendes Integral gebildet:

$$P_{\text{eff}} = \int_0^\infty P(\lambda) \cdot \left(10^{-\frac{\alpha(\lambda) \cdot L}{10}} \right) d\lambda$$

Aus dem Ergebnis erhält man mit $\alpha_{\text{LED}} = 10 \cdot \log(P_{\text{eff}})$, die Dämpfung des gesamten Spektrums der LED in dB. Den Korrekturfaktor errechnet man dann mit (siehe auch Abschnitt 7.3.1):

$$\text{Korrekturfaktor} = \frac{\alpha_{\text{LED}}}{\alpha(\lambda_0)}$$

9.4.5.4 Dämpfungsmessung über einen größeren Spektralbereich

Soll die Dämpfung über einen größeren Wellenlängenbereich gemessen werden, wird ein Monochromator eingesetzt. Zur Zerlegung eines optischen Spektrums sind prinzipiell Prismen oder Beugungsgitter geeignet. Moderne Monochromatoren sind im allgemeinen Gittermonochromatoren, so daß diese im folgenden kurz beschrieben werden sollen. Der prinzipielle Aufbau ist in Abb. 9.40 dargestellt. Das einfallende Licht wird auf den Eintrittsspalt fokussiert, von einem Konkavspiegel in ein paralleles Bündel gewandelt und auf das Gitter reflektiert, von dort auf einen weiteren Konkavspiegel geworfen und von diesem auf den Austrittsspalt fokussiert (Czerny/Turner-Anordnung). Das Gitter ist drehbar um seine vertikale Mittelpunktsachse angebracht. Dadurch wird das Spektrum des am Gitter gebeugten Lichtes am Austrittsspalt vorbei geführt.

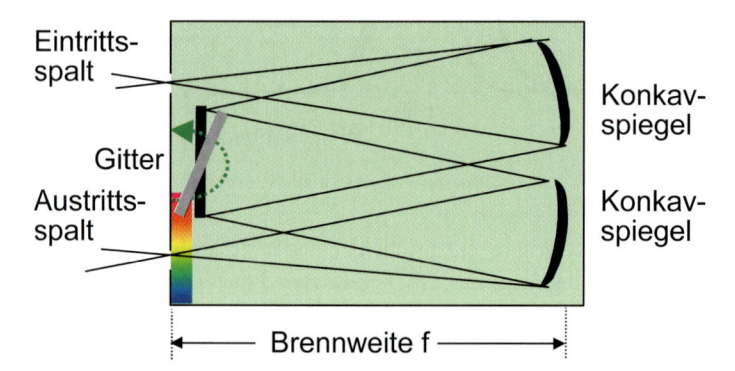

Abb. 9.40: Prinzipieller Aufbau eines Monochromators

Das Reflexionsgitter besteht aus einem Glassubstrat, in dem parallele Furchen entweder mechanisch durch eine Ritzmaschine oder durch Überlagerung zweier kohärenter Laserstrahlen holographisch erzeugt werden. Anschließend wird das Gitter mit einem hoch reflektierenden Medium beschichtet. Es treten immer mehrere Beugungsordnungen auf, so daß bei der gleichen Einstellung des Gitters z.B. die Wellenlängen 400 nm und 800 nm am Austrittsspalt erscheinen. In diesem Falle muß mit einem Kantenfilter das störende Licht eliminiert werden. Durch Formgebung und Tiefe der Furchen wird erreicht, daß möglichst viel Licht in die erste Beugungsordnung reflektiert wird. Das Gitter wird für einen bestimmten Wellenlängenbereich optimiert und weist dort eine hohe Effizienz auf. Die Wellenlänge, bei der das Maximum der Effizienz des Gitters liegt, heißt Blaze-Wellenlänge (Abb. 9.41).

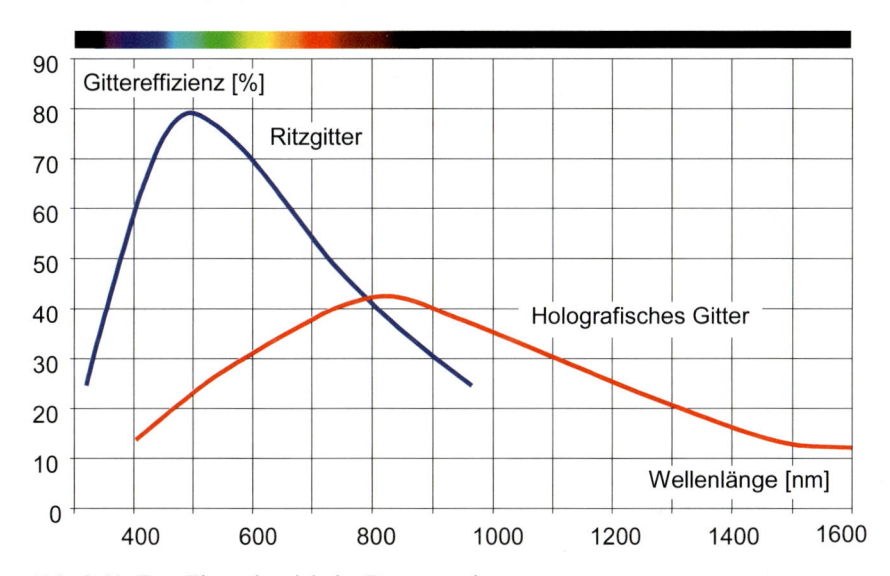

Abb. 9.41: Zum Einsatzbereich des Beugungsgitters

Die wichtigsten Parameter eines Monochromators sind:
1. Der Wellenlängenbereich, in dem der Monochromator Licht transmittiert
2. Die Dispersion, die angibt, in welchem Maße das Licht am Austrittsspalt spektral zerlegt erscheint. Dies wird durch die lineare reziproke Dispersion D_{rez} in Wellenlängendifferenz $\Delta\lambda$ [nm] pro Spaltbreite Δx [mm] angegeben: $\Delta\lambda/\Delta x = (d \cdot \cos \beta)/(f \cdot m)$, mit d: reziproke Gitterkonstante, β: Winkel am Beugungsgitter, unter dem die Beugungsordnung m auftritt, f: Brennweite des Monochromators.
Beispiel: Das Gitter habe 600 Linien/mm, f = 200 mm, m = 1, $\beta = 16°$, damit ergibt sich die lineare reziproke Dispersion $\Delta\lambda/\Delta x = 8$ nm/mm. Das bedeutet, daß bei einer Spaltbreite von 1 mm die spektrale Breite des aus dem Austrittsspalt tretenden Lichtes 8 nm, bei 0,5 mm Spaltbreite 4 nm beträgt.

3. Die Auflösung: die minimal erreichbare Bandbreite des Spektrums $\Delta\lambda$, bestimmt durch das Auflösungsvermögen des Gitters, die Monochromatorbrennweite und die minimal einstellbare Breite des Austrittsspaltes.
4. Das Öffnungsverhältnis: Spiegeldurchmesser / Brennweite
5. Die Blazewellenlänge des Gitters λ_B, das Reflexionsmaximum

Um eine Dämpfungsmessung mit einem Monochromator durchzuführen, können zwei Basiskonfigurationen eingesetzt werden:

1. Das Licht der Quelle wird in die Polymerfaser eingekoppelt, das aus der Faser austretende Licht wird mit dem Monochromator analysiert.
2. Das im Monochromator spektral zerlegte Licht wird in die Faser eingekoppelt und an deren Ende mit einem Detektor gemessen.

Die erste Konfiguration ist in Abb. 9.42 skizziert. Der aus der POF austretende Lichtkegel hat einen größeren Öffnungswinkel als der Monochromator. Außerdem ist der austretende Strahlquerschnitt kreisförmig, während der Eintrittsspalt des Monochromators rechteckig ist. Diese Fehlanpassung der Numerischen Apertur und der Flächen führt bei direkter Kopplung zwischen Faser und Monochromator (Abb. 9.43 und 9.44) zu deutlichen Verlusten.

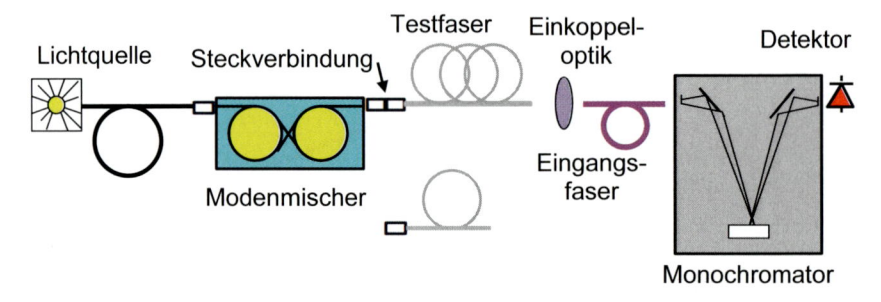

Abb. 9.42: Experimenteller Aufbau zur Messung der Dämpfung

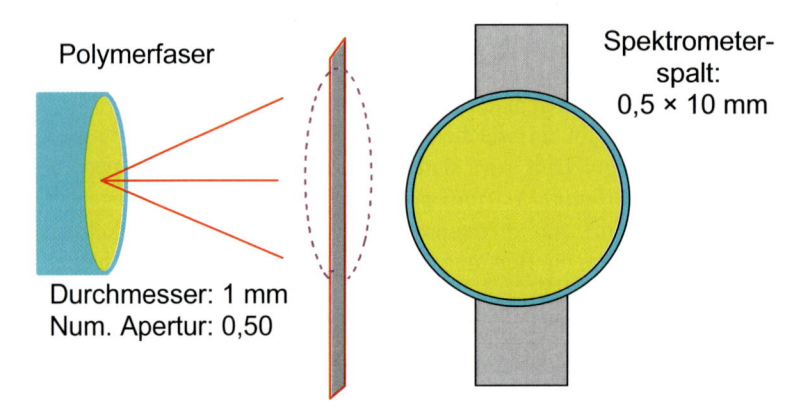

Abb. 9.43: Flächenfehlanpassung der Faser an den Monochromator

9.4 Messung der optischen Kenngrößen   695

Polymerfaser
Kerndurchmesser: 980 µm
Num. Apertur: 0,50
Öffnungswinkel: 60°

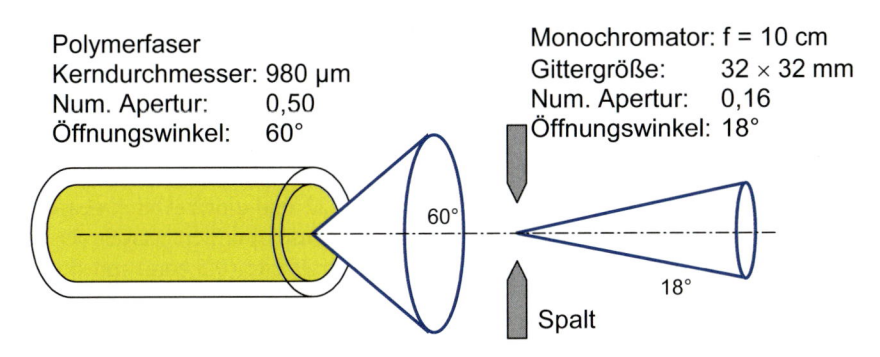

Monochromator: f = 10 cm
Gittergröße: 32 × 32 mm
Num. Apertur: 0,16
Öffnungswinkel: 18°

Spalt

Abb. 9.44: Fehlanpassung der Numerischen Apertur mit Beispielwerten

Durch eine optische Abbildung mit einer Linse kann der Leuchtfleck vergrößert und gleichzeitig die Numerische Apertur verkleinert werden. Dadurch wird die Numerische Apertur angepaßt. Wird z.B. die Querschnittsfläche der Faser 3-fach vergrößert abgebildet, reduziert sich die NA von 0,6 auf ein Drittel, also 0,2. In Abb. 9.45 werden die abgeschätzten Verluste für verschiedene Fehlanpassungen der Flächen und Numerischen Aperturen gezeigt. Die Verluste ergeben sich nach:

$$\alpha_{Fl} = 10 \cdot \log \frac{\text{Fläche}_{Faser}}{\text{überlappende Fläche}_{Monochromator}}$$

$$\alpha_{NA} = 10 \cdot \log \left(\frac{A_{N_{Faser}}}{A_{N_{Monochromator}}} \right)^2$$

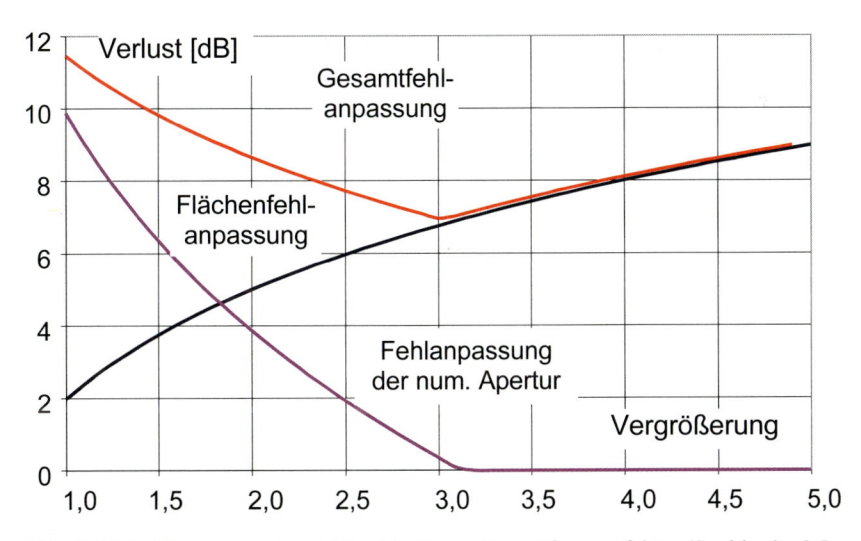

Abb. 9.45: Fehlanpassung in Abhängigkeit vom Vergrößerungsfaktor (Spaltbreite 0,5 mm, Faserdurchmesser 1 mm, NA der Faser 0,50, NA des Monochromators 0,16)

Bei der direkten Kopplung der Faser an den Monochromatorspalt erreicht man mit den angegebenen Werten einen minimalen Verlust von 7 dB. Geringere Verluste ergeben sich beim Einsatz eines Querschnittswandlers, der eine Kreisfläche in ein Rechteck umwandelt. Er besteht aus einem Quarzglasfaserbündel mit dünnen Glasfasern von ca. 1m Länge, deren Enden an einer Seite kreisförmig, am gegenüberliegenden Ausgang rechteckig angeordnet sind (Abb. 9.46).

Durch die Numerische Apertur des Bündels von 0,22 und einem Durchmesser von 3 mm kann die Anpassung an die POF über eine Linse optimiert werden. Das Ende mit der rechteckigen Gruppierung stimmt in der Breite (0,5 mm) mit dem Monochromatorspalt überein. Der bleibende Verlust durch die Fehlanpassung der Numerischen Apertur zwischen Quarzglasfaserbündel und Monochromator liegt bei 2,8 dB.

Abb. 9.46: Endstücke des Faserbündels

Der Detektor wird entweder direkt am Monochromatoraustrittsspalt angebracht oder über ein geeignetes Linsensystem beleuchtet. Mit diesem Aufbau kann die Dämpfung nach der Einfüge- und der Substitutionsmethode gemessen werden, das Rückschneideverfahren ist für diesen Aufbau weniger geeignet, da die Faserstirnfläche nach jedem Rückschnitt neu präpariert und positioniert werden muß. Damit entfällt der Vorteil dieser Methode, da an Einkoppel- oder Auskoppelseite der Testfaser die Bedingungen verändert werden.

Die zweite Basiskonfiguration wird in Abb. 9.47 dargestellt: Das Licht einer Weißlichtquelle wird durch einen Monochromator in seine spektralen Anteile zerlegt und über einen Querschnittswandler und eine Anpassungsoptik (Abb. 9.48) in die zu untersuchende Faser eingekoppelt. Die Detektion erfolgt mit einer Ulbrichtkugel und Photodiode oder einem Photomultiplier. Gut reproduzierbare Ergebnisse wurden mit der Rückschneidemethode erzielt. Dieser Aufbau wurde für Standard-SI-POF mit $A_N = 0,5$ optimiert, so daß der Einsatz eines Modenmischers keine zusätzliche Verbesserung ergab, sondern nur durch die Zusatzdämpfung eine Verringerung des Dynamikbereiches bewirkte. Der Meßplatz ist auch für Fasern mit anderer Numerischer Apertur geeignet. Allerdings muß die Numerische Apertur der Einkoppeloptik jeweils angepaßt werden.

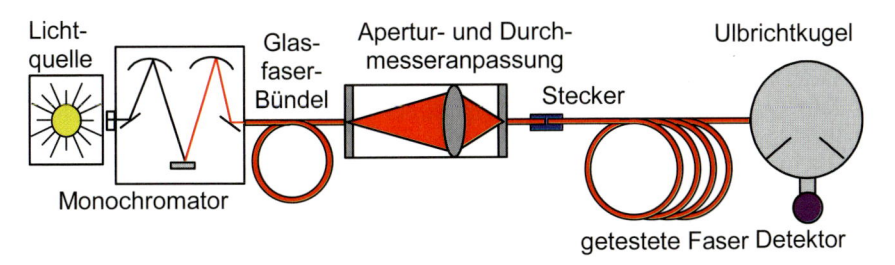

Abb. 9.47: Schematischer Aufbau für Dämpfungsmessungen an Polymerfasern

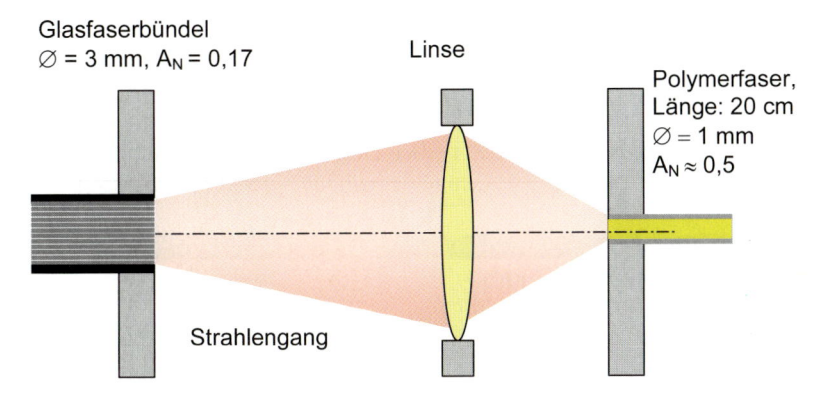

Abb. 9.48: Anpassung der Numerischen Apertur und des Strahlenquerschnitts

Die Ulbrichtkugel (Abb. 9.49) ist eine von innen häufig mit Bariumsulfat ($BaSO_4$) beschichtete Hohlkugel. Durch die Beschichtung wird das einfallende Licht vielfach diffus reflektiert, bis es gleichmäßig an der Kugeloberfläche verteilt ist. Nach dieser Integration sind Einflüsse wie Einfallswinkel, Polarisation, Moden oder Schattenbildung ausgeschaltet.

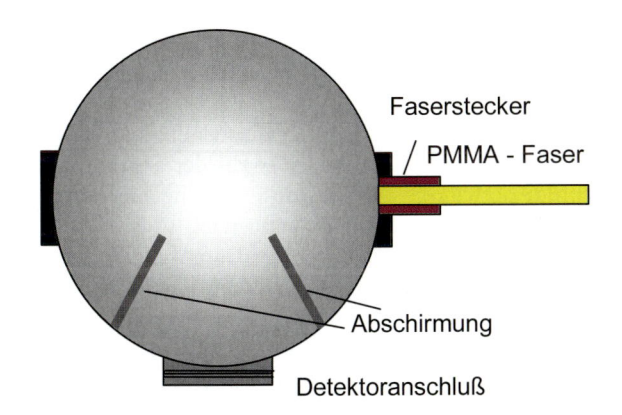

Abb. 9.49: Ulbrichtkugel

Es ist also gewährleistet, daß das gesamte Licht, das aus der Faser in die Kugel eintritt, vom Detektor erfaßt wird. Die beiden Öffnungen für die Polymerfaser und den Detektor befinden sich im rechten Winkel zueinander. Im Innern der Kugel verhindern Abschirmblenden, daß Licht direkt von der Faser in den Photomultiplier strahlt.

Die zuletzt beschriebene Konfiguration bietet die Vorteile, daß sowohl Einfüge- und Substitutionsverfahren als auch die Rückschneidemethode eingesetzt werden können und mit der Ulbrichtkugel als Detektorsystem das gesamte abgestrahlte Licht detektiert wird.

Das Meßsystem bietet einen Dynamikbereich von 30 dB bis 35 dB im Wellenlängenbereich von 480 nm bis 700 nm mit einer Spaltbreite von 0,25 mm unter Einsatz eines Photomultipliers als Detektor.

9.4.5.5 Beispiele für Meßergebnisse

Messungen mit der Substitutionsmethode ergeben eine Standardabweichung vieler Einzelwerte von 10 dB/km, mit der Rückschneidemethode 3 dB/km (Abb. 9.50).

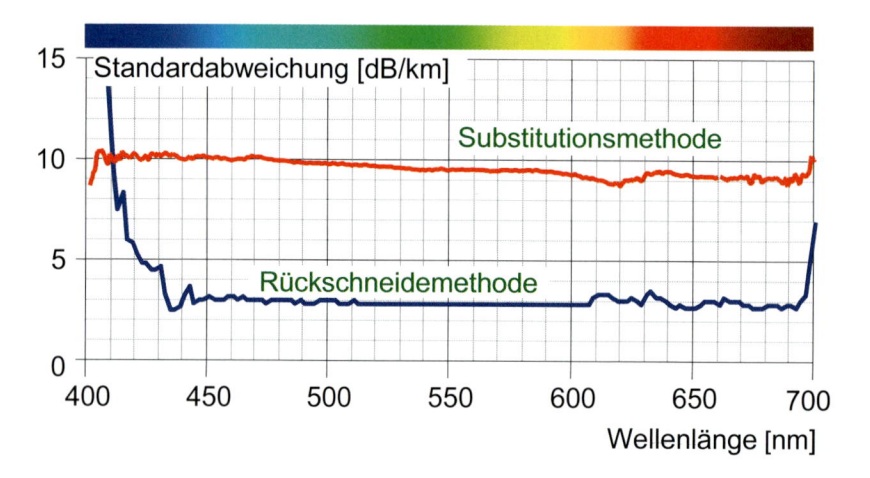

Abb. 9.50: Standardabweichungen der Rückschneide- und Substitutionsmethode [Pei00a]

Bei der Substitutionsmethode ist besonders auf die Oberflächenqualität bei der Präparation der Faserendflächen zu achten. Auch die Auswahl der Steckverbindung hat Einfluß auf die Reproduzierbarkeit der Messung. Für die hier vorgestellten Experimente wurden FSMA-Steckverbindungen verwendet.

In Abb. 9.51 zeigt das Ergebnis eines Ringversuches zur Dämpfungsmessung an einer Standard-NA-POF, an dem mehrere Institute beteiligt waren [Kell98], [Krau98]. Die Messungen wurden nach dem Substitutionsverfahren über einen größeren Wellenlängenbereich, mit LED oder Laserquelle mit unterschiedlichen apparativen Konfigurationen durchgeführt. Es werden Dämpfungswerte im 650 nm Wellenlängenbereich für Faserlängen von 20 m, 50 m und 100 m verglichen. Zur angenommenen Dämpfung einer „Normalfaser" von 156 dB/km

(ATM-Forum-Spezifikation [ATM96a], [ATM96b], [ATM99] wurden 0,5 dB für die Änderungen bei der Einkopplung für jede Länge hinzuaddiert. Die Auswirkungen auf die kilometrische Dämpfung sind bei kleineren Längen sehr gravierend. Man erkennt die große Streuung der Meßwerte bei 20 m, aber auch bei 50 m oder 100 m sind die Streuungen der Meßwerte zu groß, als daß eine gesicherte Aussage über die tatsächliche Dämpfung gegeben werden könnte. Allerdings sei darauf verwiesen, daß die Streuung z.B. bei 20 m ca. 47 dB/km beträgt, was auf 20 m umgerechnet weniger als 1 dB bedeutet.

Es ist dringend erforderlich, mit jeder Dämpfungsmessung genaue Informationen über den Versuchsaufbau und die Durchführung, insbesondere über die Anregung der Faser zu geben.

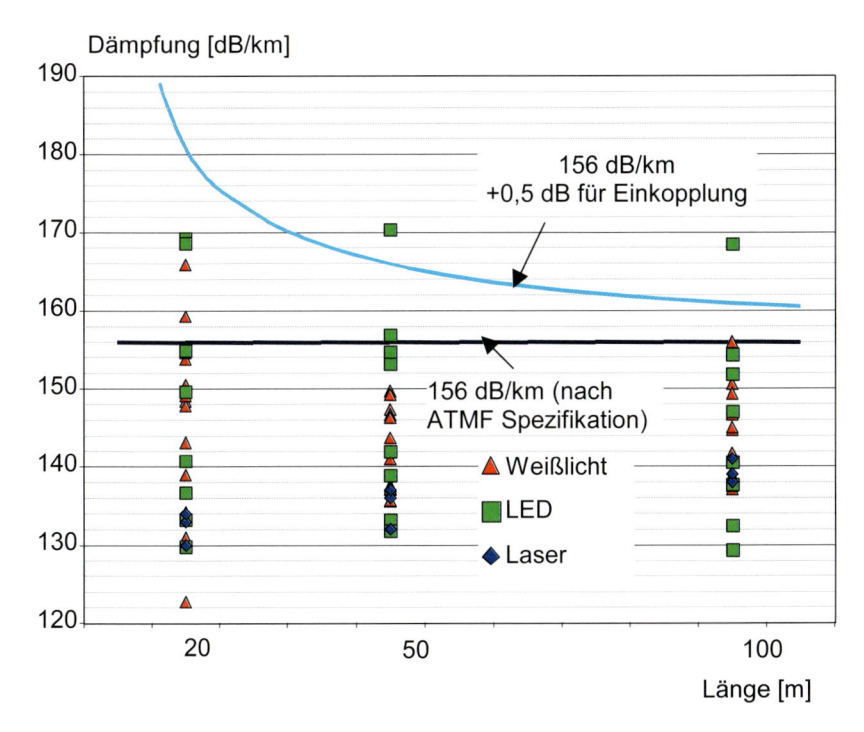

Abb. 9.51: Dämpfung in Abhängigkeit von der Probenlänge, Messungen wurden im Rahmen eines Ringversuchs an verschiedenen Instituten mit unterschiedlichen Meßaufbauten durchgeführt [Kell98]

Die im weiteren vorgestellten Dämpfungsspektren wurden mit dem experimentellen Aufbau, wie in Abb. 9.47 beschrieben, aufgenommen. Abbildung 9.52 zeigt die Längenabhängigkeit der Dämpfung für kleine Längen, gemessen mit der Rückschneidemethode. Die Einkopplung erfolgte nahe am Modengleichgewicht. Nach ca. 10 m Länge bleibt die Dämpfung konstant, d. h. nach ca. 10 m hat sich Modengleichgewicht eingestellt.

9.4 Messung der optischen Kenngrößen

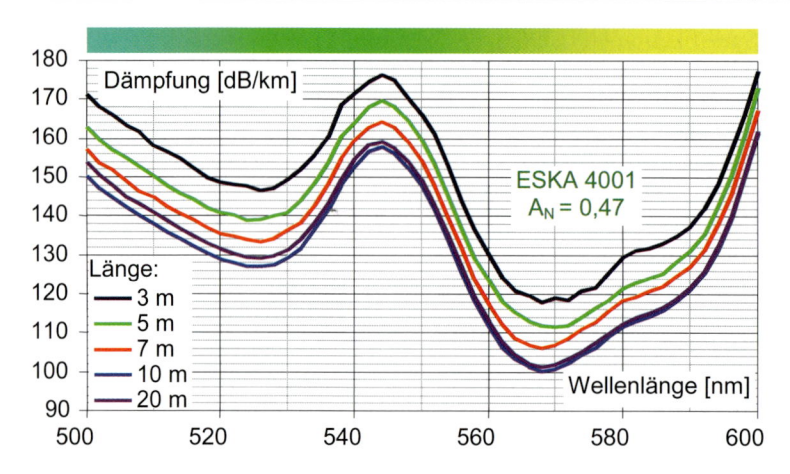

Abb. 9.52: Längenabhängigkeit der Dämpfung einer Standard-NA-POF (EH-4001) für kleine Faserlängen, gemessen mit der Rückschneidemethode [Pei00a]

Dies bestätigt sich beim Übergang zu größeren Faserlängen (Abb. 9.53). Die Dämpfung ist nicht mehr von der Länge abhängig.

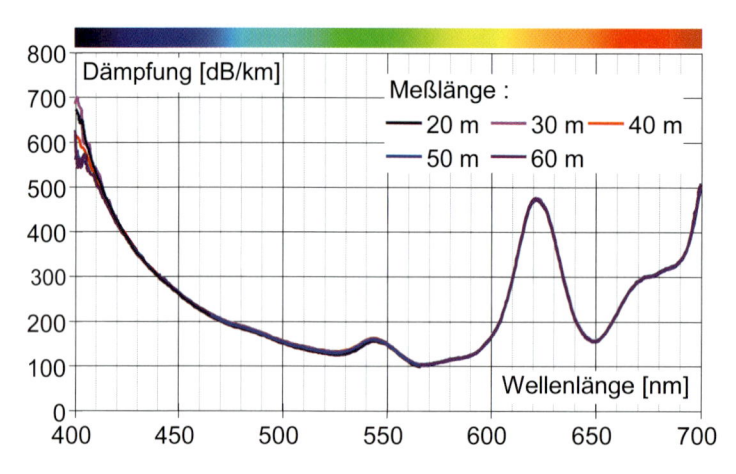

Abb. 9.53: Längenabhängigkeit der Dämpfung einer Standard-NA-POF (EH-4001) gemessen mit der Rückschneidemethode

In Abb. 9.54 ist der spektrale Dämpfungsverlauf einer Doppelstufenindexprofilfaser (ESKA MH 4001) dargestellt. Die Faser wurde mit einer Numerischen Apertur von ca. 0,5 angeregt (Abb. 9.48), die Referenzlänge betrug jeweils 1 m. [Pei00b]. Die Dämpfung dieser Faser wurde nach der Rückschneidemethode gemessen. Es ist deutlich zu erkennen, daß das Modengleichgewicht erst nach einer größeren Faserlänge (> 40 m) erreicht wird. Bis dahin ist die gemessene kilometrische Dämpfung längenabhängig. Damit sich bei kleineren Längen Modengleichgewicht einstellt, müßte die Faser mit einer Numerischen Apertur von etwa 0,30 angeregt werden. Die Anregungsoptik in Abb. 9.48 müßte entsprechend angepaßt werden.

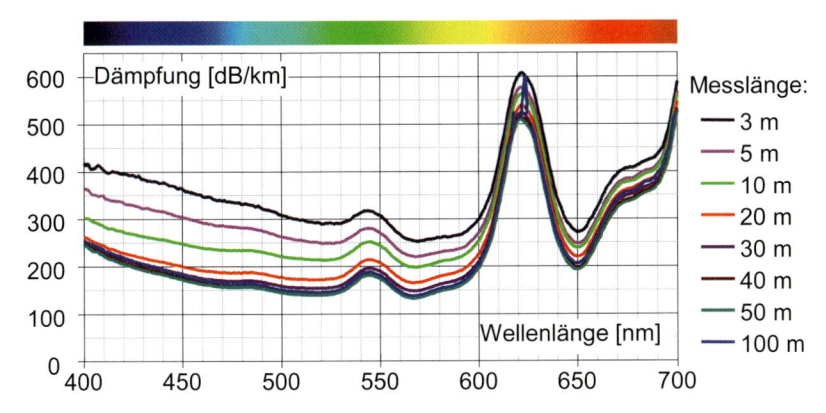

Abb. 9.54: Längenabhängigkeit der Dämpfung einer DSI-POF (ESKA MH4001) gemessen mit der Rückschneidemethode

Die Abb. 9.55 und 9.56 zeigen die Dämpfungsspektren einer Vielkern-POF (37 Kerne) bei unterschiedlichen Anregungsbedingungen.

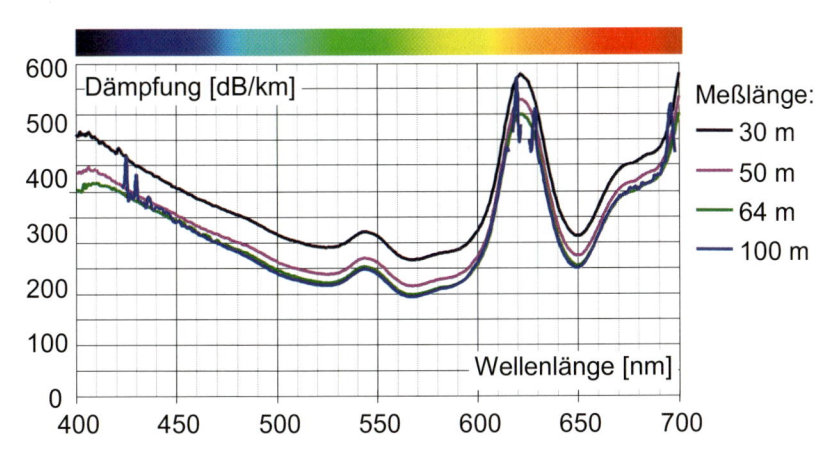

Abb. 9.55: Dämpfung einer Multicore-POF (Asahi PMC 1000, 37 Kerne, $A_N = 0{,}19$) für verschiedene Faserlängen, Anregung mit $A_N \approx 0{,}50$

Die Referenzlänge betrug bei beiden Messungen 0,68 m, in Abb. 9.55 wurde mit einer Numerischen Apertur von 0,50, in Abb. 9.56 über das Glasfaserbündel mit 0,17 angeregt. Beide Messungen wurden nach dem Substitutionsverfahren durchgeführt. Der Dämpfungsbelag ist stark längenabhängig; Bei der Anregung mit $A_N = 0{,}17$ konnte die 100 m Länge nicht mehr gemessen werden, da die Dynamik aufgrund der Flächenfehlanpassung von Faserbündel (⌀ 3 mm) und MC-POF (⌀ 1 mm) um ca. 10 dB niedriger war. Außerdem ist der Dämpfungsbelag um ca.

50 dB/km geringer; bei der Überstrahlung mit der Numerischen Apertur 0,5 hat sich auch nach 100 m kein Modengleichgewicht eingestellt, während bei der Anregung mit Werten, die dem Modengleichgewicht näher kommen, nach etwa 60 m Modengleichgewicht erreicht wird.

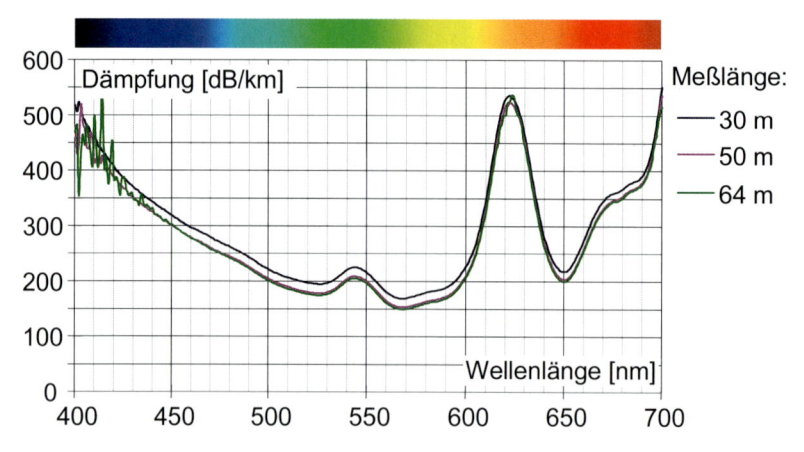

Abb. 9.56: Dämpfung einer Multicore-POF (Asahi PMC 1000, 37 Kerne, $A_N = 0{,}19$) für verschiedene Meßlängen, Anregung mit $A_N \approx 0{,}17$ (Faserbündel)

In Abb. 9.57 ist die Längenabhängigkeit des Dämpfungsbelages verschiedener Fasern zusammengestellt. Für die Standard-NA-POF ist mit Anregung nahe dem Modengleichgewicht bereits nach 10 m die Längenunabhängigkeit der Dämpfung erreicht, während dies bei der MC-POF erst nach 60 m der Fall ist.

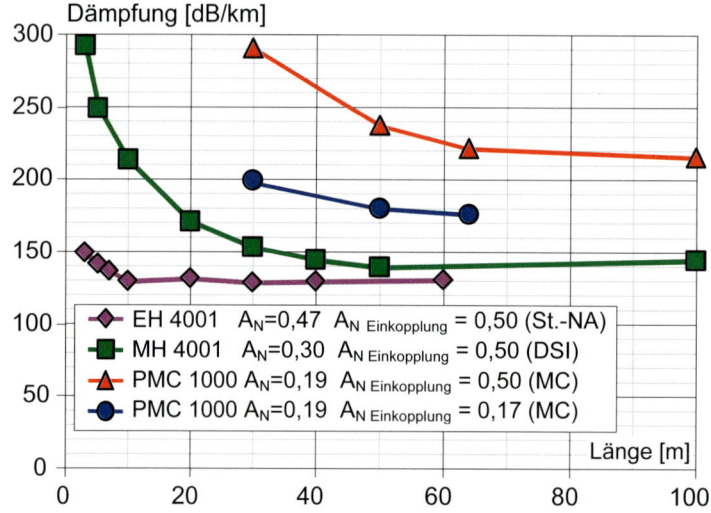

Abb. 9.57: Längenabhängigkeit der Dämpfung für verschiedene POF-Typen

Da die Länge, nach der Modengleichgewicht erreicht ist, für jede Polymerfaser unterschiedlich ist, muß diese Länge vor einer Messung bekannt sein, um einen längenunabhängigen Dämpfungsbelag zu erhalten.

Die Abb. 9.58 und 9.59 zeigen Dämpfungswerte an drei unterschiedlich langen POF-Proben, die mit LED als Lichtquellen gemessen wurden. Mit der in Abschnitt 9.4.5.3 erläuterten spektralen Korrektur liegen die Ergebnisse deutlich dichter an den Monochromatormessungen. Die verbleibenden Fehler sind durch zu kurze Meßlängen und ungleiche Modenfelder bedingt.

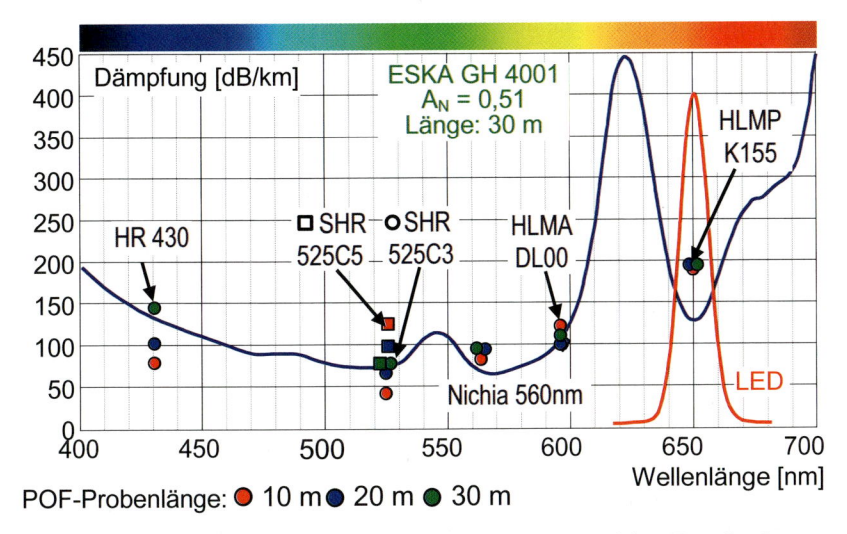

Abb. 9.58: Dämpfungsmessung mit LED und Monochromator (ohne Korrektur)

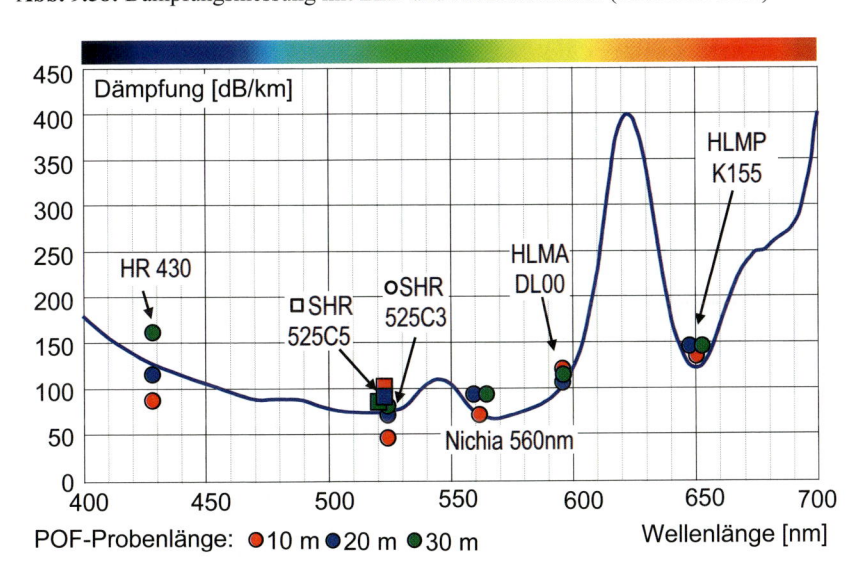

Abb. 9.59: Dämpfungsmessung mit LED und Monochromator (mit Korrektur)

9.4.6 Optisches Rückstreumeßverfahren

9.4.6.1 Prinzip des optischen ODTR

Eine weitere Methode zur Dämpfungsmessung ist das optische Rückstreumeßverfahren (Optical Time Domain Reflectometry - OTDR). An einem Ende der Faser werden kurze Lichtimpulse eingekoppelt. Durch Rayleighstreuung wird das Licht in alle Richtungen gestreut. Ein geringer Anteil gelangt zum Anfang des Lichtwellenleiters zurück und wird detektiert (Abb. 9.60 und 9.61). Diese Methode ermöglicht es Aussagen über den Dämpfungsverlauf längs der Faser und über lokale Störungen zu treffen. Aufgrund der hohen Dämpfung der Polymerfaser muß die Sendeleistung sehr hoch und der Empfänger genügend empfindlich sein. Derzeit sind die meisten Rückstreumeßgeräte standardmäßig nur für Glasfasern auf dem Markt verfügbar, diese sind wegen des Wellenlängenbereichs (800 nm, 1.300 nm und 1.500 nm) und der Einkoppelbedingungen (A_N: 0,10 bis 0,25, mit Einmoden- oder Mehrmodenvorlaufglasfaser) für Untersuchungen an Polymerfasern nur bedingt geeignet. Zwei Hersteller (Luciol und Tempo) bieten OTDR speziell für POF an.

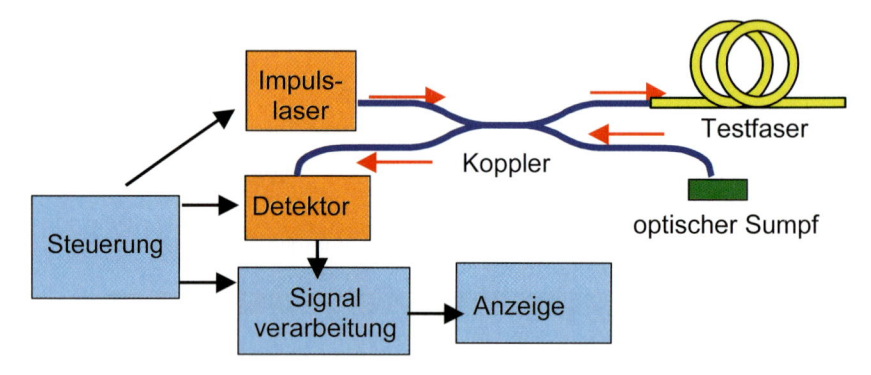

Abb. 9.60: Prinzipieller Aufbau eines optischen Rückstreumeßgerätes

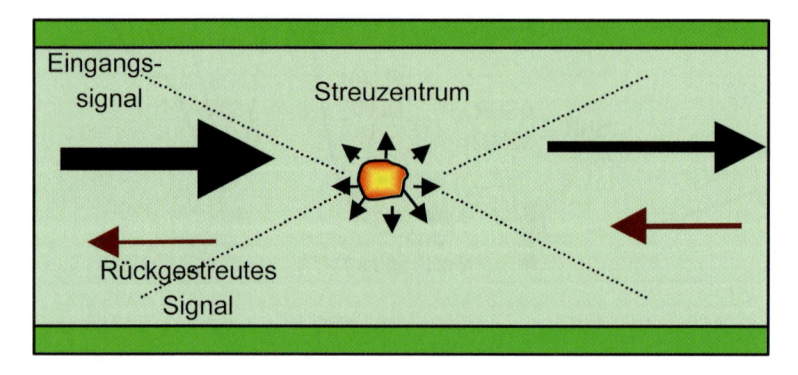

Abb. 9.61: Entstehung des Rückstreusignals

9.4 Messung der optischen Kenngrößen 705

Ein kurzer Lichtimpuls wird zur t_1 in die Faser eingekoppelt und durchläuft mit der Geschwindigkeit v (ca. $2 \cdot 10^8$ m/s) die Länge $L_2 - L_1$, am Faserende wird das Licht reflektiert und kehrt zum Faseranfang zur Zeit t_3 zurück; im Rückstreumessgerät wird die Impulslaufzeit $\Delta t = (t_2 - t_1) + (t_3 - t_2) = 2 \cdot (t_2 - t_1)$ gemessen (Abb. 9.62) und in die Länge umgerechnet. Für die Faserlänge ergibt sich:

$$L = v \cdot \frac{(t_2 - t_1)}{2} = \frac{c}{n_k} \cdot \frac{(t_2 - t_1)}{2}$$

Da die Impulslaufzeit von der Lichtgeschwindigkeit im Faserkern bestimmt wird, ist zur genauen Ortung eines Ereignisses, wie z.B. Reflexionen am Fasereingang und -ausgang, die Kenntnis der Brechzahl erforderlich.

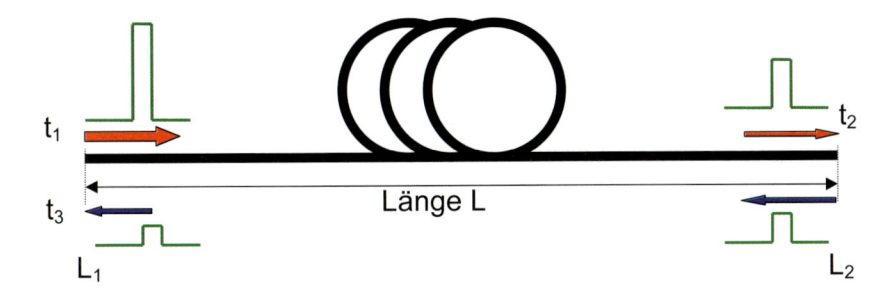

Abb. 9.62: Prinzip der Rückstreumessung, Zeiten und Pegel

In Abb. 9.63 ist das Rückstreusignal im logarithmischen Maßstab über der Länge dargestellt. Am Faseranfang und am Faserende treten Reflexionen auf, die zu hohen Rückstreusignalen führen. Die rückgestreute Leistung $P_r(z)$ ist gegeben durch:

$$P_r(z) = \frac{1}{2} \cdot P_0 \cdot S \cdot \alpha'_s \cdot t_i \cdot v \cdot e^{-2 \cdot \alpha' \cdot z}$$

mit P_0 eingekoppelte Leistung, S Rückstreufaktor, α'_s Dämpfungsbelag durch Rayleighstreuung [km^{-1}], t_i zeitliche Breite des eingekoppelten Impulses, v Gruppengeschwindigkeit, α' Gesamtdämpfungsbelag [km^{-1}], z Faserlänge.

Der Rückstreufaktor S gibt den Wiedereinkopplungsgrad an, das ist der Anteil des in die Numerische Apertur rückgestreuten Lichtes; nur dieses gelangt zum Faseranfang und steht dort für die Messung zur Verfügung. Für Stufenindexprofilfasern gilt:

$$S = \frac{3}{8} \cdot \left(\frac{A_N}{n_K}\right)^2$$

Mit dem Faktor 2 wird berücksichtigt, daß die Lichtimpulse zweimal die Faserlänge durchlaufen müssen. Damit erhält man für den Dämpfungsbelag durch Rayleighstreuung [Ebe00]:

$$\alpha_s [dB] = -10 \cdot \log \left(0{,}5 \cdot \alpha'_s \cdot S \cdot t_i \right)$$

Während in Glasfasern der Anteil der Rayleighstreuung den Hauptbeitrag für die Dämpfung liefert, ist in der Polymerfaser die Absorption durch Molekülschwingungen und Verunreinigungen dominierend.

Für die Polymerfaser mit $A_N = 0{,}5$, $n_k = 1{,}497$, $t_i = 1$ ns, $z = 0{,}0001$ km und $\alpha'_s = 2{,}8$ km^{-1} ergibt sich $\alpha_s = 52$ dB, d.h. die Leistung des rückgestreuten Signals liegt um 52 dB unter der des Eingangssignals. Dazu addieren sich noch die Einfügeverluste des Strahlteilers bzw. Kopplers von ca. 7 dB. Dazu kommt die doppelte Dämpfung von 100 m POF mit 30 dB bei $\lambda = 650$ nm. Das Rückstreumeßgerät muß somit über einen Dynamikbereich von etwa 90 dB verfügen, damit die Dämpfung von 100 m POF gemessen werden kann. Etwas günstiger liegen die Verhältnisse bei $\lambda = 520$ nm. Da hier die Rayleighstreudämpfung größer ist und die POF Dämpfung niedriger als bei 650 nm, kann eine größere Faserlänge analysiert werden.

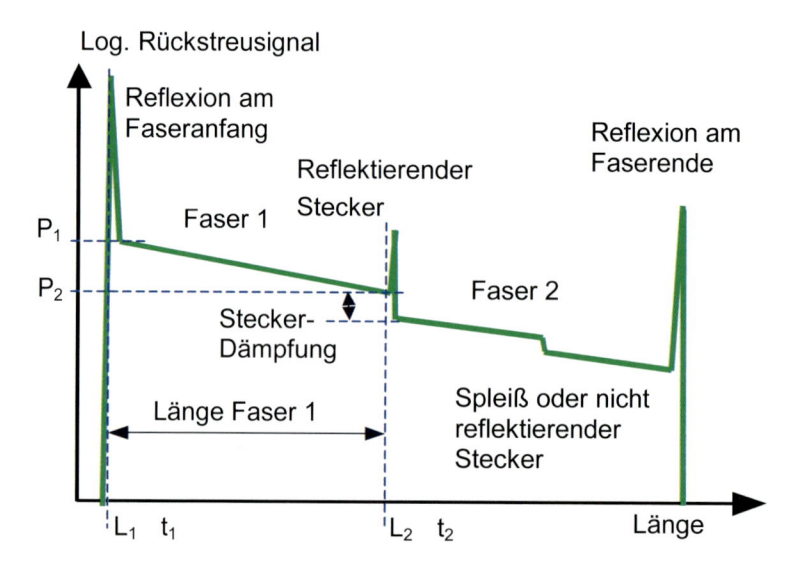

Abb. 9.63: Bestimmung der Dämpfung aus dem Rückstreusignal

Der Faserdämpfungsbelag α in Abb. 9.63 ergibt sich aus der Steigung:

$$\alpha = \frac{P_1 [dBm] - P_2 [dBm]}{L_2 - L_1}$$

Eine Steckverbindung, bei der zwischen den beiden Faserenden ein Luftspalt vorhanden ist, zeigt im Rückstreusignal ähnlich wie am Faseranfang und -ende einen deutlichen Peak mit einem Dämpfungssprung, eine Steckverbindung ohne Reflexion dagegen nur einen Dämpfungssprung. Das hohe Rückstreusignal am Faseranfang und -ende führt zur Übersteuerung des Detektors, dadurch kann in einer bestimmten Zeitspanne, die durch Impuls- und Reflexionshöhe sowie der Erholzeit des Empfängers bestimmt ist, kein Signal ausgewertet werden. Der minimale Abstand zwischen einem reflektierenden und nicht reflektierenden Ereignis, das das Rückstreumeßgerät noch auflösen kann, wird mit Dämpfungstotzone, der minimale Abstand zwischen zwei reflektierenden Ereignissen mit Ereignistotzone bezeichnet. Die Ortsauflösung ist durch die Impulsbreite t_i gegeben. Eine Impulsbreite von 10 ns entspricht einer Länge von ca. 2 m, 1 ns entspricht 20 cm, da der doppelte Weg (hin und zurück) berücksichtigt werden muß, ist die Ortsauflösung bei 10 ns: 1 m und bei 1 ns: 10 cm. Allerdings führt die Verringerung der Impulsbreite zur Verringerung der rückgestreuten Leistung und damit zur einer kleineren Dynamik des Meßsystems. Um größere Längen analysieren zu können, wird eine längere Impulsdauer t_i auf Kosten der Ortsauflösung gewählt. Abbildung 9.64 zeigt das Rückstreusignal einer Standard-NA-Polymerfaser. Auf den ersten 10 m erkennt man deutlich einen nichtlinearen Verlauf, der durch die Einkopplung zustande kommt, da nicht mit Modengleichgewichtsbedingungen angeregt wurde. Diese stellen sich nach ca. 40 m ein, von da an bleibt der Verlauf linear, der Dämpfungsbelag ist von der Länge unabhängig.

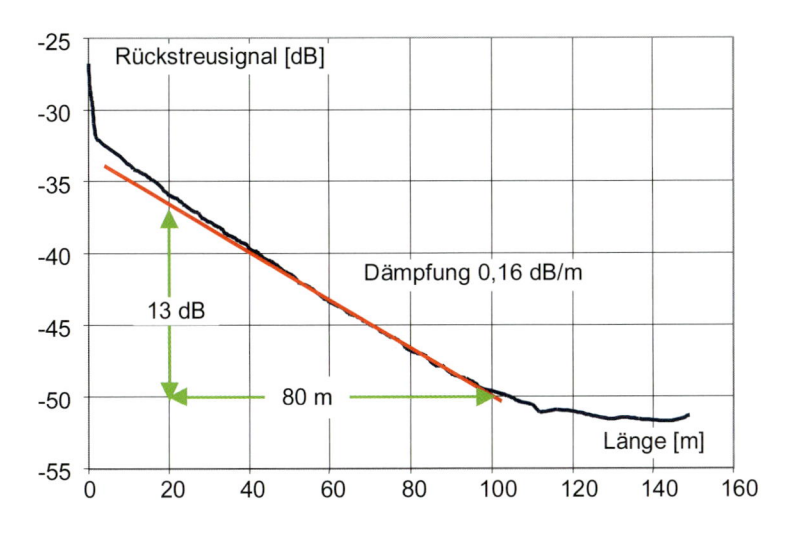

Abb. 9.64: OTDR-Messung an Standard-NA-POF nach [Bre00]

In [Now98] wird ein OTDR-Aufbau beschrieben, mit dem bei der Wellenlänge 532 nm das Rückstreusignal von mehr als 150 m POF ohne mathematische Filterung mit einem Dynamikbereich für die Faserdämpfung von 20 dB gemessen werden kann. Die Ortsauflösung beträgt 20 cm, die Totzone weniger als 5 m.

Das OTDR-Verfahren bietet folgende Vorteile:

1. Für Übersichtsmessungen wird nur ein Faserende benötigt (geeignet für verlegte Fasern),
2. Bestimmung der Faserlänge möglich,
3. Messung des ortsaufgelösten Dämpfungsverlaufs
4. Meßergebnis unabhängig von der optischen Qualität der Faserstirnflächen (allerdings kann bei Oberflächendefekten der Dynamikbereich verkleinert werden)
5. Meßverfahren ist zerstörungsfrei.

Eine Übersicht über die vielseitigen Anwendungsmöglichkeiten des optischen Rückstreumeßverfahrens gibt Tabelle 9.2.

Tabelle 9.2: Anwendungsbereiche der optischen Rückstreumeßtechnik

Faserherstellung	Homogenität des Lichtwellenleiters
Kabelherstellung	Eingangskontrolle, Kontrolle der einzelnen Produktionsschritte
Installation	Dämpfung vor und nach dem Einziehen der Faser, Dämpfung von Faserverbindungen (Stecker)
Abnahme	Gesamtdämpfung des Systems
Wartung	Fehlerortung

9.4.6.2 Verbesserung der Auflösung durch Rückfaltung

Unter allen heute in der Datenkommunikation kommerziell eingesetzten Fasern haben die POF und PCS die größte Modendispersion. Während bei Einmodenglasfasern die Ortsauflösung im Wesentlichen von der verwendeten Impulsbreite abhängt, limitiert bei den Stufenindexfasern die Impulsverbreiterung auf der Faser die Auflösung. Dazu kommt noch, daß die notwendigen großflächigen Empfänger nur eine begrenzte Bandbreite erreichen können, also eine zusätzliche Impulsverbreiterung erzeugen.

In bestimmten Anwendungen, z.B. in Fahrzeugnetzen wäre es wünschenswert, sehr genaue Ortsauflösungen zu erzielen, um z.B. Defekte in einem Kabelbaum genau lokalisieren zu können. An der Impulsverbreiterung in der Faser kann man nur etwas ändern, wenn man mit kollimiertem Licht einkoppelt, und auch nur die niedrigen Moden detektiert. Dann erhält man aber keine realistischen Meßergebnisse. Der einzige Weg zur Verbesserung der Ortsauflösung besteht in einer nachträglichen Kompensation der Modendispersion.

Ein Beispiel für eine mathematische Nachbearbeitung von OTDR-Daten zeigt Abb. 9.65 (aus [Otto02]). Hier wurde angenommen, daß sich nach 149 m Faserlänge zwei diskrete, nahe beieinander liegende Reflexionen befinden. Im linken Teil des Bildes sieht man, daß sich beide Reflexe, bedingt durch ihre modendispersionsverursachte Aufweitung überlappen und nicht mehr trennbar sind. Kennt man aber die Impulsantwort der Faser für diese Länge, kann man durch eine Rückfaltung die Impulse wieder trennen, wie das Diagramm rechts in der Abbildung belegt. Der Abstand der beiden Reflexe war in diesem Fall 80 cm.

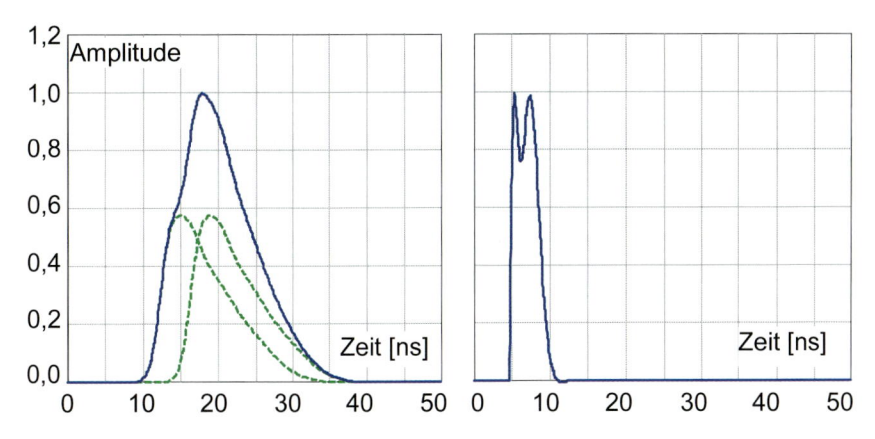

Abb. 9.65: Reflektierter Doppelimpuls ohne (links) und mit Rückfaltung (rechts), 149 m

Die Schwierigkeit des Verfahrens liegt darin, daß man die längenabhängige Impulsantwort der jeweils untersuchten Faser kennen und als analytischen Ausdruck darstellen können muß. In [Otto02] wurde der Impuls als Überlagerung von 4 Gaußfunktionen beschrieben, deren Intensitäten und Breiten sich längenabhängig ändern. Ein Beispiel für die Approximation des Ausgangsimpulses nach 200 m Faser (mit $A_N = 0{,}19$) zeigt Abb. 9.66 (links). Auf der rechten Seite ist die simulierte Impulsverbreiterung nach 200 m im Vergleich zur Impulsantwort des Systems zu sehen.

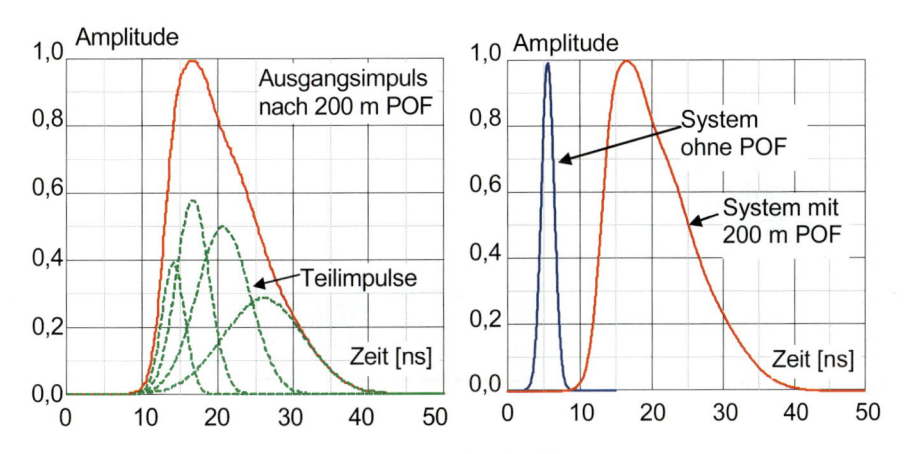

Abb. 9.66: Simulation der Impulsantwort durch 4 Gaußkurven

9.4.6.3 Kommerzielle POF-OTDR

Von der Schweizer Firma Luciol wurde Ende der 90er Jahre ein OTDR für den Einsatz mit POF und PCS entwickelt (siehe [Bre00], [Bre01], [Bre03] und [Luciol]). Das Gerät ist in Abb. 9.67 zu sehen.

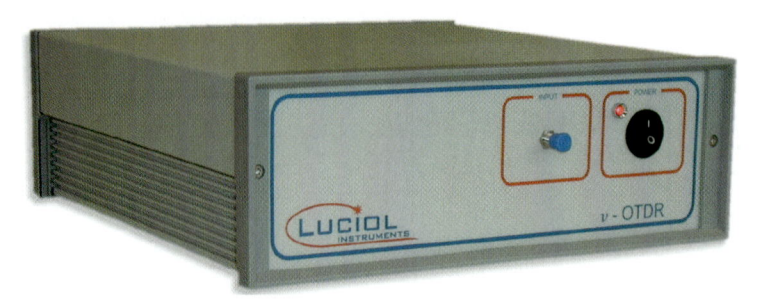

Abb. 9.67: POF-OTDR von Luciol

Als einziger Anbieter kann Luciol das Gerät auch mit blauen oder grünen LED ausstatten, um bei diesen Wellenlängen POF messen zu können. Für 650 nm wird ein Laser verwendet, dabei gibt der Hersteller folgende Parameter an:

- Standardwellenlängen (POF): 500 nm, 650 nm
- Empfindlichkeit: −110 dBm
- Ortsgenauigkeit: 5 mm
- Ortsauflösung: 10 cm
- Dynamikbereich (Dämpfung): 35 dB
- Detektor: APD, Einzelphotonenzählung
- Zeitkonstante: <500 ps

Ein weiterer Anbieter von POF-OTDR ist die kanadische Firma Tempo. Das Gerät arbeitet ebenfalls mit einem 650 nm Laser (Abb. 9.68). An einem Gerät wurde eine Mittenwellenlänge von 658 nm (Raumtemperatur) bei 2,4 nm spektraler Breite ermittelt.

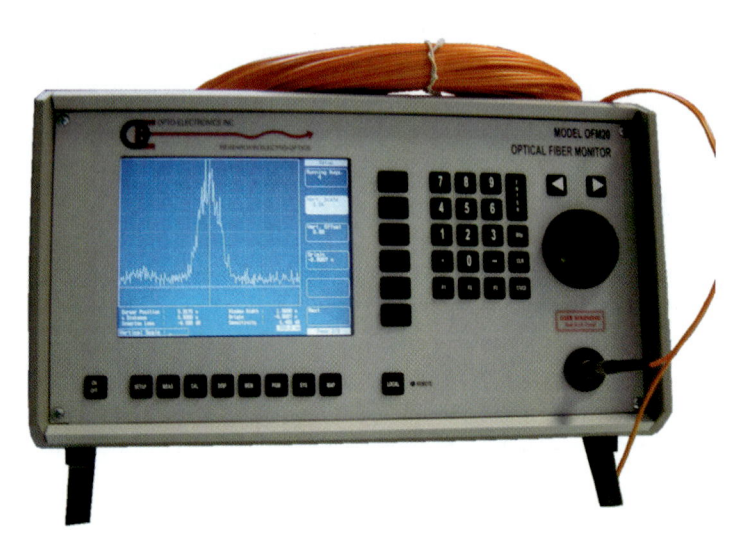

Abb. 9.68: POF-OTDR von Tempo (2007)

Mit Standard-POF können Längen bis zu 150 m vermessen werden (siehe Abschnitt 9.4.6.6). Das Gerät ist auf besonders hohe Ortsauflösung optimiert, bietet aber auch eine sehr gute Empfindlichkeit. Die bislang noch sehr komplizierte Bedienung ist in Verbesserung. Abbildung 9.69 zeigt ein Meßbeispiel mit 120 m St.-NA-POF.

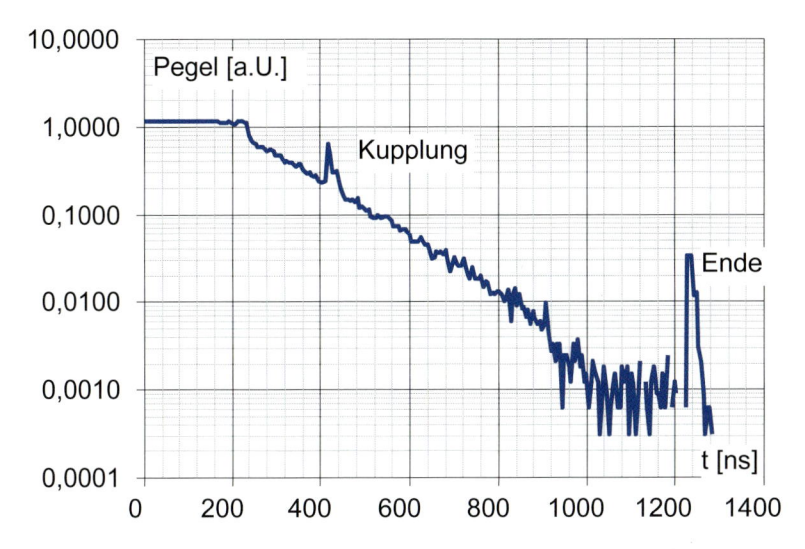

Abb. 9.69: Meßbeispiel mit Tempo-POF-OTDR (20 m + 100 m POF)

Im Beispiel wird ein Bereich von ca. 35 dB Dynamik abgedeckt. Bis etwa 80 m Faser kann die Dämpfung gut ermittelt werden. Der Endreflex (offener Stecker) liegt noch ca. 20 dB über dem Rauschen.

9.4.6.4 Experimentelle POF-OTDR

In den Arbeiten [Now98], [Yago01] und [LFW00] wurden experimentelle POF-OTDR vorgestellt, die bis zu 200 m Meßdistanz in PMMA-POF erlauben. Hier ist aber die Ausrichtung mehr auf optimierte Grundlagenforschung gerichtet. Tabelle 9.3 vergleicht die erreichten Daten mit dem OTDR von Luciol.

Tabelle 9.3: Vergleich verschiedener OTDR-Typen

Parameter	[Luciol00]	[Now98]	[Yago01]
Sender	650 nm LD	532 nm Nd:YAG	650 nm LD
Dynamik	40 dB	50 dB	65 dB
Meßbereich	110 m	180 m	200 m
Auflösung	0,12 m	-	0,08 m
Detektor	APD	APD	PMT

9.4 Messung der optischen Kenngrößen

In der Abb. 9.70 werden die Meßkurven der beiden experimentellen OTDR (nach [LWF00] und [Now98] bzw. [Yago01]) für Messungen an je 200 m PMMA-POF gezeigt.

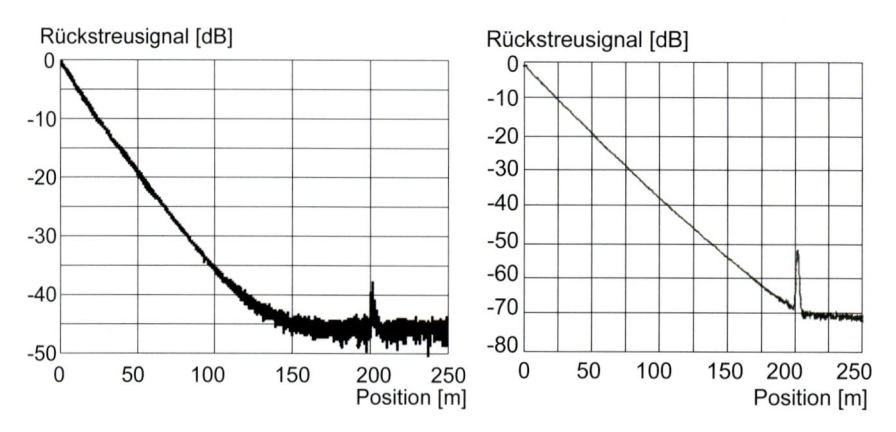

Abb. 9.70: Meßkurven mit experimentellen OTDR bei 200 m POF

In beiden Fällen ist der Endreflex nach 200 m noch gut zu sehen. Der Dynamikbereich des Gerätes nach [Yago01] ist deutlich größer, weswegen auch bis 200 m das Rayleighsignal über dem Rauschen bleibt. Bei 532 nm ist zwar die Faserdämpfung kleiner, der frequenzverdoppelte Laser hat aber vermutlich weniger Leistung eingekoppelt und/oder eine zu geringe Wiederholfrequenz gehabt. Es ist nicht bekannt, ob die beschriebenen Arbeiten zu einem kommerziellen Gerät führen werden.

In [Nak04b] wird von einem weiteren kommerziellen OTDR des Herstellers Scientex (dem OTDR-2000POF) berichtet. Es ist nicht klar, ob dieses Gerät tatsächlich außerhalb Japans verkauft wird. Die Parameter ähneln dem Gerät von Tempo. Das Gerät ist in Abb. 9.71 zu sehen, ein Meßbeispiel für die Dämpfung zeigt Abb. 9.72.

Wellenlänge:	650 nm
Dynamikbereich:	18 dB
Meßbereich:	200 m
Auflösung:	1 cm

Abb. 9.71: POF-OTDR

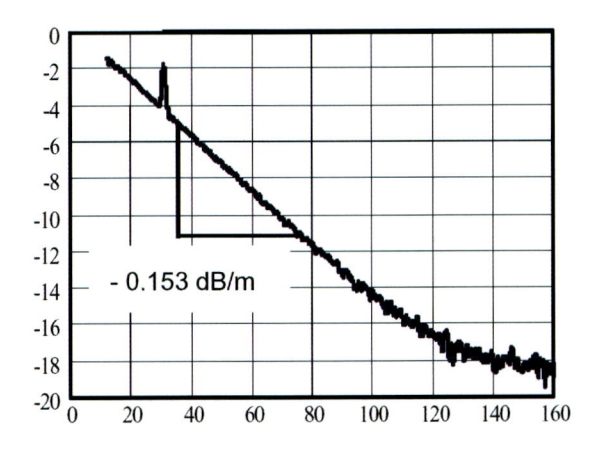

Abb. 9.72: Meßbeispiel für PMMA-POF-Dämpfung

9.4.6.5 Messung der Steckerdämpfung

Ein extrem wichtiger Vorteil von OTDR ist, daß man mit ihnen echte Steckerdämpfungen messen kann. Nach strenger Definition sollte ja die Steckerdämpfung der Wert sein, um den sich der Verlust einer Strecke gegenüber dem Wert erhöht, den sie ohne die Steckverbindung hätte. Da man mit den herkömmlichen Leistungsmeßmethoden nicht in die Faser „hineinschauen" kann, bleibt nur die oben beschriebene Methode, eine Faser zwischen Sender und Empfänger zu installieren, das System zu kalibrieren und dann die Steckverbindung in der Mitte zu montieren.

Das OTDR bietet nun die Möglichkeit, den optischen Pegel genau vor und nach dem Stecker zu ermitteln. Voraussetzung ist nur, daß die Rayleigh-Koeffizienten beider Fasern identisch sind (also ideal bei Verwendung des gleichen Fasertyps).

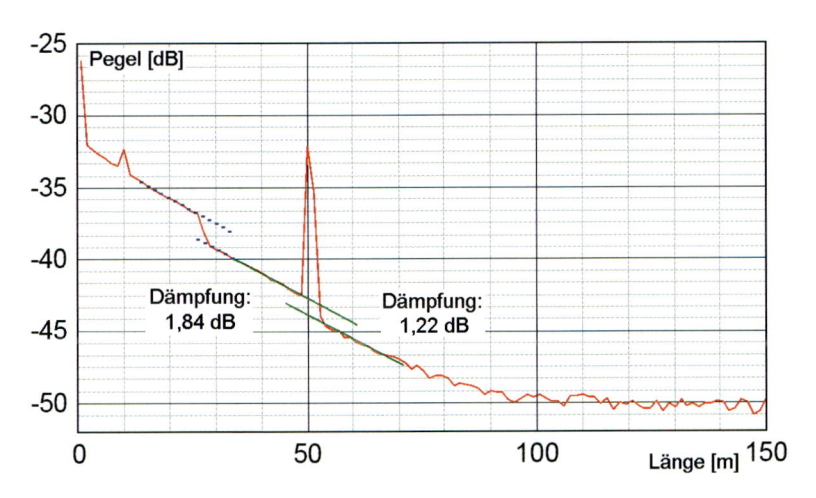

Abb. 9.73: Messung von Steckerdämpfungen mit OTDR [Hut00] und [Bre00]

In [Hut00] und [Bre00] werden entsprechende Messungen demonstriert, wie Abb. 9.73 zeigt. Extrapoliert man die Rayleighkurven vor und hinter dem Stecker genau bis zum Verbindungspunkt beider Fasern, ergibt der vertikale Unterschied genau die Steckerdämpfung. Das Verfahren ist zerstörungsfrei und schnell. Neben Steckern kann man auch die Verluste an anderen Störungen feststellen, z.B. an engen Biegungen oder sonstigen Deformationen.

9.4.6.6 Bandbreitemessungen mit OTDR

Eine weitere Meßmöglichkeit von OTDR ist die Bestimmung der Bandbreite. Da mit dem Endreflex immer eine gut lokalisierte diskrete Reflexion vorliegt, liefert jede OTDR-Messung an einer nicht zu langen Faser immer auch die Impulsantwort (natürlich für die doppelte Faserlänge, da der Impuls hin und zurückläuft). Ein Beispiel für 70 m Faser zeigt Abb. 9.74 (gemessen an Standard-POF mit dem Tempo-OTDR).

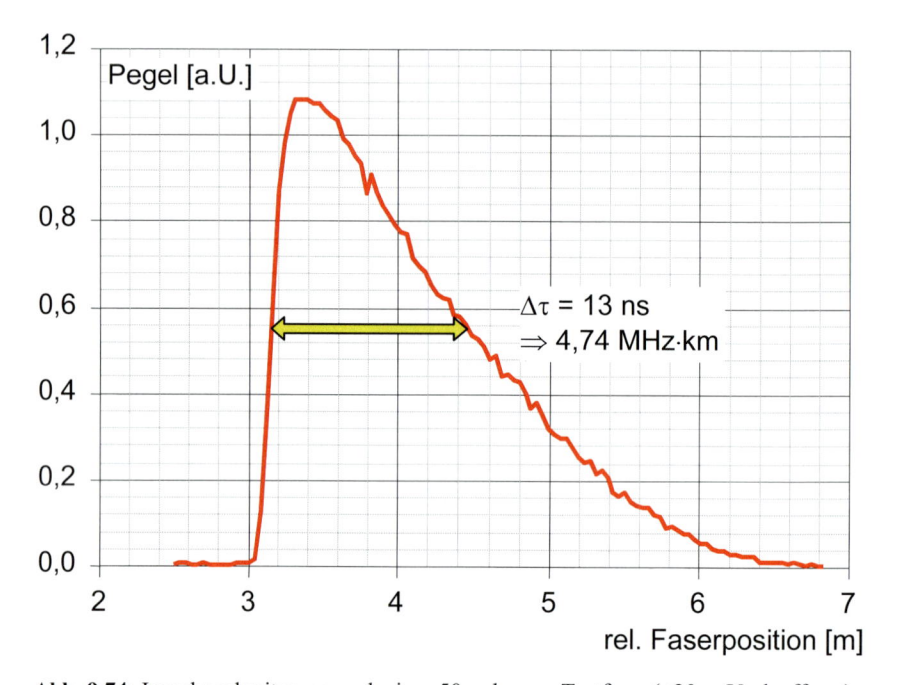

Abb. 9.74: Impulsverbreiterung nach einer 50 m langen Testfaser (+20 m Vorlauffaser)

Eine Impulsverbreiterung von 13 ns über 140 m Faser ergibt eine Bandbreite von 47,4 MHz·100 m, was recht gut mit den Meßergebnissen im Transmissionsverfahren (Frequenzbereich) übereinstimmt.

Die folgende Abb. 9.75 zeigt die gemessenen Endreflexe für eine SI-POF für Meßlängen bis zu 150 m (Rückschneideverfahren).

9.4 Messung der optischen Kenngrößen

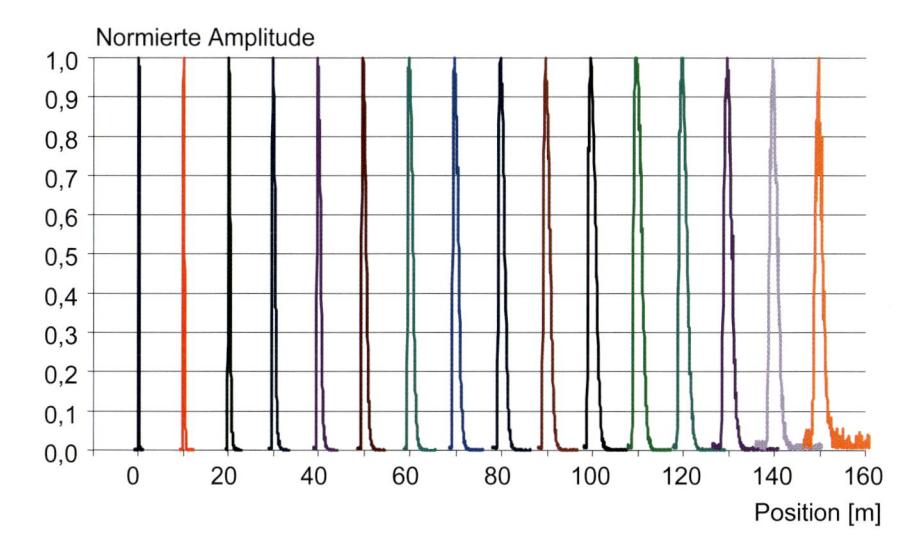

Abb. 9.75: Impulsformen für St.-NA-POF bis 150 m (Tempo-OTDR)

Die entstehende Impulsverbreiterung ist gut zu erkennen. Bei 150 m liegt der Impuls noch ausreichend über dem Rauschpegel des Gerätes.

Die Ergebnisse für eine PMMA-GI-POF werden in Abb. 9.76 gezeigt. Wegen der kleineren NA geht bei der Einkopplung viel Licht verloren, so daß die Dynamik etwas kleiner wird. Außerdem hat die Faser eine etwas höhere Dämpfung.

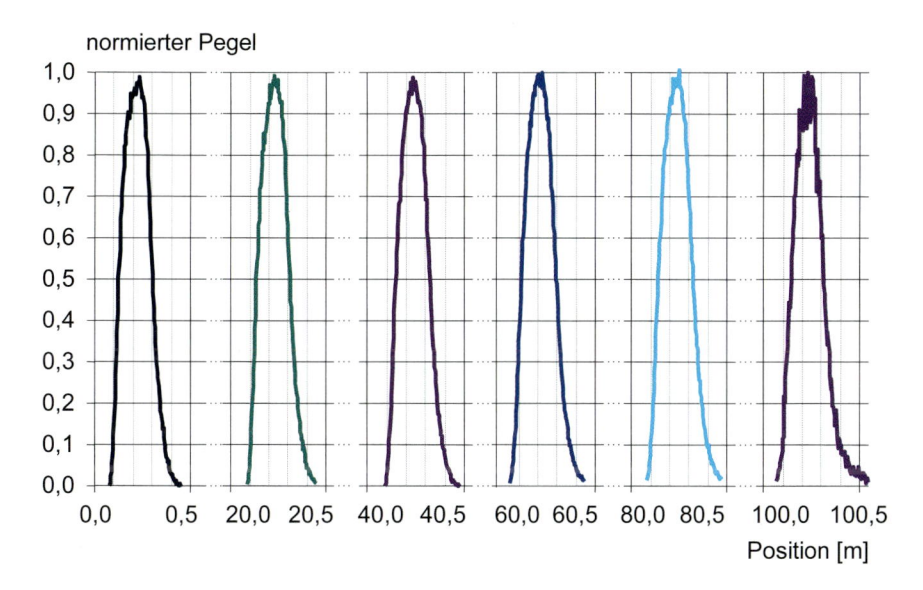

Abb. 9.76: Impulsformen für PMMA-GI-POF bis 100 m (Tempo-OTDR)

Im Bild sind Änderungen der Impulsbreite optisch nicht erkennbar. Eine genauere Analyse zeigt aber, daß die Impulsbreiten signifikant um einige Zehntel Nanosekunden zunehmen. Die Ergebnisse für die aus den Impulsverbreiterungen errechneten Bandbreiten für beide Fasern zeigt Abb. 9.77.

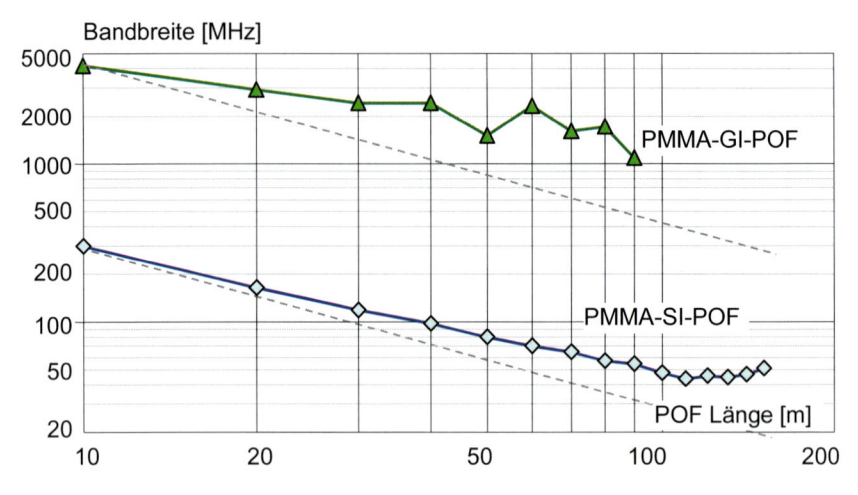

Abb. 9.77: Bandbreiten der SI-POF und GI-POF, gemessen mit OTDR

Bis 100 m Faserlänge stimmen die Ergebnisse gut mit den Messungen im Frequenzbereich überein. Auch für die GI-POF erhält man realistische Werte (allerdings stark fehlerbehaftet). Über 100 m werden die Werte zu ungenau. Ursache dürfte weniger das Rauschen, sondern mangelnde Linearität des Meßverfahrens sein. Insgesamt zeigt sich aber, daß Bandbreitemessungen mit OTDR eine sehr brauchbare Alternative zu Transmissionsverfahren sind.

9.4.7 Dispersion

Bei der Messung der Dispersion gelten grundsätzlich die gleichen Überlegungen für die Einkopplung wie für die Dämpfungsmessung. Es sei daher auf Kapitel 9.4.5 verwiesen. Allerdings ändert sich die Bandbreite durch Modenkopplung und Modenkonversion trotz Modengleichgewichtsverteilung nicht linear mit der Faserlänge sondern sublinear. Eine ausführliche Diskussion findet sich im Kap. 2. Zur Bestimmung der Dispersion stehen zwei Methoden zur Verfügung:
1. Messung im Zeitbereich
2. Messung im Frequenzbereich

9.4.7.1 Messung im Zeitbereich

Für die Messung im Zeitbereich wird ein kurzer, möglichst monochromatischer Impuls über eine geeignete Optik in die Faser eingekoppelt und am Faserende mit einem schnellen Empfänger, dessen Bandbreite größer ist als die der zu messenden Faser, detektiert und auf einem Oszilloskop dargestellt (Abb. 9.78). Auf der Übertragungsstrecke ändert der Impuls seine Breite und Höhe. Für die Impulsantwort gilt:

$$g(t) = P_{aus}(t)/P_{ein}(t).$$

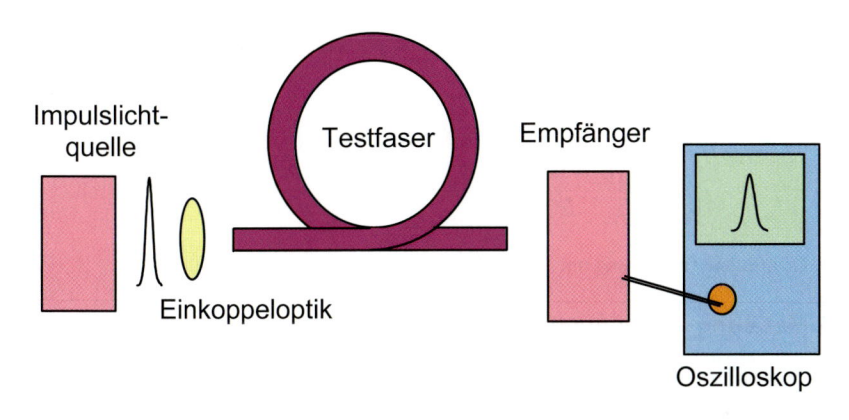

Abb. 9.78: Prinzip der Dispersionsmessung im Zeitbereich

Aus der Eingangs- und Ausgangsimpulsbreite läßt sich die zeitliche Verbreiterung berechnen. Unter Annahme von gaußförmigen Impulsverläufen erhält man den einfachen Zusammenhang:

$$\Delta t = \sqrt{t_{aus}^2 - t_{ein}^2},$$

wobei t_{aus} und t_{ein} die Halbwertsbreite bedeutet, bei der das Impulsmaximum auf 50% abgesunken ist (vgl. Kapitel 2.5.2, Abb. 2.87). Δt bezogen auf die Faserlänge L ergibt den Dispersionsparameter D: $D=\Delta t/L$ [ns/km]. Die Proportionalität von Δt und L gilt bis zur Koppellänge, für größeren Längen gilt $\Delta t \propto L^\kappa$, wobei $\kappa < 1$ individuell für jede Faserkonfiguration ermittelt werden muß (vgl. Kap. 1). Wie bei der Dämpfungsmessung beschrieben wird auch die Dispersion mit der Rückschneide- oder Substitutionsmethode gemessen, um die Einkopplung konstant zu halten. Die Übertragungskapazität einer Faser wird durch das Bandbreite-Länge-Produkt angegeben:

$$B \cdot L \, [\text{MHz} \cdot \text{km}] \approx \frac{0{,}44}{\Delta t} \cdot L = \frac{0{,}44}{D}$$

Ein Beispiel für Messungen im Zeitbereich zeigt Abb. 9.79. An einer 50 m langen POF wird eine Impulsbreite von 5,1 ns gemessen, entsprechend einer Bandbreite von 43 MHz·100 m.

718 9.4 Messung der optischen Kenngrößen

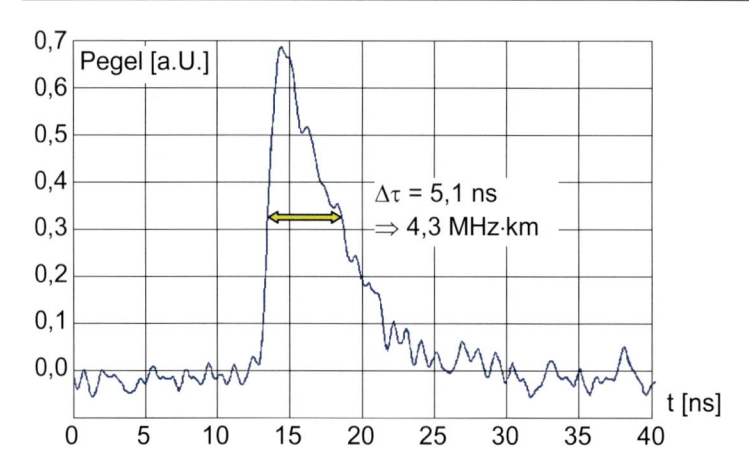

Abb. 9.79: Impulsverbreiterung nach einer 50 m langen Testfaser als Vergleich

9.4.7.2 Messung im Frequenzbereich

Bei der Messung im Frequenzbereich wird die Lichtquelle mit einem sinusförmigen Signal moduliert. Die Frequenz des Modulationssignals $S_{ein}(\omega)$ wird kontinuierlich von 0 Hz bis zur gewünschten Frequenz erhöht und die Amplitude S_{aus} am Ausgang für jeden Frequenzwert bestimmt (Abb. 9.80). Für die Frequenzantwort gilt $G(\omega) = S_{aus}(\omega)/S_{ein}(\omega)$. Aus dem Spektrum erhält man die gesuchte Übertragungsbandbreite bei der Frequenz, für die die Übertragungsfunktion bei 0 Hz um 6 dB abgesunken ist (Abb. 9.81).

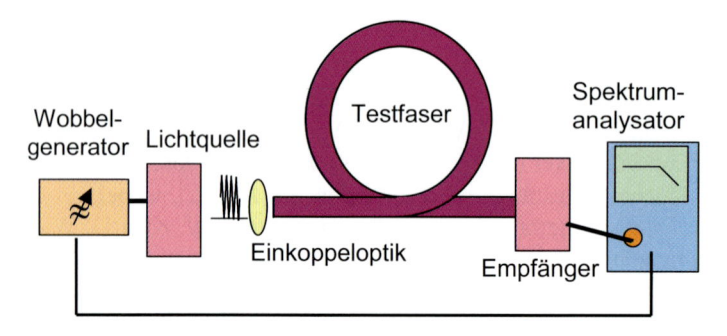

Abb. 9.80: Prinzip der Dispersionsmessung im Frequenzbereich

Die Meßkurven in der Abb. 9.81 sollen nur als Beispiele dienen, die zeigen, daß über einen weiten Bereich von Fasertypen, Längen und Meßwellenlängen das Verfahren zu sehr gut auswertbaren und reproduzierbaren Ergebnissen führt. Im Kap. 2 wurde eine ganze Reihe unterschiedlicher Fasern hinsichtlich der Bandbreite beschrieben. Diese Messungen sind fast ausschließlich mit dem hier beschriebenen Verfahren durchgeführt worden.

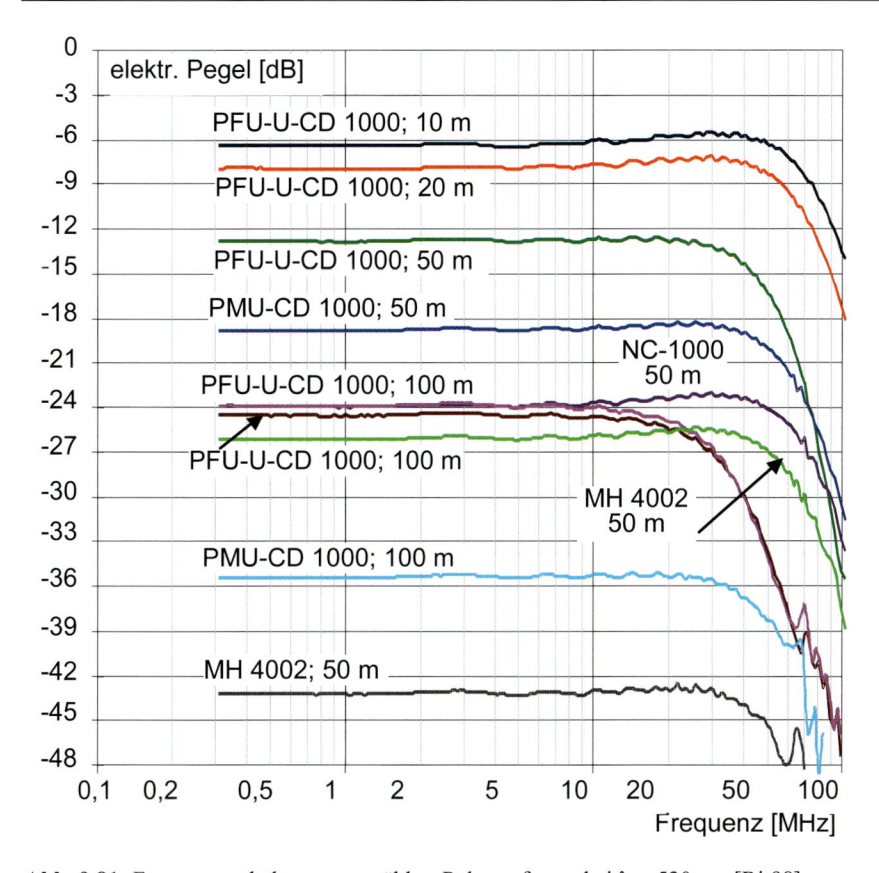

Abb. 9.81: Frequenzverhalten ausgewählter Polymerfasern bei λ = 520 nm [Rit98]

9.5 Messungen an Steckverbindungen

Bei der Untersuchung von Steckverbindungen interessieren hauptsächlich

- die Dämpfung der Steckverbindung,
- die Dämpfungszunahme nach einer bestimmten Anzahl Steckzyklen,
- die Dämpfungszunahme bei Änderung der Temperatur und der rel. Feuchte,

Das Meßverfahren für Stecker wird DIN EN 186000 beschrieben. In Anlehnung an diese Empfehlung werden in [Schw98b] Stecker für POF von verschiedenen Herstellern untersucht. Die Meßmethoden sollen hier kurz beschrieben werden.

Zunächst wird ein Meßaufbau nach Abb. 9.82a hergestellt und die Leistung P_{01} gemessen. Anschließend wird die POF in 60 cm Entfernung vom Sender durchtrennt, der Steckverbindersatz laut Montageanleitung montiert und die Leistung P_{11} gemessen (Abb. 9.82b)

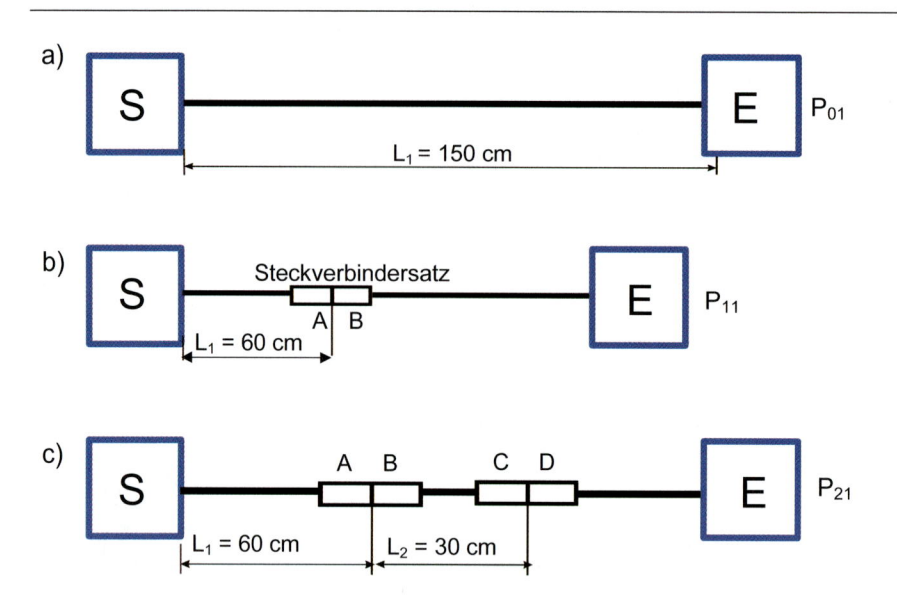

Abb. 9.82 a-c: Meßverfahren zur Ermittlung der Einfügedämpfung von Steckverbindungen

Die Einfügedämpfung D_K des Steckverbindersatzes berechnet sich in dB als:

$$D_K = 10 \cdot \log\left(\frac{P_{0x}}{P_{1x}}\right),$$

wobei x den Meßaufbau bezeichnet.

Anschließend wird die POF in 30 cm Entfernung vom ersten Steckverbindersatz durchtrennt, der zweite Steckverbindersatz montiert und die Leistung P_{21} gemessen (Abb. 9.82c). Die Einfügedämpfung des zweiten Steckverbindersatzes in dB berechnet sich aus:

$$D_K = 10 \cdot \log\left(\frac{P_{1x}}{P_{2X}}\right)$$

Die beschriebenen Schritte werden insgesamt viermal parallel durchgeführt. Die so entstandenen vier Patchkabel werden zyklisch vertauscht und umgedreht. Die Meßaufbauten bleiben bestehen. Das heißt zum Beispiel Patchkabel BC wird in den Meßaufbau 2 eingebaut die Leistung P_{22} gemessen und mit P_{12} D_K berechnet, Patchkabel FG wird in den Meßaufbau 3 eingebaut, die Leistung P_{23} gemessen mit P_{13} D_K berechnet usw. Aus den Einfügedämpfungswerten werden Mittelwert, Standardabweichung, Maximal- und Minimalwert bestimmt.

9.5 Messungen an Steckverbindungen

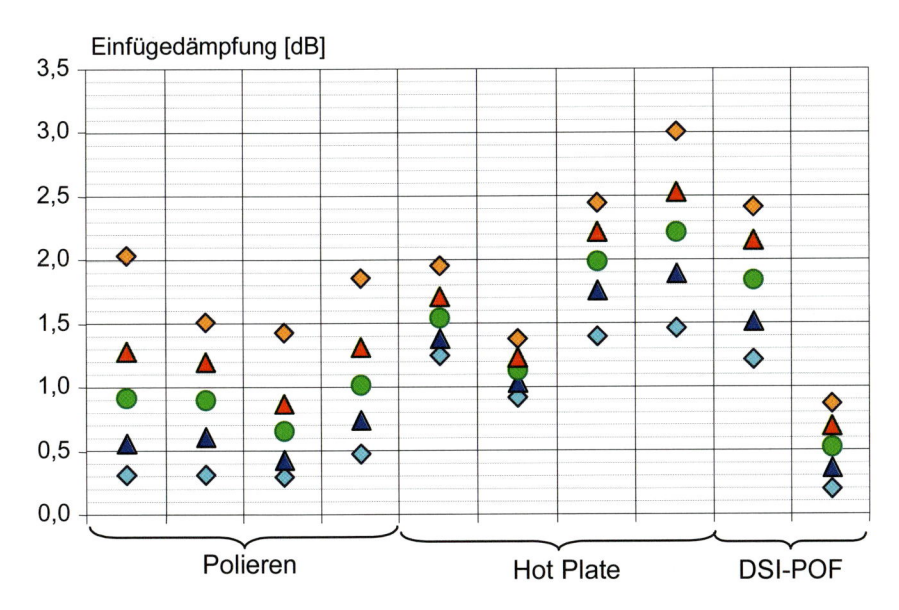

[Diagramm: Einfügedämpfung [dB] für verschiedene Steckverbinder, gruppiert nach Polieren, Hot Plate und DSI-POF]

◇ Minimum
▲ Mittelwert - Standardabweichung (blau)
● Mittelwert
▲ Mittelwert + Standardabweichung (rot)
◇ Maximum

Abb. 9.83: Einfügedämpfungswerte verschiedener Stecker [Schw98b]

Die Steckervarianten, bei denen die Faserendfläche poliert wird, (HFBR 4501, HFBR 4531, F-SMA Klemmsteckverbinder Typ polieren und TOCP 155) haben im Mittel eine geringere Einfügedämpfung als die Stecker, die mit dem Hot-Plate-Verfahren hergestellten. (TCP Hülsen, F-SMA Klemmsteckverbinder Typ Hot-Plate, F07, AMP DNP) hergestellt wurden. Dies resultiert daraus, daß der Faserkern beim Hot-Plate-Verfahren aufgeweitet wird und damit die Wellenleitung auf ca. 0,5 mm Länge gestört wird (siehe Abb. 3.68). Bei einem Abstand dieser Größe errechnet man einen Verlust von ca. 0,6 dB.

9.6 Zuverlässigkeit von POF

9.6.1 Einflüsse der Umwelt auf Polymerfasern

Optische Polymerfasern unterliegen, wie andere technische Erzeugnisse auch, während ihrer gesamten Einsatzdauer einer Vielzahl von mechanischen, klimatischen, chemischen, biologischen und strahlungsphysikalischen Beanspruchungen aus ihrer Umgebung. Unter dem Einfluß dieser Beanspruchungen kann es zu physikalischen und chemischen Veränderungen der verwendeten Werkstoffe kommen, die sich in unterschiedlicher Art und Weise auf die Funktionsfähigkeit, Gebrauchstauglichkeit und Nutzungs- bzw. Lebensdauer der POF auswirken. Die Umweltbeanspruchungen beeinflussen also in nicht zu vernachlässigender Weise die Qualität und Zuverlässigkeit des faseroptischen Übertragungssystems. Bei einem Einsatz von optischen Polymerfasern ist es deshalb unerläßlich, die Auswirkung insbesondere von industriellen Umwelteinflüssen auf die für die optische Signalübertragung wichtigen POF-Eigenschaften zu kennen und zu beachten.

Die wichtigste Eigenschaft in dieser Hinsicht ist die Transmission bzw. die optische Dämpfung. Dabei ist im Hinblick auf die Qualifikation einer Polymerfaser für bestimmte Einsatzbereiche primär nicht die absolute Dämpfung von Interesse, sondern ihre relative Änderung in Abhängigkeit von der Einwirkung der verschiedenen Umwelteinflüsse. Die systematische Untersuchung und Beurteilung des Transmissionsverhaltens einer Polymerfaser unter extremen Umwelteinflüssen gliedert sich in der Regel in die drei Teilabschnitte:

1. Analyse der Umweltbeanspruchungen,
2. Umweltsimulation durch entsprechende Prüftechnik und -verfahren,
3. Meßtechnische Ermittlung der Umweltauswirkungen auf die Transmissionseigenschaften.

Auf der Grundlage der Untersuchungsergebnisse kann dann abschließend die Beurteilung der Einsatzmöglichkeiten und -grenzen (z.B. maximale Dauerbetriebstemperatur) erfolgen.

Grundlage der Umweltsimulation ist eine Analyse der Umweltbeanspruchungen, der eine optische Polymerfaser im jeweiligen Anwendungsfall ausgesetzt ist. Dazu müssen die zu erwartenden Umwelteinflüsse erfaßt und definiert werden. Zu unterscheiden ist dabei zwischen Art des Einflusses, Häufigkeit, Intensität und Einwirkungsmöglichkeit. Je nach speziellem Anwendungsfall müssen eine Vielzahl von Einflußarten und deren mögliche Kombination berücksichtigt werden. Prinzipiell kann man zwischen mechanischen, klimatischen, chemischen, biologischen und strahlungsphysikalischen Einflüssen unterscheiden, die, wie Tabelle 9.4 zeigt, jeweils in unterschiedlichster Form in Erscheinung treten können.

Tabelle 9.4: Zusammenstellung industrieller Umwelteinflüsse auf POF

Einflußarten			
mechanisch	klimatisch	chemisch und biologisch	Strahlung
Biegung Wechsel- biegung Rollenwechsel- biegung Querdruck Schlag Torsion Vibration Zug	hohe Feuchte extreme Temperatur Klimawechsel Betauung Vereisung	Schmierstoffe Treibstoffe Bremsflüssigkeit Hydrauliköl Säuren u. Laugen Lösungsmittel Sauerstoff Ozon reaktive Gase Mikroorganismen	UV-, Röntgen-, Kern- Strahlung
auch in Kombination			

Bei jeder Simulation eines Umwelteinflusses im Prüflabor wird prinzipiell eine weitgehend realitätsnahe Nachbildung der tatsächlichen Umweltbeanspruchung angestrebt. Dementsprechend sind für die Untersuchung des Transmissionsverhaltens einer optischen Polymerfaser bei Beanspruchung durch industrielle Umwelteinflüsse problemangepaßte Prüftechniken und -strategien zu verwenden. Entwicklung und Aufbau der Prüftechnik für die einzelnen Umwelteinflüsse können sich an bestehenden Prüfnormen z.B. für elektrische Kabel und Leitungen sowie für Lichtwellenleiter auf Glasfaserbasis orientieren. Die spezifischen Eigenschaften einer POF als Prüfobjekt müssen dabei jedoch besondere Berücksichtigung finden. Wichtig ist die unbedingte Vereinheitlichung der angewendeten Prüfverfahren und -bedingungen sowie der Probenvorbereitung und der Probenabmessungen, da nur so reproduzierbare und vergleichbare Ergebnisse erzielt werden können. Insbesondere komplexe Polymerwerkstoffe, wie sie in POF zum Einsatz kommen, sind in dieser Hinsicht kritisch, da schon relativ geringfügige Abweichungen bei den vorgenannten Faktoren zu großen Veränderungen bei den zu ermittelnden Kenngrößen (z.B. die optische Transmission) führen können.

Die Wahl der jeweiligen Simulations- bzw. Prüfstrategie hängt im wesentlichen vom zeitlichen Verlauf der realen Beanspruchung ab. Grundsätzlich unterscheidet man zwischen zeitlich begrenzten, nur phasenweise auftretenden Beanspruchungen und kontinuierlichen bzw. quasi-kontinuierlichen Beanspruchungen. Phasenweise Beanspruchungen treten beispielsweise beim Kraftfahrzeug auf, wo Vibrationen nur während der Betriebszeiten auf die POF einwirken. Bei der Simulation bzw. Prüfung werden die dazwischen liegenden Ruhezeiten ausgeblendet und die Beanspruchungsperioden aneinandergereiht. Man erzielt einen Zeitraffungseffekt. In diesem Fall entsprechen im allgemeinen die Beanspruchungsbedingungen den realen Verhältnissen. Kontinuierliche oder quasi-kontinuierliche Beanspruchungen wirken auf Polymerfasern während der ganzen oder zumindest langer Perioden der Einsatzdauer ein. Hierzu zählen z.B. klimatische Einflüsse oder statische mechanische Beanspruchungen. Die Strategie der Zeitraffung basiert in diesem Fall auf der Verschärfung der Beanspruchungsbedingungen während der Simulation gegenüber der Realität. Eine Verschärfung kann durch verschiedene Maßnahmen erzeugt werden:

➢ Aufprägung extremer Beanspruchungen als Dauerbeanspruchung,
➢ zyklischer Beanspruchungswechsel zwischen entgegengesetzten Extremwerten,
➢ Erhöhung der Beanspruchung über die realen Extremwerte hinaus oder
➢ Vergrößerung der Änderungsgeschwindigkeit bei Beanspruchungswechsel.

Die endgültige Auswahl der Simulations- bzw. Prüfstrategie und der zugehörigen Parameter erfolgt in der Regel auf Grundlage der Ergebnisse der Umweltanalyse bzw. entsprechender Vorkenntnisse oder Erfahrungen aus ähnlichen Aufgabenstellungen und anhand von Voruntersuchungen an den zu prüfenden optischen Polymerfasern.

Alle nachfolgenden Ausführungen in diesem Kapitel basieren, wenn nicht anders angegeben, auf langjähriger Erfahrung im Bereich der Untersuchung und Beurteilung der Zuverlässigkeit optischer Polymerfasern in der Bundesanstalt für Materialforschung und -prüfung (BAM) Berlin. Im Vordergrund stehen die in der Praxis fast ausschließlich verwendete 1 mm SI-POF auf Polymethylmethacrylat (PMMA)-Basis. Optische Polymerfasern, die auf anderen Werkstoffen wie z.B. Polycarbonat (PC), deuteriertem oder fluoriertem Polymer (z.B. CYTOP®) basieren und Praxisbedeutung haben, werden an entsprechender Stelle ebenfalls berücksichtigt. Die vorgestellten Simulations- und Prüfverfahren sind grundsätzlich für alle POF-Typen anwendbar, allerdings müssen die jeweiligen Parameter dem Werkstoff und den Konstruktionsmerkmalen angepaßt werden.

9.6.2 Auswirkung von Umwelteinflüssen auf das Transmissionsverhalten

9.6.2.1 Dämpfungsmechanismen bei Polymerfasern

Die Klärung des ursächlichen Zusammenhanges zwischen einzelnen Umwelteinflüssen und den Dämpfungsmechanismen in der optischen Polymerfaser bildet die Grundlage für die abschließende Beurteilung der Einsatzmöglichkeiten. Prinzipiell unterscheidet man bei POF zwischen werkstoffspezifischen und/oder durch Störstellen verursachten Dämpfungsmechanismen (Tabelle 9.5, vgl. auch Kap. 2.7.3). Verantwortlich für die Veränderung der optischen Dämpfung bzw. Transmission infolge der Einwirkung von Umwelteinflüssen sind die Störstellenverluste. Neue Störstellen können entstehen und vorhandene können sich durch äußere Beanspruchung ausweiten und somit zu einem vorzeitigen Bauteilversagen führen.

Der Nachweis entstehender Störstellen und den damit verbundenen Transmissionsverlusten im Rahmen von Zuverlässigkeitsuntersuchungen erfordert den Einsatz geeigneter Meßverfahren und -einrichtungen. Je nach Fragestellung und Zielsetzung kommen verschiedene Meßverfahren in Betracht, die von der einfachen Dämpfungsmessung mittels Einfügemethode bis hin zur aufwendigen Rückstreumessung mittels OTDR (OTDR: Optical Time Domain Reflectometry) reichen.

Tabelle 9.5: Dämpfungsmechanismen in POF (nach [Kai85], [Min94])

werkstoffspezifische Verluste (intrinsisch)	Absorption	- Molekül-Oberschwingungen der C-H-Banden - Elektronenübergänge
	Streuung	- Rayleigh-Streuung
Störstellenverluste (extrinsisch)	Absorption	- organische Verunreinigungen - Wasseraufnahme - Werkstoffveränderung durch chemisch aktive Medien
	Streuung	- Mikroporosität - Mikrorisse - Mikroeinschlüsse - Kerndurchmesserveränderungen - Fehlstellen in der Grenzschicht

9.6.2.2 Nachweis durch Transmissionsmessung

Große Bedeutung im Hinblick auf den Nachweis von durch Absorption verursachten Störstellen bzw. -zonen hat die integrale Dämpfungs- bzw. Transmissionsmessung. Im Zusammenhang mit Zuverlässigkeitsuntersuchungen interessiert dabei im allgemeinen aber nicht der Absolutwert sondern die relative Änderung gegenüber dem unbeanspruchten Zustand (Ausgangswert). Dämpfungs- bzw. Transmissionsmessungen können auf verschiedene Weise ausgeführt werden. Ein wesentlicher Aspekt bei der Verfahrensauswahl ist die Meßunsicherheit. Diese wird u. a. beeinflußt durch Temperatur, Fehlanpassung und Reproduzierbarkeit der optischen Ankopplung und Nichtlinearitäten. Im Hinblick auf eine hohe Nachweisempfindlichkeit von Veränderungen der Transmissionseigenschaften gilt es, diese Einflüsse möglichst gering zu halten. Unter Berücksichtigung dieser Aspekte und abhängig von den zu erwartenden Störstellenverlusten wird für Zuverlässigkeitsuntersuchungen in der Regel ein modifiziertes Einfüge-Meßverfahren eingesetzt.

Die Einfügemethode ist gekennzeichnet durch eine deutlich geringere Meßunsicherheit im Vergleich zur einfachen Leistungsmessung. Dazu wird die Messung in zwei Schritten ausgeführt. Zuerst wird mit einem optischen Leistungsmesser die Leistung der Lichtquelle direkt gemessen. Dieser Meßwert stellt als Bezugswert die eingekoppelte Strahlungsleistung dar. Im zweiten Schritt wird die zu messende Polymerfaser eingefügt und die Ausgangsleistung ermittelt. Aus beiden Meßwerten läßt sich die Dämpfung bzw. Transmission der POF berechnen. Die Meßunsicherheit dieses Verfahrens hängt im wesentlichen nur von der Stabilität der Meßgeräte zwischen den Zeitpunkten bei der Messung und der Reproduzierbarkeit der Ankopplung ab. Langzeitdrifteffekte der Meßgeräte haben keinen Einfluß, was insbesondere bei zeitlich ausgedehnten Untersuchungen positiv zum Tragen kommt. Die Reproduzierbarkeit bei der Ankopplung kann noch deutlich verbessert werden, wenn eine Modifikation des Verfahrens dahingehend vorgenommen wird, daß ein spezieller optischer Multiplexer für optische Polymerfasern mit integrierten Lichtquellen und integriertem Detektor eingesetzt wird.

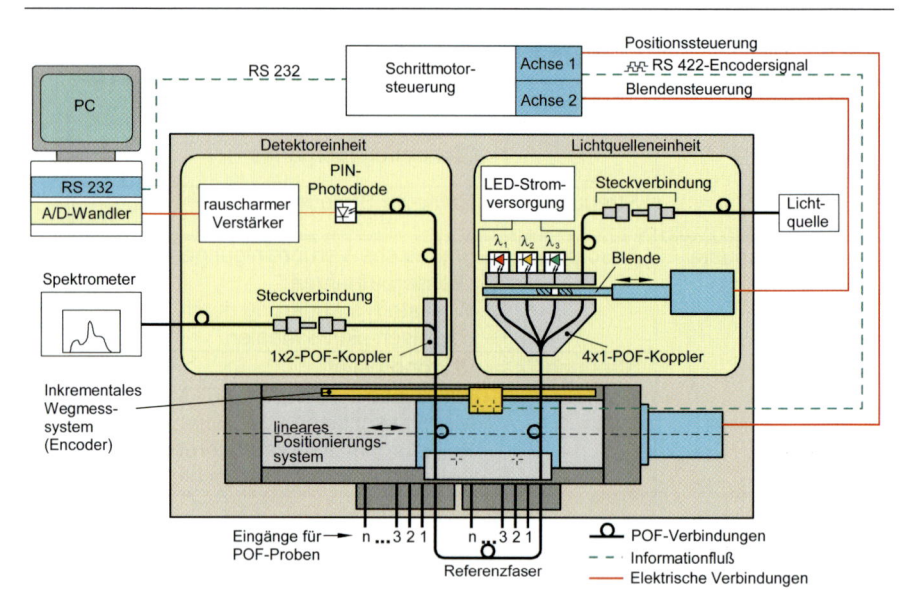

Abb. 9.84: Multiplexer für POF-Zuverlässigkeitsuntersuchungen [Gün00]

Ein beispielhafter Aufbau für einen solchen Multiplexer soll im folgenden beschrieben werden [Gün00]. Der prinzipielle Aufbau (Abb. 9.84) untergliedert sich in drei Funktionsbereiche: die Lichtquelleneinheit, die Detektoreinheit und das Positioniersystem. Die Lichtquelleneinheit besteht aus drei LED, die bei Wellenlängen von 525 nm, 590 nm und 660 nm ihre maximale Strahlungsleistung erreichen. Damit besteht die Möglichkeit, im für die Praxis relevanten Wellenlängenbereich Transmissionsmessungen durchzuführen. Die einzelnen LED werden mittels einer steuerbaren Blende nacheinander über einen 4 × 1-Koppler in die zu untersuchende optische Polymerfaser bzw. die Referenzfaser eingekoppelt. Ein zusätzlicher Eingang erlaubt es, mit einer externen Lichtquelle (z.B. Laserdiode oder Weißlichtquelle) Transmissionsmessungen durchzuführen.

Die Detektoreinheit besteht aus einer PIN-Photodiode mit nachgeschaltetem rauscharmen Verstärker. Um auch andere Detektoren verwenden zu können (z.B. einen optischen Spektrumanalysator), ist in den optischen Pfad ein asymmetrischer 1 × 2-Koppler integriert, so daß ein zusätzlicher externer optischer Ausgang zur Verfügung steht. Detektor- und Lichtquelleneinheit befinden sich auf der beweglichen Plattform des Positioniersystems.

Die eigentliche Umschaltung zwischen den zu untersuchenden POF geschieht mittels des linearen Positioniersystems. Wie Abb. 9.84 zu entnehmen ist, erfolgt die Probenankopplung als Stirnflächenkopplung mit einem Zwischenspalt in der Größenordnung von 100 µm. Die POF-Proben werden von außen in den Multiplexer eingeführt und in einer Ebene gleichförmig in speziellen Aufnahmevorrichtungen fixiert. Die Transmissionsmessung nach dem Einfügeverfahren erfolgt dann in folgender Weise: Zuerst wird die Strahlungsleistung aller LED mittels einer kurzen Referenzfaser gemessen. Anschließend wird die Plattform auf die nachfolgenden POF-Proben positioniert und deren Transmissionswert gemessen.

Der Multiplexer wird durch einen PC gesteuert, der gleichzeitig auch die gesamte Meßdatenerfassung mittels A/D-Wandlerkarte übernimmt. Transmissionsmessungen mit einer Meßunsicherheit ≤ 1% über sehr lange Zeiträume (über 6.000 h) sind mit diesem Multiplexer problemlos möglich. Der vorgestellte Multiplexer ist für maximal 20 POF-Proben ausgelegt. Ein ähnlicher Multiplexer mit einer Kapazität von 48 Proben, der speziell für die Untersuchung von POF-Komponenten entwickelt wurde, ist in [Krü00] beschrieben.

Am POF-AC Nürnberg wurde ab 2001 das Prinzip dieses Multiplexers weiterentwickelt. Statt eines Kopplers werden inzwischen mehrere versetzte Fasern mit den verschiedenen Sendern eingesetzt. Dafür sind dann aber auch mehrere Empfänger notwendig. Die Genauigkeit des Meßverfahrens wird davon nicht beeinflußt. Es sind Versionen für 1 mm POF, 200 µm PCS und seit Neuestem auch für 50 µm MM-GOF verfügbar. Sowohl der Dynamikbereich, als auch die Software wurden verbessert. Je nach Wunsch können bis zu 40 Fasern gemessen werden. Üblicherweise werden die Multiplexer des POF-AC mit FSMA-Steckern ausgerüstet. Zwei Varianten für POF und PCS zeigt Abb. 9.85.

Abb. 9.85: Neue Generation von Multiplexern für PCS und POF (POF-AC)

9.6.2.3 Nachweis durch Rückstreumessung

Speziell im Zusammenhang mit der Untersuchung der mechanischen Zuverlässigkeit von optischen Polymerfasern spielt der örtliche Nachweis von durch Streuung (z.B. an Mikrorissen) verursachten Störstellen eine wichtige Rolle. Mechanische Beanspruchungen wie z.B. Wechselbiegung oder Torsion können bei Überschreiten spezifischer Materialkennwerte sehr schnell zum Entstehen von Mikrorissen, Ablösungen in der Grenzschicht zwischen Faserkern und Mantel oder auch zu bleibender Veränderung der Fasergeometrie führen. Im Extremfall kann es auch zum Faserbruch kommen. Je nach Größe der Störstelle gelingt der Nachweis der Entstehung bereits mit einer einfachen Transmissionsmessung. Bei kleineren Störstellen (z.B. Mikrorisse kurzer Länge) wird dies zunehmend schwieriger. Außerdem liefert die Transmissionsmessung keine Information über den Ort und die Ausdehnung der Störstelle. Abhilfe schafft in diesen Fällen die hochauflösende Rückstreumessung, unter Ausnutzung der Fresnelreflexion. Diese tritt immer dann auf, wenn die Brechzahl entlang der POF unstetig ist (z.B. Polymer-Luft-Übergang am Riß).

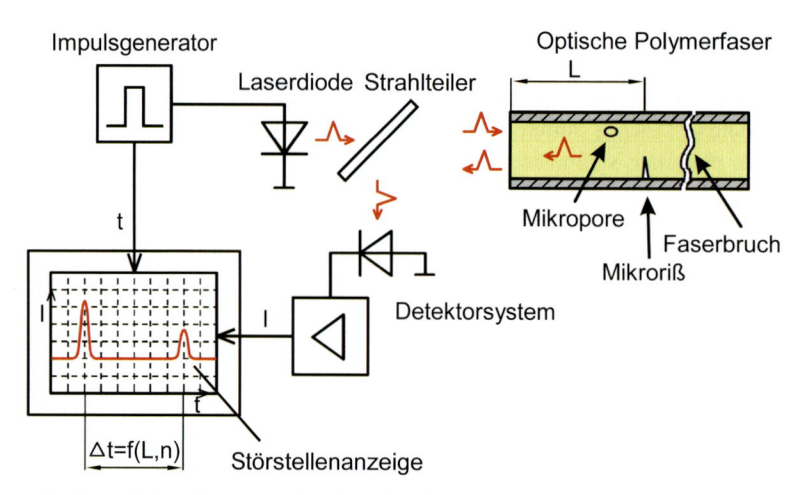

Abb. 9.86: Störstellennachweis mittels Rückstreumessung

Das Grundprinzip ist in Abb. 9.86 dargestellt. Ein Strahlungsimpuls einer Laserdiode (z.B. mit: $\lambda_P = 670$ nm; FWHM = 4 nm; $\Delta t < 100$ ps) wird in die zu untersuchende optische Polymerfaser eingekoppelt. Der Impuls durchläuft die Faser. Sind Störstellen vorhanden, die eine Fresnelreflexion verursachen, wird ein Teil der Strahlung rückgestreut und reflektiert. Eine Aufzeichnung dieser Strahlungsleistung über der Laufzeit liefert bei vorhergehender Kalibrierung die gesuchte Information hinsichtlich Störstellenort und -ausdehnung (Abb. 9.87 und Abb. 9.88). Derartige Informationen spielen nicht nur bei Zuverlässigkeitsuntersuchungen eine wichtige Rolle, sondern auch bei der Schadenslokalisierung und -analyse [Zed98].

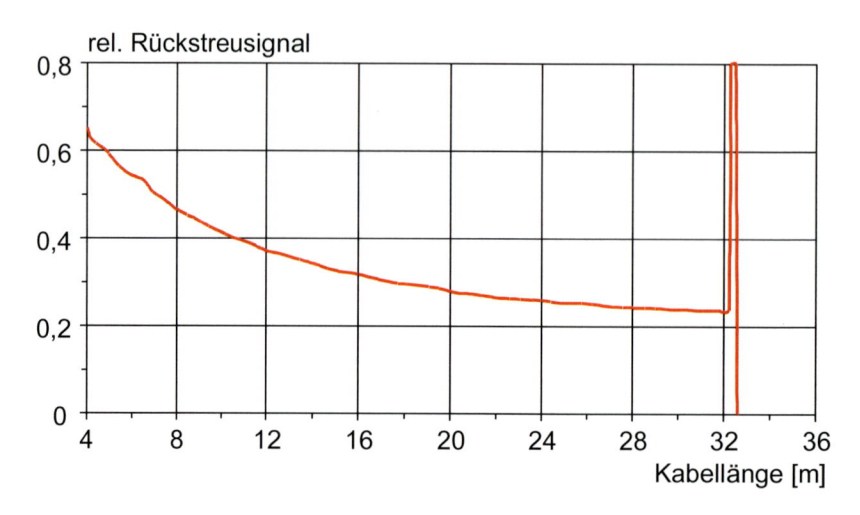

Abb. 9.87: Rückstreudiagramm eines POF-Kabels ohne Störstellen

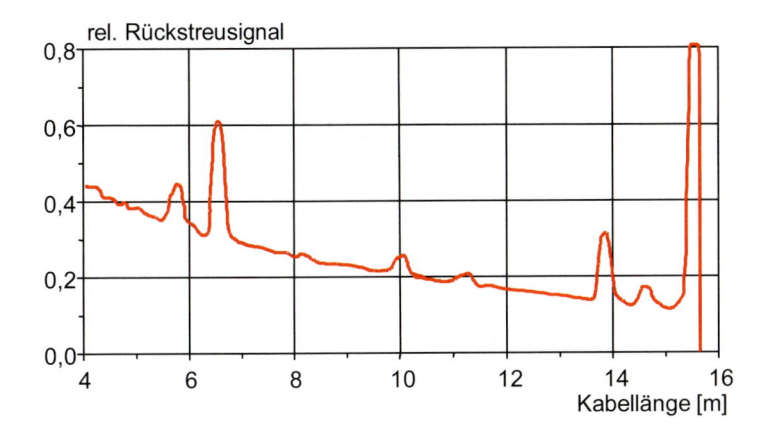

Abb. 9.88: Rückstreudiagramm eines POF-Kabels mit mehreren Störstellen

9.7 Untersuchung der Zuverlässigkeit bei verschiedenen Umwelteinflüssen

9.7.1 Mechanische Beanspruchungen

9.7.1.1 Wechselbiegeprüfung

Bei industriellen Anwendungen gehört die Wechselbiegung zu den am häufigsten auftretenden Beanspruchungsarten und besitzt deshalb große Bedeutung im Hinblick auf die Zuverlässigkeit der faseroptischen Signalübertragung. Beispielsweise kann Wechselbiegung im Bereich von Maschinensteuerungen, beim Einsatz an einem Roboterarm oder an sonstigen Übergängen zwischen beweglichen Maschinenteilen auftreten. Typisch ist auch die Installation in Schleppketten bei Krananlagen oder bei automatischen Handhabungssystemen. Bei Anwendungen in Fahrzeugen ist eine wechselnde Biegebeanspruchung der optischen Polymerfaser zum Beispiel im Türbereich anzutreffen.

Allgemein ist die Wechselbiegebeanspruchung dadurch gekennzeichnet, daß die Polymerfaser an der Biegestelle, insbesondere in den Randbereichen zyklisch gedehnt und gestaucht wird. D.h., es treten dort abwechselnd drei mechanische Spannungszustände auf: Zugspannung, spannungslos und Druckspannung. Die Höhe der Spannung hängt dabei vom Biegeradius und -winkel ab. In erster Näherung ist die Spannung im Randbereich umgekehrt proportional zum Biegeradius. Ist die Beanspruchung so hoch, daß es zu linear-elastischen bzw. linear-viskoelastischen Verformungen kommt, besteht die Gefahr einer Mikrorißbildung in den Randzonen der Faser. Dies hätte unmittelbar eine Verschlechterung der Transmissionseigenschaften zur Folge. Mit fortschreitender Mikrorißbildung kann es zum Faserbruch kommen. Erschwerend kommt noch hinzu, daß die Festigkeitseigenschaften einer Polymerfaser von der Temperatur abhängen.

Unter Berücksichtigung dieser Vorüberlegungen ist es insbesondere für den industriellen Einsatz notwendig, das Transmissionsverhalten bei unterschiedlicher Wechselbiegebeanspruchung unter verschiedenen Klimabedingungen zu untersuchen und entsprechende Grenzwerte für den minimal zulässigen Biegeradius bei extremer Biegebeanspruchung zu ermitteln.

Eine entsprechende Versuchseinrichtung (Abb. 9.89) besteht aus einer in der Klimakammer integrierten Wechselbiegeprüfeinrichtung mit zugehöriger, außerhalb der Kammer befindlicher mechanischer Antriebseinheit. Sie ermöglicht die Simulation von Wechselbiegebeanspruchungen an zwei Biegestellen mit wählbaren Biegeradien zwischen 5 mm bis 40 mm. Bezogen auf die Mittelstellung liegen die maximal möglichen Biegewinkel bei ±90°.

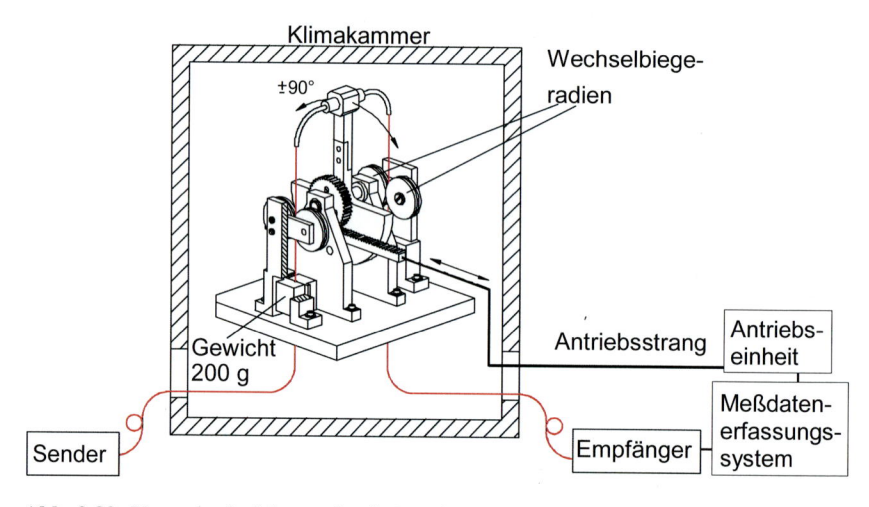

Abb. 9.89: Versuchseinrichtung für die Wechselbiegeprüfung

Während der Wechselbiegeprüfung einer POF wird wiederkehrend nach Ausführung einer definierten Anzahl von Wechselbiegezyklen die Transmission gemessen. Dazu wird jeweils der Hebelarm in eine senkrechte Position gebracht, so daß die Probe während der Transmissionsmessung keine Biegebeanspruchung erfährt. Nach Ablauf einer angemessenen Relaxationszeit (ca. 60 sec) wird dann die optische Leistung gemessen. Das Versuchsergebnis besteht aus der Angabe der relativen Transmission, die aus gemessener Transmission während der steigenden Zahl von Wechselbiegezyklen und aus der Transmission im unbeanspruchten Zustand zu Beginn der Wechselbiegeprüfung ermittelt wird. Die wichtigsten Erkenntnisse, wie sich Wechselbiegebeanspruchungen auf die Funktion und Lebensdauer einer optischen Polymerfaser auswirken, sind in Abb. 9.90 und Abb. 9.91 dargestellt. Aufgetragen ist jeweils die relative optische Transmission über der Anzahl der Wechselbiegezyklen: in Abb. 9.90 bei verschiedenen Biegeradien und Raumtemperatur, in Abb. 9.91 bei einem Biegeradius und verschiedenen Temperatur- bzw. Klimabedingungen.

Zum Funktionsverhalten ist festzustellen, daß Wechselbiegebeanspruchung mit verschiedenen Biegeradien sich bei Raumtemperatur und extrem niedrigen Temperaturen zunächst nicht auf die Transmission auswirkt. Die Transmission verändert sich gegenüber dem unbeanspruchten Zustand nicht. Sie verbleibt bei 100%. Bezüglich der Lebensdauer zeigt sich, daß es in Abhängigkeit vom Biegeradius und von der Temperatur nach einer spezifischen Zahl von Wechselbiegungen zu einer schnellen Verschlechterung der Transmissionseigenschaften kommt und bei Erreichen der 50%-Schwelle definitionsgemäß Bauteilversagen eintritt. Erwartungsgemäß führen kleinere Biegeradien und niedrigere Temperatur zu einer kürzeren Lebensdauer.

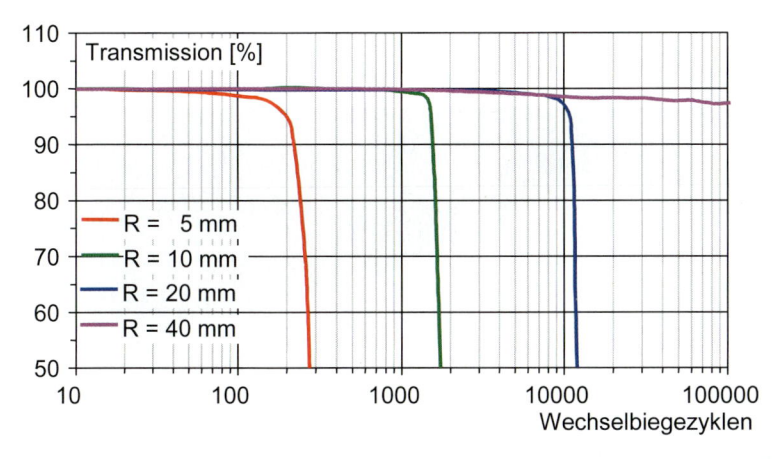

Abb. 9.90: Transmissionsverhalten einer 1 mm SI-POF mit PE-Schutzhülle bei Wechselbiegebeanspruchung mit verschiedenen Biegeradien und T = +23°C [Daum93]

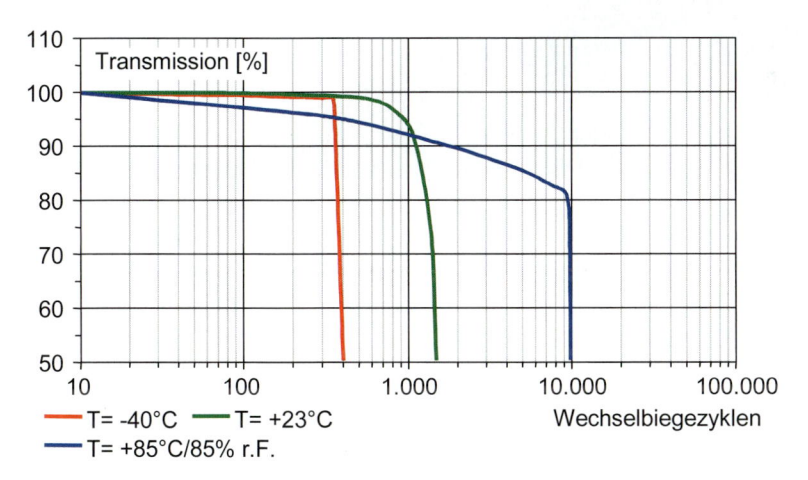

Abb. 9.91: Transmissionsverhalten einer 1 mm SI-POF mit PE-Schutzhülle bei Wechselbiegebeanspruchung bei verschiedenen Temperatur- bzw. Klimabedingungen und R = 10 mm [Daum93]

732   9.7 Untersuchung der Zuverlässigkeit bei verschiedenen Umwelteinflüssen

Ein besonderes Bauteilverhalten ist bei hohen Temperaturen festzustellen. In diesem Fall ist zwar eine längere Lebensdauer zu beobachten, aber bezüglich des Funktionsverhaltens zeigt sich, daß schon nach nur 100 Wechselbiegezyklen eine stetig zunehmende Verschlechterung der Transmission auftritt. Zu erklären ist diese Veränderung des Transmissionsverhaltens mit einer zunehmenden irreversiblen Geometrieänderung im Bereich der Biegestelle der bei diesen Temperaturen doch relativ weichen lichtführenden Faser (Abb. 9.92). Wird die Einschnürung zu groß für die jeweilige Beanspruchung, so kommt es zum Faserbruch. Für den praktischen Einsatz bedeutet dies, daß bei hohen Dauerbetriebstemperaturen die optische Polymerfaser keiner bzw. nur einer sehr geringen Wechselbiegebeanspruchung ausgesetzt werden darf. Bei tiefen Temperaturen ist das Bauteilversagen typischerweise durch einen weitgehend glatten Bruch der Faser gekennzeichnet (Abb. 9.93) [Daum93].

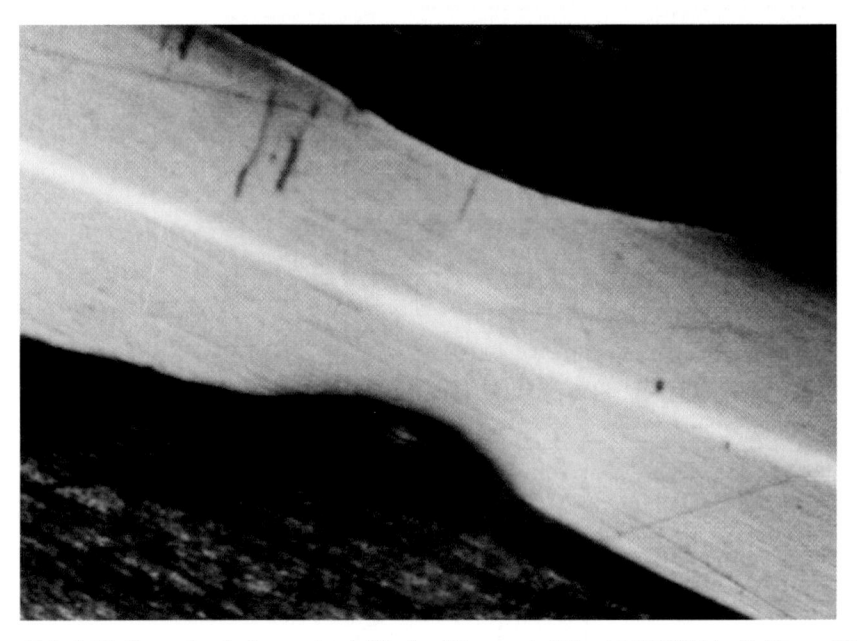

Abb. 9.92: Fasereinschnürung durch Wechselbiegung bei T = +85°C/85 % r.F. [Daum93]

Die Abschätzung des minimal zulässigen Biegeradius bei vorgegebener Wechselbiegezyklenzahl basiert auf folgenden Überlegungen: Wie bereits erwähnt, gilt in erster Näherung, daß bei Biegebeanspruchung die mechanische Spannung in den Randbereichen umgekehrt proportional zum Biegeradius ist. Mit abnehmender Spannung (d. h. größerem Biegeradius) erhöht sich die Zyklenzahl bis zum Bauteilversagen. Durch Extrapolation der Versuchsergebnisse (Zahl der Wechselbiegezyklen bis zum Bauteilversagen bei verschiedenen Biegeradien) bis zu einer vorgegebenen Zahl von Wechselbiegezyklen kann man den zugehörigen minimal zulässigen Biegeradius abschätzen (Tabelle 9.6).

Abb. 9.93: Faserbruch durch Wechselbiegung bei T = -40°C [Daum93]

Tabelle 9.6: Abschätzung des minimal zulässigen Wechselbiegeradius bei vorgegebener Zyklenzahl und T = +23°C

vorgegebene Zyklenzahl	abgeschätzter minimal zulässiger Biegeradius bei Wechselbiegung für 1 mm SI-POF mit PE-Schutzhülle
10^4	20 mm - 25 mm
10^5	40 mm - 55 mm
10^6	100 mm - 135 mm

9.7.1.2 Rollenwechselbiegung

Kennzeichnend für den POF-Einsatz im Maschinenbau ist es, daß in vielen Fällen eine Signalübertragung zwischen Steuereinheit und bewegten Systemkomponenten erfolgt. Ein charakteristischer Fall hierfür ist die Datenübertragung zwischen stationärer Maschinensteuereinheit und den verschiedenen Antriebsmodulen bei größeren automatischen Handhabungssystemen. Sowohl die Energieversorgungs- wie auch die Signalübertragungsleitungen werden bei derartigen Systemen über Schleppketten zugeführt.

Die dabei auftretende mechanische Beanspruchung ist gekennzeichnet durch eine sich zyklisch wiederholende Abrollbewegung mit einer um 90° gedrehten U-förmigen Leitungsführung über eine bestimmte Länge. Die optische Polymerfaser erfährt bei diesem Vorgang eine wechselnde Biegebeanspruchung, die sich über die gesamte Schleppkettenlänge erstreckt. Wie bei der Wechselbiegung bedeutet dies, daß die POF über die gesamte Länge an ihren Randbereichen abwechselnde mechanische Spannungszustände durchläuft. Auch in diesem Fall ist die Höhe der Spannung und damit auch der Beanspruchung umgekehrt proportional abhängig vom Biegeradius.

Zur Simulation dieser charakteristischen Beanspruchung kann auf die Rollenwechselbiegeprüfung als Prüfverfahren zurückgegriffen werden. Das Prüfverfahren hat sich bereits seit langer Zeit bei der Prüfung von Kabeln und isolierten Leitungen bewährt hat. Das Grundprinzip einer entsprechenden Simulationseinrichtung ist in Abb. 9.94 dargestellt.

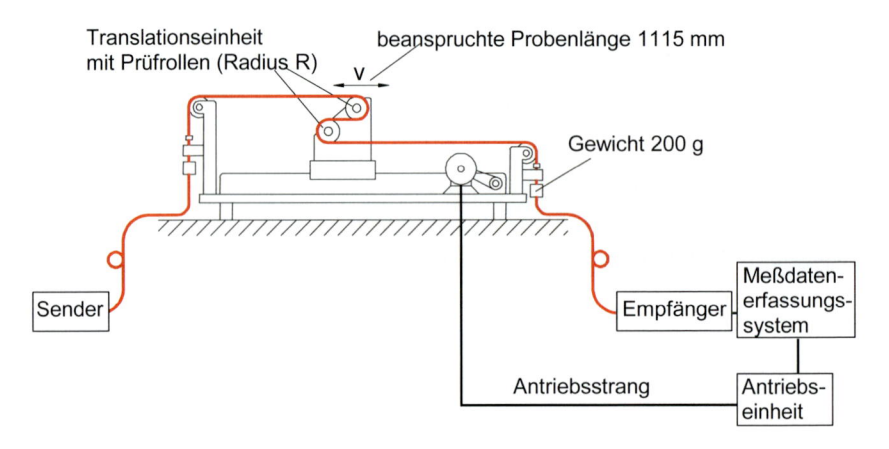

Abb. 9.94: Versuchseinrichtung für die Rollenwechselbiegeprüfung

Die POF wird S-förmig um die beiden Rollen gespannt und durch definiertes Verschieben der Biegerollen einer zyklischen Rollenwechselbiegung unterworfen. Dabei erfährt die optische Polymerfaser in ihrer Randzone wechselnde Spannungszustände (Zugspannung - spannungslos - Druckspannung). Im Unterschied zur Wechselbiegung an nur einem Punkt der Polymerfaser wird bei dieser Prüfung ein ganzer Polymerfaserabschnitt dieser extremen mechanischen Beanspruchung ausgesetzt. Um ein sicheres Anschmiegen der Polymerfaser an die Biegeradien sicherzustellen, wird die POF an beiden Enden mit einem Belastungsgewicht (typ. 200 g) auf Zug belastet.

Während der Prüfung wird wiederkehrend nach Ausführung einer definierten Anzahl von Rollenwechselbiegezyklen die optische Leistung gemessen. Dazu wird zunächst die Translationseinheit in Ruhestellung gebracht. Nach Ablauf einer Relaxationszeit von ca. 60 s kann dann die optische Leistung gemessen und die relative Transmission bestimmt werden.

Abbildung 9.95 dokumentiert repräsentative Untersuchungsergebnisse in Form des gemessenen Transmissionsverlaufes während der Rollenwechselbiegebeanspruchung mit verschiedenen Biegeradien.

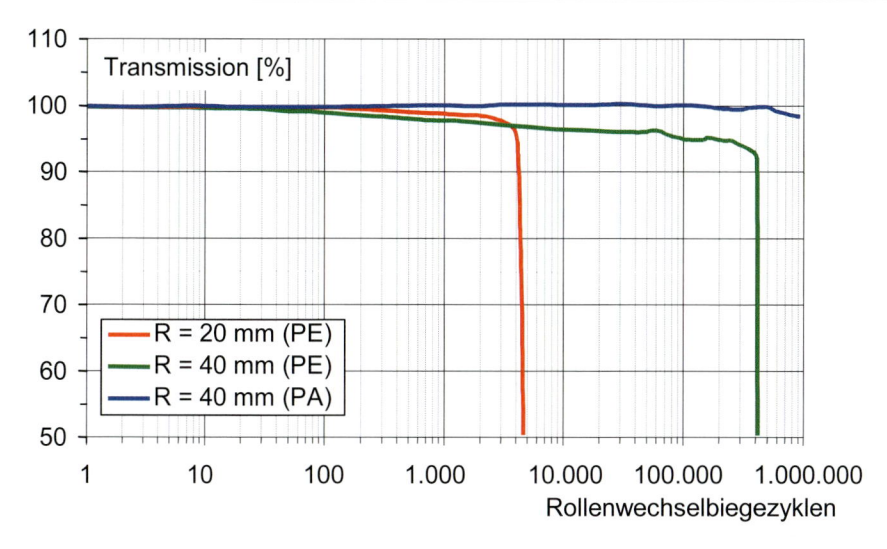

Abb. 9.95: Transmissionsverhalten (1 mm SI-POF mit PE- bzw. PA-Schutzhülle) bei Rollenwechselbiegung mit verschiedenen Biegeradien und T = +23°C

Vom Beginn der Beanspruchung bis zu einem charakteristischen Punkt verändert sich die Transmission nicht oder nur unwesentlich. Wird eine probenspezifische kritische Zyklenzahl erreicht, fällt die Transmission innerhalb weniger Zyklen schlagartig ab und es kommt zum Bauteilversagen. Ursache hierfür ist in der Regel ein Bruch der Faser innerhalb der beanspruchten Probenlänge.

9.7.1.3 Torsion

Eine Verdrehung der optischen Polymerfaser kann z.B. bei der Herstellung von Kabeln oder beim direkten Verlegen einer POF auftreten. Zu unterscheiden ist auch in diesem Fall zwischen statischer und dynamischer Beanspruchung. Statische Torsion findet man u.a. bei fest installierten optischen Polymerfasern. Sie ist im Hinblick auf die Zuverlässigkeit nicht von ausschlaggebender Bedeutung. Dynamische Verdrehungen hingegen beanspruchen eine optische Polymerfaser deutlich höher. Derartige Beanspruchungen treten zumeist bei bewegten Kabelführungen auf, wie sie beispielsweise bei Industrierobotern oder automatischen Handhabungssystemen vorkommen.

Wie beispielsweise bei der Wechselbiegung führt die dynamische Torsionsbeanspruchung zu einem zyklischen mechanischen Spannungsaufbau und -abbau in der optischen Polymerfaser. Als denkbare Auswirkungen dieser Beanspruchung auf das Transmissionsverhalten sind zu nennen: Ablösung des optischen Mantels vom Faserkern, Mikrorißbildung in der Faser ggf. mit nachfolgendem Faserbruch, Riß in der Schutzhülle (Abb. 9.98) mit nachfolgender direkter Einwirkung von Feuchte oder anderen aggressiven Medien auf die Faser. Bei hohen Temperaturen ist zusätzlich eine irreversible Geometrieänderung infolge Erweichung der Faser denkbar.

Zur Untersuchung des Transmissionsverhaltens bei Torsionsbeanspruchung (ggf. in Kombination mit Klimabeanspruchung) eignet sich eine Prüfeinrichtung, wie sie in Abb. 9.96 gezeigt ist. Diese besteht aus der in einer Klimakammer integrierten Torsionsprüfeinrichtung mit zugehöriger, außerhalb der Kammer befindlichen mechanischen Antriebseinheit. Die Torsionsprüfeinrichtung selbst besteht aus einer festen und einer rotierenden POF-Halterung jeweils in Form eines Führungsrohrs mit einer Klemmvorrichtung am Rohrende. Das linke Führungsrohr ist auf einem beweglichen Schlitten montiert, der mit einem Gewicht von 200 g in Richtung der POF-Achse gezogen wird, um die Probe im Beanspruchungsbereich einer definierten Zugbeanspruchung auszusetzen.

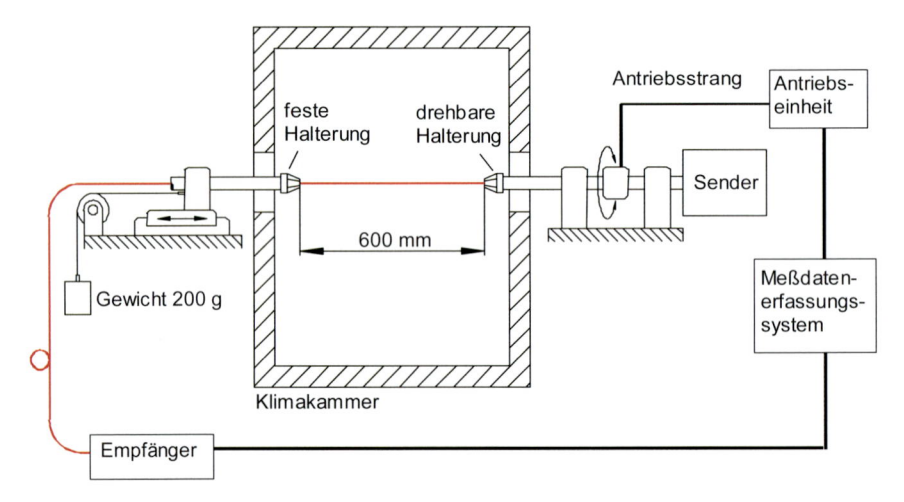

Abb. 9.96: Versuchseinrichtung für die Torsionsprüfung

Folgender Prüfzyklus hat sich zur Untersuchung des Transmissionsverhaltens bei Torsionsbeanspruchung als geeignet erwiesen: Zunächst wird die POF-Probe um eine vorgegebene Anzahl von Umdrehungen im Uhrzeigersinn gedreht. Dann wird die Probe in den Ausgangszustand gebracht und im Gegenuhrzeigersinn um die gleiche Anzahl von Drehungen gedreht und anschließend wieder in die Ausgangsposition zurückgebracht. Die Transmissionsmessung erfolgt immer im unbeanspruchten Zustand nach einer Relaxationszeit von ca. 60 Sekunden. Als Versuchsergebnis wird die relative Transmissionsänderung angegeben, die sich nach Ablauf von bestimmten Torsionszyklen bezogen auf den Anfangswert der noch keiner Torsionsbeanspruchung ausgesetzten Probe eingestellt hat.

Ein typisches Ergebnis für die Zuverlässigkeit optischer Polymerfasern bei Torsionsbeanspruchung zeigt Abb. 9.13. Ausgehend vom unbeanspruchten Zustand verläuft die Transmission zunächst mit zunehmender Torsionszyklenzahl nahezu konstant bis zu einem charakteristischen Punkt, von dem ab die Transmission steil fällt. Bauteilversagen (Transmission < 50%) tritt bei Raumtemperatur in der Größenordnung von 2000 bis 3000 Zyklen ein. Die Transmissionskurve bei tiefer Temperatur (-40°C) ist prinzipiell gleichartig wie die bei Raumtemperatur. Jedoch tritt

9.7 Untersuchung der Zuverlässigkeit bei verschiedenen Umwelteinflüssen

hierbei schon nach 400 bis 500 Zyklen Bauteilversagen ein. Die wesentlich geringere Lebensdauer ist mit dem spröden Verhalten der optischen Polymerfaser (Temperaturabhängigkeit des E-Modul bzw. der Festigkeitseigenschaften) bei diesem Klima im Vergleich zu dem bei Raumklima zu begründen.

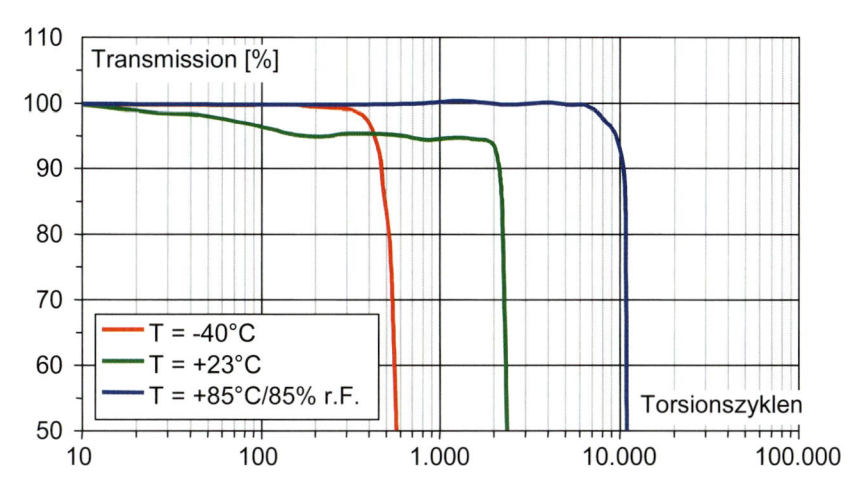

Abb. 9.97: Transmissionsverhalten einer 1 mm SI-POF mit PE-Schutzhülle bei Torsionsbeanspruchung (1 Zyklus: ±10 x 360°) unter verschied. Klimabedingungen

Die bei T = 85 °C/85% r.F. zu beobachtende sehr hohe Lebensdauer ist mit der zunehmenden Erweichung der Faser in diesem Temperaturbereich zu erklären, wodurch die optische Polymerfaser der Torsionsbeanspruchung besser folgen kann und so eine irreversible Schädigung, wie beispielsweise Ablösung des optischen Mantels, Mikrorisse oder Faserbruch, erst später eintritt.

Abb. 9.98: Riß in der Schutzhülle durch Torsionsbeanspruchung

9.7.1.4 Zugfestigkeit

Insbesondere während der Herstellung und Montage aber auch während der Nutzung unterliegen optische Polymerfasern Beanspruchungen durch Zugkräfte. Prinzipiell unterscheidet man zwischen kurzzeitiger und langzeitiger Zugbeanspruchung. Kurzzeitbeanspruchungen mit relativ hohen Zugkräften treten z.B. bei der Installation auf, während dauerhafte Zugbeanspruchungen meist Folge einer nicht sachgerechten Verlegung sind.

Die Änderung der Transmissionseigenschaften bei Zugbeanspruchung ist allgemein mit der entstehenden Gesamtverformung der Faser verknüpft. Diese Gesamtverformung hängt von der Höhe der Zugbeanspruchung ab und setzt sich aus linear elastischer, linear viskoelastischer, nichtlinear viskoelastischer und plastischer Verformung zusammen. Bei höheren Zugbeanspruchungen kann es auch zu Mikrorißbildung im Kern und zu Ablösungen des optischen Mantels kommen. Im Extremfall ist ein Faserriß nicht ausgeschlossen. Im Hinblick auf den industriellen Einsatz ist weiterhin die Temperaturabhängigkeit der Festigkeitseigenschaften der Polymerfaser zu berücksichtigen.

Abbildung 9.99 zeigt eine typische Versuchseinrichtung zur Untersuchung des Transmissionsverhaltens bei Zugbeanspruchung. Um auch bei extremen Temperaturen eine Zugprüfung durchführen zu können, ist die Einrichtung in eine Klimakammer integriert.

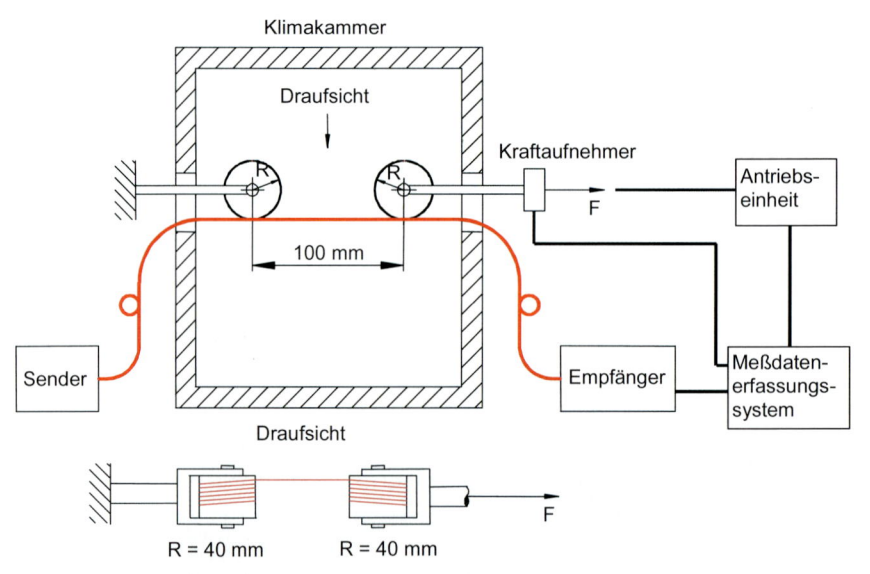

Abb. 9.99: Versuchseinrichtung für die Zugprüfung

Die linke Spanntrommel der Zugprüfvorrichtung mit einem Radius von $R = 40$ mm ist feststehend mit einer außerhalb der Klimakammer befindlichen steifen Rahmenkonstruktion verbunden. Die rechte Spanntrommel ($R = 40$ mm) wird während einer Zugprüfung mittels einer Antriebseinheit in Längsrichtung der

9.7 Untersuchung der Zuverlässigkeit bei verschiedenen Umwelteinflüssen 739

POF-Probe bewegt, wodurch die zwischen den Spanntrommeln eingespannte Probe eine Zugbeanspruchung erfährt. Während der steigenden Zugbeanspruchung wird permanent die optische Leistung sowie die zugehörige Kraft gemessen. Das Versuchsergebnis besteht aus der berechneten relativen Transmission während der steigenden Zugbeanspruchung und der zugehörigen Kraft-Dehnungs-Kurve.

Repräsentative Ergebnisse durchgeführter Zugprüfungen sind in den Abb. 9.100 bis Abb. 9.103 dargestellt. Zu erkennen ist insbesondere bei Raumtemperatur der für Polymere typische Verlauf der Kraft-Dehnungs-Kurve.

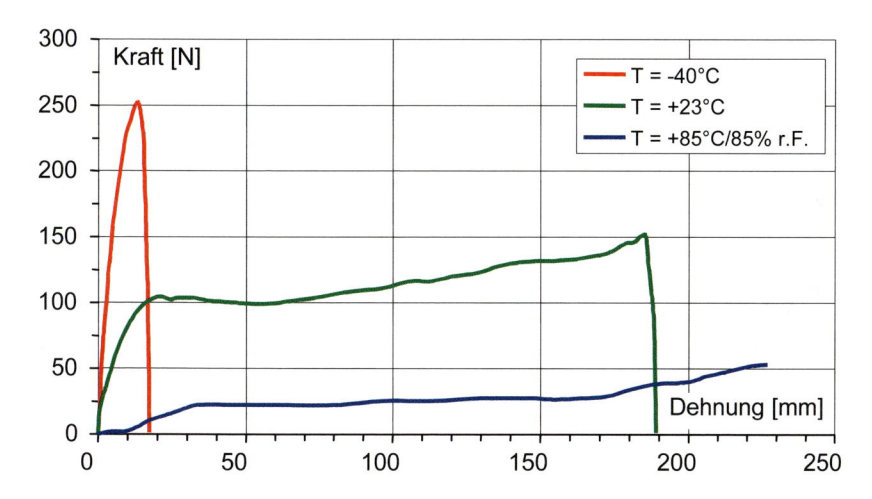

Abb. 9.100: Kraft-Dehnungs-Kurve einer 1 mm SI-POF mit PE-Schutzhülle bei Zugbeanspruchung unter verschiedenen Klimabedingungen

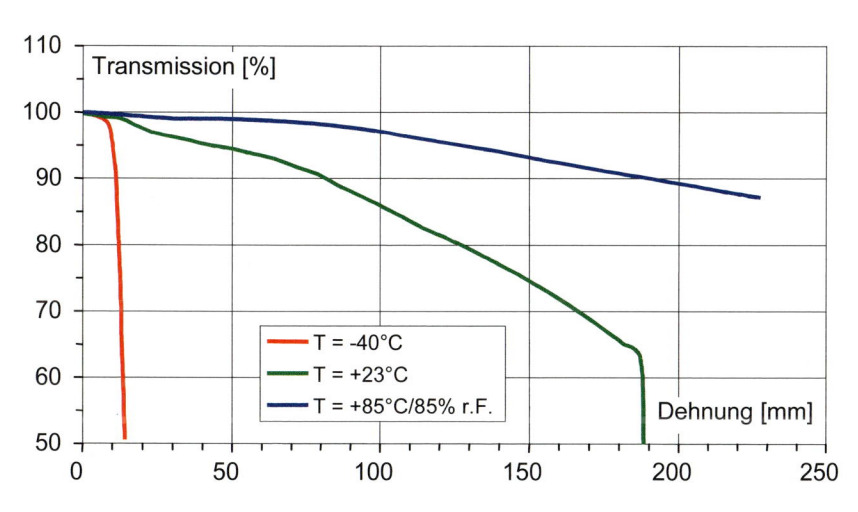

Abb. 9.101: Transmissionsverhalten einer 1 mm SI-POF

Im Anfangsstadium erfolgt zunächst ein steiler Anstieg der Kraft bei nur geringer Zunahme der Dehnung. In diesem Bereich erfolgt anfangs ein nahezu linearer Anstieg der Kraft über der Dehnung. Der Bereich wird nach Erreichen der Streckgrenze - als Überschwinger (Kraftabnahme bei Dehnungszunahme) ersichtlich - verlassen. Hier beginnt der Bereich plastischer Verformung. In diesem Bereich ist nach kurzem Kraftabfall eine allmähliche Steigerung der Zugkraft unter gleichzeitiger Zunahme der Dehnung zu beobachten. Es tritt eine Verstreckung infolge kalten Fließens auf. Wenn das Verformungsvermögen der POF-Probe erschöpft ist, kommt es zum Probenbruch. An diesem Punkt tritt auch die jeweilige maximale Zugkraft der POF-Proben auf.

Während der Zugprüfung ist im allgemeinen eine stetige Abnahme des Transmissionsverhaltens bis zum Bruch der Probe zu beobachten. Bis zum Erreichen des plastischen Bereiches ändert sich die Transmission nur vernachlässigbar um 2% bis 3%. Innerhalb des plastischen Bereiches verringert sich infolge der zunehmenden Faserdeformation die Transmission kontinuierlich bis zum Probenbruch. Im Hinblick auf einen zuverlässigen Einsatz muß unter allen Umständen sichergestellt sein, daß bei einer maximalen kurzzeitigen POF-Zugbeanspruchung die Streckgrenze nicht erreicht wird. Dies bedeutet, daß bei verschiedenen Klimabedingungen auch verschieden hohe maximale kurzzeitige Zugkräfte bei der Montage oder während der Einsatzzeit keinesfalls überschritten werden dürfen, um irreversible Verformung bzw. Faserbruch zu verhindern. Weiterhin gilt es zu berücksichtigen, daß durch Mikrorißbildung noch keine Verschlechterung der Transmissionseigenschaften eintreten darf.

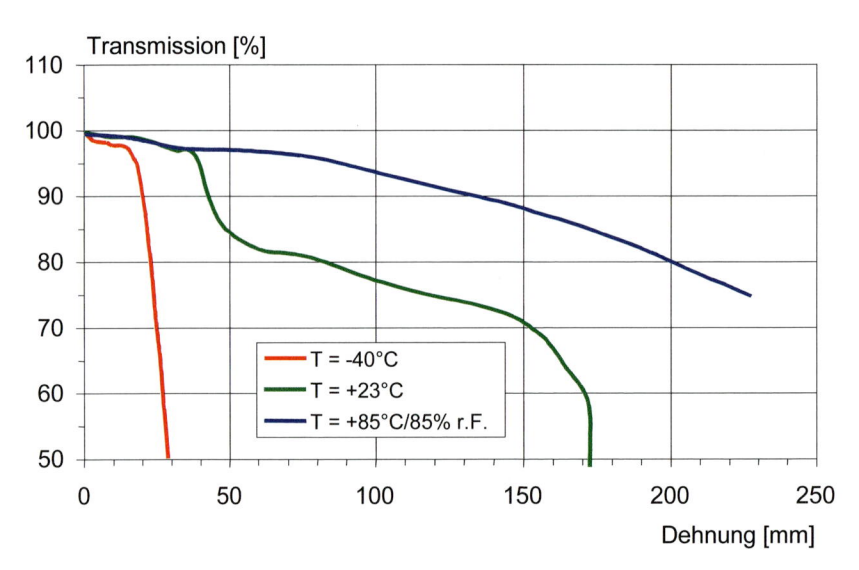

Abb. 9.102: Transmissionsverhalten einer 1 mm SI-POF mit PA-Schutzhülle bei Zugbeanspruchung unter verschiedenen Klimabedingungen

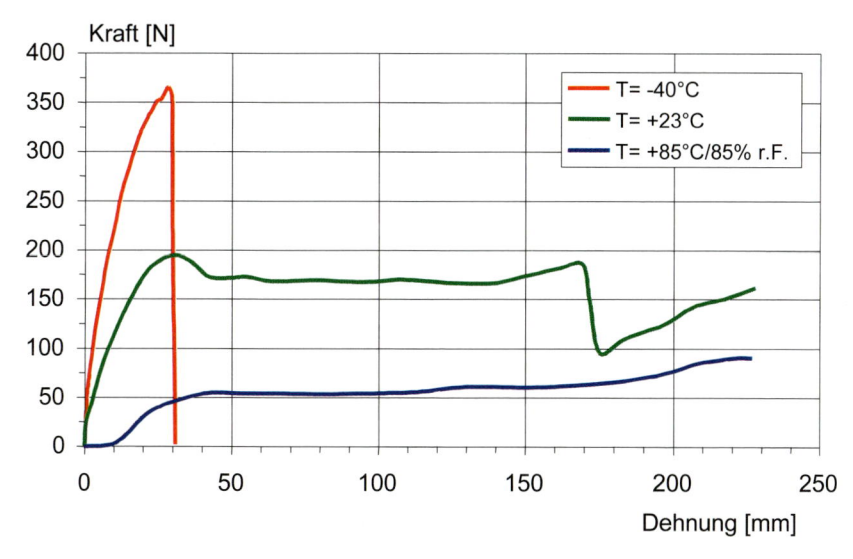

9.7 Untersuchung der Zuverlässigkeit bei verschiedenen Umwelteinflüssen

Abb. 9.103: Kraft-Dehnungs-Kurve einer 1 mm SI-POF

Da eine Zugschwellbelastung oder Spannungsrißgefahr nicht grundsätzlich auszuschließen ist, empfiehlt es sich für den praktischen Einsatz, die zulässige kurzzeitige maximale Zugkraft durch Berücksichtigung eines Sicherheitskoeffizienten S auf F_{max}/S mit S = 1,5 zu begrenzen. Aufgrund der mit steigender Temperatur abnehmenden Festigkeitseigenschaften und der Gefahr des Verlustes der Formstabilität sollte F_{max} entsprechend bei höheren Temperaturen völlig vermieden bzw. deutlich reduziert werden.

Bei Dauerzugbeanspruchung ist zu beachten, daß aufgrund der Werkstoffeigenschaften nur wesentlich geringere Zugkräfte zulässig sind. In der Literatur [Schm92] wird empfohlen, daß bei Dauerzugbeanspruchung der Bereich linear viskoelastischer Verformung nicht verlassen werden sollte. Dieser Bereich entspricht bei Thermoplasten einer Dehnung von 0,1% bis 0,5%. Optimierungsmöglichkeiten bezüglich der Zugfestigkeit bestehen in einer Veränderung des Schutzhüllenwerkstoffes oder in der Nutzung einer Kabelkonstruktion z.B. mit zusätzlicher Armid-Einlage als Zugentlastungselement.

9.7.1.5 Schlagfestigkeit

In der industriellen Praxis unterliegen optische Polymerfasern auch schlagartigen Beanspruchungen. Denkbar ist hierbei in erster Linie das versehentliche Fallenlassen von Werkzeugen oder anderen Gegenständen auf die POF während der Montage. Weiterhin ist nicht auszuschließen, daß versehentlich Werkzeuge oder Gegenstände schlagartig auf eine ungeschützt verlegte POF einwirken. Auch im Fahrzeugbereich muß insbesondere während der Montage oder bei Reparaturarbeiten mit einer unbeabsichtigten Schlagbeanspruchung gerechnet werden. Bei Schlageinwirkung muß die optische Polymerfaser Energie absorbieren, wodurch es zu Spannungsspitzen sowohl in der Schutzhülle als auch in der Faser kommen kann. Übersteigt die Beanspruchung einen spezifischen Grenzwert, so besteht die Gefahr der Mikrorißbildung bzw. des spröden und glasartigen Splitterbruchs der Faser. Des weiteren ist es denkbar, daß es zu einer irreversiblen geometrischen Formveränderung der optischen Faser kommt. Ein Aufplatzen der Schutzhülle infolge Schlagbeanspruchung kann dazu führen, daß Feuchte oder andere aggressive Medien ohne weitere Behinderung auf die lichtführende Faser einwirken können.

Eine Schlagprüfeinrichtung für optische Polymerfasern ist in Abb. 9.104 dargestellt. Zur Erzeugung der Schlagenergie wird eine Schlagvorrichtung auf der Basis eines frei fallenden Massestücks mit einem Gewicht von 1 kg verwendet. Das Fallgewicht wird während des freien Falls durch eine Führungsstange weitgehend reibungsfrei geführt und trifft auf ein auf der POF-Probe aufliegendes Aufschlagstück. Dieses Aufschlagstück wirkt dann mit der gesamten Schlagenergie auf die optische Polymerfaser ein. Zur Erhöhung der Beanspruchung weist das Aufschlagstück auf der Unterseite einen Radius von 10 mm auf, der quer zur POF-Probe ausgerichtet ist. Nach erfolgtem Schlag wird das Fallgewicht mittels eines Elektromagneten aufgenommen. Das aufgenommene Fallgewicht wird anschließend mittels eines Antriebssystems auf die vorgegebene Fallhöhe zurückgebracht und erneut ausgelöst.

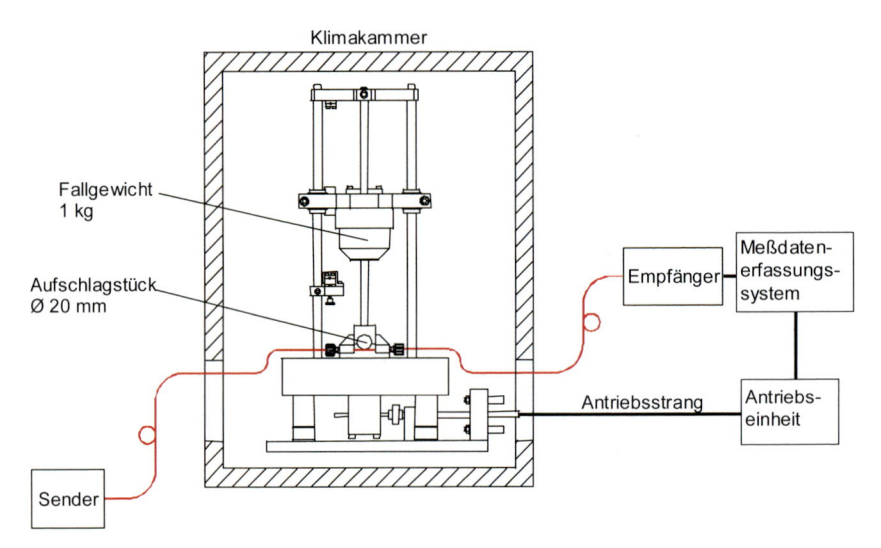

Abb. 9.104: Versuchseinrichtung für die Schlagprüfung

Führt man Schlagprüfungen an POF durch, so tritt erwartungsgemäß bei zunehmender Fallhöhe nach einer geringeren Anzahl von Schlägen Bauteilversagen ein, d.h. die Transmission sinkt auf unter 50% vom Ausgangswert. Dies gilt für alle Klimabedingungen. Bei einer Temperatur von +23°C und -40°C zeigen POF-Proben einen prinzipiell gleichen Transmissionsverlauf mit zunehmender Schlaganzahl. Ausgehend vom unbeanspruchten Zustand verbleibt die Transmission nahezu konstant oder verringert sich nur mit einem sehr kleinen Gradienten, bis eine charakteristische Anzahl von Schlägen erreicht ist. Ab diesem Punkt nimmt die Transmission dann sehr rasch ab und es kommt zum Bauteilversagen. Die visuelle Prüfung der POF-Proben nach Versuchsende zeigt häufig, daß die Schutzhülle bei allen Proben aufgeplatzt ist. Weiterhin ist zu beobachten, daß es in der Faser zum spröden Splitterbruch mit ausgeprägten faserartigen Rißfeldern bzw. zum Bruch der Faser kommt.

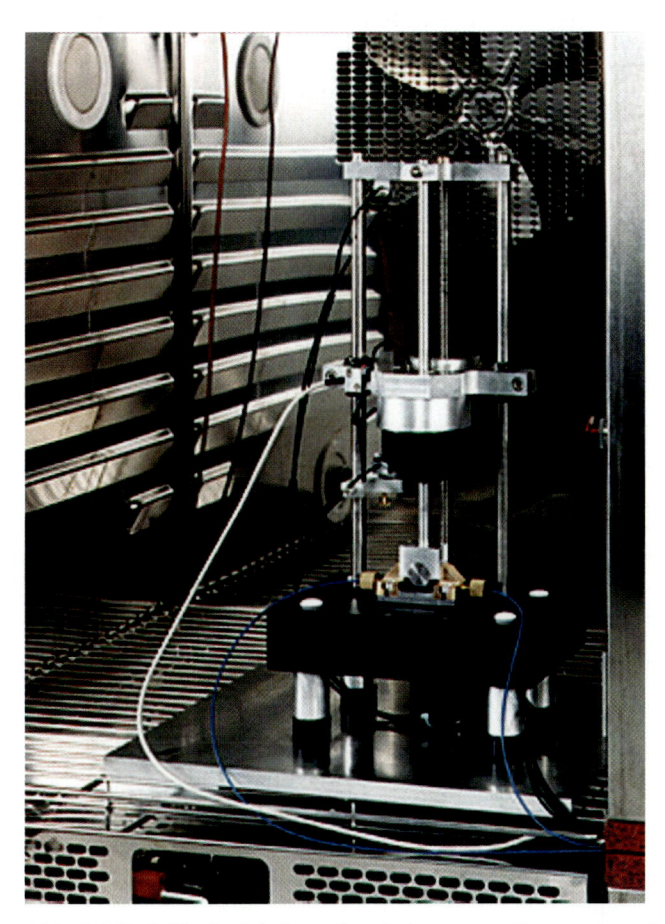

Abb. 9.105: Schlagfestigkeitsprüfung bei extremen Temperatur- oder Klimabedingungen

Ein etwas anderen Verlauf der Transmissionskurven ist bei Klimabedingungen wie beispielsweise bei T = +85°C / 85% r.F. zu beobachten. Mit zunehmender Anzahl von Schlägen nimmt die Transmission bis zum Erreichen eines charakteristischen Punktes deutlich schneller ab im Vergleich zu den vorher diskutierten Fällen. Beim Überschreiten des charakteristischen Punktes fällt auch bei diesen Umweltbedingungen die Transmission dann rapide ab. Zu erklären ist diese Veränderung der Transmissionseigenschaften mit einer zunehmenden irreversiblen Geometrieänderung des bei diesen Temperaturen relativ weichen Faserkerns.

Eine Zusammenfassung typischer Schlagprüfungsergebnisse zeigen die Abb. 9.106 und Abb. 9.107. In diesen Abbildungen ist jeweils für eine typische POF-Probe bei Raumtemperatur die Anzahl der Schläge bis zum Erreichen der 50%-Transmissionsgrenze bei verschiedenen Fallhöhen dargestellt.

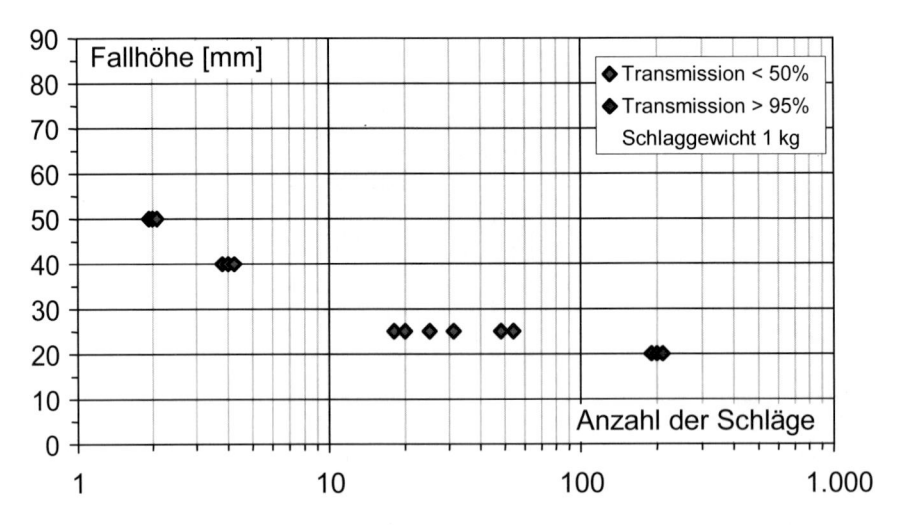

Abb. 9.106: Bauteilversagen einer 1 mm SI-POF mit PE-Schutzhülle bei Schlagbeanspruchung aus verschiedenen Fallhöhen

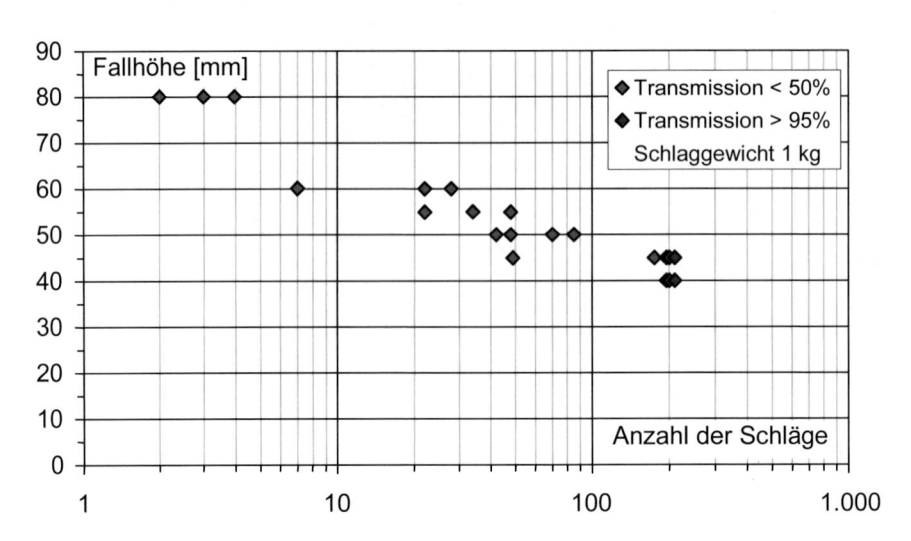

Abb. 9.107: Bauteilversagen einer 1 mm SI-POF mit PA-Schutzhülle bei Schlagbeanspruchung aus verschiedenen Fallhöhen

9.7.1.6 Querdruckfestigkeit

Die dynamische Querdruckbeanspruchung einer optischen Polymerfaser kann unter industriellen Einsatzbedingungen in verschiedener Art und Weise vorkommen. Zu solchen typischen Beanspruchungen zählen z.B. das unbeabsichtigte Überfahren oder Betreten einer ungeschützt ausliegenden POF während der Montage, die Ausübung eines Querdrucks bei unsachgemäßer Leitungsbefestigung oder -führung an beweglichen Maschinenelementen und Handhabungssystemen sowie im Türbereich von Fahrzeugen. Da diese mechanische Beanspruchung in ihrer Auswirkung auf die POF der vorgehend beschriebenen Schlagbeanspruchung sehr ähnlich ist, treten im Prinzip die gleichen Schädigungsmechanismen (z.B. Mikrorißbildung, irreversible Formveränderung, Aufplatzen der Schutzhülle) auf.

Eine Querdruckprüfeinrichtung für POF (Abb. 9.108) besteht aus einer feststehenden Stahl-Grundplatte und einem beweglichen, geführten Stahl-Druckstempel mit abgerundeten Kanten und einer Auflagefläche von 100 mm Länge. Zur Messung der Druckkraft befindet sich eine Kraftmeßeinrichtung in der Kraftübertragungseinheit. Die zu untersuchende POF-Probe wird auf beiden Seiten der Grundplatte in den vorgesehenen Haltevorrichtungen durch Führungselemente fixiert, so daß sie sich nicht in Querrichtung bewegen kann. Die Querdruckbeanspruchung erfolgt bei konstanter Druckkraft dynamisch mit vorgegebenen Belastungs- und nachfolgenden Entlastungszeiten. Ein Querdruckzyklus entspricht dabei einer Belastungsphase mit nachfolgendem Entlastungszeitraum.

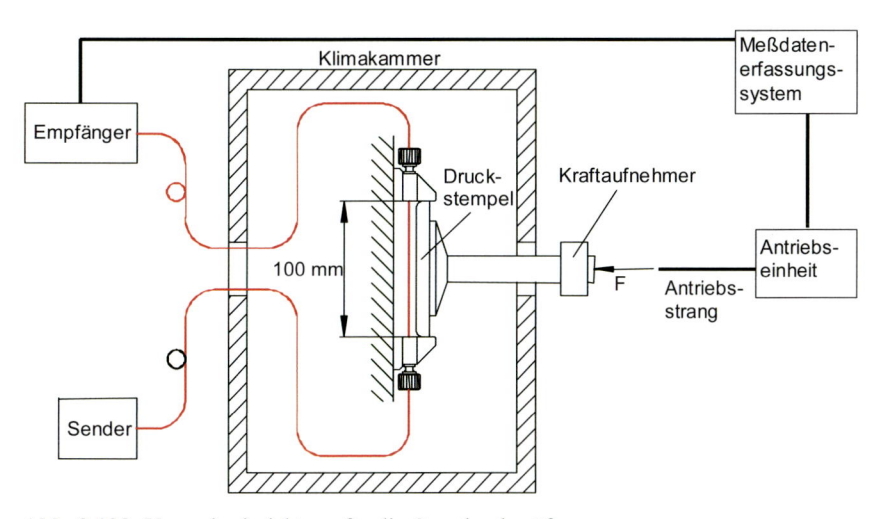

Abb. 9.108: Versuchseinrichtung für die Querdruckprüfung

Die Meßwerte für die Transmission werden jeweils nach der Entlastung der Probe und nach Ablauf einer angemessenen Relaxationszeit aufgenommen. Das Versuchsergebnis besteht aus der relativen Transmission bei zunehmender Anzahl von Querdruckzyklen, die auf den unbeanspruchten Zustand zu Beginn der Prüfung bezogen ist. Ein Versuch wird in der Regel solange durchgeführt, bis eine Materialbeschädigung der Probe (z.B. Aufplatzen der Schutzhülle) zu beobachten ist oder bis eine Transmissionsabnahme auf 50% eintritt.

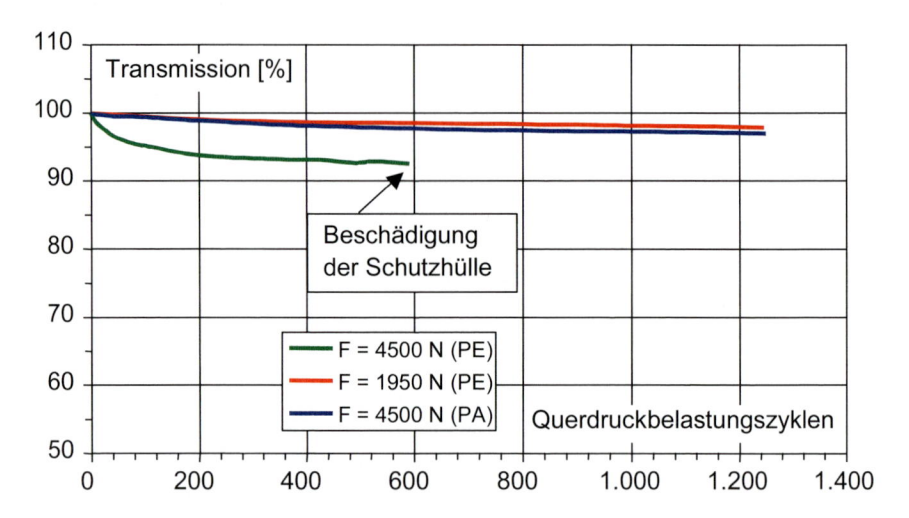

Abb. 9.109: Transmissionsverhalten von 1 mm SI-POF bei Querdruckbeanspruchung mit verschiedenen Druckkräften bei T = +23 °C

Abbildung 9.109 zeigt typische Transmissionsverläufe verschiedener POF-Proben bei Querdruckbeanspruchung. Deutlich ist zu erkennen, daß die Eigenschaften der Schutzhülle einen wichtigen Einfluß auf die Zuverlässigkeit der optischen Polymerfaser haben. Bei zu hoher Querdruckbeanspruchung kommt es in der Regel zu einer Beschädigung der Schutzhülle. Trotz der aufgeplatzten Schutzhülle kann aber die Funktionsfähigkeit der optischen Polymerfaser mit einer Transmission > 80% noch gegeben sein. Wegen der Möglichkeit des beschleunigten Eindringens von Feuchtigkeit oder aggressiven chemischen Stoffen in den Bereich der geschädigten Schutzhülle müssen solche POF aber doch als nicht mehr einsatzfähig angesehen werden.

9.7.1.7 Vibration

Insbesondere im Automobilbereich, aber auch bei industriellen Anwendungen ist mit einer Vibrationsbeanspruchung zu rechnen. Erfahrungen bei Glasfasern zeigen, daß derartige Vibrationsbeanspruchungen im Extremfall zu einem Ausfall der optischen Übertragung infolge Faserbruch führen können. Aufgrund ihrer hohen Flexibilität ist bei optischen Polymerfasern ein derartiges Verhalten jedoch nicht zu erwarten. Messungen haben ergeben, daß beispielsweise im Automobilbereich [SAE78] die charakteristische Vibrationsbeanspruchung in einem Frequenzbereich zwischen 10 Hz und 2000 Hz liegt.

Zur Simulation dieser Beanspruchung kann man in Anlehnung an [IEC95] die POF-Proben ringförmig unter Beachtung zulässiger Biegeradien gemäß der später geplanten Installationsform (z.B. Befestigung mittels Kabelbinder) auf einem Schwingtisch (Shaker) befestigen. Bei gleichzeitiger Transmissionsmessung werden die Proben dann der o.g. Vibrationsbeanspruchung ausgesetzt. Derartige Untersuchungen im Frequenzbereich 10 Hz - 2000 Hz über 100 Stunden (entsprechend 1636 Frequenzdurchläufe mit 100 s/Dekade) ergaben keine Veränderung der Transmissionseigenschaften und bestätigen das in dieser Hinsicht ausgezeichnete Bauteilverhalten optischer Polymerfasern.

9.7.2 Klimawechselbeanspruchung

Klimawechsel sind durch mehr oder weniger rasch ablaufende Temperatur- und/oder Feuchteänderungen gekennzeichnet. Besonders extreme Bedingungen in dieser Hinsicht findet man im Automobilbereich, wo beispielsweise im Innenraum im Extremfall Temperaturen zwischen -40°C und +85°C (teilweise auch bis 105°C) bzw. Feuchtewerte bis 98% r.F. (bei +38°C) auftreten können [SAE78]. Extreme Klimawechsel können sich, insbesondere wenn sie innerhalb kurzer Zeit ablaufen, in unterschiedlicher Weise auf das Transmissionsverhalten von optischen Polymerfasern auswirken. So führen schnelle Temperaturänderungen zu inneren Spannungen in der Polymerfaser. Zu beachten sind in diesem Zusammenhang auch die unterschiedlichen thermischen Ausdehnungskoeffizienten von optischer Polymerfaser ($\alpha_{PMMA} = 7 \cdot 10^5 \text{ K}^{-1}$) und die sie umgebende Schutzhülle ($\alpha_{HDPE} = 16 \cdot 10^5 \text{ K}^{-1}$, $\alpha_{PA6} = 8 \cdot 10^5 \text{ K}^{-1}$). Bei erhöhten Temperaturen kann es neben thermischen Alterungseffekten (siehe folgender Abschnitt) außerdem zu Relaxationserscheinungen der durch Dehnung, Scherung sowie Abkühl- und Erwärmungsvorgänge nach dem Herstellungs- bzw. Verarbeitungsprozeß eingefrorenen Deformationen des Makromolekülverbandes kommen. Daß durch Feuchtabsorption der optischen Polymerfaser eine nennenswerte Transmissionsabnahme eintreten kann, ist aus der Literatur [Kai85], [Kai86] und [Kai89b] schon seit langem bekannt. Diesem Effekt muß auch bei Einsatz von POF unter extremen Klimawechselbeanspruchungen Rechnung getragen werden, zumal bei einem Phasenwechsel von eingedrungenem Wasser zusätzliche innere mechanische Beanspruchungen auftreten können.

Die Untersuchung des Transmissionsverhaltens bei Beanspruchung durch extreme Klimawechsel erfordert eine Klimakammer und eine geeignete Meßeinrichtung zur hochauflösenden Transmissionsmessung, beispielsweise wie sie in Abschnitt 9.6.2.2 beschrieben ist. Die zu untersuchenden POF werden in die Klimakammer als loser Ring auf einen Lagerrost gelegt (Abb. 9.110). Dabei ist darauf zu achten, daß die POF-Proben weitgehend gleichmäßig von allen Seiten der jeweiligen Klimabeanspruchung ausgesetzt sind und keine Knickstellen oder unzulässige Biegeradien auftreten. Um möglichst ein vollständiges Bild vom Transmissionsverhalten zu bekommen, ist es sinnvoll, während des gesamten Versuches eine quasikontinuierliche Messung der Transmission aller Proben durchzuführen. Als Versuchsergebnis kann man dann die relative Transmission zu jedem Versuchszeitpunkt bezogen auf den jeweiligen Ausgangswert angeben.

Abb. 9.110: Klimaprüfeinrichtung

Repräsentative Untersuchungsergebnisse für verschiedene POF zeigt Abb. 9.112. Den Ergebnissen liegt der in Abb. 9.111 gezeigte Temperatur- und Feuchteverlauf zu Grunde. Ein vollständiger Klimawechselzyklus dauert 8 h, wovon jeweils 2 h Verweildauer bei T_{min} und T_{max} vorgesehen sind. Die relative Feuchte (95% r.F.) ist bedingt durch die Klimakammereigenschaften nur in einem Temperaturbereich zwischen +23°C und +90°C mit angemessener Genauigkeit einhaltbar.

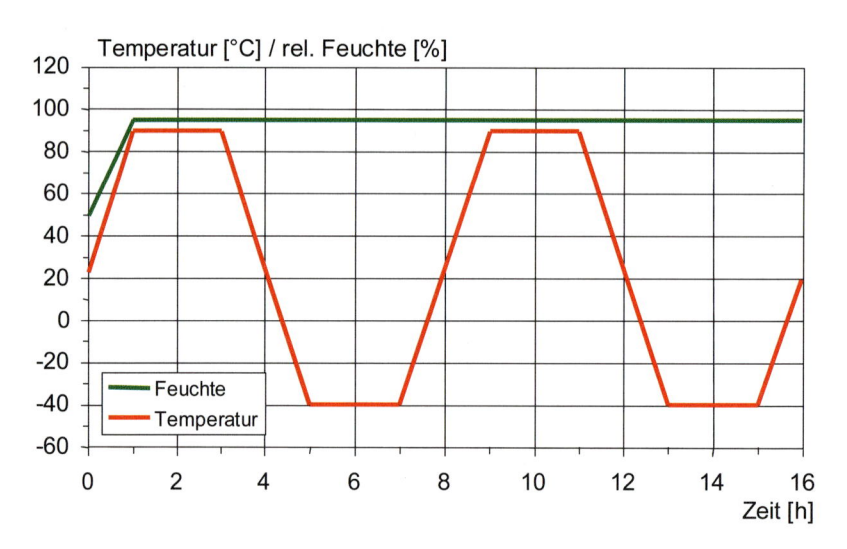

Abb. 9.111: Temperatur- und Feuchteverlauf (2 Zyklen) bei Simulation extremer Klimawechselbeanspruchung

Innerhalb eines Zeitraums von einigen zehn Stunden nach Versuchsbeginn ist bei beiden POF-Proben eine Transmissionsabnahme in einer Größenordnung von 10% zu beobachten. Hierbei handelt es sich um einen charakteristischen Effekt, der bei allen Untersuchungen mit hoher Temperatur in Verbindung mit hoher relativer Feuchte festzustellen ist (siehe auch im nachfolgenden Abschnitt). Anschließend bleibt die Transmission aber über den untersuchten Zeitraum von 125 Wechselzyklen (entspricht 1000 h) nahezu konstant. Für den praktischen Einsatz bedeutet dies, daß bei einer zeitlich eng begrenzten Beanspruchung mit wechselnden Extremtemperaturen in Verbindung mit hoher relativer Feuchte außer einer konstanten Transmissionsabnahme keine weiteren Veränderungen der Transmissionseigenschaften zu erwarten sind. Bei länger andauernden extremen Klimawechselbeanspruchungen muß aber mit einer beschleunigten Alterung der optischen Polymerfaser gerechnet werden, auf die im folgenden Abschnitt näher eingegangen wird.

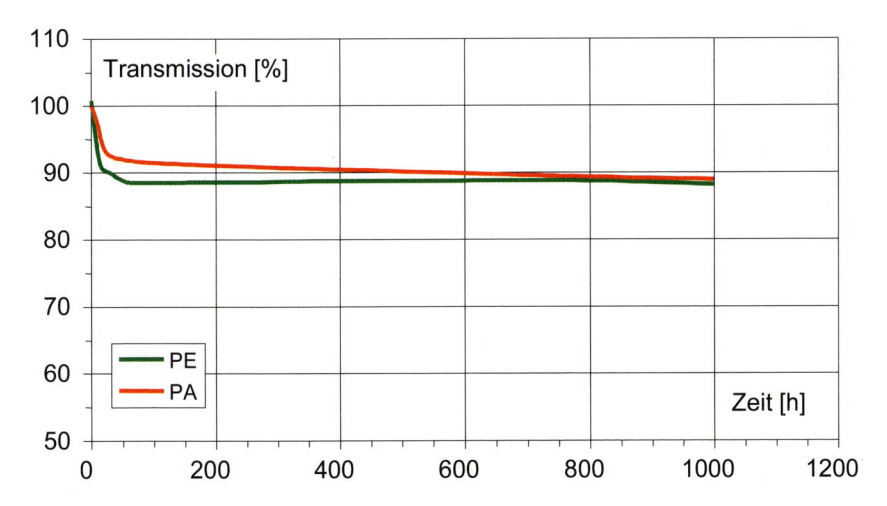

Abb. 9.112: Transmissionsverhalten von 1 mm SI-POF (L = 10 m) mit PE- und PA-Schutzhülle bei extremer Klimawechselbeanspruchung (125 Zyklen entspr. Abb. 9.111)

9.7.3 Alterung durch hohe Temperatur- und Feuchtebeanspruchung

Wie oben erwähnt, ist aus der Literatur schon seit langem bekannt, daß durch Wasserabsorption eine nennenswerte Transmissionsabnahme bei optischen Polymerfasern eintreten kann. Die Wasseraufnahme kann bei PMMA durch zwei Phänomene beschrieben werden: zum einen wird Wasser im Polymernetzwerk angelagert und führt zur Quellung, zum anderen wird Wasser in Mikroporen eingelagert [Tur82], [Mas84]. Kaino kommt zu dem Ergebnis, daß in Abhängigkeit vom Faserwerkstoff und der Wellenlänge eine beträchtliche Dämpfungszunahme durch Wasseraufnahme eintreten kann. Ursache für diese Dämpfungszunahme sind im wesentlichen O-H-Absorptionen der optischen Strahlung bei 750 nm (3. Oberschwingung der O-H-Streckschwingung) und 850 nm (Kombination aus 2. Oberschwingung der O-H-Streckschwingung und O-H-Deformationsschwingung).

In Verbindung mit der Feuchteaufnahme bestimmt die durch hohe Temperaturen bedingte thermische Alterung im wesentlichen die Gebrauchstauglichkeit und Lebensdauer optischer Polymerfasern. Mit thermischer Alterung werden Abbaureaktionen umschrieben, die infolge Energiezufuhr durch Wärme zu einer Degradation oder Kettenspaltung des Polymers führen. Jedes Polymer hat seine spezifischen Schwachstellen, an denen die Abbaureaktionen zuerst eintreten. Hierzu gehören beispielsweise Seitenketten und Substituenten, die mit niedriger Bindungsenergie mit den Hauptketten verbunden sind. In besonderer Weise ist PMMA durch Depolymerisation gefährdet. Mit diesem Begriff wird die Abspaltung von Endgruppen und das Ablösen von monomeren Baugruppen vom Ende der Kette her bezeichnet. Da die Bruchstücke ungebundene Valenzen besitzen - sogenannte Radikale, versuchen diese neue Verbindungen, beispielsweise mit Sauerstoff, einzugehen. Es kommt zur Oxidation mit der Folge, daß sich niedermolekulare Bruchstücke bilden. Die Folge sind Versprödung und Zersetzung mit direkter Auswirkung auf die mechanischen und optischen Eigenschaften der Polymerfaser (siehe z.B.: [Stru66], [Bro89]. Bei perfluorierten optischen Gradientenindexprofil-Polymerfasern kann es zu einer thermisch bedingten Änderung des Dotierungsstoffes und infolge dessen zu einer Veränderung des Brechzahlprofils kommen. Erst seit kurzem verfügbare neue Werkstoffe weisen in dieser Hinsicht aber eine beachtliche Stabilität auf. Wie in [Kog00] und [Oni99] am Beispiel von CYTOP gezeigt, führt eine thermische Alterung bei 70°C über 10.000 Stunden zu keiner nennenswerten Veränderung des Brechzahlprofils bzw. Verschlechterung der Dämpfung und Bandbreite.

Charakteristisch für thermische Alterungsprozesse ist, daß sich die betreffende Eigenschaft (in diesem Fall die Transmission) nicht kontinuierlich verschlechtert, sondern zunächst über eine mehr oder minder lange Zeit näherungsweise konstant bleibt. Erst nach Ablauf dieser Vorlaufphase kommt es zu einer sich dann stetig beschleunigenden Verschlechterung der Transmission. Um zu prognostischen Aussagen bezüglich der Lebensdauer zu kommen, nutzt man das in der Polymerprüfung eingeführte Temperatur-Zeit-Korrespondenzprinzip, da die Alterungsprozesse, soweit bekannt, den Gesetzen der Reaktionskinetik genügen und auf dieser Grundlage eine mathematische Extrapolation der alterungsbedingten Transmissionsabnahme möglich ist [McK94].

Zur Untersuchung der Auswirkungen von Feuchteaufnahme und thermischen Alterungseffekten auf die Transmissionseigenschaften hat sich die im folgenden beschriebene Vorgehensweise bewährt. Die Simulations- bzw. Alterungsbedingungen werden derart gewählt, daß der Alterungsvorgang beschleunigt abläuft und es zu einer künstlichen (beschleunigten) Alterung kommt. Die Strategie der Zeitraffung basiert auf einer Verschärfung der Belastungen in der Simulation während eines relativ kurzzeitigen Untersuchungszeitraums. Dabei muß darauf geachtet werden, daß keine vom gewünschten Alterungseffekt grundlegend abweichenden Alterungsmechanismen auftreten. Aus diesem Grund hat sich für die Lebensdaueruntersuchung an optischen Polymerfasern eine Simulationsstrategie bewährt, deren Ausgangspunkt extreme, aber noch zulässige Umweltbedingungen bilden. Dies bedeutet im wesentlichen, daß die gewählten Temperaturen für die beschleunigte Alterung deutlich unterhalb der Glastemperatur T_G (in der Größenordnung von 115°C für PMMA-SI-POF) liegen müssen.

Zur beschleunigten Alterung werden die POF-Proben, wie bereits im vorhergehenden Abschnitt erläutert, mit definierter Länge in einer Klimakammer in loser aufgerollter Form auf einem Rost gelagert. Die Fasereingänge und -ausgänge werden aus der Klimakammer herausgeführt und mit einer geeigneten Meßeinrichtung zur hochauflösenden Transmissionsmessung verbunden (siehe auch Abschnitt 9.6.2.2). Danach folgt eine ca. mehrstündige Relaxationsphase der betriebsbereiten Meß- und Versuchseinrichtungen. Nach dieser Ruhephase beginnen dann die Temperatur- und Feuchtebeanspruchung und die zeitgleiche Transmissionsmessung. Zuerst werden die Feuchte bei konstanter Raumtemperatur auf den gewünschten Maximalwert hochgefahren und anschließend während der gesamten Versuchsdauer konstant gehalten. Nach Erreichen des Maximalwertes erfolgt die Temperaturerhöhung innerhalb einer Zeit von 4 Stunden auf die jeweils gewählte Alterungstemperatur. Während des gesamten Versuches wird kontinuierlich das Transmissionsverhalten aller POF-Proben gemessen und die relative Transmission bezogen auf den unbeanspruchten Ausgangszustand ermittelt.

Abbildung 9.113 zeigt das charakteristische Transmissionsverhalten für drei verschiedene Wellenlängen, welches eine 1 mm SI-POF infolge Beanspruchung durch hohe Temperatur und Feuchte aufweist. Der Transmissionsverlauf kann in vier Zeitabschnitte unterteilt werden. Diesen können, soweit bisher bekannt, bestimmte zeitabhängige Alterungseffekte zugeordnet werden [Ziem00b]:

zu 1) Innerhalb der ersten 24 bis 48 Stunden kommt es zu einer deutlichen Verschlechterung der Transmission infolge einer ersten Feuchteaufnahme.

zu 2) In der anschließenden Vorlaufphase ist eine nur sehr langsam ablaufende Verschlechterung der Transmission zu beobachten. Die Länge des Zeitabschnitts und der Gradient der Transmissionsabnahme sind abhängig vom Hersteller, vom Werkstoff der Schutzhülle und vom POF-Typ wie Abb. 9.114 beispielhaft zeigt. Die in diesem Zeitabschnitt ablaufenden Alterungseffekte zeigen zunächst nur eine geringe Auswirkung auf die Transmission.

zu 3) Der Abschnitt ist durch eine rapide Verschlechterung der Transmission gekennzeichnet. Die Ursache hierfür wird in einer Zunahme des „Freien Volumens", und damit verbunden einer erhöhten Feuchteabsorption, vermutet.

zu 4) Verändert man die Feuchte unter Beibehaltung der Temperatur, so folgt die Transmission der Feuchtemodulation. Bei Verringerung der Feuchte auf normale Werte erreicht die Transmission fast die Werte am Ende des Zeitabschnitts 2. Erhöht man die Feuchte wieder, so verschlechtert sich die Transmission unmittelbar mit nun sehr rasch erfolgender Feuchteabsorption in die optischen Polymerfaser.

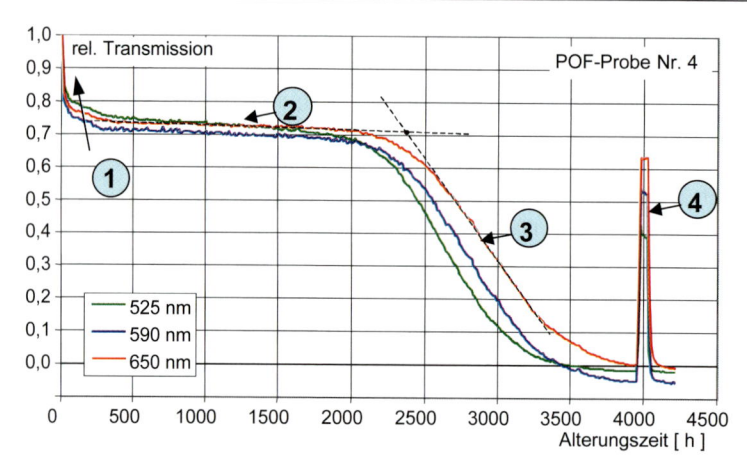

Abb. 9.113: Charakteristisches Transmissionsverhalten einer 1 mm SI-POF (L = 10 m) bei Temperatur- und Feuchtebeanspruchung [Ziem00b]

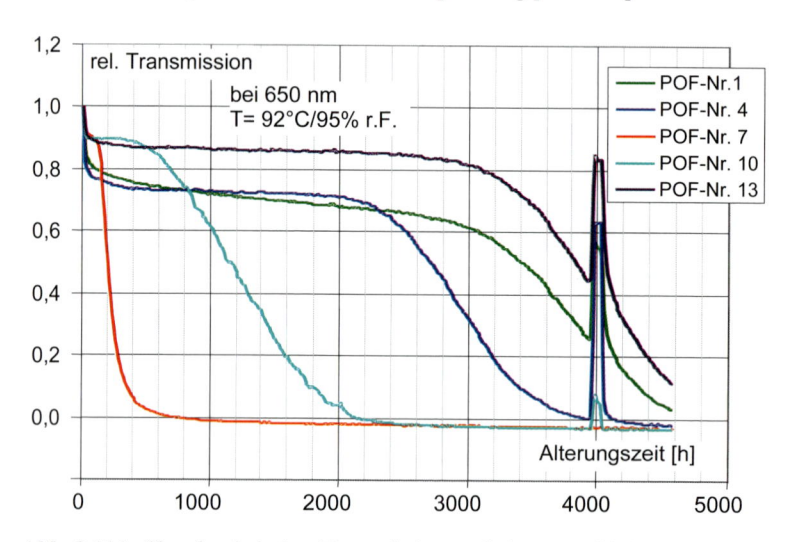

Abb. 9.114: Charakteristisches Transmissionsverhalten verschiedener 1 mm SI-POF (L = 10 m) bei Temperatur- und Feuchtebeanspruchung [Ziem00b]

Wie sich physikalische Alterungseffekte infolge Temperatur- und Feuchteeinwirkung auf das gesamte Dämpfungs- bzw. Transmissionsspektrum einer optischen Polymerfaser auswirken können, zeigt Abb. 9.115. Deutlich ist zu erkennen, daß die durch Alterung erzeugte Transmissionsabnahme nicht gleichförmig über das gesamte Spektrum ist [Daum97]. Insbesondere ist in den unteren Wellenlängenbereichen eine stärkere Transmissionsabnahme zu erkennen. Dieser Effekt muß besondere Berücksichtigung finden, wenn optische Polymerfasern in Displays oder Wechselverkehrszeichen eingesetzt werden und strenge Forderungen hinsichtlich der Langzeitstabilität der Farbübertragung erfüllt werden müssen.

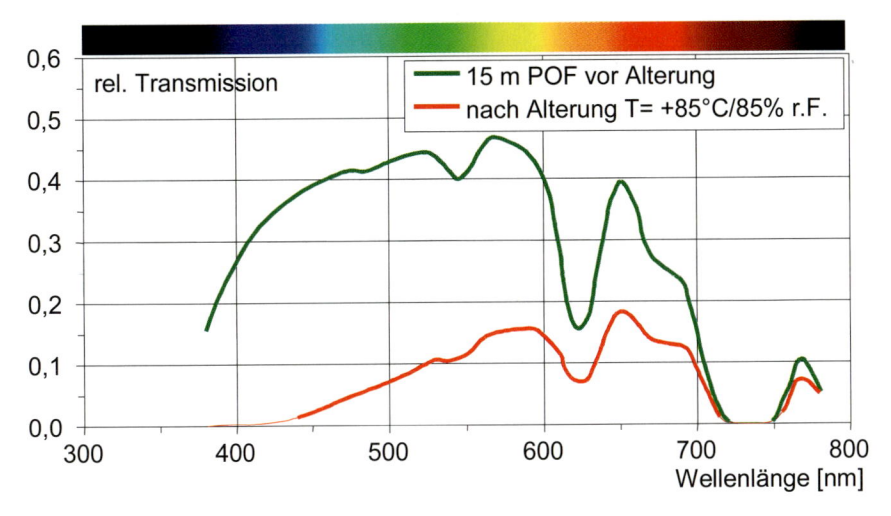

9.7 Untersuchung der Zuverlässigkeit bei verschiedenen Umwelteinflüssen

Abb. 9.115: Charakteristisches spektrales Transmissionsverhalten einer 1 mm SI-POF vor und nach Alterung bei hoher Temperatur und Feuchte [Daum97]

Die Lebensdauerprognose basiert auf der zeitlichen Extrapolation des ermittelten Temperatur-Zeit-Verlaufs für ein definiertes Alterungskriterium (z.B. Verringerung der Transmission auf 50% des Ausgangswertes). Bei der Wahl der Extrapolationsmethode stehen dem Anwender im wesentlichen zwei Möglichkeiten zur Verfügung. Sie sind eng mit den physikalischen Gesetzmäßigkeiten verknüpft, die maßgeblich das Alterungsverhalten bestimmen.

Folgt man der Theorie des „Freien Volumens", so kann die Extrapolation auf der Grundlage der Williams-Landel-Ferry(WLF)-Theorie erfolgen, die weite Verbreitung in der Kunststoffprüfung gefunden hat [Bro89]. Mit diesem Ansatz läßt sich der für die Alterung wesentliche Beschleunigungsfaktor (a_T) bestimmen durch [Bro89]:

$$\log a_T = -\frac{8{,}86 \cdot (T - T_s)}{101{,}6 + (T - T_s)}$$

mit

a_T = Beschleunigungsfaktor (time shift factor)
T = gewählte Alterungstemperatur (K)
T_s = Bezugstemperatur (K)

Die kritische Größe in dieser Beziehung ist die Bezugstemperatur T_s. Hierfür wird in der Literatur keine einheitliche Definition gegeben. Allgemein ist diese Größe dadurch gekennzeichnet, daß die Bezugstemperatur den Wert angibt, bei dem erstes erkennbares Fließen des Polymers auftritt. Nach den bisher vorliegenden Erkenntnissen korreliert dieses Fließen sehr gut mit der Glastemperatur T_G der Polymerfasern. Daher wird im allgemeinen T_G als Bezugstemperatur T_s angesetzt.

Die maximale Einsatztemperatur T_{max} für eine vorgegebene Lebensdauer t_L ergibt sich nach Umformung aus obiger Gleichung zu:

$$T_{max} = T_s - \frac{101{,}6 \cdot \log a_{T,L}}{8{,}86 + \log a_{T,L}}$$

mit dem auf die Lebensdauer bezogenen Beschleunigungsfaktor

$$\log a_{T,L} = \log a_T + \log(t_L/t_A)$$

Die Alterungszeit t_A ist dabei die Zeit bis zum Erreichen des definierten Alterungskriteriums (z.B. Transmissionsabnahme auf 50%) bei beschleunigter Alterung mit den jeweiligen Alterungstemperaturen T.

Auf der Grundlage von beschleunigten Alterungsversuchen mit verschiedenen Alterungstemperaturen kann durch Einsetzen der entsprechenden Alterungszeiten und -temperaturen in die WLF-Gleichungen eine Abschätzung der maximalen Einsatztemperatur bei gegebener Lebensdauer vorgenommen werden. Aus der Literatur [Ziem00b] und aus eigenen Untersuchungen ergibt sich für eine Lebensdauer von 20 Jahren für marktübliche 1 mm SI-POF mit PE- und PA-Schutzhülle eine mittlere maximale Einsatztemperatur zwischen 72°C und 85°C je nach Hersteller, Schutzhülle und POF-Typ.

Der auf der Arrhenius-Theorie beruhende Ansatz für Lebensdauerprognosen basiert auf der Annahme, daß der Alterung vieler Kunststoffe, und somit auch POF, eine chemische Reaktion R zugrunde liegt, deren zeitlicher Ablauf durch die Reaktionsrate dR/dt beschrieben werden kann:

$$\frac{dR}{dt} = A \cdot e^{\left(\frac{-W}{kT}\right)}$$

mit: W = thermische Aktivierungsenergie
       k = Boltzmannkonstante
       T = Alterungstemperatur (K)
       A = materialabhängige Konstante
       e = Basis der natürlichen Logarithmen

Für die praktische Beurteilung des thermischen Alterungsverhaltens wird diese Gleichung in folgender Form dargestellt und verwendet (DIN ISO 2578:1994) [DIN94]:

$$t_A = A \cdot e^{(B/T)}$$

t_A = Alterungszeit [h] bis zum Erreichen einer bestimmten Transmissionsabnahme
A, B = materialabhängige Konstanten

Durch einfache Umformung läßt sich diese Gleichung als lineare Funktion ausdrücken:

$$\log t_A = \log A + (\log e) \cdot B/T$$

Praktisch besteht also ein linearer Zusammenhang zwischen dem Logarithmus der Alterungszeit, die erforderlich ist, um eine bestimmte Transmissionsabnahme hervorzurufen, und dem Kehrwert der zugehörigen absoluten Alterungstemperatur. Auf der Grundlage dieses Zusammenhangs können Ergebnisse bei höheren Temperaturen extrapoliert werden auf Ausfallzeiten bei niedrigeren Temperaturen.

Der Arrhenius-Ansatz wird u. a. erfolgreich für Lebensdauerprognosen von Elektronikbauteilen angewandt und zur Bestimmung der Temperatur-Zeit-Grenzen bei langanhaltender Wärmeeinwirkung auf Kunststoffe herangezogen (DIN ISO 2578:1994).

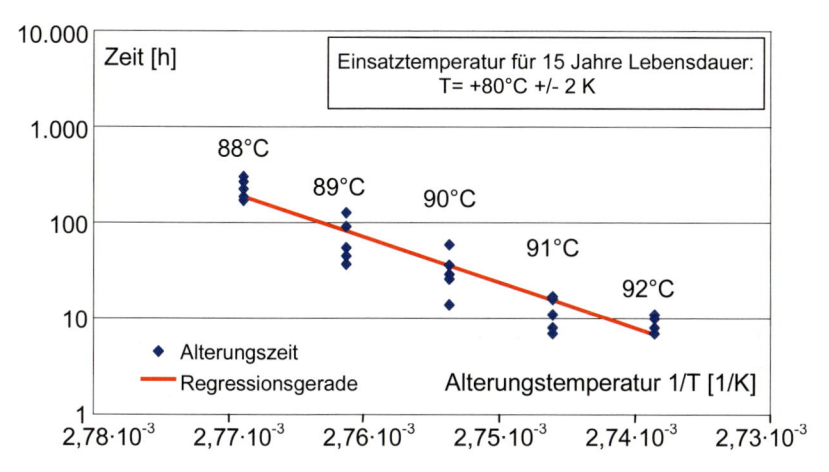

Abb. 9.116: Abschätzung der max. Einsatztemperatur nach Arrhenius für eine spezielle 1 mm SI-POF (L = 10 m) ohne Schutzhülle bei vorgegebener Lebensdauer

Wie beim WLF-Ansatz auch kann entweder die Lebensdauer bei vorgegebener Einsatztemperatur oder die maximale Einsatztemperatur bei einer vorgegebenen Lebensdauer mittels Arrhenius-Beziehung abgeschätzt werden. Ein repräsentatives Ergebnis hierfür, das in Anlehnung an die in DIN ISO 2578:1994 beschriebene Vorgehensweise für eine spezielle 1 mm SI-POF ohne Schutzhülle ermittelt wurde, ist in Abb. 9.116 dargestellt. Gezeigt wird die Abschätzung einer maximalen Einsatztemperatur bei einer vorgegebenen Lebensdauer von 15 Jahren für eine spezielle optische Polymerfaser, die für Beleuchtungszwecke verwendet werden soll.

Grundsätzlich ist zu den vorgestellten Verfahren der Lebensdauerprognose zu bemerken, daß die Ergebnisse, wie bei allen Extrapolationsverfahren, mit einer nicht zu vernachlässigenden Unsicherheit behaftet sind. Je ungünstiger das Verhältnis aus Versuchszeit und betrachteter Lebensdauer ist, um so unsicherer wird die Prognose. Im Bereich der Kabeltechnik beschränkt man sich üblicherweise auf Prognosen für einen Zeitraum von 20.000 - 25.000 Stunden (ca. 3 Jahre) in der Annahme, daß die so ermittelte Dauerbetriebstemperatur entweder gar nicht oder nur vereinzelt, während kurzer Zeitabschnitte erreicht wird. Ebenso ist zu beachten, daß die dazu notwendigen Versuche sehr zeitaufwendig sind und Versuchszeiten bis zu einigen tausend Stunden erfordern. Schnellere Verfahren für POF, wie zum Beispiel Chemolumineszenz-Untersuchungen [Scha99], befinden sich derzeit noch in der Entwicklung.

9.7.4 Chemikalienbeständigkeit

Neben den mechanischen und klimatischen Beanspruchungen gehören Beanspruchungen durch Chemikalien oder andere aggressive Medien zu den kritischen Einflußarten in industriellen Anwendungsbereichen. Beispielsweise kann die Einwirkung von Chemikalien auf die Schutzhülle einer optischen Polymerfaser zu Änderungen der chemischen Eigenschaften und der mechanischen Kennwerte des Schutzhüllenmaterials sowie bei weiterem Eindringen zu einer möglichen Veränderung der Transmissionseigenschaften der Faser führen. Als wesentliche Ursachen kommen hierfür in Frage chemische Umwandlungen und Auflösungen der Polymere oder die Absorption der Chemikalie in der Faser. Weiterhin ist auch eine Veränderung innerer mechanischer Spannungen infolge Erweichung denkbar. Zu berücksichtigen ist auch, daß höhere Temperaturen unter Umständen zu einem beschleunigten Ablauf der chemischen Einwirkung führen können.

Eine für diese speziellen Untersuchungen geeignete Versuchseinrichtung ist in Abb. 9.117 skizziert. Der Versuchsaufbau entspricht prinzipiell dem der beschleunigten Alterung. Nur die Klimakammer wird durch einen explosionsgeschützten Wärmeschrank ersetzt. Die Probenlagerung im Wärmeschrank erfolgt mittels chemikalienfester Behälter. Im Normalfall laufen die Versuche zur chemischen Beständigkeit analog zur Klimasimulation ab. Zur Verschärfung der Simulationsbedingungen kann die Chemikalientemperatur nach einem vorgegebenen Temperaturprofil bis unterhalb des Flammpunktes der jeweiligen Chemikalie gesteigert werden [Strec94].

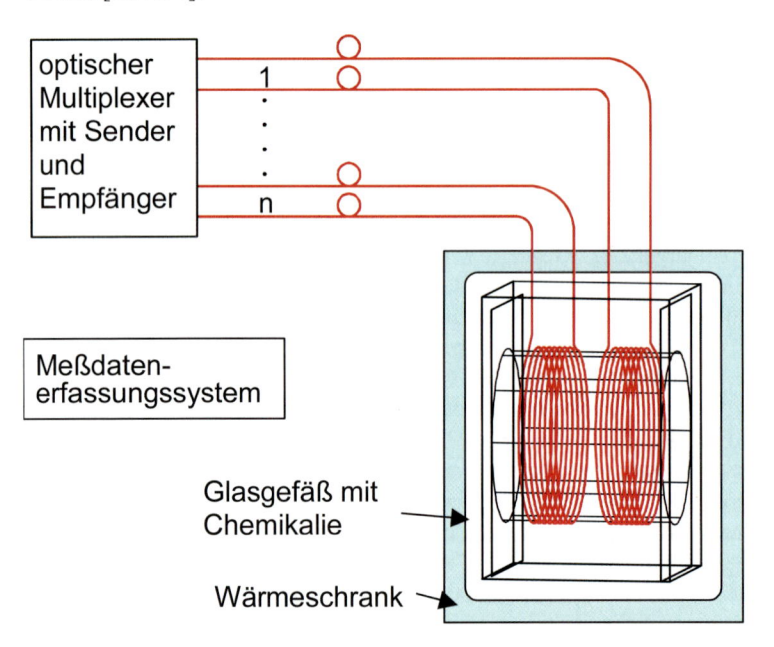

Abb. 9.117: Versuchseinrichtung zur Untersuchung der Chemikalienbeständigkeit

Tabelle 9.7 zeigt eine Übersicht über repräsentative Untersuchungsergebnisse bezüglich der Chemikalienbeständigkeit von optischen Polymerfasern. Abhängig von der Chemikalie und der Schutzhülle kann eine Einteilung in drei Klassen vorgenommen werden:

1. unkritische Beanspruchung,
2. kritische Beanspruchung,
3. weniger kritische Beanspruchung.

Im Falle einer Eingruppierung als „*unkritische Beanspruchung*" ist eine sichere und zuverlässige Signalübertragung unter Einhaltung der üblichen Betriebsbedingungen gewährleistet.

Eine Beanspruchung mit einer als „*kritisch*" eingestuften Chemikalie muß in jedem Falle vermieden werden. Hier sind unbedingt weitere Schutzmaßnahmen wie z.B. ein Schutzrohr aus Metall oder eine zweite bzw. andere Schutzhülle mit höherer chemischer Beständigkeit vorzunehmen.

Bei „*weniger kritischen*" Chemikalien muß ein längerer Kontakt vermieden werden. Ein Kurzzeitkontakt (z.B. Tropfen mit unmittelbar nachfolgendem Entfernen) erscheint aber tolerierbar.

Tabelle 9.7: Auswirkung von Chemikalien auf 1 mm SI-POF mit unterschiedlichen Schutzhüllen

Chemikalie	Schutzhülle	
	PE	PA
Benzin	kritisch	unkritisch
Diesel-Kraftstoff	weniger kritisch	unkritisch
Gasturbinentreibstoff	weniger kritisch	unkritisch
Getriebeöl	unkritisch	unkritisch
synthet. Motoröl	unkritisch	unkritisch
Bremsflüssigkeit	weniger kritisch	weniger kritisch
Vergaserreiniger	kritisch	weniger kritisch
Hydrauliköl	unkritisch	unkritisch
Kühlschmierstoff	weniger kritisch	unkritisch
Isolationsöl	weniger kritisch	unkritisch
H_2SO_4 10%	weniger kritisch	weniger kritisch
NaOH 10%	unkritisch	unkritisch

Neben dem Schutzhüllenwerkstoff spielt auch der Werkstoff des Kabelmantels eine wichtige Rolle bei der Chemikalienbeständigkeit von optischen Übertragungssystemen auf POF-Basis. Die nachfolgende Tabelle 9.8 gibt eine Übersicht über häufig verwendete Werkstoffe und deren Beständigkeit gegen aggressive Medien (vgl. auch Tabellen 9.xx-ff.).

Tab. 9.8: Chemikalienbeständigkeit von Kabelmantelwerkstoffen [Mair99]

Chemikalie	Kurzzeichen	Eigenschaft
Polyvinylchlorid	PVC	Beständig gegen Öle, Fette, verdünnte Säuren und Laugen bis 50 °C; spezielle Mischungen beständig gegen Lösungsmittel und Kraftstoffe
Polyethylen	PE	Beständig gegen verdünnte Säuren und Laugen und viele Lösungsmittel, mäßig beständig gegen Kraftstoffe und Öle
Polyamid	PA	Beständig gegen Öle, Fette, Kraftstoffe und die meisten Lösungsmittel; mäßig beständig gegen verdünnte Säuren und Laugen
Polypropylen	PP	Beständig gegen verdünnte Säuren und Laugen, viele Lösungsmittel, Kraftstoffe und Öle
Polyurethan	PUR	Beständig gegen Öle, Fette und Lösungsmittel; mäßig beständig gegen verdünnte Säuren und Laugen
Polytetrafluorethylen	PTFE	Hervorragend beständig gegen nahezu alle Chemikalien

Zusätzlich kann der Schutz vor aggressiven Medien, aber auch vor thermischen und mechanischen Beanspruchungen erhöht werden durch Verwendung spezieller Laser-geschweißter Mikrowellrohre (CMT) als Kabelummantelung [Schei00]. Die CMT (Abb. 9.118) wirken unmittelbar als Primärschutz und können je nach Anforderung aus folgenden Materialien hergestellt werden: Kupfer, Aluminium, Messing, Bronze, Stahl oder Edelstahllegierungen.

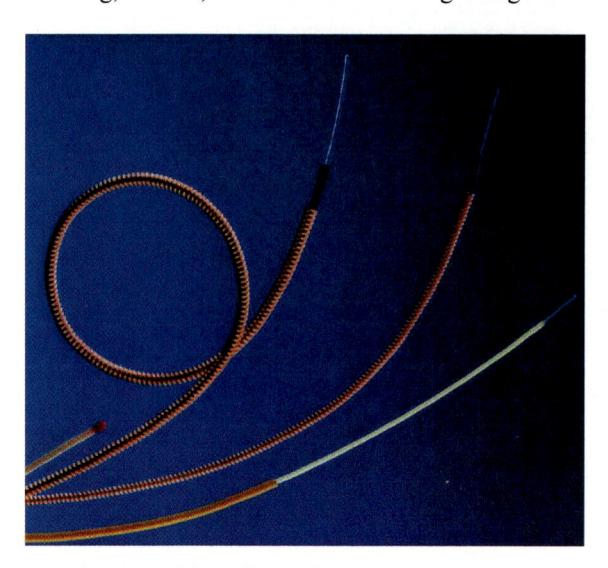

Abb. 9.118: POF im Mikrowellrohrmantel [Schei00]

9.7.5 Beanspruchung durch UV- und energiereiche Strahlung

Eine maßgebliche Strahlungsbeanspruchung durch Röntgen- oder Kernstrahlung kann immer dann auftreten, wenn optische Polymerfasern in Atomkraftwerken, nuklearen Wiederaufbereitungsanlagen, Hochenergiephysik-Laboratorien, Linearbeschleuniger- oder Synchrotronanlagen oder auch in medizinischen bzw. industriellen Bestrahlungseinrichtungen zum Einsatz kommen. Bisher wurde diese Art der Beanspruchung allerdings noch nicht sehr umfassend untersucht, zumindest liegen zur Zeit nur wenige allgemein bekannte Erkenntnisse und Veröffentlichungen zu dieser Problematik vor. Spezielle Aspekte zur Strahlenbeständigkeit von POF-Werkstoffen (PMMA, PFMA, P4FFA) sind in [Lev94] veröffentlicht. Untersuchungen von [Hen93a] an ungeschützten und schutzumhüllten optischen Polymerfasern aus PMMA weisen auf eine hohe Strahlenbeständigkeit hin bei Bestrahlung mit ^{60}Co und Energiedosen < 100 krad. Messungen der optischen Dämpfung bei 670 nm und 780 nm zeigen nur sehr kleine Dämpfungsänderungen bei entsprechender Bestrahlung der optischen Polymerfasern. Geringfügig höhere Dämpfungsänderungen ergeben sich in Kombination sowohl mit hohen (+80°C) als auch mit tiefen Temperaturen (-40°C). Für die ebenfalls untersuchte POF auf PC-Basis ist eine vergleichsweise deutlich höhere Strahlungsempfindlichkeit festzustellen.

Abb. 9.119: Oberfläche einer PE-Schutzhülle nach UV-Bestrahlung (links: unbestrahlter Bereich; rechts: bestrahlter Bereich)

Werden optische Polymerfasern mit Schutzhülle über längere Zeit Sonnenlicht oder Kunstlicht mit hohem UV-Anteil ausgesetzt, kommt es zu Verfärbungen (Verblassen oder Farbumschlag, Abb. 9.119) oder im Extremfall auch zur Mikrorissen an der Oberfläche. Im Fall der Verfärbung ist in der Regel damit keine wesentliche Veränderung der Werkstoffeigenschaft verbunden. Bei Mikrißbildung kann es zu einer Beeinträchtigung der mechanischen Eigenschaften kommen. Da die Eindringtiefe der UV-Strahlung in die Schutzhülle begrenzt ist, wird die optische Faser nicht in Mitleidenschaft gezogen.

Ungeschützte optische Fasern (z.B. ohne Schutzhülle oder die ungeschützten Faserendflächen), die hoher UV-Strahlung ausgesetzt werden, neigen zur Vergilbung. Ihre Transmissionseigenschaften verschlechtern sich mit zunehmender Bestrahlungsdauer. Deshalb sollte diese Art der Beanspruchung möglichst vermieden werden. Besondere Beachtung muß deshalb bei Verwendung von POF in Beleuchtungs- oder Wechselverkehrszeichensystemen dem Schutz der Lichteintrittsfläche (z.B. vor dem UV-Anteil im Spektrum einer Halogenlampe) und der Lichtaustrittsfläche (z.B. vor Sonnenstrahlung) geschenkt werden. Die Verwendung geeigneter Filter kann in diesen Fällen einen ausreichenden Schutz vor schädigender UV-Strahlung bieten.

9.8 Prüfnormen und -spezifikationen

1982 veröffentlichte MITSUBISHI RAYON eine umfassende Dokumentation über Zuverlässigkeitsuntersuchungen von optischen Polymerfasern. Einen umfassenden aktuellen Stand der für Zuverlässigkeitsuntersuchungen verfügbaren Prüfnormen und -spezifikationen zeigt Tabelle 9.9. In der Tabelle sind sowohl nationale und internationale Normen als auch Prüfspezifikationen von Herstellern und der Bundesanstalt für Materialforschung und -prüfung (BAM) aufgeführt. Zu berücksichtigen ist, daß die Prüfspezifikationen und die japanische Norm (JIS) nur für POF entwickelt worden sind und nur für diese anzuwenden sind. Die europäische Norm (EN) ist eine in Teilen detailliertere Fassung der IEC-Norm. Beide Normen (EN und IEC) beschreiben Prüfverfahren für alle Arten von optischen Fasern, einschließlich Polymerfasern.

Die Tabelle zeigt, daß die meisten mechanischen Prüfungen von allen Prüfnormen und -spezifikationen definiert werden. Speziellen Zuverlässigkeitsprüfungen, wie sie für POF benötigt werden, werden aber nur von den Prüfspezifikationen der Hersteller und der BAM beschrieben. Beispiele hierfür sind die Untersuchung des Alterungsverhaltens bei hoher Temperatur und Feuchte oder die Untersuchung des Transmissionsverhaltens bei Beanspruchung durch Chemikalien bzw. andere aggressive Medien. Tatsache ist, daß es bis heute keine harmonisierten Prüfnormen für die Zuverlässigkeitsuntersuchung von optischen Polymerfasern gibt.

Tabelle 9.9: Zusammenstellung von Prüfnormen und -spezifikationen für POF

Prüfung	Normen			Prüfspezifikationen			
	IEC[1] 60793-1 60794-1	JIS[2] C 6861	EN[3] 187000 188000	Asahi[4] Chemical Ind. Co.	BAM[5,6,7,8]	Mitsubishi Rayon Co.[9,10,11]	Toray Ind. Inc.[12]
Zug	•	•	•	•	•	•	•
Querdruck	•	•	•	•	•	•	•
Schlag	•	•	•	•	•	•	•
Torsion	•	•	•	•	•	•	•
Wechselbiegung	•	•	•	•	•	•	•
Biegung	•	•	•	•	•	•	•
Rollenwechselbiegung	•	•		•			

Knickfestigkeit	•		•			•		
Abrieb		•						
Temperaturwechsel	•		•	•	•	•		•
Hohe Temp. (trocken, feucht)				•	•	•		•
Tiefe Temp.					•		•	
Alterung					•	•		
Chemikalien					•	•	•	
Industrie-atmosphäre					•	•		
Brennbarkeit							•	
Strahlung	• Kern-		• Kern-		• UV-			

1) International Standard IEC 60793-1-5:1995 - Optical fibres - Part 1: Generic specification - Section 5: Measuring methods for environmental characteristics
   International Standard IEC 60794-1-1:1999 - Optical fibre cables - Part 1-1: Generic specification - General
   International Standard IEC 60794-1-2:1999 - Optical fibre cables - Part 1-2: Generic specification - Basic optical cable test procedures
2) Japanese Industrial Standard JIS C 6861:1991 - Test methods for mechanical characteristics of all plastic multimode optical fibres
3) European Standard EN 187000:1992 - Generic Specific.: Optical Fibre Cables
   European Standard EN 188000:1992 - Generic Specification: Optical Fibres
4) Technical Information (Luminous T); Asahi Chemical Industry Co., Ref.-No. '95.9.1
5) [Daum92]
6) [Daum93]
7) [Daum94]
8) [BAM95]
9) Technical Information - Chemical Exposure Test; Mitsubishi Rayon Co. Ltd., 1985
10) Technical Information - The Long-Term Durability of Optical Performance of ESKA Extra Fibers and Cables, Mitsubishi Rayon Co., Ltd.
11) Technical Information - Eska Cables; Mitsubishi Rayon Co. Ltd., 1982
12) Technical Bulletin - Toray Polymer Optical Fiber Cord; Toray Industries Inc., Ref.-No. 9404-1 (PE0204-22)

Ein weiteres Problem, welches sich aus der Vielfalt der unterschiedlichen Prüfnormen und -spezifikationen ergibt, besteht in der Vergleichbarkeit der Prüfergebnisse. Eine genauere Betrachtung zeigt, daß die beschriebenen Prüfverfahren deutlich voneinander abweichen. Typische Abweichungen sind zum Beispiel unterschiedliche bzw. nicht für POF angepaßte Prüfparameter oder verschiedenartige Prüfeinrichtungen. Allein für die Wechselbiegeprüfung werden fünf verschiedene Prüfmöglichkeiten beschrieben, deren Ergebnisse nicht direkt vergleichbar sind [Daum99]. Intensive Bemühungen von interessierten Kreisen (u.a. Hersteller, Anwender, Normungsorganisationen) zielen deshalb zur Zeit darauf ab, harmonisierte und international anerkannte Prüfnormen für optische Polymerfasern zu schaffen. Erste Erfolge sind durch die Verfassung der VDE/VDI-Empfehlung 5570 „Prüfung von Kunststoff-Lichtwellenleitern" erzielt worden, welche im Kap. 7 beschrieben ist.

Optospider™ simplex:
die einfachste Systemlösung zum Aufbau eines Heimnetzes!

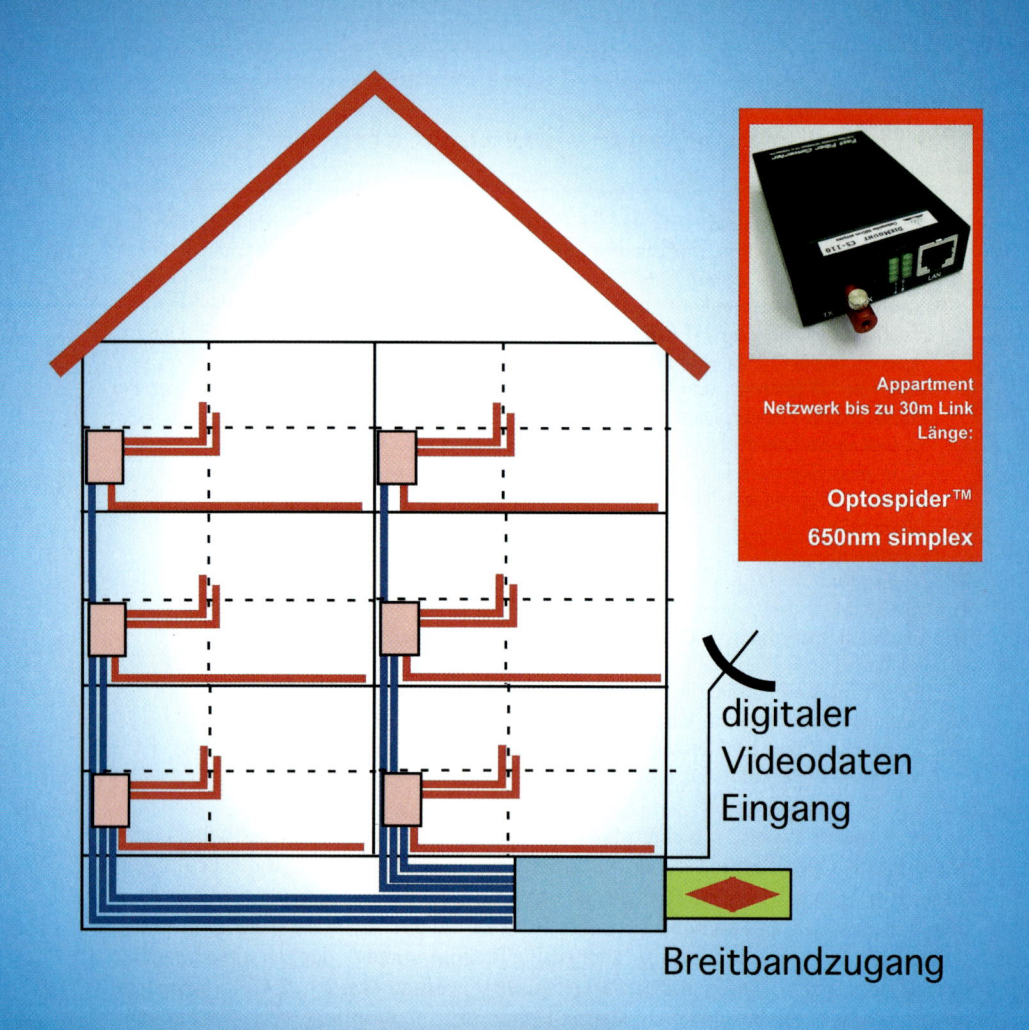

Appartment Netzwerk bis zu 30m Link Länge:

Optospider™ 650nm simplex

digitaler Videodaten Eingang

Breitbandzugang

Gebäude Verteilnetzwerk bis zu 70m Link Länge:

Optospider™ 470 nm simplex

DieMount GmbH

Giesserweg 3, D- 38855 Wernigerode

www.diemount.com, phone: + 49 (0) 3943 6259760, fax: + 49 (0) 3943 6259759, e-mail: info@diemount.com

10. Simulation optischer Wellenleiter

10.1 Modellierung optischer Polymerfasern

Optische Wellenleiter und Fasern zur Signalübertragung gibt es seit vielen Jahren. Zur Beschreibung ihrer Eigenschaften sind eine Reihe von Modellen entwickelt worden. Bei den optischen Fasern unterscheidet man zwischen Einmodenfasern (single-mode fiber, SMF), bei denen nur eine einzige Eigenwelle (Mode) pro Polarisation ausbreitungsfähig ist, und Vielmodenfasern (multimode fiber, MMF), in denen sich das Licht in Form von verschiedenen Eigenwellen mit unterschiedlichen Geschwindigkeiten ausbreiten kann. Wie viele Moden sich in einer Faser ausbreiten können, hängt von ihrem Durchmesser im Vergleich zur Wellenlänge des Lichts und der Numerischen Apertur ab. Je größer beides ist, desto mehr Moden können sich auch ausbreiten. Eine Faser wird dabei durch den Faserparameter V beschrieben:

$$V = \frac{2\pi}{\lambda} \cdot a \cdot A_N = 2\pi \cdot \frac{a}{\lambda} \cdot \sqrt{n_{Kern}^2 - n_{Mantel}^2}$$

Hier stehen λ für die Wellenlänge des Lichtes, a ist der Kernradius der Faser, A_N die Numerische Apertur, n_K und n_M beschreiben die Brechungsindizes an der Faserachse und im Mantel der Faser. Je größer V wird, desto mehr Moden sind ausbreitungsfähig. Die Anzahl der Moden ist ungefähr proportional zu V^2.

Optische Polymerfasern weisen i.A. einen großen Durchmesser und eine hohe Numerische Apertur auf, so daß sich in ihnen extrem viele Moden ausbreiten können. Im Falle einer Standard-Stufenindex-Polymerfasern mit einer Numerischen Apertur von $A_N = 0,5$ und einem Durchmesser von ca. 1 mm sind mehrere Millionen Moden ausbreitungsfähig.

Bei der Ausbreitung des optischen Signals über die Faser wird dieses verzerrt und gedämpft. Zur Beschreibung der Signalübertragung müssen diese Effekte modelliert werden. In verschiedenen Fasertypen verhalten sie sich allerdings recht unterschiedlich. Während in Einmodenfasern die Signalverzerrungen vornehmlich durch chromatische Dispersion hervorgerufen werden, also die unterschiedliche Geschwindigkeit einzelne Spektralanteile, ist die Beschreibung der Dispersion in Vielmodenfasern deutlich komplexer. In ihnen tritt nicht nur die chromatische Dispersion auf, sondern auch die meist viel größere Modendispersion. Dieser Effekt tritt dadurch auf, daß hier die einzelnen Eigenwellen innerhalb der Faser unterschiedlich schnell sind. Das Signal teilt sich auf die verschiedenen Moden auf, die auf Grund der unterschiedlichen Geschwindigkeit zu jeweils anderen Zeitpunkten am Empfänger ankommen und das Signal somit verzerrt übertragen wird. Im Gegensatz zur chromatischen Dispersion wird die Modendispersion durch verschiedene Effekte beeinflusst, die nicht ausschließlich von der Faser abhängen. Die Laufzeitunterschiede der Moden werden durch das Brechzahlprofil der Faser bestimmt und hängen ausschließlich von der Faser ab. Wie sich die Signalleistung allerdings auf die einzelnen Moden aufteilt, ist durch die Einkopplung des Lichts in die Faser bestimmt. Wenn man z.B. das Licht sehr schmal und nahezu parallel in die Faser einkoppelt, würde man nur einen einzigen Moden anregen, also die gesamte Signalleistung in diesen einen Mode einkoppeln, und würde die Laufzeitunterschiede zwischen den Eigenwellen gar nicht bemerken, da ja nur ein Mode Leistung führt. Das andere Extrem wäre eine sehr breite Einkopplung bezüglich des Abstrahlwinkels und der Fläche. Hierbei würde sich die Leistung nahezu gleichmäßig auf alle Moden aufteilen, wodurch die Laufzeitunterschiede aller Moden eine Rolle spielen würden. Aus diesem Beispiel wird deutlich, daß man bei der Modellierung von Vielmodenfasern nicht nur die Faser selbst, sondern auch die Ein- und Auskopplung des Lichts berücksichtigen muß. Außerdem breiten sich in Polymerfasern die Moden nicht unabhängig voneinander aus, sondern sind miteinander gekoppelt. Durch Verunreinigungen und nicht ideale Grenzflächen zwischen Kern und Mantel kann jeweils ein Teil der Leistung in andere, bevorzugt benachbarte, Moden überkoppeln. Diese Modenkopplung tritt besonders stark in Polymerfasern auf, weshalb gängige Modelle für die Lichtausbreitung in optischen Fasern diesbezüglich erweitert werden müssen ([Whi99], [Shi97]). Im Folgenden werden die wichtigsten Fasertypen vorgestellt und grundsätzliche Randbedingungen für deren Modellierung angegeben.

Einmodenfaser
$a = 4\text{-}5\ \mu m$
$A_N = 0{,}09$

Vielmodenfaser
$a = 50\text{-}62{,}5\ \mu m$
$A_N = 0{,}2\text{-}0{,}3$

Polymerfaser
$a = 1\ mm$
$A_N = 0{,}3\text{-}0{,}5$

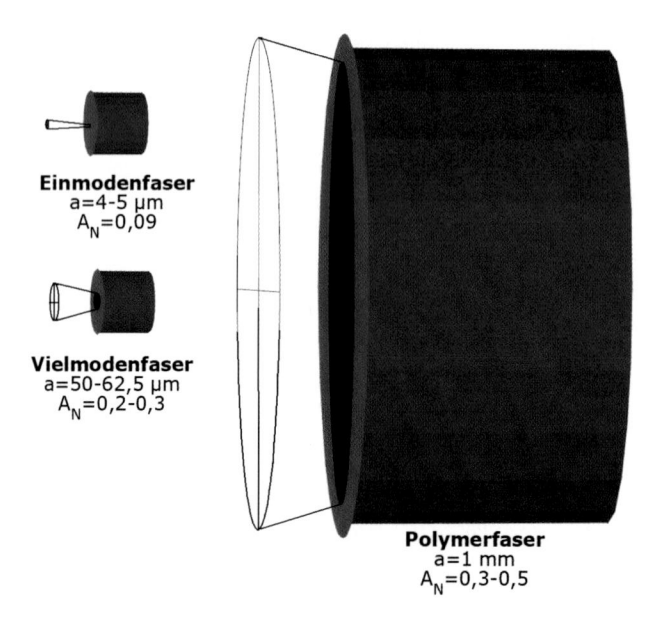

Abb. 10.1: Größenvergleich typischer Faserarten

Anschließend sollen verschiedene Modellierungsansätze für Polymerfasern vorgestellt werden, wobei kurz auf die Vorgehensweise, Leistungsfähigkeit und Komplexität eingegangen werden soll. Da die Modenkopplung oder Modenmischung ein für Polymerfasern sehr spezifischer Effekt ist und die Leistungsfähigkeit der Modellierung beeinflusst, sollen die wichtigsten Ansätze zu deren Beschreibung und die Möglichkeiten vorgestellt werden, diese in bestehende Modelle zur Lichtausbreitung integriert werden können.

10.1.1 Fasertypen

Polymerfasern sind i.A. Vielmodenfasern mit einem großen Kerndurchmesser und einer hohen Numerischen Apertur für einfache Ein- und Auskopplung des Lichts und gute mechanische Eigenschaften. Bei Vielmodenfasern gibt es verschiedene Typen, die sich durch ihr Brechzahlprofil, dem rotationssymmetrischen Verlauf des Brechungsindex in radialer Richtung, unterscheiden. Das Brechzahlprofil einer Faser bestimmt die Geschwindigkeit und die Laufzeitunterschiede aller ausbreitungsfähigen Moden. I.A. unterscheidet man zwischen Stufenindexprofilfasern (SI-Fasern), die einen konstanten Brechungsindex im Kern und einen etwas niedrigeren, auch konstanten Brechungsindex im Mantelbereich aufweisen, und Gradientenindexprofilfasern (GI-Fasern), bei denen der Brechungsindex im Kern zum Mantel hin kontinuierlich abnimmt und so die Laufzeitunterschiede der Moden untereinander verringert werden. Es lassen sich Gradientenindex-Profile herstellen, bei denen die Laufzeiten der Moden nahezu gleich sind, allerdings ist die Herstellung solcher Fasern aufwendig, insbesondere bei sehr dicken Fasern ([Yab00a], [Ish96]). Daher gibt es noch Zwischenformen, bei denen der optimale Brechungsindexverlauf durch viele kleine Stufen angenähert wird, sog. Multi-Stufenindexfasern (MSI-Fasern). Je mehr Stufen zur Näherung des optimalen Profils verwendet werden, desto besser stimmen die Laufzeiten der Moden miteinander überein. Allerdings steigt dann auch wieder die Komplexität des Herstellungsverfahrens. Es ist also immer ein Kompromiss zwischen Aufwand und Leistungsfähigkeit ([Lev99], [Irie01]).

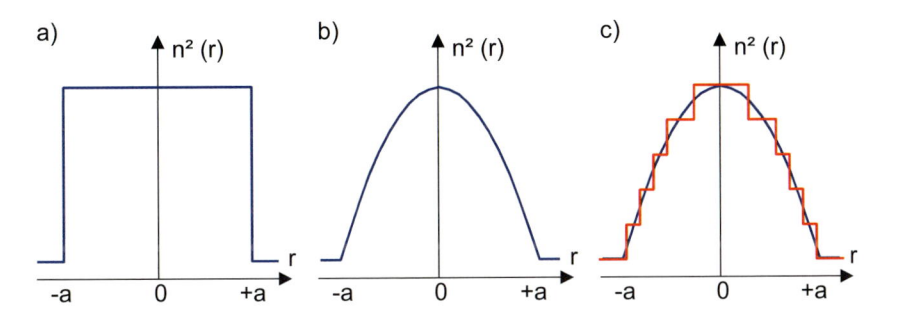

Abb. 10.2: Brechzahlprofile verschiedener Fasertypen im Vergleich:
a) Stufenindex-, b) Gradientenindex-, c) Multi-Stufenindexfaser mit 5 Stufen.

10.1.2 Modellierungsansätze

Die Lichtführung in Polymerfasern basiert wie in allen herkömmlichen optischen Fasern auf dem Prinzip der Totalreflexion. Der Faserkern hat also einen höheren Brechungsindex als der ihn umgebende Mantelbereich. Für die Beschreibung der Wellenführung kann man daher grundsätzlich die gleichen Ansätze und Methoden verwenden wie für Glasfasern auch. Allerdings weisen Polymerfasern Eigenschaften auf, die einige Ansätze erschweren oder sogar unmöglich machen. Viele Ansätze gehen z.B. von sehr schwach dämpfenden Fasern aus, was bei einer Grunddämpfung von ca. 120 dB/km bei 650 nm Wellenlänge nicht mehr ganz gewährleistet ist.

Die größte Einschränkung bei der Beschreibung der Ausbreitungseigenschaften ist sicherlich die extrem große Modenanzahl die ausbreitungsfähig ist. Prinzipiell lassen sich alle Moden einer Polymerfaser berechnen, allerdings erfordert das viel Speicher, Rechenzeit und auch eine sehr gute Auflösung. Aus diesem Grunde haben sich viele vereinfachte Beschreibungen etabliert, bei denen entweder nur Modegruppen berechnet werden oder die Lichtausbreitung mit der Strahlentheorie behandelt wird und Wellenphänomene zusätzlich, außerhalb der Strahlentheorie, beschrieben werden. Insbesondere solche Hybridansätze werden oft verwendet. Im Folgenden sollen die gängigsten Verfahren zur Beschreibung der Lichtausbreitung in Polymerfasern beschrieben werden.

10.1.2.1 Wellentheoretische Ansätze

Die Ausbreitungseigenschaften optischer Fasern werden i.A. durch die Wellengleichung beschrieben. Diese ergibt sich direkt aus den Maxwellschen Gleichungen und charakterisiert die Wellenausbreitung in einer Faser als dielektrischem Wellenleiter in Form einer Differentialgleichung. Zur Lösung der Gleichung muss man die Feldverteilungen aller Moden und die dazugehörigen Ausbreitungskonstanten β bestimmen, die sich aus Anwendung der Randbedingungen ergeben. Die Randbedingungen besagen, daß jeweils die Tangentialkomponenten des elektrischen und magnetischen Feldes (E_t und H_t, in Zylinderkoordinaten sind das E_φ und E_z bzw. H_φ und H_z) an der Kern-Mantel-Grenzfläche stetig in einander übergehen müssen. Das geschieht nur für einen besonderen Wert der Ausbreitungskonstante β. Die Wellengleichung ist grundsätzlich eine vektorielle Differentialgleichung, die jedoch unter der Bedingung der schwachen Wellenführung in eine skalare Wellengleichung überführt werden kann, in der die Polarisation der Welle keine Rolle spielt und alle Moden jeweils als x- und als y-polarisierte Eigenwellen existieren, sog. linear polarisierte LP-Moden ([Glo71]).

Voraussetzung für die schwache Wellengleichung ist, daß sich die Brechzahlen zwischen Kern und Mantel kaum unterscheiden. Dann entkoppeln sich die Gleichungen, die das elektrische und das magnetische Feld beschreiben, so daß man die Wellengleichung skalar schreiben kann.

Die Voraussetzung schwacher Wellenführung ist in Glasfasern noch recht gut erfüllt, bei denen der Brechzahlunterschied zwischen Kern- und Mantelbereich unter 1% liegt. Polymerfasern weisen allerdings recht hohe Numerische Aperturen und damit größere Unterschiede in den Brechzahlen auf, weshalb diese Näherung nur noch bedingt gültig ist. Dennoch zeigen Berechnungen basierend auf der skalaren Wellengleichung nur sehr kleine Ungenauigkeiten bezüglich der Gruppenlaufzeiten.

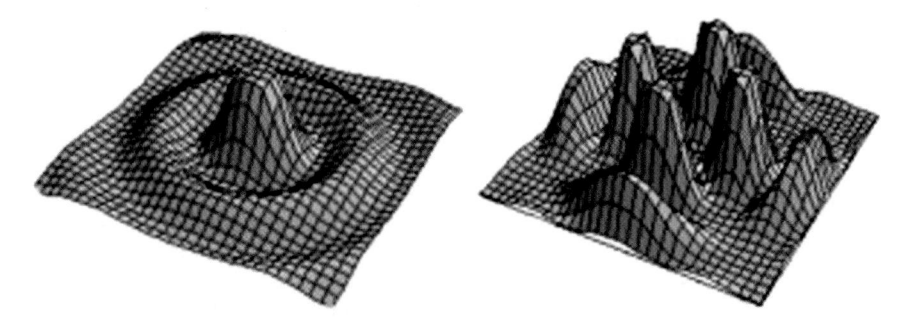

Abb. 10.3: Beispiele für Feldverteilungen des LP0,2- und LP2,2-Modes einer Gradientenindexprofilfaser

Die Modelle, die auf der Lösung der Wellengleichung in Form eines Modesolvers basieren, unterscheiden sich grundsätzlich nur hinsichtlich der Methode der Lösung und darin, ob man von der rechenaufwendigeren vektoriellen oder der - eher üblichen - skalaren Wellengleichung ausgeht. In der Literatur sind Lösungen der vektoriellen Wellengleichung mit Hilfe der finiten Elemente-Methode (Finite-Element Method, FEM, [Bha00] und [Liu95]), mit finite Differenzen (Finite Difference Time-Domain Method, FDTD, [Xiao06]) und auch Beam-Propagation-Methoden (BPM, [Hua93]) bekannt. Diese werden meistens auf sehr kleine, meist einmodige Wellenleiter angewendet, in denen Polarisationseigenschaften eine Rolle spielen. Polymerfasern sind recht groß und erhalten die Polarisation des Lichtes nur über wenige Zentimeter. Daher finden für die Modellierung von POF vor allem analytische Abschätzungen der skalaren Wellengleichung, die sog. WKB-Methode und Ray-Tracing Anwendung.

10.1.2.2 Ray-Tracing-Verfahren

Der Ray-Tracing-Ansatz (Strahlverfolgung) geht davon aus, daß die Lichtausbreitung innerhalb der Faser wie im freien Raum beschrieben werden kann. Diese Annäherung ist umso genauer, je größer die Abmessungen der Faser und je höher die Zahl der ausbreitungsfähigen Moden sind. In diesem Modell werden keine Wellenphänomene wie z.B. das teilweise Eindringen des Feldes in das Mantelmaterial und damit verbundene zusätzliche Verluste oder auch Phasenderhungen (sog. Goos-Hänchen-Shift) berücksichtigt und müssen nachträglich gesondert beschrieben werden ([Bun99a], [Bor03]).

10.1.3 Wellentheoretische Beschreibung

Für verschiedene Brechzahlprofile, wie z.B. Stufenindex- und Parabelprofil, existieren analytische Lösungen der Wellengleichung. Es müssen dann nur noch die Ausbreitungskonstanten und Laufzeiten der Moden bestimmt werden, um die Faser zu beschreiben. In den meisten Fällen setzt man dafür die sog. WKB-Methode ein, mit der man effizient die Laufzeiten auch sehr vieler Moden berechnen kann ([Ish05c], [Ohd05a]).

10.1.3.1 WKB-Methode

Die WKB-Methode ist ein Ansatz für die Lösung der skalaren Wellengleichung. Sie wurde von Wenzels, Kramer und Brillouin entwickelt, weshalb sich auch der Name ergibt. Die Lösungen mit der WKB-Methode enthalten Vereinfachungen, die der Beschreibung der Faser mit der Strahlentheorie entsprechen. Die WKB-Methode stellt somit eine Brücke zwischen der Strahlen- und der Modenbeschreibung der Faser dar. Die WKB-Methode stellt in erster Linie Ausdrücke zur Beschreibung der Ausbreitungskonstanten und der Gruppenlaufzeiten zur Verfügung. Mit ihr lassen sich also schnelle Abschätzungen zur Bandbreite oder Übertragungskapazität einer Faser machen. Es lassen sich im Prinzip alle Fasertypen mit beliebigen Brechzahlprofilen berechnen, wobei auch Unstetigkeitsstellen wie z.B. Stufen im Profil - also auch MSI-Fasern - problemlos behandelt werden können, weil die Beschreibung in integraler Form geschieht ([Glo73]).

$$\int_{r_1}^{r_2} k_r \, dr = \left(p - \frac{1}{2}\right)\pi \quad \text{mit}: \quad k_r = \sqrt{k_0^2 n^2(r) - \beta^2 - \frac{l^2}{r^2}}$$

Hier steht l für die Umfangsordnung des Modes oder die Skewness des Strahls. Mit größer werdender Umfangsordnung verläuft der Strahlweg immer weiter am Rand der Faser, während die niedrigste Umfangsordnung l = 0 sog. meridionale Strahlen beschreibt, welche die Faserachse schneiden. Die beiden Integrationsgrenzen r_1 und r_2 sind der innere und äußere Umkehrradius (Kaustik). Sie beschreiben die Region, in der sich das Licht innerhalb der Faser konzentriert. Ein Strahl kann also niemals dichter an die Faserachse herankommen als der innere Umkehrradius r_1 und auch nicht weiter weg als der äußere Umkehrradius r_2.

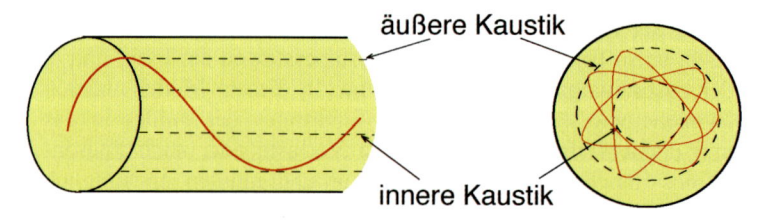

Abb. 10.4: Der innere und äußere Umkehrradius (Kaustik). Links Blick von der Seite auf die Faser, rechts Blick auf die Stirnfläche.

Der Parameter k_r kann als die radiale Komponente des Ausbreitungsvektors aufgefasst werden. Man sieht, daß diese Radialkomponente immer kleiner wird, je höher die Umfangsordnung des Strahls ist. An den beiden Umkehrradien verschwindet k_r. So lassen sich die beiden Radien bestimmen.

Die Gruppenlaufzeiten der Moden lassen sich dadurch bestimmen, daß man obige Gleichung nach ω ableitet. Dadurch erhält man aus den inneren Ableitungen u.a. den Term dβ/dω, der die Gruppenlaufzeit beschreibt. Nach Umstellen der Gleichung erhält man für die Laufzeit den folgenden Ausdruck.

$$\tau = \frac{k_0}{\beta \cdot c} \cdot \frac{\int_{r_1}^{r_2} \frac{1}{k_r} n(r) \cdot N(r) dr}{\int_{r_1}^{r_2} \frac{1}{k_r} dr}$$

N(r) steht dabei für das Profil des Gruppenindex über den Radius r.

10.1.3.2 Stufenindexprofilfaser

Die Feldverteilungen in Stufenindexprofilfasern können analytisch bestimmt werden und sind durch Bessel-Funktionen beschrieben. Durch die Randbedingungen, daß die transversalen Komponenten des elektrischen und des magnetischen Feldes stetig an der Kern-Mantel-Grenzfläche ineinander übergehen sollen, ergibt sich die Bestimmungsgleichung für die Ausbreitungskonstante.

$$\frac{u \cdot J_l'(u)}{J_l(u)} = \frac{v \cdot K_l'(v)}{K_l(v)}$$

Diese Gleichung ist implizit, wobei u und v den normierten Ausbreitungskonstanten im Kern und im Mantel entsprechen, der Relation $u^2 + v^2 = V^2$ genügen (siehe z.B. [Sny83]) und die Ausbreitungskonstante β beinhalten.

$$u = a\sqrt{k_0^2 \cdot n_{Kern}^2 - \beta^2}; \quad u = a\sqrt{\beta^2 - k_0^2 \cdot n_{Mantel}^2}$$

Die Laufzeiten der Moden sind unabhängig von der Umfangsordnung des Modes und hängen ausschließlich von der Ausbreitungskonstante ab.

$$\tau = \underbrace{\frac{n_{Kern} \cdot k_0}{\beta}}_{n_{eff}} \cdot \underbrace{\frac{N_{Kern}}{c_0}}_{\tau_{gr}} = n_{eff} \cdot \tau_{gr}$$

Hier beschreibt der erste Term den effektiven Brechungsindex n_{eff}, den die geführte Welle erfährt. Der zweite Term beschreibt die Gruppenlaufzeit τ_{gr}, die das Licht in einem Material mit Gruppenindex N_{Kern} benötigt. Die Beschreibung ist äquivalent zu einer Strahlenausbreitung im freien Raum mit Brechungsindex n_{eff} und Gruppenbrechzahl N_{Kern}. Im Abschnitt über die Strahlverfolgung werden wir sehen, daß man die Lichtausbreitung in einer Faser, in der sich sehr viel Moden ausbreiten können, gut mit dem Strahlmodell beschreiben kann.

10.1.3.3 Gradientenindexfasern mit Exponentialprofil

Man kann die Brechzahlverteilung über den Radius einer Gradientenindexfaser allgemein mit einem Exponentialprofil beschreiben.

$$n^2(r) = \begin{cases} n_{Kern}^2 \cdot \left(1 - 2\Delta \left[\dfrac{r}{a}\right]^g\right) & \text{für } r \leq a \\ n_{Mantel}^2 = n_{Kern}^2 \cdot (1 - 2\Delta), & \text{sonst} \end{cases}$$

Hier ist g der Profilexponent, der die Steilheit des Profils bestimmt. Wenn g sehr groß wird, nähert sich das Profil immer mehr dem einer SI-Faser. Der Parameter Δ beschreibt die Profilhöhe, die für den Brechzahlunterschied zwischen Kern und Mantel steht und auch die Numerische Apertur der Faser beeinflusst. Für Exponentialprofile gibt es direkte Lösungen für die Gruppenlaufzeiten und mittelbar auch für die Bandbreiten solcher Fasern. Fasern mit Exponentialprofil haben die Eigenschaft, daß sich die Moden in Modegruppen fassen lassen, die die gleiche Ausbreitungskonstante β und auch ähnliche Laufzeiten τ (zumindest für Exponenten nahe bei g = 2) aufweisen. Für die Ausbreitungskonstanten der Modegruppen und ihre Ordnung m gibt es folgenden Zusammenhang:

$$\beta = n_{Kern} \cdot k_0 \cdot \sqrt{1 - 2 \cdot \Delta \cdot \frac{m}{M}}$$

wobei M die höchste Modegruppenordnung darstellt. Die Laufzeiten der Moden sind dann nur von der Ausbreitungskonstante und nicht mehr von der Umfangsordnung abhängig. Unter Annahme eines Exponentialprofils wie oben angegeben lassen sich die Gruppenlaufzeiten mit Hilfe der WKB-Methode bestimmen, indem man die Ausbreitungskonstante β nach der Kreisfrequenz ω ableitet ([Mar77]).

$$\tau = \frac{N_{Kern}}{c_0} \cdot \frac{1 - \dfrac{\Delta \cdot [4 - 2P]}{g + 2} \left(\dfrac{m}{M}\right)^{2g/(g+2)}}{\sqrt{1 - 2\Delta (m/M)^{2g/(g+2)}}}$$

Hier stehen m für die Ordnung der Modegruppe und M für die höchste Modegruppe. Der Parameter P beschreibt die sog. Profildispersion (siehe z.B. [Pre76]).

$$P = \frac{n_{Kern}}{N_{Kern}} \frac{\lambda}{\Delta} \frac{d\Delta}{d\lambda}$$

In Abb. 10.5 sind die normierten Laufzeiten $\tau' = (\tau - \tau_0)/\tau_0$ für verschiedene Exponenten g und ohne Profildispersion (P = 0) darstellt. Man erkennt, daß für parabolische Profile mit g = 2 die Laufzeitunterschiede sehr klein werden. Für größere Exponenten (g > 2) sind die höheren Moden langsamer, bei kleineren Exponenten sind sie schneller.

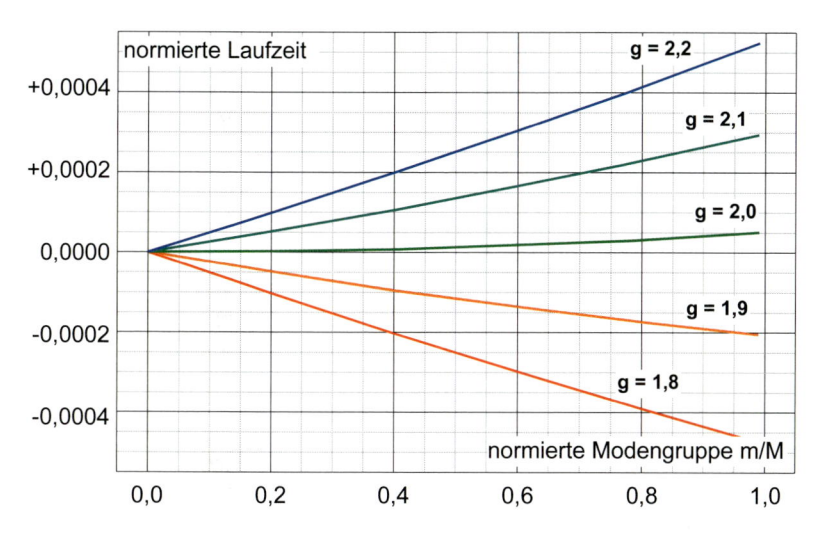

Abb. 10.5: Normierte Laufzeiten $\tau' = (\tau - \tau_0)/\tau_0$ über Modengruppen (m/M) verschiedener Exponentialprofile ohne Profildispersion

10.1.3.4 Multi-Stufenindexfasern

Für MSI-Fasern gibt es keine analytischen Lösungen, die die Laufzeiten oder die Ausbreitungskonstanten beschreiben. Bei dieser Faser ist das Brechzahlprofil an jeder Stufe nicht stetig, was die Berechnung extrem schwierig macht. Für solche Fasern kann man nur im Rahmen von Numerischen Modesolvern oder mit der WKB-Methode Lösungen finden. Die meisten Modellierungen basieren jedoch auf Strahlverfolgung (Ray-Tracing). Abb. 10.6 zeigt die Laufzeiten meridionaler Strahlen in MSI-Fasern mit zwei und mit sechs Stufen aus [Zub04]. Die abrupten Übergänge zwischen den Bereichen verschiedener Brechzahl sind auch in den Laufzeiten erkennbar.

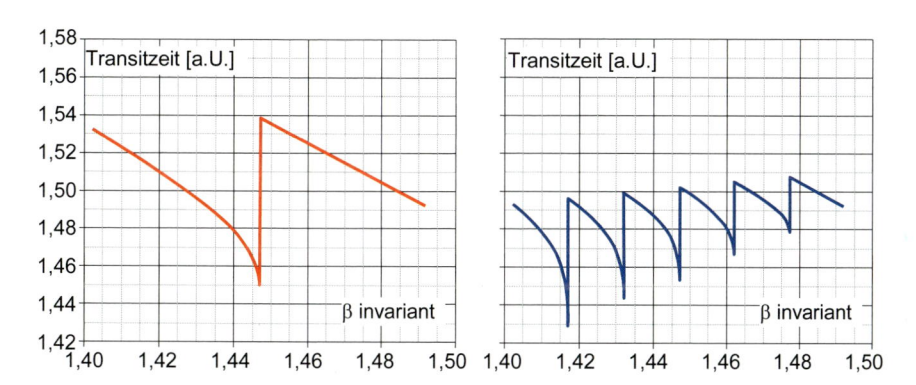

Abb. 10.6: Laufzeiten meridionaler Strahlen in MSI-Fasern mit zwei (links) und sechs (rechts) Stufen [Zub04]

10.1.3.5 Bestimmung der Modenverteilung

Aus den Anregungsbedingungen, also der Abstrahlcharakteristik des Senders, ergibt sich die Leistungsverteilung über die Moden. Diese kann man im Idealfall als Überlappintegral des Feldes am Sender mit den einzelnen Moden bestimmen:

$$\eta_{\beta,l} = \frac{\left|\iint_A E_e E_{\beta,l}^* \, dA\right|^2}{\iint_A |E_e|^2 \, dA \cdot \iint_A |E_{\beta,l}|^2 \, dA}$$

wobei E_e das elektrische Feld am Sender und $E_{\beta,l}$ das elektrische Feld des jeweiligen Modes darstellt. $\eta_{\beta,l}$ ist der Koppelwirkungsgrad in den jeweiligen Mode mit Ausbreitungskonstante β und Umfangsordnung l.

Dazu benötigt man allerdings die Feldverteilungen $E_{\beta,l}$ aller Moden, was i.A. nicht möglich ist. Vielmehr versucht man, aus dem Nahfeld und dem Fernfeld des Senders die Einkoppelbedingung und die daraus resultierende Modenverteilung in der Faser zu bestimmen.

10.1.3.6 Berechnung der Übertragungsfunktion und des Ausgangssignals

Bei der Einkopplung des Lichts in die Faser teilt sich die Gesamtleistung auf einzelne Moden auf. Diese breiten sich mit unterschiedlichen Geschwindigkeiten entlang der Faser aus, so daß sie den Detektor am Ende der Faser zu unterschiedlichen Zeiten erreichen. Daraus ergibt sich, daß verschiedene Signalanteile zu unterschiedlichen Zeiten den Empfänger erreichen und das Signal verzerrt wird. Diesen Vorgang kann man modellieren, indem das Ausgangssignal am Ende der Faser als eine Überlagerung von zeitlich um τ verschobenen Eingangssignalen behandelt wird. Die Wichtung bei der Überlagerung der Signalanteile ergibt sich aus der Modenverteilung c_m.

$$S_A(t) = \sum_m \eta_m \cdot S_E(t - \tau_m)$$

Hier sind $S_A(t)$ und $S_E(t)$ das Ausgangs- bzw. das Eingangssignal. Der Laufindex m läuft über alle Modegruppen, wobei η_m und τ_m der Anteil der Gesamtleistung und die Laufzeit der Modegruppe m sind.

Die Impulsantwort h(t) ergibt sich sinngemäß, indem man als Eingangssignal einen Dirac-Impuls annimmt.

$$h(t) = \sum_m \eta_m \cdot \delta(t - \tau_m)$$

Häufig wird die Übertragungskapazität der Faser als eine Bandbreite B angegeben, die besagt, bis zu welcher Frequenz die einzelnen Frequenzanteile höchstens um 50% gedämpft werden. Man kann dann davon ausgehen, daß man mit einer solchen Faser Signale übertragen kann, deren Spektrum innerhalb dieser Bandbreite liegen. Man berechnet die Bandbreite, indem man die Frequenzantwort durch Fourier-Transformation der Impulsantwort gewinnt:

$$H(f) = F(h(t))$$

Die Bandbreite ist dann die Frequenz f_{3dB}, bei der die Amplitude der Frequenzantwort auf 50% (3 dB) abgefallen ist:

$$|H(f_{3\,dB})| = \tfrac{1}{2}$$

10.1.4 Ray-Tracing

Bei der Berechnung der Ausbreitungseigenschaften wird eine sehr große Zahl von Strahlen am Sender erzeugt und jeder Strahl entlang seines Weges durch die Faser verfolgt. Dabei werden seine Dämpfung sowie die verstrichene Laufzeit protokolliert. Am Ende der Faser wird dann ein Histogramm über die empfangenen Strahlen hinsichtlich Laufzeit, Dämpfung, Ort oder Ausbreitungsrichtung erstellt [Zub02a]. Dieses Verfahren beruht also darauf, daß man sehr viele Strahlen verfolgt und eine Statistik ermittelt. Daraus lässt sich schon der Hauptnachteil dieses Verfahrens ersehen: Es ist sehr rechenaufwendig, und das Ergebnis nähert sich nach dem Gesetz der großen Zahlen im Schnitt mit jedem weiteren berechneten Strahl der exakten Lösung.

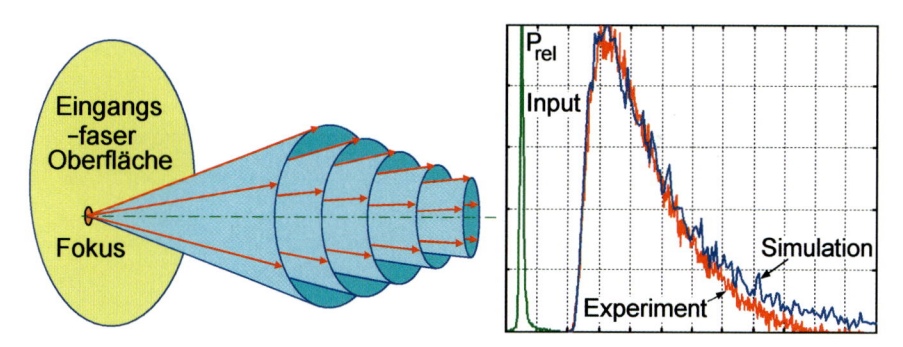

Abb. 10.7: Abstrahlcharakteristik (links) einer Lichtquelle im Ray-Tracing-Modell und simuliertes Ausgangssignal im Vergleich mit einer Messung [Zub04].

Die Abstrahlcharakteristik der Lichtquelle modelliert man durch eine Wahrscheinlichkeitsverteilung, nach der die zu verfolgenden Strahlen ausgewählt werden. Eine hohe Leistungsdichte entspricht einer hohen Wahrscheinlichkeit, daß eben solch ein Strahl gewählt wird. Am Empfänger wird die Leistungsdichte mit einem Histogramms errechnet, bei dem die Strahlen gezählt werden, die innerhalb eines bestimmten Zeitintervalls aus der Faser austreten (Impulsantwort), deren Ausbreitungsrichtung innerhalb eines bestimmten Raumwinkels liegt (Fernfeld) oder die innerhalb einer bestimmten Fläche aus der Faser austreten (Nahfeld).

10.1.4.1 Stufenindexfasern

Der Weg durch die Faser wird wie bei einem Strahls in der klassischen Optik berechnet. In Stufenindexfasern verfolgt man den Strahl, bis er die Kern-Mantel-Grenzfläche trifft. Dort wird die Reflexion des Strahls durch die Neuberechnung der Ausbreitungsrichtung berücksichtigt. Handelt es sich um eine ideale Reflexion, so ist der Einfallswinkel gleich dem Ausfallswinkel. Modenkopplung bzw. Streuung an der Grenzfläche kann man durch zufällige Abweichungen von der idealen Ausbreitungsrichtung beschreiben.

Laufzeitunterschiede zwischen den einzelnen Eigenwellen ergeben sich bei diesem Modell durch den zusätzlichen Weg, den stark gekippte Strahlen zurücklegen im Vergleich zu beispielsweise parallel zur Faserachse verlaufenden Stahlen, die nur die Faserlänge selbst zurücklegen müssen. Es ergibt sich ein Weg, der proportional zum reziproken Kosinus des Winkels bezüglich der Faserachse ist.

$$L(\theta) = \frac{L}{\cos \theta}$$

Hierbei entsprechen L der Faserlänge, und θ ist der Winkel des Strahls bezogen auf die Faserachse. Je größer also der Ausbreitungswinkel bezogen auf die Faserachse ist, desto länger wird der Weg. Daraus errechnen sich im Ray-Tracing-Verfahren die unterschiedlichen Laufzeiten der Eigenwellen abhängig vom Ausbreitungswinkel θ bezogen auf die Faserachse.

$$\tau(\theta) = \frac{L(\theta) \cdot n_{Kern}}{c_0} = \frac{L \cdot n_{Kern}}{\cos(\theta) \cdot c_0}$$

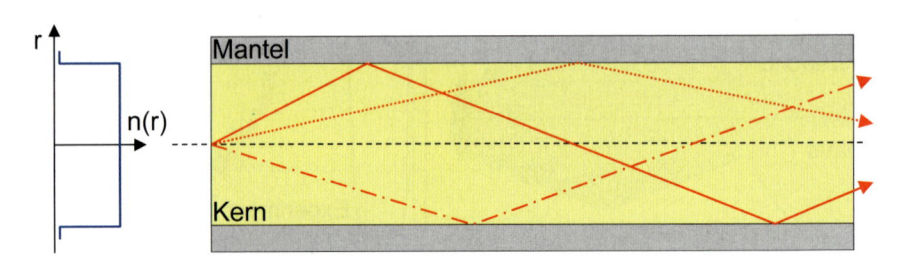

Abb. 10.8: Prinzip der Strahlenverfolgung in SI-Fasern.

10.1.4.2 Gradientenindexfasern

Für die Beschreibung von GI-Fasern geht man im Prinzip genau so vor, jedoch breitet sich das Licht in diesen Fasern nicht geradlinig aus, sondern folgt einer Kurve, die durch die räumliche Änderung des Brechungsindex gegeben ist. Die Trajektorie läßt sich bei bekanntem Brechzahlprofil nach der Eikonal-Gleichung bestimmen ([Jost02]).

$$\frac{d}{ds}\left(n(r)\frac{d\vec{R}}{ds}\right) = \vec{\nabla} n$$

Hierbei ist s die Länge des Strahlwegs, $\vec{R}$ beschreibt den Ortsvektor, so daß seine Ableitung nach s der Tangente an der Trajektorie des Strahls entspricht. In SI-Fasern wäre die rechte Seite der Gleichung gleich Null, so daß sich die Ausbreitungsrichtung des Strahls nicht verändert.

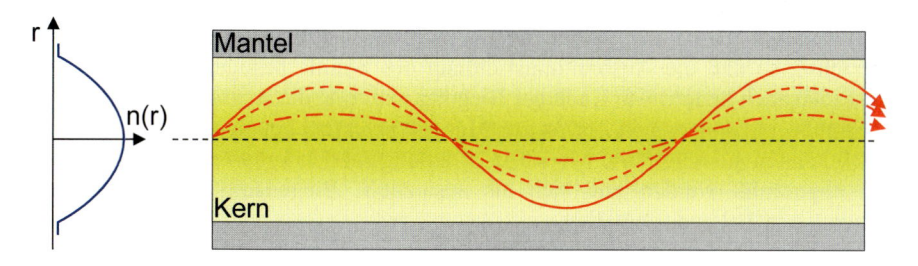

Abb. 10.9: Prinzip der Strahlenverfolgung in GI-Fasern.

10.1.4.3 Multi-Stufenindexfasern

In MSI-Fasern gilt die Eikonal-Gleichung natürlich auch, allerdings ist die Beschreibung der Strahlausbreitung in so einer Faser nicht trivial. An der Grenzfläche zwischen jeweils zwei Stufen müsste sich der Strahl aufteilen in einen reflektierten und einen transmittierten Teil, so daß die Zahl der Strahlen mit zunehmender Länge exponentiell ansteigen würde. Diesem Problem kann man auch mit Statistik begegnen, indem man in jedem Fall nur einen der beiden Strahlen weiter verfolgt. Welcher der beiden Strahlen fallen gelassen wird und welcher weiter verfolgt wird, ergibt sich nach einer Wahrscheinlichkeitsverteilung, die sich aus Reflexions- und Transmissionskoeffizient berechnen. Je größer z.B. der Reflexionskoeffizient ist, desto wahrscheinlicher ist es, daß man den reflektierten Strahl weiter verfolgt.

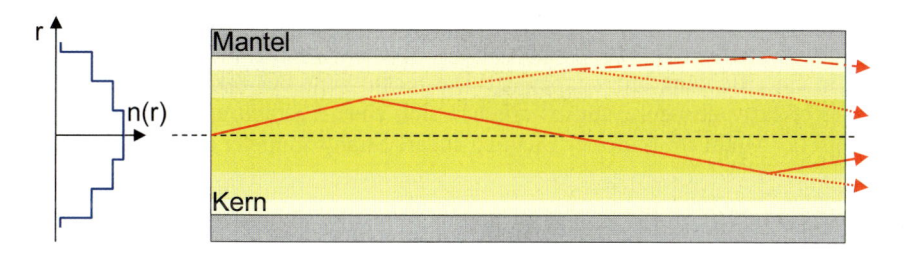

Abb. 10.10: Aufteilung der Strahlen in MSI-Fasern an den Übergangsstellen zwischen den Stufen.

10.1.4.4 Biegungen

Gekrümmte Fasern lassen sich mit der Ray-Tracing-Methode auch recht einfach behandeln. Wenn die zu berechnende Faser nicht gerade ist, dann verläuft der Strahl zwar immer noch in SI-Fasern gerade, allerdings verlaufen die Faserachse und die Kern-Mantel-Grenzfläche nicht mehr gerade. Es ergeben sich dadurch andere Stellen, an denen die Reflexion an der Grenzfläche stattfindet. Das gleiche Prinzip gilt auch bei MSI-Fasern, bei denen es nur mehr als eine Grenzfläche gibt. Bei diesen Reflexionen gilt zwar auch immer noch, daß der Einfallswinkel dem Ausfallswinkel gleich ist, jedoch ändert sich in Biegungen die Richtung der Faserachse, so daß die Ausbreitungsrichtung des Strahls bezogen auf die Faserachse sich auch ändert. Am Ende der Biegung wird i.A. die Ausbreitungsrichtung des Strahls eine andere sein - es ist zur Modenkonversion gekommen. Bei diesem Prozeß können auch geführte Moden in Strahlungsmoden konvertiert werden, die dann abgestrahlt werden und sich als zusätzliche Biegedämpfung bemerkbar machen ([Arr01b] und [Dur03b]).

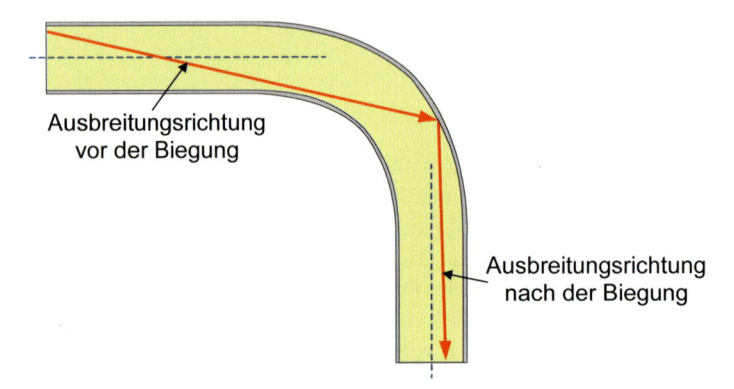

Abb. 10.11: Beschreibung der Modenkonversion im Strahlenmodell. Dieser Effekt wird beim Ray-Tracing mit berücksichtigt.

In GI-Fasern entsteht die Modenkonversion kontinuierlicher. Die Ausbreitung des Lichtstrahls erfolgt gemäß der Eikonal-Gleichung, jedoch erfährt der Strahl innerhalb einer Biegung ein etwas anderes Brechzahlprofil, da sich die Faser immer in eine Richtung hin wegbewegt. Die rechte Seite der Eikonal-Gleichung ist daher effektiv geändert, und es ergeben sich andere Strahltrajektorien. Auch hier weist der Strahl am Ende der Biegung andere Strahlparameter auf.

10.1.5 Modenabhängige Dämpfung

In Vielmodenfasern und insbesondere in Polymerfasern mit relativ hohen Verlusten existiert modeabhängige Dämpfung. In [Ish96], [Mic83], [Yab00b], [Lou04], [Gol03] und [Ish00b] wurde gezeigt, daß für die höchsten Modegruppen die Verluste nahezu exponentiell ansteigen. Die höheren Moden erfahren i.A.

höhere Dämpfungen als z.B. der Grundmode. Das kann verschiedene Gründe haben. In der Modenbeschreibung führen höhere Moden mehr Leistung in der Nähe der Kern-Mantel-Grenzfläche und sogar im Mantel selbst, weshalb man z.B. bei nicht idealen Grenzflächen höhere Verluste erwarten würde. Zusätzlich dazu lassen sich einige Effekte auch im Rahmen des Ray-Tracing mit sehr anschaulichen Modellen erklären.

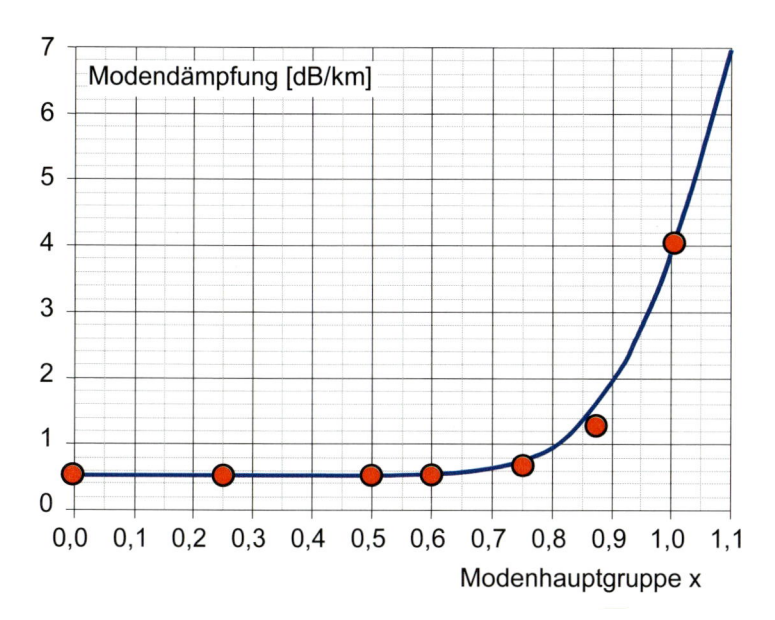

Abb. 10.12: Messung der modenabhängigen Dämpfung in Abhängigkeit von der Modenhauptgruppe x = m/M [Yab00b].

10.1.5.1 Wegabhängiger Zusatzdämpfungsbelag höherer Moden

Beim Ray-Tracing werden die Laufzeitunterschiede der einzelnen Strahlen dadurch beschrieben, daß sie unterschiedlich lange Wege durch die Faser zurücklegen. Da Polymerfasern im Verhältnis zu Glasfasern recht hohe Dämpfungen besitzen, kann der Wegunterschied auch zu unterschiedlichen Verlusten führen. Wenn man annimmt, daß die Dämpfung des Strahls entlang seines Strahlwegs erfolgt (und nicht entlang der Länge der Faser), ist die logarithmische Dämpfung (in dB) der Moden proportional zum zurückgelegten Weg, weshalb höhere Moden auch höhere Dämpfungen erleiden. Man kann diesen Effekt folgendermaßen beschreiben.

$$S(t,z) = S(0) \cdot e^{\left(-\frac{\alpha \cdot z}{\cos(\theta)}\right)} = S(t,0) \cdot e^{(-\overline{\alpha}(\theta))} \quad \text{mit } \overline{\alpha}(\theta) = \frac{\alpha}{\cos(\theta)}$$

Hier ist α die Materialdämpfung, S(t,z) steht für das Signal an der Stelle z.

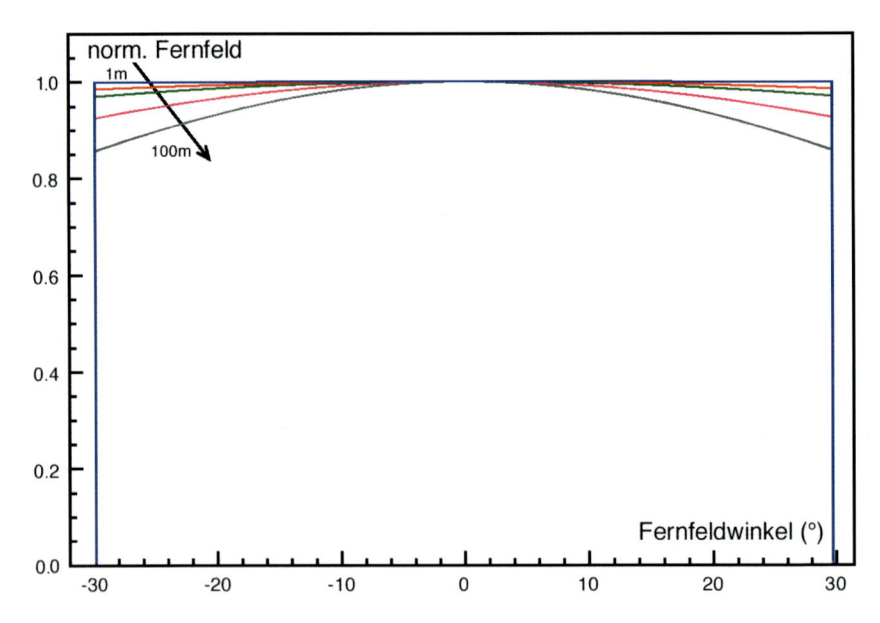

Abb. 10.13: Einfluss der zusätzlichen Dämpfung auf das Fernfeld durch längeren Weg (Längen 1 m, 10 m, 20 m, 50 m und 100 m, UMD-Anregung, $A_N = 0{,}50$, $\alpha_{Kern} = 120$ dB/km).

10.1.5.2 Zusatzverluste höherer Moden durch verlustbehaftete Reflexionen

Im Strahlenmodell breiten sich höhere Moden unter einem größeren Winkel bezogen auf die Faserachse aus als z. B. der Grundmode. Dadurch erfahren Strahlen, die höhere Moden repräsentieren, mehr Reflexionen entlang der Strecke. Wenn die Kern-Mantel-Grenzfläche nicht als ideal angenommen werden kann und bei jeder Reflexion Verluste auftreten, hat das zur Folge, daß höhere Moden weitere Zusatzverluste erleiden. Diese Art von Zusatzverlusten kann man modellieren, indem man die Anzahl der Reflexionen pro Länge berechnet und für jede Reflexion einen Reflexionsfaktor R definiert.

$$N_{Refl} = \frac{L \cdot \tan(\theta)}{2 \cdot a \cdot \sin(\psi)}$$

Da die Anzahl der Reflexionen auch davon abhängt, ob es sich um einen meridionalen oder einen Helixstrahl handelt, ergibt sich eine weitere Abhängigkeit vom Einfallswinkel ψ bezogen auf die Tangentialebene an der Kern-Mantel-Grenzfläche. Somit kann man den reflexionsabhängigen, zusätzlichen Dämpfungsbelag folgendermaßen beschreiben.

$$S(t,z,\psi) = S(t,0,\psi) \cdot R^{N_{Refl}} \Rightarrow \overline{\alpha}_R = -\frac{\tan(\theta) \cdot \ln(R)}{2 \cdot a \cdot \sin(\psi)}$$

Eine eventuelle Winkelabhängigkeit der Reflexionsverluste kann man durch Einführen eines Reflexionsfaktors R(θ) beschreiben.

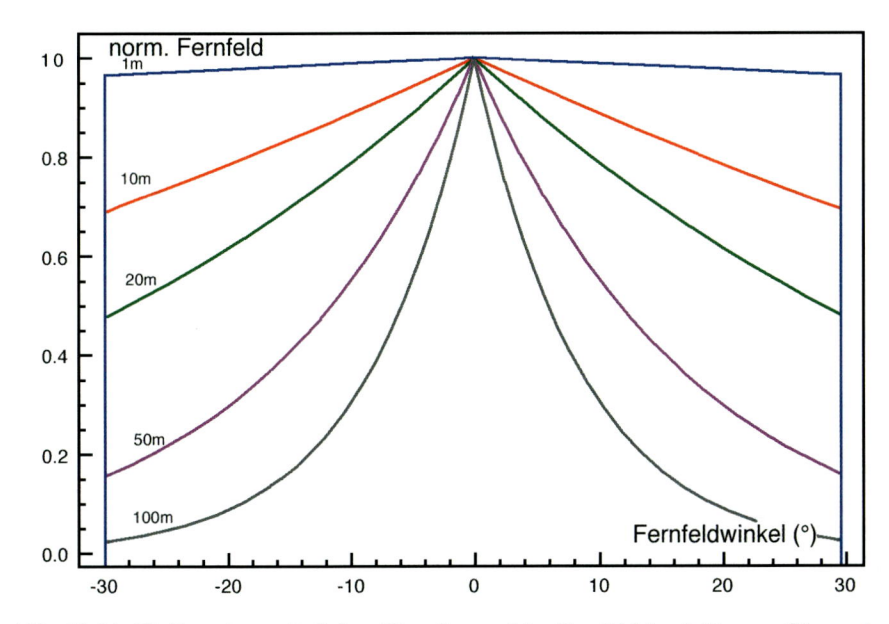

Abb. 10.14: Einfluss der zusätzlichen Dämpfung auf das Fernfeld durch längeren Weg und Reflexionsverluste (UMD-Anregung, A_N = 0,5, α_{Kern} = 120 dB/km, R = 0,9999).

10.1.5.3 Goos-Hänchen-Effekt

Weitere Effekte lassen sich phänomenologisch in das Modell aufnehmen, indem man sie als lokale, zusätzlich wirkende Effekte annimmt, die keine gegenseitige Wechselwirkung mit den anderen Effekten aufweisen. So kann man z.B. neben den zusätzlichen Verlusten an der Kern-Mantel-Grenzfläche durch einen Reflexionsfaktor, der bei jeder Reflexion die Leistung des Strahls gemäß des Reflexionsfaktors dämpft, eine noch genauere Beschreibung vornehmen, die auch die winkelabhängige Dämpfung durch den Goos-Hänchen-Effekt bei jeder Reflexion berücksichtigt. Das geschieht z.B. dadurch, daß das einfallende Feld nicht direkt an der Kern-Mantel-Grenzfläche reflektiert wird, sondern abhängig vom Einfallswinkel ein wenig in das Mantelmaterial eindringt ([Bun99a] und [For01]).

$$\overline{\alpha}_{GH} = \frac{d_{GH}(\theta)}{a} \cdot \frac{\alpha_{Mantel}}{\cos(\theta)}$$

Dabei ist a der Kernradius und α_{Mantel} der Dämpfung im Mantelmaterial. Der Term $d_{GH}(\theta)$ beschreibt die Eindringtiefe des Feldes in Abhängigkeit vom Einfallswinkel θ und Wellenlänge λ.

$$d_{GH}(\theta) = \frac{\lambda}{2 \cdot \pi \cdot \sqrt{n_{Kern}^2 \cdot \cos^2(\theta) - n_{Mantel}^2}}$$

Mit diesen einfachen geometrischen Betrachtungen und phänomenologischen Beschreibungen lassen sich die Ausbreitungseigenschaften von SI-Fasern recht gut charakterisieren.

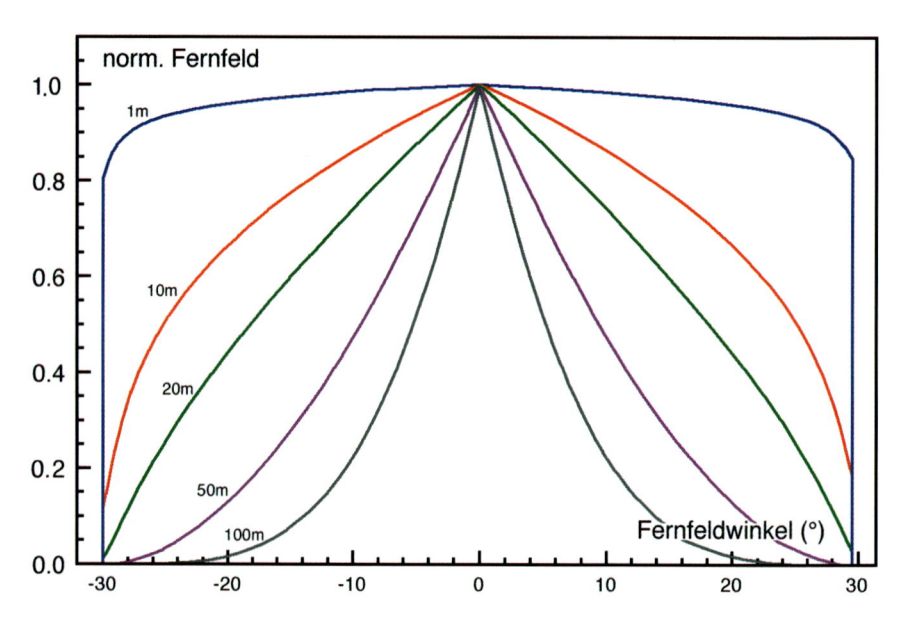

Abb. 10.15: Einfluss der zusätzlichen Dämpfung auf das Fernfeld durch längeren Weg, Reflexionsverluste und Goos-Hänchen-Effekt (UMD-Anregung, $A_N = 0{,}5$, $\alpha_{Kern} = 120$ dB/km, $\alpha_{Mantel} = 5000$ dB/km, $R = 0{,}9999$).

10.1.6 Modenmischung

Modenmischung ist ein Prozeß, der in Polymerfasern recht stark ist und die Ausbreitungseigenschaften dieser Fasern maßgeblich beeinflusst ([Ish96], [Bun99a], [Rud95] und [Sav06]). Während sich in Biegungen ein gesamter Mode in eine neue Eigenwelle transformiert oder ein Strahl seine Richtung deterministisch ändert, ist Modenmischung ein eher statistischer Prozess, bei dem mehrere Moden Leistung miteinander austauschen. Dieser Effekt entsteht i.A. durch Unregelmäßigkeiten in der Faser, sei es die Rauigkeit der Kern-Mantel-Grenzfläche oder seien es Verunreinigungen im Kernmaterial. Diese Unregelmäßigkeiten sind mikroskopisch und führen zu Streuung des Lichts. Ihr Effekt ist daher nur im statistischen Mittel zu beschreiben.

Haupteffekte sind Rayleigh- und Mie-Streuung, die sich durch die Größe der Streuzentren unterscheiden ([Cam03]). Rayleigh-Streuung entsteht durch die Molekülstruktur von Materie, weshalb kein Stoff vollkommen homogene Eigenschaften aufweisen kann. Seine optische Dichte schwankt um einen Mittelwert, der den Brechungsindex des Materials darstellt. Die Schwankungen sind sehr klein und weisen typische Größen im Bereich der Molekülgrößen (< µm) auf. Rayleigh-Streuung ist wellenlängenabhängig und nimmt zu größeren Wellenlängen mit der vierten Potenz ab ($\sim \lambda^{-4}$). Mie-Streuung rührt von Schwankungen des Brechungsindex her, die größere typische Längen aufweisen. Diese entstehen meist durch Verunreinigungen des Materials durch z.B. Luftblasen oder Staubkörner, die groß sind im Verhältnis zur Wellenlänge des Lichts. Die verursachte Streuung wirkt mehr in Ausbreitungsrichtung des Lichts und ist wellenlängenunabhängig. Ein typisches Beispiel für Mie-Streuung ist die weiße Farbe von Emulsionen wie Milch, die durch wellenlängenunabhängige Streuung des Lichts entsteht.

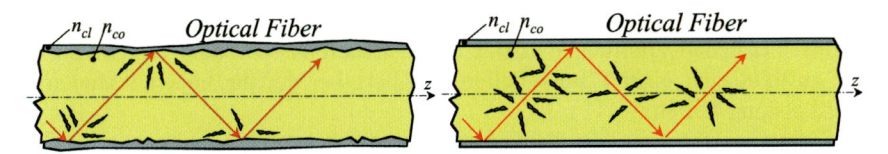

Abb. 10.16: Modenmischung durch Streuung an der Kern-Mantel-Grenzfläche (links) und im Kernmaterial (rechts, [Bun06])

Es konnte gezeigt werden, daß in Standard-SI-Fasern im Kern Rayleigh-Streuung und an der Kern-Mantel-Grenzfläche Mie-Streuung vorherrschen [Bun06]. Das zeigt, daß heutige Polymerfasern aus sehr reinem Material gezogen werden, allerdings immer noch Probleme an der Grenzfläche entstehen. Diese rühren zum einen daher, daß Kern- und Mantelmaterial unterschiedliche Ausdehnungskoeffizienten aufweisen und es so zu Spannungen kommen kann. Zum anderen kann durch das Ziehen der Faser der Mantelbereich eine raue Oberfläche erhalten.

Aus diesen Überlegungen kann man ersehen, daß die Modenmischung ein komplexer Prozeß ist, der in Polymerfasern eine große Rolle spielt und anders wirkt als in herkömmlichen Glasfasern ([Rud95] und [Sav06]). Es gibt einige Ansätze für die Modellierung der Modenmischung, die allerdings nicht in allen Ausbreitungsmodellen gleich gut anzuwenden sind ([Cal95], [Can80] und [Can81]). Manche Beschreibungen bieten sich eher im Modenmodell ([Har95], [Ols75] und [Su05] an, andere sind eher auf die Anwendung in Ray-Tracing-Modellen ([Zub02a]) beschränkt.

10.1.6.1 Coupled-Mode-Theory

Modenkopplung kann man allgemein dadurch beschreiben, daß entlang der Faser ein Teil der Leistung eines Modes in andere Moden überkoppelt. Man kann diesen Sachverhalt für jeden einzelnen Mode m durch die Power-Flow-Equation beschreiben, die den Leistungsfluss vom Mode weg und zum Mode hin innerhalb eines infinitesimal kleinen Faserstücks charakterisiert.

10.1 Modellierung optischer Polymerfasern

$$\frac{dP_m}{dz} = -2 \cdot \alpha_m \cdot P_m + \sum_m c_{m,n}(P_n - P_m)$$

Hier stehen P_m, α_m und $c_{m,n}$ für die Leistung in Mode m, dessen modenabhängiger Dämpfungsbelag und den Koppelkoeffizient zwischen den Moden m und n. Der erste Term beschreibt hier den Leistungsabfluss durch auftretende Verluste, der zweite Term die Leistungsflüsse zwischen den Moden, die zum einen proportional zu den Koppelkoeffizienten sind, zum anderen proportional zum Unterschied zwischen den Leistungen beider Moden. Das so beschriebene System sorgt also für einen Leistungsfluss von Moden, die viel Leistung führen, hin zu wenig angeregten Moden ([Kahn92], [Sav02a] und [Sav02b]). Der angestrebte Endzustand wäre eine Gleichverteilung der Leistung über die Moden. Da aber die Moden unterschiedliche Dämpfungen erleiden, ist der stationäre Zustand, auf den das System zustrebt eher einer Gaußverteilung ähnlich, bei der die höheren Moden weniger Leistung führen.

Die Koppelkoeffizienten, die die Koppelung zwischen den Moden beschreiben, können entweder durch analytische Ansätze beschrieben werden, die auf Betrachtungen der Modenüberlappung basieren ([Djo00], [Djo04], [Kov05] und [Oha81]), oder mehr phänomenologisch definiert werden. Beispiele für solche phänomenologischen Beschreibungen könnten z.B. Modelle für Mie- oder Rayleigh-Streuung sein oder Näherungen die auf Messungen basieren.

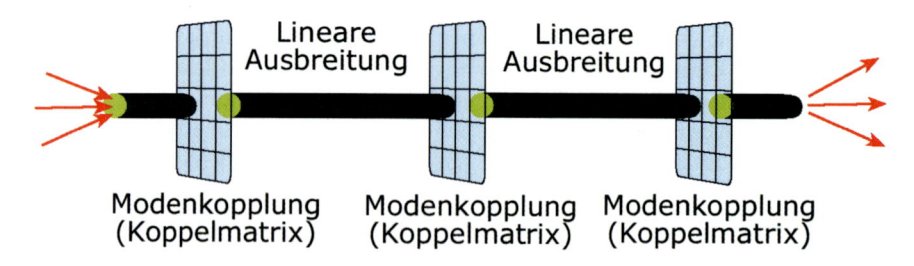

Abb. 10.17: Anwendung der Modenkopplungsmatrix zwischen kurzen Stücken idealer Faser

Die oben gezeigte Power-Flow-Equation für einen Moden stellt einen Teil eines Gleichungssystems dar, das man kompakt mit Hilfe einer Matrixmultiplikation beschreiben kann ([Kru06a]).

$$\vec{P}(z + \Delta z) = M(\Delta z) \cdot \vec{P}(z)$$

Hier entsprechen die Komponenten des Leistungsvektors P(z) der Leistungsverteilung über die Moden an der Stelle z, $\mathbf{M}(\Delta z)$ ist die Modenkoppelmatrix.

10.1.6.2 Diffusionsmodell

Das oben vorgestellte Modenkopplungsmodell ist relativ komplex, weil es die Modenkopplung zwischen allen Moden miteinander beschreibt. In realen Fasern wechselwirken jedoch nur sehr wenige Moden effektiv miteinander, so daß eine einfachere Beschreibung der Modenkopplung ausreicht ([Kit80]). Es konnte gezeigt werden, daß in erster Linie benachbarte Moden, also solche mit ähnlichen Ausbreitungskonstanten, starke Modenkopplung aufweisen. Aus analytischen Betrachtungen kann darauf geschlossen werden, daß die Stärke der Modenkopplung mit der vierten Potenz der Differenz abklingt. Aus diesen Überlegungen entwickelte D. Gloge das Diffusionsmodell, das ausschließlich Modegruppen unterscheidet und nur die Modenkopplung benachbarter Modegruppen beschreibt ([Glo72]). Wenn man zusätzlich berücksichtigt, daß höhere Modegruppen auch mehr Moden beinhalten und diese nahezu gleichmäßig innerhalb der Modegruppe angeregt sind erhält man aus obiger Gleichung folgende Beschreibung:

$$m \frac{dP_m}{dz} = -m \cdot \alpha_m \cdot P_m + m \cdot c_m (P_{m+1} - P_m) + (m-1) \cdot c_{m-1}(P_{m-1} - P_m)$$

Wie schon oben beschrieben der erste Term den Leistungsabfluss von der Modegruppe m durch Dämpfung. Der zweite Term steht für die Kopplung mit der benachbarten, höheren Modengruppe m + 1 und der letzte Term für die Kopplung mit der benachbarten, niedrigeren Modegruppe m - 1. Wenn man nun jeder Modegruppe einen Ausbreitungswinkel θ zuordnet, wie es in einer Stufenindexfaser möglich ist, und annimmt, daß sehr viele Moden ausbreitungsfähig sind, so daß die einzelnen Ausbreitungswinkel sich nur sehr wenig unterscheiden, kann man die beiden letzten Terme zu einer Ableitung zusammenfassen und erhält:

$$\frac{dP}{dz} = -\alpha(\theta) \cdot P(\theta) + (\Delta\theta)^2 \frac{1}{\theta} \frac{\partial}{\partial \theta}\left(\theta \cdot d(\theta)\frac{\partial P}{\partial \theta}\right)$$

Hier beschreibt $d(\theta)$ die Modenkopplung in Form einer Diffusionskonstanten, die allerdings von Winkel abhängig sein kann. Die modenabhängige Dämpfung $\alpha(\theta)$ kann man, wie oben schon beschrieben, durch den zusätzlichen Weg berücksichtigen. Dann ergibt sich

$$\alpha(\theta) = \alpha + \alpha\left(\frac{1}{\cos\theta} - 1\right) = \frac{\alpha}{\cos\theta} \approx \alpha\left(1 + \frac{\theta^2}{2}\right)$$

Mit dieser Näherung und dem Ansatz, daß die Koppelkonstante zwischen den Moden konstant D ist, lässt sich die Diffusionsgleichung in der folgenden oft verwendeten Form schreiben.

$$\frac{dP}{dz} = -A \cdot \theta^2 \cdot P + \frac{D}{\theta}\frac{\partial}{\partial \theta}\left(\theta \cdot \frac{\partial P}{\partial \theta}\right)$$

Diese Gleichung lässt sich für verschiedene Anregungsbedingungen Numerisch lösen, um den Übergang bis zur Gleichgewichtsverteilung zu ermitteln. Die Gleichgewichtsverteilung gibt sich als stationäre Lösung für $dP/dz = 0$, und man erhält im Gleichgewichtsfall eine Gaußverteilung, deren Breite mit wachsender Diffusionskonstante D und kleinerer Dämpfung A breiter wird ([Jia97] und [Zub03]).

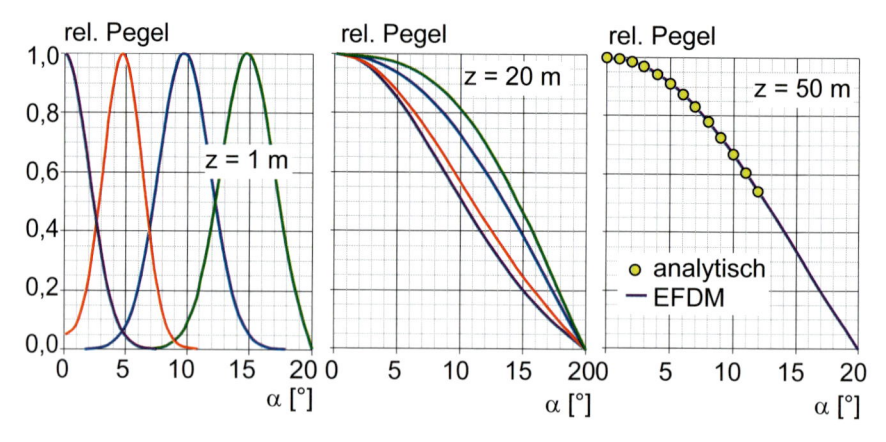

Abb. 10.18: Beispiel für berechnete Fernfelder mit dem Diffusionsmodell für vier verschiedene Anregungsbedingungen nach 1 m, 20 m und 50 m. Der Vergleich mit der Theorie zeigt gute Übereinstimmung, [Djo00]

10.1.6.3 Anwendung mit Hilfe des Split-Step-Algorithmus

Die simulative Umsetzung von Coupled-Mode-Theory und Diffusionsmodell kann man in ähnlicher Art und Weise vorgenommen wie der Split-Step-Algorithmus [Agr97]. Während beim Split-Step-Algorithmus die Ausbreitung in einen linearen und einen nichtlinearen Anteil aufgeteilt wird und beide getrennt nacheinander berechnet werden, wird hier die lineare Ausbreitung und die Modenkopplung getrennt voneinander berechnet [Bre06].

Wenn man die Ausbreitung eines Signals entlang der Faser berechnet, lässt man es erst linear ohne Modenmischung eine Länge Δz ausbreiten, danach erfolgt die Berechnung der Modekopplung in Form einer Matrixmultiplikation. Dadurch ändert sich die Leistungsverteilung über die Moden. Im nächsten Schritt wird dann wieder die Ausbreitung des Signals um einen Schritt Δz berechnet und eine weitere Modenkopplung bestimmt. Eigentlich treten lineare Ausbreitung und Modenkopplung gleichzeitig auf, man sollte daher die Schrittweite Δz möglichst klein halten, um dem Rechnung zu tragen.

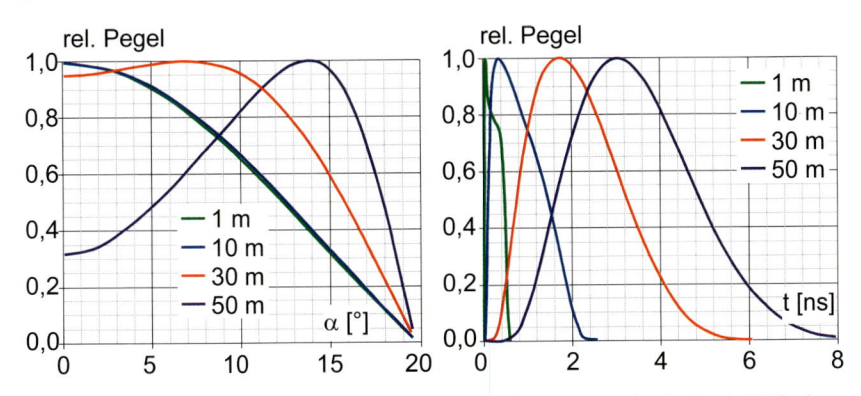

Abb. 10.19: Berechnete Fernfelder (links) und Impulsantworten (rechts) mit Hilfe des Split-Step-Algorithmus für POF mit $N_A = 0{,}5$, $\alpha_{Kern} = 50$ dB/km, $\alpha_{Mantel} = 50000$ dB/km, $D = 7 \cdot 10^{-4}$ rad^2/m, [Bre06].

10.1.6.4 Phänomenologischer Ansatz

Beim phänomenologischen Ansatz geht man noch pragmatischer vor. Man beschreibt die Modenmischung durch eine zufällige Veränderung der Ausbreitungsrichtung θ. So kann man z.B. lokale Modenmischung durch spezielle Effekte wie Mie-Streuung etc. beschreiben. Die Wahrscheinlichkeitsverteilung über den Änderungswinkel Δθ repräsentiert in diesem Falle die Streucharakteristik. Eine breitere Wahrscheinlichkeitsverteilung, entspricht dann einem stärkerem Modenmischen. So lassen sich einzelne Effekte isoliert von anderen untersuchen, und man kann ein besseres Verständnis für die Physik in der Faser erlangen.

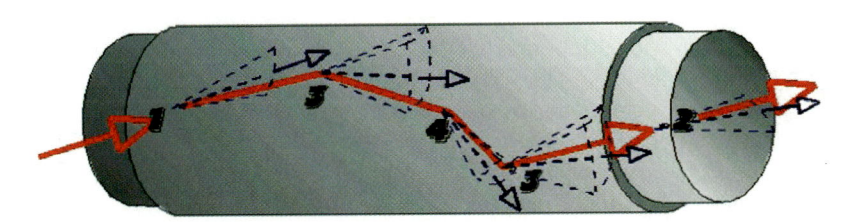

Abb. 10.20: Modellierung der Modenmischung bei Ray-Tracing: Strahlverfolgung und zufällige Veränderung der Ausbreitungsrichtung bei Eintritt (1) und Austritt (2) aus der Faser, im Kern nach einer charakteristischen Länge (4) und bei der Reflexion an der Kern-Mantel-Grenzfläche (3), [Zub04]

In einer speziellen Umsetzung in [Zub02a] wird zwischen Modenkopplung im Kernmaterial und an der Kern-Mantel-Grenzfläche unterschieden. Während die Streuung an der Grenzfläche dadurch modelliert werden kann, daß man bei jeder Reflexion die Ausbreitungsrichtung zufällig ändert, wie oben beschrieben, muss man bei der Materialstreuung den Charakter der verteilten Modenkopplung entlang der Faser modellieren. Das wird dadurch realisiert, daß man eine charakteristische Länge definiert, nach der man einen Streuvorgang mit Richtungsänderung vornimmt. Dieser Ansatz entspricht dem thermodynamischen Modell eines Teilchens, das nach einer mittleren Länge sich mit anderen Teilchen stößt. Man implementiert dieses Modell, indem man für jeden einzelnen Strahl die zurückgelegte Weglänge protokolliert. Wenn die protokollierte Länge die charakteristische Länge erreicht, wird der Streuprozess vorgenommen und die Protokollierung der Weglänge wieder von vorne gestartet.

10.2 Beispiele für Simulationsergebnisse

Nachfolgend werden, nur als Beispiele gedacht, einige weitere Ergebnisse von Simulationsmodellen vorgestellt. Der Abschnitt 10.2.1 stammt aus der Diplomarbeit von C.-A. Bunge und war schon in der ersten Auflage vorhanden. Die anderen Ergebnisse stammen aus Projekten des POF-AC Nürnberg.

10.2.1 Berechnung der Bandbreite von SI-Fasern

Die verschiedenen Arten der Dispersion, welche die Bandbreite von optischen Fasern beschränken, wurden in Kapitel 1 zusammengefaßt. Die heute eingesetzten Polymerfasern sind grundsätzlich Mehrmodenfasern, so daß die Wellenleiterdispersion und die Polarisationsmodendispersion vernachlässigt werden kann.

Somit verbleiben die Modendispersion und die chromatische Dispersion als relevante Prozesse. In [Bun99a] wird eine umfangreiche Betrachtung der Bandbreite von SI-POF vorgenommen. In der Arbeit werden verschiedene Mechanismen betrachtet und folgende Grundannahmen getroffen:

➢ Wegen der großen Modenzahl (ca. 2,4 Mio. für 1 mm SI-POF bei 650 nm) wird die Annahme kontinuierlich verteilter Winkel getroffen.
➢ Alle Berechnungen wurden mit Anregungsbedingungen durchgeführt, die nur vom Winkel abhängen.
➢ Die Berechnungen erfolgten mit Uniform Mode Distribution (UMD) Anregung (konstantes Fernfeld über den Bereich der geführten Strahlen).
➢ Es wurden feste Werte für die Dämpfung in Kern und Mantel angesetzt.
➢ Es wurden keine Inhomogenitäten in Kerndurchmesser, NA oder der Geometrie der Kern-Mantel-Grenzfläche berücksichtigt.

Die betrachteten Prozesse sind:

➢ Geometrische Strahlausbreitung im zylindrischen Wellenleiter
➢ Verluste durch homogene Dämpfung im Kern
➢ Zusatzverluste durch unterschiedliche Ausbreitungswege
➢ Zusatzverluste durch Kern-Mantel-Grenzfläche
➢ Goos-Hänchen-Effekt
➢ Modenkopplung
➢ Einfluß der Leckwellen

10.2 Beispiele für Simulationsergebnisse

Abbildung 10.21 zeigt das Ergebnis einer Berechnung für POF mit NA von 0,40 bzw. 0,50. Als Grunddämpfung wurden Werte von 120 bzw. 220 dB/km angesetzt. Wesentlichen Einfluß auf das Ergebnis hat die Dämpfung des Mantelmaterials, die hier mit 50.000 dB/km bzw. 65.000 dB/km angesetzt wurde.

Oberhalb 30 m setzt der Einfluß der modenabhängigen Prozesse deutlich ein und führt zu einer Vergrößerung der Bandbreite der POF.

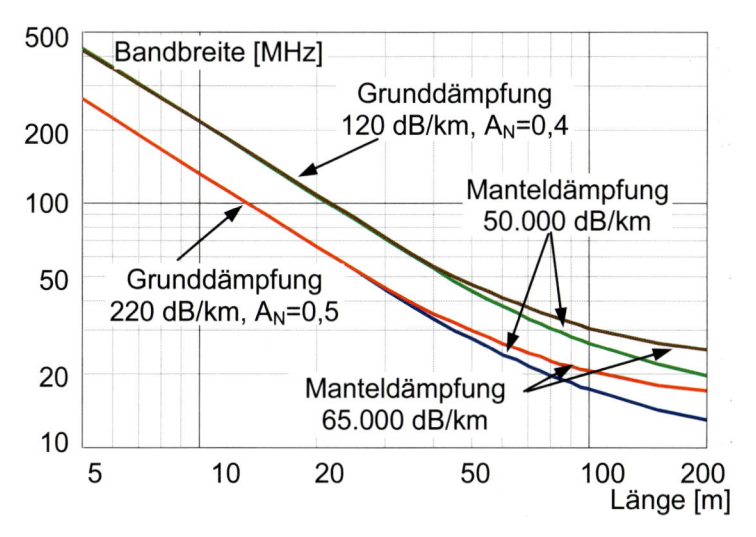

Abb. 10.21: Berechnete Bandbreiten nach [Bun99a] für SI-POF

Abbildung 10.22 zeigt eine Simulation, bei der der Einfluß der Modenkopplung berücksichtigt wurde. Die Modenkoppelkonstanten entsprechen sinngemäß der reziproken Koppellänge (hier sind es 30 m, 300 m bzw. ∞).

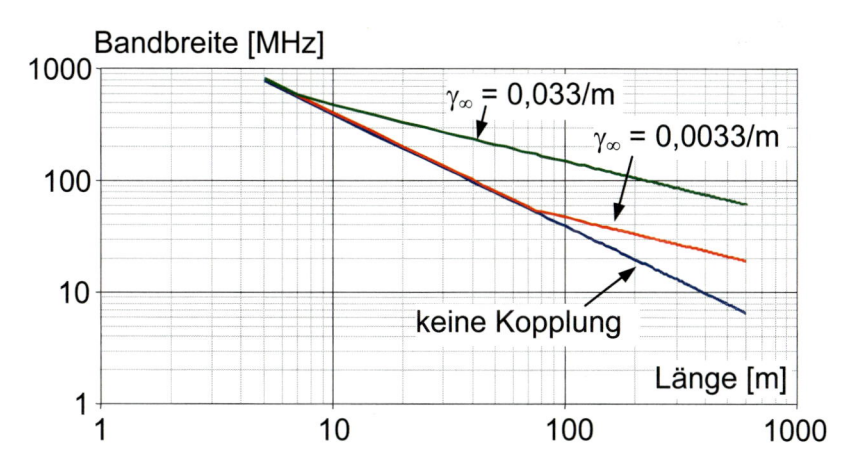

Abb. 10.22: Einfluß der Modenkopplung auf die Bandbreite nach [Bun99a]

Besonders interessante Ergebnisse lieferten die Berechnungen in [Bun99a] für Fasern mit kleinem Durchmesser, wie Abb. 10.23 demonstriert. Zwar werden in der Datenübertragung fast ausschließlich Fasern mit 1 mm Kerndurchmesser eingesetzt, in parallelen Datenverbindungen, oder auch für Vielkernfasern (siehe Kap. 2) sind aber auch deutlich kleinere Durchmesser von Interesse. Für eine ideale Stufenindexprofilfaser hat der Durchmesser keinen Einfluß auf die Bandbreite. Für reale Fasern spielt aber der Durchmesser eine Rolle für den Einfluß der modenabhängigen Prozesse. Sowohl modenabhängige Dämpfung, als auch Modenkopplung sind vorrangig von der Kern-Mantel-Grenzfläche bestimmt. Eine Verkleinerung des Durchmessers vergrößert die Zahl der Reflexionen und damit den Einfluß dieser Mechanismen. Auch die Wellenführung der Leckstrahlen ändert sich.

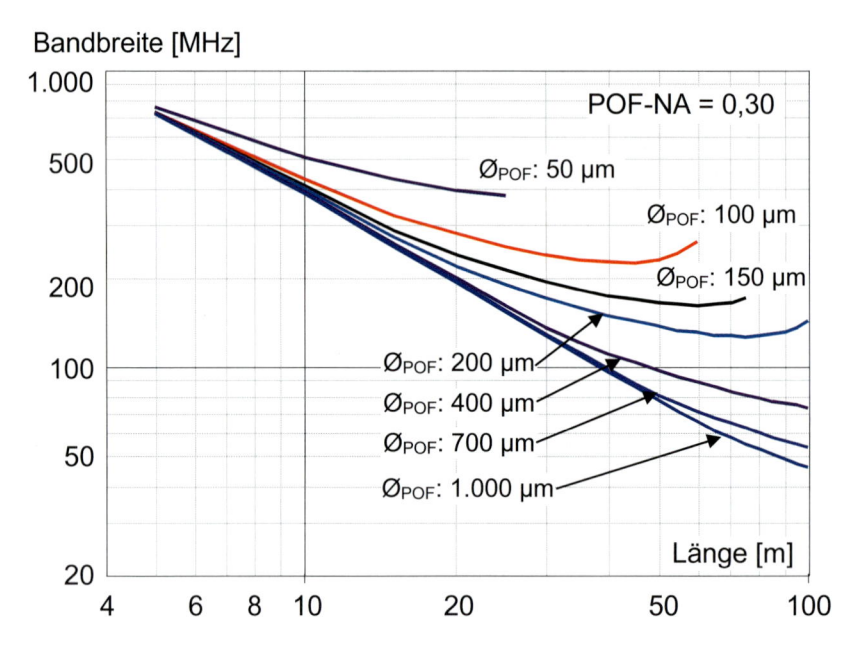

Abb. 10.23: Bandbreite für POF mit verschiedenen Durchmessern ([Bun99a])

In Abb. 10.23 wird die theoretische Abhängigkeit von Dämpfung und Bandbreite vom Durchmesser zusammengefaßt (genauere Parameter in [Bun99a]).

Mit kleiner werdendem Durchmesser kommt der Einfluß der modenabhängigen Prozesse bei immer kleineren Längen zum Tragen. Dies wird allerdings durch eine zunehmende Gesamtdämpfung erkauft. Hier wurde jeweils mit UMD gerechnet. Nimmt man die Anregung mit kleinerer NA an, wie es in der Praxis der Fall ist, sind die Dämpfungsanstiege weit weniger dramatisch.

10.2 Beispiele für Simulationsergebnisse

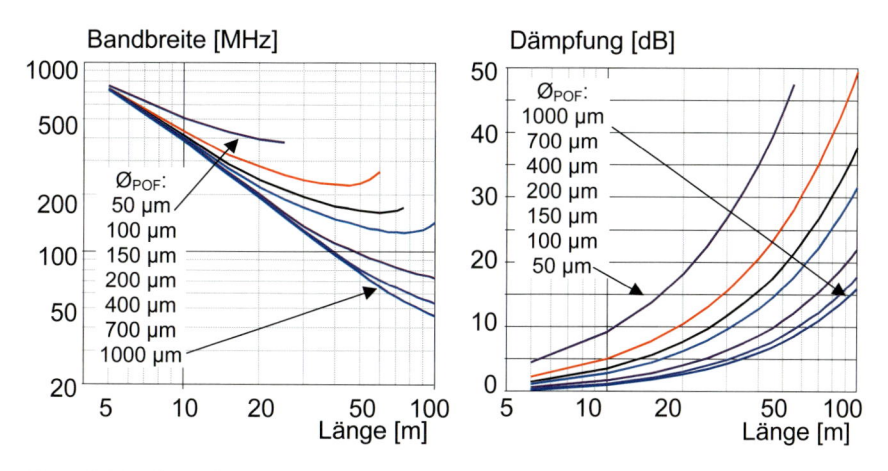

Abb. 10.24: Theoretischer Einfluß des Durchmessers nach [Bun99a]

Abbildung 10.25 zeigt die Bandbreite und Dämpfung für Fasern mit $A_N = 0{,}50$ bzw. $A_N = 0{,}30$ bei Kerndurchmessern zwischen 100 µm und 1.000 µm, wiederum mit UMD-Anregung gerechnet. In heute erhältlichen Vielkernfasern liegen die Einzelkerndurchmesser bei ca. 140 µm. Nach den theoretischen Berechnungen ist dabei eine Verdoppelung der Bandbreite zu erwarten, bei allerdings deutlicher Dämpfungszunahme.

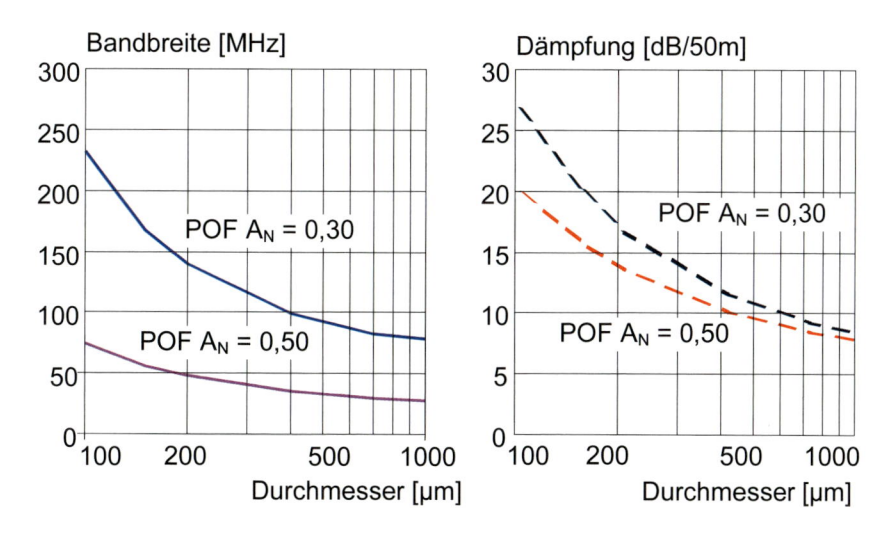

Abb. 10.25: Bandbreite und Dämpfung für verschiedene NA

Noch deutlicher wird die Wirkung der modenabhängigen Prozesse in Abb. 10.26. Es zeigt die simulierten Fernfeldverteilungen für eine 50 µm dicke SI-POF für eine Länge bis 50 m.

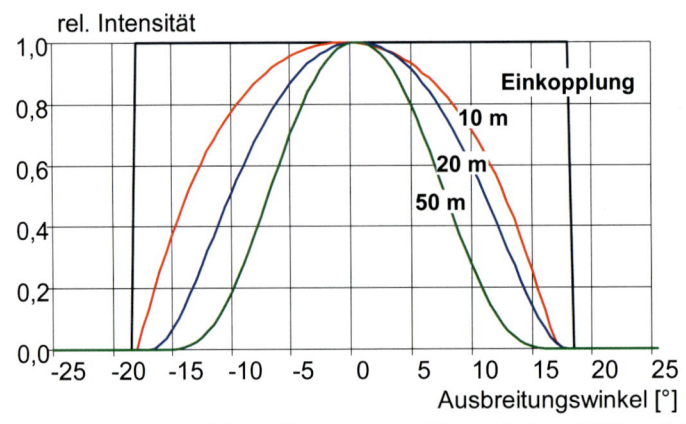

Abb. 10.26: Fernfeldverteilungen einer 50 µm dicken POF nach [Bun99a]

Die Fernfeldbreite ist schon nach 20 m auf die Hälfte gesunken, resultierend in einer etwa vervierfachten Bandbreite. Koppelt man von vorneherein mit kleinerem Winkel ein, bleibt der Bandbreitenvorteil erhalten, ohne daß die Verluste im Vergleich zur 1 mm-POF zu stark ansteigen.

Die bisher verfügbaren theoretischen Modelle beschreiben das Verhalten von SI-POF in qualitativ guter Übereinstimmung. Ein für quantitative Abschätzungen universell nutzbares Modell fehlt bislang. Diesem Ziel hat sich eine Ende 2000 gebildete Arbeitsgruppe des Europäischen FoTON-Projektes verschrieben (Informationen unter www.pofac.de).

10.2.2 Ein lineares POF-Ausbreitungsmodell

Am Anfang des Jahres 2003 wurde durch C.-A. Bunge für die Audi AG ein einfaches Modell zur Abschätzung der Biegeverluste von Fasern entwickelt. Die Aufgabe bestand darin, aus vorgegebenen CAD-Daten, die die Verlegung der Fasern beschreiben, die Biegungen und die daraus resultierenden Verluste zu berechnen. Dazu wurde die Datenstruktur untersucht und mittels Vektorrechnung die Biegungen entlang der Faserstücke ermittelt. Die berechneten Parameter sind Biegeradius und -winkel (Abb. 10.27).

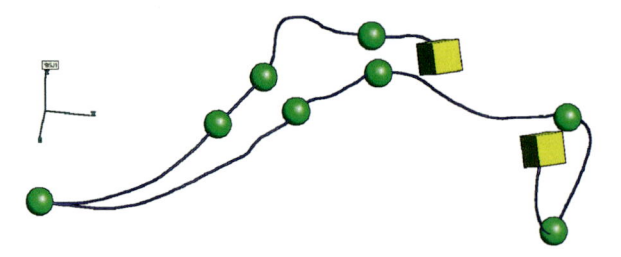

Abb. 10.27: Simulierter POF-Kabelstrang

10.2 Beispiele für Simulationsergebnisse

Als zweiter Schritt mußte ein Modell geschaffen werden, das aus diesen beiden Eingangsparametern die Biegeverluste berechnet. Die hierbei getroffene Annahme, daß man die Verluste einfach aufaddieren könne, die Biegeverluste sich also als lineare Prozesse modellieren lassen, gab dem Modell seinen Namen. Diese Annahme ignoriert hingegen den Einfluß, welchen vorangegangene Biegungen auf die Leistungsverteilung in der Faser und somit auf die folgenden Biegeverluste haben. Man erhält mehr oder weniger eine obere Abschätzung der auftretenden Verluste.

Messungen der Biegeverluste an MOST-Fasern wurden in Abhängigkeit vom Biegeradius und Biegewinkel durchgeführt. Alle Messungen fanden unter Gleichgewichtsanregung statt. Die Ergebnisse wurden an ein einfaches Modell angefittet und im Simulationsmodell angewandt.

Teile der Ergebnisse wurden auf der POF-Konferenz 2003 in Seattle vorgestellt ([Bun03b]) und wurden nachfolgend mit anderen Simulationsergebnissen auf Raytracing-Basis verglichen.

Zunächst wurde die Dämpfung an einer Biegung mit unterschiedlichen Biegewinkeln ermittelt (Abb. 10.28). Der Biegeradius war einheitlich 20 mm und die Biegung erfolgte einmal am Faseranfang und einmal am Faserende. Im letzteren Fall ergeben sich etwas höhere Verluste, da dann in der Faser durch Modenkopplung schon mehr höhere Moden entstanden sind.

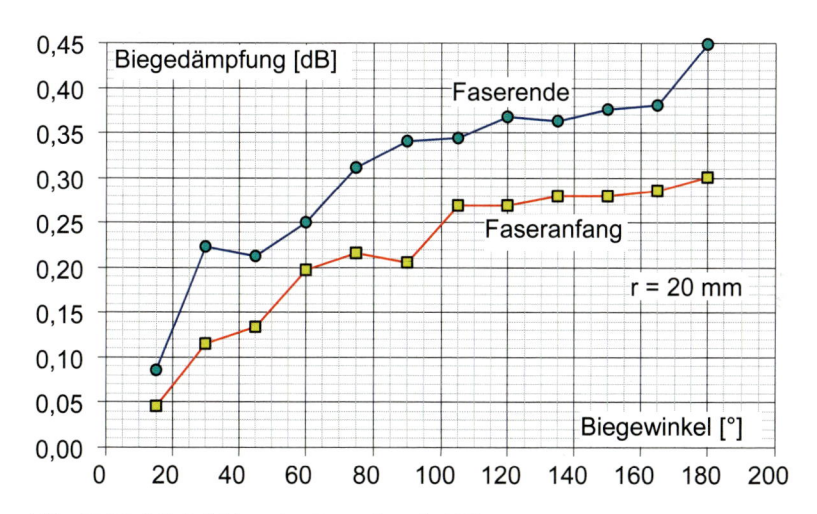

Abb. 10.28: Winkelabhängige Dämpfung bei Biegung

Die Meßkurven zeigen, daß die Biegedämpfung annähernd linear mit dem Biegewinkel zunimmt, allerdings schneiden die Kurven die Y-Achse nicht genau bei Null. Im Modell nimmt man an, daß bei einer Biegung Verluste beim Übergang zwischen der geraden Faser vor und hinter der Biegung und dem gebogenen Faserstück auftreten.

In der nächsten Abb. 10.29 wird die Abhängigkeit der Biegeverluste vom Biegeradius, wiederum für Messung an verschiedenen Positionen in der Faser, dargestellt. Die Einkoppel-NA wurde hier mit 0,34 auf einen Wert nahe dem Modengleichgewicht eingestellt.

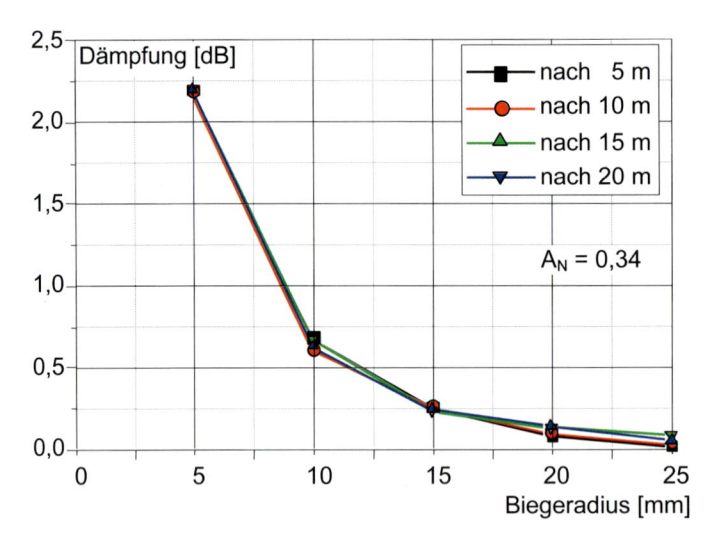

Abb. 10.29: Biegeverluste in Abhängigkeit vom Biegeradius

Für kleinere Biegeradien steigen die Verluste annähernd invers proportional mit r (weitere Beispiele dazu im Kap. 2). Wie groß der Einfluß der Numerischen Apertur an der Einkoppelstelle auf die Biegeverluste tatsächlich ist, zeigen die beiden folgenden Abb. 10.30 und 10.31. Für Radien von 5 mm bzw. 25 mm wurden die Biegeverluste nach unterschiedlichen Längen der Faser für Einkoppel-NA bis zu 0,65 (Überanregung) bestimmt.

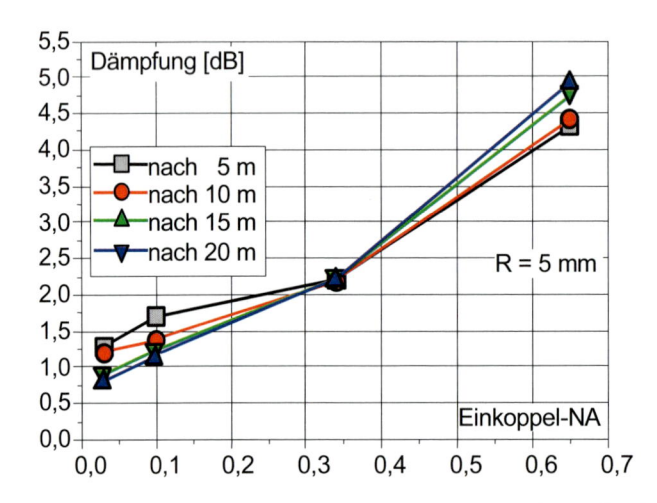

Abb. 10.30: NA-abhängige Biegeverluste bei 5 mm Biegeradius (360°-Biegung)

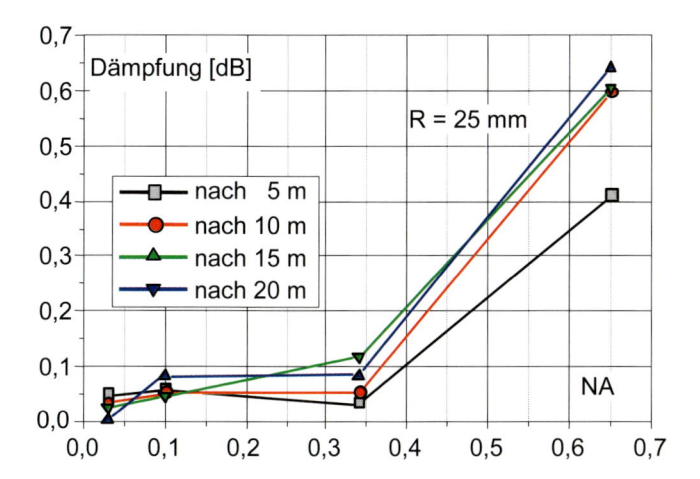

Abb. 10.31: NA-abhängige Biegeverluste bei 25 mm Biegeradius (360°-Biegung)

Bei realistischen Biegeradien sind NA bis zu 0,30, also etwas bis zum Wert des Modengleichgewichtes relativ problemlos. Einkopplung mit großen Winkeln führt in Kombination mit engen Biegungen zu großen Verlusten.

Die Messungen zeigen, daß die Biegeverluste vor allem von der Modenverteilung abhängen. Sehr genaue Berechnungen der Biegeverluste einer vorgegebenen Strecke ohne exakte Kenntnis der Modenverteilung des Senders sind also schon vom Prinzip her nicht möglich. Erschwerend kommt hinzu, daß Fasern unterschiedlicher Hersteller verschiedene modenabhängige Verluste aufweisen, die sich auch im Biegeverhalten niederschlagen.

Der größte Fehler liegt aber in der Tatsache begründet, daß jede enge Biegung auch die Modenverteilung selbst ändert. Nachfolgende Biegungen erhalten also faktisch eine andere Einkoppel-NA. Eine mögliche Erweiterung des Verfahrens ist deswegen das sogenannte nichtlineare Modell. Dabei werden die Biegungen in Ihren Kombinationen berücksichtigt. Auch hierzu werden die Modellparameter aus experimentell ermittelten Daten berechnet. Die genaue Kenntnis der Biegeverluste gestattet es, bei der Konstruktion auch bei engen Biegungen die Einhaltung der Leistungsbilanz zu garantieren, also die vorhandenen Komponenten optimal auszunutzen.

10.3 Messung und Simulation der Bandbreite von PF-GI-POF

In jüngster Zeit wurden am Georgia Institute of Technology eine Reihe von Messungen und Simulationen zum Einfluß der Modenmischung in perfluorierten GI-POF durchgeführt ([Ral06], [Ral07], [Poll07]). Über die Übertragung von bis zu 40 Gbit/s über eine 50 µm PF-GI-POF wurde bereits im Abschnitt 6.3.6.3 berichtet.

Gradientenindexprofilglasfaser können die Modendispersion nur dann komplett eliminieren, wenn der Indexkoeffizient exakt 2 beträgt und die chromatische Dispersion vernachlässigt werden kann. In der Realität sind beide Forderungen nicht erfüllbar, so daß immer noch unterschiedliche Laufzeiten für die Moden auftreten. Man mißt diese Laufzeitdifferenzen als DMD (Differential Mode Delay). Bei GI-Faser wird dazu ein kleiner Lichtfleck an unterschiedlichen Orten über dem Faserquerschnitt eingekoppelt und die Laufzeit eines kurzen Impulses gemessen.

In SiO_2-GI-Fasern tritt praktisch keine Modenkopplung auf (Modenkoppelkoeffizient: $1,5 \cdot 10^{-4}$ m^{-1}). Das hat zur Folge, daß die einzelnen Moden nach großen Faserlängen deutlich auseinanderlaufen und als Peaks in der Impulsantwort sichtbar werden. Ein Beispiel für eine gemessene Impulsantwort (1,1 km einer 50 µm GI-GOF) zeigt Abb. 10.32.

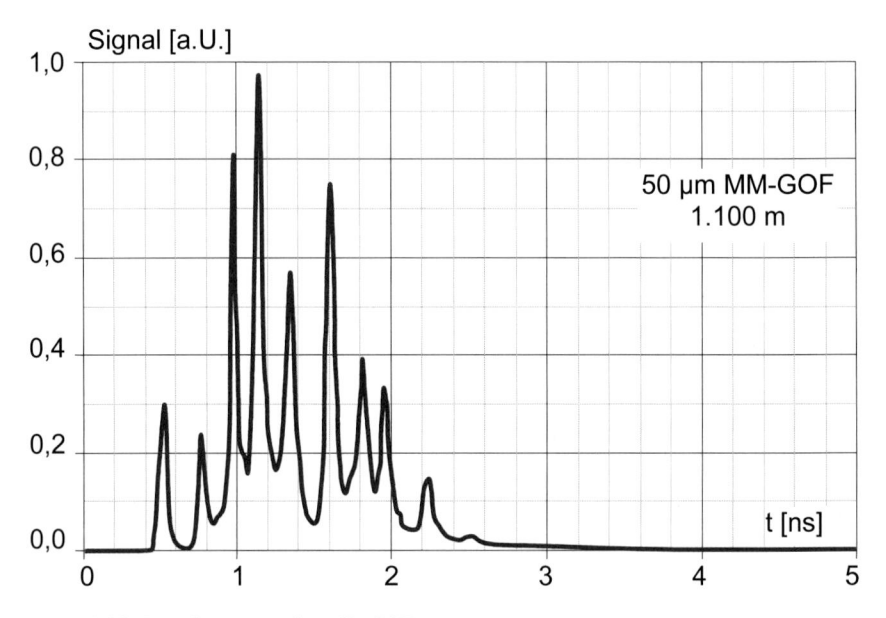

Abb. 10.32: Impulsantwort einer GI-GOF

Nach gut einem Kilometer Strecke sind hier die verschiedenen Modenfamilien erkennbar auseinandergelaufen und bilden einzelne Maxima in der Impulsantwort. Die Anregung nur einer Modengruppe kann dann allerdings die mögliche Kapazität deutlich vergrößern.

In PF-POF tritt eine sehr viel größere Modenkopplung auf. In [Ral06] wird er mit >1,5 m^{-1} angegeben, also mindestens vier Größenordnungen über dem Wert für Quarzglasfasern. In [Ral07] wird dann ein Wert von 10 m^{-1} ermittelt. Die folgende Abb. 10.33 zeigt in der Simulation den Einfluß einer so großen Modenkopplung auf die Impulsantwort einer GI-Faser.

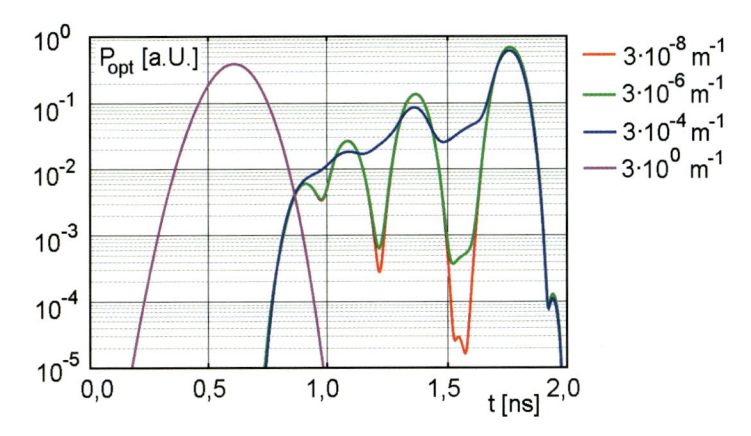

10.3 Messung und Simulation der Bandbreite von PF-GI-POF

Abb. 10.33: Simulierte Impulsantwort bei unterschiedlicher Modenkopplung ([Ral07])

Liegt die Modenkopplung in den für Glasfasern typischen Bereichen, werden die zu den verschiedenen Modengruppen gehörenden Peaks zwar etwas verschliffen, die Breite der Impulsantwort bleibt aber etwa konstant. Bei sehr starker Kopplung entsteht ein deutlich schmalerer Impuls, etwa in Gaußform. Ursache für die geringere Impulsverbreiterung ist, daß sich einzelne Moden nicht mehr über die gesamte Faserlänge konstant mit maximaler oder minimaler Geschwindigkeit ausbreiten können, sonder unterwegs immer wieder untereinander ausgetauscht werden. Der Einfluß wachsender Modenkopplung auf die maximale Impulsverbreiterung (DMD) bei unterschiedlichen Profilkoeffizienten zeigt Abb. 10.34.

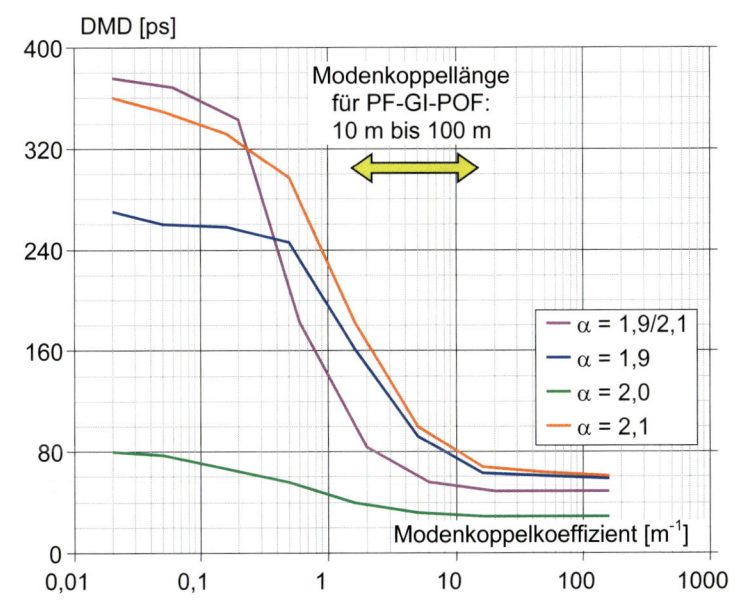

Abb. 10.34: Simulierte DMD bei unterschiedlicher Modenkopplung ([Ral07])

Neben Fasern mit Profilkoeffizienten von 1,9; 2,0 und 2,1 wurde auch eine Faser mit einem Brechungsindexverlauf mit unterschiedlichen Profilkoeffizienten innen und außen betrachtet. Mit kleiner Modenkopplung sieht man einen starken Einfluß der Abweichung des Profilkoeffizienten vom Optimum 2,0. Bei großer Modenkopplung verringert sich der Einfluß deutlich und die Laufzeitunterschiede verringern sich generell.

Dieses Ergebnis erklärt nicht nur die vergleichsweise große Bandbreite der GI-POF im Vergleich zu Glasfasern mit identischem Indexprofil, sondern es erklärt auch die Unabhängigkeit der Bandbreite und der DMD von der Einkopplung in die Faser. Messungen der Impulsantwort für unterschiedliche Einkoppelpositionen an einer 200 m langen PF-GI-POF ($\varnothing_{Kern}$: 50 µm; Chromis Fiberoptics) zeigt Abb. 10.35.

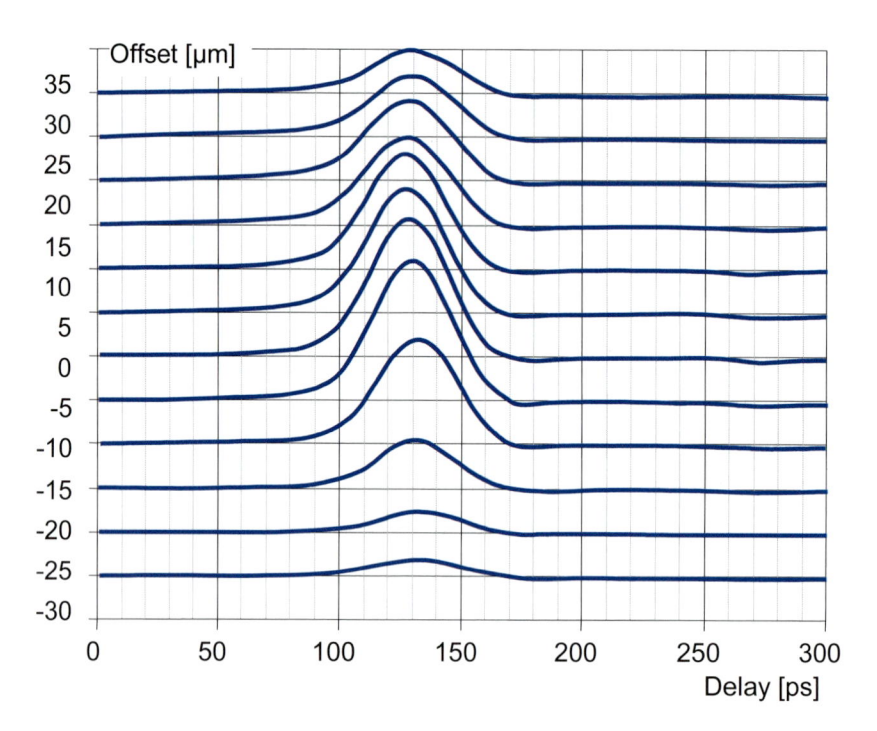

Abb. 10.35: DMD-Messung an einer 200 m langen PF-GI-POF bei 800 nm ([Ral06])

Die Impulsbreite beträgt unabhängig von der Einkoppelposition ca. 56 ps (durch den Empfänger begrenzt). Die Peakpositionen schwanken nur um wenige Pikosekunden. Die unterschiedlichen Pegel sind durch die modenabhängige Dämpfung bestimmt.

Für die Datenübertragung ergibt sich aus den Simulationen folgendes Bild:

➢ PF-GI-POF arbeiten in einem vor allem durch Modenkopplung bestimmten Bereich.

➢   Bandbreite und Impulsverbreiterung sind ab einer gewissen Länge weitgehend unabhängig von den Anregungsbedingungen.
  ➢   Typische Modenkoppellängen liegen zwischen 10 m und 100 m.
  ➢   Die Bandbreite sinkt etwa mit der Wurzel der Länge.
  ➢   Für eine Übertragung von 40 Gbit/s über 100 m PF-GI-POF tritt ein Penalty von höchstens 5 dB auf, wenn der Profilexponent zwischen 2,0 und 2,1 liegt. Aus den Messungen mit Hilfe der Impulsverbreiterung ergibt sich bei 800 nm ein gut übereinstimmender Wert von 4 dB bei 100 m und 40 Gbit/s.

Ein Nachteil der großen Modenkopplung liegt in einer zusätzlichen Dämpfung, da immer auch ein Teil des Lichtes in nicht geführte Moden gekoppelt wird. Die in den Arbeiten verwendete Faser hat bei 800 nm ca. 50 dB/km Verluste und bei 1.550 nm etwa 150 dB/km.

Von Asahi Glass wurden schon PF-GI-POF mit weniger als 10 dB/km Dämpfung hergestellt. Diese Fasern dürften dann weniger Modenkopplung besitzen. Ihr Einsatzbereich liegt aber in Verbindungen bis 1000 m, wo auch eine kleinere Koppeldämpfung bereits die gleichen Effekte hervorruft.

Nach [Ral06] liegt die Modenkopplung in SI-POF sogar bei 670 m^{-1}. Dabei muß aber berücksichtigt werden, daß hier auch die Modendispersion viel größer ist. Verschiedene Messungen zeigen, daß nach ca. 100 m auch bei der SI-POF der Einfluß der Einkoppelbedingungen weitgehend eliminiert ist.

10.4 Simulation optischer Empfänger mit großen Photodioden

Bereits in den Kapiteln 4.4 (Empfänger) und im Kapitel 6 (Systeme) wurde darauf verwiesen, daß die Kapazität der großflächigen Photodioden allgemein als der limitierende Faktor für den Einsatz von Dickkernfasern bei hohen Datenraten angesehen wird. Viele Experten waren deswegen überrascht, als vor einigen Jahren in einer Reihe von Veröffentlichungen die Übertragung mehrerer Gigabit mit dicken Fasern (z.B. 1 mm GOF und POF) und entsprechend großen Photodioden berichtet wurde. Haben sich alle Fachleute geirrt?

Ursache für das Mißverständnis liegt in einigen grundlegenden Unterschieden zwischen Photoempfängern in der bisherigen optischen Nachrichtentechnik und in den POF-spezifischen Lösungen. Der Einfluß des Bahnwiderstandes auf die Funktion des Empfängers wurde bislang weitgehend übersehen. Um trotz der hohen Kapazität großer Photodioden hohe Bandbreiten zu erreichen, müssen Empfängerkonzepte mit niedrigem Eingangswiderstand gewählt werden. Damit kommt dem Bahnwiderstand der Photodioden eine stärke Bedeutung zu. In einem gemeinsamen Projekt zwischen Schott Mainz, den IIS Erlangen, DieMount Wernigerode und dem POF-AC werden derzeit verschieden große Photodioden (Durchmesser zwischen 250 µm und 1.600 µm, hergestellt von CIS Erfurt) in Kombination mit unterschiedlichen Empfängerschaltungen vermessen. Durch Modellierung der

Empfänger sollen dann die parasitären Größen möglichst genau bestimmt werden ([Skl07]).

Die verschiedenen Dioden haben ca. 300 μm dicke Substratschichten. Bei einem Durchmesser von beispielsweise 1.300 μm und eines spezifischen Widerstandes des Silizium von 50 Ωcm ergibt sich ein Bahnwiderstand des Substrats von etwa 113 Ω. Dies ist größer als der typische Eingangswiderstand eines HF-Verstärkers. Verkleinert man die Photodiode deutlich, sinkt zwar die Kapazität, gleichzeitig steigt aber der Substratwiderstand an, so daß sich an der RC-Zeitkonstante wenig ändert.

Für die Simulation der gemessenen Impulsantworten wurde ein einfaches elektrisches Ersatzschaltbild, gezeigt in Abb. 10.36 verwendet. Die Photodiode ist als ideale Stromquelle mit einer Parallelkapazität, einem relativ hohen Isolationswiderstand und einer Längsinduktivität nachgebildet. Dazu kommt der Substratwiderstand sowie der Eingangswiderstand und die Eingangskapazität der nachfolgenden Verstärkerstufe.

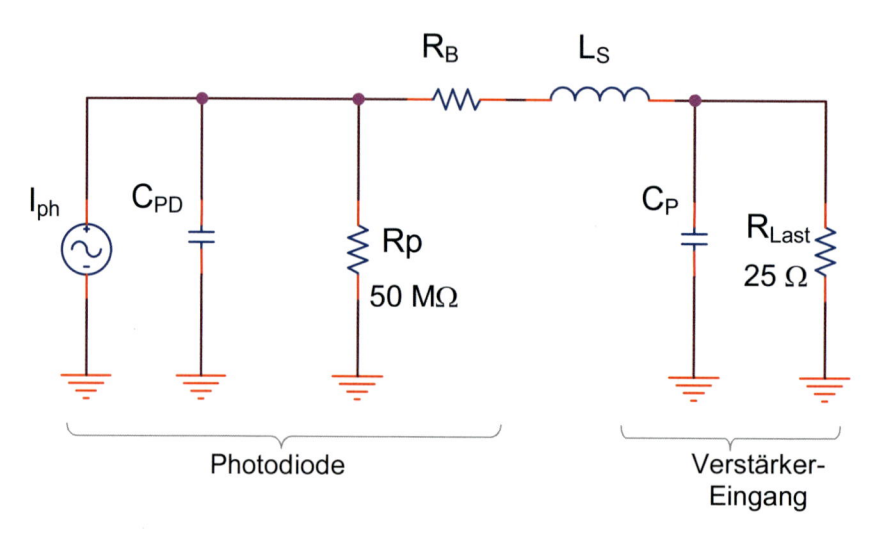

Abb. 10.36: Elektrisches Ersatzschaltbild der Photodiode

In der nachfolgenden Abb. 10.37 wird ein Vergleich der gemessenen Impulsantwort (bei 650 nm Wellenlänge, optische Impulsbreite < 200 ps) und der simulierten Impulsantwort gezeigt. Es wird vor allem Wert auf eine Übereinstimmung der Impulsbreiten gelegt. In der Abb. 10.37 ist als Beispiel das Verhalten einer Photodiode mit 1.300 μm Durchmesser bei 12 V Sperrspannung gezeigt. Zwischen Simulation und Messung besteht gute Übereinstimmung.

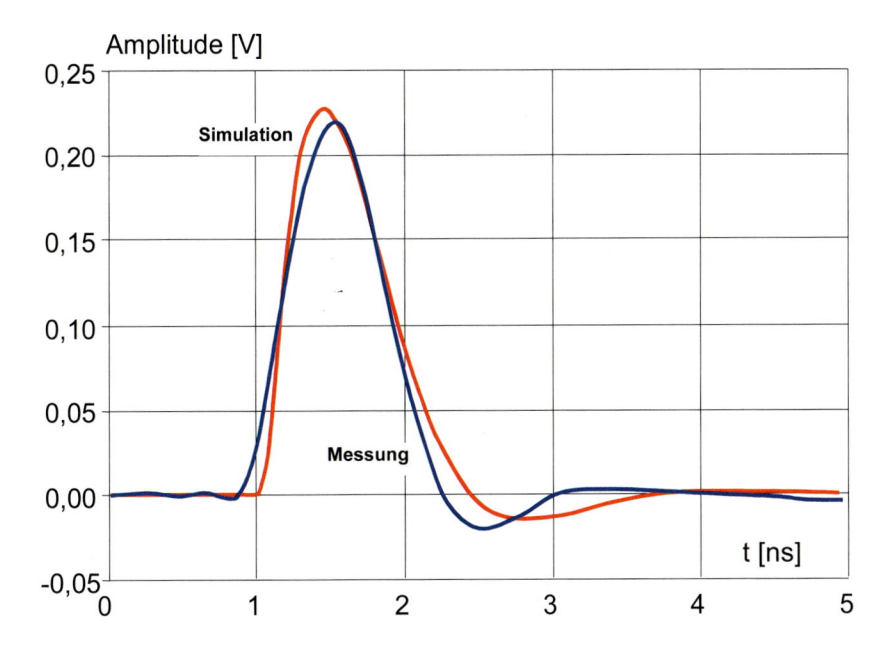

Abb. 10.37: Simulierte und gemessene Impulsantwort einer 1.300 μm großen Photodiode

In der folgenden Tabelle 10.1 werden die Parameter gezeigt, mit denen drei der bisher untersuchten Photodioden simuliert wurden.

Tabelle 10.1: Angepaßte Parameter der verschiedenen Photodioden ([Skl07])

Photodiode	R_b [Ω]	C_{PD} [pF]	L_s [nH]	C_P [pF]
⌀: 850 μm	176,4	1,8	8	8,5
⌀: 1.300 μm	75,4	6,2	8	8,5
⌀: 1.600 μm	49,8	8,5	8	8,5

Zwar ändert sich in diesem Modell die Photodiodenkapazität proportional mit der Fläche, die parasitären Einflüsse des Empfängers liegen aber in einer ähnlichen Größenordnung. Vorteilhaft bei größeren Dioden ist der deutlich sinkende Bahnwiderstand. Diese Ergebnisse erklären auch gut die relativ geringe Abhängigkeit der gemessenen Empfängerbandbreite von der Sperrspannung und dem Durchmesser der verwendeten Photodiode, gezeigt in Abb. 10.38.

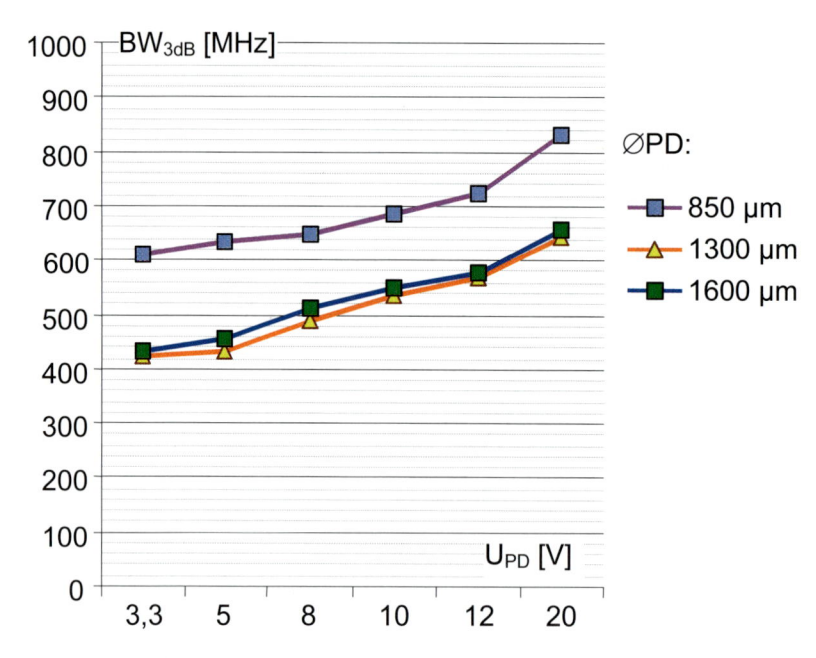

Abb. 10.38: Abhängigkeit der Empfängerbandbreite von der Photodiodengröße und der Sperrspannung

Für den Einsatz dicker Fasern bei hohen Datenraten ergeben sich daraus die folgenden wichtigen Regeln:

- Bei der Herstellung der Photodioden ist neben der geringen Kapazität vor allem auf einen niedrigen Substratwiderstand zu achten.
- Hohe Bandbreiten können vor allem mit Empfängerkonzepten erreicht werden, die einen kleinen Eingangswiderstand ermöglichen.
- Die Photodiodengröße spielt nur eine geringe Rolle. Eine größere Photodiode erlaubt i.d.R. eine effizientere Ankopplung der Faser, so daß in Summe eine Verbesserung gegenüber einer kleinen Photodiode erreicht wird.
- Die Abhängigkeit der Empfängerbandbreite von der Vorspannung ist relativ gering. Soll die verfügbare Bandbreite nicht komplett ausgenutzt werden, kann auch mit kleinen Spannungen gearbeitet werden.

Ausgehend von diesen Erkenntnissen wurde die Übertragung einer Datenrate von 1 Gbit/s unter Einsatz eines Empfängers mit einer 1.600 µm großen Photodiode realisiert. Das Augendiagramm nach einer Faserstrecke von 50 m (OM-Giga) zeigt Abb. 10.39.

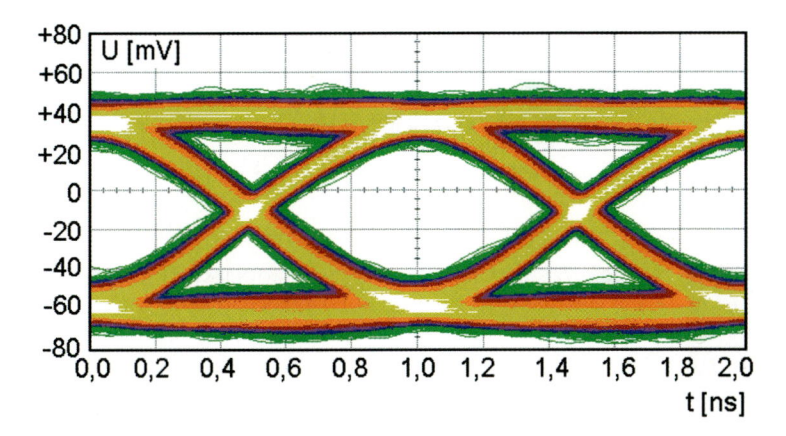

10.4 Simulation optischer Empfänger mit großen Photodioden 801

Abb. 10.39: Datenübertragung mit 1,6 mm PD, 12 V Sperrspannung, 1 Gbit/s mit 50 m OM-Giga

Das Auge ist komplett geöffnet. Dabei wurde kein Entzerrer verwendet. Die Ergebnisse sind kaum schlechter als die bislang erreichten Resultate mit 800 µm Photodioden. Wie die folgende Abb. 10.40 zeigt, ist fehlerfreie Übertragung sogar bei einer Photodiodenspannung von nur 3,3 V möglich.

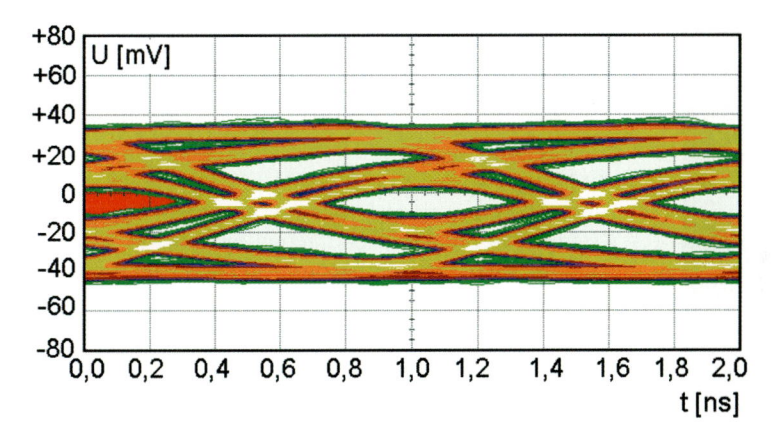

Abb. 10.40: Datenübertragung mit 1,6 mm PD, 3,3 V Sperrspannung, 1 Gbit/s mit 30 m OM-Giga, weltweit erstmalig gezeigt !

Es ist bereits eine deutliche Verkleinerung der Augenöffnung zu erkennen, der Einsatz eines passiven Entzerrers könnte dies aber problemlos kompensieren. Dieser Entzerrer dürfe wesentlich weniger aufwendig sein, als die Erzeugung einer hohen Photodiodenspannung mit einer Ladungspumpe.

Setzt man Empfänger mit höherem Eingangswiderstand ein, wird sich die Diodenkapazität stärker auswirken. Dies wird in der nächsten Phase des Projektes untersucht werden.

Fraunhofer Institut
Integrierte Schaltungen

Unsere Wissenschaftler entwickeln mikroelektronische Systeme und Geräte sowie die dazu notwendigen integrierten Schaltungen und Software. Für unsere Kooperationspartner bieten wir technische Beratung, innovative Konzepte, Begleitung in allen Projektphasen und Dienstleistungen.

Das 1985 gegründete Fraunhofer IIS ist heute das größte der insgesamt 56 Fraunhofer-Institute. Mit der Entwicklung des Audiocodierverfahrens MP3 sind wir weltweit bekannt geworden.

Das Fraunhofer-Institut für Integrierte Schaltungen IIS – ein internationales Forschungsinstitut mit ausgewiesener Problemlösungskompetenz.

Im Bereich der optischen Nahbereichsübertragung sind wir ein kompetenter F&E-Partner für Systemkonzeption, Elektronikentwicklung und Design optischer Komponenten. Die Schwerpunkte dabei sind:

- Gbit/s-POF-Transceiver
- HDMI-Übertragung mit POF oder Glasfaser
- Design optischer und elektronischer Komponenten
- Systementwurf für POF-Übertragungssysteme
- Optische und optoelektronische Charakterisierung von Übertragungsstrecken

Kontakt

Dr. Norbert Weber
Telefon +49 (0) 91 31/7 76-92 10
Fax +49 (0) 91 31/7 76-4 99
norbert.weber@iis.fraunhofer.de

Am Wolfsmantel 33
91058 Erlangen
Telefon +49 (0) 91 31/7 76-0
Fax +49 (0) 91 31/7 76-9 98
info@iis.fraunhofer.de
www.iis.fraunhofer.de

11. POF-Clubs

Dieses Kapitel soll einen Einblick in die internationalen wissenschaftlichen Aktivitäten im Bereich der Polymerfaser geben. Inzwischen wird diese Technologie von vielen etablierten Gruppen wahrgenommen und behandelt, auf die hier nicht im Einzelnen eingegangen werden kann. Nachfolgend werden nur die wichtigsten Gruppen und Veranstaltungen vorgestellt, die sich mit POF beschäftigen.

11.1 Das Japanische POF-Konsortium

Von den heute bestehenden Interessenvereinigungen auf dem Gebiet der optischen Polymerfaser kann das Japanische POF-Konsortium auf die größte Aktivität zurückblicken. Es wurde 1994 gegründet und wird seitdem von Prof. Yasuhiro Koike geleitet, der auch durch seine zahlreichen Veröffentlichungen, vor allem zu Gradientenindexprofil-Polymerfasern, internationale Anerkennung gefunden hat. Insgesamt ca. 70 Institute und Hersteller sind im Japanischen POF-Konsortium vertreten. Tabelle 11.1 zeigt den Stand im Jahr 1999 ([Pol99], [Koi96d]).

Tabelle 11.1: Mitglieder des Japanischen POF-Konsortiums

Alps Electric Co., Ltd.	AMP Japan Ltd.
Asahi Chemical Industry Co, Ltd.	Asahi Glass Co. Ltd.
Bridgestone Corporation	Enplas Laboratories Inc.
Fujikura Ltd.	Fujitsu Kasei Ltd.
Fujitsu Ltd.	Hamamatsu Photonetics K.K.
Hayashi Telempu Co. LTd.	Hewlett Packard Japan, Ldt.
Hirose Electric Co. Ltd.	Hitachi Cable Ltd.
Hitachi, Ltd.	Hoechst Industry Ltd.
Japan Synthetic Rubber Co., Ltd.	Keio University
Kurabe Industrial Co., Ltd.	Kyocera Corp.
Kyushu Matsushita Electric Co. Ltd.	Matsushita Electric Ind. Co., Ltd.
Mitsubishi Cable Industries Ltd.	Mitsubishi Electr. Corp.
Mitsubishi Gas Chem. Co. Inc.	Mitsubishi Material Corp.
Mitsubishi Rayon Co. Ltd.	Molex Japan Co. Ltd.
MRC Techno Research Inc.	NEC Corporation
Nippon Shokubai Co. Inc.	Nissei Electric Co. Inc.

Tabelle 11.1: Mitglieder des Japanischen POF-Konsortiums, Fortsetzung

NTT Advanced Technology Corp.	NTT Corporation
OMRON Corporation	Optronics Co. Ltd.
SC Machinex Corp.	Seiko Epson Corporation
Sharp Corporation	Showa Electr. Wire&Cable Co. Ltd.
Siemens K.K.	Sony Corporation
Sumitomo Chemical Co. Ltd.	Sumitomo Corporation
Sumiomo Elect. Ind., Ltd.	Sumitomo Wiring Syst. Ltd.
TDK Corporation	Teijin Limited
The Furukawa Electric Co. Ltd.	Tokyo Institute of Technology
Tokyo Telecommun. Network Corp.	Toray Industries Inc.
Toshiba Corporation	Toyokuni Electric Cable Co. Ltd.
University of Tokyo	Yamanashi University
Yazaki Electric Wire Co. Ltd.	Yokohama National University

11.2 HSPN und PAVNET

In den USA kann als wichtigster Repräsentant der POF-Interessenten die Firma IGI in Boston genannt werden. IGI gibt regelmäßig erscheinende POF-News heraus und verkauft verschiedene Studien zu Entwicklungen innerhalb der Telekommunikation, darunter auch zur POF. IGI organisiert die jährlichen POF-WORLD-Veranstaltungen, die vor allem kommerzielle Anwender ansprechen sollen. Gegenwärtiger Geschäftsführer ist Paul Polishuk. Er ist gleichzeitig Leiter der POF-Interest-Group mit weltweiten Mitgliedern.

International bedeutend waren aus den USA zwei Konsortien, die seit einigen Jahren nacheinander an der Entwicklung von POF-Systemen, vornehmlich für den Avionik-Einsatz, gearbeitet haben.

Das HSPN-Konsortium (High Speed Plastic Network) wurde 1994 gegründet. Ziel war u.a. die Entwicklung von 650 nm VCSEL durch Honeywell. Daneben sollten PMMA-basierende GI-POF entwickelt werden. Beide Produkte konnten im Labormaßstab demonstriert, bislang aber noch nicht bis zur Serienreife entwickelt werden. Abbildung 11.1 zeigt die Struktur des HSPN-Projekts.

Nach Projektende 1997 wurde die Nachfolgeorganisation PAVNET (Plastic Fiber and VCSEL Network) gegründet. Neues Mitglied ist Lucent Technologies (siehe Abb. 11.2). Die Ziele sind:

- ➢ PF-GI-POF mit < 60 dB/km bei 500..2.000 nm
- ➢ Erweiterung des Temperaturbereiches auf +125°C
- ➢ Nutzung existierender VCSEL-Technologie bei 850 und 1.300 nm
- ➢ 622 Mbit/s über 30 m, später 2.500 Mbit/s über 100 m

11.2 HSPN und PAVNET

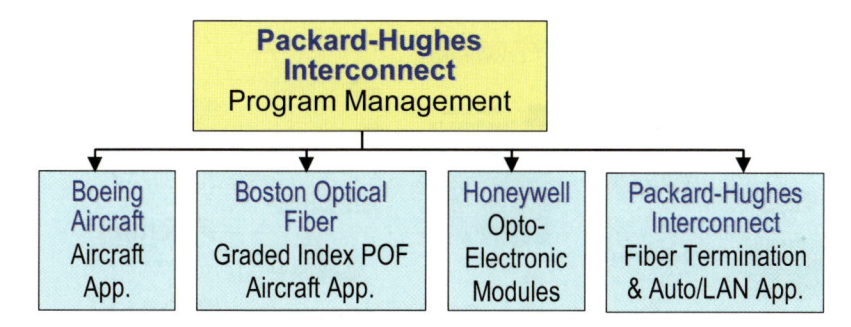

```
                    Packard-Hughes
                    Interconnect
                    Program Management
    ┌───────────────┬───────────────┬───────────────┬───────────────┐
  Boeing         Boston Optical   Honeywell       Packard-Hughes
  Aircraft       Fiber            Opto-           Interconnect
  Aircraft       Graded Index POF Electronic      Fiber Termination
  App.           Aircraft App.    Modules         & Auto/LAN App.
```

Abb. 11.1: Struktur von HSPN nach [Cir96]

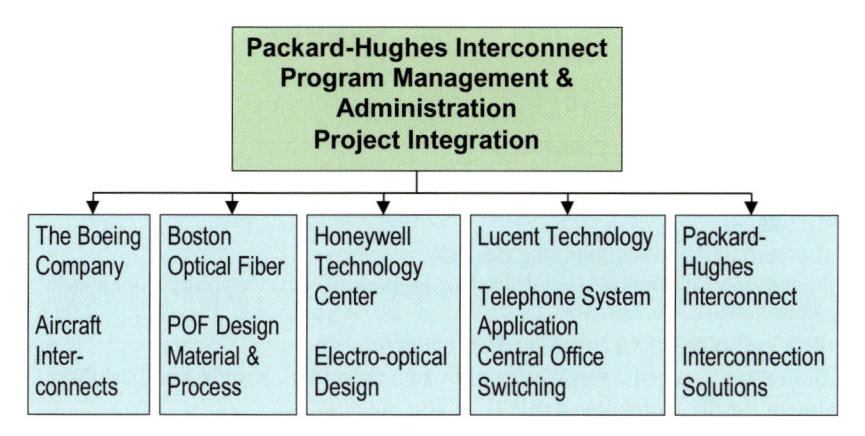

```
              Packard-Hughes Interconnect
              Program Management &
              Administration
              Project Integration
  ┌──────────┬──────────┬──────────┬──────────────┬──────────┐
The Boeing  Boston     Honeywell   Lucent Technology  Packard-
Company     Optical    Technology                     Hughes
            Fiber      Center      Telephone System   Interconnect
Aircraft                           Application
Inter-      POF Design Electro-    Central Office     Interconnection
connects    Material & optical     Switching          Solutions
            Process    Design
```

Abb. 11.2: PAVNET-Konsortium

In den Jahren seit 1998 ist diese Gruppe nicht mehr international in Erscheinung getreten. Ursachen dürften Probleme mit den Technologien für rote VCSEL und die GI-POF sein. Im Gegensatz zum japanischen Ansatz wurde von Boston Optical Fiber ein auf Teflon basierendes Material verwendet. Bisher sind aber die Verluste noch im Bereich einiger 1.000 dB/km (vergl. [Ily00]). Auf dem Gebiet der VCSEL ist vor allem Mitel in den letzten Jahren mit Veröffentlichungen in Erscheinung getreten.

Die größten Aktivitäten auf dem nordamerikanischen Kontinent wurden Anfang des Jahrzehnts von Lucent Technologies publiziert. Im Sommer 2000 wurde eine eigene GI-POF-Produktion auf CYTOP®-Basis ([Luc00]) angekündigt.

Vor einigen Jahren wurde die PF-GI-POF-Fertigung (inzwischen bei OFS beheimatet) in eine Tochterfirma ausgegliedert. Von Chromis Fiberoptics ist inzwischen ein kontinuierliches Herstellungsverfahren entwickelt worden, welches bereits im Kap. 2 beschrieben wurde.

Aus der POF-Interest Group ist mittlerweile die POF Trade Organisation (POFTO) als internationale Handels- und Informationsplattform hervorgegangen. Aktuelle Aktivitäten wurden in [Pol06a] vorgestellt. Mitglieder der POFTO werden in Abb. 11.3 gezeigt.

Abb. 11.3: Mitglieder der POF Trade Organization ([Pol06a])

Als Ziele der POFTO werden genannt:

➢ Bekanntmachung der POF-Anwendungen für Endkunden und deren Vertretungen
➢ Verbesserung der Wahrnehmung der POF
➢ Anbieten von Schulungen zur Wirtschaftlichkeit und zu Designmöglichkeiten der POF
➢ Aufbau von POFTO-Gruppen in allen Ländern
➢ Auftreten für einen offenen Wettbewerb zwischen POF, Kupfer und Glasfaser
➢ Eintreten für die Aufnahme der POF in alle Standards
➢ Entwicklung eines Zertifizierungsprogramms für Installateure

Die POF-TO wird von mehreren Direktoren geleitet, die jeweils wichtige Industriepartner bzw. industrielle Konsortien repräsentieren.

➢ Richard Beach (Beach Communications)
➢ Paul Mulligan (FiberFin)
➢ Randy Dahl (Industrial Fiber Optics)
➢ Paul Polishuk (Information Gatekeepers, Inc.)
➢ Ken Eben (Mitsubishi International)
➢ Arlan Stehney (IDB Forum)

Innerhalb der Gruppe sind verschiedene Arbeitsbereiche (Subcommittees) organisiert.

➢ Mitglieder
➢ Standards
➢ Schulungen
➢ Marketing
➢ Hausnetze
➢ Langfristige Planungen
➢ Optische Interconnections

- Automotive
- Industriesteuerungen
- Unterhaltungselektronik

Die jüngste amerikanische Aktivität ist das 10@10G-Konsortium. Aktuelle Mitglieder dieser Gruppe sind:

- Archcom Technologies
- Asahi Glass Company
- PhyWorks
- Chromis Fiberoptics
- Picolight
- Nexans

Ziel ist die kommerzielle Einführung von POF-basierten Systemen für 10 Gbit/s über 10 m als preiswerte und einfache Alternative zu Kupfer- und Glasfaserlösungen. Durch die Verwendung geeigneter VCSEL soll insbesondere auch der Strombedarf dieser Systeme gesenkt werden können. Heutige Kupfersysteme benötigen rund 15 W je Transceiver, mit der POF-Variante wären nur 1,5 W erforderlich. Außerdem sinkt der Kabelquerschnitt von etwa 8 mm Durchmesser für ein geschirmtes Kupferkabel auf 2,2 × 4,5 mm² für eine Duplex-GI-POF.

11.3 Der französische POF-Club

Der französische POF-Club wurde bereits 1987 gegründet. Leiter der Gruppe war für viele Jahre Michel Bourdinaud. Die erste internationale POF-Konferenz fand 1992 in Paris statt, organisiert von IGI Europe. Im French Plastic Optical Fibre Club (FOP Club, [Bou94]) waren bis 1994 etwa 200 Mitglieder registriert. Es ist Teil der französischen Optischen Gesellschaft (SFO) und wird von der französischen Atomenergie-Kommission unterstützt. Hintergrund dieses Engagements ist die Idee, szintillierende Polymerfasern für den Nachweis von Elementarteilchen zu nutzen (z.B. [Far94], [Des94], [Bar96]).

Die Mitgliedschaft im FOP ist kostenfrei, die Finanzierung erfolgt über SFO (French Optical Society), CEA (Commissariat à l'Energie Atomique) und kleine Beiträge zu den Tagungen. Zu den Teilnehmern gehören Vertreter aus Universitäten, Forschungslaboratorien, Industrie und staatlichen bzw. militärischen Instituten. Bei 2 Treffen pro Jahr gibt es 50 bis 80 Teilnehmer. Der FOP brachte 1994 das erste umfassende Buch zur optischen Polymerfaser [FOP94] heraus, das seit 1997 auch in englischer Übersetzung [FOP97] erhältlich ist.

11.4 Die ITG-Fachgruppe Optische Polymerfasern

Vor allem durch die Aktivitäten der chemischen Industrie (Hoechst, Bayer) gibt es in Deutschland seit längerer Zeit Interesse an der POF. Bis 1996 fehlte eine nationale Interessenvereinigung auf diesem Gebiet. Die Schaffung einer solchen Gruppe geht auf ein Treffen verschiedener deutscher Teilnehmer der POF-Konferenz in Paris (Oktober 1996) zurück. Nach einigen Vorbereitungen wurde die Gründung der Fachgruppe 5.4.1 "Optische Polymerfasern" am 03.12.1996 vom Fachausschuß 5.4 „Kommunikationskabelnetze" der ITG (Informationstechnische Gesellschaft im VDE/VDI) beschlossen. Leiter der Fachgruppe und seit 1999 auch Sprecher des ITG-FA 5.4 ist Olaf Ziemann vom POF-AC Nürnberg (alle Informationen zur FG und zum FA findet man unter www.pofac.de). Die bisherigen 22 Treffen der Fachgruppe fanden statt (siehe Abb. 11.4):

am 16.01.1997 in Berlin (Bundesanstalt für Materialforschung und -prüfung)
am 12.05.1997 in Nürnberg (FH Nürnberg)
am 04.12.1997 in Köln (zusammen mit dem Treffen des FA 5.4)
am 28.04.1998 in Darmstadt (Technologiezentrum der Deutschen Telekom)
vom 05. bis 08.10.1998 Internationale POF-Konferenz Berlin (BAM)
am 10.12.1998 in Ulm (UNI Ulm in Zusammenarbeit mit DaimlerChrysler Ulm)
am 20.04.1999 in Jena (Fraunhofer Institut für Optik und Feinmechanik)
am 16.09.1999 in Stuttgart (Lapp Kabel GmbH)
am 09.03.2000 in Mönchengladbach (Alcatel Cabel)
am 19.10.2000 in Potsdam (Universität)
am 27.03.2001 in Gelsenkirchen
am 24.10.2001 an der FH Gießen/Friedberg
am 24.04.2002 an der FH der Telekom in Leipzig
am 10.07.2002 in München (BMW)
am 10.12.2002 im Rahmen der Kölner Kabeltagung
am 26.03.2003 an der FH Offenburg
am 25.06.2003 im Rahmen der Laser in München
am 05.11.2003 in Mainz (IMM)
am 09.03.2005 in Erfurt (DieMount, CIS und IMMS)
vom 27. bis 30.09.2004 Internationale POF-Konferenz in Nürnberg
am 08.03.2005 in Wetzikon (Reichle & De Massari)
am 21.11.2005 am POF-AC Nürnberg
am 12.05.2006 in Oldenburg (BFE)
am 25.10.2006 im Rahmen der Systems München
am 17.07.2007 im Fraunhoferinstitut für Integrierte Schaltungen Erlangen
am 17.09.2007 im Rahmen der ECOC in Berlin (POF-Day)

An den jeweiligen Treffen nahmen zwischen 30 und 130 Besucher teil. Die Teilnehmerzahlen zeigen das deutlich gewachsene Interesse an der Polymerfaser in Deutschland. In Europa ist derzeit Deutschland das Land mit den meisten Forschungs- und Anwendungsaktivitäten zur POF. Das spiegelte sich auch an der Beteiligung an den Internationalen Konferenzen „Plastic Optical Fibers & Applications" seit 1992 wieder (Abb. 11.5).

11.4 Die ITG-Fachgruppe Optische Polymerfasern

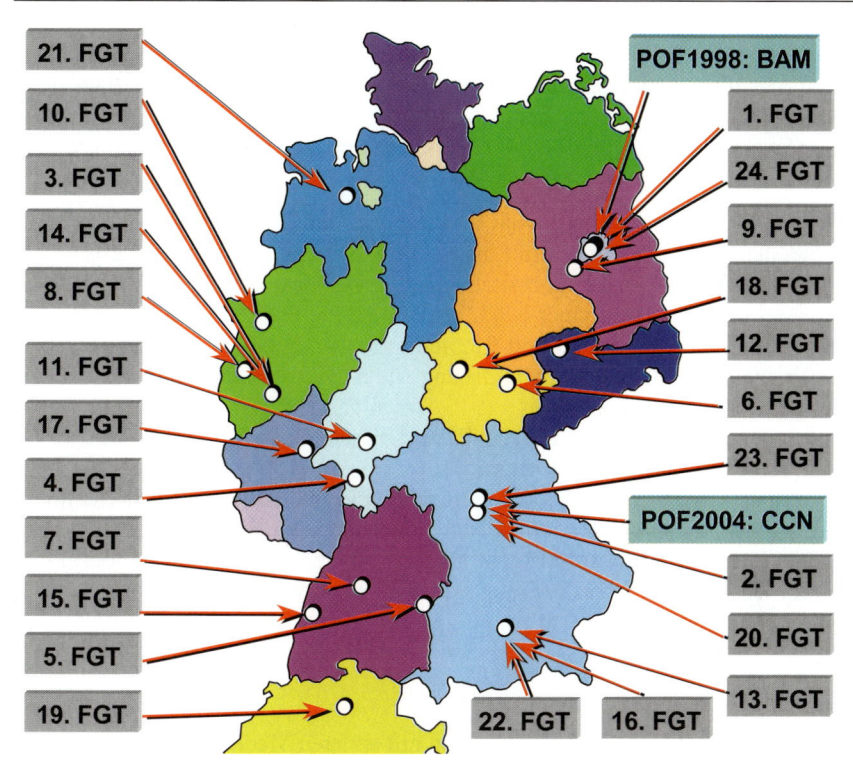

Abb. 11.4: Bisherige POF-FG-Treffen (Stand 2007)

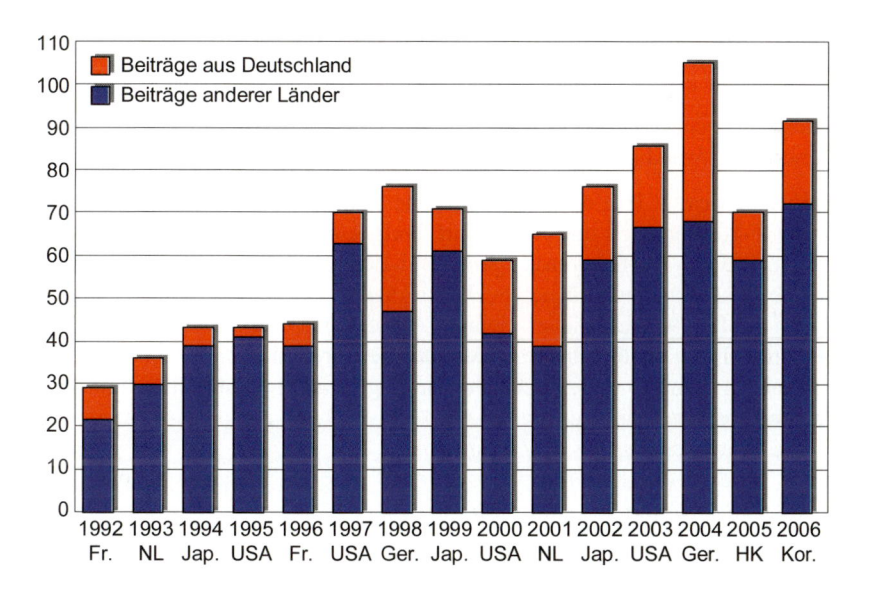

Abb. 11.5: Deutsche Beteiligungen an den Internationalen POF-Konferenzen

Bisheriger Höhepunkt der Arbeit der ITG-Fachgruppe und des POF-AC Nürnberg war die Ausrichtung der 13. Internationalen POF-Konferenz 2004 im Nürnberger Konferenzzentrum. Erstmalig wurde neben dem Vortragsprogramm auch eine Fachausstellung mit über 30 Ausstellern organisiert.
Die wesentlichen Ziele der Fachgruppe sind:

➢ Austausch und Auswertung von Erfahrungen und Informationen auf dem Gebiet der Herstellung und dem Einsatz von Polymer-Lichtwellenleitern,
➢ Veranstaltung von Diskussionssitzungen, Workshops, Seminaren und Kongressen zum Thema "Polymer-LWL" (z.B. POF´98, POF´04 in Deutschland),
➢ Erarbeitung von Richtlinien und Empfehlungen im Hinblick auf den Einsatz von Polymer-LWL einschl. Mitwirkung (über DKE) in der nationalen und internationalen Normungsarbeit,
➢ Zusammenarbeit mit in- und ausländischen Vereinigungen (z.B. French POF-Club, Japanisches POF-Konsortium, etc.)
➢ Initiierung von und Mitarbeit bei nationalen und internationalen Forschungs- und Entwicklungsprojekten im Bereich Herstellung und Einsatz von POF
➢ Herausgabe technisch-wissenschaftlicher Publikationen, -Informationsaustausch, Beschaffungskoordinierung und Nutzung spezieller und teurer Meß- und Prüftechnik.

Themenschwerpunkte der Arbeit sind:

➢ Internationale Kontakte
➢ Marktanalysen/Anwendungen/Vergleich mit anderen Medien
➢ Meßtechnik
➢ Faserherstellung/Kabel (GI-POF in Europa?)
➢ Standards (u.a. Augensicherheit)
➢ aktive und passive Komponenten (Stecker, Dioden ...)
➢ Sensorik
➢ Beleuchtungstechnik/Anzeigesysteme
➢ Automotive-Anwendungen

Pro Jahr finden ca. 2 Treffen der Fachgruppe statt. Daneben finden die internationalen POF-Konferenzen und bei Bedarf Treffen mit anderen internationalen Gruppen statt. Die FG-Treffen werden generell in deutscher Sprache durchgeführt. Internationale Gäste können natürlich auch Vorträge in englischer Sprache halten. Bei fast allen Treffen wurden bisher kleinere Ausstellungen mit Postern und Produktpräsentationen organisiert. Insbesondere auf den Treffen nach den jeweiligen POF-Konferenzen können dabei deutsche Beiträge einem breiteren nationalen Publikum vorgestellt werden.

11.5 Das Polymerfaser-Anwendungszentrum (POF-AC) an der Fachhochschule Nürnberg

Im Oktober 2000 wurde in Nürnberg das POF-AC (Polymerfaser Anwendungszentrum) als Institut an der FH Nürnberg gegründet. Das Projekt wurde von der Hightech Offensive des Landes Bayern mit 2,3 Mio € gefördert. Die Ziele des Institutes sind:

- Unterstützung bei der Einführung in die neue Technologie
- Angebot von Meßeinrichtungen zur Charakterisierung von POF
- Durchführung von Auftragsuntersuchungen und -entwicklungen
- Erstellung von Demonstrations- und Pilotanlagen
- Datenbank für alle POF - relevanten Informationen
- Simulation von Komponenten und Systemen
- Enge Kontakte zu Hochschulen und anderen Forschungseinrichtungen
- Initiierung und Koordination von Förderprojekten
- Schulungsmaßnahmen
- Durchführung (inter-) nationaler Treffen / Workshops

Die offizielle Eröffnung des Institutes fand nach Abschluß der Aufbau- und Einarbeitungsphase am 25. September 2001 im Rahmen der 10. Internationalen POF-Konferenz statt. Die Arbeitsfelder des Instituts zeigt Abb. 11.6 (aus dem Bericht zum Ende der Förderphase).

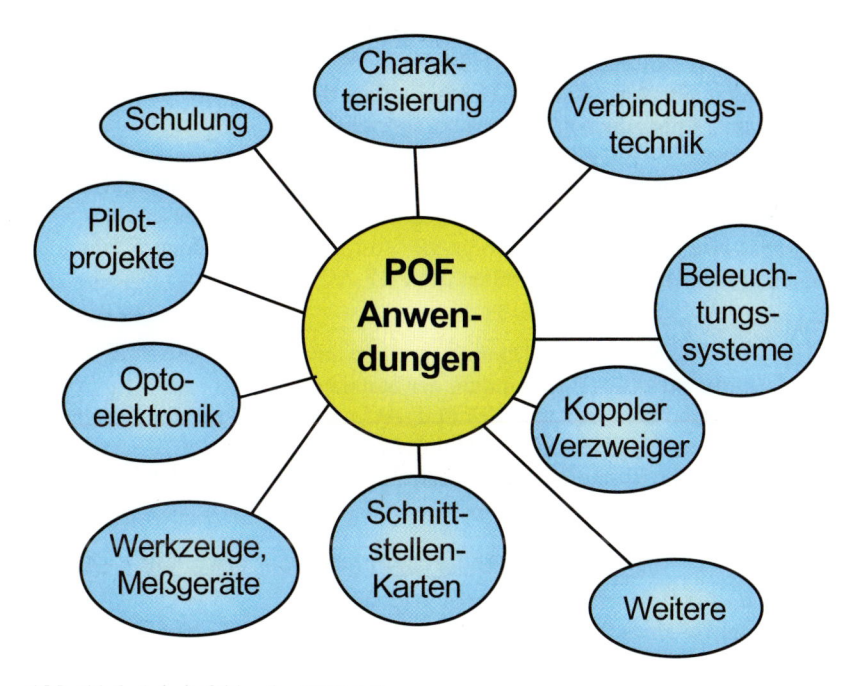

Abb. 11.6: Arbeitsfelder des POF-AC

Das Institut finanziert sich seit 2006 ausschließlich über Industrieprojekte und geförderte Forschungsvorhaben. Im Zeitraum 2001 bis 2005 wurden dabei rund 200 Einzelprojekte durchgeführt. Die Aufteilung der Projekte auf die verschiedenen Arbeitsgebiete zeigt Abb. 11.7.

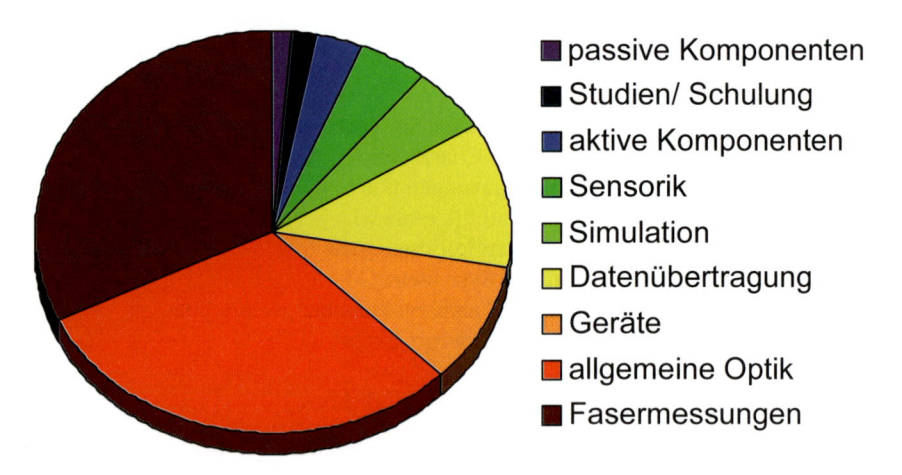

Abb. 11.7: Aufteilung der Arbeitsgebiete am POF-AC

In den Bereich der allgemeinen Optik fallen alle Arbeiten der Beleuchtungstechnik und der nicht faserbezogenen Meßtechnik. Bei den Fasermessungen sind sowohl Untersuchungen der optischen Eigenschaften, wie auch anderer Faktoren (z.B. Langzeit- und Klimauntersuchungen) berücksichtigt.

Auf die einzelnen Meßmöglichkeiten soll hier nicht eingegangen werden. In den Kapiteln 2 und 6 wurden bereits viele Beispiele zu Meßergebnissen und Übertragungsexperimenten mit den verschiedensten Polymer- und Glasfasern vorgestellt. Auszugsweise nennt die nachfolgende Aufzählung aus dem 5 Jahres-Abschlußbericht herausragende Aktivitäten des POF-AC:

➢ Charakterisierung
  o Am POF-AC wurde ein Dämpfungsmeßplatz für Standard-POF entwickelt, der inzwischen Bestandteil der Standards ist.
  o Mit dem Bandbreitemeßplatz des POF-AC wurden Messungen verschiedenster Fasern für diverse Projekte durchgeführt.
  o Messungen der Bitrate und Bitfehlerwahrscheinlichkeit wurden an POF, Glasfasern und PCS durchgeführt.
➢ Verbindungstechnik
  o Am POF-AC wurde die Dämpfung von POF-Oberflächen bei den verschiedensten Bearbeitungsverfahren untersucht.
  o Im Rahmen eines Verbundprojektes wurde untersucht, wie POF und Glasfaserbündel sich bei Kopplungen unter unterschiedlichsten Bedingungen verhalten.

- Beleuchtungssysteme
    - In einer prämierten Diplomarbeit wurde eine Litfaßsäulen - Beleuchtung entwickelt, die nicht nur eine viel gleichmäßigere Ausleuchtung erzeugt, sondern auch ¾ der Energie einspart.
    - Durch Kombination von LED und POF wurde eine spezielle Pflanzenbeleuchtung für Innenräume entwickelt.
- Koppler und Verzweiger
    - Für einen Partner wurden optimale Konfigurationen eines Y-Verzweigers für POF simuliert.
    - Im Rahmen einer Diplomarbeit wurde ein automatisierter Kopplermeßplatz aufgebaut.
- Schnittstellenkarten
    - Verschiedene Rechner des POF-AC sind über POF-Schnittstellen an das Hochschulnetz angeschlossen. Dazu wurden verschiedene Transceiver getestet und angepaßt.
- Werkzeuge und Meßgeräte
    - Der am POF-AC entwickelte Fasermultiplexer für Langzeituntersuchungen an bis zu 40 Fasern wurde in mehreren Exemplaren für POF und PCS ausgeliefert.
    - Mehrfach verkaufte Geräte sind u.a. stabilisierte Lichtquellen, Lasersender und breitbandige Meßempfänger.
    - Eine Erfindung aus dem POF-AC bildet die Grundlage für kommerziell vertriebene Werkzeuge für die POF-Konfektionierung.
- Optoelektronik
    - In verschiedenen Projekten wurden unterschiedliche Photodioden in Hinblick auf die Leistungsfähigkeit in schnellen Datenverbindungen getestet.
    - Lasersender mit bis zu 2,7 Gbit/s Datenrate wurden bei 650 nm, 780 nm und 850 nm aufgebaut und getestet.
- Pilotprojekte
    - Im Rahmen der „Nürnberger Musterwohnung" stellen 9 Firmen POF-Produkte aus.
    - Ab 2008 soll ein breitbandiges POF-Netz im Demohaus „Novascape" von Esser Design Network installiert sein.
    - Das POF-AC wird im Europäischen Projekt POF-ALL einen Gbit-POF-Demonstrator aufbauen.
- Schulungen
    - Vor allem in den ersten zwei Jahre wurden ca. 15 Schulungen für verschiedene Firmen durchgeführt.
    - In den letzten zwei Jahren wurden eine Reihe von Studien für internationale Auftraggeber erstellt (z.B. Infineon Technologies, Deutsche Telekom, Agilent, Omura Consulting).
    - Vertreter des POF-AC wurden auf internationalen Konferenzen für die Durchführung von Workshops und Tutorials eingeladen (z.B. Carrier Ethernet Forum 2005).

Ein Beispiel für Aktivitäten außerhalb der Polymerfaser ist das Projekt Mikrodreh unter Beteiligung der Firmen Schleifring, Spinner, dem Bayerischen Laserzentrum und dem POF-AC Nürnberg. Das POF-AC entwickelte dabei einen „Schielwinkel - Meßplatz", der u.a. zur präzisen Justage (< 0,1 μm) der Singlemode Fasern relativ zu ihren jeweiligen Mikrolinsen notwendig ist. Ergebnis des Projekts ist nicht nur ein weltweit konkurrenzloser ultrakompakter Drehübertrager mit bis zu 21 Singlemode-Kanälen (für Datenraten von jeweils 10 Gbit/s, siehe Kapitel 3.6) sondern auch die Erfahrung, daß in dieser gelungenen Zusammensetzung von Projektpartnern auch große Herausforderungen sowohl fachlicher wie auch zeitlicher Natur erfolgreich bewältigt werden können.

Ergebisse der eigenen und projektbezogenen Arbeit werden regelmäßig in wissenschaftlichen Zeitschriften und auf Konferenzen vorgestellt. Die Zahl der Veröffentlichungen des Anwendungszentrums seit 2001 zeigt Abb. 11.8.

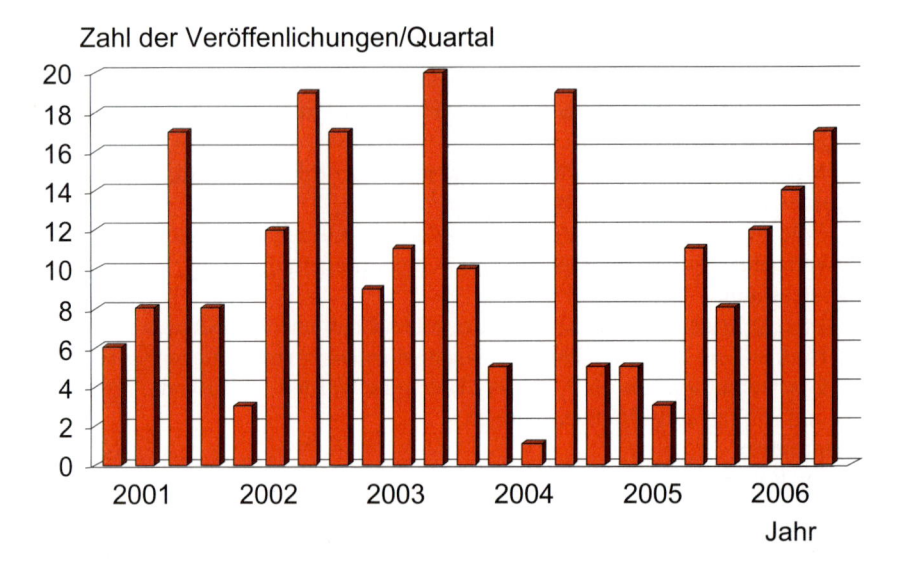

Abb. 11.8: Veröffentlichungen des POF-AC seit 2001

Die jährlichen Berichte des wissenschaftlichen Leiters, ausgewählte Projektbeschreibungen und eine Reihe von Veröffentlichungen findet man auf der Webseite www.pofac.de. Vertreter des POF-AC sind in einer Reihe von wissenschaftlichen Gremien aktiv:

- Prof. Ziemann und Prof. Poisel als Mitglieder im IC-POF
- Prof. Ziemann als Sprecher des ITG-FA 5.4 und der ITG-FG 5.4.1
- Mitarbeit ETG-Fachausschuß A4: „Integration elektrischer Gebäudesysteme"
- Mitarbeit im DKE GUK 715.3 der die Normenfamilie EN 50173 „anwendungsneutrale Kommunikationskabelanlagen" überarbeitet

11.6 Richtlinienarbeitskreis des VDI „Prüfung von Kunststoff-LWL"

Mit dem ersten großtechnischen Einsatz von POF-Kabeln für Datenkommunikation im Fahrzeug auf Basis der MOST-Spezifikation ab Herbst 2001 ergab sich auch der Bedarf nach exakten Prüfvorschriften für die Messung optischer und übertragungstechnischer Parameter von Faern bzw. konfektionierten Kabeln sowie die Prüfung mechanischer Kennwerte und der Umweltbeständigkeit.

Zwischen 2002 und 2006 wurde unter Mitarbeit von ca. 20 Firmen und Instituten eine umfangreiche Empfehlung (VDE/VDI 5570: Prüfung von konfektionierten und unkonfektionierten Kunststofflichtwellenleitern) erarbeitet. Inhalte dieser Empfehlung sind in Abschnitt 7.3.1 enthalten. Zum großen Teil arbeiten Vertreter dieser Gruppe inzwischen im Rahmen der DKE and der Erarbeitung von Standards für Heimnetzwerke.

11.7 Branchenverzeichnis POF-Atlas

Im Vergleich zu anderen optischen Technologien stellt die POF immer noch ein relativ kleines Segment dar. In meisten bekannten Branchenübersichten sind deswegen POF-Produkte nur sehr schwierig zu finden. Seit September 2005 hat deshalb das POF-AC eine Internet-basierte Herstellerübersicht erarbeitet. Das Projekt wird vom bayerischen Kompetenznetzwerk „Bayern Photonics" geführt und durch das BMBF gefördert. Abbildung 11.9 zeigt die Oberfläche der Suchmaske.

Abb. 11.9: Oberfläche des POF-Atlas

11.8 Das POF-ALL-Projekt

Die Europäische Union förderte in den letzten Jahren eine Reihe von Vorhaben, die auch POF-Technologien im Fokus hatten. Dazu zählten:

➢ IO: Inerconnect by Optics (IST-2000-28358) mit den Teilnehmern: Alcatel, Optospeed, Avalon, Helix, FCI, Nexans, RCI, PPC, LETI; Ziel war die Entwicklung paralleler optischer Verbindungen zur direkten Verbindung von CMOS-Schaltkreisen auf Leiterplattenebene einschließlich optischer Backbones.
➢ Agehta: Amber/Green Emitters Targeting High Temperature Applications (IST-1999-10292) mit den Partnern: CRHEA, CNRS, Thales, Univ. Madrid, Trinity College Dublin, Univ. Surrey, Infineon, BAE Systems und dem Institute of Electron Technology Warschau; Ziel war die Entwicklung von 510 nm und 570 nm RC-LED mit Datenraten bis 500 Mbit/s und Arbeitstemperaturen bis +120°C.
➢ Homeplane: Home Plastic Fiber Networks based on HAVI (IST-Optimist) mit den Teilnehmern: NMRC, Nexans, Firecomms und Grundig; Ziel war die Entwicklung von IEEE1394 S200 und S400 POF-Systemen für Heimnetze nach dem HAVI-Standard.

Seit Beginn des Jahres 2006 gibt es mit dem POF-ALL-Projekt ein gefördertes Vorhaben, daß direkt auf die Entwicklung von POF-Systemen ausgerichtet ist. Zur Erläuterung des Vorhabens wird hier die offizielle Presseerklärung der Projektleitung zum Start wiedergegeben:

Wenn Sie jemanden in Europa fragen, was "Breitbandzugang" bedeutet, wird die Antwort höchstwahrscheinlich "ADSL" oder "Kabel" sein (s. Abb.1). Aufgrund der von der Post geerbten kupferbasierten Infrastruktur und der Kabelmodemtechnologien, vor allem in Ländern mit hoher CATV-Dichte, werden Breitbandangebote zurzeit von xDSL-Technologien dominiert. Die geplatzte Seifenblase auf dem Telekommunikationsmarkt am Ende des letzten Jahrhunderts hat verdeutlicht, wie riskant es sein kann, in neue und innovative (bspw. optische) Infrastrukturen zu investieren. Auch die wenigen lokalen Anbieter, die diese Zeiten mit hohen Investitionen überstanden haben, erholen sich unter dem Deckmantel der hinterlassenen Kupfernetze.

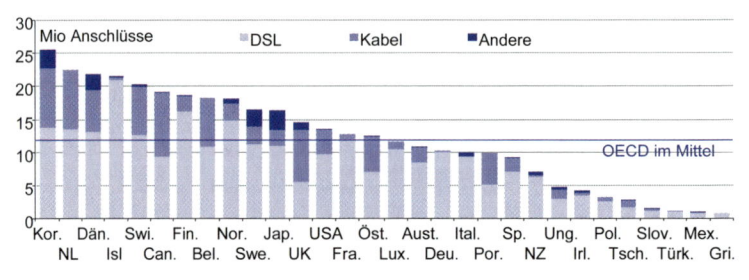

Abb. 11.10: Breitbandanschlüsse pro 100 Einwohner, aufgeteilt in Technologien, Juni 2005 (Quelle: OECD)

11.8 Das POF-ALL-Projekt 817

Immer noch führt die gewaltige Zunahme an Peer-to-peer (P2P)-Diensten zunehmend zu einem Engpass in der Bandbreite. Ende 2004 beruhten 60% allen Internetverkehrs auf P2P; aufgrund der symmetrischen Upload-Download Geschwindigkeit, übernahm P2P mehr als 80% der täglichen Uploaddaten (Quelle: CacheLogic "Peer-to-peer in 2005", Abb. 11.11).

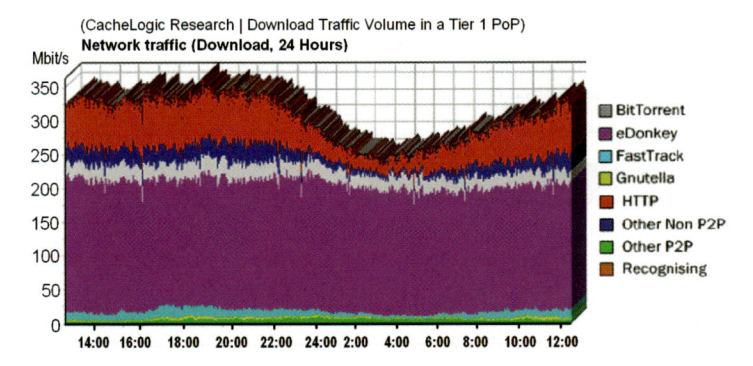

Abb. 11.11: P2P-Flut: 60% bis 80% der bestehenden Bandbreite wird von P2P-Diensten verwendet

Außerdem verwenden Internetnutzer immer mehr Dienste, wie iTunes, die eine hohe Bandbreite voraussetzen. Im Jahr 2005 hat Apple die Möglichkeit zum Download von TV-Shows und Serien bereitgestellt. Viele Menschen erwarten zukünftig die Möglichkeit, Filme in hoher Auflösung (HDTV) zu laden oder aber eigene HD Videos ihrer Neugeborenen zur Oma zu schicken.

Wie werden Telekommunikationsunternehmen mit dem zunehmenden Datenverkehr und der Forderung nach einem Breitbandangebot für alle Menschen ohne kostengünstige und zukunftssichere Technologien für die so genannten „Edge-Networks" (d.h. den letzten 300m vom Straßenrand bis zum Keller einer Wohnung oder eines Gebäudes) umgehen? Wegen seiner Kapillarität fürchten die Telekommunikationsanbieter diesen Teil des Marktes besonders.

Am 01. Januar 2006 startete ein neues Projekt mit vier europäischen Unternehmen und fünf Forschungseinrichtungen mit dem Ziel, Technologien für Breitbandzugang und Heimnetzwerke zu entwickeln, die, bei gleichzeitig deutlich geringeren Kosten als Glasfaserlösungen, Geschwindigkeiten weit über denen bestehender ADSL-Modems ermöglichen.

Das Projekt mit dem Akronym "POF-ALL" (Englisch: Paving the Optical Future with Affordable, Lightning-fast Links („Den Weg bahnen für die optische Zukunft mit erschwinglichen und blitzschnellen Verbindungen", www.ist-pof-all.org). Es wird vom "Istituto Superiore Mario Boella", einem Forschungszentrum für Informations- und Kommunikationstechnik in Turin (Italien) koordiniert. Partner in diesem Projekt sind die Universität Duisburg-Essen, die Technische Universität Eindhoven, das Fraunhoferinstitut für integrierte Schaltungen IIS, Erlangen, und das POF Application Center, Nürnberg, als Forschungseinrichtungen, sowie die Unternehmen DieMount, Luceat, Fastweb, Siemens und Teleconnect.

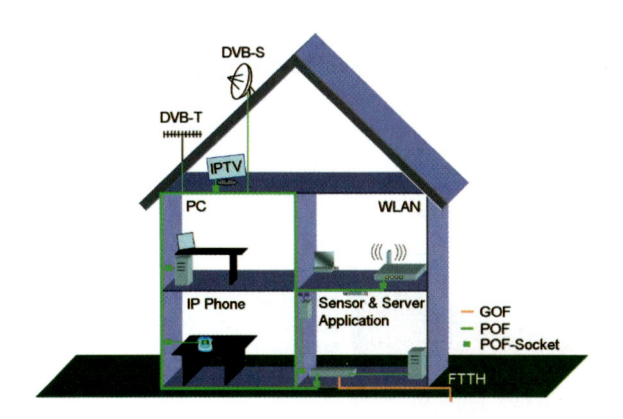

Abb. 11.12: POF-Heimnetzwerk

POF-ALL ist ein 2,6 Mio. € Projekt, das mit 1,6 Mio. € aus dem 6. Rahmenprogramm, IST-4-2.4.4 "Broadband For All", der Europäischen Union gefördert wird. Die Projektdauer beträgt 30 Monate und endet im Juni 2008; wobei voraussichtlich im September 2006 schon erste technische Ergebnisse vorliegen, die dann auf der 15. Internationalen POF-Konferenz in Seoul, Korea (www.pof-moc2006.com) vorgestellt werden.

Ein bedeutendes Ziel von POF-ALL ist es, ein bis zu 100 Mal schnelleres "optisches Modem" als die herkömmlichen ADSL-Modems zu konzipieren, das die Downloadzeit eines DVD-Films in weniger als 3 Minuten ermöglicht. Ein wieterer Vorteil dieser Technologie wird die symmetrische Up- und Downloadgeschwindigkeit sein, die Anwendungen wie P2P-Transfer von selbst gedrehten Videofilmen, HD Videokonferenzen und Video on Demand (VoD) zulässt.

Bemerkenswert ist, dass die gleiche Technologie als Breitbandverbindung im „POF Heimnetzwerk" genutzt werden kann und die Vorteile von optischen Verbindungen, wie Geschwindigkeit und elektromagnetische Verträglichkeit (kein Elektrosmog) mit der günstigen und deutlich einfacheren Installation als die der Glasfaser kombiniert.

Europäische Telekommunikationsanbieter haben sich aus Kostengründen auf die ADSL-Technologie als Breitbandzugänge für kleine Büros und Haushalte konzentriert. Optische Verbindungen sind momentan nur zugänglich für Großunternehmen, die sich die Kosten für eine Glasfaserinfrastruktur leisten können, oder für Bewohner einiger weniger europäischer Städte, in denen FTTH (Fiber To The Home - Faser bis zum Haus) nur mit Hilfe von Fördermitteln möglich ist. Japan ist heute das Land mit der größten FTTH-Dichte mit mehr als 7 Mio. Haushalten und einem Wachstum von mehr als 150.000 Haushalten pro Monat; Korea und die USA befinden sich nur knapp dahinter. In Europa ist FTTH vor allem in Italien, den Niederlanden und Schweden auf dem Vormarsch, jedoch ist dieser Zugang auch hier nur einer Minderheit in großen Städten zugänglich.

Mit der Verwendung von polymer-optischen Fasern (POF) reduzieren sich die Installationskosten von „Endnetzwerken" um ein Vielfaches und erlauben den Telekommunikationsunternehmen das Angebot von „Triple Play"-Diensten

(Sprache, Video und Daten) für alle Kunden und somit auch dem „Kleinen Mann" einen schnellen, optischen Zugang zum Internet.

Der Hauptvorteil einer POF ist, dass jeder diese innerhalb von 30 Sekunden mit gewöhnlichen Hilfsmitteln installieren kann: eine Schere zum Schneiden, eine Zange zum Abisolieren und Crimpen und ein wenig feines Schleifpapier zum Polieren der Stirnflächen (Abb. 11.13).

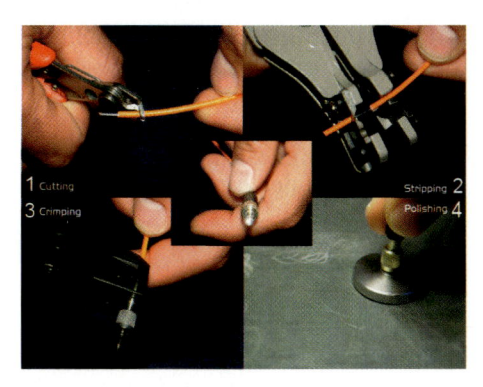

Abb. 11.13: POF-Installation

Einige Bauteile arbeiten sogar ohne Stecker; ein Schnitt durch das Kabel mit einem Messer, ein wenig Polieren und „anklemmen" - deutlich einfacher als die Handhabung und das Anschließen von Glasfasern.

POF-Kabel sind dünn und gleichzeitig flexibel und können in Kabelkanälen oder an der Wand entlang verlegt werden. Zudem verwenden POF statt infrarotem sichtbares Licht, was auf der einen Seite keine speziellen Sicherheitsvorrichtungen für die Augen erfordert und andererseits einen sehr einfachen Funktionstest zulässt: Wenn Licht am Ende der Faser sichtbar ist, dann funktioniert auch das System.

POF ist der ideale Kompromiss zwischen EMV- und bandbreitebegrenzten Kupferleitungen sowie aufwendig zu installierenden Glasfasern für Endnetzwerke. Die große Überlegenheit dieser Technologie - der einfachen Installation ohne Schulung zusammen mit der EMV und Augensicherheit – gehen einher mit geringen Kosten: mehr als 3 Mio. Automobile, die schon mit POF ausgestattet sind, sind in den letzten 5 Jahren von europäischen Automobilherstellern verkauft worden, wobei die Preise für Sender und Empfänger bei ungefähr 2 bis 4 € liegen. Zukünftige Heimnetzwerke mit Multimediaanwendungen werden Geschwindigkeiten von 100 MBit/s bis zu 1GBit/s an Bandbreite benötigen; und Lösungen dafür sind die vorrangigen Ziele des Projektes POF-ALL.

Ob POF vielleicht die zukünftige Technologie für Haushalte in Europa sein wird, wird sich in fünf bis zehn Jahren zeigen. Es wird von der Unterstützung aus der Industrie und dem Erfolg der europäischen Partner aus Unternehmen und Universitäten aus dem POF-ALL Konsortium abhängen. Auf jeden Fall sieht die Zukunft rosig aus - und das vor allem, weil rotes Licht aus einer Polymerfaser kommt.

11.9 Der Koreanische POF-Club

Seit einigen Jahren sind auch in Südkorea vielfältige POF-Aktivitäten entstanden. Neben öffentlich geförderten Projekten sind auch eine Reihe privater Investitionen erfolgt. Als Beispiel sei die Firma Optimedia genannt, die unter Leitung von Prof. Park die bereits mehrfach beschriebene OM-Giga-Faser entwickelt hat.

Der koreanische POF-Klub KPCF wurde im Februar 2004 durch eine Reihe interessierter Partner gegründet. Mitglieder sind neben Unternehmen auch Forschungseinrichtungen und an der POF-Technologie interessierte Privatpersonen. Im Jahr 2006 hatte der KPCF schon über 20 Mitglieder aus der Großindustrie, dem Mittelstand und wissenschaftlichen Einrichtungen. Die Firmen repräsentieren sowohl die Faser- und Kabelherstellung als auch die Produktion von Kommunikationstechnikausrüstungen.

Die Aktivitäten des KPCF umfassen:

- Mitarbeit in der Standardisierung für den POF-Einsatz
- Mitarbeit in der staatlichen Regulierung um die Polymerfaser in den entsprechenden Gremien zu repräsentieren und die Entwicklung neuer Polymerfasern zu unterstützen.
- Durchführung von Seminaren und Workshops um die POF-Technologie und deren Anwendungen in Korea populär zu machen.
- Anbieten von Ausbildungsprogrammen zum POF-Fachkräfte zu zertifizieren (in Zusammenarbeit mit der Koreanischen Gesellschaft der Informations- und Kommunikationsstechnik-Ingenieuren).

Bisheriger Höhepunkt war die Durchführung der 15. Internationalen POF-Konferenz in Seoul im September 2006. Das POF-AC Nürnberg blickt inzwischen auf eine mehrjährige Zusammenarbeit mit der Fa. Optimedia zurück. Unter anderem wurden die koreanischen Aktivitäten auf dem Treffen der ITG-Fachgruppe 5.4.1 „Optische Polymerfasern" in Oldenburg im Mai 2006 vorgestellt ([Park06a], [Park06b]).

Südkorea gehört heute zu den Ländern mit der höchsten Dichte an Breitbandanschlüssen in der Welt. Abbildung 11.14 aus [Eng05] zeigt beispielsweise den Anteil von breitbandversorgten Haushalten im weltweiten Vergleich. Nachdem bis 2004 hauptsächlich ADSL und HFC-Anschlüsse installiert worden, dominierte bis 2007 der Anteil von VDSL. Inzwischen erfolgt immer mehr der Übergang zu Glasfaseranschlüssen mit mindestens 100 Mbit/s. Insofern spielen schon heute die Gebäudenetze in Korea eine sehr große Rolle.

Das koreanische Ministerium für Kommunikation und Information startete 2004 seine sog. IT 8-3-9 Strategie. Diese konzentriert sich auf die Förderung von neuen Diensten, Infrastruktur und neue Wachstumsmärkte. Bestandteil der neuen Dienste sind auch die Heimnetze. Bis 2010 sollen 20 Millionen Nutzer mit Anschlüssen von 50 Mbit/s bis 100 Mbit/s versorgt sein.

Bestandteil der Strategie ist eine „Breitbandzertifizierung" von Wohngebäuden. Von den vier möglichen Klassen verlangen die beiden höchsten Platinum und 1st den Anschluß aller Wohnungen mit optischen Fasern. Dabei sind sowohl Glas-MM-Fasern, als auch POF vorgesehen.

Einer der wichtigsten Vertreter der koreanischen POF-Aktivitäten ist die Firma LG. In [Park04] wurde ein Verfahren vorgestellt, um auch POF in Leerrohre einblasen zu können, wie es für Glasfasern im Zugangsnetz schon viele Jahre üblich ist. Die Besonderheit der beschriebenen Lösung besteht dabei in einer Oberflächenmodifikation, um die Reibung zu verringern. Es wurden sowohl SI-POF als auch PF-GI-POF verwendet. Die verwendeten Komponenten für die Installation und ein Detail der POF-Oberfläche werden in Abb. 11.15 gezeigt. Mit dieser Technologie lassen sich die Kosten für die Hausinstallation noch einmal deutlich reduzieren.

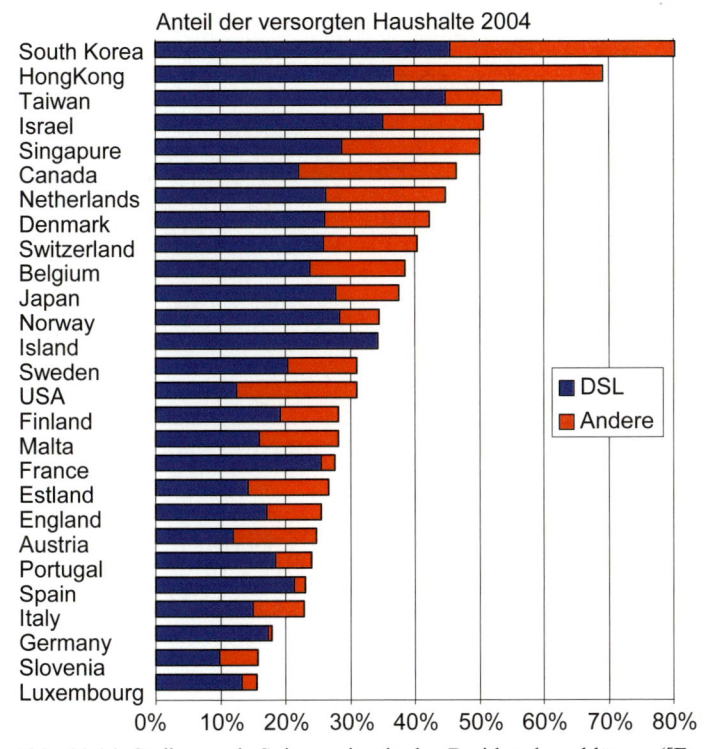

Abb. 11.14: Südkorea als Spitzenreiter in den Breitbandanschlüssen ([Eng05])

Abb. 11.15: Komponenten for POF-Verkabelung von LG ([Park04])

11.10 Weltweite Übersicht

Wie in den letzten Abschnitten gezeigt wurde, ist die POF längst kein Thema einzelner Länder mehr. Auf den internationalen POF-Konferenzen sind regelmäßig über 20 Länder vertreten. Wichtige nationale Zentren der POF-Aktivitäten werden in Abb. 11.16 gezeigt. Dazu kommen international agierende Gruppen, wie z.B. die ITG-Fachgruppe 5.4.1, die inzwischen den mitteleuropäischen Raum repräsentiert.

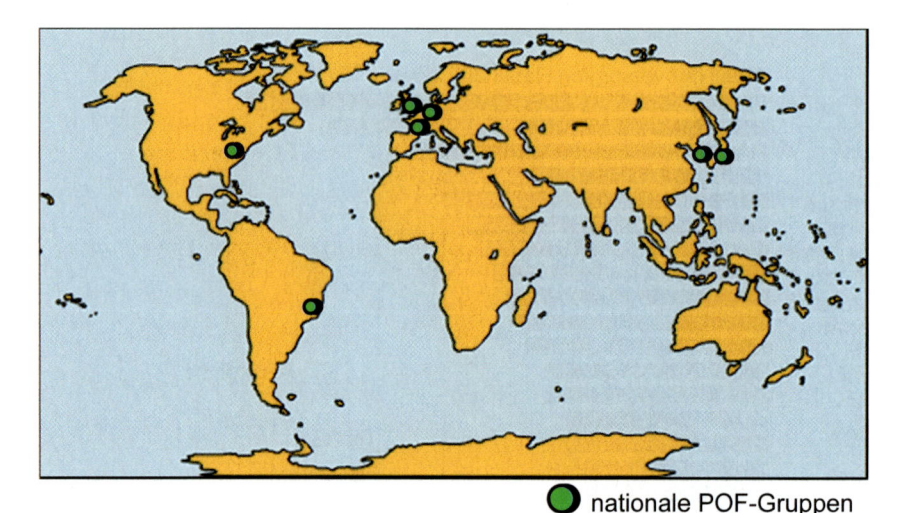

Abb. 11.16: Internationale POF-Zentren und -Gruppen

Literatur

[Agr97]   G. Agrawal: „Fiber-Optical Communication Systems", John Wiley, New York, 1997
[Agu97]   A. Aguirre, U. Irusta, J. Zubia, J, Arrue: „Fabrication of Low Loss POF Contact Couplers", POF'1997, Kauai, 22.-25.09.1997, pp. 132-133
[Aiba04] T. Aiba, Y. Inoue, N. Shibata: „Evaluation of transmission bandwidths based on optical pulse circulation", POF'2004, Nürnberg, 27.-30.09.2004, pp. 159-165
[Aiba05] T. Aiba, Y. Inoue, N. Shibata: „Transmission Bandwidth Evaluation Based on Optical Pulse Circulation", IEEE Phot. Techn. Lett. Vol. 17(2005) 7, pp. 1489-1491
[Akh02]   M. Akhter, P. Maaskant, B. Roycroft, B. Corbett, P. de Mierry, B. Beaumont, K. Panzer: „200 Mbit/s data transmission through 100 m of plastic optical fibre with nitride LEDs", Electr. Lett. Vol. 38(2002)23, pp. 1004-1005
[Alb05]   P. D. Alberto: „Automobiltechnologie aus einem neuen Winkel - ACTS: Advanced Car Technology System", Sailauf, 14.12.2005
[Ald05]   G. Aldabaldetreku, G. Durana, J. Zubia, J. Arrue, H. Poisel, M. A. Losada: „Investigation and comparison of analytical, numerical, and experimentally measured coupling losses for multi-step index optical fibers", Optics Express, 13(2005)11, pp. 4012-4036
[AMP00]   AMP: „MOST - the new optical Multimedia network", Produktinformation Tyco Electronics, AMP, 2000
[App02b] V. Appelt, J. Vinogradov, O. Ziemann: „Simple FEXT Compensation in LED Based POF-WDM Systems", POF'2002, Tokyo, 18.-20.09.2002, pp. 127-129
[App02c] V. Appelt, J. Vinogradov, O. Ziemann: „FEXT-Kompensation in POF-WDM-Systemen", 12. ITG-Fachgruppentreffen 5.4.1, Leipzig, 24.04.2002
[Arg06]   A. Argyros, M. A. van Eijkelenborg, M. C. J. Large, and I. M. Bassett: „Hollow-core microstructured polymer optical fiber", Optics Letters, 31(2006), pp. 172-174
[Arn00]   R. Arndt: „Charakterisierung von LED für POF-Systeme, Modulationseigenschaften", Diplomarbeit an der FH Leipzig und der T-Nova GmbH, Mai 2000

[Arr99]   J. Arrue: „Propagation in straight and bent Plastic Optical Fibers, applied to the design of optical links, sensors and devices", Univ. of the Basque Country Bilbao, January 1999
[Arr00]   J. Arrue, J. Zubia, N. Merino, G. Durana, D. Kalymnios: „Bending Losses in Graded index Fibers", POF'2000, Boston, 05.-08.09.2000, pp. 178-183
[Arr01b] J. Arrue, J. Zubia, G. Durana, J. Mateo: „Parameters Affecting Bending Losses in Graded-Index Polymer Optical Fibers", Journ. of Select. Topics in Quant. Electr. Vol. 7(2001)5, pp. 836-844
[Arr03b] J. Arrue, G. Durana, G. Aldabaldetreku, J. Zubia, F. Jiminez: „Universal Scrambler for Step-Index and Graded-Index POF, by Means of an Adjustable Eight-Shaped Configuration", POF'2003, Seattle, 14.-17.09.2003, pp. 131-134
[Aru05]   Y. Aruga, T. Ishigure, Y. Koike: „Propagating Mode Analysis in a PVDF clad GI POF", POF'2005, HongKong, 19.-22.09.2005, pp. 19-22
[Asa96]   Asahi Chemical Industry Co., Ltd.: „High-Efficiency Plastic Optical Fiber, Luminous", Datenblatt Nichimen 1996
[Asa97]   Asahi Chemical Industry Co., Ltd.: „Plastic Optical Fiber for High-Speed Transmission (Luminous NC-1000, NMC-1000, PMC-1000", catalog Nichimen 1997
[ATM96a] ATMF SWG: Physical Layer, RBB: „50 Mbps Plastic Fiber PMD Sublayer for Home UNI", 11.12.1995, in Graded Index POF, Information Gatekeepers Inc. 1996, pp. 206-209
[ATM96b] ATMF SWG: Physical Layer, RBB: „Proposal of 155 Mbps Plastic Optical Fiber PMD Sublayer for Very Low Cost Private UNI", 11.12.1995, in Graded Index POF, Information Gatekeepers Inc. 1996, pp. 210-234
[ATM97]   AF-PHY-POF155-0079.000: „155 Mbps Plastic Optical Fiber and Hard Polymer Clad Fiber PMD Specification", May, 1997
[ATM99]   AF-PHY-0079.001: „155 Mb/s Plastic optical Fiber and Hard Polymer Cladd Fiber PMD Specification, Version 1.1", ATM Forum, Jan. 1999
[Att96a] R. Attia, E. Benyahia, M. Zghal: „Wavelength multiplexing and demultiplexing for plastic optical fibers using diffraction grating", POF'1996, Paris 22.-24.10.1996, pp. 78-82
[Att96b] R. Attia, S. Jarboui, M. Machhout, A. Bouallegue, J. Marcou: „Modal scrambler for polymer optical fiber", POF'1996, Paris 22.-24.10.1996, pp. 30-31
[Bach01] A. Bachmann, K.-F. Klein, H. Poisel, O. Ziemann: „Differential mode delay measurements on graded index POF", POF'2001, Amsterdam, 27.-30.09.2001, pp. 57-62
[Bach02] A. Bachmann: „Erfahrungen mit den Nah- und Fernfeld-Meßsystem LEPAS", 12. ITG-Fachgruppentreffen 5.4.1, Leipzig, 24.04.2002
[BAM95]   BAM Forschungsbericht: „Grundlegende Untersuchung von Umwelteinflüssen auf Polymer-Lichtwellenleiter", Berlin, 1995

[Bar96] E. Barni, G. Viscardi, C. D. Ambrosio, T. Gys, H. Leutz, D. Piedigrossi, D. Puertolas, S. Tailhardat, U. Gensch, H. Güsten, PP. Destruel, T. Shimizu, O. Shinif, M. Garg, A. Menchikov: „Development of small diameter scintillating fibres detectors for particle tracking", POF'1996, Paris 22.-24.10.1996, pp. 50-57

[Bar00] R. J. Bartlett, R. Philip-Chandy, P. Eldridge, D. F. Merchant, R. Morgan, P. J. Scully: „Plastic optical fibre sensors and devices", Transactions of the Institute of Measurement and Control 22(2000)5, pp. 431-457

[Bar03b] L. Bartkiv, H. Poisel, O. Ziemann: „A 3-Channel POF-WDM System for Transmission of VGA Signals", Poster, POF'2003, Seattle, 14.-17.09.2003, pp. 264-270

[Bar04c] G. Barton, M. A. van Eijkelenborg, G. Henry, M. C. J. Large, J. Zagari: „Fabrication of microstructured polymer optical fibres", Optical Fiber Technology, 10(2004), pp. 325-335

[Bat92] R. J. S. Bates, S. D. Walker, M. Yaseen: „A 265 Mbit/s, 100 m Plastic Optical Fibre data Link using a 652 nm Laser Transmitter for Customer Premises Network Applications", ECOC'1992, Vol. 1, pp. 297-300

[Bat96a] R. J. S. Bates, S. D. Walker, M. Yaseen: „Potential of Plastic Optical Fiber for Short Distance High Speed Computer Data Links", in Graded Index POF, Information Gatekeepers Inc. 1996, pp. 168-172

[Bat96b] R. J. S. Bates, S. D. Walker, M. Yaseen: „The Limits of Plastic Optical Fiber for Short Distance High Speed Computer Data Links", in Graded Index POF, Information Gatekeepers Inc. 1996, pp. 173-185

[Bau94] B. Bautevin, A. Rousseau: „New Halogenated Monomers and Polymers for Low Loss Plastic Optical Fiber", Fiber and Integrated Optics 13 (1994), pp. 309-319

[Bäu00] R. Bäuerle, S. Poferl, S. Seiffert, E. Zeeb: „HCS fiber based optical star network for automotive applications", ECOC'2000, WL3, pp. 496-497

[Bau05] J. Bauer, F. Ebling, H. Schröder, A. Beier, P. Beil, P. Demmer, M. Franke, E. Griese, M. Reuber, J. Kostelnik, H. Park, R. Mödinger, K. Pfeiffer, U. Ostrzinski: „Leiterplatten mit innenliegender Optolage - Wellenleitertechnologie und Koppelkonzept", ITG-Tagung am IZM, 2005

[Bau06] J. Bauer, D. Dorner, M. A. Bin Sulaiman: „Biegedämpfung von Polymerfasern und Vermessung von Kopplern", Projektarbeit POF-AC Nürnberg, Dez. 2006

[Baur02] E. Baur, H. Hurt, J. Wittl, K. Panzer, T. Gallner: „Shifting the Borders: POF Transceiver for high Temperature Applications for 200 Mbit/s bidirectional half duplex data transmission", POF'2002, Tokyo, 18.-20.09.2002, post deadline paper

[Beer05] L. Beer: „Multimedia-Netzwerke auf Basis von Kupfer-Kabeln - MOST mit Kupfer", Auto & Elektronik 4-2005, S. 2-4

[Ber05]   L. Bergougnoux, J. Misguich-Ripault, J.-Luc Firpoa: „Characterization of an optical fiber bundle sensor", Scientific Instruments 69(1998)5, pp. 1985-1990
[BFT03]   BFT3: „Datenblatt SPF BFT3 03", Infineon Technologies, 27.10.2003
[Bha00]   A. Bhatti, H. S. Al-Raweshidy, G. Murtaza: „Finite element analysis of an optical fibre electric field sensor using piezoelectric polymer coating", Journal of Modern Optics, Vol. 47, 2000, pp. 621-632
[Bie02]   T. Bierhoff: „Influence of the Cross Sectional Shape of Board-integrated Optical Waveguides on the Propagation Characteristics", 6. IEEE-SPI Workshop, 13.05.2002
[Bir97]   T. A. Birks, J. C. Knight, P. S. Russell: „Endlessly single-mode photonic crystal fiber", Optics Letters, 22(1997), pp. 961-963
[Blo03]   M. Bloos, J. Vinogradov, O. Ziemann, H. Poisel: „Polymer Optical Fibers For Fast Ethernet", POF´2003, Seattle, 14.-17.09.2003, pp. 243-246
[Blo04]   M. Bloos, O. Ziemann, H. Poisel: „Polymer optical fibres for fast ethernet", Poster, POF´2004, Nürnberg, 27.-30.09.2004, pp. 507-512
[Blu98]   W. Bludau: „Lichtwellenleiter in Sensorik und optischer Nachrichtentechnik", Springer Verlag, Berlin, Heidelberg, 1998
[Blu01]   E. Bluoss, E. Zocher, O. Ziemann: „Video transmission over PMMA step index POF", POF´2001, Amsterdam, 27.-30.09.2001, pp. 243-246
[Blu02]   E. Bluoss J. Vinogradov, O. Ziemann: „World Record Distance for Video Transmission on St.-PMMA-POF", POF´2002, Tokyo, 18.-20.09.2002, pp. 131-134
[Blu07]   A. Bluschke, O. Hofmann, H. Kragl, M. Matthews, Ph. Rietzsch: „xDSL-Modulationsverfahren - eine mögliche Alternative für den Einsatz in SI-POF-Übertragungssystemen", Post deadline Poster, VDE ITG-Fachkonferenz Breitbandversorgung in Deutschland - Vielfalt für alle, Berlin, 07.-08.03.2007
[Bly98a]   L. L. Blyler: „Material science and technology for POF", POF´1998, Berlin, 05.-08.10.1998, post deadline paper
[Bly98b]   L. L. Blyler, T. Salmon, W. White, M. Dueser, W. A. Reed, Ch. S. Coeppen, Ch. Ronaghan, P. Wiltzius, X. Quan: „Performance and Reliability of Graded-index Polymer Optical fibers", IWCS'1998, Philadelphia, 17.-20.11.1998, pp. 241-245
[Boc04]   R. Bockstaele, R. Baets, J. V. Campenhout, J. De Baets, E. van den Berg, M. Klemenc, S. Eitel, R. Annen, J. V. Koetsem, G. Widawski, B. Bareel, P. Le Moine, R. Fries, P. Straub, F. Marion: „Interconnect by Optics, Project overview & Work on Plastic Optical Fibre", 18. ITG-Fachgruppentreffen 5.4.1, Erfurt, 09.03.2004
[Boo01a]   H. P. A. van den Boom, T. Onishi, T. Tsukamoto, P. K. van Bennekom, L. J. P. Niessen, G. D. Khoe, A. M. J. Koonen: „Gigabit Ethernet Transmission over nearly 1 km GIPOF using an 840 nm VCSEL and a Silicon APD", POF´2001, Amsterdam, 27.-30.09.2001, pp. 207-212

[Boo05] H. P. A. van den Boom, A. M. J. Koonen, F. M. Huijskens, W. van Gils: „Angular Mode Group Diversity Multiplexing for Multi-channel Communication in a Single Step-Index Plastic Optical Fibre", Proceedings Symposium IEEE/LEOS Benelux Chapter, 2005, Mons, pp. 121-124

[Bor03] M. Borecki: „Light behaviour in polymer optical fibre bend - a new analysis method", Optica Applicata, Vol. 33, 2003, pp. 191-204

[Böt06] G. Böttger, M. Hübner, M. Dreschmann, C. Klamouris, K. Paulsson, T. Kueng, A. W. Bett, J. Becker, W. Freude, J. Leuthold: „Optically Powered Video Camera Network", Kölner Kabeltagung, 11./12.12.2006, pp. 123-124

[Bou94] M. M. Bourdinaud: „The French Plastic Optical Fibre Club (FOP)", POF'1994, Yokohama, 26.-28.10.1994, p. 21-23

[Bre00] J. Brendel: „Optical Time-Domain Reflectometer for POFs", 9. ITG-Fachgruppentreffen 5.4.1, Potsdam, 19.10.2000

[Bre01] J. Brendel: „Applications of optical time-domain reflectometry for POF test and measurement", POF'2001, Amsterdam, 27.-30.09.2001, pp. 45-50

[Bre03] J. Brendel: „OTDR für Multimodefasern", 16. ITG-Fachgruppentreffen 5.4.1, München, 25.06.2003

[Bre06] F. Breyer, N. Hanik, C. Cvetkov, S. Randel, B. Spinnler: „Advanced Simulation Model for the Impulse Response of Step-Index Polymer Optical Fiber", POF'2006, Seoul 11.-14.09.2006, pp. 462-467

[Bro89] W. Brostow, R. D. Corneliussen: „Failure of Plastics", Hanser, NewYork, 1989, 2nd Edition

[Bru00] A. Bruland: „Konfektionierung von POF für den Kfz-Bereich", 8. ITG-Fachgruppentreffen 5.4.1, Mönchengladbach, 09.03.2000

[Bru06] M. Bruendel, P. Henzi, D. G. Rabus, Y. Ichihashi, J. Mohr: „Herstellung integrierter polymerer Wellenleiter durch UV-induzierte Brechzahländerung", ORT2006

[BS00] Internet site: http://www.britneyspears.ac, Britneys guide to semiconductor physics

[Bun99a] C.-A. Bunge: „Polymerfaser Dämpfungs- und Ausbreitungsmodell", Diplomarbeit am Technologiezentrum der Deutschen Telekom Berlin, 1999

[Bun99b] C.-A. Bunge, O. Ziemann, J. Krauser, K. Petermann: „Effects of Light Propagation in Step Index Polymer Optical Fibers", POF'1999, Chiba, 14.-16.07.1999, pp. 136-139

[Bun02a] C.-A. Bunge, O. Ziemann, M. Bloos, A. Bachmann: „Theoretical and Experimental Investigation of FF and Bandwidth for Different POF", POF'2002, Tokyo, 18.-20.09.2002, pp. 217-220

[Bun03a] C.-A. Bunge, W. Lieber, A. M. Oehler: „Bandbreitegrenzen von 50/62,5 µm GI-Glasfasern", 15. ITG-Fachgruppentreffen 5.4.1, Offenburg, 25./26.03.2003

[Bun03b] C.-A. Bunge, J. Arrue, J. Zubia: „Influence of Location of Bends in Step-Index Fibres", Poster, POF´2003, Seattle, 14.-17.09.2003, pp. 271-275

[Bun04a] C.-A. Bunge, G. Kramer, H. Poisel: „Measurement of refractive-index profile by lateral illumination", Poster, POF´2004, Nürnberg, 27.-30.09.2004, pp. 513-520

[Bun06] C.-A. Bunge, R. Kruglov, H. Poisel: „Rayleigh and Mie scattering in polymer optical fibers", Journ. of Lightw. Techn., Vol. 24, 2006, pp. 3137-3146

[Cal95] M. Calzavara, R. Caponi, F. Cisternino, G. Coppa: „A New Approach to Investigating Mode-Coupling Phenomena in Graded-Index Optical Fibers", Optical and Quantum Electronics, Vol. 17, 1985, pp. 157-167

[Cam03] B. Çamak: „Modeling of Rayleigh Scattering in Optical Waveguides", Master-Arbeit, Middle East Technical University, Ankara, Türkei, 2003

[Can80] G. Cancellieri: „Mode-Coupling in Graded-Index Optical Fibers Due to Perturbation of the Index Profile", Applied Physics, Vol. 23, 1980, pp. 99-105

[Can81] G. Cancellieri: „Mode-Coupling in Graded-Index Optical Fibers Due to Micro-Bending", Applied Physics a-Materials Science & Processing, Vol. 26, 1981, pp. 51-57

[Can02] www.canpolar.com/priniples

[Car06a] D. Cardenas, R. Gaudino, A. Nespola, S. Abrate: „10 Mb/s Ethernet transmission over 425 m of large core Step Index POF: a media converter prototype", POF'2006, Seoul 11.-14.09.2006, pp. 46-50

[Car06b] S. Caron, C. Pare, P. Paradis, J. M. Trudeau, A. Fougeres: „Distributed fibre optics polarimetric chemical sensor", Measurement Science & Technology, 17(2006), pp. 1075-1081

[Chen00] W.-C. Chen, Y. Chang, M. S. Wie: „Theoretical Analysis of the Preparation of Graded Index POF", POF´2000, Boston, 05.-08.09.2000, pp. 168-172

[Chi05b] S.-W. Chiou, Y.-C. Lee, C.-S. Chang, T.-P. Chen: „High speed red RCLEDs for plastic optical fiber", Proc. of SPIE Vol. 5739, pp. 129-133

[Chr05] H. Christen: „SC POF: Der weltweit meist eingesetzte optische Steckverbinder jetzt auch für POF", 19. ITG-Fachgruppentreffen 5.4.1, Wetzikon, 08.03.2005

[Cir96] J. Cirillo: „High Speed plastic networks (HSPN), the evolution of plastic fiber", POF´1996, Paris 22.-24.10.1996, pp. 91-97

[Coo03] K. L. Cooper, G. R. Pickrell, A. Wang: „Optical Fiber Sensor Technologies for Efficient and Economical Oil Recovery", Final Technical Report, Center for Photonics Technology Blacksburg, USA, June 2003

[Cox03b] F. Cox, A. Michie, G. Henry, M. Large, S. Ponrathnam, A. Argyros: „Poling and Doping of Microstructured Polymer Optical Fibres", POF'2003, Seattle, 14.-17.09.2003, pp. 89-92

[Cox06]   F. M. Cox, A. Argyros, M. C. J. Large: „Liquid-filled hollow core microstructured polymer optical fiber", Optics Express, 14(2006)9, pp. 4135-4140
[Cre99]   R. F. Cregan, B. J. Mangan, J. C. Knight, T. A. Birks, P. S. Russell, P. J. Roberts, D. C. Allan: „Single-mode photonic band gap guidance of light in air", Science, 285(1999), pp. 1537-1539
[D2B02]   Mercdes-Benz: „Domestic Digital Bus (D2B)", technical training materials, USA, 2002
[Daum92]   W. Daum, A. Brockmeyer, L. Goehlich: „Environmental qualification of polymer optical fibres for industrial applications", POF'1992, Paris, 22.-23.07.1992, pp. 91-95
[Daum93]   W. Daum, A. Brockmeyer, L. Goehlich: „Influence of environmental stress factors on transmission loss of polymer optical fibres", POF'1993, Den Haag, 28.-29.07.1993, pp. 94-98
[Daum94]   W. Daum, A. Hoffmann, U. Strecker: „Influence of chemicals on the durability of polymer optical fibres", POF'1994, Yokohama, 26.-28.10.1994, pp. 111-114
[Daum97]   W. Daum, W. Hammer, K. Mäder: „Spectral Transmittance of Polymer Optical Fibres before and after Accelerated Ageing", POF'1997, Kauai, 22.-25.09.1997, pp. 14-16
[Daum99]   W. Daum: „Reliability Testing of Plastic Optical Fibres - State of the Art and Future Demands", POF'1999, Chiba, 14.-16.07.1999, pp. 14-17
[Daum01a] W. Daum, J. Krauser, P. E. Zamzow, O. Ziemann: „POF - Optische Polymerfasern für die Datenkommunikation", Springer, Berlin 2001
[Daum03c] W. Daum: „POF Reliability and Testing", Tutorial, POF'2003, Seattle, 14.-17.09.2003
[Des94]   P. Destruel, J. Farenc: „Scintillating micro fibers with polymethylphenylsiloxane core and silica cladding", POF'1994, Yokohama, 26.-28.10.1994, p. 60
[DIN94]   DIN ISO 2578:1994: „Kunststoffe - Bestimmung der Temperatur-Zeit-Grenzen bei langanhaltender Wärmeeinwirkung"
[Djo00]   A. Djordjevich, S. Savovic: „Investigation of mode coupling in step index plastic optical fibers using the power flow equation", IEEE Phot. Techn. Lett., Vol. 12, 2000, pp. 1489-1491
[Djo03]   A. Djordevich: „Alternative to Strain Measurement", Opt. Eng. 42(2003)7, pp. 1888-1892
[Djo04]   A. Djordjevich, S. Savovic: „Numerical solution of the power flow equation in step-index plastic optical fibers", Journal of the Optical Society of America B-Optical Physics, Vol. 21, 2004, pp. 1437-1442
[Dör06]   H. Döring: „High Resolution Length Sensing using PMMA Optical Fibres and DDS Technology", POF'2006, Seoul 11.-14.09.2006, pp. 238-241
[Dre05]   J. W. Drescher: „Entwicklung eines Duplex-SC POF Transceivers und der zugehörigen Steckverbinder", 19. ITG-Fachgruppentreffen 5.4.1, Wetzikon, 08.03.2005

[Dre06] C. Dreyer: „Hochleistungspolymere für integrierte optische Bauelemente", Fraunhofer-Institut für Zuverlässigkeit und Mikrointegration IZM, 13.03.2006

[Dug88] J. Dugas, M. Sotom, E. Douhe, L. Martin, P. Destruel: „Accurate determination of the thermal variation of the aperture of step-index optical fibers", Appl. Opt. Vol. 27(1988)23, pp. 4822-4825

[Dui96] F. G. H. van Duijnhoven, C. W. M. Bastiaansen: „Polymeric graded-index preforms", POF´1996, Paris, 22.-24.10.1996, pp. 46-49

[Dui98] F. G. H. van Duijnhoven, C. W. M. Bastiaansen: „Gradient refractive index polymers produced in a centrifugal field", POF´1998, Berlin, 05.-08.10.1998, pp. 55-58

[Dum01] M. Dumitrescu, M. Saarinen, N. Xiang, M. Guina, V. Vilokkinen, M. Pessa: „Red wavelength range microcavity emitters for POF applications", POF´2001, Amsterdam, 27.-30.09.2001, post deadline paper

[Dur03b] G. Durana, J. Zubia, J. Arrue, G. Aldabaldetreku, J. Mateo: „Dependence of Bending Losses on Cladding Thickness in Plastic Optical Fibers", Applied Optics, Vol. 42(2003)6, pp. 997-1002

[Dut95] A. K. Dutta, A. Suzuki, K. Kurihara, F. Miyasaka, H. Hotta, K. Sugita: „High-Brightness, AlGaInP-Based, Visible Light-Emitting Diode for Efficient Coupling with POF", IEEE Phot. Techn. Lett. 7(1995)10, pp. 1134-1136

[DuT07] D. DuToit: „Perfluorinated Graded-Index POF", OFC'2007, POF-Day, Anaheim, 29.03.2007

[Ebb03] A. Ebbecke: „Simulation of optical phenomena in step-index fibers and fiber-bundles", FH Wiesbaden, Department of Physical Engineering, 30.08.2003

[Ebe96] K. J. Ebeling, U. Fiedler, R. Michalzik, G. Reiner, B. Weigl: „Recent advances in semiconductor vertical cavity lasers for optical communications and optical interconnects", ECOC´1996, Oslo, pp. 2.81-2.88

[Ebe98] K.-J. Ebeling: „VCSEL als Quellen für POF-Systeme", 5. ITG-Fachgruppentreffen 5.4.1, Ulm, 10.12.1998

[Ebe00] D. Eberlein, W. Glaser, Ch. Kutza, J. Labs: „Lichtwellenleitertechnik", Expert-Verlag, 1st Edition, 2000

[Ebi05] Y. Ebihara, T. Ishigure, Y. Koike: „Bandwidth Performance of Perfluorinated Polymer based GI POF with Optimum Refractive Index Profile", POF´2005, HongKong, 19.-22.09.2005, pp. 15-18

[Eij03a] M. A. v. Eijkelenborg, A. Argyros, G. Barton, I. Bassett, F. Cox, M. Fellew, S. Fleming, G. Henry, N. Issa, M. Large, S. Manos, W. Padden, L. Poladian, J. Zagari: „Microstructured polymer optical fibres -the exploration of a new class of fibres", Asia-Pacific Polymer Optical Fibre Workshop, Hong Kong, 2003

[Eij03b] M. A. van Eijkelenborg, A. Argyros, G. Barton, I. M. Bassett, M. Fellew, G. Henry, N. A. Issa, M. C. J. Large, S. Manos, W. Padden, L. Poladian, J. Zagari: „Recent progress in microstructured polymer optical fibre fabrication and characterisation", Optical Fiber Technology, 9(2003), pp. 199-209

[Eij04c]   M. A. van Eijkelenborg: „Imaging with microstructured polymer fibre", Optics Express, 12(2004), pp. 342-346
[Eij04d]   M. A. van Eijkelenborg, A. Argyros, A. Bachmann, G. Barton, M. C. J. Large, G. Henry, N. A. Issa, K. E. Klein, H. Poisel, W. Pok, L. Poladian, S. Manos, J. Zagari: „Bandwidth and loss measurements of graded-index microstructured polymer optical", Electronics Letters, 40(2004), pp. 592-593
[Eij06a]   M. A. van Eijkelenborg, N. Issa, M. Hiscocks, C. V. Schmising, R. Lwin: „Rectangular-core microstructured polymer optical fibre for interconnect applications", Electronics Letters, 42(2006), pp. 201-202
[Emi05]   G. Emiliyanov, J. B. Jensen, P. E. Hoiby, O. Bang, L. H. Pedersen, A. Bjarklev: „A microstructured Polymer Optical Fiber Biosensor", CLEO 2005
[Eng86]   D. Engelage: „Lichtwellenleiter in Energie- und Automatisierungsanlagen", VEB Verlag Technik, Berlin, 1986
[Eng96]   T. Engst, St. Gneiting, H. P. Großmann, G. Hörcher: „10 MBit/s LAN using 650 nm LED and step-index polymer optical fiber up to 100 m", POF'1996, Paris 22.-24.10.1996, pp. 152-157
[Eng98b] T. Engst, B. Sommer, H. P. Großmann K.-F. Klein, O. Ziemann, J. Krauser: „Length Dependence of Bandwidth and Attenuation of Double Step Index POF", Post Deadline Poster, POF1998, Berlin, 04.-07.10.1998
[Eng00]   A. Engel: „Optical Interconnection System from Tyco Electronics - Components for the MOST Network - Overwiev - Status - Technology", May 2000
[Eng05]   C. Engelke: „TV interaktiv 2006" , Workshop: Breitbandversorgung in Deutschland - wie schaffen wir den Anschluß, HHI Berlin, 12/13.10.2005
[Esk97]   Mitsubishi Rayon Co., Ltd.: „Plastic Optical Fiber for Data Communication, ESKA PREMIER, ESKA MEGA", Data Sheet, 1997
[Ern00]   C. Ernst, R. Hohmann, M. Loddoch, C. Marheine, H. Kragl: „Fabrication of Polymer Optical Fiber Couplers: The Integrated Optical or Micro-Optical Way", POF'2000, Boston, 05.-08.09.2000, pp. 64-67
[Ern02]   Pressemitteilung ERNI/Varioprint: „ERNI und Varioprint kooperieren bei der Fertigung von optischen Wellenleitern auf Leiterplatten", Juni 2002
[Fac04]   A. Fackelmeier, N. Weber, S. Junger, O. Ziemann: „VGA video signal transmission over POF and PCS", Poster, POF'2004, Nürnberg, 27.-30.09.2004, pp. 539-545
[Fal05]   M. Falch: „Do we need an active policy for broadband development?", Workshop: Breitbandversorgung in Deutschland - wie schaffen wir den Anschluß, HHI Berlin, 12/13.10.2005
[Fan98]   H. Fan, M. B. Tayahi, D. W. Young, K. K. Dutta, R. Webster: „Analogue and digital transmission using polymer optical fibre", Electr. Lett. 34(1998)21, pp. 1999-2000

[Far94]   J. Farenc, P. Pierre, P. Destruel: „X rays sensor based on a fluorescent plastic optical fiber cladded with a doped polymer", POF'1994, Yokohama, 26.-28.10.1994, p. 56
[Fau98]   P. Faugeras, J. Marcou, S. Louis, C. Maire, P. Dufresne: „1 to N couplers for lightning application with plastic optical fibres", POF'1998, Berlin, 05.-08.10.1998, pp. 191-196
[Fei00]   S. Feistner: „Endflächenanalyse an Polymeren Optischen Fasern", Diplomarbeit an der FN Nürnberg, Oktober 2000
[Fei01a] S. Feistner, H. Poisel: „POF End face Analysis", POF'2001, Amsterdam, 27.-30.09.2001, pp. 331-336
[Fei01b] S. Feistner, H. Lichotka, H. Poisel: „Thermal stability of POF couplers", POF'2001, Amsterdam, 27.-30.09.2001, pp. 251-256
[Fei02]   S. Feistner: „Think-POF - Ideenwettbewerb POF für Schüler", 14. ITG-Fachgruppentreffen 5.4.1, Köln, 10.12.2002
[Fib02]   Produktinformation „Brumberg Leuchten", Fibatec-Produkte 2002
[Fis06]   U. Fischer-Hirchert: „POF-Aktivitäten an der HS Harz und kommende Projekte für Polymerfasern und polymere Funktionsbauteile der opt. Netze in Mitteldeutschland", 21. ITG-Fachgruppentreffen 5.4.1, Oldenburg, 12.05.2006
[Flex99] M. Flex: „Aufbau einer Schaltung zur Übertragung von VDSL (Very high bitrate Digital Subscriber Line) - Signalen über POF (Polymer Optical Fiber)", Diplomarbeit an der FH Gelsenkirchen (Prof. M. Pollakowski), März 1999
[FOP94]   „Les Fibres Optiques Plastiques - Mise en oevre et applications", by Club FOP, Editions Masson 1994
[FOP97]   Club des Fibres Optiques Plastiques (CFOP) France: „Plastic Optical Fibres - Practical Applications", edited by J. Marcou, John Wiley & Sons, Masson, 1997
[For01]   F. de Fornel: „Evanescent Waves: From Newtonian Optics to Atomic Optics", Springer-Verlag 2001, pp.12-18
[Fra88]   J. Franz: „Optische Übertragungssysteme mit Überlagerungsempfang", Springer-Verlag, Berlin, 1988
[Fre03]   I. Freese, T. Klotzbücher, U. Schwab: „Wellenleiterkomponenten für POF/PCF", 15. ITG-Fachgruppentreffen 5.4.1, Offenburg, 25./26.03.2003
[Fre04b] T. Freeman: „POF eyes high-speed connections", Fiber Systems Europe/Lightwave Europe, June 2004, pp. 11-12
[Fre04c] T. Freemann: „Plastic optical fibre tackles automotive requirements", fibers.org, May 2004
[Fuj02]   H. Fujita, Y. Ishii, T. Matsuo, Y. Iwai, T. Iwaki, K. Nagura, T. Mizoguchi, Y. Kurata: „Optical Transceiver for OP i.Link S200/S400", POF'2002, Tokyo, 18.-20.09.2002, pp. 25-27
[Fuj03]   T. Fujiki, T. Itabashi: „Outline of TEPCO's activities in the FTTH Business in Japan and Giga House Town Project", POF'2003, Seattle, 14.-17.09.2003, pp. 248-251

[Fuj06]   S. Komori: „LUMISTAR", Pressemitteilung, Jan. 2006
          http://home.fujifilm.com /news/n060118.html
[Fuk93]   K. Fukuoka, T. Iwakami, K. Schumacher: „High-speed and long-
          distance POF transmission systems based on LED", POF'1993, Den
          Haag, 28.-29.07.1993, pp. 43-46
[Fur99]   S. Furusawa, K. Numata, S. Morikura: „Study on Visible Light
          Sources for High Speed POF Transmission", POF'1999, Chiba, 14.-
          16.07.1999, post-deadline, pp. 40-43
[Fus96]   G. Fuster-Martinez, D. Kalymnios, I. W. Rogers: „Mode stripping and
          scrambling with step-index high NA POF", POF'1996, Paris 22.-
          24.10.1996, pp. 36-37
[Gar99]   I. Garcés, J. Mateo, A. Losada, M. Bajo: „Bi-directional Ethernet Link
          over a Single Plastic Optical Fiber using POF Couplers", POF'1999,
          Chiba, 14.-16.07.1999, pp. 154-157
[Gau04a] R. Gaudino, E. Capello, G. Perrone, S. Abrate, M. Chiaberge, P.
          Francia, G. Botto: „Advanced modulation format for high speed trans-
          mission over standard SI-POF using DSP/FPGA platforms",
          POF'2004, Nürnberg, 27.-30.09.2004, pp. 98-105
[Gau04b] R. Gaudino, E. Capello, G. Perrone: „POF bandwidth measurements
          using OTDR", POF'2004, Nürnberg, 27.-30.09.2004, pp. 153-158
[Gau05a] R. Gaudino, D. Cárdenas, P. Spalla, A. Nespola, S. Abrate: „A novel
          DC-Balancing line coding for multilevel transmission over POF",
          Poster, POF'2005, HongKong, 19.-22.09.2005, pp. 151-154
[Gau05b] R. Gaudino, D. Cárdenas, R. Gaudino, D. Cárdenas: „Multilevel
          50 Mb/s transmission over a 200 m PMMA SI-POF LAN testbed",
          POF'2005, HongKong, 19.-22.09.2005, pp. 207-210
[Geo01]   J. E. George, S. Golowich, P. F. Kolesar, A. J. Ritger, M. Yang:
          „Laser Optimized Multimode Fibers for Short Reach 10 Gbps
          Systems", National Fiber Optic Engineers Conference 2001,
          Technical Proceedings, pp. 351-361
[Gho99]   R. Ghosh, A. Kumar, J. P. Meunier: „Waveguiding properties of
          holey fibres and effective-V model", Electronics Letters, 35(1999),
          pp. 1873-1875
[Gia99a] G. Giaretta, W. White, M. Wegmueller, R. V. Yelamarty, T. Onishi:
          „11 Gb/sec Data Transmission Through 100 m of Perfluorinated
          Graded-Index Polymer Optical Fiber", OFC'1999, PD14-1
[Gia99b] G. Giaretta, R. Michalzik, G. Shevchuk, T. Onishi, M. Naritomi,
          R. Yoshida, M. Nuss, X. Quan: „11 Gbps Data Transmission through
          100 m of Perfluorinated Graded Index Polymer Optical Fiber", POF-
          World 1999, San Jose, 28.-30.06.1999, p. 30
[Gia99c] G. Giaretta, F. Mederer, R. Michalzik, W. White, R. Jaeger,
          G. Shevchuk, T. Onishi, M. Naritomi, R. Yoshida, P. Schnitzer,
          H. Unhold, M. Kicherer, K. Al-Hemyari, J. A. Valdmanis, M. Nuss,
          X. Quan, K. J. Ebeling: „Demonstration of 500 nm-wide transmission
          window at Multi-Gbit/s Data Rates in Low-Loss Plastic Optical
          Fiber", ECOC'1999

[Gie00]   L. Giehmann, 2000, unveröffentlicht
[Gie03]   A. Giesberts: „Receiver Design for a Radio over Polymer Optical Fiber System", MSc graduation thesis, TU Eindhoven, Sept. 2002 - June 2003
[Gies98]   S. Gies, M. Odenwald, K.-F. Klein, H. Poisel, O. Ziemann: „Characterization of polymer optical fibres by using different farfield methodes", POF'1998, Berlin, 05.-08.10.1998, pp. 254-255
[Gla97]   W. Glaser: „Photonik für Ingenieure", 1997, Verlag Technik, Berlin
[Glo71]   D. Gloge: „Weakly Guiding Fibers", Appl. Optics, 10(1971)10, pp. 2252-2258
[Glo72]   D. Gloge: „Optical power flow in multimode fibers", Bell Syst. Tech. Journ. 51, 1972, pp. 1767-1783
[Glo73]   D. Gloge: „Impulse response of Clad Optical Multimode Fibers", Bell Syst. Tech. J. Vol. 52, 1973, 801-815
[GMM02]   „Hochtemperatur-Elektronik - Stand und Herausforderungen", VDE/ VDI-Gesellschaft Mikroelektronik, Mikro- und Feinwerktechnik (GMM) Fachbereich Aufbau-, Verbindungs- und Leiterplattentechnik, Fachausschuß Aufbau- und Verbindungstechnik, Frankfurt am Main, Nov. 2002
[Gof05]   A. Goffin, Ch. Lethien, C. Vloeberghs, J.-P. Vilcot, C. Loyez: „Perfluorinated Polymer based graded index fibre in LAN operating at 850 nm", POF'2005, HongKong, 19.-22.09.2005, pp. 203-206
[Gol03]   S. E. Golowich, W. White, W. A. Reed, E. Knudsen: „Quantitative Estimates of Mode Coupling and Differential Modal Attenuation in Perfluorinated Graded-Index Plastic Optical Fiber", Journ. of Lightw. Techn. Vol. 21(2003)1, pp. 111-120
[Gor98]   B. Gorzitza: „Aufbau von Sendern und Empfängern für 1 mm Polymerfasern bei kurzen Wellenlängen", Diplomarbeit am Technologiezentrum der Deutschen Telekom, Juni 1998
[Gou04]   J. Goudeau, G. Widawski, M. Rossbach, B. Bareel, R. Helvenstein, L. Huff: „GI POF for Gb Ethernet links", Invited Paper, POF'2004, Nürnberg, 27.-30.09.2004, pp. 76-81
[Gort06]   A. Gort, V. Kißler: „Bitratenbegrenzung und Reichweite von LWL-Systemen", Versuchsauswertung LWL-Praktikum, FH Nürnberg, SS2006
[Gott06]   J. Gottschalk, T. Hofmann, A. Hulm: „Bitratenbegrenzung und Reichweite von LWL-Systemen", Versuchsauswertung LWL-Praktikum, FH Nürnberg, SS2006
[Gra99]   J. Graf: „Entwicklung und Untersuchungen zur Herstellung verlustarmer passiver Wellenleiter und verstärkender Wellenleiter", Dissertation, Saarbrücken 1999
[Gray00]   J. W. Gray, Y. S. Jalili, P. N. Stavrinou, M. Whitehead, G. Parry, A. Joel, R. Robjohn, R. Petrie, S. Hunjan, P. Gong, G. Duggan: „High-efficiency, low voltage resonant cavity ligth-emitting diodes operating around 650 nm", Electr. Lett. 26(2000)20, pp. 1730-1731

[Gray01]   J. W. Gray, R. F. Oulton, P. N. Stavrinou, M. Whitehead, G. Parry, G. Duggan, R. C. Coutinho, D. R. Selviah: „Angular Emission Profiles and Coherence Length Measurements of Highly Efficient, Low Voltage Resonant Cavity Light Emitting Diodes Operating Around 650 nm", Proc. SPIE Vol. 4278 (2001), pp. 81-88

[Gri00]   R. Grießbach, J. Berwanger, M. Peller: „Byteflight - neues Hochleistungs-Datenbussystem für sicherheitsrelevante Anwendungen", Automotive Electronics, Sonderausgabe von ATZ und MTZ, S. 61-67

[Gri06]   E. Griese: „Optische Verbindungstechnik auf elektrischen Leiterplatten, Grundlagen - Technologie - Entwurf", Vortragsveranstaltung der FED-Regionalgruppe München, 22.06.2006, Conti Temic microelectronic GmbH, Ingolstadt

[Guan04]   N. Guan, K. Izoe, K. Takenaga, R. Suzuki, K. Himeno: „Hole-Assisted Single-Mode Fibers for Low Bending Loss", ECOC'2004, Stockholm

[Gui00a]   M. Guinea, T. Jouhti, M. Saarinen, P. Sipilä, A. Isomäki, P. Uusimaa, O. Okhotnikov, M. Pessa: „622 Mbit/s Data Transmission Using 650 nm Resonant-Cavity Light-Emitting Diodes and Plastic Optical Fiber", POF'2000, Boston, 05.-08.09.2000, pp. 49-53

[Gui00b]   M. Guina, S. Orsila, M. Dumitrescu, M. Saarinen, P. Sipilä, V. Vilokkinen, B. Roycroft, P. Uusimaa, M. Toivonen, M. Pessa: „Ligth-Emitting Diode Emitting at 650 nm with 200-MHz Small-Signal Modulation Bandwidth", IEEE Phot. Techn. Lett. 12(2000)7, pp. 786-788

[Gün00]   B. Günther, W. Czepluch, K. Mäder, S. Zedler: „Multiplexer for Attenuation Measurements During POF Durability Testing", POF'2000, Boston, 05.-08.09.2000, pp. 209-213

[Gun06]   K. M. Gundu, M. Kolesik, J. V. Moloney, K. S. Lee: „Ultra-flattened-dispersion selectively liquid-filled photonic crystal fibers", Optics Express, 14(2006), pp. 6870-6878

[Gus98]   D. Gustedt, W. Wiesner: „Fiber Optik Übertragungstechnik", Franzis Verlag, 1998

[Gut99]   J. Guttmann, H.-P. Huber, O. Krumpholz, J. Moisel, M. Rode, R. Bogenberger, K.-P. Kuhn: „9" polymer optical backplane", ECOC'1999, pp. I-354 - I-355

[Hac01]   M. R. Hackenberg: „Untersuchungen zu Versagensmechanismen von Kunststofflichtwellenleitern unter thermischer und mechanischer Last", Dissertation UNI Ulm, 2001

[Hai05]   Z. Hailong, C. Jiurong, L. Zhifei, W. Xiangjun, L. Zhongyi: „Measuring Methods and Performance Analysis of PMMA Plastic Optical Fiber", Poster, POF'2005, HongKong, 19.-22.09.2005, pp. 135-138

[Ham01]   Hmamatsu Photonics: „Si pin Photodiodes S7797, S5052, S8255, S5573", Datenblatt, April 2001

[Har95]   A. Hardy: „Exact Derivation of the Coupling Coefficient in Corrugated Wave-Guides with Arbitrary Cross-Section - Application to Optical Fibers", IEEE Journ. of Quant. Electr., Vol. 31, 1995, pp. 505-511

[Har99] J. P. Harmon, G. K. Noren: „Optical Polymers - Fibers and Waveguides", ACS Symposium Series 795, American Chemical Society, Washington 1999

[Har01] E. Hartl, N. Schunk, E. Baur: „Calculation of coupling efficiency of Polymer Optical Fibers (POF) to small area photo detectors", POF'2001, Amsterdam, 27.-30.09.2001, post deadline paper

[Här03] V. Härle, B. Hahn, S. Kaiser, A. Weimar, D. Eisert, S. Bader, A. Plössl, F. Eberhard: „Neue Wege in der LED-Technologie", VDE-Workshop LED in der Beleuchtungstechnik, Düsseldorf, 24.10.2003

[Har04] W. Harris: „1394a/1394b Overview", TI Connectivity Solutions Seminar Series - Summer 2004

[Har06] E. Hartl, O. Ziemann, M. Luber: „Scattering and Mode Behavior of 500μm POF Ribbons", POF'2006, Seoul 11.-14.09.2006, pp. 328-335

[Has01] T. Hasegawa, E. Sasaoka, M. Onishi, M. Nishimura, Y. Tsuji, M. Koshiba: „Hole-assisted lightguide fiber for large anomalous dispersion and low optical loss", Optics Express, 9(2001), pp. 681-686

[Has06] S.-A. Hashemi, B. Kollmannthaler, D. Dorner: „Bitratenbegrenzung und Reichweite von LWL-Systemen", Versuchsauswertung LWL-Praktikum, FH Nürnberg, SS2006

[Hatt98] M. Hattori, M. Nishiguchi, S. Takagi: „Plastic Optical Fiber and Optical Link Module for Short Haul High-Speed Transmission", IWCS Philadelphia, Nov. 1998, pp. 257-263

[Hell04] Hellux: „Lichtfasertechnik - Eine neue Dimension Licht", Firmeninformation 2004

[Hen93a] H. Henschel, O. Köhn, H. U. Schmidt: „Radiation sensitivity of plastic optical fibers", POF'1993, Den Haag, 28.-29.07.1993, pp. 99-104

[Hen99] H. Henschelmann: „Fernfeldmessungen an Optischen Polymerfasern", Diplomarbeit Technologiezentrum der Deutschen Telekom, Mai 1999

[Hen04] P. Henzi: „UV-induzierte Herstellung monomodiger Wellenleiter in Polymeren", Wissenschaftliche Berichte Forschungszentrum Karlsruhe, Dissertation FZKA 6978, 2004

[Her02] K. Herrmann: „Aufbau/Umhüllung/Eigenschaften von POF", 13. ITG-Fachgruppentreffen 5.4.1, München, 10.07.2002

[Hess04] D. Hess: „Plastic Optical Fibers for Gigabit Networking", Internet Nexans, Vortrag 16.09.2004

[Hir97] R. Hiroyama, T. Uetani, Y. Bessho, M. Shono, M. Sawada, A. Ibaraki: „High power 630 nm band laser diodes with strain-compressed single quantum well active layer", Electr. Lett. 33(1997)12, pp. 1084-1086

[Hon00] S. Honda, T. Miyake, T. Ikegami, K. Yagi, Y. Bessho, R. Hiroyama, M. Shono, M. Sawada: „Low threshold 650 nm band real refractive index-guided AlGaInP laser diodes with strain-compressed MQW active layer", Electr. Lett. 36 (2000) 15, pp. 1284-1285

[Hon05] Honda Connectors: „Multi-core Optical Connector For Plastic Optical Fiber", Tokyo, Aug. 2005

[Hop00]   C. Hopper: „IMEC announces new opto-technologies", LaserOpto 32(2000)6, pp. 29-30
[Hor98]   K. Horie, Y. Toriumi, H. Yoshida, K. Ookubo, K. Shino, S. Kubota: „Measurement and simulation of transceivers using single plastic optical fiber", POF'1998, Berlin, 05.-08.10.1998, pp. 296-300
[HP01]   Hewlett Packard: „125 Megabaud Versatile Link - The Versatile Fiber Optic Connection", Technical Data, 5962-9376E, 4/94
[HP02]   Hewlett Packard: „125 Megabaud Fiber Optic Transceiver, JIS F07 Connection", Technical Data, 5965-7092E, 5/97
[HP03]   Hewlett Packard: „125 Megabaud Versatile Link; The Versatile Fiber Optic Connection; HFBR-0507 Series, HFBR-15X7 Transmitters, HFBR-25X6 Receivers", Technical Data, 1994
[HP04]   Hewlett Packard: „10 Megabaud Versatile Link; Fiber Optic Transmitter and Receiver for 1 mm POF and 200 µm HCS; HFBR-0508 Series, HFBR-1528 Transmitters, HFBR-2528 Receivers", Technical Data, 1994
[HP05]   Hewlett Packard: „Plastic optical fiber links operate at 50 Mbaud", Electronics Weekly (UK), 04.03.1992, p. 18
[HP06]   Hewlett Packard: „Versatile Link", Application Note 1035, 1995
[HP07]   Hewlett Packard: „Fiber-Optic Solutions for 125 MBd Data Communication Applications at Copper Wire Prices", Application Note 1066, 1997
[Hua93]   W. P. Huang, C. L. Xu: „Simulation of 3-Dimensional Optical Wave-Guides by a Full-Vector Beam-Propagation Method", IEEE Journal of Quantum Electronics, Vol. 29, 1993, pp. 2639-2649
[Hub03]   H. P. Huber: „Optische Fahrzeugnetzwerke mit 200 µm - PCS-Fasern", 15. ITG-Fachgruppentreffen 5.4.1, Offenburg, 25./26.03.2003
[Hulz96] H. Hultzsch: „Optische Telekommunikationssysteme", Damm Verlag KG, Gelsenkirchen, 1996
[Hun96]   H. H. F. Hundscheidt, H. de Waardt, H. P. A. van den Boom: „Wavelength division multiplexing for a GIPOF transmission system", POF'1996, Paris 22.-24.10.1996, pp. 65-69
[Hurt04] H. Hurt, J. Wittl, M. Weigert: „Automotive fiber optic transceiver drive the change of datacom applications towards POF", Invited Paper, POF'2004, Nürnberg, 27.-30.09.2004, pp. 378-385
[Hut00]   B. Huttner, J.Brendel: „Optical Time Domain Reflectometer for POF", POF-World 2000, San-Jose, 20.-21.06.2000
[IEC95]   IEC 60068-2-6 (1995-03) Environmental testing - Part 2: Tests - Test Fc: Vibration (sinusoidal)
[IEC04]   IEC 60793-2-40 Ed. 2.0: „Optical Fibres - Part 2-40: Product specifications - Sectional specification for category A4 multimode fibres", 2004
[IEC06]   IEC 60793-2-30 Ed. 2.0: „Optical Fibres - Part 2-30: Product specifications - Sectional specification for category A3 multimode fibres", 2006

[Ily00]   V. Ilyashenko: „Perfluorinated GI-POF", POF´2000, Boston, 05.-08.09.2000, paper not in the proceedings
[Imai97] H. Imai: „Applications of Perfluorinated Polymer Optical Fibers to Optical Transmission", POF´1997, Kauai, 22.-25.09.1997, pp. 29-30
[Inf03]   Infineon Technologies: „Plastic Fiber Optic Photodiode Detector SFH250 - Plastic Connector Housing SFH250V", Datenblatt, 14.03.2003
[Inf06]   Infineon Technologies: „Mit einem Fiberoptic-Transceiver (FOT) erschließt Infineon den Massenmarkt für Video-Home-Networking", Presseerklärung, 16.05.2006
[Ing06]   J. D. Ingham, R. V. Penty, I. H. White: „Bidirectional Multimode-Fiber Communication Links Using Dual-Purpose Vertical-Cavity Devices", Jour. of Lightwave Technilogy, Vol. 24(2006)3, pp. 1283-1294
[Ino99]   Y. Inoue, H. Yago, H. Abe, N. Tokura: „Fast Ethernet POF Link using Commercial Blue LED Lamp", post-deadline paper, POF´1999, Chiba, 14.-16.07.1999
[Int97]   Interbusclub Deutschland e.V.: „Technische Richtlinie: Optische Übertragungstechnik", Version 1.0, Article No. 9318201, 07.11.1997 (www.interbusclub.com)
[Irie94] S. Irie, M. Nishiguchi: „Development of the resistant plastic optical fiber", POF´1994, Yokohama, 26.-28.10.1994, p. 88
[Irie01] K. Irie, S. Takahashi, Y. Uozu, T. Yoshimura: „Structure design and analysis of broadband POF", POF´2001, Amsterdam, 27.-30.09.2001, pp. 73-80
[Ish92b] M. Ishiharada, H. Kaneda, T. Chikaraishi, S. Tomita, I. Tanuma, K. Naito: „Properties of flexible light guide made of silicone elastomer", POF´1992, Paris, 22.-23.07.1992, pp. 38-42
[Ish95]   T. Ishigure, A. Horibe, E. Nihei, Y. Koike: „High-Bandwidth, High-Numerical Aperture Graded-Index Polymer Optical Fiber", Journ. of Ligthw. Techn. 13(1995)8, pp. 1686-1691
[Ish96]   T. Ishigure, E. Nihei, Y. Koike: „Optimum refractive-index profile of the graded-index polymer optical fiber, toward gigabit data links", Appl. Opt., 35(1996)12, pp. 2048-2053
[Ish98]   T. Ishigure, E. Nihei, Y. Koike: „High-bandwidth GI-POF and mode analysis", POF´1998, Berlin, 05.-08.10.1998, pp. 33-38
[Ish00a] T. Ishigure, Y. Koike: „Potential Bit Rate of GI-POF", POF´2000, Boston, 05.-08.09.2000, pp. 14-18
[Ish00b] T. Ishigure, M. Kano, Y. Koike: „Which is a more serious factor to the bandwidth of GI POF: Differential mode attenuation or mode coupling?", Journ. of Lightw. Techn., Vol. 18, 2000, pp. 959-965
[Ish04b] T. Ishigure, H. Endo, K. Takahashi, Y. Koike: „Total dispersion compenzation design of POF", Invited Paper, POF´2004, Nürnberg, 27.-30.09.2004, pp. 179-186
[Ish05a] T. Ishigure, Y. Koike: „High-Bandwidth Graded-Index and W-shaped Plastic Optical Fiber for Data Rate of 10 Gbps and Beyond", Invited Paper, POF´2005, HongKong, 19.-22.09.2005, pp. 9-13

[Ish05b]   T. Ishigure, K. Ohdoko, Y. Ishiyama, Y. Koike: „Mode-Coupling Control and New Index Profile of GI POF for Restricted-Launch Condition in Very-Short-Reach Networks", Journal of Lightwave Technology, Vol. 23(2005)12, pp. 4155-4168
[Ish05c]   T. Ishigure, H. Endo, K. Ohdoko, K. Takahashi, Y. Koike: „Modal bandwidth enhancement in a plastic optical fiber by W-refractive index profile", Journal of Lightwave Technology, Vol. 23, 2005, pp. 1754-1762
[Issa04a] N. A. Issa, W. Padden, M. A. van Eijkelenborg: „Very high numerical apertures in large-core microstructured optical fibres", Poster, POF'2004, Nürnberg, 27.-30.09.2004, pp. 436-443
[Issa04b] N. A. Issa, M. A. van Eijkelenborg, M. Fellew, F. Cox, G. Henry, M. C. J. Large: „Fabrication and study of microstructured optical fibers with elliptical holes", Optics Letters, 29(2004), pp. 1336-1338
[Jan04]   L. Jankowski: „Explanation and modelling of angle-dependent scattering in polymer optical fibres", POF'2004, Nürnberg, 27.-30.09.2004, pp. 195-202
[Jen05]   J. B. Jensen, P. E. Hoiby, G. Emiliyanov, O. Bang, L. H. Pedersen, A. Bjarklev: „Selective detection of antibodies in microstructured polymer optical fibers", Optics Express, 13(2005), pp. 5883-5889
[Jen06]   J. B. Jensen, G. Emiliyanov, O. Bang, P. E. Hoiby, L. H. Pedersen, T. P. Hansen, K. Nielsen, A. Bjarklev: „Microstructured Polymer Optical Fiber biosensors for detection of DNA and antibodies", Optical Fiber Sensors 2006
[Jia97]   G. Jiang, R.F. Shi, A.F. Garito: „Mode coupling and equilibrium mode distribution conditions in plastic optical fibers", IEEE Phot. Techn. Lett., Vol. 9, 1997, pp. 1128-1130
[Jöh98]   M. Jöhnck, B. Wittmann, A. Neyer, R. Michalzik, D. Wiedenmann: „POF based integrated circuit interconnects", POF'1998, Berlin, 05.-08.10.1998, pp. 130-131
[Jost02]   J. Jost: „Partial Differential Equations", Springer, New York, 2002
[Jun02a]   S. Junger, W. Tschekalinskij, N. Weber: „POF WDM Transmission System for Multimedia Data", POF'2002, Tokyo, 18.-20.09.2002, pp. 69-71
[Jun02b]   S. Junger: „WDM über POF und PCS", 14. ITG-Fachgruppentreffen 5.4.1, Köln, 10.12.2002
[Jun04b]   S. Junger, W. Tschekalinskij, N. Weber: „CableTV transmission over POF", POF'2004, Nürnberg, 27.-30.09.2004, pp. 35-39
[Jun04d]   S. Junger, B. Offenbeck, W. Tschekalinskij, N. Weber: „IEEE 1394 transmission with SI-POF at 800 Mbit/s", Invited Paper, POF'2004, Nürnberg, 27.-30.09.2004, pp. 225-231
[Jun05a]   S. Junger, B. Offenbeck, S. Brandt, W. Tschekalinskij, N. Weber: „Broadband cable television transmission with multiple analog and digital channels using GI-POF", POF'2005, HongKong, 19.-22.09.2005, pp. 195-198

[Jun06]   S. Junger, B. Offenbeck, W. Tschekalinskij, N. Weber, O. Ziemann, H. Poisel, J. Vinogradov: „Transmission of HDMI signals for HDTV applications using WDM and GI-POF", POF'2006, Seoul 11.-14.09.2006, pp. 436-442

[Kag03]   M. Kagami, T. Yamashita, M. Yonemura, A. Kawasaki, Y. Inui: „A Light-Induced Self-Written Optical Waveguide Fabricated in Photopolymerization Resin and it's Application to a POF WDM Module", POF'2003, Seattle, 14.-17.09.2003, pp. 183-186

[Kahn92]   W. K. Kahn, S. A. Saleh: „Application of the Coupled-Mode Theory to a Specialized Graded-Index Optical Fiber Coupler", Applied Optics, Vol. 31, 1992, pp. 2780-2790

[Kai85]   T. Kaino: „Influence of water absorption on plastic optical fibres", Applied Optics 24(1985)23, pp. 4192-4195

[Kai86]   T. Kaino: „Plastic optical fibres for near-infrared transmission", Appl. Phys. Lett. 48(1986)12, pp. 757-758

[Kai89a]   W. Kaiser, K. Ruf: „Untersuchung von Kunststoff-Lichtwellenleitern für den Einsatz im Breitband-Teilnehmerinstallationsnetz", Abschlußbericht zum Forschungsvorhaben mit der Deutschen Bundespost, Dez. 1989

[Kai89b]   T. Kaino: „Polymers for optoelectronics", Polymer Engineering and Science 29(1989)17, pp. 1200-1214

[Kal92]   D. Kalymnios: „Plastic optical fibre tree couplers using simple Y-couplers", POF'1992, Paris, 22.-23.07.1992, pp. 115-118

[Kal99]   D. Kalymnios: „Squeezing More Bandwidth into High NA POF", POF'1999, Chiba, 14.-16.07.1999, pp. 18-24

[Kal03b]   J. M. Kalajian: „Towards a Single-Mode Dispensed Polymer Optical Waveguide", Theses, Univ. od South Florida, USA, 19.11.2003

[Kan98]   T. Kaneko, S. Kitamura, T. Ide, T. Kawase, S. Shimoda, Y. Watanabe, R. Yoshida, Y. Takano: „VCSEL module for optical data links using perfluorinated POF", POF'1998, Berlin, 05.-08.10.1998, pp. 27-32

[Kang02]   J.-W. Kang, J.-P. Kim, W.-Y. Lee, J.-S. Kim, J.-S. Lee, J.-J. Kim: „Low-loss Polymer Optical Waveguides with High Thermal Stability", Mat. Res. Soc. Symp. Proc. Vol. 708, 2002, pp. BB 4.8.1 - 4.8.5

[Kar92]   D. P. Karim: „Multi-mode dispersion in step-index polymer optical fibers", SPIE Vol. 1799 (1992), pp. 57-66

[Kas03]   B. Kaspar, H. Poisel, A. Hermann: „Lighting for an Advertising Pillar", Poster, POF'2003, Seattle, 14.-17.09.2003, pp. 276-277

[Kat98]   M. P. Katsande, D. Kalymnios, E. Steers, D. Faulkner, A. Cockburn: „A LED as emitter and detector for bi-directional communication over a single POF", POF'1998, Berlin, 05.-08.10.1998, pp. 127-129

[Kat02]   S. Kato, T. Tanabe, M. Kagami, H. Ito: „POF Data Link Employing a Display-Type Green LED Fabricated from GaN Material", POF'2002, Tokyo, 18.-20.09.2002, pp. 135-138

[Kat04] S. Kato: „Transmission characteristics of 250 Mbps POF data link employing GaN green LED", POF´2004, Nürnberg, 27.-30.09.2004, pp. 232-236

[Kat05] S. Kato, O. Fujishima, T. Kozawa, T. Kashi: „High Speed GaN-based Green LED for POF", R&D Review of Toyota CRDL, Vol. 40(2005)2, P. 7-10

[Kaw00] L. Kawase, J. C. dos Santos, L. P. C. da Silva, R. M. Ribero, J. Canedo, M. M. Werneck: „Comparison of Different fabrication Techniques in POF Couplers", POF´2000, Boston, 05.-08.09.2000, pp. 68-71

[Kee05] S. O'Keeffe, C. Fitzpatrick, E. Lewis: „Ozone sensing in the visible region using PMMA optical fibres", POF´2005, HongKong, 19.-22.09.2005, pp. 303-306

[Keil96a] N. Keil, H. H. Yao, C. Zawadzki: „Polymers in integrated optics: 1 x 2 and 2 x 2 digital optical switch", POF´1996, Paris 22.-24.10.1996, pp. 138-145

[Keil96b] N. Keil, H. H. Yao, C. Zawadzki: „2 x 2 digital optical switched realized by polymer waveguide technology", Electr. Lett. 32(1996), pp. 1470-1471

[Keil97] N. Keil, H. Yao, C. Zawadzki: „Optical Switches in Polymers", POF´1997, Kauai, 22.-25.09.1997, pp. 115-118

[Keil99] N. Keil: „Polymer Optical Waveguide Devices in Photonic Networks", POF´1999, Chiba, 14.-16.07.1999, pp. 217-220

[Keil05] N. Keil: „Polymer Waveguide Devices for Waveguide Devices for Optical Communication Networks Optical Communication Networks", Tutorial FinerComm, München, 13.05.2005

[Kell98] T. Kellermann: „Ringversuch Polymerfaserdämpfung", Diplomarbeit am Technologiezentrum der Deutschen Telekom, Aug. 1998

[Kie06] S. Kiesel, P. Van Vickle, K. Peters, T. Hassan, M. Kowalsky: „Intrinsic polymer optical fiber sensors for high-strain applications", SPIE 2006

[Khoe94] D. Khoe, A. N. Sinha: „Polymer Fibre Networks for communication at the customer premises", POF´1994, Yokohama, 26.-28.10.1994, p. 12-15

[Khoe97] G. D. Khoe, G. S. Yabre, L. Wie, H. P. A. van den Boom: „Wavelength Division Multiplexing for Graded Index Polymer Optical Fiber Systems", POF´1997, Kauai, 22.-25.09.1997, pp. 8-9

[Khoe98] W. Li, G. D. Khoe, H. P. A. v. d. Boom, G. Yabre. H. de Waardt, Y. Koike, M. Naritomi, N. Yoshiara, S. Yamazaki: „Record 2,5 Gbit/s transmission via polymer optical fibre at 645 nm visible light", Post deadline Poster, POF´1998, Berlin, 05.-08.10.1998

[Khoe99] G. D. Khoe: „Exploring the Use of GIPOF Systems in the 640 nm to 1300 nm Wavelength Area Design", POF´1999, Chiba, 14.-16.07.1999, pp. 36-43

[Khoe00] G. D. Khoe, L. Wie, G. Yabre, H. P. A. v. d. Boom, P. k. v. Bennekom, I. Tafur Monroy, H. J. S. Dorren, Y. Watanabe, T. Ishigure: „High Capacity Transmission Using GI POF", POF´2000, Boston, 05.-08.09.2000, pp. 38-43

[Khoe02] G. D. Khoe, T. Koonen, I. Tafur, H. v. d. Boom, P. v. Bennekom, A. Ng`oma: „High Capacity Polymer Optical Fibre Systems", POF´2002, Tokyo, 18.-20.09.2002, pp. 3-8

[Kich99] M. Kicherer: „Dynamisches Verhalten und Rauschen von Vertikallaserdioden zur Datenübertragung in Glas- und polymeroptischen Fasern", Diplomarbeit an der Uni. Ulm, Lehrstuhl Organisation und Management von Informationssystemen, Mai 1999

[Kim03] H. J. Kim, K. B. Min, K. Y. Oh, D. Lee, J. H. Oh, E. Kim: „GI-POF: From Preform to Coated Fiber", POF´2003, Seattle, 14.-17.09.2003, pp. 208-211

[Kim05c] J. Kim, G. J. Kong, U. C. Paek, K. S. Lee, B. H. Lee: „Demonstration of an ultra-wide wavelength tunable band rejection filter implemented with photonic crystal fiber", Transactions on Electronics, E88c(2005), pp. 920-924

[Kim06b] Y. H. Kim, Y. C. Kim, H. D. Kim: „Multi-channel Analog CATV Transmission over a Perfluorinated GI-POF", POF'2006, Seoul 11.-14.09.2006, pp. 399-402

[Kim06c] S. Kim, K. Oh: „Large-mode-area index-guiding holey fibers with ultra-low ultra-flattened dispersion using a novel hollow-ring defect structure", Jour. of the Korean Physical Soc., 48(2006), pp. 897-901

[Kim06d] J. Kim, U. C. Paek, B. H. Lee, J. Hu, B. Marks, C. R. Menyuk: „Impact of interstitial air holes on a widebandwidth rejection filter made from a photonic crystal fiber", Optics Lett., 31(2006), pp. 1196-1198

[Kit80] K. Kitayama, S. Seikai, N. Uchida: „Impulse-Response Prediction Based on Experimental Mode-Coupling Coefficient in a 10-Km Long Graded-Index Fiber", IEEE Journal of Quantum Electronics, Vol. 16, 1980, pp. 356-362

[Kit92] M. Kitazawa, K. Shimada, N. Saito, S. Takahashi, K. Yagi: „Mechanical and optical performance of a new PMMA-based plastic fiber", SPIE Vol. 1799(1992), pp. 30-37

[Kle98] K. F. Klein, J. Krauser: „POF Measurement Techniques - Reliability and Comparability" Workshop, POF´1998, Berlin, 05.-08.10.1998

[Kle00] K.-F. Klein, M. Loch, H. Poisel: „Messung des spektralen Dämpfungskoeffizienten von Polymeren Optischen Fasern", Workshop an der Fachhochschule Nürnberg, 25.05.2000

[Kle03b] K.-F. Klein, C.-A. Bunge, A. Bachmann, S. Feistner, G. Barton, M. A. van Eijkelenborg, M. Large, L. Poladian: „Mikrostrukturierte Multimode-Polymerfasern", Kölner Kabeltagung 2003

[Klo98b] H. A. Klose, W. Pfeiffer: „Fast 3D recording of the emission patterns of plastic optical fibres", POF´1998, Berlin, 05.-08.10.1998, pp. 301-302

[Klo03]　T. Klotzbücher, T. Braune, M. Sprzagala, D. Dadic, A. Koch, U. Teubner: „Fabrication of optical 1x2 POF couplers using the Laser LIGA technique", 17. ITG-Fachgruppentreffen 5.4.1, Mainz, 05.11.2003

[Klu02]　R. Klug: „Entwurf und Aufbau mikrooptischer Systeme für die Mess- und Übertragungstechnik", Dissertation, Uni Mannheim 2002

[Kni96]　J. C. Knight, T. A. Birks, P. S. Russell, D. M. Atkin: „All-silica single-mode optical fiber with photonic crystal cladding", Optics Letters, 21(1996), pp. 1547-1549

[Kni97]　J. C. Knight, T. A. Birks, P. S. J. Russell, D. M. Atkin: „All-silica single-mode optical fiber with photonic crystal cladding: Errata", Optics Letters, 22(1997), pp. 484-485, 1997

[Kno03]　R. Knoll: „Hybridsteckverbinder mit POF: - Trends, Einsatzgebiete (Beispiele), Innovationsoptionen", 17. FGT „Optische Polymerfasern", Mainz, 05.11.2003

[Kob97]　K. Kobayashi, I. Mito: „Light Sources at the Wavelength around 650 nm for POF Data Links", POF'1997, Kauai, 22.-25.09.1997, pp. 72-73

[Kob99]　T. Kobayashi, K. Tsuchiya, I. Takiguchi, H. Kayama: „Fabrication of T-Coupler using Mesh-Type Half-Mirror for POF", POF'1999, Chiba, 14.-16.07.1999, pp. 221-255

[Koe98]　C. Koeppen, R. F. Shi, W. D. Chen, A. F. Garito: „Properties of plastic optical fibers", Journal Opt. Soc. Am. B., 15 (1998) 2, pp. 727-739

[Kodl03]　G. Kodl: „Large Area Optical Pressure Detecting Sensor Based on Evanescent Field", POF'2003, Seattle, 14.-17.09.2003, pp. 64-67

[Kodl04]　G. Kodl, G. Reichinger, M. Stallwitz: „Optical press-button using evanescent field", Poster, POF'2004, Nürnberg, 27.-30.09.2004, pp. 423-428

[Kodl05]　G. Kodl, G. Richinger, Ch. Weiss: „Dirtiness Sensor, based on Changes in the Evanescent Field", POF'2005, HongKong, 19.-22.09.2005, pp. 225-228

[Kog00]　K. Kogenazawa, T. Onishi: „Progress in Perfluorinated GI-POF, LUCINA™", POF'2000, Boston, 05.-08.09.2000, pp. 19-21

[Koi90]　Y. Koike, E. Nihei, Y. Ohtsuka: „Low-Loss, High Bandwidth Graded Index Plastic Optical Fiber", Fiber Optics Magaz. 12(1990)6, pp. 9-11

[Koi92]　Y. Koike: „High bandwidth and low-loss polymer optical fibre", POF'1992, Paris, 22.-23.07.1992, pp. 15-19

[Koi94]　Y. Koike: „High-Speed Multimedia POF Network" POF'1994, Yokohama, 26.-28.10.1994, pp. 16-20

[Koi95]　Y. Koike, T. Ishigure, E. Nihei: „High-Bandwidth Graded-Index Polymer Optical Fiber", J. of Lightw. Techn. 13(1995), pp. 1475-1489

[Koi96a]　Y. Koike, E. Nihei: „Polymer optical fibers", OFC'1996, pp. 59-60

[Koi96b]　Y. Koike: „POF for high-speed telecommunication", lecture manuscript 1996, pp. 21-26

[Koi96c]　Y. Koike: „Status of POF in Japan", POF'1996, Paris 22.-24.10.1996, pp. 1-8

[Koi96d]   Y. Koike: „Progress of Plastic Optical Fiber technology", ECOC'1996, pp. 1.41-1.48
[Koi97a]   Y. Koike: „Progress in Plastic Fiber Technology", OFC'1997, Dallas, pp. 103-108
[Koi97b]   Y. Koike: „GI-POF in High-Speed Telecommunication", POF'1997, Kauai, 22.-25.09.1997, pp. 40-41
[Koi98]   Y. Koike: „POF - from the past to the future", POF'1998, Berlin, 05.-08.10.1998, pp. 1-8
[Koi00]   Y. Koike: „Progress in GI-POF - Status of High Speed Plastic Optical Fiber and it's Future Prospect", POF'2000, Boston, 05.-08.09.2000, pp. 1-5
[Kon02]   A. Kondo, T. Ishigure, Y. Koike: „Perdeuterated Graded-Index Polymer Optical Fiber", POF'2002, Tokyo, 18.-20.09.2002, pp. 123-126
[Kon03]   A. Kondo, S. Tanaka, T. Ishigure, Y. Koike: „Fabrication and Properties of Deuterated Graded-Index Polymer Optical Fiber", POF'2003, Seattle, 14.-17.09.2003, pp. 215-218
[Kon04]   A. Kondo, T. Ishigure, Y. Koike: „Low-loss and high-bandwidth deuterated PMMA based graded-index polymer optical fibre", POF'2004, Nürnberg, 27.-30.09.2004, pp. 285-292
[Kon05]   A. Kondo, T. Ishigure, Y. Koike: „Fabrication Process and Optical Properties of Perdeuterated Graded-Index Polymer Optical Fiber", Jorn. of Lightw. Techn. 23(2005)8, pp. 2443-2448
[Kön06]   H. König. L. Schmidt: „Bitratenbegrenzung und Reichweite von LWL-Systemen", Versuchsauswertung LWL-Praktikum, FH Nürnberg, SS2006
[Koo02a]   T. Koonen, H. v. d. Boom, F. Willems, J. Bergmans, G.-D. Khoe: „Broadband Multi-Service In-House Networks Using Mode Group Diversity Multiplexing", POF'2002, Tokyo, 18.-20.09.2002, pp. 87-90
[Koo03b]   A. M. J. Koonen, H. P. A. van den Boom, D. Baez-Puche, F. M. Huijskens, G.-D. Khoe: „Creating parallel independent communication channels in multimode fibre networks by mode group division multiplexing", Proceedings Symposium IEEE/LEOS Benelux Chapter, 2003, Enschede, p. 47-50
[Koo04b]   T. Koonen, H. v. d. Boom, A. Ng'oma, L. Bakker, I. T. Monroy, G.-D. Khoe: „Recent developments in broadband service delivery techniques for short -range networks", NOC 2004, Eindhoven, 30.06.2004
[Kor04]   A. Kornfeld, U. Stute, N. Bärsch, J. Czarske, A. Ostendorf: „Herstellung integriert-optischer Wellenleiter durch Excimer- und fs-Pulslaser für die interferometrische Positionsregelung", DGaO-Proceedings 2004
[Kos95]   H. Kosaka, A. K. Dutta, K. Kurihara, K. Kasahara: „Gigabit-Rate Optical-Signal Transmission Using Vertical-Cavity Surface-Emitting Lasers with Large-Core Plastic-Cladding Fibers", IEEE Phot. Techn. Lett. 7(1995)8, pp. 926-928

[Kov05]   M. S. Kovacevic, D. Nikezic, A. Djordjevich: „Modeling of the loss and mode coupling due to an irregular core-cladding interface in step-index plastic optical fibers", Appl. Optics, 2005(44), pp. 3898-3903
[Kra98]   R. Kramer: „Verkabelungstopologien für In-Haus-Netze", Diplomarbeit Technologiezentrum der Deutschen Telekom, Juni 1998
[Kra99]   M. R. Krames, et. al.: „High-Power truncated-inverted-pyramid $(Al_xGa_{1-x})_{0.5}In_{0.5}P/GaP$ light-emitting diodes exhibiting >50% external quantum efficiency", Appl. Phys. Letters, 75 (1999) 16, p. 2365
[Kra00]   U. W. Krackhardt, R. Klug, K.-H. Brenner: „Broadband parallel-fiber optical link for short-distance interconnection with multimode fibers", Appl. Optics 39(2000)5, pp. 690-697
[Kra02b] R. Kraus: „Ein Bus für alle Fälle", Elektronik Automotive, 04(2002), S. 44-49
[Kra03]   H. Kragl: „Grüne Sendedioden für 125 Mbit/s-Datenübertragung auf PMMA-POF", 15. ITG-Fachgruppentreffen 5.4.1, Offenburg, 25./26.03.2003
[Kra04a] H. Kragl: „Fast Ethernet Transceiver für die POF", 18. ITG-Fachgruppentreffen 5.4.1, Erfurt, 09.03.2004
[Kra04b] H. Kragl: „Polymerfaserkoppler nach dem Schliffkopplerprinzip", 18. ITG-Fachgruppentreffen 5.4.1, Erfurt, 09.03.2004
[Kra04c] H. Kragl: „Fast ethernet full duplex operation over simplex 1 mm standard POF cables", POF´2004, Nürnberg, 27.-30.09.2004, pp. 125-132
[Kra05a] H. Kragl: „POF-Simplex-Systeme für Fast Ethernet Transceiver", 19. ITG-Fachgruppentreffen 5.4.1, Wetzikon, 08.03.2005
[Krau98] J. Krauser, O. Ziemann, T. Kellermann: „Rundversuch Polymerfaserdämpfung - Ergebnisse und Ausblick", 5. ITG-Fachgruppentreffen 5.4.1, Ulm, 10.12.1998
[Kreß89] D. Kreß, R. Irmer: „Angewandte Systemtheorie", VEB Verlag Technik Berlin, 1989
[Krug95] W. P. Krug, C. Porter: „Aircraft Application Issues for POF", POF´1995, Boston, 17-19.10.1995, pp. 22-26
[Kru00]   O. Krumpholz, R. Bogenberger, J. Guttmann, P. Huber, J. Moisel, M. Rode: „Optical Backplane in Planar Technology", SPIE Vol. 3952 (2000) 0277-786X, pp. 59-65
[Krü00]   S. Krüger: „Neue POF-Messmethoden im LWL-Bereich", VDE/VDI-GMM Fachtagung „Optische und elektronische Verbindungstechnik 2000", München, 26.05.2000, pp. 31-38
[Kru06a] R. Kruglov, V. Appelt, A. Zadorin, C.-A. Bunge, H. Poisel, O. Ziemann: „Mode Spectrum Transmission in Multimode Fibers with Rough Surface", POF'2006, Seoul 11.-14.09.2006, pp. 503-513
[Kru06b] R. Kruglov, A. Bachmann C.-A. Bunge, H. Poisel, A. Zadorin, O. Ziemann, V. Appelt. „Dynamic Signal Distortion in Short Lengths of SI-POF", POF2006 Seoul, 11.-14.09.2006, pp. 531-535

[Kuch94] D. M. Kuchta, J. A. Kash, P. Pepeljugoski, F. J. Canora, Y. Koike, R. P. Schneider, K. D. Choquette, S. Kilcoyne: „High Speed Data Communication using 670 nm vertical cavity surface Lasers and Plastic Optical Fiber", POF´1994, Yokohama, 26.-28.10.1994, p. 135

[Kure00] Y. Kure, K. Horie, Y. Toriumi, K. Shino, Y. Masuda: „Influence of Optical X-talk on Performance in the Full Duplex Optical Communication System using a single POF", POF´2000, Boston, 05.-08.09.2000, pp. 115-125

[Küs04] I. Küster, J. Schlick, U. Rückborn, A. Weinert: „Fast ethernet - 125 MBit/s for home and industrial ethernet", Poster, POF´2004, Nürnberg, 27.-30.09.2004, pp. 587-590

[Lam00a] J. Lambkin: „Development of red VCSEL to Plastic Fiber Module", post-deadline paper, POF´2000, Boston, 05.-08.09.2000

[Lam00b] J. D. Lambkin, T. Calvert, B. Corbett, J. Woodhead, S. M. Pinches, A. Onischenko, T. E. Sale, J. Hosea, P. V. Daele, K. Vandeputte, A. V. Hove, A. Valster, J. G. McInerney, P. A. Porta: „Development of a red VCSEL-to-plastic fiber module for use in parallel optical data links", persönliche Mitteilung 2000

[Lam01] J. D. Lambkin, P. Maaskant, M. Ackter, P. Gibart, P. Mierry, D. Schenk, B. Beaumont, M.-A. Poisson, E. Calleja, M. A. Sanchez, F. Calle, T. McCormack, E. O'Reliiy, D. Lancefield, A. Crawford, K. Panzer, H. White: „High Temperature Nitride Sources for Plastic Optical Fibre Data Buses", POF´2001, Amsterdam, 27.-30.09.2001, pp. 81-88

[Lam02] J. D. Lambkin, T. McCormack, T. Calvert, T. Moriarty: „Advanced Emitters for Plastic Optical Fiber", POF´2002, Tokyo, 18.-20.09.2002, pp. 15-18

[Lam03a] J. Lambkin: „Green LED for POF data communication", 16. ITG-Fachgruppentreffen 5.4.1, München, 25.06.2003

[Lam03d] J. D. Lambkin: „Optoelectronics for Consumer, Industrial and Automotive Markets", ECOC´2003

[Lam05] J. D. Lambkin: „RCLEDs for MOST and IDB 1394 Automotive Applications", Invited Paper, POF´2005, HongKong, 19.-22.09.2005, not published

[Lar01b] M. C. J. Large, M. A. van Eijkelenborg, A. Argyros, J. Zagari, S. Manos, N. A. Issa, I. Bassett, S. Fleming, R. C. McPhedran, C. M. d. Sterke, N. A. P. Nicorovici: „Microstructured polymer optical fibres: a new approach to POFs", POF'2001, Amsterdam 27.-30.09.2001, post deadline

[Lar02a] M. C. J. Large, M. A. v. Eijkelenborg, A. Argyros, J. Zagari, N. A. Issa, I. Bassett, R. C. McPhedran, N. A. P. Nicorovic: „Microstructured Polymer Optical Fibres: Progress and Promise", Photonics West, San José, 2002

[Lar04] M. C. J. Large, S. Ponrathnam, A. Argyros, N. S. Pujari, F. Cox: „Solution doping of microstructured polymer optical fibres", Optics Express, 12(2004), pp. 1966-1971

[Lar06a] M. C. J. Large, A. Argyros, F. Cox, M. A. van Eijkelenborg, S. Ponrathnam, N. S. Pujari, I. M. Bassett, R. Lwin, G. W. Barton: „Microstructured polymer optical fibres: New opportunities and challenges", Molecular Crystals and Liquid Crystals, 446(2006), pp. 219-231

[Lar06b] M. G. Larrodé, A. M. J. Koonen, J. J. Vegas Olmos: „WDM OFM-based Radio-over-Fiber Distribution Antenna System Employing GCSR Tunable Lasers", OFC 2006, paper OFM2

[Lar06c] M. G. Larrodé, A. M. J. Koonen, J. J. V. Olmos: „Overcoming Modal Bandwidth Limitation in Radio-over-Multimode Fiber Links", IEEE Phot. Techn. Lett 18(2006)22, pp. 2428-2430

[LC95] Laser Components: „Optische Fasern und passive Komponenten für die LWL-Technik", Katalog 1995

[LC00a] Laser Components: „Toray - Polymer Optical Fiber PHK Series (Heat Resistant Type)", Datenblatt 2000

[LC00b] Laser Components: „Product News 'Tory' PMU-CD1002-22E", 02/2000

[Lee02] J. H. Lee, Z. Yusoff, W. Belardi, M. Ibsen, T. M. Monro, D. J. Richardson: „Investigation of Brillouin effects in small-core holey optical fiber: lasing and scattering", Optics Lett., 27(2002), pp. 927-929

[Lee06b] S. C. J. Lee, H. P. A. v. d. Boom, R. L. Duijn, S. Randel, B. Spinnler: „2 x 500 Mb/s Transmission over 25m of 1mm Step-Index PMMA-POF with Angular Mode Group Diversity Multiplexing", POF'2006, Seoul 11.-14.09.2006, pp. 348-353

[Lee06c] J. H. Lee, T. Nagashima, T. Hasegawa, S. Ohara, N. Sugimoto, K. Kikuchi: „Bismuth-oxide-based nonlinear fiber with a high SBS threshold and its application to four-wave-mixing wavelength conversion using a pure continuous-wave pump", Jour. of Lightw. Techn., 24(2006) pp. 22-28, 2006

[Lee07a] S. C. J. Lee, F. Breyer, S. Randel, B. Spinnler, I. L. Lobato Polo, D. v. d. Borne, J. Zeng, E. de Man, H. P. A. v. d. Boom, A. M. J. Koonen: „10.7 Gbit/s Transmission over 220 m Polymer Optical Fiber using Maximum Likelihood Sequence Estimation", OFC, Anaheim, 26.-29.03.2007, OMR2

[Leg98] M. Legge, S. Bader, G. Bacher, H.-J. Lugauer, A. Waag, A. Forchel, G. Landwehr: „High temperature operation of II-VI ridge-waveguide laser diodes", Electr. Lett. 34 (1998) 21, pp. 2032-2034

[Leh00] S. Lehmann: „Vergleich von Transceivern für Optische Polymerfasern", Diplomarbeit am Technologiezentrum der Deutschen Telekom, Juni 2000

[Lei98] E. Leitloff: „Aufbau und Charakterisierung der physikalischen Übertragungseigenschaften eines POF-Testnetzes im Atrium des TZD Berlin", Diplomarbeit am Technologiezentrum der Deutschen Telekom, Dez. 1998

[Len05]   T. Lensing: „Struktur und Eigenschaften von high-performance Polymers am Beispiel eines elektro-optischen THz-Modulators", Ausarbeitung im Rahmen des Hauptseminars, 13.01.2005
[Lenz05]   D. Lenz: „Optical Interconnects - Probleme und Chancen einer neuen Technologie", Siemens Junior Event, 14.10.2005
[Lev93]   V. M. Levin, A. M. Baran: „POF in Russia", POF'1993, Den Haag, 28.-29.07.1993, pp. 24-28
[Lev94]   V. M. Levin, A. M. Baran, Z. Lavrova, O. Kolninov, L. Klinshpont, D. Kiriuchin, L. Barkalov: „Some aspects if radiation resistance of POF materials", POF'1994, Yokohama, 26.-28.10.1994, pp. 127-130
[Lev99]   V. Levin, T. Baskakova, Z. Lavrova, A. Zubkov, H. Poisel, K. Klein: „Production of Multilayer Optical Fibers", POF'1999, Chiba, 14.-16.07.1999, pp. 98-101
[Lew99]   K. Lewotsky: „Pyramidal LED Enhances Extraction Efficiency to 55%, 11/24/1999 -Shaping the chip minimizes internal losses due to free-carrier absorption and active layer reabsorption", Internet
[LFW00]   Laser Focus World: „Back scatter shows POF defects", Sept. 2000
[Li96]   Y. Li, T. Wang, K. Fasaneller: „4 × 16 Polymer Fiber Optical Array Coupler", IEEE Phot. techn. Lett., 8 (1996) 12, pp. 1650-1652
[Li98]   W. Li, G. D. Khoe, H. P. A. v. d. Boom, G. Yabre, H. de Waardt, Y. Koike, M. Naritomi, N. Yoshihara, S. Yamazaki: „Record 2.5 Gbit/s Transmission Via Polymer Optical Fiber At 645 nm Visible Light", post-deadline paper, POF'1998, Berlin, 05.-08.10.1998
[Li99]   W. Li, G. D. Khoe, H. P. A. v. d. Boom, G. Yabre, H. de Waardt, Y. Koike, M. Naritomi, N. Yoshihara: „Record 2,5 Gbit/s 550 m GI POF transmission experiments at 840 and 1310 nm wavelength", POF'1999, Chiba, 14.-16.07.1999, pp. 60-63
[Li05]   S. S. Li: „Light-Emittimg Devices", SVNY085, 20.10.2005, Chap. 13
[Lim03]   J. Limpert, T. Schreiber, S. Nolte, H. Zellmer, A. Tunnermann, R. Iliew, F. Lederer, J. Broeng, G. Vienne, A. Petersson, C. Jakobsen: „High-power air-clad large-mode-area photonic crystal fiber laser", Optics Express, 11(2003), pp. 818-823
[Lin01a]   Y. S. Lin, C. H. Chang, K. J. Chen, C. C. Wu, K. F. Huang: „POF transceiver solution based on short wavelength VCSEL and GaAs PIN components", POF'2001, Amsterdam, 27.-30.09.2001, pp. 97-104
[Lin01b]   N. Linder, S. Kugler, P. Stauss, K. P. Streubel, R. Wirth, H. Zull: „High-Brightness AlGaInP Light-Emitting Diodes Using Surface Texturing", Proc. of SPIE Vol. 4278(2001), pp. 19-25
[Lit03]   B. Little: „1394 Automotive Group IDB·1394", Präsentation 2003
[Liu95]   Y. E. Liu, B. M. A. Rahman, Y. N. Ning, K. T. V. Grattan: „Accurate Mode Characterization of Graded-Index Multimode Fibers for the Application of Mode-Noise Analysis", Appl. Optics, Vol. 34, 1995, pp. 1540-1543
[Liu02a]   Z. Liu, X. Wu: „The Development of POF in China", POF'2002, Tokyo, 18.-20.09.2002, pp. 193-195

[Liu02b]	H. Y. Liu, G. D. Peng, P. L. Chu: „Highly Reflective Polymer Fiber Bragg Gratings and its Growth Dynamic", POF'2002, Tokyo, 18.-20.09.2002, pp. 235-238
[Liu03]	H. B. Liu, H. Y. Liu, G. D. Peng: „Polymer Optical Fiber Bragg Grating Dynamic Growth under Low Power of UV Irradation", POF'2003, Seattle, 14.-17.09.2003, pp. 178-181
[Liu04]	H. Y. Liu, H. B. Liu, G. D. Peng, T. W. Whitbread: „Polymer Fiber Bragg Gratings Tunable Dispersion Compensation", OFC2004, OWO5
[Liu05a]	H. B. Liu, H. Y. Liu, Y. J. Rao, G. D. Peng, P. L. Chu: „A Strain Sensor based on a combination of a polymer fibre Bragg grating and a silica long period fibre grating", Poster, POF'2005, HongKong, 19.-22.09.2005, pp. 115-118
[Liu05b]	H. Y. Liu, H. B. Liu, G. D. Peng, P. L. Chu: „Strain sensing using a fibre laser and a polymer optical fibre Bragg grating", POF'2005, HongKong, 19.-22.09.2005, pp. 229-232
[Lom00]	M. Lomer, J. Echevarría, J. Zubía, J. M. López-Higuera: „In Situ measurement of Hydrofluoric and Hidrochloric acid concentrations using POF", POF'2000, Boston, 05.-08.09.2000, pp. 164-167
[Lom05a]	M. Lomer, J. Zubia, C. Jauregui, J. M. López-Higuera: „Multipoint Liquid-level Sensor based on Bending-losse in POF", Poster, POF'2005, HongKong, 19.-22.09.2005, pp. 155-158
[Lom05c]	M. Lomer, D. Blanco, J. Zubía, C. Jauregui, J. M. López-Higuera: „Sensor de Nivel de Líquido Multipunto Basado en Pérdidas de Curvatura Basadas en FOP", URSI 2005
[Los04b]	W. Losert, G. Bauer, O. Ziemann, H. Poisel: „POF variable optical attenuators - status and new concepts", Poster, POF'2004, Nürnberg, 27.-30.09.2004, pp. 546-551
[Lou04]	S. Louvros, A. C. Iossifides, G. Economou, G. K. Karagiannidis, S. A. Kotsopoulos, D. Zevgolis: „Time Domain Modeling and Characterization of Polymer Optical Fibers", Phot. techn. Lett, Vol. 16(2004)2, pp. 455-457
[Lub02b]	M. Luber, O. Ziemann, A. Dröge, J. Hanson, R. Hengl, R. Renk: „Characterisation of EMD Quality for Different Light Sources", POF'2002, Tokyo, 18.-20.09.2002, pp. 161-164
[Lub04b]	M. Luber, A. Bachmann, J. Vinogradov, O. Ziemann, H. Poisel: „Comparison of glass fibre bundles and step index POF", POF'2004, Nürnberg, 27.-30.09.2004, pp. 393-398
[Luc00]	„Lucent Technologies announces new plastic optical fiber for specialty fiber applications", Press Information, 09.06.2000, http://www.lucent.com/press/0600/000609.bla.html
[Luc04a]	Luceat: „Modulo Ethernet 10 su fibra Plastica", Datenblatt, www.luceat.it, 2004
[Luc04b]	Luceat: „Media Converter Ethernet 100 su fibra Plastica", Datenblatt, www.luceat.it, 2004

[Luc04c]   Luceat: „Sistema Di Videosorveglianza su Fibra Plastica", Datenblatt, www.luceat.it, 2004
[Luc04d]   Luceat: „Prolunga per transmissioni reriali su Fibra Plastica", Datenblatt, www.luceat.it, 2004
[Luc05]   Luceat: „Plastic Optical Fiber - PO", Data Sheet, Luceat S.p.A. 2005, www.luceat.it
[Luciol]   Luciol Instuments: „OTDR for POFs User's Manual", 2001
[Lück06]   B. Lücke: „Fast Ethernet POF Components with Bare-Fiber Adapter for IPTV and Home Networking", 21. ITG-Fachgruppentreffen 5.4.1, Oldenburg, 12.05.2006
[Lük90]   H. D. Lüke: „Signalübertragung - Grundlagen der digitalen und analogen Nachrichtenübertragungssysteme", Springer-Verlag, Berlin, Heidelberg, 1990
[Luv03]   Luvantix: „Product News - Preform for Plasic Optical Fiber", 2003, www.luvantix.com
[Lwin05]   R. Lwin, G. Barton, M. Large, L. Poladian, M. van Eijkelenborg: „Progress on Low Loss of Microstructured Polymer Optical Fibres", POF'2005, HongKong, 19.-22.09.2005, pp. 37-40
[Lwin06]   R. Lwin: „My Time at POFAC", Abschlußvortrag zum Forschungsaufenthalt, POF-AC Nürnberg, Dez. 2006
[Lyy04]   K. Lyytikainen, J. Zagari, G. Barton, J. Canning: „Heat transfer within a microstructured polymer optical fibre preform", Modelling and Simulation in Materials Science and Engineering, 12(2004), pp. S255-S265
[LZH01]   Laserzentrum Hannover: „wissenschaftliche Untersuchung für Nexans Deutschland AG", 2001
[Mai00]   R. Maier: „LED's/Photo-IC's für 50 und 156 Mb/s POF Datenübertragung von Hamamatsu", 9. ITG-Fachgruppentreffen 5.4.1, Potsdam, 19.10.2000
[Mair99]   H. J. Mair (Hrsg.): „Kunststoffe in der Kabeltechnik", expert-Verlag, Renningen-Malmsheim, 1999, 3. Auflage
[Mak03]   K. Makino, T. Ishigure, Y. Koike: „Power Penalty-Free High-Speed Graded Index Polymer Optical Fiber Link", POF'2003, Seattle, 14.-17.09.2003, pp. 111-114
[Mann00a] B. Mann: „Faser Optik in der Architektur-Beleuchtung; Marktentwicklung - Herstellerübersicht - Marktanteile; Optische Grundlagen für Projektoren und Fasern; Gegenüberstellung Glas / POF", 9. ITG-Fachgruppentreffen 5.4.1, Potsdam, 19.10.2000
[Mann00b] B. Mann: „Anwendungsbeispiele anhand von realisierten Projekten; im Innen und Aussenbereich für Seitenlicht und Endlicht", 9. ITG-Fachgruppentreffen 5.4.1, Potsdam, 19.10.2000
[Mar77]   E. A. J. Marcatili: „Modal Dispersion in Optical Fibers with Arbitrary Numerical Aperture and Profile Dispersion", Bell Syst. Techn. Jour., 6(1)1977, pp. 49-63
[Mar00]   S. Maruo, M. Kawase, J. Yoshida: „Mode Mixing Experiments on POF", POF'2000, Boston, 05.-08.09.2000, pp. 190-194

[Mas84] P. Masi, L. Nicodemo, C. Migliaresi, L. Nicolais: „Water Uptake and Volumetric Changes in Poly[methyl methacrylate]", Polymer Communications, 25(1984), pp. 331-333

[Mat00] T. Matsuoka, T. Ino, T. Kaino: „First plastic optical fibre transmission experiment using 520 nm LEDs with intensity modulation/direct detection", Electr. Lett. 36(2000)22, pp. 1836-1837

[Mat02b] Y. Matsumoto, A. Nakazono, T. Kitahara, Y. Koike: „High efficiency optical coupler for a small photo acceptance area photodiode used in the high speed plastic optical fiber communication", Elsevier, Sensors and Actuators A 97-98(2002), pp. 318-322

[Mat05b] C. J. S. de Matos, R. E. Kennedy, S. V. Popov, and J. R. Taylor: „20-kW peak power all-fiber 1.57 µm source based on compression in air-core photonic bandgap fiber, its frequency doubling, and broadband generation from 430 to 1450 nm", Optics Lett., 30(2005), pp. 436-438

[McA04] G. McAdam, P. J. Newman, I. McKenzie, C. Davis, B. R. W. Hinton: „Fiber Optic Sensors for Detection of Corrosion within Aircraft", Structural Health Monitoring 2004, Sage publications

[McK94] G. B. McKenna: „On the Physics Required for Prediction of Long Term Performance of Polymers and Their Composites", J. Research. NIST, 99(1994), pp. 169-189

[Med00] F. Mederer: „Data Transmission at 3 Gb/s over PCB Integrated Polymer Waveguides with GaAs VCSELs", Annual Report 2000, Optoelectronics Department, University of Ulm, pp. 43 - 50

[Mei01a] C. Meisser: „Halb- und Vollautmatische POF-Konfektionierung", 11. ITG-Fachgruppentreffen 5.4.1, Friedberg, 24.10.2001

[Mei02b] C. Meisser: „Vollautomat zur Kabelherstellung mit autom. Messung/ Prüfung", 13. ITG-Fachgruppentreffen 5.4.1, München, 10.07.2002

[Mic83] A. R. Mickelson, M. Eriksrud: „Mode-dependent attenuation in optical fibers", J. Opt. Soc. Amer., 73(1983)10, pp. 1282-1290

[Micr05] Microresist-Pressemitteilung: „EpoCore & EpoClad - Neue Materialien für Opto - elektrische Schaltungsträger für New Generation Interconnection Technology (NegIT)", http://www.microresist.de 2005

[Mie04] M. Miedreich, B. L'Hénoret: „Fiber optical sensor for pedestrian protection", POF'2004, Nürnberg, 27.-30.09.2004, pp. 386-392

[Mie05a] M. Miedreich, H. Schober: „Pedestrian protection system, featuring fiber optic sensor", ATZ worldwide 03(2005)107, p. 15

[Mie05b] M. Miedreich, H. Schober: „Fußgängerschutzsystem mit faseroptischem Sensor", ATZ 3(2005)107, pp. 214-221

[Min94] S. Minami: „The Development and Applications of POF: Review and Forecast", POF'1994, Yokohama, 26.-28.10.1994, pp. 27-31

[Mit01] Mitsubishi: „Specification Sheet MH4001 - Eska-Maga", Mitsubishi Rayon Co., Ldt. July 2001

[Miy99] S. Miyata: „A New Fabrication Method of GI-POF", POF'1999, Chiba, 14.-16.07.1999, pp. 25-26

[Miz99] J. Mizusawa: „Advantages of POF WDM System Design", POF'1999, Chiba, 14.-16.07.1999, pp. 31-35
[Miz00] J. Mizuzawa: „WDM Components for POF", POF'2000, Boston, 05.-08.09.2000, pp. 88-93
[Miz03] T. Mizoguchie: „OPi-link for Home Networks: 1394 Links Using a Single POF", POF'2003, Seattle, 14.-17.09.2003, pp. 38-43
[Miz06] H. Mizuno, O. Sugihara, S.Jordan, N. Okamoto, M. Ohama, T. Kaino: „Replicated Polymeric Optical Waveguide Devices With Large Core Connectable to Plastic Optical Fiber Using Thermo-Plastic and Thermo-Curable Resins", Journ. of Lightw. Techn. 24(2006)2, pp. 919-926
[Moi00a] J. Moisel, J. Guttmann, H.-P. Huber, O. Krumpholz, M. Rode, R. Bogenberger, K.-P. Kuhn: „Optical backplanes with integrated polymer waveguides", Opt. Eng. 39(3)2000, pp. 673-679
[Moi00b] J. Moisel, J. Guttmann, H.-P. Huber, O. Krumpholz, M. Rode: „Optical Backplanes utilizing Multimode Polymer Waveguides", SPIE Vol. 4089(2000) 0277-786X/00, pp. 72-79
[Moi00c] J. Moisel: „Optical Backplane for high-performance computers", DaimlerCrysler Research and Technology 2000
[Moll00] D. Moll, H. Poisel: „Polymer Optical Fiber Termination - A Never Ending Story", POF'2000, Boston, 05.-08.09.2000, post-deadline
[Mon00] J. D. Montgomery: „Optical backplanes show dynamic growth potential", Ligthwave March 2000, pp. 182-185
[Mor95] P. Mortensen: „Plastic fiber promises low-cost networks", Laser Focus World Okt. 1995, pp. 37-39
[Mor98a] S. Morikura, S. Furusawa, Y. Tabata, T. Shogaki: „High speed optical transmission using 650 nm and GI POF LED band", POF'1998, Berlin, 05.-08.10.1998, pp. 152-156
[Mor03a] N. A. Mortensen, J. R. Folkenberg, M. D. Nielsen, K. P. Hansen: „Modal cutoff and the V parameter in photonic crystal fibers", Optics Letters, 28(2003), pp. 1879-1881
[Mor03b] N. A. Mortensen, M. D. Nielsen, J. R. Folkenberg, A. Petersson, H. R. Simonsen: „Improved large-mode-area endlessly single-mode photonic crystal fibers", Optics Letters, 28(2003), pp. 393-395
[Mor04] M. Morisawa, S. Muto: „A Novel Breathing Condition Sensor Using Plastic Optical Fiber", Sensors, Proceedings of the IEEE 2004, vol. 3, pp. 1277-1280
[Mor05a] R. Morford, D. Holmes, C. Planje, G. Brand, Z. Zhu, A. Jacobs: „High Refractive Index Polymer Coatings", POF'2005, HongKong, 19.-22.09.2005, pp. 65-68
[Mor05b] N. A. Mortensen: „Semianalytical approach to short-wavelength dispersion and modal properties of photonic crystal fibers", Optics Letters, 30(2005), pp. 1455-1457
[Mös04] F. U. Möser, C. Adams, M. Naritomi: „Multimedia Installation in Hospitals, based on Lucina GI-POF", Invited Paper, POF'2004, Nürnberg, 27.-30.09.2004, pp. 11-18

[MOST01] MOST Specification Of Physical Layer, Rev. 1.0, Version 1.0-00, 02/2001 (www.mostcooperation.com)
[Mule03] A. V. Mule', P. J. Joseph, S.-A. B. Allen, P. A. Kohl, T. K. Gaylord, J. D. Meindl: „Polymer Optical Interconnect Technologies for Polylithic Gigascale Integration", ESSDERC 2003
[Mun94] H. Munekuni, S. Katsuta, S. Teshima: „Plastic optical fiber high-speed transmission", POF'1994, Yokohama, 26.-28.10.1994, pp. 148-151
[Mun96] H. Munekuni, S. Katsuta, S. Teshima: „Plastic Optical Fiber for High Speed Transmission", in Graded Index POF, Information Gatekeepers Inc. 1996, pp. 164-167, copied from POF'1994, Yokohama, 26.-28.10.1994, pp. 148-151
[Mur96] M. Murofushi: „Low loss perfluorinated POF", POF'1996, Paris, 22.-24.10.1996
[Muy05a] H. Muyshondt, Vortrag Automotive LAN Seminar, 28.09.2005 Tokyo
[Muy05b] H. Muyshondt: „MOST Advancing", MOST cooperation Japan interconnectivity conference, Tokyo, 15.11.2005
[Mye02] G. W. Myers: „Reducing the Costs of Optical Interconnects in the Telecommunication Market", Digital Optronics, Internet www.digitaloptronic.com, 2002
[Nak97a] S. Nakamura, G. Fasol: „The Blue Laser Diode", Springer-Verlag Berlin, Heidelberg, New York, 1997
[Nak03a] T. Nakamura, M. Funada, Y. Ohashi, M. Kato: „VCSELs for Home Networks - Application of 780 nm VCSEL for POF", POF'2003, Seattle, 14.-17.09.2003, pp. 161-164
[Nak03b] K. Nakajima, K. Hogari, T. Zhou, K. Tajima, I. Sankawa: „Hole-assisted fiber design for small bending and splice losses", IEEE Phot. Techn. Letters, 15(2003), pp. 1737-1739
[Nak04b] K. Nakamura, I. R. Husdi, S. Uhea: „Memory Effect of POF Distributed Strain Sensor", Internet, 2004
[Nak05b] Y. Nakamura, Y. Mizushima, M. Satou, M. Katoh, Y. Ohashi: „The Developmet of Graded-Index Plastic Optical Fiber (Lumistar) and High Speed Optical Transmission System", UDC 2005, pp. 64-68
[Nal04] H. S. Nalwa: „Polymer Optical Fibers", American Scientific Publishers, USA 2004
[Nar01] M. Naritomi: „Advanced Perfluorinated GI-POF Applications", POF'2001, Amsterdam, 27.-30.09.2001, pp. 201-206
[Neh06a] J. Nehler: „EM-RJ, das neue Steckverbinderkonzept für POF", 21. ITG-Fachgruppentreffen 5.4.1, Oldenburg, 12.05.2006
[Nes06a] A. Nespola, D. Cardenas, R. gaudino, S. Abrate: „Analysis of digital pre-emphasis on 200+ meter SI-POF links at 100 Mb/s inside the POF-ALL project", POF'2006, Seoul 11.-14.09.2006, pp. 354-358
[Nes06b] A. Nespola, D. Cardenas, R. Gaudino, S. Abrate: „Analysis of Adaptive Post-Equalization Techniques on 200+ Meter SI-POF Links at 100 Mb/s inside the POF-ALL Project", POF'2006, Seoul 11.-14.09.2006, pp. 403-407

[New04] „Renault Drives Advancement of IDB-1394 Standard Delivers - First Demonstration using 1394 over POF", 1394 Trade Association News Flash, 03(2004)08
[Ney01] A. Neyer: „Microstructures based on Polymers for Optical Communication Systems", POF´2001, Amsterdam, 27.-30.09.2001, pp. 125-133
[Ney02] A. Neyer: „Licht als Medium zur Informationsübertragung", Internet - Skripte zur Vorlesung „Werkstoffe der Elektrotechnik", UNI Dortmund, Fak. Elektrotechnik, Arbeitsgebiet Mikrostrukturtechnik 2002
[Ney05] A. Neyer, S. Kopetz, E. Rabe: „Lichtwellenleiter aus Silikon", Sonderdruck Elektronik 2005
[Ng02a] A. Ng'oma, T. Koonen, I. T. Monroy, H. v. d. Boom, P. Smulders, G.-D. Khoe: „Low Cost Polymer Optical Fibre based Transmission System for Feeding Integrated Broadband Wireless In-House LANs", Seventh Annual Symposium of the IEEE/LEOS Benelux Chapter, Amsterdam, 09.12.2002, pp. 214-217
[Ng04a] A. Ng'oma, I. Tafur-Monroy, J. J. V. Olmos, T. Koonen, G.-D. Khoe: „Frequency up-Conversion in Multimode Fiber-Fed Broadband Wireless Networks by Using Agile Tunable Laser Source", Microwave and opt. Techn. Lett. 41(2004)1, pp. 28-30
[Ng04b] A. M. J. Koonen, I. Tafur-Monroy, H. P. A. vd. Boom, P. F. M. Smulders, G. D. Khoe: „Optical frequency up-conversion in multimode and single-mode fibre radio systems", Microwave and Terahertz Photonics, Proc. of SPIE 5466(2004), pp. 169-177
[Nich00] Nichimen Opto: „Faseroptik - Produkte und Anwendungen", Katalog 2000
[Nich03] Nichimen Opto: „LUMINOUS AC-1000(I) - Low NA Data Transmission Grade", 2003
[Nie97] J. Niewisch: „POF sensors for high temperature superconducting fault current limiters", POF'1997, Hawaii,, 22.-25.09.1997, pp. 130-131
[Nie06] C. K. Nielsen, K. G. Jespersen, S. R. Keiding: „A 158 fs 5.3 nJ fiber-laser system at 1 µm using photonic bandgap fibers for dispersion control and pulse compression", Optics Express, 14(2006), pp. 6063-6068
[Nish98] M. Nishiguchi, M. Hattori, S. Takagi: „Recent Advances of Plastic Optical Fibers", IWCS Philadelphia, November 1998, pp. 248-256
[NL2100] NEC Corporation: „Transceiver NL2100 - High-Speed POF/HPCF Data Link Transceiver Module Compliant with ATM Forum Specifications", Preliminary Data Sheet, P12033EJ3V0DS00 (3rd Edition), 6/1997
[NL2110] NEC Corporation, Data sheet Transceiver NL2110
[Non94] T. Nonaka, T. Kakuta, Y. Matsuda: „Characteristics of Pofs and POF cables", POF´1994, Yokohama, 26.-28.10.1994, p. 122
[Now98] A. Nowodzinski, P. Jucker, M. Van Uffelen, V. Després: „OTDR for plastic optical fibres", POF´1998, Berlin, 05.-08.10.1998, pp. 290-295

[Num99]	K. Numata, S. Furusawa, S. Morikura: „Transmission Characteristics of 500 Mbps Optical Link using 650 nm RC-LED and POF", POF'1999, Chiba, 14.-16.07.1999, pp. 74-77
[Num01]	K. Numata, S. Furusawa, S. Morikura: „High Speed POF Transmission For Automotive System", POF'2001, Amsterdam, 27.-30.09.2001, pp. 177-180, paper cancelled
[Nuv04]	„Nuvilight Product Specifications (SI-POF)", Nuvitech Co. Ltd. 2004
[Nuv05]	„Nuvigiga Product Specifications (GI-POF)", Nuvitech Co. Ltd. 2005
[Obe06]	T. Oberhofer, C. Maaß, M. Schmidt: „Bitratenbegrenzung und Reichweite von LWL-Systemen", Versuchsauswertung LWL-Praktikum, FH Nürnberg, SS2006
[Oeh02]	A. Oehler, W. Lieber, J. Beck, D. Curpicapean: „Bandbreite von Mehrmodenfasern", Kölner Kabeltagung, 10./11.12.2002, S. 77-86
[Off05]	B. Offenbeck, S. Junger, W. Tschekalinskij, N. Weber: „Gbit/s Transceiver for 1 mm PMMA-POF", POF'2005, HongKong, 19.-22.09.2005, pp. 199-202
[OFS02]	OFS, Vertrieb über Laser Componente: „All Silica Low OH Fiber", „HCS® Low OH Fiber", „HCS® High Numerical Aperture Fiber", „All Silica High OH Fiber", Datenblätter Fitel USA Corp. 2002
[Oha81]	M. Ohashi, K. Kitayama, S. Seikai: „Mode-Coupling Effects in a Graded-Index Fiber Cable", Appl. Optics, Vol. 20, 1981, pp. 2433-2438
[Ohd04]	K. Ohdoko, T. Ishigure, Y. Koike: „Propagating mode analysis and design of waveguide parameters of GI POF for very short-reach network use", POF'2004, Nürnberg, 27.-30.09.2004, pp. 299-306
[Ohd05a]	K. Ohdoko, T. Ishigure, Y. Koike: „Propagating Mode Analysis and Design of Waveguide parameters of GI POF for Very Short-Reach Network Use", IEEE Phot. Techn. Lett. Vol. 17(2005)1, pp. 79-81
[Ohy99]	M. Ohya, H. Fujii, K. Doi, K. Endo: „Low current and highly reliable operation at 80°C of 650 nm 5 mW LDs for DVD applications", Electr. Lett. 35(1999)1, pp. 46-47
[Oka98]	N. Okada, C. Anayama, K. Sugiura, H. Sekiguchi, A. Furuya, T. Tanahashi: „Low-threshold 650nm band S^3 laser diodes using tensile strained GaInAsP/AlGaInP MQW", Electr. Lett. 34(1998)19, pp. 1855-1856
[Ols75]	R. Olshansky: „Mode-Coupling Effects in Graded-Index Optical Fibers", Applied Optics, Vol. 14, 1975, pp. 935-945
[Oni98]	T. Onishi, H. Murofushi, Y. Watanabe, Y. Takano, R. Yoshida, M. Naritomi: „Recent progress of perfluorinated GI POF", POF'1998, Berlin, 05.-08.10.1998, pp. 39-42
[Oni99]	T. Onishi, Y. Takano: „Performances of Perfluorinated GI-POF", POF'1999, Chiba, 14.-16.07.1999, pp. 94-97
[Oni04]	T. Onishi: „Perfluorinated GI-POF with double cladding layer", POF'2004, Nürnberg, 27.-30.09.2004, pp. 307-311
[Ori01]	Oriel Instruments: „Fiber Optic Bundles", Datenblatt 2001

856 Literatur

[Ort04] A. Ortigosa-Blanch, A. Diez, M. Delgado-Pinar, J. L. Cruz, M. V. Andres: „Ultrahigh birefringent nonlinear microstructured fiber", IEEE Phot. Techn. Letters, 16(2004), pp. 1667-1669

[Osr01] Osram Optical Semiconductors data sheet: „F372B 650nm Resonant Cavity LED Di", Preliminary Data, July 2001

[OTS06b] Firecomms Pressemitteilung: „Neuer 1394 Kunststoff-Transceiver von Firecomms erfüllt Wake-on-LAN-Spezifikation", 26.04.2006 / OTS0001 5 CA 0407 PRN0001

[OTS06c] Firecomms Pressemitteilung: „Firecomms Ethernet FOT für POF ermöglicht IPTV Services durch Netopia Gateway", 10.10.2006 / OTS0005 5 WA 0600 PRN0001

[Otto02] S. Otto, H. Karl, C.-A. Bunge, O. Ziemann: „Deconvolution for OTDR Spatial Resolution Enhancement", POF'2002, Tokyo, 18.-20.09.2002, pp. 177-179

[P1394b] P1394b Draft 1.00: „High Performance Serial Bus" (Supplement), http://www.zayante.com/p1394b, 25.02.2000

[Paar92] U. Paar, W. Ritter, K. Klein: „Excitation-dependent losses in plastic optical fibers", SPIE Vol. 1799(1992), pp. 48-56

[Pad04] W. E. P. Padden, M. A. van Eijkelenborg, A. Argyros, N. A. Issa: „Coupling in a twin-core microstructured polymer optical fiber", Applied Physics Letters, 84(2004), pp. 1689-1691

[Pan99] K. Panzer, G. Müller, H. Hurt, C. Thiel: „From D2B to MOST", http://www.siemens.de/semiconductor/index.htm 1999

[Pan00] K. Panzer: „Stand der Komponenten bei byteflight und MOST", 9. ITG-Fachgruppentreffen 5.4.1, Potsdam, 19.10.2000

[Park01] O. O. Park, S. H. Im, H. S. Cho, J. S. Choi, J. T. Hwang, E. G. Lee, S. H. Park: „A new fabrication method of graded index polymer optical fiber preform", POF'2001, Amsterdam, 27.-30.09.2001, pp. 341-348

[Park04] C-Y. Park: „Air Blown POF", POF'2004, Nürnberg, 27.-30.09.2004, pp. 119-124

[Park05a] C.-W. Park, K. Yoon, J.-K. Lee, O. Kwon: „Gradient-Index Plastic Optical Fiber for High Bandwidth Data Communication", OECC'2005, Seoul 04.-08.07.2005, pp. 414-415

[Park05b] M. Park, W. White, L. Blyler: „High-Performance GI-POF Produced by Extrusion", OECC'2005, Seoul 04.-08.07.2005, pp. 416-417

[Park06a] S. W. Park: „Production, properties and future of PMMA-GI-POF", 21. ITG-Fachgruppentreffen 5.4.1, Oldenburg, 12.05.2006

[Park06b] S. W. Park: „Optical network evolution in Korea", 21. ITG-Fachgruppentreffen 5.4.1, Oldenburg, 12.05.2006

[Pei00a] D. Peitscher, G. Schulte, H. Mühlen, O. Ziemann, J. Krauser: „Correct Definition and Measurement of Spectral Attenuation for Step Index Polymer Optical Fibers", POF'2000, Boston, 05.-08.09.2000, pp. 214-220

[Pei00b] D. Peitscher: „Untersuchung der Dämpfung von Optischen Polymerfasern", Diplomarbeit an der FH Niederrhein, Mai 2000

[Per04]   G. Perrone, S. Abrate, D. Perla, R. Gaudino: „Development of low cost intensity modulated POF based sensors and application to the monitoring of civil structures", Poster, POF´2004, Nürnberg, 27.-30.09.2004, pp. 444-449

[Pet88]   K. Petermann: „Laser Diode Modulation and Noise", Kluwer Academic Publishers Dortrecht Boston London, 1988

[Pet98]   F. J. Petry, C. Bracklo, Th. Kühner: „Ein optisches Fahrzeug-Netzwerk für Kommunikations- und Informationsanwendungen in Zusammenspiel mit etablierten CAN-Netzstrukturen", VDI Berichte Nr. 1415, 1998

[Pfl99]   T. Pflanz: „Ringversuch POF mit DSI-NA-Fasern", Diplomarbeit am Technologiezentrum der Deutschen Telekom, Mai 1999

[Pof02]   S. G. Poferl, M. Krieg, O. Hocky, E. Zeeb: „VCSEL based transmitter module for automotive temperature range between -55°C and +125°C",Proc. SPIE, Vol. 4942, Brugge, Belgium, 10/2002, pp. 63-71

[Pof06]   S. Poferl: „MOST Advanced Optical Physical Layer Status Report", MOST Cooperation All Member Meeting, Frankfurt/M., 29.03.2006

[Poi99a] H. Poisel: „Faseroptik - Neue Möglichkeiten zur Beleuchtung und Werbung", NF-Colloquium an der FH Nürnberg, 24.01.1999

[Poi99b] H. Poisel, K.-F. Klein, V. M. Levin: „Fluorescent Optical Fibers for Data Transmission", ASC'1999, pp. 15-23

[Poi00]   H. Poisel, A. Bachmann, M. Bloos, B. Kaspar, J. Niewisch, M. Loch, U. Greiner: „Spectrally and Modally Resolved Measurement of POF Bandwidth", POF´2000, Boston, Poster, 05.-08.09.2000

[Poi03a] H. Poisel: „Optical Fibers for Adverse Environment", POF´2003, Seattle, 14.-17.09.2003, pp. 10-15

[Poi03b] H. Poisel, O. Ziemann, M. Luber, M. Bloos, H. Hurt, N. Schunk, J. Wittl: „Entwicklung der Hochtemperatur-POF Entwicklungen und Eigenschaften", 16. ITG-Fachgruppentreffen 5.4.1, München, 25.06.2003

[Poi04a] H. Poisel, O. Ziemann, A. Hermann, E. Baur: „Simulation optischer Konzentratoren für POF", 18. ITG-Fachgruppentreffen 5.4.1, Erfurt, 09.03.2004

[Poi05a] H. Poisel, M. Luber, O. Ziemann: „POF Sensors for Automotive and Industrial Use - Come of Age", Invited Paper, POF´2005, HongKong, 19.-22.09.2005, pp. 285-289

[Poi05b] H. Poisel, O. Ziemann, M. Luber, Ch. Sollanek: „Krümmungssensor mit Optischen Polymerfasern", 17. Internationalen Wissenschaftlichen Konferenz der Hochschule Mittweida, 03.11.2005

[Poi06b] H. Poisel: „Faserbasierte Sensoren in Kfz", VDI Tagung "Optische Technologien in der Fahrzeugtechnik", Leonberg, 17.-18.05.2006

[Poi06d] H. Poisel, H. Marquardt, B. Glessner, W. Daum, O. Ziemann, P. E. Zamzow: „New Processline in Extrusion technology for the Production of PMMA-POF with Full Automatic Controlling Systems", POF'2006, Seoul 11.-14.09.2006, pp. 261-264

[Poi06e] H. Poisel, O. Ziemann, A. Bachmann, M. Bloos: „News from thick fibers", POF'2006, Seoul 11.-14.09.2006, pp. 157-166
[Pol99] P. Polishuk: „Plastic Optical Fiber Industry Overview", Tutorial POF-World 1999, San Jose
[Pol06a] P. Polishuk: „POF Technology Trends", MOST-Co.-Meeting, 27.-28.03.2006, Frankfurt/M.
[Poll01] M. Pollakowski: „Anforderungen an POF-Strecken zur Übertragung von DSL-Signalen - Stand bei DSL und eigene Experimente mit POF", 10. ITG-Fachgruppentreffen 5.4.1, Gelsenkirchen, 29.05.2001
[Poll07] A. Polley, R. J. Gandhi, S. E. Ralph: „40 Gbps Links using Plastic Optical Fiber", OFC'2007, Anaheim, 24.-29.03.2007, OMR5
[Pre76] H. M. Presby, I. P. Kaminow: „Binary silica optical fibers: refractive index and profile dispersion measurements", Appl. Optics, 15(1976)12, pp. 469-470
[Pri92] D. A. Price, S. Ward: „High-speed plastic (PMMA) optical fiber data transmission systems suitable for high-speed local-area networks and interconnects", SPIE Vol. 1799(1992), pp. 2-6
[Ral06] S. E. Ralph, A. Polley, K. D. Pedrotti, R. P. Dahlgren, J. A. Wysocki: „New Methods for Investigating Mode Coupling in Multimode Fiber: Impact on High-Speed Links and Channel Equalization", SOFM, Boulder 19./20.09.2006, pp. 133-138
[Ral07] S. E. Ralph: „40 Gbps Links using Plastic Optical Fiber", POF-Day OFC, Anaheim, 29.03.2007
[Ram99] R. Raman: „Plastic Optical Fibers - A Primer", Tutorial IWCS'1999, Atlantic City, 14.09.1999
[Ran06a] S. Randel, J. Lee, F. Beyer, H. Rohde, B. Spinnler: „Exploiting the Capacity of 1 mm PMMA Step-Index Polymer Optical Fibers", POF'2006, Seoul 11.-14.09.2006, pp. 443-447
[Ran06b] S. Randel, J. Lee, B. Spinnler, F. Breyer, H. Rohde, J. Walewski, A. M. J. Koonen, A. Kirstädter: „1 Gbit/s Transmission with 6.3 bit/Hz Spectral Efficiency in a 100 m Standard 1 mm Step-Index Plastic Optical Fiber Link Unsing Adaptive Multiple Sub-Carrier Modulation", ECOC 2006, post deadline
[Ran06c] S. Randel, J. Lee, B. Spinnler, F. Breyer, H. Rohde, J. Walewski, T. Koonen, A Kirstädter: „1 Gbit/s Transmission over 100 m Standard 1 mm Step-Index Plastic Optical Fibre Using Adaptive Multiple Sub-Carrier Modulation", 22. ITG-Fachgruppentreffen 5.4.1, München, 25.10.2006
[Ran07a] S. Randel, J. Walewski, H. Rohde, B. Spinnler, F. Breyer, S. C. J. Lee: „In-Building Gigabit Networks based on 1mm PMMA Step-Index Polymer Optical Fibres", ITG-Fachkonfernz Breitbandversorgung in Deutschland - Vielfalt für alle?, Berlin, 07./08.03.2007, S. 201
[Rat03] R. Ratnagiri, M. Park, W. R. White, L. L. Blyler: „Control of Properties of Extruded Perfluorinated Graded Index Polymer Optical Fibers", POF'2003, Seattle, 14.-17.09.2003, pp. 212-214

[Rib05b]   R. M. Ribeiro, L. A. Marques-Filho, M. M. Werneck: „Simple and low cost temperature sensor using the ruby fluorescence and plastic optical fibres", POF'2005, HongKong, 19.-22.09.2005, pp. 291-294
[Rich04]   T. Richner: „First POF house in Switzerland", POF'2004, Nürnberg, 27.-30.09.2004, pp. 40-46
[Rich05b] T. Richner: „SC-RJ - probably the easiest, most functional and smallest SC-Duplex POF connector!", POF'2005, HongKong, 19.-22.09.2005, pp. 271-273
[Rit93]   M. B. Ritter: „Dispersion Limits in Large Core Fibers", POF'1993, Den Haag, 28.-29.07.1993, pp. 31-34
[Rit98]   T. Ritter: „Aufbau von Sendern und Empfängern für 1 mm Polymerfasern bei kurzen Wellenlängen", Diplomarbeit am Technologiezentrum der Deutschen Telekom, Juni 1998
[Rode97]   M. Rode, J. Moisel, O. Krumpholz, O. Schickl: „Novel optical backplane board-to-board interconnection", ECOC'1997, pp. 228-231
[Rog93]   A. Rogner, H. Pannhoff: „Characterization and qualification of moulded couplers for POF-networks", POF'1993, Den Haag, 28.-29.07.1993, pp. 136-139
[Roo00]   C. Rooman, M. Kuijk, D. Filkins, B. Dutta, R. Windisch, R. Vounckx, P. Heremans: „Low-power short-distance optical interconnect using imaging fibre bundles and CMOS detectors", IEEE LEOS Summer Topical „Electronic-Enhanced Optics", Adventura, 24.-26.07.2000
[Roo01]   C. Rooman, R. Windisch, M. D'Hondt, P. Modak, I. Moerman, P. Mijlemans, B. Dutta. G. Borghs, R. Vounckx, M. Kuijk, P. Heremam: „High-efficiency 650 nm thin-film light-emitting diodes", Proceeding of SPIE Vol. 4278(2001), pp. 36-40
[Rud95]   V. Ruddy, G. Shaw: „Mode-Coupling in Large-Diameter Polymer-Clad Silica Fibers", Applied Optics, vol. 34, 1995, pp. 1003-1006
[Saa00]   M. Saarinen, M. Toivonen, N. Xiang, V. Vilokkinen, M. Pessa: „Room-temperature CW operation of red vertical-cavity surface-emitting laser grown by solid-source molecular beam epitaxy", Electr. Lett. 36(2000)14, pp. 1210-1211
[Saa01]   M. Saarinen, V. Vilokkinen, M. Dumitrescu, M. Pessa: „Resonant-Cavity Light-Emitting Diodes Operating with a high External Quantum Efficiency and Light Power", IEEE Phot. Techn. Lett. 13(2001)1, pp. 10-12
[SAE78]   „Recommended environmental practices for eletronic equipment Design", SAE-Dokument J1211, 1978
[Sai92]   N. Saitoh: „Plastic optical fibres and their application to passive components and various data links", POF'1992, Paris, 22.-23.07.1992, pp. 10-14
[Sai05]   K. Saitoh, N. J. Florous, M. Koshiba, M. Skorobogatiy: „Design of narrow band-pass filters based on the resonant-tunneling phenomenon in multicore photonic crystal fibers", Optics Express, 13(2005), pp. 10327-10335

[Sai06]   K. Saitoh, N. J. Florous, M. Koshiba: „Theoretical realization of holey fiber with flat chromatic dispersion and large mode area: an intriguing defected approach", Optics Letters, 31(2006), pp. 26-28
[Sak97]   M. Sakurai, S. Tosaka, S. Ookawa, T. Fujimori, H. Yoshida, K. Watanabe, K. Utsunomiya: „650nm LD-based Optical Transceiver for High Speed POF Optical Link System", POF'1997, Kauai, 22.-25.09.1997, pp. 50-51
[Sak98]   M. Sakurai, M. Watanabe, K. Watanabe, T. Kosemura, A. Okubora: „A 650 nm Laser Diode-based High speed POF link system", POF'1998, Berlin, 05.-08.10.1998, pp. 17-18
[Sap04]   Ch. Sapper: „Simualtion von breitbandigen Empfängern", Diplomarbeit am POF-AC, FH Nürnberg, Dez. 2004
[Sas88]   T. Sasayama, H. Asano, N. Taketani: „Multiplexed optical transmission system for automobiles using polymer fiber with high heat resistance", SPIE Vol. 989 (1988), pp. 148-154
[Sato05]   M. Sato: „Perfluorinated GI-POF with double cladding layer", POF'2005, HongKong, 19.-22.09.2005, pp. 23-26
[Sav02a]   S. Savovic, A. Djordjevich: „Optical power flow in plastic-clad silica fibers", Applied Optics, Vol. 41, 2002, pp. 7588-7591
[Sav02b]   S. Savovic, A. Djordjevich: „Solution of mode coupling in step-index optical fibers by the Fokker-Planck equation and the Langevin equation", Applied Optics, Vol. 41, 2002, pp. 2826-2830
[Sav06]   S. Savovic, A. Djordjevich: „Mode coupling in strained and unstrained step-index plastic optical fibers", Applied Optics, vol. 45, 2006, pp. 6775-6780
[Scha99]   B. Schartel, S. Krüger, V. Wachtendorf, M. Hennecke: „Chemiluminescence: A Promising New Testing Method for Plastic optical Fibers", J. Lightw. Technology, Vol. 17(1999)11, pp. 2291-2296
[Scha00]   T. Schaal, S. Seiffert, S. Poferl, E. Zeeb: „Mode excitation in standard large core PMMA fibers", POF'2000, Boston, 05.-08.09.2000, pp. 203-208
[Scha01]   T. Schaal, E. Zeeb: „High-speed optical data transmission using Standard PMMA fibers", 9. Treffen der ITG-FG 5.4.1, Potsdam 19.10.2006
[Sche05a] W. Scheel: „Die Zukunft der elektronischen Baugruppe", EE-Kolleg, 09.-13.03.2005, Mallorca
[Schei98] W. Scheideler, H. Steinberg, P. E. Zamzow: „New POF-Cable Generation with Corrugated Micro Tube (CMT) in Bus Systems for Automobiles", IWCS Philadelphia, November 1998, pp. 270-280
[Schei00] W. Scheideler, H. Steinberg, P. E. Zamzow: „Eine neue POF-Kabelgeneration mit Mikro-Wellrohren zum Schutz von Bussystemen im Automobil", New Technologies with POF for Automotive and Building applications, Alcatel Kabel AG & Co, Hannover, Information bulletin No. 300.015.08
[Schi07]   H. Schilling, Schleifring und Apparatebau GmbH, persönliche Information 2007

[Schl06] Schleifring und und Apparatebau GmbH: „Fiber Optic Rotary Joints", Datenblatt, Fürstenfeldbruck, 2006
[Schm92] H. Schmiedel (Hrsg.): „Handbuch der Kunststoffprüfung", Carl Hanser, München, 1992
[Schm00] K. Schmieder, K.-J. Wolter, D. Krabe, W. Scheel, S. Patela: „Efficient Technologies for Board-Level Optical Interconnection", POF'2000, Boston, 05.-08.09.2000, pp. 60-63
[Schm05] M. Schmatz, B. J. Offrein: „Optical Interconnects System-interne Datenübertragung mit Licht", Folienset für Internet-Download und Medien, IBM Zürich Research Laboratory, April 2005
[Schn98] P. Schnitzer, M. Grabherr, R. Jäger, R. King, R. Michalzik, D. Wiedenmann, F. Mederer, K. J. Ebeling: „Vertical cavity surface emitting lasers for plastic optical fibre data links", POF'1998, Berlin, 05.-08.10.1998, pp. 157-162
[Schn99] P. Schnitzer, F. Mederer, H. Unhold, R. Jäger, M. Kicherer, K. J. Ebeling, M. Naritomi, R. Yoshida: „7 Gb/s Data Rate Transmission Using InGaAs VCSEL at $\lambda = 950$ nm and Perfluorinated GI POF", POF'1999, Chiba, 14.-16.07.1999, pp. 209-212
[Schn03] B. Schneider: „VCSEL Technologie - die Chance kostengünstiger Lichtquellen zur Kommunikation", 16. ITG-Fachgruppentreffen 5.4.1, München, 25.06.2003
[Scho88] F. W. Scholl, et. al.: „Application of plastic optical fiber to local area networks", EFOC'1988, Atlanta, pp. 338-343
[Schö99a] O. Schönfeld, K. Panzer, J. Wittl, H. Essl: „Transceivers for In-Car Optical Busses", POF'1999, Chiba, 14.-16.07.1999, pp. 201-204
[Schö99b] O. Schönfeld, K. Panzer, J. Wittl, H. Essl, H. Hurt, G. Müller: „Transceivers for In-car Optical Buses- Multimedia and Safety Applications", Internet 1999
[Schö00a] D. Schönefeldt: „Charakterisierung von LED für POF-Systeme, optische Eigenschaften", Diplomarbeit FH Leipzig/T-Nova GmbH, 2000
[Schö00b] O. Schönfeld: „Infineon Transceiver Components for byteflight", Internet 2000
[Schö01] H. Schöpp: „Principles and Applications of the MOST Network", Fachtreffen des ITG Focusprojekt ITF, Frankfurt/M., 11.05.2001
[Schö03] G. Schötz, K.-F. Klein: „Quarzglas-Dickkernfasern", 15. ITG-Fachgruppentreffen 5.4.1, Offenburg, 25./26.03.2003
[Schö06] S. Schöllmann, W. Rosenkranz: „Mode Group Diversity Multiplexing as a Possible Cost Efficient Alternative to Coarse WDM for LAN over MMF", ITG-Fachtagung Photonische Netze Leipzig, 27./28.04.2006
[Schr02] H. Schröder, F. Ebling, E. Strake, A. Himmler: „Heißgeprägte Polymerwellenleiter für elektrisch-optische Schaltungsträger (EOCB) - Technologie und Charakterisierung", DVS/GMM-Tagung „Elektronische Baugruppen - Aufbau- und Fertigungstechnik", 06.02.2002, Fellbach

[Schr05b] H. Schröder: „Optische Wellenleiter in Polymer und Glas", http://www.pb.izm.fraunhofer.de, 2005
[Schr06a] H. Schröder: „NeGIT - New Generation Interconnection Technology, Elektro-optische Leiterplatten und Mikrosysteme zur optischen Kopplung", WEKA Fachzeitschriften-Verlag GmbH 2006
[Schr06b] H. Schröder, J. Bauer, F. Ebling, M. Franke, A. Beier, P. Demmer, W. Süllau, J. Kostelnik, R. Mödinger, K. Pfeiffer, U. Ostrzinski, E. Griese: „Temperaturstabile Wellenleiter und optische Kopplung für elektro-optische Leiterplatten", http://www.pb.izm.fhg.de/mdi-bit/060_Publikationen/Vortraege/030_2006
[Schu00] K. Schunk: „IEEE 1394 Multimedia - Bus", 9. ITG-Fachgruppentreffen 5.4.1, Potsdam, 19.10.2000
[Schu01a] Schulze: „Technologietransfer in Mittelhessen", 11. ITG-Fachgruppentreffen 5.4.1, Friedberg, 24.10.2001
[Schu01b] N. Schunk, K. Panzer, E. Baur, W. Kuhlmann, K. Streubel, R. Wirth, C. Karnutsch: „IEEE1394b POF transmission system 500 Mbit/s versus 50 m 0.3 NA POF", POF'2001, Amsterdam, 27.-30.09.2001, pp. 65-73
[Schu04] N. Schunk, T. Lichtenegger, J. Meier, J. Wittl, H. Hurt, G. Steinle, E. Hartl, J. Vinogradov: „High speed datacommunication over POF for the consumer world", POF'2004, Nürnberg, 27.-30.09.2004, pp. 597-602
[Schw98b] S. Schwarzbach: „Dämpfung und Zuverlässigkeit von Polymerfasersteckern", Diplomarbeit am Technologiezentrum der Deutschen Telekom, Okt. 1998
[Schw03b] H. Schweizer, F. Scholz, T. Ballmann, R. Roßbach: „Rote VCSEL für hohe Temperaturen und hohe Leistungen", 16. ITG-Fachgruppentreffen 5.4.1, München, 25.06.2003
[Sco04] V. Scott: „Automotive Electronics Digital Convergence - How to Cope with Emerging Standards and Protocols", AMAA, Berlin, 26.03.2004
[Sha04] D. Shashikanth, P. Bharath kumar: „Mobile and Ubiquitous Computing - Ultra Wide Band", Vorlesung an der TU Braunschweig, 2004
[Shi95] R. F. Shi, W. D. Chen, A. F. Garito: „Measurements of Graded-Index Plastic Optical Fibers", POF'1995, Boston 17.-19.10.1995, pp. 59-62
[Shi97] R. F. Shi, C. Koeppen, G. Jiang, J. Wang, A. F. Garito: „Origin of high bandwidth performance of graded-index plastic optical fibers", Applied Physics Letters, vol. 71, 1997, pp. 3625-3627
[Shi99] K. Shimada, S. Takahashi, T. Yamamoto: „Digital Home Network with POF", POF'1999, Chiba, 14.-16.07.1999, pp. 129-132
[Shin02] B.-G. Shin, J.-H. Park, J.-J. Kim: „Graded-Index Plastic Optical Fiber Fabrication by the Centrifugal Deposition Method", POF'2002, Tokyo, 18.-20.09.2002, pp. 57-59
[Shin03] B.-G. Shin, J.-H. Park, J.-J. Kim: „Low-loss, high-bandwidth graded-index plastic optical fiber fabricated by the centrifugal deposition method", Appl. Phys. Lett. Vol. 82(2003)26, pp. 4645-4647

[Sie00]   B. Siebert: „Yazaki Optical Network Technology", Internet, Yazaki, Juli 2000
[Skl07]   W. Sklarek, B. Danielzik, J. Vinogradov, O. Ziemann, O. Lednicky, B. Offenbeck, H. Kragl: „The influence of photo diode diameter on maximum data rate and sensitivity of POF systems", submitted to the POF'2007, Turino, 10.-12.09.2007
[Smi03]   C. M. Smith, N. Venkataraman, M. T. Gallagher, D. Muller, J. A. West, N. F. Borrelli, D. C. Allan, K. W. Koch: „Low-loss hollow-core silica/air photonic bandgap fibre", Nature, 424(2003), pp. 657-659
[SNS52]   „Schlag nach Natur", VEB Bibliographisches Institut, Leipzig, 1952
[Sny83]   A. Snyder, J. Love: „Optical Waveguide Theory", Chapman and Hall, London, New York, 1983
[Som98a] B. Sommer, T. Engst, H. P. Großmann: „High speed, low cost POF local area networks", POF'1998, Berlin, 05.-08.10.1998, pp. 84-90
[Som98b] T. Engst, B. Sommer: „Bidirektionale Multimediadatenübertragung mit Wellenlängenmultiplex über polymeroptische Fasern", telekom praxis 7/98, pp. 19-22
[SMCS06] SMCS: „MOST Products Rev Up, New Stack Partitioning and Speed Grades for MOST Networks", MOST Cooperation Alll members Meeting, Franfurt/M., 29.03.2006
[Spi05]   J. Spigulis: „Side-Emittimg Fibers Brighten our World in New Ways", OPN Oct. 2005, pp. 34-39
[Sta03]   M. Stach: „Groß- und Kleinsignalübertragung über POF und GOF bei 650 nm und 850 nm", 15. ITG-Fachgruppentreffen 5.4.1, Offenburg, 25./26.03.2003
[Sta05]   M. Stark, M. Rank, H. Poisel, G. Popp: „Mikrooptischer Drehübertrager", Schleifring 2005
[Ste98]   R. Stevens, R. Schatz, K. Streubel: „Modulation characteristics of 656 nm resonant cavity light emitting diode", post-deadline Poster, POF'1998, Berlin, 05.-08.10.1998
[Stei00a] H. Steinberg, P. E. Zamzow, O. Ziemann, L. Giehmann: „Gbps POF Systems for Automotive Applications", POF-World 2000, San Jose, July 2000
[Stei00b] H. Steinberg, P. E. Zamzow, O. Ziemann, L. Giehmann: „Future Trends for High Speed Digital Transmission Systems in Automotives - Examining the Potential of Step Index Polymer Optical Fibres", NOC 2000, Stuttgart, 06-09.06.2000, pp. 185-192
[Stra00] M. Strassburg, O. Schulz. U. W. Pohl, D. Bimberg, M. Klude, D. Hommel: „Low threshold current densities for II-VI lasers", Electr. Lett. 36(2000)10, pp. 878-879
[Stre98a] K. Streubel, R. Stevens: „High performance 656 nm resonant cavity light emitting diode for plastic optical fibre transmission", post-deadline Poster, POF'1998, Berlin, 05.-08.10.1998
[Stre98b] K. Streubel, R. Stevens: „250 Mbit/s plastic fibre transmission using 660 nm resonant cavity light emitting diode", Electr. Lett. 34(1998)19, pp. 1862-1863

[Strec94] U. Strecker, A. Hoffmann, W. Daum: „Chemical resistance of polymer fibres to typical automotive fluids", SAE Technical Paper Series No. 94(1994)1057

[Stru66] L. C. E. Struik: „Volume Relaxation in Polymers", Rheological Acta, Band 5, Heft 4, 1966

[Su05] L. Su, K. S. Chiang, C. Lu: „Microbend-induced mode coupling in a graded-index multimode fiber", Applied Optics, Vol. 44, 2005, pp. 7394-7402

[Sug99] T. Sugita, T. Abe, K. Hirano, T. Tokoro, M. Kobayashi, S. Maruo: „Bi-Dirctional Coupler for Plastic Optical Fibers", POF'1999, Chiba, 14.-16.07.1999, pp. 230-233

[Suk94] T. Sukgawa, M. Hirano, M. Tomatsu, T. Otsuki, H. Shinohara, Y. Hara, A. Tanaka: „New polymer optical fiber for high temperature use", POF'1994, Yokohama, 26.-28.10.1994, p. 92

[Sum00] Sumitomo Electric Industries, Ltd.: „H-PCF-Handbook", Nov. 2000

[Sum03] Sumitomo: „HG Series Optical Fiber and Connector" auf www.sumitomoelectricusa.com/scripts/products/ofig/hpcfhg.cfm, 02.09.2003

[Sum04] T. C. Sum, A. A. Bettiol, S. Venugopal Rao, J. A. van Kan, A. Ramam, F. Watt: „Proton Beam Writing of Passive Polymer Optical Waveguides", Micromachining Technology for Micro-Optics and Nano-Optics II, edited by E. G. Johnson, Proc. of SPIE Vol. 5347(2004), pp. 160-159

[Sun06] J. Sun, C. C. Chan, X. Y. Dong, P. Shum: „Tunable photonic band gaps in a photonic crystal fiber filled with low index material", Jour. of Optoelectronics and Advanced Materials, 8(2006), pp. 1593-1596

[Taj03] K. Tajima, J. Zhou, K. Kurokawa, K. Nakajima: „Low water peak photonic crystal fibers", ECOC'03, Rimini

[Tak91] S. Takahashi, K. Ichimura: „Time domain measurements of launching-condition-dependent bandwidth of all-plastic optical fibres", Electr. Lett 27(1991)3, pp. 217-219

[Tak93] S. Takahashi: „Experimental studies on launching conditions in evaluating transmission charakteristics of POFs", POF'1993, Den Haag, 28.-29.07.1993, pp. 83-85

[Tak94] Y. Takezawa, S.-i. Akasaka, S. Ohara, T. Ishibashi, H. Asano, N. Taketani: „Low exess losses in a Y-branching plastic optical waveguide formed through injection molding", Appl. Optics 33(1994)12, pp. 2307-2312

[Tak98] H. Takahashi, T. Kanazawa, E. Ito: „Fabrication techniques of GI-POF towards mass production", POF'1998, Berlin, 05.-08.10.1998, pp. 50-54

[Tak99] K. Takaoka, H. Furuyama, M. Ishikawa, G.-I. Hatakoshi, H. Saito, M. Sugizaki: „InGaAlP-Based Red VCSELs for High-Speed POF Optical Data Links", post-deadline paper, POF'1999, Chiba, 14.-16.07.1999, pp. 48-51

[Tak00]	M. Takahashi, S. Imanishi, K. Nagura, K. Shino, Y, Totiumi, H. Takizuka: „Development of a Single fiber full Duplex Optical Transmission System for IEEE 1394", POF'2000, Boston, 05.-08.09.2000, pp. 125-130
[Tak05b]	K. Takahashi, T. Ishigure, Y. Koike: „High-Bandwidth W-shaped POF", POF'2005, HongKong, 19.-22.09.2005, pp. 27-30
[Tan94a]	S. Taneichi, H. Kobayashi, Y. Yamamoto: „Development of heat resistant POF for automobile data communications", POF'1994, Yokohama, 26.-28.10.1994, p. 106
[Tan94b]	A. Tanaka: „Characteristics of Polymer Optical Fiber for High Transmission Speed", POF'1994, Yokohama, 26.-28.10.1994, p. 140
[Tan04]	D. Tanis: „FTTX Deployments in Europe", Kölner Kabeltagung, 13./14.12.2004
[Tee01]	M. D. J. Teener: „Applying 1394 to the Automotive Environment", 1394 Developers Conference, 31.07-02.08.2001, Redmond USA
[Tei00]	D. Teichner: „Netzwerk-Konzepte für Video- und Audiofunktionen im Auto", Fernseh- und Kino-Technik 54(2000)3, pp. 119-124
[Tem05]	T. Temme, F. Otte, V. Vachaud, G. Osterholt: „Mikrostrukturierte Faseroptiken für aktive Fußgängerschutzsysteme", Innovation, 10(2005)32, pp. 16-17
[Tesh92]	S. Teshima, H. Munekuni, S. Katsuta: „Plastic optical fibre for automotive applications", POF'1992, Paris, Sept. 22-23, 1992, pp. 44-48
[Tesh98]	S. Teshima, H. Munekuni: „Multi-core POF for high-speed data transmission", POF'1998, Berlin, 05.-08.10.1998, pp. 135-142
[Thi03a]	C. Thiel: „Opto-Datenübertragung mit MOST", electronic net, 2003-0012
[Thi03b]	C. Thiel: „MOST - Multimedia Network on the go", Automotive LAN Seminar, Tokyo, 30.10.2003
[Thi04]	E. Thiel: „POF-Transceiver für Ethernet", 18. ITG-Fachgruppentreffen 5.4.1, Erfurt, 09.03.2004
[Tor96a]	Toray: „Technical Bulletin - Toray Polymer Optical Fiber Cord", Typ: PF, PG, PHK
[Tor96b]	Toray: „Raytela; Polymer Optical Fiber", data sheet Toray Industries Inc., Japan, 1996
[Tos98]	Toshiba data sheet, TOLD9221M, Febr. 1998
[Tsch04b]	W. Tschekalinskij, S. Junger, N. Weber: „Bidirectional signal transmission with WDM on polymer cladded fibre (PCF) over 500 m", POF'2004, Nürnberg, 27.-30.09.2004, pp. 399-404
[Tur82]	D. T. Turner: „Polymethyl methacrylate Plus Water: Sorption Kinetics and Volumetric Changes", Polymer 23(1982), pp. 197-202
[Tyn00]	Tyndall: „Development of a Red VCSEL-to-Plasic Fibre Module for use in Parallel Optical Links", Photonics West 2000
[Ueh98]	K. Uehara, J. Mizusawa: „POF WDM video transmission system for long-wavelength band region", POF'1998, Berlin, 05.-08.10.1998, pp. 19-26

[Ueh99]   K. Uehara, J. Mizusawa: „Evaluation of POF WDM Video Transmission System of Long Wavelength Band Region", POF'1999, Chiba, 14.-16.07.1999, pp. 52-55
[Ueh02b]   K. Uehara, N. Ohtsu, H. Hoshi, Y. Matsumoto, T. Ishigure, Y. Koike, J.-I. Mizusawa: „High Efficiency Optical Transceiver Device for a Plastic Optical Fiber", POF'2002, Tokyo, 18.-20.09.2002, pp. 151-153
[Ueh03]   K. Uehara, N. Ohtsu, Y. Matsumoto, T. Ishigure, Y. Koike: „High efficiency optical Transceiver Device for a plastic optical fiber", POF'2003, Seattle, 14.-17.09.2003, pp. 174-177
[Ueki99]   N. Ueki, A. Sakamoto, T. Nakamura, H. Nakayama, J. Sakurai, H. Otoma, Y. Miyamoto, M. Fuse: „Single-Transverse-Mode 3.4-mW Emission of Oxide-Confined 780-nm VCSEL's", IEEE Phot. Techn. Lett. 11(1999)12, pp. 1539-1541
[Vill03]   I. Del Villar, I. R. Matias, F. J. Arregui, R. O. Claus: „Analysis of one-dimensional photonic band gap structures with a liquid crystal defect towards development of fiber-optic tunable wavelength filters", Optics Express, 11(2003), pp. 430-436
[Vin02b]   J. Vinogradov, O. Ziemann, E. Bluoss: „High speed data rate transmission over polycarbonate and PMMA POF", Poster POF World 2002, San Jose, 02.-05.12.2002
[Vin04a]   J. Vinogradov, O. Ziemann, E. Bluoss: „Hochbitratige Datenübertragung auf verschiedenen SI-POF und Glasfasern", 18. ITG-Fachgruppentreffen 5.4.1, Erfurt, 09.03.2004
[Vin04b]   J. Vinogradov, E. Bluoss, O. Ziemann, Ch. Sapper, W. Eischer, E. Hartl, J. Meier, J. Wittl, H. Hurt, G. Steinle, H. Althaus, N. Schunk: „Gbps data communication on SI POF and glass fibre", POF'2004, Nürnberg, 27.-30.09.2004, pp. 405-414
[Vin05a]   J. Vinogradov: „Sender und Empfängervarianten für verschiedene SI-POF und Glasfasern für Gbit/s", 19. ITG-Fachgruppentreffen 5.4.1, Wetzikon, 08.03.2005
[Vin05b]   J. Vinogradov, E. Bluoss, O. Ziemann, Ch. Sapper, W. Eischer: „-22 dBm Receiver Sensitivity for Gbit/s Data Communication on SI POF and Glass Fiber", Invited Paper, POF'2005, HongKong, 19.-22.09.2005, pp. 255-259
[Vin05c]   J. Vinogradov, E. Bluoss, O. Ziemann: „Gigabit per Second Data Transmission over Polymer and Glass Optical Fibers", Beitrag zum Astri Technology Forum, Tech Center Hong Kong, 11.07.2005
[Vog02]   E. Voges, K. Petermann: „Optische Kommunikationstechnik - Handbuch für Wissenschaft und Industrie", Springer-Verlag Heidelberg Berlin, 2002
[Wal93]   S. Walker, R. J. S. Bates: „Towards gigabit plastic optical fibre data links: present progress and future prospects.", POF'1993, Den Haag, 28.-29.07.1993, pp. 8-13

[Wal02]	J. K. Walker, G. W. Myers: „Bringing a GRIN into the Network Infrastructure - Graded Index Plastic Optical Fiber", Cabling Business Magazine, Dec. 200, pp. 38-40
[Wal05]	J. K. Walker: „The Future of Plastic Optical Fiber Manufacture", Invited Paper, POF´2005, HongKong, 19.-22.09.2005, pp. 103-107
[Wan04]	J. Wang, J. Zhang, M. Büyükkambak, B. Cigri: „MOST (Media Oriented Systems Transport)", Vortrag in der Lehrveranstaltung „Technische InformationsSysteme TIS", TU Berlin, 16.06.2004
[War03]	J. Warrelmann, R. Schnell: „GF-Bündel für Datenkommunikation", 15. ITG-Fachgruppentreffen 5.4.1, Offenburg, 25./26.03.2003
[Was07]	В. Василий, О. Денис: „Иследование скорости передачи и характеристики ошибок систем передачи цифровой информации с использованием полимерных оптических волокон", Томский Университет Систем Управления и Радиоэлктроники, ТУСУР, 2007, Bachelorarbeit am POF-AC Nürnberg
[Wat99]	Y. Watanabe, Y. Takano, R. Yoshida, G. Kuijpers: „Transmission test results of perfluorinated GI-POF using commercial available transceivers", POF´1999, Chiba, 14.-16.07.1999, pp. 56-59
[Wat03]	Y. Watanabe, Y. Matsuyama, Y. Takano: „FTTH Utilizing PF-GIPOF in Apartment Complexes", POF´2003, Seattle, 14.-17.09.2003, pp. 256-258
[Wei98]	A. Weinert: „Kunststofflichtwellenleiter", Publicis MCD Verlag, Erlangen, München, 1998
[Whi99]	W. R. White, M. Dueser, W. A. Reed, T. Onishi: „Intermodal dispersion and mode coupling in perfluorinated graded-index plastic optical fiber", IEEE Photonics Techn. Lett., Vol. 11, 1999, pp. 997-999
[Whi02b]	W. White, R. Ratnagiri, M. Park, L. L. Blyler: „Engineering Commercial Perfluorinated GI-POF Systems", POF-World San Jose, 04.12.2002
[Whi03]	W. R. White, R. Ratnagiri, L. L. Blyler, M. Park: „Perfluorinated GI-POF: Out of the Lab into the Real World", POF´2003, Seattle, 14.-17.09.2003, pp. 16-19
[Whi04a]	W. White, L. Blyler: „New results on the manufacturing of ultra-high bandwidth perfluorinated GI-POF by extrusion", Invited Paper, POF´2004, Nürnberg, 27.-30.09.2004, pp. 277-284
[Whi04b]	W. White, L. L. Blyler, M. Park, R. Ratnagiri: „Manufacture of Perfluorinated Plastic Optical Fiber", OFC2004
[Whi05]	W. White: „New Perspectives on the Advantages of GI-POF", Invited Paper, POF´2005, HongKong, 19.-22.09.2005, not published
[Wid02b]	G. Widawski, P. E. Zamzow: „Entwicklung der POF bei Nexans", 14. ITG-Fachgruppentreffen 5.4.1, Köln, 10.12.2002
[Win99]	R. Windisch, P. Heremans, A. Knobloch, P. Kiesel, G. H. Döhler, B. Dutta, G. Borghs: „Light-emitting diodes with 31% external quantum efficiency by outcoupling of lateral waveguide modes", Appl. Phys. Lett. 74(1999)16, pp. 2256-2258

[Win00a]   R. Windisch, A. Knobloch, M. Kuijk, C. Rooman, B. Dutta, P. Kiesel, G. Borghs, G. H. Döhler, P. Heremans: „Large-signal-modulation of high-efficiency light-emitting diodes for optical communication", persönliche Mitteilung 2000
[Win00b]   R. Windisch, B. Dutta, M. Kuijk, A. Knobloch, S. Meinlschmidt, S. Schoberth, P. Kiesel, G. Borghs, G. H. Döhler, P. Heremans: „40% Efficiency Thin-Film Surface-Textured Light-Emitting Diodes by Optimization of Natural Lithography", IEEE Transac. on Electr. Dev. 47(2000)7, pp. 1492-1498
[Win00c]   R. Windisch, C. Rooman, M. Kuijk, B. Dutta, G. H. Döhler, G. Borghs, P. Heremans: „Micro-lensed gigabit-per-second high-efficiency quantum-well light-emitting diodes", Electr. Lett. 36(2000)4, pp. 351-352
[Wip98]   T. Wipiejewski: „Vertical-cavity surface-emitting lasers, The laser of tomorrow", Components 4/98, pp. 23-26
[Wip99]   T. Wipiejewski: „VCSELs: Winners in optical data communications - High-tech lasers for the information superhighway", Components 3/99, pp. 22-25
[Wip05]   T. Wipiejewski, F. Ho, T. Magente, K. S. Cheng, A. Chow, G. Egnisaban, W. Hung, B. Lui, T. Choi, F.-W. Tong, E. Wong, S.-K. Yau: „High Performance Fiber Optic Transceivers for Large Core Fiber Systems", Invited Paper, POF´2005, HongKong, 19.-22.09.2005, pp. 235-246
[Wir01a]   R. Wirth, C. Karnutsch, S. Kugler, W. Plass, W. Huber, K. Streubel: „Resonant-cavity LEDs for plastic optical fiber communication", POF´2001, Amsterdam, 27.-30.09.2001, pp. 89-96
[Wir01b]   R. Wirth, C. Karnutsch, S. Kugler, S. Thaler, K. Streubel: „Red and Orange Resonant-Cavity LEDs", Proceedings of the SPIE Vol. 4278(2001), pp. 41-49
[Witt98]   B. Wittmann, M. Jöhnck, A. Neyer: „1D- and 2D-arrays of 125 µm POFs: Fabrication and characterization", POF´1998, Berlin, 05.-08.10.1998, pp. 147-151
[Witt03]   J. Wittl, H.-L. Althaus, T. Killer, N. Schunk: „Optical SMT Package Technology for POF Applications", POF´2003, Seattle, 14.-17.09.2003, pp. 166-168
[Witt04]   B. Wittmann: „Optische Kurzstreckenverbindungen auf der Basis polymeroptischer Komponenten", Dissertation, Univ. Dortmund, 12.03.2004
[Woe93]   E. T. C. van Woesik, J. Post: „N*N Bi-directional transmissive starcoupler", POF´1993, Den Haag, 28.-29.07.1993, pp. 127-131.
[Woe94]   E. T. C. van Woesik, J. Post, H. H. Kokken: „New Design of N*N Coupler and Connectors for Plastic Optical Fibres", Aug. 94, pp. 261-267
[Wol04]   S. Wolfsried (VP DaimerChrysler): „Softwarefehler sind nicht gottgegeben", Automotive 7/8(2004), S. 18

[Xiao06] J. B. Xiao, X. H. Sun: „A Modified full-vectorial finite-difference beam propagation method based on H-fields for optical waveguides with step-index profiles", Optics Communications, Vol. 266, 2006, pp. 505-511

[Xu00] Z. Xu, Q. Xie, Z. Tan, Q. Wu, Y. Chen: „Heat-resistant optical waveguides using new silicone-based polymers", First Joint Symposium on Opto- and Microelectronic Devices and Circuits, Nanjing, 10.-15.04.2000, pp. 138-141

[Yab00a] G. Yabre: „Theoretical Investigation on the Dispersion of Graded-Index Polymer Optical fibers", Journ. of Lightw. Techn. 18(2000)6, pp. 869-877

[Yab00b] G. Yabre: „Comprehensive Theory of Dispersion in Graded-Index Optical Fibers", Journal of Lightw. Techn. 18(2000)2, pp. 166-177

[Yago99] H. Yago, Y. Inoue, H. Abe, N. Tokura: „POF Links Using Blue and Green commercial LEDs", POF World 1999, San Jose, 28-30.06.1999, pp. 31-36

[Yago01] H. Yago, H. Abe, N. Tokura: „OTDR for PMMA-POF", POF´2001, Amsterdam, 27.-30.09.2001, pp. 39-44

[Yam94] S. Yamazaki, H. Hotta, S. Nakaya, K. Kobayashi, Y. Koike, E. Nihei, T. Ishigure: „A 2.5 Gbps 100 m GRIN Plastic Optical Fiber Data Link at 650 nm Wavelength", post-deadline paper, ECOC'1994, pp. 1-4

[Yam95] S. Yamazaki: „High Speed Plastic Optical Fiber Transmission for Desk-Top LAN", ECOC'1995, pp. 337-340

[Yam96] S. Yamazaki, H. Hotta, S. Nakaya, K. Kobayashi, Y. Koike, E. Nihei, T. Ishigure: „A 2,5 Gb/s 100 m GRIN Plastic Optical Fiber Link at 650 nm Wavelength", in Graded Index POF, Information Gatekeepers Inc. 1996, pp. 98-101, (Reprint from ECOC´1994)

[Yang02] J. Yang, Q. Zhou, R. T. Chena: „Polyimide-waveguide-based thermal optical switch using total-internal-reflection effect", Appl. Phys. Lett. 81(2002)16, pp. 2947-2949

[Yas93] M. Yaseen, S. D. Walker, R. J. S. Bates: „531 Mbit/s, 100-m all-plastic optical-fiber data link for customer-premises network application", OFC/IOOC'1993, pp. 171-172

[Yeh78] P. Yeh, A. Yariv, E. Marom: „Theory of Bragg Fiber", Journal of the Optical Society of America, 68(1978), pp. 1196-1201

[Yon04] M. Yonemura: „A Low Cost Bi-Directional Optical Data Communication Module for POF", POF´2004, Nürnberg, 27.-30.09.2004, pp. 54-48

[Yon05] M. Yonemura, A. Kawasaki, M. Kagami: „250 Mbit/s Bi-directional Single Plastic Optical Fiber Communication System", R&D Review of Toyota CRDL, Vol. 40(2005)2, P. 18-23

[Yoo04] K. Yoon, J.-K. Lee, O. Kwon, S.-Y. Woo, S.-H. Park, C.-W. Park: „Fabrication of GI-POF by a multi-stage reaction method", POF´2004, Nürnberg, 27.-30.09.2004, pp. 293-298

[Yos96] N. Yoshimura, K. Nakamura, A. Okita, T. Nyu, S. Yamazaki, A. K. Dutta: „Experiments on 156 Mbps 100 m Transmission Using 650 nm LED and Step Index POF", in Graded Index POF, Information Gatekeepers Inc. 1996, pp. 39-41

[Yos97] N. Yoshiyuki: „Performance of Perfluorinated POF", POF´1997, Kauai, September 22.-25, 1997, pp. 27-28

[Yos03] T. Yoshimura, Y. Koyamada: „Analysis of Transmission Bandwidth Characteristics of SI POF", POF´2003, Seattle, 14.-17.09.2003, pp. 119-122

[Yu05] J. M. Yu, X. M. Tao, H.Y. Tam: „Fabrication of UV sensitive single-mode polymeric optical fiber", Optical Materials 2005

[Yuu92] H. Yuuki, T. Ito, S. Kawamura: „Optical star coupler and application", POF´1992, Paris, 22.-23.07.1992, pp. 105-108

[Yuu94] H. Yuuki: „POF branching design and their optical characteristics", POF´1994, Yokohama, 26.-28.10.1994, p. 165

[Zag04] J. Zagari, A. Argyros, N. A. Issa, G. Barton, G. Henry, M. C. J. Large, L. Poladian, M. A. van Eijkelenborg: „Small-core single-mode micro-structured polymer optical fiber with large external diameter", Optics Letters, 29(2004), pp. 818-820

[Zam99] P. E. Zamzow, H. Steinberg, P. Roef: „SI-POF-Hybrid-Cable-System in Applications for Aircraft and Earth Moving Applications", POF´1999, Chiba, 14.-16.07.1999, pp. 124-128

[Zed98] S. Zedler, W. Daum: „Damage detection in POF cables by high resolution OTDR", POF´1998, Berlin, 05.-08.10.1998, pp. 258-259

[Zeeb02] E. Zeeb, B. Johnson: „Update of physical layer activities", DaimlerChrysler 2002

[Zeeb03] E. Zeeb, T. Kibler, S. Poferl, G. Böck: „Robuste, kostengünstige und breitbandige Datenübertragungssysteme für Kraftfahrzeuge", VDI - optische Netze, 2003

[Zei03] G. Zeidler : „Elastomere Optische Fasern (EOF)", 15. ITG-Fachgruppentreffen 5.4.1, Offenburg, 25./26.03.2003

[Zeng06] J. Zeng, A. Ng'oma, S. C. J. Lee, Y. Watanabe, H. P. A. van der Boom, A. M. J. Koonen: „1.25 Gb/s Subcarrier Modulated Transmission over Graded-index Perfluorinated Polymer Fibre", POF'2006, Seoul 11.-14.09.2006, pp. 96-101

[Zha06] Y. N. Zhang, K. Li, L. L. Wang, L. Y. Ren, W. Zhao, R. C. Miao, M. C. J. Large, M. A. van Eijkelenborg: „Casting preforms for microstructured polymer optical fibre fabrication", Optics Express, vol. 14, pp. 5541-5547, 2006.

[Ziem95] O. Ziemann: „Zur experimentellen Charakterisierung des optischen Überlagerungsempfangs", VDI Fortschrittberichte, Reihe 8, Nr. 504, VDI Verlag GmbH, Düsseldorf, 1995

[Ziem96a] O. Ziemann: „Grundlagen und Anwendungen optischer Polymerfasern", Der Fernmeldeingenieur 50(1996)11/12

[Ziem97a] O. Ziemann: „Optische Transceiver für Mehrmodenfasern ohne abbildende optische Elemente oder Koppler", Akten-Nr.: P 97007, Patentaktenzeichen: DE 197 16 838.8; August 1997
[Ziem97c] O. Ziemann, W. Daum, K.-F. Klein, H. Poisel: „Status of Polymer Optical Fibers in Germany", POF'97, Kauai, 22.-25.09.1997 pp. 62-63
[Ziem97b] O. Ziemann: „Bi-Directional Transmission over Plastic Optical Fibers", POF'1997, Kauai, 22-25.09.1997, pp. 48-49
[Ziem97d] O. Ziemann: „'Grünes Licht' für die Hausverkabelung - eine Alternative zur bisherigen Polymerfasernutzung", telekom/praxis, 7/97, S. 36-41
[Ziem98a] O. Ziemann: „Vorschlag für die Spezifikation eines POF-Links mit 100 m Reichweite bei Verwendung von 520 nm LED", 4. ITG-Fachgruppentreffen 5.4.1 „Optische Polymerfasern", Darmstadt, 28.04.1998
[Ziem98b] O. Ziemann, T. Ritter, B. Gorzitza: „How to meet the Reach Specification of the ISO 11801 with POF -Comparison of the Attenuation Windows/Advantages of Green Light Sources", IWCS Philadelphia, Nov. 1998, pp. 264-270
[Ziem98d] O. Ziemann, J. Krauser, K.-F. Klein, B. Gorzitza, T. Ritter: „Comparison of source properties for polymer optical fibre links", POF'1998, Berlin, 05.-08.10.1998, pp. 123-124
[Ziem99a] O. Ziemann, H. Steinberg, P. E. Zamzow: „CMT-Cable Design for SI-PMMA-POF Applications under highly Environment-Stress", IWCS'99, Atlantic City, November 1999, November 1999
[Ziem99b] O. Ziemann, H. Steinberg, P. Zamzow: „SI-PMMA-POF Anwendungen in einem CMT-Kabeldesign für hohe thermische und mechanische Belastungen", 6. ITG-Fachtagung Kommunikationskabelnetze of the FA 5.4, Cologne, December 1, 1999, pp. 127-136
[Ziem99c] O. Ziemann, C.-A. Bunge: „Theoretisches Ausbreitungsmodell für Optische Polymerfasern", 6. ITG-Fachgruppentreffen FG 5.4.1 „Optische Polymerfasern", Jena, 20.04.1999
[Ziem00a] O. Ziemann, H. Steinberg, P. E. Zamzow: „New Technologies with POF for Automotive and Building applications", Alcatel Kabel, autoelectric GmbH, May 2000
[Ziem00b] O. Ziemann, W. Daum, A. Bräuer, J. Schlick, W. Frank: „Results of a German 6.000 hours accelerated Aging Test of PMMA POF and Consequences for the Practical Use of POF", POF'2000, Boston, 05.-08.09.2000, pp. 173-177
[Ziem00c] O. Ziemann, L. Giehmann: „Record Transmission Length with PMMA Based SI-POF for ISDN S_0-bus Application", POF'2000, Boston, 05.-08.09.2000, pp. 133-137
[Ziem00d] O. Ziemann: „Introduction to Polymer Optical Fibre Data Communication Systems", Short Course IWCS'2000, 13.-16.11.2000, Atlantic City

[Ziem00e]   O. Ziemann, D. Schmitt, L. Giehmann: „Anordnung zur Herstellung einer Datenverbindung", Patent DE 10005204.5, 15.02.2000
[Ziem01c]   O. Ziemann: „Abstrahlungseigenschaften von Halbleiterdioden", Vortrag an der FH Nürnberg, 13.02.2001
[Ziem02a]   O. Ziemann, A. Bachmann, R. Geßner, M. Peitzsch, J. Krauser: „Measurement Results on Multi Core POF", POF´2002, Tokyo, 18.-20.09.2002, pp. 165-168
[Ziem02j]   O. Ziemann, J. Vinogradov, E. Bluoss: „Gigabits für Zuhause - Ingenieure des POF-AC Nürnberg machen schnelle Datenverbindungen preiswerter", Pressemitteilung der FH Nürnberg, 2002
[Ziem02k]   O. Ziemann, J. Vinogradov, E. Bluoss, H. Poisel, C.-A. Bunge: „Gigabit per Second Data Transmission over Short Distance Standard PMMA and High Temperature Polymer Optical Fibers", unveröffentlicht, Nürnberg 2002
[Ziem03a]   O. Ziemann, M. Bloos, H. Kragl: „Stand zu Industrial Ethernet mit Optischen Polymerfasern", 16. ITG-Fachgruppentreffen 5.4.1, München, 25.06.2003
[Ziem03e]   O. Ziemann: „Leistungsbilanz für 100 m POF-Strecken", 15. ITG-Fachgruppentreffen 5.4.1, Offenburg, 25./26.03.2003
[Ziem03f]   O. Ziemann, J. Vinogradov: „Hochratige Datenübertragung auf Standard- und Hochtemperatur-POF", 15. ITG-Fachgruppentreffen 5.4.1, Offenburg, 25./26.03.2003
[Ziem03g]   O. Ziemann, J. Vinogradov, E. Bluoss: „Gigabit Per Second - Transmission Over Short Links", POF´2003, Seattle, 14.-17.09.2003, pp. 20-23
[Ziem03h]   O. Ziemann: „Einsatz von Optischen Polymerfasern in breitbandigen Zugangsnetzen", Vortrag 01.09.2003, Ewetel GmbH Bremen
[Ziem04a]   O. Ziemann, C.-A. Bunge, H. Poisel, K.-F. Klein: „Bandwidth of thick glass and polymer optical fibres", POF´2004, Nürnberg, 27.-30.09.2004, pp. 140-146
[Ziem04b]   O. Ziemann, J. Krauser: „Polymer Optical Fiber Applications in Germany", Tutorial, Fibercomm 2004, München, 12.05.2004
[Ziem05f]   O. Ziemann, H. Poisel, A. Bachmann, K.-F. Klein: „Bandwidth measurements on SI- and Semi-GI-PCS", POF´2005, HongKong, 19.-22.09.2005, pp. 251-254
[Ziem05j]   O. Ziemann, N. Keil: „Polymer Fiber Applications, Ranging from In-house to the Access Network", Tutorial Fibercomm München, 14.06.2005
[Ziem06d]   O. Ziemann: „Benchmarking POF in automotive applications - Use of POF in other industries", MOST-Cooperation All Members Meeting, Frankfurt, 28./29.03.2006
[Ziem06g]   O. Ziemann, H. Poisel, J. Vinogradov, S. Junger, N. Weber, B. Offenbeck, W. Tschekalinskij, B. Weickert, H. Bauernschmitt: „Multi Channel broadband data transmission over thick optical fibers", POF´2006 Seoul, 11.-14.09.2006, pp. 359-366

[Ziem06h] O. Ziemann, H. Poisel, J. Vinogradov, M. Bloos, H. Kragl, A. Nocivelli, R. Gaudino: „Blue and green POF transmission systems", POF´2006 Seoul, 11.-14.09.2006, pp. 88-94

[Ziem06i] O. Ziemann, J. Vinogradov, M. Mair: „Semi-GI-PCS data transmission systems", POF´2006 Seoul, 11.-14.09.2006, pp. 468-473

[Zub99] J. Zubia, O. Aresti, J. Arrúe, J. Miskowicz, M. López-Amo: „Barrier Sensor Based on Plastic Optical Fiber to Determine the Wind Speed at a Wind Generator", POF´1999, Chiba, 14.-16.07.1999, pp. 260-266

[Zub00] J. Zubia, O. Aresti, J. Arrúe, M. López-Amo: „Barrier Sensor Based on Plastic Optical Fiber to Determine the Wind Speed at a Wind Generator", IEEE Journ. on Sel. Top. in Quant. Electr. 6(2000)5, pp. 773-779

[Zub01b] J. Zubia, J. Arrue: „Plastic Optical Fibers: An Introduction to Their Technological Processes and Applications", Optical Fiber Technology 7, 2001, pp. 101-140, available online at http://www.idealibrary.com

[Zub02a] J. Zubia, H. Poisel, C.-A. Bunge, G. Aldabaldetreku, J. Arrue: „POF Modelling", POF´2002, Tokyo, 18.-20.09.2002, pp. 221-224

[Zub03] J. Zubia, G. Durana, G. Aldabaldetreku, J. Arrue, M.A. Losada, M. Lopez-Higuera: „New method to calculate mode conversion coefficients in SI multimode optical fibers", J. Lightw. Techn. 21, 2003, pp. 776-781

[Zub04] J. Zubia, G. Aldabaldetreku, G. Durana, J. Arrue, C.-A. Bunge, H. Poisel: „Geometric Optics Analysis of Multi-Step Index Optical Fibers", Fiber and Integrated Optics, Vol. 23(2004)2-3, pp. 121-156

Stichwortverzeichnis

Abschwächer 277
Absorption 156, 167
Abstandsfehler 266
Abstrahlverluste an Krümmungen 66
Abtastung 10
ADSL 80, 623, 816
AGETHA-Projekt 318, 816
Akzeptanzwinkel 39, 66
AlN 299
AlP 298
Alterung 162, 166, 409 749
Analoge Signalübertragung 10, 528
APD 341
Apertur, Numerische 4, 39, 66
Arrhenius-Theorie 754
ATM-Forum 398
Augendiagramm 141, 380, 505
AWG 374
Bandabstand 297
Bandbreite 56, 103
Änderung durch Biegungen 148
von Semi-GI-PCS-Fasern 128
von SI-POF 107, 786
Vergleich verschiedener Fasern 132
Bandbreiteberechnung 59
Bandbreite-Länge-Produkt 57
Bandbreitemessung 105
an DSI-POF 106
an GI-POF 120, 794
an MC-GOF 122
an MC-POF 118
an MSI-POF 117
an PCS 130
an SI-POF 105
mit OTDR 714
Bandbreitevergrößerung 135
Bändchenkabel 198

Bandlücke 217, 296, 339
Beanspruchung
  durch energiereiche Strahlung 759
Bearbeitungswerkzeuge 253
Beleuchtung mit POF 634
Beleuchtung, Litfaßsäule 636
Beleuchtung, POF- Sternhimmel 638
Beugungsgitter 693
Bidirektionale Übertragung 33, 431
Biegeverluste 143, 776
an DSI-Fasern 69, 145
an GI-POF 147, 153
an MC-GOF 150
an MC-POF 150
an PCS 151
an Semi-GI-POF 191, 192
an SI-POF 144, 153, 154
Biegungen 51, 69, 111
Bandbreiteänderungen durch 148
Bildleiter 78, 85, 229
Binäre Signale 13, 23
Bitfehlerwahrscheinlichkeit 15
Bitrate 141
Bragg-Fasern 219
Brechungsgesetz 2
Brechungsindex, effktiver 216
Brechzahl 2
Brechzahldifferenz 2, 66
Brechzahlprofil 6
Breitbandanschlüsse 623
Byteflight 595, 603
CAN 595
Chemikalienbeständigkeit 756
Chromatische Dispersion 64, 133
Copolymerisation 174, 187
Coupled-Mode-Theory 781
CYTOP® 79, 175, 190

D2B	429, 578, 598	Dove-Prisma	286
Dämpfung	46, 55, 391	Drehübertrager	285
effektive	*413, 589*	DSI-MC-POF	78
der ESKA-MIU	*92*	DSI-POF	69, 78, 83, 407
von Faserbändchen	*199*	DSL-Modem mit POF	357
von Faserbündeln	*100*	Dynamikbereich	389
des Mantelmaterials	*48, 672, 787*	Eight-Λ-Forum	516
von mikrostrukturierte Fasern	*222*	Eindringtiefe, Halbleiter	340
modenabhängige	*47, 62, 776*	Einfügemethode	689, 724
der OM-Giga	*90*	Einkoppeloptik	673
der PCS-Faser	*94*	Einkopplung	117, 291
der Polykarbonat-POF	*160*	Einmodenwellenleiter, planar	364
der SI-POF	*80*	Einsatztemperatur	754
von Steckern	*235, 713*	*der PC-POF*	*160*
Dämpfungsbelag	46	*der PCS*	*94*
Dämpfungsmaß	46	*von PMMA, vernetzt*	*159*
Dämpfungsmechanismen	156, 393, 724	*der POF-Umhüllung*	*178*
Dämpfungsmeßplatz	669, 694, 697	Elastomere	162
Dämpfungsmessung	688	ELED	303
mit Einfügeverfahren	*688*	Elektromagnetisches Spektrum	1
Ringversuch	*698*	Elektro-optische Leiterplatte	379
mit Rückschneideverfahren	*690, 698*	EMD	54, 259, 671
spektral	*692*	Empfänger	338, 344, 797
spektraler Korrekturfaktor	*589, 692*	*Simulation*	*797*
an Steckverbindungen	*720*	*Empfindlichkeit*	*95, 346, 388*
mit Substitutionsverfahren	*688*	*Rauschen*	*18*
Dämpfungsminima	2	EN 50173	583
Dämpfungsverlauf	47	Endless singlemode	226
Datennetze		Extrusion	181, 187
im Automobil	*595*	Fahrzeugbusse	583
in Wohnungen, Gebäuden	*614*	Fehlerkorrektur	15
Datenübertragung mit POF	593	Feldverteilung	42, 766
Demultiplexer	374, 509	Fernfeld	51, 697
Deuterierte Polymere	168	*anregungsabhängiges*	*53*
Diffusionsmodell	783	*inverses*	*84, 685*
Digitale Signale	10	*Fernfeldmessung*	*679*
Dispersion	55	*Fernfeldoptik*	*683*
chromatische	*64, 133*	Filter, optisch	276
Kompensation der	*139, 225*	Filtereffekt	
Messung im Frequenzbereich	*718*	*Moden-*	*405*
Messung im Zeitbereich	*717*	*spektraler*	*401, 691*
Modendispersion	*58, 103*	Fluorierte GI-POF	173, 190, 793
Profildispersion	*63*	FOP Club	807
Doppelheterostruktur	301	Fresnel-Reflexion	264, 728
Doppelkernfasern	229	FTTH	624, 818
Dotierung von Polymeren	173	GaAs	298

Stichwortverzeichnis

GaN	299
Gebäudegrößenverteilung	621
Gebäudenetze	561, 585, 820
GI-Glasfaser	6, 126
GI-POF	6, 87
Herstellung von	*184*
Standards für	*563*
Gitteranpassung	299
Gitterkonstante	297
Glasfaser	87, 93, 562
Glasfaserbündel	98, 550
Glasfasersensoren	662
GOF-Steckersysteme	257
Goos-Hänchen-Shift	48, 779
Gradientenbrechzahlprofil	38
Gradientenfaser, mikrostrukturierte	230
Gradientenindexprofil	
Faser	*38, 74, 87*
Herstellung	*184*
Halbleiter	296
InP	*298*
InN	*299*
III-V-Halbleiter	*300*
Heimnetzwerk	616, 818
Helixstrahlen	41
Herstellung polymere Wellenleiter	361
Hochtemperatur-POF, Vergleich	165
Hole assisted fiber	219
Homeplane-Projekt	816
Hot-Plate-Verfahren	238, 254
HSPN-Konsortium	804
IDB-1394	583, 604
IEEE1394	355, 428, 569
IEEE1394-Systeme	484
Impulsverbreiterung	9, 58, 89
Indexkoeffizient	38, 42, 794
Indexprofil	65, 687
Indexprofilmessung	687
Industrial Ethernet	575
Interbus	574
IO-Projekt	816
ISDN über POF	431, 536
ITG-FG 5.4.1	807
Japanisches POF-Konsortium	804
Kabel, SI-POF	202
-Herstellung	*194*
-Werkstoffe	*178, 208*
Kabellängenverteilung	621
Kamera-Überwachungssystem	612
Klimawechselbeanspruchung	747
Kodemultiplex	31
Koppellänge	52, 62, 671
Koppelverluste, Sender-Faser	391
Koppelwirkungsgrad	
der POF-Photodiode	*346, 397*
Sender-Faser	*772*
Koppler	269, 396
Kopplerbauelemente	373
Koreanischer POF-Club	820
LAN-Anwendungen	615
Laserdiode	302, 421
Fernfeld der	*313*
grüne	*320*
Kennlinien P-I	*312*
rote	*309*
Spektrum von	*312*
Laserrauschen	17
Laserschweißen	213, 252
Laufzeitdifferenz	58, 62, 774
Lebensdauer	750, 755
Leckwellen	43, 55
LED	302, 411
Beleuchtungsanwendungen	*314, 634*
blaue	*314*
gelbe	*318*
grüne	*314*
Kennlinien P-I	*320*
Materialsysteme für	*298, 337*
rote	*307, 337*
Spektrum von	*418*
LED-Sender	411
Leistungsbilanz	398, 420, 427
Leistungsmessung	666
Leistungsmeßgeräte	668
Low-NA-POF	67
Lumineszenzdiode	302, 411
Manteldämpfung	48, 672, 787
Mantelmoden	43
Materialdispersion	64
MC-POF	70, 85, 479
Mechanische Beanspruchungen	729
Medienkonverter	351, 450

Mehrmodenwellenleiter, planar	368
Mehrträgerübertragung	539
Meridionalstrahlen	40
Mikrostrukturierte Fasern	215
Mikrowellmantelkabel	210, 611
Modellierung von POF	763
Moden in optischen Fasern	42
Modenfilter	282
Modengleichgewicht	282, 671
Modengleichverteilung	61, 259, 670
Modenkonversion	50, 111, 776
Modenkopplung	49, 110, 783
Modenmischung	282, 780
Modenmultiplex	541
Modenrauschen	20
Modenzahl	5
Modulationsverfahren	21, 533
Modulatoren	373
Monochromator	692
MOST	355, 429, 599
-LED	308
mit PCS	605
-POF	101
mPOF	215
Endflächenpräparation	223
MSI-POF	75, 117, 188
MSM-Photodiode	342
Multiplexer, optisch	374, 523
Zuverlässigkeituntersuchungen	726
Multiplexsysteme	507
Multiplexverfahren	557
Nahfeld	675
Nahfeldoptik	677
Nahnebensprechen	33
NeGIT-Projekt	382
Netzarchitekturen	26
NEXT-Filter	528
Nichtlineare Fasern	227
NRC-LED	306, 334, 418
Numerische Apertur	39
Oberflächen-Gel-Polymerisation	184
Oberflächenpräparation	235
Öffnungswinkel	39
Optische Konzentratoren	347
Optische Backplanes	375, 382
Optische Faser	3, 195

Optische Klemme	352
Optische Rückwand	375, 382
OTDR	704
OTDR-Geräte	709
OVAL	545, 630
PAVNET-Projekt	805
PC-Karte für POF	629
PC-POF	160, 546
PCS-Faser	93, 564
Peaking	137
Penalty	141
PF-GI-POF	175, 190, 793
PF-Polymer	173
Photonische Bandlücke	217
P-I-Kennlinien	312, 320, 334
PIN-Photodiode	18, 339, 341
PMMA	155
PMMA-GI-POF	*87, 479*
Hersteller	*89*
Herstellung	*185*
W-Profil	*192*
POF-Ausbreitungsmodell	790
POF für hohe Temperaturen	157
POF im Automobil	595
POF-AC Nürnberg	810
POF-ALL-Projekt	816
POF-Atlas	815
POF-Bandkabel	198
POF-Bündel	636
POF-Duplexkabel	198
POF-Herstellung	180
POF-Hybridkabel	201, 614
POF-Kabel	196, 202, 819
POF-Press-Cut-Verfahren	238
POF-Schleifring	288
POF-Steckersysteme	241
DNP	*245*
EM-RJ	*250*
F05, F07	*246*
für Fahrzeugnetze	*250*
FSMA	*244*
Hybride	*252*
SMI	*249*
SC-RJ	*249*
ST, SC	*247*
V-Pin	*241*

POFTO	805	*Biegesensoren*	*652*
POF-Topologien	629	*Biosensoren*	*660*
POF-Ummantelung	177	*Dehnungssensoren*	*650*
POF-Wohnungsnetz	628	*Drucksensoren*	*647*
POF-Waage	649	*Einklemmschutz*	*655*
Polieren	237	*ferngespeiste Sensoren*	*644*
Polymere für Wellenleiter	360	*Flüssigkeitssensoren*	*661*
Polymere, deuterierte	168	*Füllstandssensoren*	*656*
Polymere, fluorierte	173	*Konzentrationssensoren*	*647*
Polyolefine	164	*Korrosionssensoren*	*662*
Polystyrol-POF	166	*Luftfeuchtesensoren*	*659*
Profibus	573	*POF-Braggittersensoren*	*657*
Profildispersion	63	SERCOS	572
Profilexponent,	38, 42, 63, 796	Signal-zu-Rausch-Verh.	15, 141, 390
Prüfnormen, -spezifikationen	760	Silikon-Wellenleiter	369
Prüfverfahren	591, 760	SI-POF	5, 80
Pyramiden-LED	336	*Standards*	*562*
Quantengräben	301	*Duplexkabel*	*198*
Quantenrauschen	18	*Hybridkabel*	*201*
Quantenwirkungsgrad		Simplexkabel	197
von LED	*337*	Sitzplatzerkennung	648
von Photodioden	*339*	SLED	303, 307, 418
Quantisierung	11	Spektren von LED	418
Querdruckfestigkeit	745	Sperrschichtkapazität	343
Rauschen	15, 17	Split-Step-Algorithmus	784
Ray Tracing	773	SQW-Laser	301, 309
RC-LED	321, 325, 422	Standards	561
Reflexionsdämpfung	257, 264	*Anwendungs-*	*566*
Reichweite, Funksysteme	627	*Meßverfahren*	*587*
Rollenwechselbiegung	733	Stecker für Fahrzeugnetze	250
Rückschneidemethode	690	Steckerdämpfung, Ursachen	235
Rückstreumeßverfahren	704, 727	Steckerverluste, Berechnung	259
Schiefe Strahlen	40	Steckverbindungen	234
Schlagfestigkeit	741	Steckverbindungen, Verluste	394
Schlaglänge	196, 204	Sternkoppler	608
Schleifen	237	Sternnetz	606
Schneidezange	240	Störstellennachweis	728
Seitenlichtfaser	639	Störungen	13
Semi-GI-PCS-Faser	76, 97	Strahlungsbeanpruchung	759
Bandbreite der	*128*	Strahlungsmoden	43, 218, 776
Dämpfung der	*97*	Streckendämpfung	390
Herstellung von	*188*	Streuzentren	49, 110, 781
Impulsverbreiterung in	*98*	Strukturierte Verkabelung	583, 616
modenabhängige Dämpfung der	*131*	Stufenindexprofil	5, 37
Sensoren	643	Substitutionsverfahren	688
Abstandssensoren	*645*	Substrat	298

Superlumineszenzdiode 303, 307, 418
Systemdesign 387
Systeme 139, 434
bidirektionale 519
mit fluorierten POF 492
mit Glasfaserbündeln 555
für HDMI-Übertragung 545
mit Hochtemperatur-POF 546
für Interconnection 631
für ISDN über POF 431, 536
mit sehr hohen Datenraten 500
für Parallelübertragung 549, 631
mit PC-Fasern im IR-Bereich 475
mit PCS-Fasern 550, 553
mit PMMA-GI-POF 480
für Radio over Fiber 540
mit SI-POF bei λ<600 nm 458
mit SI-POF bei 650 nm 435
für VDSL über POF 534
zur Videoübertragung 529, 552
Temperaturbeständigkeit 157
Thermooptische Schalter 371
Torsion 735
Totalreflexion 3
Transceiver 347
Transmissionsmessung 725
Transmissionsverhalten
  bei Alterung 724, 752
Übertragung, bidirektional 33, 431
Übertragungsverfahren in der
  optischen Nachrichtentechnik 23
Ulbrichtkugel 696
UMD 61, 259, 670
Umwelteinflüsse 722
USB 28, 620
VCSEL 321, 418, 422
VDE/VDI-Richtlinie 5570 588

VDI-Arbeitskreis 814
VDSL 534
Verkabelung, Wohnung 616
Versatzfehler 261
Verseilung 204
Verseilzahl 207
Vibrationstest 746
Vielfachzugriff 28
Vielkernstufenfaser 70, 85
Vielmoden-GI-Fasern (mPOF) 230
Vorformmethode 180, 220
V-Parameter 4
WDM-Demultiplexer 374, 509
Wechselbiegeprüfung 729
Wellenführung in mPOF 216
Wellenlängenkanäle 516
Wellenlängenmultiplex 31
bidirektional 519
Lehrsystem 514
mit PCS-Faser 551
mit PF-GI-POF 514
mit SI-POF 508
Wellenleiterdispersion 64
Wellenleitergitter 374
Wellenleitung 3
Werkstoffe für POF 155
Werkzeuge 253
Williams-Landel-Ferry 753
Winkelfehler 263
Wireless LAN 626
WKB-Methode 768
Zeitmultiplex 28
ZnSe 320
Zugfestigkeit 738
Zusatzdämpfung, winkelabhängig 407
Zuverlässigkeit von POF 722

Inserentenverzeichnis

Sojitz Europe plc
(www.sojitz.com)
Am Wehrhahn 33, 40211 Düsseldorf
☎ 0911- 211-3551 230
✉ kroeplin.peter@sky.sojitz.com

S. 36

Hamamatsu Photonics Deutschland GmbH
(www.hamamatsu.de)
Arzbergerstraße 10, 82211 Herrsching
☎ 08152-375-132
✉ rnoichl@hamamatsu.de

S. 232

LEONI Fiber Optics GmbH
(www.leoni-fiber-optics.com)
96524 Neuhaus-Schierschnitz, Mühldamm 6
☎ 036764-81101
✉ andreas.weinert@leoni.com

S. 294

Infineon
(www.infineon.com/POF)
Wernerwerkstrasse 2, 93049 Regensburg
☎ 0800 951 951 951
✉ bernd.luecke@infineon.com

S. 358

Optimedia, Inc.
(www.optimedia.co.kr)
204 Byuksan Technopia, Sangdaewon-Dong,
Joongwon-Gu, Seongnam-Si, Kyonggi-Do,
462-716, Korea
☎ ++82-31-737-8151
✉ support@optimedia.co.kr

S. 386

Polymicro Technology, LLC
(www.polymicro.com)
18019 N 25th Ave., Phoenix,
AZ 85023-1200, USA
☎ ++1 602 375 4100
✉ sales@polymicro.com

S. 560

Reichle & de-Massari AG
(www.rdm.com)
Binzstrasse 31, CHE-8620 Wetzikon, Schweiz
☎ +41 44 933 81 11
✉ andreas.bloechlinger@rdm.ch

S. 592

fiberware GmbH
(www.fiberware.de)
Bornheimer Straße 4, 09648 Mittweida
☎ 030 5670 0730
✉ office@fiberware.de

S. 664

DieMount GmbH
(www.diemount.de)
Giesserweg 3, 38855 Wernigerode
☎ 03943 625 9760
✉ hans.kragl@diemount.com

S. 762

Fraunhofer-Institut für Integrierte Schaltungen
(www.iis.fraunhofer.de)
Am Wolfsmantel 33, 91058 Erlangen
☎ 09131 776 0
✉ norbert.weber@iis.fraunhofer.de

S. 802

LEONI Fiber Optics GmbH
(www.leoni-fiber-optics.com)
96524 Neuhaus-Schierschnitz, Mühldamm 6
☎ 036764-81101
✉ andreas.weinert@leoni.com

zweite Umschlagseite

POF-AC
(www.pofac.de)
Fachhochschule Nürnberg
Wassertorstrasse 10, 90489 Nürnberg
☎ 0911-5880 1070, Fax: 0911-5880 5070
✉ pofac@pofac.fh-nuernberg.de

hintere innere Umschlagseiten

Biographien

Olaf Ziemann
Polymerfaser-Anwendungszentrum der Fachhochschule Nürnberg

Dr.-Ing. Olaf Ziemann (41) studierte Physik an der Universität Leipzig. Zwischen 1990 und 1995 promovierte er an der Technischen Universität Ilmenau auf dem Gebiet der optischen Nachrichtentechnik. Seine Arbeitsgebiete waren der optische Überlagerungsempfang und optisches Kodemultiplex. In dieser Zeit war er Stipendiat der Studienstiftung des Deutschen Volkes. Zwischen 1995 und März 2001 arbeitete er im Forschungszentrum der Deutschen Telekom (T-Nova) auf den Themengebieten hybride Zugangsnetze und Gebäudenetze. In den letzten 10 Jahren leitete er die ITG-Fachgruppe „Optische Polymerfasern". Seit Anfang 2001 ist er wissenschaftlicher Leiter des POF-AC der FH Nürnberg.

Jürgen Krauser
Hochschule für Telekommunikation der Deutschen Telekom in Leipzig

Prof. Dr.-Ing. Jürgen Krauser (59) studierte Physik an der Technischen Universität Berlin. Von 1975 bis 1980 war er als wissenschaftlicher Assistent am Institut für Festkörperphysik der TU Berlin tätig, wo er 1981 über ein Thema aus der Festkörperphysik promovierte. Anschließend war er maßgeblich am Aufbau des Forschungsbereiches „Integrierte Optik" am Heinrich Hertz Institut in Berlin beteiligt und leitete die Forschungsgruppe „Optische Meßtechnik". Anfang 1986 folgte er einem Ruf an die Fachhochschule der Deutschen Bundespost Berlin für das Lehrgebiet „Optische Nachrichtentechnik". Seit 2000 vertritt er diesen Bereich an der Hochschule für Telekommunikation Deutschen Telekom in Leipzig. Er hat zahlreiche Arbeiten und Vorträge auf dem Gebiet der „Optischen Nachrichtentechnik" insbesondere über optische Polymerfasern veröffentlicht.

Peter E. Zamzow
Consultant Research and Development Cable Systems

Dipl.-Ing. Peter E. Zamzow (67) ist selbstständiger technischer Berater für Forschung une Entwicklung von Kabelsystemen. Nach dem Studium der Nachrichtentechnik in München und Graz begann er 1970 in der Entwicklung und Produktion von AEG Kabel. 1980 wurde er Leiter des Produktgebietes Lichtwellenleiter und 1982 Oberingenieur. 1985 wurde er zum Direktor ernannt. Ab 1990 war er Werkleiter des neuen Glasfaserwerkes für Glasfasern und Glasfaserkabel. Anfang 1994 übernahm er die Produktgruppe CATV-Kabel und Systeme für Alcatel. Seit 1998 war er verantwortlich für Vertrieb und Marketing im Geschäftsbereich Lizenzen und Fertigungsanlagen weltweit bei Alcatel Kabel am Standort Hannover. Von Jan. 2001 bis 1004 war er verantwortlich für Forschung & Entwicklung bei Nexans Deutschland in der Zentrale Mönchengladbach. Ab 2005 wurde eine eigene nationale und internatioale Beratertätigkeit für F&E mit dem Schwerpunkt Kabelsysteme aufgenommen.

Werner Daum
Bundesanstalt für Materialforschung und -prüfung in Berlin

Direktor u. Prof. Dr.-Ing. Werner Daum, geb. 1956, studierte an der Technischen Universität Berlin Elektrotechnik mit Schwerpunkt Messtechnik. Unmittelbar nach dem Studium trat er 1984 in die Bundesanstalt für Materialforschung und -prüfung (BAM) ein. Bis 1989 war er wissenschaftlicher Mitarbeiter in der Fachgruppe „Zerstörungsfreie Prüfung". Anschließend übernahm er die Leitung des Laboratoriums „Optische Messverfahren; experimentelle Spannungsanalyse" und begann mit der Entwicklung von Prüfverfahren zur Zuverlässigkeitsbeurteilung von optischen Polymerfasern. Seit 1996 leitet er die Fachgruppe „Meß- und Prüftechnik; Sensorik". Er gehört zu den ICPOF-Gründungsmitgliedern (International Cooperative of Plastic Optical Fibres), die seit 1992 jährlich die internationale POF-Konferenz veranstaltet. 1998 und 2001 lag die wissenschaftliche Tagungsleitung dieser Konferenz in seinen Händen. In Deutschland war er maßgeblich an der Gründung der VDE /ITG-Fachgruppe „Optische Polymerfasern" beteiligt.

LEONI Fiber Optics

Ihr Spezialist für Lichtwellenleiter

LEONI Fiber Optics bietet Produkte und Lösungen der gesamten Wertschöpfungskette. Angefangen von der Preform über optische Fasern, Kabel, Stecker und Konfektion bis hin zur Errichtung umfassender Glasfasernetzwerke.

Wir bieten:
- Spezialglasfasern
- Faserbündel
- POF (polymer optical fibers)
- Telekommunikationsfasern

The Quality Connection

LEONI

LEONI Fiber Optics GmbH
Stieberstraße 5 · 91154 Roth · Telefon +49 (0)9171 804-2133 · E-Mail fiber-optics@leoni.com · www.leoni-fiber-optics.com